Collection
Inter
Africaine de
Mathématiques

sous la direction
de Saliou Touré
Professeur à l'Université
d'Abidjan

MATHÉMATIQUES

Terminale
SCIENCES
MATHÉMATIQUES

Taïrou ALASSANE
Abdou Khadre BARRY
Jules N'DA KOUADIO
Olivier Théodule RAZAFINDRANOVONA
Paul REY
Julien SANHOUIDI
Soma TRAORÉ
Joseph TSOUMTSA

EDICEF
58, rue Jean-Bleuzen
92178 Vanves Cedex

L'idée d'harmoniser les programmes de mathématiques entre les pays francophones d'Afrique et de l'océan Indien remonte à l'année 1983 où fut organisé par l'IRMA, à Abidjan, le premier séminaire d'harmonisation. Depuis, d'autres séminaires ont suivi : en 1985 à Cotonou, en 1988 à Conakry et en juin 1992 à Abidjan avec la participation de 20 pays.

PARTICIPATION DES DIFFÉRENTS PAYS

BÉNIN	COMORES	GUINÉE	RÉP. DÉM. CONGO
BURKINA FASO	CONGO	MADAGASCAR	RWANDA
BURUNDI	COTE D'IVOIRE	MALI	SÉNÉGAL
CAMEROUN	DJIBOUTI	MAURITANIE	TCHAD
CENTRAFRIQUE	GABON	NIGER	TOGO

La suite logique, souhaitée par tous les participants, est l'élaboration d'une Collection Inter-Africaine de manuels de mathématiques pour l'enseignement secondaire. Des rédacteurs de tous les pays participent à la réalisation de ce projet. Un comité de coordination travaille avec les cellules nationales mises en place dans chaque pays.

COMITÉ DE COORDINATION

Valère BONNET	Albert LE CALONNEC
Missa COULIBALY	Jules N'DA KOUADIO
Gérard DUBOS	Soma TRAORÉ

D'autres séminaires de concertation ont réuni les responsables de ces cellules, à Libreville en 1993, à Ndjaména en 1994, à Yaoundé en 1995, à Antananarivo en 1996, à Dakar en 1997, à Niamey en 1998 et à Nouakchott en 1999.

ISSN 1248-587-X

ISBN 978-2-84129-554-8

PRÉFACE

Dans un monde qui évolue rapidement, la maîtrise et l'approfondissement des mathématiques apparaissent comme une condition indispensable au développement des nations, plongées qu'elles sont dans l'ère de la haute technologie et de la mondialisation des marchés.

Voilà pourquoi les mathématiciens africains ont commencé, dès 1983, à organiser des réunions de concertation sur les problèmes posés par l'enseignement des mathématiques qui jouent un rôle essentiel dans la préparation des jeunes aux défis de l'avenir.

La Collection Inter-Africaine de Mathématiques que nous proposons aujourd'hui aux élèves de l'Enseignement Secondaire des pays francophones d'Afrique et de l'Océan Indien est le fruit de cette collaboration franche et fraternelle qui a abouti, au mois de juin 1992, à l'élaboration et à l'adoption par tous ces pays des programmes des premier et second cycles de l'Enseignement Secondaire.

Elle a pour objectifs majeurs :

– l'harmonisation de la pédagogie des mathématiques et la mise à la disposition des élèves et des enseignants africains de manuels de qualité tenant compte du milieu socioculturel africain en tant que support et véhicule privilégiés des concepts mathématiques ;

– l'acquisition par les élèves des bases d'une formation mathématique solide qui leur permettent d'analyser une situation, de conjecturer des hypothèses et de les valider ou non à l'épreuve des faits ou du raisonnement, de recourir aux modèles mathématiques qu'ils connaissent et de dégager une conclusion ;

– la diminution du coût du manuel pour permettre la réalisation d'un vieux rêve : un élève, un livre.

Les ouvrages de la Collection Inter-Africaine de Mathématiques, rédigés par des équipes d'enseignants, de chercheurs et de responsables pédagogiques africains, belges et français, s'appuient sur l'environnement des élèves pour les motiver, les faire agir, les amener à comprendre et à agir de nouveau, de manière autonome et créatrice. Les contenus adoptés et les méthodes pédagogiques préconisées ont été systématiquement expérimentés dans plusieurs pays avant que ne soient entreprises les rédactions définitives.

Conformément à notre conception de l'enseignement des mathématiques, nous n'avons pas voulu présenter les leçons sous forme d'exposés théoriques, mais comme des séances de travail au cours desquelles des activités de calcul, de dessin, de lecture de documents (le plus souvent empruntés au milieu africain) sont mises en œuvre pour solliciter et provoquer constamment la participation active des élèves.

Insérés dans les leçons, des exercices d'application immédiate permettent l'assimilation des notions étudiées. Placés à la fin des chapitres, des exercices d'entraînement et d'approfondissement permettent aux élèves d'éprouver leur compétence et aux professeurs d'évaluer leur enseignement.

Nous exprimons notre gratitude aux différents Ministres chargés de l'Éducation dans les pays francophones d'Afrique et de l'océan Indien, ainsi qu'aux responsables de la Coopération Française et de la Coopération Belge qui, par leur compréhension, leurs encouragements et leur soutien constant tant moral que matériel, nous ont permis de réaliser ces ouvrages dans les meilleures conditions possibles.

Enfin, nous espérons que ce manuel répondra au mieux à l'attente et aux besoins des utilisateurs (professeurs et élèves). Afin d'en améliorer les prochaines éditions, nous accueillerons avec reconnaissance les remarques, les critiques et les suggestions qu'ils voudront bien nous faire et, par avance, nous les en remercions.

Saliou Touré

SOMMAIRE

1 Arithmétique

Introduction

L'arithmétique est un des secteurs scientifiques les plus anciens et les plus féconds. Fondée essentiellement par les pythagoriciens pour qui tout était nombre, elle a connu de grands progrès sous l'impulsion de Fermat, Euler, Lagrange, Gauss et Legendre.

Longtemps considérée comme la branche la plus abstraite et la moins utile des mathématiques, elle connaît aujourd'hui de nombreuses applications en informatique, en électronique et en cryptographie.

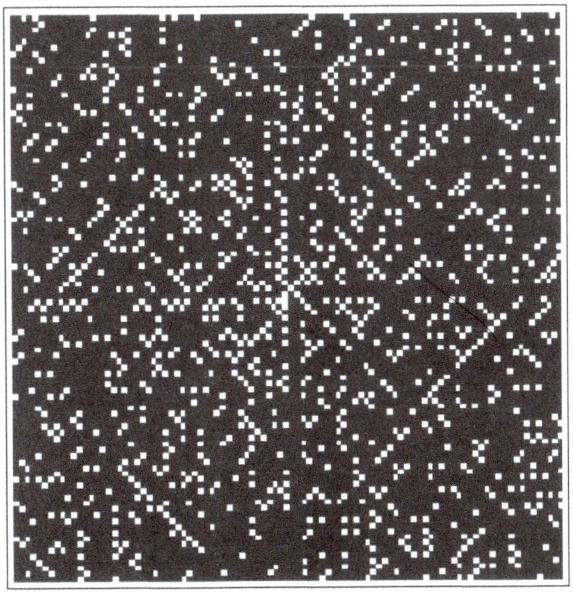

La spirale d'Ulam (voir p. 25).

SOMMAIRE

1 Les ensembles $\mathbb{N}$ et $\mathbb{Z}$

1.1. L'ensemble $\mathbb{N}$

$\mathbb{N}$ désigne l'ensemble des entiers naturels et $\mathbb{N}^*$ l'ensemble des entiers naturels non nuls.

On a : $\mathbb{N} = \{0 ; 1 ; 2 ; 3 ; ... ; n ; n+1 ; ...\}$ et $\mathbb{N}^* = \mathbb{N} \setminus \{0\}$.

Addition et multiplication dans $\mathbb{N}$

$\mathbb{N}$ est muni de deux opérations :

– l'addition, notée + ;
– la multiplication, notée ×.

Pour tous entiers naturels a et b, $a + b$ et $a \times b$ sont des entiers naturels ; on dit que l'addition et la multiplication dans $\mathbb{N}$ sont des ***lois de composition internes***.

Les propriétés de l'addition et de la multiplication dans $\mathbb{N}$ sont résumées dans le tableau ci-contre où a, b et c désignent des entiers naturels.

Addition dans $\mathbb{N}$	**Multiplication dans $\mathbb{N}$**
$a + 0 = 0 + a = a$ 0 *est élément neutre pour* +	$a \times 1 = 1 \times a = a$ 1 *est élément neutre pour* ×
$a + (b + c) = (a + b) + c$ + *est associative*	$a \times (b \times c) = (a \times b) \times c$ × *est associative*
$a + b = b + a$ + *est commutative*	$a \times b = b \times a$ × *est commutative*
$a \times (b + c) = a \times b + a \times c$ × *est distributive par rapport à* +	
$a + c = b + c \Rightarrow a = b$ $(c \in \mathbb{N})$	$a \times c = b \times c \Rightarrow a = b$ $(c \in \mathbb{N}^*)$
$a + b = 0 \Rightarrow a = b = 0$	$a \times b = 1 \Rightarrow a = b = 1$

Remarque

Lorsqu'il n'y a pas d'ambiguïté le produit $a \times b$ est noté : ab.

Ordre dans $\mathbb{N}$

On définit dans $\mathbb{N}$ une relation, notée ≤, par : $\forall (a ; b) \in \mathbb{N}^2, (a \leq b \Leftrightarrow \exists c \in \mathbb{N}, b = a + c)$.

Cette relation possède les propriétés suivantes, dont la démonstration est immédiate.

Propriétés 1

Pour tous entiers naturels a, b et c , on a :

- $a \leq a$ ***(la relation ≤ est réflexive)***
- **si** $a \leq b$ **et** $b \leq a$, **alors** $a = b$ ***(la relation ≤ est antisymétrique)***
- **si** $a \leq b$ **et** $b \leq c$, **alors** $a \leq c$ ***(la relation ≤ est transitive).***

*On dit que ≤ dans $\mathbb{N}$ est une **relation d'ordre**.*

Remarque

*Deux entiers naturels a et b sont toujours comparables, c'est-à-dire on a toujours : $a \leq b$ ou $b \leq a$; on dit que ≤ dans $\mathbb{N}$ est une relation **d'ordre total**.*

Nous admettons la propriété suivante.

Propriété 2

Toute partie non vide de $\mathbb{N}$ admet un plus petit élément.

Exemples

- Le plus petit élément de $\mathbb{N}$ est 0.
- Le plus petit élément de l'ensemble $\{2n + 7, n \in \mathbb{N}\}$ est 7.

Raisonnement par récurrence

Considérons les premiers entiers naturels non nuls et comparons la somme de leurs cubes au carré de leur somme.

On a : $1^3 = 1$ et $1^2 = 1$

$1^3 + 2^3 = 9$ et $(1 + 2)^2 = 9$

$1^3 + 2^3 + 3^3 = 36$ et $(1 + 2 + 3)^2 = 36$

$1^3 + 2^3 + 3^3 + 4^3 = 100$ et $(1 + 2 + 3 + 4)^2 = 100$.

Ces observations conduisent à conjecturer que : $\forall n \in \mathbb{N}^*,\ 1^3 + 2^3 + \ldots + n^3 = (1 + 2 + \ldots + n)^2$.
Étant dans l'impossibilité d'effectuer une infinité de vérifications, nous allons utiliser un raisonnement par récurrence, dont le principe peut être illustré par la situation suivante : « *si, dans une rangée de voitures, la première est verte et derrière toute voiture verte il y a une voiture verte, alors toutes les voitures sont vertes* ».

L

Pour démontrer qu'une proposition $P(n)$, qui concerne un entier naturel n, est vraie pout tout n supérieur ou égal à n_0, on procède en deux étapes :

- on démontre que : $P(n_0)$ est vraie ;
- on démontre que : pour tout entier k supérieur ou égal à n_0, si $P(k)$ est vraie alors $P(k + 1)$ est vraie.

Exemples

- Soit $P(n)$ la proposition : « $1^3 + 2^3 + \ldots + n^3 = (1 + 2 + \ldots + n)^2$ ».

– Nous avons déjà vérifié que : $P(1)$ est vraie.
– Soit k un entier naturel supérieur ou égal à 1.
Si $P(k)$ est vraie, on a : $1^3 + 2^3 + \ldots + k^3 = (1 + 2 + \ldots + k)^2$;
donc :
$$\begin{aligned}1^3 + 2^3 + \ldots + k^3 + (k+1)^3 &= (1 + 2 + \ldots + k)^2 + k(k+1)^2 + (k+1)^2\\ &= \left[\frac{k(k+1)}{2}\right]^2 + 2\,\frac{k(k+1)}{2}(k+1) + (k+1)^2\\ &= \left[\frac{k(k+1)}{2} + (k+1)\right]^2\\ &= [1 + 2 + \ldots + k + (k+1)]^2\ ;\end{aligned}$$
c'est-à-dire : $P(k + 1)$ est vraie.
On en déduit que, pour tout entier naturel n non nul, $P(n)$ est vraie.

- Démontrons que pour tout entier naturel n supérieur ou égal à 4, on a : $n^2 \le 2^n$.

Soit $Q(n)$ la proposition : « $n^2 \le 2^n$ ».
– On a : $4^2 \le 2^4$; donc : $Q(4)$ est vraie.
– Soit k un entier naturel supérieur ou égal à 4.
Si $Q(k)$ est vraie, on a : $k^2 \le 2^k$.
Or : $\dfrac{k+1}{k} = 1 + \dfrac{1}{k}$; donc : $\dfrac{k+1}{k} \le \dfrac{5}{4}$ et $(k+1)^2 \le 2k^2$.
Donc : $(k+1)^2 \le 2^{k+1}$; c'est-à-dire : $Q(k + 1)$ est vraie.
On en déduit que, pour tout entier naturel n supérieur ou égal à 4, $Q(n)$ est vraie.

1.2. L'ensemble $\mathbb{Z}$

$\mathbb{Z}$ désigne l'ensemble des entiers relatifs et $\mathbb{Z}^*$ l'ensemble des entiers relatifs non nuls.
On a : $\mathbb{Z} = \{ \ldots ; n-1 ; n ; \ldots ; -2 ; -1 ; 0 ; 1 ; 2 ; \ldots \}$ et $\mathbb{Z}^* = \mathbb{Z} \setminus \{0\}$.

Addition dans $\mathbb{Z}$

L'addition dans $\mathbb{Z}$ possède les propriétés suivantes.

Propriétés 1

Pour tous entiers relatifs a, b et c, on a :

(1) $a + b \in \mathbb{Z}$ ***(+ dans $\mathbb{Z}$ est une loi de composition interne)***
(2) $a + (b + c) = (a + b) + c$ ***(+ est associative)***
(3) $a + 0 = 0 + a = a$ ***(0 est élément neutre pour +)***
(4) $\exists a' \in \mathbb{Z},\ a + a' = a' + a = 0$ ***(tout élément de $\mathbb{Z}$ a un opposé dans $\mathbb{Z}$)***
(5) $a + b = b + a$ ***(+ est commutative).***

Notation et vocabulaire

- L'opposé d'un entier relatif a est unique ; on le note $-a$ et on l'appelle ***symétrique*** de a pour +.
- Pour résumer les 4 premières propriétés, on dit que $(\mathbb{Z}, +)$ est un ***groupe*** ;
pour résumer les 5 propriétés, on dit que $(\mathbb{Z}, +)$ est un groupe ***commutatif***.
- Plus généralement, un ensemble muni d'une loi de composition interne est un groupe lorsque :
  - la loi est associative ;
  - l'ensemble possède un élément neutre pour cette loi ;
  - tout élément de l'ensemble admet un symétrique pour cette loi dans cet ensemble.

Ce groupe est commutatif si de plus la loi est commutative.

Exemples

- $(\mathbb{R}, +)$ est un groupe commutatif.
$(\mathbb{N}, +)$ n'est pas un groupe.
- Soit $\mathcal{I}$ l'ensemble des isométries du plan.

$(\mathcal{I}, \circ)$ est un groupe ; en effet :
  - la composée de deux isométries est une isométrie ;
  - la composée des isométries est associative ;
  - l'application identique, qui est une isométrie, est élément neutre pour o ;
  - le symétrique d'une isométrie pour o est son isométrie réciproque.

Le groupe $(\mathcal{I}, \circ)$ n'est pas commutatif.

Propriété 2

Pour tous entiers relatifs a, b et c, on a : $a + c = b + c \Rightarrow a = b$.

En effet, si $a + c = b + c$, alors : $a + c + (-c) = b + c + (-c)$; donc : $a = b$.

Multiplication dans $\mathbb{Z}$

La multiplication dans $\mathbb{Z}$ possède les propriétés suivantes.

Propriétés 1

Pour tous entiers relatifs a, b et c, on a :

(1') $a \times b \in \mathbb{Z}$ ***(× dans $\mathbb{Z}$ est une loi de composition interne)***
(2') $a \times (b \times c) = (a \times b) \times c$ ***(× est associative)***
(3') $a \times (b + c) = a \times b + a \times c$ ***(× est distributive par rapport à +)***
(4') $a \times b = b \times a$ ***(× est commutative)***
(5') $a \times 1 = 1 \times a = a$ ***(1 est élément neutre pour ×).***

Vocabulaire

Pour résumer les propriétés (1), (2), (3), (4), (5) de l'addition et les propriétés (1'), (2'), (3'), (4'), (5') de la multiplication, on dit que $(\mathbb{Z}, +, \times)$ est un ***anneau commutatif unitaire***.

Propriétés 2

Pour tous entiers relatifs a, b et c ($c \neq 0$), on a :

- $a \times 0 = 0$; • $ca = cb \Rightarrow a = b$.

Démonstration

Nous ne démontrerons que la première propriété.
On a : $aa + a \times 0 = a(a + 0) = aa = aa + 0$; donc : $a \times 0 = 0$.

Ordre dans $\mathbb{Z}$

Pour tous nombres entiers relatifs a et b, on pose : $b - a = b + (-a)$.

On définit dans $\mathbb{Z}$ une relation, notée $\leq$, par : $\forall\ (a\ ;\ b) \in \mathbb{Z}^2$, $(a \leq b \Leftrightarrow b - a \in \mathbb{N})$.

Cette relation est une relation d'ordre total.

Nous admettons les propriétés 1 et 2 suivantes.

Propriétés 1

Soit a et b deux entiers relatifs.
- **Pour tout entier relatif c, on a :** $a \leq b \Leftrightarrow a + c \leq b + c$.
- **Pour tout entier c strictement positif, on a :** $a \leq b \Leftrightarrow a \times c \leq b \times c$.
- **Pour tout entier c strictement négatif, on a :** $a \leq b \Leftrightarrow a \times c \geq b \times c$.

Propriétés 2

- **Toute partie non vide et majorée de $\mathbb{Z}$ admet un plus grand élément.**
- **Toute partie non vide et minorée de $\mathbb{Z}$ admet un plus petit élément.**

Exemple

L'ensemble $\{n \in \mathbb{Z}, (n+2)^2 \leq 6\}$ est borné.
Son plus grand élément est 0 et son plus petit élément est -4.

Propriété 3

Soit a et b deux entiers relatifs tels que : $b \neq 0$.
Il existe un entier relatif n tel que : $nb \geq a$.

On dit que $\mathbb{Z}$ est archimédien.

Démonstration

***1er cas :** $b \geq 1$*
– si $a \geq 0$, il suffit de prendre : $n = a$;
– si $a < 0$, il suffit de prendre : $n = 0$.

***2e cas :** $b \leq -1$*
On a : $-b \geq 1$; donc il existe un entier relatif m, tel que : $m(-b) \geq a$.
Il suffit donc de prendre : $n = -m$.

Division euclidienne dans $\mathbb{Z}$

Propriété

Soit a et b deux entiers relatifs tels que : $b \neq 0$.
Il existe un unique couple $(q\ ;\ r)$ de $\mathbb{Z} \times \mathbb{N}$ tel que : $a = bq + r$ et $0 \leq r < |b|$.

Les nombres q et r s'appellent respectivement le quotient et le reste de la division euclidienne de a par b. Effectuer une division euclidienne c'est déterminer son quotient et son reste.

Démonstration

- *Existence*

Soit A l'ensemble des entiers naturels de la forme : $a - bq$ ($q \in \mathbb{Z}$).

$a + |ba|$ est élément de A ; donc A est une partie non vide de $\mathbb{N}$, qui admet un plus petit élément r.

r est élément de A ; donc $r \geq 0$ et $r = a - bq$ ($q \in \mathbb{Z}$).

De plus, $r < |b|$ (sinon, $r - |b| = a - bq - |b| = a - bq'$; donc, $r - |b|$ serait un élément de A, plus petit que r ; c'est-à-dire, r ne serait plus le plus petit élément de A).

On en déduit qu'il existe un couple $(q\ ;\ r)$ de $\mathbb{Z} \times \mathbb{N}$ tel que : $a = bq + r$ et $0 \leq r < |b|$.

- *Unicité*

Soit $(q\ ;\ r)$ et $(q'\ ;\ r')$ deux couples de $\mathbb{Z} \times \mathbb{N}$ tels que : $a = bq + r$, $a = bq' + r'$, $0 \leq r < |b|$ et $0 \leq r' < |b|$.

On a : $0 = b(q' - q) + (r' - r)$; donc : $|b|\,|q' - q| = |r' - r|$.

Or : $-|b| < r' - r < |b|$; donc : $|r' - r| < |b|$.

On en déduit que : $|q' - q| = 0$ (si $|q' - q| \geq 1$, on aurait : $|b|\,|q' - q| \geq |b|$).

De plus : $|r' - r| = |b|\,|q' - q|$; donc : $q' = q$ et $r' = r$.

Exemples

Effectuer la division euclidienne de a par b dans chacun des cas suivants :

$a = 53$ et $b = 12$; $a = -53$ et $b = 12$;

• On a : $53 = 12 \times 4 + 5$ et $0 \leq 5 < 12$.
Donc : 4 et 5 sont respectivement le quotient et le reste de la division euclidienne de 53 par 12.

• On a : $-53 = 12 \times (-4) - 5$
$= 12 \times (-5) + 7$ et $0 \leq 7 < 12$.
Donc : -5 et 7 sont respectivement le quotient et le reste de la division euclidienne de -53 par 12.

$a = 53$ et $b = -12$; $a = -53$ et $b = -12$.

• On a : $53 = (-12) \times (-4) + 5$ et $0 \leq 5 < 12$.
Donc : -4 et 5 sont respectivement le quotient et le reste de la division euclidienne de 53 par -12.

• On a : $-53 = (-12) \times 4 - 5$
$= (-12) \times 5 + 7$ et $0 \leq 7 < 12$.
Donc : 5 et 7 sont respectivement le quotient et le reste de la division euclidienne de -53 par -12.

1.3. Numération

Bases de numération

Toutes les civilisations anciennes de Chine, Mésopotamie, Égypte, Amérique du Sud ... ont inventé un système de numération. Mais ces différents systèmes ne permettaient pas d'effectuer facilement les opérations.

Le système décimal (base dix) a l'avantage de rendre simples toutes les opérations, grâce à l'invention du 0 et à la valeur de position des chiffres.

Le système binaire (base deux) est adapté à l'informatique qui utilise également le système hexadécimal (base seize) pour réduire la taille de l'écriture des nombres (code ASC II).

Nous admettons la propriété suivante.

Propriété

Soit b un entier naturel supérieur ou égal à 2.
Tout entier naturel x non nul peut s'écrire de façon unique $\sum_{k=0}^{p} a_k b^k$, où les a_k sont des entiers naturels tels que : $0 \leq a_k < b$ et $a_p \neq 0$.

On écrit : $x = \overline{a_p a_{p-1} \dots a_2 a_1 a_0}^{b}$. *Cette écriture est appelée* ***écriture de x en base b.***

Par convention, les écritures sans « barre » sont en base 10.

Remarques

Soit $x = \overline{a_p a_{p-1} \dots a_2 a_1 a_0}^{b} = a_p b^p + a_{p-1} b^{p-1} + \dots + a_2 b^2 + a_1 b + a_0$.

• *On a :* $x = b(a_p b^{p-1} + a_{p-1} b^{p-2} + \dots + a_2 b + a_1) + a_0$, *avec* $0 \leq a_0 < b$;

donc $q_0 = \overline{a_p a_{p-1} \dots a_2 a_1}^{b}$ *et* a_0 *sont respectivement le quotient et le reste de la division euclidienne de* x *par* b.

• *On a :* $q_0 = b(a_p b^{p-2} + a_{p-1} b^{p-3} + \dots + a_2) + a_1$, *avec* $0 \leq a_1 < b$;

donc $q_1 = \overline{a_p a_{p-1} \dots a_2}^{b}$ *et* a_1 *sont respectivement le quotient et le reste de la division euclidienne de* q_0 *par* b.
On peut ainsi déterminer de proche en proche l'écriture de x *en base* b.

Exemples

• Écrire dans le système décimal le nombre : $\overline{423}^{5}$.

On a : $\overline{423}^{5} = 4 \times 5^2 + 2 \times 5^1 + 3 \times 5^0$
$= 4 \times 25 + 2 \times 5 + 3$
$= 113$.

• Écrire le nombre 127 en base sept.
On effectue les divisions successives par 7, comme indiqué sur le schéma ci-contre.
On en déduit que : $127 = \overline{241}^{7}$.

127	7	
1	18	7
	4	2

Système binaire

Pour écrire un nombre en base deux, l'ensemble des chiffres utilisés est : {0 ; 1}.

Exemples

• Écrire dans le système décimal le nombre : $\overline{10100111001}^{2}$.

On a : $\overline{10100111001}^{2} = 2^{10} + 2^{8} + 2^{5} + 2^{4} + 2^{3} + 2^{0}$
$= 1\ 024 + 256 + 32 + 16 + 8 + 1$
$= 1\ 337$.

• Écrire le nombre 87 en base deux.

On effectue les divisions successives par 2, comme indiqué sur le schéma ci-contre.

On en déduit que : $87 = \overline{1010111}^{2}$.

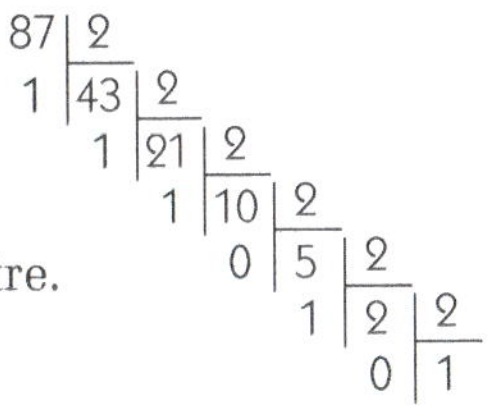

Système hexadécimal

Pour écrire un nombre en base seize, l'ensemble des chiffres utilisés est :
{0 ; 1 ; 2 ; 3 ; 4 ; 5 ; 6 ; 7 ; 8 ; 9 ; A ; B ; C ; D ; E ; F}.
(A, B, C, D, E et F représentent respectivement 10, 11, 12, 13, 14 et 15.)

Exemples

• Écrire dans le système décimal le nombre : $\overline{\mathrm{F0A5}}^{16}$.

On a : $\overline{\mathrm{F0A5}}^{16} = 15 \times 16^{3} + 0 \times 16^{2} + 10 \times 16^{1} + 5 \times 16^{0}$
$= 61\ 440 + 160 + 5$
$= 61\ 605$.

• Écrire le nombre 64 206 en base seize.

On effectue les divisions successives par 16, comme indiqué sur le schéma ci-contre.

On en déduit que : $64\ 206 = \overline{\mathrm{FACE}}^{16}$.

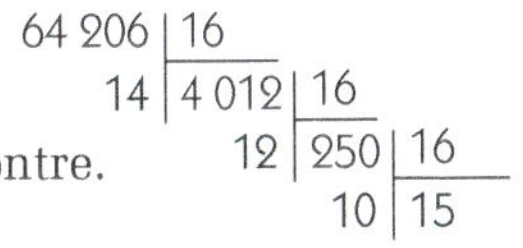

1.4. Travaux dirigés

Un damier comporte 1 024 cases sur 1 024 toutes blanches sauf une, peinte en noir, à un endroit non précisé du damier. On dispose, en nombre suffisant, de « triminos » en forme de « L ». Est-il possible, à l'aide des triminos, de paver toutes les cases blanches du damier, sans déborder et sans que deux triminos ne se chevauchent ?

Un trimino, comme son nom l'indique, recouvre trois cases du damier.

Solution

On remarque que $1\ 024 = 2^{10}$.
Soit P(n) la proposition : « un damier de côté 2^{n}, privé d'une case, peut être pavé par des triminos ».

• Pour $n = 1$, un damier 2×2 privé d'une case est un trimino. Donc P(1) est vraie.

• Soit k un entier naturel supérieur ou égal à 1.

Supposons P(k) vraie et considérons un damier de côté 2^{k+1}, privé d'une case.

Ce damier peut être partagé en quatre « sous-damiers » de côté 2^{k}. L'un de ces quatre sous-damiers contient la case noire ; on peut donc le paver de triminos.

Posons au centre un trimino à cheval sur les trois autres. Chacun des sous-damiers restants, privé de la case couverte par le trimino, peut être à son tour pavé par des triminos.

Donc P($k + 1$) est vraie.

On en déduit que le damier de $1\ 024 \times 1\ 024$ cases privé d'une case peut être pavé par des triminos.

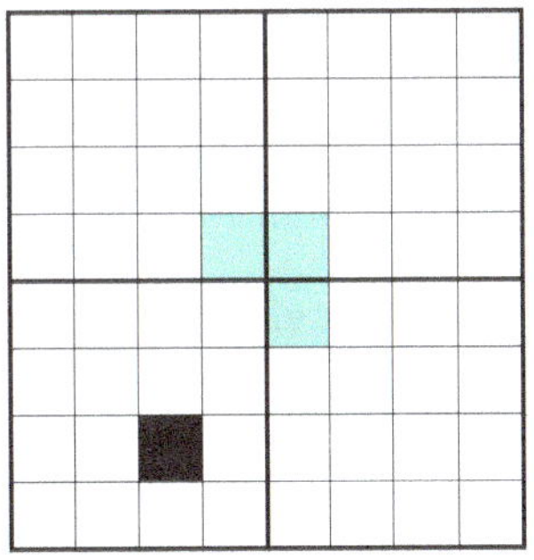

Exercices

1.a Résoudre dans $\mathbb{N}^2$ le système : $\begin{cases} xy \leq 2x \\ x + y = 4 \end{cases}$.

1.b Résoudre dans $\mathbb{Z}^2$ le système : $\begin{cases} xy = 1 \\ 3x + y = -4 \end{cases}$.

1.c Démontrer par récurrence que pour tout entier naturel non nul n, on a :

$$1^2 + 2^2 + 3^2 + \ldots + n^2 = \frac{n(n+1)(2n+1)}{6}.$$

1.d Démontrer par récurrence que pour tout entier naturel non nul n, on a : $n! \geq 2^{n-1}$.

1.e Effectuer la division euclidienne de a par b dans chacun des cas suivants.

- $a = 59$ et $b = 18$
- $a = -59$ et $b = 18$
- $a = 59$ et $b = -18$
- $a = -59$ et $b = -18$
- $a = 6\,941$ et $b = 358$
- $a = 358$ et $b = 6\,941$.

1.f Déterminer l'entier naturel qui, divisé par 23, a pour reste 1 et qui, divisé par 17, a le même quotient et pour reste 13.

1.g Écrire en base deux chacun des nombres suivants : 9 ; 17 ; 205 ; 864.

1.h Écrire en base dix chacun des nombres suivants : $\overline{1011}^2$; $\overline{1101101}^2$.

2 Divisibilité dans $\mathbb{Z}$

2.1. Multiples et diviseurs d'un entier relatif

Définition et propriétés

Définition

Soit a et b deux entiers relatifs.
On dit que a est un multiple de b s'il existe un entier relatif k tel que : $a = kb$.
Si de plus $b \neq 0$, on dit que b est un diviseur de a ou que b divise a.

Exemples

- On a : $143 = 11 \times 13$; donc : 143 est multiple de 11 et de 13 ; 13 et 11 divisent 143.
- On a : $12 = (-4) \times (-3)$; donc : 12 est multiple de -4 ; -4 divise 12.

Remarques

- *Tout entier relatif est multiple de 1 et -1.*
1 et -1 divisent tout entier relatif.
- *0 est multiple de tout entier relatif.*
Tout entier relatif non nul divise 0, mais 0 ne divise aucun entier relatif.
- *Lorsque $b \neq 0$, a est multiple de b (ou b divise a) si et seulement si le reste de la division euclidienne de a par b est nul.*

Les propriétés suivantes sont présentées en termes de diviseurs. Nous laissons au lecteur le soin de les énoncer en termes de multiples. Selon le contexte, l'une ou l'autre de ces deux formes pourra être utilisée.

Propriété 1

Soit a et b deux entiers relatifs non nuls.
Si b divise a, alors : $|b| \leq |a|$.

Démonstration

Si b divise a, alors il existe un entier relatif non nul q tel que : $a = bq$.
On a : $1 \leq |q|$; donc : $|b| \leq |b|\,|q|$.
C'est-à-dire : $|b| \leq |a|$.

Propriétés 2

Soit a, b et c trois entiers relatifs ($a \neq 0$, $b \neq 0$).
(1) a divise a.
(2) Si a divise b et b divise a, alors $a = b$ ou $a = -b$.
(3) Si a divise b et b divise c, alors a divise c.

Démonstration

(1) et (3) découlent immédiatement de la définition de la divisibilité.
(2) D'après la propriété 1, a divise $b \Rightarrow |a| \leq |b|$ et b divise $a \Rightarrow |b| \leq |a|$;
donc : (a divise b et b divise a) $\Rightarrow |a| = |b|$.

Propriété 3

Soit a, b et c trois entiers relatifs ($a \neq 0$).
Si a divise b et c, alors pour tous entiers relatifs p et q, a divise $pb + qc$.

On dit encore que a divise toute combinaison linéaire de b et c dans $\mathbb{Z}$.
Cette propriété découle immédiatement de la définition de la divisibilité.

Exemples

- La somme ou la différence de deux entiers relatifs pairs est un entier relatif pair.
- Le produit d'un entier relatif par un entier relatif pair est un entier relatif pair.

Ensemble des multiples d'un entier relatif

Soit b un entier relatif.
Les multiples de b sont les nombres : ..., $b \times (-2)$, $b \times (-1)$, $b \times 0$, $b \times 1$, $b \times 2$, ...
Ces nombres sont de la forme : bk, où $k \in \mathbb{Z}$.

Notation

L'ensemble des multiples de b ($b \in \mathbb{Z}$) est noté $b\mathbb{Z}$.

Exemples

- $3\mathbb{Z} = \{... ; -9 ; -6 ; -3 ; 0 ; 3 ; 6 ; 9 ; ...\}$
- $-2\mathbb{Z} = \{... ; -6 ; -4 ; -2 ; 0 ; 2 ; 4 ; 6 ; ...\}$
- $1\mathbb{Z} = \mathbb{Z}$
- $0\mathbb{Z} = \{0\}$.

Remarque

Pour tout entier relatif b, $(b\mathbb{Z}, +)$ est un groupe commutatif.

Ensemble des diviseurs d'un entier relatif

Notation

Soit a un entier relatif.
On note : $\mathcal{D}(a)$ l'ensemble des diviseurs de a.

Exemples

- $\mathcal{D}(4) = \{-4 ; -2 ; -1 ; 1 ; 2 ; 4\}$
- $\mathcal{D}(-6) = \{-6 ; -3 ; -2 ; -1 ; 1 ; 2 ; 3 ; 6\}$
- $\mathcal{D}(1) = \{-1 ; 1\}$
- $\mathcal{D}(0) = \mathbb{Z}^*$.

Remarque

Pour tout entier relatif a non nul, $\mathcal{D}(a)$ est un ensemble fini non vide.

2.2. Congruence modulo n ($n \in \mathbb{N}^*$)

Définition et propriétés immédiates

Définition

Soit n un entier naturel non nul, a et b deux entiers relatifs.
On dit que a est congru à b modulo n si $a - b$ est un multiple de n.

On écrit : $a \equiv b\ [n]$.

Exemples

• $54 \equiv 4\ [10]$; • $-81 \equiv 0\ [9]$; • $9 \equiv -1\ [10]$; • $-5 \equiv 2\ [7]$.

Remarques

- *$a \equiv 0\ [n] \Leftrightarrow a$ multiple de n ;*
- *$a \equiv b\ [n] \Leftrightarrow a - b$ multiple de n ;*
- *si r désigne le reste de la division euclidienne de a par n, alors : $a \equiv r\ [n]$.*

Les propriétés suivantes sont des conséquences immédiates de la définition.

Propriétés

Soit n un entier naturel non nul, a, b et c trois entiers relatifs.
- **$a \equiv a\ [n]$** ***(la relation de congruence modulo n est réflexive)***
- **Si $a \equiv b\ [n]$, alors $b \equiv a\ [n]$** ***(la relation de congruence modulo n est symétrique)***
- **Si $a \equiv b\ [n]$ et $b \equiv c\ [n]$, alors $a \equiv c\ [n]$** ***(la relation de congruence modulo n est transitive).***

Autres propriétés

Propriété 1

Soit n un entier naturel non nul, a et a' deux entiers relatifs, r et r' les restes respectifs des divisions euclidiennes de a et a' par n.
On a : $a \equiv a'\ [n] \Leftrightarrow r = r'$.

Démonstration

Désignons par q et q' les quotients respectifs des divisions euclidiennes de a et a' par n.

On sait que : $a = nq + r$ et $0 \leq r < n$; $a' = nq' + r'$ et $0 \leq r' < n$.

Donc : $a - a' = (b - b')n + r - r'$, avec $-n < r - r' < n$.

On en déduit que : $a \equiv a'\ [n]$ $\Leftrightarrow$ $a - a'$ multiple de n

$\Leftrightarrow$ $r - r'$ multiple de n

$\Leftrightarrow$ $r - r' = 0$.

Propriétés 2

Soit n un entier naturel non nul et a, a', b, b' quatre entiers relatifs.
- **Si $a \equiv a'\ [n]$ et $b \equiv b'\ [n]$, alors $a + b \equiv a' + b'\ [n]$.**
- **Si $a \equiv a'\ [n]$ et $b \equiv b'\ [n]$, alors $a \times b \equiv a' \times b'\ [n]$.**

On dit que la congruence modulo n est compatible avec l'addition et la multiplication dans $\mathbb{Z}$.

Démonstration

- On a : $(a' + b') - (a + b) = (a' - a) + (b' - b)$;
  donc : $(a' - a \in n\mathbb{Z}$ et $b' - b \in n\mathbb{Z}) \Rightarrow (a' + b') - (a + b) \in n\mathbb{Z}$.
- On a : $(a' \times b') - (a \times b) = b'(a' - a) + a(b' - b)$;
  donc : $(a' - a \in n\mathbb{Z}$ et $b' - b \in n\mathbb{Z}) \Rightarrow (a' \times b') - (a \times b) \in n\mathbb{Z}$.

Remarque

Si k est un entier naturel non nul, on a : $a \equiv a'$ [n] $\Rightarrow$ $a^k \equiv a'^k$ [n].

Exemples

On considère les nombres a et b tels que : $a = 137$ et $b = 73$.
Déterminer les restes des divisions euclidiennes de $a + b$, ab, $3a - 2b$ et $a^2 + 3b^3$ par 25.
On a : $a \equiv 12$ [25] et $b \equiv -2$ [25].

- On a : $a + b \equiv 10$ [25].
  Or : $0 \leq 10 < 25$; donc 10 est le reste de la division euclidienne de $a + b$ par 25.
- On a : $ab \equiv -24$ [25] ; donc : $ab \equiv 1$ [25].
  Or : $0 \leq 1 < 25$; donc 1 est le reste de la division euclidienne de ab par 25.
- On a : $3a - 2b \equiv 40$ [25] ; donc : $3a - 2b \equiv 15$ [25].
  Or : $0 \leq 15 < 25$; donc 15 est le reste de la division euclidienne de $3a - 2b$ par 25.
- On a : $a^2 + 3b^3 \equiv 120$ [25] ; donc : $a^2 + 3b^3 \equiv 20$ [25].
  Or : $0 \leq 20 < 25$; donc 20 est le reste de la division de $a^2 + 3b^3$ par 25.

2.3. Utilisations des congruences

Déterminations de restes

1. Déterminer le reste de la division euclidienne de $7^{2\,002}$ par 9.

On a : $7^0 \equiv 1$ [9] ; $7^1 \equiv 7$ [9] ; $7^2 \equiv 4$ [9] ; $7^3 \equiv 1$ [9].
$2\,002 = 3 \times 667 + 1$.
Donc : $(7^3)^{667} \times 7 \equiv 1^{667} \times 7$ [9] ; c'est-à-dire : $7^{2\,002} \equiv 7$ [9].
Or : $0 \leq 7 < 9$; donc 7 est le reste de la division euclidienne de $7^{2\,002}$ par 9.

2. Déterminer, suivant les valeurs de l'entier naturel n, le reste de la division euclidienne de 5^n par 3.

On a : $5^0 \equiv 1$ [3] ; $5^1 \equiv 2$ [3] ; $5^2 \equiv 1$ [3].

- Si $n = 2k$ ($k \in \mathbb{N}$), on a : $(5^2)^k \equiv 1^k$ [3] ; donc : $5^n \equiv 1$ [3].
- Si $n = 2k + 1$ ($k \in \mathbb{N}$), on a : $(5^2)^k \times 5 \equiv 1^k \times 5$ [3] ; donc : $5^n \equiv 2$ [3].

Démonstrations de propriétés

1. **Soit n un entier naturel. Démontrer que $n(n^4 - 1)$ est multiple de 5.**

On distingue cinq cas : $n \equiv 0$ [5], $n \equiv 1$ [5], … , $n \equiv 4$ [5].
Les résultats sont regroupés dans le tableau de congruences ci-contre.
On en déduit que $n(n^4 - 1)$ est multiple de 5.

n	0	1	2	3	4
$n^4 - 1$	4	0	0	0	0
$n(n^4 - 1)$	0	0	0	0	0

2. **Soit n un entier naturel.**

1°) Démontrer que le reste de la division euclidienne de n^2 par 8 est 0, 1 ou 4.
2°) En déduire que les nombres de la forme $8k + 7$ ($k \in \mathbb{Z}$) ne sont pas la somme de trois carrés parfaits.

1°) On distingue huit cas : $n \equiv 0$ [8], $n \equiv 1$ [8], … , $n \equiv 7$ [8].
Les résultats sont regroupés dans le tableau de congruences ci-contre.
On en déduit que le reste de la division euclidienne de n^2 par 8 est 0, 1 ou 4.

n	0	1	2	3	4	5	6	7
n^2	0	1	4	1	0	1	4	1

2°) L'ensemble des restes possibles de la division euclidienne par 8 de la somme de trois carrés parfaits est le même que l'ensemble des restes possibles de la division euclidienne par 8 de la somme de trois éléments de {0 ; 1 ; 4}.

Le tableau ci-dessous regroupe les restes possibles :

(a, b, c)	(0, 0, 0)	(0, 0, 1)	(0, 0, 4)	(0, 1, 1)	(0, 1, 4)	(0, 4, 4)	(1, 1, 1)	(1, 1, 4)	(1, 4, 4)	(4, 4, 4)
reste	0	1	4	2	5	0	3	6	1	4

On en déduit que les nombres de la forme $8k + 7$ ($k \in \mathbb{Z}$) ne sont pas la somme de trois carrés parfaits.

Congruences particulières

Les critères de divisibilité par 2, 3, 4 ,5, 9 et 11 ont été utilisés au collège. Nous allons, grâce aux congruences, démontrer ces résultats et les généraliser à la détermination des restes de certaines divisions.

Dans cette partie, x désigne un entier naturel non nul et $\overline{a_p a_{p-1} \dots a_0}$ son écriture décimale.

On a : $x = a_p 10^p + a_{p-1} 10^{p-1} + \dots + a_1 10^1 + a_0$.

1. *Congruences modulo 5*

***a)* Démontrer que : $x \equiv a_0$ [5].**

***b)* Déterminer les restes des divisions euclidiennes par 5 de 1 826, 3 252 et 27 325.**

a) On a : $10 \equiv 0$ [5] ; donc, pour tout entier naturel k non nul : $10^k \equiv 0$ [5].

On en déduit que : $a_p 10^p + a_{p-1} 10^{p-1} + \dots + a_1 10^1 + a_0 \equiv a_0$ [5].

b) Les restes des divisions euclidiennes par 5 de 1 826, 3 252 et 27 325 sont respectivement 1, 2 et 0.

2. *Congruences modulo 4 et modulo 25*

***a)* Démontrer que : $x \equiv \overline{a_1 a_0}$ [4] et $x \equiv \overline{a_1 a_0}$ [25].**

***b)* Déterminer les restes des divisions euclidiennes par 4 et 25 de 1 826, 3 252 et 27 325.**

a) On a : $10^2 \equiv 0$ [4] et $10^2 \equiv 0$ [25] ;
donc, pour tout entier naturel k supérieur ou égal à 2 : $10^k \equiv 0$ [4] et $10^k \equiv 0$ [25].

On en déduit que : $a_p 10^p + a_{p-1} 10^{p-1} + \dots + a_1 10^1 + a_0 \equiv a_1 10^1 + a_0$ [4]

et : $a_p 10^p + a_{p-1} 10^{p-1} + \dots + a_1 10^1 + a_0 \equiv a_1 10^1 + a_0$ [25].

b) Les restes des divisions euclidiennes par 4 de 1 826, 3 252 et 27 325 sont respectivement 2, 0 et 1.

Les restes des divisions euclidiennes par 25 de 1 826, 3 252 et 27 325 sont respectivement 1, 2 et 0.

3. *Congruences modulo 9 et 3*

***a)* Démontrer que : $x \equiv \sum_{k=0}^{p} a_k$ [9] et $x \equiv \sum_{k=0}^{p} a_k$ [3].**

***b)* Déterminer les restes des divisions euclidiennes par 9 et 3 de 1 826, 3 252 et 27 325.**

a) On a : $10 \equiv 1$ [9] et $10 \equiv 1$ [3] ;
donc, pour tout entier naturel k : $10^k \equiv 1$ [9] et $10^k \equiv 1$ [3].

On en déduit que : $a_p 10^p + a_{p-1} 10^{p-1} + \dots + a_1 10^1 + a_0 \equiv \sum_{k=0}^{p} a_k$ [9]

et : $a_p 10^p + a_{p-1} 10^{p-1} + \dots + a_1 10^1 + a_0 \equiv \sum_{k=0}^{p} a_k$ [3].

b) On a : $1\,826 \equiv 1 + 8 + 2 + 6$ [9] ; donc le reste de la division de 1 826 par 9 est 8.

De même, les restes des divisions euclidiennes par 9 de 3 252 et 27 325 sont respectivement 3 et 1.
Les restes des divisions euclidiennes par 3 de 1 826, 3 252 et 27 325 sont respectivement 2, 0 et 1.

4. *Congruences modulo 11*

***a)* Démontrer que : $x \equiv \sum_{k=0}^{p} (-1)^k a_k$ [11].**

***b)* Déterminer les restes de la division euclidienne par 11 de 1 826, 3 252 et 27 325.**

a) On a : $10 \equiv -1$ [11] ; donc, pour tout entier naturel k : $10^k \equiv (-1)^k$ [11].

On en déduit que : $a_p 10^p + a_{p-1} 10^{p-1} + \dots + a_1 10^1 + a_0 \equiv \sum_{k=0}^{p} (-1)^k a_k$ [11].

b) On a : $1\,826 \equiv -1 + 8 - 2 + 6$ [11] ; donc le reste de la division euclidienne de 1 826 par 11 est 0.

De même, les restes des divisions euclidiennes par 11 de 3 252 et 27 325 sont respectivement 7 et 1.

Exercices

2.a Combien y a-t-il de multiples de 11 compris entre – 1 000 et 1 000 ?

2.b Déterminer l'ensemble des diviseurs de 60.

2.c Déterminer les entiers naturels n et p tels que : $n^2 - p^2 = 28$.

2.d Démontrer que : $2^{32} \equiv 1\ [5]$.

2.e Soit n et d deux entiers relatifs non nuls tels que d divise n.
Démontrer que pour tous entiers relatifs a et b on a : $a \equiv b\ [n] \Rightarrow a \equiv b\ [d]$.

2.f Sans effectuer la division euclidienne, vérifier que 23 157 est divisible par 9.

2.g Déterminer les couples $(x\ ;\ y)$ de chiffres tels que le nombre d'écriture décimale $\overline{724xy}$ soit multiple de 9.

2.h Soit a, b et c trois entiers relatifs non nuls.
1. Démontrer que si bc divise a, alors b divise a et c divise a.
2. La réciproque est-elle vraie ?

3 PPCM et PGCD de deux entiers relatifs

3.1. PPCM de deux entiers relatifs

Soit a et b deux entiers relatifs non nuls et A l'ensemble des entiers naturels non nuls appartenant à $a\mathbb{Z} \cap b\mathbb{Z}$.
$|ab| \in$ A ; donc A, partie non vide de $\mathbb{N}$, admet un plus petit élément.

Définition

Soit a et b deux entiers relatifs non nuls.
On appelle plus petit commun multiple de a et b, et on note PPCM(a ; b), le plus petit élément strictement positif de $a\mathbb{Z} \cap b\mathbb{Z}$.

Exemples

• On a : $12\mathbb{Z} = \{\ldots\ ;-24\ ;-12\ ;0\ ;12\ ;24\ ;36\ ;48\ ;60\ ;72\ ;84\ ;96\ ;\ldots\}$
$16\mathbb{Z} = \{\ldots\ ;-32\ ;-16\ ;0\ ;16\ ;32\ ;48\ ;64\ ;80\ ;96\ ;\ldots\}$
$12\mathbb{Z} \cap 16\mathbb{Z} = \{\ldots\ ;-48\ ;0\ ;48\ ;96\ ;\ldots\}$.
Donc : PPCM(12 ; 16) = 48.

• Déterminer le PPCM de 5 et 7.
Les multiples strictement positifs de 7 sont dans l'ordre croissant : 7 ; 14 ; 21 ; 28 ; 35 …
Le plus petit d'entre eux qui est multiple de 5 est 35 ; donc : PPCM(5 ; 7) = 35.

Remarques

• *Pour tous entiers relatifs non nuls a et b, on a : PPCM(a ; b) = PPCM(|a| ; |b|).*
Dans une recherche de PPCM, on peut donc se ramener à la recherche du PPCM de deux entiers naturels non nuls.
• *Pour tous entiers naturels non nuls a et b, on a : Max(a ; b) ≤ PPCM(a ; b) ≤ ab.*
• *Pour tous entiers naturels non nuls a et b, on a : PPCM(a ; b) = $a \Leftrightarrow a \in b\mathbb{Z}$.*

Propriété 1

Soit a et b deux entiers naturels non nuls et μ leur PPCM.
On a : $a\mathbb{Z} \cap b\mathbb{Z} = \mu\mathbb{Z}$.

Démonstration

• Soit k un élément de $\mu\mathbb{Z}$.
k est multiple de μ et μ est multiple de a et de b ; donc k est multiple de a et de b.
Tout multiple de μ est multiple de a et de b ; donc : $\mu\mathbb{Z} \subset a\mathbb{Z} \cap b\mathbb{Z}$.

• Soit k un élément de $a\mathbb{Z} \cap b\mathbb{Z}$.
Désignons par q et r le quotient et le reste de la division euclidienne de k par μ ; on a : $r = k - \mu q$.
k et μ sont des multiples communs à a et b ; donc : $r \in a\mathbb{Z} \cap b\mathbb{Z}$.
De plus, μ est le plus petit élément strictement positif de $a\mathbb{Z} \cap b\mathbb{Z}$ et $0 \leq r < \mu$; donc : $r = 0$.
On en déduit que : $k \in \mu\mathbb{Z}$.
Donc : $a\mathbb{Z} \cap b\mathbb{Z} \subset \mu\mathbb{Z}$.
• On a : $\mu\mathbb{Z} \subset a\mathbb{Z} \cap b\mathbb{Z}$ et $a\mathbb{Z} \cap b\mathbb{Z} \subset \mu\mathbb{Z}$; donc : $\mu\mathbb{Z} = a\mathbb{Z} \cap b\mathbb{Z}$.

Exemple

PPCM(12 ; 16) = 48 et $12\mathbb{Z} \cap 16\mathbb{Z} = 48\mathbb{Z}$.

Propriété 2

Soit a, b et k trois entiers naturels non nuls.
On a : PPCM(ka ; kb) = k PPCM(a ; b).

Démonstration

Posons : μ = PPCM(a ; b) et μ_1 = PPCM (ka ; kb).
• Il existe deux entiers naturels non nuls a' et b' tels que : $\mu = aa'$ et $\mu = bb'$.
On a : $k\mu = kaa'$ et $k\mu = kbb'$.
$k\mu$ est un multiple commun à ka et kb ; donc : $k\mu \geq \mu_1$.
• Il existe deux entiers naturels non nuls a'' et b'' tels que : $\mu_1 = kaa''$ et $\mu_1 = kbb''$.
On a : $aa'' = bb''$; aa'' est un multiple commun à a et b, donc : $aa'' \geq \mu$.
On en déduit que : $\mu_1 \geq k\mu$.
• On a : $k\mu \geq \mu_1$ et $\mu_1 \geq k\mu$. Donc : PPCM(ka ; kb) = k PPCM(a ; b).

Exemple

PPCM(120 ; 168) = PPCM(24 × 5 ; 24 × 7) = 24 × PPCM(5 ; 7) = 24 × 35 = 840.

3.2. PGCD de deux entiers relatifs

Définition et propriétés

Soit a et b deux entiers relatifs non nuls.
L'ensemble des diviseurs communs à a et b, noté $\mathcal{D}(a ; b)$, contient 1 et est fini. Il admet donc un plus grand élément, strictement positif.

Définition

Soit a et b deux entiers relatifs non nuls.
On appelle plus grand commun diviseur de a et b, et on note PGCD(a ; b), le plus grand élément de $\mathcal{D}(a ; b)$.

Exemples

• On a : $\mathcal{D}(24) = \{-24 ; -12 ; -8 ; -6 ; -4 ; -3 ; -2 ; -1 ; 0 ; 1 ; 2 ; 3 ; 4 ; 6 ; 8 ; 12 ; 24\}$
$\mathcal{D}(30) = \{-30 ; -15 ; -10 ; -6 ; -5 ; -3 ; -2 ; -1 ; 0 ; 1 ; 2 ; 3 ; 5 ; 6 ; 10 ; 15 ; 30\}$
$\mathcal{D}(24 ; 30) = \{-6 ; -3 ; -2 ; -1 ; 0 ; 1 ; 2 ; 3 ; 6\}$.
Donc : PGCD(24 ; 30) = 6.

• Déterminer le PGCD de 5 et 12.
On a : $\mathcal{D}(5) = \{-5 ; -1 ; 0 ; 1 ; 5\}$ et 5 ne divise pas 12.
Donc : PGCD(5 ; 12) = 1.

Remarques

• *Pour tous entiers relatifs non nuls a et b, on a : PGCD(a ; b) = PGCD($|a|$; $|b|$).*
Dans une recherche de PGCD, on peut donc se ramener à la recherche du PGCD de deux entiers naturels non nuls.
• *Pour tous entiers naturels non nuls a et b, on a : $1 \leq$ PGCD(a ; b) $\leq$ Min(a ; b).*
• *Pour tous entiers naturels non nuls a et b, on a : PGCD(a ; b) = b $\Leftrightarrow$ $b \in \mathcal{D}(a)$.*

Propriété 1

Soit a et b deux entiers naturels non nuls et δ leur PGCD.
On a : $\mathcal{D}(a\ ;\ b) = \mathcal{D}(\delta)$.

Démonstration

• Soit d un élément de $\mathcal{D}(\delta)$.
d divise δ et δ divise a et b ; donc d divise a et b.
Tout diviseur de δ divise a et b ; donc : $\mathcal{D}(\delta) \subset \mathcal{D}(a\ ;\ b)$.

• Soit d un élément de $\mathcal{D}(a\ ;\ b)$.
Désignons par μ le PPCM de d et δ ; on a : $\delta \leq \mu$.
a est multiple de d et de δ, donc a est multiple de μ. De même b est multiple de μ.
μ divise a et b ; donc : $\mu \leq \delta$.
On a : PPCM$(d\ ;\ \delta) = \delta$. Donc d divise δ ; c'est-à-dire : $d \in \mathcal{D}(\delta)$.

• On en déduit que : $\mathcal{D}(a\ ;\ b) = \mathcal{D}(\delta)$.

Exemple

PGCD$(24\ ;\ 30) = 6$ et $\mathcal{D}(24\ ;\ 30) = \mathcal{D}(6)$.

Propriété 2

Soit a, b et k trois entiers naturels non nuls.
On a : PGCD$(ka\ ;\ kb) = k\,$PGCD$(a\ ;\ b)$.

Démonstration

Posons : $\delta =$ PGCD$(a\ ;\ b)$ et $\delta_1 =$ PGCD$(ka\ ;\ kb)$.

• Il existe deux entiers naturels non nuls a' et b' tels que : $a = \delta a'$ et $b = \delta b'$.
On a : $ka = k\delta a'$ et $kb = k\delta b'$.
$k\delta$ divise ka et kb, donc $k\delta$ divise δ_1.
Il existe un entier naturel non nul q tel que : $\delta_1 = qk\delta$ (1).

• Il existe deux entiers naturels non nuls a'' et b'' tels que : $ka = \delta_1 a''$ et $kb = \delta_1 b''$.
On a : $a = q\delta a''$ et $b = q\delta b''$; $q\delta$ divise a et b, donc : $q\delta \leq \delta$.
On en déduit que : $q = 1$.

• En remplaçant q par 1 dans (1), on obtient : PGCD$(ka\ ;\ kb) = k\,$PGCD$(a\ ;\ b)$.

Exemple

On a : PGCD$(205\ ;\ 492) =$ PGCD$(41 \times 5\ ;\ 41 \times 12) = 41 \times$ PGCD$(5\ ;\ 12) = 41$.

Propriété 3

Soit a et b deux entiers naturels non nuls et δ leur PGCD.
Un entier relatif m est multiple de δ si et seulement si il existe deux entiers relatifs u et v tels que : $m = au + bv$.

Il revient au même de dire que : $\delta\mathbb{Z} = \{au + bv,\ (u\ ;\ v) \in \mathbb{Z}^2\}$.

Démonstration

• Soit u et v deux entiers relatifs.
au et bv sont multiples de δ, donc $au + bv$ est multiple de δ.

• Considérons l'ensemble A des entiers naturels qui peuvent s'écrire sous la forme $au + bv$ ($u \in \mathbb{Z}$, $v \in \mathbb{Z}$). On a : $a = a \times 1 + b \times 0$; donc : $a \in$ A.
A est une partie non vide de $\mathbb{N}$, elle admet donc un plus petit élément p.
Il existe deux entiers relatifs u' et v' tels que : $p = au' + bv'$.
Effectuons la division euclidienne de a par p ; on obtient : $a = pq + r$, avec $0 \leq r < p$.
Donc : $r = a(1 - qu') + b(-qv')$; r est de la forme : $au + bv$.
Si r était non nul, il serait un élément de A strictement inférieur à p. Donc : $r = 0$ et p divise a.
De même p divise b ; donc p divise δ.
Or, p est multiple de δ ; donc : $p = \delta$.

• Soit m un multiple de δ.
Il existe un entier relatif k tel que : $m = k\delta$; donc : $m = a(ku') + b(kv')$.

Exemple

On a : PGCD(205 ; 492) = 41 et $82 \in 41\mathbb{Z}$;
donc il existe deux entiers relatifs u et v tels que : $82 = 205u + 492v$.
En effet : $82 = 205 \times (-2) + 492 \times 1$ ou $82 = 205 \times 10 + 492 \times (-4)$.

Algorithme d'Euclide

Propriétés 1

Soit a et b deux entiers naturels tels que $a > b > 0$ et r le reste de la division euclidienne de a par b.

• Si $r = 0$, alors $\mathcal{D}(a\,;b) = \mathcal{D}(b)$ • Si $r \neq 0$, alors $\mathcal{D}(a\,;b) = \mathcal{D}(b\,;r)$.

Démonstration

• Si $r = 0$, alors $a = bq$ et le résultat est immédiat.

• Si $r \neq 0$, alors $a = bq + r$, avec $0 < r < b$.
– On a : a combinaison linéaire de b et r dans $\mathbb{Z}$; donc tout diviseur de b et r est un diviseur de a.
On en déduit que : $\mathcal{D}(b\,;r) \subset \mathcal{D}(a\,;b)$.
– De plus : $r = a - bq$; c'est-à-dire : r combinaison linéaire de a et b dans $\mathbb{Z}$.
Donc tout diviseur de a et b est un diviseur de r.
On en déduit que : $\mathcal{D}(a\,;b) \subset \mathcal{D}(b\,;r)$.

Propriétés 2

Soit a et b deux entiers naturels tels que $a > b > 0$ et r le reste de la division euclidienne de a par b.

• Si $r = 0$, alors PGCD$(a\,;b) = b$ • Si $r \neq 0$, alors PGCD$(a\,;b)$ = PGCD$(b\,;r)$.

Démonstration

On utilise les propriétés précédentes.

• Si $r = 0$, les ensembles $\mathcal{D}(a\,;b)$ et $\mathcal{D}(b)$ sont égaux et ont le même plus grand élément.
Donc : PGCD$(a\,;b) = b$.

• Si $r \neq 0$, les ensembles $\mathcal{D}(a\,;b)$ et $\mathcal{D}(b\,;r)$ sont égaux et ont le même plus grand élément.
Donc : PGCD$(a\,;b)$ = PGCD$(b\,;r)$.

Exemple

Nous avons vu que : PGCD(492 ; 205) = 41.
– Or : $492 = 205 \times 2 + 82$; donc 82 est le reste de la division euclidienne de 492 par 205.
On obtient : PGCD(492 ; 205) = PGCD(205 ; 82).
– De même : $205 = 82 \times 2 + 41$; donc 41 est le reste de la division euclidienne de 205 par 82.
On obtient cette fois : PGCD(205 ; 82) = PGCD(82 ; 41) = 41.

On déduit de ce qui précède une nouvelle méthode de recherche du PGCD, appelée algorithme d'Euclide.

M

Pour déterminer le PGCD de deux entiers naturels a et b tels que $a > b > 0$, on peut effectuer les divisions euclidiennes successives suivantes :
• division de a par b, pour obtenir $a = b \times q_0 + r_0$ (avec $0 \leq r_0 < b$) ;
• division de b par r_0, pour obtenir $b = r_0 \times q_1 + r_1$ (avec $0 \leq r_1 < r_0 < b$) ;
• division de r_0 par r_1, pour obtenir $r_0 = r_1 \times q_2 + r_2$ (avec $0 \leq r_2 < r_1 < r_0 < b$) ;
• ...

La suite (r_n), positive et strictement décroissante, s'annule après un nombre fini de divisions euclidiennes et le dernier reste non nul obtenu est égal à PGCD$(a\,;b)$.

Exemple

Déterminer le PGCD de 304 939 et 151 097.
Posons : δ = PGCD(304 939 ; 151 097).

- 304 939 = 151 097 × 2 + 2 745 ; donc : δ = PGCD(151 097 ; 2 745).
- 151 097 = 2 745 × 55 + 122 ; donc : δ = PGCD(2 745 ; 122).
- 2 745 = 122 × 22 + 61 ; donc : δ = PGCD(122 ; 61).
- 122 = 61 × 2 + 0 ; donc : δ = 61.

On adopte généralement la disposition pratique ci-contre.

dividende	304 939	151 097	2 745	122
diviseur	151 097	2 745	122	61
reste	2 745	122	61	0

3.3. Nombres premiers entre eux

Définition et propriétés

Définition

Soit a et b deux entiers relatifs non nuls.
On dit que a et b sont premiers entre eux si leur PGCD est égal à 1.

Les seuls diviseurs communs de a et b sont alors 1 et – 1.

Exemples

- On a : PGCD(4 ; 17) = 1 ; donc 4 et 17 sont premiers entre eux.
- 60 et 135 sont tous les deux divisibles par 3 ; donc ils ne sont pas premiers entre eux.

Remarque

Soit a et b deux entiers relatifs non nuls et d un diviseur commun à a et b.
On a : $a = da'$, $b = db'$ et PGCD(a ; b) = d PGCD(a' ; b').
d est le PGCD de a et b si et seulement si a' et b' sont premiers entre eux.

Théorème de Bézout[1]

Soit a et b deux entiers relatifs non nuls.
a et b sont premiers entre eux si et seulement si il existe deux entiers relatifs u et v tels que : $au + bv = 1$.

Ce théorème est une conséquence de la propriété 3, établie au §3.2.

Exemples

- On a : 49 × 54 + 115 × (– 23) = 1 ; donc : PGCD(49 ; 115) = 1.
- Deux entiers consécutifs non nuls n et $n + 1$ sont premiers entre eux.

En effet, on a : $n \times (-1) + (n + 1) \times 1 = 1$.

Théorème de Gauss[2]

Soit a, b et c trois entiers relatifs non nuls.
Si a divise bc et si a et b sont premiers entre eux, alors a divise c.

Démonstration

Il existe trois entiers relatifs k, u et v tels que : $bc = ka$ et $au + bv = 1$.

On a : $auc + bvc = c$; donc : $a(uc + kv) = c$.

On en déduit que a divise c.

---

1 *Étienne Bézout, mathématicien français – 1730 - 1783.*

2 *Carl Friedrich Gauss, mathématicien, physicien et astronome allemand – 1777 - 1855.*

Exemple

Résoudre dans $\mathbb{Z}^2$ l'équation (E) : $2x - 5y = 0$.

• Soit $(x ; y)$ une solution de (E). On a : $2x = 5y$.
2 divise $5y$ et est premier avec 5 ; donc, d'après le théorème de Gauss, 2 divise y.
Il existe un entier relatif k tel que : $y = 2k$.
On en déduit que : $x = 5k$.

• Réciproquement, pour tout entier relatif k, le couple $(5k ; 2k)$ est solution de (E).

• L'ensemble des solutions de (E) est donc : $\{(5k ; 2k), k \in \mathbb{Z}\}$.

Conséquences

Soit a, b et c trois entiers relatifs non nuls.

• Si a et b sont premiers entre eux et si a et c sont premiers entre eux, alors a et bc sont premiers entre eux.

• Si a et b divisent c et si a et b sont premiers entre eux, alors ab divise c.

• Si a et b sont premiers entre eux, alors : PPCM$(a ; b) = ab$.

Démonstration

• Il existe quatre entiers relatifs u, v, u', v' tels que : $au + bv = 1$ et $au' + cv' = 1$.
En multipliant membre à membre ces deux égalités, on obtient : $a(uau' + ucv' + bvu') + bc(vv') = 1$.
Donc a est premier avec bc.

• Il existe un entier relatif a' tel que : $c = aa'$.
b divise aa' et est premier avec a ; donc il existe un entier relatif b' tel que : $a' = bb'$.
On en déduit que : $c = abb'$; donc ab divise c.

• a et b divisent PPCM$(a ; b)$, a et b sont premiers entre eux ; donc ab divise PPCM$(a ; b)$.
ab est multiple de a et de b, donc ab est multiple de PPCM$(a ; b)$.
On en déduit que : PPCM$(a ; b) = ab$.

Propriété

Soit n un entier naturel non nul et a, b, c trois entiers relatifs ($a \neq 0$).
Si a est premier avec n et si $ab \equiv ac\ [n]$, alors $b \equiv c\ [n]$.

Démonstration

On a : $ab \equiv ac\ [n] \iff a(b - c) \in n\mathbb{Z}$.

n divise $a(b - c)$ et est premier avec a, donc n divise $b - c$.

On en déduit que : $b \equiv c\ [n]$.

Relation entre le PGCD et le PPCM de deux entiers naturels

Propriété

Soit a et b deux entiers naturels non nuls, δ leur PGCD et μ leur PPCM.
On a : $\delta\mu = ab$.

Démonstration

Les entiers relatifs a' et b' tels que $a = \delta a'$ et $b = \delta b'$ sont premiers entre eux.

Donc : PPCM$(a ; b) = \delta$PPCM$(a' ; b') = \delta a'b'$.

On en déduit que : $\delta\mu = ab$.

Exemple

Déterminer le PPCM de 304 939 et 151 097.
On a vu que : PGCD(304 939 ; 151 097) = 61 ;
donc : PPCM(304 939 ; 151 097) $= \dfrac{304\,939 \times 151\,097}{61} = 755\,333\,903$.

3.4. Exemples d'utilisation

Détermination des coefficients d'une égalité de Bézout

1. Démontrer, en utilisant l'algorithme d'Euclide, que 564 et 271 sont premiers entre eux.
2. En déduire deux entiers relatifs u et v tels que : $564u + 271v = 1$.

Solution

1. On a : $564 = 271 \times 2 + 22$; donc : PGCD(564 ; 271) = PGCD(271 ; 22).
On a : $271 = 22 \times 12 + 7$; donc : PGCD(271 ; 22) = PGCD(22 ; 7).
On a : $22 = 7 \times 3 + 1$; donc : PGCD(22 ; 7) = PGCD(7 ; 1) = 1.
Les nombres 564 et 271 sont premiers entre eux.
2. Utilisons les divisions euclidiennes précédentes, de la dernière à la première.
On a : $1 = 22 + 7 \times (-3)$
$= 22 + (271 - 22 \times 12) \times (-3)$
$= 271 \times (-3) + 22 \times 37$
$= 271 \times (-3) + (564 - 271 \times 2) \times 37$
$= 564 \times 37 + 271 \times (-77)$.
On peut donc prendre : $(u ; v) = (37 ; -77)$.

Équations du type $ax + by = c$

D'après la propriété 3 §3.2, une équation d'inconnue $(x ; y)$ dans $\mathbb{Z}^2$ du type $ax + by = c$, a des solutions si et seulement si c est multiple du PGCD de a et b.

On se propose de résoudre dans $\mathbb{Z}^2$ l'équation (E) : $34x - 15y = 2$.
1. Résoudre dans $\mathbb{Z}^2$ l'équation (E') : $34x - 15y = 0$.
2. Déterminer une solution $(x_0 ; y_0)$ de (E).
3. Résoudre (E).

Solution

1. Soit $(x ; y)$ une solution de (E'). On a : $34x = 15y$.
15 divise $34x$ et est premier avec 34 ; donc, d'après le théorème de Gauss, 15 divise x.
Il existe un entier relatif k tel que : $x = 15k$.
On en déduit que : $y = 34k$.
Réciproquement, pour tout entier relatif k, le couple $(15k ; 34k)$ est solution de (E').
L'ensemble des solutions de (E') est donc : $\{(15k ; 34k), k \in \mathbb{Z}\}$.
2. On remarque que : $4 \times 34 = 136$ et $9 \times 15 = 135$; donc : $34 \times 8 - 15 \times 18 = 2$.
On peut prendre : $(x_0 ; y_0) = (8 ; 18)$.
3. Soit $(x ; y)$ un couple d'entiers relatifs.
On a : $34x - 15y = 0 \Leftrightarrow 34(x + x_0) - 15(y + y_0) = 2$.
On en déduit que les solutions de (E) sont les couples $(x + x_0 ; y + y_0)$ où $(x ; y)$ est solution de (E').
L'ensemble des solutions de (E) est donc : $\{(15k + 8 ; 34k + 18), k \in \mathbb{Z}\}$.

Systèmes

1. Résoudre dans $\mathbb{Z}$ le système (S_1) : $\begin{cases} x \equiv -1\ [34] \\ x \equiv 1\ [15] \end{cases}$.

Solution

Soit x une solution de (S_1). Il existe deux entiers relatifs p et q tels que : $x = 34p - 1$ et $x = 15q + 1$.
On en déduit que : $34p - 15q = 2$.
D'après l'étude précédente, il existe un entier relatif k tel que : $(p ; q) = (15k + 8 ; 34k + 18)$.
Réciproquement, soit k un entier relatif.
Posons : $x = 34(15k + 8) - 1$.
On a : $x \equiv -1\ [34]$ et $x \equiv 1\ [15]$.
L'ensemble des solutions de (S_1) est donc : $\{510k + 271, k \in \mathbb{Z}\}$.
[À noter qu'on obtient le même résultat en posant : $x = 15(34k + 18) + 1$.]

2. Résoudre dans $\mathbb{N}^2$ le système (S_2) : $\begin{cases} \text{PGCD}(x ; y) = 12 \\ x + y = 60 \end{cases}$.

Solution

$$\begin{cases} \text{PGCD}(x ; y) = 12 \\ x + y = 60 \end{cases} \Leftrightarrow \begin{cases} x = 12x' \text{ et } y = 12y' \\ \text{PGCD}(x' ; y') = 1 \\ x' + y' = 5 \end{cases}.$$

On obtient : $x' = 1$ et $y' = 4$; $x' = 2$ et $y' = 3$; $x' = 3$ et $y' = 2$; $x' = 4$ et $y' = 1$.
L'ensemble des solutions de (S_2) est donc : $\{(12 ; 48), (24 ; 36), (36 ; 24), (48 ; 12)\}$.

Exercices

3.a Déterminer le PPCM des entiers relatifs a et b dans chacun des cas suivants.
- $a = 48$ et $b = 12$
- $a = -3$ et $b = 8$
- $a = 15$ et $b = 21$
- $a = 160$ et $b = 200$.

3.b Déterminer le PGCD des entiers relatifs a et b dans chacun des cas suivants.
- $a = 24$ et $b = 24$
- $a = 14$ et $b = 31$
- $a = -75$ et $b = -25$
- $a = 132$ et $b = -96$.

3.c À l'aide de l'algorithme d'Euclide, déterminer le PGCD de 2 867 et 3 431.

3.d Démontrer que deux nombres impairs consécutifs sont premiers entre eux.

3.e À l'aide du théorème de Bézout, démontrer que : $\forall\, n \in \mathbb{Z}$, PGCD$(2n + 1\ ;\ 3n + 1) = 1$.

3.f Démontrer que le produit de trois entiers relatifs consécutifs est divisible par 6.

3.g Dans chacun des cas suivants, déterminer le PGCD des entiers relatifs a et b, puis en déduire leur PPCM.
- $a = 24$ et $b = 56$
- $a = 300$ et $b = 750$
- $a = 1\,386$ et $b = 546$
- $a = -3\,015$ et $b = 3\,975$.

4 Nombres premiers

4.1. Généralités

Définition et propriété

Définition

On dit qu'un entier naturel p est premier s'il possède exactement deux diviseurs positifs : 1 et p.

Exemples
- 2, 3, 5, 7, 11 et 13 sont des nombres premiers.
- 12 et 49 ne sont pas des nombres premiers.

Remarques
- *0 et 1 ne sont pas des nombres premiers.*
- *Deux nombres premiers distincts sont premiers entre eux.*

Propriété

Tout entier naturel n différent de 0 et de 1 admet au moins un diviseur premier.

Démonstration

Considérons l'ensemble A défini par : $A = \{d \in \mathcal{D}(n),\ d \geq 2\}$.

$n \in A$; donc A, partie non vide de $\mathbb{N}$, admet un plus petit élément p.

Le nombre p, comme tous les éléments de A, est un entier naturel différent de 0 et de 1.

On en déduit que p est un nombre premier ; en effet si ce n'était pas le cas, il admettrait un diviseur q entier naturel autre que 1 ou lui-même et q serait un élément de A strictement plus petit que p.

L'ensemble des nombres premiers

L'algorithme suivant, dû à Ératosthène de Cyrène (276-194 av. J.-C.), permet de déterminer les nombres premiers inférieurs à un nombre donné n. On écrit les entiers naturels successifs compris entre 1 et n.

• On barre 1 qui n'est pas premier.

• Le nombre 2 est premier. On barre tous les multiples de 2 autres que 2.

• Le premier nombre non barré est 3, qui est donc premier.

On barre tous les multiples de 3 autres que 3.

• On itère le procédé jusqu'à la fin du tableau.

~~1~~	2	3	~~4~~	5	~~6~~	7	~~8~~	~~9~~	~~10~~
11	~~12~~	13	~~14~~	~~15~~	~~16~~	17	~~18~~	19	~~20~~
~~21~~	~~22~~	23	~~24~~	~~25~~	~~26~~	~~27~~	~~28~~	29	~~30~~
31	~~32~~	~~33~~	~~34~~	~~35~~	~~36~~	37	~~38~~	~~39~~	~~40~~
41	~~42~~	43	~~44~~	~~45~~	~~46~~	47	~~48~~	~~49~~	~~50~~
~~51~~	~~52~~	53	~~54~~	~~55~~	~~56~~	~~57~~	~~58~~	59	~~60~~
61	~~62~~	~~63~~	~~64~~	~~65~~	~~66~~	67	~~68~~	~~69~~	~~70~~
71	~~72~~	73	~~74~~	~~75~~	~~76~~	~~77~~	~~78~~	79	~~80~~
~~81~~	~~82~~	83	~~84~~	~~85~~	~~86~~	~~87~~	~~88~~	89	~~90~~
~~91~~	~~92~~	~~93~~	~~94~~	~~95~~	~~96~~	97	~~98~~	~~99~~	~~100~~

Propriété 1

Il existe une infinité de nombres premiers.

Démonstration

Supposons qu'il n'existe qu'un nombre fini de nombres premiers distincts notés $p_1, p_2, \ldots, p_s$ et considérons le nombre n défini par : $n = p_1 \times p_2 \times \ldots \times p_s + 1$.

D'après la propriété précédente, n admet au moins un diviseur premier p.

Donc p est l'un des nombres $p_1, p_2, \ldots, p_s$.

On en déduit que p divise $n - p_1 \times p_2 \times \ldots \times p_s$, c'est-à-dire 1.

Ce qui est contradictoire avec le fait que p est premier.

Il existe donc une infinité de nombres premiers.

Remarque

Depuis l'Antiquité, les mathématiciens s'interrogent sur la répartition des nombres premiers. Est-elle régulière ? Présente-t-elle des particularités ?

• *Jacques Hadamard a démontré en 1896 qu'il y a environ* $\frac{n}{\ln(n)}$ *nombres premiers inférieurs à* n *et que cette approximation est d'autant plus précise que* n *est grand.*

• *En 1963, Stanislas Ulam place les entiers naturels en spirale, comme l'indique la figure ci-contre, puis noircit les cases des nombres non premiers.*
Il obtient une constellation présentant des alignements surprenants, appelée spirale d'Ulam (cf. introduction du chapitre).

4	5	6
3	0	7
2	1	8

• *Le plus grand nombre premier connu, depuis 1998, est :* $2^{3\,021\,377} - 1$.

Propriété 2

Tout entier naturel n, autre que 0 et 1 et non premier, admet au moins un diviseur premier d tel que :

$$1 < d^2 \leq n.$$

Démonstration

Si n est un entier naturel non premier, autre que 0 et 1, il admet au moins un diviseur strictement compris entre 1 et n. Notons d le plus petit d'entre eux.

On a : $n = d \times d'$, avec $1 < d \leq d'$; donc : $1 < d^2 \leq n$.

De plus d est premier (sinon il ne serait pas le plus petit diviseur strictement positif de n).

Cette propriété fournit un critère d'arrêt lorsqu'on cherche à savoir si un entier naturel est premier.

M Pour déterminer si un entier naturel n est premier, on essaie de le diviser par tous les nombres premiers inférieurs à $\sqrt{n}$. Si aucun de ces nombres ne divise n, on peut dire que n est premier.

Exemple

Démontrer que 137 est un nombre premier.
On a : $\sqrt{137} \approx 11{,}704$.
137 n'est divisible par aucun des nombres premiers 2, 3, 5, 7, 11 ; de plus, $13^2 > 137$.
Donc 137 est un nombre premier.

4.2. Décomposition en produit de facteurs premiers

Théorème fondamental

Considérons l'entier naturel 14 394 744.
Il peut se décomposer en produit de facteurs premiers ; en effet : $14\,394\,744 = 2^3 \times 3^2 \times 7 \times 13^4$.

Plus généralement, nous admettons le théorème fondamental suivant.

Théorème

Soit n entier naturel ($n \geq 2$).
- **Il existe des nombres premiers $p_1, p_2, \ldots, p_k$ et des entiers naturels non nuls $\alpha_1, \alpha_2, \ldots, \alpha_k$ tels que :**

$$n = p_1^{\alpha_1} \times p_2^{\alpha_2} \times \ldots \times p_k^{\alpha_k} \quad \text{et} \quad p_1 < p_2 < \ldots < p_k.$$

- **Cette décomposition est unique.**

Exemple

Pour décomposer 4 872 en produit de facteurs premiers, on peut utiliser la disposition pratique ci-contre.
On obtient : $4\,872 = 2^3 \times 3 \times 7 \times 29$.

4 872	2
2 436	2
1 218	2
609	3
203	7
29	29
1	

Exemples d'utilisation

1. *Détermination de PPCM et de PGCD*
Déterminer le PPCM et le PGCD de 700 et 18 375.

Solution

On a : $700 = 2^2 \times 5^2 \times 7$ et $18\,375 = 3 \times 5^3 \times 7^2$.

Donc : $\text{PPCM}(700\ ;\ 18\,375) = 2^2 \times 3 \times 5^3 \times 7^2 = 73\,500$.

$\text{PGCD}(700\ ;\ 18\,375) = 5^2 \times 7 = 175$.

2. *Détermination de l'ensemble des diviseurs positifs d'un entier naturel*
***a)* Quel est le nombre de diviseurs positifs de 14 553 ?**
***b)* Déterminer l'ensemble $\mathcal{D}$ des diviseurs positifs de 14 553.**

Solution

a) On a : $14\,553 = 3^3 \times 7^2 \times 11$.
Les diviseurs positifs de 14 553 sont les nombres qui peuvent s'écrire sous la forme $3^\alpha \times 7^\beta \times 11^\gamma$, où $\alpha \in \{0\ ;\ 1\ ;\ 2\ ;\ 3\}$, $\beta \in \{0\ ;\ 1\ ;\ 2\}$ et $\gamma \in \{0\ ;\ 1\}$.
Le nombre de diviseurs positifs de 14 553 est donc : $4 \times 3 \times 2 = 24$.

b) Chaque diviseur positif de 14 553 est le produit de 3 nombres, à raison d'un par chacune des trois lignes du tableau ci-contre.

3^α	1	3	9	27
7^β	1	7	49	
11^γ	1	11		

On en déduit que les diviseurs positifs de 14 553 sont :

$1 \times 1 \times 1$	$1 \times 1 \times 11$	$1 \times 7 \times 1$	$1 \times 7 \times 11$	$1 \times 49 \times 1$	$1 \times 49 \times 11$
$3 \times 1 \times 1$	$3 \times 1 \times 11$	$3 \times 7 \times 1$	$3 \times 7 \times 11$	$3 \times 49 \times 1$	$3 \times 49 \times 11$
$9 \times 1 \times 1$	$9 \times 1 \times 11$	$9 \times 7 \times 1$	$9 \times 7 \times 11$	$9 \times 49 \times 1$	$9 \times 49 \times 11$
$27 \times 1 \times 1$	$27 \times 1 \times 11$	$27 \times 7 \times 1$	$27 \times 7 \times 11$	$27 \times 49 \times 1$	$27 \times 49 \times 11$.

Donc : $\mathcal{D} = \{1\ ;\ 3\ ;\ 7\ ;\ 9\ ;\ 11\ ;\ 21\ ;\ 27\ ;\ 33\ ;\ 49\ ;\ 63\ ;\ 77\ ;\ 99\ ;\ 147\ ;\ 189\ ;\ 231\ ;\ 297\ ;\ 441\ ;\ 539\ ;\ 693\ ;\ 1\,323\ ;\ 1\,617\ ;\ 2\,079\ ;\ 4\,851\ ;\ 14\,553\}$.

4.3. Travaux dirigés

Le petit théorème de Fermat[3]

Soit p un nombre premier.

1°) *a)* Démontrer que pour tout entier naturel i strictement compris entre 0 et p, C_p^i est multiple de p.
***b)* En déduire que pour tous entiers relatifs a et b, on a : $(a+b)^p \equiv a^p + b^p\ [p]$.**

2°) *a)* Démontrer que : $\forall a \in \mathbb{N}$, $a^p \equiv a\ [p]$.
***b)* En déduire que pour tout entier naturel a premier avec p, on a : $a^{p-1} \equiv 1\ [p]$.**

Solution

1°) *a)* On a : $C_p^i = \dfrac{p!}{i!(p-i)!} = \dfrac{p}{i} \times \dfrac{(p-1)!}{(i-1)!\,(p-i)!} = \dfrac{p}{i} C_{p-1}^{i-1}$; donc : $pC_{p-1}^{i-1} = iC_p^i$.

p divise iC_p^i et est premier avec i ; donc C_p^i est multiple de p.

b) On a : $(a+b)^p = a^p + \left(\sum\limits_{i=1}^{p-1} C_p^i\, a^i b^{p-i}\right) + b^p$.

Or : $\sum\limits_{i=1}^{p-1} C_p^i\, a^i b^{p-i} \equiv 0\ [p]$; donc : $(a+b)^p \equiv a^p + b^p\ [p]$.

2°) *a)* Pour tout entier naturel a, considérons la proposition $P(a)$: « $a^p \equiv a\ [p]$ ».

- $P(0)$ est vraie.
- Soit k un entier naturel.

Si $P(k)$ est vraie, on a : $k^p \equiv k\ [p]$.
Or, d'après la question précédente, on a : $(k+1)^p \equiv k^p + 1^p\ [p]$.
Donc : $(k+1)^p \equiv k+1\ [p]$; c'est-à-dire : $P(k+1)$ est vraie.
On en déduit que $P(a)$ est vraie pour tout entier naturel a.

b) Soit a un entier naturel premier avec p.
On a : $a \times a^{p-1} \equiv a \times 1\ [p]$; donc : $a^{p-1} \equiv 1\ [p]$.

Les propriétés démontrées à la question 2 sont connues sous le nom de petit théorème de Fermat.

Exercices

4.a Vérifier si les nombres suivants sont premiers : 103 ; 119 ; 137 ; 211.

4.b *a)* Pour tout entier naturel n non multiple de 5, le nombre $6n+5$ est-il premier ?
b) Pour tout entier naturel n, le nombre $n^2 - n + 41$ est-il premier ?

4.c Décomposer en produit de facteurs premiers les nombres suivants : 120 ; 126 ; 336 ; 735.

4.d En utilisant la décomposition en produit de facteurs premiers, mettre les fractions suivantes sous forme irréductible :

$$\frac{495}{315}\ ;\ \frac{780}{204}\ ;\ \frac{918}{1\,242}.$$

4.e En utilisant la décomposition en produit de facteurs premiers, dresser la liste des diviseurs des nombres suivants : 90 ; 120 ; 245.

4.f Dans chacun des cas suivants, décomposer a et b en produits de facteurs premiers et déterminer leur PGCD et leur PPCM.

- $a = 4\,312$ et $b = 6\,776$
- $a = 28\,665$ et $b = 412\,375$.

4.g Décomposer 1 925 et 6 860 en produit de facteurs premiers, puis calculer :

$$\frac{51}{1\,925} + \frac{3}{6\,860}.$$

3 *Pierre de Fermat, mathématicien français – 1601 - 1665.*

Exercices

APPRENTISSAGE

Raisonnement par récurrence

1 Démontrer que pour tout entier naturel n non nul, on a :

a) $\sum_{k=1}^{n} k(k+1) = \frac{n(n+1)(n+2)}{3}$

b) $\sum_{k=1}^{n} k(k+1)(k+2) = \frac{n(n+1)(n+2)(n+3)}{4}$.

2 Démontrer que pour tout entier naturel n non nul, on a :

a) $\sum_{k=1}^{n} k(n-k) = \frac{(n-1)n(n+1)}{6}$

b) $\sum_{k=1}^{n} \frac{1}{k(k+1)} = \frac{n}{n+1}$

c) $\sum_{k=1}^{n} k2^{k-1} = (n-1)2^n + 1$.

3 Démontrer que pour tout entier naturel n supérieur ou égal à 5, on a : $2^n > 5(n+1)$.

4 Démontrer que n droites du plan déterminent au maximum $\frac{n(n+1)}{2} + 1$ régions.

5 Soit a et b deux nombres réels.
a) Démontrer que pour tout entier n supérieur ou égal à 2, on a :
$a^n - b^n = (a-b)(a^{n-1} + a^{n-2}b + \dots + ab^{n-2} + b^{n-1})$.
b) En déduire que pour tout entier n impair et supérieur à 2, on a :
$a^n + b^n = (a+b)(a^{n-1} - a^{n-2}b + \dots - ab^{n-2} + b^{n-1})$.

Les ensembles ℕ et ℤ

6 Résoudre dans $\mathbb{Z}^2$ le système : $\begin{cases} xy = -1 \\ 2x + y^3 = 1 \end{cases}$.

7 Effectuer la division euclidienne de a par b dans chacun des cas suivants.
- $a = -2\,372$ et $b = 44$
- $a = 735$ et $b = -412$
- $a = -235$ et $b = -17$
- $a = 50\,764$ et $b = 327$.

8 La division euclidienne de 900 par un entier naturel b a pour quotient 14 et pour reste r. Quelles sont les valeurs possibles de b et r ?

9 Déterminer les entiers naturels n dont la division euclidienne par 16 a un reste égal au carré du quotient.

10 Soit q et r le quotient et le reste de la division euclidienne d'un entier naturel a par un entier naturel b. Sachant que $a + b + r = 3\,025$ et $q = 50$, rétablir la division.

11 Écrire en base deux les nombres suivants : 85 ; 104 ; 3 607.

12 Écrire dans le système décimal les nombres suivants, écrits en base deux :
$\overline{10110}^2$; $\overline{111000}^2$; $\overline{10101010}^2$; $\overline{110100011}^2$.

13 Écrire $2^6 - 1$ en base deux.

14 b est un entier naturel supérieur à 1.
Écrire $(b+1)^2$ en base b.
(On distinguera deux cas : $b = 2$ et $b \neq 2$.)

Multiples et diviseurs

15 Résoudre dans $\mathbb{Z}$ l'équation : $x^2 \equiv -1\ [5]$.

16 Résoudre dans $\mathbb{Z}$ l'équation :
$x^2 - 3x + 4 \equiv 0\ [7]$.

17 Démontrer que la somme des cubes de trois entiers relatifs consécutifs est divisible par 9.

18 **1.** Déterminer, suivant les valeurs de l'entier naturel n, le reste de la division euclidienne par 7 du nombre $A = n^2 - n + 1$.
2. En déduire les entiers n tels que le nombre A soit divisible par 7.
3. Déterminer le reste de la division euclidienne par 7 du nombre $B = (2\,753)^2 - 2\,753 + 1$.

19 Démontrer que pour tous entiers naturels a, b et c, on a : $a^3 + b^3 + c^3 \equiv 0\ [7] \Rightarrow abc \equiv 0\ [7]$.

20 **1.** Déterminer le reste de la division euclidienne de $11^{1\,999}$ par 7.
2. Plus généralement, déterminer suivant les valeurs de l'entier naturel n, le reste de la division euclidienne de 11^n par 7.

21 Déterminer les entiers relatifs n tels que la fraction $\frac{n+17}{n-1}$ soit un entier relatif.

22 Démontrer que pour tout entier naturel n, le nombre $n(2n+1)(7n+1)$ est divisible par 2 et par 3.

23 p et q sont deux entiers naturels inférieurs ou égaux à 9. Parmi les nombres suivants, un seul est divisible par 7 quelles que soient les valeurs de p et q. Trouver ce nombre.

a) $\overline{qqp\,pqp}^{10}$ b) $\overline{qqq\,ppp}^{10}$
c) $\overline{qpq\,qpp}^{10}$ d) $\overline{qpq\,pqp}^{10}$.

24 **1.** Un nombre s'écrit $\overline{x43y}$ dans le système décimal.
Déterminer x et y pour qu'il soit divisible par 2 et 9.
2. Un nombre s'écrit $\overline{28x75y}$ dans le système décimal. Déterminer x et y pour qu'il soit divisible par 3 et 11.
3. Un nombre s'écrit $\overline{1x1yxy}$ dans le système décimal. Déterminer x et y pour qu'il soit divisible par 63.

25 Démontrer que pour tout entier naturel n, on a :
a) $3^{2n+1} + 2^{n+2}$ divisible par 7
b) $9^{n+1} + 2^{6n+1}$ divisible par 11
c) $10^{9n+2} + 10^{6n+1} + 1$ divisible par 111.
(On pourra faire un raisonnement par récurrence.)

26 Démontrer que pour tout entier naturel n, on a :
a) $5^{2n} - 3^n$ divisible par 11
b) $7^n - 1$ divisible par 6
c) $3^{2n} - 2^n$ divisible par 7
d) $3 \times 5^{2n+1} + 2^{3n+1}$ divisible par 17.
(On pourra utiliser les congruences.)

27 Soit n un entier non divisible par 7.
Démontrer que l'un des nombres $n^3 - 1$ et $n^3 + 1$ est divisible par 7.

28 Soit n un entier naturel.
1. Quels sont les restes possibles de la division euclidienne de n^4 par 5 ?
2. Démontrer que $n^5 - n$ est divisible par 5.

29 Soit n un entier naturel.
1. Déterminer suivant les valeurs de n le reste de la division euclidienne de 7^n par 10.
2. Dans le système décimal, déterminer suivant les valeurs de n le chiffre des unités du nombre :
$$A = 1 + 7 + 7^2 + 7^3 + \ldots + 7^n.$$

30 Quels sont les entiers naturels n pour lesquels $15 \times 3^n - 3$ est divisible par 7 ?

31 Démontrer que parmi cinq entiers relatifs, on peut toujours en choisir trois dont la somme est divisible par 3.

PGCD et PPCM
Nombres premiers entre eux

32 Déterminer le PPCM des entiers a et b dans chacun des cas suivants.
- $a = 24$ et $b = 56$
- $a = 180$ et $b = 450$.

33 Déterminer le PGCD des entiers a et b dans chacun des cas suivants.
- $a = 48$ et $b = 32$
- $a = 1\,640$ et $b = 492$
- $a = 168$ et $b = 2\,160$
- $a = 343$ et $b = 1\,225$.

34 Déterminer les couples $(a\,;\,b)$ d'entiers naturels tels que : $\text{PGCD}(a\,;\,b) = 7$ et $a + b = 105$.

35 Déterminer le PGCD des entiers a et b dans chacun des cas suivants.
- $a = 1\,455$ et $b = 335$
- $a = 3\,604$ et $b = 4\,452$
- $a = 13\,860$ et $b = 4\,438$
- $a = 323\,232$ et $b = 232\,323$.

36 Déterminer le PPCM des entiers a et b dans chacun des cas suivants.
- $a = 162$ et $b = 252$
- $a = 6\,974$ et $b = 9\,287$.

37 Résoudre dans $\mathbb{N}^2$ les systèmes suivants.
a) $\begin{cases} \text{PGCD}(x\,;\,y) = 354 \\ x + y = 5\,664 \end{cases}$ *b)* $\begin{cases} \text{PPCM}(x\,;\,y) = 168. \\ x \times y = 1\,008 \end{cases}$

38 Pour tout couple $(a\,;\,b)$ d'entiers naturels, on désigne par μ leur PPCM et par δ leur PGCD.
1. Déterminer les couples $(a\,;\,b)$ d'entiers naturels tels que : $2\mu + 3\delta = 11$.
2. Dresser la liste des diviseurs de 108.
Déterminer les couples $(a\,;\,b)$ d'entiers naturels tels que : $\mu - 3\delta = 108$ et $10 < \delta < 15$.

39 **1.** Quels sont les entiers naturels dont le carré est un diviseur de 1998 ?
2. Pour tout couple $(a\,;\,b)$ d'entiers naturels, on désigne par μ leur PPCM et par δ leur PGCD.
Déterminer les couples $(a\,;\,b)$ d'entiers naturels tels que :
$$\mu^2 - 3\delta^2 = 1998.$$

40 Démontrer que pour tout entier naturel n, on a :
- $n^2(n^2 - 1)$ divisible par 12 ;
- $n^2(n^4 - 1)$ divisible par 60 ;
- $n(n^6 - 1)$ divisible par 42.

41 Démontrer que les fractions suivantes sont irréductibles.
a) $\dfrac{n}{2n+1}$ $(n \in \mathbb{Z})$ *b)* $\dfrac{7n+3}{5n+2}$ $(n \in \mathbb{Z})$
c) $\dfrac{n^2}{n+1}$ $(n \in \mathbb{Z}\setminus\{-1\})$ *d)* $\dfrac{2n(n+1)}{2n+1}$ $(n \in \mathbb{Z})$.

42 Démontrer que si la fraction $\dfrac{a}{b}$ est irréductible, il en est de même pour les fractions :
$$\frac{a+b}{ab} \qquad \frac{ab}{a^2+b^2} \qquad \frac{a+b}{a^2+ab+b^2} \qquad \frac{a^2b^2}{a^2+b^2}.$$

43 **1.** Déterminer l'ensemble des entiers relatifs n tels que $n + 2$ divise $2n - 1$.
2. Démontrer que pour tout entier relatif n, les nombres $n + 2$ et $2n^2 + 3n - 1$ sont premiers entre eux.
3. En déduire les entiers relatifs n pour lesquels la fraction $\dfrac{(2n-1)(2n^2+3n-1)}{(n^2-2)(n+2)}$ est un entier relatif.

44 **1.** Résoudre dans $\mathbb{Z}^2$ l'équation (E') :
$$2x - 3y = 0.$$
2. Déterminer dans $\mathbb{Z}^2$ une solution de l'équation (E) :
$$2x - 3y = 3.$$
3. Résoudre (E).

45 Résoudre dans $\mathbb{Z}^2$ l'équation : $x + 11y = 203$.

46 **1.** En utilisant l'algorithme d'Euclide, déterminer deux entiers naturels x et y tels que :
$$45x - 28y = 1.$$
2. Résoudre dans $\mathbb{Z}^2$ l'équation (E) : $45x - 28y = 1$.
3. Résoudre dans $\mathbb{Z}^2$ l'équation (E') : $45x - 28y = 6$.

47 Un entier naturel n a :
– pour reste 5 dans la division euclidienne par 8,
– pour reste 4 dans la division euclidienne par 11.
Quel est le reste de la division euclidienne de n par 88 ?

48 Résoudre dans $\mathbb{Z}$ le système : $\begin{cases} x \equiv 1\ [3] \\ x \equiv 2\ [7] \end{cases}$.

Nombres premiers

49 Vérifier si les nombres suivants sont premiers : 649 ; 1 001 ; 1 999 ; 71 487 ; 257 323.

50 Démontrer que si n est un entier naturel supérieur ou égal à 3, alors $n^2 + 4n - 5$ est un nombre qui n'est jamais premier.

51 Soit A = 100!.
1. Quelle est la puissance de 2 dans la factorisation de A ?
2. Par combien de zéros A se termine-t-il ?

52 Déterminer les entiers naturels n tels que :
a) PPCM(n ; 6) = 96 ; *b)* PPCM(n ; 72) = 216.

53 Déterminer l'entier naturel n tel que :
$600 < n < 1\,100$ et PGCD(n ; 630) = 105.

54 Quel est le plus petit entier naturel ayant 15 diviseurs positifs ?

55 Déterminer les entiers naturels, écrits avec deux chiffres, dont le nombre de diviseurs est le plus grand possible.

56 Déterminer l'ensemble des entiers naturels n tels que n, $n + 2$, $n + 6$, $n + 8$, $n + 12$ et $n + 14$ soient premiers.

57 Déterminer l'entier naturel n, écrit avec 4 chiffres, tel que les restes des divisions euclidiennes de 39 818 et 62 566 par n sont respectivement 37 et 53.

58 Démontrer qu'un entier naturel n possède un nombre impair de diviseurs positifs si et seulement si n est un carré parfait.

59 Déterminer les couples (a ; b) d'entiers naturels tels que : PPCM(a ; b) = 504 et $a + b = 135$.

60 Déterminer les couples (a ; b) d'entiers naturels tels que : PGCD(a ; b) = 42 et PPCM(a ; b) = 1 680.

61 **1.** Décomposer 469 en produit de facteurs premiers.
2. Résoudre dans $\mathbb{N}^2$ l'équation : $x^3 - y^3 = 469$.

APPROFONDISSEMENT

62 Soit a, b et c trois entiers naturels non nuls. Démontrer que si $ab < c$, alors : $a + b \leq c$.

63 On se propose de résoudre dans $\mathbb{Z}$ l'équation (E) : $x^2 \equiv -1$ [25].
1. Démontrer que (E) se ramène à chercher des nombres x tels que : $x^2 = 49 + 25k$ ($k \in \mathbb{Z}$).
2. Résoudre alors l'équation (E).

64 Soit a et b deux entiers naturels non nuls. Démontrer que : PGCD($13a + 8b$; $5a + 3b$) = PGCD(a ; b).

65 Soit n un entier relatif.
Démontrer que si 11 ne divise pas ($n - 4$), alors ($2n + 3$) et ($n + 7$) sont premiers entre eux.

66 On veut planter des arbres sur le périmètre d'un terrain triangulaire de côtés 132 m, 156 m et 204 m, de telle sorte qu'il y ait un arbre à chaque sommet du triangle et que les arbres soient également espacés. Quel est le nombre minimum d'arbres que l'on pourra planter si l'on veut que la distance entre deux arbres soit exprimée en un nombre entier de mètres ?

67 On dispose de dix poids, dont les masses respectives sont 1, 2, 2^2, 2^3, … , 2^8 et 2^9 grammes.
1. Quelle est la masse maximale M que l'on peut équilibrer sur une balance avec ces dix poids ?
2. Démontrer que tout objet, dont la masse est un nombre entier de grammes inférieur ou égal à M, peut être équilibré avec ces dix poids.

68 À l'aide de deux seaux dont les capacités en litres sont C_1 et C_2, on veut mettre exactement 1 litre d'eau dans une citerne que l'on peut remplir ou vider à volonté.

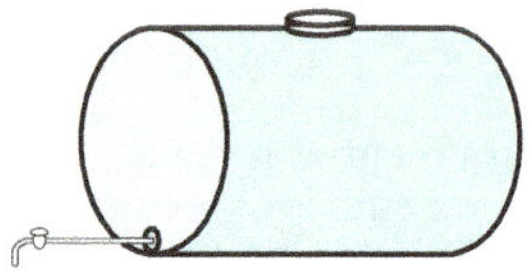

1. Est-ce possible lorsque $C_1 = 7$ et $C_2 = 4$?
Lorsque $C_1 = 6$ et $C_2 = 4$?
2. Étudier le cas général.

69 Le plan est muni du repère (O, I, J).
Soit p et q deux entiers naturels non nuls et M le point de coordonnées (p ; q).
Déterminer, en fonction de p et q, le nombre de points du segment [OM] dont les coordonnées sont des entiers naturels.

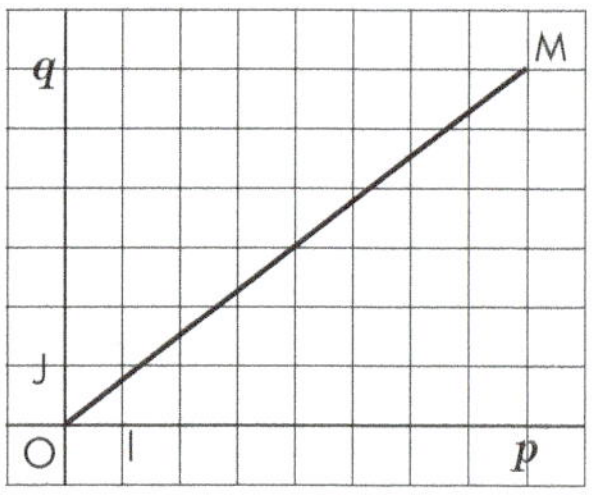

70 Soit a, b et c trois entiers naturels tels que :
$$a^2 + b^2 = c^2.$$
Démontrer que abc est divisible par 60.

71 On désigne par $\varphi(n)$ le nombre d'entiers naturels inférieurs à n et premiers avec n.
1. Calculer $\varphi(5)$, $\varphi(13)$, $\varphi(15)$, $\varphi(36)$.
2. p et q sont deux nombres premiers distincts. Calculer $\varphi(p)$, $\varphi(pq)$, $\varphi(p^2)$.

72 Soit (x_n) et (y_n) les suites définies par :
$$\begin{cases} x_0 = 3,\ y_0 = 1 \\ \forall n \in \mathbb{N},\ x_{n+1} = \dfrac{6}{5}x_n + \dfrac{2}{5}y_n + 1 \\ \forall n \in \mathbb{N},\ y_{n+1} = \dfrac{2}{5}x_n + \dfrac{9}{5}y_n + 2 \end{cases}.$$
1. Démontrer par récurrence que les points M_n de coordonnées (x_n ; y_n) sont sur la droite ($\mathcal{D}$) d'équation :
$$2x - y - 5 = 0.$$
2. En déduire x_{n+1} en fonction de x_n.
3. Démontrer que (x_n) et (y_n) sont des suites d'entiers relatifs.
4. Soit n un entier naturel.
a) Démontrer que x_n est divisible par 5 si et seulement si y_n est divisible par 5.

b) Démontrer que si x_n et y_n ne sont pas divisibles par 5, alors ils sont premiers entre eux.
5. *a)* Démontrer par récurrence que :

$$\forall\, n \in \mathbb{N},\ x_n = 2^{n+1} + 1.$$

b) Soit n un entier naturel. Démontrer que 5 divise x_n si et seulement si 5 divise x_{n+4}.
c) En déduire les valeurs de n pour lesquelles x_n et y_n sont divisibles par 5.

73 On considère les nombres A et B tels que :

$$A = 10^{6n+2} + 10^{3n+1} + 1$$
$$B = 10^{9n} + 10^{6n} + 10^{3n} + 1 \quad (n \in \mathbb{N}).$$

1. Vérifier que : $10^3 - 1 = 9 \times 111$;
$10^3 + 1 = 7 \times 11 \times 13$.
2. Démontrer que :
- $\forall\, n \in \mathbb{N}$, A est divisible par 111 ;
- si n est impair, alors A est divisible par 7 et par 13.

3. *a)* Si n est impair, démontrer que B est divisible par 7, 11 et 13.
b) Si n est pair, déterminer le reste de la division euclidienne de B par 7, 11, 13 et 111.

74 **1.** Résoudre dans $\mathbb{Z}^2$ l'équation :

$$661x - 991y = 1.$$

2. Soit (u_n) et (v_n) les suites arithmétiques définies par :

$$\begin{cases} u_0 = 3,\ v_0 = 2 \\ \forall\, n \in \mathbb{N},\ u_{n+1} = u_n + 991 \\ \forall\, n \in \mathbb{N},\ v_{n+1} = v_n + 661 \end{cases}.$$

Déterminer tous les couples $(p\ ;\ q)$ d'entiers naturels inférieurs à 2 000, tels que : $u_p = v_q$.

75 Soit à résoudre dans $\mathbb{N}^2$ l'équation

$$(E) : 15x^2 - 7y^2 = 9.$$

1. *a)* Démontrer que dans le système décimal, le dernier chiffre d'un carré est 0, 1, 4, 5, 6 ou 9.
b) En déduire que $7y^2 + 9$ n'est pas divisible par 5.
2. Résoudre l'équation (E).

76 Soit à résoudre dans $\mathbb{Z}^2$ l'équation

$$(E) : 3x^2 + 3x + 7 = y^3.$$

1. Vérifier que (E) est équivalente à :

$$3(x^2 + x + 2) = y^3 - 1.$$

2. Résoudre l'équation (E).
(On pourra distinguer 3 cas :
$y \equiv 0\ [3]$, $y \equiv 1\ [3]$ et $y \equiv 2\ [3]$.)

77 On désigne par $\mathbb{P}$ l'ensemble des entiers naturels premiers. On se propose de résoudre dans $\mathbb{P}^2$ l'équation (E) $x^2 - y^2 = pq$, où p et q sont deux entiers naturels premiers.
1. Étudier le cas où $p = q = 2$.
2. Étudier le cas où $q = 2$ et $p > 2$.
3. *a)* On suppose que : $2 < q \leq p$.
- Démontrer que y est nécessairement égal à 2.
- En déduire que si $p - q \neq 4$, (E) n'a pas de solution.

b) On suppose que : $p - q = 4$.
Démontrer que si $(x\ ;\ 2)$ est solution de (E), alors les nombres q, x et p forment une suite arithmétique de raison 2.
En déduire que (E) n'a de solution que si $q = 3$ et $p = 7$.
(On pourra démontrer que pour tout entier n, l'un des trois nombres n, $n + 2$, $n + 4$ est divisible par 3.)
Quelle est la solution de (E) dans ce cas ?

78 On se propose de résoudre dans $\mathbb{N}^2$ l'équation

$$(E) : 5^x - 4^x = y^2.$$

1. Vérifier que (1 ; 1) est solution de (E).
Dans la suite du problème, on suppose que x est différent de 1.
2. L'objet de cette question est de démontrer que x est pair.
a) Quels sont les entiers naturels n tels que : $n^2 \equiv 5\ [8]$?
b) Démontrer que si x est impair, alors $5^x - 4^x \equiv 5\ [8]$.
c) Conclure.
3. On pose : $x = 2m$ ($m \in \mathbb{N}$).
a) Démontrer que (E) est équivalente à :

$$(5^m - y)(5^m + y) = 2^{4m}.$$

b) En déduire qu'il existe deux entiers p et q tels que :

$$5^m - y = 2^p \text{ et } 5^m + y = 2^q, \text{ avec } p + q = 4m.$$

c) Déduire de **3.** *b)* que : $\begin{cases} p = 1 \\ q = 4m - 1 \\ 5^m = 1 + 4^{2m-1} \end{cases}$.

En déduire que : $m \leq 1$.
(On pourra faire un raisonnement par l'absurde.)
4. Déterminer les solutions de (E).

79 On se propose de déterminer tous les entiers relatifs k tels que $k^4 + k^3 + k^2 + k + 1$ soit un carré parfait.
On pose : $q^2 = k^4 + k^3 + k^2 + k + 1$ ($q \in \mathbb{Z}$).
1. Établir les égalités suivantes :

$$4q^2 = (2k^2 + k)^2 + 3k^2 + 4k + 4 \quad \textbf{(1)}$$
$$4q^2 = (2k^2 + k + 1)^2 - (k - 3)(k + 1) \quad \textbf{(2)}$$
$$4q^2 = (2k^2 + k + 2)^2 - 5k^2 \quad \textbf{(3)}.$$

2. Déduire de **(1)** et **(3)** que :

$$(2k^2 + k)^2 < 4q^2 \leq (2k^2 + k + 2)^2.$$

3. Déduire de la question **2.** que :

$$4q^2 = (2k^2 + k + 1)^2 \quad \textbf{(4)}$$
ou
$$4q^2 = (2k^2 + k + 2)^2 \quad \textbf{(5)}.$$

4. Déterminer les valeurs de k en considérant les égalités **(2)** et **(4)**, **(3)** et **(5)**.

80 **1.** Soit p et q deux entiers relatifs premiers entre eux, n un entier naturel non nul.
Démontrer que p et q^n sont premiers entre eux.
2. Soit $P(x) = a_n x^n + \ldots + a_1 x + a_0$ un polynôme à coefficients entiers relatifs admettant une racine rationnelle $\dfrac{p}{q}$ (p et q sont des entiers relatifs premiers entre eux).
Démontrer que p divise a_0 et q divise a_n.
3. Factoriser le polynôme : $3x^3 + 7x^2 + 7x + 4$.
4. Résoudre dans $\mathbb{Q}$ l'équation :

$$x^5 + 127x^4 - 12x^3 + x^2 + 7x - 1 = 0.$$

81 **1.** Soit n un entier naturel congru à 3 modulo 4.
Démontrer que n admet un diviseur premier congru à 3 modulo 4.
(On pourra remarquer qu'un produit de nombres congrus à 1 modulo 4 est congru à 1 modulo 4.)
2. Démontrer qu'il existe une infinité de nombres premiers congrus à 3 modulo 4.
(On pourra utiliser un nombre n de la forme $2 \times p! - 1$.)

82 On appelle nombre triangulaire tout entier naturel qui peut s'écrire sous la forme $\dfrac{a^2 + a}{2}$ ($a \in \mathbb{N}$).

1. Démontrer que si n est la somme de deux nombres triangulaires, alors $4n + 1$ est la somme de deux carrés.
2. Étudier la réciproque.

83 Nombres amiables – Nombres parfaits

1. On appelle diviseur strict d'un entier naturel n tout diviseur de n positif et autre que lui-même.
Déterminer les diviseurs stricts de 220.
2. On appelle nombres amiables deux entiers naturels tels que chacun d'eux est égal à la somme des diviseurs stricts de l'autre.
Vérifier que : 220 et 284 sont amiables ;
17 296 et 18 416 sont amiables.
3. On appelle nombre parfait tout entier naturel égal à la somme de ses diviseurs stricts (c'est-à-dire amiable avec lui-même).
a) Le nombre 28 est-il parfait ?
b) Déterminer un nombre premier p tel que 2^4p soit un nombre parfait.
c) Soit n et p deux entiers naturels, tels que p soit premier. Quelle doit être l'expression de p en fonction de n pour que 2^np soit parfait ?
Dresser la liste des nombres parfaits de cette forme, pour $n < 10$.

84 Nombres de Mersenne

1. Soit a et n deux entiers naturels supérieurs ou égaux à 2. Démontrer que si $a^n - 1$ est premier, alors $a = 2$ et n est premier.
2. On appelle nombre de Mersenne, tout entier naturel M_n de la forme $M_n = 2^n - 1$, où n est un entier naturel premier.
a) Vérifier que M_2, M_3, M_5 et M_7 sont premiers.
b) Qu'en est-il de M_{11} ?

Le Père Marin Mersenne (1558–1648) fut le premier à tenter de dresser la liste des nombres premiers de la forme $2^n - 1$.
Il le fit, avec quelques erreurs, jusqu'à $n = 257$.
On sait aujourd'hui que, jusqu'à $n = 5\,000$, $2^n - 1$ est premier lorsque n prend l'une des valeurs suivantes : 2, 3, 5, 7, 13, 17, 19, 31, 61, 89, 107, 127, 521, 607, 1 279, 2 203, 2 281, 3 217, 4 253 et 4 423.
Le plus grand nombre de Mersenne premier connu depuis 1998 est $2^n - 1$, avec $n = 3\,021\,377$.

85 Nombres de Fermat

On appelle nombre de Fermat tout entier naturel F_n de la forme $F_n = 2^{2^n} + 1$, où n est un entier naturel.
1. *a)* Calculer F_0, F_1, F_2 et F_3.
Vérifier que ces nombres sont premiers.
b) Vérifier que F_5 est divisible par 641.
2. Démontrer que : $\forall\, n \in \mathbb{N},\ F_{n+1} = (F_n - 1)^2 + 1$.
3. Démontrer par récurrence que pour tout entier naturel n strictement supérieur à 1, l'écriture décimale de F_n se termine par 7. *(On pourra utiliser les congruences.)*
4. Soit k un entier naturel non nul.
a) En posant $a = 2^{2^n}$, démontrer que :
$$\frac{F_{n+k} - 2}{F_n} = \frac{a^{2^k} - 1}{a + 1}.$$
b) En déduire que F_n divise $F_{n+k} - 2$.
5. Déduire de la question précédente que deux nombres de Fermat distincts sont premiers entre eux.

86 Des urnes et des billes

Trois urnes contiennent des billes. Chaque urne est suffisamment grande pour contenir la totalité des billes. La seule opération autorisée est de doubler le nombre de billes contenues dans une urne en prélevant des billes dans une autre.
Démontrer qu'il est possible, quel que soit la configuration initiale, d'obtenir une configuration où l'une des urnes est vide.

2

Calculs vectoriels

Introduction

Deux outils géométriques sont au cœur de ce chapitre : barycentre et produit vectoriel.

Le premier, introduit et utilisé dans le plan en classe de première fait l'objet d'une généralisation à l'espace.

Le second est une nouveauté qui permet de résoudre, géométriquement ou analytiquement, certains problèmes de calcul de distances, d'angles, d'aires et de volumes.

Les lignes ou surfaces de niveau constituent un intermède entre ces outils.

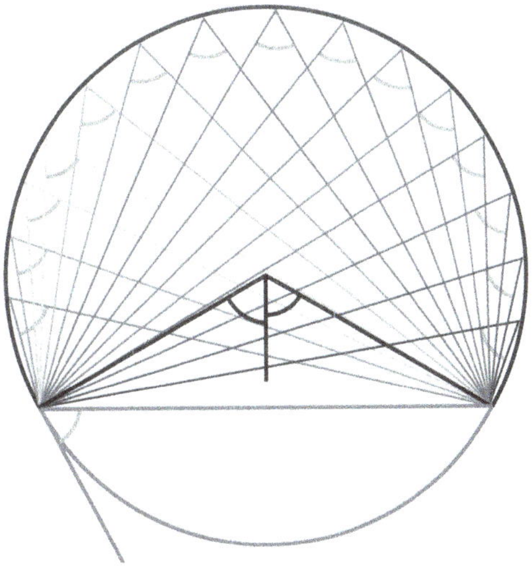

Une illustration du théorème de l'angle inscrit.

SOMMAIRE

$\mathcal{P}$ (respectivement $\mathcal{E}$) désigne le plan (respectivement l'espace).
$\mathcal{V}$ (respectivement $\mathcal{W}$) désigne l'ensemble des vecteurs du plan (respectivement de l'espace).

1 Barycentre de n points pondérés

Dans cette leçon, sauf mention contraire, l'ensemble de référence peut être aussi bien le plan $\mathcal{P}$ que l'espace $\mathcal{E}$.

1.1. Théorème et définition

Théorème

Soit $(A_i,\alpha_i)_{1 \leq i \leq n}$ n points pondérés.
Si $\sum_{i=1}^{n} \alpha_i \neq 0$, alors il existe un unique point G tel que : $\sum_{i=1}^{n} \alpha_i \overrightarrow{GA_i} = \vec{0}$.

Démonstration

Soit O un point.

On a : $\sum_{i=1}^{n} \alpha_i \overrightarrow{GA_i} = \left(\sum_{i=1}^{n} \alpha_i\right)\overrightarrow{GO} + \sum_{i=1}^{n} \alpha_i \overrightarrow{OA_i}$.

Donc : $\sum_{i=1}^{n} \alpha_i \overrightarrow{GA_i} = \vec{0} \Leftrightarrow \overrightarrow{OG} = \dfrac{1}{\sum_{i=1}^{n} \alpha_i} \sum_{i=1}^{n} \alpha_i \overrightarrow{OA_i}$.

Or, le vecteur $\dfrac{1}{\sum_{i=1}^{n} \alpha_i} \sum_{i=1}^{n} \alpha_i \overrightarrow{OA_i}$ est parfaitement déterminé par les points O et $(A_i,\alpha_i)_{1 \leq i \leq n}$;

donc, le point G existe et est unique.

Définition

Soit $(A_i,\alpha_i)_{1 \leq i \leq n}$ n points pondérés tels que : $\sum_{i=1}^{n} \alpha_i \neq 0$.

On appelle barycentre des points pondérés $(A_i,\alpha_i)_{1 \leq i \leq n}$ l'unique point G tel que : $\sum_{i=1}^{n} \alpha_i \overrightarrow{GA_i} = \vec{0}$.

On note : $G = \text{bar}\{(A_1,\alpha_1), \ldots, (A_n,\alpha_n)\}$ ou $G = \text{bar}\begin{array}{|c|c|c|}\hline A_1 & \ldots & A_n \\ \hline \alpha_1 & \ldots & \alpha_n \\ \hline\end{array}$.

1.2. Propriétés

Homogénéité

Propriété

Le barycentre de plusieurs points pondérés est inchangé lorsqu'on multiplie tous les coefficients par un même nombre réel non nul.

En effet, pour tout nombre réel k non nul, on a : $\sum_{i=1}^{n} \alpha_i \overrightarrow{GA_i} = \vec{0} \Leftrightarrow \sum_{i=1}^{n} k\alpha_i \overrightarrow{GA_i} = \vec{0}$.

Remarque

Le barycentre de points pondérés affectés de coefficients égaux est appelé isobarycentre de ces points.

Réduction de la somme $\sum_{i=1}^{n} \alpha_i \overrightarrow{MA_i}$

Propriété

Soit $(A_i,\alpha_i)_{1 \leq i \leq n}$ n points pondérés.
Pour tout point M, on a :

- **si $\sum_{i=1}^{n} \alpha_i \neq 0$, alors $\sum_{i=1}^{n} \alpha_i \overrightarrow{MA_i} = \left(\sum_{i=1}^{n} \alpha_i\right)\overrightarrow{MG}$ où G est le barycentre des points pondérés $(A_i,\alpha_i)_{1 \leq i \leq n}$;**
- **si $\sum_{i=1}^{n} \alpha_i = 0$, alors le vecteur $\sum_{i=1}^{n} \alpha_i \overrightarrow{MA_i}$ est indépendant de M.**

Démonstration

- Si $\sum_{i=1}^{n} \alpha_i \neq 0$, alors $\sum_{i=1}^{n} \alpha_i \overrightarrow{MA_i} = \left(\sum_{i=1}^{n} \alpha_i\right)\overrightarrow{MG} + \sum_{i=1}^{n} \alpha_i \overrightarrow{GA_i} = \left(\sum_{i=1}^{n} \alpha_i\right)\overrightarrow{MG}$.
- Si $\sum_{i=1}^{n} \alpha_i = 0$, alors $\alpha_1 = -\sum_{i=2}^{n} \alpha_i$

et $\sum_{i=1}^{n} \alpha_i \overrightarrow{MA_i} = -\left(\sum_{i=2}^{n} \alpha_i\right)\overrightarrow{MA_1} + \sum_{i=2}^{n} \alpha_i \overrightarrow{MA_i} = \sum_{i=2}^{n} \alpha_i (\overrightarrow{A_1M} + \overrightarrow{MA_i}) = \sum_{i=2}^{n} \alpha_i \overrightarrow{A_1A_i}$.

Donc, le vecteur $\sum_{i=1}^{n} \alpha_i \overrightarrow{MA_i}$ est indépendant de M.

Exemples

Soit ABC un triangle et M un point du plan.

Réduire les sommes : $3\overrightarrow{MA} + \overrightarrow{MB} + \overrightarrow{MC}$
$\overrightarrow{MA} - 2\overrightarrow{MB} + \overrightarrow{MC}$.

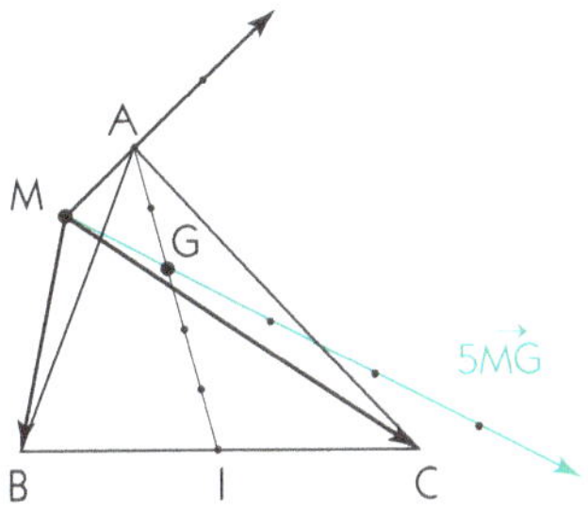

$3\overrightarrow{MA} + \overrightarrow{MB} + \overrightarrow{MC} = 5\overrightarrow{MG}$
où G = bar {(A,3), (B,1), (C,1)}.

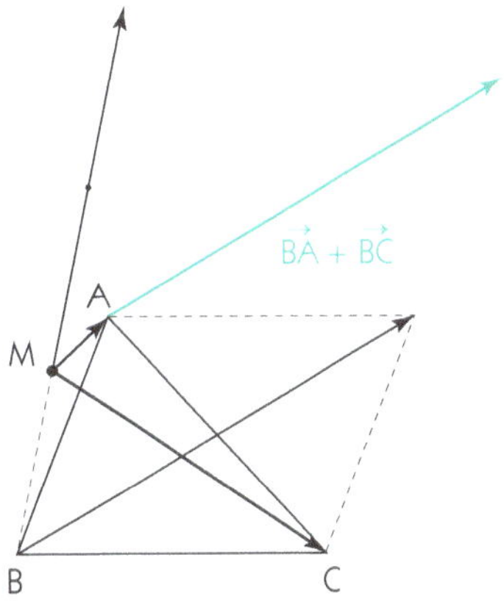

$\overrightarrow{MA} - 2\overrightarrow{MB} + \overrightarrow{MC} = \overrightarrow{MB} + \overrightarrow{BA} - 2\overrightarrow{MB} + \overrightarrow{MB} + \overrightarrow{BC}$
$= \overrightarrow{BA} + \overrightarrow{BC}$.

Coordonnées du barycentre

Propriété

L'espace $\mathscr{E}$ est muni du repère $(O, \vec{i}, \vec{j}, \vec{k})$.
Soit $(A_i,\alpha_i)_{1 \leq i \leq n}$ n points pondérés et G leur barycentre.
Si $(x_i\,;\,y_i\,;\,z_i)$ sont les coordonnées du point A_i $(1 \leq i \leq n)$ et $(x\,;\,y\,;\,z)$ celles de G,

alors : $x = \dfrac{\sum_{i=1}^{n} \alpha_i x_i}{\sum_{i=1}^{n} \alpha_i}$, $y = \dfrac{\sum_{i=1}^{n} \alpha_i y_i}{\sum_{i=1}^{n} \alpha_i}$, $z = \dfrac{\sum_{i=1}^{n} \alpha_i z_i}{\sum_{i=1}^{n} \alpha_i}$.

En effet, d'après la propriété de réduction de $\sum_{i=1}^{n} \alpha_i \overrightarrow{MA_i}$, on a pour M = O : $\sum_{i=1}^{n} \alpha_i \overrightarrow{OA_i} = \left(\sum_{i=1}^{n} \alpha_i\right)\overrightarrow{OG}$.

Exemple

Soit ABCD un tétraèdre.

L'isobarycentre de ABCD est le point G tel que : $4\overrightarrow{AG} = \overrightarrow{AA} + \overrightarrow{AB} + \overrightarrow{AC} + \overrightarrow{AD}$.

Donc dans le repère $(A, \overrightarrow{AB}, \overrightarrow{AC}, \overrightarrow{AD})$, G a pour coordonnées $\left(\frac{1}{4} ; \frac{1}{4} ; \frac{1}{4}\right)$.

Barycentres partiels

Propriété

On ne change pas le barycentre de n points pondérés ($n \geq 3$) en remplaçant p d'entre eux ($1 < p < n$), dont la somme des coefficients est non nulle, par leur barycentre partiel affecté de cette somme.

Cette propriété est aussi appelée propriété d'associativité.

Démonstration

Soit G le barycentre de n points pondérés $(A_i, \alpha_i)_{1 \leq i \leq n}$ $(n \geq 3)$.

Supposons, par exemple, que pour un entier naturel p $(1 < p < n)$ on ait $\sum_{i=1}^{p} \alpha_i \neq 0$ et désignons par H le barycentre des p points pondérés $(A_i, \alpha_i)_{1 \leq i \leq p}$.

On peut toujours considérer, en changeant éventuellement l'ordre, que ces p points sont les p premiers.

On a : $\sum_{i=1}^{p} \alpha_i \overrightarrow{GA_i} = \left(\sum_{i=1}^{p} \alpha_i\right)\overrightarrow{GH}$ (d'après la propriété de réduction).

Donc : $\sum_{i=1}^{n} \alpha_i \overrightarrow{GA_i} = \vec{0} \iff \sum_{i=1}^{p} \alpha_i \overrightarrow{GA_i} + \sum_{i=p+1}^{n} \alpha_i \overrightarrow{GA_i} = \vec{0}$

$$\iff \left(\sum_{i=1}^{p} \alpha_i\right)\overrightarrow{GH} + \sum_{i=p+1}^{n} \alpha_i \overrightarrow{GA_i} = \vec{0}.$$

C'est-à-dire : G est le barycentre des points pondérés $\left(H, \sum_{i=1}^{p} \alpha_i\right)$, (A_{p+1}, α_{p+1}), ..., (A_n, α_n).

Exemple

Soit ABCD un tétraèdre, G son centre de gravité et G_1 le centre de gravité du triangle BCD.

On a : $\overrightarrow{GA} + \overrightarrow{GB} + \overrightarrow{GC} + \overrightarrow{GD} = \vec{0} \iff \overrightarrow{GA} + 3\overrightarrow{GG_1} = \vec{0}$

$$\iff \overrightarrow{AG} = \frac{3}{4}\overrightarrow{AG_1}.$$

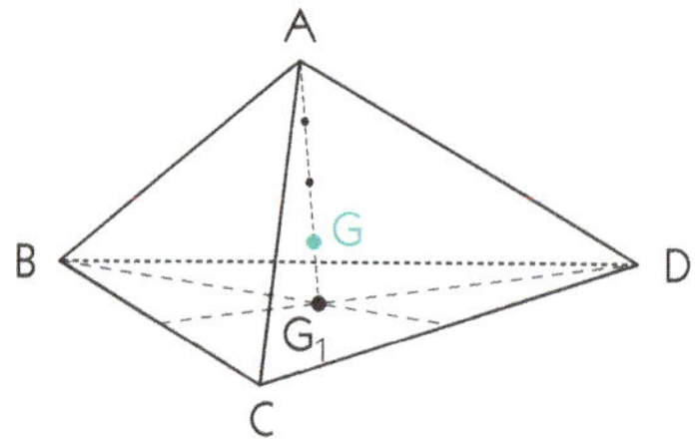

1.3. Ensemble des barycentres de points pondérés

Ensemble des barycentres de deux points distincts

La propriété suivante a été démontrée en classe de première.

Propriété

L'ensemble des barycentres de deux points distincts A et B est la droite (AB).

Ensemble des barycentres de trois points non alignés

Soit A, B et C trois points non alignés.

- Si α, β et γ sont trois nombres tels que $\alpha + \beta + \gamma \neq 0$, désignons par G le barycentre des points pondérés (A, α), (B, β) et (C, γ).

D'après la propriété de réduction, on a : $\beta\overrightarrow{AB} + \gamma\overrightarrow{AC} = (\alpha + \beta + \gamma)\overrightarrow{AG}$.

Donc, $\overrightarrow{AG} = \frac{\beta}{\alpha + \beta + \gamma}\overrightarrow{AB} + \frac{\gamma}{\alpha + \beta + \gamma}\overrightarrow{AC}$ et G appartient au plan (ABC).

• Réciproquement, soit M un point du plan (ABC).

Il existe deux nombres réels x et y tels que : $\overrightarrow{AM} = x\overrightarrow{AB} + y\overrightarrow{AC} = x(\overrightarrow{AM} + \overrightarrow{MB}) + y(\overrightarrow{AM} + \overrightarrow{MC})$.

On a : $(1 - x - y)\overrightarrow{MA} + x\overrightarrow{MB} + y\overrightarrow{MC} = \vec{0}$, avec $1 - x - y + x + y \neq 0$.

Donc, M est le barycentre des points pondérés $(A, 1 - x - y)$, (B, x) et (C, y).

On en déduit la propriété suivante.

Propriété

L'ensemble des barycentres de trois points non alignés A, B et C est le plan (ABC).

Remarque

L'ensemble des barycentres de quatre points non coplanaires est l'espace $\mathscr{E}$.

1.4. Travaux dirigés

Alignement de points

Soit ABCDE une pyramide de sommet A, I et J les centres de gravité respectifs des faces ABC et ADE, G le barycentre des points pondérés (A, 3), (B, 2), (C, 2), (D, 1) et (E, 1).
Démontrer que les points G, I et J sont alignés.
En déduire une construction du point G.

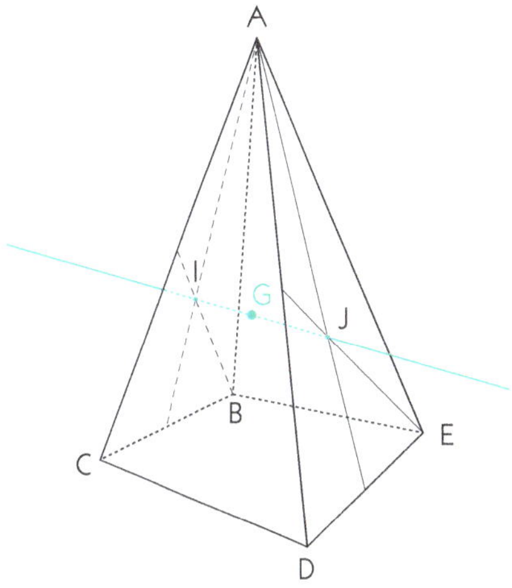

Solution

I est le barycentre de (A, 1), (B, 1) et (C, 1) ;
J est le barycentre de (A, 1), (D, 1) et (E, 1).

Or, G est le barycentre de (A, 3), (B, 2), (C, 2), (D, 1) et (E, 1) ;

donc, d'après la propriété des barycentres partiels, on a :

G barycentre de (A, 2), (B, 2), (C, 2) et (A, 1), (D, 1), (E, 1),

c'est-à-dire G barycentre de (I, 6) et (J, 3).

Donc, les points G, I et J sont alignés.

De plus, G appartient au segment [IJ] et est tel que : $IG = \frac{1}{3} IJ$.

M Pour démontrer que trois points sont alignés on peut démontrer que l'un est barycentre des deux autres.

Parallélisme, concours de droites

Soit ABC un triangle, α, β et γ trois nombres réels tels que : $\alpha + \beta \neq 0$, $\alpha + \gamma \neq 0$ et $\beta + \gamma \neq 0$.
On désigne par : A' le barycentre de (B, β) et (C, γ) ;
B' le barycentre de (A, α) et (C, γ) ;
C' le barycentre de (A, α) et (B, β).
1°) Démontrer que si $\alpha + \beta + \gamma = 0$, alors les droites (AA'), (BB') et (CC') sont parallèles.
2°) Démontrer que si $\alpha + \beta + \gamma \neq 0$, alors les droites (AA'), (BB') et (CC') sont concourantes en un point que l'on précisera.

Solution

L'existence des points A', B' et C' est assurée par les conditions : $\alpha + \beta \neq 0$, $\alpha + \gamma \neq 0$ et $\beta + \gamma \neq 0$.
De plus, comme ABC est un triangle, on a : $A \neq A'$, $B \neq B'$ et $C \neq C'$.

1°) $\alpha + \beta + \gamma = 0$

Pour tout point M, le vecteur $\alpha\overrightarrow{MA} + \beta\overrightarrow{MB} + \gamma\overrightarrow{MC}$ est indépendant de M ; notons-le $\vec{u}$. On a : $\alpha\overrightarrow{MA} + \beta\overrightarrow{MB} + \gamma\overrightarrow{MC} = \vec{u}$.
En remplaçant M par A', on obtient : $\alpha\overrightarrow{A'A} + \beta\overrightarrow{A'B} + \gamma\overrightarrow{A'C} = \vec{u}$.
Or : A' = bar {(B,β), (C,γ)} ⇔ $\beta\overrightarrow{A'B} + \gamma\overrightarrow{A'C} = \vec{0}$.
Donc : $\alpha\overrightarrow{A'A} = \vec{u}$.
On démontre de même que : $\beta\overrightarrow{B'B} = \gamma\overrightarrow{C'C} = \vec{u}$.
On en déduit que les droites (AA'), (BB') et (CC') sont parallèles.

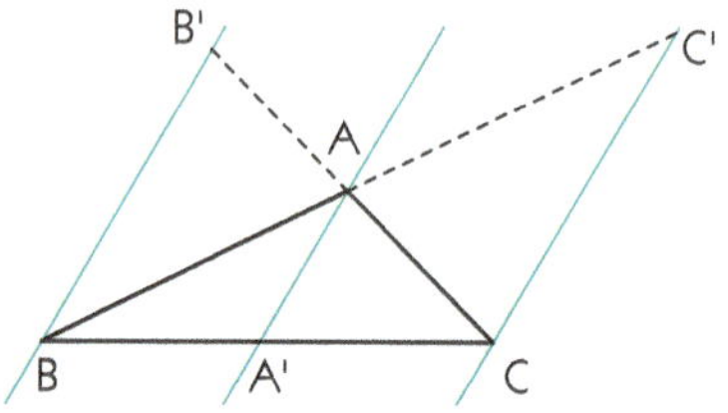

2°) $\alpha + \beta + \gamma \neq 0$

Soit G le barycentre des points pondérés (A,α), (B,β) et (C,γ).
Pour tout point M, on a : $\alpha\overrightarrow{MA} + \beta\overrightarrow{MB} + \gamma\overrightarrow{MC} = (\alpha + \beta + \gamma)\overrightarrow{MG}$.
En remplaçant M successivement par A', B', C' on obtient :

$$\alpha\overrightarrow{A'A} = (\alpha + \beta + \gamma)\overrightarrow{A'G}$$
$$\beta\overrightarrow{B'B} = (\alpha + \beta + \gamma)\overrightarrow{B'G}$$
$$\gamma\overrightarrow{C'C} = (\alpha + \beta + \gamma)\overrightarrow{C'G}.$$

On en déduit que les droites (AA'), (BB') et (CC') sont concourantes en G.

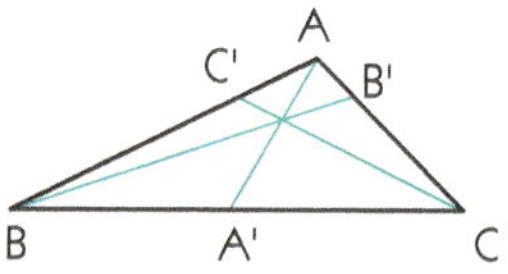

M Pour démontrer que deux droites (IJ) et (KL) sont sécantes en un point G, on peut démontrer que G est à la fois barycentre des points I et J et barycentre des points K et L.

Exercices

1.a Soit A et B deux points distincts. Dans chacun des cas suivants, écrire A comme barycentre des points B et C.

a) $\overrightarrow{BA} = -3\overrightarrow{CA}$ *b)* $5\overrightarrow{AB} = \overrightarrow{AC}$

c) $3\overrightarrow{AC} - 2\overrightarrow{BC} = \vec{0}$ *d)* $\overrightarrow{AB} + \overrightarrow{AC} + \overrightarrow{BC} = 3\overrightarrow{BC}$

1.b Écrire chacun des points A, B et C comme barycentre des deux autres.

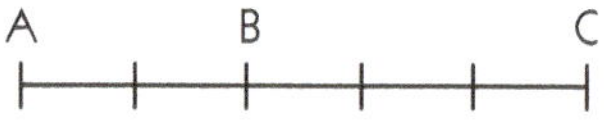

1.c Soit ABCD un parallélogramme. Réduire les sommes de vecteurs suivantes :
$\vec{u} = 3\overrightarrow{MA} + \overrightarrow{MB} - 2\overrightarrow{MC}$;
$\vec{v} = \overrightarrow{MA} + 2\overrightarrow{MB} + \overrightarrow{MC} - 4\overrightarrow{MD}$;
$\vec{w} = \overrightarrow{MA} - \overrightarrow{MB} + \overrightarrow{MC} - \overrightarrow{MD}$.

1.d L'espace $\mathscr{E}$ est muni du repère $(O, \vec{i}, \vec{j}, \vec{k})$. On considère les points $A\begin{pmatrix}3\\-4\\2\end{pmatrix}$, $B\begin{pmatrix}1\\5\\-2\end{pmatrix}$ et $C\begin{pmatrix}-4\\-1\\2\end{pmatrix}$.
a) Calculer les coordonnées du barycentre I de (B, 2) et (C, 3).
b) Calculer les coordonnées du barycentre J de (A, 5), (B, 2) et (C, 3).
c) Vérifier que J est le milieu de [AI].

1.e Soit ABC un triangle. Construire le barycentre des points pondérés (A,– 2), (B,1) et (C,4) :
a) en exprimant $\overrightarrow{AG}$ en fonction de $\overrightarrow{AB}$ et $\overrightarrow{AC}$;
b) en utilisant la propriété des barycentres partiels.

1.f Dans chacun des cas suivants, écrire G comme barycentre des points A, B et C.

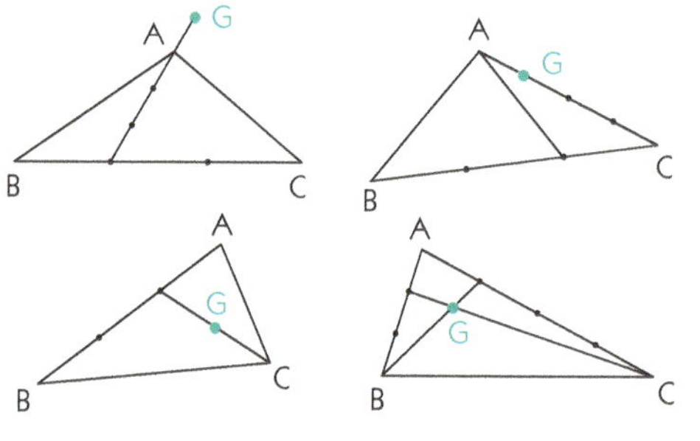

1.g Soit ABCD un parallélogramme.
P est le point tel que : $\overrightarrow{AP} = \frac{1}{3}\overrightarrow{AB}$; Q est le symétrique du milieu de [AD] par rapport à A.
Démontrer que les points P, Q et C sont alignés.

1.h Soit ABCD un tétraèdre. P, Q, R et S sont les points tels que :
$\overrightarrow{AP} = \frac{1}{3}\overrightarrow{AB}$, $\overrightarrow{AQ} = \frac{1}{3}\overrightarrow{AD}$, $\overrightarrow{CR} = \frac{1}{3}\overrightarrow{CB}$ et $\overrightarrow{CS} = \frac{1}{3}\overrightarrow{CD}$.
On désigne par I et J les milieux respectifs de [AC] et [BD].
Démontrer que les droites (PS), (QR) et (IJ) sont concourantes.

2 Lignes de niveau

2.1. Lignes de niveau de $M \mapsto \sum_{i=1}^{n} \alpha_i MA_i^2$

Soit $(A_i, \alpha_i)_{1 \le i \le n}$ n points pondérés du plan et k un nombre réel.
On se propose de déterminer les lignes de niveau k de l'application $M \mapsto \sum_{i=1}^{n} \alpha_i MA_i^2$;
c'est-à-dire l'ensemble (E_k) des points M de $\mathcal{P}$ tels que : $\sum_{i=1}^{n} \alpha_i MA_i^2 = k$.

1er cas : la somme des coefficients est non nulle

Soit G le barycentre des points pondérés $(A_i, \alpha_i)_{1 \le i \le n}$.

Pour tout point A_i $(1 \le i \le n)$, on a : $MA_i^2 = (\overrightarrow{MG} + \overrightarrow{GA_i})^2 = MG^2 + GA_i^2 + 2\overrightarrow{MG}.\overrightarrow{GA_i}$.

Or : $\sum_{i=1}^{n} \alpha_i \overrightarrow{GA_i} = \vec{0}$; donc : $\sum_{i=1}^{n} \alpha_i MA_i^2 = \left(\sum_{i=1}^{n} \alpha_i\right) MG^2 + \sum_{i=1}^{n} \alpha_i GA_i^2$.

On en déduit que : $\forall k \in \mathbb{R}$, $\sum_{i=1}^{n} \alpha_i MA_i^2 = k \Leftrightarrow MG^2 = \dfrac{k - \sum_{i=1}^{n} \alpha_i GA_i^2}{\sum_{i=1}^{n} \alpha_i}$.

Posons : $\dfrac{k - \sum_{i=1}^{n} \alpha_i GA_i^2}{\sum_{i=1}^{n} \alpha_i} = \rho$; on a : $MG^2 = \rho$.

Si $\rho < 0$, alors $(E_k) = \varnothing$;
si $\rho = 0$, alors $(E_k) = \{G\}$;
si $\rho > 0$, alors (E_k) est le cercle de centre G et de rayon $\sqrt{\rho}$.

Propriétés

Soit $(A_i, \alpha_i)_{1 \le i \le n}$ n points pondérés du plan tels que : $\sum_{i=1}^{n} \alpha_i \ne 0$.

- **Pour tout point M du plan, on a : $\sum_{i=1}^{n} \alpha_i MA_i^2 = \left(\sum_{i=1}^{n} \alpha_i\right) MG^2 + \sum_{i=1}^{n} \alpha_i GA_i^2$,**

  où G est le barycentre des points pondérés $(A_i, \alpha_i)_{1 \le i \le n}$.
- **La ligne de niveau k de l'application $M \mapsto \sum_{i=1}^{n} \alpha_i MA_i^2$ est $\varnothing$, {G} ou un cercle de centre G.**

Remarques

- *Soit k un nombre réel et f une application de l'espace $\mathcal{E}$ dans $\mathbb{R}$.*
On appelle surface de niveau k de f, l'ensemble des points M de $\mathcal{E}$ tels que : $f(M) = k$.
- *Si $\sum_{i=1}^{n} \alpha_i \ne 0$, alors la surface de niveau k de l'application $M \mapsto \sum_{i=1}^{n} \alpha_i MA_i^2$ est $\varnothing$, {G} ou une sphère de centre G, G étant le barycentre des points pondérés $(A_i, \alpha_i)_{1 \le i \le n}$.*

Exemple

Soit ABCD un rectangle tel que : AB = 2 et BC = 1.
Déterminer et construire l'ensemble (E) des points M du plan tels que :
$MA^2 + MB^2 + MC^2 + MD^2 = 10$.

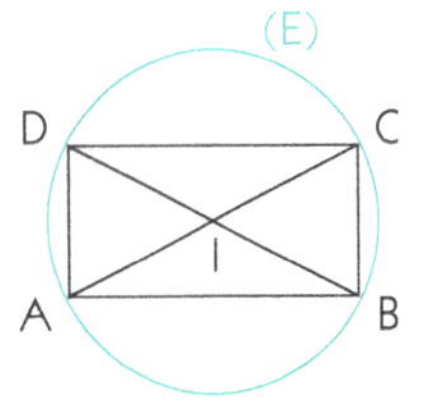

L'isobarycentre des points A, B, C et D est le centre I du rectangle ABCD.
On a : $AA^2 + AB^2 + AC^2 + AD^2 = 4 + 5 + 1 = 10$;
donc : $A \in (E)$.
On en déduit que (E) est le cercle circonscrit au rectangle ABCD.

2e cas : la somme des coefficients est nulle

Soit O un point du plan.

Pour tout point A_i $(1 \le i \le n)$, on a : $MA_i^2 = (\overrightarrow{OA_i} - \overrightarrow{OM})^2 = OA_i^2 + OM^2 - 2\overrightarrow{OM}.\overrightarrow{OA_i}$.

On en déduit que : $\sum_{i=1}^{n} \alpha_i MA_i^2 = \sum_{i=1}^{n} \alpha_i OA_i^2 - 2\,\overrightarrow{OM}.\left(\sum_{i=1}^{n} \alpha_i \overrightarrow{OA_i}\right)$.

Posons : $\vec{u} = \sum_{i=1}^{n} \alpha_i \overrightarrow{OA_i}$; on obtient : $\forall k \in \mathbb{R}$, $\sum_{i=1}^{n} \alpha_i MA_i^2 = k \iff 2\vec{u}.\overrightarrow{OM} = \sum_{i=1}^{n} \alpha_i OA_i^2 - k$.

- Si $\vec{u} = \vec{0}$, on a deux cas : si $\sum_{i=1}^{n} \alpha_i OA_i^2 - k = 0$, alors $(E_k) = \mathcal{P}$;

  si $\sum_{i=1}^{n} \alpha_i OA_i^2 - k \neq 0$, alors $(E_k) = \varnothing$.

- Si $\vec{u} \neq \vec{0}$, considérons la droite $(\mathcal{D})$ de repère $(O, \vec{u})$ et le point P tel que : $\overrightarrow{OP} = \vec{u}$.

Soit H le projeté orthogonal de M sur $(\mathcal{D})$. On a : $\overrightarrow{OM}.\vec{u} = \overline{OH} \times \overline{OP}$.

Donc : $\forall k \in \mathbb{R}$, $\sum_{i=1}^{n} \alpha_i MA_i^2 = k \iff \overline{OH}$ est constante.

On en déduit que M appartient à la droite perpendiculaire à $(\mathcal{D})$ en H, où H est le point vérifiant :

$$2\,\overline{OH} \times \overline{OP} = \sum_{i=1}^{n} \alpha_i OA_i^2 - k.$$

Propriétés

Soit $(A_i, \alpha_i)_{1 \le i \le n}$ n points pondérés du plan tels que : $\sum_{i=1}^{n} \alpha_i = 0$ et O un point du plan.

- **Pour tout point M du plan, on a : $\sum_{i=1}^{n} \alpha_i MA_i^2 = \sum_{i=1}^{n} \alpha_i OA_i^2 - 2\vec{u}.\overrightarrow{OM}$,**

  où $\vec{u}$ est le vecteur $\sum_{i=1}^{n} \alpha_i \overrightarrow{OA_i}$ indépendant de M.
- **La ligne de niveau k de l'application $M \mapsto \sum_{i=1}^{n} \alpha_i MA_i^2$ est :**
  - **$\varnothing$ ou $\mathcal{P}$, si $\vec{u} = \vec{0}$;**
  - **une droite de vecteur normal $\vec{u}$, si $\vec{u} \neq \vec{0}$.**

Remarque

Dans l'espace $\mathcal{E}$, si $\sum_{i=1}^{n} \alpha_i = 0$, alors la surface de niveau k de l'application $M \mapsto \sum_{i=1}^{n} \alpha_i MA_i^2$ est $\varnothing$, $\mathcal{E}$ ou un plan de vecteur normal $\vec{u} = \sum_{i=1}^{n} \alpha_i \overrightarrow{OA_i}$.

Exemples

- Soit ABC un triangle isocèle tel que : AB = 4 et CA = CB = 6.

Déterminer l'ensemble (E) des points M du plan tels que : $MA^2 + MB^2 - 2MC^2 = 0$.

La somme des coefficients étant nulle, le vecteur $\overrightarrow{MA} + \overrightarrow{MB} - 2\overrightarrow{MC}$ est indépendant de M.

On a : $\overrightarrow{MA} + \overrightarrow{MB} - 2\overrightarrow{MC} = 2\overrightarrow{MI} - 2\overrightarrow{MC}$

$= 2\,\overrightarrow{CI}$, où I est le milieu de [AB].

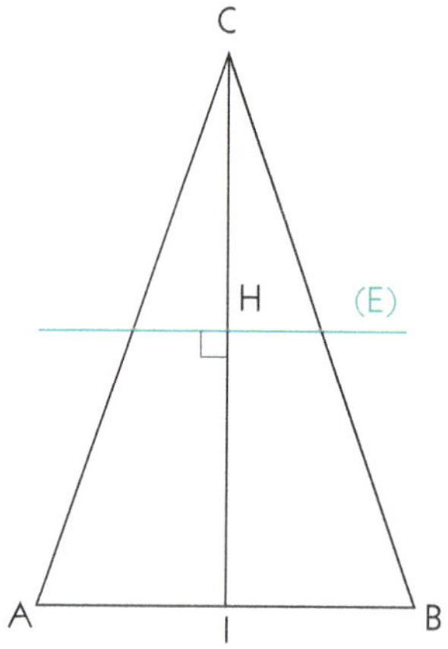

Développons $MA^2 + MB^2 - 2MC^2$ en introduisant le point I.

On a : $MA^2 + MB^2 - 2MC^2 = (\overrightarrow{MI} + \overrightarrow{IA})^2 + (\overrightarrow{MI} + \overrightarrow{IB})^2 - 2(\overrightarrow{MI} + \overrightarrow{IC})^2$

$= 2\overrightarrow{MI}.(\overrightarrow{IA} + \overrightarrow{IB} - 2\overrightarrow{IC}) + IA^2 + IB^2 - 2IC^2$

$= 4\overrightarrow{MI}.\overrightarrow{IC} - 56.$

Donc : $M \in (E) \iff 4\overrightarrow{MI}.\overrightarrow{IC} = 56.$

Soit H le projeté orthogonal de M sur la droite (IC).

On obtient : $M \in (E) \iff \overline{IH} \times \overline{IC} = 14$

$\iff \overline{IH} = \frac{14}{\overline{IC}} = \frac{7}{16}\overline{IC}.$

L'ensemble (E) est la droite perpendiculaire à (IC) passant par le point H tel que : $\overline{IH} = \frac{7}{16}\overline{IC}$.

• Soit ABCD un tétraèdre régulier d'arête a.
Déterminer l'ensemble (Γ) des points M de l'espace tels que :
$MA^2 + 2MB^2 + 3MC^2 - 6MD^2 = 6a^2$.

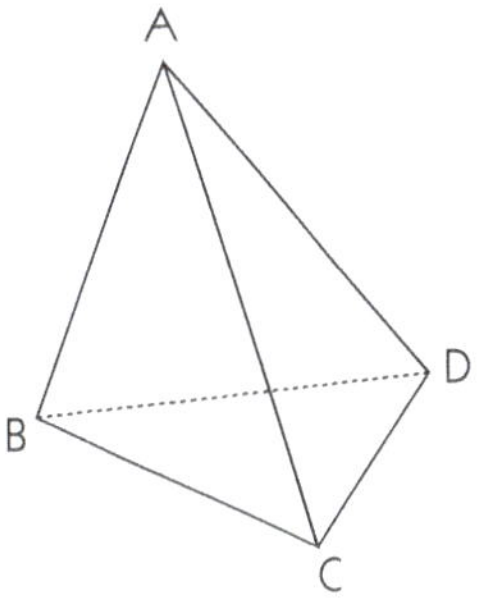

On a : $A \notin (\Gamma)$ et $D \in (\Gamma)$; donc : $(\Gamma) \neq \varnothing$ et $(\Gamma) \neq \mathscr{E}$.
La somme des coefficients étant nulle,
le vecteur $\overrightarrow{MA} + 2\overrightarrow{MB} + 3\overrightarrow{MC} - 6\overrightarrow{MD}$ est indépendant de M.
Or : $\overrightarrow{MA} + 2\overrightarrow{MB} + 3\overrightarrow{MC} - 6\overrightarrow{MD} = \overrightarrow{DA} + 2\overrightarrow{DB} + 3\overrightarrow{DC}$.
(Γ) est le plan passant par D, de vecteur normal $\overrightarrow{DA} + 2\overrightarrow{DB} + 3\overrightarrow{DC}$.

2.2. Lignes de niveau de $M \mapsto \dfrac{MA}{MB}$

Soit A et B deux points distincts du plan et k un nombre réel strictement positif.
On se propose de déterminer l'ensemble (E_k) des points M du plan tels que : $\dfrac{MA}{MB} = k$.

• Si $k = 1$, alors (E_k) est la médiatrice de [AB].
• Si $k \neq 1$, alors : $\dfrac{MA}{MB} = k \Leftrightarrow MA^2 - k^2MB^2 = 0$
$\Leftrightarrow (\overrightarrow{MA} + k\overrightarrow{MB}).(\overrightarrow{MA} - k\overrightarrow{MB}) = 0$.

Les nombres $1 + k$ et $1 - k$ sont non nuls ; désignons par I le barycentre des points pondérés (A, 1) et (B, k), par J le barycentre des points pondérés (A, 1) et (B, $-k$).

On a : $M \in (E) \Leftrightarrow \big((1 + k)\overrightarrow{MI}\big).\big((1 - k)\overrightarrow{MJ}\big) = 0$
$\Leftrightarrow \overrightarrow{MI}.\overrightarrow{MJ} = 0$.

Donc (E_k) est le cercle de diamètre [IJ].

Propriété

Soit A et B deux points distincts du plan, k un nombre réel strictement positif et différent de 1.
La ligne de niveau k de l'application $M \mapsto \dfrac{MA}{MB}$ est le cercle de diamètre [IJ], où I est le barycentre des points pondérés (A, 1) et (B, k), J le barycentre des points pondérés (A, 1) et (B, $-k$).

Exemple

Déterminer et construire l'ensemble (E) des points M du plan tels que : $\dfrac{MA}{MB} = \dfrac{2}{3}$.
Désignons par :
I le barycentre des points pondérés (A, 1) et (B, $\frac{2}{3}$),
J le barycentre des points pondérés (A, 1) et (B, $-\frac{2}{3}$).
On sait que :
I est le barycentre des points pondérés (A, 3) et (B, 2),
J le barycentre des points pondérés (A, 3) et (B, – 2).
(E) est le cercle de diamètre [IJ].

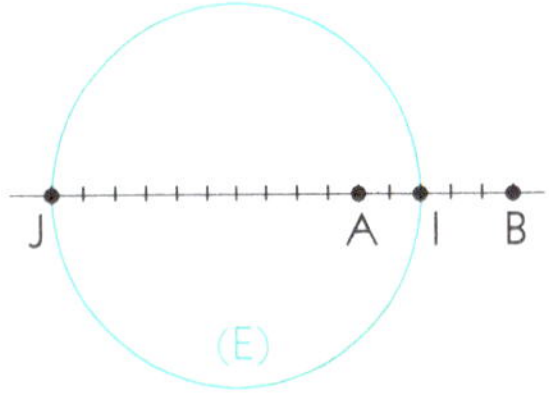

Remarque

Si $k \neq 1$, alors $1 - k^2 \neq 0$. Désignons par G le barycentre des points pondérés (A,1) et (B,$-k^2$).

On a : $M \in (E_k) \Leftrightarrow MA^2 - k^2MB^2 = 0$
$\Leftrightarrow (\overrightarrow{MG} + \overrightarrow{GA})^2 - k^2(\overrightarrow{MG} + \overrightarrow{GB})^2 = 0$
$\Leftrightarrow (1 - k^2)GM^2 + GA^2 - k^2GB^2 = 0.$

Or : $\overrightarrow{GA} = \dfrac{k^2}{1 - k^2}\overrightarrow{AB}$ *et* $\overrightarrow{GB} = \dfrac{1}{1 - k^2}\overrightarrow{AB}$.

Donc : $M \in (E_k) \Leftrightarrow (1 - k^2)GM^2 = \dfrac{k^2}{1 - k^2}AB^2$
$\Leftrightarrow GM^2 = \left(\dfrac{k}{1 - k^2}\right)^2 AB^2.$

(E_k) est donc le cercle de centre le barycentre de (A, 1) et (B,$-k^2$), de rayon $\dfrac{k}{|1 - k^2|}AB$.

2.3. Lignes de niveau de $M \mapsto \text{Mes}(\widehat{\overrightarrow{MA}, \overrightarrow{MB}})$

Dans cette partie, A et B désignent deux points distincts du plan.
Soit M un point du plan, distinct de A et B.
On sait que les points A, B et M sont alignés si et seulement si $2(\widehat{\overrightarrow{MA},\overrightarrow{MB}}) = \widehat{0}$.

Donc : A, B et M alignés $\Leftrightarrow$ $\text{Mes}(\widehat{\overrightarrow{MA},\overrightarrow{MB}}) = 0$ ou $\text{Mes}(\widehat{\overrightarrow{MA},\overrightarrow{MB}}) = \pi$.

On en déduit les propriétés suivantes.

Propriétés 1

Soit A et B deux points distincts du plan.

- **L'ensemble des points M du plan tels que $\text{Mes}(\widehat{\overrightarrow{MA},\overrightarrow{MB}}) = 0$ est la droite (AB) privée du segment [AB].**

- **L'ensemble des points M du plan tels que $\text{Mes}(\widehat{\overrightarrow{MA},\overrightarrow{MB}}) = \pi$ est le segment [AB] privé des points A et B.**

Soit α un nombre réel, élément de $]-\pi\,;0[\cup]0\,;\pi[$.
On se propose de déterminer l'ensemble des points M tels que : $\text{Mes}(\widehat{\overrightarrow{MA},\overrightarrow{MB}}) = \alpha$.

Soit P un point tel que $(\widehat{\overrightarrow{AP},\overrightarrow{AB}}) = \widehat{\alpha}$, O le point d'intersection de la médiatrice de [AB] et de la perpendiculaire à (AP) en A, $(\mathscr{C})$ le cercle de centre O passant par A et B.

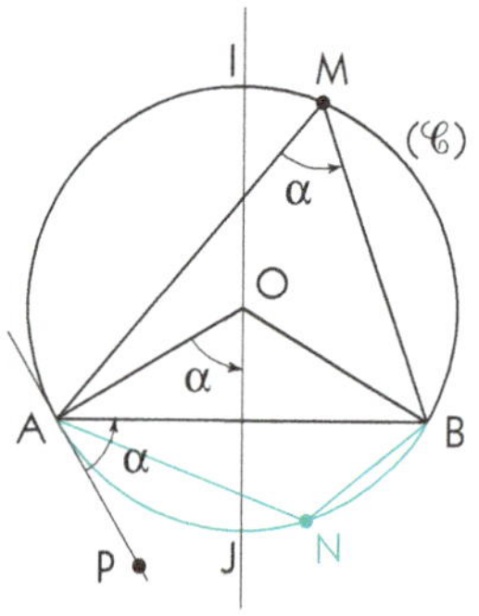

On sait que : $M \in (\mathscr{C}) \setminus \{A\,;B\} \Leftrightarrow 2(\widehat{\overrightarrow{MA},\overrightarrow{MB}}) = (\widehat{\overrightarrow{OA},\overrightarrow{OB}}) = 2\widehat{\alpha}$;

donc : $M \in (\mathscr{C}) \setminus \{A\,;B\} \Leftrightarrow (\widehat{\overrightarrow{MA},\overrightarrow{MB}}) = \widehat{\alpha}$ ou $(\widehat{\overrightarrow{MA},\overrightarrow{MB}}) = \widehat{\alpha} + \widehat{\pi}$.

Nous admettons que pour tout point M de $(\mathscr{C}) \setminus \{A\,;B\}$ on a :

$\text{Mes}(\widehat{\overrightarrow{MA},\overrightarrow{MB}}) = \alpha$, si M appartient à l'un des arcs de corde [AB] ;

$\text{Mes}(\widehat{\overrightarrow{MA},\overrightarrow{MB}}) = \alpha + \pi$ $(\alpha < 0)$ ou $\text{Mes}(\widehat{\overrightarrow{MA},\overrightarrow{MB}}) = \alpha - \pi$ $(\alpha > 0)$, si M appartient à l'autre arc.

On a la propriété suivante.

Propriété 2

Soit A et B deux points distincts du plan,

α un nombre réel élément de $]-\pi\,;0[\cup]0\,;\pi[$,

O le point de la médiatrice de [AB] tel que $(\widehat{\overrightarrow{OA},\overrightarrow{OB}}) = 2\widehat{\alpha}$,

$(\mathscr{C})$ le cercle de centre O passant par A et B.

L'ensemble des points M du plan tels que $\text{Mes}(\widehat{\overrightarrow{MA},\overrightarrow{MB}}) = \alpha$ est l'un des deux arcs, privés des points A et B, définis sur $(\mathscr{C})$ par la corde [AB].

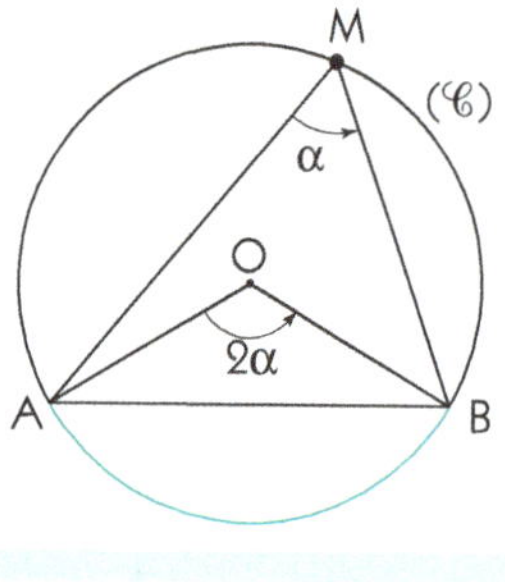

Cet arc peut être déterminé à l'aide du signe de α.

Remarques

- *Si l'angle $\widehat{\alpha}$ est droit, alors l'ensemble des points M du plan tels que $\text{Mes}(\widehat{\overrightarrow{MA},\overrightarrow{MB}}) = \alpha$ est un demi-cercle de diamètre [AB], privé des points A et B.*
- *L'ensemble des points M du plan tels que $\text{Mes}(\widehat{\overrightarrow{MA},\overrightarrow{MB}}) \equiv \alpha\ [\pi]$ est $(\mathscr{C})$ privé des points A et B.*
- *On déduit des propriétés 1 et 2 que quatre points distincts A, B ,C et D sont alignés ou cocycliques si et seulement si : $\text{Mes}(\widehat{\overrightarrow{CA},\overrightarrow{CB}}) \equiv \text{Mes}(\widehat{\overrightarrow{DA},\overrightarrow{DB}})\ [\pi]$.*

Exemples

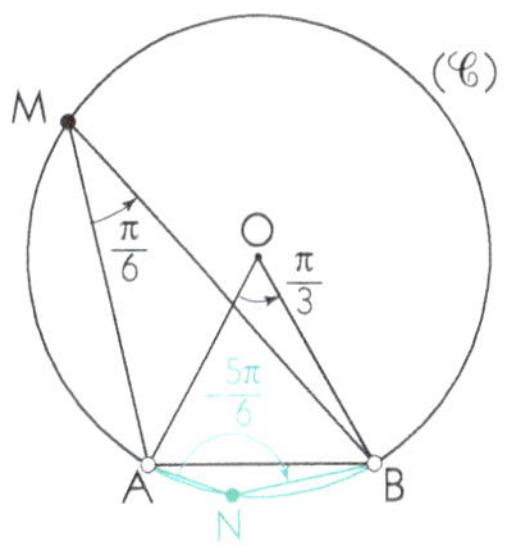

• Soit OAB un triangle équilatéral de sens direct et (𝒞) le cercle de centre O passant par A et B.

– L'arc $\overset{\smile}{AB}$, privé des points A et B, est l'ensemble des points M du plan tels que : $\text{Mes}(\widehat{\overrightarrow{MA},\overrightarrow{MB}}) = \frac{\pi}{6}$.

– L'arc $\overset{\frown}{AB}$, privé des points A et B, est l'ensemble des points N du plan tels que : $\text{Mes}(\widehat{\overrightarrow{NA},\overrightarrow{NB}}) = -\frac{5\pi}{6}$.

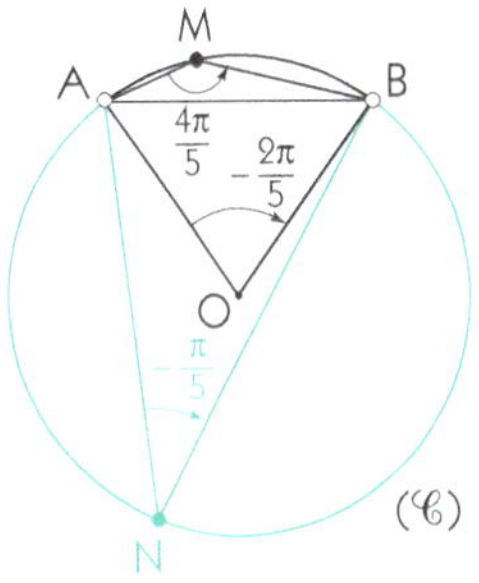

• Soit A et B deux points distincts du plan.

Déterminer l'ensemble des points M du plan tels que : $\text{Mes}(\widehat{\overrightarrow{MA},\overrightarrow{MB}}) = \frac{4\pi}{5}$.

Si $\widehat{\alpha}$ désigne l'angle de mesure $\frac{4\pi}{5}$, alors $2\widehat{\alpha}$ est l'angle de mesure $-\frac{2\pi}{5}$.

Soit O le point de la médiatrice de [AB] tel que $\text{Mes}(\widehat{\overrightarrow{OA},\overrightarrow{OB}}) = -\frac{2\pi}{5}$ et (𝒞) le cercle de centre O passant par A et B.

– L'arc $\overset{\frown}{AB}$, privé des points A et B, est l'ensemble des points M du plan tels que : $\text{Mes}(\widehat{\overrightarrow{MA},\overrightarrow{MB}}) = \frac{4\pi}{5}$.

– L'arc $\overset{\smile}{AB}$, privé des points A et B, est l'ensemble des points N du plan tels que : $\text{Mes}(\widehat{\overrightarrow{NA},\overrightarrow{NB}}) = -\frac{\pi}{5}$.

Donc l'ensemble cherché est le cercle (𝒞) privé des points A et B.

Exercices

2.a Soit ABC un triangle isocèle tel que :

$$AB = AC = 7 \text{ et } BC = 4.$$

On désigne par I le milieu de [BC] et par G le centre de gravité de ABC.

1. Déterminer et construire l'ensemble des points M du plan tels que :

$$\|\overrightarrow{AM} + \overrightarrow{BM} + \overrightarrow{CM}\| = 12.$$

2. Déterminer et construire l'ensemble des points M du plan tels que :

$$-2AM^2 + BM^2 + CM^2 = 38.$$

3. *a)* Calculer AG et BG.

b) Déterminer et construire l'ensemble des points M du plan tels que :

$$AM^2 + BM^2 + CM^2 = 65.$$

2.b Soit A et B deux points du plan tels que :

$$AB = 4.$$

Déterminer et construire l'ensemble des points M du plan tels que : 3MA = 5MB.

2.c Soit A, B et C trois points non alignés. Déterminer et construire l'ensemble (E) des points M du plan tels que :

$$\|3\overrightarrow{MA} + \overrightarrow{MB}\| = \|2\overrightarrow{MC} - \overrightarrow{MB}\|.$$

2.d Soit A et B deux points distincts du plan.

1. Déterminer et construire l'ensemble des points M du plan tels que :

a) $\text{Mes}(\widehat{\overrightarrow{MA},\overrightarrow{MB}}) = -\frac{\pi}{4}$

b) $\text{Mes}(\widehat{\overrightarrow{MA},\overrightarrow{MB}}) = \frac{2\pi}{3}$.

2. Déterminer et construire l'ensemble des points M du plan tels que :

a) $\text{Mes}(\widehat{\overrightarrow{MA},\overrightarrow{MB}}) \equiv -\frac{\pi}{3}\ [\pi]$

b) $\text{Mes}(\widehat{\overrightarrow{MA},\overrightarrow{MB}}) \equiv \frac{5\pi}{6}\ [\pi]$.

3 Produit vectoriel

3.1. Orientation de l'espace

Règle du bonhomme d'Ampère

Soit $(O, \vec{i}, \vec{j}, \vec{k})$ un repère de $\mathscr{E}$ et les points I, J, K tels que : $\overrightarrow{OI} = \vec{i}$, $\overrightarrow{OJ} = \vec{j}$, $\overrightarrow{OK} = \vec{k}$.

Pour orienter l'espace, les physiciens imaginent un observateur ayant les pieds en O, la tête en K et fixant le point I ; deux situations, et deux seulement, sont possibles.

Le point J est à gauche de l'observateur

le repère $(O, \vec{i}, \vec{j}, \vec{k})$ est direct ;
la base $(\vec{i}, \vec{j}, \vec{k})$ est directe.

Le point J est à droite de l'observateur

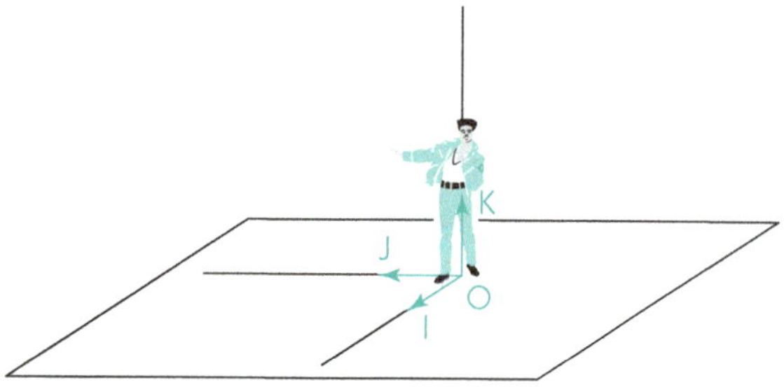

le repère $(O, \vec{i}, \vec{j}, \vec{k})$ est indirect ;
la base $(\vec{i}, \vec{j}, \vec{k})$ est indirecte.

Orienter l'espace, c'est distinguer ces deux types de repères ou de bases.

Exemples

Soit ABCDEFGH un cube d'arête 1.

- $(A, \overrightarrow{AB}, \overrightarrow{AD}, \overrightarrow{AE})$ est un repère orthonormé direct de $\mathscr{E}$;
- $(F, \overrightarrow{FE}, \overrightarrow{FB}, \overrightarrow{FG})$ est un repère orthonormé indirect de $\mathscr{E}$;
- $(\overrightarrow{AB}, \overrightarrow{AD}, \overrightarrow{AE})$ est une base orthonormée directe de $\mathscr{W}$;
- $(\overrightarrow{DC}, \overrightarrow{DA}, \overrightarrow{DH})$ est une base orthonormée indirecte de $\mathscr{W}$.

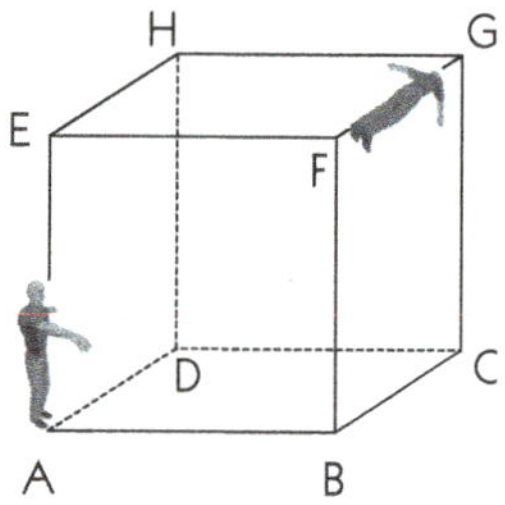

Remarques

- Permuter deux vecteurs d'une base change son orientation ;
ainsi, les bases $(\vec{i}, \vec{j}, \vec{k})$ et $(\vec{i}, \vec{k}, \vec{j})$ sont de sens contraires.

- Permuter de façon circulaire les trois vecteurs d'une base ne change pas son orientation ;
ainsi, les bases $(\vec{i}, \vec{j}, \vec{k})$, $(\vec{j}, \vec{k}, \vec{i})$ et $(\vec{k}, \vec{i}, \vec{j})$ sont de même sens.

- Remplacer un vecteur d'une base par son opposé change son orientation ;
ainsi : – les bases $(\vec{i}, \vec{j}, \vec{k})$ et $(-\vec{i}, \vec{j}, \vec{k})$ sont de sens contraires ;
– les bases $(\vec{i}, \vec{j}, \vec{k})$ et $(-\vec{i}, -\vec{j}, \vec{k})$ sont de même sens.

Orientation d'un plan de $\mathscr{E}$

L'espace étant orienté, on peut définir une orientation de tout plan de $\mathscr{E}$.
Soit $(\mathscr{P})$ un plan de $\mathscr{E}$, de repère $(O, \vec{i}, \vec{j})$, et $\vec{k}$ un vecteur normal à $(\mathscr{P})$.
On convient que $(O, \vec{i}, \vec{j})$ est un repère direct de $(\mathscr{P})$ si $(O, \vec{i}, \vec{j}, \vec{k})$ est un repère direct de $\mathscr{E}$.

Un plan est orienté par le choix d'un de ses vecteurs normaux.

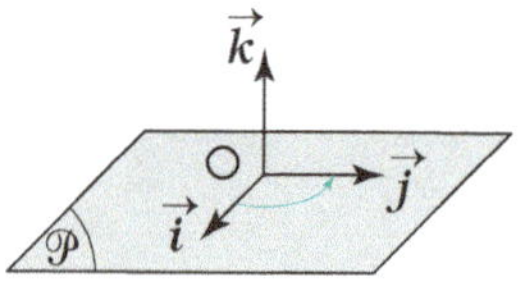

3.2. Produit vectoriel

Définition

Soit $\vec{u}$ et $\vec{v}$ deux vecteurs non nuls de $\mathcal{W}$ et A un point de $\mathcal{E}$.
On désigne par B et C les points tels que : $\overrightarrow{AB} = \vec{u}$ et $\overrightarrow{AC} = \vec{v}$.

• Nous avons vu en classe de première que l'angle $\widehat{BAC}$, donc $\cos\widehat{BAC}$, est indépendant du choix du point A.
Nous avons pu ainsi définir le produit scalaire des vecteurs $\vec{u}$ et $\vec{v}$ par :

$\vec{u}.\vec{v} = 0$, si l'un des vecteurs $\vec{u}$ ou $\vec{v}$ est nul ;

$\vec{u}.\vec{v} = \|\vec{u}\|\,\|\vec{v}\| \cos\widehat{BAC}$, si les vecteurs $\vec{u}$ et $\vec{v}$ sont non nuls.

Le produit scalaire de deux vecteurs est un nombre réel.

• Nous allons définir une nouvelle opération qui, cette fois, à deux vecteurs de $\mathcal{W}$ associe un vecteur de $\mathcal{W}$; on a ainsi une loi de composition interne dans $\mathcal{W}$.

Définition

Soit $\vec{u}$ et $\vec{v}$ deux vecteurs de l'espace orienté $\mathcal{W}$, A, B et C des points de $\mathcal{E}$ tels que : $\overrightarrow{AB} = \vec{u}$ et $\overrightarrow{AC} = \vec{v}$.
On appelle produit vectoriel de $\vec{u}$ par $\vec{v}$ le vecteur, noté $\vec{u} \wedge \vec{v}$, ainsi défini :

- **lorsque $\vec{u}$ et $\vec{v}$ sont colinéaires, $\vec{u} \wedge \vec{v} = \vec{0}$;**
- **lorsque $\vec{u}$ et $\vec{v}$ ne sont pas colinéaires,**
  - **le vecteur $\vec{u} \wedge \vec{v}$ est orthogonal à $\vec{u}$ et $\vec{v}$** ***(direction)*** **;**
  - **$(\vec{u}, \vec{v}, \vec{u} \wedge \vec{v})$ est une base directe de $\mathcal{W}$** ***(sens)*** **;**
  - **$\|\vec{u} \wedge \vec{v}\| = \|\vec{u}\|\,\|\vec{v}\| \sin\widehat{BAC}$** ***(norme).***

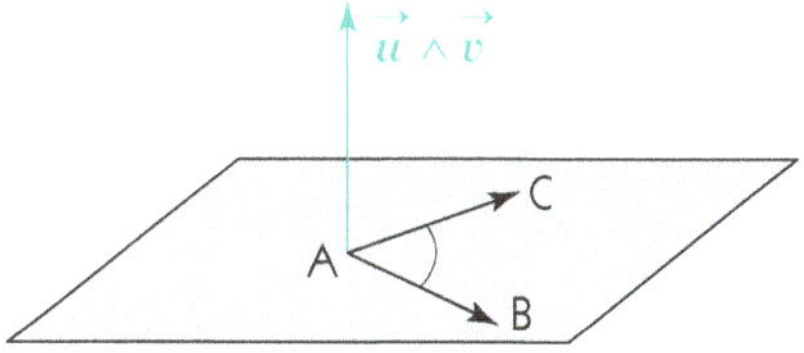

$\vec{u} \wedge \vec{v}$ se lit « $\vec{u}$ vectoriel $\vec{v}$ ».

Remarques

- *Comme pour le produit scalaire, cette définition ne dépend pas du choix de A.*
- *Pour tout vecteur $\vec{u}$, on a : $\vec{u} \wedge \vec{u} = \vec{0}$, $\vec{u} \wedge \vec{0} = \vec{0}$ et $\vec{0} \wedge \vec{u} = \vec{0}$.*
- *Si $\vec{u}$ et $\vec{v}$ sont deux vecteurs unitaires et orthogonaux, alors $(\vec{u}, \vec{v}, \vec{u} \wedge \vec{v})$ est une base orthonormée directe de $\mathcal{W}$.*

Exemples

• Soit $(O, \vec{i}, \vec{j}, \vec{k})$ une base orthonormée directe de $\mathcal{W}$.

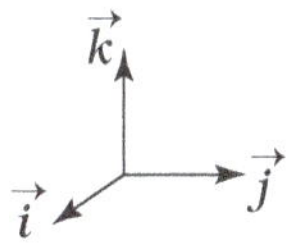

On a : $\vec{i} \wedge \vec{j} = \vec{k}$, $\vec{j} \wedge \vec{k} = \vec{i}$, $\vec{k} \wedge \vec{i} = \vec{j}$;

$\vec{j} \wedge \vec{i} = -\vec{k}$, $\vec{k} \wedge \vec{j} = -\vec{i}$, $\vec{i} \wedge \vec{k} = -\vec{j}$.

• ABCDEFGH est un cube d'arête a tel que $(\overrightarrow{AB}, \overrightarrow{AD}, \overrightarrow{AE})$ soit une base orthogonale directe de $\mathcal{W}$.
Déterminer $\overrightarrow{AB} \wedge \overrightarrow{AD}$ et $\overrightarrow{AH} \wedge \overrightarrow{BF}$.

– Le vecteur $\overrightarrow{AB} \wedge \overrightarrow{AD}$ est colinéaire à $\overrightarrow{AE}$ et de même sens ;
de plus : $\|\overrightarrow{AB} \wedge \overrightarrow{AD}\| = \|\overrightarrow{AB}\|\,\|\overrightarrow{AD}\| \sin\widehat{BAD} = a^2$ et $\|\overrightarrow{AE}\| = a$;
donc : $\overrightarrow{AB} \wedge \overrightarrow{AD} = a\,\overrightarrow{AE}$.

– On a : $\overrightarrow{AH} \wedge \overrightarrow{BF} = \overrightarrow{AH} \wedge \overrightarrow{AE}$.
Le vecteur $\overrightarrow{AH} \wedge \overrightarrow{AE}$ est colinéaire à $\overrightarrow{AB}$ et de même sens ;
de plus : $\|\overrightarrow{AH} \wedge \overrightarrow{AE}\| = \|\overrightarrow{AH}\|\,\|\overrightarrow{AE}\| \sin\widehat{HAE} = a\sqrt{2} \times a \times \dfrac{1}{\sqrt{2}} = a^2$;
donc : $\overrightarrow{AH} \wedge \overrightarrow{BF} = a\,\overrightarrow{AB}$.

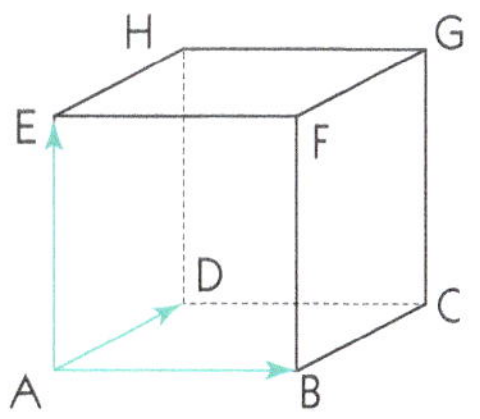

Propriétés du produit vectoriel

Propriété 1

Pour tous vecteurs $\vec{u}$ et $\vec{v}$ de $\mathscr{W}$, on a : $\vec{u} \wedge \vec{v} = \vec{0}$ si et seulement si $\vec{u}$ et $\vec{v}$ sont colinéaires.

Cette propriété découle de la définition du produit vectoriel.

Propriétés 2

Pour tous vecteurs $\vec{u}$, $\vec{v}$ et $\vec{w}$ de $\mathscr{W}$, pour tout nombre réel k, on a :

(1) $\vec{v} \wedge \vec{u} = -(\vec{u} \wedge \vec{v})$; (2) $(k\vec{u}) \wedge \vec{v} = \vec{u} \wedge (k\vec{v}) = k(\vec{u} \wedge \vec{v})$;

(3) $\vec{u} \wedge (\vec{v} + \vec{w}) = \vec{u} \wedge \vec{v} + \vec{u} \wedge \vec{w}$; (4) $(\vec{u} + \vec{v}) \wedge \vec{w} = \vec{u} \wedge \vec{w} + \vec{v} \wedge \vec{w}$.

Démonstration

(1) Si $\vec{u}$ et $\vec{v}$ sont colinéaires, on a : $\vec{u} \wedge \vec{v} = \vec{0}$ et $\vec{v} \wedge \vec{u} = \vec{0}$; donc : $\vec{v} \wedge \vec{u} = -(\vec{u} \wedge \vec{v})$.
Si $\vec{u}$ et $\vec{v}$ ne sont pas colinéaires, les vecteurs $\vec{u} \wedge \vec{v}$ et $\vec{v} \wedge \vec{u}$ ont même direction et même norme ; la règle du bonhomme d'Ampère permet de dire qu'ils sont de sens contraires.
Donc : $\vec{v} \wedge \vec{u} = -(\vec{u} \wedge \vec{v})$.
(2) (3) et (4) Une démonstration de ces propriétés est proposée en fin de chapitre (cf. exercice n°44).

Exemples

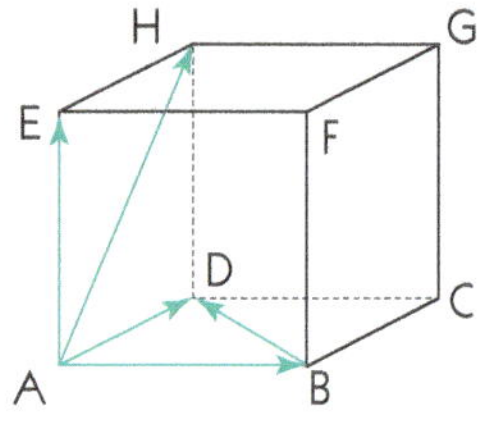

- Dans le cube ABCDEFGH d'arête a, on a :

$\overrightarrow{AH} \wedge \overrightarrow{AE} = (\overrightarrow{AD} + \overrightarrow{AE}) \wedge \overrightarrow{AE} = \overrightarrow{AD} \wedge \overrightarrow{AE} = a\overrightarrow{AB}$;

$$\begin{aligned}\overrightarrow{AH} \wedge \overrightarrow{BD} &= (\overrightarrow{AD} + \overrightarrow{AE}) \wedge (\overrightarrow{AD} - \overrightarrow{AB}) \\ &= \overrightarrow{AD} \wedge \overrightarrow{AD} - \overrightarrow{AD} \wedge \overrightarrow{AB} + \overrightarrow{AE} \wedge \overrightarrow{AD} - \overrightarrow{AE} \wedge \overrightarrow{AB} \\ &= \vec{0} + a\overrightarrow{AE} - a\overrightarrow{AB} - a\overrightarrow{AD} \\ &= a(\overrightarrow{AE} - \overrightarrow{AB} - \overrightarrow{AD}) = a\overrightarrow{CE}.\end{aligned}$$

- Soit $\vec{u}$ et $\vec{v}$ deux vecteurs de $\mathscr{W}$. Exprimer $(\vec{u} - \vec{v}) \wedge (\vec{u} + \vec{v})$ en fonction de $\vec{u} \wedge \vec{v}$.

On a : $(\vec{u} - \vec{v}) \wedge (\vec{u} + \vec{v}) = \vec{u} \wedge \vec{u} + \vec{u} \wedge \vec{v} - \vec{v} \wedge \vec{u} - \vec{v} \wedge \vec{v}$
$= 2\vec{u} \wedge \vec{v}$.

Expression analytique du produit vectoriel

Soit $(\vec{i}, \vec{j}, \vec{k})$ une base orthonormée directe de $\mathscr{W}$ et les vecteurs $\vec{u}\begin{pmatrix}x\\y\\z\end{pmatrix}$, $\vec{v}\begin{pmatrix}x'\\y'\\z'\end{pmatrix}$.

Les propriétés précédentes permettent d'écrire : $\vec{u} \wedge \vec{v} = (x\vec{i} + y\vec{j} + z\vec{k}) \wedge (x'\vec{i} + y'\vec{j} + z'\vec{k})$
$= (yz' - zy')\vec{i} + (zx' - xz')\vec{j} + (xy' - yx')\vec{k}$.

On en déduit la propriété suivante.

Propriété

Soit $(\vec{i}, \vec{j}, \vec{k})$ une base orthonormée directe de $\mathscr{W}$ et les vecteurs $\vec{u}\begin{pmatrix}x\\y\\z\end{pmatrix}$, $\vec{v}\begin{pmatrix}x'\\y'\\z'\end{pmatrix}$.
Les coordonnées du vecteur $\vec{u} \wedge \vec{v}$ dans la base $(\vec{i}, \vec{j}, \vec{k})$ sont : $(yz' - zy'\ ;\ zx' - xz'\ ;\ xy' - yx')$.

Remarque

La notation à l'aide des déterminants permet une mémorisation plus facile des résultats :

$\vec{u} \wedge \vec{v}$ a pour coordonnées $\left(\begin{vmatrix}y & y'\\ z & z'\end{vmatrix} ; \begin{vmatrix}z & z'\\ x & x'\end{vmatrix} ; \begin{vmatrix}x & x'\\ y & y'\end{vmatrix}\right)$.

Exemples

• Soit les vecteurs $\vec{u}\begin{pmatrix}2\\-1\\1\end{pmatrix}$ et $\vec{v}\begin{pmatrix}-2\\1\\-3\end{pmatrix}$.

$\vec{u}\wedge\vec{v}$ a pour coordonnées $\left(\begin{vmatrix}-1 & 1\\1 & -3\end{vmatrix} ; \begin{vmatrix}1 & -3\\2 & -2\end{vmatrix} ; \begin{vmatrix}2 & -2\\-1 & 1\end{vmatrix}\right)$; c'est-à-dire : (2 ; 4 ; 0).

• Soit les points $A\begin{pmatrix}1\\-1\\1\end{pmatrix}$, $B\begin{pmatrix}2\\1\\4\end{pmatrix}$ et $C\begin{pmatrix}4\\1\\2\end{pmatrix}$. On a : $\overrightarrow{AB}\begin{pmatrix}1\\2\\3\end{pmatrix}$ et $\overrightarrow{AC}\begin{pmatrix}3\\2\\1\end{pmatrix}$.

Le vecteur $\overrightarrow{AB}\wedge\overrightarrow{AC}$ a pour coordonnées $\left(\begin{vmatrix}2 & 2\\3 & 1\end{vmatrix} ; \begin{vmatrix}3 & 1\\1 & 3\end{vmatrix} ; \begin{vmatrix}1 & 3\\2 & 2\end{vmatrix}\right)$; c'est-à-dire : (– 4 ; 8 ; – 4).

On a : $\overrightarrow{AB}\wedge\overrightarrow{AC}\neq\vec{0}$; donc les points A, B et C ne sont pas alignés.

M Pour démontrer que trois points A, B et C sont alignés, on peut démontrer que : $\overrightarrow{AB}\wedge\overrightarrow{AC}=\vec{0}$.

3.3. Utilisations du produit vectoriel

$\mathscr{E}$ est muni du repère orthonormé direct $(O, \vec{i}, \vec{j}, \vec{k})$.

1. Équation d'un plan déterminé par trois points

Vérifier que les points $A\begin{pmatrix}-1\\1\\2\end{pmatrix}$, $B\begin{pmatrix}1\\1\\-2\end{pmatrix}$ et $C\begin{pmatrix}1\\2\\3\end{pmatrix}$ définissent un plan $(\mathscr{P})$, dont on déterminera une équation.

Solution

• On a : $\overrightarrow{AB}\begin{pmatrix}2\\0\\-4\end{pmatrix}$ et $\overrightarrow{AC}\begin{pmatrix}2\\1\\1\end{pmatrix}$.

Le vecteur $\overrightarrow{AB}\wedge\overrightarrow{AC}$ a pour coordonnées $\left(\begin{vmatrix}0 & 1\\-4 & 1\end{vmatrix} ; \begin{vmatrix}-4 & 1\\2 & 2\end{vmatrix} ; \begin{vmatrix}2 & 2\\0 & 1\end{vmatrix}\right)$; c'est-à-dire : (4 ; – 10 ; 2).

Donc les points A, B et C ne sont pas alignés et définissent un plan dont $\overrightarrow{AB}\wedge\overrightarrow{AC}$ est un vecteur normal.

• Soit M un point de coordonnées $(x ; y ; z)$.

On a : $M\in(\mathscr{P}) \iff \overrightarrow{AM}.(\overrightarrow{AB}\wedge\overrightarrow{AC})=0$

$\iff 4(x+1)-10(y-1)+2(z-2)=0$

$\iff 2x-5y+z+5=0.$

2. Positions relatives de deux plans

Soit $(\mathscr{P})$ le plan d'équation $x+4y+2z-1=0$ et $(\mathscr{P}')$ le plan passant par le point $A\begin{pmatrix}-1\\0\\1\end{pmatrix}$ et de vecteur normal $\vec{u}\begin{pmatrix}2\\1\\-3\end{pmatrix}$.

***a)* Démontrer que les plans $(\mathscr{P})$ et $(\mathscr{P}')$ sont perpendiculaires.**

***b)* Vérifier que A est un point de $(\mathscr{P})$ et déterminer une représentation paramétrique de la droite (Δ), intersection de $(\mathscr{P})$ et $(\mathscr{P}')$.**

Solution

a) $(\mathscr{P})$ a pour vecteur normal $\vec{n}\begin{pmatrix}1\\4\\2\end{pmatrix}$.

On a : $\vec{n}.\vec{n}'=0$; donc les plans $(\mathscr{P})$ et $(\mathscr{P}')$ sont perpendiculaires.

b) On a : $1\times(-1)+4\times0+2\times1-1=0$; donc : A appartient à $(\mathscr{P})$.

Le vecteur $\vec{n}\wedge\vec{n}'$ a pour coordonnées $\left(\begin{vmatrix}4 & 1\\2 & -3\end{vmatrix} ; \begin{vmatrix}2 & -3\\1 & 2\end{vmatrix} ; \begin{vmatrix}1 & 2\\4 & 1\end{vmatrix}\right)$; c'est-à-dire (– 14 ; 7 ; – 7).

Or $\vec{n}\wedge\vec{n}'$, vecteur orthogonal à $\vec{n}$ et à $\vec{n}'$, est un vecteur directeur de la droite (Δ).

Donc, une représentation paramétrique de (Δ) est : $\begin{cases}x=-1-2\lambda\\y=\lambda\\z=1-\lambda\end{cases}$ $(\lambda\in\mathbb{R})$.

M

Pour étudier la position relative de deux plans $(\mathcal{P})$ et $(\mathcal{P}')$, on peut déterminer deux vecteurs $\vec{n}$ et $\vec{n}\,'$ respectivement normaux à $(\mathcal{P})$ et à $(\mathcal{P}')$.

- Si le produit vectoriel $\vec{n} \wedge \vec{n}\,'$ est égal au vecteur nul, alors $(\mathcal{P})$ et $(\mathcal{P}')$ sont parallèles.
- Si le produit vectoriel $\vec{n} \wedge \vec{n}\,'$ est différent du vecteur nul, alors $(\mathcal{P})$ et $(\mathcal{P}')$ sont sécants suivant une droite dont $\vec{n} \wedge \vec{n}\,'$ est un vecteur directeur.

De plus, lorsque le produit scalaire $\vec{n}.\vec{n}\,'$ est nul, $(\mathcal{P})$ et $(\mathcal{P}')$ sont perpendiculaires.

3. Distance d'un point à une droite, à un plan

1. Soit $(\mathcal{D})$ une droite de repère $(A, \vec{u})$, M un point de $\mathcal{E}$ et H son projeté orthogonal sur $(\mathcal{D})$.

Démontrer que : $MH = \dfrac{\|\overrightarrow{MA} \wedge \vec{u}\|}{\|\vec{u}\|}$.

Application

Soit les points $A\begin{pmatrix}0\\3\\-1\end{pmatrix}$, $B\begin{pmatrix}1\\4\\0\end{pmatrix}$ et $M\begin{pmatrix}1\\-1\\1\end{pmatrix}$. Calculer la distance de M à la droite (AB).

2. Soit $(\mathcal{P})$ un plan de repère $(A, \vec{u}, \vec{v})$, M un point de $\mathcal{E}$ et K son projeté orthogonal sur $(\mathcal{P})$.

Démontrer que : $MK = \dfrac{|\overrightarrow{MA}.(\vec{u} \wedge \vec{v})|}{\|\vec{u} \wedge \vec{v}\|}$.

Application

Soit le point $C\begin{pmatrix}-2\\2\\0\end{pmatrix}$. Calculer la distance de M au plan (ABC).

Solution

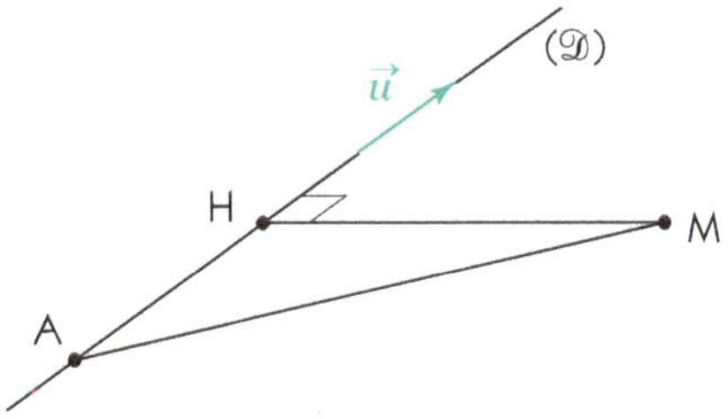

1. On a : $\overrightarrow{MA} \wedge \vec{u} = (\overrightarrow{MH} + \overrightarrow{HA}) \wedge \vec{u}$
$= \overrightarrow{MH} \wedge \vec{u} + \overrightarrow{HA} \wedge \vec{u} = \overrightarrow{MH} \wedge \vec{u}$.

Or, $\overrightarrow{MH}$ et $\vec{u}$ sont des vecteurs orthogonaux ;

donc : $\|\overrightarrow{MH} \wedge \vec{u}\| = MH \times \|\vec{u}\|$.

On en déduit que : $MH = \dfrac{\|\overrightarrow{MA} \wedge \vec{u}\|}{\|\vec{u}\|}$.

Application

La distance de M à la droite (AB) est : $d = \dfrac{\|\overrightarrow{MA} \wedge \overrightarrow{AB}\|}{\|\overrightarrow{AB}\|}$.

Or, $\overrightarrow{AB}\begin{pmatrix}1\\1\\1\end{pmatrix}$ et $\overrightarrow{MA}\begin{pmatrix}-1\\4\\-2\end{pmatrix}$;

donc $\overrightarrow{MA} \wedge \overrightarrow{AB}$ a pour coordonnées $\left(\begin{vmatrix}4 & 1\\-2 & 1\end{vmatrix} ; \begin{vmatrix}-2 & 1\\-1 & 1\end{vmatrix} ; \begin{vmatrix}-1 & 1\\4 & 1\end{vmatrix}\right)$; c'est-à-dire : $(6 ; -1 ; -5)$.

On en déduit que : $d = \dfrac{\sqrt{62}}{\sqrt{3}} = \dfrac{\sqrt{186}}{3}$.

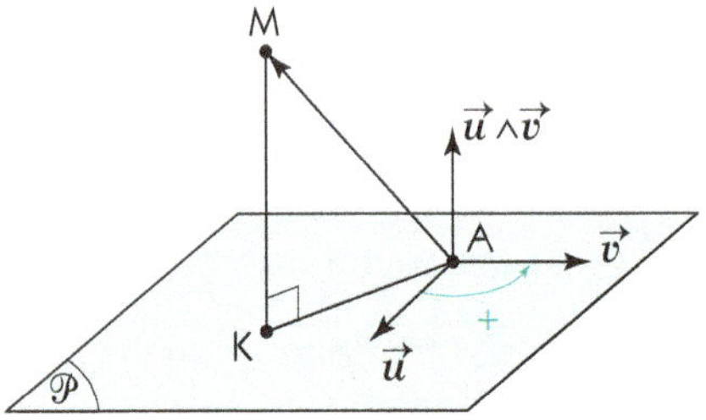

2. Les vecteurs $\overrightarrow{MK}$ et $\vec{u} \wedge \vec{v}$ sont colinéaires ;

K est le projeté orthogonal de A sur (MK) ;

donc : $|\overrightarrow{MA}.(\vec{u} \wedge \vec{v})| = |\overrightarrow{MK}.(\vec{u} \wedge \vec{v})| = MK \times \|\vec{u} \wedge \vec{v}\|$.

On en déduit que : $MK = \dfrac{|\overrightarrow{MA}.(\vec{u} \wedge \vec{v})|}{\|\vec{u} \wedge \vec{v}\|}$.

Application

On a : $\overrightarrow{AB}\begin{pmatrix}1\\1\\1\end{pmatrix}$ et $\overrightarrow{AC}\begin{pmatrix}-2\\-1\\1\end{pmatrix}$;

donc : $\overrightarrow{AB} \wedge \overrightarrow{AC}\begin{pmatrix}2\\-3\\1\end{pmatrix}$ et les points A, B, C définissent un plan.

La distance de M au plan (ABC) est : $d' = \dfrac{|\overrightarrow{MA}.(\overrightarrow{AB} \wedge \overrightarrow{AC})|}{\|\overrightarrow{AB} \wedge \overrightarrow{AC}\|}$.

Or, $\overrightarrow{MA}\begin{pmatrix}-1\\4\\-2\end{pmatrix}$ et $\overrightarrow{AB} \wedge \overrightarrow{AC}\begin{pmatrix}2\\-3\\1\end{pmatrix}$; donc : $d' = \dfrac{|-2-12-2|}{\sqrt{4+9+1}} = \dfrac{16}{\sqrt{14}} = \dfrac{8}{7}\sqrt{14}$.

Remarque

Lorsque $(\mathcal{P})$ est déterminé par son équation cartésienne $ax + by + cz + d = 0$, on peut remplacer dans le raisonnement précédent $\vec{u} \wedge \vec{v}$ par $\vec{n}\begin{pmatrix}a\\b\\c\end{pmatrix}$, tous deux vecteurs normaux à $(\mathcal{P})$;
on retrouve la formule vue en classe de première : $MK = \dfrac{|ax_0 + by_0 + cz_0 + d|}{\sqrt{a^2+b^2+c^2}}$, avec $M\begin{pmatrix}x_0\\y_0\\z_0\end{pmatrix}$.

4. Calculs d'aire et de volume

Soit ABCD un tétraèdre et V son volume.
***a)* Démontrer que l'aire du triangle ABC est : $\mathcal{A} = \dfrac{1}{2}\|\overrightarrow{AB} \wedge \overrightarrow{AC}\|$.**
***b)* En déduire que : $V = \dfrac{1}{6}\,|(\overrightarrow{AB} \wedge \overrightarrow{AC}).\overrightarrow{AD}|$.**
Application
Soit les points $A\begin{pmatrix}1\\-1\\0\end{pmatrix}$, $B\begin{pmatrix}3\\0\\1\end{pmatrix}$, $C\begin{pmatrix}1\\2\\-1\end{pmatrix}$ et $D\begin{pmatrix}1\\0\\0\end{pmatrix}$. Calculer le volume du tétraèdre ABCD.

Solution

a) On sait que l'aire du triangle ABC est : $\mathcal{A} = \dfrac{1}{2}\|\overrightarrow{AB}\|\,\|\overrightarrow{AC}\|\sin\widehat{BAC}$;
donc : $\mathcal{A} = \dfrac{1}{2}\|\overrightarrow{AB} \wedge \overrightarrow{AC}\|$.
b) Soit H le projeté orthogonal de D sur le plan (ABC).
On a : $V = \dfrac{1}{3}DH \times \mathcal{A}(ABC)$.
Or : $DH = \dfrac{|(\overrightarrow{AB} \wedge \overrightarrow{AC}).\overrightarrow{AD}|}{\|\overrightarrow{AB} \wedge \overrightarrow{AC}\|}$.
On en déduit que : $V = \dfrac{1}{6}\,|(\overrightarrow{AB} \wedge \overrightarrow{AC}).\overrightarrow{AD}|$.

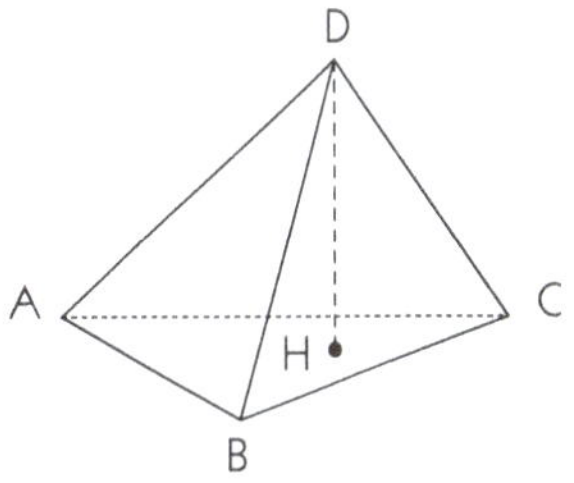

Application
On a : $\overrightarrow{AB}\begin{pmatrix}2\\1\\1\end{pmatrix}$, $\overrightarrow{AC}\begin{pmatrix}0\\3\\-1\end{pmatrix}$ et $\overrightarrow{AD}\begin{pmatrix}0\\1\\0\end{pmatrix}$;
donc : $\overrightarrow{AB} \wedge \overrightarrow{AC}\begin{pmatrix}-4\\2\\6\end{pmatrix}$ et $V = \dfrac{1}{6}\,|(\overrightarrow{AB} \wedge \overrightarrow{AC}).\overrightarrow{AD}| = \dfrac{2}{6} = \dfrac{1}{3}$.

Exercices

3.a Soit ABCDEFGH un cube tel que $(\overrightarrow{AB}, \overrightarrow{AD}, \overrightarrow{AE})$ est une base directe de $\mathcal{W}$.
Préciser si chacune des bases suivantes est directe ou indirecte.
a) $(\overrightarrow{BC}, \overrightarrow{BA}, \overrightarrow{BF})$ *b)* $(\overrightarrow{FG}, \overrightarrow{FE}, \overrightarrow{FB})$
c) $(\overrightarrow{CB}, \overrightarrow{CD}, \overrightarrow{CG})$ *d)* $(\overrightarrow{EF}, \overrightarrow{EA}, \overrightarrow{EH})$.

3.b Soit ABCDEFGH un cube tel que $(\overrightarrow{AB}, \overrightarrow{AD}, \overrightarrow{AE})$ est une base orthonormée directe de $\mathcal{W}$.
Déterminer les vecteurs :
a) $\overrightarrow{AB} \wedge \overrightarrow{AD}$ *b)* $\overrightarrow{BA} \wedge \overrightarrow{BC}$ *c)* $\overrightarrow{GC} \wedge \overrightarrow{GF}$
d) $\overrightarrow{BE} \wedge \overrightarrow{HC}$ *e)* $\overrightarrow{AC} \wedge \overrightarrow{FH}$ *f)* $\overrightarrow{HG} \wedge \overrightarrow{BF}$.

3.c Démontrer que pour tous vecteurs $\vec{u}$ et $\vec{v}$ de $\mathcal{W}$, on a : $\|\vec{u} \wedge \vec{v}\|^2 + |\vec{u}.\vec{v}|^2 = \|\vec{u}\|^2\|\vec{v}\|^2$.

3.d Soit $(\vec{i}, \vec{j}, \vec{k})$ une base orthonormée directe de $\mathcal{W}$.
Calculer les coordonnées du produit vectoriel $\vec{u} \wedge \vec{v}$ dans chacun des cas suivants.

a) $\vec{u}\begin{pmatrix}1\\-2\\-1\end{pmatrix}$ et $\vec{v}\begin{pmatrix}-2\\-1\\0\end{pmatrix}$ *b)* $\vec{u}\begin{pmatrix}3\\0\\-2\end{pmatrix}$ et $\vec{v}\begin{pmatrix}1\\-1\\4\end{pmatrix}$

c) $\vec{u}\begin{pmatrix}-2\\1\\-1\end{pmatrix}$ et $\vec{v}\begin{pmatrix}3\\-2\\1\end{pmatrix}$ *d)* $\vec{u}\begin{pmatrix}1\\0\\2\end{pmatrix}$ et $\vec{v}\begin{pmatrix}1\\1\\-1\end{pmatrix}$.

3.e L'espace est muni du repère orthonormé direct $(O, \vec{i}, \vec{j}, \vec{k})$.
Dans chacun des cas suivants, déterminer une équation du plan passant par le point A, de vecteurs directeurs $\vec{u}$ et $\vec{v}$.
a) $A\begin{pmatrix}1\\-1\\1\end{pmatrix}$, $\vec{u}\begin{pmatrix}2\\1\\-1\end{pmatrix}$ et $\vec{v}\begin{pmatrix}1\\0\\2\end{pmatrix}$
b) $A\begin{pmatrix}1\\-2\\3\end{pmatrix}$, $\vec{u}\begin{pmatrix}2\\1\\2\end{pmatrix}$ et $\vec{v}\begin{pmatrix}-1\\2\\1\end{pmatrix}$.

3.f L'espace est muni du repère orthonormé direct $(O, \vec{i}, \vec{j}, \vec{k})$.
Soit les points $A\begin{pmatrix}-3\\0\\1\end{pmatrix}$, $B\begin{pmatrix}-2\\5\\1\end{pmatrix}$ et $C\begin{pmatrix}1\\-1\\2\end{pmatrix}$.
1. Calculer l'aire du triangle ABC.
2. Calculer le volume du tétraèdre OABC.

Exercices

APPRENTISSAGE

Barycentres

1 **1.** Soit ABCD un tétraèdre, A', B', C' et D' les centres de gravité respectifs des triangles BCD, CDA, DAB et ABC.
Démontrer que les tétraèdres ABCD et A'B'C'D' ont même centre de gravité.
2. Démontrer que deux tétraèdres ABCD et A'B'C'D' ont même centre de gravité si et seulement si :
$$\overrightarrow{AA'} + \overrightarrow{BB'} + \overrightarrow{CC'} + \overrightarrow{DD'} = \vec{0}.$$

2 Soit ABC un triangle et M un point de [BC]. Démontrer que M est le barycentre des points pondérés (B, aire(CAM)) et (C, aire(BAM)).

3 Soit ABCDE un pentagone tel que ACDE est un trapèze rectangle et ABC un triangle isocèle rectangle.
En utilisant les barycentres partiels, construire le barycentre des points pondérés (A, 1), (B, 1), (C, 1), (D, 6) et (E, 3).

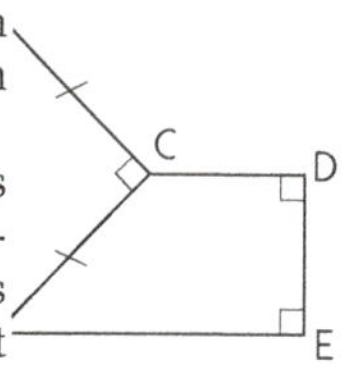

4 Soit ABCDE une pyramide à base ABCD.
Construire le barycentre des points pondérés (A, 1), (B, 1), (C, 1), (D, 1) et (E, 4).

5 Soit ABC un triangle.
1. Construire le point G tel que : $\overrightarrow{GB} = \frac{2}{3}\overrightarrow{AC}$.
2. Écrire G comme barycentre des points A, B et C.
3. Pour tout point M, exprimer $\overrightarrow{MG}$ en fonction de $\overrightarrow{MA}$, $\overrightarrow{MB}$ et $\overrightarrow{MC}$.

6 Soit A et B deux points distincts.
Démontrer que le segment [AB] est l'ensemble des barycentres des points A et B affectés de coefficients de même signe.

7 Soit A, B, C trois points non alignés et α, β, γ trois nombres réels tels que : $\alpha + \beta + \gamma \neq 0$.
On désigne par G le barycentre des points pondérés (A, α), (B, β) et (C, γ).
1. Démontrer que si $\beta + \gamma = 0$, alors G appartient à la droite parallèle à (BC) passant par A.
2. Soit a un nombre réel non nul. Démontrer que β et γ varient de telle sorte que si $\beta + \gamma = a$, alors G décrit une droite parallèle à (BC).

8 L'espace $\mathscr{E}$ est muni du repère $(O, \vec{i}, \vec{j}, \vec{k})$.
On considère les points $A\begin{pmatrix}3\\0\\-2\end{pmatrix}$, $B\begin{pmatrix}3\\3\\-4\end{pmatrix}$ et $C\begin{pmatrix}-1\\1\\0\end{pmatrix}$.
Déterminer les coordonnées du barycentre des points pondérés (A, – 2), (B, 1) et (C, 4).

9 Soit ABCD un quadrilatère.
I et J sont les points de [AB] tels que : AI = IJ = JB.
K et L sont les points de [CD] tels que : CK = KL = LD.
On désigne par M, N, O et P les milieux respectifs des segments [AD], [IL], [JK] et [BC].

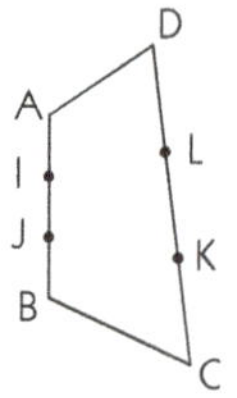

1. Écrire chacun des points I et J comme barycentre des points A et B.
Écrire chacun des points K et L comme barycentre des points C et D.
2. Démontrer que les points M, N, O et P sont alignés.

10 Soit ABCD un quadrilatère. On désigne par G le barycentre des points pondérés (A, 1), (B, 2), (C, 1) et (D, 2).
1. Construire les points K et L tels que :
$$\overrightarrow{KA} + 2\overrightarrow{KB} = \vec{0} \quad \text{et} \quad \overrightarrow{LC} + 2\overrightarrow{LD} = \vec{0}.$$
2. Démontrer que G est le milieu de [KL].
3. Construire G.

11 Soit ABCD un tétraèdre. On désigne par :
- I et J les milieux respectifs des segments [AD] et [BC] ;
- K et L les points tels que :
$$\overrightarrow{AK} = \frac{1}{3}\overrightarrow{AB} \quad \text{et} \quad \overrightarrow{CL} = \frac{2}{3}\overrightarrow{CD} \ ;$$
- G le barycentre des points pondérés (A, 2), (B, 1), (C, 1) et (D, 2).

1. Démontrer que les points I, J et G sont alignés.
Démontrer que les points K, L et G sont alignés.
2. En déduire que les points I, J, K et L sont coplanaires.

12 Soit ABC un triangle, G le barycentre des points pondérés (A, 1), (B, 2) et (C, 2). Les droites (BG) et (CG) coupent (AC) et (AB) respectivement en B' et C'.
1. En utilisant les barycentres partiels, démontrer que :
$$2\overrightarrow{GB} + 3\overrightarrow{GB'} = \vec{0} \quad \text{et} \quad 2\overrightarrow{GC} + 3\overrightarrow{GC'} = \vec{0}.$$
2. En déduire que les droites (BC) et (B'C') sont parallèles.

13 Soit ABC un triangle. On désigne par :
- A' le barycentre des points pondérés (B, 2) et (C, – 3) ;
- B' le barycentre des points pondérés (C, – 3) et (A, 1).

1. Démontrer que les droites (AA') et (BB') sont parallèles.
2. Soit C' le barycentre des points pondérés (A, a) et (B, b). Pour quelles valeurs des nombres réels a et b les droites (AA') et (CC') sont-elles parallèles ?

14 Soit ABCD un tétraèdre, G et H les centres de gravité respectifs des triangles ABC et ADC.
Démontrer que les droites (GH) et (BD) sont parallèles.

15 Soit ABC un triangle.
1. Construire les points I, J et K tels que :
$$\overrightarrow{BI} = \frac{3}{5}\overrightarrow{BC}, \ \overrightarrow{CJ} = \frac{1}{2}\overrightarrow{AC} \quad \text{et} \quad \overrightarrow{AK} = 2\overrightarrow{AB}.$$
2. Démontrer que les droites (AI), (BJ) et (CK) sont concourantes.

16 Soit ABC un triangle.

1. Construire le barycentre G des points pondérés (A, 3), (B, 4) et (C, 5).

2. Les droites (AG), (BG) et (CG) coupent les droites (BC), (CA) et (AB) respectivement en I, J et K.

Déterminer les nombres réels α, β et γ tels que :

$$\overrightarrow{IB} = \alpha\overrightarrow{IC},\ \overrightarrow{JC} = \beta\overrightarrow{JA} \text{ et } \overrightarrow{KA} = \gamma\overrightarrow{KB}.$$

17 Soit ABCD un quadrilatère.

1. Construire les points E, F, I, J, K et L tels que :

$$\overrightarrow{AE} = \frac{2}{3}\overrightarrow{AC},\quad \overrightarrow{BF} = \frac{2}{3}\overrightarrow{BD},\quad \overrightarrow{AI} = \frac{3}{5}\overrightarrow{AB},$$

$$\overrightarrow{BJ} = \frac{4}{7}\overrightarrow{BC},\quad \overrightarrow{CK} = \frac{3}{5}\overrightarrow{CD},\quad \overrightarrow{AL} = \frac{3}{4}\overrightarrow{AD}.$$

2. Démontrer que les droites (EF), (IK) et (JL) sont concourantes.

18 Soit ABCD un quadrilatère convexe. On désigne par E, F, G et H les centres de gravité respectifs des triangles BCD, CDA, DAB et ABC.

Démontrer que les droites (AE), (BF), (CG) et (DH) sont concourantes.

19 Soit ABCD un tétraèdre. On désigne par :

• I, J, K, L, M et N les milieux respectifs des arêtes [AB], [BC], [CD], [DA], [AC] et [BD] ;

• G_1, G_2, G_3 et G_4 les centres de gravité respectifs des triangles BCD, CDA, ABD et ABC.

En utilisant les barycentres partiels, démontrer que les sept droites (AG_1), (BG_2), (CG_3), (DG_4), (IK), (JL) et (MN) sont concourantes.

Lignes de niveau

20 Soit ABCD un carré.

1. Écrire A comme barycentre des points B, C et D.

2. Déterminer l'ensemble des points M du plan tels que :

$$\overrightarrow{MB}.\overrightarrow{MC} + \overrightarrow{MC}.\overrightarrow{MD} - MC^2 = 0.$$

21 Soit ABCD un carré.

1. Construire le barycentre G des points pondérés (A, 2), (B, – 1) et (C, 1).

2. Déterminer et construire l'ensemble des points M du plan tels que : $\|2\overrightarrow{MA} - \overrightarrow{MB} + \overrightarrow{MC}\| = \|\overrightarrow{AB}\|$.

22 Soit ABC un triangle.

1. Construire le barycentre G des points pondérés (A, 1), (B, – 1) et (C, 1).

2. Soit (Γ) l'ensemble des points M du plan tels que :

$$\|\overrightarrow{MA} - \overrightarrow{MB} + \overrightarrow{MC}\| = \|\overrightarrow{MA} - 2\overrightarrow{MB} + \overrightarrow{MC}\|.$$

a) Vérifier que B appartient à (Γ).

b) Déterminer et construire (Γ).

23 Soit ABC un triangle tel que : AB = 7, BC = 4 et AC = 5. On désigne par I le milieu du segment [BC].

1. En utilisant le théorème de la médiane, calculer AI.

2. Déterminer et construire l'ensemble (E) des points M du plan tels que : $2MA^2 - MB^2 - MC^2 = 58$.

(On pourra développer $2MA^2 - MB^2 - MC^2$ par rapport à I).

3. On désigne par D le barycentre des points pondérés (A, – 1), (B, 1) et (C, 1).

a) Quelle est la nature du quadrilatère ABDC ?

b) Déterminer et construire l'ensemble (Γ) des points M du plan tels que : $MA^2 - MB^2 - MC^2 = 25$.

24 Soit A et B deux points distincts d'un cercle ($\mathscr{C}$) de centre O tels que : $\text{Mes}\,(\widehat{\overrightarrow{OA},\overrightarrow{OB}}) = \frac{2\pi}{3}$.

Les tangentes à ($\mathscr{C}$) en A et B se coupent en C.

Démontrer que le triangle ABC est équilatéral.

25 Soit A et B deux points distincts, (Δ) et (Δ') deux droites de vecteurs directeurs respectifs $\vec{u}$ et $\vec{v}$.

Déterminer l'ensemble des points M du plan tels que :

$$(\widehat{\overrightarrow{MA}, \vec{u}}) = (\widehat{\overrightarrow{MB}, \vec{v}}).$$

26 Soit ABC un triangle isocèle en A, (Δ) une droite variable passant par A et C' l'image de C par la symétrie orthogonale d'axe (Δ).

1. Déterminer le lieu de C' lorsque (Δ) varie.

2. Soit M le point d'intersection, s'il existe, des droites (BC') et (Δ).

Déterminer le lieu de M lorsque (Δ) varie.

27 Soit A et B deux points distincts d'un cercle ($\mathscr{C}$). À tout point M de ($\mathscr{C}$), distinct de A et B, on associe le point P de la demi-droite opposée à [MA) tel que :

$$MP = MB.$$

Déterminer le lieu de P lorsque M décrit le cercle ($\mathscr{C}$) privé des points A et B.

Produit vectoriel

28 Soit ABCDEFGH un cube tel que $(\overrightarrow{AB},\overrightarrow{AD},\overrightarrow{AE})$ est une base directe de $\mathscr{W}$.

Préciser si chacune des bases suivantes est directe ou indirecte.

a) $(\overrightarrow{EF},\overrightarrow{FG},\overrightarrow{GC})$ *b)* $(\overrightarrow{FG},\overrightarrow{EA},\overrightarrow{CD})$

c) $(\overrightarrow{EH},\overrightarrow{FB},\overrightarrow{CD})$ *d)* $(\overrightarrow{AB},\overrightarrow{CG},\overrightarrow{HE})$.

29 Soit ABCDEFGH un cube tel que $(\overrightarrow{AB},\overrightarrow{AD},\overrightarrow{AE})$ est une base orthonormée directe de $\mathscr{W}$.

Déterminer les vecteurs :

a) $\overrightarrow{AB} \wedge \overrightarrow{HD}$ *b)* $\overrightarrow{BC} \wedge \overrightarrow{EF}$ *c)* $\overrightarrow{EF} \wedge \overrightarrow{DC}$.

30 Soit ABC un triangle équilatéral de côté a et de centre de gravité G.

Calculer en fonction de a :

$$\|\overrightarrow{AB} \wedge \overrightarrow{AC}\|,\quad \|\overrightarrow{GB} \wedge \overrightarrow{GC}\| \quad\text{et}\quad \|\overrightarrow{AG} \wedge \overrightarrow{BC}\|.$$

31 Soit ABC un triangle rectangle et isocèle tel que I est le milieu du segment [BC] et AB = AC = a.

Calculer en fonction de a :

$$\|\overrightarrow{AB} \wedge \overrightarrow{AC}\|,\ \|\overrightarrow{AB} \wedge \overrightarrow{BC}\|,\ \|\overrightarrow{IA} \wedge \overrightarrow{BC}\| \text{ et } \|\overrightarrow{AB} \wedge \overrightarrow{AI}\|.$$

32 Soit $\vec{u}$ et $\vec{v}$ deux vecteurs non colinéaires.

On pose : $\vec{u} \wedge \vec{v} = \vec{w}$.

Calculer en fonction de $\vec{w}$:

a) $\vec{u} \wedge (2\vec{u} + \vec{v})$ *b)* $(3\vec{u} - \vec{v}) \wedge \vec{v}$

c) $(\vec{u} + 2\vec{v}) \wedge (2\vec{u} - \vec{v})$ *d)* $5\vec{v} \wedge (3\vec{u} + \vec{v})$.

33 Soit $(\vec{i}, \vec{j}, \vec{k})$ une base orthonormée directe de $\mathscr{W}$.

Dans chacun des cas suivants, démontrer que $(\vec{u}, \vec{v}, \vec{w})$ est une base orthonormée et préciser si elle est directe ou indirecte.

a) $\vec{u}\begin{pmatrix}\frac{1}{\sqrt{2}}\\\frac{1}{\sqrt{2}}\\0\end{pmatrix}$, $\vec{v}\begin{pmatrix}\frac{1}{\sqrt{2}}\\-\frac{1}{\sqrt{2}}\\0\end{pmatrix}$, $\vec{w}\begin{pmatrix}0\\0\\-1\end{pmatrix}$

b) $\vec{u}\begin{pmatrix}\frac{2}{3}\\\frac{1}{3}\\\frac{2}{3}\end{pmatrix}$, $\vec{v}\begin{pmatrix}-\frac{1}{3}\\-\frac{2}{3}\\\frac{2}{3}\end{pmatrix}$, $\vec{w}\begin{pmatrix}-\frac{2}{3}\\\frac{2}{3}\\\frac{1}{3}\end{pmatrix}$.

34 Soit $(\vec{i}, \vec{j}, \vec{k})$ une base orthonormée directe de $\mathcal{W}$. Dans chacun des cas suivants, déterminer un vecteur $\vec{w}$ tel que $(\vec{u}, \vec{v}, \vec{w})$ soit une base orthonormée directe de $\mathcal{W}$.

a) $\vec{u} = \frac{1}{9}(\vec{i} + 8\vec{j} - 4\vec{k})$, $\vec{v} = \frac{1}{9}(-4\vec{i} + 4\vec{j} + 7\vec{k})$

b) $\vec{u} = \frac{1}{\sqrt{2}}(\vec{i} + \vec{j})$, $\vec{v} = \frac{1}{\sqrt{3}}(\vec{i} - \vec{j} + \vec{k})$.

35 L'espace est muni du repère orthonormé direct $(O, \vec{i}, \vec{j}, \vec{k})$.
Dans chacun des cas suivants, vérifier que les points A, B et C définissent un plan dont on déterminera une équation.

a) $A\begin{pmatrix}-1\\1\\1\end{pmatrix}$, $B\begin{pmatrix}1\\-1\\1\end{pmatrix}$, $C\begin{pmatrix}1\\1\\-1\end{pmatrix}$ b) $A\begin{pmatrix}2\\1\\0\end{pmatrix}$, $B\begin{pmatrix}-3\\0\\2\end{pmatrix}$, $C\begin{pmatrix}0\\5\\-1\end{pmatrix}$.

36 L'espace est muni du repère orthonormé direct $(O, \vec{i}, \vec{j}, \vec{k})$.
Dans chacun des cas suivants, déterminer un vecteur de la droite d'intersection des plans $(\mathcal{P})$ et $(\mathcal{P}')$.

a) $(\mathcal{P}) : 2x + y - z = 0$ et $(\mathcal{P}') = x - 3y + 2z + 4 = 0$.

b) $(\mathcal{P}) : x - y + z - 5 = 0$ et $(\mathcal{P}') = x + y - z + 7 = 0$.

37 **Le théorème des sinus**
Soit A, B et C trois points non alignés de l'espace orienté $\mathcal{E}$.

1. Démontrer que : $\overrightarrow{AB} \wedge \overrightarrow{AC} = \overrightarrow{CA} \wedge \overrightarrow{CB} = \overrightarrow{BC} \wedge \overrightarrow{BA}$.

2. En déduire que : $\dfrac{BC}{\sin\widehat{BAC}} = \dfrac{CA}{\sin\widehat{CBA}} = \dfrac{AB}{\sin\widehat{ACB}}$.

38 Soit A, B et C trois points non alignés de l'espace orienté $\mathcal{E}$.
Déterminer l'ensemble des points M tels que :

a) $\overrightarrow{AB} \wedge \overrightarrow{AM} = \vec{0}$ b) $\overrightarrow{AB} \wedge \overrightarrow{CM} = \vec{0}$ c) $\overrightarrow{AM} \wedge \overrightarrow{BM} = \vec{0}$.

39 Soit A, B et C trois points non alignés de l'espace orienté $\mathcal{E}$. On désigne par I le barycentre des points pondérés (A, 2), (B, – 1) et par J le barycentre des points pondérés (B, 1), (C, 3).
Déterminer et construire l'ensemble des points M tels que :

$$(2\overrightarrow{MA} - \overrightarrow{MB}) \wedge (\overrightarrow{MB} + 3\overrightarrow{MC}) = \vec{0}.$$

40 L'espace est muni du repère orthonormé direct $(O, \vec{i}, \vec{j}, \vec{k})$.
Démontrer que les vecteurs $\vec{u}$, $\vec{v}$ et $\vec{w}$ sont coplanaires si et seulement si $(\vec{u} \wedge \vec{v}).\vec{w} = \vec{0}$.

Application

Dans chacun des cas suivants, dire si les points A, B, C et D sont coplanaires.

a) $A\begin{pmatrix}1\\2\\0\end{pmatrix}$, $B\begin{pmatrix}0\\6\\2\end{pmatrix}$, $C\begin{pmatrix}-1\\0\\-6\end{pmatrix}$ et $D\begin{pmatrix}1\\3\\1\end{pmatrix}$

b) $A\begin{pmatrix}1\\2\\1\end{pmatrix}$, $B\begin{pmatrix}2\\1\\1\end{pmatrix}$, $C\begin{pmatrix}0\\1\\-1\end{pmatrix}$ et $D\begin{pmatrix}2\\4\\1\end{pmatrix}$

c) $A\begin{pmatrix}0\\1\\1\end{pmatrix}$, $B\begin{pmatrix}1\\0\\0\end{pmatrix}$, $C\begin{pmatrix}-1\\2\\1\end{pmatrix}$ et $D\begin{pmatrix}0\\1\\2\end{pmatrix}$.

41 L'espace est muni du repère orthonormé direct $(O, \vec{i}, \vec{j}, \vec{k})$.
Soit les points $A\begin{pmatrix}-4\\6\\-1\end{pmatrix}$, $B\begin{pmatrix}1\\2\\2\end{pmatrix}$ et $C\begin{pmatrix}-1\\4\\3\end{pmatrix}$.

1. Calculer l'aire du triangle ABC.

2. Dans le plan (ABC), soit I le milieu de [AC] et D l'image de B par s_I. Préciser la nature du quadrilatère ABDC et calculer son aire.

42 **1.** Soit A, B, C trois points non alignés de l'espace orienté $\mathcal{E}$ et M un point quelconque.

a) Démontrer que le vecteur $\vec{u}$ tel que :

$$\vec{u} = \overrightarrow{MA} \wedge \overrightarrow{MB} + \overrightarrow{MB} \wedge \overrightarrow{MC} + \overrightarrow{MC} \wedge \overrightarrow{MA}$$

est indépendant du point M.

b) Interpréter géométriquement $\|\vec{u}\|$.

2. Étudier le cas où A, B et C sont alignés.

43 Soit A, B, C trois points non alignés de l'espace orienté $\mathcal{E}$ et I le milieu de [BC].
Déterminer l'ensemble des points M tels que :

$$\overrightarrow{MA} \wedge \overrightarrow{MB} = \overrightarrow{MC} \wedge \overrightarrow{MA}.$$

44 Soit A et B deux points de l'espace orienté $\mathcal{E}$ tels que : AB = 6.
Déterminer l'ensemble des points M tels que :

$$\|\overrightarrow{MA} \wedge \overrightarrow{MB}\| = 24.$$

(On pourra utiliser l'interprétation géométrique de $\|\overrightarrow{MA} \wedge \overrightarrow{MB}\|$.)

APPROFONDISSEMENT

45 Soit ABCDEFGH un pavé.
Démontrer que la diagonale (AG) est sécante avec le plan (BDE) en un point I tel que :

- I est le centre de gravité du triangle BDE ;
- $\overrightarrow{AI} = \frac{1}{3}\overrightarrow{AG}$.

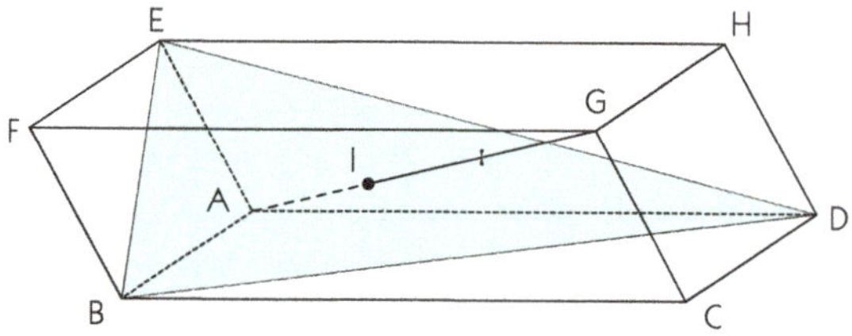

46 Soit ABC un triangle isocèle tel que :
BC = 2, AC = AB = 3.
On désigne par A' le milieu du segment [BC] et H l'orthocentre de ABC.

1. Démontrer que : $\cos\widehat{BAC} = \frac{7}{9}$.

2. Soit B' le projeté orthogonal de B sur la droite (AC).

a) Calculer $\dfrac{B'A}{B'C}$.

b) Déterminer deux nombres réels α et γ tels que B' est le barycentre des points pondérés (A, α) et (C, γ).
3. En déduire trois nombres réels a, b et c tels que H est le barycentre des points pondérés (A, a), (B, b) et (C, c).

47 Soit ABC un triangle inscrit dans un cercle ($\mathscr{C}$) de centre O. On désigne par :

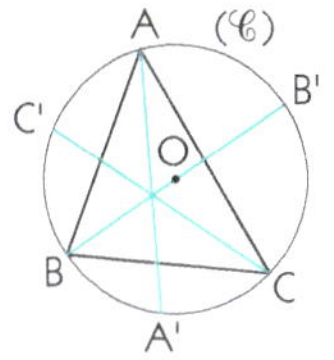

- A' le milieu de l'arc de corde [BC], ne contenant pas A,
- B' le milieu de l'arc de corde [CA], ne contenant pas B,
- C' le milieu de l'arc de corde [AB], ne contenant pas C.

Démontrer que les droites (AA'), (BB') et (CC') sont concourantes.

48 Soit ABC un triangle.
P, Q et R sont des points distincts de A, B et C, appartenant respectivement aux droites (BC), (CA) et (AB).
1. Démontrer que les cercles circonscrits aux triangles CPQ, AQR et BRP passent par un même point I.
2. Démontrer que A, B, C et I sont cocycliques si et seulement si P, Q et R sont alignés.

49 Soit ABCD un losange de centre O tel que :
$$OB = 2OA.$$
1. Démontrer que le barycentre des points pondérés (B, 2), (C, – 1) et (D, 1) est le milieu du segment [AB].
2. Soit k un nombre réel.
a) Déterminer et construire l'ensemble (E_1) des barycentres G_k des points pondérés (A, k), (B, 2), (C, $k - 1$) et (D, $1 - 2k$).
b) Préciser la valeur de k pour laquelle G_k est un point de la droite (AC).
3. Déterminer et construire :
a) l'ensemble (E_2) des points M du plan tels que les vecteurs $\overrightarrow{MA} + \overrightarrow{MC} - 2\overrightarrow{MD}$ et $2\overrightarrow{MB} - \overrightarrow{MC} + \overrightarrow{MD}$ sont colinéaires ;
b) l'ensemble (E_3) des points M du plan tels que les vecteurs $\overrightarrow{MA} + \overrightarrow{MC} - 2\overrightarrow{MD}$ et $2\overrightarrow{MB} - \overrightarrow{MC} + \overrightarrow{MD}$ ont la même norme.

50 Soit ABC un triangle équilatéral tel que :
$$AB = a \ (a > 0).$$
1. Déterminer et construire l'ensemble des points M du plan tels que : $2MA^2 - MB^2 - MC^2 = a^2$.
2. *a)* Construire le barycentre G des points pondérés (A, – 1), (B, 4) et (C, 1).
b) Déterminer et construire l'ensemble des points M du plan tels que : $-MA^2 + 4MB^2 + MC^2 = \frac{a^2}{2}$.

51 Soit ABCD un tétraèdre.
1. Construire les centres de gravité respectifs I, J et K des faces ABC, ACD et ADB.
2. Démontrer que les plans (BCD) et (IJK) sont parallèles.
3. On désigne par :
- G et H les centres de gravité respectifs des triangles BCD et IJK ;
- O le centre de gravité de ABCD.

Démontrer que les points A, H, O et G sont alignés.
Exprimer le vecteur $\overrightarrow{GH}$ en fonction du vecteur $\overrightarrow{AO}$.
4. Déterminer quatre nombres réels a, b, c et d tels que H est le barycentre des points pondérés (A, a), (B, b), (C, c) et (D, d).

52 Le théorème de Pappus
1. Soit A, B, C trois points alignés et A', B', C' trois points alignés de l'espace orienté $\mathscr{E}$.
Vérifier la relation :
$$\overrightarrow{B'A} \wedge \overrightarrow{BA'} + \overrightarrow{C'B} \wedge \overrightarrow{CB'} + \overrightarrow{A'C} \wedge \overrightarrow{AC'} = \vec{0}.$$
2. En déduire le théorème de Pappus :

si $\begin{cases} \text{A, B, C alignés} \\ \text{A', B', C' alignés} \\ \text{(BC') // (B'C)} \\ \text{(AC') // (A'C)} \end{cases}$

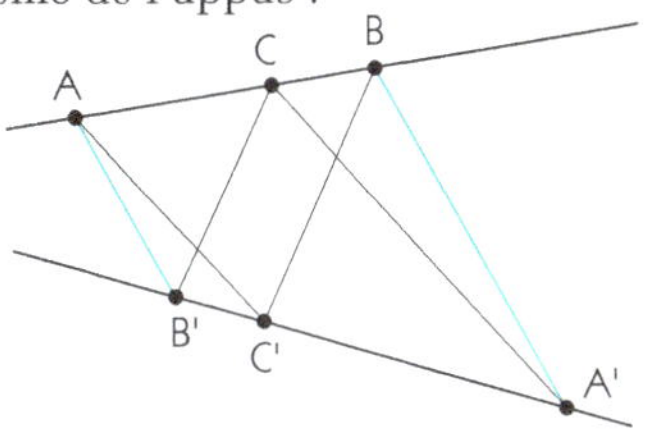

alors (AB') // (A'B).

53 Le théorème de Desargues
Soit deux triangles ABC et A'B'C' du plan tels que les droites (AA'), (BB') et (CC') sont concourantes en un point O.
On suppose que :
- les droites (BC) et (B'C') sont sécantes en un point I,
- les droites (CA) et (C'A') sont sécantes en un point J,
- les droites (AB) et (A'B') sont sécantes en un point K.

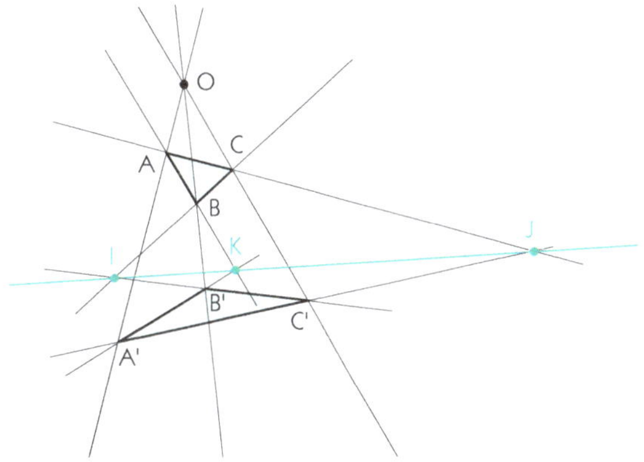

Démontrer que les points I, J et K sont alignés.
(On pourra considérer O comme barycentre des points A et A', des points B et B', des points C et C'.)

54 Soit A, B, C trois points non alignés et α, β, γ trois nombres réels tels que :
- les points pondérés (A, α), (B, β), (C, γ) admettent un barycentre G ;
- les points pondérés (A, $-\alpha$), (B, β), (C, γ) admettent un barycentre G_1 ;
- les points pondérés (A, α), (B, $-\beta$), (C, γ) admettent un barycentre G_2 ;
- les points pondérés (A, α), (B, β), (C, $-\gamma$) admettent un barycentre G_3.

1. Démontrer que les droites (AG_1), (BG_2) et (CG_3) concourent en G.
2. Démontrer que les droites (G_2G_3), (G_3G_1) et (G_1G_2) passent respectivement par A, B et C.

55 $\vec{u}$ et $\vec{v}$ sont deux vecteurs non nuls de $\mathscr{W}$, O un point quelconque de $\mathscr{E}$, A et B les points tels que :
$$\overrightarrow{OA} = \vec{u} \quad \text{et} \quad \overrightarrow{OB} = \vec{v}.$$
1. On désigne par ($\mathscr{P}$) le plan orthogonal à (OA) en O, par B_1 le projeté orthogonal de B sur ($\mathscr{P}$) et par B' l'image de B_1 par la rotation r dans ($\mathscr{P}$) de centre O et d'angle $\frac{\pi}{2}$.
[($\mathscr{P}$) est orienté par le choix du vecteur normal $\vec{u}$.]

a) Démontrer que :

$$\|\vec{u} \wedge \vec{v}\| = OA \times OB_1 \quad \text{et} \quad \vec{u} \wedge \vec{v} = OA \times \overrightarrow{OB}.$$

b) Soit k un nombre réel, C le point tel que $\overrightarrow{OC} = k\vec{v}$, C_1 le projeté orthogonal de C sur $(\mathscr{P})$ et C' l'image de C_1 par la rotation r.
Démontrer que : $\overrightarrow{OC'} = k\overrightarrow{OB}$.
En déduire que : $\vec{u} \wedge (k\vec{v}) = k(\vec{u} \wedge \vec{v})$.

2. Soit $\vec{w}$ un vecteur non nul de $\mathscr{W}$, D et E les points tels que $\overrightarrow{OD} = \vec{w}$ et $\overrightarrow{OE} = \vec{v} + \vec{w}$, D_1 et E_1 les projetés orthogonaux respectifs de D et E sur $(\mathscr{P})$, D' et E' les images respectives de D_1 et E_1 par la rotation r.
Démontrer que : $\overrightarrow{OE'} = \overrightarrow{OB'} + \overrightarrow{OD}$.
En déduire que : $\vec{u} \wedge (\vec{v} + \vec{w}) = \vec{u} \wedge \vec{v} + \vec{u} \wedge \vec{w}$.

56 Soit deux droites $(\mathscr{D})$ et $(\mathscr{D}')$ sécantes en O, A et B deux points distincts de $(\mathscr{D})$, C et D deux points distincts de $(\mathscr{D}')$ avec A, B, C, D distincts de O.
1. Démontrer que pour tout point M de $\mathscr{E}$, on a :

$$\overrightarrow{MA} \wedge \overrightarrow{MB} - \overrightarrow{MC} \wedge \overrightarrow{MD} = \overrightarrow{MO} \wedge (\overrightarrow{AB} + \overrightarrow{DC}).$$

2. Déterminer le lieu des points M de $\mathscr{E}$ tels que :

$$\overrightarrow{MA} \wedge \overrightarrow{MB} = \overrightarrow{MC} \wedge \overrightarrow{MD}.$$

57 Soit ABCDEFGH un cube tel que $(\overrightarrow{AB}, \overrightarrow{AD}, \overrightarrow{AE})$ est une base orthonormée directe de $\mathscr{W}$.
On désigne par I le milieu de [EF] et par J le centre du carré ADHE.
1. Vérifier que : $\overrightarrow{IG} \wedge \overrightarrow{IA} = \overrightarrow{BJ}$.
En déduire l'aire du triangle IGA.
2. Calculer le volume du tétraèdre ABIG et en déduire la distance du point B au plan (IGA).

58 Soit ABC un triangle et M un point de $\mathscr{E}$.
Dans chacun des cas suivants, déterminer le lieu des points M tels que $\overrightarrow{AM} \wedge \overrightarrow{AB} = \overrightarrow{AC}$:
a) ABC n'est pas un triangle rectangle en A ;
b) ABC est un triangle rectangle en A.

59 Soit ABCD un quadrilatère convexe admettant un cercle inscrit de centre O.

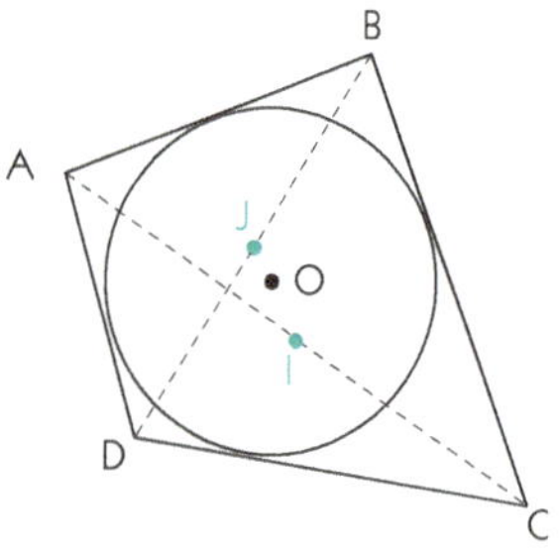

1. *a)* Démontrer que :

$$\mathscr{A}(AOB) + \mathscr{A}(COD) = \mathscr{A}(BOC) + \mathscr{A}(DOA).$$

b) En déduire que :

$$\overrightarrow{OA} \wedge \overrightarrow{OB} + \overrightarrow{OC} \wedge \overrightarrow{OD} = \overrightarrow{OB} \wedge \overrightarrow{OC} + \overrightarrow{OD} \wedge \overrightarrow{OA} \quad (1).$$

2. On désigne par I et J les milieux respectifs des diagonales [AC] et [BD].
a) Démontrer, en utilisant (1), que les vecteurs $\overrightarrow{OI}$ et $\overrightarrow{OJ}$ sont colinéaires.
b) Conclure et énoncer la propriété ainsi démontrée.

60 Distance entre deux droites
Soit $(\mathscr{D})$ et $(\mathscr{D}')$ deux droites non coplanaires de repères respectifs $(A, \vec{u})$ et $(A', \vec{u}')$.

1. On pose : $\vec{v} = \vec{u} \wedge \vec{u}'$.
a) Justifier que $(A, \vec{u}, \vec{v})$ et $(A', \vec{u}', \vec{v})$ sont des repères de deux plans $(\mathscr{P})$ et $(\mathscr{P}')$.
b) Démontrer que $(\mathscr{P})$ et $(\mathscr{P}')$ sont sécants suivant une droite (Δ), qui coupe perpendiculairement $(\mathscr{D})$ et $(\mathscr{D}')$.
La droite (Δ) est appelée perpendiculaire commune à $(\mathscr{D})$ et à $(\mathscr{D}')$.

2. On désigne par H et H' les points d'intersection respectifs de (Δ) avec $(\mathscr{D})$ et $(\mathscr{D}')$.
a) Démontrer que le produit scalaire $\overrightarrow{MM'}.(\vec{u} \wedge \vec{u}')$ reste constant lorsque M décrit $(\mathscr{D})$ et M' décrit $(\mathscr{D}')$.
b) En déduire que :
- pour tous points M de $(\mathscr{D})$ et M' de $(\mathscr{D}')$, $HH' \leq MM'$;
- $HH' = \dfrac{|\overrightarrow{AA'}.(\vec{u} \wedge \vec{u}')|}{\|\vec{u} \wedge \vec{u}'\|}$.

HH', plus petite distance entre un point M de $(\mathscr{D})$ et un point M' de $(\mathscr{D}')$, est par définition la distance entre les droites $(\mathscr{D})$ et $(\mathscr{D}')$.

Application
a) On donne les points $A\begin{pmatrix}1\\-1\\1\end{pmatrix}$ et $A'\begin{pmatrix}0\\3\\-1\end{pmatrix}$,

les vecteurs $\vec{u}\begin{pmatrix}-2\\1\\3\end{pmatrix}$ et $\vec{u}'\begin{pmatrix}1\\1\\1\end{pmatrix}$.

Calculer la distance entre les droites de repères $(A, \vec{u})$ et $(A', \vec{u}')$.
b) Calculer la distance entre les diagonales (EG) et (CF) du cube ABCDEFGH d'arête a.

3 Nombres complexes

Introduction

*« **A**insi, y a-t-il ou non une racine carrée de – 1 ?*
Si oui, de quelle sorte d'animal s'agit-il ?
En quoi ce divertissement intellectuel gratuit peut-il concerner les esprits pratiques ? »
Cette réflexion de Ian Stewart fait allusion aux débats philosophiques et aux trois siècles de recherche qui ont abouti au formalisme actuel des nombres complexes.
Ces nombres, que certains mathématiciens du XVIe siècle qualifiaient d'« impossibles » et d'« inutiles », ont aujourd'hui de nombreuses applications en aérodynamique, en mécanique des fluides, en théorie quantique et en électrotechnique.

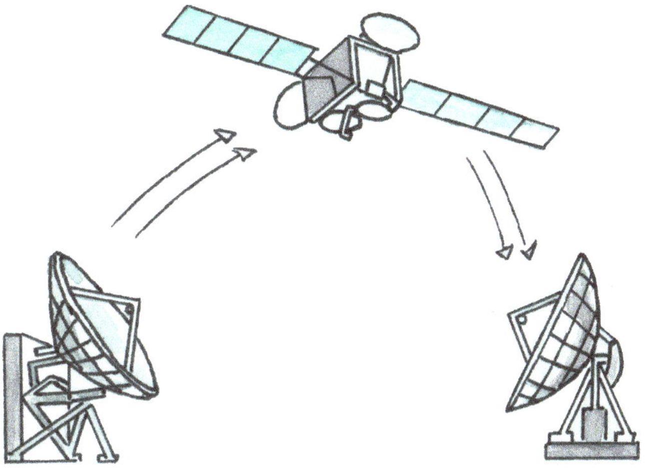

$H = A_0 e^{j\omega t}$ est une représentation complexe de l'onde électromagnétique.
(A_0 est l'amplitude et ω la phase.)

SOMMAIRE

1 Étude algébrique

1.1. Notion de nombre complexe

Définition et propriétés

1. Soit l'équation (E) : $x^2 + 4x + 5 = 0$.
- Vérifier que : $x^2 + 4x + 5 = (x + 2)^2 + 1$.
- En déduire que : (E) $\Leftrightarrow$ $(x + 2)^2 = -1$.
- Cette équation a-t-elle une solution dans $\mathbb{R}$? Justifier la réponse.

Supposons qu'il existe un nombre i tel que $i^2 = -1$ et conservons les règles de calcul utilisées dans $\mathbb{R}$.
- Démontrer alors que (E) admet deux solutions que l'on exprimera en fonction de i.

2. Résoudre de même les équations : $x^2 - 6x + 13 = 0$ et $x^2 + 5 = 0$.

Définition

On appelle nombre complexe tout nombre de la forme $a + ib$, tel que a et b sont des nombres réels et $i^2 = -1$.

L'ensemble des nombres complexes est noté $\mathbb{C}$.

Notation et vocabulaire

Soit z un nombre complexe tel que : $z = a + ib$.
- L'écriture $a + ib$ est appelée ***forme algébrique*** de z.

Le nombre réel a est appelé ***partie réelle*** de z et noté ***Re(z)***.

Le nombre réel b est appelé ***partie imaginaire*** de z et noté ***Im(z)***.
- Si $b = 0$, alors $z = a$; z est un nombre réel ; tout nombre réel est un nombre complexe ($\mathbb{R} \subset \mathbb{C}$).
- Si $a = 0$ et $b \neq 0$, alors $z = ib$; le nombre z est dit ***imaginaire pur***.

Nous admettons les propriétés suivantes.

Propriété

Soit z et z' deux nombres complexes. On a :
- **$z = z'$ si et seulement si $\mathrm{Re}(z) = \mathrm{Re}(z')$ et $\mathrm{Im}(z) = \mathrm{Im}(z')$;**
- **$z = 0$ si et seulement si $\mathrm{Re}(z) = 0$ et $\mathrm{Im}(z) = 0$.**

*0 est appelé **nombre complexe nul**.*

Représentation géométrique d'un nombre complexe

Le plan $\mathcal{P}$ est muni du repère orthonormé direct $(O, \vec{e_1}, \vec{e_2})$.

- L'application qui à tout nombre complexe $a + ib$ associe le point $M\binom{a}{b}$ est une bijection de $\mathbb{C}$ vers $\mathcal{P}$.

$M\binom{a}{b}$ est appelé ***point image*** du nombre complexe $a + ib$;
$a + ib$ est appelé ***affixe*** du point $M\binom{a}{b}$.

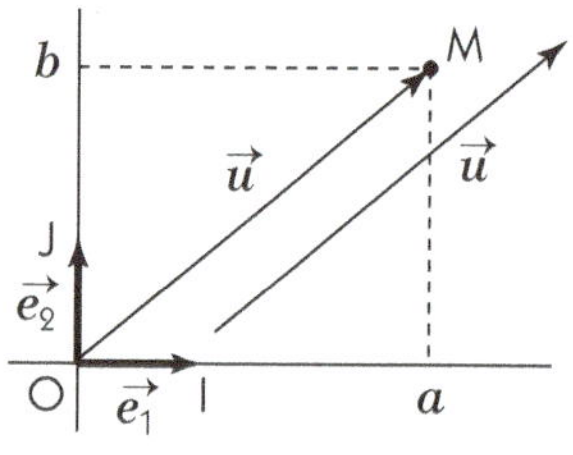

- L'application qui à tout nombre complexe $a + ib$ associe le vecteur $\vec{u}\binom{a}{b}$ est une bijection de $\mathbb{C}$ vers l'ensemble des vecteurs du plan.

$\vec{u}\binom{a}{b}$ est appelé ***vecteur image*** du nombre complexe $a + ib$;
$a + ib$ est appelé ***affixe*** du vecteur $\vec{u}\binom{a}{b}$.

- Le plan muni du repère orthonormé direct $(O, \vec{e_1}, \vec{e_2})$ est appelé ***plan complexe***.

Un point M d'affixe z de ce plan est souvent noté M(z).

- Les droites de repères $(O, \vec{e_1})$ et $(O, \vec{e_2})$ sont respectivement appelées ***axe réel*** et ***axe imaginaire***.

Exemples

- O, I et J sont les points d'affixes respectives 0, 1 et i.
- $\vec{0}$, $\vec{e}_1$ et $\vec{e}_2$ sont les vecteurs d'affixes respectives 0, 1 et i.

1.2. Opérations dans $\mathbb{C}$

Addition et multiplication dans $\mathbb{C}$

En appliquant les règles de calcul utilisées dans $\mathbb{R}$ et la convention $i^2 = -1$, on définit l'addition et la multiplication dans $\mathbb{C}$.

Définitions

Soit z et z' deux nombres complexes tels que : $z = a + ib$ et $z' = a' + ib'$.
- **La somme de z et z' est le nombre complexe : $z + z' = (a + a') + i(b + b')$.**
- **Le produit de z et z' est le nombre complexe : $zz' = (aa' - bb') + i(ab' + a'b)$.**

Exemples

- $(4 - 5i) + (3 + 2i) = 7 - 3i$
- $(4 - 5i)(3 + 2i) = 22 - 7i$
- $3(4 - 5i) = 12 - 15i$
- $(2 + 5i)^2 = -21 + 20i$
- $2i(4 - 5i) = 10 + 8i$
- $(-1 + 3i)^3 = 26 - 18i$.

L'addition et la multiplication ont les propriétés suivantes.

Propriétés 1

(1) **$(\mathbb{C}, +)$ est un groupe commutatif.**
(2) **$(\mathbb{C}^*, \times)$ est un groupe commutatif.**
(3) **La multiplication est distributive par rapport à l'addition.**

*On dit que $(\mathbb{C}, +, \times)$ est un **corps commutatif**.*

Démonstration

- On vérifie aisément que l'addition et la multiplication, lois de composition internes dans $\mathbb{C}$, sont associatives et commutatives et que la multiplication est distributive par rapport à l'addition.
- 0 est l'élément neutre pour l'addition dans $\mathbb{C}$; 1 est l'élément neutre pour la multiplication dans $\mathbb{C}$.
- L'***opposé*** de tout nombre complexe $a + ib$ est le nombre complexe $-a - ib$.
- L'***inverse*** de tout nombre complexe non nul $a + ib$ est le nombre complexe :

$$\frac{1}{a + ib} = \frac{a - ib}{(a + ib)(a - ib)} = \frac{a}{a^2 + b^2} - i\frac{b}{a^2 + b^2}.$$

Remarques

- *$(\mathbb{R}, +, \times)$ est un corps commutatif.*
- *L'expression de l'inverse du nombre complexe $a + ib$ n'est pas à retenir ; on la retrouve facilement en remarquant que : $(a + ib)(a - ib) = a^2 + b^2$.*
- *On convient que pour tout nombre complexe non nul z : $z^0 = 1$.*

Exemple

$$\frac{1}{4 - 3i} = \frac{4 + 3i}{(4 - 3i)(4 + 3i)} = \frac{4}{25} + \frac{3}{25}i.$$

Propriétés 2

Soit z et z' deux nombres complexes.
On a : $zz' = 0$ si et seulement si $z = 0$ ou $z' = 0$.

La démonstration de cette propriété est laissée au soin du lecteur.

Soustraction et division dans ℂ

Les propriétés 1 et 2 précédentes conduisent aux définitions suivantes.

Définitions

Soit z et z' deux nombres complexes.
- **La différence de z et z' est le nombre complexe : $z - z' = z + (-z')$.**
- **Si $z' \neq 0$, le quotient de z par z' est le nombre complexe : $\frac{z}{z'} = z \times \frac{1}{z'}$.**

Exemples

- $(4 - 3i) - (5 + 6i) = (4 - 3i) + (-5 - 6i) = -1 - 9i$.
- $\frac{5 + 6i}{4 - 3i} = (5 + 6i) \times \frac{1}{4 - 3i} = (5 + 6i)\left(\frac{4}{25} + \frac{3}{25}i\right) = \frac{2}{25} + \frac{39}{25}i$.

Produits remarquables

Les propriétés suivantes, démontrées dans ℝ, restent valables dans ℂ.

Propriétés

Pour tous nombres complexes z et z', pour tout entier naturel n non nul, on a :
- $(z + z')^2 = z^2 + 2zz' + z'^2$;
- $(z - z')^2 = z^2 - 2zz' + z'^2$;
- $(z + z')(z - z') = z^2 - z'^2$;
- $(z + z')^n = \sum_{k=0}^{n} C_n^k z^{n-k} z'^k$ **(formule du binôme de Newton).**

Exemples

- $(2 - 3i)^2 = 4 - 12i - 9 = -5 - 12i$
- $(1 + i)^3 = 1 + 3i - i = -2 + 2i$.

Affixes de $\vec{u} + \vec{u}'$, $\overrightarrow{MM'}$ et $k\vec{u}$ ($k \in \mathbb{R}$)

Le tableau suivant donne les interprétations géométriques de certaines opérations dans ℂ.

Somme	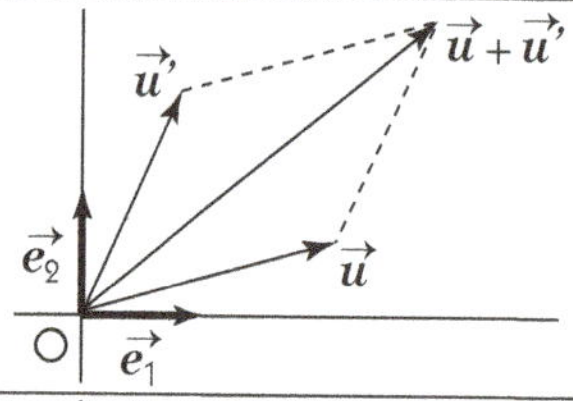	$z_{\vec{u}} + z_{\vec{u}'} = z_{\vec{u} + \vec{u}'}$
Différence	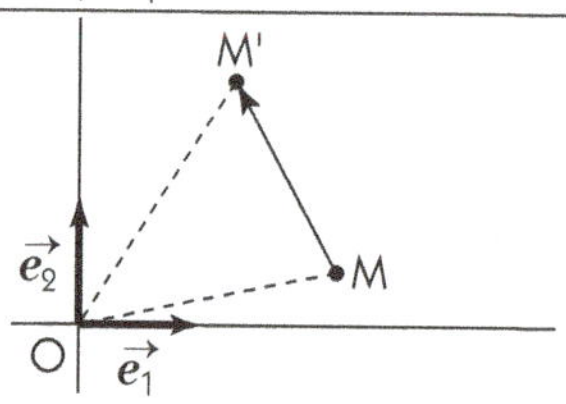	$z_{M'} - z_M = z_{\overrightarrow{MM'}}$
Produit par un nombre réel	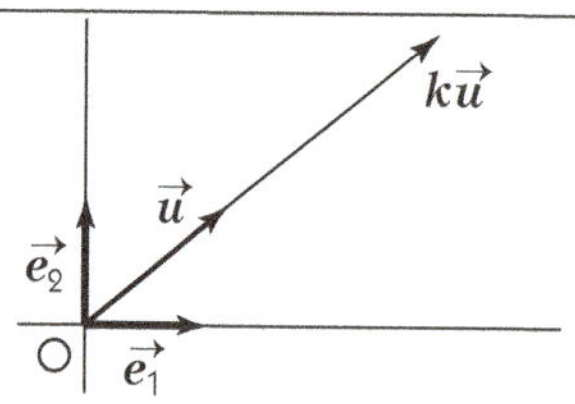	$kz_{\vec{u}} = z_{k\vec{u}}$

Affixe du barycentre de n points pondérés

Propriété

Soit $A_1, A_2, \ldots, A_n$, n points d'affixes respectives $z_{A_1}, z_{A_2}, \ldots, z_{A_n}$ et $\alpha_1, \alpha_2, \ldots, \alpha_n$, n nombres réels dont la somme est non nulle.

L'affixe du barycentre G de $(A_1, \alpha_1), (A_2, \alpha_2), \ldots, (A_n, \alpha_n)$ est : $z_G = \dfrac{\sum_{k=1}^{n} \alpha_k z_{A_k}}{\sum_{k=1}^{n} \alpha_k}$.

Cette propriété est déduite de la définition du barycentre et des propriétés des affixes de vecteurs.

Exemples

- L'affixe du milieu d'un segment [AB] est : $\dfrac{z_A + z_B}{2}$.
- L'affixe du centre de gravité d'un triangle ABC est : $\dfrac{z_A + z_B + z_C}{3}$.

1.3. Conjugué et module d'un nombre complexe

Conjugué d'un nombre complexe

Définition

Soit z un nombre complexe tel que : $z = a + ib$.
On appelle conjugué de z le nombre complexe, noté $\overline{z}$, tel que : $\overline{z} = a - ib$.

Interprétation géométrique
Les points M et M' d'affixes respectives z et $\overline{z}$ sont symétriques par rapport à l'axe réel.

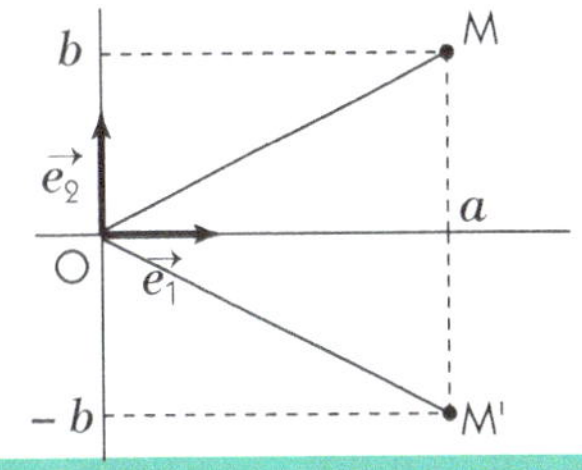

Exemples

$\overline{1 + i} = 1 - i$; $\overline{3 - 2i} = 3 + 2i$; $\overline{-2 + i} = -2 - i$.

Les propriétés suivantes se déduisent de la définition.

Propriétés 1

Soit z un nombre complexe tel que : $z = a + ib$. On a :

- $\overline{\overline{z}} = z$;
- $z + \overline{z} = 2\mathrm{Re}(z)$;
- z est réel si et seulement si $\overline{z} = z$;
- $z\overline{z} = a^2 + b^2$;
- $z - \overline{z} = 2i\,\mathrm{Im}(z)$;
- z est imaginaire pur si et seulement si $\overline{z} = -z$ et $z \neq 0$.

Exemples

- $\overline{\overline{-3 + 2i}} = \overline{-3 - 2i} = -3 + 2i$;
- $(-3 + 2i) + \overline{(-3 + 2i)} = -6$;
- $(-3 + 2i)\overline{(-3 + 2i)} = 9 - (-4) = 13$;
- $(-3 + 2i) - \overline{(-3 + 2i)} = 4i$.

Propriétés 2

Pour tous nombres complexes z et z', pour tout entier relatif n, on a :

(1) $\overline{z + z'} = \overline{z} + \overline{z'}$; **(2)** $\overline{-z} = -\overline{z}$; **(3)** $\overline{zz'} = \overline{z} \times \overline{z'}$;

(4) $\overline{\left(\dfrac{1}{z}\right)} = \dfrac{1}{\overline{z}}$ $(z \neq 0)$; **(5)** $\overline{\left(\dfrac{z}{z'}\right)} = \dfrac{\overline{z}}{\overline{z'}}$ $(z' \neq 0)$; **(6)** $\overline{z^n} = (\overline{z})^n$ $(z \neq 0)$.

Démonstration

Posons : $z = a + ib$ et $z' = a' + ib'$.

(1) et (2) Ces propriétés se déduisent immédiatement de la définition.

(3) On a : $\overline{zz'} = (aa' - bb') + i(ab' + a'b)$ et $\overline{z} \times \overline{z'} = (a - ib)(a' - ib') = (aa' - bb') - i(ab' + a'b)$;
donc : $\overline{zz'} = \overline{z} \times \overline{z'}$.

(4) Si $z \neq 0$, on a : $z \times \dfrac{1}{z} = 1 \Leftrightarrow \overline{\left(z \times \dfrac{1}{z}\right)} = 1 \Leftrightarrow \overline{z} \times \overline{\left(\dfrac{1}{z}\right)} = 1 \Leftrightarrow \overline{\left(\dfrac{1}{z}\right)} = \dfrac{1}{\overline{z}}$.

(5) Si $z' \neq 0$, on a : $\overline{\left(\dfrac{z}{z'}\right)} = \overline{\left(z \times \dfrac{1}{z'}\right)} = \overline{z} \times \overline{\left(\dfrac{1}{z'}\right)} = \overline{z} \times \dfrac{1}{\overline{z'}} = \dfrac{\overline{z}}{\overline{z'}}$.

(6) Si $z \neq 0$, on démontre par récurrence que pour tout entier naturel n, on a : $\overline{z^n} = (\overline{z})^n$.

Pour $n < 0$, on a : $-n > 0$; donc : $\overline{z^n} = \overline{\left(\dfrac{1}{z^{-n}}\right)} = \dfrac{1}{\overline{z^{-n}}} = \dfrac{1}{(\overline{z})^{-n}} = (\overline{z})^n$.

Module d'un nombre complexe

Soit z un nombre complexe tel que : $z = a + ib$.
On a : $z\bar{z} = a^2 + b^2$; donc $z\bar{z}$ est un nombre réel positif.

Définition

Soit z un nombre complexe tel que : $z = a + ib$.
On appelle module de z le nombre réel positif, noté $|z|$, tel que : $|z| = \sqrt{z\bar{z}} = \sqrt{a^2 + b^2}$.

Interprétation géométrique

- Si z est l'affixe d'un point M, on a : $|z| = OM$.
- Si z est l'affixe d'un vecteur $\vec{u}$, on a : $|z| = \|\vec{u}\|$.
- Si z_A et z_B sont les affixes respectives de deux points A et B, on a : $|z_B - z_B| = AB$.

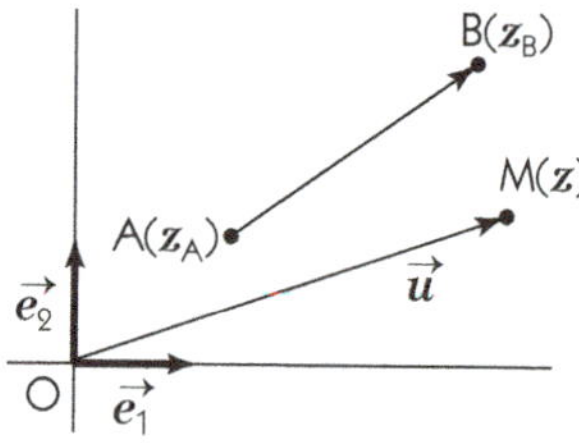

Exemples

- $|3 - 4i| = \sqrt{9 + 16} = 5$; • $\left|-\frac{1}{2} + i\frac{\sqrt{3}}{2}\right| = \sqrt{\frac{1}{4} + \frac{3}{4}} = 1$; • $|-3i| = \sqrt{0 + 9} = 3$.

Remarques

- *Si $b = 0$, on a : $|z| = |a| = \sqrt{a^2}$; la notation utilisée est cohérente avec celle de la valeur absolue d'un nombre réel.*
- *Pour tout nombre complexe z, on a :* $|z| = |-z| = |\bar{z}| = |-\bar{z}|$.
- *Soit z un nombre complexe, on a :* $|z| = 1$ *si et seulement si* $\bar{z} = \frac{1}{z}$ $(z \neq 0)$;
  $|z| = 1$ *si et seulement si* $z = 0$.

Propriété

Pour tous nombres complexes z et z', pour tout entier relatif n, on a :

(1) $|zz'| = |z| \times |z'|$; **(2)** $\left|\frac{1}{z}\right| = \frac{1}{|z|}$ $(z \neq 0)$;

(3) $|z^n| = |z|^n$ $(z \neq 0)$; **(4)** $\left|\frac{z}{z'}\right| = \frac{|z|}{|z'|}$ $(z' \neq 0)$;

(5) $|z + z'| \leq |z| + |z'|$ ***(inégalité triangulaire).***

Démonstration

Posons : $z = a + ib$ et $z' = a' + ib'$.

(1) On a : $zz' = (aa' - bb') + i(ab' + a'b)$.

Donc : $|zz'| = \sqrt{(aa' - bb')^2 + i(ab' + a'b)^2} = \sqrt{(a^2 + b^2)(a'^2 + b'^2)} = |z| \times |z'|$.

(2) Si $z \neq 0$, on a : $\frac{1}{z} = \frac{a}{a^2 + b^2} - i\frac{b}{a^2 + b^2}$; donc : $\left|\frac{1}{z}\right| = \sqrt{\frac{a^2 + b^2}{(a^2 + b^2)^2}} = \frac{1}{\sqrt{a^2 + b^2}} = \frac{1}{|z|}$.

(3) Si $z \neq 0$, pour $n > 0$ la propriété (1) et un raisonnement par récurrence permet de démontrer le résultat.

Pour $n < 0$, on a : $-n > 0$; donc : $|z^n| = \left|\frac{1}{z^{-n}}\right| = \frac{1}{|z^{-n}|} = \frac{1}{|z|^{-n}} = |z|^n$.

(4) Si $z' \neq 0$, on a : $\left|\frac{z}{z'}\right| = \left|z \times \frac{1}{z'}\right| = |z| \times \left|\frac{1}{z'}\right| = |z| \times \frac{1}{|z'|} = \frac{|z|}{|z'|}$.

(5) L'inégalité triangulaire est déduite de l'interprétation géométrique de $z + z'$.

Exemples

- $|(-\sqrt{3} + i)(1 + i)^2| = |-\sqrt{3} + i| \times |1 + i|^2 = 2(\sqrt{2})^2 = 4$;
- $\left|\frac{(-\sqrt{3} + i)^3}{(1 + i)^2}\right| = \frac{|-\sqrt{3} + i|^3}{|1 + i|^2} = \frac{2^3}{(\sqrt{2})^2} = 4$.

1.4. Travaux dirigés

On se propose de résoudre sur des exemples des équations du troisième degré du type $x^3 + px + q = 0$, où p et q sont des nombres réels.

1. Soit l'équation (E_1) : $x^3 - 6x - 6 = 0$.

***a)* Vérifier graphiquement que cette équation admet une unique solution réelle, dont on précisera un encadrement à 10^{-1} près.**

***b)* Démontrer que si u et v sont deux nombres tels que $u^3 + v^3 = 6$ et $uv = 2$, alors $u + v$ est solution de (E_1).**

***c)* Démontrer que u^3 et v^3 sont solutions de l'équation : $X^2 - 6X + 8 = 0$.**

Résoudre cette équation et en déduire la solution réelle de l'équation (E_1).

Cette méthode de résolution est appelée « méthode de Cardan ».

2. Soit l'équation (E_2) : $x^3 - 15x - 4 = 0$.

***a)* Vérifier graphiquement que cette équation admet trois solutions réelles.**

***b)* Démontrer que si u et v sont deux nombres tels que $u^3 + v^3 = 4$ et $uv = 5$, alors $u + v$ est solution de (E_2).**

***c)* Démontrer que u^3 et v^3 sont solutions de l'équation : $X^2 - 4X + 125 = 0$.**

Cette équation a-t-elle des solutions dans $\mathbb{R}$? La résoudre dans $\mathbb{C}$.

***d)* Calculer $(2 + i)^3$ et $(2 - i)^3$. En déduire les solutions de l'équation (E_2).**

Cette méthode, qui complète celle de Cardan en utilisant les nombres complexes, est due au mathématicien Bombelli (1572).

Solution

1. *a)* Soit la fonction $f : x \mapsto x^3 - 6x - 6$ et $(\mathscr{C})$ sa courbe représentative dans le plan muni du repère (O, I, J).

L'étude de f et la courbe $(\mathscr{C})$ permettent de vérifier que l'équation (E_1) a une unique solution réelle α ; on obtient un encadrement à 10^{-1} près de α à l'aide d'une calculatrice : $2{,}8 < \alpha < 2{,}9$.

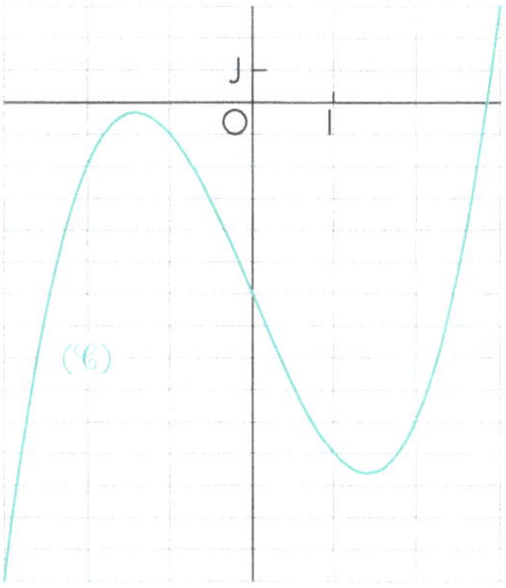

b) On a : $(u + v)^3 - 6(u + v) - 6 = (u^3 + v^3) + 3uv(u + v) - 6(u + v) - 6$

$= 6 + 6(u + v) - 6(u + v) - 6 = 0$.

Donc, $u + v$ est solution de (E_1).

c) On a : $u^3 + v^3 = 6$ et $u^3v^3 = 8$.

Donc, u^3 et v^3 sont solutions de l'équation : $X^2 - 6X + 8 = 0$.

On obtient : $u^3 = 2$ et $v^3 = 4$.

On en déduit que $\sqrt[3]{2} + \sqrt[3]{4}$ est la solution réelle de l'équation (E_1).

2. *a)* Soit la fonction $g : x \mapsto x^3 - 15x - 4$ et $(\mathscr{C}')$ sa courbe représentative dans le plan muni du repère (O, I, J).

L'étude de g et la courbe $(\mathscr{C}')$ permettent de vérifier que l'équation (E_2) a trois solutions réelles.

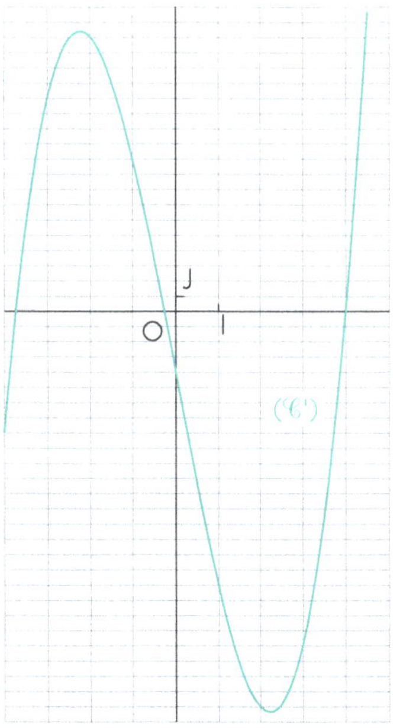

b) On a : $(u + v)^3 - 15(u + v) - 4 = (u^3 + v^3) + 3uv(u + v) - 15(u + v) - 4$

$= 4 + 15(u + v) - 15(u + v) - 4 = 0$.

Donc, $u + v$ est solution de (E_2).

c) On a : $u^3 + v^3 = 4$ et $u^3v^3 = 125$.

Donc, u^3 et v^3 sont solutions de l'équation : $X^2 - 4X + 125 = 0$.

$\Delta' = -121$; donc cette équation n'a pas de solution dans $\mathbb{R}$.

On a : $X^2 - 4X + 125 = 0 \iff (X - 2)^2 + 121 = 0$

$\iff (X - 2 - 11i)(X - 2 + 11i) = 0$

$\iff X = 2 + 11i$ ou $X = 2 - 11i$.

d) On obtient : $u^3 = 2 + 11i$ et $v^3 = 2 - 11i$.

On a : $(2 + i)^3 = 2 + 11i$ et $(2 - i)^3 = 2 - 11i$.

On en déduit que 4 est une solution de l'équation (E_2).

Pour déterminer les deux autres solutions de cette équation, on remarque que : $(E_2) \iff (x - 4)(x^2 + 4x + 1) = 0$.

Les solutions de (E_2) sont : 4, $-2 - \sqrt{3}$ et $-2 + \sqrt{3}$.

Remarque

Plus généralement une solution réelle de l'équation $x^3 + px + q = 0$, où p et q sont des nombres réels, est donnée par la formule de Cardan : $x = \sqrt[3]{-\frac{q}{2} + \sqrt{\frac{q^2}{4} + \frac{p^3}{27}}} + \sqrt[3]{-\frac{q}{2} - \sqrt{\frac{q^2}{4} + \frac{p^3}{27}}} \left(\frac{q^2}{4} + \frac{p^3}{27} \geq 0\right)$.

Exercices

1.a Écrire sous forme algébrique les nombres complexes suivants.

a) $(1 + 3i) - (2 - 5i)$ *b)* $(1 - 2i)(2 + i)$

c) $2i\left(\frac{1}{\sqrt{2}} - \frac{1}{\sqrt{2}}i\right)$ *d)* $(1 + i)(1 - 2i)(1 + 3i)$

e) $(2 - 3i)^2$ *f)* $\left(\frac{1}{2} - \frac{\sqrt{3}}{2}i\right)^4$.

1.b Calculer et écrire sous forme algébrique les inverses des nombres complexes suivants.

a) $-4 + 3i$ *b)* $\sqrt{2}(-1 + i)$ *c)* $-\sqrt{3} + i$ *d)* i.

1.c Écrire sous forme algébrique les nombres complexes suivants.

a) $\frac{3 - 2i}{1 + i}$ *b)* $\frac{4 + 2i}{4 - 3i}$ *c)* $\frac{i}{3 + 4i}$ *d)* $\frac{3 + 4i}{i}$.

1.d Placer dans le plan complexe les points A, B et C d'affixes respectives $3 + i$, $-2 - i$ et $-1 + 4i$.

1. Déterminer les affixes des vecteurs $\overrightarrow{AB}$, $\overrightarrow{AC}$, $\overrightarrow{AB} + \overrightarrow{AC}$ et $2\overrightarrow{AB} - 3\overrightarrow{AC}$.

2. Calculer l'affixe du centre de gravité G du triangle ABC.

3. Calculer l'affixe du point D tel que ABCD soit un parallélogramme.

1.e Soit les nombres complexes :

$z = 2 + i$ et $z' = 1 - i$.

Écrire sous forme algébrique les nombres complexes suivants.

a) $\overline{(2z + z')}$ *b)* $\overline{\left(z + \frac{2}{z'}\right)}$

c) $\overline{(z^2 + z'^2)}$ *d)* $\overline{(z + z')^2}$.

1.f Calculer le module des nombres complexes suivants.

a) $-\sqrt{3} + i$ *b)* $(\sqrt{2} - i\sqrt{2})(-3 + 4i)$

c) $\frac{2 + i}{-1 + i}$ *d)* $2(-\sqrt{3} - i)^4$.

2 Étude trigonométrique

Dans cette leçon, le plan complexe est muni du repère orthonormé direct $(O, \vec{e_1}, \vec{e_2})$.

2.1. Forme trigonométrique d'un nombre complexe

Arguments d'un nombre complexe non nul

Définition

Soit z un nombre complexe non nul et M son image dans le plan complexe.

On appelle argument de z toute mesure de l'angle orienté $(\widehat{\vec{e_1}, \overrightarrow{OM}})$.

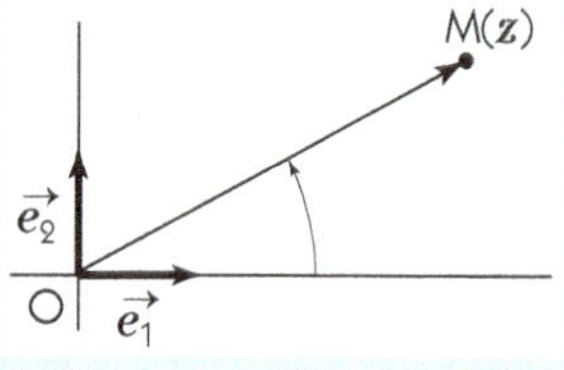

Notation

Si α et α' sont deux arguments de z, on a : $\alpha' = \alpha + k2\pi$ $(k \in \mathbb{Z})$.
On note : $\arg(z) = \alpha + k2\pi$ $(k \in \mathbb{Z})$ ou $\arg(z) \equiv \alpha\ [2\pi]$.

Interprétation géométrique

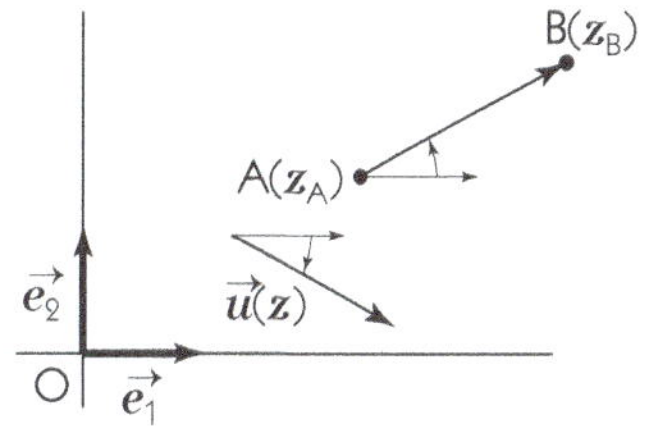

- Si z est l'affixe d'un vecteur $\vec{u}$, arg(z) est une mesure de l'angle orienté $(\widehat{\vec{e_1}, \vec{u}})$.
- Si z_A et z_B sont les affixes respectives de deux points A et B, arg($z_B - z_A$) est une mesure de l'angle orienté $(\widehat{\vec{e_1}, \overrightarrow{AB}})$.

Exemples

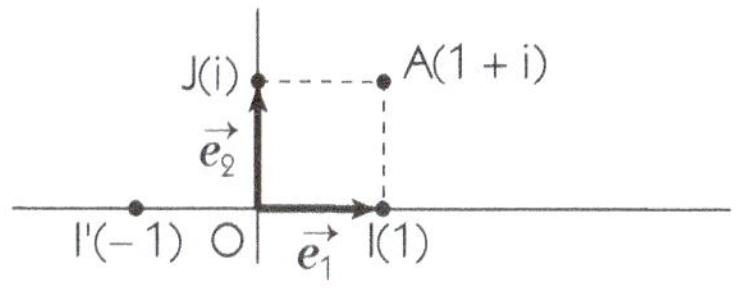

$\arg(i) \equiv \frac{\pi}{2}\ [2\pi]$; $\arg(1 + i) \equiv \frac{\pi}{4}\ [2\pi]$;
$\arg(-1) \equiv \pi\ [2\pi]$; $\arg(1) \equiv 0\ [2\pi]$.

Remarques

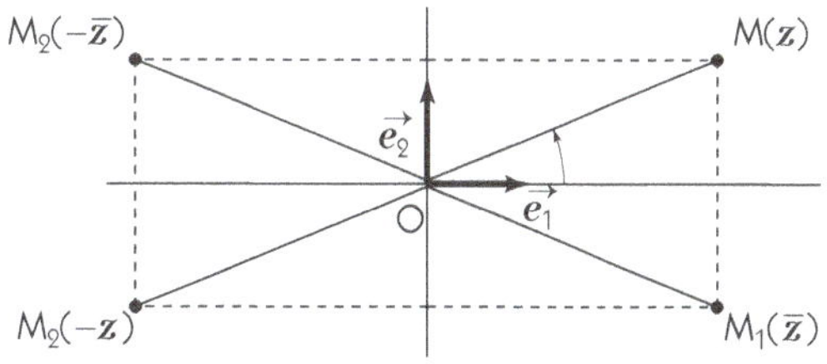

- *Le nombre complexe nul n'a pas d'argument.*
- *z est réel $\Leftrightarrow$ $z = 0$ ou $\arg(z) \equiv 0\ [\pi]$;*
  z est imaginaire pur $\Leftrightarrow$ $\arg(z) \equiv \frac{\pi}{2}\ [\pi]$.
- *Pour tout nombre complexe z non nul, on a :*
  $\arg(\bar{z}) \equiv -\arg(z)\ [2\pi]$;
  $\arg(-z) \equiv \pi + \arg(z)\ [2\pi]$;
  $\arg(-\bar{z}) \equiv \pi - \arg(z)\ [2\pi]$.

Forme trigonométrique d'un nombre complexe non nul

Soit z un nombre complexe non nul tel que $z = a + ib$ et M son image dans le plan complexe.
Désignons par r le module de z et α un argument de z.
On a : $a = r\cos\alpha$ et $b = r\sin\alpha$; donc : $z = r(\cos\alpha + i\sin\alpha)$.

Définition

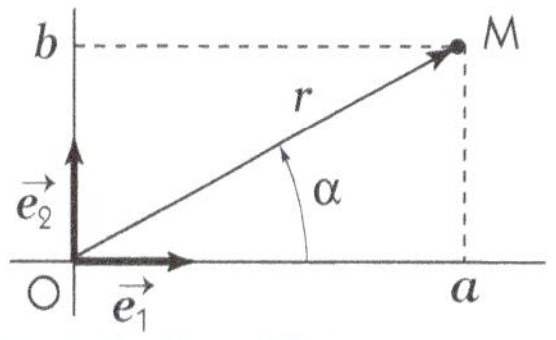

Soit z un nombre complexe non nul de module r et d'argument α.

On appelle forme trigonométrique de z l'écriture : $z = r(\cos\alpha + i\sin\alpha)$.

Exemples

- $1 + i = \sqrt{2}(\cos\frac{\pi}{4} + i\sin\frac{\pi}{4})$; • $-\frac{1}{2} + \frac{\sqrt{3}}{2}i = \cos\frac{2\pi}{3} + i\sin\frac{2\pi}{3}$.

Propriété

Soit z et z' deux nombres complexes non nuls.
On a : $z = z'$ si et seulement si $|z| = |z'|$ et $\arg(z) \equiv \arg(z')\ [2\pi]$.

Cette propriété se déduit des définitions du module et d'un argument d'un nombre complexe.

Remarques

- *Soit z un nombre complexe non nul. Les règles de passage entre forme algébrique et forme trigonométrique de z sont résumées par le schéma suivant.*

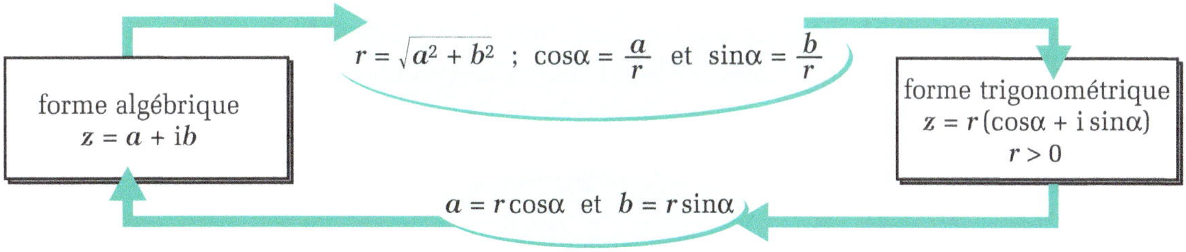

• *Soit $z = r(\cos\alpha + i\sin\alpha)$, $r \in \mathbb{R}^*$ et $\alpha \in \mathbb{R}$;*
– si $r > 0$, la forme trigonométrique de z est $z = r(\cos\alpha + i\sin\alpha)$ et $\arg(z) \equiv \alpha\ [2\pi]$;
– si $r < 0$, la forme trigonométrique de z est $z = -r[\cos(\alpha + \pi) + i\sin(\alpha + \pi)]$ et $\arg(z) \equiv \alpha + \pi\ [2\pi]$.

Arguments d'un produit et d'un quotient

Propriétés 1

Pour tous nombres complexes non nuls z et z', pour tout entier relatif n, on a :

(1) $\arg(zz') \equiv \arg(z) + \arg(z')\ [2\pi]$; (2) $\arg\left(\frac{1}{z}\right) \equiv -\arg(z)\ [2\pi]$;

(3) $\arg(z^n) \equiv n\arg(z)\ [2\pi]$; (4) $\arg\left(\frac{z}{z'}\right) \equiv \arg(z) - \arg(z')\ [2\pi]$.

Démonstration

Soit z et z' deux nombres complexes non nuls de formes trigonométriques : $z = r(\cos\alpha + \text{i}\sin\alpha)$ et $z' = r'(\cos\alpha' + \text{i}\sin\alpha')$.

(1) On a : $zz' = rr'[(\cos\alpha\cos\alpha' - \sin\alpha\sin\alpha') + \text{i}(\sin\alpha\cos\alpha' + \cos\alpha\sin\alpha')]$
$= rr'[(\cos(\alpha + \alpha') + \text{i}\sin(\alpha + \alpha')]$, avec $rr' > 0$.

On en déduit que $\alpha + \alpha'$ est un argument de zz' ; c'est-à-dire : $\arg(zz') \equiv \arg(z) + \arg(z')\ [2\pi]$.

(2) On a : $\frac{1}{z} = \frac{1}{r}(\cos\alpha - \text{i}\sin\alpha) = \frac{1}{r}[\cos(-\alpha) + \text{i}\sin(-\alpha)]$, avec $\frac{1}{r} > 0$.

On en déduit que : $-\alpha$ est un argument de $\frac{1}{z}$; c'est-à-dire : $\arg\left(\frac{1}{z}\right) \equiv -\arg(z)\ [2\pi]$.

(3) Pour $n \geq 0$, la propriété (1) et un raisonnement par récurrence permet de démontrer le résultat.
Pour $n < 0$, on a : $-n > 0$; donc : $z^n = \frac{1}{z^{-n}} = \left(\frac{1}{z}\right)^{-n}$.

On en déduit que : $\arg(z^n) \equiv -n\arg\left(\frac{1}{z}\right)\ [2\pi]$; c'est-à-dire : $\arg(z^n) \equiv n\arg(z)\ [2\pi]$.

(4) L'égalité $\frac{z}{z'} = z \times \frac{1}{z'}$ et les propriétés (1), (2) permettent de démontrer le résultat.

Remarque

Soit A, B et C trois points deux à deux distincts, d'affixes respectives z_A, z_B et z_C.
On a : $\arg\left(\frac{z_C - z_A}{z_B - z_A}\right) \equiv Mes(\widehat{\overrightarrow{AB}, \overrightarrow{AC}})\ [2\pi]$.

Exemples

Déterminer les arguments des nombres complexes z_1 et z_2 tels que :
$z_1 = (-\sqrt{3} + \text{i})(1 + \text{i})^2$ et $z_2 = \frac{(-\sqrt{3} + \text{i})^3}{(1 + \text{i})^2}$.

On a : $\arg(-\sqrt{3} + \text{i}) \equiv \frac{5\pi}{6}\ [2\pi]$ et $\arg(1 + \text{i}) \equiv \frac{\pi}{4}\ [2\pi]$; donc :

- $\arg(z_1) \equiv \frac{5\pi}{6} + (2 \times \frac{\pi}{4})\ [2\pi]$; c'est-à-dire : $\arg(z_1) \equiv -\frac{2\pi}{3}\ [2\pi]$;
- $\arg(z_2) \equiv (3 \times \frac{5\pi}{6}) - (2 \times \frac{\pi}{4})\ [2\pi]$; c'est-à-dire : $\arg(z_2) \equiv 0\ [2\pi]$.

Propriétés 2

Soit z et z' deux nombres complexes non nuls, n un entier relatif.

(1) zz' est le nombre complexe de module $|z| \times |z'|$ et dont un argument est $\arg(z) + \arg(z')$.

(2) $\frac{1}{z}$ est le nombre complexe de module $\frac{1}{|z|}$ et dont un argument est $-\arg(z)$.

(3) z^n est le nombre complexe de module $|z|^n$ et dont un argument est $n\arg(z)$.

(4) $\frac{z}{z'}$ est le nombre complexe de module $\frac{|z|}{|z'|}$ et dont un argument est $\arg(z) - \arg(z')$.

Ces propriétés réunissent celles établies précédemment pour les modules et les arguments.

Formule de Moivre

Soit z le nombre complexe tel que : $z = \cos\alpha + i\sin\alpha$.
z a pour module 1 et argument α ; donc, pour tout entier relatif n, z^n a pour module 1 et argument $n\alpha$.

On en déduit la propriété suivante appelée ***formule de Moivre***.

Propriété

Pour tout nombre réel α et pour tout entier relatif n, on a : $(\cos\alpha + i\sin\alpha)^n = \cos n\alpha + i\sin n\alpha$.

Exemple

Calculer $\left(\frac{1}{\sqrt{2}} + i\frac{1}{\sqrt{2}}\right)^{1999}$.

On a : $\frac{1}{\sqrt{2}} + i\frac{1}{\sqrt{2}} = \cos\frac{\pi}{4} + i\sin\frac{\pi}{4}$; donc : $\left(\frac{1}{\sqrt{2}} + i\frac{1}{\sqrt{2}}\right)^{1999} = \cos\frac{1999\pi}{4} + i\sin\frac{1999\pi}{4}$.

Or : $\frac{1999\pi}{4} \equiv -\frac{\pi}{4}\ [2\pi]$; donc : $\left(\frac{1}{\sqrt{2}} + i\frac{1}{\sqrt{2}}\right)^{1999} = \cos\left(-\frac{\pi}{4}\right) + i\sin\left(-\frac{\pi}{4}\right) = \frac{1}{\sqrt{2}} - i\frac{1}{\sqrt{2}}$.

2.2. Notation exponentielle d'un nombre complexe

Définition et propriétés

Considérons la fonction f de $\mathbb{R}$ vers $\mathbb{C}$ définie par : $f(\alpha) = \cos\alpha + i\sin\alpha$.
Pour tous nombres réels α et β, on a : $f(\alpha + \beta) = f(\alpha) \times f(\beta)$ et $f'(\alpha) = if(\alpha)$.

L'analogie de ces propriétés avec celles de la fonction exponentielle (cf. chapitre 12) conduit à la notation suivante.

Notation

Pour tout nombre réel α, on pose : $\cos\alpha + i\sin\alpha = e^{i\alpha}$.

On déduit de cette notation la définition suivante.

Définition

Soit z un nombre complexe non nul de module r et d'argument α.
On appelle forme exponentielle de z l'écriture $z = r\,e^{i\alpha}$.

Exemples

$1 = e^{i0}$ $\quad -1 = e^{i\pi}$ $\quad i = e^{i\frac{\pi}{2}}$

$1 + i = \sqrt{2}\,e^{i\frac{\pi}{4}}$ $\quad 1 - i = \sqrt{2}\,e^{-i\frac{\pi}{4}}$ $\quad 1 + i\sqrt{3} = 2e^{i\frac{\pi}{3}}$.

Sous forme exponentielle, les propriétés établies précédemment s'écrivent de la façon suivante.

Propriétés

Soit z et z' deux nombres complexes non nuls tels que $z = r\,e^{i\alpha}$ et $z' = r'e^{i\alpha'}$, n un entier relatif. On a :

(1) $zz' = rr'e^{i(\alpha+\alpha')}$; **(2)** $\frac{1}{z} = \frac{1}{r}e^{-i\alpha}$; **(3)** $z^n = r^n e^{in\alpha}$; **(4)** $\frac{z}{z'} = \frac{r}{r'}e^{i(\alpha-\alpha')}$.

Exemples

Soit z et z' deux nombres complexes tels que : $z = 3e^{i\frac{\pi}{4}}$ et $z' = \frac{1}{2}e^{-i\frac{\pi}{3}}$.

On a : $zz' = \frac{3}{2}e^{-i\frac{\pi}{12}}$; $z^5 = 243e^{i\frac{5\pi}{4}}$; $\frac{1}{z} = \frac{1}{3}e^{-i\frac{\pi}{4}}$; $\frac{z}{z'} = 6e^{i\frac{7\pi}{12}}$.

Formules d'Euler

Soit α un nombre réel.

On a : $\cos\alpha + i\sin\alpha = e^{i\alpha}$; donc : $\cos\alpha - i\sin\alpha = e^{-i\alpha}$.

On en déduit les propriétés suivantes, appelées ***formules d'Euler***.

Propriétés

Pour tout nombre réel α, on a : $\cos\alpha = \dfrac{e^{i\alpha} + e^{-i\alpha}}{2}$ et $\sin\alpha = \dfrac{e^{i\alpha} - e^{-i\alpha}}{2i}$.

Ces formules sont notamment utilisées en trigonométrie (cf. 3.2.).

2.3. Racines n-ièmes d'un nombre complexe

Définition et propriétés

Définition

Soit Z un nombre complexe non nul et n un entier naturel ($n \geq 2$).
On appelle racine n-ième de Z tout nombre complexe z tel que : $z^n = Z$.

Soit Z et z les nombres complexes tels que : $Z = r\,e^{i\alpha}$ et $z = \rho e^{i\theta}$.
Pour tout entier naturel n ($n \geq 2$), on a : $z^n = Z \Leftrightarrow \rho^n e^{in\theta} = r\,e^{i\alpha}$

$$\Leftrightarrow \begin{cases} \rho = \sqrt[n]{r} \\ \theta \equiv \dfrac{\alpha}{n} \left[\dfrac{2\pi}{n}\right] \end{cases}.$$

Donc Z admet n racines n-ièmes :

$$z_0 = \sqrt[n]{r}\,e^{i\frac{\alpha}{n}},\quad z_1 = \sqrt[n]{r}\,e^{i\left(\frac{\alpha}{n} + \frac{2\pi}{n}\right)},\ \ldots,\ z_k = \sqrt[n]{r}\,e^{i\left(\frac{\alpha}{n} + \frac{2k\pi}{n}\right)},\ \ldots,\ z_{n-1} = \sqrt[n]{r}\,e^{i\left(\frac{\alpha}{n} + \frac{2(n-1)\pi}{n}\right)}.$$

Interprétation géométrique

On désigne par $M_0, M_1, \ldots, M_k, \ldots, M_{n-1}$ les images respectives de ces solutions dans le plan complexe.
On a : $OM_0 = OM_1 = \ldots = OM_k = \ldots = OM_{n-1} = \sqrt[n]{r}$.
De plus, pour tout couple de points (M_k, M_{k+1}), on a :

$$\text{Mes}\left(\widehat{\overrightarrow{OM_k}, \overrightarrow{OM_{k+1}}}\right) \equiv \frac{2\pi}{n}\ [2\pi].$$

Donc, les points M_k ($k \in \{0, 1, \ldots, n-1\}$) sont les sommets d'un polygone régulier à n côtés inscrit dans le cercle de centre O et de rayon $\sqrt[n]{r}$.

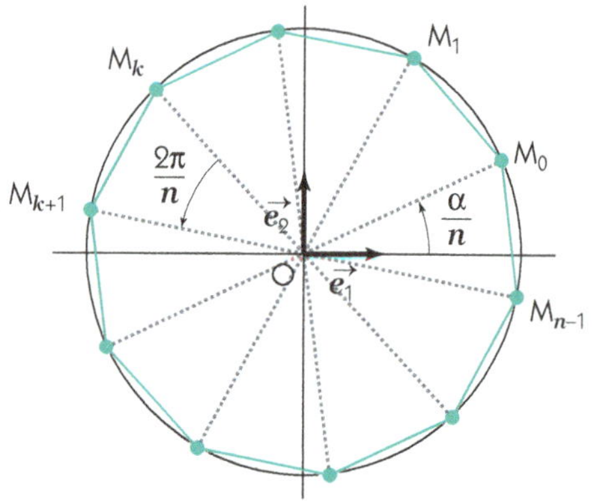

On en déduit les propriétés suivantes.

Propriétés

Soit $r\,e^{i\alpha}$ un nombre complexe non nul et n un entier naturel ($n \geq 2$).

- **$r\,e^{i\alpha}$ admet n racines n-ièmes telles que : $z_k = \sqrt[n]{r}\,e^{i\left(\frac{\alpha}{n} + \frac{2k\pi}{n}\right)}$ ($k \in \{0, 1, \ldots, n-1\}$).**
- **Les images de ces racines sont les sommets d'un polygone régulier à n côtés inscrit dans le cercle de centre O et de rayon $\sqrt[n]{r}$.**

Remarques

- *La somme des n racines n-ièmes d'un nombre complexe non nul est nulle.*
- *1 admet n racines n-ièmes telles que : $z_k = e^{i\frac{2k\pi}{n}}$ ($k \in \{0, 1, \ldots, n-1\}$).*

Exemples de calculs de racines n-ièmes

1. Calculer les racines carrées de $1 - i\sqrt{3}$.

On a : $1 - i\sqrt{3} = 2e^{-i\frac{\pi}{3}}$. Posons : $z = \rho e^{i\theta}$; donc : $z^2 = \rho^2 e^{2i\theta}$.

On a : $z^2 = 1 - i\sqrt{3} \Leftrightarrow \begin{cases} \rho^2 = 2 \\ 2\theta \equiv -\frac{\pi}{3}\ [2\pi] \end{cases} \Leftrightarrow \begin{cases} \rho = \sqrt{2} \\ \theta \equiv -\frac{\pi}{6}\ [\pi] \end{cases}$.

Donc, $1 - i\sqrt{3}$ admet deux racines carrées z_1 et z_2 telles que :

$$z_1 = \sqrt{2}e^{-i\frac{\pi}{6}} = \frac{\sqrt{6}}{2} - i\frac{\sqrt{2}}{2} \quad \text{et} \quad z_2 = \sqrt{2}e^{i\frac{5\pi}{6}} = -\frac{\sqrt{6}}{2} + i\frac{\sqrt{2}}{2}.$$

2. Calculer les racines cubiques de 1.

Posons : $z = \rho e^{i\theta}$; donc : $z^3 = \rho^3 e^{3i\theta}$.

On a : $z^3 = 1 \Leftrightarrow \begin{cases} \rho^3 = 1 \\ 3\theta \equiv 0\ [2\pi] \end{cases} \Leftrightarrow \begin{cases} \rho = 1 \\ \theta \equiv 0 \left[\frac{2\pi}{3}\right] \end{cases}$.

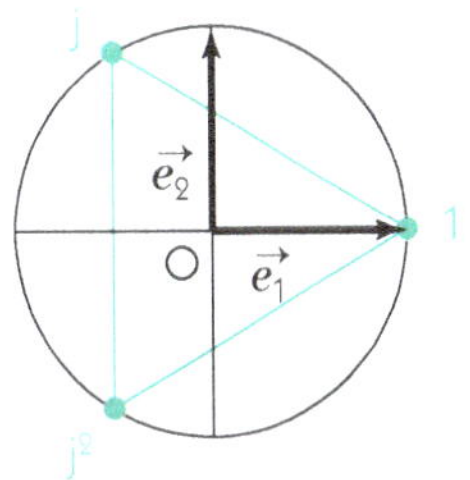

Donc, 1 admet trois racines cubiques z_1, z_2 et z_3 telles que :

$z_1 = 1, \quad z_2 = e^{i\frac{2\pi}{3}} = -\frac{1}{2} + i\frac{\sqrt{3}}{2} \quad \text{et} \quad z_3 = e^{i\frac{4\pi}{3}} = -\frac{1}{2} - i\frac{\sqrt{3}}{2}$.

• *Les images de z_1, z_2 et z_3 sont les sommets d'un triangle équilatéral.*

• *Si on pose $z_2 = j$, on a : $z_3 = j^2 = \bar{j}$ et $z_1 + z_2 + z_3 = 0$.*

Donc : $1 + j + j^2 = 0$.

Exercices

2.a Déterminer le module et un argument des nombres complexes suivants.

a) $2i$ *b)* $\sqrt{3} + 3i$ *c)* $\sqrt{6} + i\sqrt{2}$ *d)* -5.

2.b Écrire sous forme trigonométrique les nombres complexes suivants.

a) $(2 + 2i)(1 - i)$ *b)* $\frac{-1 + i\sqrt{3}}{1 + i}$ *c)* $\frac{\sqrt{2}}{1 + i}$

d) $\frac{-2i}{1 + i\sqrt{3}}$ *e)* $(-1 - i)^4$ *f)* $\left(\frac{1 + i\sqrt{3}}{1 - i}\right)^2$.

2.c Soit $z_1 = 1 + i$ et $z_2 = 1 + i\sqrt{3}$.

a) Déterminer le module et un argument de z_1 et z_2.

b) Écrire sous forme algébrique et sous forme trigonométrique le produit $z_1 z_2$.

c) En déduire les valeurs de $\cos\frac{7\pi}{12}$ et $\sin\frac{7\pi}{12}$.

2.d Déterminer le module et un argument des nombres complexes suivants.

a) $\cos\alpha - i\sin\alpha$ *b)* $-\sin\alpha + i\cos\alpha$

c) $1 + i\tan\alpha$ *d)* $\frac{\cos\alpha + i\sin\alpha}{\cos\alpha - i\sin\alpha}$.

2.e Placer dans le plan complexe les points d'affixes respectives :

$e^{i\frac{\pi}{4}}$, $\sqrt{2}e^{-i\frac{\pi}{4}}$, $1 + e^{i\frac{\pi}{6}}$ et $e^{-i\frac{\pi}{3}} + e^{i\frac{\pi}{3}}$.

2.f **1.** Écrire sous forme exponentielle les nombres complexes $z = 1 - i\sqrt{3}$ et $z' = -1 - i$.

2. En déduire le module et un argument des nombres complexes : $(\bar{z}z')^2$, $\frac{z^2}{\bar{z'}}$.

2.g **1.** Résoudre dans $\mathbb{C}$ l'équation :

$$z^4 = 2(-1 + i\sqrt{3}).$$

2. Écrire chacune des solutions sous forme algébrique.

3 Utilisations des nombres complexes

3.1. Résolution d'équations dans $\mathbb{C}$

Racines carrées d'un nombre complexe

On a vu dans la leçon précédente une méthode pour déterminer les racines n-ièmes d'un nombre complexe écrit sous forme trigonométrique.
On peut cependant déterminer les racines carrées d'un nombre complexe écrit sous forme algébrique en utilisant les produits remarquables et les modules. Cette méthode est décrite dans l'exemple ci-après.

Calculer les racines carrées de 3 – 4i.

Posons : $z = x + iy$ $(x \in \mathbb{R}, y \in \mathbb{R})$; on a : $z^2 = (x + iy)^2 = (x^2 - y^2) + 2ixy$ et $|z^2| = x^2 + y^2$.

Donc : $z^2 = 3 - 4i \iff \begin{cases} x^2 - y^2 = 3 \\ xy = -2 \\ x^2 + y^2 = 5 \end{cases} \iff \begin{cases} x^2 = 4 \\ y^2 = 1 \\ xy = -2 \end{cases}$.

Le dernier système a deux solutions : $(2\,;-1)$ et $(-2\,;1)$.
Donc, $z_1 = 2 - i$ et $z_2 = -2 + i$ sont les racines carrées de $3 - 4i$.

Équations du second degré

Soit l'équation (E) : $az^2 + bz + c = 0$, où a, b et c sont des nombres complexes $(a \neq 0)$.

On a : $az^2 + bz + c = a\left[\left(z + \frac{b}{2a}\right)^2 - \frac{b^2 - 4ac}{4a^2}\right]$; posons : $\Delta = b^2 - 4ac$.

- Si $\Delta = 0$, alors (E) a une solution double : $-\frac{b}{2a}$.
- Si $\Delta \neq 0$, alors Δ admet deux racines carrées dans $\mathbb{C}$: δ et $-\delta$.

On a : (E) $\iff a\left[\left(z + \frac{b}{2a} - \frac{\delta}{2a}\right)\left(z + \frac{b}{2a} + \frac{\delta}{2a}\right)\right] = 0$.

Donc, (E) a deux solutions distinctes : $\frac{-b+\delta}{2a}$ et $\frac{-b-\delta}{2a}$.

On en déduit la propriété suivante.

Propriété

Soit l'équation (E) : $az^2 + bz + c = 0$, où a, b et c sont des nombres complexes $(a \neq 0)$.
On pose : $\Delta = b^2 - 4ac$ et on désigne par δ et $-\delta$ les racines carrées dans $\mathbb{C}$ de Δ.

- **Si $\Delta = 0$, alors (E) a une solution double : $-\frac{b}{2a}$.**
- **Si $\Delta \neq 0$, alors (E) a deux solutions distinctes : $\frac{-b+\delta}{2a}$ et $\frac{-b-\delta}{2a}$.**

Exemples

- Résoudre dans $\mathbb{C}$ l'équation (E_1) : $z^2 + z + 1 = 0$.

On a : $\Delta = -3 = 3i^2 = (i\sqrt{3})^2$.

Les solutions de (E_1) dans $\mathbb{C}$ sont : $z_1 = \frac{-1 + i\sqrt{3}}{2}$ et $z_2 = \frac{-1 - i\sqrt{3}}{2}$.

- Résoudre dans $\mathbb{C}$ l'équation (E_2) : $iz^2 - iz - 3 - i = 0$.

On a : $\Delta = -1 + 4i(3 + i) = -5 + 12i$.

Déterminons les racines carrées du nombre complexe $-5 + 12i$.

On a : $(x + iy)^2 = -5 + 12i \iff \begin{cases} x^2 - y^2 = -5 \\ xy = 6 \\ x^2 + y^2 = 13 \end{cases} \iff \begin{cases} x^2 = 4 \\ y^2 = 9. \\ xy = 6 \end{cases}$

Ce système a deux solutions : $(2\,;3)$ et $(-2\,;-3)$.

Donc, (E_2) a deux solutions dans $\mathbb{C}$: $z_1 = \frac{i + (2 + 3i)}{2i}$ et $z_2 = \frac{i - (2 + 3i)}{2i}$;
c'est-à-dire : $z_1 = 2 - i$ et $z_2 = -1 + i$.

Équations se ramenant au second degré

1. Soit l'équation (E) : $z^3 + (4 - 5i)z^2 + (8 - 20i)z - 40i = 0$.
***a)* Démontrer que (E) admet une solution imaginaire pure.**
***b)* Résoudre (E) dans $\mathbb{C}$.**

a) Posons : $z_1 = ib$ ($b \in \mathbb{R}^*$).

z_1 est solution de (E) $\Leftrightarrow (ib)^3 + (4-5i)(ib)^2 + (8-20i)ib - 40i = 0 \quad (b \in \mathbb{R}^*)$

$\Leftrightarrow 4b(b-5) + i(b^3 - 5b^2 - 8b + 40) = 0 \quad (b \in \mathbb{R}^*)$

$\Leftrightarrow b = 5$.

Donc, (E) admet une solution imaginaire pure : $z_1 = 5i$.

b) L'équation (E) peut s'écrire : $(z - 5i)(z^2 + az + b) = 0$ ($a \in \mathbb{C}$, $b \in \mathbb{C}$).
Par identification de polynômes, on obtient : $(z - 5i)(z^2 + 4z + 8) = 0$.

- Soit l'équation : $z^2 + 4z + 8 = 0$; on a : $\Delta = -16 = (4i)^2$.

Donc, cette équation a deux solutions : $z_2 = -2 + 2i$ et $z_3 = -2 - 2i$.

- On en déduit que les solutions de (E) dans $\mathbb{C}$ sont : $z_1 = 5i$, $z_2 = -2 + 2i$ et $z_3 = -2 - 2i$.

2. Soit l'équation (E) : $z^4 - 5z^3 + 6z^2 - 5z + 1 = 0$.
***a)* Démontrer que (E) est équivalente au système : $\begin{cases} u = z + \dfrac{1}{z} \\ u^2 - 5u + 4 = 0 \end{cases}$.**
***b)* Résoudre (E) dans $\mathbb{C}$.**

a) On a : (E) $\Leftrightarrow z^2\left(z^2 - 5z + 6 - \dfrac{5}{z} + \dfrac{1}{z^2}\right) = 0$

$\Leftrightarrow z^2\left[\left(z + \dfrac{1}{z}\right)^2 - 5\left(z + \dfrac{1}{z}\right) + 4\right] = 0.$

Or, 0 n'est pas solution de (E) ; donc, (E) est équivalente au système : $\begin{cases} u = z + \dfrac{1}{z} \\ u^2 - 5u + 4 = 0 \end{cases}$.

b) L'équation $u^2 - 5u + 4 = 0$ a pour solutions : 1 et 4.

Donc : (E) $\Leftrightarrow z + \dfrac{1}{z} = 1$ ou $z + \dfrac{1}{z} = 4$

$\Leftrightarrow z^2 - z + 1 = 0$ ou $z^2 - 4z + 1 = 0$.

On en déduit que les solutions de (E) dans $\mathbb{C}$ sont : $z_1 = \dfrac{1 + i\sqrt{3}}{2}$, $z_2 = \dfrac{1 - i\sqrt{3}}{2}$,

$z_3 = 2 + \sqrt{3}$ et $z_4 = 2 - \sqrt{3}$.

3.2. Trigonométrie et nombres complexes

Expression de cos*nx* et sin*nx* en fonction de cos*x* et sin*x* ($n \in \mathbb{N}$)

La formule de Moivre permet de retrouver les deux formules de duplication établies en classe de première et de généraliser ces résultats.

- Ainsi : $\cos 2x + i\sin 2x = (\cos x + i\sin x)^2 = \cos^2 x - \sin^2 x + 2i\sin x\cos x$;

donc : $\cos 2x = \cos^2 x - \sin^2 x$ et $\sin 2x = 2\sin x\cos x$.

- De même : $\cos 3x + i\sin 3x = (\cos x + i\sin x)^3 = \cos^3 x - 3\cos x\sin^2 x + i(3\sin x\cos^2 x - \sin^3 x)$;

donc : $\cos 3x = \cos^3 x - 3\cos x\sin^2 x$ et $\sin 3x = 3\sin x\cos^2 x - \sin^3 x$;

c'est-à-dire : $\cos 3x = 4\cos^3 x - 3\cos x$ et $\sin 3x = 3\sin x - 4\sin^3 x$.

- Plus généralement et pour tout entier naturel n non nul, on a :

$$\cos nx + i\sin nx = (\cos x + i\sin x)^n = \sum_{k=0}^{n} C_n^k \cos^k x \, i^{n-k} \sin^{n-k} x.$$

On en déduit le point méthode suivant.

M

Pour exprimer $\cos nx$ et $\sin nx$ ($n \in \mathbb{N}$) en fonction de $\cos x$ et $\sin x$, on peut utiliser la formule de Moivre : $\cos nx + i\sin nx = (\cos x + i\sin x)^n$.
$\cos nx$ et $\sin nx$ sont alors respectivement les parties réelle et imaginaire du développement de $(\cos x + i\sin x)^n$ à l'aide de la formule du binôme de Newton.

Linéarisation de $\cos^n x$ et $\sin^n x$ $(n \in \mathbb{N})$

Les formules d'Euler permettent de retrouver les deux formules de linéarisation établies en classe de première et de généraliser ces résultats.

• Ainsi : $\cos^2 x = \left(\dfrac{e^{ix} + e^{-ix}}{2}\right)^2$ et $\sin^2 x = \left(\dfrac{e^{ix} - e^{-ix}}{2i}\right)^2$;

c'est-à-dire : $\cos^2 x = \dfrac{1}{4}(e^{i2x} + 2 + e^{-i2x})$ et $\sin^2 x = -\dfrac{1}{4}(e^{i2x} - 2 + e^{-i2x})$;

donc : $\cos^2 x = \dfrac{\cos 2x}{2} + \dfrac{1}{2}$ et $\sin^2 x = \dfrac{1}{2} - \dfrac{\cos 2x}{2}$.

• De même : $\sin^3 x = \left(\dfrac{e^{ix} - e^{-ix}}{2i}\right)^3 = -\dfrac{1}{8i}(e^{i3x} - 3e^{i2x}e^{-ix} + 3e^{ix}e^{-i2x} - e^{-i3x})$

$= -\dfrac{1}{4}\left(\dfrac{e^{i3x} - e^{-i3x}}{2i}\right) + \dfrac{3}{4}\left(\dfrac{3(e^{ix} - e^{-ix})}{2i}\right)$;

donc : $\sin^3 x = \dfrac{3}{4}\sin x - \dfrac{1}{4}\sin 3x$.

Plus généralement, on a le point méthode suivant.

M

Pour linéariser $\cos^n x$ et $\sin^n x$ $(n \in \mathbb{N})$ on peut utiliser le procédé suivant, mettant en jeu les formules d'Euler et du binôme de Newton :

• développer et réduire $\cos^n x = \left(\dfrac{e^{ix} + e^{-ix}}{2}\right)^n$ et $\sin^n x = \left(\dfrac{e^{ix} - e^{-ix}}{2i}\right)^n$;

• regrouper deux à deux les termes d'exposants opposés et exprimer chacun d'eux en fonction de termes de la forme $\cos kx$ ou $\sin kx$.

Transformation de produit en somme et de somme en produit

Propriétés 1

Pour tous nombres réels a et b, on a :

• $\cos a \cos b = \dfrac{1}{2}[\cos(a+b) + \cos(a-b)]$; • $\sin a \sin b = -\dfrac{1}{2}[\cos(a+b) - \cos(a-b)]$;

• $\sin a \cos b = \dfrac{1}{2}[\sin(a+b) + \sin(a-b)]$.

Démonstration

• En appliquant les formules d'Euler, on a :

$\cos a \cos b = \left(\dfrac{e^{ia} + e^{-ia}}{2}\right) \times \left(\dfrac{e^{ib} + e^{-ib}}{2}\right) = \dfrac{1}{4}(e^{i(a+b)} + e^{-i(a+b)} + e^{i(a-b)} + e^{-i(a-b)})$

$= \dfrac{1}{2}[\cos(a+b) + \cos(a-b)]$.

• On démontre de façon analogue les deux autres propriétés.

Propriétés 2

Pour tous nombres réels p et q, on a :

• $\cos p + \cos q = 2\cos\dfrac{p+q}{2}\cos\dfrac{p-q}{2}$; • $\cos p - \cos q = -2\sin\dfrac{p+q}{2}\sin\dfrac{p-q}{2}$;

• $\sin p + \sin q = 2\sin\dfrac{p+q}{2}\cos\dfrac{p-q}{2}$; • $\sin p - \sin q = 2\cos\dfrac{p+q}{2}\sin\dfrac{p-q}{2}$.

Démonstration

Soit p et q deux nombres réels.

• On a : $e^{ip} + e^{iq} = (\cos p + \cos q) + i(\sin p + \sin q)$ (1).

En remarquant que $p = \dfrac{p+q}{2} + \dfrac{p-q}{2}$ et $q = \dfrac{p+q}{2} - \dfrac{p-q}{2}$, on obtient :

$e^{ip} + e^{iq} = e^{i\frac{p+q}{2}}\left(e^{i\frac{p-q}{2}} + e^{-i\frac{p-q}{2}}\right) = 2\left(\cos\dfrac{p+q}{2} + i\sin\dfrac{p+q}{2}\right)\cos\dfrac{p-q}{2}$

$$e^{ip} + e^{iq} = \left(2\cos\frac{p+q}{2}\cos\frac{p-q}{2}\right) + i\left(2\sin\frac{p+q}{2}\cos\frac{p-q}{2}\right) \qquad (2).$$

En comparant (1) et (2), on déduit que :

$$\cos p + \cos q = 2\cos\frac{p+q}{2}\cos\frac{p-q}{2} \quad \text{et} \quad \sin p + \sin q = 2\sin\frac{p+q}{2}\cos\frac{p-q}{2}.$$

• En utilisant $e^{ip} - e^{iq} = (\cos p - \cos q) + i(\sin p - \sin q)$, on démontre de façon analogue que :

$$\cos p - \cos q = -2\sin\frac{p+q}{2}\sin\frac{p-q}{2} \quad \text{et} \quad \sin p - \sin q = 2\cos\frac{p+q}{2}\sin\frac{p-q}{2}.$$

Exemple

Linéariser l'expression $\sin 3x\cos^2 2x$.

On a : $\sin 3x \cos^2 2x = \left(\frac{e^{i3x} - e^{-i3x}}{2i}\right)\left(\frac{e^{i2x} + e^{-i2x}}{2}\right)^2 = \frac{1}{8i}(e^{i3x} - e^{-i3x})(e^{i4x} + 2 + e^{-i4x})$

$= \frac{1}{4}\left(\frac{e^{i7x} - e^{-i7x}}{2i}\right) + \frac{1}{2}\left(\frac{e^{i3x} - e^{-i3x}}{2i}\right) - \frac{1}{4}\left(\frac{e^{ix} - e^{-ix}}{2i}\right).$

Donc : $\sin 3x \cos^2 2x = \frac{1}{4}\sin 7x + \frac{1}{2}\sin 3x - \frac{1}{4}\sin x$.

3.3. Géométrie et nombres complexes

Dans tout ce paragraphe, le plan complexe est muni du repère orthonormé direct $(O, \vec{e_1}, \vec{e_2})$.

Transformations et nombres complexes

Nous indiquons dans le tableau ci-dessous l'écriture complexe de certaines transformations du plan. Dans ce tableau, M(z) et M'(z') désignent un point et son image, ainsi que leurs affixes, par chacune de ces transformations.

Transformation	Image M' d'un point M	Définition géométrique	Écriture complexe
Translation de vecteur $\vec{u}(a)$	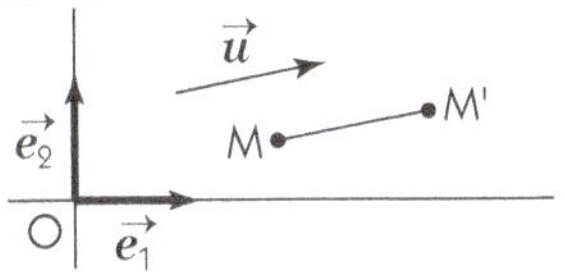	$\overrightarrow{MM'} = \vec{u}$	$z' = z + a$
Symétrie de centre $\Omega(\omega)$	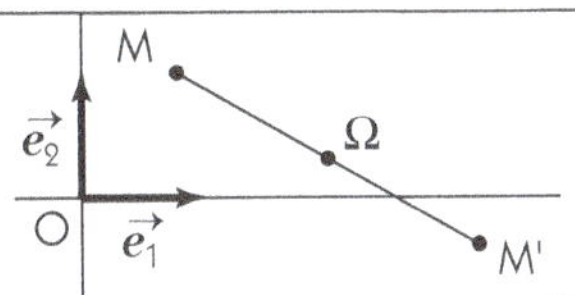	$\overrightarrow{\Omega M'} = -\overrightarrow{\Omega M}$	$z' - \omega = -(z - \omega)$
Symétrie par rapport à l'axe réel	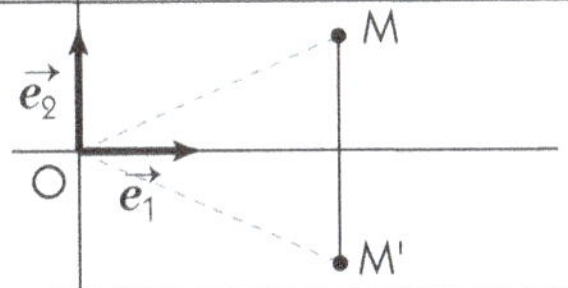	$\begin{cases} OM' = OM \\ (\widehat{\vec{e_1}, \overrightarrow{OM'}}) = -(\widehat{\vec{e_1}, \overrightarrow{OM}}) \end{cases}$	$z' = \bar{z}$
Symétrie par rapport à l'axe imaginaire	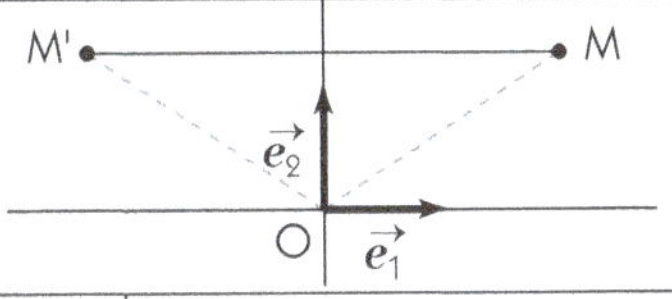	$\begin{cases} OM' = OM \\ (\widehat{\vec{e_1}, \overrightarrow{OM'}}) = \hat{\pi} - (\widehat{\vec{e_1}, \overrightarrow{OM}}) \end{cases}$	$z' = -\bar{z}$
Homothétie de centre $\Omega(\omega)$ et de rapport k	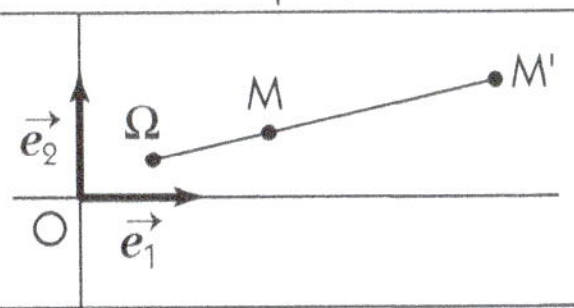	$\overrightarrow{\Omega M'} = k\overrightarrow{\Omega M}$	$z' - \omega = k(z - \omega)$
Rotation de centre $\Omega(\omega)$ et d'angle α	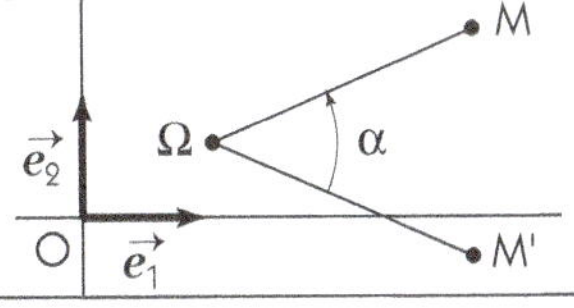	$\begin{cases} \Omega M' = \Omega M \\ \text{Mes}(\widehat{\overrightarrow{\Omega M}, \overrightarrow{\Omega M'}}) \equiv \alpha\ [2\pi] \end{cases}$	$z' - \omega = e^{i\alpha}(z - \omega)$

Exemples

• La rotation de centre $\Omega\binom{0}{2}$ et d'angle $-\frac{\pi}{3}$ a pour écriture complexe : $z' - 2i = e^{-i\frac{\pi}{3}}(z - 2i)$;
c'est-à-dire : $z' = \frac{1}{2}(1 - i\sqrt{3})z - \sqrt{3} + i$.

Le point $A\binom{1}{\sqrt{3}}$ a pour affixe $1 + i\sqrt{3}$; son image par cette rotation est le point A' d'affixe $2 - \sqrt{3} + i$, c'est-à-dire le point $A'\binom{2-\sqrt{3}}{1}$.

• La transformation h d'écriture complexe $z' = -\frac{1}{2}z + 3 - 6i$ est l'homothétie de rapport $-\frac{1}{2}$ et de centre son unique point invariant.
L'affixe ω de ce point est telle que : $\omega = -\frac{1}{2}\omega + 3 - 6i$; c'est-à-dire : $\omega = 2 - 4i$.

Configurations du plan et nombres complexes

Dans le tableau ci-dessous, nous caractérisons certaines configurations géométriques à l'aide des nombres complexes.

Configuration		Caractérisation géométrique	Caractérisation complexe
Triangle ABC isocèle en A	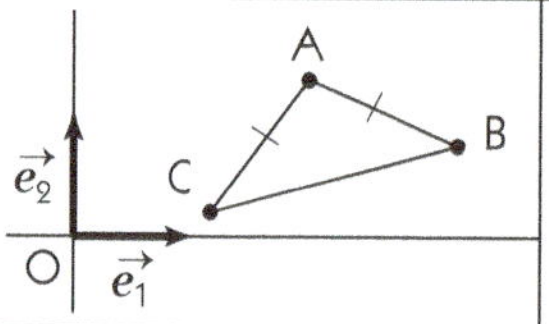	AB = AC et mes $\widehat{A} = \alpha$ $(0 < \alpha < \pi)$	$\frac{z_C - z_A}{z_B - z_A} = e^{i\alpha}$ ou $\frac{z_C - z_A}{z_B - z_A} = e^{-i\alpha}$ $\alpha \neq k\pi$ $(k \in \mathbb{Z})$
Triangle ABC équilatéral	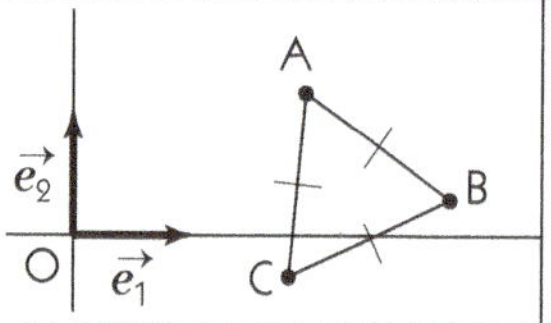	AB = AC et mes $\widehat{A} = \frac{\pi}{3}$	$\frac{z_C - z_A}{z_B - z_A} = e^{i\frac{\pi}{3}}$ ou $\frac{z_C - z_A}{z_B - z_A} = e^{-i\frac{\pi}{3}}$
Triangle ABC rectangle et isocèle en A	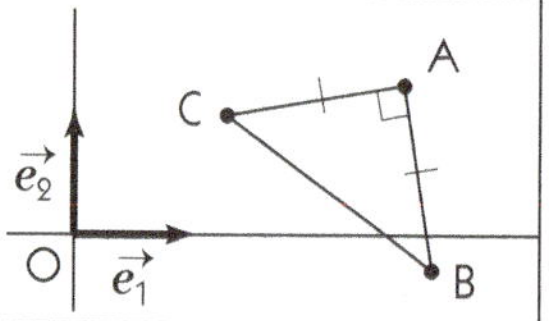	AB = AC et mes $\widehat{A} = \frac{\pi}{2}$	$\frac{z_C - z_A}{z_B - z_A} = i$ ou $\frac{z_C - z_A}{z_B - z_A} = -i$
Triangle ABC rectangle en A	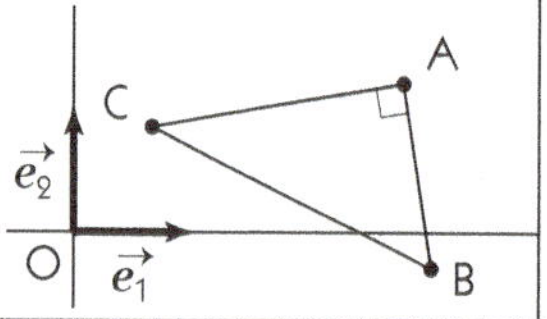	mes $\widehat{A} = \frac{\pi}{2}$	$\frac{z_C - z_A}{z_B - z_A} = bi$ $(b \in \mathbb{R}^*)$
Points A, B, C alignés	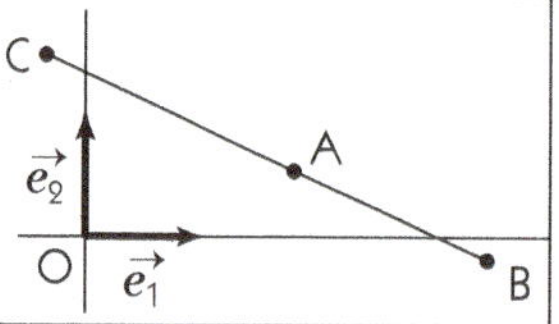	$\text{Mes}\,(\widehat{\overrightarrow{AB}, \overrightarrow{AC}}) \equiv 0\ [\pi]$	$\frac{z_C - z_A}{z_B - z_A} \in \mathbb{R}^*$
Points A, B, C, D cocycliques	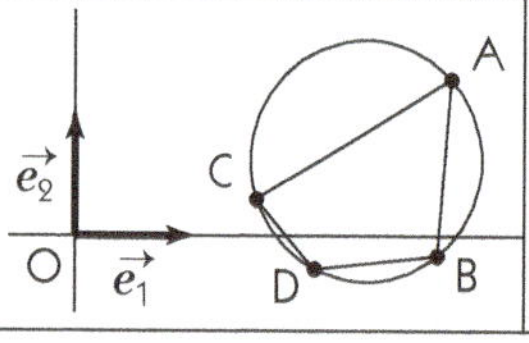	$\text{Mes}\,(\widehat{\overrightarrow{CA}, \overrightarrow{CB}}) \equiv \text{Mes}\,(\widehat{\overrightarrow{DA}, \overrightarrow{DB}})\ [\pi]$ $\left(\text{Mes}\,(\widehat{\overrightarrow{CA}, \overrightarrow{CB}}) \not\equiv 0\ [\pi]\right)$	$\frac{z_C - z_B}{z_C - z_A} : \frac{z_D - z_B}{z_D - z_A} \in \mathbb{R}^*$

Démonstration

• Les caractérisations des triangles isocèle, équilatéral et rectangle isocèle se font à l'aide de la caractérisation complexe d'une rotation.
• Les caractérisations du triangle rectangle et des points alignés se font à l'aide des caractérisations complexes d'un nombre réel et d'un nombre imaginaire pur.
• La caractérisation des points cocycliques se fait à l'aide de la caractérisation complexe d'un nombre réel et des lignes de niveau $M \mapsto \text{Mes}(\widehat{\overrightarrow{MA}, \overrightarrow{MB}})$.

Lieux géométriques et nombres complexes

1. Soit A le point d'affixe z_A tel que : $z_A = 1 + i$.
Déterminer le lieu des points M dont l'affixe z vérifie :
a) **$|z - z_A| = 2$.**
b) **$\arg(z - z_A) \equiv \frac{\pi}{6}\ [\pi]$; $\arg(z - z_A) \equiv -\frac{\pi}{3}\ [2\pi]$.**

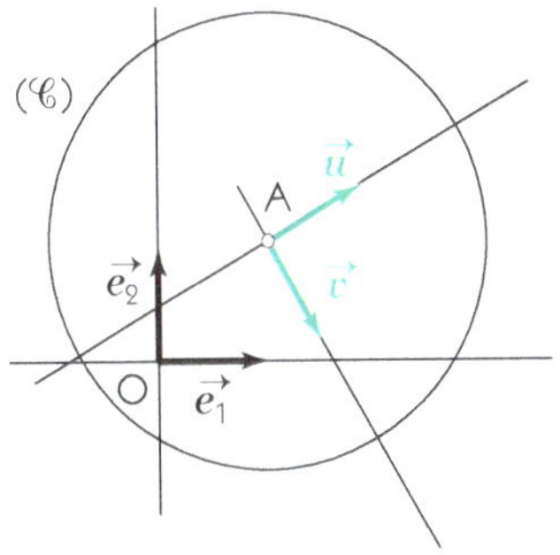

Solution

a) • On a : $|z - z_A| = 2 \Leftrightarrow AM = 2$.
Le lieu de M est le cercle (𝒞) de centre A et de rayon 2.

b) • On a : $\arg(z - z_A) \equiv \frac{\pi}{6}\ [\pi] \Leftrightarrow \text{Mes}(\widehat{\vec{e_1}, \overrightarrow{AM}}) \equiv \frac{\pi}{6}\ [\pi]$.
Le lieu de M est la droite de repère $(A, \vec{u})$, privée de A, avec $\text{Mes}(\widehat{\vec{e_1}, \vec{u}}) \equiv \frac{\pi}{6}\ [\pi]$.

• On a : $\arg(z - z_A) \equiv -\frac{\pi}{3}\ [2\pi] \Leftrightarrow \text{Mes}(\widehat{\vec{e_1}, \overrightarrow{AM}}) \equiv -\frac{\pi}{3}\ [2\pi]$.
Le lieu de M est la demi-droite de repère $(A, \vec{v})$, privée de A, avec $\text{Mes}(\widehat{\vec{e_1}, \vec{v}}) \equiv -\frac{\pi}{3}\ [2\pi]$.

Les propriétés suivantes généralisent l'étude précédente.

Propriétés

Soit A le point d'affixe z_A et M un point d'affixe z.
• Si R est un nombre réel strictement positif, le lieu des points M dont l'affixe z vérifie $|z - z_A| = R$ est le cercle de centre A et de rayon R.
• Si α est un nombre réel, le lieu des points M dont l'affixe z vérifie $\arg(z - z_A) \equiv \alpha\ [\pi]$ est la droite de repère $(A, \vec{u})$, privée de A, avec $\text{Mes}(\widehat{\vec{e_1}, \vec{u}}) \equiv \alpha\ [\pi]$.

Remarque

Le lieu des points M dont l'affixe z vérifie $\arg(z - z_A) \equiv \alpha\ [2\pi]$ est la demi-droite de repère $(A, \vec{u})$, privée de A, avec $\text{Mes}(\widehat{\vec{e_1}, \vec{u}}) \equiv \alpha\ [2\pi]$.

2. À tout nombre complexe z, différent de $-2 - i$, on associe le nombre complexe Z tel que :
$$Z = \frac{z - 4 - 2i}{z + 2 + i}.$$
Déterminer, géométriquement puis analytiquement, le lieu des points M d'affixe z tels que :
a) **$|Z| = 1$; $|Z| = \frac{1}{2}$.**
b) **Z est un nombre réel ; Z est un nombre imaginaire pur.**

Solution

Méthode géométrique

Soit A et B les points d'affixes respectifs : $z_A = -2 - i$ et $z_B = 4 + 2i$; on a : $Z = \frac{z - z_B}{z - z_A}$.

a) • $|Z| = 1 \Leftrightarrow \left|\frac{z - z_B}{z - z_A}\right| = 1 \Leftrightarrow MA = MB$.
Le lieu de M est la médiatrice (Δ) de [AB].

• $|Z| = \frac{1}{2} \Leftrightarrow \left|\frac{z - z_B}{z - z_A}\right| = \frac{1}{2} \Leftrightarrow \frac{MB}{MA} = \frac{1}{2}$.
Le lieu de M est le cercle (Γ) de diamètre [CD] tel que :
C = bar{(A,1) ; (B,2)}, c'est-à-dire : C(2 + i)
D = bar{(A,1) ; (B,– 2)}, c'est-à-dire : D(10 + 5i).

b) • $Z \in \mathbb{R} \Leftrightarrow z = z_B$ ou $\arg\left(\frac{z - z_B}{z - z_A}\right) \equiv 0\ [\pi]$

$\Leftrightarrow$ M = B ou $\text{Mes}(\widehat{\overrightarrow{MA}, \overrightarrow{MB}}) \equiv 0\ [\pi]$.

Le lieu de M est la droite (AB), privée du point A.

• Z imaginaire pur $\Leftrightarrow \arg\left(\frac{z - z_B}{z - z_A}\right) \equiv \frac{\pi}{2}\ [\pi]$

$\Leftrightarrow \text{Mes}(\widehat{\overrightarrow{MA}, \overrightarrow{MB}}) \equiv \frac{\pi}{2}\ [\pi]$

Le lieu de M est le cercle ($\mathscr{C}$) de diamètre [AB] privé des points A et B.

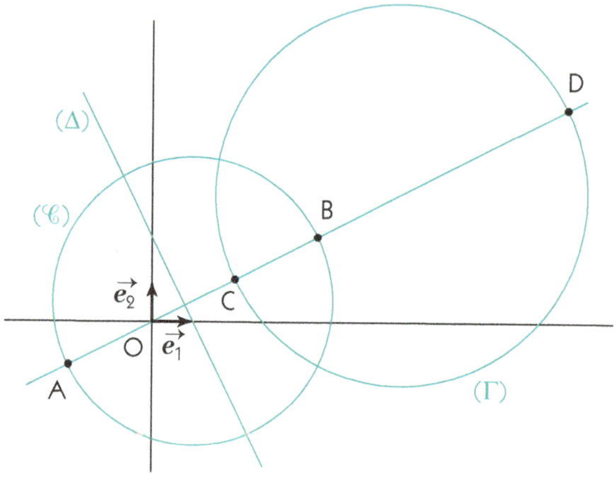

Méthode algébrique

Posons : $z = x + iy$; on a : $Z = \frac{(x - 4) + i(y - 2)}{(x + 2) + i(y + 1)} = \frac{(x^2 + y^2 - 2x - y - 10) + i(-3x + 6y)}{(x + 2)^2 + (y + 1)^2}$.

Les lieux cherchés seront déterminés par leurs équations.

a) • $|Z| = 1 \Leftrightarrow (x - 4)^2 + (y - 2)^2 = (x + 2)^2 + (y + 1)^2 \Leftrightarrow 4x + 2y - 5 = 0$.

• $|Z| = \frac{1}{2} \Leftrightarrow 4[(x - 4)^2 + (y - 2)^2] = (x + 2)^2 + (y + 1)^2 \Leftrightarrow x^2 + y^2 - 12x - 6y + 25 = 0$.

b) • $Z \in \mathbb{R} \Leftrightarrow -3x + 6y = 0 \Leftrightarrow x - 2y = 0$.

• Z imaginaire pur $\Leftrightarrow x^2 + y^2 - 2x - y - 10 = 0$.

c) On désigne par α l'argument de Z.

On a : $\arg(z) \equiv \frac{\pi}{4}\ [\pi] \Leftrightarrow \tan\alpha = 1 \Leftrightarrow \frac{-3x + 6y}{x^2 + y^2 - 2x - y - 10} = 1 \Leftrightarrow x^2 + y^2 + x - 7y - 10 = 0$.

3.4. Travaux dirigés

1. Soit ABC un triangle et A' le milieu de [BC].
On construit, à l'extérieur de ce triangle, les triangles rectangles isocèles ABB' et ACC', de sommet A.
Démontrer en utilisant les nombres complexes que les droites (AA') et (B'C') sont perpendiculaires et que B'C' = 2AA'.

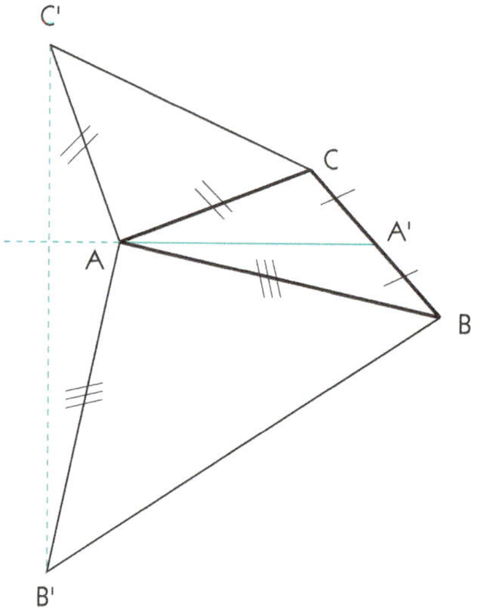

Solution

• Prenons A pour origine du repère orthonormé direct du plan complexe et supposons le triangle ABC de sens direct.

On a : $z_{A'} = \frac{z_B + z_C}{2}$, $\frac{z_{B'}}{z_B} = -i$ et $\frac{z_{C'}}{z_C} = i$.

Donc : $\frac{z_{B'} - z_{C'}}{z_{A'}} = \frac{-iz_B - iz_C}{\frac{z_B + z_C}{2}} = -2i$;

c'est-à-dire : B'C' = 2AA' et $\text{Mes}(\widehat{\overrightarrow{AA'}, \overrightarrow{C'B'}}) \equiv -\frac{\pi}{2}\ [2\pi]$.

• Lorsque le triangle ABC est de sens indirect, un raisonnement analogue conduit à :

B'C' = 2AA' et $\text{Mes}(\widehat{\overrightarrow{AA'}, \overrightarrow{C'B'}}) \equiv \frac{\pi}{2}\ [2\pi]$.

Dans les deux cas, les droites (AA') et (B'C') sont perpendiculaires et B'C' = 2AA'.

2. Soit ABCD un quadrilatère convexe.
On construit, à l'extérieur de ce quadrilatère, les triangles rectangles isocèles AM_1B, BM_2C, CM_3D et DM_4A de sommets respectifs M_1, M_2, M_3 et M_4.
Démontrer en utilisant les nombres complexes que les segments $[M_1M_3]$ et $[M_2M_4]$ sont orthogonaux et de même longueur.

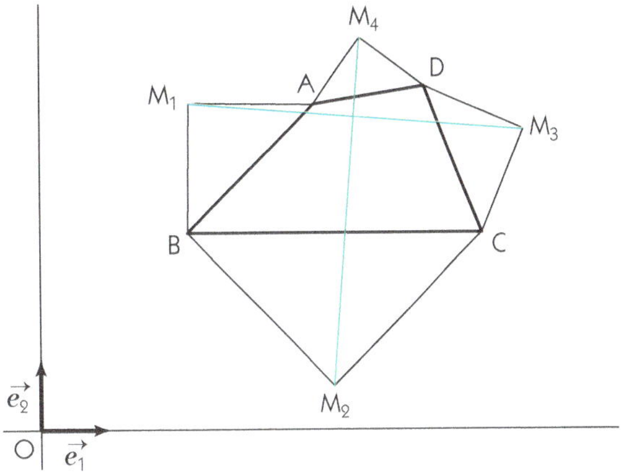

Solution guidée

Désignons par z_A, z_B, z_C et z_D les affixes respectives des points A, B, C et D, par z_1, z_2, z_3 et z_4 les affixes respectives des points M_1, M_2, M_3 et M_4.

Supposons le quadrilatère ABCD de sens direct.

- Démontrer que AM_1B est un triangle rectangle isocèle en M_1 si et seulement si $z_1 = \dfrac{z_A(1-i) + z_B(1+i)}{2}$.
- À quelles conditions les triangles BM_2C, CM_3D et DM_4A sont-ils rectangles isocèles respectivement en M_2, M_3 et M_4 ?
- En déduire que : $\dfrac{z_4 - z_2}{z_3 - z_1} = i$.
- Conclure.

Que se passe-t-il lorsque le quadrilatère ABCD est de sens indirect ?

Exercices

3.a Calculer et écrire sous forme algébrique les racines carrées des nombres complexes suivants.
a) $15 - 8i$ *b)* $2i$ c) $11 + 4i\sqrt{3}$ *d)* $-i$.

3.b Résoudre dans $\mathbb{C}$ les équations suivantes.
a) $iz^2 + z - 3 + i = 0$
b) $(-2+i)z^2 + (4-5i)z + 3 - i = 0$.

3.c Soit l'équation (E) :
$$z^3 + (1-i)z^2 + (4-i)z - 4i = 0.$$
1. Vérifier que i est une solution de (E).
2. Trouver un polynôme P du second degré tel que : $z^3 + (1-i)z^2 + (4-i)z - 4i = (z-i)P(z)$.
3. Résoudre l'équation (E) dans $\mathbb{C}$.

3.d **1.** Exprimer $\cos 4x$ en fonction de $\cos x$.
2. Exprimer $\sin 5x$ en fonction de $\sin x$.

3.e Linéariser :
a) $\cos^4 x + \sin^4 x$ *b)* $\sin^4 x + \sin^2 x$
c) $\cos^3 x \sin^3 x$ *d)* $\cos^3 x \sin^2 x$.

3.f Résoudre dans $\mathbb{R}$ les équations suivantes.
a) $\cos 5x + 2\cos 3x + \cos x = 0$
b) $\sin x + \sin 2x + \sin 7x + \sin 8x = 0$
c) $\cos 2x + \cos 6x = \sin 3x - \sin 5x$
d) $\sin 3x - \sin 2x = \sin x$.

3.g Dans chacun des cas suivants, déterminer la nature et les éléments caractéristiques de la transformation du plan qui au point M d'affixe z associe le point M' d'affixe z'.
a) $z' = -z + 2 + i$ *b)* $z' = e^{i\frac{\pi}{4}}z + 2 - 4i$
c) $z' = -\frac{1}{3}z + 2 - i$ *d)* $z' = -iz + 1 + i$.

3.h Dans chacun des cas suivants, déterminer et représenter l'ensemble des points M dont l'affixe z vérifie la condition indiquée.
a) $|\bar{z} - 1 + 2i| = 3$ *b)* $|z - 3 + i| = 3$
c) $\arg(z - 3i) \equiv \frac{\pi}{2}\ [\pi]$ *d)* $\arg(iz + i) \equiv -\frac{\pi}{2}\ [2\pi]$.

3.i Dans chacun des cas suivants, déterminer et représenter l'ensemble des points M dont l'affixe z vérifie la condition indiquée.
a) $|z - 2 + i| = |\bar{z} - i|$ *b)* $|z - 2 + i| = |z|$
c) $\left|\dfrac{z - 3i}{z - 2 + i}\right| = 1$ *d)* $|z - 3 + i| = |2z - 4i|$.

3.j À tout nombre complexe z, différent de $2 - i$, on associe le nombre complexe :
$$Z = \frac{z + 3 - 2i}{z - 2 + i}.$$
Déterminer les ensembles de points M d'affixe z tels que :
a) Z soit un nombre réel ;
b) Z soit un nombre imaginaire pur.

Exercices

Le plan complexe est muni du repère orthonormé direct $(O, \vec{e_1}, \vec{e_2})$.

APPRENTISSAGE

Étude algébrique des nombres complexes

1 Écrire sous forme algébrique les nombres complexes suivants.

a) $\left(\frac{-1+i\sqrt{3}}{2}\right)\left(\frac{-1-i\sqrt{3}}{2}\right)$ *b)* $\frac{1}{1+\sqrt{2}-i\sqrt{3}}$

c) $\frac{1}{2+i}+\frac{1}{2-i}$ *d)* $\frac{(3-i)(1+2i)}{(1-3i)(2+i)}$

e) $\frac{(-1-2i)^3}{(1+i)^4}$ *f)* $\left(\frac{3-i}{1-2i}\right)^2$.

2 Déterminer les parties réelle et imaginaire des nombres complexes suivants.

a) $(3+4i)^3$ *b)* $(2-i)^3$

c) $\frac{2+i}{3+4i}-\frac{3-4i}{2-i}$ *d)* $(3+4i)^3-(2-i)^3$.

3 Pour quelles valeurs du nombre réel x le nombre complexe $[10-x+i(2+x)](x-i)$ est-il un nombre réel ? un nombre imaginaire pur ?

4 Vérifier que : $\frac{\sqrt{3}+i}{\sqrt{3}-i}+\frac{\sqrt{3}-i}{\sqrt{3}+i}-1=0$.

5 **1.** Calculer i^3, i^4 et i^5. En déduire i^{18} et i^{19}.
2. Calculer $1+i+i^2+i^3$, puis $i^{199}+i^{200}+i^{201}+i^{202}$.
3. Calculer $\sum_{k=0}^{2000} i^k$ et $\sum_{k=0}^{2002}(-i)^k$.

6 Écrire sous forme algébrique le conjugué des nombres complexes suivants.

a) $(4-i\sqrt{3})(1+i)$ *b)* $\frac{2-i}{-3+i}$

c) $\frac{(1-i)(2+i)}{2i(-3+i)}$ *d)* $\frac{(2-3i)(1+i)}{(2-i)^2}$.

7 Soit $z_1=\frac{3+2i}{-5+7i}$ et $z_2=\frac{3-2i}{5+7i}$.
Démontrer, sans calcul, que z_1-z_2 est un nombre réel et z_1+z_2 un nombre imaginaire pur.

8 Calculer le module des nombres complexes suivants.

a) $\frac{2}{1-i}$ *b)* $-\frac{1}{4i}$

c) $\frac{\sqrt{2}(1+i)}{\frac{1}{2}(\sqrt{3}-i)}$ *d)* $\frac{(-5+7i)(4-2i)}{(3+4i)(7+5i)}$

e) $\frac{(1-i)^2}{(1+i)^3}$ *f)* $\left(\frac{\sqrt{3}-i}{1-i}\right)^3$.

9 Déterminer les nombres complexes z tels que :

$$|z|=\left|\frac{1}{z}\right|=|z-1|.$$

10 Résoudre dans $\mathbb{C}^2$ les systèmes suivants.

a) $\begin{cases}(1+i)z-iz'=2+i\\(2+i)z+(2-i)z'=7-4i\end{cases}$

b) $\begin{cases}(2+i)z+7z'=1+2i\\(1-i)\bar{z}-i\bar{z}'=4-i\end{cases}$.

Étude trigonométrique des nombres complexes

11 Dans chacun des cas suivants :
– déterminer le module et un argument de z ;
– en déduire la forme algébrique de z.

a) $z=\left(\frac{1}{2}-i\frac{\sqrt{3}}{2}\right)^3$

b) $z=\left(\frac{1}{2}+i\frac{\sqrt{3}}{2}\right)\left(-\frac{1}{2}+i\frac{\sqrt{3}}{2}\right)$

c) $z=\left(\frac{1}{2}+i\frac{\sqrt{3}}{2}\right)\left(\frac{1}{2}-i\frac{\sqrt{3}}{2}\right)$

d) $z=(1+i)^2$ *e)* $z=(1-i)^4$

f) $\frac{-1+i\sqrt{3}}{\sqrt{3}+i}$ *g)* $\left(\frac{\sqrt{2}+i\sqrt{2}}{-1+i}\right)^3$.

12 Soit $z_1=\frac{\sqrt{6}-i\sqrt{2}}{2}$ et $z_2=1-i$.
a) Déterminer le module et un argument de z_1 et z_2.
b) Écrire sous forme algébrique et trigonométrique le quotient $\frac{z_1}{z_2}$.
c) En déduire les valeurs de $\cos\frac{\pi}{12}$ et $\sin\frac{\pi}{12}$.

13 Écrire sous forme exponentielle les nombres complexes suivants.

a) $(-1-i)i$ *b)* $(\sqrt{3}+i)(-1+i\sqrt{3})$

c) $\frac{i}{1-i}$ *d)* $\frac{1-i}{1+i\sqrt{3}}e^{i\frac{\pi}{4}}$

e) $\frac{e^{-2i\frac{\pi}{3}}}{\sqrt{2}+i\sqrt{2}}$ *f)* $\frac{5-5i}{10e^{i\frac{\pi}{4}}}$ *g)* $\left(\frac{-1-i\sqrt{3}}{-1+i}\right)^{10}$.

14 Soit z un nombre complexe tel que :

$$z+\frac{1}{z}=2\cos\theta.$$

Démontrer que pour tout entier naturel n, on a :

$$z^n+\frac{1}{z^n}=2\cos n\theta.$$

15 Soit $z_1=\frac{\sqrt{3}+i}{-\sqrt{3}+i}$ et $z_2=\frac{4i}{1-i\sqrt{3}}$.
a) Écrire sous forme exponentielle z_1 et z_2.

b) En déduire la forme algébrique des nombres complexes : z_1z_2, $\frac{z_1}{z_2}$, $(z_1)^3$ et $\frac{z_2^6}{z_1^3}$.

16 Soit $j = \cos\frac{2\pi}{3} + i\sin\frac{2\pi}{3}$ et $u = 1 + j$.
1. Démontrer que : $1 + j + j^2 = 0$.
2. Calculer u^n ($n \in \mathbb{N}^*$) en fonction de n.

17 Soit $j = \cos\frac{2\pi}{3} + i\sin\frac{2\pi}{3}$.
1. Écrire i en fonction de j puis démontrer que tout nombre complexe z peut s'écrire sous la forme :
$$z = \alpha + j\beta \ (\alpha \in \mathbb{R}, \beta \in \mathbb{R}).$$
2. Déterminer une relation entre α et β pour que le nombre complexe $\alpha + j\beta$ ($\alpha \in \mathbb{R}, \beta \in \mathbb{R}$) ait pour module 1.

18 **1.** Déterminer le module, un argument, la partie réelle et la partie imaginaire des racines 4-ièmes de $-i$.
2. Placer dans le plan complexe les points images de ces racines.
3. Calculer la somme et le produit de ces racines.

19 **1.** Calculer : $(2 + i)^3$.
2. En déduire les racines cubiques de $2 + 11i$.

20 Déterminer les nombres complexes vérifiant $2z^3 = 8i$, puis représenter leurs images dans le plan.

21 Soit (z_n) la suite définie dans $\mathbb{C}$ par :
$$z_0 = 1 + i \quad \text{et} \quad \forall n \in \mathbb{N},\ z_{n+1} = -\frac{1}{2}z_n.$$
1. Démontrer que $(|z_n|)_{n \in \mathbb{N}}$ est une suite géométrique, dont on précisera le premier terme et la raison.
2. Exprimer $\arg(z_n)$ en fonction de n, puis z_n en fonction de z_0 et n.

22 Soit n un entier naturel.
On pose : $A = \sum_{k=0}^{n-1}\cos kx$ et $B = \sum_{k=0}^{n-1}\sin kx$.
1. Calculer et écrire sous forme exponentielle $A + iB$.
2. En déduire des expressions plus simples de A et B.

Résolutions d'équations

23 Calculer et écrire sous forme algébrique les racines carrées des nombres complexes suivants.
a) $z = 5 - 12i$ *b)* $z = -8i$ *c)* $z = 7 + 24i$.

24 **1.** Résoudre dans $\mathbb{C}$ l'équation : $z^2 - 2iz - 2 = 0$.
2. On désigne par z_1 et z_2 les solutions de cette équation, avec $\mathrm{Re}(z_1) > \mathrm{Re}(z_2)$.
Calculer : $2z_1 + 3z_2$; $(z_1 - z_2)^2$; $(z_1)^8$; $(z_2)^{10}$.

25 **1.** Calculer : $(1 + 8i)^2$.
2. Résoudre dans $\mathbb{C}$ l'équation :
$$(2 + i)z^2 - (9 + 2i)z + 5(3 - i) = 0.$$

26 **1.** Résoudre dans $\mathbb{C}$ les équations :
$$z^2 - 4z + 5 + i(z + 1) = 0 \quad (1)$$
$$(z^2 - 4z + 5)^2 + (z + 1)^2 = 0 \quad (2).$$
2. En déduire qu'il existe quatre nombres réels a, b, c et d que l'on précisera tels que pour tout nombre réel x, on a : $(x^2 - 4x + 5)^2 + (x + 1)^2 = (x^2 + ax + b)(x^2 + cx + d)$.

27 Résoudre dans $\mathbb{C}$ les équations suivantes et représenter graphiquement les images des solutions.
a) $z^4 - \sqrt{2}z^2 + 1 = 0$ *b)* $z^8 + z^4 + 1 = 0$.

28 Soit P le polynôme défini par :
$$P(z) = z^3 - 3z^2 + (3 - i)z - 2(1 - i).$$
1. Déterminer trois nombres complelxes a, b et c tels que : $P(z) = (z - 2)(az^2 + bz + c)$.
2. Résoudre dans $\mathbb{C}$ l'équation : $P(z) = 0$.

29 Soit P le polynôme défini par :
$$P(z) = z^4 + (5 - 2i)z^3 + (8 - 10i)z^2 + (6 - 16i)z - 12i.$$
1. Vérifier que : $P(2i) = P(-3) = 0$.
2. Déterminer un polynôme Q du second degré tel que pour tout nombre complexe z, on a :
$$P(z) = [z^2 + (3 - 2i)z - 6i]Q(z).$$
3. Résoudre dans $\mathbb{C}$ l'équation : $P(z) = 0$.

30 Soit P le polynôme défini par :
$$P(z) = z^3 - (11 + 2i)z^2 + 2(17 + 7i)z - 42.$$
1. Démontrer qu'il existe un nombre réel α solution de l'équation : $P(z) = 0$.
2. Déterminer le polynôme Q tel que : $P(z) = (z - \alpha)\,Q(z)$.
3. Résoudre dans $\mathbb{C}$ l'équation : $P(z) = 0$.

31 Soit P le polynôme défini par :
$$P(z) = z^3 - 2(1 + 2i)z^2 + 7iz + 3(1 - 3i).$$
1. Démontrer qu'il existe un imaginaire pur $i\beta$ solution de l'équation : $P(z) = 0$.
2. Déterminer le polynôme Q tel que : $P(z) = (z - i\beta)Q(z)$.
3. Résoudre dans $\mathbb{C}$ l'équation : $P(z) = 0$.

Transformations et nombres complexes

32 Soit les points $\Omega\begin{pmatrix}-2\\1\end{pmatrix}$ et $A\begin{pmatrix}1\\-1\end{pmatrix}$.
Dans chacun des cas suivants :
- donner l'écriture complexe de la transformation ;
- déterminer l'image de A par la transformation.

a) Symétrie de centre Ω.
b) Homothétie de centre Ω et de rapport $-\frac{1}{2}$.
c) Rotation de centre Ω et d'angle $\frac{\pi}{3}$.

33 **1.** Donner l'écriture complexe des transformations suivantes :
a) s : symétrie par rapport à la droite d'équation $x = -2$.
b) s' : symétrie par rapport à la droite d'équation $y = 1$.
2. Donner l'écriture complexe de $s \circ s'$ et $s' \circ s$.
En déduire que $s \circ s' = s' \circ s$ et préciser la nature de cette transformation.

34 Dans chacun des cas suivants, déterminer la nature et les éléments caractéristiques de la transformation dont on donne l'écriture complexe.
a) $z' = \bar{z} - 4i$ *b)* $z' = -\bar{z} + 2$
c) $z' = -4z + 10 - 5i$ *d)* $z' = e^{-i\frac{\pi}{4}}z + 1 + \sqrt{2} - i$.

35 Soit f la transformation du plan dont l'écriture complexe est : $z' = 4e^{i\frac{\pi}{3}}z + 4\sqrt{3} - 2i$.

1. Déterminer le nombre complexe z_0 tel que :

$$z' - z_0 = 4e^{i\frac{\pi}{3}}(z - z_0).$$

2. En déduire que f est la composée d'une homothétie et d'une rotation de même centre, que l'on précisera.

Configurations planes

36 Soit a un nombre complexe non nul et $j = e^{i\frac{2\pi}{3}}$. Démontrer que les points A(a), B(ja) et C(j^2a) sont les sommets d'un triangle équilatéral de sens direct.

37 Soit A(3 + i), B(2i), C(2 – 2i).
1. Placer les points A, B et C et démontrer que le triangle ABC est rectangle et isocèle.
2. Déterminer l'affixe du point D tel que ABCD soit un parallélogramme. Placer le point D.
3. Déterminer l'affixe du point E, symétrique de A par rapport au milieu de [BC].

38 Soit A, B et C les points d'affixes respectives $-\frac{1}{3} - 2i$, $1 + 2i$ et $\frac{7}{3} + 6i$.
1. Démontrer que B est le milieu de [AC].
2. Déterminer les affixes des points D et E tels que ADCE soit un carré de sens direct.

39 Soit A, B et C les points d'affixes respectives $1 + 2i$, $2 + i$ et $2 + \sqrt{3} + (1 + \sqrt{3})i$.
1. Démontrer que le triangle ABC est rectangle en B et déterminer une mesure des angles $\widehat{BAC}$ et $\widehat{ACB}$.
2. Déterminer le point D, symétrique de A par rapport à B. Quelle est la nature du triangle ADC ?

40 Soit les points A(– 1 + i), B(– 1 – i), C(2i) et D(2 – 2i).
1. Étudier la nature des triangles ACD et BCD.
2. Démontrer que les points A, B, C et D appartiennent à un même cercle dont on précisera le centre et le rayon.

Lieux géométriques

41 Déterminer et représenter les ensembles de points M du plan dont l'affixe z vérifie la condition indiquée.
a) $|z + \bar{z} - 1| = 4$ *b)* $|z - \bar{z} - 1 + i| = 2$
c) $\arg(3i - z) \equiv 0\ [2\pi]$ *d)* $\arg(\bar{z} - 3 + i) \equiv \frac{\pi}{4}\ [\pi]$
e) $\arg\left(\frac{1}{z + 2}\right) \equiv \frac{\pi}{2}\ [\pi]$ *f)* $\arg(z^2 - 4) \equiv \arg(z + 2)\ [2\pi]$.

42 Déterminer les ensembles de points M dont l'affixe z vérifie la condition indiquée.
a) $|z + 5 - 2i| = |\bar{z} - 2 + i|$
b) $|z + 1 + i| = |3z - 9 - 3i|$.

43 À tout nombre complexe z distinct de i, on associe le nombre complexe Z tel que : $Z = \frac{z + i}{z - i}$.
Déterminer et représenter les ensembles de points M du plan dont l'affixe z vérifie la condition indiquée.
a) Z est un nombre réel strictement positif.
b) Z est un nombre réel strictement négatif.
c) Z est un nombre imaginaire pur.
d) $|Z| = 1$.
e) $|Z| = 3$.

44 À tout nombre complexe z distinct de – 1 + 2i, on associe le nombre complexe Z tel que :

$$Z = \frac{z - 2 + 4i}{z + 1 - 2i}.$$

Déterminer les ensembles de points M dont l'affixe z vérifie la condition indiquée.
a) $|Z| = 1$. *c)* Z est un nombre réel.
b) $|Z| = 2$. *d)* Z est un nombre imaginaire pur.

45 Déterminer et contruire l'ensemble des points du plan dont l'affine z vérifie la condition indiquée.
a) $z\bar{z} + i(z - \bar{z}) - 3 = 0$ *b)* $(z\bar{z})^2 - z\bar{z} - 6 = 0$.

46 Déterminer l'ensemble des points M dont l'affixe z vérifie la condition indiquée.
a) $(z - 1 - i)(\bar{z} - 1 + i) = 5$
b) $2|z - i| = |z - \bar{z} + 2i|$
c) $z^2 - (1 - 2i)^2 = \bar{z}^2 - (1 + 2i)^2$.

47 Déterminer et contruire l'ensemble des points du plan dont l'affixe z vérifie la condition indiquée.
a) $\frac{2z - 1}{z^2}$ est un nombre réel.
b) $\frac{4 - (z + \bar{z})i}{1 - i + \frac{1}{2}(z - \bar{z})}$ est un nombre réel.

APPROFONDISSEMENT

48 Déterminer le module et un argument des nombres complexes suivants.
a) $\frac{1 - e^{i\frac{\pi}{3}}}{1 + e^{i\frac{\pi}{3}}}$ *b)* $\frac{1 - \cos\alpha + i\sin\alpha}{1 + \cos\alpha - i\sin\alpha}$, $\alpha \in [0\ ;\ \pi[$.

49 Soit α un nombre réel tel que $-\pi < \alpha < \pi$ et z le nombre complexe défini par : $z = 1 + \cos\alpha - i\sin\alpha$.
1. Calculer $|z|$, $\arg(z)$ et $\arg(\frac{1}{z})$ en fonction de α.
2. Préciser les ensembles des images de z et de $\frac{1}{z}$.

50 Démontrer que si A, B et C désignent les mesures des angles d'un triangle, on a :
a) $\sin A + \sin B + \sin C = 4\cos\frac{A}{2}\cos\frac{B}{2}\cos\frac{C}{2}$
b) $\cos A + \cos B + \cos C = 1 + 4\sin\frac{A}{2}\sin\frac{B}{2}\sin\frac{C}{2}$.

51 **1.** Soit z un nombre complexe de module 1 et d'argument α ($0 \leq \alpha < 2\pi$).
Préciser, selon les valeurs de α, le module et un argument de $z + 1$.
Conjecturer et vérifier ces résultats par des considérations géométriques, illustrées par des figures.
2. Soit z_1 et z_2 deux nombres complexes de module 1, d'arguments respectifs α_1 et α_2 tels que :

$$0 \leq \alpha_1 \leq \alpha_2 < 2\pi.$$

a) Déterminer le module et un argument de $\frac{z_2}{z_1}$ et de $z_1 + z_2$.
(On pourra utiliser la question 1 en posant : $z = \frac{z_2}{z_1}$.)
b) Déterminer une condition nécessaire et suffisante pour que $|z_1 + z_2| = 1$; illustrer par une figure.

c) Déterminer l'ensemble des triplets $(z_1 ; z_2 ; z_3)$ de nombres complexes de module 1 tels que :

$z_1 + z_2 + z_3 = 0$ et $0 \leq \arg(z_1) \leq \arg(z_2) \leq \arg(z_3) < 2\pi$.

52 Construction d'un pentagone régulier

Soit le nombre complexe $z_0 = e^{i\frac{2\pi}{5}}$.

1. On pose : $\alpha = z_0 + z_0^4$ et $\beta = z_0^2 + z_0^3$.

a) Démontrer que $1 + z_0 + z_0^2 + z_0^3 + z_0^4 = 0$ et en déduire que α et β sont solutions de l'équation (E) :

$$Z^2 + Z - 1 = 0.$$

b) Exprimer α en fonction de $\cos\frac{2\pi}{5}$.

c) Résoudre (E) et en déduire la valeur de $\cos\frac{2\pi}{5}$.

2. On désigne par A_0, A_1, A_2, A_3 et A_4 les points d'affixes respectives 1, z_0, z_0^2, z_0^3 et z_0^4.

a) Soit H le point d'intersection de la droite (A_1A_4) avec la droite de repère $(O, \vec{e_1})$.

Démontrer que l'affixe du point H est $\cos\frac{2\pi}{5}$.

b) Soit (Γ) le cercle de centre le point Ω d'affixe $-\frac{1}{2}$ et passant par le point B d'affixe i.

(Γ) coupe la droite de repère $(O, \vec{e_1})$ en M et N, M étant le point d'abscisse positive.

Démontrer que M et N ont pour affixes respectives α et β et que H est le milieu de [OM].

c) En déduire une construction simple d'un pentagone régulier dont on connaît le centre O et un sommet A_0.

53 **1.** *a)* Résoudre dans ℂ l'équation : $z^2 - 4z + 8 = 0$.

Écrire les solutions sous forme algébrique et sous forme trigonométrique.

b) Placer les images A et B des solutions, A étant l'image de la solution dont la partie imaginaire est négative. Quelle est la nature du triangle OAB ?

2. Soit f l'application du plan dans lui-même qui à tout point M d'affixe z associe le point M' d'affixe z' telle que : $z' = e^{i\frac{\pi}{3}}z$.

a) Déterminer la nature et les éléments caractéristiques de l'application f.

b) Déterminer sous forme trigonométrique, puis sous forme algébrique l'affixe du point A', image de A par f. En déduire les valeurs de $\cos\frac{\pi}{12}$ et $\sin\frac{\pi}{12}$.

54 On considère les nombres complexes :

$a = -\sqrt{3} + i$, $b = 3 + 2i$ et $c = 7 - 2i$.

1. *a)* Déterminer de deux façons différentes les racines carrées de a.

En déduire les valeurs de $\cos\frac{5\pi}{12}$ et $\sin\frac{5\pi}{12}$.

b) Déterminer les entiers relatifs n pour lesquels a^n est un nombre réel.

c) Déterminer les entiers relatifs n pour lesquels a^n est un nombre imaginaire pur.

2. Déterminer et construire les ensembles de points M d'affixe z tels que :

a) $|z - b| = |z - c|$ *b)* $2|z - b| = |a|$.

3. Soit f l'application du plan dans lui-même qui à tout point M d'affixe z associe le point M' d'affixe z' telle que : $z' = (1 + i\sqrt{3})z - 5i\sqrt{3}$.

a) Démontrer que f admet un seul point invariant Ω.

b) Démontrer que f est la composée d'une rotation et d'une homothétie positive de même centre Ω.

Préciser l'angle de la rotation et le rapport de l'homothétie.

c) Déterminer et construire les images par f des ensembles déterminés à la question 2.

55 Soit le nombre complexe $z = e^{i\frac{2\pi}{7}}$.

On pose : $a = z + z^2 + z^4$ et $b = z^3 + z^5 + z^6$.

1. Démontrer que a et b sont deux nombres complexes conjugués et que la partie imaginaire de a est positive.

2. Calculer $a + b$ et ab. En déduire a et b.

56 Soit a et b deux nombres complexes non nuls, A et B leurs images respectives.

1. *a)* Démontrer que les points O, A et B sont alignés si et seulement si $\bar{a}b$ est un nombre réel.

b) Démontrer que $\frac{(a+b)^2}{ab}$ est un nombre réel si et seulement si les points O, A et B sont alignés ou si OA = OB.

2. On suppose dans cette question que les points O, A et B ne sont pas alignés et que les nombres complexes a et b ont pour module 1.

Démontrer que $\frac{(a+b)^2}{ab}$ est un nombre réel strictement positif.

3. ***Application***

Soit M_1 et M_2 deux points d'affixes respectives z_1 et z_2, tels que les points O, M_1 et M_2 ne sont pas alignés.

a) Calculer, en fonction de z_1 et z_2, l'affixe Z du barycentre I du système $\{(M_1, |z_2|) ; (M_2, |z_1|)\}$.

b) Démontrer que $\frac{Z^2}{z_1z_2}$ est un nombre réel.

c) En déduire que $\vec{OI}$ est un vecteur directeur de la bissectrice de l'angle $\widehat{M_1OM_2}$.

57 Soit A et B les points d'affixes respectives 1 et 2i. À tout nombre complexe z distinct de 2i, on associe le nombre complexe Z tel que : $Z = \frac{z-1}{z-2i}$.

1. Déterminer l'ensemble $(\mathscr{C}_1)$ des points M d'affixe z tels que : $\arg(Z) \equiv \frac{\pi}{2}\ [2\pi]$.

2. Déterminer l'ensemble $(\mathscr{C}_2)$ des points M d'affixe z tels que : $|Z| = 2$.

3. Démontrer que $(\mathscr{C}_1)$ et $(\mathscr{C}_2)$ ont un unique point commun dont on précisera l'affixe.

58 Soit A le point d'affixe 2i et f l'application du plan dans lui-même qui à tout point M d'affixe z, distinct de A, associe le point M' d'affixe z' telle que :

$$z' = \frac{2iz - 5}{z - 2i}.$$

1. Démontrer que f admet deux points invariants.

2. Démontrer que f est bijective et déterminer son application réciproque.

3. Démontrer que la droite de repère $(O, \vec{e_2})$, privée de A, est globalement invariante par f.

4. *a)* Démontrer que : $|z' - 2i|\,|z - 2i| = 9$.

b) En déduire l'image par f du cercle $(\mathscr{C})$ de centre A et de rayon R.

Déterminer R pour que $(\mathscr{C})$ soit globalement invariant par f.

59 Soit A et B les points d'affixes respectives 1 et − 1 et f l'application du plan dans lui-même qui à tout point M d'affixe z non nulle associe le point M' d'affixe z' telle que : $zz' = 1$.

1. *a)* Déterminer et construire l'image par f du point C d'affixe 1 + i.

b) Démontrer que pour tout point M et son image M', la droite (AB) est bissectrice de l'angle $\widehat{MOM'}$ et que $OM \times OM' = OA^2$.

2. *a)* Vérifier que :

$$\forall z \in \mathbb{C}^*, \left(\frac{z+z'}{2}-1\right)\left(\frac{z+z'}{2}+1\right) = \left(\frac{z-z'}{2}\right)^2.$$

b) Soit I le milieu de [MM'].

Démontrer que $IA \times IB = IM^2$ et que pour tout point M distinct de A et B, la droite (MM') est bissectrice de l'angle $\widehat{AIB}$.

60 Soit A et B les points d'affixes respectives $1 + i$ et -3. À tout point M d'affixe z, distinct de A et B, on associe, s'ils existent, le(s) point(s) M' d'affixe z' tel(s) que : $\dfrac{z'+3}{z+3}$ est imaginaire pur et $\dfrac{z'-1-i}{z-1-i}$ est réel.

1. Donner une interprétation géométrique de $\arg\left(\dfrac{z'+3}{z+3}\right)$ et $\arg\left(\dfrac{z'-1-i}{z-1-i}\right)$.

2. Démontrer géométriquement qu'il existe un cercle $(\mathscr{C})$ tel que si $M \notin (\mathscr{C})$, alors M' existe et est unique. Construire alors l'image M' d'un point M donné.

61 Soit A et B deux points d'affixes respectives a et b.

1. Démontrer qu'il existe un unique point M dont l'affixe z vérifie : $\left|\dfrac{z-a}{z-b}\right| = 2$ et $\arg\left(\dfrac{z-a}{z-b}\right) \equiv -\dfrac{\pi}{3}\ [2\pi]$.

2. Construire ce point et calculer son affixe lorsque : $a = -4 + 2i$ et $b = 2 - i$.

62 **1.** Résoudre dans $\mathbb{C}$ les équations :

$z^4 = 1$ (1)

$\left(\dfrac{z-i}{z+i}\right)^4 = 1$ (2).

2. Soit n un entier naturel non nul, a un nombre complexe et l'équation (E) : $\left(\dfrac{z-i}{z+i}\right)^n = a$.

On désigne par P, Q et M les points d'affixes respectives i, $-i$ et z.

a) Démontrer que si z est solution de (E), alors : .

$$\frac{MP}{MQ} = \sqrt[n]{|a|}.$$

b) Démontrer que si (E) admet au moins une solution réelle, alors : $|a| = 1$.

c) En déduire que si (E) admet au moins une solution réelle, alors toutes ses solutions sont réelles.

63 Soit l'équation (E) :

$$z^4 + 2z^3 + 2z^2 - 2z + 1 = 0 \quad (z \in \mathbb{C}).$$

1. Démontrer que si z_0 est solution de (E), alors $\overline{z_0}$ est solution de (E).

2. *a)* Déterminer les nombres réels a et b tels que :

$$(E) \iff z^2\left[\left(z - \frac{1}{z}\right)^2 + a\left(z - \frac{1}{z}\right) + b\right] = 0.$$

b) Résoudre dans $\mathbb{C}$ l'équation $Z^2 + aZ + b = 0$, puis l'équation (E).

3. Démontrer que les images des quatre solutions de (E) appartiennent à un même cercle $(\mathscr{C})$ dont on précisera le centre et le rayon.

64 Soit l'équation (E) : $z^5 = 1$.

1. Résoudre dans $\mathbb{C}$ l'équation (E) et représenter les images des solutions.

2. Démontrer que la somme des solutions de (E) est nulle et en déduire que : $\cos\dfrac{2\pi}{5} + \cos\dfrac{4\pi}{5} = -\dfrac{1}{2}$.

3. Démontrer que $\cos\dfrac{2\pi}{5}$ est solution de l'équation :

$$4X^2 + 2X - 1 = 0.$$

En déduire la valeur de $\cos\dfrac{2\pi}{5}$.

4. Soit l'équation (E') : $(z-1)^5 = (z+1)^5$ $(z \in \mathbb{C})$.

a) Démontrer que si z_0 est solution de (E'), alors :

$$\left|\frac{z_0 - 1}{z_0 + 1}\right| = 1.$$

En déduire que les solutions de (E') sont imaginaires pures.

b) Résoudre (E').

4 Isométries du plan – Applications affines

Introduction

Dans les classes précédentes, nous avons étudié certaines isométries du plan (translations, symétries, rotations) et utilisé ces transformations pour rechercher des lieux géométriques, résoudre des problèmes de construction et démontrer des propriétés.

Dans ce chapitre, nous nous proposons de compléter cette étude en déterminant les autres isométries du plan et en classant l'ensemble de ces isométries à partir de deux critères : les points invariants et l'effet sur les angles orientés.

La dernière partie du chapitre est consacrée à l'étude générale des applications affines du plan.

Décoration de maison en Afrique du Sud.

SOMMAIRE

1 Composition d'isométries

1.1. Composition de symétries et translations

Composée de symétries orthogonales

Les propriétés suivantes ont été établies en classe de première.

Propriétés

• Soit (Δ) et (Δ') deux droites parallèles, O un point de (Δ) et O' son projeté orthogonal sur (Δ'). La composée $s_{\Delta'} \circ s_{\Delta}$ des symétries orthogonales d'axes respectifs (Δ) et (Δ') est la translation de vecteur $2\overrightarrow{OO'}$.

• Soit (Δ) et (Δ') deux droites sécantes en un point O, de vecteurs directeurs respectifs $\vec{u}$ et $\vec{u}'$. La composée $s_{\Delta'} \circ s_{\Delta}$ des symétries orthogonales d'axes respectifs (Δ) et (Δ') est la rotation de centre O et d'angle $2(\widehat{\vec{u}, \vec{u}'})$.

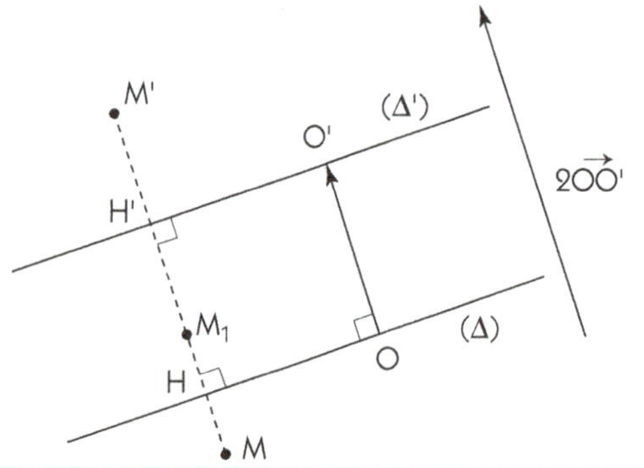

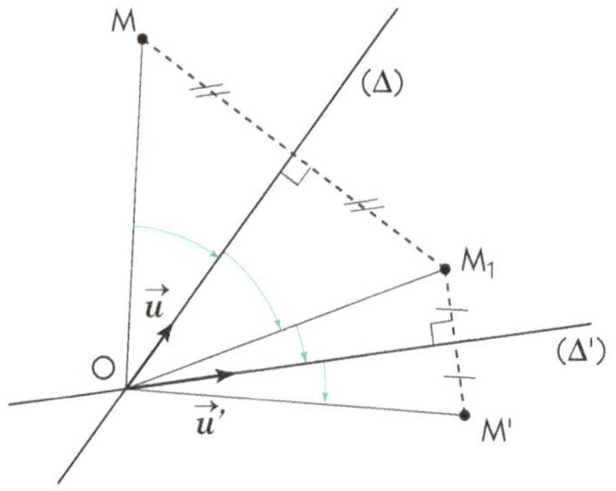

Exemples

ABCD est un carré de sens direct et de centre O.

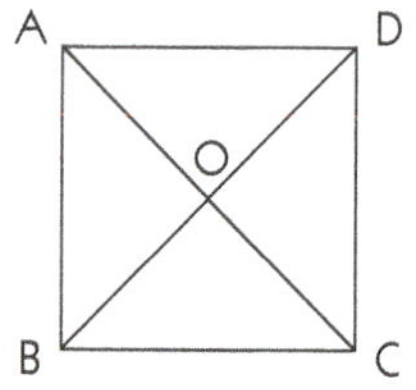

- $s_{(DC)} \circ s_{(AB)} = t_{2\overrightarrow{BC}}$;
- $s_{(AC)} \circ s_{(AB)} = r_{(A, \frac{\pi}{2})}$ (quart de tour direct de centre A) ;
- $s_{(DC)} \circ s_{(AC)} = r_{(C, -\frac{\pi}{2})}$ (quart de tour indirect de centre C) ;
- $s_{(BD)} \circ s_{(AC)} = r_{(O, \pi)}$ (symétrie de centre O).

Décomposition de translations, de rotations

Les propriétés suivantes ont également été établies en classe de première.

Propriétés

• Soit $t_{\vec{u}}$ une translation de vecteur $\vec{u}$ non nul. Pour toute droite (Δ) de vecteur normal $\vec{u}$, il existe une droite (Δ') et une seule telle que :

$$s_{\Delta'} \circ s_{\Delta} = t_{\vec{u}}.$$

• Soit $r_{(O, \alpha)}$ une rotation de centre O et d'angle α. Pour toute droite (Δ) passant par O, il existe une droite (Δ') et une seule telle que :

$$s_{\Delta'} \circ s_{\Delta} = r_{(O, \alpha)}.$$

Exemples

ABCD est un carré de sens direct et de centre O, I et J sont les milieux respectifs de [AB] et [CD].

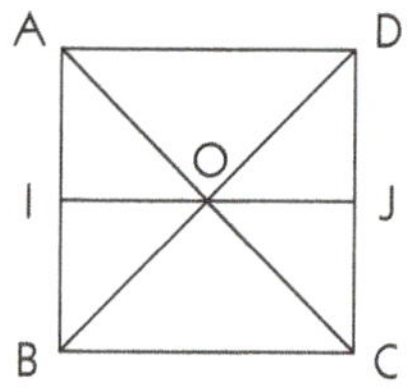

- $t_{\overrightarrow{AB}} = s_{(BC)} \circ s_{(IJ)} = s_{(IJ)} \circ s_{(AD)}$;
- $r_{(B, \frac{\pi}{2})} = s_{(BD)} \circ s_{(BC)} = s_{(AB)} \circ s_{(BD)}$;
- $r_{(O, -\frac{\pi}{2})} = s_{(IJ)} \circ s_{(BD)} = s_{(AC)} \circ s_{(IJ)}$.

Composée d'une symétrie orthogonale et d'une translation

(Δ) est une droite de vecteur directeur $\vec{u}$.
Soit M un point, M_1 son image par $t_{\vec{u}}$, M' l'image de M_1 par s_Δ et M_2 l'image de M par s_Δ.

- Démontrer que : $t_{\vec{u}}(M_2) = M'$.
- En déduire que : $t_{\vec{u}} \circ s_\Delta = s_\Delta \circ t_{\vec{u}}$.
- Démontrer que la transformation $s_\Delta \circ t_{\vec{u}}$ n'admet pas de point invariant.

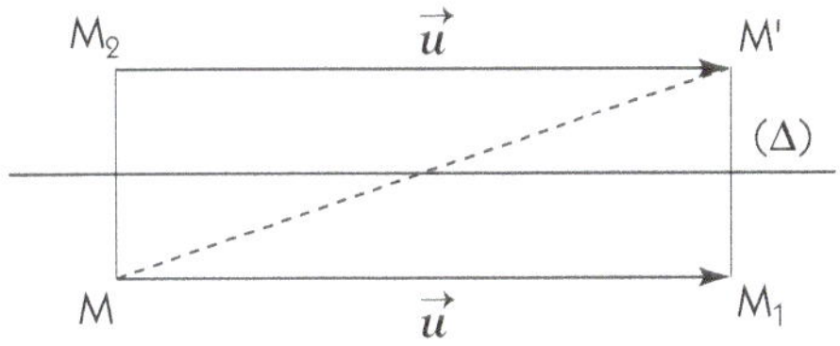

Cette étude justifie la définition et la propriété suivante.

Définition

Soit (Δ) une droite de vecteur directeur $\vec{u}$.
On appelle symétrie glissée d'axe (Δ) et de vecteur $\vec{u}$ la composée de la symétrie orthogonale d'axe (Δ) et de la translation de vecteur $\vec{u}$.

On a : $t_{\vec{u}} \circ s_\Delta = s_\Delta \circ t_{\vec{u}}$.

Propriété 1

Une symétrie glissée n'admet pas de point invariant.

Les propriétés suivantes précisent la nature de la composée d'une symétrie orthogonale et d'une translation.

Propriétés 2

Soit (Δ) une droite et $\vec{u}$ un vecteur non nul.

- **Si $\vec{u}$ est normal à (Δ), alors $t_{\vec{u}} \circ s_\Delta$ est une symétrie orthogonale.**
- **Si $\vec{u}$ n'est pas normal à (Δ), alors $t_{\vec{u}} \circ s_\Delta$ est une symétrie glissée.**

Démonstration guidée

Soit O un point de (Δ) et A le point tel que : $\overrightarrow{OA} = \vec{u}$.
Désignons par :

H le projeté orthogonal de A sur (Δ),
I le milieu de [AH],
(Δ') la parallèle à (Δ) passant par I.

- Démontrer que : $s_{\Delta'} \circ s_\Delta = t_{\overrightarrow{HA}}$.
- Démontrer que : $t_{\vec{u}} \circ s_\Delta = t_{\overrightarrow{OH}} \circ s_{\Delta'}$.
- Conclure.

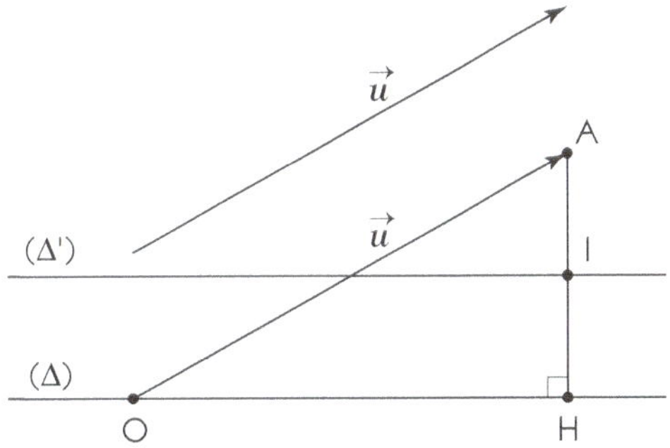

1.2. Composition de rotations et translations

Composée de rotations

La propriété suivante a été établie en classe de première.

Propriété

Soit r et r' deux rotations d'angles respectifs α et α'.

- **Si $\widehat{\alpha} + \widehat{\alpha'} \neq \widehat{0}$, alors $r' \circ r$ est une rotation d'angle $\alpha + \alpha'$.**
- **Si $\widehat{\alpha} + \widehat{\alpha'} = \widehat{0}$, alors $r' \circ r$ est une translation.**

Exemples

ABC est un triangle équilatéral de sens direct et B' est le milieu de [AC].

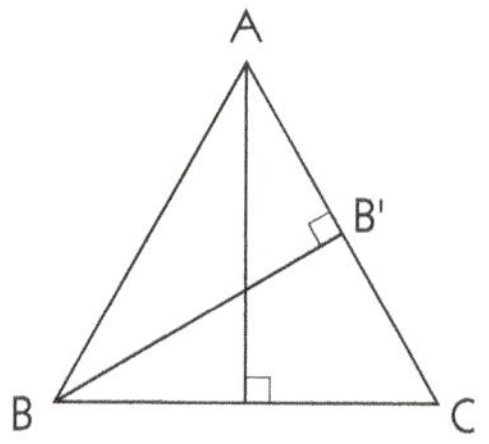

- $r_{(C, \frac{\pi}{3})} \circ r_{(A, -\frac{\pi}{3})}$ est une translation.

De plus : $r_{(C, \frac{\pi}{3})} \circ r_{(A, -\frac{\pi}{3})}(A) = B$.

Donc : $r_{(C, \frac{\pi}{3})} \circ r_{(A, -\frac{\pi}{3})} = t_{\overrightarrow{AB}}$.

- $r_{(B, \frac{2\pi}{3})} \circ r_{(C, \frac{2\pi}{3})}$ est une rotation d'angle $\frac{4\pi}{3}$.

De plus : $r_{(B, \frac{2\pi}{3})} = s_{(AB)} \circ s_{(BC)}$ et $r_{(C, \frac{2\pi}{3})} = s_{(BC)} \circ s_{(AC)}$.

Donc : $r_{(B, \frac{2\pi}{3})} \circ r_{(C, \frac{2\pi}{3})} = s_{(AB)} \circ s_{(AC)} = r_{(A, -\frac{2\pi}{3})} = r_{(A, \frac{4\pi}{3})}$.

- $r_{(A, \frac{2\pi}{3})} \circ r_{(B, \frac{\pi}{3})}$ est une rotation d'angle π, c'est-à-dire une symétrie centrale.

De plus : $r_{(A, \frac{2\pi}{3})} = s_{(AC)} \circ s_{(AB)}$ et $r_{(B, \frac{\pi}{3})} = s_{(AB)} \circ s_{(BB')}$.

Donc : $r_{(A, \frac{2\pi}{3})} \circ r_{(B, \frac{\pi}{3})} = s_{(AC)} \circ s_{(BB')} = s_{B'}$.

M

Pour déterminer la composée $r_{(B,\beta)} \circ r_{(A,\alpha)}$ de deux rotations de centres distincts A et B, on peut utiliser les droites (Δ) et (Δ') telles que : $r_{(A,\alpha)} = s_{(AB)} \circ s_{\Delta}$ et $r_{(B,\beta)} = s_{\Delta'} \circ s_{(AB)}$.

On a : $r_{(B,\beta)} \circ r_{(A,\alpha)} = s_{\Delta'} \circ s_{\Delta}$.

Composée d'une rotation et d'une translation

Propriété

Soit r une rotation d'angle α non nul et t une translation.
$t \circ r$ est une rotation d'angle α.

Démonstration

Soit M et N deux points distincts.

Posons : $r(M) = M_1$, $r(N) = N_1$, $t(M_1) = M'$ et $t(N_1) = N'$.

r	
M	M_1
N	N_1

t	
M_1	M'
N_1	N'

D'après les propriétés caractéristiques des rotations et des translations, on a :

$\widehat{(\overrightarrow{MN}, \overrightarrow{M_1N_1})} = \widehat{\alpha}$ et $\widehat{(\overrightarrow{M_1N_1}, \overrightarrow{M'N'})} = \widehat{0}$; donc : $\widehat{(\overrightarrow{MN}, \overrightarrow{M'N'})} = \widehat{(\overrightarrow{MN}, \overrightarrow{M_1N_1})} + \widehat{(\overrightarrow{M_1N_1}, \overrightarrow{M'N'})} = \widehat{\alpha}$.

De plus : $M'N' = M_1N_1 = MN$.

Donc, $t \circ r$ est une rotation d'angle α.

Cette démonstration ne donne aucune indication sur le centre de la rotation.

Construction du centre de la rotation $t \circ r$

Soit O le centre de la rotation r et $\vec{u}$ le vecteur de la translation t.

- Si $\vec{u} = \vec{0}$, alors : $t \circ r = r$.
- Si $\vec{u} \neq \vec{0}$, construisons les droites $(\mathcal{D})$, (Δ) et (Δ') telles que :
  - $(\mathcal{D})$ est la droite passant par O et de vecteur normal $\vec{u}$;
  - $r = s_{\mathcal{D}} \circ s_{\Delta}$ et $t = s_{\Delta'} \circ s_{\mathcal{D}}$.

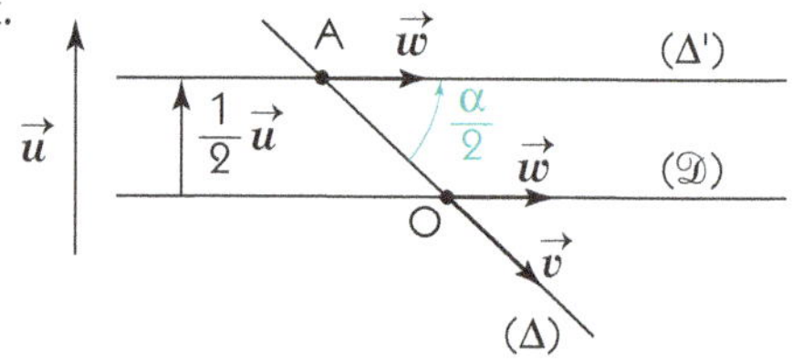

On a : $t \circ r = s_{\Delta'} \circ s_{\Delta}$.

$(\mathcal{D})$ et (Δ) sont sécantes en O, $(\mathcal{D})$ et (Δ') sont parallèles ; donc (Δ) et (Δ') sont sécantes en un point A.

Désignons par $\vec{v}$ et $\vec{w}$ des vecteurs directeurs respectifs de (Δ) et (Δ').

$\vec{w}$ est aussi un vecteur directeur de $(\mathcal{D})$; donc : $2\widehat{(\vec{v}, \vec{w})} = \widehat{\alpha}$.

On en déduit que $t \circ r$ est la rotation de centre A et d'angle α.

Remarques

- *On démontre de manière analogue que* $r \circ t$ *est une rotation d'angle* α.
- *On a en général :* $t \circ r \neq r \circ t$.

Exemples

ABCD est un carré de sens direct et de centre O, C' est le symétrique de C par rapport à B.

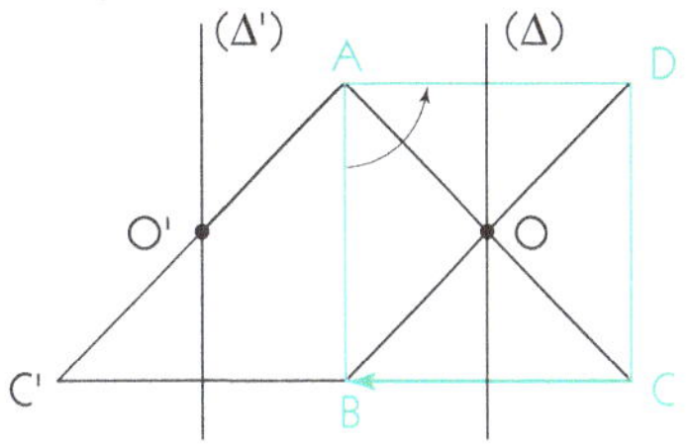

- $r_{(A, \frac{\pi}{2})} \circ t_{\overrightarrow{CB}}$ est un quart de tour direct.

Soit (Δ) la médiatrice du segment [BC].

On a : $t_{\overrightarrow{CB}} = s_{(AB)} \circ s_{\Delta}$ et $r_{(A, \frac{\pi}{2})} = s_{(AC)} \circ s_{(AB)}$.

Donc : $r_{(A, \frac{\pi}{2})} \circ t_{\overrightarrow{CB}} = s_{(AC)} \circ s_{\Delta} = r_{(O, \frac{\pi}{2})}$.

- $t_{\overrightarrow{CB}} \circ r_{(A, \frac{\pi}{2})}$ est un quart de tour direct.

Soit (Δ') la médiatrice du segment [BC'].

On a : $t_{\overrightarrow{CB}} \circ r_{(A, \frac{\pi}{2})} = (s_{\Delta'} \circ s_{(AB)}) \circ (s_{(AB)} \circ s_{(AC')}) = s_{\Delta'} \circ s_{(AC')}$.

Donc, $t_{\overrightarrow{CB}} \circ r_{(A, \frac{\pi}{2})}$ est le quart de tour direct dont le centre est le point O', symétrique de O par rapport à (AB).

M

Pour déterminer la composée $t_{\vec{u}} \circ r_{(O, \alpha)}$ d'une rotation et d'une translation de vecteur non nul, on peut utiliser les droites $(\mathscr{D})$, (Δ) et (Δ') telles que :

– $(\mathscr{D})$ est la droite passant par O et de vecteur normal $\vec{u}$;

– $r = s_{\mathscr{D}} \circ s_{\Delta}$ et $t = s_{\Delta'} \circ s_{\mathscr{D}}$.

On a : $t \circ r = s_{\Delta'} \circ s_{\Delta}$.

1.3. Travaux dirigés

Isométries et recherche de lieux

ABCD est un parallélogramme dont les points A et B sont fixes. C décrit un cercle $(\mathscr{C})$. On construit le triangle rectangle isocèle direct ADE de sommet A. Déterminer le lieu des points E.

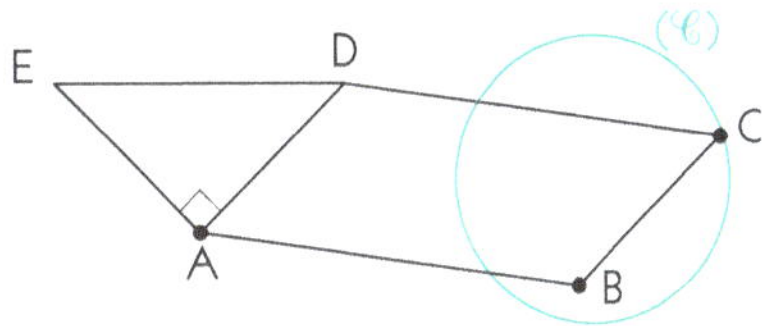

Solution guidée

Soit t la translation de vecteur $\overrightarrow{BA}$ et r le quart de tour direct de centre A.

- Déterminer l'image du point C, puis du cercle $(\mathscr{C})$ par la transformation $r \circ t$.
- Conclure.

Isométries et démonstration de propriétés

1. **ABCD est un quadrilatère convexe de sens direct. On construit les points I, J, K et L tels que les triangles AIB, BCJ, CKD et DAL soient équilatéraux directs. Démontrer que le quadrilatère IJKL est un parallélogramme.**

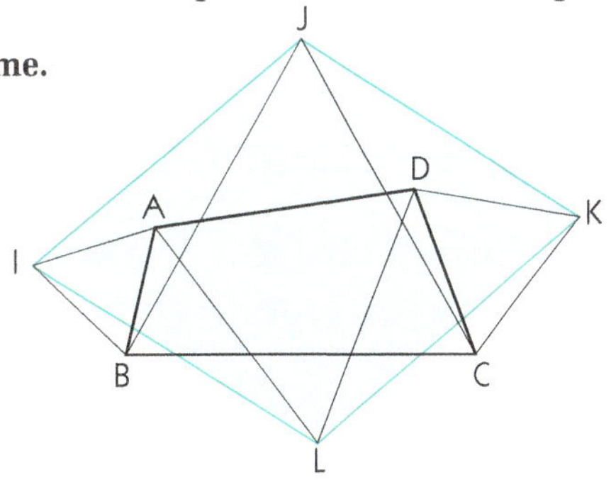

Solution guidée

Désignons par :

r_1 la rotation de centre A et d'angle $\frac{\pi}{3}$;

r_2 la rotation de centre C et d'angle $-\frac{\pi}{3}$.

- Déterminer la nature de $r_2 \circ r_1$.
- Déterminer les images de I et L par $r_2 \circ r_1$.
- Conclure.

2. **ABCD et AEFG sont des carrés de sens direct et H est le point tel que ADHE soit un parallélogramme. Démontrer que les droites (BH) et (CG) sont perpendiculaires et que BH = CG.**

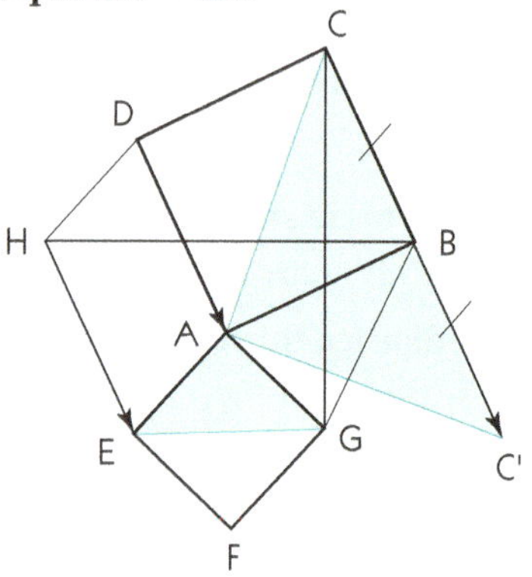

Solution

Désignons par :

t la translation de vecteur $\overrightarrow{DA}$;
r le quart de tour direct de centre A ;
C' le symétrique de C par rapport à B.

On a :

t	
H	E
B	C'

r	
E	G
C'	C

donc :

r∘t	
H	G
B	C

Or : r∘t est un quart de tour direct ;
donc : (BH) ⊥ (CG) et BH = CG.

Exercices

1.a ABCD est un rectangle. Déterminer la transformation f telle que : $f = s_{(AD)} \circ s_{(CD)} \circ s_{(BC)} \circ s_{(AB)}$.

1.b ABCD est un carré de sens direct et de centre O. Préciser la nature et les éléments caractéristiques de chacune des transformations suivantes.

a) $s_{(AC)} \circ r_{(A, \frac{\pi}{2})}$ *b)* $r_{(D, \frac{\pi}{2})} \circ r_{(A, \frac{\pi}{2})}$

c) $r_{(C, -\frac{\pi}{2})} \circ r_{(A, \frac{\pi}{2})}$ *d)* $r_{(A, \frac{\pi}{2})} \circ t_{\overrightarrow{CB}}$.

1.c Le plan est muni du repère orthonormé $(O, \vec{i}, \vec{j})$.
On désigne par s et s' les symétries orthogonales d'axes respectifs $(\mathscr{D})$ et $(\mathscr{D}')$.
Dans chacun des cas suivants, déterminer la nature et les éléments caractéristiques de la transformation s∘s'.

a) $(\mathscr{D}) : x = 4$ et $(\mathscr{D}') : x = y$
b) $(\mathscr{D}) : x - y = 1$ et $(\mathscr{D}') : x + y = 1$
c) $(\mathscr{D}) : y = -1$ et $(\mathscr{D}') : y = 2$
d) $(\mathscr{D}) : x + 2y = 0$ et $(\mathscr{D}') : 2x - y + 1 = 0$.

1.d Soit ABC un triangle isocèle en A et r la rotation de centre A et d'angle $\widehat{\alpha} = (\widehat{\overrightarrow{AB}, \overrightarrow{AC}})$.
À tout point M, distinct de B et C, on associe le point M' tel que : M' = r(M).
1. Démontrer que :
$$\text{Mes}(\widehat{\overrightarrow{MC}, \overrightarrow{M'C}}) = \text{Mes}(\widehat{\overrightarrow{MC}, \overrightarrow{MB}}) + \alpha\ [\pi].$$
2. En déduire le lieu des points M tels que les points C, M et M' sont alignés.

1.e OAB et OCD sont des triangles équilatéraux de sens direct. E est le point tel que BOCE soit un parallélogramme.
Démontrer que AED est un triangle équilatéral.
(On pourra utiliser la transformation $r_{(O, \frac{\pi}{3})} \circ t_{\overrightarrow{BO}}$.)

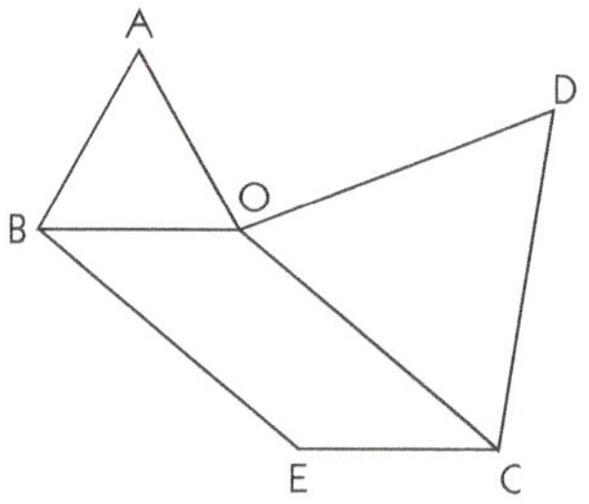

2 Classification des isométries du plan

2.1. Classification à l'aide des points invariants

Décomposition d'une isométrie

Théorème

Soit f une isométrie du plan et A un point.
Il existe une unique isométrie g et une unique translation t telles que : g(A) = A et f = t∘g.

Démonstration

Existence

Désignons par A' l'image de A par f et par t la translation de vecteur $\overrightarrow{AA'}$.

Posons : $g = t^{-1} \circ f$.

g, composée de deux isométries, est une isométrie.

De plus : $g(A) = t^{-1} \circ f(A) = t^{-1}(A') = A$.

Donc, f est la composée d'une isométrie laissant A invariant et d'une translation.

Unicité

Supposons qu'il existe une isométrie g' laissant A invariant et une translation t' telles que : $f = t' \circ g'$.

On a : $f(A) = t'(A) = t(A)$; donc : $t' = t$.

On en déduit que : $t \circ g = t \circ g'$; donc : $g = g'$.

Isométries laissant invariants trois points non alignés

Soit f une isométrie laissant invariants trois points A, B et C non alignés.

Pour tout point M d'image M' par f, on a : M'A = MA, M'B = MB et M'C = MC.

Les points M et M' sont confondus, sinon A, B et C appartiendraient à la médiatrice de [MM'] et seraient alignés.

On en déduit que tout point du plan est invariant par f.

Propriété

Une isométrie du plan qui laisse invariants trois points non alignés est l'application identique.

Isométries laissant invariants deux points distincts

Soit f une isométrie, distincte de l'application identique, laissant invariants deux points A et B distincts.

- Désignons par C un point extérieur à la droite (AB) et par C' son image par f.

Les points C et C' sont distincts, sinon f laisserait invariants trois points non alignés et serait l'application identique.

De plus : AC' = AC et BC' = BC ; donc (AB) est la médiatrice du segment [CC'].

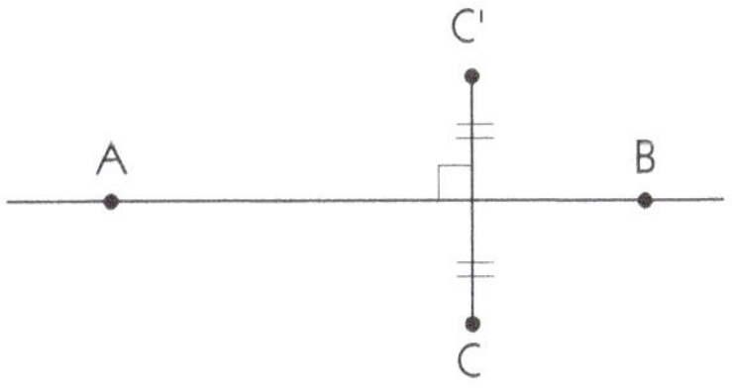

- Désignons par s la symétrie orthogonale d'axe (AB).

$s \circ f$, isométrie laissant invariants les trois points non alignés A, B et C, est l'application identique.

On en déduit que : f = s.

Propriété

Une isométrie du plan qui laisse invariants deux points A et B distincts et qui n'est pas l'application identique, est la symétrie orthogonale d'axe (AB).

Isométries laissant invariant un point

Soit f une isométrie laissant invariant un seul point A.

Désignons par B un point distinct de A et par B' son image par f.

On a : B' ≠ B et AB' = AB ; donc A appartient à la médiatrice (Δ) de [BB'].

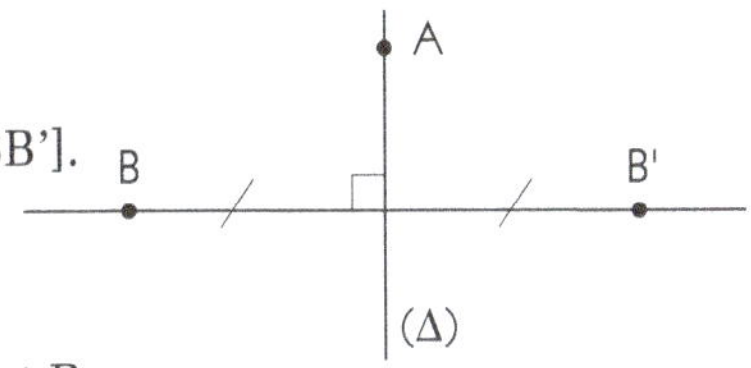

Désignons par s la symétrie orthogonale d'axe (Δ).

On a : $s \circ f(A) = s(A) = A$;

$s \circ f(B) = s(B') = B$.

$s \circ f$ est une isométrie qui laisse invariants les deux points distincts A et B.

$s \circ f$ n'est pas l'application identique, sinon f serait une symétrie orthogonale et n'aurait pas un seul point invariant.

D'après la propriété précédente, s o f est la symétrie orthogonale d'axe (AB).

On a : $s_\Delta \circ f = s_{(AB)}$; donc : $f = s_\Delta \circ s_{(AB)}$.

On en déduit que f est une rotation de centre A.

Propriété

Une isométrie du plan qui laisse invariant un seul point A est une rotation de centre A.

Conséquence

D'après les propriétés précédentes, toute isométrie du plan qui laisse invariant au moins un point A est :
- soit l'application identique ;
- soit une symétrie orthogonale dont l'axe passe par A ;
- soit une rotation de centre A.

Donc, d'après le théorème précédent, toute isométrie du plan est :
- soit une translation ;
- soit la composée d'une symétrie orthogonale et d'une translation ;
- soit la composée d'une rotation et d'une translation.

On en déduit le théorème suivant.

Théorème

Toute isométrie du plan est une translation, une rotation, une symétrie orthogonale ou une symétrie glissée.

2.2. Déplacements et antidéplacements

Définitions et propriétés

Définitions

- **Un déplacement est une isométrie qui conserve les angles orientés.**
- **Un antidéplacement est une isométrie qui transforme tout angle orienté en son opposé.**

Nous savons que toute symétrie orthogonale est un antidéplacement.

Les résultats établis dans le paragraphe précédent permettent de classer les isométries suivant deux critères :
- l'effet sur les angles orientés ;
- l'existence ou non de points invariants.

	avec point invariant	**sans point invariant**
Déplacement	rotation	translation
Antidéplacement	symétrie orthogonale	symétrie glissée

On en déduit les propriétés suivantes.

Propriétés

- **Toute isométrie est un déplacement ou un antidéplacement.**
- **Tout déplacement est une translation ou une rotation.**
- **Tout antidéplacement est une symétrie orthogonale ou une symétrie glissée.**

Composition de déplacements et antidéplacements

Propriétés 1

- **La composée de deux déplacements ou de deux antidéplacements est un déplacement.**
- **La composée d'un déplacement et d'un antidéplacement est un antidéplacement.**

On retrouve que la composée de deux isométries est une isométrie.

Propriétés 2

- **La transformation réciproque d'un déplacement est un déplacement.**
- **La transformation réciproque d'un antidéplacement est un antidéplacement.**

Remarques

- *L'ensemble des isométries du plan, muni de la loi ∘, est un groupe.*
- *L'ensemble des déplacements du plan, muni de la loi ∘, est un groupe.*
- *L'ensemble des antidéplacements du plan, muni de la loi ∘, n'est pas un groupe.*

Déterminations d'une isométrie

Propriété 1

Soit A, B, A' et B' quatre points tels que : AB = A'B' et A ≠ B.
Il existe un déplacement et un seul transformant A en A' et B en B'.

Démonstration guidée

Existence

Désignons par :

– r la rotation de centre A et d'angle $(\widehat{\overrightarrow{AB}, \overrightarrow{A'B'}})$;

– t la translation de vecteur $\overrightarrow{AA'}$.

Démontrer que la transformation f, telle que f = t∘r, est un déplacement qui convient.

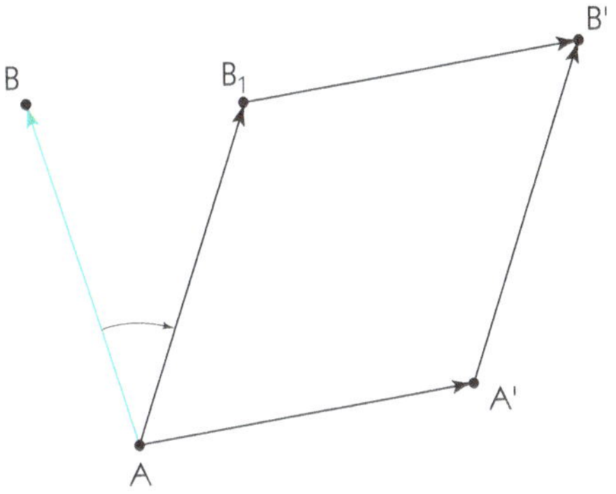

Unicité

Soit g un déplacement transformant A en A' et B en B'.

- Démontrer que : $f^{-1} \circ g(A) = A$ et $f^{-1} \circ g(B) = B$.
- En déduire que $f^{-1} \circ g$ est l'application identique.
- Conclure.

Remarques

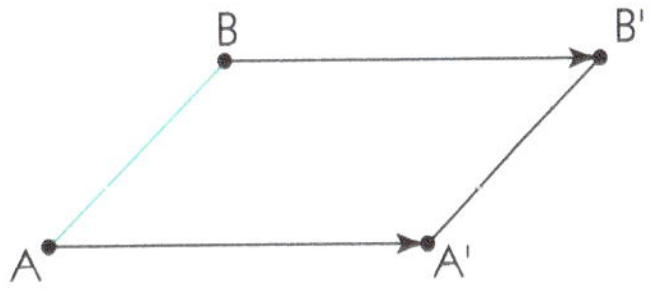

- *Si $\overrightarrow{AB} = \overrightarrow{A'B'}$, alors f est la translation de vecteur $\overrightarrow{AA'}$.*
- *Si $\overrightarrow{AB} \neq \overrightarrow{A'B'}$, alors f est une rotation d'angle $(\widehat{\overrightarrow{AB}, \overrightarrow{A'B'}})$.*

Pour construire son centre, trois cas sont à envisager.

1er cas : A = A' ou B = B'

– Si A = A', alors A est le centre de la rotation.

– Si B = B', alors B est le centre de la rotation.

2e cas : (AA') et (BB') sont sécantes

Le centre de la rotation est O, point d'intersection des médiatrices de [AA'] et [BB'].

3e cas : (AA') // (BB')

Le centre de la rotation est O, point d'intersection de la droite (AB) et de la médiatrice commune à [AA'] et [BB'].

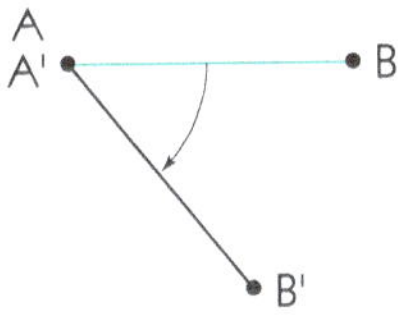

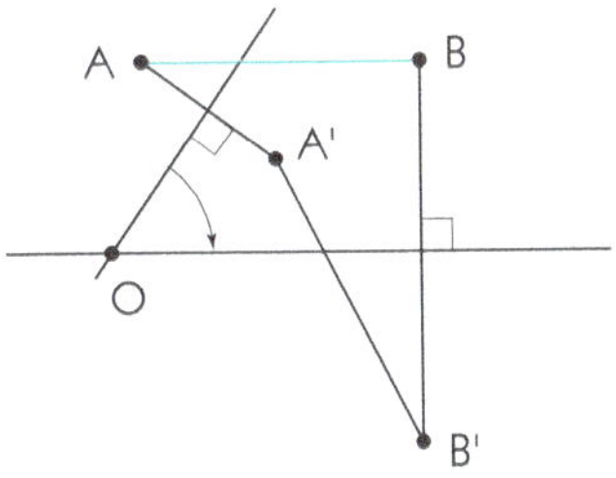

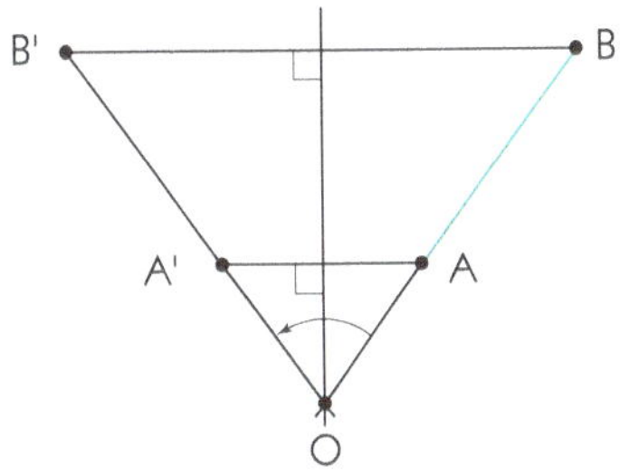

Propriété 2

Soit A, B, A' et B' quatre points tels que : AB = A'B' et A ≠ B.
Il existe un antidéplacement et un seul transformant A en A' et B en B'.

Démonstration guidée

Désignons par s la symétrie orthogonale d'axe (A'B').

Soit g un antidéplacement transformant A en A' et B en B'.

- Démontrer que s∘g est un déplacement transformant A en A' et B en B'.
- Utiliser la propriété précédente pour conclure.

Remarques

• Étant donnés quatre points A, B, A' et B' tels que AB = A'B' et A ≠ B, il existe donc exactement deux isométries qui transforment A en A' et B en B' ; l'une est un déplacement et l'autre un antidéplacement.
• Si l'on note f l'une de ces isométries, alors l'autre est $s_{(A'B')} \circ f$.

2.3. Travaux dirigés

Isométries et problème de construction

1°) Soit s_1, s_2 et s_3 les symétries orthogonales d'axes respectifs (Δ_1), (Δ_2) et (Δ_3).
Démontrer que $s_1 \circ s_2 \circ s_3$ est une symétrie orthogonale si et seulement si les droites (Δ_1), (Δ_2) et (Δ_3) sont parallèles ou concourantes.

2°) Soit (Δ_1), (Δ_2) et (Δ_3) trois droites concourantes en un point O.
Construire un triangle ABC tel que (Δ_1), (Δ_2) et (Δ_3) soient les médiatrices respectives des côtés [AC], [BC] et [AB].

Solution

1°) *Étude directe*
Supposons que $s_1 \circ s_2 \circ s_3$ soit une symétrie orthogonale ; notons s cette symétrie.
On a : $s_1 \circ s_2 \circ s_3 = s$; donc : $s_1 \circ s_2 = s \circ s_3$.

• Si (Δ_1) et (Δ_2) sont parallèles, alors $s_1 \circ s_2$ est une translation de vecteur orthogonal à (Δ_1) et (Δ_2).
De même $s \circ s_3$ est une translation de vecteur orthogonal à (Δ_3) et à l'axe de s.
Donc, les droites (Δ_1), (Δ_2) et (Δ_3) sont parallèles.

• Si (Δ_1) et (Δ_2) sont sécantes en un point O, alors $s_1 \circ s_2$ est une rotation de centre O.
De même $s \circ s_3$ est une rotation de centre O.
Donc (Δ_3) passe par O et les droites (Δ_1), (Δ_2) et (Δ_3) sont concourantes en O.

Étude réciproque
• *1er cas : (Δ_1), (Δ_2) et (Δ_3) sont parallèles.*
On a : $s_1 \circ s_2 \circ s_3 = t_{\vec{u}} \circ s_3$, où $\vec{u}$ est un vecteur normal (Δ_1) et (Δ_2), donc normal à (Δ_3).
On en déduit que $s_1 \circ s_2 \circ s_3$ est une symétrie orthogonale.

• *2e cas : (Δ_1), (Δ_2) et (Δ_3) sont concourantes en O.*
$s_1 \circ s_2 \circ s_3$, antidéplacement qui admet au moins un point invariant, est une symétrie orthogonale.

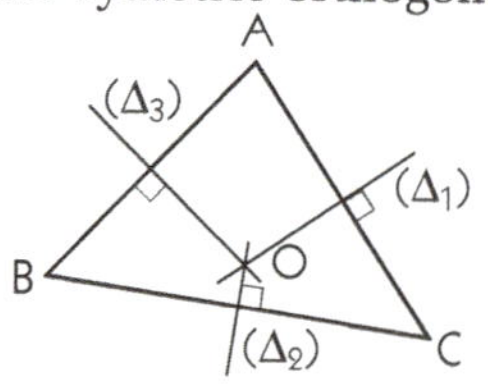

2°) *Analyse d'une figure répondant à la question*
Les médiatrices d'un triangle sont concourantes.
Donc, $s_1 \circ s_2 \circ s_3$ est une symétrie orthogonale ; on désigne par $(\mathscr{D})$ son axe.
On a : $s_1 \circ s_2 \circ s_3 = s_{(\mathscr{D})}$.
De plus : $s_1 \circ s_2 \circ s_3(A) = s_1 \circ s_2(B) = s_1(C) = A$.
Donc : $A \in (\mathscr{D})$.
On en déduit que : $(\mathscr{D}) = (OA)$.

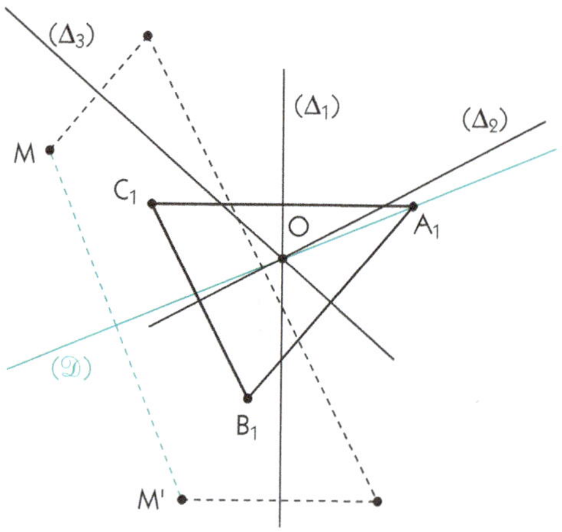

Construction de $(\mathscr{D})$
Soit M un point distinct de O et M' son image par $s_1 \circ s_2 \circ s_3$.
• Si M' = M, alors $(\mathscr{D})$ = (OM).
• Si M' ≠ M, alors $(\mathscr{D})$ est la médiatrice de [MM'].

Discussion
Tout point A_1 de $(\mathscr{D})$ privée de O peut être considéré comme sommet d'un triangle cherché ;
les deux autres sommets de ce triangle sont :

$$B_1 = s_3(A_1) \quad \text{et} \quad C_1 = s_1(A_1).$$

Groupe de transformations du triangle équilatéral

Déterminer toutes les isométries laissant invariant un triangle équilatéral ABC.
Établir le tableau de composition de ces isométries.

Solution

Soit ABC un triangle équilatéral de sens direct, O son centre de gravité et f une isométrie laissant ABC invariant.
Toute isométrie conserve le barycentre ; donc : f(O) = O.
f est une isométrie laissant invariant au moins un point ; donc f est une rotation (éventuellement l'application identique) ou une symétrie orthogonale.

Supposons que f est distincte de l'application identique.

• Si f laisse invariants deux des points A, B ou C, alors f est une isométrie laissant invariants trois points non alignés ; donc f est égale à Id, ce qui est contraire à l'hypothèse.
On en déduit que f laisse invariant au plus l'un des trois points A, B et C.

• Si f laisse invariant un seul des points A, B ou C, alors f est la symétrie orthogonale par rapport à la droite passant par O et ce point.

• Si f ne laisse invariant aucun des trois points A, B ou C, deux cas sont possibles :
– soit f(A) = B, f(B) = C et f(C) = A ; f est alors la rotation r de centre O et d'angle $\frac{2\pi}{3}$;
– soit f(A) = C, f(B) = A et f(C) = B ; f est alors la rotation r^{-1} de centre O et d'angle $-\frac{2\pi}{3}$.

On obtient le tableau de composition suivant.

∘	Id	r	r^{-1}	$S_{(OA)}$	$S_{(OB)}$	$S_{(OC)}$
Id	Id	r	r^{-1}	$S_{(OA)}$	$S_{(OB)}$	$S_{(OC)}$
r	r	r^{-1}	Id	$S_{(OB)}$	$S_{(OC)}$	$S_{(OA)}$
r^{-1}	r^{-1}	Id	r	$S_{(OC)}$	$S_{(OA)}$	$S_{(OB)}$
$S_{(OA)}$	$S_{(OA)}$	$S_{(OC)}$	$S_{(OB)}$	Id	r	r^{-1}
$S_{(OB)}$	$S_{(OB)}$	$S_{(OA)}$	$S_{(OC)}$	r^{-1}	Id	r
$S_{(OC)}$	$S_{(OC)}$	$S_{(OB)}$	$S_{(OA)}$	r	r^{-1}	Id

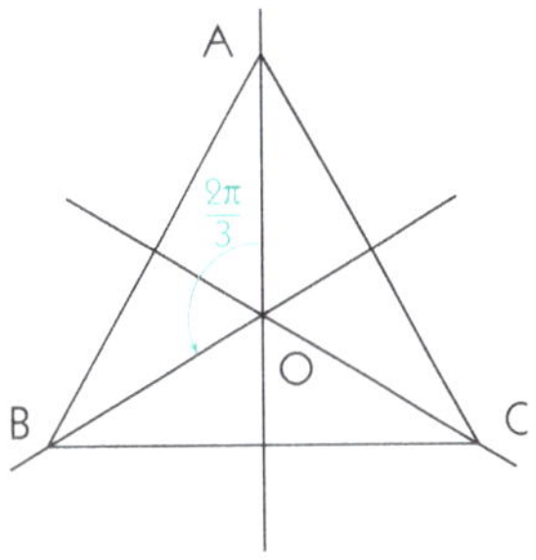

Remarque

Si on désigne par $\mathscr{I}_{ABC}$ l'ensemble des isométries laissant invariant un triangle équilatéral ABC, $(\mathscr{I}_{ABC}, \circ)$ est un groupe.

Exercices

2.a Soit deux droites $(\mathscr{D})$ et $(\mathscr{D}')$, A un point de $(\mathscr{D})$ et A' un point de $(\mathscr{D}')$.
Démontrer qu'il existe deux déplacements qui transforment A en A' et $(\mathscr{D})$ en $(\mathscr{D}')$.

2.b $(\mathscr{C})$ et $(\mathscr{C}')$ sont deux cercles de même rayon et de centres distincts O et O'.
Soit A un point de $(\mathscr{C})$ et A' un point de $(\mathscr{C}')$.
Démontrer qu'il existe un unique déplacement transformant A en A' et $(\mathscr{C})$ en $(\mathscr{C}')$.

2.c Soit A, B, C et D quatre points distincts tels que C est le milieu de [AB] et B le milieu de [CD].
Démontrer qu'il existe une unique rotation r telle que : r(A) = D et r(B) = C.
Préciser le centre et l'angle de cette rotation.

2.d $(\mathscr{C})$ est un cercle de centre O, A un point extérieur à $(\mathscr{C})$ et $(\mathscr{D})$ une droite.
Construire un triangle équilatéral ABC tel que :
B ∈ $(\mathscr{C})$ et C ∈ $(\mathscr{D})$.

2.e **1.** Déterminer toutes les isométries laissant invariant un carré ABCD.
2. Établir le tableau de composition de ces isométries.

3 Applications affines

Dans cette leçon, $\mathcal{P}$ désigne le plan et $\mathcal{V}$ l'ensemble des vecteurs du plan.

3.1. Généralités

Introduction

• Soit $(\mathcal{D})$ et (Δ) deux droites sécantes et p la projection sur $(\mathcal{D})$ parallèlement à (Δ).

Soit A et B deux points distincts, λ un nombre réel et C le point tel que : $\overrightarrow{AC} = \lambda\overrightarrow{AB}$.

On désigne par A', B' et C' les images respectives de A, B et C par p.

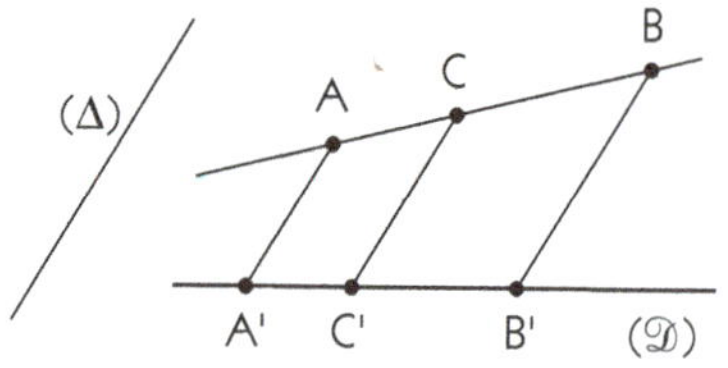

On a : $\overrightarrow{AC} = \lambda\overrightarrow{AB} \iff (1-\lambda)\overrightarrow{CA} + \lambda\overrightarrow{CB} = \vec{0}$

$\iff C = \text{bar}\{(A, 1-\lambda), (B, \lambda)\}$.

On a vu en classe de première que les projections conservent le barycentre de deux points.

Donc : $C' = \text{bar}\{(A', 1-\lambda), (B', \lambda)\}$; c'est-à-dire : $\overrightarrow{A'C'} = \lambda\overrightarrow{A'B'}$.

On dit que p conserve le coefficient de colinéarité.

• Plus généralement, on démontre de façon analogue qu'une application de $\mathcal{P}$ dans $\mathcal{P}$ qui conserve le barycentre de deux points pondérés conserve le coefficient de colinéarité.

• Réciproquement, soit f une application de $\mathcal{P}$ dans $\mathcal{P}$ qui conserve le coefficient de colinéarité.
Soit G le barycentre de deux points pondérés (A, a) et (B, b) $(a + b \neq 0)$.

On a : $\overrightarrow{AG} = \dfrac{b}{a+b}\overrightarrow{AB}$; donc : $\overrightarrow{f(A)f(G)} = \dfrac{b}{a+b}\overrightarrow{f(A)f(B)}$.

On en déduit que f(G) est le barycentre des points pondérés $\big(f(A), a\big)$ et $\big(f(B), b\big)$.

Il est donc équivalent de dire qu'une application du plan conserve le coefficient de colinéarité et qu'elle conserve le barycentre de deux points pondérés.

Définition et propriétés

Définition

On appelle application affine du plan toute application de $(\mathcal{P})$ dans $(\mathcal{P})$ qui conserve le coefficient de colinéarité.

Une application affine bijective du plan est appelée transformation affine du plan.

Propriété 1

Soit f une application du plan dans lui-même.
f est une application affine si et seulement si f conserve le barycentre de deux points.

Exemples

• Toute projection du plan est une application affine du plan.
• Toute isométrie du plan est une transformation affine du plan.
• Toute homothétie du plan est une transformation affine du plan.

Propriétés 2

• **La composée de deux applications affines du plan est une application affine du plan.**
• **La réciproque d'une transformation affine du plan est une transformation affine du plan.**

Démonstration

• Soit f et g deux applications affines du plan.

Pour tous points A, B, G du plan et tout nombre réel λ, on a :

$$\overrightarrow{AG} = \lambda\overrightarrow{AB} \Rightarrow \overrightarrow{f(A)f(G)} = \lambda\overrightarrow{f(A)f(B)}$$

$$\Rightarrow \overrightarrow{g[f(A)]g[f(G)]} = \lambda\,\overrightarrow{g[f(A)]g[f(B)]}.$$

Donc la composée de deux applications affines du plan est une application affine du plan.

• Soit f une transformation affine du plan, G le barycentre de deux points pondérés (A, a) et (B, b).

Désignons par G' le barycentre des points pondérés $\left(f^{-1}(A), a\right)$ et $\left(f^{-1}(B), b\right)$.

On a : $f(G') = \text{bar}\{(A, a) ; (B, b)\} = G$; donc : $f^{-1}(G) = \text{bar}\{\left(f^{-1}(A), a\right) ; \left(f^{-1}(B), b\right)\}$.

f^{-1} conserve le barycentre de deux points ; donc f^{-1} est une transformation affine du plan.

Exemple

Toute similitude, composée d'une isométrie et d'une homothétie, est une transformation affine du plan.

Remarque

L'ensemble des transformations affines du plan, muni de la loi ∘, est un groupe appelé groupe affine *du plan.*

Application vectorielle associée à une application affine

Soit f une application affine, A, B, C et D quatre points tels que $\overrightarrow{AD} = \overrightarrow{BC}$. On désigne par A', B', C' et D' les images respectives de A, B, C et D par f.

f conserve le coefficient de colinéarité ; donc : $\overrightarrow{AD} = \overrightarrow{BC} \Rightarrow \overrightarrow{A'D'} = \overrightarrow{B'C'}$.

La conservation de cette égalité vectorielle justifie la définition suivante.

Définition

Soit f une application affine de $\mathscr{P}$.

On appelle application vectorielle associée à f l'application de $\mathscr{V}$ dans $\mathscr{V}$, notée φ, telle que pour tous points A et B de $\mathscr{P}$, on a : $\varphi(\overrightarrow{AB}) = \overrightarrow{f(A)f(B)}$.

Exemples

• Une application de $\mathscr{P}$ dans $\mathscr{P}$ est une translation si et seulement si pour tous points M et N d'images respectives M' et N', on a : $\overrightarrow{M'N'} = \overrightarrow{MN}$.

On en déduit que l'application vectorielle associée à une translation est l'application identique de $\mathscr{V}$.

• Une application de $\mathscr{P}$ dans $\mathscr{P}$ est une homothétie de rapport k ($k \neq 0$ et $k \neq 1$) si et seulement si pour tous points M et N d'images respectives M' et N', on a : $\overrightarrow{M'N'} = k\,\overrightarrow{MN}$.

On en déduit que l'application vectorielle associée à une homothétie de rapport k est l'application de $\mathscr{V}$ dans $\mathscr{V}$ qui à tout vecteur $\vec{u}$ associe le vecteur $k\vec{u}$.

Cette application est appelée ***homothétie vectorielle*** de rapport k.

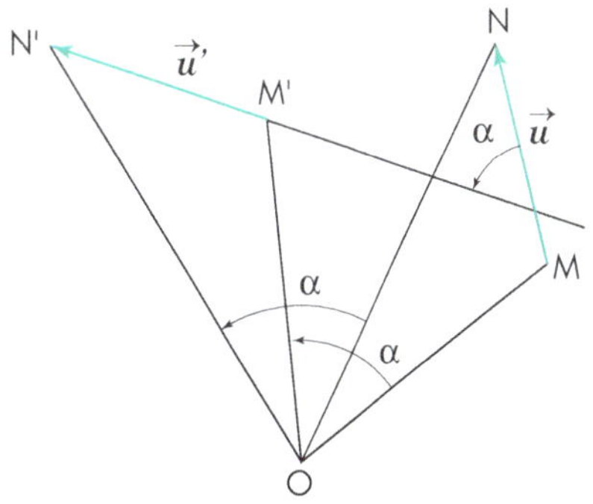

• Une application de $\mathscr{P}$ dans $\mathscr{P}$ est une rotation d'angle α si et seulement si pour tous points M et N distincts d'images respectives M' et N', on a : $MN = M'N'$ et $\widehat{(\overrightarrow{MN}, \overrightarrow{M'N'})} = \widehat{\alpha}$.

On en déduit que l'application vectorielle associée à une rotation d'angle α est l'application de $\mathscr{V}$ dans $\mathscr{V}$ qui à tout vecteur $\vec{u}$ non nul associe le vecteur $\vec{u}'$ tel que : $\|\vec{u}\| = \|\vec{u}'\|$ et $\widehat{(\vec{u}, \vec{u}')} = \widehat{\alpha}$.

Cette application est appelée ***rotation vectorielle*** d'angle α.

Propriétés

Soit f une application affine du plan, φ l'application vectorielle associée à f.
Pour tous vecteurs $\vec{u}$ et $\vec{v}$ de $\mathcal{V}$ et pour tout nombre réel α, on a :

- $\varphi(\alpha\vec{u}) = \alpha\varphi(\vec{u})$;
- $\varphi(\vec{u} + \vec{v}) = \varphi(\vec{u}) + \varphi(\vec{v})$.

On dit que φ est une application linéaire ; φ sera désormais appelée application linéaire associée à f.

Démonstration

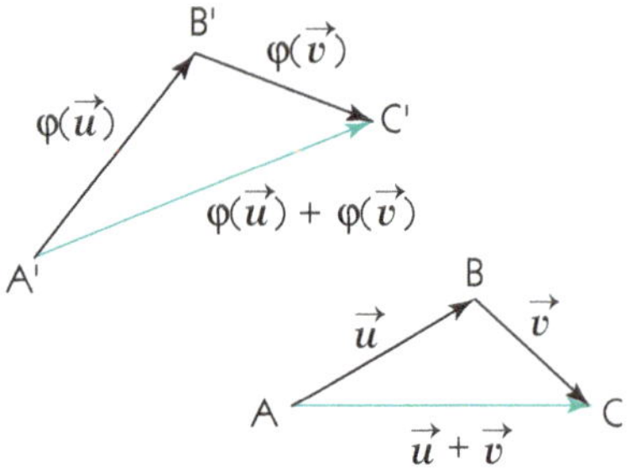

- La première propriété traduit la conservation de la colinéarité.

Démontrons la seconde propriété.

- Soit A, B et C trois points tels que : $\overrightarrow{AB} = \vec{u}$ et $\overrightarrow{BC} = \vec{v}$.

On désigne par A', B' et C' les images respectives de A, B et C par f.

On a : $\overrightarrow{A'C'} = \overrightarrow{A'B'} + \overrightarrow{B'C'} = \varphi(\vec{u}) + \varphi(\vec{v})$;

$\overrightarrow{A'C'} = \varphi(\overrightarrow{AC}) = \varphi(\vec{u} + \vec{v})$.

On en déduit que : $\varphi(\vec{u} + \vec{v}) = \varphi(\vec{u}) + \varphi(\vec{v})$.

Remarques

- *On a :* $\varphi(\vec{0}) = \vec{0}$ *; en effet :* $\varphi(\overrightarrow{AA}) = \overrightarrow{f(A)f(A)} = \vec{0}$.
- *Plus généralement, on a :* $\varphi\left(\sum_{i=1}^{n}\alpha_i\vec{u}_i\right) = \sum_{i=1}^{n}\alpha_i\varphi(\vec{u}_i)$.

Conséquence

Toute application affine conserve le barycentre.

Démonstration

Soit f une application affine et φ l'application vectorielle associée à f.
f conserve le coefficient de colinéarité et φ est une application linéaire.
Soit G le barycentre des points pondérés $(A_i, \alpha_i)_{1 \le i \le n}$; on a : $\sum_{i=1}^{n}\alpha_i\overrightarrow{GA_i} = \vec{0}$.
On désigne par G' et $A'_{i\,(1 \le i \le n)}$ les images respectives des points G et $A_{i\,(1 \le i \le n)}$ par f.

On a : $\varphi\left(\sum_{i=1}^{n}\alpha_i\overrightarrow{GA_i}\right) = \sum_{i=1}^{n}\alpha_i\varphi(\overrightarrow{GA_i}) = \sum_{i=1}^{n}\alpha_i\overrightarrow{G'A'_i}$ et $\varphi(\vec{0}) = \vec{0}$; donc : $\sum_{i=1}^{n}\alpha_i\overrightarrow{G'A'_i} = \vec{0}$.

On en déduit que G' est le barycentre des points pondérés $(A'_i, \alpha_i)_{1 \le i \le n}$.

3.2. Autres propriétés

Détermination d'une application affine

Soit A, B, C trois points non alignés de $\mathcal{P}$ et f une application affine de $\mathcal{P}$.
Soit M un point du plan et $(x\,;\,y)$ ses coordonnées dans le repère (A, B, C).

On a : $\overrightarrow{AM} = x\overrightarrow{AB} + y\overrightarrow{AC} \Rightarrow x\overrightarrow{MB} + y\overrightarrow{MC} + (1 - x - y)\overrightarrow{MA} = \vec{0}$

$\Rightarrow M = \text{bar}\,\{(A, 1 - x - y), (B, x), (C, y)\}$

$\Rightarrow f(M) = \text{bar}\,\{(f(A), 1 - x - y), (f(B), x), (f(C), y)\}$.

On en déduit la propriété suivante.

Propriété

Une application affine du plan est déterminée par la donnée de trois points non alignés et de leurs images.

Remarques

• *Si deux applications affines du plan coïncident en trois points non alignés, alors elles sont égales. En particulier, l'application identique est la seule application affine du plan qui laisse invariants trois points non alignés.*

• *Une application affine du plan est bijective si et seulement si l'image d'un repère est un repère.*

Exemples

• Soit ABC un triangle et f l'application affine du plan définie par : f(A) = A, f(B) = B et f(C) = A.
Déterminer la nature de f.
Soit p la projection sur la droite (AB) parallèlement à la droite (AC).
On a : p(A) = A, p(B) = B et p(C) = A ; donc : f = p.

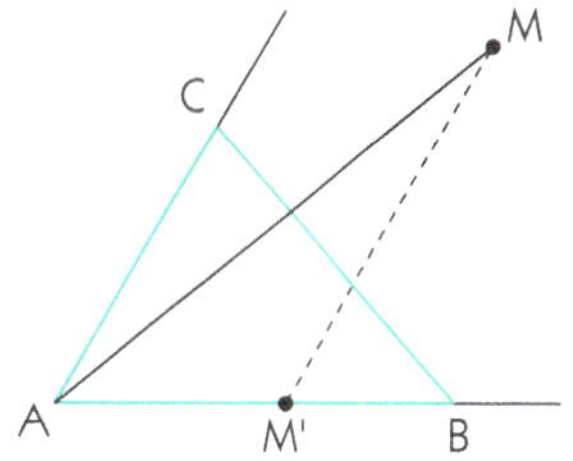

• Soit ABCD un parallélogramme de centre O et f l'application affine du plan définie par : f(A) = C, f(B) = B et f(D) = A.
Déterminer C' et O', images respectives par f des points C et O.

On a : $\overrightarrow{AB} = \overrightarrow{DC} \Rightarrow \overrightarrow{f(A)f(B)} = \overrightarrow{f(D)f(C)}$

$\Rightarrow \overrightarrow{CB} = \overrightarrow{AC'}$.

Donc, C' est tel que : $\overrightarrow{AC'} = \overrightarrow{CB}$.
On a : O milieu de [BD] $\Rightarrow$ O' milieu de [f(B)f(D)]
$\Rightarrow$ O' milieu de [BA].

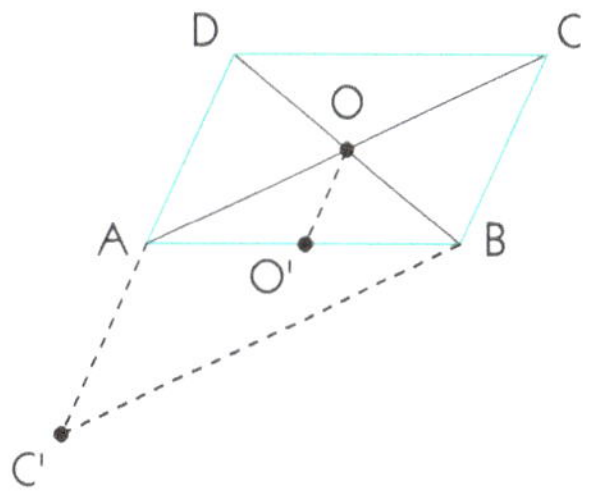

Points invariants par une application affine

Propriété

Soit f une application affine de $\mathcal{P}$.
L'ensemble des points invariants par f est $\varnothing$, un singleton, une droite ou $\mathcal{P}$.

Démonstration

Soit $(\mathcal{I}_f)$ l'ensemble des points invariants par f. Raisonnons par disjonction des cas.

• *1er cas : il existe au moins trois points invariants non alignés A, B et C .*
On a vu dans le paragraphe précédent que f est alors l'application identique de $\mathcal{P}$.
On en déduit que : $(\mathcal{I}_f) = \mathcal{P}$.

• *2e cas : il n'existe pas trois points invariants non alignés, mais il existe deux points invariants distincts A et B.*
– Tout point invariant M est tel que A, B et M sont alignés ; donc : $(\mathcal{I}_f) \subset (AB)$.
– Soit M un point de la droite (AB) ; il existe un nombre réel λ tel que : $\overrightarrow{AM} = \lambda\overrightarrow{AB}$.
On a : $\overrightarrow{Af(M)} = \lambda\overrightarrow{AB} = \overrightarrow{AM}$; donc M est invariant et $(AB) \subset (\mathcal{I}_f)$.
On en déduit que : $(\mathcal{I}_f) = (AB)$.

• *3e cas : $(\mathcal{I}_f)$ ne contient pas deux points invariants distincts.*
$(\mathcal{I}_f)$ est soit l'ensemble vide, soit un singleton.

Exemples

• Une translation de vecteur non nul n'a pas de point invariant.
• Une rotation d'angle non nul n'a qu'un point invariant, son centre.
• L'ensemble des points invariants par une symétrie orthogonale est l'axe de cette symétrie.

Images d'une droite, du plan par une application affine

Propriété 1

Soit f une application affine, (AB) une droite, A' et B' les images respectives de A et B par f.
- **Si A' = B', alors l'image de (AB) est le singleton {A'}.**
- **Si A' ≠ B', alors l'image de (AB) est la droite (A'B').**

Démonstration

La droite (AB) est l'ensemble des barycentres de A et B, donc l'image de (AB) est l'ensemble des barycentres de f(A) et f(B). On en déduit que :
- si A' = B', alors : f(AB) = {A'} ;
- si A' ≠ B', alors : f(AB) = (A'B').

Remarque

L'image d'une droite par un transformation affine est une droite.

Exemples

Soit $(\mathcal{D})$ et (Δ) deux droites sécantes et p la projection sur $(\mathcal{D})$ parallèlement à (Δ).
- L'image d'une droite parallèle à (Δ) est un singleton.
- L'image d'une droite sécante à (Δ) est $(\mathcal{D})$.

Propriété 2

Soit f une application affine du plan, (AB) et (CD) deux droites parallèles.
Si l'image de (AB) par f est une droite (A'B'), alors l'image de (CD) par f est une droite (C'D') parallèle à (A'B').

Démonstration

Les vecteurs $\overrightarrow{AB}$ et $\overrightarrow{CD}$ sont colinéaires ; donc, il existe un nombre réel k non nul tel que : $\overrightarrow{CD} = k\overrightarrow{AB}$.
f est une application affine ; donc f conserve le coefficient de colinéarité et on a : $\overrightarrow{C'D'} = k\overrightarrow{A'B'}$.
L'image de (AB) est une droite ; donc : $\overrightarrow{A'B'} \neq \vec{0}$.
On en déduit que $\overrightarrow{C'D'} \neq \vec{0}$ et que l'image de (CD) par f est une droite (C'D') parallèle à (A'B').

Remarques

- *Les images par une transformation affine du plan de deux droites strictement parallèles sont deux droites strictement parallèles.*
- *Les images par une transformation affine du plan de deux droites sécantes sont deux droites sécantes.*

Propriété 3

Soit f une application affine du plan.
- **Si f est bijective, alors : $f(\mathcal{P}) = \mathcal{P}$.**
- **Si f n'est pas bijective, alors $f(\mathcal{P})$ est un singleton ou une droite.**

Démonstration

Soit A, B, C trois points non alignés et A', B', C' leurs images respectives par f.

- *1er cas : A', B' et C' sont non alignés*

(A', B', C') est un repère du plan ; donc f est bijective et $f(\mathcal{P}) = \mathcal{P}$.

- *2e cas : A', B' et C' sont alignés et non tous confondus*

On peut supposer par exemple que A' et B' sont distincts.
D'après la propriété 1, on a : f(AB) = (A'B') ; donc $(A'B') \subset f(\mathcal{P})$.
De plus, l'image de tout point M du plan, considéré comme barycentre de A, B, et C, est un point M' barycentre de A', B' et C' ; donc : $f(\mathcal{P}') \subset (A'B')$.
On en déduit que : $f(\mathcal{P}) = (A'B')$.

3e cas : A' = B' = C'
On a : $f(\mathcal{P}) = \{A'\}$.

Exemples

- L'image de $\mathcal{P}$ par une translation est $\mathcal{P}$.
- L'image de $\mathcal{P}$ par la projection orthogonale sur une droite $(\mathcal{D})$ du plan est $(\mathcal{D})$.

Expression analytique d'une application affine

Le plan est muni du repère $(O, \vec{i}, \vec{j})$.

• Soit f une application affine du plan, φ son application linéaire associée.
Désignons par O' l'image de O par f, $(a\ ;\ a')$, $(b\ ;\ b')$ et $(c\ ;\ c')$ les coordonnées respectives de $\varphi(\vec{i})$, $\varphi(\vec{j})$ et de O'.

Pour tout point $M\binom{x}{y}$ et son image $M'\binom{x'}{y'}$ par f, on a : $\overrightarrow{O'M'} = \varphi(\overrightarrow{OM}) = \varphi(x\vec{i} + y\vec{j}) = x\varphi(\vec{i}) + y\varphi(\vec{j})$.

Donc : $(x' - c)\vec{i} + (y' - c')\vec{j} = x(a\vec{i} + a'\vec{j}) + y(b\vec{i} + b'\vec{j})$; c'est-à-dire : $\begin{cases} x' = ax + by + c \\ y' = a'x + b'y + c' \end{cases}$.

• Réciproquement, soit f une application d'expression analytique : $\begin{cases} x' = ax + by + c \\ y' = a'x + b'y + c' \end{cases}$.

Désignons par G le barycentre des points pondérés (A, α) et (B, β), par A', B' et G' les images respectives des points A, B et G par f.

On a : $\alpha\overrightarrow{GA} + \beta\overrightarrow{GB} = \vec{0}$; démontrons que : $\alpha\overrightarrow{G'A'} + \beta\overrightarrow{G'B'} = \vec{0}$.

$$\begin{aligned} \text{On a : } \alpha(x'_A - x'_G) + \beta(x'_B - x'_G) &= \alpha[a(x_A - x_G) + b(y_A - y_G)] + \beta[a(x_B - x_G) + b(y_B - y_G)] \\ &= a[\alpha(x_A - x_G) + \beta(x_B - x_G)] + b[\alpha(y_A - y_G) + \beta(y_B - y_G)] \\ &= 0. \end{aligned}$$

On démontre de même que : $\alpha(y'_A - y'_G) + \beta(y'_B - y'_G) = 0$.
On en déduit que G' est le barycentre des points pondérés (A', α) et (B', β).
Donc, f est une application affine du plan.

On en déduit la propriété suivante.

Propriété

Le plan est muni du repère $(O, \vec{i}, \vec{j})$.
Soit f une application du plan dans lui-même.
f est une application affine du plan si et seulement si elle admet une expression analytique de la forme :

$$\begin{cases} x' = ax + by + c \\ y' = a'x + b'y + c'. \end{cases}$$

Exemples

• L'expression analytique de la translation de vecteur $\vec{u}\binom{a}{b}$ est : $\begin{cases} x' = x + a \\ y' = y + b \end{cases}$.

• L'expression analytique de l'homothétie de centre $\Omega\binom{2}{-1}$ et de rapport – 2 est : $\begin{cases} x' = -2x + 6 \\ y' = -2y - 3 \end{cases}$.

• L'application de $\mathcal{P}$ dans $\mathcal{P}$ d'expression analytique $\begin{cases} x' = 2x + 3y - 5 \\ y' = 3x - 7y + 11 \end{cases}$ est une application affine.

3.3. Affinités du plan

Affinité d'axe $(\mathcal{D})$, de direction δ et de rapport k

Définition

Soit $(\mathcal{D})$ une droite, δ une direction de droites distincte de celle de $(\mathcal{D})$ et k un nombre réel.
On appelle affinité d'axe $(\mathcal{D})$, de direction δ et de rapport k l'application f qui à tout point M du plan associe le point M' tel que : $\overrightarrow{HM'} = k\overrightarrow{HM}$, où H est le projeté de M sur $(\mathcal{D})$ suivant la direction δ.

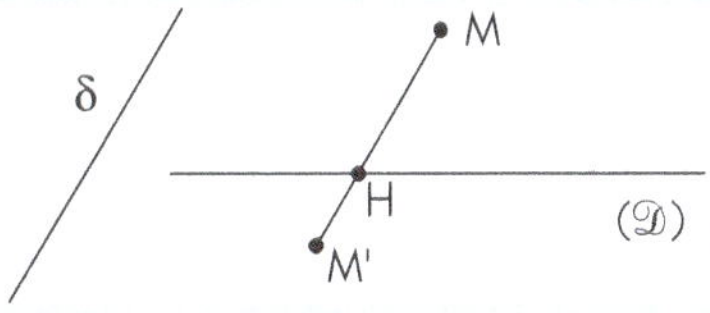

Lorsque la direction de $(\mathcal{D})$ est orthogonale à δ, f est l'affinité orthogonale d'axe $(\mathcal{D})$ et de rapport k.

Remarques

- *Si $k = 0$, alors f est la projection sur $(\mathcal{D})$ suivant la direction δ.*
- *Si $k = 1$, alors f est l'application identique du plan.*
- *Si $k = -1$ et si la direction de $(\mathcal{D})$ est orthogonale à δ, alors f est la symétrie orthogonale d'axe $(\mathcal{D})$.*
- *L'ensemble des points invariants d'une affinité est son axe.*

Expression analytique

Le plan est muni du repère $(O, \vec{i}, \vec{j})$.
On ne donne l'expression analytique d'une affinité que dans le cas particulier où l'axe est parallèle à la droite de repère $(O, \vec{i})$ et la direction est celle de $\vec{j}$.

Soit f l'affinité d'axe $(\mathscr{D})$ d'équation : $y = b$,
de direction celle de $\vec{j}$,
de rapport k.

Soit $M\binom{x}{y}$ un point du plan, $M'\binom{x'}{y'}$ son image par f et H le projeté de M sur $(\mathscr{D})$ suivant la direction de $\vec{j}$.

On a : $\overrightarrow{HM'} = k\overrightarrow{HM} \Leftrightarrow \begin{cases} x' = x \\ y' - b = k(y - b) \end{cases}$.

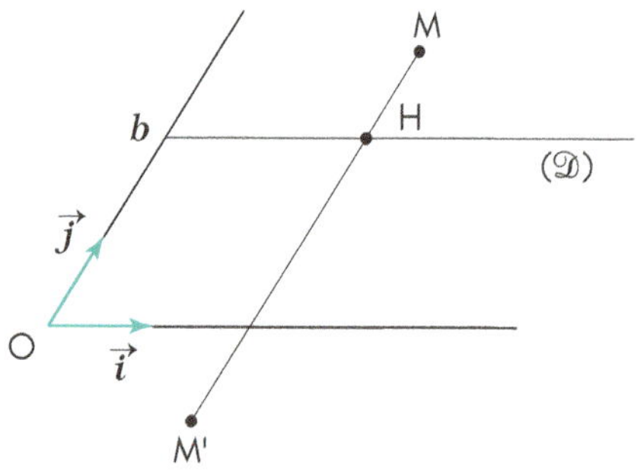

On en déduit la propriété suivante.

Propriété

Le plan est muni du repère $(O, \vec{i}, \vec{j})$.
L'expression analytique de l'affinité d'axe $(\mathscr{D})$ d'équation $y = b$, de direction celle de $\vec{j}$ et de rapport k est : $\begin{cases} x' = x \\ y' = ky + (1 - k)b \end{cases}$.

Remarques

- *Toute affinité est une application affine.*
- *Soit f l'affinité d'axe $(\mathscr{D})$ de vecteur directeur $\vec{u}$, de direction celle de $\vec{v}$ et de rapport k.*

L'application linéaire associée à f est l'application φ de $\mathscr{V}$ dans lui-même définie par : $\begin{cases} \varphi(\vec{u}) = \vec{u} \\ \varphi(\vec{v}) = k\vec{v} \end{cases}$.
On en déduit qu'une affinité est bijective si et seulement si $k \neq 0$.

Exercices

3.a Soit ABC un triangle, A', B' et C' les milieux respectifs de [BC], [AC] et [AB], f l'application affine du plan définie par :
f(A) = A, f(B) = B' et f(C) = C'.
1. Déterminer les images par f de A', B' et C'.
2. Déterminer les images par f des droites (AA'), (BB') et (CC').
3. Déterminer l'expression analytique de f dans le repère (A, B, C).

3.b $(\mathscr{D})$ et (Δ) sont deux droites sécantes en un point O. Soit f l'application du plan dans lui-même qui à tout point M associe le point M' tel que :
– si $M \in (\Delta)$, alors M' = M ;
– si $M \notin (\Delta)$, alors le milieu I de [MM'] appartient à (Δ) et $(MM') // (\mathscr{D})$.
1. Construire les images par f de deux points distincts A et B dans les cas suivants :
a) les droites (AB) et (Δ) sont parallèles ;
b) les droites (AB) et (Δ) sont sécantes.
2. Démontrer que f est une application affine du plan.

3.c Le plan est muni du repère (O, I, J).
On considère l'application affine f telle que : f(O) = I, f(I) = J et f(J) = O.
1. Démontrer que f est bijective.
2. Déterminer l'ensemble des points invariants par f.

3.d On reprend l'application f de l'exercice 3b.
1. Déterminer une expression analytique de f dans un repère $(O, \vec{i}, \vec{j})$ tel que $\vec{i}$ et $\vec{j}$ sont vecteurs directeurs respectifs de $(\mathscr{D})$ et (Δ).
2. Démontrer que f est bijective.

Exercices

APPRENTISSAGE

Décomposition et composition d'isométries

1 ABCD est un rectangle.
Dans chacun des cas suivants, déterminer la droite (Δ) telle que :

a) $t_{\overrightarrow{AB}} = s_{\Delta} \circ s_{(AD)}$ *b)* $t_{\overrightarrow{AB}} = s_{(AD)} \circ s_{\Delta}$

c) $t_{\overrightarrow{AB}} = s_{\Delta} \circ s_{(BC)}$ *d)* $t_{\overrightarrow{AB}} = s_{(BC)} \circ s_{\Delta}$.

2 Soit ABC un triangle, O le centre de son cercle circonscrit, (Δ_1), (Δ_2) et (Δ_3) les médiatrices respectives de [BC], [CA] et [AB].
Déterminer les applications suivantes :

a) $s_{(AC)} \circ s_{(AB)}$ *b)* $s_{\Delta_2} \circ s_{\Delta_3}$

c) $s_{\Delta_3} \circ s_{\Delta_2} \circ s_{\Delta_1}$ *d)* $s_{\Delta_1} \circ s_{\Delta_2} \circ s_{\Delta_3}$.

3 ABC est un triangle équilatéral de sens direct et de centre O. Dans chacun des cas suivants, déterminer la droite (Δ) telle que :

a) $r_{(A, \frac{\pi}{3})} = s_{\Delta} \circ s_{(AB)}$ *b)* $r_{(A, \frac{\pi}{3})} = s_{(OA)} \circ s_{\Delta}$

c) $r_{(O, \frac{2\pi}{3})} = s_{(OA)} \circ s_{\Delta}$ *d)* $r_{(O, \frac{2\pi}{3})} = s_{\Delta} \circ s_{(OA)}$.

4 ABC est un triangle équilatéral de sens direct et de centre O. Déterminer les applications suivantes :

a) $r_{(B, \frac{\pi}{3})} \circ r_{(C, \frac{\pi}{3})}$ *b)* $r_{(B, \frac{\pi}{3})} \circ r_{(A, -\frac{\pi}{3})}$

c) $r_{(C, \frac{\pi}{3})} \circ r_{(O, \frac{2\pi}{3})}$ *d)* $r_{(O, \frac{2\pi}{3})} \circ r_{(C, \frac{\pi}{3})}$.

5 ABC est un triangle équilatéral de sens direct.
Déterminer les applications suivantes :

a) $r_{(A, \frac{\pi}{3})} \circ t_{\overrightarrow{AB}}$ *b)* $t_{\overrightarrow{AB}} \circ r_{(A, \frac{\pi}{3})}$

c) $r_{(C, \frac{\pi}{3})} \circ r_{(B, \frac{\pi}{3})} \circ r_{(A, \frac{\pi}{3})}$ *d)* $r_{(C, \frac{\pi}{3})} \circ r_{(A, \frac{\pi}{3})} \circ r_{(B, \frac{\pi}{3})}$.

6 ABCD est un carré de sens direct et de centre O.
Déterminer les applications suivantes :

a) $r_{(A, \frac{\pi}{4})} \circ r_{(B, \frac{\pi}{4})}$ *b)* $r_{(A, \frac{\pi}{2})} \circ r_{(B, \frac{\pi}{2})}$

c) $r_{(A, \frac{\pi}{2})} \circ r_{(B, -\frac{\pi}{2})}$ *d)* $t_{\overrightarrow{AB}} \circ r_{(B, \frac{\pi}{4})}$

e) $t_{\overrightarrow{AB}} \circ r_{(O, \frac{\pi}{2})} \circ t_{\overrightarrow{CD}}$ *f)* $t_{\overrightarrow{AB}} \circ r_{(B, \frac{\pi}{2})} \circ t_{\overrightarrow{BA}}$.

7 ABC est un triangle.
On pose : $(\widehat{\overrightarrow{AC}, \overrightarrow{AB}}) = \widehat{\alpha}$, $(\widehat{\overrightarrow{BA}, \overrightarrow{BC}}) = \widehat{\beta}$, $(\widehat{\overrightarrow{CB}, \overrightarrow{CA}}) = \widehat{\gamma}$

et $f = r_{(C, \gamma)} \circ r_{(B, \beta)} \circ r_{(A, \alpha)}$.

1. Démontrer que f est une symétrie centrale.
2. Soit P le point de contact du cercle inscrit dans le triangle ABC avec [AC].
Déterminer f(P) et en déduire la nature exacte de f.

8 ABC est un triangle équilatéral de sens direct.
On désigne par (Γ) le cercle circonscrit à ABC et O son centre. La médiatrice de [BC] coupe (Γ) en A et D.
On note A' le point d'intersection des droites (BD) et (AC).
1. Démontrer que A' est le symétrique de A par rapport à C.
2. Déterminer la nature et les éléments caractéristiques des transformations suivantes :

$s_{(BD)} \circ s_{(DC)}$; $s_{(CA)} \circ s_{(AB)}$; $s_{(DC)} \circ s_{(CA)}$.

3. On note : $f = s_{(BD)} \circ s_C \circ s_{(AB)}$.
a) Déterminer f(A) puis la nature et les éléments caractéristiques de f.
b) En déduire la nature de la transformation $s_{(BD)} \circ s_C$.

Isométries et démonstrations de propriétés

9 ABC est un triangle de sens direct.
Les points P et Q sont tels que les triangles PAC et QAB sont extérieurs à ABC, isocèles rectangles respectivement en P et Q.
I est le milieu de [BC].
Soit r_P et r_Q les quarts de tour directs de centres respectifs P et Q.

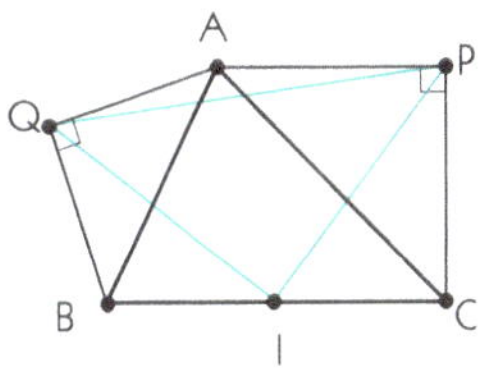

1. Démontrer que : $r_P \circ r_Q = s_I$.
2. En déduire que IPQ est un triangle isocèle rectangle en I.

10 ABC est un triangle de sens direct. Les points D, E et F sont tels que les triangles BCD, AEB et CFA sont équilatéraux directs.

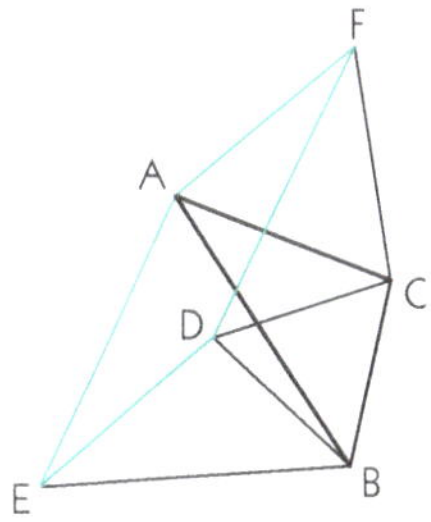

1. Préciser la nature de la transformation $r_{(B, \frac{\pi}{3})} \circ r_{(A, -\frac{\pi}{3})}$.
2. Utiliser cette transformation pour démontrer que AEDF est un parallélogramme.

11 ABCD est un carré de sens direct et M un point de la droite (BD).
On désigne par P, Q, R et S les projetés orthogonaux respectifs de M sur (AB), (BC), (CD) et (AD).

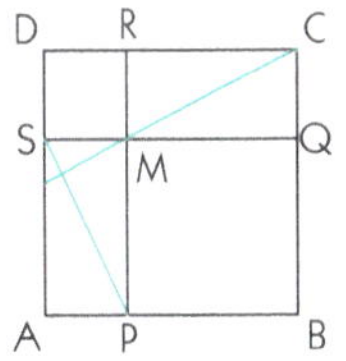

1. Démontrer qu'il existe un quart de tour direct r tel que : r(C) = S et r(M) = P.
2. En déduire que les droites (MC) et (PS) sont perpendiculaires.

12 P, Q et R sont les centres des trois carrés, I est le milieu de [AB].

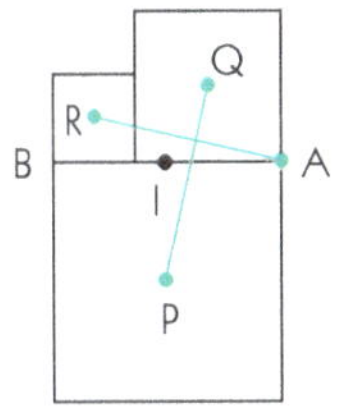

1. Démontrer que les triangles IPA et IQR sont rectangles isocèles en I.
2. En déduire que AR = PQ et que les droites (AR) et (PQ) sont perpendiculaires.

13 ABC et ACD sont deux triangles équilatéraux de sens direct.
Les points O et I sont les milieux respectifs de [AC] et [AB], les points L et E sont tels que : $\overrightarrow{OC} = \overrightarrow{CL} = \overrightarrow{LE}$.

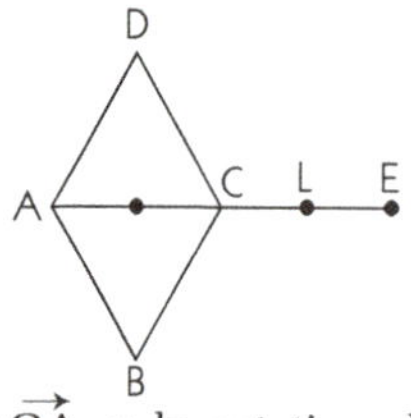

Soit t la translation de vecteur $\overrightarrow{OA}$, r la rotation de centre A et d'angle $\frac{\pi}{3}$. On note : f = r o t.
1. *a)* Quelle est l'image de O par f ?
b) Donner une mesure de l'angle $(\widehat{\overrightarrow{IO}, \overrightarrow{IA}})$.
c) Préciser la nature et les éléments caractéristiques de la transformation f.
2. M étant un point quelconque du plan, on note N = r(M), J le milieu de [EM] et K le milieu de [ND].
a) Soit P l'antécédent de M par t. Quel est le milieu de [LP] ?
b) Lorsque I, J et K sont distincts, démontrer que le triangle IJK est équilatéral.
(On pourra utiliser f(L) et f(P).)

14 ABC est un triangle tel que :

$$\text{Mes}(\widehat{\overrightarrow{AB}, \overrightarrow{AC}}) = \frac{\pi}{3} \quad \text{et} \quad AB < AC.$$

On désigne par (Γ) le cercle circonscrit à ABC et O son centre. Soit E le milieu de [BC] et P le point de [AC] tel que AB = CP. La droite (OE) coupe (Γ) en I et J, tels que J et A soient sur le même arc de corde [BC].
1. *a)* Faire une figure.
b) Quel est l'ensemble des points M du plan tels que :

$$\text{Mes}(\widehat{\overrightarrow{MB}, \overrightarrow{MC}}) = \frac{\pi}{3} \ ?$$

2. *a)* Justifier qu'il existe une unique rotation r telle que :
r(A) = P et r(B) = C.
Déterminer son angle.
b) Démontrer que son centre est un point de (Γ), que l'on précisera.
c) Quelle est la nature du triangle JAP ?
3. *a)* Déterminer l'image de B par $r \circ s_B$, où s_B est la symétrie de centre B.
b) Déterminer la nature et les éléments caractéristiques de $r \circ s_B$.

Isométries et recherches de lieux géométriques

15 Soit (𝒟) une droite et A, B deux points extérieurs à cette droite. À tout point M de (𝒟), on associe le point M', second point d'intersection du cercle de centre A et de rayon AM avec le cercle de centre B et de rayon BM.
Déterminer le lieu géométrique des points M' lorsque le point M décrit la droite (𝒟).

16 (𝒞) est un cercle de centre O et A un point de (𝒞). Soit M un point de (𝒞) et P le point tel que [MP] est un diamètre de (𝒞). La droite (AP) et la parallèle à (OA) passant par M se coupent en un point N.
Déterminer le lieu de N lorsque M décrit (𝒞).

17 (𝒞) est un cercle, A et B sont deux points extérieurs à (𝒞), M est un point de (𝒞). Soit ABMP un parallélogramme et Q le point tel que le triangle APQ soit équilatéral direct.
Déterminer le lieu de Q lorsque M décrit (𝒞).

18 (𝒞) est un cercle, A et B deux points distincts et non diamétralement opposés de (𝒞)
À tout point M du grand arc $\overset{\frown}{AB}$, privé du point B, on associe le point N de la demi-droite [BM) tel que :
AM = BN.
1. Démontrer que N est l'image de M par la composée d'une translation et d'une rotation que l'on précisera.
2. Déterminer le lieu de N lorsque M décrit $\overset{\frown}{AB}$, privé de B.

19 ABC est un triangle équilatéral de sens direct.
On désigne par r_1 la rotation de centre A et d'angle $\frac{\pi}{3}$, par r_2 la rotation de centre B et d'angle $\frac{2\pi}{3}$.
Pour tout point M du plan, on pose :

$$N = r_1(M) \quad \text{et} \quad M' = r_2(N).$$

Soit r la transformation telle que : $r = r_2 \circ r_1$.
1. Soit D le symétrique de C par rapport à la droite (AB) et Ω le milieu du segment [BD]. Déterminer r(B).
En déduire la nature de r.
2. *a)* Démontrer que les points M, N et M' sont alignés si et seulement si : $\text{Mes}(\widehat{\overrightarrow{M\Omega}, \overrightarrow{MA}}) \equiv \frac{\pi}{3} [\pi]$.
b) En déduire que l'ensemble (Γ) des points M du plan tels que M, N et M' sont alignés est un cercle passant par les points A et Ω. Construire (Γ).

Isométries et problèmes de construction

20 ABC est un triangle et I un point du segment [AB]. Construire un triangle équilatéral IJK tel que :
J ∈ (BC) et K ∈ (AC).

21 (Δ) est une droite, A et B sont deux points distincts n'appartenant pas à (Δ), A' et B' sont les symétriques respectifs de A et B par rapport à (Δ).
Soit M un point du plan.
Construire, à la régle uniquement, le symétrique M' de M par rapport à (Δ).

22 (𝒞) et (𝒞') sont deux cercles concentriques.
Construire un carré dont deux côtés opposés sont des cordes de (𝒞) et (𝒞').

23 Soit (Δ_1), (Δ_2) et (Δ_3) trois droites concourantes en un point O et non perpendiculaires deux à deux. Construire un triangle ABC tel que (Δ_1), (Δ_2) et (Δ_3) soient les bissectrices respectives des angles
$\widehat{A}$, $\widehat{B}$ et $\widehat{C}$.
(On rappelle que le centre du cercle inscrit dans un triangle est le point d'intersection des bissectrices de ce triangle.)

24 (Δ) et (Δ') sont deux droites parallèles et A un point n'appartenant à aucune de ces deux droites.
Construire un triangle ABC tel que :
– ABC est rectangle et isocèle en A ;
– B ∈ (Δ) et C ∈ (Δ').
Préciser le nombre de solutions.

Déterminations d'isométries

25 ABCD est un carré de sens direct et de centre O. Soit r le quart de tour direct de centre O et t la translation de vecteur $\overrightarrow{BC}$.
Caractériser les transformations $r \circ t$ et $t \circ r$.

26 ABCD est un rectangle tel que : AD = 2AB.
1. Construire les points E et G tels que :

$$\overrightarrow{AE} = 2\overrightarrow{AB} \text{ et } \overrightarrow{AG} = -\frac{1}{2}\overrightarrow{AD}.$$

2. Démontrer qu'il existe deux rotations, dont on déterminera les éléments caractéristiques, qui transforment le rectangle ABCD en le rectangle AEFG.

27 Soit ABCD un losange (AC > BD) et O son centre.
1. Déterminer toutes les isométries laissant invariant ABCD.
2. Établir la table de composition de ces isométries.

28 **Le groupe de Klein**
Soit A et B deux points distincts, I le milieu de [AB].
1. Démontrer que toute isométrie f qui transforme [AB] en lui-même vérifie :
– soit f(A) = A et f(B) = B
– soit f(A) = B et f(B) = A
2. Déterminer toutes ces isométries.

29 ABC est un triangle équilatéral de sens direct et de centre O. On désigne par A', B' et C' les milieux respectifs des segments [BC], [CA] et [AB].
1. Déterminer deux isométries f et g transformant le couple (A, B') en le couple (B, C').
2. Préciser l'image du couple (C, A') par chacune de ces transformations.

Applications affines

30 Soit ABC un triangle isocèle tel que AB = AC, B' et C' les milieux respectifs de [AC] et [AB], f l'application affine du plan définie par :

f(A) = A, f(B) = B' et f(C) = C'.

1. Démontrer qu'il existe une homothétie h dont on précisera le centre et le rapport telle que $h \circ f$ soit une isométrie.
2. Préciser la nature de $h \circ f$.

31 Soit ABCD un losange et f l'application affine de $\mathcal{P}$ définie par : f(A) = A, f(B) = D et f(C) = D.
1. *a)* Déterminer les images par f du point D, de la droite (AD) et du plan $\mathcal{P}$.
b) Démontrer que $f \circ f$ est une application constante.
2. Soit g la symétrie orthogonale d'axe (AC).
a) Préciser la nature et les éléments caractéristiques de l'application $g \circ f$.
b) En déduire la construction de l'image par f d'un point quelconque M de $\mathcal{P}$.

32 Soit ABC un triangle et f l'application affine du plan définie par : f(A) = B, f(B) = A et f(C) = C.
1. Démontrer que : $f \circ f = \mathrm{Id}$.
On dit que f est involutive.
2. Démontrer que le milieu I de [AB] est invariant par f.
3. Démontrer que la droite (IC) est invariante point par point par f.
4. Démontrer que la droite (AB) est globalement invariante par f.
5. Construire l'image d'un point M du plan par f.
(On distinguera trois cas :
$M \in (IC)$, $M \in (AB)$ et $M \notin (IC) \cup (AB)$.)

33 ABCD est un parallélogramme tel que AB = BD. Soit f l'application affine de $\mathcal{P}$ définie par f(A) = B, f(B) = D, f(D) = C et t la translation de vecteur $\overrightarrow{AB}$.
1. Préciser la nature de l'application g définie par :

$$g = t^{-1} \circ f.$$

2. Construire l'image par f d'un point quelconque M de $\mathcal{P}$.
3. Démontrer que f n'admet pas de point invariant.

34 A, B, C sont trois points non alignés de $\mathcal{P}$ et D le point tel que C soit le milieu de [BD].
Soit f l'application affine de $\mathcal{P}$ définie par :

f(A) = A, f(B) = D et f(C) = B.

1. Déterminer l'ensemble des poins invariants par f.
2. En déduire qu'il existe un point G de la droite (BC), invariant par f, et exprimer $\overrightarrow{GB}$ en fonction de $\overrightarrow{GC}$.
3. Démontrer que f est une affinité dont on précisera les éléments caractéristiques.

35 Soit α et β deux nombres réels tels que $\alpha + \beta \neq 0$, f_1 et f_2 deux applications affines du plan et g l'application du plan dans lui-même qui à tout point M associe le barycentre des points pondérés $((f_1(M), \alpha)$ et $((f_2(M), \beta)$.
Démontrer que g est une application affine.

36 Le plan est muni du repère orthonormé $(O, \vec{i}, \vec{j})$.
Soit $\vec{u}$ le vecteur de coordonnées $\left(-\frac{3}{2}; 2\right)$ et f l'application du plan dans lui-même qui à tout point M associe le point M' tel que : $\overrightarrow{OM'} = (\vec{u}.\overrightarrow{OM})\vec{i} + (\vec{i}.\overrightarrow{OM})\vec{u}$.
1. Donner l'expression analytique de f.
En déduire que f est une application affine.
2. Déterminer deux points A et B, distincts de O, tels que : f(A) = A et $\overrightarrow{Of(B)} = -4\overrightarrow{OB}$.
En déduire que f est une affinité orthogonale dont on précisera l'axe et le rapport.
3. Exprimer analytiquement f dans le repère (O, A, B).

37 Soit A un point du plan, $\vec{a}$ un vecteur de $\mathcal{V}$ et f l'application du plan dans lui-même qui à tout point M associe le point M' tel que :

$$\overrightarrow{AM'} = 2(\overrightarrow{AM}.\vec{a})\vec{a} - \overrightarrow{AM}.$$

$\mathcal{V}$ est muni d'une base orthonormée $(\vec{u}, \vec{v})$ telle que :

$$\vec{u} = \frac{\vec{a}}{\|\vec{a}\|}.$$

1. Donner l'expression analytique de f en fonction de $\|\vec{a}\|$ dans le repère $(A, \vec{u}, \vec{v})$.
En déduire que f est une application affine.
2. Démontrer que f est bijective si et seulement si :

$$\|\vec{a}\| \neq \frac{\sqrt{2}}{2}.$$

3. Déterminer la nature et les éléments caractéristiques de f dans chacun des cas suivants :
a) $\|\vec{a}\| = 0$ *b)* $\|\vec{a}\| = 1$.

38 Soit (A, B, C) et (A', B', C') deux repères du plan et f l'application affine telle que A, B et C ont pour images respectives A', B' et C' par f.
Justifier la construction suivante de l'image d'un point M par f.

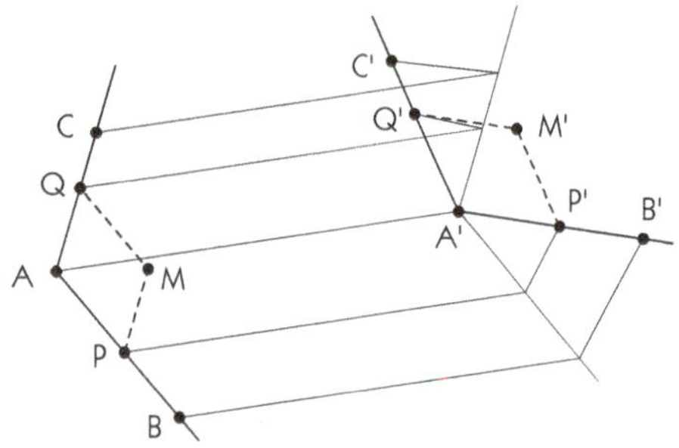

39 Soit $(\mathcal{D})$ et (Δ) deux droites sécantes du plan.
Pour tout point M du plan, on désigne par (Δ_M) l'image de (Δ) par la symétrie de centre M.
L'application f qui à tout point M associe le point d'intersection des droites (Δ_M) et $(\mathcal{D})$ est-elle une application affine du plan ? Est-elle une bijection ?
Quels sont ses points invariants ?

40 Le plan est muni du repère $(O, \vec{i}, \vec{j})$.
On considère les points :

$$A\binom{2}{0},\ B\binom{1}{1},\ C\binom{-2}{-1} ;$$

$$A'\binom{3}{10},\ B'\binom{4}{6},\ C'\binom{-3}{-1}.$$

Soit f l'application affine du plan telle que :

$$f(A) = A',\ f(B) = B' \text{ et } f(C) = C'.$$

1. Démontrer que f est bijective.
2. Déterminer l'expression analytique de f.

41 Le plan est muni du repère $(O, \vec{i}, \vec{j})$.
Soit f l'application du plan dans lui-même qui à tout point M de coordonnées $(x ; y)$ associe le point M' de coordonnées $(x' ; y')$ telles que :

$$\begin{cases} x' = \frac{1}{3}(4x - 2y - 6) \\ y' = \frac{1}{3}(2x - y - 12). \end{cases}$$

1. Démontrer que le vecteur $\overrightarrow{MM'}$ a une direction fixe que l'on précisera.
2. Démontrer que : $f \circ f = f$.
3. *a)* Déterminer l'ensemble des points invariants par f.
b) En déduire la nature et les éléments caractéristiques de f.

42 Le plan est muni du repère orthonormé $(O, \vec{i}, \vec{j})$.
Soit f l'application du plan dans lui-même qui à tout point M de coordonnées $(x ; y)$ associe le point M' de coordonnées $(x' ; y')$ telles que :

$$\begin{cases} x' = \frac{1}{13}(5x - 12y + 24) \\ y' = \frac{1}{13}(-12x - 5y + 36). \end{cases}$$

1. Démontrer que : $f \circ f = Id$.
2. Démontrer que l'ensemble des points invariants par f est une droite $(\mathcal{D})$ que l'on précisera.
3. Soit M un point du plan et M' son image par f.
a) Démontrer que le milieu de [MM'] appartient à $(\mathcal{D})$.
b) Démontrer que le vecteur $\overrightarrow{MM'}$ a une direction fixe, orthogonale à celle de $(\mathcal{D})$.
c) En déduire la nature et les éléments caractéristiques de f.

43 Le plan complexe est muni du repère orthonormé $(O, \vec{e_1}, \vec{e_2})$.
Soit f l'application du plan dans lui-même qui à tout point M d'affixe z, associe le point M' d'affixe z' telle que : $z' = (5 + 4i)z + 3\bar{z} + 2 + 4i$.
f est-elle une application affine ?

44 Soit f une application affine telle que :

$$f \circ f = Id_{\mathcal{P}}.$$

1. Démontrer que f est bijective.
2. Soit A un point du plan et M le milieu de [A f(A)].
Démontrer que M est invariant par f.
3. Soit $(\mathcal{I})$ l'ensemble des points invariants par f.
a) Justifier que $(\mathcal{I})$ n'est pas vide.
b) Démontrer que si $(\mathcal{I})$ est un singleton, alors f est une symétrie centrale.

45 Le plan est muni du repère (O, I, J).
Soit f l'application du plan dans lui-même qui à tout point M de coordonnées $(x ; y)$, associe le point M' de coordonnées $(x' ; y')$ telles que : $\begin{cases} x' = -x - 2y + 2 \\ y' = -x + 1 \end{cases}$.
Déterminer les images par f des points O, I et J.
En déduire que f est une affinité dont on précisera l'axe, la direction et le rapport.

46 Le plan est muni du repère $(O, \vec{i}, \vec{j})$.
Soit f l'application affine de $\mathcal{P}$ d'expression analytique :

$$\begin{cases} x' = 2x - 5y + 2 \\ y' = x - 2y \end{cases}.$$

Pour tout point M de $\mathcal{P}$, on désigne par M_1, M_2 et M_3 les points tels que : $M_1 = f(M)$, $M_2 = f(M_1)$ et $M_3 = f(M_2)$.
1. *a)* Démontrer que l'image par f d'une droite $(\mathcal{D})$ est une droite $(\mathcal{D}')$ non parallèle à $(\mathcal{D})$.
b) En déduire que pour tout point M de $\mathcal{P}$, les points M, M_1 et M_2, lorsqu'ils sont distincts, ne sont pas alignés.
2. Préciser la nature des applications $f \circ f$ et $f \circ f \circ f \circ f$.
3. *a)* Démontrer que l'isobarycentre G des points M, M_1, M_2 et M_3 est indépendant du point M et en déduire que G est le seul point invariant par f.
b) Faire une figure lorsque M est le point de coordonnées (2 ; 1).

47 Soit BB'B" un triangle isocèle en B'. On désigne par A, A' et C les milieux respectifs des segments [BB'], [B'B"] et [BB"], et par A" le symétrique de A par rapport à A'.
On considère une application affine f du plan dans lui-même, telle que : f(A) = A' et f(B) = B'.
1. *a)* Déterminer f(B').
b) Quelle est la nature du quadrilatère AB'A'C ?
2. Démontrer que $f \circ f$ est une translation si et seulement si : f(A') = A".
3. Dans cette question, on suppose que : f(A') = A".
On désigne par φ l'application linéaire associée à f.
a) Déterminer $\varphi(\overrightarrow{AA'})$ et $\varphi(\overrightarrow{B'C})$.
b) Déterminer une symétrie orthogonale s et une translation t telles que : $f = s \circ t = t \circ s$.

APPROFONDISSEMENT

48 ABC est un triangle de sens direct, A', B' et C' sont les milieux respectifs des côtés [BC], [CA] et [AB]. Soit P, Q et R les centres respectifs des carrés construits extérieurement sur les côtés [BC], [CA] et [AB] de ABC.

1. Vérifier que : $\overrightarrow{QR} = \overrightarrow{QB'} + \overrightarrow{C'R} - \frac{1}{2}\overrightarrow{BC}$.

2. Soit φ la rotation vectorielle associée à un quart de tour direct du plan.

a) Démontrer que : $\varphi(\overrightarrow{QR}) = -\overrightarrow{AP}$.

b) En déduire que AP = QR et que les droites (AP) et (QR) sont perpendiculaires.

49 ABC et DEF sont deux triangles équilatéraux de sens direct, les points G et H sont tels que EDBG et CDFH sont des parallélogrammes.
Le but de l'exercice est de démontrer par deux méthodes (l'une utilisant les nombres complexes, l'autre utilisant les isométries) que le triangle AGH est équilatéral.

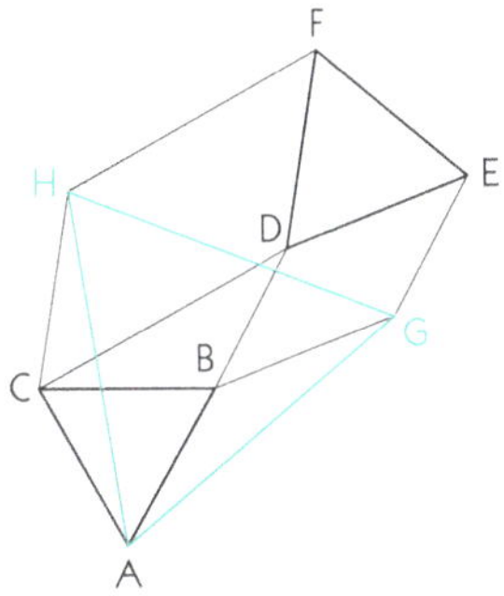

1. Le plan complexe étant rapporté à un repère orthonormé direct, on désigne par a, b, c, d, e, f, g et h les affixes respectives des points A, B, C, D, E, F, G et H.

a) Démontrer que : $c - a = e^{i\frac{\pi}{3}}(b - a)$.
Exprimer $f - d$ en fonction de $e - d$.

b) Exprimer : g en fonction de b, d et e,
h en fonction de c, d et f.

c) Démontrer que : $h - a = e^{i\frac{\pi}{3}}(g - a)$.
En déduire que le triangle AGH est équilatéral.

2. On désigne par :
- t_1 la translation de vecteur $\overrightarrow{BD}$,
- t_2 la translation de vecteur $\overrightarrow{DC}$,
- r la rotation de centre D et d'angle $\frac{\pi}{3}$.

On pose : $f = t_2 \circ r \circ t_1$.

a) Justifier que f est une rotation, dont on précisera l'angle.
Déterminer l'image de B par f ; en déduire le centre de la rotation f.

b) Déterminer l'image de G par f.
En déduire que le triangle AGH est équilatéral.

50 Théorème de Von Aubel

Soit ABCD un quadrilatère.

1. Démontrer que les centres des carrés construits extérieurement sur les côtés de ABCD forment un quadrilatère dont les diagonales sont isométriques et perpendiculaires.
(On pourra utiliser le résultat de l'exercice 9.)

2. Préciser la nature de ce quadrilatère dans le cas particulier où ABCD est un parallélogramme.

51 ABCD est un carré de sens direct et de centre I, (Γ) est le cercle passant par A, B, C et D.
Faire une figure.
On désigne par :
- t la translation de vecteur $\overrightarrow{DA}$,
- r_D la rotation de centre D et d'angle $\frac{\pi}{2}$,
- r_1 la rotation de centre A et d'angle $-\frac{\pi}{4}$,
- r_2 la rotation de centre A et d'angle $\frac{3\pi}{4}$.

On se propose de déterminer les éléments caractéristiques des transformations suivantes :

$$f = t \circ r_D \quad ; \quad g_1 = r_1 \circ f \quad ; \quad g_2 = r_2 \circ f.$$

1. Démontrer que f, g_1 et g_2 sont des rotations, dont on précisera les angles.

2. *a)* Déterminer f(D) et f(A). Quel est le centre de f ?

b) Déterminer g_1(D) et g_2(D).

3. Soit $A'_1 = g_1(A)$ et $A'_2 = g_2(A)$.

a) Démontrer, en utilisant $g_2 \circ g_1^{-1}$, que A est le milieu du segment $[A'_1A'_2]$.

b) Démontrer, en déterminant une mesure de l'angle $(\widehat{\overrightarrow{AD}, \overrightarrow{AA'_1}})$, que A'_1 est sur la tangente en A à (Γ).

4. *a)* Soit J le centre de g_1 et K celui de g_2. Démontrer que J et K appartiennent à (Γ) et sont diamétralement opposés. Placer J et K sur la figure.

b) Démontrer que A'_1 est sur la droite (JB).
Placer les points A'_1 et A'_2 sur la figure.

52 Soit A et B deux points distincts.
On désigne par r_A et r_B les rotations de centres respectifs A et B, d'angle $\frac{\pi}{2}$. Pour tout point M du plan, on note M_1 et M_2 les images respectives de M par r_A et r_B.

1. On considère la transformation $t = r_B \circ r_A^{-1}$.

a) Construire le point C, image de A par t.

b) Déterminer la nature et les éléments caractéristiques de t.

c) En déduire la nature du quadrilatère M_1M_2CA.

2. On suppose que le point M décrit le cercle (Γ) de diamètre [AB].

a) Déterminer et construire l'ensemble (Γ_2) décrit par le point M_2 quand M décrit (Γ).

b) Soit Ω_1 et Ω_2 les milieux respectifs des segments [AB] et [BC] ; comparer les vecteurs $\overrightarrow{\Omega_1\Omega_2}$ et $\overrightarrow{AC}$.

c) Déterminer l'ensemble décrit par le point I, milieu du segment $[M_1M_2]$, lorsque M décrit (Γ).

53 Soit $A_1, A_2, ..., A_n$ n points ($n \geq 3$) distincts du plan. Existe-t-il un polygone $M_1M_2...M_n$ tel que :
A_1 est le milieu de $[M_1M_2]$,
A_2 est le milieu de $[M_2M_3]$,
...
A_{n-1} est le milieu de $[M_{n-1}M_n]$,
A_n est le milieu de $[M_nM_1]$?
(On distinguera deux cas : n pair et n impair.)

54 Le théorème de Hjelmslev

On se propose de démontrer la propriété suivante.
Soit f une isométrie du plan et (Δ) une droite.
Les milieux des segments [Mf(M)], pour M appartenant à (Δ), sont alignés.

1. *Cas d'un antidéplacement*
Établir la propriété dans les cas suivants :

a) f est une symétrie orthogonale ;

b) f est une symétrie glissée.

2. *Cas d'un déplacement*
Soit f un déplacement et g la transformation définie par :

$$g = f \circ s_\Delta.$$

a) Démontrer que g vérifie la propriété.

b) En déduire que f vérifie la propriété.

55 ABC est un triangle de sens direct.
On construit, à l'extérieur de ce triangle, les carrés BCDE, CAFG, ABHI, puis les parallélogrammes AFUI, BHVE, CDWG.

A.- Relations vectorielles

Soit ρ la rotation vectorielle d'angle $\frac{\pi}{2}$.

1. Démontrer que :
$\rho(\overrightarrow{AU}) = \overrightarrow{CB}$; $\rho(\overrightarrow{BV}) = \overrightarrow{AC}$; $\rho(\overrightarrow{CW}) = \overrightarrow{BA}$.

2. En déduire que : $\overrightarrow{AU} = \overrightarrow{EB} = \overrightarrow{DC}$, ainsi que les relations analogues pour les vecteurs $\overrightarrow{BV}$ et $\overrightarrow{CW}$.

B.- Applications géométriques

1. Démontrer que les droites (AU), (BV) et (CW) sont concourantes en l'orthocentre du triangle ABC.

2. Démontrer que les triangles AVW, BWU et CUV sont rectangles isocèles et de sens direct.

3. Soit P, Q et R les centres respectifs des carrés BCDE, CAFG et ABHI.

a) Démontrer que P, Q et R sont les milieux des côtés du triangle UVW.

b) Démontrer que les droites (AP), (BQ) et (CR) sont concourantes en l'orthocentre du triangle PQR.

56 Problème de Fagnano

ABC est un triangle, dont les trois angles sont aigus.
On se propose de déterminer les points P, Q et R appartenant respectivement à [BC], [CA] et [AB] tels que le périmètre ***p*** du triangle PQR soit minimum.

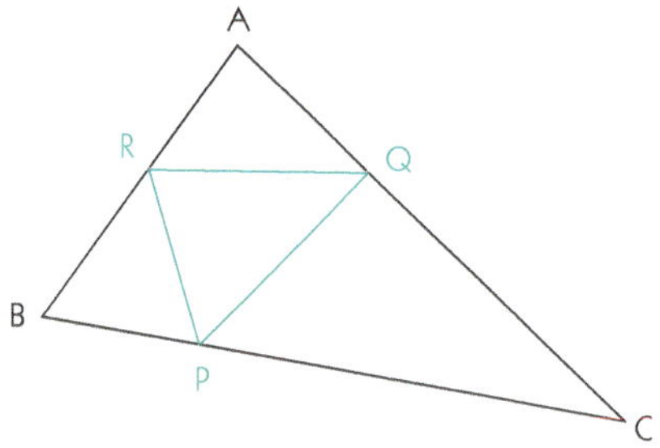

1. On désigne par A', B' et C' les pieds des hauteurs du triangle ABC.
Démontrer que les droites (AA'), (BB') et (CC') sont les bissectrices du triangle A'B'C'.

2. Soit P un point de [BC].
On pose $(\widehat{\overrightarrow{AB}, \overrightarrow{AC}}) = \widehat{\alpha}$, et on désigne par P' et P'' les images respectives de P par $s_{(AB)}$ et $s_{(AC)}$.

a) Démontrer que P'' est l'image de P' par une rotation, dont on précisera les éléments caractéristiques..

b) Exprimer P'P'' en fonction de AP et α.

c) Comment choisir P pour que P'P'' soit minimum ?

3. On suppose que P est ainsi choisi.
Justifier que si Q ∈ [CA], R ∈ [AB] et ***p*** est le périmètre du triangle PQR, alors : P'P'' ≤ ***p***.

4. En déduire que PQR a un périmètre minimum lorsque P, Q et R sont les pieds des hauteurs du triangle ABC.

57 ABC est un triangle dont les trois angles ont une mesure strictement inférieure à 120° et tel que la mesure principale de $(\widehat{\overrightarrow{AB}, \overrightarrow{AC}})$ est strictement positive.

A.- On se propose de déterminer un point M, intérieur au triangle ABC, tel que d_M = MA + MB + MC soit minimum.
Soit r la rotation de centre A et d'angle $\frac{\pi}{3}$ et M un point intérieur au triangle ABC.
On pose : r(C) = C' et r(M) = M'.

1. Démontrer que : d_M = MB + MM' + M'C'.
En déduire que d_M est minimum si M et M' appartiennent au segment [BC'].

2. Démontrer que si M' ∈ [BC'], alors M appartient à un segment [B'C], où B' est un point que l'on précisera.

3. En déduire l'unique point M tel que :
M ∈ [B'C] et M' ∈ [BC'].
Construire ce point.

B.- Soit P, Q et R les points tels que les triangles BPC, CQA et ARB soient équilatéraux directs.

1. *a)* En utilisant la rotation r, démontrer que : CR = BQ.
b) Démontrer que : CR = BQ = AP.

2. Soit I le point d'intersection de [RC] et [BQ].
Déterminer une mesure de $(\widehat{\overrightarrow{IA}, \overrightarrow{IP}})$ et en déduire que les droites (AP), (BQ), (CR) sont concourantes.
(On pourra utiliser la cocyclicité de A, I, B, R et de B, I, C, P.)
I est appelé point de Steiner du triangle ABC.

5

Similitudes

Introduction

Nous avons procédé en classe de première à une première étude des similitudes du plan, ce qui nous a permis entre autres de formuler une définition des triangles semblables à l'aide des transformations.

Nous nous proposons dans ce chapitre d'approfondir l'étude des similitudes directes, en privilégiant tout d'abord l'outil « nombres complexes » dont l'efficacité en géométrie a déjà pu être remarquée (cf. chapitre 3, § 3.3), puis de mettre à profit ces nouvelles transformations pour la description de certaines configurations et la résolution de problèmes classiques de géométrie.

Coupe de la partie interne d'un nautile.
Toutes les parties de la spirale sont semblables entre elles.

SOMMAIRE

Dans ce chapitre le plan complexe est muni du repère orthonormé direct $(O, \vec{e_1}, \vec{e_2})$.

1 Similitudes directes du plan

1.1. Premières propriétés

Écriture complexe d'une similitude directe du plan

Nous avons défini en classe de première une similitude comme étant la composée d'une isométrie et d'une homothétie. Lorsque l'isométrie est un déplacement (respectivement un antidéplacement), on a une similitude directe (respectivement indirecte).

Soit h une homothétie et d un déplacement.

L'écriture complexe de h est de la forme : $z' = kz + l$ $(k \in \mathbb{R}^*, l \in \mathbb{C})$.

L'écriture complexe de d est de la forme : $z' = e^{i\alpha}z + c$ $(\alpha \in \mathbb{R}, c \in \mathbb{C})$.

Donc, l'écriture complexe de h∘d est de la forme : $z' = ke^{i\alpha}z + kc + l$ $(ke^{i\alpha} \in \mathbb{C}^*, kc + l \in \mathbb{C})$;

l'écriture complexe de d∘h est de la forme : $z' = ke^{i\alpha}z + le^{i\alpha} + c$ $(ke^{i\alpha} \in \mathbb{C}^*, le^{i\alpha} + c \in \mathbb{C})$.

On en déduit la propriété suivante.

Propriété 1

Toute similitude directe du plan a une écriture complexe de la forme : $z' = az + b$ $(a \in \mathbb{C}^*, b \in \mathbb{C})$.

Étudions le problème réciproque.

Soit s une application du plan dans lui-même, dont l'écriture complexe est de la forme :

$$z' = az + b \ (a \in \mathbb{C}^*, b \in \mathbb{C}).$$

- Si $a = 1$, alors s est la translation de vecteur $\vec{u}$ d'affixe b.
- Si $a \neq 1$, alors l'équation $z = az + b$ a une solution unique : $\omega = \dfrac{b}{1-a}$.

On a : $z' = az + b$ et $\omega = a\omega + b$; donc : $z' - \omega = a(z - \omega)$.

Désignons par Ω le point d'affixe ω, k le module de a et α un argument de a.

On obtient : $z' - \omega = ke^{i\alpha}(z - \omega)$.

On en déduit que : s = h∘r = r∘h, où h est l'homothétie de centre Ω, de rapport k
et r la rotation de centre Ω, d'angle α.

Propriété 2

Toute application s du plan dans lui-même dont l'écriture complexe est de la forme $z' = az + b$ $(a \in \mathbb{C}^*, b \in \mathbb{C})$ est une similitude directe du plan.

- **Si $a = 1$, alors s est la translation de vecteur $\vec{u}(b)$.**
- **Si $a \neq 1$, alors s admet un seul point invariant Ω. Soit α un argument de a et k son module ; s est la composée de l'homothétie h de centre Ω, de rapport k et de la rotation r de centre Ω, d'angle α.**

Vocabulaire

- Ω, k et α sont appelés respectivement ***centre***, ***rapport*** et ***angle*** de la similitude directe s.
- La composée h∘r (égale à r∘h) est appelée ***forme réduite*** de s.
- Une similitude directe du plan, qui n'est pas une translation, est déterminée par son centre, son rapport et son angle, appelés ***éléments caractéristiques*** de cette similitude.

Remarques

* *Une rotation d'angle α est une similitude directe de rapport 1 et d'angle α.*
* *Une homothétie de rapport k ($k > 0$) est une similitude directe de rapport k et d'angle nul ;*
  une homothétie de rapport k ($k < 0$) est une similitude directe de rapport $-k$ et d'angle π.
* *Une translation peut-être considérée comme une similitude directe de rapport 1 et d'angle nul ; dans ce cas le centre n'est pas défini.*

Exemples

* Soit s la similitude directe de centre $\Omega\begin{pmatrix}1\\1\end{pmatrix}$, de rapport 2 et d'angle $-\frac{\pi}{3}$.

L'écriture complexe de s est : $z' - (1 + i) = 2e^{-i\frac{\pi}{3}}[z - (1 + i)]$;

c'est-à-dire : $z' = (1 - i\sqrt{3})z - \sqrt{3} + i\sqrt{3}$.

* Soit s l'application du plan dans lui-même d'écriture complexe : $z' = (1 + i)z - 2i$.

L'écriture complexe de s est de la forme : $z' = az + b$ ($a \in \mathbb{C}^*$, $b \in \mathbb{C}$) ; donc s est une similitude directe.

– L'équation $z = (1 + i)z - 2i$ a pour unique solution : 2.

– De plus : $1 + i = \sqrt{2}\, e^{i\frac{\pi}{4}}$.

On en déduit que s est la similitude directe de centre $\Omega\begin{pmatrix}2\\0\end{pmatrix}$, de rapport $\sqrt{2}$ et d'angle $\frac{\pi}{4}$.

M

Pour déterminer les éléments caractéristiques d'une similitude directe s d'écriture complexe $z' = az + b$ ($a \in \mathbb{C}^*\backslash\{1\}$, $b \in \mathbb{C}$), on peut procéder de la façon suivante :

* résoudre l'équation $z = az + b$; on obtient le centre de s ;
* calculer le module de a ; on obtient le rapport de s ;
* déterminer un argument de a ; on obtient l'angle de s.

Composée de similitudes directes du plan

Propriétés

Soit s une similitude directe de rapport k et d'angle α, s' une similitude directe de rapport k' et d'angle α'.

* **La composée s'$\circ$s est une similitude directe de rapport $k\,k'$ et d'angle $\alpha + \alpha'$.**
* **La réciproque de s est une similitude directe de rapport $\frac{1}{k}$ et d'angle $-\alpha$.**

L'ensemble des similitudes directes du plan est donc un groupe de transformations.

Démonstration

Soit s la similitude directe d'écriture complexe : $z' = ke^{i\alpha} z + b$;

s' la similitude directe d'écriture complexe : $z' = k' e^{i\alpha'} z + b'$.

* L'écriture complexe de s'$\circ$s est : $z' = kk' e^{i(\alpha + \alpha')} z + (k' e^{i\alpha'} b + b')$;

donc s'$\circ$s est une similitude directe de rapport kk' et d'angle $\alpha + \alpha'$.

* L'écriture complexe de s^{-1} est : $z' = \frac{1}{k} e^{-i\alpha} z - \frac{1}{k} e^{-i\alpha} b$;

donc s^{-1} est une similitude directe de rapport $\frac{1}{k}$ et d'angle $-\alpha$.

Exemples

* La composée des similitudes directes d'écritures complexes $z' = 2e^{i\frac{\pi}{3}} z + 2i$ et $z' = 3e^{i\frac{\pi}{6}} z - 5$ est une similitude directe de rapport 6 et d'angle $\frac{\pi}{2}$.
* La composée des similitudes directes d'écritures complexes $z' = (1 + i)z + 2i$ et $z' = \frac{1}{2}(1 - i)z - 5$ est une translation.
* La réciproque de la similitude directe d'écriture complexe $z' = (1 + i)z - 2i$ est une similitude directe de rapport $\frac{\sqrt{2}}{2}$ et d'angle $-\frac{\pi}{4}$.

1.2. Propriétés géométriques

Propriété caractéristique d'une similitude directe

Propriété 1

Soit f une application du plan dans lui-même, k un nombre réel strictement positif et α un nombre réel.
f est une similitude directe de rapport k et d'angle α si et seulement si, pour tous points distincts M et N d'images respectives M' et N' par f, on a : $M'N' = k\,MN$ et $\widehat{(\overrightarrow{MN}, \overrightarrow{M'N'})} = \hat{\alpha}$.

Démonstration

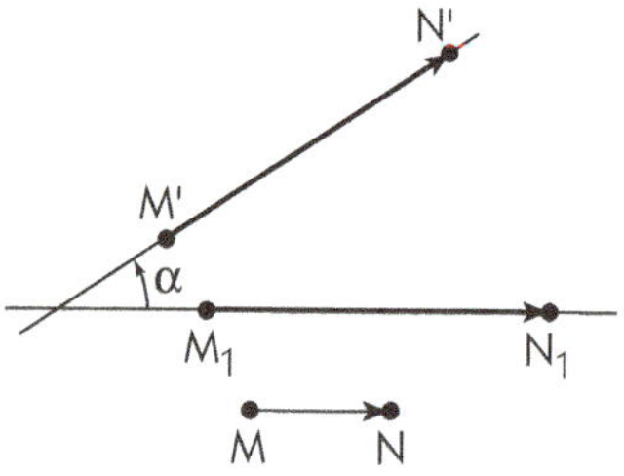

• Soit f une similitude directe de rapport k et d'angle α.
Il existe une homothétie h de rapport k ($k > 0$) et une rotation r d'angle α telles que : $f = r \circ h$.
Soit M et N deux points distincts, M_1 et N_1 leurs images respectives par h, M' et N' les images respectives de M_1 et N_1 par r.

On a : $\overrightarrow{M_1N_1} = k\,\overrightarrow{MN}$ ($k > 0$) et $\begin{cases} M'N' = M_1N_1 \\ \widehat{(\overrightarrow{M_1N_1}, \overrightarrow{M'N'})} = \hat{\alpha} \end{cases}$;

c'est-à-dire : $\begin{cases} M_1N_1 = k\,MN \\ \widehat{(\overrightarrow{MN}, \overrightarrow{M_1N_1})} = \hat{0} \end{cases}$ et $\begin{cases} M'N' = M_1N_1 \\ \widehat{(\overrightarrow{M_1N_1}, \overrightarrow{M'N'})} = \hat{\alpha} \end{cases}$.

On en déduit que : $M'N' = k\,MN$ et $\widehat{(\overrightarrow{MN}, \overrightarrow{M'N'})} = \hat{\alpha}$.

• Réciproquement, soit f une application du plan dans lui-même telle que pour tous points distincts M et N d'images respectives M' et N' par f, on a : $M'N' = k\,MN$ et $\widehat{(\overrightarrow{MN}, \overrightarrow{M'N'})} = \hat{\alpha}$.
Désignons par s une similitude directe de rapport k et d'angle α, par M'' et N'' les images respectives de M' et N' par s^{-1}.

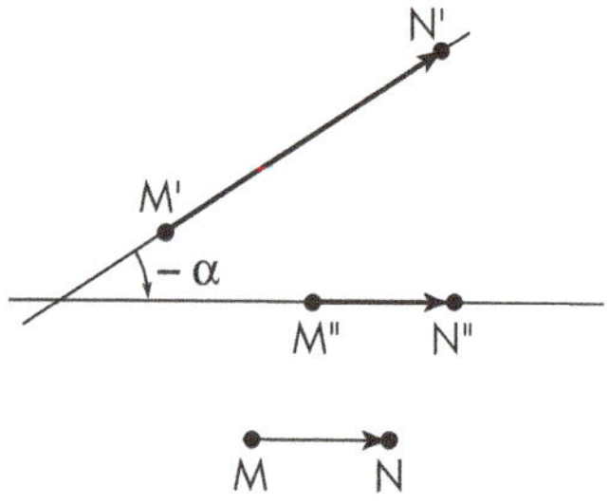

On a : $\begin{cases} M''N'' = \frac{1}{k} M'N' \\ \widehat{(\overrightarrow{M'N'}, \overrightarrow{M''N''})} = -\hat{\alpha} \end{cases}$; donc : $\begin{cases} M''N'' = MN \\ \widehat{(\overrightarrow{MN}, \overrightarrow{M''N''})} = \hat{0} \end{cases}$.

C'est-à-dire : $\overrightarrow{M''N''} = \overrightarrow{MN}$.
Donc : $s^{-1} \circ f$ est une translation t.
Or : $s^{-1} \circ f = t \iff f = s \circ t$.
On en déduit que f est une similitude directe de rapport k et d'angle α.

Similitudes et configurations

Toute similitude directe est la composée d'une homothétie et d'un déplacement.
Les propriétés résumées dans le tableau ci-dessous se déduisent des propriétés de ces transformations.

Toute similitude directe de rapport k		
conserve	**multiplie**	**transforme**
– l'alignement – le parallélisme – l'orthogonalité – les angles orientés – les barycentres – le contact	– les longueurs par k – les aires par k^2	– les droites en droites – les demi-droites en demi-droites – les segments en segments – les cercles en cercles

1.3. Exemples d'études de similitudes directes

Similitude directe déterminée par son écriture complexe

Soit s l'application du plan dans lui-même d'écriture complexe : $z' = 3iz - 1 - 7i$.

1. *a)* Justifier que s est une similitude directe et préciser ses éléments caractéristiques.

***b)* Déterminer l'expression analytique de s.**

2. Déterminer une équation de l'image par s de la droite (BC), B et C étant les points d'affixes respectives 2 et $3 - i$.

3. Déterminer une équation de $(\mathscr{C}')$, image par s du cercle $(\mathscr{C})$ d'équation : $(x - 2)^2 + y^2 = 1$.

Solution

1. *a)* L'écriture complexe de s est de la forme : $z' = az + b$ ($a \in \mathbb{C}^*$, $b \in \mathbb{C}$) ;
donc, s est une similitude directe.

- L'équation $z = 3iz - 1 - 7i$ a pour unique solution : $2 - i$.
- De plus : $3i = 3e^{i\frac{\pi}{2}}$.

Donc, s est la similitude directe de centre $\Omega\begin{pmatrix}2\\-1\end{pmatrix}$, de rapport 3 et d'angle $\frac{\pi}{2}$.

b) Soit $M\begin{pmatrix}x\\y\end{pmatrix}$ un point du plan et $M'\begin{pmatrix}x'\\y'\end{pmatrix}$ son image par s.

On a : $M' = s(M) \iff z' = 3iz - 1 - 7i$

$\iff x' + iy' = 3i(x + iy) - 1 - 7i$

$\iff x' + iy' = -3y - 1 + i(3x - 7)$.

Donc, l'expression analytique de s est : $\begin{cases} x' = -3y - 1 \\ y' = 3x - 7 \end{cases}$.

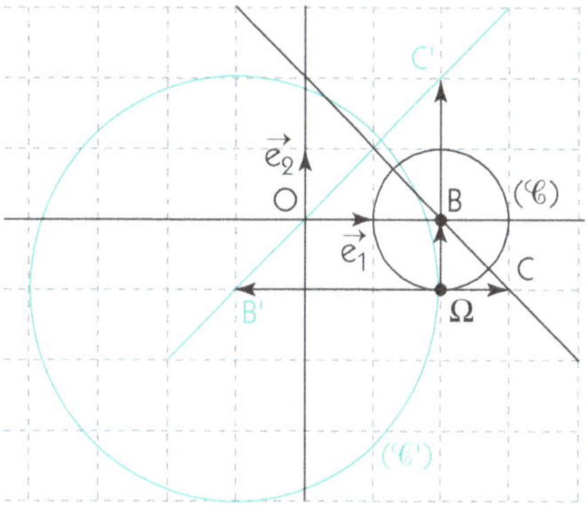

2. L'image d'une droite par une similitude directe est une droite.

B et C ont respectivement pour images par s les points $B'\begin{pmatrix}-1\\-1\end{pmatrix}$ et $C'\begin{pmatrix}2\\2\end{pmatrix}$.

Donc, (BC) a pour image par s la droite d'équation : $y = x$.

3. Soit $M\begin{pmatrix}x\\y\end{pmatrix}$ un point du plan et $M'\begin{pmatrix}x'\\y'\end{pmatrix}$ son image par s.

On a : $\begin{cases} x' = -3y - 1 \\ y' = 3x - 7 \end{cases} \iff \begin{cases} x = \dfrac{y' + 7}{3} \\ y = \dfrac{-x' - 1}{3} \end{cases}$.

Donc : $M' \in (\mathscr{C}') \iff M \in (\mathscr{C})$

$\iff (x - 2)^2 + y^2 = 1$

$\iff \left(\dfrac{y' + 7}{3} - 2\right)^2 + \left(\dfrac{-x' - 1}{3}\right)^2 = 1$

$\iff (x' + 1)^2 + (y' + 1)^2 = 9$.

On en déduit que l'image de $(\mathscr{C})$ par s est le cercle $(\mathscr{C}')$ d'équation : $(x + 1)^2 + (y + 1)^2 = 9$.

On peut également remarquer que $(\mathscr{C})$ est le cercle de centre B et de rayon 1 ; donc $(\mathscr{C}')$ est le cercle de centre B' et de rayon 3.

Similitude directe déterminée par son expression analytique

Soit f l'application du plan dans lui-même d'expression analytique :

$$\begin{cases} x' = x + y + 2 \\ y' = -x + y - 1 \end{cases}.$$

1. Déterminer l'écriture complexe de f.

2. En déduire la nature et les éléments caractéristiques de f.

3. Déterminer la nature, les éléments caractéristiques et l'écriture complexe de f^{-1}.

Solution

1. On a : $z' = x' + iy' = (x + y + 2) + i(-x + y - 1)$

$$= x(1 - i) + y(1 + i) + 2 - i$$

$$= \frac{z + \overline{z}}{2}(1 - i) + \frac{z - \overline{z}}{2i}(1 + i) + 2 - i$$

$$= \left(\frac{1 - i}{2} + \frac{1 + i}{2i}\right) z + \left(\frac{1 - i}{2} - \frac{1 + i}{2i}\right) \overline{z} + 2 - i.$$

On en déduit l'écriture complexe de f : $z' = (1 - i)z + 2 - i$.

2. L'écriture complexe de f est de la forme : $z' = az + b$ ($a \in \mathbb{C}^*$, $b \in \mathbb{C}$) ; donc, f est une similitude directe.
- L'équation $z = (1 - i)z + 2 - i$ a pour unique solution : $-1 - 2i$.
- De plus : $1 - i = \sqrt{2}\, e^{-i\frac{\pi}{4}}$.

Donc, f est la similitude directe de centre $\Omega\begin{pmatrix}-1\\-2\end{pmatrix}$, de rapport $\sqrt{2}$ et d'angle $-\frac{\pi}{4}$.

3. f^{-1} est la similitude directe de centre $\Omega\begin{pmatrix}1\\-2\end{pmatrix}$, de rapport $\frac{1}{\sqrt{2}}$ et d'angle $\frac{\pi}{4}$.

Donc, l'écriture complexe de f^{-1} est : $z' - (1 - 2i) = \frac{1}{\sqrt{2}} e^{i\frac{\pi}{4}} [z - (1 - 2i)]$.

C'est-à-dire : $z' = \frac{1}{2}(1 + i)z - \frac{1}{2}(1 + 3i)$.

M Pour déterminer l'écriture complexe d'une application du plan dans lui-même d'expression analytique donnée, on peut procéder de la façon suivante :
- écrire $z' = x' + iy'$ et remplacer x' et y' en fonction de x et y ;
- remplacer x par $\frac{z + \overline{z}}{2}$, y par $\frac{z - \overline{z}}{2i}$ et développer l'expression obtenue en fonction de z et $\overline{z}$.

Exercices

1.a Dans chacun des cas suivants, déterminer la nature et les éléments caractéristiques de l'application du plan dans lui-même, qui au point M d'affixe z associe le point M' d'affixe z'.

a) $z' = (\sqrt{3} + i)z$ *b)* $z' = (\sqrt{3} - i)z + 1 + i(\sqrt{3} - 1)$

c) $z' = -2z + i$ *d)* $z' = \frac{3 + i\sqrt{3}}{4} z + \frac{1 - i\sqrt{3}}{2}$.

1.b Dans chacun des cas suivants, déterminer l'écriture complexe de la similitude directe de centre Ω, de rapport k et d'angle α.

a) $\Omega = O$, $k = 2$ et $\alpha = \frac{\pi}{6}$

b) $\Omega\begin{pmatrix}1\\0\end{pmatrix}$, $k = \sqrt{2}$ et $\alpha = \frac{\pi}{2}$

c) $\Omega\begin{pmatrix}2\\-1\end{pmatrix}$, $k = 1$ et $\alpha = \frac{5\pi}{6}$

d) $\Omega\begin{pmatrix}-1\\1\end{pmatrix}$, $k = 3$ et $\alpha = 0$.

1.c Dans chacun des cas suivants, déterminer l'écriture complexe, puis la nature et les éléments caractéristiques des transformations $s_2 \circ s_1$ et $s_1 \circ s_2$.

a) $s_1 : z' = 2iz + 1 - 2i$ et $s_2 : z' = \frac{1}{2}iz + 1 - \frac{1}{2}i$

b) $s_1 : z' = (1 - i)z + 1 + i$ et $s_2 : z' = -2z$.

1.d Soit ABCD un carré de sens direct et de centre I, E le milieu du segment [AB] et F le symétrique de I par rapport à la droite (CD).

1. Déterminer les images de A, B, I et E par la similitude directe s_1 de centre A, de rapport $\sqrt{2}$ et d'angle $\frac{\pi}{4}$.

2. Déterminer l'image du carré ICFD par la similitude directe s_2 de centre D, de rapport $\sqrt{2}$ et d'angle $-\frac{\pi}{4}$.

1.e Soit f l'application du plan dans lui-même d'expression analytique : $\begin{cases} x' = x - y\sqrt{3} + 2\sqrt{3} \\ y' = x\sqrt{3} + y - \sqrt{3}. \end{cases}$

1. Déterminer l'écriture complexe de f.

2. Déterminer la nature et les éléments caractéristiques de f.

1.f Soit s l'application du plan dans lui même d'écriture complexe :

$z' = (i - \sqrt{3})z + 3 + \sqrt{3} + i(2\sqrt{3} + 1)$.

1. Déterminer la nature et les éléments caractéristiques de s.

2. Déterminer l'expression analytique de s.

3. Déterminer l'image par s de la droite de repère $(A, \vec{u})$, où $A\begin{pmatrix}1 - 2\sqrt{3}\\0\end{pmatrix}$ et $\vec{u}\begin{pmatrix}\sqrt{3}\\1\end{pmatrix}$.

2 Similitudes directes et problèmes de géométrie

2.1. Déterminations d'une similitude directe du plan

Similitude directe définie par son centre, son rapport et son angle

Propriété

Soit s la similitude directe de centre Ω, de rapport k et d'angle α.

Pour tous points M et M' du plan, distincts de Ω, on a : $M' = s(M) \Leftrightarrow \begin{cases} \Omega M' = k\,\Omega M \\ (\overrightarrow{\Omega M}, \overrightarrow{\Omega M'}) = \hat{\alpha} \end{cases}$.

Cette propriété se déduit de la propriété caractéristique d'une similitude.

Exemples

• Soit s_1 la similitude directe de centre Ω_1, de rapport $\sqrt{2}$ et d'angle $\frac{\pi}{4}$.

On a : $M' = s_1(M) \Leftrightarrow \begin{cases} \Omega_1 M' = \sqrt{2}\,\Omega_1 M \\ \text{Mes}\,\widehat{(\overrightarrow{\Omega_1 M}, \overrightarrow{\Omega_1 M'})} = \frac{\pi}{4} \end{cases}$.

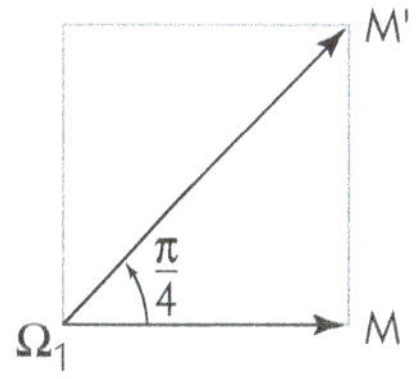

La configuration associée à cette similitude est un « demi-carré ».

• Soit s_2 la similitude directe de centre Ω_2, de rapport $\frac{1}{2}$ et d'angle $-\frac{\pi}{3}$.

On a : $M' = s_2(M) \Leftrightarrow \begin{cases} \Omega_2 M' = \frac{1}{2}\,\Omega_2 M \\ \text{Mes}\,\widehat{(\overrightarrow{\Omega_2 M}, \overrightarrow{\Omega_2 M'})} = -\frac{\pi}{3} \end{cases}$.

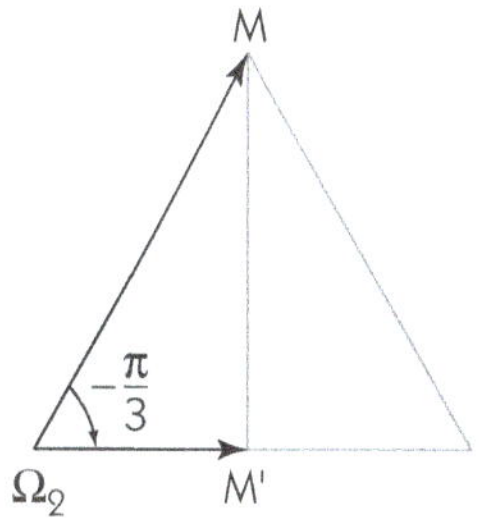

La configuration associée à cette similitude est un « demi-triangle équilatéral ».

• Soit s_3 la similitude directe de centre Ω_3, de rapport $\frac{\sqrt{3}}{2}$ et d'angle $\frac{\pi}{6}$.

On a : $M' = s_3(M) \Leftrightarrow \begin{cases} \Omega_3 M' = \frac{\sqrt{3}}{2}\,\Omega_3 M \\ \text{Mes}\,\widehat{(\overrightarrow{\Omega_3 M}, \overrightarrow{\Omega_3 M'})} = \frac{\pi}{6} \end{cases}$.

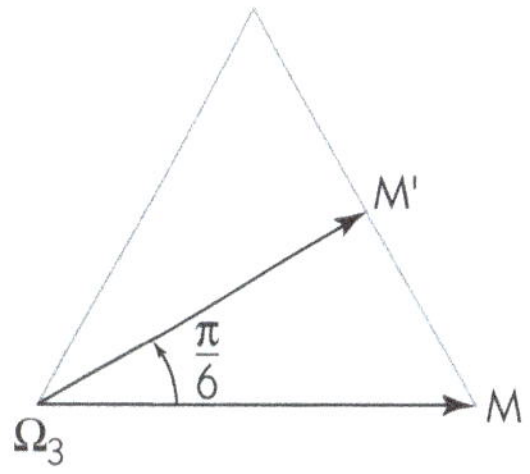

La configuration associée à cette similitude est un « demi-triangle équilatéral ».

Similitude directe définie par son centre, un point et son image

Propriété

Soit Ω, A et A' trois points du plan tels que : $A \neq \Omega$ et $A' \neq \Omega$.
Il existe une unique similitude directe de centre Ω, qui transforme A en A'.

Cette propriété se déduit de la propriété précédente.

Exemple

Soit ABC un triangle équilatéral de sens direct et G son centre de gravité.
Déterminer l'angle et le rapport de la similitude directe s de centre A, qui transforme G en B.
Construire l'image C' de C par s.

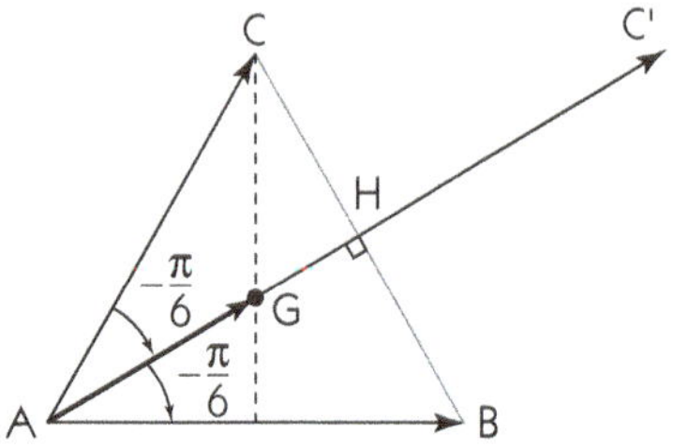

• Le rapport de s est : $\dfrac{AB}{AG} = \sqrt{3}$;

son angle est : $\text{Mes}\,\widehat{(\overrightarrow{AG}, \overrightarrow{AB})} = -\dfrac{\pi}{6}$.

• $s(C) = C' \Leftrightarrow \begin{cases} AC' = \sqrt{3}\,AC \\ \text{Mes}\,\widehat{(\overrightarrow{AC}, \overrightarrow{AC'})} = -\dfrac{\pi}{6} \end{cases}$.

Désignons par H le projeté orthogonal de A sur la droite (BC).

On a : $\begin{cases} AH = \dfrac{\sqrt{3}}{2}\,AC \\ \text{Mes}\,\widehat{(\overrightarrow{AC}, \overrightarrow{AH})} = -\dfrac{\pi}{6} \end{cases}$; donc : $\overrightarrow{AC'} = 2\,\overrightarrow{AH}$.

On en déduit que C' est le symétrique de A par rapport à la droite (BC).

Similitude directe définie par son rapport, son angle, un point et son image

Propriété

Soit k un nombre réel strictement positif, α un nombre réel, A et A' deux points du plan.
Il existe une unique similitude directe de rapport k et d'angle α, qui transforme A en A'.

Démonstration

L'écriture complexe d'une similitude s de rapport k et d'angle α est de la forme : $z' = az + b$, où $a = k\,e^{i\alpha}$.

Désignons par z_A et $z_{A'}$ les affixes respectives des points A et A'.

On a : $s(A) = A' \Leftrightarrow z_{A'} = k\,e^{i\alpha} z_A + b$

$\Leftrightarrow b = z_{A'} - k\,e^{i\alpha} z_A$.

Donc, la similitude directe d'écriture complexe $z' = k\,e^{i\alpha}(z - z_A) + z_{A'}$ est l'unique similitude répondant à la question.

Exemple

Soit ABC un triangle équilatéral de sens direct et s la similitude directe de rapport 2 et d'angle $-\frac{\pi}{3}$, qui transforme B en A. Déterminer le centre de cette similitude et construire l'image C' de C par s.

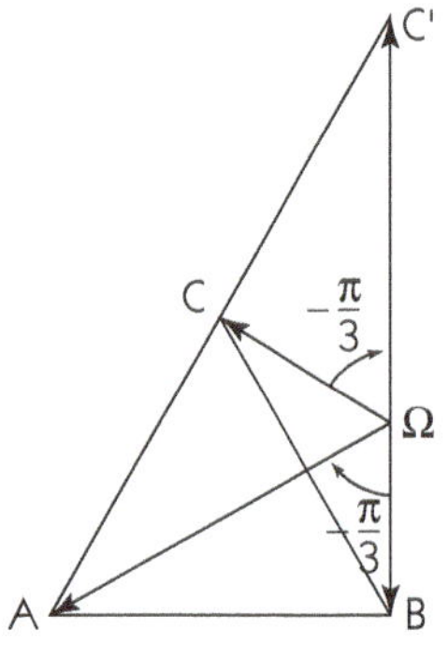

• Le centre Ω de s est tel que : $\begin{cases} \Omega A = 2\,\Omega B \\ \text{Mes}\,\widehat{(\overrightarrow{\Omega B}, \overrightarrow{\Omega A})} = -\dfrac{\pi}{3} \end{cases}$.

Donc, Ω est tel que ΩBA est un « demi-triangle équilatéral » de sens indirect.

• De même C' est tel que ΩCC' est un « demi-triangle équilatéral » de sens indirect ; donc, C' est le symétrique de A par rapport à C.

Similitude directe définie par deux points et leurs images

Propriété

Soit A, B, A' et B' quatre points du plan tels que : A ≠ B et A' ≠ B'.
Il existe une unique similitude directe, qui transforme A en A' et B en B'.

Démonstration

Une telle similitude a pour rapport $\frac{A'B'}{AB}$ et pour angle $\widehat{(\overrightarrow{AB}, \overrightarrow{A'B'})}$.

Donc, d'après la propriété précédente, cette similitude, si elle existe, est unique.

Soit s la similitude directe de rapport $\frac{A'B'}{AB}$ et d'angle $\widehat{(\overrightarrow{AB}, \overrightarrow{A'B'})}$, telle que : s(A) = A'.

Désignons par B" l'image de B par s.

On a : $\frac{A'B''}{AB} = \frac{A'B'}{AB}$ et $\widehat{(\overrightarrow{AB}, \overrightarrow{A'B''})} = \widehat{(\overrightarrow{AB}, \overrightarrow{A'B'})}$; donc : A'B" = A'B' et $\widehat{(\overrightarrow{A'B'}, \overrightarrow{A'B''})} = \hat{0}$.

On en déduit que B" = B' et que s est l'unique similitude répondant à la question.

Exemple

Soit ABCD un carré de côté 1 et de sens direct, I le milieu de [CD].
Déterminer la similitude directe s telle que : s(I) = B et s(D) = C.

• *Méthode géométrique*

Le rapport de s est : $\frac{BC}{ID} = 2$; son angle est : Mes $\widehat{(\overrightarrow{ID}, \overrightarrow{BC})} = -\frac{\pi}{2}$.

Donc, s est une similitude de rapport 2 et d'angle $-\frac{\pi}{2}$.

Le centre Ω de s vérifie : Mes $\widehat{(\overrightarrow{\Omega I}, \overrightarrow{\Omega B})}$ = Mes $\widehat{(\overrightarrow{\Omega D}, \overrightarrow{\Omega C})} = -\frac{\pi}{2}$.

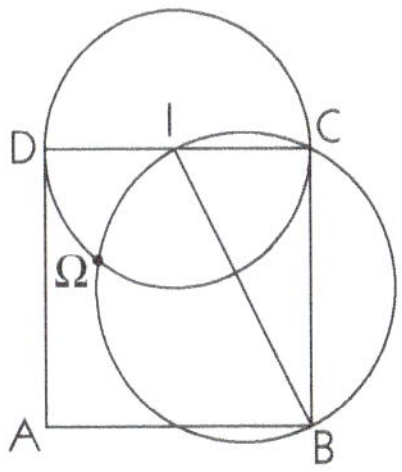

Donc, Ω appartient aux cercles de diamètres respectifs [IB] et [DC].
Ces deux cercles ont en commun le point C, qui n'est pas invariant par s.
Donc Ω est le point d'intersection, autre que C, des cercles de diamètres [IB] et [DC].

• *Méthode algébrique*

On munit le plan du repère orthonormé direct $(A, \overrightarrow{AB}, \overrightarrow{AD})$.

On a : $z_I = \frac{1}{2} + i$, $z_B = 1$, $z_C = 1 + i$ et $z_D = i$.

L'écriture complexe de la similitude f est de la forme : $z' = az + b$.

On a : $\begin{cases} s(I) = B \\ s(D) = C \end{cases} \Leftrightarrow \begin{cases} (\frac{1}{2} + i)\, a + b = 1 \\ ia + b = 1 + i \end{cases}$.

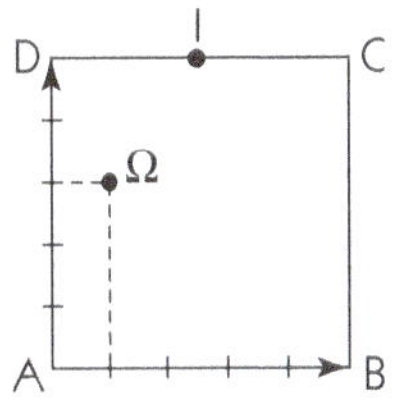

Donc : $a = -2i$ et $b = -1 + i$.

L'écriture complexe de s est : $z' = -2iz - 1 + i$.

On en déduit que s est la similitude directe de centre $\Omega(\frac{1 + 3i}{5})$, de rapport 2 et d'angle $-\frac{\pi}{2}$.

Construction du centre de la similitude dans le cas général

1er cas : les droites (AB) et (A'B') sont parallèles

• Si $\overrightarrow{AB} = \overrightarrow{A'B'}$, alors s est la translation de vecteur $\overrightarrow{AA'}$.

• Si $\overrightarrow{AB} \neq \overrightarrow{A'B'}$, alors s est une homothétie de rapport $\frac{A'B'}{AB}$.

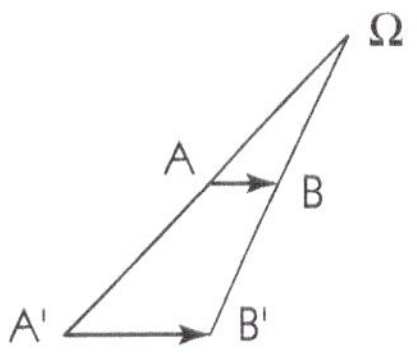

– Lorsque (AB) ≠ (A'B'), le centre de cette homothétie est le point d'intersection Ω des droites (AA') et (BB').

– Lorsque (AB) = (A'B'), un point C n'appartenant pas à (AB) a pour image le point C' tel que (A'C') // (AC) et (B'C') // (BC) ; le centre de l'homothétie est le point d'intersection Ω des droites (AA') et (CC').

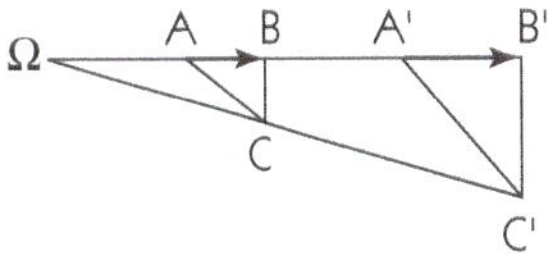

2e cas : les droites (AB) et (A'B') sont sécantes en I

s n'est ni une translation ni une homothétie.

s est la similitude directe de rapport $\frac{A'B'}{AB}$, d'angle $\widehat{(\overrightarrow{AB}, \overrightarrow{A'B'})}$ et de centre son unique point invariant Ω.

On a : $\widehat{(\overrightarrow{\Omega A}, \overrightarrow{\Omega A'})} = \widehat{(\overrightarrow{\Omega B}, \overrightarrow{\Omega B'})} = \widehat{(\overrightarrow{AB}, \overrightarrow{A'B'})}$.

• Si I est différent de chacun des points A, B, A' et B', alors les points I, A et B, d'une part, et les points I, A' et B', d'autre part, sont alignés.

Donc : $2\,\widehat{(\overrightarrow{AB}, \overrightarrow{A'B'})} = 2\,\widehat{(\overrightarrow{IA}, \overrightarrow{IA'})} = 2\,\widehat{(\overrightarrow{IB}, \overrightarrow{IB'})}$.

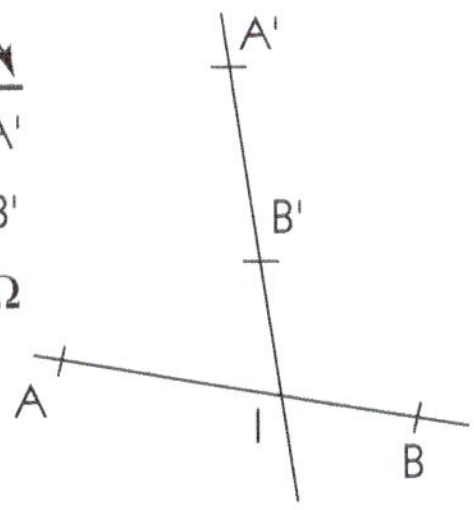

On en déduit que : $2\,(\overrightarrow{\Omega A}, \overrightarrow{\Omega A'}) = 2\,(\overrightarrow{IA}, \overrightarrow{IA'})$ et $2\,(\overrightarrow{\Omega B}, \overrightarrow{\Omega B'}) = 2\,(\overrightarrow{IB}, \overrightarrow{IB'})$.

Donc Ω appartient aux cercles $(\mathscr{C})$ et $(\mathscr{C}')$ circonscrits respectivement aux triangles IAA' et IBB'. Ces deux cercles, ayant en commun le point I, sont soit tangents, soit sécants.

– Si $(\mathscr{C})$ et $(\mathscr{C}')$ sont tangents en I, alors : $\Omega = I$.
– Si $(\mathscr{C})$ et $(\mathscr{C}')$ sont sécants en I et J, alors : $\Omega = J$.

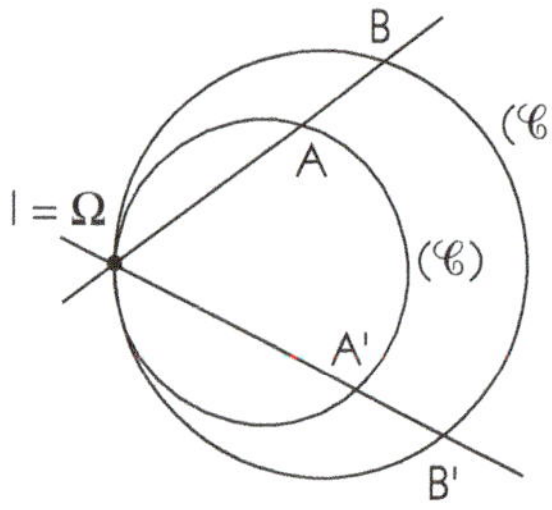

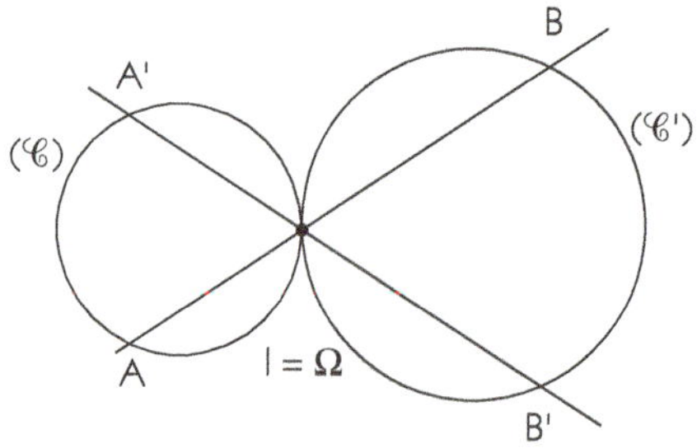

En effet, si Ω était en I, on aurait : $\dfrac{\overline{IA'}}{\overline{IB'}} = \dfrac{\overline{IA}}{\overline{IB}}$;

ce qui signifie qu'il existerait une homothétie h de centre I qui transforme A en B et A' en B'. Ainsi $(\mathscr{C}')$ serait l'image de $(\mathscr{C})$ par h. Autrement dit, I serait aligné avec les centres des cercles $(\mathscr{C})$ et $(\mathscr{C}')$. Ce qui est impossible car $(\mathscr{C})$ et $(\mathscr{C}')$ sont sécants.

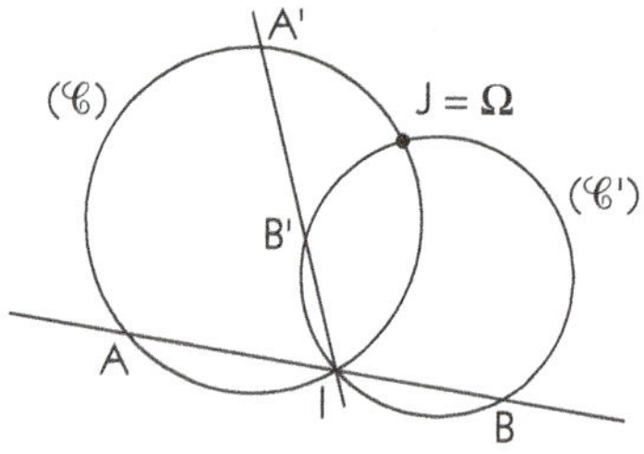

• Si I est l'un des points A, A', B et B' (par exemple I = A), on construit le milieu K du segment [AB] et son image K' par s, qui est le milieu du segment [A'B'].

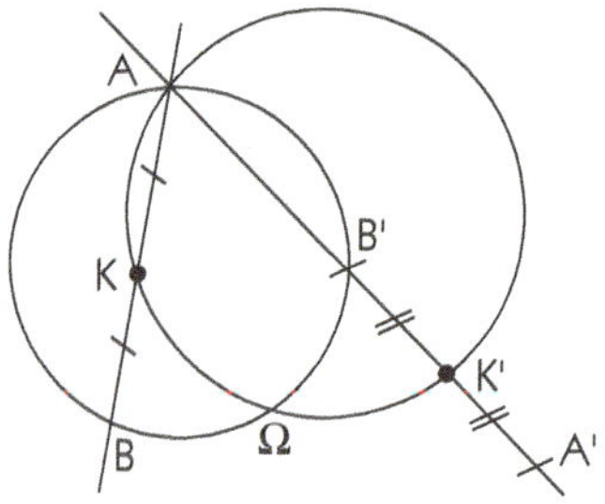

Ainsi, on retrouve la situation précédente avec $(KB) \cap (K'B') = \{A\}$; Ω est le point d'intersection, autre que A, des cercles circonscrits aux triangles AKK' et ABB'.

2.2. Utilisations des similitudes directes

Similitudes directes et recherche de lieux géométriques

1. Soit $(\mathscr{C})$ un cercle de centre I et A un point de $(\mathscr{C})$. M étant un point de $(\mathscr{C})$, on désigne par AMNP le carré de sens direct.
Déterminer le lieu du centre K de ce carré lorsque M décrit le cercle $(\mathscr{C})$.

Solution

K est l'image de M par la similitude directe s de centre A, de rapport $\frac{\sqrt{2}}{2}$ et d'angle $\frac{\pi}{4}$.

M décrit $(\mathscr{C})$; donc, le lieu de K est l'image de $(\mathscr{C})$ par s, c'est-à-dire le cercle $(\mathscr{C}')$ de centre I', image par s de I, et qui passe par A.

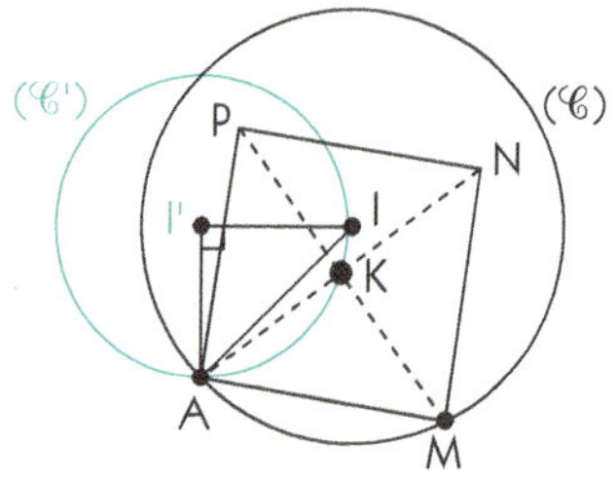

2. ABCD est un carré de sens direct et de centre I.
Soit M un point de la demi-droite [CB), distinct de B et C. La perpendiculaire en A à (AM) coupe la droite (DC) en P, et Q est le milieu du segment [MP].
Déterminer le lieu de Q lorsque M décrit la demi-droite [CB) privée de B et C.

Solution

• *Méthode géométrique*

Soit r le quart de tour direct de centre A.
On a : r(B) = D et r(C) = C', où C' est le symétrique de C par rapport à D.
Donc, l'image par r de la demi-droite [CB) est la demi-droite [C'D).

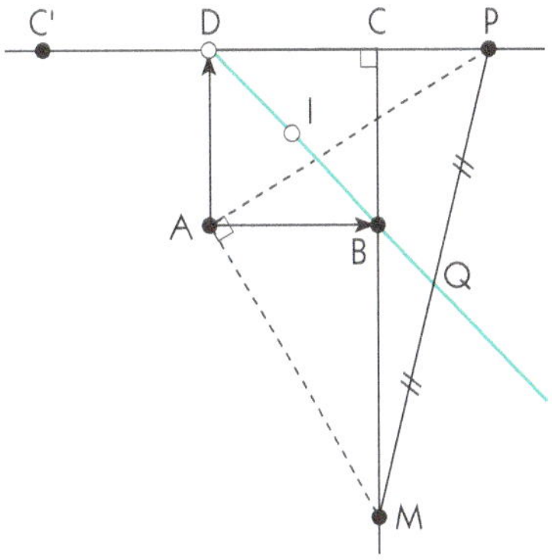

On a : M ∈ (AM) ∩ (BC).

Donc : r(M) ∈ (AP) ∩ (C'D) ;

c'est-à-dire : r(M) = P.

On en déduit que le triangle AMP est de sens direct, rectangle et isocèle en A.
Donc, Q est l'image de M par la similitude directe s de centre A, de rapport $\frac{1}{\sqrt{2}}$ et d'angle $\frac{\pi}{4}$.
Le lieu de Q est donc l'image par s de [CB) \ {B ; C}, c'est-à-dire la demi-droite [DI), privée de I et D.

• *Méthode algébrique*
On munit le plan du repère orthonormé direct $(A, \overrightarrow{AB}, \overrightarrow{AD})$.
On a : $z_M = 1 + iy$, où $y \in]-\infty ; 1[\setminus \{0\}$.
Le quart de tour direct r de centre A a pour écriture complexe : $z' = iz$;
donc, si on désigne par M' l'image de M par r, on a : $z_{M'} = -y + i$.
On en déduit que : M' ∈ (DC) ; donc : M' = P.
Q est le milieu de [MP] ; donc : $z_Q = \frac{z_M + z_P}{2} = \frac{-y+1}{2} + i\,\frac{y+1}{2}$.
On en déduit que Q appartient à la demi-droite d'équation $x + y = 1$, $y \in]-\infty ; 1[\setminus \{\frac{1}{2}\}$;
c'est-à-dire la demi-droite [DI), privée de I et D.

Similitudes directes et problèmes de construction

Soit (Δ_1) et (Δ_2) deux droites disjointes et A un point n'appartenant ni à (Δ_1), ni à (Δ_2).
Construire un carré ABCD tel que : $B \in (\Delta_1)$ et $C \in (\Delta_2)$.

Solution

Analyse d'une figure répondant à la question
Soit ABCD un carré de sens direct, tel que :

$$B \in (\Delta_1) \text{ et } C \in (\Delta_2).$$

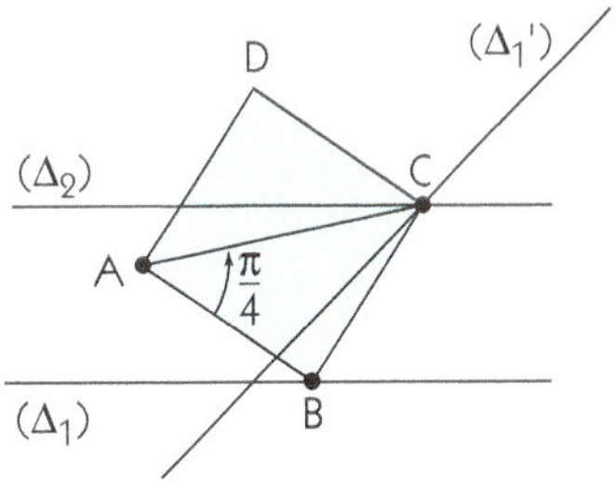

La configuration du « demi-carré » conduit à considérer la similitude directe s de centre A, de rapport $\sqrt{2}$ et d'angle $\frac{\pi}{4}$.

On a : $C \in (\Delta_2) \cap (\Delta_1')$, où $(\Delta_1') = s(\Delta_1)$.

Synthèse : construction d'un carré ABCD

D'après ce qui précède, pour construire un carré ABCD de sens direct répondant à la question, il suffit de suivre les étapes suivantes :

- construire l'image (Δ_1') de (Δ_1) par s, en construisant par exemple les images de deux points de cette droite ; les droites (Δ_2) et (Δ_1') se coupent en un point C ;
- construire l'antécédant de C par s, c'est-à-dire le point B tel que le triangle ABC est de sens direct, rectangle et isocèle en B ;
- construire le point D tel que ABCD soit un carré.

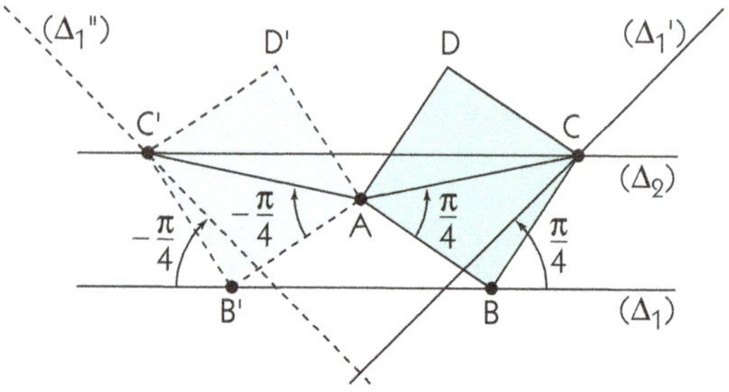

Discussion

On aurait pu choisir le carré ABCD de sens indirect. Deux similitudes sont possibles : s et s', de même centre, de même rapport et d'angles respectifs $\frac{\pi}{4}$ et $-\frac{\pi}{4}$.

On refait le même schéma de construction avec la similitude s'.
Le problème admet deux solutions, les carrés ABCD et AB'C'D'.

Similitudes directes et démonstration de propriétés

1. *Théorème de Ptolémée*

ABCD est un quadrilatère convexe.

1°) Soit s la similitude directe de centre B, qui transforme D en C, et E l'image de A par s. Démontrer que les triangles BAD et BEC d'une part, BAE et BDC d'autre part, sont semblables.

2°) Démontrer que : $AB \times CD + AD \times BC \geq AC \times BD$.

3°) Démontrer que le quadrilatère ABCD est inscriptible si et seulement si :

$$AB \times CD + AD \times BC = AC \times BD.$$

Solution

1°) On a : s(B) = B, s(A) = E et s(D) = C ;
les triangles BAD et BEC sont donc semblables.

On a : $\frac{BD}{BA} = \frac{BC}{BE}$ et $(\widehat{\overrightarrow{BA}, \overrightarrow{BD}}) = (\widehat{\overrightarrow{BE}, \overrightarrow{BC}})$.

La similitude s' de centre B, de rapport $\frac{BD}{BA}$ et d'angle $(\widehat{\overrightarrow{BA}, \overrightarrow{BD}})$ transforme donc BAE en BDC.

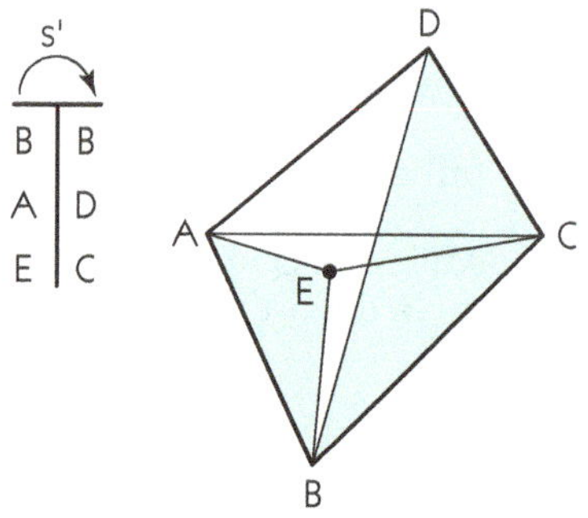

On en déduit que les triangles BAE et BDC sont semblables.
(s étant une similitude directe, on dit aussi que ces triangles sont directement semblables.)

2°) On a : $\frac{AE}{AB} = \frac{DC}{DB}$; donc : $AE \times BD = CD \times AB$.

De plus : $\frac{EC}{BC} = \frac{AD}{BD}$; donc : $EC \times BD = AD \times BC$.

On en déduit que : $(AE + EC) \times BD = AB \times CD + AD \times BC$.
Or : $AE + EC \geq AC$; donc : $AB \times CD + AD \times BC \geq AC \times BD$.

3°) On a : $AB \times CD + AD \times BC = AC \times BD \iff AE + EC = AC$
$\iff (\widehat{\overrightarrow{EA}, \overrightarrow{EC}}) = \hat{\pi}$.

Or : $(\widehat{\overrightarrow{EA}, \overrightarrow{EC}}) = (\widehat{\overrightarrow{EA}, \overrightarrow{EB}}) + (\widehat{\overrightarrow{EB}, \overrightarrow{EC}})$
$= (\widehat{\overrightarrow{CD}, \overrightarrow{CB}}) + (\widehat{\overrightarrow{AB}, \overrightarrow{AD}})$.

Donc : $(\widehat{\overrightarrow{EA}, \overrightarrow{EC}}) = \hat{\pi} \iff (\widehat{\overrightarrow{CD}, \overrightarrow{CB}}) + (\widehat{\overrightarrow{AB}, \overrightarrow{AD}}) = \hat{\pi}$
$\iff (\widehat{\overrightarrow{AB}, \overrightarrow{AD}}) = \hat{\pi} + (\widehat{\overrightarrow{CB}, \overrightarrow{CD}})$
$\iff$ ABCD inscriptible.

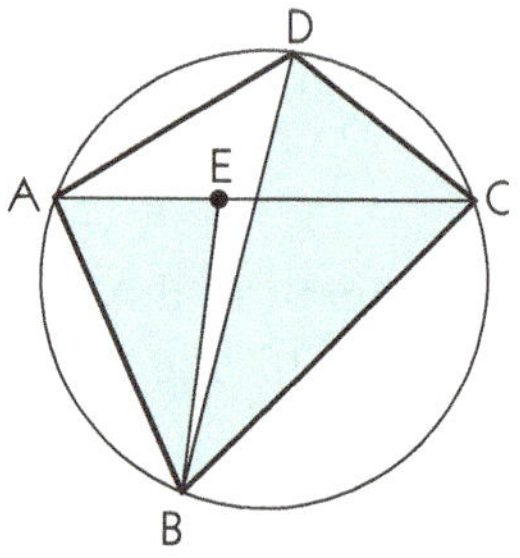

2. *Les rectangles d'or*

ABCD est un rectangle de sens direct tel que : BC = k AB ($k > 0$).
On construit à l'extérieur de ce rectangle le carré BIJC.

1°) Déterminer le nombre réel k pour que les droites (AC) et (DI) soient perpendiculaires.
Dans la suite du problème, k garde la valeur ainsi trouvée.

2°) On désigne par Ω le point d'intersection des droites (AC) et (DI).
Démontrer qu'il existe une similitude directe s de centre Ω telle que les points A, B, C et D ont pour images respectives par s les points I, J, D et A.

3°) On désigne par I' le point d'intersection de (AC) et (IJ), et J' le point tel que I'J'AI soit un rectangle.
***a)* Démontrer que I'J'AI est l'image par s du rectangle IJD'A.**
***b)* Démontrer que I'J'DJ est un carré.**

Solution

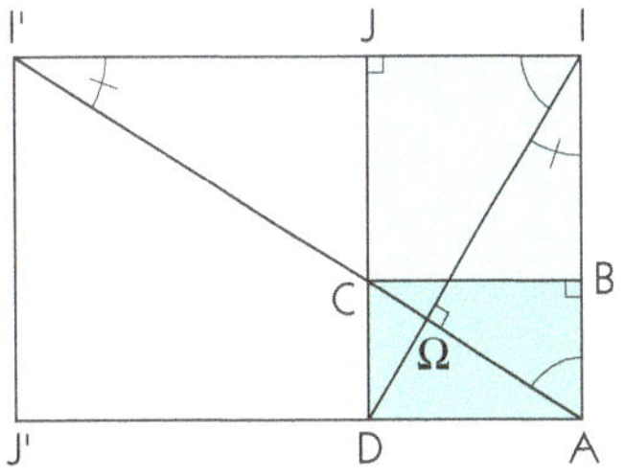

1°) Considérons les triangles rectangles ABC et IJD.

On a : (AB) ⊥ (IJ) et (BC) ⊥ (JD).

Donc, les droites (AC) et (DI) sont perpendiculaires si et seulement si les triangles ABC et IJD sont semblables.

C'est-à-dire : $\dfrac{AB}{BC} = \dfrac{IJ}{JD} \Leftrightarrow \dfrac{AB}{kAB} = \dfrac{kAB}{(k+1)AB}$

$\Leftrightarrow k^2 - k - 1 = 0.$

On en déduit que : $k = \dfrac{1+\sqrt{5}}{2}$.

2°) Soit s la similitude directe de centre Ω, telle que s(A) = I.

Les triangles DAI et AΩI sont semblables ; donc : $\dfrac{\Omega I}{\Omega A} = \dfrac{AI}{AD} = \dfrac{k+1}{k} = k$.

De plus, on a : Mes $(\widehat{\overrightarrow{\Omega A}, \overrightarrow{\Omega I}}) = \dfrac{\pi}{2}$.

Donc, s est la similitude de centre Ω, de rapport $k = \dfrac{1+\sqrt{5}}{2}$ et d'angle $\dfrac{\pi}{2}$.

Déterminons l'image de B par s.

On a : (IJ) ⊥ (AB) et s(A) = I ; donc, l'image par s de la droite (AB) est la droite (IJ).

De plus : Mes $(\widehat{\overrightarrow{AB}, \overrightarrow{IJ}}) = \dfrac{\pi}{2}$ et $\dfrac{IJ}{AB} = k$; donc : s(B) = J.

On démontre de même que : s(C) = D et s(D) = A.

3°) *a)* Les triangles ΩII' et ΩAI sont semblables ; donc : $\dfrac{\Omega I'}{\Omega I} = \dfrac{\Omega I}{\Omega A} = k$.

De plus : Mes $(\widehat{\overrightarrow{\Omega I}, \overrightarrow{\Omega I'}}) = \dfrac{\pi}{2}$.

Donc : s(I) = I'.

Une démonstration analogue à celle utilisée dans la question **2°)** permet de démontrer que : s(J) = J'.
Donc, I'J'AI est l'image par s du rectangle IJDA.

b) Les points I, J, C, B ont pour images respectives par s les points I', J',D, J et IJCB est un carré.

On en déduit que I'J'DJ est un carré.

Les rectangles ABCD, IJDA et I'J'AI sont appelés « rectangles d'or ».
On remarque que si on « ajoute » un carré à un rectangle d'or, on obtient un nouveau rectangle d'or.

Exercices

2.a ABC est un triangle de sens direct, rectangle et isocèle en C.
Construire l'image de B par la similitude directe de centre A, qui transforme C en B.

2.b ABCD est un rectangle de sens indirect.
Construire son image par la similitude directe de centre A, qui transforme D en C.

2.c ABC est un triangle de sens direct, rectangle et isocèle en A ; A' est le symétrique de A par rapport à C.
1. Déterminer le rapport et l'angle de la similitude directe s telle que : s(A') = C et s(C) = B.
2. Déterminer l'image par s de la droite (AC).
3. Soit Ω le centre de s. Démontrer que ΩCB est un triangle rectangle et isocèle ; construire Ω.

2.d Les points A, B, C et D ont pour affixes respectives 2, – 2i, – 2 et 2i. Déterminer la forme réduite de la similitude directe s telle que :

$$s(B) = C \text{ et } s(C) = D.$$

2.e Soit $(\mathscr{D})$ une droite et A un point du plan.
M étant un point de $(\mathscr{D})$, on désigne par AMNP le carré de sens direct.
Déterminer les lieux géométriques des points N et P, lorsque M décrit $(\mathscr{D})$.

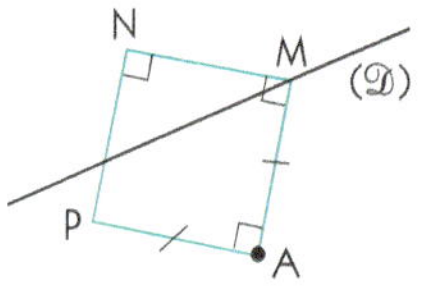

2.f Soit $(\mathscr{C})$ un cercle de diamètre [AB]. M étant un point de $(\mathscr{C})$ distinct de A et B, on désigne par N et P les points d'intersection de la droite (BM) et du cercle de centre M passant par A.
Déterminer les lieux géométriques des points N et P, lorsque M décrit $(\mathscr{C})$ privé de A et B.

2.g ABC est un triangle de sens direct. On construit extérieurement aux côtés de ce triangle les carrés BCPQ, ACRS et ABTU, de centres respectifs A', B' et C'.
Soit s_B la similitude directe de centre B, de rapport $\sqrt{2}$, d'angle $\frac{\pi}{4}$ et s_A la similitude directe de centre A, de rapport $\frac{1}{\sqrt{2}}$, d'angle $\frac{\pi}{4}$.
1. *a)* Déterminer les images par $s_A \circ s_B$ des points A et A'.
b) En déduire que les segments [AA'] et [B'C'] sont isométriques et perpendiculaires.
2. Déterminer deux autres couples de segments isométriques et perpendiculaires.

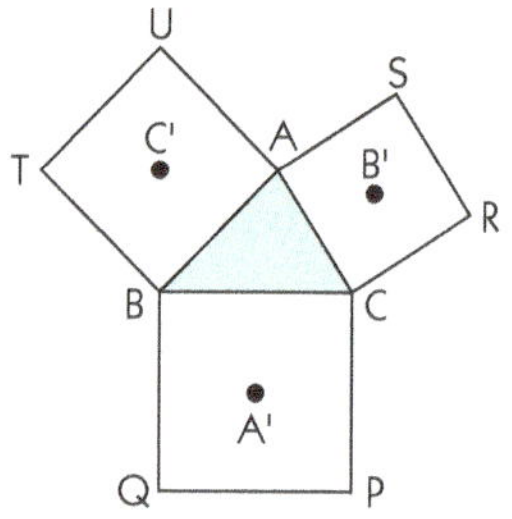

Exercices

Le plan complexe est muni du repère orthonormé $(O, \vec{e}_1, \vec{e}_2)$.

APPRENTISSAGE

Similitudes directes du plan

1 Dans chacun des cas suivants, déterminer les éléments caractéristiques de la similitude directe d'écriture complexe donnée.

a) $z' = iz + 1$ *b)* $z' = (1 - i)z + 1$

c) $z' = \left(\frac{1 + i\sqrt{3}}{4}\right)z + 2i$ *d)* $z' = -z + 2i$

e) $z' = z + 3 - i$ *f)* $z' = -\sqrt{3}z$.

2 Dans chacun des cas suivants, déterminer l'écriture complexe de la similitude directe de centre Ω, de rapport k et d'angle α.

a) $\Omega(1 + i)$, $k = 2$ et $\alpha = \frac{2\pi}{3}$

b) $\Omega(-3)$, $k = \sqrt{2}$ et $\alpha = \frac{\pi}{2}$

c) $\Omega(i)$, $k = \frac{\sqrt{2}}{2}$ et $\alpha = \frac{\pi}{3}$

d) $\Omega(-2 + \frac{i}{2})$, $k = \frac{1}{2}$ et $\alpha = -\frac{\pi}{3}$

e) $\Omega(1 - i)$, $k = 2$ et $\alpha = \frac{\pi}{4}$.

3 Dans chacun des cas suivants, déterminer l'écriture complexe de la similitude directe s définie par :

$$s(A) = A' \text{ et } s(B) = B'.$$

a) A(3 + 2i), A'(3), B(1) et B'(i)

b) A(2 + i), A'(3 + 2i), B(2) et B'(3i).

4 Soit s la similitude directe d'écriture complexe :

$$z' = 3iz - 9 - 3i.$$

1. Déterminer les éléments caractéristiques de s.

2. Déterminer l'image par s :

a) du cercle de centre K(1 – 3i) et de rayon 1 ;

b) de la droite $(\mathcal{D})$ d'équation : $x = 1$.

5 A, B et C sont trois points du plan d'images respectives A', B' et C' par une similitude directe de rapport k.

Démontrer que : $\overrightarrow{A'B'} \cdot \overrightarrow{A'C'} = k^2 \, \overrightarrow{AB} \cdot \overrightarrow{AC}$.

(On pourra utiliser, après l'avoir justifiée, l'égalité :

$$\overrightarrow{A'B'} \cdot \overrightarrow{A'C'} = \frac{1}{2}(A'B'^2 + A'C'^2 - B'C'^2).)$$

6 Une similitude s laisse invariant le point I et transforme la droite $(\mathcal{D})$ en la droite $(\mathcal{D}')$.

Soit H et H' les projetés orthogonaux de I sur $(\mathcal{D})$ et $(\mathcal{D}')$.

Démontrer que : H' = s(H).

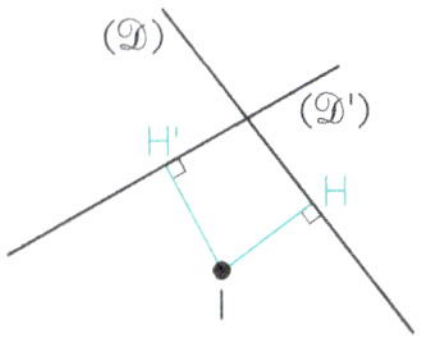

7 Soit A, B et C les points d'affixes respectives :

$$i, \quad 1 + i \quad \text{et} \quad 2 + 2i.$$

1. Déterminer l'affixe du barycentre G des points A, B et C affectés respectivement des coefficients 2, – 2 et 1.

2. Démontrer que la similitude directe s, qui transforme A en B et B en C, a pour centre le point G.

3. Déterminer l'angle et le rapport de s.

8 Une similitude directe de centre Ω transforme un point A en un point A' et un point B en un point B'. Démontrer qu'il existe une similitude directe de centre Ω qui transforme A en B et A' en B'.

9 Soit ABCD un losange de sens direct, de centre I et tel que Mes $(\widehat{\overrightarrow{AB}, \overrightarrow{AD}}) = \frac{\pi}{4}$.

On considère la similitude directe s_C de centre C, qui transforme A en B.

1. Démontrer que l'image I' du point I par s_C est le milieu du segment [BC].

2. *a)* Démontrer que l'image D' du point D par s_C appartient à la droite (AC) et que les droites (D'I') et (BC) sont perpendiculaires.

b) En déduire une construction du point D'.

10 Sur la figure ci-contre, ABC et CAD sont deux triangles isocèles tels que :

AB = AC = CD,

Mes $(\widehat{\overrightarrow{AB}, \overrightarrow{AC}}) = \frac{\pi}{4}$,

Mes $(\widehat{\overrightarrow{CD}, \overrightarrow{CA}}) = \frac{\pi}{2}$.

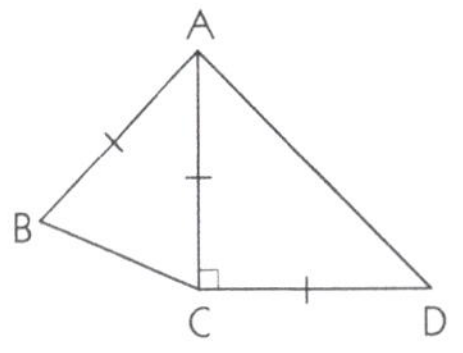

1. Soit r_A la rotation de centre A qui transforme B en C, r_C la rotation de centre C et d'angle $-\frac{\pi}{2}$.

On pose : $f = r_C \circ r_A$.

a) Déterminer les images par f de A et B.

b) Démontrer que f est une rotation, dont on précisera le centre Ω et l'angle.

2. Soit s la similitude directe de centre Ω, qui transforme A en B. On note C' l'image de C par s, H le milieu du segment [BC] et H' son image par s.

a) Déterminer l'angle de s.

b) Démontrer que C' appartient à la droite (ΩA).

c) Démontrer que H' est le milieu du segment $[\Omega B]$.

d) Démontrer que (C'H') est perpendiculaire à (ΩB).

En déduire que C' est le centre du cercle circonscrit au triangle ΩBC.

Similitudes directes et problèmes de géométrie

11 Soit s la similitude directe d'écriture complexe :

$$z' = (1 + i)z - i.$$

1. Déterminer les éléments caractéristiques de s.

2. On désigne par A le centre de s.

Soit M un point distinct de A, d'image M' par s.

Quelle est la nature du triangle AMM' ?

3. Déterminer le lieu géométrique de M' lorsque M décrit le cercle de centre O et de rayon 1.

12 Soit $(\mathscr{C})$ un cercle de centre I et A un point du plan.
M étant un point de $(\mathscr{C})$, on désigne par AMN le triangle équilatéral de sens direct.
Déterminer le lieu géométrique du milieu J du segment [AN], lorsque M décrit $(\mathscr{C})$.

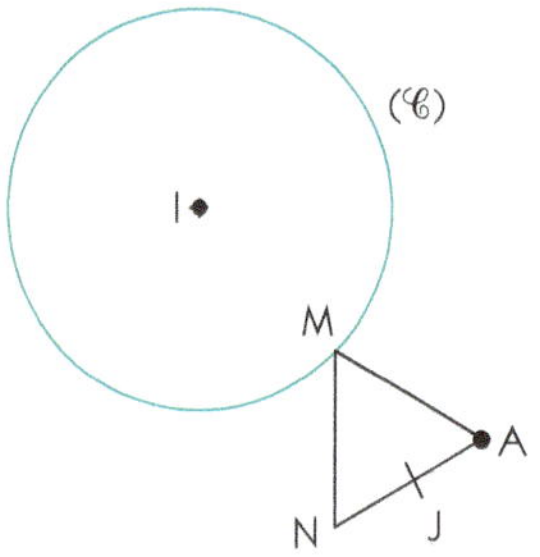

13 Soit $(\mathscr{D})$ une droite et A un point n'appartenant pas à $(\mathscr{D})$. M étant un point de $(\mathscr{D})$, on désigne par N le point de $(\mathscr{D})$ tel que Mes $\widehat{(\overrightarrow{AM}, \overrightarrow{AN})} = \frac{\pi}{6}$, par H_M et H_N les pieds des hauteurs issues de M et N dans le triangle AMN.
Déterminer les lieux géométriques des points H_M et H_N, lorsque M décrit $(\mathscr{D})$.

14 Soit ABCD un carré.
M étant un point de la droite (DC), la perpendiculaire en A à la droite (AM) coupe la droite (BC) en N.

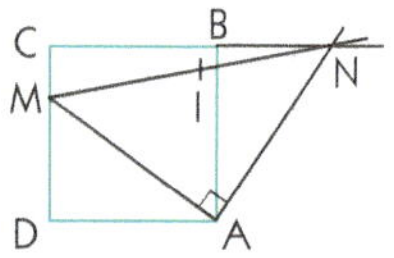

1. Démontrer que AMN est un triangle rectangle isocèle.
2. Déterminer le lieu géométrique du milieu I du segment [MN], lorsque M décrit (DC).

15 Soit M un point d'un demi-cercle $(\mathscr{C})$ de diamètre [AB]. La droite (MB) coupe en I la perpendiculaire issue de A à la bissectrice de l'angle $\widehat{AMB}$.
Déterminer et construire le lieu géométrique du point I, lorsque M décrit $(\mathscr{C})$.

16 Soit s la similitude directe d'écriture complexe :

$$z' = (1 - i)z + 2 - i.$$

1. Déterminer les éléments caractéristiques de s.
2. Déterminer et construire l'ensemble des points M d'affixe z tels que : $|(1 - i)z + 2 - i)| = 4$.
3. Retrouver le résultat de la question précédente par une méthode algébrique.

17 Soit s la similitude directe d'écriture complexe :

$$z' = (1 + i\sqrt{3})z + \frac{3 + i\sqrt{3}}{2}.$$

1. Déterminer les éléments caractéristiques de s.
2. Déterminer et construire l'ensemble des points M d'affixe z tels que : $\left|(1 + i\sqrt{3})z + \frac{3 + i\sqrt{3}}{2}\right| = 1$.

18 ABC est un triangle de sens direct. I, J et K sont les points tels que les triangles IBC, JAC et KBA sont de sens direct, rectangles et isocèles.

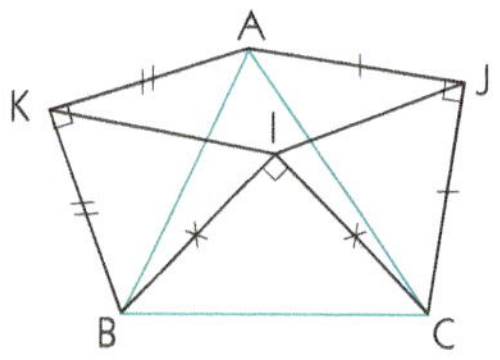

1. Déterminer :
a) l'angle et le rapport de la similitude directe s_1 de centre A, qui transforme C en J.
b) l'angle et le rapport de la similitude directe s_2, qui transforme A en K et C en I.
2. En déduire que IJAK est un parallélogramme.

19 ABC un triangle de sens direct, A', B' et C' les points extérieurs à ce triangle tels que A'BC, B'AC et C'AB sont des triangles équilatéraux. I, J et K sont les centres de gravité respectifs des triangles A'BC, B'AC et C'AB.
1. *a)* Déterminer le rapport et l'angle de la similitude directe s_A de centre A, qui transforme J en C.
b) Déterminer l'image de K par s_A.
2. *a)* Déterminer le rapport et l'angle de la similitude directe s_B de centre B, qui transforme C en I.
b) Déterminer l'image de C' par s_B.
3. Démontrer que $s_B \circ s_A$ est une rotation, dont on précisera le centre et l'angle.
4. En déduire que le triangle IJK est équilatéral.

20 ABCD et AEFG sont des carrés de sens direct.
Le but de cet exercice est de démontrer que les droites (BE), (CF) et (DG) sont concourantes.
1. En utilisant la rotation r de centre A et d'angle $\frac{\pi}{2}$, démontrer que les droites (BE) et (DG) sont perpendiculaires et que BE = DG.
2. On désigne par I le point d'intersection de (BE) et (DG), H le projeté orthogonal de A sur (BE) et K le projeté orthogonal de A sur (DG).
a) Démontrer que : r(H) = K.
b) En déduire que AHIK est un carré.
3. Soit f la similitude directe de centre A qui transforme B en C.
a) Déterminer le rapport et l'angle de cette similitude.
b) Déterminer f(E) et f(H).
c) Conclure.

21 ABCD est un quadrilatère convexe de sens direct.

On construit extérieurement aux côtés de ce quadrilatère les carrés AMNB, BPQC, CRSD et DUTA, de centres respectifs O_1, O_2, O_3 et O_4.

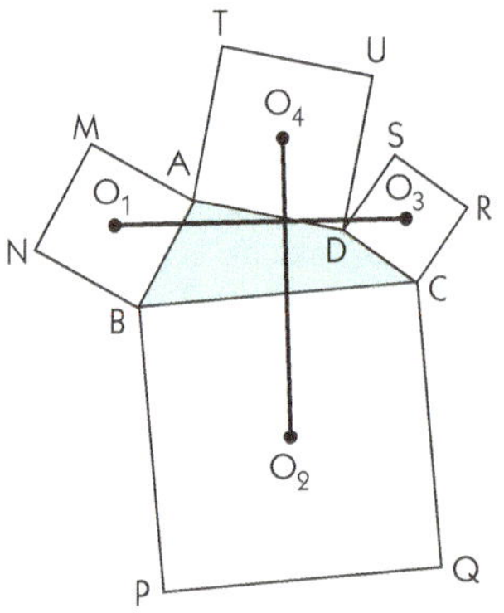

1. Soit s_D la similitude directe de centre D, de rapport $\sqrt{2}$ et d'angle $-\frac{\pi}{4}$, s_B la similitude directe de centre B, de rapport $\frac{1}{\sqrt{2}}$ et d'angle $-\frac{\pi}{4}$.
Démontrer que l'image par $s_B \circ s_D$ de O_3 est O_2.
2. Soit s'_B la similitude directe de centre B, de rapport $\sqrt{2}$ et d'angle $-\frac{\pi}{4}$, s'_D la similitude directe de centre D, de rapport $\frac{1}{\sqrt{2}}$ et d'angle $-\frac{\pi}{4}$.
Démontrer que l'image par $s'_D \circ s'_B$ de O_1 est O_4.
3. *a)* Démontrer que : $s_B \circ s_D = s'_D \circ s'_B$.
b) En déduire que les segments $[O_1O_3]$ et $[O_2O_4]$ sont isométriques et perpendiculaires.

22 Soit ABC un triangle tel que Mes $\widehat{(\overrightarrow{AB}, \overrightarrow{AC})} = -\frac{\pi}{3}$ et AC = 2AB, $(\mathscr{D})$ une droite ne passant par A.
1. Déterminer le rapport et l'angle de la similitude directes de centre A, qui transforme B en C.

2. Déterminer et construire un point M de $(\mathscr{D})$ tel que :
$s(M) \in (\mathscr{D})$.

APPROFONDISSEMENT

23 Deux cercles $(\mathscr{C})$ et $(\mathscr{C}')$, de centres I et I', de rayons r et r', sont sécants en deux points A et B.
1. Démontrer qu'il existe une similitude directe s de centre A qui transforme $(\mathscr{C})$ en $(\mathscr{C}')$; préciser son angle et son rapport.
2. Soit B' l'image de B par s.
a) Démontrer que la droite (BB') est tangente à $(\mathscr{C})$.
b) En déduire une construction du point B'.
3. Soit M un point de $(\mathscr{C})$, distinct de A et B, et M' son image par s. Démontrer que les points B, M et M' sont alignés.

24 ABA' est un triangle équilatéral de sens direct et B' le point tel que : $\overrightarrow{A'B'} = 2\,\overrightarrow{AA'}$. Soit s la similitude directe qui transforme A en A' et B en B'.
1. Déterminer le rapport et l'angle de s.
2. Soit Ω le centre de s. Exprimer ΩA et $\Omega A'$ en fonction de AA'.
3. Démontrer que le triangle $\Omega AA'$ est rectangle en A, puis placer Ω.
4. Soit A'' l'image de A' par s.
Démontrer que Mes $\widehat{(\overrightarrow{A'B'}, \overrightarrow{A'A''})} = \frac{\pi}{3}$ et que le triangle A'B'A'' est équilatéral, puis placer A''.

25 ABC est un triangle de sens direct, isocèle et rectangle en A. Les points I, J et K sont les milieux respectifs des segments [BC], [AC] et [AB].
On désigne par (Γ_A), (Γ_B) et (Γ_C) les cercles de diamètres respectifs [AI], [BI] et [CI].
1. Soit r la rotation de centre I et d'angle $\frac{\pi}{2}$.
Déterminer les images de (Γ_A) et (Γ_C) par r.
2. Pour tout point M de (Γ_A) distinct de I, J et K, on note N le point où la droite (MK) recoupe (Γ_B) et P le point où la droite (MJ) recoupe (Γ_C).
a) Déterminer le centre de la similitude directe s_M qui transforme A en M et B en N.
b) Déterminer le centre de la similitude directe s'_M qui transforme A en M et C en P.
c) Comparer s_M et s'_M ; en déduire que les points N, I et P sont alignés.
3. Dans cette question, le point M de (Γ_A) est choisi de sorte que Mes $\widehat{(\overrightarrow{IA}, \overrightarrow{IM})} = -\frac{\pi}{6}$.
Démontrer qu'il existe une similitude directe qui transforme le triangle ABC en le triangle MNP ; préciser ses éléments caractéristiques.

26 A est un point du plan. On considère la transformation f qui, à tout point M du plan, associe le point M' tel que :
• si M = A, alors M' = A ;
• si M ≠ A, alors M' est le centre de gravité du triangle AMB de sens direct, rectangle et isocèle en M.
1. Démontrer que, si M est distinct de A, alors :
$\cos \widehat{(\overrightarrow{AM}, \overrightarrow{AM'})} = \frac{2\sqrt{5}}{5}$, $\sin \widehat{(\overrightarrow{AM}, \overrightarrow{AM'})} = \frac{\sqrt{5}}{5}$ et $\frac{AM'}{AM} = \frac{\sqrt{5}}{3}$.
2. En déduire la nature et les éléments caractéristiques de la transformation f.

27 ABC est un triangle de sens direct. On construit à l'extérieur de ce triangle les triangles ABP, BCQ et CAR, rectangles et isocèles respectivement en P, Q et R.
1. *a)* Déterminer les éléments caractéristiques de la similitude directe s_B de centre B, qui transforme P en A.
b) Déterminer les éléments caractéristiques de la similitude directe s_C de centre C, qui transforme A en R.
2. Démontrer que la transformation $s_C \circ s_B$ est une rotation, dont on précisera l'angle.
3. On désigne par I le milieu de [BC].
a) Démontrer que I est le centre de $s_C \circ s_B$.
b) En déduire la nature du triangle IPR.

28 ABCD et DEFG sont des carrés de sens direct tels que E est le milieu de [CD].

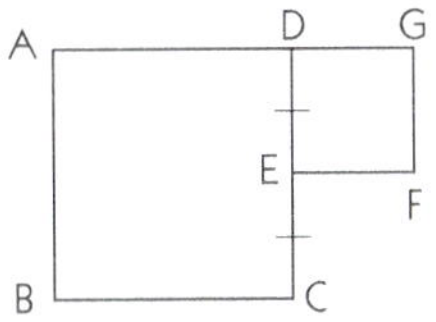

1. Soit s la similitude directe de centre D qui transforme A en B.
a) Déterminer les éléments caractéristiques de s.
b) Déterminer l'image de E par s et la mesure principale de l'angle $\widehat{(\overrightarrow{AE}, \overrightarrow{BF})}$.
2. On désigne par $(\mathscr{C})$ le cercle de diamètre [BD] et par K le point d'intersection des droites (AE) et (BF).
a) Démontrer que K appartient à $(\mathscr{C})$.
b) En déduire que (KD) et (BF) sont perpendiculaires.
3. On désigne par $(\mathscr{C}')$ le cercle de diamètre [DF].
a) Démontrer que K appartient à $(\mathscr{C}')$.
b) En déduire que les points C, G et K sont alignés.

29 ABCD est un carré de sens direct et de centre I. Soit P un point de la droite (BC), distinct de B. Les droites (AP) et (CD) se coupent en Q. La droite perpendiculaire à (AP) passant par A, coupe (BC) en R et (CD) en T.
1. Soit r la rotation de centre A et d'angle $\frac{\pi}{2}$.
a) Déterminer l'image de (BC) par r.
b) En déduire les images par r des points P et R.
2. On désigne par N et M les milieux respectifs des segments [PT] et [QR], par s la similitude directe de centre A, de rapport $\frac{\sqrt{2}}{2}$ et d'angle $\frac{\pi}{4}$.
a) Déterminer les images par s des points B, R et P.
b) Déterminer le lieu géométrique du point N lorsque P décrit (BC) privée de B.
c) En déduire que les points M, N, B, D et I sont alignés.

30 ABCD est un carré de sens direct et de centre I. On désigne par J le milieu du segment [AI] et par s la similitude directe, qui transforme A en I et B en J.
1. Déterminer le rapport et l'angle de s.
2. Construire s(C) et s(D).
3. Démontrer que le centre Ω de s appartient au cercle de diamètre [AD] et au cercle circonscrit au triangle ABJ. Construire Ω avec précision.

31 On donne deux cercles $(\mathscr{C})$ et $(\mathscr{C}')$ de centres respectifs I et I', de rayons différents r et r'.
1. Démontrer que l'ensemble des centres des similitudes directes, qui transforment $(\mathscr{C})$ en $(\mathscr{C}')$, est un cercle (Γ) que l'on déterminera.
2. On suppose que : $r' = 2r$ et II' = 3.
Soit A et B les points tels que : $\frac{1}{3}\overrightarrow{IA} = \overrightarrow{II'}$ et $\overrightarrow{IB} = -\overrightarrow{II'}$.
a) Démontrer que : $A \in (\Gamma)$ et $B \in (\Gamma)$.

b) En déduire le tracé de (Γ).
c) Soit K le point de contact de la tangente à (Γ) issue de I', tel que KII' est de sens direct.
Déterminer l'angle de la similitude directe de centre K, qui transforme ($\mathscr{C}$) en ($\mathscr{C}'$).

32 Soit s la similitude directe d'écriture complexe :

$$z' = (1 + i)z + 2.$$

1. Déterminer les éléments caractéristiques de s.
2. Soit Ω le centre de s. Quelle est la nature du triangle MΩM', où M' est l'image de M par s ?
3. Donner un programme de construction de M'.
4. Déterminer et construire l'ensemble ($\mathscr{C}_1$) des points M tels que : OM = OM'.
5. Déterminer et construire l'ensemble ($\mathscr{C}_2$) des points M tels que : $\overrightarrow{OM} \cdot \overrightarrow{OM'} = 0$.

33 AII' est un triangle de sens direct, isocèle et rectangle en A. Les cercles ($\mathscr{C}$) et ($\mathscr{C}'$) passant par A, de centres respectifs I et I', se recoupent en un point B.
On associe à un point M de ($\mathscr{C}$) le point M' de ($\mathscr{C}'$) tel que :

$$\text{Mes}\,(\widehat{\overrightarrow{IM}, \overrightarrow{I'M'}}) = -\frac{\pi}{2}.$$

1. Démontrer qu'il existe une unique rotation r transformant I en I' et M en M'.
Déterminer le centre et l'angle de cette rotation.
2. Le point M étant distinct de B, la droite (BM) recoupe ($\mathscr{C}'$) en N' et la droite (BM') recoupe ($\mathscr{C}$) en N.
Démontrer que N' est l'image de N par r.
3. On construit les carrés MBM'P et NBN'Q.
Démontrer que P est l'image de M par la similitude directe s de centre B, qui transforme N en Q.
4. Déterminer les lieux géométriques des points P et Q, lorsque M décrit ($\mathscr{C}$).

34 Sur la figure ci-contre, [AB] est un diamètre du cercle ($\mathscr{C}$), C est un point de]AB[et I est le milieu de [BC].
La médiatrice de [BC] coupe ($\mathscr{C}$) en M et M', tel que AMM' est de sens direct.
Enfin, N est le projeté orthogonal de C sur (AM).

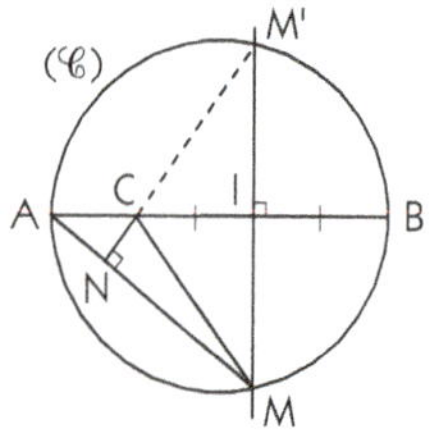

1. Démontrer que N, C et M' sont alignés.
2. Soit s la similitude directe de centre N, qui transforme M en C.
a) Déterminer l'angle de cette similitude.
b) Déterminer les images par s des droites (MI) et (NC).
c) En déduire l'image de M' par s.
3. Soit I' le milieu de [AC].
a) Démontrer que I' est l'image de I par s.
b) En déduire que la droite (NI) est tangente en N au cercle de diamètre [AC].

35 On considère deux segments [AC] et [BD] de même longueur, de milieux respectifs M et N tels que :

$$\text{Mes}\,(\widehat{\overrightarrow{AC}, \overrightarrow{BD}}) = \frac{\pi}{2}.$$

1. Déterminer toutes les isométries transformant [AC] en [BD].
2. Soit r_1 la rotation de centre I, qui transforme A en D et C en B. Soit r_2 la rotation de centre J, qui transforme A en B et C en D.
a) Quelle est la nature du quadrilatère IMJN ?
b) Donner un programme de construction de I et J, ne faisant intervenir que les points M et N.
3. Soit P le point diamétralement opposé à I sur le cercle de diamètre [AD] et s la similitude directe de centre I qui transforme A en P.
a) Déterminer les éléments caractéristiques de s et sa forme réduite.
b) Trouver l'image de la droite (AC) par s.
4. Les points M et N restent fixes et distincts. Les points A, B, C et D varient dans le plan de telle sorte que les segments [AC] et [BD] gardent une longueur constante ℓ et

$\text{Mes}\,(\widehat{\overrightarrow{AC}, \overrightarrow{BD}}) = \frac{\pi}{2}$.

On pose : R = s(C). Déterminer l'ensemble décrit par les points P et R.

36 ABCDEF est un hexagone régulier de centre I, tel que le triangle IAB est de sens direct. Soit J le milieu du segment [AI].
1. On note s_1 la similitude directe de centre B, de rapport $\frac{1}{2}$ et d'angle $\frac{\pi}{3}$.
a) Déterminer l'image de E par s_1.
b) Déterminer l'antécédent de J par s_1.
2. On note s_2 la similitude directe de centre J qui transforme A en F. Déterminer le rapport et l'angle de s_2.
3. On note s la similitude directe qui transforme E en F et D en J.
a) Comparer s et $s_2 \circ s_1$.
b) En déduire le rapport et l'angle de s.
c) Construire le centre Ω de s, en énumérant les différentes étapes de cette construction.

37 Soit r un nombre réel strictement positif, u le nombre complexe de module r et d'argument $-\frac{3\pi}{4}$.
1. On considère la suite (A_n) de points définie par :
- $A_0 = O$,
- l'affixe de A_1 est i,
- $\forall\, n \in \mathbb{N}^* \setminus \{1\}$, A_n est l'image de A_{n-2} par la similitude directe de centre A_{n-1}, de rapport r et d'angle $-\frac{3\pi}{4}$.

On désigne par z_n l'affixe de A_n.
a) Écrire, pour tout entier naturel n non nul et distinct de 1, une relation entre z_n, z_{n-1} et z_{n-2}.
b) Démontrer que :
$\forall\, n \in \mathbb{N}^* \setminus \{1\}, z_n - z_{n-1} = (-u)^{n-1}\,i$.
2. *a)* Déterminer les éléments caractéristiques de la similitude directe s, qui transforme A_0 en A_1 et A_1 en A_2.
b) Démontrer que : $\forall\, n \in \mathbb{N}, A_{n+1} = s(A_n)$.

38 ABCD est un carré de sens direct et de centre I. Soit M un point de la droite (DC), N le point d'intersection de la droite (BC) et de la perpendiculaire à la droite (AM) passant par A, J le milieu du segment [MN].
1. On considère la rotation r de centre A telle que : B = r(D).
a) Démontrer que : N = r(M).
b) En déduire la nature du triangle AMN.
2. On considère la similitude directe s de centre A telle que : I = s(D).
a) Déterminer l'image de C par s.
b) Démontrer que : J = s(M).
c) En déduire le lieu géométrique des points J, lorsque M décrit (DC).

6

Applications de l'espace

Introduction

Dans les classes précédentes, nous avons étudié le parallélisme et l'orthogonalité des droites et des plans de l'espace. Dans ce chapitre, nous utilisons ces notions pour définir des applications de l'espace et étudier leurs propriétés.

Sur la photo de la ville de Chinguetti, les ombres projetées sur le sol et sur les bâtiments définissent autant de projections sur des plans, parallèlement à la direction des rayons du soleil. Certaines isométries de l'espace permettent également de déterminer les éléments de symétrie (centre, axes, plans) d'un solide. Ainsi, on peut remarquer que la mosquée de Chinguetti possède un axe et deux plans de symétrie.

Mosquée de Chinguetti, en Mauritanie.

SOMMAIRE

Dans ce chapitre, l'espace $\mathscr{E}$ est muni du repère $(O, \vec{i}, \vec{j}, \vec{k})$ et $\mathscr{W}$ désigne l'ensemble des vecteurs de l'espace.

- Le vocabulaire et les résultats concernant les applications du plan s'étendent à l'espace :
  – une *transformation* de $\mathscr{E}$ est une application *bijective* de $\mathscr{E}$ dans $\mathscr{E}$;
  – une *isométrie* de $\mathscr{E}$ est une application de $\mathscr{E}$ dans $\mathscr{E}$ qui *conserve la distance* ;
  – une application *affine* de $\mathscr{E}$ est une application de $\mathscr{E}$ dans $\mathscr{E}$ qui conserve le *coefficient de colinéarité*.
- Une application de $\mathscr{E}$ dans $\mathscr{E}$ est une application affine si et seulement si elle vérifie l'une ou l'autre des conditions suivantes :
  – elle conserve le barycentre ;
  – son expression analytique est de la forme : $\begin{cases} x' = ax + by + cz + d \\ y' = a'x + b'y + c'z + d' \\ z' = a''x + b''y + c''z + d'' \end{cases}$.
- Les propriétés des applications affines du plan s'étendent à l'espace ; en particulier :
  – une application affine de $\mathscr{E}$ est déterminée par la donnée d'un repère de $\mathscr{E}$ et de son image ;
  – l'ensemble des points invariants par une application affine est $\varnothing$, un singleton, une droite, un plan ou $\mathscr{E}$;
  – l'image d'une droite par une application affine est un singleton ou une droite ;
  – l'image d'un plan par une application affine est un singleton, une droite ou un plan ;
- À toute application affine f de $\mathscr{E}$ est associée une application linéaire φ de $\mathscr{W}$ dans lui-même telle que pour tous points A et B, on a : $\varphi(\overrightarrow{AB}) = \overrightarrow{f(A)f(B)}$.
- Toute isométrie de $\mathscr{E}$ est une application affine.
  Une isométrie conserve l'alignement, le parallélisme et l'orthogonalité.
  Une isométrie conserve les aires et les volumes.

1 Projections

1.1. Définitions et propriétés

Lorsqu'une droite et un plan ne sont pas parallèles, leur intersection est réduite à un singleton.
Ce résultat justifie les définitions suivantes.

Définitions

Soit $(\mathscr{P})$ un plan de $\mathscr{E}$ et (Δ) une droite non parallèle à $(\mathscr{P})$.
On appelle projection sur $(\mathscr{P})$ parallèlement à (Δ) l'application p de $\mathscr{E}$ dans lui-même qui à tout point M associe M', point d'intersection de $(\mathscr{P})$ avec la parallèle à (Δ) passant par M.

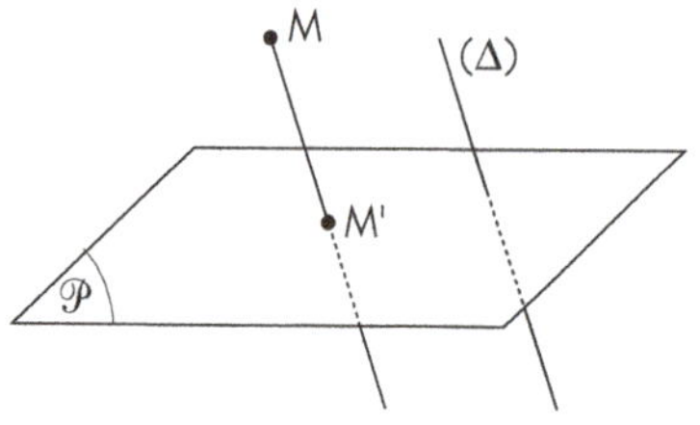

On a : $p(M) = M' \Leftrightarrow \begin{cases} M' \in (\mathscr{P}) \\ (MM') \,//\, (\Delta) \end{cases}$.

Soit $(\mathscr{D})$ une droite de $\mathscr{E}$ et (Π) un plan non parallèle à $(\mathscr{D})$.
On appelle projection sur $(\mathscr{D})$ parallèlement à (Π) l'application q de $\mathscr{E}$ dans lui-même qui à tout point M associe M', point d'intersection de $(\mathscr{D})$ avec le plan parallèle à (Π) passant par M.

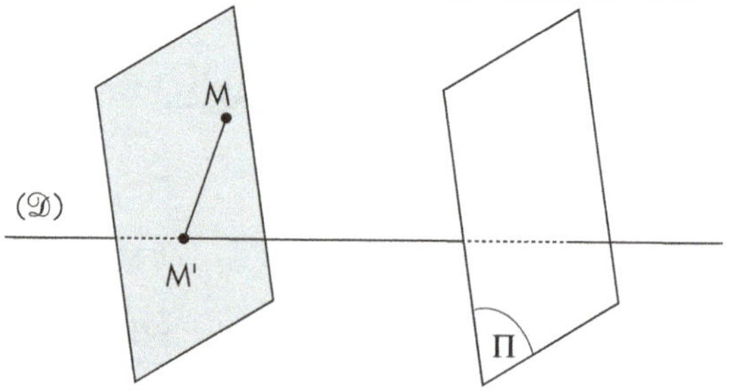

On a : $q(M) = M' \Leftrightarrow \begin{cases} M' \in (\mathscr{D}) \\ (MM') \,//\, (\Pi) \end{cases}$.

Vocabulaire

M' est le projeté de M sur $(\mathcal{P})$ parallèlement à (Δ).

M' est le projeté de M sur $(\mathcal{D})$ parallèlement à (Π).

Remarques

• Lorsque $(\Delta) \perp (\mathcal{P})$, p est la projection orthogonale sur $(\mathcal{P})$ et M' est le projeté orthogonal de M sur $(\mathcal{P})$.

• Lorsque $(\Pi) \perp (\mathcal{D})$, q est la projection orthogonale sur $(\mathcal{D})$ et M' est le projeté orthogonal de M sur $(\mathcal{D})$.

Propriétés

Soit p la projection sur un plan $(\mathcal{P})$ parallèlement à une droite (Δ).
– L'image de $\mathcal{E}$ par p est $(\mathcal{P})$.
– L'ensemble des antécédents par p d'un point M' de $(\mathcal{P})$ est la parallèle à (Δ) passant par M'.
– L'ensemble des points invariants par p est $(\mathcal{P})$.

Soit q la projection sur une droite $(\mathcal{D})$ parallèlement à un plan (Π).
– L'image de $\mathcal{E}$ par q est $(\mathcal{D})$.
– L'ensemble des antécédents par q d'un point M' de $(\mathcal{D})$ est le plan parallèle à (Π) passant par M'.
– L'ensemble des points invariants par q est $(\mathcal{D})$.

Ces propriétés découlent des définitions.

1.2. Autres propriétés

Conservation du coefficient de colinéarité

Propriété

Soit A, B, C trois points de $\mathcal{E}$ et A', B', C' leurs images respectives par une projection.
S'il existe un nombre réel k tel que $\overrightarrow{AC} = k\overrightarrow{AB}$, alors on a : $\overrightarrow{A'C'} = k\overrightarrow{A'B'}$.

Démonstration

• Considérons la projection sur un plan $(\mathcal{P})$ parallèlement à une droite (Δ).

– Lorsque $\overrightarrow{AB}$ est un vecteur directeur de (Δ), on a : A' = B' = C' ; donc : $\overrightarrow{A'C'} = k\overrightarrow{A'B'}$.

– Lorsque $\overrightarrow{AB}$ n'est pas un vecteur directeur de (Δ), les points A, B, C, A', B', C' sont coplanaires et on est ramené à une projection dans le plan. Donc : $\overrightarrow{A'C'} = k\overrightarrow{A'B'}$.

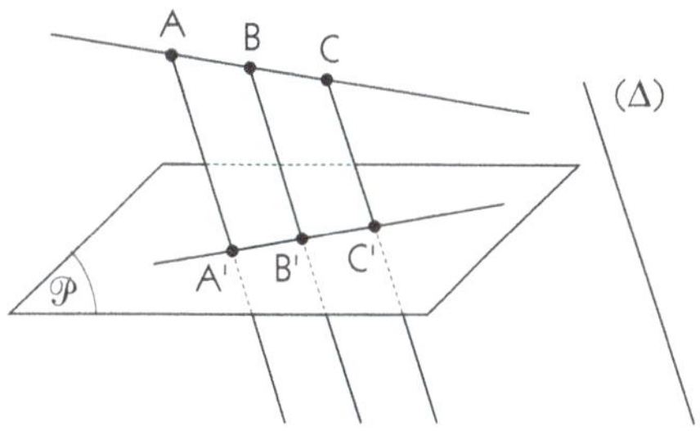

• Considérons la projection sur une droite $(\mathcal{D})$ parallèlement à un plan (Π).

– Lorsque $\overrightarrow{AB}$ est un vecteur de (Π), on a : A' = B' = C' ; donc : $\overrightarrow{A'C'} = k\overrightarrow{A'B'}$.

– Lorsque $\overrightarrow{AB}$ n'est pas un vecteur de (Π), la parallèle à $(\mathcal{D})$ passant par A coupe les plans parallèles à (Π) passant par B et C en B_1 et C_1 tels que :

$$(BB_1) \,//\, (CC_1) \quad \text{et} \quad (AA') \,//\, (B_1B') \,//\, (C_1C').$$

Dans le plan contenant les points A, B, C, B_1 et C_1, on a : $\overrightarrow{AC_1} = k\overrightarrow{AB_1}$.

Dans le plan contenant A, B_1, C_1, A', B' et C', on a : $\overrightarrow{A'B'} = \overrightarrow{AB_1}$ et $\overrightarrow{A'C'} = \overrightarrow{AC_1}$.

On en déduit que : $\overrightarrow{A'C'} = k\overrightarrow{A'B'}$.

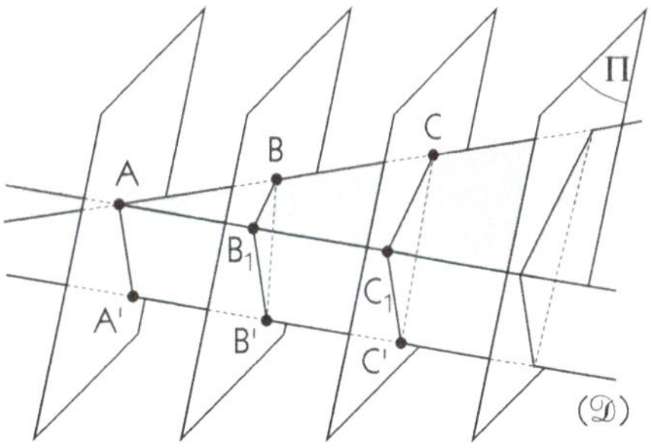

Remarques

Soit A, B, C, D, I des points de $\mathcal{E}$ et A', B', C', D', I' leurs images respectives par une projection.
• Si I est le milieu de[AB], alors I' est le milieu de [A'B'].
• Si ABCD est un parallélogramme, alors A'B'C'D' est un parallélogramme.

Conséquence

Toute projection de l'espace est une application affine.

Remarques

Toute projection de $\mathscr{E}$ admet une application linéaire associée, appelée projection vectorielle.

- *Si p est la projection sur un plan de vecteurs directeurs $\vec{u}$ et $\vec{v}$, parallèlement à une droite de vecteur directeur $\vec{w}$, alors l'application linéaire associée est l'application π de $\mathscr{W}$ dans $\mathscr{W}$ telle que :*

$$\pi(\vec{u}) = \vec{u},\ \pi(\vec{v}) = \vec{v} \text{ et } \pi(\vec{w}) = \vec{0}.$$

- *Si q est la projection sur une droite de vecteur directeur $\vec{u}$, parallèlement à un plan de vecteurs directeurs $\vec{v}$ et $\vec{w}$, alors l'application linéaire associée est l'application γ de $\mathscr{W}$ dans $\mathscr{W}$ telle que :*

$$\gamma(\vec{u}) = \vec{u},\ \gamma(\vec{v}) = \vec{0} \text{ et } \gamma(\vec{w}) = \vec{0}.$$

Image d'une droite, d'un plan

Propriété 1

Soit p une projection, (AB) une droite, A' et B' les images respectives de A et B par p.
- **Si A' ≠ B', l'image de (AB) par p est la droite (A'B').**
- **Si A' = B', l'image de (AB) par p est le singleton {A'}.**

La démonstration de cette propriété est analogue à celle donnée pour l'image d'une droite par une application affine du plan.

Remarques

- *L'image d'un segment [AB] est le segment [A'B'] ou le singleton {A'}.*
- *L'image d'une demi-droite [AB) est la demi-droite [A'B') ou le singleton {A'}.*

Propriété 2

Soit p une projection, (AB) et (CD) deux droites parallèles.
Si l'image de (AB) par p est une droite (A'B'), alors l'image de (CD) par p est une droite (C'D') parallèle à (A'B').

Démonstration

Les vecteurs $\overrightarrow{AB}$ et $\overrightarrow{CD}$ sont colinéaires ; donc, il existe un nombre réel k non nul tel que : $\overrightarrow{CD} = k\,\overrightarrow{AB}$.
p est une application affine ; donc p conserve le coefficient de colinéarité et on a : $\overrightarrow{C'D'} = k\,\overrightarrow{A'B'}$.
L'image de (AB) est une droite ; donc $\overrightarrow{A'B'} \neq \vec{0}$.
On en déduit que $\overrightarrow{C'D'} \neq \vec{0}$ et que l'image de (CD) par p est une droite (C'D') parallèle à (A'B').

Nous admettons les propriétés suivantes.

Propriétés 3

Soit p la projection sur un plan ($\mathscr{P}$) parallèlement à une droite (Δ).
L'image par p d'un plan parallèle à (Δ) est la droite d'intersection de ce plan avec ($\mathscr{P}$).

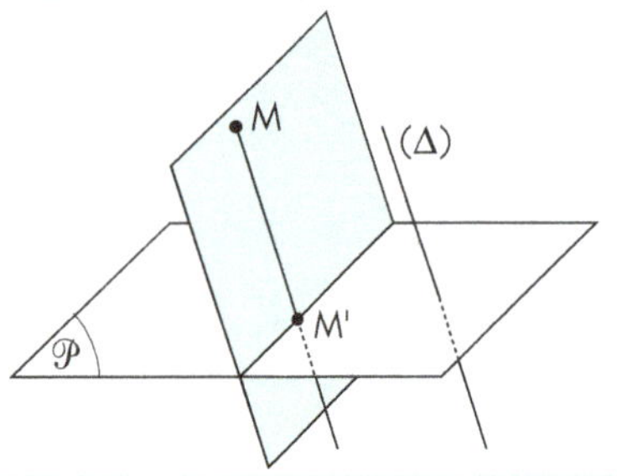

Soit q la projection sur une droite ($\mathscr{D}$) parallèlement à un plan (Π).
L'image par q d'un plan parallèle à (Π) est le point d'intersection de ce plan avec ($\mathscr{D}$).

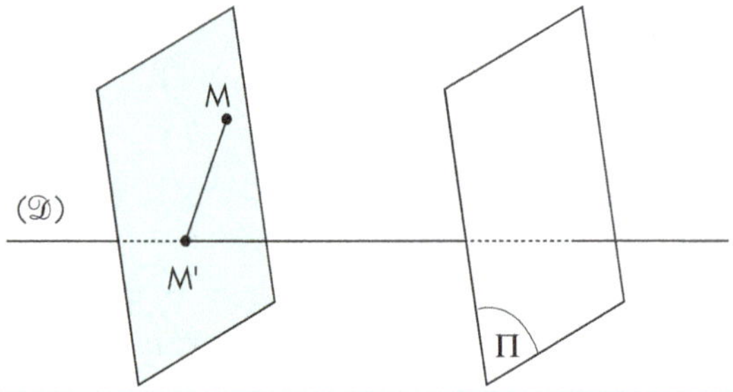

Remarques

• *L'image par p d'un plan non parallèle à (Δ) est le plan (𝒫).*

• *L'image par q d'un plan non parallèle à (Π) est la droite (𝒟).*

Expression analytique d'une projection

On ne donne l'expression analytique d'une projection que dans les cas particuliers où le plan (ou la droite) de projection et la direction de projection sont parallèles aux plans ou axes du repère $(O, \vec{i}, \vec{j}, \vec{k})$.

• Soit p la projection sur un plan (𝒫) d'équation $z = c$, parallèlement à une droite (Δ) de vecteur directeur $\vec{k}$.

Soit $M\begin{pmatrix}x\\y\\z\end{pmatrix}$ un point de ℰ et $M'\begin{pmatrix}x'\\y'\\z'\end{pmatrix}$ son image par p.

On a : $M' \in (\mathcal{P}) \iff z' = c$;

$(MM') \,//\, (\Delta) \iff \begin{cases} x' - x = 0 \\ y' - y = 0 \end{cases}$.

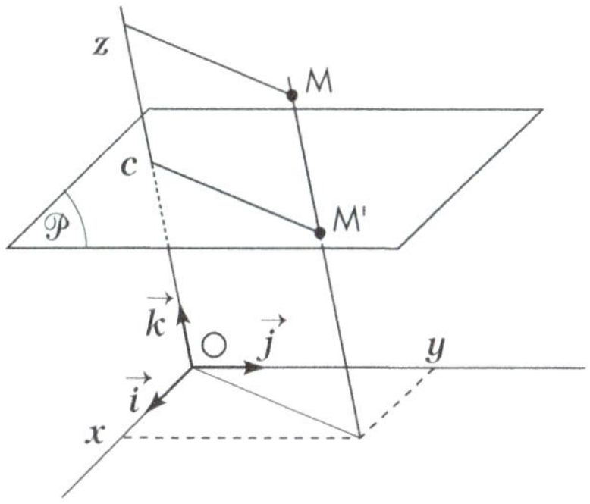

• Soit q la projection sur une droite (𝒟) de système d'équations $\begin{cases} x = a \\ y = b \end{cases}$, parallèlement à un plan (Π) de vecteurs directeurs $\vec{i}$ et $\vec{j}$.

Soit $M\begin{pmatrix}x\\y\\z\end{pmatrix}$ un point de ℰ et $M'\begin{pmatrix}x'\\y'\\z'\end{pmatrix}$ son image par q.

On a : $M' \in (\mathcal{D}) \iff \begin{cases} x' = a \\ y' = b \end{cases}$;

$(MM') \,//\, (\Pi) \iff z' - z = 0$.

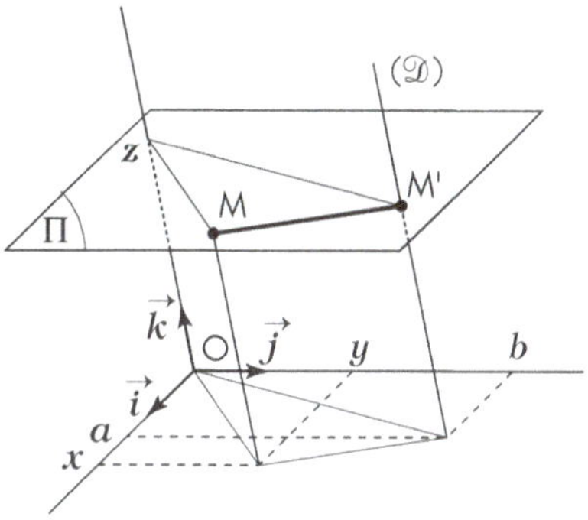

On en déduit la propriété suivante.

Propriétés

L'espace est muni du repère $(O, \vec{i}, \vec{j}, \vec{k})$.

• L'expression analytique de la projection sur le plan (𝒫) d'équation $z = c$, parallèlement à une droite (Δ) de vecteur directeur $\vec{k}$ est : $\begin{cases} x' = x \\ y' = y \\ z' = c \end{cases}$.

• L'expression analytique de la projection sur la droite (𝒟) de système d'équations $\begin{cases} x = a \\ y = b \end{cases}$, parallèlement à un plan (Π) de vecteurs directeurs $\vec{i}$ et $\vec{j}$ est : $\begin{cases} x' = a \\ y' = b \\ z' = z \end{cases}$.

1.3. Travaux dirigés

Le repère $(O, \vec{i}, \vec{j}, \vec{k})$ est orthonormé.

Soit p l'application de ℰ dans ℰ d'expression analytique : $\begin{cases} x' = \frac{1}{3}(2x + y - z - 3) \\ y' = \frac{1}{3}(x + 2y + z + 3) \\ z' = \frac{1}{3}(-x + y + 2z - 3) \end{cases}$.

1°) *a)* Déterminer l'image A' par p du point A de coordonnées (1 ; – 2 ; 3).
***b)* Déterminer l'ensemble des antécédents de A' par p.**

2°) Démontrer que l'ensemble des points invariants par p est un plan (𝒫).

3°) Soit M un point de ℰ et M' son image par p.
***a)* Démontrer que M' appartient à (𝒫).**
***b)* Démontrer que si M n'appartient pas à (𝒫), la droite (MM') est orthogonale à (𝒫).**

4°) En déduire la nature de p.

Solution

1°) *a)* L'image de A par p est le point A' de coordonnées (– 2 ; 1 ; 0).

b) Soit $M\begin{pmatrix}x\\y\\z\end{pmatrix}$ un antécédent de A ; on a : $\begin{cases}2x+y-z-3=-6\\x+2y+z+3=3\\-x+y+2z-3=0\end{cases} \Leftrightarrow \begin{cases}2x+y-z=-3\\x+2y+z=0\\-x+y+2z=3\end{cases}$.

Ce système est équivalent à un système de deux équations : $\begin{cases}2x+y-z=-3\\x+2y+z=0\end{cases}$, c'est-à-dire un système d'équations cartésiennes de la droite passant par A' et de vecteur directeur $\vec{u}\begin{pmatrix}1\\-1\\1\end{pmatrix}$.

2°) On a : $M' = M \Leftrightarrow \begin{cases}2x+y-z-3=3x\\x+2y+z+3=3y\\-x+y+2z-3=3z\end{cases} \Leftrightarrow \begin{cases}-x+y-z-3=0\\x-y+z+3=0\\-x+y-z-3=0\end{cases} \Leftrightarrow x-y+z+3=0.$

Donc, l'ensemble des points invariants par p est le plan $(\mathcal{P})$ d'équation : $x - y + z + 3 = 0$.

3°) *a)* On vérifie que : $x' - y' + z' + 3 = 0$; donc : $M' \in (\mathcal{P})$.

b) On a : $\overrightarrow{MM'}\begin{pmatrix}\frac{1}{3}(-x+y-z-3)\\\frac{1}{3}(x-y+z+3)\\\frac{1}{3}(-x+y-z-3)\end{pmatrix}$; de plus $\vec{u}\begin{pmatrix}1\\-1\\1\end{pmatrix}$ est un vecteur normal au plan $(\mathcal{P})$.

$\overrightarrow{MM'}$ et $\vec{u}$ sont colinéaires ; donc, la droite (MM') est orthogonale au plan $(\mathcal{P})$.

4°) On en déduit que p est la projection orthogonale sur le plan $(\mathcal{P})$.

Exercices

1.a Soit ABCD un carré et $(\mathcal{P})$ un plan non perpendiculaire au plan (ABC).
On désigne par A', B', C' et D' les images respectives de A, B, C et D par la projection orthogonale sur $(\mathcal{P})$.
1. Quelle est la nature du quadrilatère A'B'C'D' ?
2. À quelle condition le quadrilatère A'B'C'D' est-il un losange ? un rectangle ? un carré ?

1.b Soit ABCDEFGH un cube et p la projection orthogonale sur le plan (HFC).
1. Démontrer que : p(A) = p(G).
2. Démontrer que p(A) est le centre de gravité du triangle HFC.

1.c Soit ABCDEFGH un cube et p la projection orthogonale sur la droite (EC).
1. Démontrer que les points A, F et H ont même image I par p.
2. Déterminer l'ensemble des antécédents par p du milieu J de [IC].

1.d Soit ABCD un tétraèdre, I et J les milieux respectifs de [AC] et [BD], $(\mathcal{P})$ un plan orthogonal à (IJ).
On désigne par A', B', C' et D' les images respectives de A, B, C et D par la projection orthogonale sur $(\mathcal{P})$.
1. Déterminer la nature du quadrilatère A'B'C'D'.
2. On suppose que : (AC) ⊥ (BD). À quelle condition A'B'C'D' est-il un losange ?
3. On suppose que ABCD est un tétraèdre régulier. Quelle est alors la nature du quadrilatère A'B'C'D' ?

1.e Le repère $(O, \vec{i}, \vec{j}, \vec{k})$ est orthonormé.
Soit $(\mathcal{P})$ le plan d'équation $x - 2y + 3z = 1$ et le point $A\begin{pmatrix}4\\-5\\5\end{pmatrix}$.
1. Déterminer les coordonnées de l'image A' de A par la projection orthogonale p sur $(\mathcal{P})$.
2. Déterminer une représentation paramétrique de l'ensemble des antécédents de A' par p.

1.f Le repère $(O, \vec{i}, \vec{j}, \vec{k})$ est orthonormé.
Soit $(\mathcal{D})$ la droite de représentation paramétrique $\begin{cases}x=-1+\lambda\\y=2-\lambda\\z=1-2\lambda\end{cases}$ $(\lambda \in \mathbb{R})$ et le point $A\begin{pmatrix}2\\3\\-1\end{pmatrix}$.
1. Déterminer les coordonnées de l'image A' de A par la projection orthogonale p sur $(\mathcal{D})$.
2. Déterminer une équation cartésienne de l'ensemble des antécédents de A' par p.

2 Translations et homothéties

2.1. Translations

Définition et propriété caractéristique

Définition

Soit $\vec{u}$ un vecteur de $\mathcal{W}$.
On appelle translation de vecteur $\vec{u}$, et on note $t_{\vec{u}}$, l'application de $\mathcal{E}$ dans lui-même qui à tout point M associe le point M' tel que : $\overrightarrow{MM'} = \vec{u}$.

- Si $\vec{u} = \vec{0}$, $t_{\vec{u}}$ est l'application identique ; tous les points de $\mathcal{E}$ sont invariants.
- Si $\vec{u} \neq \vec{0}$, aucun point n'est invariant.

Exemples

Soit ABCDEFGH un pavé.

- Les points E, F, G et H sont les images respectives des points A, B, C et D par la translation de vecteur $\overrightarrow{AE}$.
- Les points B, C, G et F sont les images respectives des points A, D, H et E par la translation de vecteur $\overrightarrow{AB}$.

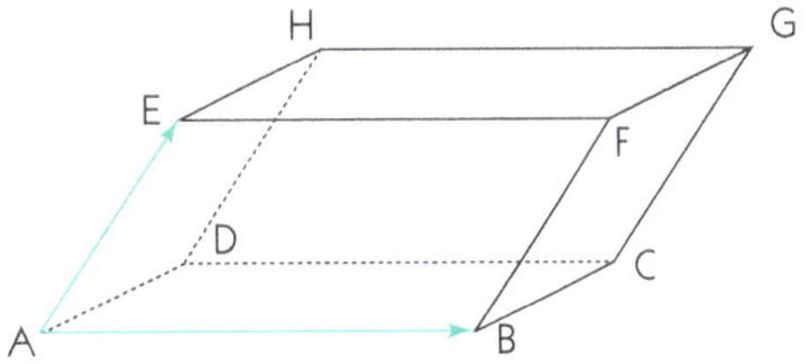

Propriété

Soit f une application de $\mathcal{E}$ dans lui-même.
f est une translation si et seulement si, pour tous points M et N d'images respectives M' et N', on a : $\overrightarrow{M'N'} = \overrightarrow{MN}$.

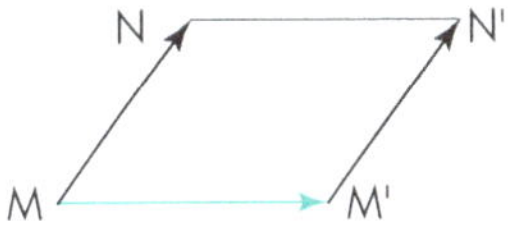

La démonstration de cette propriété est analogue à celle faite dans le plan en classe de première.

Remarques

- *Toute translation de $\mathcal{E}$ est une isométrie.*
- *L'application linéaire associée à une translation est l'application identique de $\mathcal{W}$.*

Translations et configurations

Soit t une translation.

- L'image de la droite de repère $(A, \vec{u})$ est la droite de repère $\left(t(A), \vec{u}\right)$.
- L'image du plan de repère $(A, \vec{u}, \vec{v})$ est le plan de repère $\left(t(A), \vec{u}, \vec{v}\right)$.
- L'image d'une figure plane est une figure de même nature et de mêmes dimensions.
- L'image d'un solide de l'espace est un solide de même nature et de mêmes dimensions.

Par exemple, l'image de la sphère de centre I et de rayon R est la sphère de centre t(I) et de rayon R.

Expression analytique d'une translation

Soit t une translation de vecteur $\vec{u}\begin{pmatrix}a\\b\\c\end{pmatrix}$, $M\begin{pmatrix}x\\y\\z\end{pmatrix}$ un point de $\mathcal{E}$ et $M'\begin{pmatrix}x'\\y'\\z'\end{pmatrix}$ son image par t.

On a : $\overrightarrow{MM'} = \vec{u} \iff \begin{cases} x' - x = a \\ y' - y = b \\ z' - z = c \end{cases}$.

On en déduit la propriété suivante.

Propriété

L'espace est muni du repère $(O, \vec{i}, \vec{j}, \vec{k})$.
L'expression analytique de la translation de vecteur $\vec{u}\begin{pmatrix}a\\b\\c\end{pmatrix}$ est : $\begin{cases} x' = x + a \\ y' = y + b \\ z' = z + c \end{cases}$.

Composée de deux translations

Propriété

Soit $\vec{u}$ et $\vec{v}$ deux vecteurs de $\mathscr{W}$.

La composée $t_{\vec{v}} \circ t_{\vec{u}}$ des translations de vecteurs respectifs $\vec{u}$ et $\vec{v}$ est la translation de vecteur $\vec{u} + \vec{v}$.

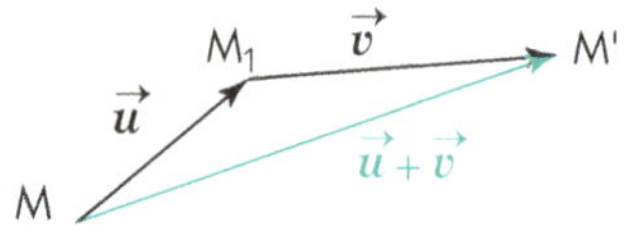

La démonstration de cette propriété est analogue à celle faite dans le plan en classe de première.
On a : $t_{\vec{v}} \circ t_{\vec{u}} = t_{\vec{u}+\vec{v}}$.

Remarques

- *La loi ∘ est une loi de composition interne dans l'ensemble* $\mathscr{T}$ *des translations de* $\mathscr{E}$.
- *Pour tous vecteurs* $\vec{u}$ *et* $\vec{v}$ *de* $\mathscr{W}$, *on a :* $\vec{v} + \vec{u} = \vec{u} + \vec{v}$ *; donc :* $t_{\vec{u}} \circ t_{\vec{v}} = t_{\vec{v}} \circ t_{\vec{u}}$.

La composition des translations est commutative.
- *La composition des translations est associative.*
- $t_{\vec{0}}$ *est l'élément neutre de* $\mathscr{T}$ *pour la loi ∘.*
- *Pour tout vecteur* $\vec{u}$ *de* $\mathscr{W}$, *on a :* $t_{-\vec{u}} \circ t_{\vec{u}} = Id_{\mathscr{E}}$ *;* $t_{\vec{u}}$ *est donc une transformation de* $\mathscr{E}$ *et* $(t_{\vec{u}})^{-1} = t_{-\vec{u}}$.

On en déduit que : $(\mathscr{T}, \circ)$ *est un groupe commutatif.*

2.2. Homothéties

Définition et propriété caractéristique

Définition

Soit O un point de $\mathscr{E}$ et k un nombre réel non nul.

On appelle homothétie de centre O et de rapport k, et on note $h_{(O,\,k)}$ ou h, l'application de $\mathscr{E}$ dans lui-même qui à tout point M associe le point M' tel que : $\overrightarrow{OM'} = k\overrightarrow{OM}$.

- Si $k = 1$, h est l'application identique et tous les points de $\mathscr{E}$ sont invariants.
- Si $k \neq 1$, O est le seul point invariant.
- Si $k = -1$, h est la symétrie de centre O.

Exemples

Soit OABCD une pyramide et ABCDEFGH le tronc de pyramide tel que E, F, G et H sont les milieux respectifs des arêtes [OA], [OB], [OC] et [OD].

- Les points E, F, G et H sont les images respectives des points A, B, C et D par l'homothétie de centre O et de rapport $\frac{1}{2}$.
- Les points A, B, C et D sont les images respectives des points E, F, G et H par l'homothétie de centre O et de rapport 2.

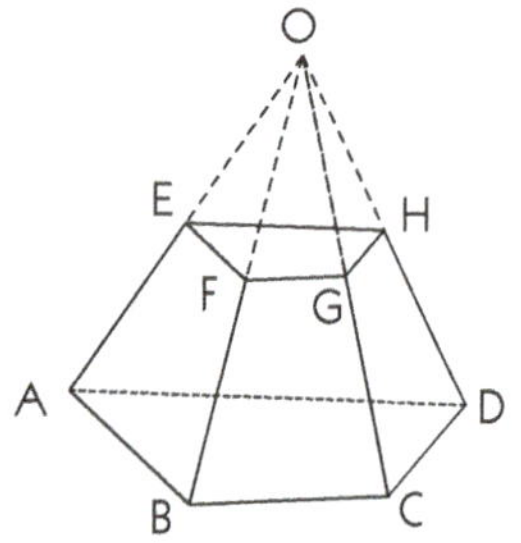

Propriété

Soit f une application de $\mathscr{E}$ dans luimême, k un nombre réel différent de 0 et de 1.
f est une homothétie si et seulement si, pour tous points M et N d'images respectives M' et N', on a : $\overrightarrow{M'N'} = k\overrightarrow{MN}$.

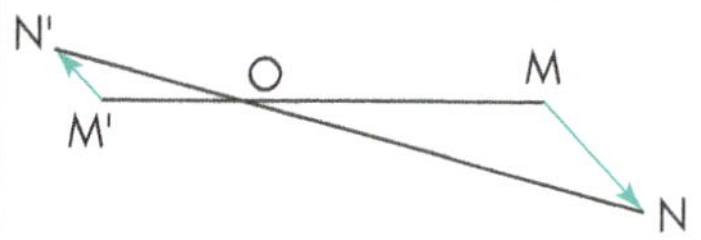

La démonstration de cette propriété est analogue à celle faite dans le plan en classe de première.

Remarques

- *Toute homothétie de* $\mathscr{E}$ *est une application affine.*
- *L'application linéaire associée à une homothétie h de rapport k* $(k \neq 1)$ *est l'application de* $\mathscr{W}$ *dans* $\mathscr{W}$, *appelée homothétie vectorielle, qui à tout vecteur* $\vec{u}$ *associe le vecteur* $k\vec{u}$.
- *Une homothétie de rapport k multiplie les distances par* $|k|$, *les aires par* k^2 *et les volumes par* $|k|^3$.

Homothéties et configurations

Soit h une homothétie de rapport k.

- L'image de la droite de repère $(A, \vec{u})$ est la droite de repère $\left(h(A), \vec{u}\right)$.
- L'image du plan de repère $(A, \vec{u}, \vec{v})$ est le plan de repère $\left(h(A), \vec{u}, \vec{v}\right)$.
- L'image d'une figure plane est une figure de même nature.
- L'image d'un solide est un solide de même nature.

Par exemple, l'image de la sphère de centre I et de rayon R est la sphère de centre h(I) et de rayon $|k|$R.

Expression analytique d'une homothétie

La démonstration des propriétés suivantes est analogue à celle faite dans le plan en classe de première.

Propriété 1

L'espace est muni du repère $(O, \vec{i}, \vec{j}, \vec{k})$.

L'expression analytique de l'homothétie de centre $\Omega\begin{pmatrix}a\\b\\c\end{pmatrix}$ et de rapport k est : $\begin{cases} x' = kx + (1-k)a \\ y' = ky + (1-k)b \\ z' = kz + (1-k)c \end{cases}$.

Exemple

L'homothétie de centre $\Omega\begin{pmatrix}-1\\2\\0\end{pmatrix}$ et de rapport -2 a pour expression analytique : $\begin{cases} x' = -2x - 3 \\ y' = -2y + 6 \\ z' = -2z \end{cases}$.

Propriété 2

L'espace est muni du repère $(O, \vec{i}, \vec{j}, \vec{k})$.
Soit p, q et r trois nombres réels, k un nombre réel non nul et f l'application de $\mathscr{E}$ dans lui-même qui à tout point $M\begin{pmatrix}x\\y\\z\end{pmatrix}$ associe le point $M'\begin{pmatrix}x'\\y'\\z'\end{pmatrix}$ tel que : $\begin{cases} x' = kx + p \\ y' = ky + q \\ z' = kz + r \end{cases}$.

- **Si $k = 1$, f est la translation de vecteur $\vec{u}\begin{pmatrix}p\\q\\r\end{pmatrix}$.**
- **Si $k \neq 1$, f est une homothétie de rapport k.**

Exemple

L'application ayant pour expression analytique $\begin{cases} x' = 3x - 4 \\ y' = 3y \\ z' = 3z + 2 \end{cases}$ est une homothétie de rapport 3 ;

son centre est l'unique point invariant, c'est-à-dire : $\Omega\begin{pmatrix}2\\0\\-1\end{pmatrix}$.

Composées de translations et d'homothéties

La démonstration des propriétés suivantes est analogue à celle faite dans le plan en classe de première.

Propriété 1

Soit h et h' deux homothéties de centre O et de rapports respectifs k et k'.
h'∘h est l'homothétie de centre O et de rapport $k'k$.

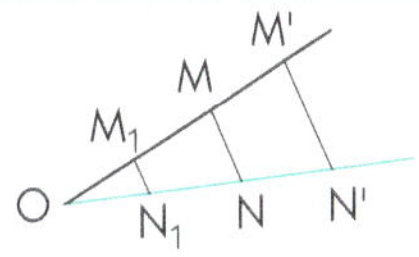

On a : $h'_{(O,k')} \circ h_{(O,k)} = h_{(O,kk')}$.

- *Si $k'k = 1$, alors h'∘h est l'application identique.*
- *Si $k'k = -1$, alors h'∘h est la symétrie de centre O.*

Remarques

- *La loi ∘ est une loi de composition interne dans l'ensemble $\mathscr{H}_O$ des homothéties de $\mathscr{E}$ de centre O.*
- *Pour tous nombres réels k et k', on a : k'k = kk' ; donc : h∘h' = h'∘h.*

La composition des homothéties de centre O est commutative.

• *La composition des homothéties de centre O est associative.*
• *$h_{(O,1)}$ est l'élément neutre de $\mathcal{H}_O$ pour la loi $\circ$.*
• *Pour tout nombre réel k non nul, on a : $h_{(O,k)} \circ h_{(O,\frac{1}{k})} = Id_{\mathscr{E}}$; $h_{(O,k)}$ est donc une transformation de $\mathscr{E}$ et $h_{(O,k)}^{-1} = h_{(O,\frac{1}{k})}$.*
On en déduit que $(\mathcal{H}_O, \circ)$ est un groupe commutatif.

Propriété 2

Soit h et h' deux homothéties de rapports respectifs k et k'.
• Si $k'k \neq 1$, alors $h' \circ h$ est une homothétie de rapport $k'k$.
• Si $k'k = 1$, alors $h' \circ h$ est une translation.

Le centre de l'homothétie est le point invariant de $h' \circ h$.
Le vecteur de la translation est déterminé en cherchant l'image d'un point par $h' \circ h$.

Exemples

Soit les points $\Omega_1\begin{pmatrix}1\\-1\\0\end{pmatrix}$, $\Omega_2\begin{pmatrix}-1\\0\\1\end{pmatrix}$, $\Omega_3\begin{pmatrix}0\\1\\-1\end{pmatrix}$ et les homothéties $h_{1(\Omega_1,\frac{1}{2})}$, $h_{2(\Omega_2,\,2)}$ et $h_{3(\Omega_3,\,-4)}$.

• $h_1 \circ h_3$ est une homothétie de rapport – 2.

Son expression analytique est : $\begin{cases} x' = -2x + \frac{1}{2} \\ y' = -2y + 2 \\ z' = -2z - \frac{5}{2} \end{cases}$; le centre de cette homothétie est le point $I\begin{pmatrix}\frac{1}{6}\\ \frac{2}{3}\\ -\frac{5}{6}\end{pmatrix}$.

• $h_2 \circ h_1$ est une translation.

Son expression analytique est : $\begin{cases} x' = x + 2 \\ y' = y - 1 \\ z' = z - 1 \end{cases}$; $h_2 \circ h_1$ est donc la translation de vecteur : $\vec{u}\begin{pmatrix}2\\-1\\-1\end{pmatrix}$.

Propriété 3

Soit h une homothétie de rapport k différent de 1 et t une translation.
$h \circ t$ et $t \circ h$ sont des homothéties de rapport k.

Exemples

Soit h l'homothétie de centre $\Omega\begin{pmatrix}0\\1\\-1\end{pmatrix}$ et de rapport – 4, t la translation de vecteur $\vec{u}\begin{pmatrix}-2\\1\\1\end{pmatrix}$.
$h \circ t$ et $t \circ h$ sont des homothéties de rapport – 4.

• L'expression analytique de $h \circ t$ est : $\begin{cases} x' = -4x + 8 \\ y' = -4y + 1 \\ z' = -4z - 9 \end{cases}$; le centre de cette homothétie est le point $I\begin{pmatrix}\frac{8}{5}\\ \frac{1}{5}\\ -\frac{9}{5}\end{pmatrix}$.

• L'expression analytique de $t \circ h$ est : $\begin{cases} x' = -4x - 2 \\ y' = -4y + 6 \\ z' = -4z - 4 \end{cases}$; le centre de cette homothétie est le point $J\begin{pmatrix}-\frac{2}{5}\\ \frac{6}{5}\\ -\frac{4}{5}\end{pmatrix}$.

Remarque

L'ensemble des homothéties et translations de $\mathscr{E}$, muni de la loi de composition des applications, est un groupe non commutatif.

Exercices

2.a Soit ABCDEFGH un cube.
Déterminer les coordonnées dans le repère (A, B, D, E) des images des points C, F, G et H par chacune des transformations suivantes :
a) translation de vecteur $\overrightarrow{EG}$
b) translation de vecteur $\overrightarrow{BH}$
c) homothétie de centre A et de rapport -2
d) homothétie de centre F et de rapport $\frac{1}{2}$.

2.b Soit ABCD un tétraèdre, I et J les milieux respectifs de [AB] et [CD].
1. Construire l'image du tétraèdre par la translation de vecteur $\overrightarrow{IJ}$.
2. Déterminer les coordonnées dans le repère (A, B, C, D) des images des points A, B, C et D par cette translation.

2.c Soit ABCDEFGH un cube, h l'homothétie de centre A et de rapport 2, t la translation de vecteur $\overrightarrow{HD}$.
1. Construire les images des points E, B, C et G par $t \circ h$.
2. Déterminer la nature et les éléments caractéristiques de cette transformation.

2.d Soit ABCDEFGH un cube, h_1 l'homothétie de centre A et de rapport 2, h_2 l'homothétie de centre C et de rapport $\frac{1}{2}$.
1. Construire les images des points A, B, C et G par $h_2 \circ h_1$.
2. Déterminer la nature et les éléments caractéristiques de cette transformation.

2.e On considère les transformations f et g d'expressions analytiques respectives :

$$\begin{cases} x' = -2x - 4 \\ y' = -2y + 1 \\ z' = -2z + 3 \end{cases} \quad \text{et} \quad \begin{cases} x' = x + 1 \\ y' = y - 2 \\ z' = z - 1 \end{cases}.$$

1. Déterminer la nature et les éléments caractéristiques de f et g.
2. Déterminer l'expression analytique, la nature et les éléments caractéristiques des transformations $g \circ f$ et $f \circ g$.

2.f Soit les points $A\begin{pmatrix}-1\\2\\-2\end{pmatrix}$ et $B\begin{pmatrix}0\\-1\\3\end{pmatrix}$, h_1 l'homothétie de centre A et de rapport -3, h_2 l'homothétie de centre B et de rapport $\frac{1}{2}$.
1. Déterminer les expressions analytiques de $h_2 \circ h_1$ et $h_1 \circ h_2$.
2. En déduire la nature et les éléments caractéristiques de ces transformations.

3 Symétries orthogonales

Dans cette leçon, le repère $(O, \vec{i}, \vec{j}, \vec{k})$ est orthonormé.

3.1. Réflexions

Plan médiateur d'un segment

On a établi en classe de première la propriété suivante.

Propriété

Soit A et B deux points distincts de $\mathscr{E}$ et I le milieu de [AB].
L'ensemble des points équidistants de A et B est le plan (Π) orthogonal à la droite (AB) en I.

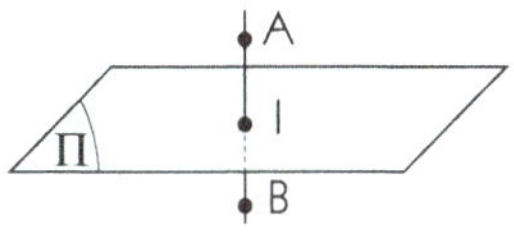

Ce plan est appelé plan médiateur de [AB].

Remarques

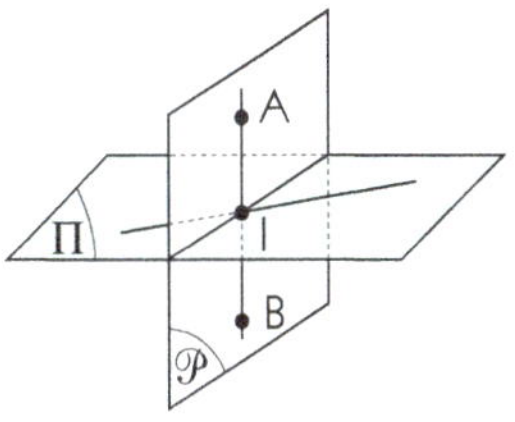

Soit I le milieu d'un segment [AB] et (Π) le plan médiateur de [AB].
- *Toute droite de (Π) passant par I est une médiatrice de [AB].*
- *Pour tout plan (𝒫) contenant la droite (AB) :*
  - *(𝒫) et (Π) sont perpendiculaires ;*
  - *la droite d'intersection de (𝒫) et (Π) est la médiatrice de [AB] dans (𝒫).*

Exemples

• Soit ABCDEFGH un cube, I et J les milieux respectifs de [AD] et [FG].
Le plan (BEH) est le plan médiateur de [IJ], de [DG] et de [AF].

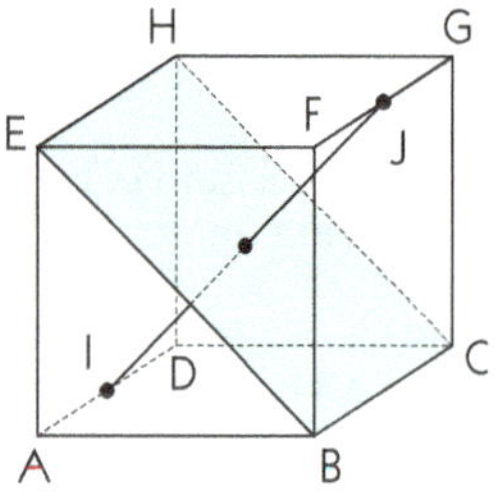

• Soit PQRS un tétraèdre régulier et K le milieu de [PQ].
Le plan (RKS) est le plan médiateur de [PQ].

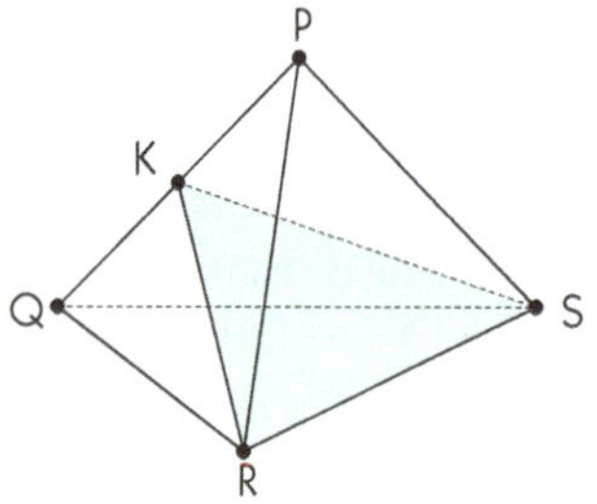

Définition et propriétés

Définition

Soit (Π) un plan de $\mathscr{E}$.
On appelle réflexion de plan (Π), et on note s_Π, l'application de $\mathscr{E}$ dans lui-même qui à tout point M associe le point M' tel que :
- **si M ∈ (Π), alors M' = M ;**
- **si M ∉ (Π), alors (Π) est le plan médiateur de [MM'].**

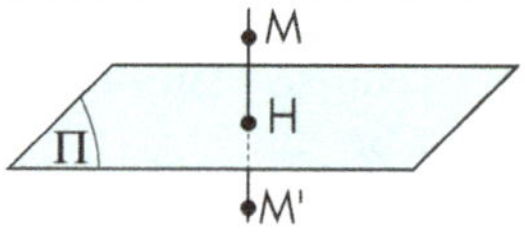

*Une réflexion de plan (Π) est aussi appelée **symétrie orthogonale par rapport à** (Π).*

Remarques

- *L'ensemble des points invariants par s_Π est le plan (Π).*
- *Si H est le projeté orthogonal de M sur (Π) et si M' = s_Π(M), alors : $\overrightarrow{MM'} = 2\overrightarrow{MH}$.*
- *Si M' = s_Π(M), alors M = s_Π(M') ; on dit que M et M' sont symétriques par rapport à (Π).*
- *Pour tout plan (Π), on a : $s_\Pi \circ s_\Pi = Id_{\mathscr{E}}$; s_Π est donc une transformation de $\mathscr{E}$ et $(s_\Pi)^{-1} = s_\Pi$.*

Propriétés

Soit (Π) un plan et s_Π la réflexion de plan (Π).

• Si ($\mathscr{P}$) est un plan perpendiculaire à (Π) et (Δ) leur droite d'intersection, alors :
– ($\mathscr{P}$) est globalement invariant par s_Π ;
– la restriction de s_Π à ($\mathscr{P}$) est la symétrie orthogonale d'axe (Δ).

• Si ($\mathscr{D}$) est une droite orthogonale à (Π) en un point I, alors :
– ($\mathscr{D}$) est globalement invariant par s_Π ;
– la restriction de s_Π à ($\mathscr{D}$) est la symétrie de centre I.

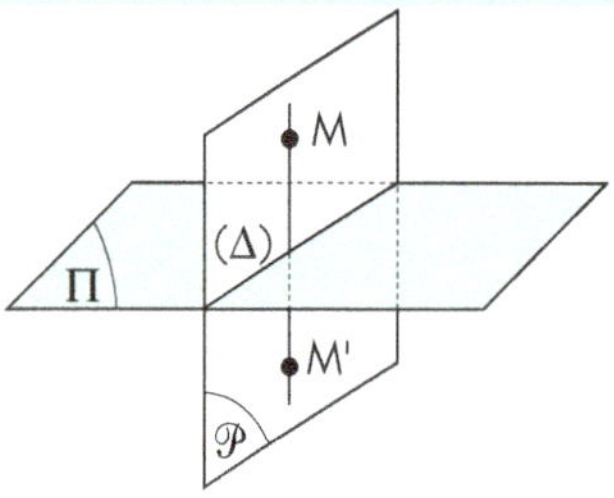

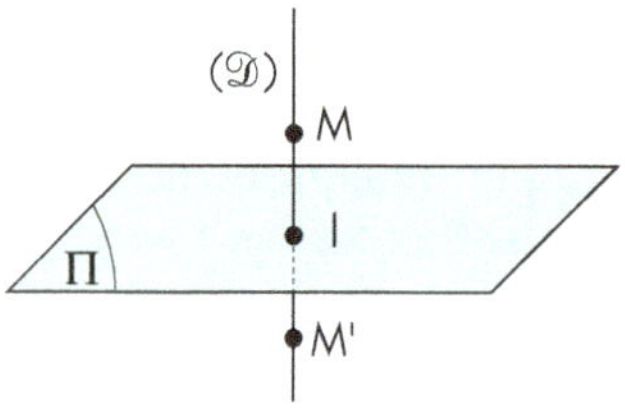

Ces propriétés se déduisent des propriétés du plan médiateur d'un segment.

Conséquence

Toute réflexion de $\mathscr{E}$ est une isométrie.

Démonstration

Soit A et B deux points de $\mathcal{E}$, A' et B' leurs images respectives par une réflexion de plan (Π).
• Si (AB) ⊥ (Π), alors A, B, A' et B' appartiennent à une même droite orthogonale à (Π) ;
donc : A'B' = AB, d'après les propriétés précédentes.
• Si (AB) n'est pas orthogonale à (Π), alors A, B, A' et B' appartiennent à un même plan orthogonal à (Π) ;
donc : A'B' = AB, d'après les propriétés précédentes.

Remarques

• *Toute réflexion de $\mathcal{E}$ est une application affine.*
• *Soit s la réflexion de plan (Π) de vecteurs directeurs $\vec{u}$ et $\vec{v}$, $\vec{w}$ un vecteur normal à (Π).*
L'application linéaire associée à s est l'application σ de $\mathcal{W}$ dans $\mathcal{W}$ telle que :

$$\sigma(\vec{u}) = \vec{u},\quad \sigma(\vec{v}) = \vec{v} \text{ et } \sigma(\vec{w}) = -\vec{w}.$$

Réflexions et configurations

• Toute réflexion transforme les droites (respectivement les plans) en droites (respectivement en plans) en conservant parallélisme et orthogonalité.
• L'image d'une figure plane par une réflexion est une figure de même nature et de mêmes dimensions.
• L'image d'un solide de l'espace par une réflexion est un solide de même nature et de mêmes dimensions.
Par exemple, l'image d'un cube par une réflexion est un cube de même arête.

Expression analytique d'une réflexion

On ne donne l'expression analytique d'une réflexion de plan (Π) que lorsque celui-ci est perpendiculaire à l'un des axes du repère orthonormé $(O, \vec{i}, \vec{j}, \vec{k})$.

(Π) est le plan d'équation $z = c$; on désigne par s_Π la réflexion de plan (Π).

Soit $M\begin{pmatrix}x\\y\\z\end{pmatrix}$ un point de $\mathcal{E}$, $M'\begin{pmatrix}x'\\y'\\z'\end{pmatrix}$ son image par s_Π et I le point d'intersection de (MM') et de (Π).

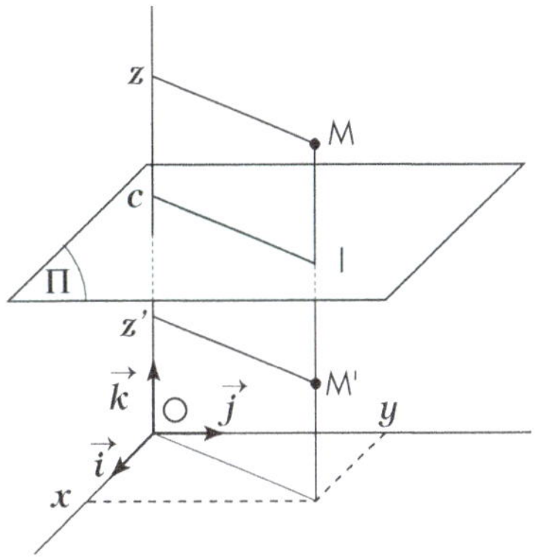

On a : (MM') ⊥ (Π) $\Leftrightarrow \overrightarrow{MM'} = \lambda\vec{k}\ (\lambda \in \mathbb{R}) \Leftrightarrow \begin{cases} x' - x = 0 \\ y' - y = 0 \end{cases}$;

I ∈ (Π) $\Leftrightarrow \dfrac{z + z'}{2} = c$.

On en déduit la propriété suivante.

Propriété

L'espace est muni du repère orthonormé $(O, \vec{i}, \vec{j}, \vec{k})$.
L'expression analytique de la réflexion de plan (Π) d'équation $z = c$ est : $\begin{cases} x' = x \\ y' = y \\ z' = -z + 2c \end{cases}$.

On obtient des résultats analogues lorsque (Π) est perpendiculaire à la droite de repère $(O, \vec{i})$ ou à la droite de repère $(O, \vec{j})$.

Composée de deux réflexions de plans parallèles

• (Π_1) et (Π_2) sont deux plans parallèles ; on désigne par s_1 et s_2 les réflexions de plans respectifs (Π_1) et (Π_2).
Si A_1 est un point de (Π_1) et A_2 son projeté orthogonal sur (Π_2), $\overrightarrow{A_1A_2}$ est un vecteur normal à (Π_1) et (Π_2), indépendant du choix de A_1.
Soit M un point de $\mathcal{E}$, M_1 son image par s_1 et M_2 l'image de M_1 par s_2.
On désigne par H_1 et H_2 les milieux respectifs de $[MM_1]$ et $[M_1M_2]$.

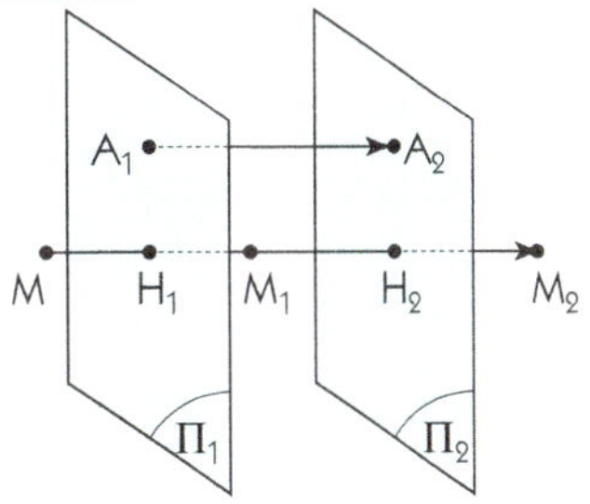

On a : $\overrightarrow{MM_2} = \overrightarrow{MM_1} + \overrightarrow{M_1M_2} = 2\overrightarrow{H_1M_1} + 2\overrightarrow{M_1H_2}$

$= 2\overrightarrow{H_1H_2} = 2\overrightarrow{A_1A_2}$.

Donc, $s_2 \circ s_1$ est la translation de vecteur $2\overrightarrow{A_1A_2}$.

• Réciproquement, soit t une translation de vecteur $\vec{u}$ non nul, (Π) un plan de vecteur normal $\vec{u}$ et (Π') l'image de (Π) par la translation de vecteur $\frac{1}{2}\vec{u}$. On a : $t = s_{\Pi'} \circ s_{\Pi}$.

On en déduit les propriétés suivantes.

Propriétés

• La composée de deux réflexions de plans parallèles est une translation de vecteur normal à ces deux plans.
• Toute translation de vecteur $\vec{u}$ non nul est la composée de deux réflexions de plans parallèles ayant $\vec{u}$ pour vecteur normal.

Exemples

Soit ABCDEFGH un cube, I, J, K et L les milieux respectifs de [EF], [HG], [DC] et [AB].

• La composée des réflexions de plans (ADE) et (IJK) est la translation de vecteur $\overrightarrow{AB}$.

• La translation de vecteur $2\overrightarrow{AE}$ est la composée des réflexions de plans (ABC) et (EFG).

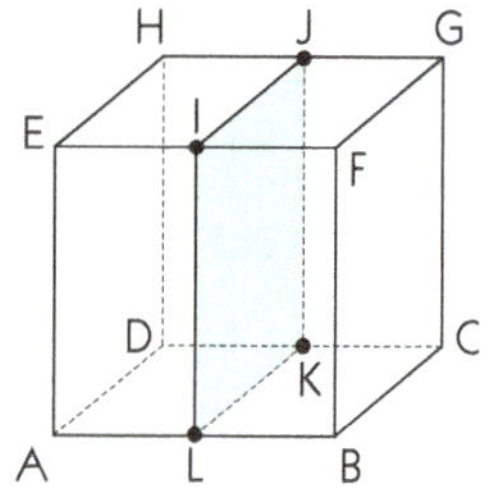

3.2. Demi-tours

Introduction

Considérons deux plans perpendiculaires (Π_1) et (Π_2), sécants suivant une droite (Δ).
Soit M un point de $\mathscr{E}$, M_1 le symétrique de M par rapport à (Π_1) et M_2 le symétrique de M_1 par rapport à (Π_2).

On désigne par :

$(\mathscr{P})$ le plan orthogonal en M à (Δ) ;

$(\mathscr{D}_1)$ la droite d'intersection des plans $(\mathscr{P})$ et (Π_1) ;

$(\mathscr{D}_2)$ la droite d'intersection des plans $(\mathscr{P})$ et (Π_2).

Dans le plan $(\mathscr{P})$, on a :

$(\mathscr{D}_1)$ et $(\mathscr{D}_2)$ perpendiculaires en un point I, qui est le projeté orthogonal de M sur (Δ) ;

M et M_1 symétriques par rapport à $(\mathscr{D}_1)$;

M_1 et M_2 symétriques par rapport à $(\mathscr{D}_2)$.

On en déduit que dans le plan $(\mathscr{P})$:

d'une part, M et M_2 sont symétriques par rapport à I ;

d'autre part, (Δ) est une médiatrice de $[MM_2]$.

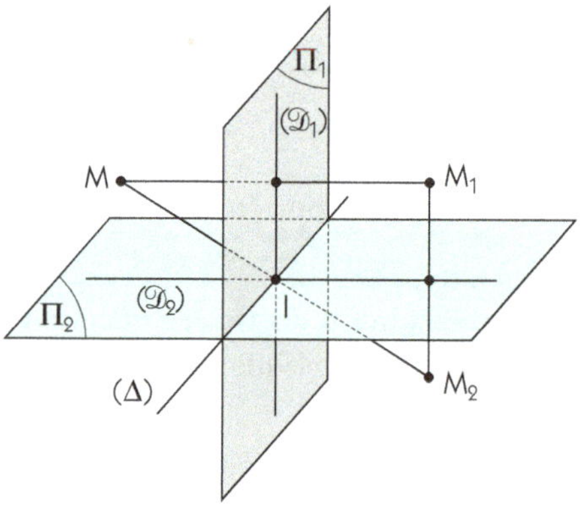

Cette étude justifie la définition suivante.

Définition

Soit (Δ) une droite de $\mathscr{E}$.
On appelle demi-tour d'axe (Δ), et on note S_Δ, l'application de $\mathscr{E}$ dans lui-même qui à tout point M associe le point M' tel que :
• si M ∈ (Δ), alors M' = M ;
• si M ∉ (Δ), alors (Δ) est une médiatrice de [MM'].

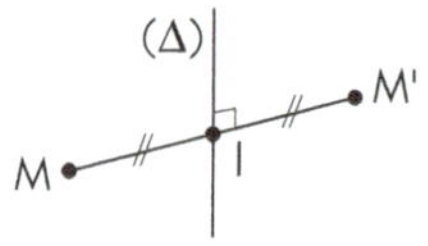

Un demi-tour d'axe (Δ) est aussi appelé ***symétrie orthogonale par rapport à*** *(Δ).*

Exemples

Soit ABCDEFGH un cube, I, J, K et L les milieux resepctifs de [EF], [HG], [DC] et [AB].

• La composée des réflexions de plans (ADE) et (CGH) est le demi-tour d'axe (DH).

• La composée des réflexions de plans (ABC) et (IJK) est le demi-tour d'axe (LK).

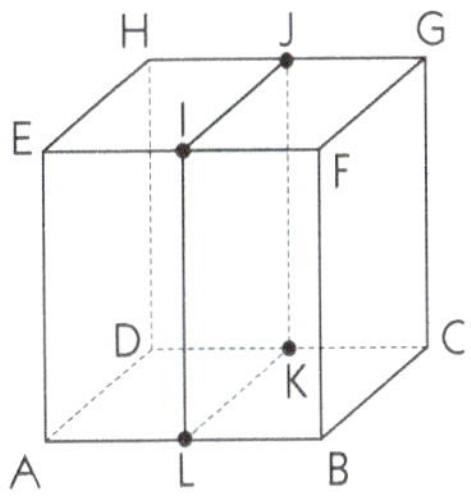

Remarques

• *L'ensemble des points invariants par* s_Δ *est la droite* (Δ).
• *Si I est le projeté orthogonal de M sur* (Δ) *et si* $M' = s_\Delta(M)$, *alors :* $\overrightarrow{MM'} = 2\overrightarrow{MI}$.
• *Si* $M' = s_\Delta(M)$, *alors* $M = s_\Delta(M')$ *; on dit que M et M' sont symétriques par rapport à* (Δ).
• *Pour toute droite* (Δ), *on a :* $s_\Delta \circ s_\Delta = Id_{\mathscr{E}}$ *;* s_Δ *est donc une transformation de* $\mathscr{E}$ *et* $(s_\Delta)^{-1} = s_\Delta$.

Propriétés

Les propriétés suivantes se déduisent de l'étude faite en introduction.

Propriétés 1

Soit (Δ) une droite de $\mathscr{E}$, s_Δ le demi-tour d'axe (Δ) et $(\mathscr{P})$ un plan orthogonal à (Δ) en un point I.
- **$(\mathscr{P})$ est globalement invariant par s_Δ.**
- **La restriction de s_Δ à $(\mathscr{P})$ est la symétrie de centre I.**

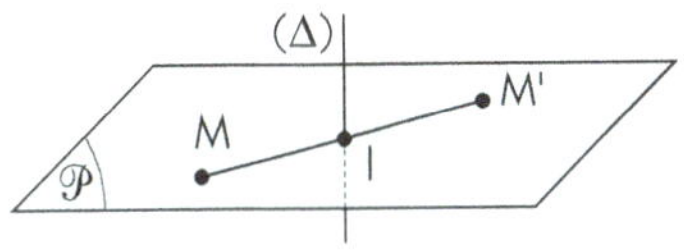

Propriétés 2

• **La composée de deux réflexions de plans perpendiculaires suivant une droite (Δ) est le demi-tour d'axe (Δ).**
• **Tout demi-tour d'axe (Δ) est la composée de deux réflexions de plans perpendiculaires suivant la droite (Δ).**

Remarques

• *Tout demi-tour de* $\mathscr{E}$ *est une application affine.*
• *Tout demi-tour de* $\mathscr{E}$ *est une isométrie.*
• *Soit s le demi-tour d'axe* (Δ) *de vecteur directeur* $\vec{u}$, $\vec{v}$ *et* $\vec{w}$ *deux vecteurs non colinéaires et orthogonaux à* $\vec{u}$.
L'application linéaire associée à s est l'application σ de $\mathscr{W}$ *dans* $\mathscr{W}$ *telle que :*

$$\sigma(\vec{u}) = \vec{u},\ \sigma(\vec{v}) = -\vec{v} \text{ et } \sigma(\vec{w}) = -\vec{w}.$$

Demi-tours et configurations

• Tout demi-tour transforme les droites (respectivement les plans) en droites (respectivement en plans) en conservant parallélisme et orthogonalité.
• L'image d'une figure plane par un demi-tour est une figure de même nature et de mêmes dimensions.
• L'image d'un solide de l'espace par un demi-tour est un solide de même nature et de mêmes dimensions.

Par exemple, l'image d'un tétraèdre régulier par un demi-tour est un tétraèdre régulier de même arête.

Expression analytique d'un demi-tour

On ne donne l'expression analytique d'un demi-tour d'axe (Δ) que lorsque celui-ci est parallèle à l'un des axes du repère orthonormé $(O, \vec{i}, \vec{j}, \vec{k})$.

(Δ) est la droite ayant pour système d'équations : $\begin{cases} x = a \\ y = b \end{cases}$; on désigne par s_Δ le demi-tour d'axe (Δ).

Soit $M\begin{pmatrix} x \\ y \\ z \end{pmatrix}$ un point de l'espace, $M'\begin{pmatrix} x' \\ y' \\ z' \end{pmatrix}$ son image par s_Δ et I le point d'intersection de (MM') et de (Δ).

On a : (MM') $\perp$ (Δ) $\Leftrightarrow$ $z' - z = 0$;

I $\in$ (Δ) $\Leftrightarrow$ $\begin{cases} x + x' = 2a \\ y + y' = 2b \end{cases}$.

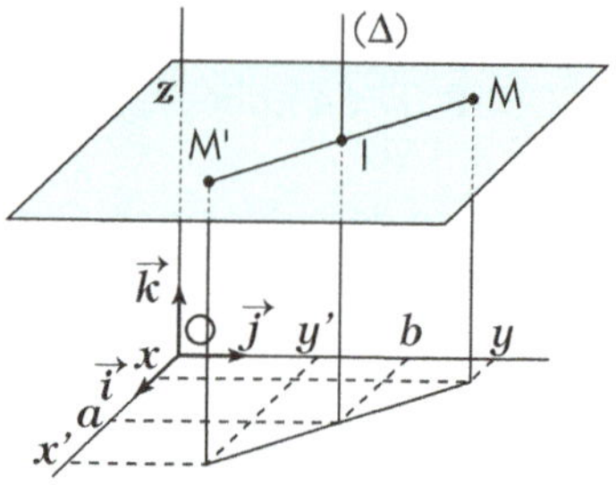

On en déduit la propriété suivante.

Propriété

L'espace est muni du repère orthonormé (O, $\vec{i}, \vec{j}, \vec{k}$).

L'expression analytique du demi-tour d'axe (Δ) ayant pour système d'équations $\begin{cases} x = a \\ y = b \end{cases}$ est :

$$\begin{cases} x' = -x + 2a \\ y' = -y + 2b \; . \\ z' = z \end{cases}$$

On obtient des résultats analogues lorsque (Δ) est parallèle à la droite de repère (O, $\vec{i}$) ou à la droite de repère (O, $\vec{j}$).

Composée de deux demi-tours

Propriétés 1

- **La composée de deux demi-tours d'axes parallèles est une translation de vecteur orthogonal à ces deux axes.**
- **Toute translation de vecteur $\vec{u}$ non nul est la composée de deux demi-tours d'axes parallèles ayant $\vec{u}$ pour vecteur orthogonal.**

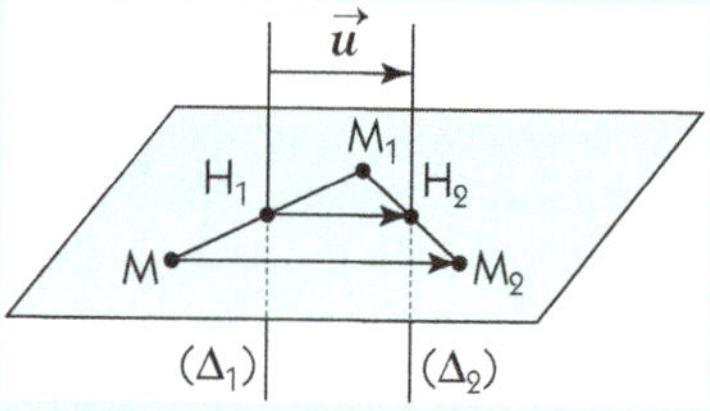

Ces propriétés se démontrent de la même façon que celles relatives à la composée de deux réflexions de plans parallèles.

Propriétés 2

- **La composée de deux demi-tours d'axes (Δ_1) et (Δ_2) perpendiculaires en un point A est le demi-tour dont l'axe ($\mathscr{D}$) est la perpendiculaire commune à (Δ_1) et (Δ_2) en A.**
- **Tout demi-tour de $\mathscr{E}$ est la composée de deux demi-tours d'axes perpendiculaires.**

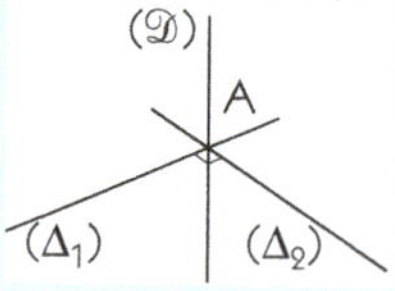

On a : $s_{\Delta_2} \circ s_{\Delta_1} = s_{\Delta_1} \circ s_{\Delta_2} = s_{\mathscr{D}}$.

Démonstration

- (Δ_1) et (Δ_2) sont deux droites perpendiculaires et sécantes en un point A.

On désigne par :

($\mathscr{P}$) le plan contenant (Δ_1) et (Δ_2) ;

(Π_1) et (Π_2) les plans perpendiculaires à ($\mathscr{P}$) contenant respectivement (Δ_1) et (Δ_2) ;

($\mathscr{D}$) la droite d'intersection de (Π_1) et (Π_2).

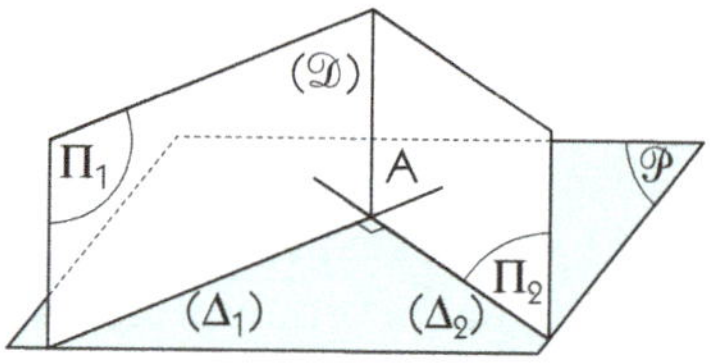

On a : $s_{\Delta_1} = s_{\Pi_1} \circ s_{\mathscr{P}}$ et $s_{\Delta_2} = s_{\mathscr{P}} \circ s_{\Pi_2}$; donc : $s_{\Delta_1} \circ s_{\Delta_2} = s_{\Pi_1} \circ s_{\Pi_2}$.

De plus : (Π_1) $\perp$ (Π_2) ; donc : $s_{\Delta_1} \circ s_{\Delta_2} = s_{\mathscr{D}}$.

On démontrerait de même que : $s_{\Delta_2} \circ s_{\Delta_1} = s_{\mathscr{D}}$.

- Réciproquement, soit ($\mathscr{D}$) et (Δ) deux droites perpendiculaires en un point A, (Δ') la droite orthogonale en A au plan défini par ($\mathscr{D}$) et (Δ). On a : $s_{\Delta'} \circ s_{\Delta} = s_{\mathscr{D}}$.

Composée d'un demi-tour et d'une réflexion

Propriétés

- **La composée d'un demi-tour d'axe (Δ) et d'une réflexion de plan (Π), tel que (Δ) est orthogonale à (Π) en un point A, est la symétrie de centre A.**
- **Toute symétrie centrale de $\mathscr{E}$ est la composée d'un demi-tour et d'une réflexion dont l'axe et le plan sont orthogonaux.**

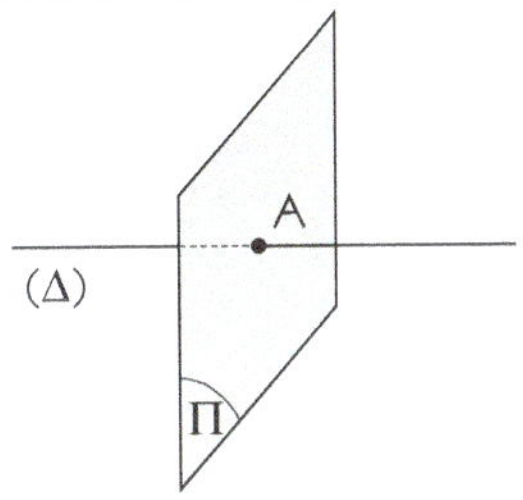

On a : $s_\Delta \circ s_\Pi = s_\Pi \circ s_\Delta = s_A$.

Démonstration

- (Δ) est une droite et (Π) un plan orthogonal à (Δ) en un point A.

Soit M un point de $\mathscr{E}$, M_1 son image par s_Π et M_2 l'image de M_1 par s_Δ.

– Si $M \in (\Delta)$, alors $M_1 \in (\Delta)$ et $M_2 = M_1$.

Donc : M_2 est le symétrique de M par rapport à A.

– Si $M \notin (\Delta)$, on désigne par :

($\mathscr{P}$) le plan contenant M et (Δ) ;

($\mathscr{D}$) la droite d'intersection de ($\mathscr{P}$) et (Π).

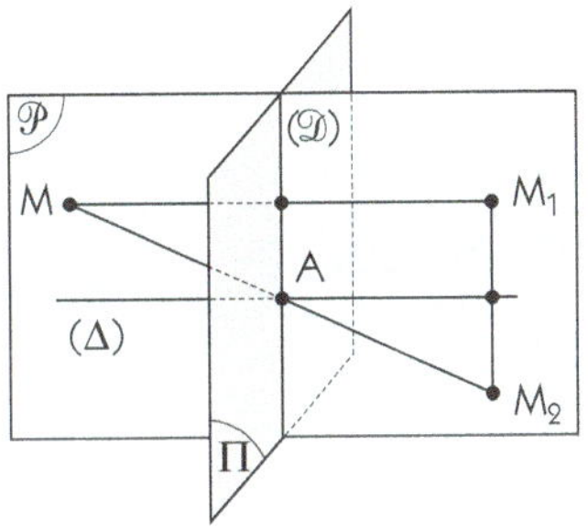

La restriction de s_Π à ($\mathscr{P}$) est la symétrie $s_\mathscr{D}$ d'axe $\mathscr{D}$.

Dans le plan ($\mathscr{P}$), on a : $s_\Delta \circ s_\mathscr{D} = s_A$; donc : M_2 est le symétrique de M par rapport à A.

On en déduit que : $s_\Delta \circ s_\Pi = s_A$.

On démontrerait de même que : $s_\Pi \circ s_\Delta = s_A$.

- Réciproquement, soit A un point et (Π) un plan contenant A.

Si on désigne par (Δ) la droite orthogonale à (Π) en A, on a : $s_\Delta \circ s_\Pi = s_\Pi \circ s_\Delta = s_A$.

Exemples

Soit ABCDEFGH un cube.

- La composée des demi-tours d'axes (AE) et (BF) est la translation de vecteur $2\overrightarrow{AB}$.
- La composée des demi-tours d'axes (AD) et (CD) est le demi-tour d'axe (DH).
- La composée du demi-tour d'axe (AB) et de la réflexion de plan (BCG) est la symétrie de centre B.

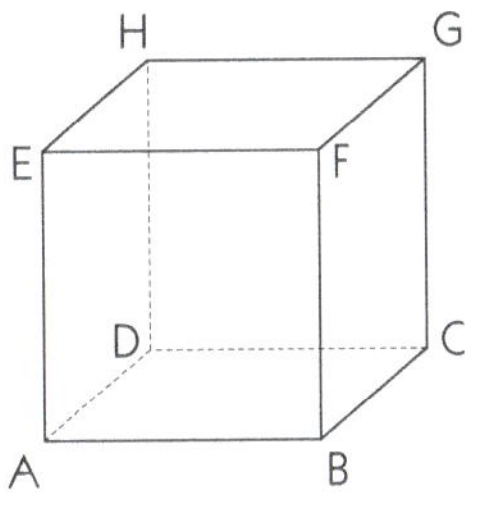

3.3. Travaux dirigés

1. Expression analytique d'une réflexion, d'un demi-tour

1°) Soit (Π) le plan d'équation cartésienne : $2x - y + z = 1$.
Déterminer l'expression analytique de la réflexion s de plan (Π).

Solution

Soit $M\begin{pmatrix}x\\y\\z\end{pmatrix}$ un point de l'espace et $M'\begin{pmatrix}x'\\y'\\z'\end{pmatrix}$ son image par la réflexion s de plan (Π).

On désigne par I le milieu de [MM']. $\vec{n}\begin{pmatrix}2\\-1\\1\end{pmatrix}$ est un vecteur normal à (Π).

On a : M' = s(M) $\Leftrightarrow \begin{cases} \overrightarrow{MM'} \wedge \vec{n} = \vec{0} \\ I \in (\Pi) \end{cases} \Leftrightarrow \begin{cases} \begin{vmatrix} x'-x & 2 \\ y'-y & -1 \end{vmatrix} = \begin{vmatrix} y'-y & -1 \\ z'-z & 1 \end{vmatrix} = \begin{vmatrix} z'-z & 1 \\ x'-x & 2 \end{vmatrix} = 0 \\ 2(x+x') - (y+y') + (z+z') = 2 \end{cases}$.

On a : $\begin{vmatrix} x'-x & 2 \\ y'-y & -1 \end{vmatrix} = \begin{vmatrix} y'-y & -1 \\ z'-z & 1 \end{vmatrix} = \begin{vmatrix} z'-z & 1 \\ x'-x & 2 \end{vmatrix} = 0 \Leftrightarrow \begin{cases} x'-x = 2(z'-z) \\ y'-y = -(z'-z) \end{cases}$;

donc : M' = s(M) $\Leftrightarrow \begin{cases} x' = x - 2z + 2z' \\ y' = y + z - z' \\ z' = -2x + y - z - 2x' + y' + 2 \end{cases}$.

En procédant par substitution, on obtient l'expression analytique de s : $\begin{cases} x' = \frac{1}{3}(-x + 2y - 2z + 2) \\ y' = \frac{1}{3}(2x + 2y + z - 1) \\ z' = \frac{1}{3}(-2x + y + 2z + 1) \end{cases}$.

2°) Soit f l'application de $\mathscr{E}$ dans $\mathscr{E}$ d'expression analytique : $\begin{cases} x' = \frac{1}{3}(-x - 2y - 2z + 6) \\ y' = \frac{1}{3}(-2x - y + 2z - 6) \\ z' = \frac{1}{3}(-2x + 2y - z + 12) \end{cases}$.

Démontrer que f est un demi-tour dont on précisera l'axe (Δ).

Solution

Soit M$\begin{pmatrix} x \\ y \\ z \end{pmatrix}$ un point de l'espace et M'$\begin{pmatrix} x' \\ y' \\ z' \end{pmatrix}$ son image par f.

• Déterminons l'ensemble des points invariants par f.

On a : f(M) = M $\Leftrightarrow \begin{cases} 4x + 2y + 2z = 6 \\ 2x + 4y - 2z = -6 \\ 2x - 2y + 4z = 12 \end{cases} \Leftrightarrow \begin{cases} 2x + y + z = 3 \\ x + 2y - z = -3 \end{cases}$.

On obtient un système d'équations cartésiennes de la droite (Δ) de repère (A, $\vec{u}$) tel que :

$$A\begin{pmatrix} 1 \\ -1 \\ 2 \end{pmatrix} \text{ et } \vec{u}\begin{pmatrix} -1 \\ 1 \\ 1 \end{pmatrix}.$$

• Démontrons que f est le demi-tour d'axe (Δ).

On a : $\overrightarrow{MM'}.\vec{u} = -(x'-x) + (y'-y) + (z'-z) = 0$; donc les droites (MM') et (Δ) sont orthogonales.

De plus, le point I de coordonnées $\left(\frac{x'+x}{2} ; \frac{y'+y}{2} ; \frac{z'+z}{2}\right)$ appartient à (Δ).

Donc, f est le demi-tour d'axe (Δ).

M

Pour démontrer qu'une application de $\mathscr{E}$ dans $\mathscr{E}$ est une symétrie orthogonale (réflexion ou demi-tour), on peut utiliser le procédé suivant :

- déterminer l'ensemble (E) des points invariants ;
- démontrer que pour tout point M et son image M' :
  - la droite (MM') est orthogonale à (E) ;
  - le milieu I de [MM'] appartient à (E).

2. Éléments de symétrie du cube, du tétraèdre régulier

1°) Déterminer les plans et axes de symétrie d'un cube ABCDEFGH de centre O.

Solution

O est l'isobarycentre du cube ; donc O est sa propre image par toute transformation laissant globalement invariant le cube.

On en déduit que tout plan ou axe de symétrie du cube passe par O.

Recherche des plans de symétrie du cube

Soit (Π) un plan de symétrie du cube et s_Π la réflexion de plan (Π).

Au moins un des sommets du cube n'appartient pas à (Π) et a pour image par s_Π un autre sommet.

Donc tout plan de symétrie du cube est nécessairement le plan médiateur d'une paire de sommets.

Il ne peut donc y avoir que 3 types de plans de symétrie : les plans médiateurs des arêtes, les plans médiateurs des diagonales des faces et les plans médiateurs des diagonales du cube.

– Les plans médiateurs des arêtes

On obtient 3 plans distincts : les plans médiateurs de [AB] (figure 1), [AD] et [AE] qui sont tous des plans de symétrie du cube.

– Les plans médiateurs des diagonales des faces

On obtient 6 plans distincts : les plans médiateurs de [AC], [BD], [AF], [BE], [AH] et [DE] (figure 2) qui sont tous plans de symétrie du cube.

– Les plans médiateurs des diagonales du cube

On obtient 4 plans : les plans médiateurs de [AG], [BH] (figure 3), [CE] et [DF].

On vérifie que ces 4 derniers plans ne sont pas des plans de symétrie du cube.

En effet, l'image G' de G par la réflexion de plan le plan médiateur de [BH] (figure 3) appartient à la parallèle à (BH) passant par G ; donc, G n'est pas un sommet du cube.

Il existe donc 9 plans de symétrie du cube.

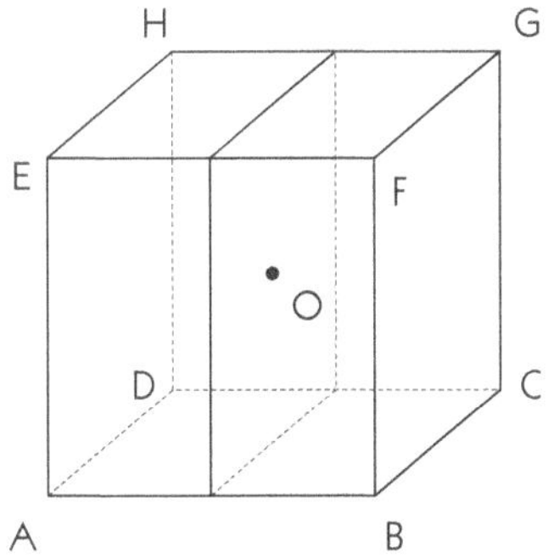

figure 1

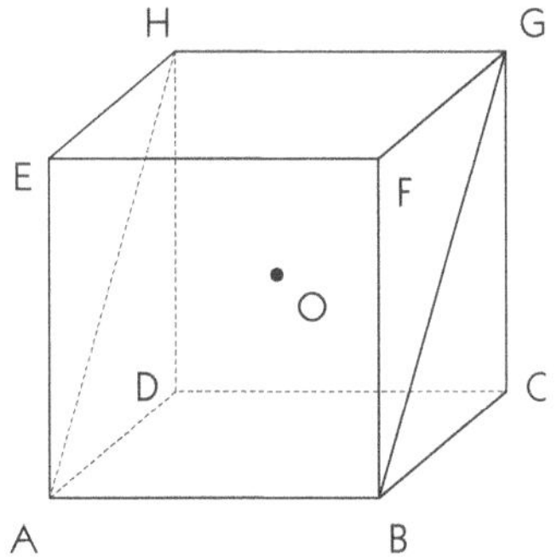

figure 2

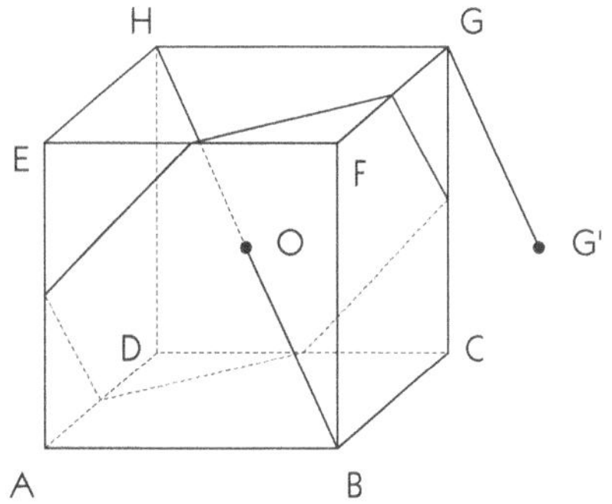

figure 3

Recherche des axes de symétrie du cube

Soit (Π) un plan de symétrie du cube, donc passant par O, et (Δ) la perpendiculaire à (Π) en O.

On a : $s_\Pi \circ s_\Delta = s_O \iff s_\Pi \circ s_O = s_\Delta$ (figure 4).

s_Π et s_O laissent globalement invariant le cube ; donc (Δ) est un axe de symétrie du cube.

On en déduit qu'il existe au moins 9 axes de symétrie du cube.

Démontrons qu'il n'en existe pas d'autres.

Soit $(\mathcal{D})$ un axe de symétrie du cube, donc passant par O, et $(\mathcal{P})$ le plan perpendiculaire à $(\mathcal{D})$ en O.

On a : $s_\mathcal{P} \circ s_O = s_\mathcal{D} \iff s_\mathcal{P} = s_\mathcal{D} \circ s_O$;

donc, $s_\mathcal{P}$ est une réflexion et $(\mathcal{P})$ est un plan de symétrie du cube.

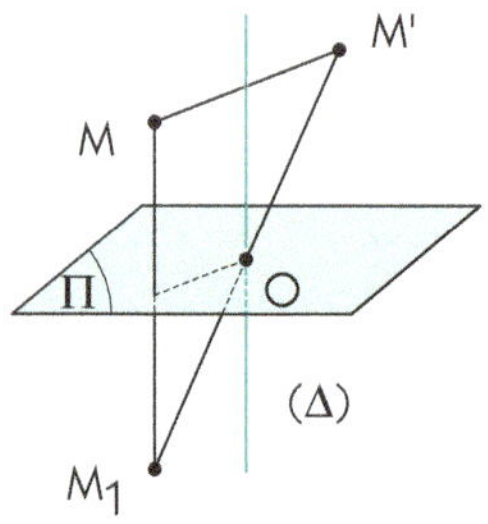

figure 4

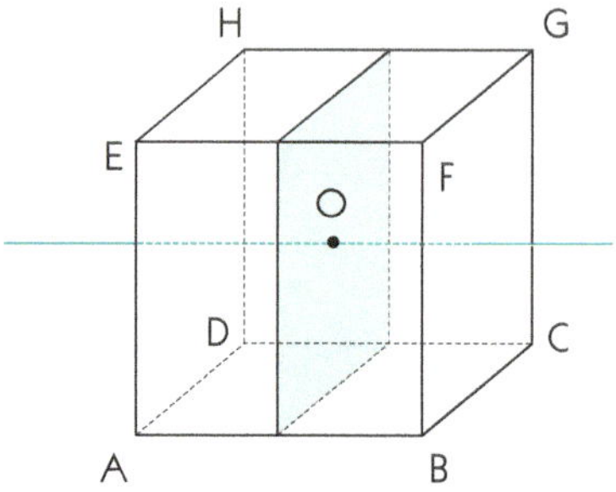

figure 5

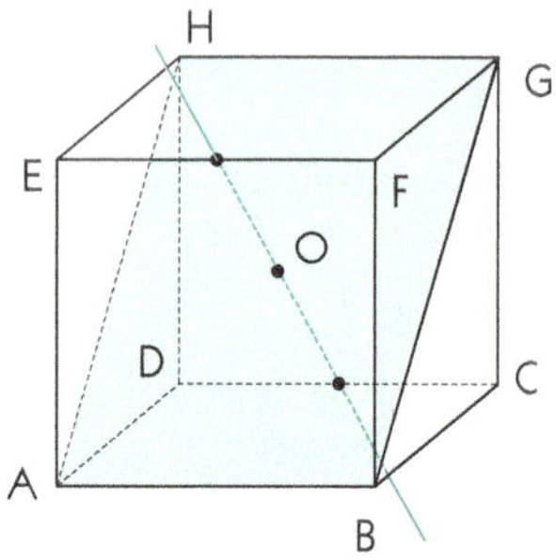

figure 6

Le cube possède 9 axes de symétrie :

– les droites joignant les centres de deux faces opposées (figure 5), au nombre de 3 ;

– les droites joignant les milieux de deux arêtes opposées (figure 6), au nombre de 6.

2°) Déterminer les plans et axes de symétrie d'un tétraèdre régulier ABCD de centre O.

Solution

O est l'isobarycentre du tétraèdre (figure 1) ; donc O est sa propre image par toute transformation laissant globalement invariant le tétraèdre.

On en déduit que tout plan ou axe de symétrie du tétraèdre passe par O.

Recherche des plans de symétrie du tétraèdre régulier

Soit (Π) un plan de symétrie du tétraèdre.

Au moins un des sommets du tétraèdre n'appartient pas à (Π) et a pour image par s_Π un autre sommet.

Donc tout plan de symétrie du tétraèdre est nécessairement le plan médiateur d'une paire de sommets.

On sait que dans un tétraèdre régulier, deux arêtes opposées sont orthogonales ; donc, tout plan médiateur d'une arête contient les deux autres sommets.

On désigne par I, J, K, L, M et N les milieux respectifs des arêtes [AB], [CD], [AC], [BD], [AD] et [BC].

On obtient 6 plans distincts : (ICD) (figure 2), (JAB), (KBD), (LAC), (MBC) et (NAD) qui sont tous plans de symétrie du tétraèdre.

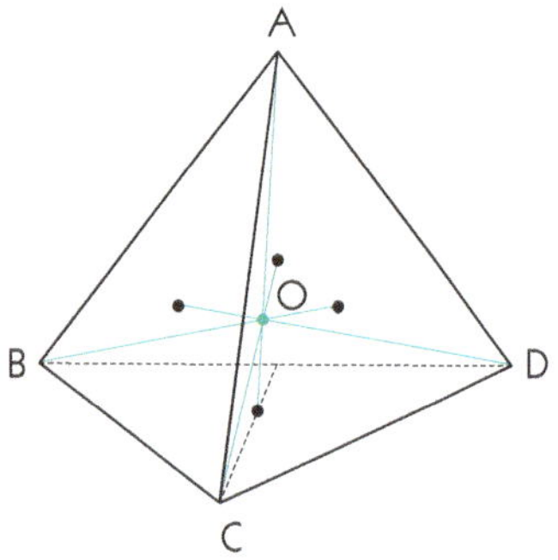

figure 1

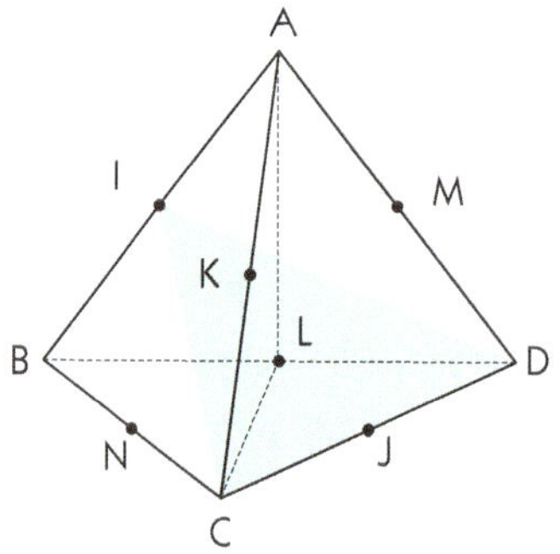

figure 2

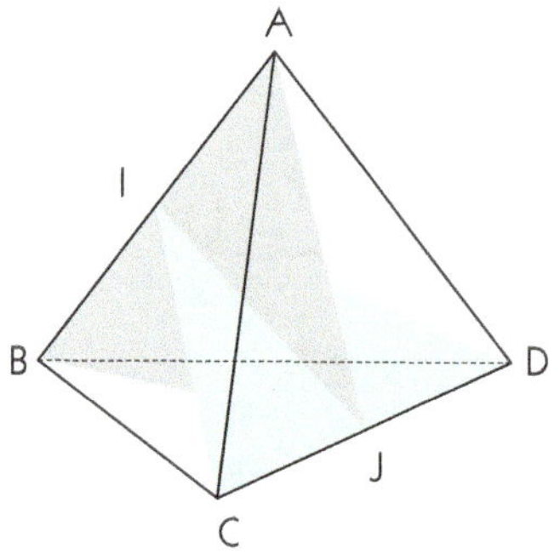

figure 3

Recherche des axes de symétrie du tétraèdre régulier

Les plans de symétrie se répartissent en trois paires de plans perpendiculaires :

– les plans médiateurs de [AB] et [CD], perpendiculaires et sécants suivant la droite (IJ) (figure 3) ;

– les plans médiateurs de [AC] et [BD], perpendiculaires et sécants suivant la droite (KL) ;

– les plans médiateurs de [AD] et [BC], perpendiculaires et sécants suivant la droite (MN).

Or, la composée de deux réflexions de plans perpendiculaires est le demi-tour ayant pour axe la droite d'intersection de ces plans.

Ces réflexions laissent invariant le tétraèdre ; donc, le demi-tour laisse également invariant le tétraèdre et en est un axe de symétrie.

Il y a donc au moins 3 axes de symétrie : (IJ), (KL) et (MN).

Nous admettons que ce sont les seuls axes de symétrie du tétraèdre.

Exercices

L'espace est muni du repère orthonormé $(O, \vec{i}, \vec{j}, \vec{k})$.

3.a Soit ABCDEFGH un cube de centre O et les réflexions $s_1 = s_{(OEH)}$, $s_2 = s_{(OFG)}$.
1. Déterminer les images des sommets du cube par les transformations s_1, s_2 et $s_2 \circ s_1$.
2. Conjecturer la nature de $s_2 \circ s_1$. Démontrer cette conjecture.

3.b Soit ABCDEFGH un cube.
1. Construire l'image de ce cube par la transformation $f = s_{(AE)} \circ s_{(AD)} \circ s_{(AB)}$.
2. Conjecturer la nature de f. Démontrer cette conjecture.

3.c Soit OABC un tétraèdre tel que les triangles OAB, OBC, OCA sont rectangles et isocèles en O. On désigne par I, J et K les milieux respectifs de [BC], [CA] et [AB].
1. Démontrer que les plans (OIA), (OJB) et (OKC) sont des plans de symétrie du tétraèdre.
2. Déterminer les transformations $s_{(OIA)} \circ s_{(OBC)}$, $s_{(OJB)} \circ s_{(OCA)}$ et $s_{(OKC)} \circ s_{(OAB)}$.
3. Le tétraèdre OABC admet-il un axe de symétrie ?

3.d Soit ABCD un tétraèdre tel que les triangles CAD et CBD sont rectangles et isocèles respectivement en A et B, les plans (CAD) et (CBD) sont perpendiculaires.
Déterminer les plans et axes de symétrie de ce tétraèdre.

3.e Soit les points $A\begin{pmatrix}3\\0\\0\end{pmatrix}$, $B\begin{pmatrix}0\\3\\0\end{pmatrix}$, $C\begin{pmatrix}0\\0\\3\end{pmatrix}$ et G le centre de gravité du triangle ABC.
1. Déterminer les coordonnées de G et démontrer que la droite (OG) est orthogonale au plan (ABC).
2. Déterminer les coordonnées de l'image de O par la réflexion $s_{(ABC)}$.
3. Déterminer les coordonnées des images de O, A, B et C par le demi-tour $s_{(OG)}$.

3.f Soit $(\mathscr{P})$ le plan d'équation $2x - y + z = 3$ et A le point de coordonnées (3 ; 2 ; 2).
1. Déterminer les coordonnées des images respectives O' et A' des points O et A par la réflexion de plan $(\mathscr{P})$.
2. Démontrer que les droites (OA) et (O'A') sont sécantes en un point de $(\mathscr{P})$ dont on précisera les coordonnées.

3.g Soit $(\mathscr{D})$ la droite de représentation paramétrique $\begin{cases} x = -2 + \lambda \\ y = 2 - \lambda \\ z = 1 - 2\lambda \end{cases}$ $(\lambda \in \mathbb{R})$ et A le point de coordonnées (2 ; 2 ; – 1).
Déterminer les coordonnées des images respectives O' et A' des points O et A par le demi-tour d'axe $(\mathscr{D})$.

Exercices

Sauf indication contraire, l'espace est muni du repère orthonormé direct $(O, \vec{i}, \vec{j}, \vec{k})$.

APPRENTISSAGE

Projections de l'espace

1 Soit ABCDEFGH un pavé.
Construire l'image du parallélogramme EFGH par la projection sur le plan (ABC) parallèlement à la droite (DF).

2 ABCD est un tétraèdre, G est son isobarycentre et A' est le centre de gravité du triangle BCD.
Soit p la projection sur le plan (BCD) parallèlement à la droite (AA').
1. Utiliser la propriété de conservation du barycentre d'une projection pour démontrer que : $G \in (AA')$.
2. En déduire que les droites joignant chaque sommet d'un tétraèdre au centre de gravité de la face opposée sont concourantes en un point, isobarycentre de ce tétraèdre.

3 Soit ABCD un losange et $(\mathscr{P})$ un plan non perpendiculaire au plan (ABC).
À quelle condition le projeté orthogonal de ABCD sur $(\mathscr{P})$ est-il un losange ?

4 Soit ABC un triangle équilatéral et $(\mathscr{P})$ un plan non perpendiculaire au plan (ABC).
Préciser la condition pour que le projeté orthogonal de ABC sur $(\mathscr{P})$ soit :
a) un triangle isocèle ;
b) un triangle équilatéral.

5 Soit ABC un triangle équilatéral et $(\mathscr{P})$ un plan tel que le projeté orthogonal A'B'C' de ABC sur $(\mathscr{P})$ soit un triangle rectangle et isocèle en A.
1. Démontrer que la droite (BC) est parallèle à $(\mathscr{P})$.
2. Soit I le milieu de [BC] et I' le projeté orthogonal de I sur $(\mathscr{P})$. Calculer une mesure de l'angle $(\widehat{\overrightarrow{I'A}, \overrightarrow{IA}})$.

6 Soit ABC un triangle rectangle isocèle en A et $(\mathscr{P})$ un plan non perpendiculaire au plan (ABC).
Préciser la condition pour que le projeté orthogonal A'B'C' de ABC sur $(\mathscr{P})$ soit :
a) un triangle rectangle en A' ;
b) un triangle rectangle et isocèle en A' ;
c) un triangle isocèle en A' et non rectangle.

7 Soit le plan $(\mathscr{P})$ d'équation $x - 2y + z = 1$ et la droite $(\mathscr{D})$ de représentation paramétrique :
$\begin{cases} x = 3 + \lambda \\ y = -1 - 2\lambda \\ z = 2 + \lambda \end{cases}$ $(\lambda \in \mathbb{R})$ et le point $A\begin{pmatrix} 2 \\ -3 \\ 1 \end{pmatrix}$.
1. Démontrer que $(\mathscr{D})$ est orthogonale à $(\mathscr{P})$ en un point I dont on précisera les coordonnées.
2. Déterminer les images respectives A_1 et A_2 de A par les projections orthogonales sur $(\mathscr{P})$ et $(\mathscr{D})$.
3. Vérifier que AA_1IA_2 est un rectangle.

8 Soit le plan $(\mathscr{P})$ d'équation : $x + y + z = 3$.
Déterminer l'expression analytique de la projection orthogonale sur $(\mathscr{P})$.

9 La droite $(\mathscr{D})$ a pour système d'équations :
$$\begin{cases} x = y \\ y = z \end{cases}.$$
Déterminer l'expression analytique de la projection orthogonale sur $(\mathscr{D})$.

Translations, homothéties

10 Soit les plans $(\mathscr{P})$ et $(\mathscr{P}')$ d'équations respectives : $2x + 3y + z + 2 = 0$ et $2x + 3y + z - 2 = 0$.
1. Vérifier que ces deux plans sont parallèles.
2. En déduire qu'il existe une translation, dont on déterminera le vecteur, qui transforme $(\mathscr{P})$ en $(\mathscr{P}')$.

11 Soit ABCDEFGH un cube.
On désigne par I le milieu du segment [BC] et J le centre de la face BCGF.
Déterminer les coordonnées dans le repère (A, B, D, E) des images des sommets du cube par la translation t de vecteur $\overrightarrow{IJ}$.

12 Soit ABCDEFGH un cube et f l'application qui, à tout point M de $\mathscr{E}$, associe le point M' tel que :
$$\overrightarrow{MM'} = \overrightarrow{MA} + \overrightarrow{MH} - \overrightarrow{MB} - \overrightarrow{ME}.$$
Démontrer que f est une translation.

13 Soit ABCD un tétraèdre et I, J, K les milieux respectifs de [AB], [AC], [AD].
1. Calculer l'aire du triangle IJK en fonction de celle du triangle BCD.
2. Calculer le volume du tétraèdre ABCD en fonction de celui du tétraèdre AIJK.

14 Un tronc de cône de révolution est tel que l'aire de la grande base $(\mathscr{B})$ est le double de celle de la petite base $(\mathscr{B}')$.

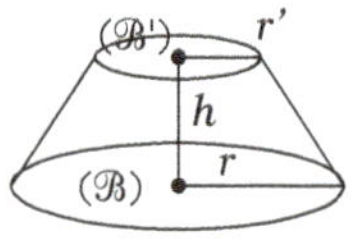

Démontrer qu'il existe deux homothéties, dont on précisera les centres et les rapports, transformant $(\mathscr{B})$ en $(\mathscr{B}')$.

15 Soit $(\mathscr{S})$ une sphère et A un point de $(\mathscr{S})$.
Déterminer le lieu des symétriques de A par rapport aux points de $(\mathscr{S})$.

16 ABCD est un tétraèdre.
Soit h_1 l'homothétie de centre A et de rapport $\frac{1}{2}$ et h_2 l'homothétie de centre C et de rapport 2.
1. Construire l'image de ABCD par $h_2 \circ h_1$.
2. Préciser la nature et les éléments caractéristiques de $h_2 \circ h_1$.

17 Soit les points :
$$A\begin{pmatrix} 1 \\ -2 \\ 1 \end{pmatrix}, \quad B\begin{pmatrix} -1 \\ 0 \\ 2 \end{pmatrix}, \quad A'\begin{pmatrix} 0 \\ 1 \\ 1 \end{pmatrix}, \quad B'\begin{pmatrix} 4 \\ -3 \\ -1 \end{pmatrix}.$$

1. Démontrer qu'il existe une homothétie h, dont on précisera le centre et le rapport, telle que :
A' = h(A) et B' = h(B).
2. Déterminer l'image du point O par h.

Symétries orthogonales

18 Soit ABCDEFGH un cube.
Le plan est muni du repère $(A, \overrightarrow{AB}, \overrightarrow{AD}, \overrightarrow{AE})$.
Dans chacun des cas suivants, déterminer l'expression analytique des réflexions de plans $(\mathcal{P})$.
a) $(\mathcal{P})$ = (EFG) *b)* $(\mathcal{P})$ = (CDE)
c) $(\mathcal{P})$ = (BCH) *d)* $(\mathcal{P})$ = (BDF).

19 **1.** Démontrer que la composée d'une réflexion de plan (Π) et d'une translation est une réflexion de plan parallèle à (Π).
2. Démontrer que la composée d'un demi-tour d'axe (Δ) et d'une translation est un demi-tour d'axe parallèle à (Δ).

20 Soit SABCD une pyramide régulière dont la base ABCD est un carré de centre I.
Déterminer les plans et axes de symétrie de cette pyramide.

21 Soit SABCD une pyramide régulière, dont la base ABCD est un carré de centre I de côté 1 et telle que les plans (SAB) et (SCD) sont perpendiculaires.
1. Déterminer les coordonnées de S dans le repère orthonormé direct $(A, \vec{i}, \vec{j}, \vec{k})$ tel que :
$$\overrightarrow{AB} = \vec{i} \text{ et } \overrightarrow{AD} = \vec{j}.$$
2. Déterminer les coordonnées des images de S, A, B, C et D par les transformations suivantes :
a) réflexion de plan (SAB)
b) demi-tour d'axe (SA)
c) homothétie de centre S et de rapport – 2.

22 Soit ABCD un tétraèdre dont la face BCD est un triangle équilatéral et les faces ABC, ACD, ADB sont des triangles rectangles et isocèles.
1. Démontrer que la droite (AB) est orthogonale au plan (ACD).
2. Déterminer les plans et axes de symétrie de ce tétraèdre.
2. Préciser les images des points A, B, C et D par les transformations suivantes :
a) réflexion de plan (BCD)
b) réflexion de plan (ABC)
c) demi-tour d'axe (AB)
d) demi-tour d'axe (CD).

23 ABCD est un tétraèdre régulier. On désigne par I, J, K, L, M et N les milieux respectifs des arêtes [AD], [DC], [CB], [BA], [AC] et [BD].
1. Démontrer que IJKL est un carré et que la droite (MN) est orthogonale au plan (IJK).
2. Soit d_1 et d_2 les demi-tours d'axes respectifs (IK) et (JL), s la réflexion de plan (IJK). On pose : $d = d_2 \circ d_1$.
a) Déterminer deux réflexions s_1 et s_2 telles que :
$$d_1 = s \circ s_1 \quad \text{et} \quad d_2 = s_2 \circ s.$$
b) En déduire que d est un demi-tour dont on précisera l'axe.

APPROFONDISSEMENT

24 $(\mathcal{P})$ est un plan, (Δ) une droite sécante avec $(\mathcal{P})$ en un point O, I un point extérieur à $(\mathcal{P})$ et à (Δ).
Soit p_1 la projection sur $(\mathcal{P})$ parallèlement à (Δ) et p_2 la projection sur (Δ) parallèlement à $(\mathcal{P})$.
À tout point M de $\mathcal{E}$, on associe les points M_1 et M_2 tels que : $M_1 = p_1(M)$ et $M_2 = p_2(M)$.
On se propose de déterminer l'ensemble (E) des points M de $\mathcal{E}$ tels que les points I, M_1 et M_2 sont alignés.
1. Démontrer que si I, M_1 et M_2 sont alignés, alors M appartient au plan (Π) contenant I et (Δ).
2. On désigne par I_1 et I_2 les images respectives de I par p_1 et p_2.
a) Déterminer une équation de (E) dans le repère (O, I_1, I_2) de (Π).
b) En déduire la nature de (E) .

25 Soit ABCD un tétraèdre et M un point de l'espace n'appartenant à aucune arête du tétraèdre et tel que :
– le plan (ABM) et la droite (CD) sont sécants en un point P ;
– le plan (BCM) et la droite (DA) sont sécants en un point Q ;
– le plan (CDM) et la droite (AB) sont sécants en un point R ;
– le plan (DAM) et la droite (BC) sont sécants en un point S.
On se propose de démontrer que les points P, Q, R et S sont coplanaires.
1. Démontrer qu'il existe quatre nombres réels a, b, c et d tels que :
$a + b + c + d \neq 0$ et $a\overrightarrow{MA} + b\overrightarrow{MB} + c\overrightarrow{MC} + d\overrightarrow{MD} = \vec{0}$.
2. *a)* En utilisant la projection sur la droite (CD) parallèlement au plan (ABM), démontrer que :
$$c\overrightarrow{PC} + d\overrightarrow{PD} = \vec{0}.$$
b) Démontrer de façon analogue que :
$b\overrightarrow{QB} + c\overrightarrow{QC} = \vec{0}$; $a\overrightarrow{RA} + b\overrightarrow{RB} = \vec{0}$; $a\overrightarrow{SA} + d\overrightarrow{SD} = \vec{0}$.
3. Déduire des questions précédentes que :
$(a + b)\overrightarrow{MR} + (c + d)\overrightarrow{MP} = \vec{0}$;
$(a + d)\overrightarrow{MS} + (b + c)\overrightarrow{MQ} = \vec{0}$.
4. Conclure.

26 Soit ABCDEFGH un cube.
Construire l'intersection de ce cube avec le plan médiateur de [AG].
Quelle est la nature du polygone obtenu ?

27 Soit ABCDEFGH un cube de centre O, I le centre de gravité du triangle BCG.
On se propose de déterminer et construire les points d'intersection de la droite (OI) avec les plans des faces du cube.
1. Démontrer que le point d'intersection de la droite (OI) avec le plan (ADH) est le centre de gravité J du triangle AEH.
Placer le point J.
2. *a)* Démontrer que : $\overrightarrow{DJ} = 2\overrightarrow{CI}$.
b) En déduire que les droites (CD) et (IJ) sont sécantes en un point K que l'on précisera.
Placer le point K.
c) Démontrer de même que les droites (EF) et (IJ) sont sécantes en un point L que l'on précisera.
Placer le point L.

28 Soit ABCDEF un octaèdre régulier tel que BCDE soit un carré de centre O et dont les faces sont des triangles équilatéraux.

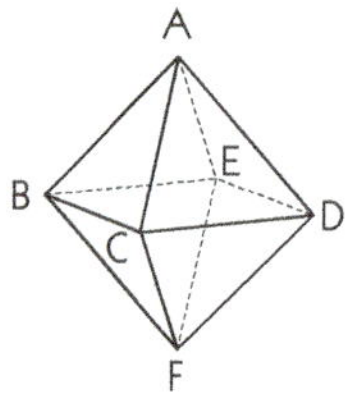

1. Déterminer les plans de symétrie de cet octaèdre.
2. *a)* Démontrer que (AF) est un axe de symétrie de cet octaèdre.
b) Démontrer que les axes de symétrie du carré BCDE sont des axes de symétrie de l'octaèdre.
c) Soit I et J les milieux respectifs de [AB] et [DF]. Démontrer que (IJ) est un axe de symétrie de l'octaèdre. Préciser les axes de symétrie analogues de l'octaèdre.
3. Soit G et G' les centres de gravité respectifs des triangles ABE et CDF.
a) Démontrer que O est milieu de [GG'] et que la droite (GG') est orthogonale aux plans (ABE) et (CDF).
b) La droite (GG') est-elle un axe de symétrie de l'octaèdre ?

29 ABCDEFGH est un cube et I est le centre de la face EFGH.
L'espace est muni du repère $(A, \overrightarrow{AB}, \overrightarrow{AD}, \overrightarrow{AE})$.
Soit s la réflexion de plan (ACE) et s' la réflexion de plan (CFH).
1. Déterminer les expressions analytiques de s et de s'.
2. *a)* Démontrer que les plans (ACE) et (CFH) sont perpendiculaires.
b) En déduire l'expression analytique du demi-tour d'axe (CI).

30 Soit (Π) le plan d'équation $2x + y - z = 3$ et (Δ) la droite orthogonale à (Π) passant par O.
1. Déterminer l'expression analytique des transformations suivantes :
a) réflexion s_Π
b) demi-tour s_Δ
c) $s_\Delta \circ s_\Pi$.
2. Déterminer la nature et les éléments caractéristiques de la transformation $s_\Delta \circ s_\Pi$.

31 **1.** Démontrer que toute symétrie centrale de $\mathscr{E}$ est la composée de trois réflexions.
2. Soit ABCDEFGH un cube de centre O. On désigne par s_O la symétrie de centre O, $s_{(AOC)}$ la réflexion de plan (AOC) et $s_{(AG)}$ le demi-tour d'axe (AG).
Déterminer les transformations suivantes :
a) $s_O \circ s_{(AOC)}$ et $s_{(AOC)} \circ s_O$
b) $s_O \circ s_{(AG)}$ et $s_{(AG)} \circ s_O$.

32 Déterminer, en fonction de n, le nombre de réflexions laissant invariant une pyramide régulière dont la base est un polygone à n côtés.

33 Soit (Π) un plan, O un point extérieur à (Π) et H le projeté orthogonal de O sur (Π).
On désigne par d le demi-tour d'axe (OH), r la réflexion de plan (Π), s la symétrie de centre O et t la translation de vecteur $2\overrightarrow{OH}$.
1. Comparer $r \circ s$ et $t \circ d$.
2. Déterminer $s \circ r$; y a-t-il commutativité ?

34 Soit ABCDEFGH un cube de centre O.
Les plans médiateurs des arêtes découpent ce cube en huit cubes (K_A), (K_B), …, (K_H) contenant respectivement les sommets A, B, …, H.
On désigne par s_1, s_2 et s_3 les réflexions transformant A respectivement en B, D et E.
1. Déterminer les images de (K_A) par s_1, s_2 et s_3.
2. Déterminer la nature de $s_1 \circ s_2$, $s_2 \circ s_3$ et $s_3 \circ s_1$, ainsi que les images de (K_A) par chacune de ces transformations.
3. *a)* Déterminer l'image de (K_A) par $s = s_1 \circ s_2 \circ s_3$.
b) Déterminer les images de A, B, C et O par s.
c) En déduire la nature de s.
4. On désigne par σ_1 et σ_2 les réflexions de plans respectifs (AGH) et (GCF).
a) Déterminer les images de OABC par σ_1 et σ_2.
b) Déterminer la nature et les éléments caractéristiques de $\sigma_2 \circ \sigma_1$; déterminer l'image du tétraèdre OABC par $\sigma_2 \circ \sigma_1$.

7 Coniques

Introduction

Définies comme intersections d'un cône et d'un plan, l'étude des coniques par les Grecs remonte au IVe siècle avant J.-C., le problème de la duplication du cube (construction géométrique de l'arête d'un cube dont le volume est le double de celui d'un cube donné) ayant conduit Menechme, élève d'Eudoxe et contemporain de Platon, sur leur piste.
Un peu plus tard, Euclide et Archimède se sont également intéressés à ces sections.
Le grand maître fut cependant le géomètre grec Apollonius de Perga (vers 262 - vers 180 av. J.-C.) qui fut le premier à publier un ouvrage en huit volumes sur ces courbes.
Dix-huit siècles plus tard, ces courbes ont été identifiées comme trajectoires de corps célestes.
Le mathématicien Pierre Dandelin (1794-1847) fut le premier à utiliser des sphères en contact avec le cône et le plan de section pour mettre en évidence les éléments caractéristiques des sections coniques (foyers, directrices).

Sections planes d'un cône : sphères de DANDELIN

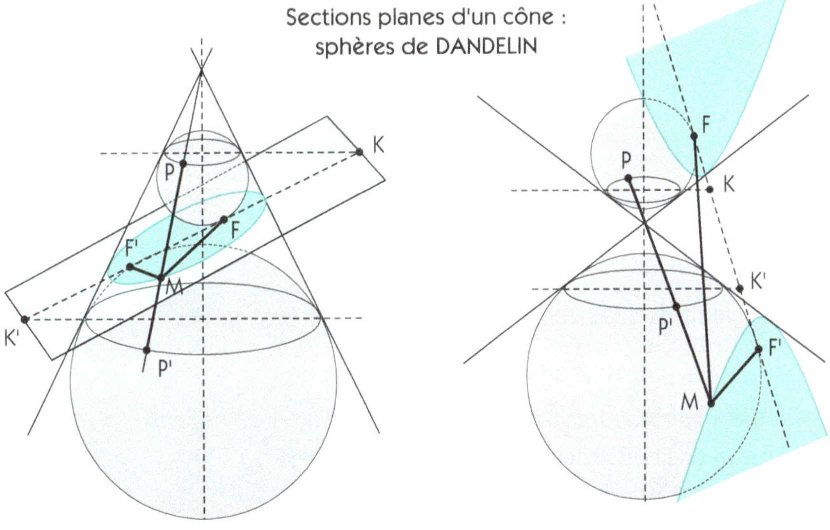

Ellipse
MF + MF' = MP + MP' = PP' = k

Hyperbole
MF – MF' = MP – MP' = PP' = k

SOMMAIRE

1 Étude générale des coniques

1.1. Conique définie par foyer et directrice

Introduction

Soit $(\mathscr{D})$ une droite, F un point n'appartenant pas à $(\mathscr{D})$ et e un nombre réel strictement positif.
Si M est un point du plan, on désigne par H son projeté orthogonal sur $(\mathscr{D})$.

On appelle (Γ_e) l'ensemble des points M du plan tels que : $\dfrac{MF}{MH} = e$.

On désigne par K le projeté orthogonal de F sur $(\mathscr{D})$ et par (Δ) la droite (FK).
- Justifier que (Δ) est un axe de symétrie de (Γ_e).

On se propose de construire (Γ_e) pour les valeurs suivantes de e : 1, $\dfrac{3}{4}$ et 2.

1er cas : e = 1
- Démontrer que le milieu S de [FK] est élément de (Γ_1).
- Démontrer que tout point de (Γ_1) appartient au demi-plan contenant F, délimité par la droite (T) passant par S et parallèle à $(\mathscr{D})$. *(On pourra démontrer que tout point M de (Γ_1) vérifie : MF ≤ MK.)*

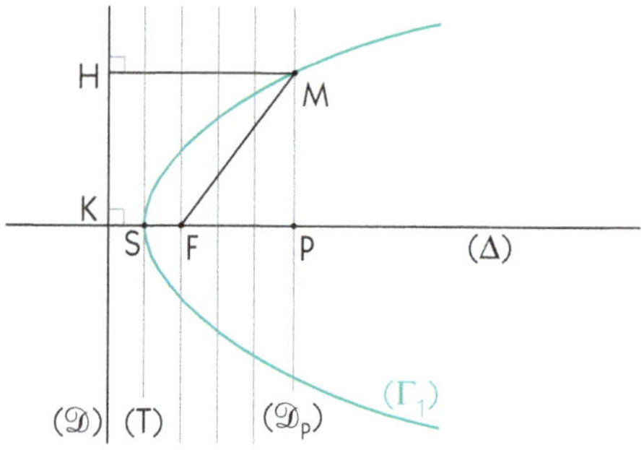

Soit P un point de [SF], distinct de S, et $(\mathscr{D}_P)$ la perpendiculaire à (Δ) en P.
- Justifier qu'il existe deux points de $(\mathscr{D}_P)$ appartenant à (Γ_1).
- En déduire une construction point par point de (Γ_1).

On obtient une ***parabole****.*

2e cas : e = $\dfrac{3}{4}$
- Construire le cercle $(\mathscr{C})$, ensemble des points M tels que : $\dfrac{MF}{MK} = \dfrac{3}{4}$.
- Justifier qu'il existe deux points A et A' de (Δ), appartenant à $(\Gamma_{3/4})$.

Soit M un point de $(\Gamma_{3/4})$, distinct de A et A'.
- Démontrer que : $\dfrac{MF}{MK} < \dfrac{3}{4}$; en déduire que M est intérieur à $(\mathscr{C})$.

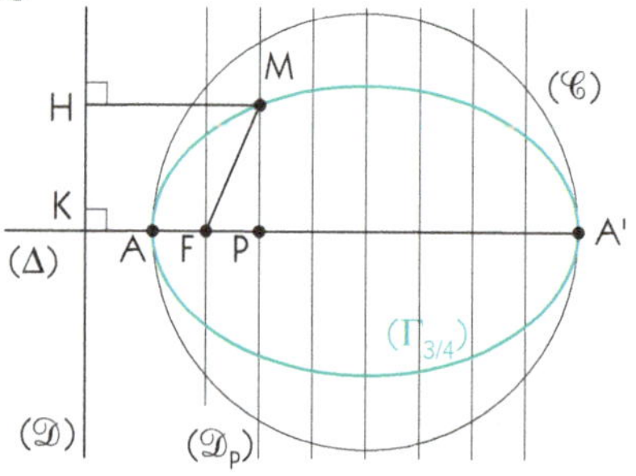

Soit P un point de [AA'], distinct de A et A', et $(\mathscr{D}_P)$ la perpendiculaire à (Δ) en P.
- Construire les points M de $(\mathscr{D}_P)$ appartenant à $(\Gamma_{3/4})$.

(On pourra remarquer que : FM = $\dfrac{3}{4}$KP.)
- En déduire une construction point par point de $(\Gamma_{3/4})$.

On obtient une ***ellipse****.*

3e cas : e = 2
- Construire le cercle $(\mathscr{C})$, ensemble des points M tels que : $\dfrac{MF}{MK} = 2$.
- Justifier qu'il existe deux points A et A' de (Δ), appartenant à (Γ_2).

Soit P un point de (Δ), distinct de A et A', et $(\mathscr{D}_P)$ la perpendiculaire à (Δ) en P.
On suppose que : P ∈ [AA'].
- Démontrer que : PF > 2 PK.

En déduire que : ∀ M ∈ $(\mathscr{D}_P)$, MF > 2 MH ;
$(\mathscr{D}_P) \cap (\Gamma_2) = \varnothing$.

On suppose désormais que P est extérieur à [AA'].
- Construire les points M de $(\mathscr{D}_P)$ appartenant à (Γ_2).

(On pourra remarquer que : FM = 2 KP.)
- En déduire une construction point par point de (Γ_2).

On obtient une ***hyperbole****.*

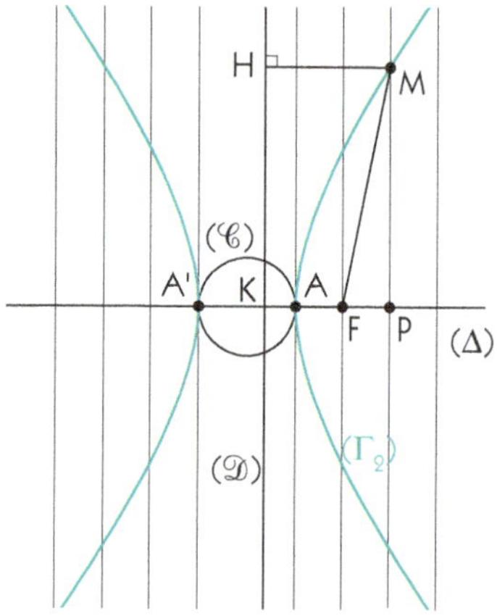

Définitions et propriétés

Définitions

Soit $(\mathscr{D})$ une droite, F un point n'appartenant pas à $(\mathscr{D})$ et e un nombre réel strictement positif.
On appelle conique de foyer F, de directrice $(\mathscr{D})$ et d'excentricité e l'ensemble (Γ) des points M du plan tels que $\frac{MF}{MH} = e$, où H désigne le projeté orthogonal de M sur $(\mathscr{D})$.

- **Si $e = 1$, (Γ) est une parabole.**
- **Si $0 < e < 1$, (Γ) est une ellipse.**
- **Si $e > 1$, (Γ) est une hyperbole.**

La propriété suivante a été démontrée dans l'introduction.

Propriété 1

Soit (Γ) une conique de foyer F et de directrice $(\mathscr{D})$.
La droite (Δ) passant par F et perpendiculaire à $(\mathscr{D})$ est un axe de symétrie de (Γ).

*(Δ) est appelée **axe focal** de la conique (Γ).*

Propriété 2

Soit (Γ) une conique d'excentricité e et d'axe focal (Δ).

- **Si $e = 1$, (Γ) coupe (Δ) en un point S.**
- **Si $e \neq 1$, (Γ) coupe (Δ) en deux points distincts A et A'.**

*Le point S est appelé **sommet** de la parabole.*
Les points A et A' sont les sommets de la conique situés sur l'axe focal.

Démonstration

On désigne par K le projeté orthogonal du foyer F sur la directrice $(\mathscr{D})$.
Les points de (Γ) situés sur (Δ) sont les points M de (Δ) tels que : $\frac{MF}{MK} = e$.

- Si $e = 1$, il existe un unique point de (Γ) situé sur (Δ) : le milieu S de [FK].
- Si $e \neq 1$, il existe deux points de (Γ) situés sur (Δ) : $A = \text{bar}\{(F, 1) ; (K, e)\}$, $A' = \text{bar}\{(F, 1) ; (K, -e)\}$.

Régionnement du plan par une conique

Définitions

Soit (Γ) une conique de foyer F, de directrice $(\mathscr{D})$ et d'excentricité e.
Pour tout point M du plan dont le projeté orthogonal sur $(\mathscr{D})$ est H, on a :

- **M est intérieur à (Γ) si $MF < e\, MH$;**
- **M est extérieur à (Γ) si $MF > e\, MH$.**

Remarques

- *Le foyer F d'une conique est intérieur à cette conique.*
- *Tout point de la directrice $(\mathscr{D})$ d'une conique est extérieur à cette conique.*

Toute conique (Γ) partage le plan en deux régions : l'intérieur et l'extérieur de (Γ).
Sur les figures ci-dessous, on a colorié l'intérieur de chacune des coniques.

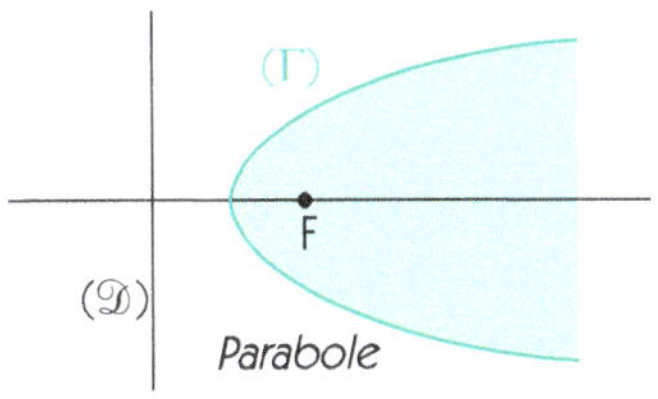

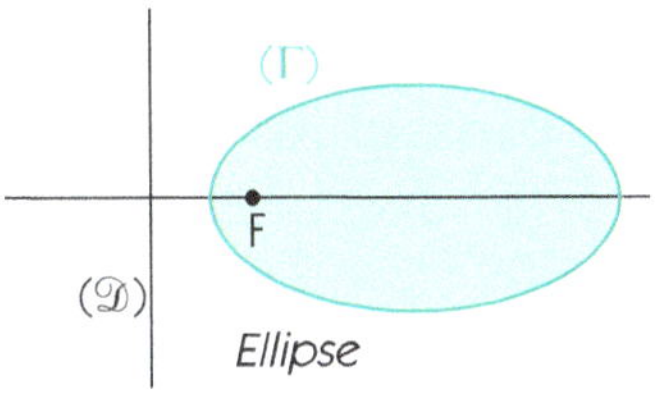

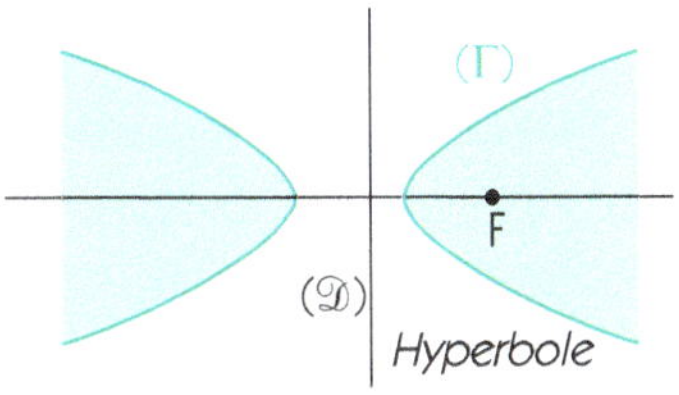

1.2. Équation réduite d'une conique

Équation réduite d'une parabole

Soit $(\mathcal{P})$ la parabole de foyer F et de directrice $(\mathcal{D})$.
On désigne par K le projeté orthogonal de F sur $(\mathcal{D})$; le milieu de [FK] est le sommet S de $(\mathcal{P})$.
On munit le plan d'un repère orthonormé $(S, \vec{i}, \vec{j})$ tel que : $\vec{i} = \frac{1}{SF}\overrightarrow{SF}$.

On pose : KF = p ; on a $F\begin{pmatrix}\frac{p}{2}\\0\end{pmatrix}$ et $(\mathcal{D}) : x = -\frac{p}{2}$.

Soit $M\begin{pmatrix}x\\y\end{pmatrix}$ un point du plan ; $H\begin{pmatrix}-\frac{p}{2}\\y\end{pmatrix}$ est le projeté orthogonal de M sur $(\mathcal{D})$.

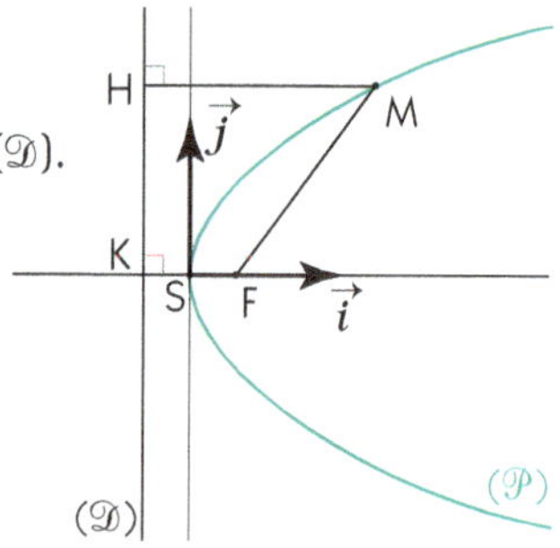

On a : $M \in (\mathcal{P}) \Leftrightarrow MF = MH$

$$\Leftrightarrow \left(x - \frac{p}{2}\right)^2 + y^2 = \left(x + \frac{p}{2}\right)^2$$

$$\Leftrightarrow y^2 = 2px.$$

On en déduit la propriété suivante.

Propriété

Soit $(\mathcal{P})$ la parabole de foyer F, de directrice $(\mathcal{D})$ et de sommet S.
Dans un repère orthonormé $(S, \vec{i}, \vec{j})$ tel que $\vec{i} = \frac{1}{SF}\overrightarrow{SF}$, $(\mathcal{P})$ est la courbe d'équation $y^2 = 2px$, où p est la distance de F à $(\mathcal{D})$.

*Cette équation est appelée **équation réduite** de la parabole.*
*Le nombre réel strictement positif p est appelé **paramètre** de la parabole.*

Remarques

• *Un échange des axes de repères $(S, \vec{i})$ et $(S, \vec{j})$ conduit à une équation réduite de la forme : $x^2 = 2py$.*

L'axe focal de la parabole est alors la droite de repère $(S, \vec{j})$, le foyer est $F\begin{pmatrix}0\\\frac{p}{2}\end{pmatrix}$ et la directrice $(\mathcal{D}) : y = -\frac{p}{2}$.

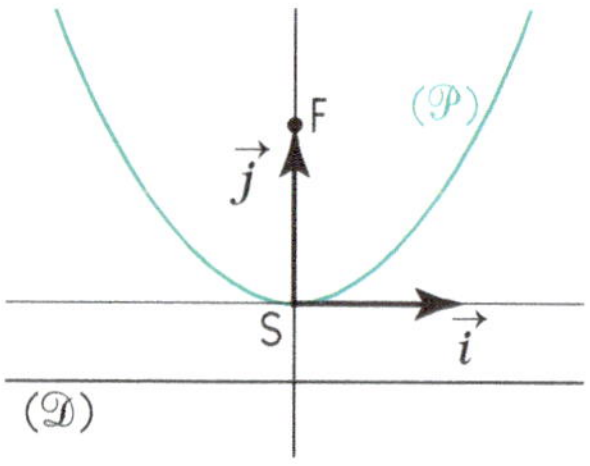

• *Dans le repère orthonormé $(O, \vec{i}, \vec{j})$, la courbe d'équation $y^2 = 2ax$ $(a \neq 0)$ est une parabole $(\mathcal{P})$ de sommet O, d'axe focal la droite de repère $(O, \vec{i})$ et de paramètre $|a|$.*

Le foyer de $(\mathcal{P})$ est $F\begin{pmatrix}\frac{a}{2}\\0\end{pmatrix}$ et sa directrice $(\mathcal{D}) : x = -\frac{a}{2}$.

Exemples

• La courbe d'équation $y^2 + 4x = 0$ est une parabole de sommet O, d'axe focal la droite de repère $(O, \vec{i})$ et de paramètre 2. Son foyer est $F\begin{pmatrix}-1\\0\end{pmatrix}$ et sa directrice $(\mathcal{D}) : x = 1$.

• La courbe d'équation $x^2 - 8y = 0$ est une parabole de sommet O, d'axe focal la droite de repère $(O, \vec{j})$ et de paramètre 4. Son foyer est $F\begin{pmatrix}0\\2\end{pmatrix}$ et sa directrice $(\mathcal{D}) : y = -2$.

Équation réduite d'une conique à centre $(e \neq 1)$

Soit (Γ) la conique de foyer F, de directrice $(\mathcal{D})$, d'excentricité e $(e \neq 1)$ et d'axe focal (Δ).
(Γ) admet deux sommets A et A' sur (Δ).
On munit le plan d'un repère orthonormé $(O, \vec{i}, \vec{j})$ tel que O est le milieu de [AA'] et $\vec{i} = \frac{1}{OA}\overrightarrow{OA}$.

1er cas : $0 < e < 1$ **2e cas : $e > 1$**

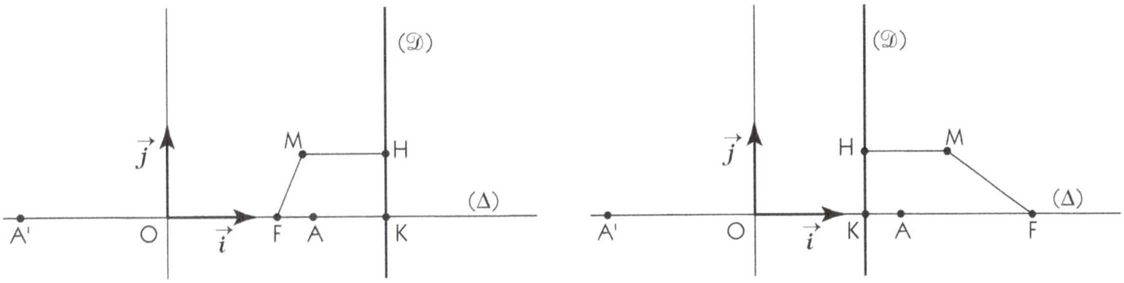

On a : $A = \text{bar}\{(F, 1) ; (K, e)\} \Leftrightarrow \overrightarrow{OF} + e\overrightarrow{OK} = (1 + e)\overrightarrow{OA}$;

$A' = \text{bar}\{(F, 1) ; (K, -e)\} \Leftrightarrow \overrightarrow{OF} - e\overrightarrow{OK} = (1 - e)\overrightarrow{OA'}$.

On en déduit que : $\overrightarrow{OF} = e\overrightarrow{OA}$ et $\overrightarrow{OA} = e\overrightarrow{OK}$.

On pose : $a = OA$ et $c = OF$.

On a : $OF = eOA$ et $OA = eOK$; on en déduit que : $e = \frac{c}{a}$ et $OK = \frac{a^2}{c}$.

De plus, $F\binom{c}{0}$ et $(\mathscr{D}) : x = \frac{a^2}{c}$.

Soit $M\binom{x}{y}$ un point du plan ; $H\begin{pmatrix} \frac{a^2}{c} \\ y \end{pmatrix}$ est le projeté orthogonal de M sur $(\mathscr{D})$.

On a :
$$M \in (\Gamma) \Leftrightarrow MF = eMH$$
$$\Leftrightarrow (x - c)^2 + y^2 = \frac{c^2}{a^2}\left(x - \frac{a^2}{c}\right)^2$$
$$\Leftrightarrow (a^2 - c^2)\frac{x^2}{a^2} + y^2 - (a^2 - c^2) = 0$$
$$\Leftrightarrow \frac{x^2}{a^2} + \frac{y^2}{a^2 - c^2} = 1.$$

On en déduit la propriété suivante.

Propriété

Soit (Γ) une conique de foyer F, de directrice $(\mathscr{D})$ et d'excentricité e ($e \neq 1$).
On désigne par A et A' les sommets de (Γ) situés sur son axe focal.
Dans un repère orthonormé $(O, \vec{i}, \vec{j})$ tel que O est le milieu de [AA'] et $\vec{i} = \frac{1}{OA}\overrightarrow{OA}$, (Γ) est la courbe d'équation $\frac{x^2}{a^2} + \frac{y^2}{a^2 - c^2} = 1$, où $a = OA$ et $c = OF$.

*Cette équation est appelée **équation réduite** de la conique.*

Remarques

- *Un échange des axes de repères $(O, \vec{i})$ et $(O, \vec{j})$ conduit à une équation de la forme : $\frac{x^2}{b^2 - c^2} + \frac{y^2}{b^2} = 1$.*

L'axe focal de la conique est alors la droite de repère $(O, \vec{j})$, $F\binom{0}{c}$ est un foyer, $(\mathscr{D}) : y = \frac{b^2}{c}$ une directrice, $B\binom{0}{b}$ et $B'\binom{0}{-b}$ sont les sommets de la conique situés sur l'axe focal.

- *Dans le repère orthonormé $(O, \vec{i}, \vec{j})$, la courbe d'équation $\frac{x^2}{a^2} + \frac{y^2}{a^2 - c^2} = 1$ ($a > 0$, $c > 0$ et $a \neq c$) est la conique de foyer $F\binom{c}{0}$, de directrice $(\mathscr{D}) : x = \frac{a^2}{c}$ et d'excentricité $e = \frac{c}{a}$.*

L'équation réduite d'une conique lorsque $e \neq 1$ permet de déduire des propriétés de symétrie.

Conséquences

Soit (Γ) une conique d'excentricité e ($e \neq 1$) et d'axe focal (Δ).
On désigne par A et A' les sommets de (Γ) situés sur (Δ).
- **La médiatrice de [AA'] est un axe de symétrie de (Γ).**
- **Le milieu O de [AA'] est centre de symétrie de (Γ).**

*De telles coniques sont appelées **coniques à centre** ; le centre de symétrie est appelé **centre de la conique**.*

Remarques

• *F' et $(\mathscr{D}')$, images respectives de F et $(\mathscr{D})$ par la symétrie de centre O, sont également un foyer et une directrice de (Γ). (Γ) est parfaitement déterminée par la donnée de F', $(\mathscr{D}')$ et e.*
• *On a : FF' = 2c ; FF' est appelée **distance focale** de la conique à centre.*

Le tableau suivant précise l'équation réduite de (Γ) suivant la nature de cette conique.

Ellipse $(0 < e < 1)$	**Hyperbole** $(e > 1)$
On a : $c < a$; on pose : $b^2 = a^2 - c^2$. L'équation réduite de l'ellipse est : $\frac{x^2}{a^2} + \frac{y^2}{b^2} = 1$.	On a : $c > a$; on pose : $b^2 = c^2 - a^2$. L'équation réduite de l'hyperbole est : $\frac{x^2}{a^2} - \frac{y^2}{b^2} = 1$.
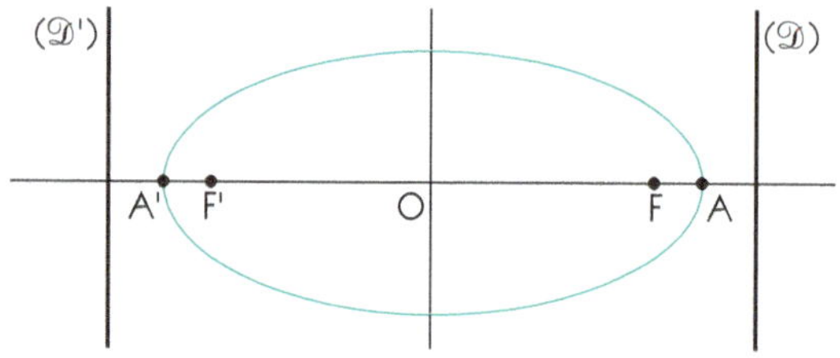	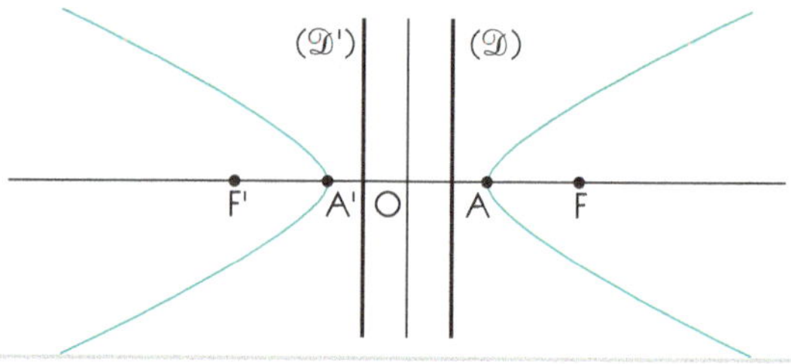

Exemples

• Soit $(\mathscr{E})$ la courbe d'équation : $\frac{x^2}{25} + \frac{y^2}{9} = 1$. On a : $a = 5$ et $b = 3$; donc : $c = \sqrt{a^2 - b^2} = 4$.

$(\mathscr{E})$ est l'ellipse de centre O, de foyers $F\binom{4}{0}$ et $F'\binom{-4}{0}$, de sommets $A\binom{5}{0}$ et $A'\binom{-5}{0}$ situés sur l'axe focal, de directrices $(\mathscr{D}) : x = \frac{25}{4}$ et $(\mathscr{D}') : x = -\frac{25}{4}$, d'excentricité $\frac{4}{5}$.

• Soit $(\mathscr{H})$ la courbe d'équation : $\frac{x^2}{4} - y^2 = 1$. On a : $a = 2$ et $b = 1$; donc : $c = \sqrt{a^2 + b^2} = \sqrt{5}$.

$(\mathscr{H})$ est l'hyperbole de centre O, de foyers $F\binom{\sqrt{5}}{0}$ et $F'\binom{-\sqrt{5}}{0}$, de sommets $A\binom{2}{0}$ et $A'\binom{-2}{0}$ situés sur l'axe focal, de directrices $(\mathscr{D}) : x = \frac{4}{\sqrt{5}}$ et $(\mathscr{D}') : x = -\frac{4}{\sqrt{5}}$, d'excentricité $\frac{\sqrt{5}}{2}$.

1.3. Courbes d'équations $Ax^2 + By^2 + 2Cx + 2Dy + E = 0$

Dans ce paragraphe, le plan est muni du repère orthonormé $(O, \vec{i}, \vec{j})$.

On considère l'équation $Ax^2 + By^2 + 2Cx + 2Dy + E = 0$, où A et B sont non tous nuls.
On se propose de déterminer, sur quelques exemples, la nature de l'ensemble (Γ) des points M du plan dont les coordonnées $(x ; y)$ vérifient cette équation.

1. Déterminer la nature de l'ensemble (Γ) d'équation : $y^2 - 4x + 2y + 9 = 0$.

On a : $M \in (\Gamma) \Leftrightarrow (y + 1)^2 = 4(x - 2)$.

Soit $S\binom{2}{-1}$ et (X ; Y) les coordonnées de M dans le repère $(S, \vec{i}, \vec{j})$.

On a : $M \in (\Gamma) \Leftrightarrow Y^2 = 4X$.

Donc, (Γ) est une parabole de sommet S, d'axe focal la droite de repère $(S, \vec{i})$ et de paramètre 2.

2. Déterminer la nature de l'ensemble (Γ) d'équation : $4x^2 + y^2 + 16x + 7 = 0$.

On a : $M \in (\Gamma) \Leftrightarrow \frac{(x+2)^2}{\frac{9}{4}} + \frac{y^2}{9} = 1$.

Soit $O'\binom{-2}{0}$ et (X ; Y) les coordonnées de M dans le repère $(O', \vec{i}, \vec{j})$.

On a : $M \in (\Gamma) \Leftrightarrow \frac{X^2}{\frac{9}{4}} + \frac{Y^2}{9} = 1$.

Donc, (Γ) est une ellipse de centre O' et d'axe focal la droite de repère $(O', \vec{j})$.

3. Déterminer la nature de l'ensemble (Γ) d'équation : $x^2 - 3y^2 + 12y - 3 = 0$.

On a : $M \in (\Gamma) \Leftrightarrow -\dfrac{x^2}{9} + \dfrac{(y-2)^2}{3} = 1$.

Soit $O'\begin{pmatrix}0\\2\end{pmatrix}$ et (X ; Y) les coordonnées de M dans le repère $(O', \vec{i}, \vec{j})$.

On a : $M \in (\Gamma) \Leftrightarrow -\dfrac{X^2}{9} + \dfrac{Y^2}{3} = 1$.

Donc, (Γ) est une hyperbole de centre O' et d'axe focal la droite de repère $(O', \vec{j})$.

4. Déterminer, suivant les valeurs du nombre réel m, la nature de l'ensemble (Γ_m) d'équation :
$(m+2)x^2 + m^2y^2 + 2(m+2)x - (m+2)(m^2-1) = 0$.

- Si $m = -2$, on a : $M \in (\Gamma_{-2}) \Leftrightarrow y^2 = 0$. Donc, (Γ_{-2}) est l'axe des abscisses.
- Si $m = 0$, on a : $M \in (\Gamma_0) \Leftrightarrow (x+1)^2 = 0$. Donc, (Γ_0) est la droite d'équation : $x = -1$.
- Si $m \neq -2$ et $m \neq 0$, on a : $M \in (\Gamma_m) \Leftrightarrow \dfrac{(x+1)^2}{m^2} + \dfrac{y^2}{m+2} = 1$.

  – Si $m < -2$, (Γ_m) est une hyperbole de centre $O'\begin{pmatrix}-1\\0\end{pmatrix}$.

  – Si $m > -2$, (Γ_m) est une ellipse de centre $O'\begin{pmatrix}-1\\0\end{pmatrix}$;

  en particulier : (Γ_{-1}) est le cercle d'équation $(x+1)^2 + y^2 = 1$,
  (Γ_2) est le cercle d'équation $(x+1)^2 + y^2 = 4$.

Exercices

Le plan est muni du repère orthonormé $(O, \vec{i}, \vec{j})$.

1.a Soit (𝒫) la parabole de foyer F et de directrice (𝒟) ; on désigne par d la distance de F à (𝒟).
Dans chacun des cas suivants, déterminer l'équation réduite de (𝒫) dans un repère convenablement choisi.

a) $d = 2$ *b)* $d = 5$ *c)* $d = 8$ *d)* $d = \frac{1}{2}$.

1.b Soit (Γ) la conique de foyer F, de directrice (𝒟) et d'excentricité e ; on désigne par d la distance de F à (𝒟).
Dans chacun des cas suivants :
- construire les sommets A et A' de (Γ) ;
- déterminer l'équation réduite de (Γ) dans un repère convenablement choisi.

a) $d = 5$ et $e = \frac{2}{3}$ *b)* $d = 3$ et $e = \frac{1}{2}$

c) $d = 3$ et $e = 2$ *d)* $d = 4$ et $e = 3$.

1.c Dans chacun des cas suivants, déterminer une équation de la parabole de foyer F et de directrice (𝒟).

a) $F\begin{pmatrix}2\\0\end{pmatrix}$ et (𝒟) : $x = 1$ *b)* $F\begin{pmatrix}-1\\2\end{pmatrix}$ et (𝒟) : $x = 1$

c) $F\begin{pmatrix}0\\-1\end{pmatrix}$ et (𝒟) : $y = 3$ *d)* $F\begin{pmatrix}1\\1\end{pmatrix}$ et (𝒟) : $y = -4$.

1.d Dans chacun des cas suivants, déterminer une équation de la conique de foyer F, de directrice (𝒟) et d'excentricité e.

a) $F\begin{pmatrix}1\\0\end{pmatrix}$, (𝒟) : $x = 5$ et $e = \frac{1}{3}$

b) $F\begin{pmatrix}1\\-2\end{pmatrix}$, (𝒟) : $y = 1$ et $e = \frac{1}{2}$

c) $F\begin{pmatrix}2\\1\end{pmatrix}$, (𝒟) : $x = -1$ et $e = 2$

d) $F\begin{pmatrix}4\\-1\end{pmatrix}$, (𝒟) : $y = 0$ et $e = 3$.

1.e Dans chacun des cas suivants, déterminer le foyer et la directrice de la parabole (𝒫).

a) (𝒫) : $y^2 = 4x$ *b)* (𝒫) : $x^2 + 4x + 4y = 0$

c) (𝒫) : $2y^2 = 4x + 3$ *d)* (𝒫) : $y = \frac{1}{2}x^2 - x + 2$.

1.f Dans chacun des cas suivants, préciser la nature et les éléments caractéristiques (centre, axe focal, sommets situés sur l'axe focal, foyers, directrices et excentricité) de la conique (Γ).

a) (Γ) : $\dfrac{x^2}{4} + \dfrac{y^2}{2} = 1$ *b)* (Γ) : $\dfrac{x^2}{9} + \dfrac{y^2}{12} = 1$

c) (Γ) : $\dfrac{x^2}{12} - \dfrac{y^2}{8} = 1$ *d)* (Γ) : $-\dfrac{x^2}{4} + \dfrac{y^2}{12} = 1$.

1.g Dans chacun des cas suivants, démontrer que (E) est une équation d'une conique à centre dont on précisera le centre, l'axe focal et les sommets situés sur cet axe focal.

a) (E) : $x^2 + 2y^2 - 2x - 3 = 0$

b) (E) : $3x^2 + y^2 + 6x - 4y + 4 = 0$

c) (E) : $2x^2 - y^2 - 4y - 12 = 0$

d) (E) : $-x^2 + y^2 + 6x + 2y - 16 = 0$.

2 Étude de la parabole

Dans cette leçon, le plan est muni du repère orthonormé (O, $\vec{i}, \vec{j}$).

2.1. Étude analytique

Tracé de la parabole

La parabole ($\mathcal{P}$) d'équation réduite $y^2 = 2px$ ($p > 0$) est la réunion des courbes représentatives ($\mathcal{P}_1$) et ($\mathcal{P}_2$) des fonctions $f_1 : x \mapsto \sqrt{2px}$ et $f_2 : x \mapsto -\sqrt{2px}$.

($\mathcal{P}_1$) et ($\mathcal{P}_2$) sont symétriques par rapport à la droite de repère (O, $\vec{i}$).

Étudions la fonction $f_1 : x \mapsto \sqrt{2px}$.

On a : $D_{f_1} = [0 ; +\infty[$;

$\forall x \in]0 ; +\infty[, \quad f_1'(x) = \dfrac{p}{\sqrt{2px}}$.

On en déduit le tableau de variation de f_1 et la courbe ($\mathcal{P}$).

x	0	$+\infty$
$f_1'(x)$	‖ +	
$f_1(x)$	0 ↗	$+\infty$

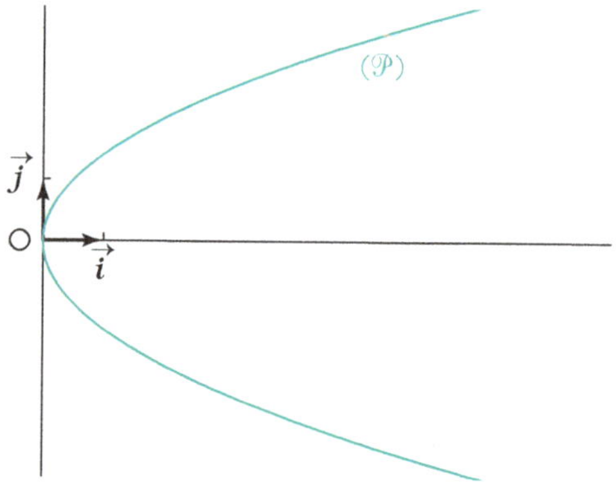

Éléments caractéristiques de la parabole

Équation	$y^2 = 2ax$	$x^2 = 2ay$
Paramètre	$\lvert a \rvert$	
Sommet	O	
Axe focal	La droite de repère (O, $\vec{i}$)	La droite de repère (O, $\vec{j}$)
Foyer	$F\begin{pmatrix} \frac{a}{2} \\ 0 \end{pmatrix}$	$F\begin{pmatrix} 0 \\ \frac{a}{2} \end{pmatrix}$
Directrice	$(\mathcal{D}) : x = -\dfrac{a}{2}$	$(\mathcal{D}) : y = -\dfrac{a}{2}$
Courbe — $a > 0$	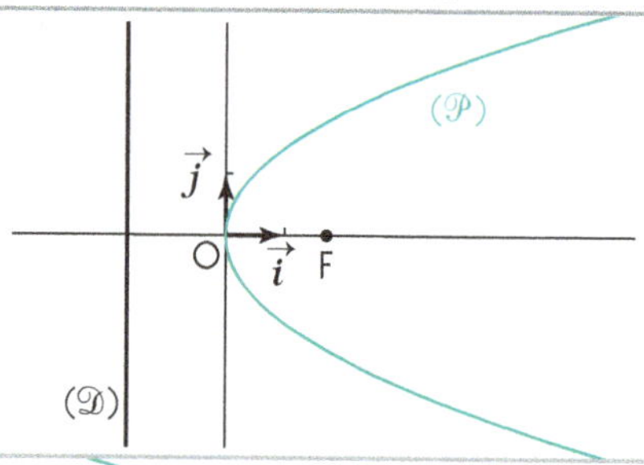	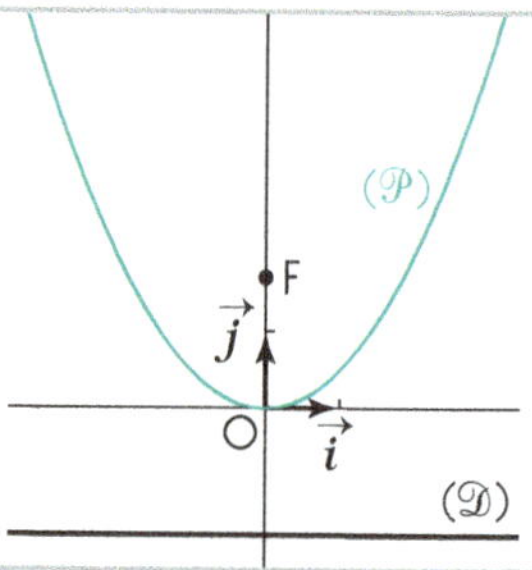
Courbe — $a < 0$	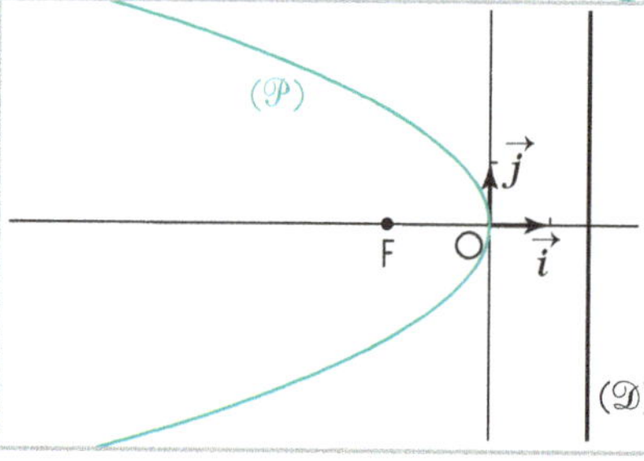	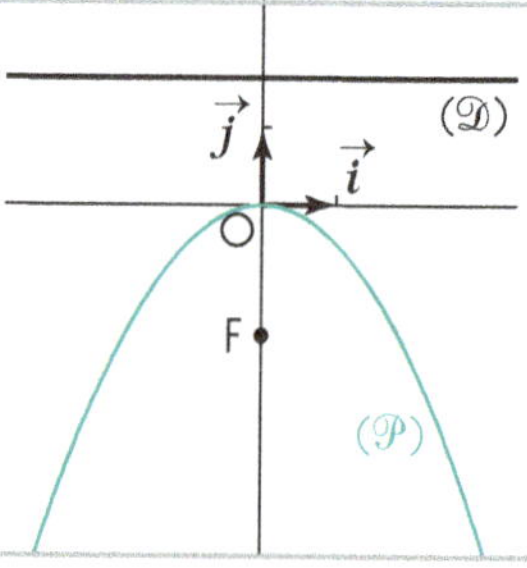

Équation de la tangente en un point de la parabole

Soit $(\mathscr{P})$ la parabole d'équation $y^2 = 2ax$ $(a \neq 0)$ et $M_0\binom{x_0}{y_0}$ un point de $(\mathscr{P})$.

- La tangente en O, sommet de $(\mathscr{P})$, a pour équation : $x = 0$.
- Si $y_0 > 0$, une équation de la tangente à $(\mathscr{P}_1)$ en M_0 est :

$$y - \sqrt{2ax_0} = \frac{a}{\sqrt{2ax_0}}(x - x_0) \quad \Leftrightarrow \quad yy_0 - y_0^2 = a(x - x_0)$$
$$\Leftrightarrow \quad yy_0 = a(x + x_0).$$

- Si $y_0 < 0$, une équation de la tangente à $(\mathscr{P}_2)$ en M_0 est :

$$y + \sqrt{2ax_0} = -\frac{a}{\sqrt{2ax_0}}(x - x_0) \quad \Leftrightarrow \quad yy_0 = a(x + x_0).$$

Propriété

Soit $(\mathscr{P})$ la parabole d'équation : $y^2 = 2ax$ $(a \neq 0)$.

La tangente en un point $M_0\binom{x_0}{y_0}$ de $(\mathscr{P})$ a pour équation : $yy_0 = a(x + x_0)$.

Lorsque $(\mathscr{P})$ a pour équation $x^2 = 2ay$ $(a \neq 0)$, la tangente a pour équation : $xx_0 = a(y + y_0)$.

Exemples

- Soit $(\mathscr{P})$ la parabole d'équation : $y^2 = -4x$.

Le point $M_0\binom{-1}{2}$ appartient à $(\mathscr{P})$; la tangente en M_0 à $(\mathscr{P})$ a pour équation : $x + y - 1 = 0$.

- Soit $(\mathscr{P})$ la parabole d'équation : $x^2 - 8y = 0$.

Le point $M_0\binom{4}{2}$ appartient à $(\mathscr{P})$; la tangente en M_0 à $(\mathscr{P})$ a pour équation : $x - y - 2 = 0$.

Régionnement du plan par la parabole

Soit $(\mathscr{P})$ la parabole d'équation : $y^2 = 2ax$ $(a \neq 0)$.

Le foyer de $(\mathscr{P})$ est $F\begin{pmatrix}\frac{a}{2}\\0\end{pmatrix}$ et sa directrice $(\mathscr{D})$: $x = -\frac{a}{2}$.

Pour tout point M du plan dont le projeté orthogonal sur $(\mathscr{D})$ est H, on a :

- M est intérieur à $(\mathscr{P})$ $\Leftrightarrow$ $MF^2 < MH^2$ $\Leftrightarrow$ $\left(x - \frac{a}{2}\right)^2 + y^2 < \left(x + \frac{a}{2}\right)^2$ $\Leftrightarrow$ $y^2 < 2ax$;
- M est extérieur à $(\mathscr{P})$ $\Leftrightarrow$ $MF^2 > MH^2$ $\Leftrightarrow$ $\left(x - \frac{a}{2}\right)^2 + y^2 > \left(x + \frac{a}{2}\right)^2$ $\Leftrightarrow$ $y^2 > 2ax$.

2.2. Étude géométrique

Soit $(\mathscr{D})$ une droite du plan et F un point n'appartenant pas à $(\mathscr{D})$.
On se propose de construire point par point la parabole $(\mathscr{P})$ de foyer F et de directrice $(\mathscr{D})$, ainsi que la tangente en chacun de ces points.

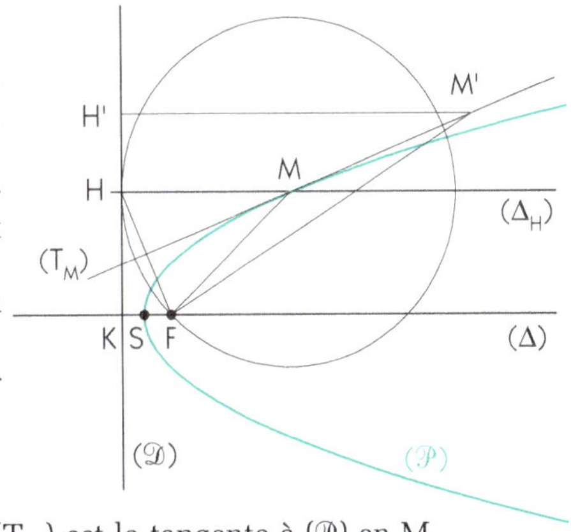

- Soit H un point de $(\mathscr{D})$ et (Δ_H) la perpendiculaire à $(\mathscr{D})$ en H.

Un point M de (Δ_H) appartient à $(\mathscr{P})$ si et seulement si : MF = MH.
Donc, le point d'intersection de (Δ_H) et de la médiatrice de [FH] est l'unique point de (Δ_H) appartenant à $(\mathscr{P})$.
Réciproquement, tout point M de $(\mathscr{P})$ qui se projette orthogonalement en H sur $(\mathscr{D})$, est tel que MF = MH, c'est-à-dire appartient à la médiatrice de [FH].

- Démontrons que la médiatrice de [FH] est la tangente (T_M) en M à $(\mathscr{P})$.

Soit M' un point de (T_M), distinct de M, et H' le projeté orthogonal de M' sur $(\mathscr{D})$.
On a : M'H = M'F et M'H > M'H'.
Donc : M'F > M'H' ; c'est-à-dire M' est extérieur à $(\mathscr{P})$.
Tout point M' de (T_M), distinct de M, est extérieur à $(\mathscr{P})$; donc (T_M) est la tangente à $(\mathscr{P})$ en M.

M

Soit $(\mathcal{P})$ la parabole de foyer F et de directrice $(\mathcal{D})$.
Pour construire un point de $(\mathcal{P})$ et sa tangente, on peut utiliser le procédé suivant :

- par un point H de $(\mathcal{D})$, tracer la droite (Δ_H) perpendiculaire à $(\mathcal{D})$;
- tracer la médiatrice de [FH].

Ces deux droites se coupent en un point M de $(\mathcal{P})$.
La médiatrice de [FH] est la tangente en M à $(\mathcal{P})$.

Remarque

La parabole $(\mathcal{P})$ de foyer F et de directrice $(\mathcal{D})$ est l'ensemble des centres des cercles passant par F et tangents à $(\mathcal{D})$.

2.3. Travaux dirigés

Soit $(\mathcal{P})$ la parabole d'équation : $y^2 = 2ax$ $(a \neq 0)$.

1°) *a)* m étant un nombre réel non nul, démontrer qu'il existe une unique tangente à $(\mathcal{P})$ de coefficient directeur m.
***b)* Démontrer que cette tangente a pour équation : $y = mx + \frac{a}{2m}$.**

2°) Soit $P\binom{\alpha}{\beta}$ un point du plan. Déterminer, suivant la position de P, le nombre de tangentes à $(\mathcal{P})$ passant par ce point.

3°) *a)* Déterminer l'ensemble des points M du plan d'où l'on peut mener deux tangentes perpendiculaires à $(\mathcal{P})$.
***b)* Démontrer que dans ce cas, si on désigne par M_1 et M_2 les points de contact de ces tangentes avec $(\mathcal{P})$, la droite (M_1M_2) passe par un point fixe.**

Solution

1°) *a)* La tangente en un point $M_0\binom{x_0}{y_0}$ de la parabole $(\mathcal{P})$ d'équation $y^2 = 2ax$ $(a \neq 0)$ a pour équation :
$yy_0 = a(x + x_0)$; donc, si $y_0 \neq 0$, elle a pour coefficient directeur : $\frac{a}{y_0}$.
On a : $m = \frac{a}{y_0} \Leftrightarrow y_0 = \frac{a}{m}$.
Donc, si $m \neq 0$, il existe une unique tangente à $(\mathcal{P})$ de coefficient directeur m.

b) Cette droite est la tangente à $(\mathcal{P})$ en $M_0\binom{x_0}{y_0}$ tel que : $y_0 = \frac{a}{m}$ et $x_0 = \frac{y_0^2}{2a} = \frac{a}{2m^2}$.
Cette tangente a pour équation : $y - \frac{a}{m} = m\left(x - \frac{a}{2m^2}\right)$; c'est-à-dire : $y = mx + \frac{a}{2m}$.

2°) Une tangente à $(\mathcal{P})$, de coefficient directeur m, passe par le point $P\binom{\alpha}{\beta}$ si et seulement si :
$\beta = m\alpha + \frac{a}{2m}$; c'est-à-dire : $2\alpha m^2 - 2\beta m + a = 0$ (1).
Le discriminant réduit de l'équation (1) est : $\Delta' = \beta^2 - 2a\alpha$.
On en déduit que :

- si $\beta^2 - 2a\alpha > 0$, c'est-à-dire si P est extérieur à $(\mathcal{P})$, il existe deux tangentes à $(\mathcal{P})$ passant par P.
- si $\beta^2 - 2a\alpha = 0$, c'est-à-dire si P appartient à $(\mathcal{P})$, il existe une tangente à $(\mathcal{P})$ passant par P.
- si $\beta^2 - 2a\alpha < 0$, c'est-à-dire si P est intérieur à $(\mathcal{P})$, il n'existe pas de tangente à $(\mathcal{P})$ passant par P.

3°) *a)* Les tangentes à $(\mathcal{P})$ issues d'un point M sont perpendiculaires si et seulement leurs coefficients directeurs m_1 et m_2 sont tels que : $m_1m_2 = -1$.
Or : $m_1m_2 = \frac{a}{2\alpha}$; donc : $m_1m_2 = -1 \Leftrightarrow \alpha = -\frac{a}{2}$.
Donc, l'ensemble des points M d'où l'on peut mener deux tangentes perpendiculaires à $(\mathcal{P})$ est la droite d'équation $x = -\frac{a}{2}$, c'est-à-dire la directrice $(\mathcal{D})$ de $(\mathcal{P})$.

b) Soit M un point de $(\mathscr{D})$, M_1 et M_2 les points de contact des tangentes à $(\mathscr{P})$ issues de M, H_1 et H_2 les projetés orthogonaux respectifs de M_1 et M_2 sur $(\mathscr{D})$. On a :

- (MM_1) est la médiatrice de $[FH_1]$;
  donc, par symétrie : $(MF) \perp (FM_1)$;
- (MM_2) est la médiatrice de $[FH_2]$;
  donc, par symétrie : $(MF) \perp (FM_2)$;

On en déduit que la droite (M_1M_2) passe par le point F.

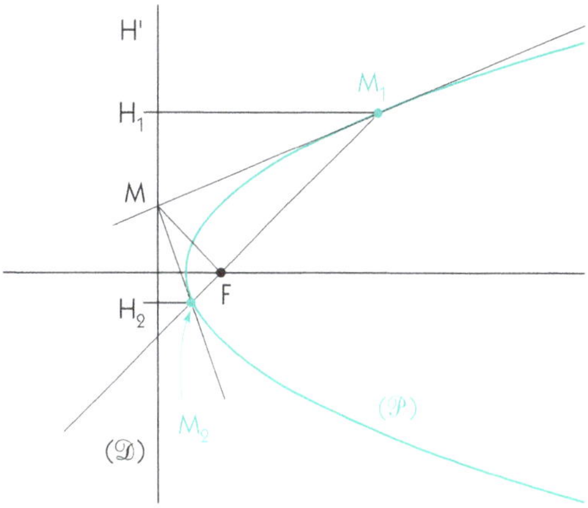

Exercices

2.a Tracer la parabole $(\mathscr{P})$ d'équation : $y^2 = 8x$.
Déterminer le point A de $(\mathscr{P})$ où la tangente est parallèle à la droite d'équation : $2x + 3y - 3 = 0$.
Déterminer une équation de cette tangente.

2.b Tracer la parabole $(\mathscr{P})$ d'équation : $y^2 = 36x$.
Déterminer les tangentes à $(\mathscr{P})$ passant par le point $P\binom{2}{9}$ ainsi que les coordonnées des points de contact de ces tangentes avec $(\mathscr{P})$.

2.c Tracer la parabole $(\mathscr{P})$ d'équation $y^2 + 2x = 0$ et déterminer une équation de la tangente aux points de $(\mathscr{P})$ d'abscisse -1.

2.d Soit $(\mathscr{P})$ une parabole de sommet S et M un point de $(\mathscr{P})$. La tangente (T_M) en M à $(\mathscr{P})$ coupe l'axe focal en un point T.
Démontrer que le symétrique de T par rapport à S est le projeté orthogonal de M sur l'axe focal.

2.e Soit $(\mathscr{P})$ une parabole, M un point de $(\mathscr{P})$ et (T_M) la tangente en M à $(\mathscr{P})$. La perpendiculaire en M à (T_M) coupe l'axe focal en N.
Démontrer que le symétrique de N par rapport au foyer F appartient à (T_M).

3 Étude de l'ellipse

Dans cette leçon, le plan est muni du repère orthonormé $(O, \vec{i}, \vec{j})$.

3.1. Étude analytique

Tracé de l'ellipse

Soit $(\mathscr{E})$ l'ellipse d'équation : $\dfrac{x^2}{a^2} + \dfrac{y^2}{b^2} = 1$ $(a > 0,\ b > 0)$.

$(\mathscr{E})$ est la réunion des courbes représentatives $(\mathscr{E}_1)$ et $(\mathscr{E}_2)$ des fonctions $f_1 : x \mapsto \dfrac{b}{a}\sqrt{a^2 - x^2}$ et $f_2 : x \mapsto -\dfrac{b}{a}\sqrt{a^2 - x^2}$.

$(\mathscr{E}_1)$ et $(\mathscr{E}_2)$ sont symétriques par rapport à la droite de repère $(O, \vec{i})$.

Étudions la fonction $f_1 : x \mapsto \dfrac{b}{a}\sqrt{a^2 - x^2}$.

On a : $D_{f_1} = [-a\ ;\ a]$; f_1 est une fonction paire, on peut réduire son étude à $[0\ ;\ a]$.

$\forall x \in [0\ ;\ a[,\ f_1'(x) = -\dfrac{b}{a}\dfrac{x}{\sqrt{a^2 - x^2}}$.

De plus, $\dfrac{f_1(x) - f_1(a)}{x - a} = \dfrac{b}{a}\dfrac{\sqrt{a - x}}{x - a}\sqrt{a + x}$; donc : $\lim\limits_{x \to a} \dfrac{f_1(x) - f_1(a)}{x - a} = -\infty$.

$(\mathscr{E}_1)$ admet une demi-tangente verticale au point $A\binom{a}{0}$.

On en déduit le tableau de variation de f_1 et la courbe ($\mathscr{E}$).

x	0		a
$f_1'(x)$	0	$-$	‖
$f_1(x)$	b	↘	0

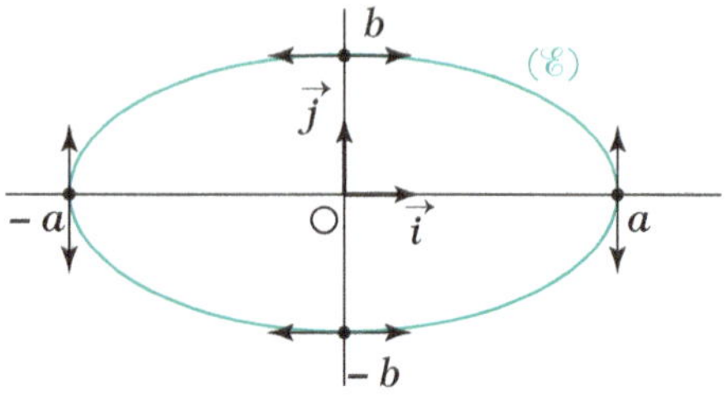

Éléments caractéristiques de l'ellipse

	1er cas : $a > b$	2e cas : $a < b$
Équation	$\frac{x^2}{a^2} + \frac{y^2}{b^2} = 1$	
Demi-distance focale	$c = \sqrt{a^2 - b^2}$	$c = \sqrt{b^2 - a^2}$
Excentricité	$e = \frac{c}{a}$	$e = \frac{c}{b}$
Sommets	$A\binom{a}{0}$ $A'\binom{-a}{0}$ $B\binom{0}{b}$ $B'\binom{0}{-b}$	
Axes	axe focal : (AA') grand axe : [AA'] petit axe : [BB']	axe focal : (BB') grand axe : [BB'] petit axe : [AA']
Foyers	$F\binom{c}{0}$ et $F'\binom{-c}{0}$	$F\binom{0}{c}$ et $F'\binom{0}{-c}$
Directrices	$(\mathscr{D}) : x = \frac{a^2}{c}$ et $(\mathscr{D}') : x = -\frac{a^2}{c}$	$(\mathscr{D}) : y = \frac{b^2}{c}$ et $(\mathscr{D}') : y = -\frac{b^2}{c}$
Cercles remarquables	cercle principal : $\mathscr{C}(O ; a)$ cercle secondaire : $\mathscr{C}(O ; b)$	cercle principal : $\mathscr{C}(O ; b)$ cercle secondaire : $\mathscr{C}(O ; a)$
Courbe	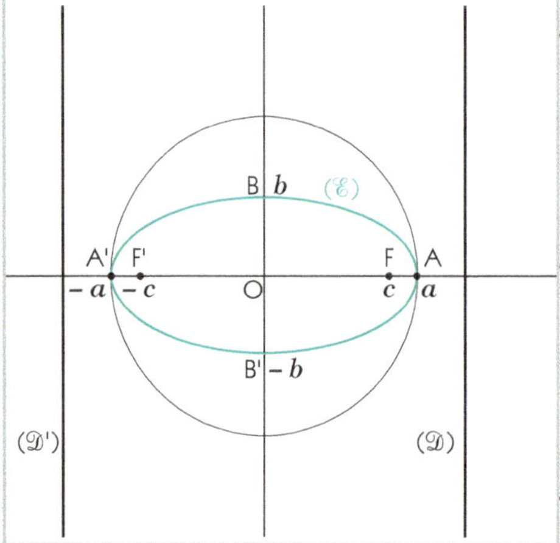	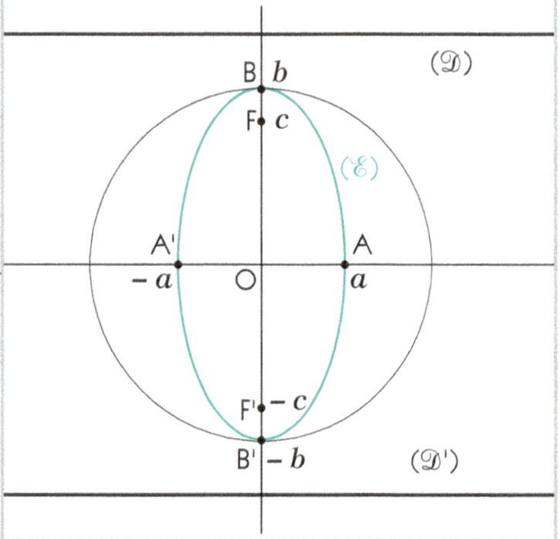

$\mathscr{C}(O ; a)$ désigne le cercle de centre O et de rayon a.

Remarque

Lorsque $a = b$, ($\mathscr{E}$) est le cercle $\mathscr{C}(O ; a)$.

Équation de la tangente en un point de l'ellipse

On démontre la propriété suivante de façon analogue à celle concernant la parabole.

Propriété

Soit $(\mathscr{E})$ l'ellipse d'équation : $\frac{x^2}{a^2} + \frac{y^2}{b^2} = 1$.

La tangente en un point $M_0\binom{x_0}{y_0}$ de $(\mathscr{E})$ a pour équation : $\frac{xx_0}{a^2} + \frac{yy_0}{b^2} = 1$.

Exemples

- Soit $(\mathscr{E})$ l'ellipse d'équation : $\frac{x^2}{25} + \frac{y^2}{9} = 1$.

Le point $M_0\begin{pmatrix} 3 \\ \frac{12}{5} \end{pmatrix}$ appartient à $(\mathscr{E})$; la tangente à $(\mathscr{E})$ en M_0 a pour équation : $9x + 20y - 75 = 0$.

- Soit $(\mathscr{E})$ l'ellipse d'équation : $4x^2 + y^2 = 4$.

Le point $M_0\begin{pmatrix} \frac{\sqrt{3}}{2} \\ -1 \end{pmatrix}$ appartient à $(\mathscr{E})$; la tangente à $(\mathscr{E})$ en M_0 a pour équation : $2\sqrt{3}x - y - 4 = 0$.

3.2. Ellipse et cercle

Représentation paramétrique de l'ellipse

Soit $(\mathscr{E})$ l'ellipse d'équation : $\frac{x^2}{a^2} + \frac{y^2}{b^2} = 1$.

Pour tout point $M\binom{x}{y}$, on a : $M \in (\mathscr{E}) \Leftrightarrow \left(\frac{x}{a}\right)^2 + \left(\frac{y}{b}\right)^2 = 1$

$\Leftrightarrow \exists\, \theta \in \mathbb{R},\ \frac{x}{a} = \cos\theta$ et $\frac{y}{b} = \sin\theta$

$\Leftrightarrow \exists\, \theta \in \mathbb{R},\ x = a\cos\theta$ et $y = b\sin\theta$.

On en déduit la propriété suivante.

Propriété

L'ellipse d'équation $\frac{x^2}{a^2} + \frac{y^2}{b^2} = 1$ a pour représentation paramétrique : $\begin{cases} x = a\cos\theta \\ y = b\sin\theta \end{cases}$ $(\theta \in \mathbb{R})$.

Remarque

Plus généralement, l'ellipse d'équation $\frac{(x-\alpha)^2}{a^2} + \frac{(y-\beta)^2}{b^2} = 1$ a pour représentation paramétrique :

$\begin{cases} x = a\cos\theta + \alpha \\ y = b\sin\theta + \beta \end{cases}$ $(\theta \in \mathbb{R})$.

Exemples

- L'ellipse d'équation $\frac{(x+1)^2}{16} + \frac{(y-2)^2}{8} = 1$ a pour représentation paramétrique :

$\begin{cases} x = 4\cos\theta - 1 \\ y = 2\sqrt{2}\sin\theta + 2 \end{cases}$ $(\theta \in \mathbb{R})$.

- Le système $\begin{cases} x = \cos\theta + 3 \\ y = 2\sin\theta - 1 \end{cases}$ $(\theta \in \mathbb{R})$ est une représentation paramétrique de l'ellipse d'équation :

$(x-3)^2 + \frac{(y+1)^2}{4} = 1$; c'est-à-dire : $4x^2 + y^2 - 24x + 2y + 33 = 0$.

Cercle principal et affinité

Soit a et b deux nombres réels ($a > b > 0$) et ($\mathscr{E}$) l'ellipse de représentation paramétrique : $\begin{cases} x = a\cos\theta \\ y = b\sin\theta \end{cases}$ ($\theta \in \mathbb{R}$).

On désigne par A et A' les sommets de ($\mathscr{E}$) situés sur l'axe focal et par ($\mathscr{C}$) le cercle de diamètre [AA'].

($\mathscr{C}$) a pour représentation paramétrique : $\begin{cases} x = a\cos\theta \\ y = a\sin\theta \end{cases}$ ($\theta \in \mathbb{R}$).

Soit f l'affinité orthogonale d'axe (AA') et de rapport $\frac{b}{a}$.

L'image d'un point $M\binom{x}{y}$ par f est le point $M'\binom{x'}{y'}$ tel que : $\begin{cases} x' = x \\ y' = \frac{b}{a}y \end{cases}$.

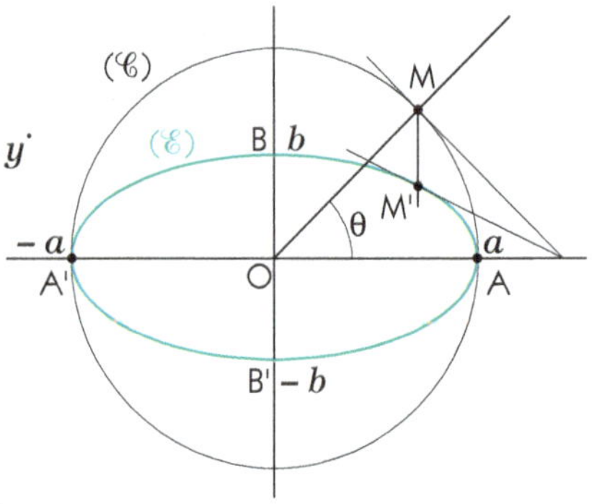

On a : $M \in (\mathscr{C}) \iff \begin{cases} x = a\cos\theta \\ y = a\sin\theta \end{cases}$ ($\theta \in \mathbb{R}$)

$\iff \begin{cases} x' = a\cos\theta \\ y' = b\sin\theta \end{cases}$ ($\theta \in \mathbb{R}$)

$\iff M' \in (\mathscr{E})$.

Donc ($\mathscr{E}$) est l'image de ($\mathscr{C}$) par f. On en déduit la propriété suivante.

Propriété

Soit ($\mathscr{E}$) l'ellipse d'équation $\frac{x^2}{a^2} + \frac{y^2}{b^2} = 1$ ($a > b > 0$), de sommets A et A' situés sur l'axe focal.

($\mathscr{E}$) est l'image du cercle de diamètre [AA'] par l'affinité orthogonale d'axe (AA') et de rapport $\frac{b}{a}$.

Remarque

- *La tangente en M' à ($\mathscr{E}$) est l'image de la tangente en M à ($\mathscr{C}$) par l'affinité orthogonale ; donc, ces deux tangentes se coupent en un point de (AA').*
- *Si on désigne par B et B' les sommets de ($\mathscr{E}$) non situés sur l'axe focal, ($\mathscr{E}$) est l'image du cercle de diamètre [BB'] par l'affinité orthogonale d'axe (BB') et de rapport $\frac{a}{b}$.*

De ce qui précède, on déduit une construction point par point de l'ellipse.

M

Soit ($\mathscr{E}$) l'ellipse de représentation paramétrique $\begin{cases} x = a\cos\theta \\ y = b\sin\theta \end{cases}$ ($\theta \in \mathbb{R}$), tel que : $a > b > 0$.

Pour construire un point de ($\mathscr{E}$), on peut utiliser le procédé suivant :

- tracer les cercles ($\mathscr{C}_1$) et ($\mathscr{C}_2$) de centre O et de rayons respectifs a et b ;
- tracer un diamètre [AA'] de ($\mathscr{C}_1$) ;
- tracer une demi-droite d'origine O ; cette demi-droite coupe ($\mathscr{C}_1$) et ($\mathscr{C}_2$) respectivement en P_1 et P_2 ;
- tracer la perpendiculaire à (AA') passant par P_1 et la parallèle à (AA') passant par P_2.

Le point d'intersection M de ces deux droites est un point de ($\mathscr{E}$).

[AA'] est le grand axe de ($\mathscr{E}$).

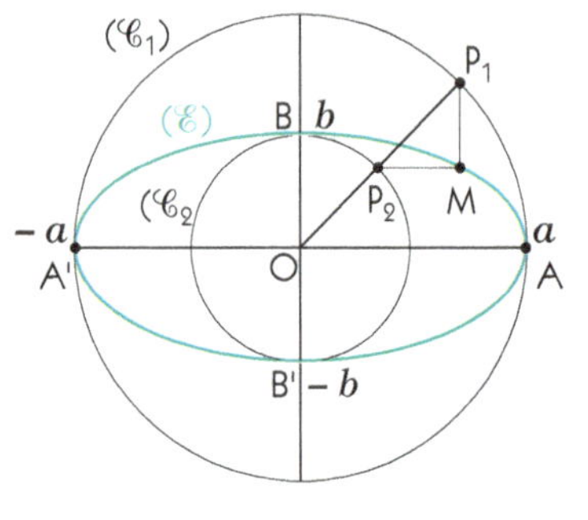

3.3. Définition bifocale de l'ellipse

Soit ($\mathscr{E}$) l'ellipse d'équation : $\frac{x^2}{a^2} + \frac{y^2}{b^2} = 1$ ($a > b > 0$).

($\mathscr{E}$) a pour foyers $F\binom{c}{0}$ et $F'\binom{-c}{0}$, où $c = \sqrt{a^2 - b^2}$; ses directrices sont ($\mathscr{D}$) : $x = \frac{a^2}{c}$ et ($\mathscr{D}'$) : $x = -\frac{a^2}{c}$; son excentricité est : $e = \frac{c}{a}$.

Soit M un point du plan, H et H' les projetés orthogonaux respectifs de M sur $(\mathcal{D})$ et $(\mathcal{D}')$.

- Si $M \in (\mathcal{E})$, on a : $MF = e\,MH$ et $MF' = e\,MH'$.

Donc : $MF + MF' = e\,HH' = \frac{c}{a} \times \frac{2a^2}{c} = 2a$.

- Si M est intérieur à $(\mathcal{E})$, on a : $MF < e\,MH$ et $MF' < e\,MH'$.

Donc : $MF + MF' < e\,HH'$; c'est-à-dire : $MF + MF' < 2a$.

- Si M est extérieur à $(\mathcal{E})$, on a : $MF > e\,MH$ et $MF' > e\,MH'$.

Donc : $MF + MF' > e\,HH'$; c'est-à-dire : $MF + MF' > 2a$.

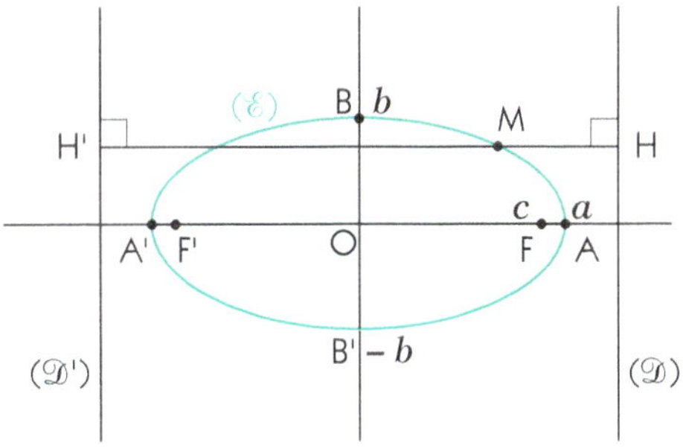

On en déduit la propriété suivante.

Propriété

Soit $(\mathcal{E})$ l'ellipse d'équation réduite $\frac{x^2}{a^2} + \frac{y^2}{b^2} = 1$ $(a > b > 0)$, de foyers F et F'.

$(\mathcal{E})$ est l'ensemble des points M du plan tels que : $MF + MF' = 2a$.

Cette propriété, parfois donnée comme définition de l'ellipse, est appelée ***définition bifocale****.*
Dans cette définition, on a $FF' = 2c$ tel que : $c < a$.

Remarques

- *Les points M vérifiant $MF + MF' < 2a$ (respectivement $MF + MF' > 2a$) sont intérieurs (respectivement extérieurs) à $(\mathcal{E})$.*
- *Cette propriété permet une construction de l'ellipse par la « méthode du jardinier » : un fil, de longueur $2a$, tendu entre deux points F et F'.*
- *Lorsque $a = b$, $F = F'$ et $(\mathcal{E})$ est le cercle de centre F et de rayon a.*

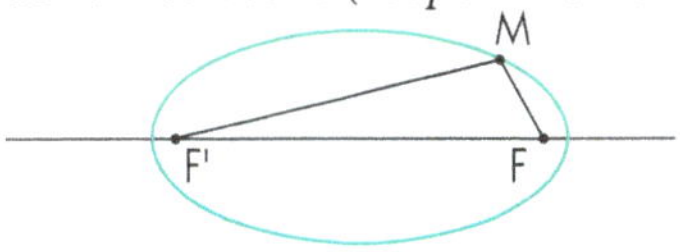

Exemples

- Soit $(\mathcal{E})$ l'ellipse d'équation réduite : $\frac{x^2}{8} + \frac{y^2}{4} = 1$.

On a : $a = 2\sqrt{2}$ et $b = 2$; donc : $c = \sqrt{a^2 - b^2} = 2$.
$(\mathcal{E})$ est l'ensemble des points M du plan tels que $MF + MF' = 4\sqrt{2}$, où $F\binom{2}{0}$ et $F'\binom{-2}{0}$.

- Soit F et F' deux points tels que : $FF' = 4$.

Déterminer l'équation réduite de l'ellipse $(\mathcal{E})$ définie par : $MF + MF' = 8$.
On munit le plan d'un repère orthonormé $(O, \vec{i}, \vec{j})$ tel que O est le milieu de [FF'] et $\vec{i} = \frac{1}{OF}\overrightarrow{OF}$.
On a : $c = 2$ et $a = 4$; donc : $b = \sqrt{a^2 - c^2} = 2\sqrt{3}$.
$(\mathcal{E})$ a pour équation réduite : $\frac{x^2}{16} + \frac{y^2}{12} = 1$.

De sa définition bifocale, on déduit une nouvelle construction point par point de l'ellipse.

M

Soit $(\mathcal{E})$ l'ellipse définie par : $MF + MF' = 2a$ $(0 < FF' < 2a)$.
Pour construire un point de $(\mathcal{E})$ et sa tangente, on peut utiliser le procédé suivant :

- tracer le cercle $(\mathcal{C})$ de centre F' et de rayon $2a$;
- tracer un rayon [F'K] de $(\mathcal{C})$;
- tracer la médiatrice de [FK].

Cette médiatrice coupe (F'K) en un point M de $(\mathcal{E})$ et est tangente en M à $(\mathcal{E})$.

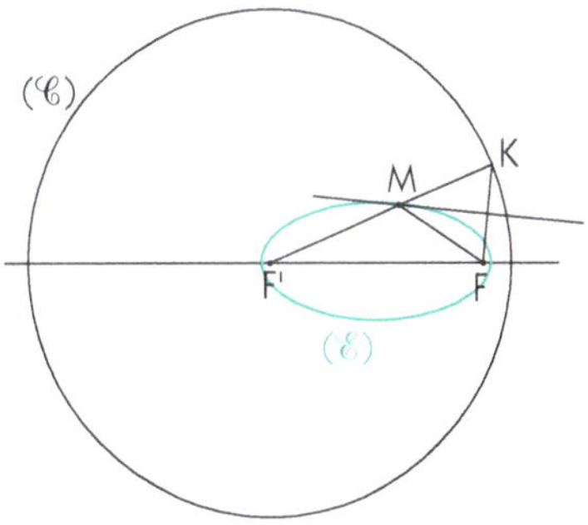

Une justification de cette construction est proposée en fin de chapitre (cf. exercice n° 44).

3.4. Travaux dirigés

On appelle corde d'une ellipse tout segment joignant deux points de cette ellipse.
Soit ($\mathscr{E}$) une ellipse de centre O et P un point du plan, extérieur à ($\mathscr{E}$).
Déterminer le lieu des milieux des cordes de ($\mathscr{E}$) passant par P.

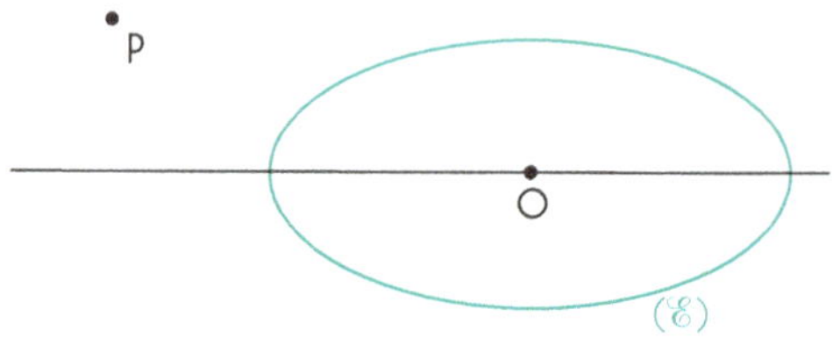

Solution

Une droite (Δ) passant par P coupe ($\mathscr{E}$) en deux points M et N ; on désigne par I le milieu de [MN].

Soit f l'affinité orthogonale qui transforme ($\mathscr{E}$) en son cercle principal ($\mathscr{C}$).

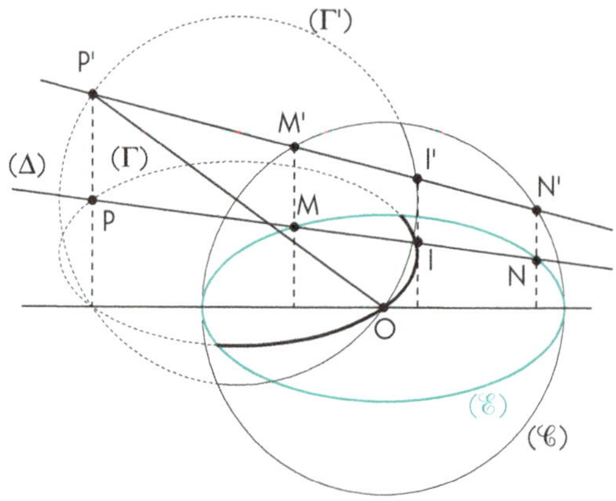

• f transforme P en P' et [MN] en une corde [M'N'] de ($\mathscr{C}$) dont le milieu I' est l'image de I par f.
Or, (OI') est la médiatrice de [M'N'] ; donc I' appartient au cercle (Γ') de diamètre [OP'].
Réciproquement, tout point de (Γ'), intérieur à ($\mathscr{C}$), est le milieu d'une corde de ($\mathscr{C}$) passant par P'.
Donc, le lieu de I' est l'ensemble des points de (Γ') intérieurs à ($\mathscr{C}$).

• I est l'antécédant de I' par f ; donc, le lieu de I est l'antécédant par f du lieu de I'.
L'antécédant de (Γ') par f est une ellipse (Γ) dont le grand axe est l'antécédant du diamètre de (Γ') parallèle à l'axe de l'affinité orthogonale.
Le lieu de I est l'ensemble des points de (Γ) intérieurs à ($\mathscr{E}$).

Sur la figure ci-dessus, le rapport de l'affinité orthogonale est $\frac{1}{2}$.

Exercices

3.a Tracer l'ellipse ($\mathscr{E}$) d'équation : $x^2 + 4y^2 = 25$.
1. Déterminer une équation des tangentes à ($\mathscr{E}$) aux points de ($\mathscr{E}$) d'abscisse 4.
2. Déterminer une équation des tangentes à ($\mathscr{E}$) ayant pour coefficient directeur $\frac{3}{8}$.

3.b Dans chacun des cas suivants, déterminer une représentation paramétrique de l'ellipse ($\mathscr{E}$).
a) ($\mathscr{E}$) : $x^2 + 2y^2 + 4x - 4y = 10$
b) ($\mathscr{E}$) : $4x^2 + y^2 - 8x + 6y - 3 = 0$
c) ($\mathscr{E}$) : $3x^2 + y^2 + 6x - 2y = 0$.

3.c Dans chacun des cas suivants, déterminer une équation de l'ellipse dont on donne une représentation paramétrique.

a) $\begin{cases} x = \frac{1}{2}\cos\theta - 1 \\ y = \frac{3}{4}\sin\theta + 2 \end{cases}$ $(\theta \in \mathbb{R})$

b) $\begin{cases} x = 2\cos\theta - 3 \\ y = 3\sin\theta + 1 \end{cases}$ $(\theta \in \mathbb{R})$.

3.d Soit F et F' deux points du plan tels que : FF' = 6.
Déterminer, dans un repère convenablement choisi, l'équation réduite de l'ellipse définie par : MF + MF' = 8.

3.e Dans chacun des cas suivants, donner la définition bifocale de l'ellipse ($\mathscr{E}$).
a) ($\mathscr{E}$) : $\frac{x^2}{4} + \frac{y^2}{2} = 1$ *b)* ($\mathscr{E}$) : $\frac{x^2}{9} + \frac{y^2}{25} = 1$.

3.f **1.** Soit $A\begin{pmatrix}2\\-1\end{pmatrix}$ et $A'\begin{pmatrix}-2\\3\end{pmatrix}$. Déterminer une équation de l'ensemble ($\mathscr{C}$) des points M du plan tels que : $\overrightarrow{MA}.\overrightarrow{MA'} = 1$.
2. Déterminer une équation de l'image de ($\mathscr{C}$) :
a) par l'affinité orthogonale d'axe la droite de repère $(O, \vec{i})$ et de rapport $\frac{2}{3}$;
b) par l'affinité orthogonale d'axe la droite de repère $(O, \vec{j})$ et de rapport 2.

4 Étude de l'hyperbole

Dans cette leçon, le plan est muni du repère orthonormé $(O, \vec{i}, \vec{j})$.

4.1. Étude analytique

Tracé de l'hyperbole

Soit $(\mathcal{H})$ l'hyperbole d'équation : $\dfrac{x^2}{a^2} - \dfrac{y^2}{b^2} = 1$.

$(\mathcal{H})$ est la réunion des courbes représentatives $(\mathcal{H}_1)$ et $(\mathcal{H}_2)$ des fonctions $f_1 : x \mapsto \dfrac{b}{a}\sqrt{x^2 - a^2}$ et $f_2 : x \mapsto -\dfrac{b}{a}\sqrt{x^2 - a^2}$.

$(\mathcal{H}_1)$ et $(\mathcal{H}_2)$ sont symétriques par rapport à la droite de repère $(O, \vec{i})$.

Étudions la fonction $f_1 : x \mapsto \dfrac{b}{a}\sqrt{x^2 - a^2}$.

On a : $D_{f_1} =]-\infty ; -a] \cup [a ; +\infty[$; f_1 est une fonction paire, on peut réduire son étude à $[a ; +\infty[$.

$\forall x \in]a ; +\infty[, \ f_1'(x) = \dfrac{b}{a} \dfrac{x}{\sqrt{x^2 - a^2}}$.

De plus, $\dfrac{f_1(x) - f_1(a)}{x - a} = \dfrac{b}{a} \dfrac{\sqrt{a - x}}{x - a} \sqrt{a + x}$; donc : $\lim\limits_{x \to a} \dfrac{f_1(x) - f_1(a)}{x - a} = +\infty$.

$(\mathcal{H}_1)$ admet une demi-tangente verticale au point $A\begin{pmatrix} a \\ 0 \end{pmatrix}$.

On démontre également que la droite d'équation $y = \dfrac{b}{a}x$ est asymptote à $(\mathcal{H}_1)$ en $+\infty$.

On en déduit le tableau de variation de f_1 et la courbe $(\mathcal{H})$.

x	a	$+\infty$
$f_1'(x)$	‖	+
$f_1(x)$	0 ↗	$+\infty$

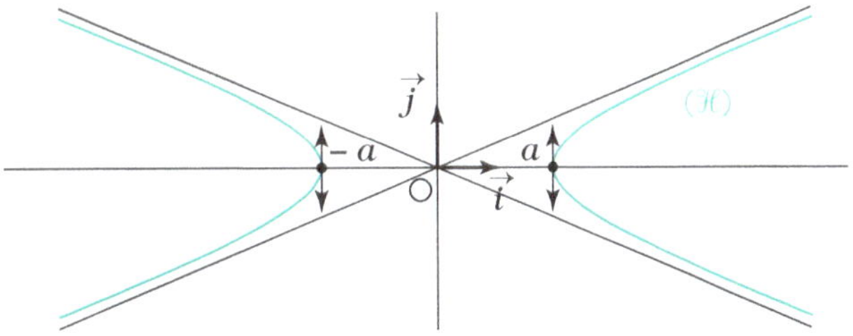

Remarques

- *L'hyperbole d'équation $-\dfrac{x^2}{a^2} + \dfrac{y^2}{b^2} = 1$ est l'image de l'hyperbole d'équation $\dfrac{x^2}{b^2} - \dfrac{y^2}{a^2} = 1$ par la symétrie orthogonale d'axe la première bissectrice.*
- *La réunion des asymptotes de l'hyperbole d'équation $\dfrac{x^2}{a^2} - \dfrac{y^2}{b^2} = 1$ a pour équation : $\dfrac{x^2}{a^2} - \dfrac{y^2}{b^2} = 0$.*
- *Si $a = b$, les asymptotes sont orthogonales et $e = \sqrt{2}$; on dit que $(\mathcal{H})$ est une hyperbole* ***équilatère****.*

Éléments caractéristiques de l'hyperbole

Équation	$\dfrac{x^2}{a^2} - \dfrac{y^2}{b^2} = 1$	$-\dfrac{x^2}{a^2} + \dfrac{y^2}{b^2} = 1$
Demi-distance focale	$c = \sqrt{a^2 + b^2}$	
Excentricité	$e = \dfrac{c}{a}$	$e = \dfrac{c}{b}$
Sommets	$\mathrm{A}\begin{pmatrix} a \\ 0 \end{pmatrix}$ $\mathrm{A'}\begin{pmatrix} -a \\ 0 \end{pmatrix}$	$\mathrm{B}\begin{pmatrix} 0 \\ b \end{pmatrix}$ $\mathrm{B'}\begin{pmatrix} 0 \\ -b \end{pmatrix}$
Axe focal	(AA')	(BB')
Foyers	$\mathrm{F}\begin{pmatrix} c \\ 0 \end{pmatrix}$ et $\mathrm{F'}\begin{pmatrix} -c \\ 0 \end{pmatrix}$	$\mathrm{F}\begin{pmatrix} 0 \\ c \end{pmatrix}$ et $\mathrm{F'}\begin{pmatrix} 0 \\ -c \end{pmatrix}$
Directrices	$(\mathscr{D}) : x = \dfrac{a^2}{c}$ et $(\mathscr{D}') : x = -\dfrac{a^2}{c}$	$(\mathscr{D}) : y = \dfrac{b^2}{c}$ et $(\mathscr{D}') : y = -\dfrac{b^2}{c}$
Asymptotes	$(\Delta) : y = \dfrac{b}{a}x$ et $(\Delta') : y = -\dfrac{b}{a}x$	
Courbe	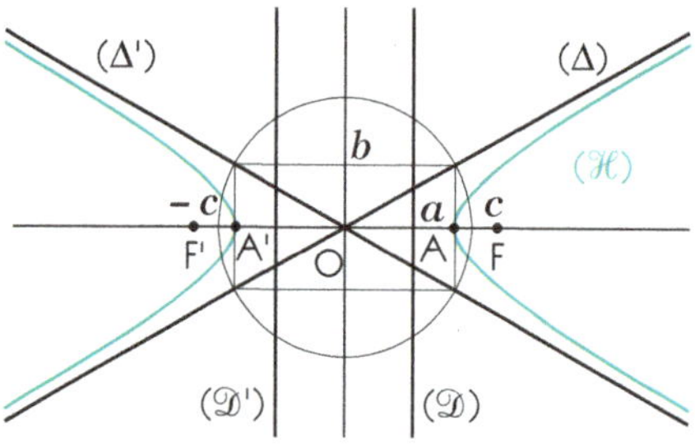	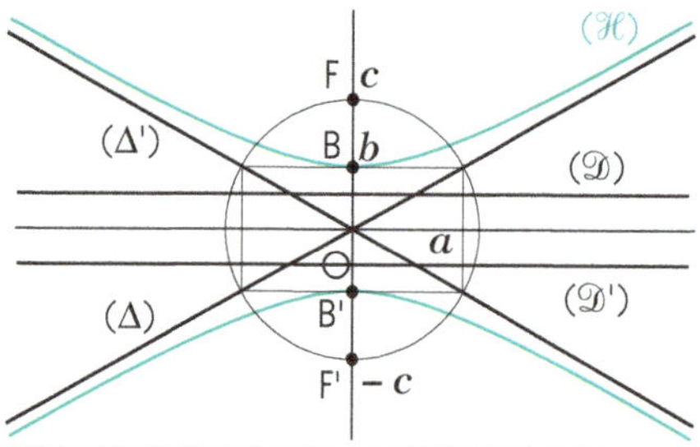

Équation de la tangente en un point de l'hyperbole

On démontre la propriété suivante de façon analogue à celle concernant la parabole.

Propriété

Soit $(\mathscr{H})$ l'hyperbole d'équation : $\dfrac{x^2}{a^2} - \dfrac{y^2}{b^2} = 1$.

La tangente en un point $M_0\begin{pmatrix} x_0 \\ y_0 \end{pmatrix}$ de $(\mathscr{H})$ a pour équation : $\dfrac{xx_0}{a^2} - \dfrac{yy_0}{b^2} = 1$.

Lorsque $(\mathscr{H})$ a pour équation $-\dfrac{x^2}{a^2} + \dfrac{y^2}{b^2} = 1$, la tangente a pour équation : $-\dfrac{xx_0}{a^2} + \dfrac{yy_0}{b^2} = 1$.

Exemples

- Soit $(\mathscr{H})$ l'hyperbole d'équation : $\dfrac{x^2}{4} - y^2 = 1$.

Le point $M_0\begin{pmatrix} 3 \\ \dfrac{\sqrt{5}}{2} \end{pmatrix}$ appartient à $(\mathscr{H})$; la tangente à $(\mathscr{H})$ en M_0 a pour équation : $3x - 2\sqrt{5}y - 4 = 0$.

- Soit $(\mathscr{H})$ l'hyperbole d'équation : $-2x^2 + 3y^2 = 1$.

Le point $M_0\begin{pmatrix} 1 \\ -1 \end{pmatrix}$ appartient à $(\mathscr{H})$; la tangente à $(\mathscr{H})$ en M_0 a pour équation : $2x + 3y + 1 = 0$.

Équation de l'hyperbole rapportée à ses asymptotes

Nous avons rencontré dans les classes précédentes des hyperboles, courbes représentatives des fonctions homographiques. Démontrons que l'hyperbole définie maintenant est également la courbe représentative d'une fonction homographique.

Soit $(\mathscr{H})$ l'hyperbole d'équation réduite : $\frac{x^2}{a^2} - \frac{y^2}{b^2} = 1$.

On se propose de déterminer l'équation de $(\mathscr{H})$ dans un repère dont les axes sont les asymptotes de $(\mathscr{H})$, par exemple le repère $(O, \vec{u}, \vec{v})$ tel que : $\vec{u}\binom{a}{b}$ et $\vec{v}\binom{a}{-b}$.

Soit M un point du plan, de coordonnées $(x ; y)$ dans le repère $(O, \vec{i}, \vec{j})$ et de coordonnées $(X ; Y)$ dans le repère $(O, \vec{u}, \vec{v})$.

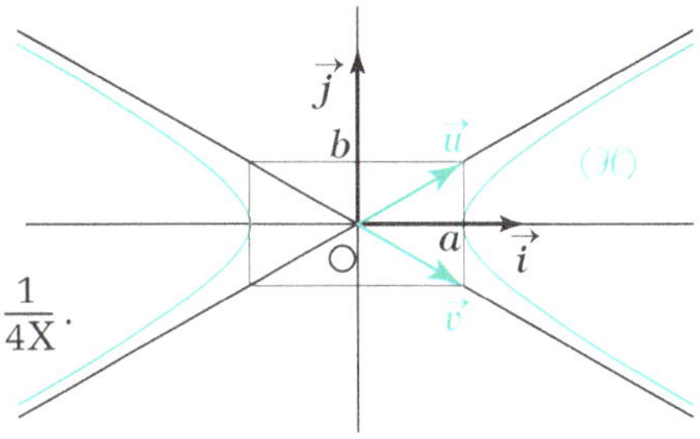

On a : $\overrightarrow{OM} = x\vec{i} + y\vec{j} = X\vec{u} + Y\vec{v}$
$= X(a\vec{i} + b\vec{j}) + Y(a\vec{i} - b\vec{j})$
$= a(X + Y)\vec{i} + b(X - Y)\vec{j}$.

Donc : $\begin{cases} x = a(X + Y) \\ y = b(X - Y) \end{cases}$.

On en déduit une équation de $(\mathscr{H})$ dans le repère $(O, \vec{u}, \vec{v})$: $Y = \frac{1}{4X}$.

On obtient ainsi l'expression d'une fonction homographique.

Exemple

Soit $(\mathscr{H})$ l'hyperbole d'équation $\frac{x^2}{4} - \frac{y^2}{12} = 1$ dans le repère $(O, \vec{i}, \vec{j})$.

On a : $a = 2$ et $b = 2\sqrt{3}$. Soit le repère $(O, \vec{u}, \vec{v})$ tel que : $\vec{u}\binom{1}{\sqrt{3}}$ et $\vec{v}\binom{1}{-\sqrt{3}}$.

On en déduit les formules de changement de repère : $\begin{cases} x = X + Y \\ y = \sqrt{3}(X - Y) \end{cases}$.

Dans le repère $(O, \vec{u}, \vec{v})$, $(\mathscr{H})$ a pour équation : $3(X + Y)^2 - 3(X - Y)^2 = 12$; c'est-à-dire : $Y = \frac{1}{X}$.

4.2. Définition bifocale de l'hyperbole

Soit $(\mathscr{H})$ l'hyperbole d'équation réduite : $\frac{x^2}{a^2} - \frac{y^2}{b^2} = 1$ $(a > 0, b > 0)$.

$(\mathscr{H})$ a pour foyers $F\binom{c}{0}$ et $F'\binom{-c}{0}$, où $c = \sqrt{a^2 + b^2}$;

ses directrices sont $(\mathscr{D}) : x = \frac{a^2}{c}$ et $(\mathscr{D}') : x = -\frac{a^2}{c}$;

son excentricité est : $e = \frac{c}{a}$.

$(\mathscr{H})$ est la réunion de deux courbes $(\mathscr{H}_1)$ et $(\mathscr{H}_2)$ situées respectivement dans les demi-plans où les points ont des abscisses positives et négatives.

Soit M un point du demi-plan défini par $x \geq 0$, H et H' les projetés orthogonaux respectifs de M sur $(\mathscr{D})$ et $(\mathscr{D}')$.

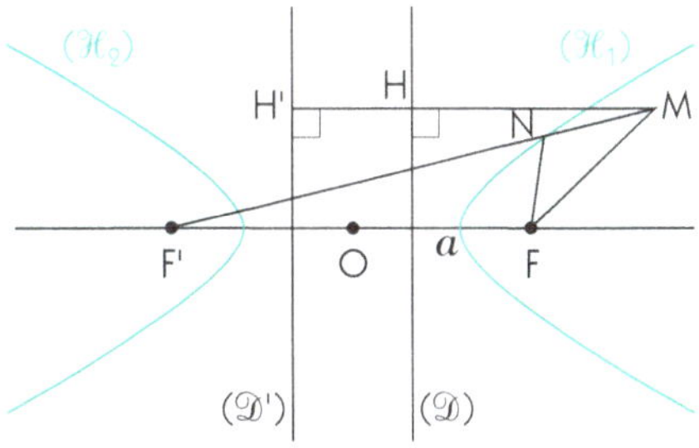

• Si $M \in (\mathscr{H}_1)$, on a : $MF = e\,MH$ et $MF' = e\,MH'$.
Donc : $MF' - MF = e\,HH' = 2a$.

• Si M est intérieur à $(\mathscr{H}_1)$, on désigne par N le point d'intersection de (MF') et $(\mathscr{H}_1)$.
On a : $MF < MN + NF$ et $NF' - NF = 2a$.
Donc : $MF' - MF > MF' - (MN + NF)$;
c'est-à-dire : $MF' - MF > NF' - NF$ ou $MF' - MF > 2a$.

• Si M est extérieur à $(\mathscr{H}_1)$, on démontre de même que : $MF' - MF < 2a$.

On a un résultat analogue dans le demi-plan défini par $x \leq 0$.

On en déduit la propriété suivante.

Propriété

Soit $(\mathscr{H})$ l'hyperbole d'équation réduite $\frac{x^2}{a^2} - \frac{y^2}{b^2} = 1$ $(a > 0, b > 0)$, de foyers F et F'.

$(\mathscr{H})$ est l'ensemble des points M du plan tels que : $|MF - MF'| = 2a$.

Cette propriété, parfois donnée comme définition de l'hyperbole, est appelée ***définition bifocale****.*
Dans cette définition, on a $FF' = 2c$ tel que : $c > a$.

Remarque

Les points M vérifiant $|MF - MF'| > 2a$ (respectivement $|MF - MF'| < 2a$) sont intérieurs (respectivement extérieurs) à $(\mathcal{H})$.

Exemples

• Soit $(\mathcal{H})$ l'hyperbole d'équation : $\frac{x^2}{4} - \frac{y^2}{5} = 1$.

On a : $a = 2$ et $b = \sqrt{5}$; donc : $c = \sqrt{a^2 + b^2} = 3$.
$(\mathcal{H})$ est l'ensemble des points M du plan tels que $|MF - MF'| = 4$, où $F\begin{pmatrix}3\\0\end{pmatrix}$ et $F'\begin{pmatrix}-3\\0\end{pmatrix}$.

• Soit F et F' deux points tels que : FF' = 4.
Déterminer l'équation réduite de l'hyperbole $(\mathcal{H})$ définie par : $|MF - MF'| = 2\sqrt{3}$.
On munit le plan d'un repère orthonormé $(O, \vec{i}, \vec{j})$ tel que O est le milieu de [FF'] et $\vec{i} = \frac{1}{OF}\overrightarrow{OF}$.
On a : $c = 2$ et $a = \sqrt{3}$; donc : $b = \sqrt{c^2 - a^2} = 1$.
$(\mathcal{H})$ a pour équation réduite : $\frac{x^2}{3} - y^2 = 1$.

De la définition bifocale, on déduit une construction point par point de l'hyperbole.

M

Soit $(\mathcal{H})$ l'hyperbole définie par :
$|MF - MF'| = 2a$ $(FF' > 2a > 0)$.
Pour construire un point de $(\mathcal{H})$ et sa tangente, on peut utiliser le procédé suivant :
- tracer le cercle $(\mathcal{C})$ de centre F' et de rayon $2a$;
- tracer un rayon [F'K] de $(\mathcal{C})$;
- tracer la médiatrice de [FK].

Cette médiatrice coupe (F'K) en un point M de $(\mathcal{H})$ et est tangente en M à $(\mathcal{H})$.

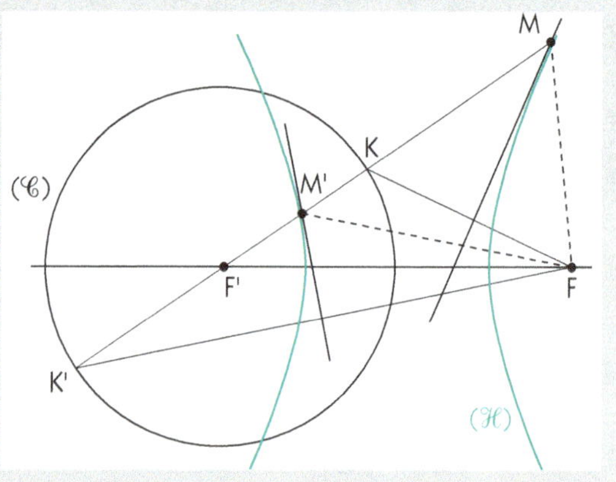

Une justification de cette construction est proposée en fin de chapitre (cf. exercice 45).

Remarque

Si (FK) est tangente au cercle, la médiatrice de [FK] est parallèle à (F'K) ; donc le point M n'existe pas et cette médiatrice est l'une des asymptotes de l'hyperbole.

Exercices

4.a Tracer l'hyperbole $(\mathcal{H})$ d'équation : $x^2 - 2y^2 = 2$.
1. Déterminer une équation des tangentes à $(\mathcal{H})$ aux points de $(\mathcal{H})$ d'abscisse $2\sqrt{2}$.
2. Déterminer une équation des tangentes à $(\mathcal{H})$ ayant pour coefficient directeur 1.

4.b Soit F et F' deux points du plan tels que : FF' = 6.
Déterminer, dans un repère convenablement choisi, l'équation réduite de l'hyperbole définie par : $|MF - MF'| = 4$.

4.c Dans chacun des cas suivants, donner la définition bifocale de l'hyperbole $(\mathcal{H})$.
a) $(\mathcal{H})$: $\frac{x^2}{4} - \frac{y^2}{2} = 1$ *b)* $(\mathcal{H})$: $-\frac{x^2}{4} + \frac{y^2}{2} = 1$.

4.d Dans chacun des cas suivants, déterminer une équation de l'hyperbole dans le repère $(O, \vec{u}, \vec{v})$ tel que $\vec{u}\begin{pmatrix}1\\1\end{pmatrix}$ et $\vec{v}\begin{pmatrix}1\\-1\end{pmatrix}$.
a) $x^2 - y^2 + 4 = 0$
b) $x^2 - y^2 + 2x - 4y = 0$
c) $x^2 - y^2 - 6x + 2y + 24 = 0$.

4.e **1.** Construire sur un même graphique les hyperboles $(\mathcal{H})$ et $(\mathcal{H}')$ d'équations respectives $x^2 - 3y^2 - 1 = 0$ et $3x^2 - y^2 + 1 = 0$.
2. Démontrer que $(\mathcal{H}')$ est l'image de $(\mathcal{H})$ par :
a) la rotation r de centre O et d'angle $\frac{\pi}{2}$;
b) la symétrie orthogonale s d'axe la première bissectrice.

Exercices

Le plan est muni du repère orthonormé $(O, \vec{i}, \vec{j})$.

APPRENTISSAGE

Construction d'une conique

1 Soit F un point et $(\mathcal{D})$ une droite du plan telle que la distance de F à $(\mathcal{D})$ est égale à 4.
Dans chacun des cas suivants, construire 10 points de la conique de foyer F, de directrice $(\mathcal{D})$ et d'excentricité e.

a) $e = 1$ *b)* $e = \frac{1}{3}$ *c)* $e = 3$.

2 Déterminer le sommet, l'axe focal et le foyer, puis tracer les paraboles d'équations :

a) $2y^2 + 3x = 0$ *b)* $3x^2 - 4y + 4 = 0$

c) $2y^2 - 4y = x - 3$ *d)* $x^2 - 2x = -3y - 1$.

3 Déterminer le centre, l'axe focal et les sommets, puis tracer les ellipses d'équations :

a) $\frac{x^2}{9} + \frac{y^2}{4} = 1$ *b)* $(x - 1)^2 + 4(y + 2)^2 = 4$

c) $\frac{x^2}{9} + \frac{y^2}{16} = 1$ *d)* $\frac{(x + 1)^2}{4} + \frac{(y - 2)^2}{9} = 1$.

4 Déterminer le centre, l'axe focal et les sommets, puis tracer les hyperboles d'équations :

a) $\frac{x^2}{9} - \frac{y^2}{4} = 1$ *b)* $(x - 1)^2 - 4(y + 2)^2 = 4$

c) $\frac{x^2}{9} - \frac{y^2}{16} = 1$ *d)* $-\frac{(x - 1)^2}{4} + \frac{(y + 2)^2}{9} = 1$.

Équation d'une conique

5 Soit $(\mathcal{E})$ l'ellipse d'équation : $\frac{x^2}{8} + \frac{y^2}{4} = 1$.
Déterminer une équation de l'hyperbole ayant pour sommets les foyers de $(\mathcal{E})$ et pour foyers les sommets de $(\mathcal{E})$ situés sur l'axe focal.

6 Soit $(\mathcal{H})$ l'hyperbole d'équation : $\frac{x^2}{8} - \frac{y^2}{4} = 1$.
Déterminer une équation de l'ellipse ayant pour foyers les sommets de $(\mathcal{H})$ et pour excentricité $\frac{1}{\sqrt{3}}$.

7 Soit $(\mathcal{P})$ la parabole d'équation :

$$y^2 - 4x + 2y + 9 = 0.$$

1. Déterminer les éléments caractéristiques de $(\mathcal{P})$ et tracer $(\mathcal{P})$.
2. Déterminer une équation de l'image de $(\mathcal{P})$ par chacune des transformations suivantes :
a) la symétrie orthogonale d'axe la droite de repère $(O, \vec{j})$;
b) la symétrie de centre O ;
c) la symétrie orthogonale par rapport à la droite d'équation : $y = x$.

8 Soit (Γ) l'ensemble des points $M\binom{x}{y}$ tels que :

$$y^4 - 9 = 9x^4 - 18x^2.$$

Démontrer que (Γ) est la réunion de deux coniques dont on déterminera la nature et les éléments caractéristiques. Tracer (Γ).

9 Dans chacun des cas suivants, déterminer et tracer l'ensemble (Γ) des points $M\binom{x}{y}$ tels que :

a) $4x^2 + y|y| = 9$ *b)* $25x|x| + 16y^2 = 64$

c) $4x|x| + 9y|y| = 144$ *d)* $9y^2 = |4x^2 - 16x|$.

Représentations paramétriques d'une conique

10 Démontrer que le système

$$\begin{cases} x = \cos(\theta + \frac{\pi}{3}) \\ y = 2\cos(\theta - \frac{\pi}{6}) \end{cases} \quad (\theta \in \mathbb{R})$$

est une représentation paramétrique d'une conique dont on précisera la nature et les éléments caractéristiques.

11 Démontrer que le système $\begin{cases} x = \cos 2\theta \\ y = \sin\theta \end{cases}$ $(\theta \in \mathbb{R})$ est une représentation paramétrique d'une partie de parabole que l'on précisera.

12 Démontrer que le système

$$\begin{cases} x = \dfrac{1}{\cos 2\theta} - 1 \\ y = 2 + \dfrac{1}{\sqrt{2}}\tan 2\theta \end{cases} \quad (\theta \in [0\,;\frac{\pi}{4}[)$$

est une représentation paramétrique d'une partie d'hyperbole que l'on précisera.

13 Soit (Γ) l'ensemble des points M dont les coordonnées $(x\,;y)$ vérifient :

$$\begin{cases} x = 2e^t + e^{-t} \\ y = 2e^t - e^{-t} \end{cases} \quad (t \in \mathbb{R}).$$

Démontrer que (Γ) est une partie d'hyperbole que l'on précisera. Tracer (Γ).

Définition bifocale des coniques à centre

14 Soit F et F' deux points tels que : FF' = 3.
Déterminer, dans un repère convenablement choisi, une équation réduite de l'ensemble des points M tels que :

a) MF + MF' = 5 *b)* |MF – MF'| = 2.

15 Soit les points $F\binom{-2}{2}$ et $F'\binom{4}{2}$.
Déterminer une équation de l'ensemble des points M tels que :

a) MF + MF' = 10 *b)* |MF – MF'| = 4.

(On pourra au préalable déterminer l'équation réduite dans un repère convenablement choisi.)

16 Soit les points $F\begin{pmatrix}1\\-1\end{pmatrix}$ et $F'\begin{pmatrix}-1\\1\end{pmatrix}$.

On pose : $\vec{u} = \frac{1}{\sqrt{2}}(\vec{i} - \vec{j})$ et $\vec{v} = \frac{1}{\sqrt{2}}(\vec{i} + \vec{j})$.

1. Déterminer dans le repère $(O, \vec{u}, \vec{v})$ une équation de l'ensemble des points M tels que :

a) $MF + MF' = 4$ *b)* $|MF - MF'| = 2$.

2. En déduire une équation de ces ensembles dans le repère $(O, \vec{i}, \vec{j})$.

Coniques et lieux géométriques

17 Soit $(\mathscr{C})$ un cercle de centre O et de rayon R, (Δ) une droite non sécante à $(\mathscr{C})$.

Démontrer que le lieu des points M, centres des cercles (Γ) tangents à (Δ) et à $(\mathscr{C})$, est une parabole de foyer O dont on précisera la directrice.

On distinguera deux cas :

– (Γ) et $(\mathscr{C})$ sont tangents extérieurement ;

– $(\mathscr{C})$ est intérieur à (Γ).

18 Soit $(\mathscr{C})$ un cercle de centre O et de rayon R, F un point intérieur à $(\mathscr{C})$ et distinct de O.

Démontrer que le lieu des points M, centres des cercles passant par F et tangents à $(\mathscr{C})$, est une ellipse dont on précisera les foyers.

19 Soit $(\mathscr{C})$ un cercle de centre O et de rayon R, F un point extérieur à $(\mathscr{C})$.

Démontrer que le lieu des points M, centres des cercles (Γ) passant par F et tangents à $(\mathscr{C})$, est une hyperbole.

On distinguera deux cas :

– (Γ) et $(\mathscr{C})$ sont tangents extérieurement ;

– $(\mathscr{C})$ est intérieur à (Γ).

20 Soit $(\mathscr{C})$ et $(\mathscr{C}')$ deux cercles de rayons distincts, tels que $(\mathscr{C}')$ est intérieur à $(\mathscr{C})$.

Déterminer le lieu des points M, centres des cercles tangents à $(\mathscr{C})$ et $(\mathscr{C}')$.

21 Soit $(\mathscr{C})$ et $(\mathscr{C}')$ deux cercles extérieurs l'un par rapport à l'autre, de rayons R et R' tels que : $R > R'$.

Déterminer le lieu des points M, centres des cercles tangents à $(\mathscr{C})$ et $(\mathscr{C}')$.

On distinguera quatre cas :

– (Γ) extérieur à $(\mathscr{C})$ et $(\mathscr{C}')$;

– $(\mathscr{C})$ et $(\mathscr{C}')$ intérieurs à (Γ) ;

– $(\mathscr{C})$ intérieur à (Γ), $(\mathscr{C}')$ extérieur à (Γ) ;

– $(\mathscr{C}')$ intérieur à (Γ), $(\mathscr{C})$ extérieur à (Γ).

22 Soit $(\mathscr{D})$ une droite et A un point n'appartenant pas à $(\mathscr{D})$. On considère les paraboles passant par A et de directrice $(\mathscr{D})$.

1. Démontrer que le lieu des foyers de ces paraboles est un cercle (privé d'un point) que l'on précisera.

2. En déduire le lieu des sommets de ces paraboles.

Coniques et transformations

23 **1.** Démontrer que l'image d'une conique par une isométrie plane est une conique de même équation réduite.

2. Démontrer que l'image d'une conique par une similitude plane est une conique de même nature et de même excentricité.

24 Soit $(\mathscr{E})$ l'ellipse d'équation $4x^2 + y^2 = 36$ et les points $A\begin{pmatrix}3\\0\end{pmatrix}$ et $B\begin{pmatrix}0\\6\end{pmatrix}$.

Soit M un point de $(\mathscr{E})$ et M' l'isobarycentre des points A, B et M.

1. Démontrer que M' est l'image de M par une transformation que l'on précisera.

2. En déduire une équation de l'ensemble $(\mathscr{E}')$ des points M' lorsque M décrit $(\mathscr{E})$.

Tracer $(\mathscr{E})$ et $(\mathscr{E}')$ sur un même graphique.

25 Soit f la transformation du plan qui à tout point $M\begin{pmatrix}x\\y\end{pmatrix}$ associe le point $M'\begin{pmatrix}x'\\y'\end{pmatrix}$ tel que :

$$\begin{cases} x' = x + \sqrt{3}y \\ y' = -\sqrt{3}x + y. \end{cases}$$

1. Préciser la nature et les éléments caractéristiques de f.

2. Soit $(\mathscr{E})$ l'ellipse d'équation : $4x^2 + y^2 = 4$.

Déterminer une équation de $(\mathscr{E}')$, image de $(\mathscr{E})$ par f.

3. Déterminer la nature et les éléments caractéristiques de $(\mathscr{E}')$.

Tracer $(\mathscr{E})$ et $(\mathscr{E}')$ sur un même graphique.

26 Soit $(\mathscr{H})$ l'hyperbole d'équation : $x^2 - 3y^2 = 3$.

1. Déterminer une équation de $(\mathscr{H}')$, image de $(\mathscr{H})$ par la rotation de centre O et d'angle $\frac{\pi}{6}$.

2. Déterminer la nature et les éléments caractéristiques de $(\mathscr{H}')$.

Tracer $(\mathscr{H})$ et $(\mathscr{H}')$ sur deux graphiques distincts.

Coniques et nombres complexes

Dans cette rubrique, le plan complexe est muni du repère orthonormé direct $(O, \vec{e_1}, \vec{e_2})$.

27 **1.** Déterminer la nature et les éléments caractéristiques de la courbe $(\mathscr{H})$ d'équation :

$$3x^2 - y^2 + 2x + 1 = 0.$$

2. *a)* Démontrer que les points A, M et M' d'affixes respectives 1, z et z^4 sont alignés si et seulement si $1 + z + z^2 + z^3$ est un nombre réel.

b) En déduire que l'ensemble de tels points M est la réunion de $(\mathscr{H})$ et d'une droite que l'on précisera.

28 On désigne par z l'affixe d'un point M.

Soit le nombre complexe $z' = \frac{2}{3}z - \frac{1}{3}\bar{z} - 1$.

Dans chacun des cas suivants, déterminer et construire l'ensemble des points M tels que :

a) $|z'| = 1$;

b) la partie réelle de z'^2 est égale à 1 ;

c) la partie imaginaire de z'^2 est égale à 1.

29 Soit α un nombre réel tel que : $\alpha \in \left]-\frac{\pi}{2} ; \frac{\pi}{2}\right[$.

1. Résoudre dans $\mathbb{C}$ l'équation (E) :

$$z^2\cos^2\alpha - z\sin 2\alpha + 2 - \cos^2\alpha = 0.$$

2. Soit M l'image dans le plan complexe de la solution de (E) dont la partie imaginaire est positive.

a) Démontrer que M appartient à une hyperbole $(\mathcal{H})$ dont on donnera une équation.
b) Tracer $(\mathcal{H})$ et déterminer la partie de $(\mathcal{H})$ décrite par M lorsque α décrit l'intervalle $]-\frac{\pi}{2} ; \frac{\pi}{2}[$.

30 **1.** Soit $(\mathscr{E})$ l'ensemble des points M du plan complexe dont l'affixe z vérifie : $10z\bar{z} + 3(z^2 + \bar{z}^2) = 4$.
Démontrer que $(\mathscr{E})$ est une ellipse dont on précisera les éléments caractéristiques.
2. Déterminer une équation de $(\mathscr{E}')$, image de $(\mathscr{E})$ par la similitude directe de centre O, de rapport 2 et d'angle $\frac{\pi}{4}$.
3. Déterminer la nature de $(\mathscr{E}')$, ses axes et ses sommets. Tracer $(\mathscr{E})$ et $(\mathscr{E}')$ sur un même graphique.

31 Soit M le point d'affixe z.
1. *a)* Démontrer que l'ensemble des points M tels que $\bar{z} + z + 4 = 0$ est une droite $(\mathscr{D})$.
b) Démontrer que pour tout point M, la distance de M à $(\mathscr{D})$ est : $\frac{1}{2}\,|\bar{z} + z + 4|$.
2. Démontrer que l'ensemble des points M tels que $\left|\frac{z-1-i}{\bar{z}+z+4}\right| = \frac{\sqrt{2}}{4}$ est une ellipse dont on précisera un foyer, une directrice et l'excentricité.

32 À tout point M d'affixe z non nulle du plan complexe, on associe le point M' d'affixe z' telle que :

$$z' = \frac{1}{2}\left(z + \frac{1}{z}\right).$$

1. Déterminer l'ensemble des points M tels que z' soit un nombre réel.
2. On suppose que M décrit le cercle de centre O et de rayon 2.
a) Vérifier que : $z = 2e^{i\theta}$ $(\theta \in \mathbb{R})$.
b) Démontrer que M' décrit une conique dont on déterminera les éléments caractéristiques.

Familles de coniques

33 Déterminer, suivant les valeurs du nombre réel m, la nature et les éléments caractéristiques de la courbe (Γ_m) d'équation : $x^2 + my^2 - 2mx = 0$.

34 Déterminer, suivant les valeurs du nombre réel m, l'ensemble des points $M\begin{pmatrix}x\\y\end{pmatrix}$ tels que :

$$y^2 + 4y - (m-2)x + m - 1 = 0.$$

35 **1.** Déterminer, suivant les valeurs du nombre réel m, la nature de l'ensemble (Γ_m) des points $M\begin{pmatrix}x\\y\end{pmatrix}$ tels que : $2mx^2 + 8mx - (m-1)y^2 + 7m - 2 = 0$.
2. Déterminer m pour que (Γ_m) soit :
a) un cercle ;
b) une hyperbole équilatère.
3. Tracer (Γ_m) pour $m = \frac{1}{2}$ et $m = 2$.

APPROFONDISSEMENT

36 **Le problème de l'échelle**
Sur la figure ci-après, l'échelle AB a une longueur constante l et le point M est tel que : AB = 3 AM.
Déterminer le lieu des points M lorsque A décrit $(\mathscr{D})$ et B décrit $(\mathscr{D}')$.

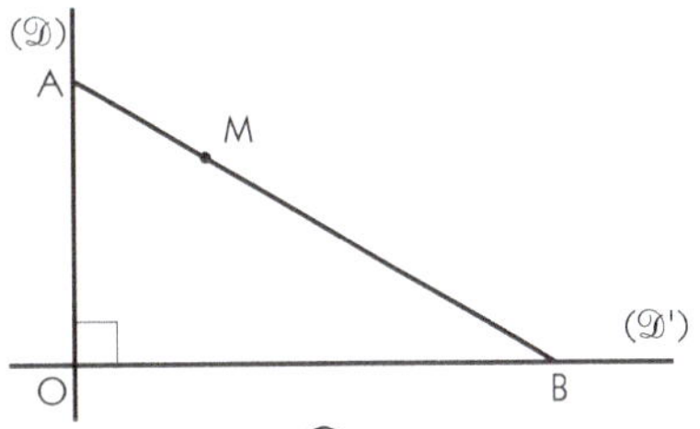

(On pourra poser : mes $\widehat{OBA} = \alpha$.)

37 L'espace est muni du repère orthonormé direct $(O, \vec{i}, \vec{j}, \vec{k})$.
Soit les points $A\begin{pmatrix}1\\0\\0\end{pmatrix}$, $B\begin{pmatrix}-1\\0\\0\end{pmatrix}$ et $F\begin{pmatrix}0\\3\\0\end{pmatrix}$.
1. *a)* Déterminer l'ensemble des points M du plan de repère $(O, \vec{j}, \vec{k})$ tels que : $\|\overrightarrow{MA} \wedge \overrightarrow{MB}\| = \|\overrightarrow{MF}\|$.
b) Retrouver ce résultat en interprétant $\|\overrightarrow{MA} \wedge \overrightarrow{MB}\|$ comme une aire.
2. Mêmes questions en remplaçant le plan de repère $(O, \vec{j}, \vec{k})$ par le plan de repère $(O, \vec{i}, \vec{j})$.

38 Soit k un nombre réel strictement positif, $(\mathscr{D})$ et $(\mathscr{D}')$ deux droites sécantes.
1. Déterminer le lieu des points M dont la somme des carrés des distances à $(\mathscr{D})$ et $(\mathscr{D}')$ est égale à k.
(On pourra utiliser un repère dont les axes sont les bissectrices de l'angle des deux droites.)
2. Déterminer le lieu des points M dont la différence des carrés des distances à $(\mathscr{D})$ et $(\mathscr{D}')$ est égale à k.
3. ***Application numérique***
Déterminer et construire les lieux précédents lorsque $k = 3$, $(\mathscr{D})$ et $(\mathscr{D}')$ ont pour coefficients directeurs respectifs $\frac{1}{\sqrt{3}}$ et $-\frac{1}{\sqrt{3}}$.

39 Soit la fonction $f : x \mapsto \frac{x^2+3}{x\sqrt{3}}$ et (Γ) sa courbe représentative.
1. Étudier f et tracer (Γ).
2. On pose : $\vec{u} = \sqrt{3}\,\vec{i} - \vec{j}$ et $\vec{v} = \vec{i} + \sqrt{3}\,\vec{j}$.
a) Déterminer une équation de (Γ) dans le repère $(O, \vec{u}, \vec{v})$.
b) En déduire que (Γ) est une hyperbole et déterminer les coordonnées de ses foyers dans le repère $(O, \vec{i}, \vec{j})$.

40 Le repère orthonormé $(O, \vec{i}, \vec{j})$ est direct.
Soit (Γ) l'ensemble des points M du plan dont les coordonnées vérifient l'équation :

$$x^2 + 11y^2 - 10xy\sqrt{3} + 16 = 0.$$

1. Soit θ un nombre réel et $(O, \vec{u}, \vec{v})$ le repère orthonormé image du repère $(O, \vec{i}, \vec{j})$ par la rotation de centre O et d'angle θ. On désigne par (X ; Y) les coordonnées de M dans ce repère.
Déterminer θ pour que l'équation de (Γ) dans le repère $(O, \vec{u}, \vec{v})$ soit de la forme : $\alpha X^2 + \beta Y^2 = \gamma$.
2. En déduire la nature de (Γ) et ses éléments caractéristiques. Tracer (Γ).

41 **1.** Résoudre dans $\mathbb{R}$ l'équation différentielle $y'' + 4y = 0$ et déterminer les solutions particulières f et g vérifiant $f(0) = 3$ et $f'(0) = 0$, $g(0) = 0$ et $g'(0) = 4$.
2. Soit (Γ) la courbe de représentation paramétrique :
$\begin{cases} x = f(\theta) \\ y = g(\theta) \end{cases}$ $(\theta \in \mathbb{R})$.
Déterminer la nature de (Γ) et ses éléments caractéristiques. Tracer (Γ).

42 Soit $(\mathscr{C})$ un cercle de diamètre [AB], M un point de $(\mathscr{C})$ et M' le symétrique de M par rapport à (AB). Soit P le point défini par :
- $\{P\} = (AM) \cap (BM')$, si $M \neq M'$;
- $P = M$, si $M = M'$.

Déterminer et tracer le lieu de P lorsque M décrit $(\mathscr{C})$. *(On pourra utiliser une méthode analytique.)*

43 Soit $(\mathscr{P})$ la parabole de foyer F et de directrice $(\mathscr{D})$, M un point de $(\mathscr{P})$ et (T_M) la tangente en M à $(\mathscr{P})$. Déterminer le lieu du projeté orthogonal de F sur (T_M) lorsque M décrit $(\mathscr{P})$.

44 Soit $(\mathscr{C})$ un cercle de centre O et de rayon R, O' un point intérieur à $(\mathscr{C})$ et distinct de O.
À tout point P de $(\mathscr{C})$, on associe M, point d'intersection de (OP) et de la médiatrice de [O'P].
1. Démontrer que le lieu de M lorsque P décrit $(\mathscr{C})$ est une ellipse $(\mathscr{E})$ dont on donnera la définition bifocale.
2. Démontrer que la tangente en tout point M de $(\mathscr{E})$ est la médiatrice de [O'P].

45 Soit $(\mathscr{C})$ un cercle de centre O et de rayon R, O' un point extérieur à $(\mathscr{C})$, T_1 et T_2 les points de contact des tangentes à $(\mathscr{C})$ passant par O'.
À tout point P de $(\mathscr{C})$, distinct de T_1 et T_2, on associe M, point d'intersection de (OP) et de la médiatrice de [O'P].
1. Démontrer que le lieu de M lorsque P décrit $(\mathscr{C})$ est une hyperbole $(\mathscr{H})$ dont on donnera la définition bifocale.
2. Démontrer que la tangente en tout point M de $(\mathscr{H})$ est la médiatrice de [O'P].
3. Démontrer que les médiatrices de $[OT_1]$ et de $[OT_2]$ sont les asymptotes de $(\mathscr{H})$.

46 **1.** Démontrer que la tangente en tout point M d'une ellipse de foyers F et F' est la bissectrice extérieure de l'angle $\widehat{FMF'}$.
2. Démontrer que la tangente en tout point M d'une hyperbole de foyers F et F' est la bissectrice de $\widehat{FMF'}$.

47 Soit $(\mathscr{E})$ une ellipse, F et F' ses foyers, A et A' les sommets de $(\mathscr{E})$ situés sur l'axe focal.
Soit M un point de $(\mathscr{E})$, (T) la tangente en M à $(\mathscr{E})$, H et H' les projetés orthogonaux de F et F' sur (T).
La perpendiculaire à (T) en M coupe (AA') en P.
Démontrer que les droites (HF') et (H'F) se coupent au milieu de [MP].
(On pourra utiliser les résultats démontrés dans l'exercice 44.)

48 Soit F et F' deux points distincts, a un nombre réel tel que $2a > FF'$ et $(\mathscr{E})$ l'ellipse définie par :
$$MF + MF' = 2a.$$
Soit M un point de $(\mathscr{E})$, (T) la tangente en M à $(\mathscr{E})$, H et H' les projetés orthogonaux de F et F' sur (T).
1. Démontrer que le symétrique de F par rapport à H appartient au cercle de centre F' et de rayon $2a$.
2. En déduire que le lieu des points H et H', lorsque M décrit $(\mathscr{E})$, est le cercle principal de $(\mathscr{E})$.

49 Soit $(\mathscr{P})$ la parabole d'équation : $y^2 = 2px$ $(p > 0)$.
Étant donné un point A de $(\mathscr{P})$, soit M et N deux points de $(\mathscr{P})$ tels que : $(AM) \perp (AN)$.
On désigne par a, m et n les ordonnées respectives des points A, M et N.
1. *a)* Démontrer que les droites (AM) et (AN) sont perpendiculaires si et seulement si :
$$4p^2 + a^2 + a(m + n) + mn = 0.$$
b) Déterminer une équation de la droite (MN) et utiliser la relation précédente pour démontrer que ces droites passent par un point fixe I.
2. Déterminer le lieu de I lorsque A décrit $(\mathscr{P})$.

50 Soit le point $F\binom{0}{4}$ et la droite $(\mathscr{D}) : y = 1$.
1. Déterminer une équation et tracer l'hyperbole $(\mathscr{H})$ de foyer F, de directrice $(\mathscr{D})$ et d'excentricité 2.
On désigne par B et B' les sommets de $(\mathscr{H})$, B étant le sommet relatif au foyer F.
2. Soit ω un point de $(\mathscr{D})$ et $(\mathscr{C})$ le cercle de centre ω et passant par F.
On se propose de démontrer que $(\mathscr{C})$ coupe $(\mathscr{H})$ en B' et en trois autres points formant un triangle équilatéral.
Soit M un point du plan. On désigne par Z et α les affixes dans le repère $(\omega, \vec{e_1}, \vec{e_2})$ des points M et F.
a) Démontrer que les points de $(\mathscr{C})$ et $(\mathscr{H})$ vérifient respectivement les relations :
$(\mathscr{C}) : Z\overline{Z} = \alpha\overline{\alpha}$;
$(\mathscr{H}) : (Z - \alpha)(\overline{Z} - \overline{\alpha}) + (Z - \overline{Z})^2 = 0.$
b) Démontrer que $(\mathscr{C}) \cap (\mathscr{H})$ est l'ensemble des points du plan dont les affixes Z vérifient : $(Z - \overline{\alpha})(Z^3 - k) = 0$, où k est un nombre complexe dont on donnera le module et un argument en fonction du module r et d'un argument θ de α.
c) Conclure.

8

Probabilités

Introduction

« Ce que nous appelons le hasard n'est et ne peut être que la cause ignorée d'un effet connu. »

Voltaire (Dictionnaire philosophique)

© Liaison int. / Hoaqui.

© S. Grandadam / Hoaqui.

© M. Renaudeau / Hoaqui.

SOMMAIRE

1 Analyse combinatoire

1.1. Formule du binôme

Introduction

• Soit n un entier naturel non nul.
On désigne par ***factorielle*** $\boldsymbol{n}$ le produit de tous les entiers naturels de 1 à n et on note :
$n! = n \times (n-1) \times (n-2) \times \ldots \times 2 \times 1$.
Par convention, on a : $0! = 1$.

• Soit n et p deux entiers naturels tels que : $p \leq n$.
On a vu en classe de première que le nombre de combinaisons (ou parties) de p éléments d'un ensemble à n éléments est : $C_n^p = \dfrac{n!}{p!(n-p)!}$.

Exemples

• $C_n^0 = C_n^n = 1$; $C_n^1 = n$.

• $C_{2000}^{1998} = \dfrac{2\,000!}{1\,998!\ 2!} = \dfrac{2\,000 \times 1\,999 \times 1\,998\,!}{1\,998!\ 2!} = 1\,999\,000$.

Le triangle de Pascal[1]

Propriété

Soit n et p deux entiers naturels tels que $p \leq n$. On a :
• $C_n^{n-p} = C_n^p$;
• si de plus $0 < p < n$, alors : $C_{n-1}^{p-1} + C_{n-1}^p = C_n^p$.

Démonstration

• $C_n^p = \dfrac{n!}{p!(n-p)!}$ et $C_n^{n-p} = \dfrac{n!}{(n-p)!\,[n-(n-p)]!}$; donc : $C_n^{n-p} = C_n^p$.

• $$C_{n-1}^{p-1} + C_{n-1}^p = \frac{(n-1)!}{(p-1)!\,(n-p)!} + \frac{(n-1)!}{p!\,(n-p-1)!}$$
$$= \frac{p(n-1)!}{p!\,(n-p)!} + \frac{(n-p)(n-1)!}{p!\,(n-p)!}$$
$$= \frac{n!}{p!\,(n-p)!} = C_n^p.$$

Les résultats précédents permettent de calculer les nombres C_n^p de proche en proche, en formant le triangle de Pascal à l'aide du schéma suivant :

$$\begin{array}{c} C_{n-1}^{p-1} + C_{n-1}^{p} \\ \shortparallel \\ C_n^p \end{array}$$

$n \backslash p$	1	2	3	4	5	6	7	8	…
0	1								
1	1	1							
2	1	2	1						
3	1	3	3	1					
4	1	4	6	4	1				
5	1	5	10	10	5	1			
6	1	6	15	20	15	6	1		
7	1	7	21	35	35	21	7	1	
8	1	8	28	56	70	56	28	8	1
…	…	…	…	…	…	…	…	…	…

La formule du binôme de Newton[2]

Propriété

Soit a et b deux nombres complexes et n un entier naturel non nul.
On a : $(a+b)^n = \sum\limits_{p=0}^{n} C_n^p\, a^{n-p}\, b^p$.

Cette égalité est appelée formule du binôme de Newton.

1 *Blaise Pascal, mathématicien, physicien et philosophe français – 1623 - 1662*
2 *Isaac Newton, mathématicien, physicien et astronome anglais – 1642 - 1727*

Démonstration

Faisons un raisonnement par récurrence.

- L'égalité est vraie pour $n = 1$.
- Supposons l'égalité vraie pour un entier naturel non nul k, c'est-à-dire : $(a+b)^k = \sum_{p=0}^{k} C_k^p a^{k-p} b^p$;

on a : $(a+b)^{k+1} = (a+b)(C_k^0 a^k + C_k^1 a^{k-1}b^1 + C_k^2 a^{k-2}b^2 + \ldots + C_k^p a^{k-p}b^p + \ldots + C_k^k b^k)$

$$= C_k^0 a^{k+1} + C_k^1 a^k b^1 + C_k^2 a^{k-1}b^2 + \ldots + C_k^p a^{k-p+1}b^p + \ldots + C_k^k ab^k$$
$$+ C_k^0 a^k b^1 + C_k^1 a^{k-1}b^2 + C_k^2 a^{k-2}b^3 + \ldots + C_k^p a^{k-p}b^{p+1} + \ldots + C_k^k b^{k+1}$$

$$= C_k^0 a^{k+1} + (C_k^0 + C_k^1)a^k b^1 + (C_k^1 + C_k^2)a^{k-1}b^2 + \ldots + (C_k^{p-1} + C_k^p)a^{k-p+1}b^p$$
$$+ (C_k^p + C_k^{p+1})a^{k-p}b^{p+1} + \ldots + (C_k^{k-1} + C_k^k)ab^k + C_k^k b^{k+1}$$

$$= C_{k+1}^0 a^{k+1} + C_{k+1}^1 a^k b^1 + \ldots + C_{k+1}^p a^{k-p+1}b^p + \ldots + C_{k+1}^{k+1} b^{k+1}$$

$$= \sum_{p=0}^{k+1} C_{k+1}^p a^{k+1-p} b^p \text{ ;}$$

donc, l'égalité est vraie pour $k + 1$.

Elle est donc vraie pour tout entier naturel non nul n.

Remarque

Cette formule explique le nom de ***coefficients binomiaux*** *donné aux nombres* C_n^p.

Exemples

- $(1+i)^4 = 1 + 4i + 6i^2 + 4i^3 + i^4 = 1 + 4i - 6 - 4i + 1 = -4.$
- $(1-\sqrt{2})^5 = 1 + 5(-\sqrt{2}) + 10(-\sqrt{2})^2 + 10(-\sqrt{2})^3 + 5(-\sqrt{2})^4 + (\sqrt{2})^5$
  $= 1 - 5\sqrt{2} + 20 - 20\sqrt{2} + 20 - 4\sqrt{2}$
  $= 41 - 29\sqrt{2}.$

Conséquence

Soit E un ensemble à n éléments.
Le nombre de parties de E est égal à 2^n.

Démonstration

$2^n = (1+1)^n = C_n^0 + C_n^1 + C_n^2 + \ldots + C_n^{n-1} + C_n^n.$

1.2. Outils de dénombrement

Modèles de base

Soit n et p deux entiers naturels.
Les tirages de p boules, dans une urne qui en contient n, modélisent de nombreux problèmes de dénombrement.

Modélisation	Les p éléments sont ordonnés	Les p éléments sont distincts	Outil	Nombre de tirages
Tirages successifs avec remise	oui	non	p-uplet de E	n^p
Tirages successifs sans remise	oui	oui	Arrangement de p éléments de E	$A_n^p = \dfrac{n!}{(n-p)!}$
Tirages simultanés	non	oui	Combinaison de p éléments de E	$C_n^p = \dfrac{n!}{p!(n-p)!}$

Exemples

• En informatique, on appelle octet une suite de 8 chiffres pris dans l'ensemble {0 ; 1}.
(Exemples d'octets : 10010110 ; 01110011 ; 00000111)
Combien y a-t-il d'octets possibles ?
Les tirages successifs avec remise de 8 éléments dans l'ensemble {0 ; 1} modélisent ce problème ; donc le nombre d'octets possibles est égal à : $2^8 = 256$.

• Dix coureurs s'affrontent pour 3 médailles (or, argent et bronze). Quel est le nombre de podiums possibles, si l'on suppose qu'il ne peut pas y avoir d'ex aequo ?
Un podium est un arrangement de 3 éléments d'un ensemble en contenant 10 ;
donc le nombre de podiums possibles est égal à : $A_{10}^3 = \frac{10!}{7!} = 720$.

• 8 projecteurs sont disponibles pour éclairer un amphithéâtre.
De combien de façons peut-on l'éclairer avec exactement 5 projecteurs ?
Il s'agit de trouver le nombre de parties de 5 éléments d'un ensemble en contenant 8 ;
c'est-à-dire : $C_8^5 = \frac{8!}{5!\ 3!} = 56$.

Principe multiplicatif

Propriété

Si un ensemble fini E se décompose en un produit cartésien d'ensembles E_1, E_2, E_3, ..., E_p, alors on a : $\text{Card}(E) = \text{Card}(E_1) \times \text{Card}(E_2) \times \text{Card}(E_3) \times \ldots \times \text{Card}(E_p)$.

Exemples

• Combien de nombres de quatre chiffres, tous pairs, peut-on écrire ?
Les chiffres de ces nombres sont choisis dans l'ensemble {0 ; 2 ; 4 ; 6 ; 8}.
Pour le chiffre des milliers, qui doit être non nul, quatre choix sont possibles ; pour chacun des trois autres chiffres, cinq choix sont possibles.
Donc il y a 4×5^3, c'est-à-dire 500 nombres de quatre chiffres, tous pairs.

• Une classe de terminale SM comprend 8 filles et 12 garçons. Combien d'équipes, composées de 3 filles et 2 garçons, peut-on former ?
Une équipe n'est autre qu'un élément du produit cartésien de deux ensembles : l'un constitué de 3 filles, prises parmi 8, et l'autre constitué de 2 garçons, pris parmi 12.
Donc il y a $C_8^3 \times C_{12}^2$, c'est-à-dire 3 696 équipes composées de 3 filles et 2 garçons.

Principe additif

Propriété 1

Si E_1, E_2, E_3, ..., E_p forment une partition d'un ensemble fini E, alors on a : $\text{Card}(E) = \text{Card}(E_1) + \text{Card}(E_2) + \text{Card}(E_3) + \ldots + \text{Card}(E_p)$.

Exemple

On veut choisir deux personnes de nationalités différentes parmi 5 Camerounais, 10 Malgaches et 6 Sénégalais. Combien y a-t-il de choix possibles ?
Les deux personnes peuvent être choisies :
– l'une Camerounaise et l'autre Malgache ; le nombre de choix est alors égal à : $C_5^1 \times C_{10}^1$;
– l'une Camerounaise et l'autre Sénégalaise ; le nombre de choix est alors égal à : $C_5^1 \times C_6^1$;
– l'une Malgache et l'autre Sénégalaise ; le nombre de choix est alors égal à : $C_{10}^1 \times C_6^1$.
Donc le nombre de choix possibles est égal à : $C_5^1 \times C_{10}^1 + C_5^1 \times C_6^1 + C_{10}^1 \times C_6^1$; c'est-à-dire : 140.

Les propriétés suivantes découlent de la propriété précédente.

Propriétés 2

Soit A et B deux parties d'un ensemble fini E. On a :

- **$\text{Card}(A) + \text{Card}(\bar{A}) = \text{Card}(E)$;**
- **$\text{Card}(A \cup B) = \text{Card}(A) + \text{Card}(B) - \text{Card}(A \cap B)$.**

Dans cette propriété, $\bar{A}$ désigne le complémentaire de A dans E.

Exemple

On effectue une enquête auprès des lecteurs de trois revues a, b et c.

Sur 100 personnes interrogées : 55 lisent la revue a, 44 la revue b, 33 la revue c ;
20 lisent les revues a et b, 15 les revues b et c, 17 les revues a et c ;
10 lisent les revues a, b et c.

Déterminer le nombre de personnes :

- qui ne lisent que a et b, que b et c, que a et c ;
- qui ne lisent que a, que b, que c ;
- qui ne lisent aucune des trois revues.

Sur le diagramme ci-contre, E représente l'ensemble des 100 personnes interrogées, A, B et C les sous-ensembles de ces personnes, lecteurs respectifs des revues a, b et c.

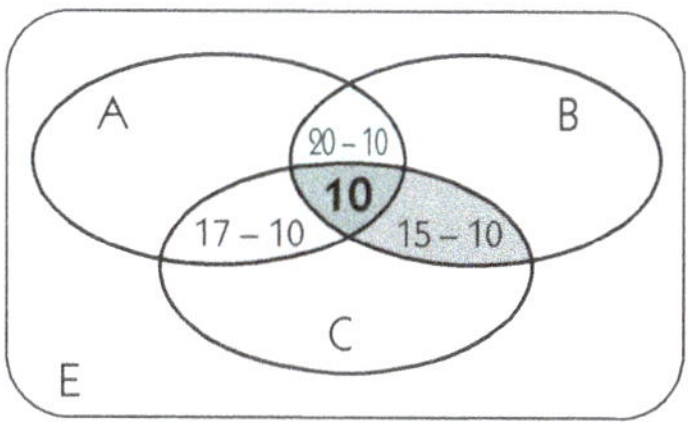

- Le nombre de personnes qui ne lisent que a et b est égal à :
$20 - 10 = 10$;
le nombre de personnes qui ne lisent que b et c est égal à :
$15 - 10 = 5$;
le nombre de personnes qui ne lisent que a et c est égal à :
$17 - 10 = 7$.
- Le nombre de personnes qui ne lisent que a est égal à : $55 - (10 + 10 + 7) = 28$;
le nombre de personnes qui ne lisent que b est égal à : $44 - (10 + 10 + 5) = 19$;
Le nombre de personnes qui ne lisent que c est égal à : $33 - (5 + 10 + 7) = 11$.
- Le nombre de personnes qui ne lisent aucune des revues est égal à :
$100 - (28 + 19 + 11) - (10 + 5 + 7) - 10 = 10$.

Exercices

1.a Simplifier les expressions suivantes.

a) $\dfrac{21!}{18!}$ *b)* $\dfrac{8! - 7!}{7!}$ *c)* $\dfrac{7!\,5!}{6!\,4!}$ *d)* $\dfrac{1}{5!} - \dfrac{42}{7!}$

e) $\dfrac{n!}{n}$ *f)* $\dfrac{(n-2)!}{(n+1)!}$ *g)* $\dfrac{(2n-1)!}{(2n+1)!}$

h) $\dfrac{(n-1)!}{n!} - \dfrac{n!}{(n+1)!}$.

1.b En utilisant la notation factorielle, donner une autre écriture des nombres suivants.

a) $5 \times 6 \times 7 \times 8 \times 9$ *b)* $n(n^2 - 1)$

c) $\dfrac{8 \times 7 \times 6 \times 5}{2 \times 3}$ *d)* $(n + 3)(n + 2)(n + 1)$.

1.c Démontrer que pour tous entiers naturels a et b non nuls, on a : $C_{a+b}^{a} = C_{a+b-1}^{a} + C_{a+b-1}^{b}$.

1.d Résoudre dans $\mathbb{N}$ les équations suivantes.

a) $C_n^2 = 36$ *b)* $C_n^{n-2} = 28$

c) $C_n^4 = C_n^3$ *d)* $C_n^5 = 17C_n^4$.

1.e Développer :
$(3 + 2x)^4$; $(2 - 3x)^7$; $(3 - x^2)^6$; $(2x^2 + 7y)^4$.

1.f À l'aide des chiffres 0, 1, 2, ... 9 on forme des numéros de téléphone à six chiffres.

1. Déterminer le nombre de numéros que l'on peut former.

2. Déterminer le nombre de numéros :

a) formés de deux 1, trois 2 et un 7 ;

b) formés avec deux chiffres distincts et deux seulement ;

c) comportant exactement trois fois le chiffre 1.

1.g On lance cinq fois de suite un dé dont les faces sont numérotées de 1 à 6. Déterminer le nombre de résultats :

a) où tous les chiffres sont inférieurs ou égaux à 2 ;

b) où tous les chiffres sont pairs ;

c) où ne figure pas le chiffre 1 ;

d) où figure au moins une fois le chiffre 1 ;

e) où figure au plus une fois le chiffre 1 ;

f) où le chiffre 6 figure exactement trois fois consécutives.

2 Calculs de probabilités

2.1. Vocabulaire des événements

Expérience aléatoire

• On lance un dé et on observe le numéro tiré ; six résultats sont possibles : 1, 2, 3, 4, 5 et 6.
On dit qu'on a réalisé une ***expérience aléatoire*** (ou ***épreuve***) comportant six ***éventualités*** et que l'***univers*** associé a cette expérience aléatoire est : $\Omega = \{1 ; 2 ; 3 ; 4 ; 5 ; 6\}$.
• On lance un dé et on observe la parité du numéro tiré ; deux résultats sont possibles : P (le numéro est pair) et I (le numéro est impair).
On a cette fois réalisé une expérience aléatoire comportant deux éventualités ; l'univers associé à cette épreuve est : $\Omega = \{P ; I\}$.
• Une urne contient des boules blanches, rouges et noires. On tire une boule dans cette urne et on note la couleur obtenue ; trois résultats sont possibles : B (la boule est blanche), R (la boule est rouge) et N (la boule est noire).
On a maintenant réalisé une expérience aléatoire comportant trois éventualités ; l'univers associé à cette épreuve est : $\Omega = \{B ; R ; N\}$.

Dans ce chapitre, les univers considérés sont des ensembles finis non vides.

Événements liés à une expérience aléatoire

Définitions

Soit Ω l'univers associé à une expérience aléatoire.
- **On appelle événement toute partie de Ω.**
- **On appelle événement élémentaire tout singleton de Ω.**

Exemples

On lance un dé et on observe le numéro tiré.
- « Obtenir un nombre pair » est l'événement $\{2 ; 4 ; 6\}$.
- « Obtenir un nombre premier pair » est l'événement élémentaire $\{2\}$.

Dans une épreuve, un événement est réalisé s'il contient le résultat de l'expérience.
Par exemple, si on obtient 4 lors du lancer d'un dé, l'événement « Obtenir un nombre pair » est réalisé.

Le tableau suivant indique la signification des diverses expressions utilisées dans le langage des événements.

Vocabulaire des événements	Signification ensembliste	Notation
Univers	Ensemble Ω	Ω
Éventualité	Élément de Ω	ω ($\omega \in \Omega$)
Événement	Partie de Ω	A ($A \subset \Omega$)
Événement élémentaire	Singleton	$\{\omega\}$ ($\omega \in \Omega$)
Événement certain	Partie pleine	Ω
Événement impossible	Partie vide	$\varnothing$
Événement « A ou B »	Réunion des parties A et B	$A \cup B$
Événement « A et B »	Intersection des parties A et B	$A \cap B$
Événements A et B incompatibles	Parties A et B disjointes	$A \cap B = \varnothing$
Événement contraire de A	Complémentaire de A dans Ω	$\overline{A}$

Exemples

On lance un dé et on observe le numéro tiré.
On considère les événements A : « Obtenir un nombre pair »,
B : « Obtenir un nombre premier »,
C : « Obtenir 6 ».

- On a : $A \cup B = \{2 ; 3 ; 4 ; 5 ; 6\}$; $A \cup B$ est l'événement « Obtenir un nombre pair ou premier ».
- On a : $A \cap B = \{2\}$; $A \cap B$ est l'événement « Obtenir un nombre pair et premier ».
- Les événements B et C sont incompatibles.
- On a : $\overline{A} = \{1 ; 3 ; 5\}$; $\overline{A}$ est l'événement « Obtenir un nombre impair ».

2.2. Probabilité d'un événement

Introduction

On lance un dé bien équilibré et on note le numéro tiré ; l'univers associé à cette épreuve est : $\Omega = \{1 ; 2 ; 3 ; 4 ; 5 ; 6\}$.

La chance d'apparition est la même pour chaque face.

- L'événement {2} a une chance sur six d'être réalisé ; on dit que la probabilité de cet événement est $\frac{1}{6}$.
- L'événement {1 ; 5} a deux chances sur six d'être réalisé ; on dit que la probabilité de cet événement est $\frac{1}{3}$.
- « Obtenir un nombre pair » est l'événement {2 ; 4 ; 6}, dont la probabilité est $\frac{1}{2}$.
- L'événement certain a six chances sur six d'être réalisé ; sa probabilité est 1.
- L'événement impossible n'a aucune chance d'être réalisé ; sa probabilité est 0.

Définition

Soit Ω l'univers associé à une expérience aléatoire.
Une probabilité sur l'univers Ω est une application P de $\mathcal{P}(\Omega)$ vers [0 ; 1], qui à toute partie A de Ω associe le nombre réel P(A) appelé probabilité de l'événement A et qui vérifie les conditions suivantes :
- **la probabilité d'un événement est la somme des probabilités des événements élémentaires qui le constituent ;**
- **la probabilité de l'événement certain est 1 ;**
- **la probabilité de l'événement impossible est 0.**

Remarques

- *La probabilité de l'événement élémentaire $\{\omega_i\}$ est notée $P(\omega_i)$.*
- *Une probabilité P est parfaitement déterminée par la donnée des probabilités des événements élémentaires.*

ω	ω_1	...	ω_i	...	ω_n
P(ω)	p_1	...	p_i	...	p_n

Exemples

On lance un dé pipé, dont les faces sont numérotées de 1 à 6, et on note le numéro tiré.
La probabilité d'apparition d'un nombre pair est le double de la probabilité d'apparition d'un nombre impair et les probabilités d'apparition de deux nombres de même parité sont égales.

- Calculer la probabilité d'apparition de chaque face du dé.

L'univers est : $\Omega = \{1 ; 2 ; 3 ; 4 ; 5 ; 6\}$.
Soit p la probabilité d'apparition d'un nombre pair et q celle d'un nombre impair.
On a : $p = 2q$.
Or : $P(\Omega) = 1$; donc : $3p + 3q = 1$.
On en déduit que : $q = \frac{1}{9}$ et $p = \frac{2}{9}$.
Le tableau ci-contre donne la probabilité d'apparition de chaque face du dé.

ω	1	2	3	4	5	6
P(ω)	$\frac{1}{9}$	$\frac{2}{9}$	$\frac{1}{9}$	$\frac{2}{9}$	$\frac{1}{9}$	$\frac{2}{9}$

- Quelle est la probabilité d'apparition d'un nombre inférieur ou égal à 4 ?

La probabilité cherchée est celle de l'événement : $A = \{1 ; 2 ; 3 ; 4\}$.
On a : $P(A) = P(1) + P(2) + P(3) + P(4) = \frac{2}{3}$.

Propriétés

Propriétés 1

Soit P une probabilité définie sur un univers Ω, A et B deux événements. On a :
- **si $A \cap B = \emptyset$, alors $P(A \cup B) = P(A) + P(B)$;**
- **$P(A) + P(\overline{A}) = 1$.**

Ces propriétés sont des conséquences immédiates de la définition.

Propriété 2

Soit P une probabilité définie sur un univers Ω, A et B deux événements.
On a : $P(A \cup B) = P(A) + P(B) - P(A \cap B)$.

Démonstration

Notons : A' le complémentaire de $A \cap B$ dans A,
B' le complémentaire de $A \cap B$ dans B.

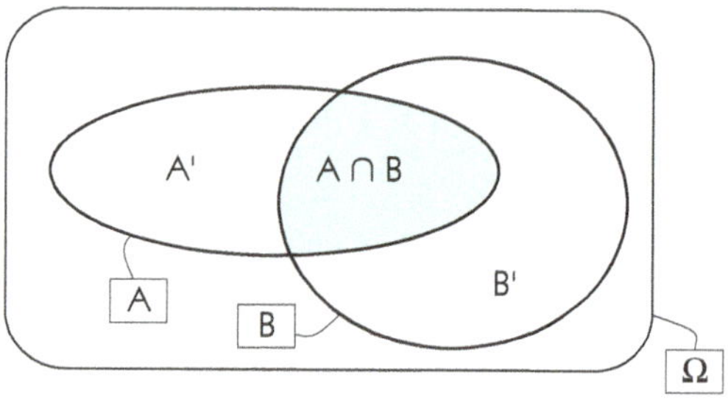

On a : $A = (A \cap B) \cup A'$, avec $(A \cap B) \cap A' = \emptyset$;
donc : $P(A) = P(A \cap B) + P(A')$.
On a : $B = (A \cap B) \cup B'$, avec $(A \cap B) \cap B' = \emptyset$;
donc : $P(B) = P(A \cap B) + P(B')$.

En additionnant membre à membre, on obtient :

$$\begin{aligned} P(A) + P(B) &= 2P(A \cap B) + P(A') + P(B') \\ &= 2P(A \cap B) + P(A' \cup B') \quad (\text{puisque } A' \cap B' = \emptyset) \\ &= P(A \cap B) + P(A \cap B) + P(A' \cup B') \\ &= P(A \cap B) + P(A \cup B). \end{aligned}$$

Donc : $P(A \cup B) = P(A) + P(B) - P(A \cap B)$.

Exemples

Une urne contient 15 boules, numérotées de 1 à 15. On tire au hasard une boule et on note son numéro N. Les boules ont la même probabilité d'être tirées.
On désigne respectivement par A et B les événements « N est pair » et « N est multiple de trois ».
- Calculer la probabilité des événements A, B et $A \cap B$.

On a : $\Omega = \{1 ; 2 ; 3 ; 4 ; 5 ; 6 ; 7 ; 8 ; 9 ; 10 ; 11 ; 12 ; 13 ; 14 ; 15\}$.
De plus : $\forall \omega \in \Omega$, $P(\omega) = \frac{1}{15}$;

donc :
$P(A) = P(\{2 ; 4 ; 6 ; 8 ; 10 ; 12 ; 14\}) = \frac{7}{15}$;
$P(B) = P(\{3 ; 6 ; 9 ; 12 ; 15\}) = \frac{1}{3}$;
$P(A \cap B) = P(\{6 ; 12\}) = \frac{2}{15}$.

- Calculer la probabilité des événements $\overline{A}$, $\overline{B}$ et $A \cup B$.

On a :
$P(\overline{A}) = 1 - P(A) = \frac{8}{15}$;
$P(\overline{B}) = 1 - P(B) = \frac{2}{3}$;
$P(A \cup B) = P(A) + P(B) - P(A \cap B) = \frac{7}{15} + \frac{1}{3} - \frac{2}{15} = \frac{2}{3}$.

Événements indépendants - Expériences aléatoires indépendantes

Définition

Soit P une probabilité définie sur un univers Ω.
Deux événements A et B sont indépendants lorsque : $P(A \cap B) = P(A) \times P(B)$.

Ainsi, tout événement est indépendant de l'événement impossible.

Exemples

• Dans une classe de 60 élèves, on aimerait savoir si les élèves littéraires sont meilleurs en sport que les élèves non littéraires. Un élève est déclaré littéraire lorsqu'il a obtenu la moyenne en français, sportif lorsqu'il a obtenu la moyenne en éducation physique et sportive. Le tableau ci-contre récapitule les observations faites dans cette classe.

	Littéraires	Non littéraires	Total
Sportifs	24	16	40
Non sportifs	12	8	20
Total	36	24	60

On choisit au hasard un élève et on considère les événements suivants.

S : « l'élève est sportif » ;
L : « l'élève est littéraire ».

On a : $P(S) = \frac{40}{60} = \frac{2}{3}$, $P(L) = \frac{36}{60} = \frac{3}{5}$ et $P(S \cap L) = \frac{24}{60} = \frac{2}{5}$.

Donc : $P(S \cap L) = P(S) \times P(L)$; les événements S et L sont indépendants.

Si on choisit un littéraire au hasard, la probabilité pour qu'il soit sportif est : $\frac{24}{36} = \frac{2}{3}$.

Si on choisit un non littéraire au hasard, la probabilité pour qu'il soit sportif est encore : $\frac{16}{24} = \frac{2}{3}$.

Dans cette classe, les littéraires ne sont ni plus ni moins sportifs que les non littéraires.

• Une classe comprend 9 filles et 36 garçons.
À une demande de volontaires pour former une équipe de football mixte, on a obtenu les réponses ci-contre.
On choisit un (ou une) élève au hasard dans la classe et on considère les événements suivants.

	Filles	Garçons	Total
Volontaires	3	30	33
Non volontaires	6	6	12
Total	9	36	45

F : « l'élève est une fille » ;
V : « l'élève est volontaire ».

On a : $P(F) = \frac{9}{45} = \frac{1}{5}$, $P(V) = \frac{33}{45} = \frac{11}{15}$ et $P(F \cap V) = \frac{3}{45} = \frac{1}{15}$.

Donc : $P(F \cap V) \neq P(F) \times P(V)$; les événements F et V ne sont pas indépendants.
Si on choisit une fille au hasard, la probabilité pour qu'elle soit volontaire est : $\frac{1}{3}$.

Si on choisit un garçon au hasard, la probabilité pour qu'il soit volontaire est : $\frac{5}{6}$.
Dans cette classe les garçons sont plus volontaires que les filles pour jouer au football.

Nous admettons la propriété suivante.

Propriété

Si n expériences aléatoires sont indépendantes alors, pour tous événements $A_1, A_2, \ldots, A_n$ de chacun des univers associés à ces épreuves, on a : $P(A_1 \cap A_2 \cap \ldots \cap A_n) = P(A_1) \times P(A_2) \times \ldots \times P(A_n)$.

Exemple

On lance deux fois un dé bien équilibré ; cette expérience aléatoire est constituée de deux épreuves, où le résultat de l'une n'affecte pas celui de l'autre ; ces deux épreuves sont indépendantes.

Le tableau ci-contre, qui décrit l'univers associé et donne la probabilité des événements élémentaires, permet de calculer la probabilité de chaque événement.

2e lancer \ 1er lancer	1	2	3	4	5	6
1	$\frac{1}{36}$	$\frac{1}{36}$	$\frac{1}{36}$	$\frac{1}{36}$	$\frac{1}{36}$	$\frac{1}{36}$
2	$\frac{1}{36}$	$\frac{1}{36}$	$\frac{1}{36}$	$\frac{1}{36}$	$\frac{1}{36}$	$\frac{1}{36}$
3	$\frac{1}{36}$	$\frac{1}{36}$	$\frac{1}{36}$	$\frac{1}{36}$	$\frac{1}{36}$	$\frac{1}{36}$
4	$\frac{1}{36}$	$\frac{1}{36}$	$\frac{1}{36}$	$\frac{1}{36}$	$\frac{1}{36}$	$\frac{1}{36}$
5	$\frac{1}{36}$	$\frac{1}{36}$	$\frac{1}{36}$	$\frac{1}{36}$	$\frac{1}{36}$	$\frac{1}{36}$
6	$\frac{1}{36}$	$\frac{1}{36}$	$\frac{1}{36}$	$\frac{1}{36}$	$\frac{1}{36}$	$\frac{1}{36}$

• Ainsi :
– l'événement A : « Obtenir 2 au second lancer » (*ligne coloriée*) a pour probabilité : $6 \times \frac{1}{36} = \frac{1}{6}$;
– l'événement B : « Obtenir un nombre pair au premier lancer » (*colonnes coloriées*) a pour probabilité : $3 \times 6 \times \frac{1}{36} = \frac{1}{2}$;

– $A \cap B$ est l'événement : « Obtenir un nombre pair au premier lancer et 2 au second lancer », dont la probabilité est (*intersection de la ligne et des colonnes coloriées*) : $3 \times \frac{1}{36} = \frac{1}{12}$.

On constate que : $P(A \cap B) = P(A) \times P(B)$.

• De même, si C et D sont les événements « Obtenir un multiple de 3 au premier lancer » et « Obtenir un nombre inférieur ou égal à 3 au second lancer », on a :
$P(C \cap D) = P(C) \times P(D) = (2 \times 6 \times \frac{1}{36}) \times (3 \times 6 \times \frac{1}{36}) = \frac{1}{6}$.

Remarque

On utilise l'indépendance dans les deux situations suivantes :
• *soit l'indépendance est à rechercher ; on vérifie si $P(A \cap B) = P(A) \times P(B)$ et on conclut.*
• *soit l'indépendance est acquise ou admise ; on peut alors utiliser la formule $P(A \cap B) = P(A) \times P(B)$.*

Équiprobabilité

• Lorsque les événements élémentaires d'une expérience ont la même probabilité, on dit qu'il y a ***équiprobabilité***.
• Les situations d'équiprobabilité sont généralement suggérées par des expressions comme : « dé parfait », « dé non pipé », « pièce parfaite », « boules indiscernables au toucher », « cartes bien battues », « tirage au hasard » ...

Propriété

Soit P une probabilité définie sur un univers Ω.
Dans l'hypothèse d'équiprobabilité, pour tout événement A on a : $P(A) = \frac{\text{Card}(A)}{\text{Card}(\Omega)}$.

Démonstration

Les événements élémentaires ont tous la même probabilité p.
On a : $P(\Omega) = 1$; donc : $p\,\text{Card}(\Omega) = 1$; d'où : $p = \frac{1}{\text{Card}(\Omega)}$.
On en déduit que pour tout événement A, on a : $P(A) = p\,\text{Card}(A) = \frac{\text{Card}(A)}{\text{Card}(\Omega)}$.

Remarque

Les éventualités de A sont appelées cas favorables et celles de Ω cas possibles.
On écrit souvent : $P(A) = \frac{\text{nombre de cas favorables}}{\text{nombre de cas possibles}}$.

Exemples

• On lance deux dés non pipés et on note la somme des nombres obtenus.
Quelle est la probabilité d'obtenir 10 ?
L'univers Ω est l'ensemble des couples d'éléments de $\{1 ; 2 ; 3 ; 4 ; 5 ; 6\}$.
On a : $\text{Card}(\Omega) = 36$.
« Obtenir 10 » est l'événement $(\{4 ; 6\} ; \{5 ; 5\} ; \{6 ; 4\})$.
On est dans une situation d'équiprobabilité, donc la probabilité cherchée est : $\frac{3}{36} = \frac{1}{12}$.

• On tire simultanément et au hasard 5 cartes dans un jeu de 32 cartes.
Quelle est la probabilité de tirer le roi de cœur ?
On est dans une situation d'équiprobabilité.
Le nombre de cas possibles est C_{32}^5.
Le nombre de cas favorables est C_{31}^4.

Donc la probabilité cherchée est : $\frac{C_{31}^4}{C_{32}^5} = \frac{\dfrac{31 \times 30 \times 29 \times 28}{4 \times 3 \times 2 \times 1}}{\dfrac{32 \times 31 \times 30 \times 29 \times 28}{5 \times 4 \times 3 \times 2 \times 1}} = \frac{5}{32}$.

2.3. Schéma de Bernoulli[3]

Introduction

Le cauri est un coquillage présentant deux faces, l'une bombée (ou dos) et l'autre fendue (ou fente). Pour que le cauri puisse tenir en équilibre aussi bien sur le dos que sur la fente, on rogne artificiellement le dos pour l'aplatir.

D'après une étude statistique (*Les jeux de cauris* de S. Doumbia et J.C. Pil) lorsqu'on lance un cauri, la probabilité d'obtenir le dos est : $\frac{3}{5}$.

- Si on lance deux fois le cauri, le résultat de la première épreuve n'affecte pas celui de la seconde. Donc, le lancer de cauri est répété deux fois ***de façon indépendante***.

- Au lieu de deux, on peut répéter n fois cette épreuve.

Définitions

- **Une épreuve de Bernoulli est une expérience aléatoire à deux éventualités.**
- **Un schéma de Bernoulli est une expérience aléatoire qui consiste à répéter n fois, de façon indépendante, une épreuve de Bernoulli.**

*L'une des éventualités est appelée **succès** et l'autre **échec**.*

Propriété

Revenons au lancer de cauri, épreuve de Bernoulli où :
– l'apparition du dos, appelée succès et notée S, a pour probabilité : $\frac{3}{5}$;
– l'apparition de la fente, appelée échec et notée $\overline{S}$, a pour probabilité : $\frac{2}{5}$.
Répétons cette épreuve n fois, de façon indépendante, et intéressons-nous au nombre de succès obtenus.

- Il est immédiat que dans ce schéma de Bernoulli :
– toute éventualité est un n-uplet de l'ensemble $\{S ; \overline{S}\}$;
– que le nombre d'éventualités, constituées de k succès $(0 \leq k \leq n)$ et de $(n - k)$ échecs, est égal à C_n^k.
- Les n épreuves étant indépendantes, la probabilité de tout événement élémentaire est égale au produit des probabilités des succès et échecs qui le constituent.

Donc la probabilité d'obtenir k succès $(0 \leq k \leq n)$ est égale à : $C_n^k p^k(1 - p)^{n-k}$.

On en déduit la propriété suivante.

Propriété

Soit un schéma de Bernoulli à n épreuves, où pour chaque épreuve la probabilité du succès est p (celle de l'échec est $1 - p$).
La probabilité d'obtenir exactement k succès $(0 \leq k \leq n)$ au cours de ces n épreuves est :

$$p_k = C_n^k p^k (1 - p)^{n-k}.$$

Remarque

On a : $p_0 + p_1 + \ldots + p_n = \sum_{k=0}^{n} C_n^k p^k(1 - p)^{n-k} = [p + (1 - p)]^n = 1.$

Exemple

En 1654, le chevalier de Méré, philosophe et écrivain de la cour de Louis XIV demanda à Pascal : « Qu'est-ce qui est plus probable : sortir au moins un 6 en lançant 4 fois un dé ou sortir au moins un double 6 en lançant 24 fois deux dés ? »

3 *Bernoulli Jacques Ier, mathématicien suisse – 1654 - 1705*

Lancer d'un dé	*Lancer de deux dés*
Si on lance un dé parfait, la probabilité d'obtenir 6 est : $\frac{1}{6}$.	Si on lance deux dés parfaits, la probabilité d'obtenir (6 ; 6) est : $\frac{1}{36}$.
Si on lance 4 fois le dé, la probabilité d'obtenir k fois 6 est : $p_k = C_4^k\left(\frac{1}{6}\right)^k\left(\frac{5}{6}\right)^{4-k}$.	Si on lance 24 fois les deux dés, la probabilité d'obtenir k fois (6 ; 6) est : $p_k = C_{24}^k\left(\frac{1}{36}\right)^k\left(\frac{35}{36}\right)^{24-k}$.
On a : $p_0 = \left(\frac{5}{6}\right)^4$.	On a : $p_0 = \left(\frac{35}{36}\right)^{24}$.
Donc la probabilité d'obtenir au moins une fois 6 est : $1 - \left(\frac{5}{6}\right)^4 \approx 0{,}518$.	Donc la probabilité d'obtenir au moins une fois (6 ; 6) est : $1 - \left(\frac{35}{36}\right)^{24} \approx 0{,}491$.

Il y a donc plus de chance de sortir au moins un 6 en lançant 4 fois un dé, que de sortir au moins un double 6 en lançant 24 fois deux dés.

2.4. Travaux dirigés

1. Problème de Galilée

Le prince de Toscane demanda un jour à Galilée : « Pourquoi, lorsqu'on lance simultanément trois dés, on obtient plus souvent la somme 10 que la somme 9, alors que chacune de ces sommes est obtenue de six façons différentes ? »
Ce problème fut à l'époque l'objet de nombreuses controverses. Nous en proposons ici une solution.

On lance simultanément trois dés parfaits et on note la somme des nombres obtenus.
***a)* Calculer la probabilité d'obtenir 10.**
***b)* Calculer la probabilité d'obtenir 9.**

Solution

Le nombre de cas possibles est : 6^3.
a) On a : $10 = 1 + 3 + 6 = 1 + 4 + 5 = 2 + 2 + 6 = 2 + 3 + 5 = 2 + 4 + 4 = 3 + 3 + 4$.
Les sommes constituées de trois nombres différents sont obtenues chacune de 6 façons (nombre de permutations de ces trois nombres).
Les sommes constituées de trois nombres, dont deux égaux, sont obtenues chacune de 3 façons (par exemple : $2 + 2 + 6 = 2 + 6 + 2 = 6 + 2 + 2$).
Le nombre de cas favorables est donc : $6 + 6 + 6 + 3 + 3 + 3 = 27$.
La probabilité d'obtenir 10 est donc : $\frac{27}{6^3} = \frac{1}{8} = 0{,}125$.
b) On a : $9 = 1 + 2 + 6 = 1 + 3 + 5 = 1 + 4 + 4 = 2 + 2 + 5 = 2 + 3 + 4 = 3 + 3 + 3$.
Le nombre de cas favorables est donc : $6 + 6 + 6 + 3 + 3 + 1 = 25$.
La probabilité d'obtenir 9 est donc : $\frac{25}{216} \approx 0{,}116$.
En jetant simultanément trois dés, on a effectivement plus de chance d'obtenir une somme égale à 10 qu'une somme égale à 9.

2. Problème de damier

On dispose d'un damier à 16 cases, sur lequel on répartit au hasard 4 pions indiscernables à raison d'un pion au plus par case. Calculer la probabilité d'obtenir :
***a)* exactement un pion par ligne et par colonne ;**
***b)* exactement une colonne sans pion ;**
***c)* au moins une colonne sans pion.**

Solution

Le nombre de cas possibles est : $C_{16}^4 = 1\ 820$.
a) On obtient exactement un pion par ligne et par colonne en choisissant successivement :
– dans la première colonne, 1 case parmi 4 ; 4 choix sont possibles ;
– dans la deuxième colonne, 1 case parmi les 3 restantes ; 3 choix sont possibles ;
– dans la troisième colonne, 1 case parmi les 2 restantes ; 2 choix sont possibles ;
– dans la dernière colonne, 1 case parmi la case restante ; 1 choix est possible.

Le nombre de cas favorables est donc : 4!.

On en déduit la probabilité cherchée : $\dfrac{4!}{C_{16}^4} = \dfrac{6}{455}$.

b) On obtient exactement une colonne sans pion en choisissant successivement :

– 1 colonne parmi 4, celle sans pion ; 4 choix sont possibles ;

– 1 colonne parmi les 3 restantes, où 2 pions sont répartis dans 4 cases ; $3 \times C_4^2$ choix sont possibles ;

– 1 case dans chacune des 2 colonnes restantes, pour y placer 1 pion ; 4×4 choix sont possibles.

Le nombre de cas favorables est donc : $4 \times (3 \times C_4^2) \times (4 \times 4)$.

On en déduit la probabilité cherchée : $\dfrac{4 \times (3 \times C_4^2) \times (4 \times 4)}{C_{16}^4} = \dfrac{288}{455}$.

c) « Obtenir au moins une colonne sans pion » est le contraire de « Obtenir un pion par colonne ».

Or, une répartition avec un pion par colonne est obtenue en choisissant 1 case dans chacune des 4 colonnes ; $4 \times 4 \times 4 \times 4$ choix sont possibles.

La probabilité de l'événement « Obtenir au moins une colonne sans pion » est :

$1 - \dfrac{4^4}{C_{16}^4} = 1 - \dfrac{64}{455} = \dfrac{391}{455}$.

Exercices

2.a Une urne contient des boules blanches, rouges et noires (au moins 3 de chaque couleur).

On tire simultanément 3 boules de cette urne, on note les couleurs obtenues et on considère les événements A : « Obtenir un tirage unicolore » et B : « Obtenir un tirage tricolore ».

a) Citer les événements élémentaires qui constituent A et B.

b) A et B sont-ils des événements incompatibles ? contraires ?

c) Décrire par une phrase les événements $\overline{A}$, $\overline{B}$ et $\overline{A} \cap \overline{B}$. Que dire de l'événement $\overline{A} \cup \overline{B}$?

2.b On lance un dé pipé, dont les faces sont numérotées de 1 à 6, et on note le numéro tiré.

La probabilité d'apparition de 6 est le triple de celle de 1 et les numéros 1, 2, 3, 4, 5 ont la même probabilité d'apparition.

a) Calculer la probabilité d'apparition de chaque numéro.

b) Calculer la probabilité de l'événement « Obtenir un numéro pair ».

c) Calculer la probabilité de l'événement « Obtenir 2 ou 4 ».

2.c Dans un jeu de 32 cartes, on tire simultanément et au hasard 5 cartes. Calculer la probabilité des événements suivants.

a) « Tirer exactement 3 cartes de couleur noire ».

b) « Tirer 3 cartes de couleur noire, 2 cœurs et exactement un as ».

(On rappelle que le trèfle et le pique sont noirs, le carreau et le cœur sont rouges.)

2.d Dans une classe de 40 élèves, 28 apprennent l'anglais, 16 l'allemand et 8 les deux langues.

On choisit au hasard un élève dans cette classe et on considère les événements A : « L'élève choisi apprend l'anglais » et B : « L'élève choisi apprend l'allemand ».

Calculer les probabilités des événements suivants : A, B, $A \cap B$, $A \cup B$ et $\overline{A} \cup B$.

2.e Soient A et B deux événements indépendants tels que $P(A) = 0{,}4$ et $P(B) = 0{,}3$.

Calculer $P(A \cap B)$ et $P(A \cup B)$.

2.f Dans un jeu de 32 cartes, on tire au hasard une carte. Les événements « Obtenir un roi » et « Obtenir un trèfle » sont-ils indépendants ?

2.g On lance un dé non pipé, dont les faces sont numérotées de 1 à 6.

1. Calculer la probabilité des événements suivants.

A : « Obtenir un nombre supérieur ou égal à 5 »

B : « Obtenir un nombre inférieur ou égal à 5 »

C : « Obtenir un nombre pair ».

2. Étudier l'indépendance des événements A et B ; A et C ; B et C.

2.h Une urne contient 2 boules blanches et 3 boules noires, indiscernables au toucher.

On tire successivement 3 boules, en remettant chaque fois la boule tirée dans l'urne.

Calculer les probabilités des événements suivants.

a) « Obtenir une boule blanche pour la première fois au troisième tirage » ;

b) « Ne pas obtenir consécutivement 2 boules de la même couleur » ;

c) « Ne pas obtenir 3 boules de la même couleur ».

2.i On lance trois fois une pièce bien équilibrée. Quelle est la probabilité d'obtenir au moins une fois face ? deux fois face ?

3 Variable aléatoire

3.1. Notion de variable aléatoire

Introduction

Une urne contient 3 boules rouges et 4 boules bleues. On tire deux boules simultanément et au hasard. On gagne 100 F par boule rouge tirée.

Déterminer les gains possibles et leurs probabilités respectives.

On peut tirer 0, 1 ou 2 boules rouges et donc gagner 0, 100 ou 200 F.

Désignons par X la somme gagnée en francs.

– L'univers Ω est l'ensemble des combinaisons de 2 boules prises parmi les 7 boules de l'urne.

– La probabilité pour que X soit égale à 0 est notée P(X = 0) ;
c'est la probabilité de l'événement « Tirer deux boules bleues » ;

donc : $P(X = 0) = \dfrac{C_4^2}{C_7^2} = \dfrac{6}{21} = \dfrac{2}{7}$.

– P(X = 100) est la probabilité de « Tirer une boule bleue et une boule rouge » ;

donc : $P(X = 100) = \dfrac{C_3^1 \times C_4^1}{C_7^2} = \dfrac{12}{21} = \dfrac{4}{7}$.

– P(X = 200) est la probabilité de « Tirer deux boules rouges » ;

donc : $P(X = 200) = \dfrac{C_3^2}{C_7^2} = \dfrac{3}{21} = \dfrac{1}{7}$.

Les résultats sont présentés dans le tableau ci-contre.

Ce tableau définit une probabilité sur l'univers {0 ; 100 ; 200}.

x_i	0	100	200
$P(X = x_i)$	$\frac{2}{7}$	$\frac{4}{7}$	$\frac{1}{7}$

Définition 1

On appelle variable aléatoire X sur un univers Ω toute application de Ω vers $\mathbb{R}$.

Notations et vocabulaire

$X(\Omega) = \{x_1 ; x_2 ; \dots ; x_n\}$ est appelé ***univers image*** de Ω par X.

$(X = x_i)$ désigne l'événement « X prend la valeur x_i ».

$(X < \alpha)$ désigne l'événement « X prend une valeur strictement inférieure à α ».

Définition 2

Soit P une probabilité définie sur un univers Ω.
La loi de probabilité d'une variable aléatoire X sur Ω est l'application qui à toute valeur x_i prise par X associe $P(X = x_i)$.

Il est commode de représenter une loi de probabilité par un tableau.

x_i	x_1	x_2	…	x_n
$P(X = x_i)$	p_1	p_2	…	p_n

Remarque

Lorsqu'on vient de déterminer la loi de probabilité d'une variable aléatoire, il est prudent de vérifier que : $\sum_{i=1}^{n} p_i = 1$.

Fonction de répartition d'une variable aléatoire

Définition

Soit X une variable aléatoire définie sur un univers Ω muni d'une probabilité P.
La fonction de répartition de X est l'application F de ℝ vers [0 ; 1] définie par : $F(x) = P(X \leq x)$.

Exemple

Reprenons l'exemple introductif.

F est définie par : $\begin{cases} F(x) = 0 & \text{, si } x < 0 \\ F(x) = \frac{2}{7} & \text{, si } 0 \leq x < 100 \\ F(x) = \frac{6}{7} & \text{, si } 100 \leq x < 200 \\ F(x) = 1 & \text{, si } 200 \leq x \end{cases}$

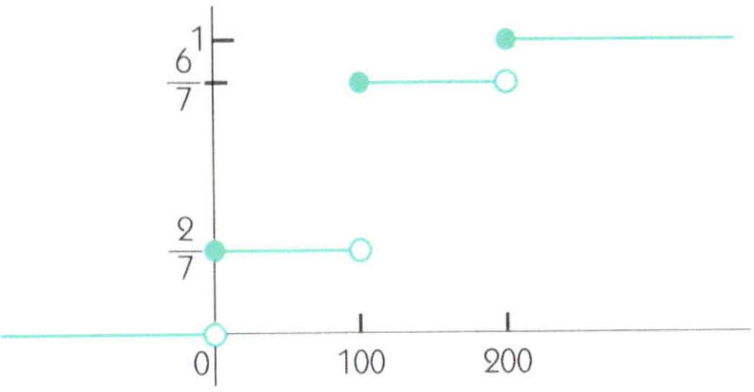

Remarques

- *F est une fonction croissante, en escalier.*
- *La représentation graphique de F correspond, en statistiques, à la courbe des fréquences cumulées croissantes.*

3.2. Caractéristiques d'une variable aléatoire

Espérance mathématique

Revenons à l'exemple introductif.

Un joueur avisé accepterait-il de miser 100 F par partie ?
Désignons par Y le gain en francs lors d'une partie.
Y est une variable aléatoire dont l'univers image est : {– 100 ; 0 ; 100}.

En effet : (Y = – 100) est l'événement « Tirer 0 boule rouge » (le joueur a perdu sa mise) ;
(Y = 0) est l'événement « Tirer 1 boule rouge » (le joueur a récupéré sa mise) ;
(Y = 100) est l'événement « Tirer 2 boules rouges » (le joueur a gagné 100 F).

y_i	– 100	0	100
$P(X = y_i)$	$\frac{2}{7}$	$\frac{4}{7}$	$\frac{1}{7}$

La loi de probabilité de Y est donnée par le tableau ci-contre.
Sur un grand nombre de parties, par exemple 700, on peut *espérer* obtenir :

200 fois l'événement (Y = – 100),
400 fois l'événement (Y = 0),
100 fois l'événement (Y = 100).

Le gain moyen par partie est alors : $\frac{1}{700}(-100 \times 200 + 0 \times 400 + 100 \times 100) = -\frac{100}{7}$.

On peut donc perdre en moyenne environ 14 F par partie.
Un joueur avisé n'accepterait pas de miser 100 F par partie.

On remarque que : $-\frac{100}{7} = -100 \times P(Y = -100) + 0 \times P(Y = 0) + 100 \times P(Y = 100)$.

Définition

Soit X une variable aléatoire prenant les valeurs $x_1, \dots, x_n$ avec les probabilités respectives $p_1, \dots, p_n$.
On appelle espérance mathématique de X le nombre réel, noté E(X), tel que : $E(X) = \sum_{i=1}^{n} x_i p_i = 1$.

Remarque

L'espérance mathématique correspond, en statistiques, à la moyenne.

Variance, écart type

L'espérance mathématique donne la « valeur moyenne » d'une variable aléatoire, mais ne dit pas comment sont dispersées les valeurs de la variable aléatoire autour de l'espérance mathématique.
Soit X et Y les variables aléatoires dont les lois de probabilités sont données par les tableaux ci-contre.
On a : E(X) = E(Y) = 5 ; mais on constate que les valeurs de Y sont plus éloignées de 5 que celles de X.

x_i	4	5	6
$P(X = x_i)$	0,1	0,8	0,1

y_i	0	1	9	10
$P(Y = y_i)$	0,4	0,1	0,1	0,4

Comme en statistiques, pour rendre compte de telles considérations, on introduit la variance et l'écart type d'une variable aléatoire.

Définitions

Soit X une variable aléatoire prenant les valeurs $x_1, \dots, x_n$ avec les probabilités respectives $p_1, \dots, p_n$.

- **On appelle variance de X le nombre réel, noté V(X), tel que : $V(X) = \sum_{i=1}^{n}(x_i - E(X))^2 p_i$.**
- **On appelle écart type de X le nombre réel, noté σ(X), tel que : $\sigma(X) = \sqrt{V(X)}$.**

Exemple

Calculons, à l'aide du tableau ci-contre, la variance et l'écart type de la variable aléatoire X précédente.
On obtient : V(X) = 0,2 et σ(X) ≈ 0,447.

x_i	4	5	6	Total
p_i	0,1	0,8	0,1	1
$x_i p_i$	0,4	4	0,6	E(X) = 5
$(x_i - E(X))^2 p_i$	0,1	0	0,1	V(X) = 0,2

Propriété

Soit X une variable aléatoire. On a : $V(X) = E(X^2) - [E(X)]^2$.

Cette propriété est connue sous le nom de « formule de König[4] ».

Démonstration

On a : $V(X) = \sum_{i=1}^{n}(x_i - E(X))^2 p_i = \sum_{i=1}^{n} x_i^2 p_i - 2E(X)\sum_{i=1}^{n} x_i p_i + [E(X)]^2 \sum_{i=1}^{n} p_i$.

Or : $\sum_{i=1}^{n} x_i p_i = E(X)$, $\sum_{i=1}^{n} p_i = 1$ et $\sum_{i=1}^{n} x_i^2 p_i = E(X^2)$.

Donc : $V(X) = E(X^2) - 2E(X) \times E(X) + [E(X)]^2 = E(X^2) - [E(X)]^2$.

Exemple

Calculons, à l'aide du tableau ci-contre, la variance et l'écart type de la variable aléatoire Y précédente.
On obtient : $V(Y) = E(Y^2) - [E(Y)]^2 = 23,2$;
donc : σ(Y) ≈ 4,816.

y_i	0	1	9	10	Total
p_i	0,4	0,1	0,1	0,4	1
$y_i p_i$	0	0,1	0,9	4	E(Y) = 5
$y_i^2 p_i$	0	0,1	8,1	40	$E(Y^2) = 48,2$

Loi Binomiale

Soit un schéma de Bernoulli à n épreuves, où pour chaque épreuve la probabilité du succès est p (celle de l'échec est $1 - p$). On lui associe la variable aléatoire, notée X, désignant le nombre de succès. L'univers image de X est : {0 ; … ; n}.

L'application $k \mapsto C_n^k p^k (1-p)^{n-k}$ de {0 ; … ; n} vers [0 ; 1] définit la loi de probabilité de X.

Cette loi de probabilité est appelée ***loi binomiale de paramètres n et p***.

Propriété

Soit X une variable aléatoire dont la loi de probabilité est la loi binomiale de paramètres n et p.
On a : $E(X) = np$ et $V(X) = np(1-p)$.

4 *König Julian, mathématicien Dannois – 1849 - 1913*

Démonstration

On a : $E(X) = \sum_{k=1}^{n} k\, C_n^k p^k q^{n-k}$ et $V(X) = \sum_{k=1}^{n} k^2 C_n^k p^k q^{n-k} - [E(X)]^2$.
Pour $n = 1$, le résultat est immédiat.
On suppose désormais que : $n > 1$.
Posons $q = 1 - p$ et considérons la fonction $f : t \mapsto (pt + q)^n$.

• On a : $\forall t \in \mathbb{R},\ f(t) = \sum_{k=0}^{n} C_n^k p^k t^k q^{n-k} = (pt + q)^n$.

donc : $\forall t \in \mathbb{R},\ f'(t) = \sum_{k=1}^{n} k C_n^k p^k t^{k-1} q^{n-k} = np(pt + q)^{n-1}$.

En particulier, pour $t = 1$, on obtient : $E(X) = np$.

• On a : $\forall t \in \mathbb{R},\ tf'(t) = \sum_{k=1}^{n} k C_n^k p^k t^k q^{n-k} = npt(pt + q)^{n-1}$;

donc : $\forall t \in \mathbb{R},\ f'(t) + tf''(t) = \sum_{k=1}^{n} k^2 C_n^k p^k t^{k-1} q^{n-k} = np(pt + q)^{n-1} + npt(n-1)p(pt + q)^{n-2}$.

En particulier, pour $t = 1$, on obtient : $\sum_{k=1}^{n} k^2 C_n^k p^k q^{n-k} = np + np^2(n - 1)$.

Or : $\sum_{k=1}^{n} k^2 C_n^k p^k q^{n-k} = V(X) + [E(X)]^2 = V(X) + (np)^2$;

donc : $V(X) = np - np^2 = np(1 - p)$.

Exercices

3.a Une variable aléatoire X a pour univers image : $\{1 ; 2 ; 3 ; 4 ; 5 ; 6\}$.
1. Déterminer la loi de probabilité de X sachant que : $P(5 < X) = \frac{1}{12}$;
$P(X < 2) = 2P(X = 6) = 2P(X = 2)$;
$P(X = 1) = P(X = 5)$;
$P(X \leq 3) = P(4 \leq X)$.
2. Définir la fonction de répartition de X et tracer sa courbe repésentative.
3. Calculer l'espérance mathématique et l'écart type de X.

3.b Soit X la variable aléatoire dont la fonction de répartition est représentée ci-dessous.

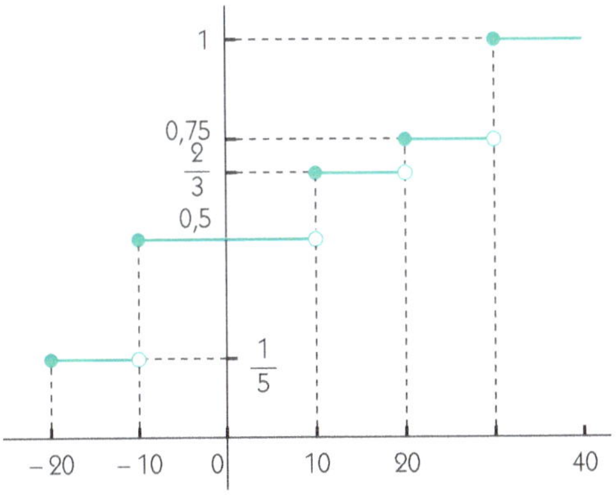

1. Déterminer la loi de probabilité de X.
2. Calculer l'espérance mathématique, la variance et l'écart type de X.

3.c Soit X une variable aléatoire dont l'univers image est $X(\Omega) = \{1 ; 2 ; 3 ; 4 ; 5 ; 6\}$ et telle que, pour tout k élément de $X(\Omega)$, $P(X = k)$ est proportionnelle à k.
1. Déterminer la loi de probabilité de X.
2. Définir la fonction de répartition de X et tracer sa courbe repésentative.
3. Calculer l'espérance mathématique et l'écart type de X.

3.d On a mesuré la taille des individus d'un groupe et on a obtenu le tableau ci-dessous.

Taille	155	159	167	170	175	177	193
Effectif	1	1	3	1	1	2	1

On choisit au hasard un individu et on désigne par X sa taille en centimètres.
1. Déterminer la loi de probabilité de X.
2. Définir la fonction de répartition de X et tracer sa courbe représentative.
3. Calculer l'espérance mathématique et l'écart type de X.

3.e On lance dix fois une pièce de monnaie parfaitement équilibrée et on désigne par X la variable aléatoire, qui associe à ces dix lancers le nombre de piles obtenu.
1. Déterminer la loi de probabilité de X.
2. Calculer l'espérance mathématique et la variance de X.

Exercices

APPRENTISSAGE

Analyse combinatoire

1 Soit n un entier naturel non nul.
Démontrer que :
$$\frac{1}{(n-1)!} - \frac{1}{n!} + \frac{1}{(n+1)!} = \frac{n^2}{(n+1)!}.$$

2 Démontrer que pour tous entiers naturels n, p et k, tels que $0 \leq p \leq n$, on a :
$$C_{n+k}^{k} \times C_{n}^{p} = C_{n+k}^{p+k} \times C_{p+k}^{k}.$$

3 Résoudre dans $\mathbb{N}$ les équations suivantes.
a) $C_n^2 = 190$
b) $2C_n^2 + 6C_n^3 = 9n$
c) $C_n^1 + C_n^2 + C_n^3 = \frac{7}{2}n$
d) $C_{2n}^1 + C_{2n}^2 + C_{2n}^3 = 387n$
e) $C_{n+10}^{n+4} = C_{n+10}^{2n-10}$.

4 Résoudre dans $\mathbb{N} \times \mathbb{N}$ le système :
$$\begin{cases} C_x^y = C_x^{y+1} \\ 4C_x^y = 5C_x^{y-1}. \end{cases}$$

5 Démontrer, par récurrence sur n, que :
$$\forall\, n \in \mathbb{N}^*,\ \sum_{p=1}^{n} p(p!) = (n+1)! - 1.$$

6 Écrire sous la forme $a + b\sqrt{3}$, où a et b sont des nombres entiers, les nombres suivants.
a) $(3 - \sqrt{3})^4$ *b)* $(1 + 2\sqrt{3})^5$ *c)* $(2\sqrt{3} - 5)^3$.

7 Développer et simplifier les expressions suivantes.
a) $(1 - i)^4$ *b)* $(1 + 2i)^5$ *c)* $(1 + 2j)^6$, où $j = e^{i\frac{2\pi}{3}}$.

8 Démontrer que pour tous entiers naturels n et p tels que $1 \leq p \leq n$, on a : $p\,C_n^p = n\,C_{n-1}^{p-1}$.
En déduire que pour tout entier naturel n non nul on a :
$$\sum_{p=1}^{n} p\,C_n^p = n\,2^{n-1}.$$

9 Soit n un entier naturel.
1. Démontrer, par récurrence sur k, que :
$$\forall\, k \in \mathbb{N}^*,\ C_n^n + C_{n+1}^n + \dots + C_{n+k-1}^n = C_{n+k}^{n+1}.$$
2. En déduire la somme des 10 premiers termes non nuls de la colonne du triangle de Pascal, formée des nombres C_n^{10} ($n \geq 10$).

10 **1.** Développer $(1 + x)^n$ ($n \in \mathbb{N}^*$).
2. En déduire la valeur des sommes suivantes :
a) $C_n^0 + C_n^1 + \dots + C_n^p + \dots + C_n^n$
b) $C_n^0 - C_n^1 + \dots + (-1)^p C_n^p + \dots + (-1)^n C_n^n$
c) $C_n^0 + 2C_n^1 + \dots + 2^p C_n^p + \dots + 2^n C_n^n$.
3. On suppose que : $n = 2k$.
Calculer : $C_{2k}^0 + C_{2k}^2 + \dots + C_{2k}^{2k}$.
4. On suppose que : $n = 2k + 1$.
Calculer : $C_{2k+1}^0 + C_{2k+1}^2 + \dots + C_{2k+1}^{2k}$.

11 On tire simultanément 8 cartes dans un jeu de 32 cartes. Déterminer le nombre de tirages contenant :
a) exactement 3 piques ;
b) au moins 6 piques ;
c) exactement 3 piques, dont le roi ;
d) 3 piques, 2 trèfles et 3 cœurs.

12 Combien y a-t-il de nombres entiers de quatre chiffres, dans lesquels 5 apparaît au moins deux fois ?
Combien y a-t-il de nombres entiers ayant quatre chiffres au plus et divisibles par 5 ?

13 Une compagnie aérienne veut organiser un circuit touristique ABIDJAN – ABIDJAN, via les villes de COTONOU, DAKAR, LIBREVILLE, NIAMEY et YAOUNDE.
1. Combien y a-t-il d'itinéraires possibles ?
2. Combien de ces itinéraires ont-ils pour troisième étape la ville de NIAMEY ?
3. Pour combien de ces itinéraires l'étape de DAKAR précède-t-elle celle de YAOUNDE ?

14 On dispose de 4 couleurs pour colorier les 5 bandes du drapeau ci-contre.
Combien de drapeaux différents peut-on obtenir, si deux bandes voisines ne peuvent avoir la même couleur ?

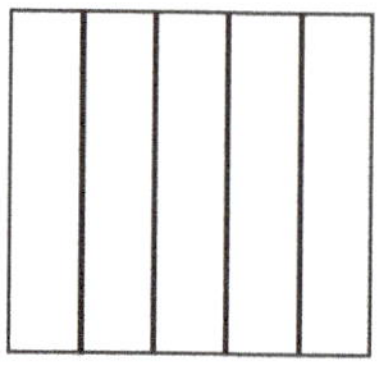

15 Soit n et p deux entiers naturels tels que $0 < p < n$, E un ensemble à n éléments, x_0 un élément de E.
1. *a)* Quel est le nombre de parties de p éléments de E ?
b) Quel est le nombre de parties de p éléments de E contenant x_0 ? ne contenant pas x_0 ?
c) Quel résultat, démontré dans le cours, a-t-on ainsi retrouvé ?
2. *a)* En s'inspirant de la méthode utilisée dans la question précédente, calculer de deux manières le nombre d'arrangements de p éléments de E.
b) En déduire que : $A_n^p = A_{n-1}^p + pA_{n-1}^{p-1}$.

16 Soit n un entier naturel.
En calculant de deux manières le nombre de tirages de n boules que l'on peut effectuer dans une urne qui contient n boules rouges et n boules blanches, démontrer que :
$$\sum_{p=0}^{n} (C_n^p)^2 = C_{2n}^n.$$

Calculs de probabilités

17 On lance deux fois de suite un dé non pipé, dont les faces sont numérotées de 1 à 6. On gagne lorsqu'on fait apparaître au moins un 6.
Calculer la probabilité de gagner.

18 Dans une classe, on a noté que pendant le premier trimestre :
- 25 % des élèves ont été absents au moins un jour ;
- 12 % des élèves ont été absents au moins deux jours ;
- 8 % des élèves ont été absents au moins trois jours ;
- 6 % des élèves ont été absents au moins quatre jours ;
- 5 % des élèves ont été absents au moins cinq jours.

On choisit au hasard un élève de cette classe. Calculer la probabilité de chacun des événements suivants.
« L'élève n'a jamais été absent » ;
« L'élève a été absent au moins un jour » ;
« L'élève a été absent exactement deux jours » ;
« L'élève a été absent moins de quatre jours ».

19 Dans un jeu de 32 cartes, on tire simultanément et au hasard 4 cartes. Calculer la probabilité de chacun des événements suivants.
« Obtenir une carte de chaque couleur » ;
« Obtenir exactement un as » ;
« Obtenir aucun as » ;
« Obtenir au moins un as » ;
« Obtenir deux cœurs et deux piques » ;
« Obtenir deux cœurs et un as exactement ».

20 Une urne contient 36 boules indiscernables au toucher, dont une est blanche, une est rouge et les autres sont vertes. On tire au hasard et simultanément trois boules de l'urne.
1. Quelle est la probabilité de tirer une boule de chaque couleur ?
2. Quelle est la probabilité de tirer trois boules vertes ?

21 **1.** On marque n points sur un cercle ($n \geq 3$). On en choisit 2 au hasard. Quelle est la probabilité pour qu'ils soient consécutifs ?
2. Même question lorsque les n points sont sur une droite.

22 Soient A et B deux événements indépendants.
a) Démontrer que : $P(A) = P(A \cap \overline{B}) + P(A) \times P(B)$.
b) En déduire que A et $\overline{B}$ sont des événements indépendants.
c) Démontrer que $\overline{A}$ et $\overline{B}$ sont aussi des événements indépendants.

23 Soient A et B deux événements indépendants tels que $P(A \cap B) = 0{,}1$ et $P(B) = 0{,}5$.
Calculer P(A) et $P(A \cup B)$.

24 **1.** Dans le lancer d'un dé non pipé, les événements « Obtenir un nombre pair » et « Obtenir un multiple de 3 » sont-ils indépendants ?
2. Dans le lancer simultané de deux dés non pipés, les événements « Obtenir une somme égale à un multiple de 3 » et « Obtenir une somme divisible par 4 » sont-ils indépendants ?

25 Six couples, dont le couple Traoré, dînent ensemble. À la fin du repas, on tire au sort 4 personnes pour faire la vaisselle. On considère les événements :
A : « aucun homme n'est désigné » ;
B : « Monsieur Traoré est désigné » ;
C : « deux couples sont désignés ».
a) Les événements A et B sont-ils incompatibles ? indépendants ?
b) Les événements A et C sont-ils incompatibles ? indépendants ?

26 Une urne contient 10 boules, dont 3 sont rouges et les autres bleues.
1. Quelle est la probabilité pour qu'une boule prise au hasard soit rouge ?
2. On prend successivement et avec remise 3 boules au hasard. Quelle est la probabilité pour que les 3 boules soient rouges ?
3. On prend simultanément 3 boules au hasard. Quelle est la probabilité pour que les 3 boules soient rouges ?

27 Un atelier est constitué de trois machines A, B et C utilisées pour la même production. Le taux de panne de chacune d'elles, ramené en journées entières d'indisponibilité, est :
- 5 jours d'arrêt sur 200 jours ouvrables pour la machine A ;
- 3 jours d'arrêt sur 200 jours ouvrables pour la machine B ;
- 10 jours d'arrêt sur 200 jours ouvrables pour la machine C.

Pour un un jour ouvrable donné, calculer la probabilité de chacun des événements suivants.
« La machine A est en état de marche » ;
« La machine A est en panne » ;
« La machine B ou la machine C sont en panne » ;
« Aucune machine n'est en panne ».

28 À la kermesse du lycée, un jeu consiste à tirer 2 enveloppes parmi 5 dont une contient un billet de 1 000 F, 2 contiennent chacune un billet de 500 F et les 2 autres contiennent chacune une feuille sans valeur. Les enveloppes sont identiques et non transparentes.
1. Quelle est la probabilité de ne rien gagner ?
2. Quelle est la probabilité de gagner exactement 500 F ?
3. Quelle est la probabilité de gagner exactement 1 000 F ?

29 Un lot de vaccin contre le choléra est efficace à 55 %, c'est-à-dire que sur 100 personnes vaccinées, 55 seulement sont sûres d'être protégées contre la maladie. On vaccine 10 personnes avec ce produit. Quelle est la probabilité pour que :
a) aucune des personnes ne soit protégée ?
b) la moitié des personnes soient protégée ?
c) les 10 personnes soient protégées ?

30 On suppose que dans un pays il naît en moyenne 52 garçons pour 50 filles.
1. Un enfant va naître. Quelle est la probabilité :
a) pour que cet enfant soit un garçon ?
b) pour que cet enfant soit une fille ?
2. Dans une famille de 5 enfants, quelle est la probabilité :
a) pour qu'il y ait 3 filles et 2 garçons ?
b) pour qu'il y ait 5 filles ?

31 Dans une ville, il y a trois médecins. Quatre habitants de cette ville, malades le même jour, appellent au hasard l'un de ces trois médecins.
1. Quelle est la probabilité pour qu'un seul médecin soit appelé ?
2. Quelle est la probabilité pour que les trois médecins soient appelés ?

32 On répartit au hasard 7 pions sur le damier ci-après, à raison d'un pion au plus par case.

1. Calculer la probabilité de chacun des événements suivants.
A : « 4 pions sont placés sur une même rangée horizontale » ;
B : « Aucune rangée horizontale ne contient trois pions » ;
C : « Une rangée horizontale et une seule contient exactement trois pions » ;
D : « Deux rangées horizontales contiennent exactement trois pions ».
2. Vérifier que : P(A) + P(B) + P(C) + P(D) = 1.

33 Un étudiant doit subir un examen dont le programme comporte 15 questions.
Il n'en a apprises que 10.
Sachant que l'examinateur lui posera 3 questions, quelle est la probabilité pour que le candidat ait appris ces questions ?
Combien aurait-il dû, au minimum, apprendre de questions pour que cette probabilité soit au moins égale à 0,5 ?

34 Deux personnes crient en même temps un chiffre compris entre 0 et 9.
1. Quelle est la probabilité pour que les deux personnes crient au moins une fois le même chiffre au cours de cinq expériences ?
2. Combien de fois faut-il répéter l'expérience pour que les deux personnes crient au moins une fois le même chiffre avec une probabilité supérieure à 0,5 ?

Variable aléatoire

35 On lance deux dés non pipés, dont les faces sont numérotées de 1 à 6, et on désigne par X la variable aléatoire qui, à chaque lancer associe la valeur absolue de la différence des nombres obtenus.
1. Déterminer la loi de probabilité de X.
2. Définir la fonction de répartition de X et tracer sa courbe représentative.
3. Calculer l'espérance mathématique et l'écart type de X.

36 On lance huit fois un dé non pipé, dont les faces sont numérotées de 1 à 6, et on désigne par X la variable aléatoire, qui associe à ces huit lancers le nombre de multiples de 3 obtenus.
1. Déterminer la loi de probabilité de X.
2. Calculer l'espérance mathématique et l'écart type de X.

37 Une urne contient 3 boules vertes, 4 boules rouges et 5 boules bleues. On tire au hasard et simultanément deux boules de l'urne.
1. *a)* Quelle est la probabilité de tirer deux boules vertes ?
b) Quelle est la probabilité de tirer deux boules de couleurs différentes ?
2. Lorsqu'on tire une boule bleue, on marque un point ; lorsqu'on tire une boule rouge, on perd un point ; lorsqu'on tire une boule verte, on marque zéro point. On désigne par X le nombre de points marqués.
a) Déterminer la loi de probabilité de la variable aléatoire X.
b) Calculer l'espérance mathématique et la variance de la variable aléatoire X.

38 Une loterie consiste à lâcher une bille dans un appareil qui comporte six portes de sortie, numérotées de 1 à 6. Soit X la variable aléatoire égale au numéro de la porte de sortie franchie par la bille. Sa loi de probabilité est donnée par le tableau suivant :

x_i	1	2	3	4	5	6
$P(X = x_i)$	$\frac{1}{32}$	$\frac{5}{32}$	$\frac{10}{32}$	$\frac{10}{32}$	$\frac{5}{32}$	$\frac{1}{32}$

La règle du jeu est la suivante : un joueur mise 100 F ; il reçoit 600 F si la bille franchit les portes 1 ou 6, 200 F si elle franchit les portes 3 ou 4. Les portes 2 et 5 ne rapportent rien.
Le gain d'un joueur est la différence entre ce qu'il reçoit à l'issue de la partie et sa mise.
Soit Y la variable aléatoire représentant le gain d'un joueur dans une partie.
1. Quelles sont les valeurs possibles de Y ?
2. Déterminer la loi de probabilité de Y.
3. Le jeu est-il équitable ?
(Un jeu est équitable si l'espérance mathématique du gain est nulle.)

39 On lance deux dés non pipés et on considère la variable aléatoire X, qui à chaque lancer associe la somme des deux nombres obtenus.
1. *a)* Déterminer la loi de probabilité de X.
b) Quelle est la probabilité de l'événement $(X > 2)$?
2. On appelle succès la réalisation de l'événement $(X > 2)$ et on répète l'épreuve 6 fois de suite.
a) Quelle est la probabilité d'obtenir exactement deux succès ?
b) Quelle est la probabilité d'obtenir au plus deux succès ?

40 Une urne U contient une boule portant le numéro 1 et deux boules portant le numéro 2. Une urne V contient une boule portant le numéro 4 et n boules portant le numéro 3. On tire au hasard une boule de U, une boule de V et on désigne par X la variable aléatoire qui à chaque tirage associe la somme des numéros portés par les deux boules.
1. Déterminer en fonction de n la loi de probabilité de X.
2. Calculer en fonction de n l'espérance mathématique E(X).
3. Déterminer n pour que : $E(X) = \frac{59}{12}$.
4. Déterminer la plus petite valeur de n pour laquelle $E(X) < 4{,}8$.

41 Un tireur vise une cible. La probabilité pour qu'il touche la cible est 0,7. Il tire 3 fois de suite. On note X le nombre de fois où il a atteint la cible. Déterminer la loi de probabilité de X.

42 Une urne contient $n - 1$ boules blanches et une boule noire. On tire au hasard, successivement et sans remise toutes les boules. On considère la variable aléatoire X qui vaut k $(1 \leq k \leq n)$ lorsque la boule noire est obtenue au k-ième tirage.
1. Déterminer la loi de probabilité de X.
2. Calculer l'espérance mathématique et l'écart type de X.

43 Combien de fois faut-il jeter un dé non pipé pour être sûr d'obtenir au moins une fois 6 à 50% ? à 90% ? à 99% ?

44 Une première urne contient contient huit boules vertes, dont une porte le chiffre 1, trois le chiffre 2 et quatre le chiffre 4. Une deuxième urne contient six boules rouges, dont une porte le chiffre 3, deux le chiffre 5 et trois le chiffre 6.

1. On tire au hasard une boule de chaque urne. On désigne par X le chiffre porté par la boule verte et par Y le chiffre porté par la boule rouge.

a) Calculer la probabilité de l'événement $\{X = 2 \text{ et } Y = 6\}$.

b) Démontrer que la probabilité de l'événement $\{X + Y \geq 8\}$ est égale à $\frac{29}{48}$.

2. On note A l'événement $\{X + Y \geq 8\}$. On effectue dix fois de suite le tirage décrit en **1.**, en remettant chaque fois les boules tirées dans leurs urnes respectives. Les tirages sont indépendants. On appelle Z la variable aléatoire qui prend pour valeur le nombre de réalisations de l'événement A au cours de ces dix épreuves. Calculer la probabilité de l'événement $(Z = 5)$ et l'espérance mathématiques de Z.

APPROFONDISSEMENT

45 Pour tout entier naturel n, on désigne par R_n le polynôme défini par : $R_n(x) = (x + 1)^n$.

1. Soit n, p et q trois entiers naturels tels que : $n \leq p + q$. En s'aidant de la formule du binôme, déterminer le coefficient de x^n dans le développement de chacun des membres de l'égalité : $R_{p+q} = R_p R_q$.

2. En déduire que pour tout triplet $(n ; p ; q)$ d'entiers naturels tels que $n \leq p + q$, on a :

$$C_{p+q}^n = \sum_{k=0}^{n} C_p^k \, C_q^{n-k}.$$

46 Soit P le polynôme défini par : $P(x) = (x + 1)^{2n}$.

1. Quel est le coefficient a_n du terme de degré n de P ?

2. En appliquant la formule du binôme à l'égalité $P(x) = (x + 1)^n(x + 1)^n$, trouver une autre expression de a_n.

3. En déduire que : $\forall\, n \in \mathbb{N}^*,\ \sum_{k=0}^{n} k(C_n^k)^2 = \frac{n}{2} C_{2n}^2$.

47 Démontrer que :

$$\forall\, n \in \mathbb{N}^*, \sum_{k=1}^{n} k^2 C_n^k = n(n + 1)2^{n-2}.$$

(On pourra s'inspirer de la démonstration des formules de l'espérance mathématique et de la variance d'une variable aléatoire dont la loi de probabilité est une loi binomiale.)

48 ABCDEF est un hexagone convexe régulier.

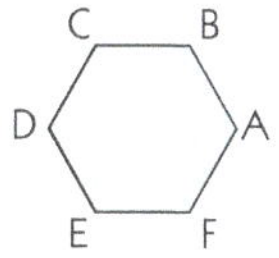

1. On choisit simultanément et au hasard deux sommets de l'hexagone. Quelle est la probabilité pour qu'ils soient consécutifs ?

2. On choisit simultanément et au hasard trois sommets de l'hexagone.

a) Quelle est la probabilité pour qu'ils forment un triangle équilatéral ?

b) Quelle est la probabilité pour qu'ils forment un triangle rectangle ?

c) Quelle est la probabilité pour qu'ils forment un triangle isocèle non équilatéral ?

49 Dans une urne contenant douze boules numérotées de 1 à 12, on tire simultanément et au hasard trois boules. On désigne par a, b et c les numéros des trois boules tirées $(a < b < c)$.

Quelles sont les probabilités pour que :

a) a, b et c soient trois termes consécutifs d'une suite arithmétique ?

b) a, b et c soient trois termes consécutifs d'une suite géométrique ?

50 On dispose d'un disque en bois pour jouer aux fléchettes. Sur ce disque sont tracés n cercles concentriques (sur la figure 5 cercles ont été représentés) dont les rayons sont respectivement 1, 2, 3, ..., n.

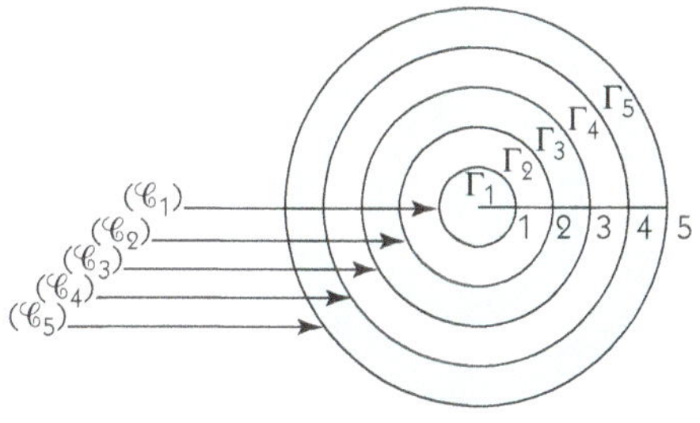

Entre deux cercles $(\mathscr{C}_k)$ et $(\mathscr{C}_{k+1})$ se trouve une couronne Γ_{k+1} ; il y a donc n couronnes circulaires $\Gamma_1, \Gamma_2, ..., \Gamma_n$.

On suppose qu'au cours d'un lancer de fléchette :

– la probabilité d'atteindre Γ_k est proportionnelle à l'aire de Γ_k ;

– le probabilité d'atteindre le bord des couronnes ou de sortir du disque en bois est nulle.

1. *a)* Calculer, pour tout k élément de $\{1 ; 2 ; ... ; n\}$, la probabilité p_k qu'au cours d'un lancer une fléchette ait son point d'impact dans Γ_k.

b) En posant $\Omega = \{\Gamma_1 ; \Gamma_2 ; ... ; \Gamma_n\}$, peut-on dire que l'on soit dans une situation d'équiprobabilité ?

2. On veut modifier la construction du disque en bois, pour obtenir sur Ω une situation d'équiprobabilité. Quels doivent être les rayons des cercles $(\mathscr{C}_k)$ pour qu'il en soit ainsi ?

(On supposera toujours la probabilité d'atteindre Γ_k proportionnelle à l'aire de Γ_k, celle d'atteindre le bord des couronnes ou de sortir du disque en bois nulle, le rayon de $(\mathscr{C}_1)$ égal à 1.)

51 **1.** On répartit n boules numérotées dans k tiroirs numérotés. Combien y a-t-il de répartitions possibles ?

2. On répartit n boules identiques dans k tiroirs numérotés. Combien y a-t-il de répartitions possibles ?

Application

L'espace $\mathscr{E}$ étant muni du repère $(O, \vec{i}, \vec{j}, \vec{k})$, combien y a-t-il de points du plan d'équation, $x + y + z - 20 = 0$ à coordonnées positives ou nulles ?

52 Soit une population constituée à 10 % de gauchers et à 90 % de droitiers.

1. Calculer la probabilité pour qu'un groupe de huit personnes de cette population soit constitué :

a) d'un seul gaucher,

b) d'au moins un gaucher,

c) d'exactement trois gauchers.

2. Un atelier de couture est équipé de sept paires de ciseaux pour droitiers et de trois pour gauchers.

Quelle est la probabilité pour que les huit membres du personnel trouvent chacun une paire de ciseaux lui convenant ?

3. On appelle X la variable aléatoire prenant comme valeur le nombre de personnes ayant trouvé une paire de ciseaux à sa convenance.

On note G le nombre de gauchers parmi les huit membres du personnel de l'atelier. Dresser un tableau donnant les valeurs de X en fonction de G. Calculer alors les probabilités pour les différentes valeurs trouvées de X.

53 **1.** Déterminer l'ensemble Ω des nombres à trois chiffres, formés à l'aide des chiffres 1 et 2.

2. On désigne par $S(x)$ la somme des chiffres de tout élément x de Ω. Soit P l'application de $\mathcal{P}(\Omega)$ dans $\mathbb{R}$ définie par :

$$P(A) = \sum_{x_i \in A} [aS(x_i) + b], \ (a\ ;\ b) \in \mathbb{R}^2.$$

À quelle condition portant sur a et b, P est-elle une probabilité sur Ω ?

3. Soit B la partie de Ω formée des nombres commençant par 1, C la partie de Ω formée des nombres dont les chiffres des dizaines et des centaines sont **2.** Déterminer a et b pour que : P(B) = P(C).

54 **1.** Étudier les variations de la fonction $f : x \mapsto 36x^2 - 2x^3$ sur l'intervalle [0 ; 18] et déterminer la valeur de x pour laquelle f atteint, sur cet intervalle, son maximum.

2. On considère une urne contenant 36 boules indiscernables au toucher, dont n sont blanches, n sont rouges et toutes les autres sont vertes ($1 \leq n \leq 17$).

On tire au hasard et simultanément 3 boules de l'urne.

a) Démontrer que le nombre de tirages donnant une boule de chaque couleur est égal à $f(n)$.

b) Soit $P(n)$ la probabilité de tirer une boule de chaque couleur. Exprimer $P(n)$ à l'aide de $f(n)$ et en déduire la valeur n pour laquelle $P(n)$ est maximum.

55 Considérons le triangle de Pascal (figure ci-dessous). Trouver 4 lignes telles que sur chacune d'elles on trouve trois termes consécutifs formant une suite arithmétique.

n° de ligne					
0	1				
1	1	1			
2	1	2	1		
3	1	3	3	1	
4	1	4	6	4	1
...	...	...	...	...	...

Olympiades nationales de mathématiques
Burkina Faso 1994.

56 Deux amis se sont donnés rendez-vous entre 12 et 13 heures, mais ont décidé qu'ils ne s'attendraient pas plus de dix minutes.

Quelle est la probabilité pour qu'ils se rencontrent ?

57 On répète une épreuve de Bernoulli dont la probabilité de succès est p ($p \in]0\ ;\ 1[$). On définit la variable aléatoire X par le nombre d'itérations nécessaires pour obtenir le succès pour la première fois.

1. Déterminer la loi de probabilité de X.

2. Vérifier que : $\lim\limits_{n \to +\infty} \left(\sum_{k=1}^{n} P(X = k) \right) = 1.$

9 Limites et continuité

Introduction

© Hachette.

© Hachette.

NEWTON (XVIIe siècle) fut, avec LEIBNITZ, l'un des fondateurs du calcul infinitésimal. Dans sa Méthode des fluxions et des suites infinies, il s'appuie sur un point de vue cinématique : il considère les quantités mathématiques comme les espaces décrits par un corps en mouvement et imagine les vitesses des mouvements qui les engendrent.

© Roger-Viollet.

EULER et CAUCHY, aux XVIIIe et XIXe siècles, vont structurer ces calculs pour étudier la notion de limite, puis celle de dérivée conduisant au calcul mathématique des vitesses.

© Hachette.

L'objet de ce chapitre est de compléter les notions déjà vues en classe de première SM, notamment en ce qui concerne les applications de la continuité d'une fonction sur un intervalle.

SOMMAIRE

Dans ce chapitre, les fonctions étudiées sont des fonctions numériques à variable réelle et le plan est muni du repère (O, I, J).

1 Limites d'une fonction

1.1. Notions de base

Limites de référence

Les résultats suivants seront couramment utilisés dans les calculs de limites de fonctions.

- $\lim\limits_{x \to 0} x^n = 0 \quad (n \in \mathbb{N}^*)$
- $\lim\limits_{x \to +\infty} x^n = +\infty \quad (n \in \mathbb{N}^*)$
- $\lim\limits_{x \to 0} \sqrt{x} = 0$
- $\lim\limits_{x \to +\infty} \sqrt{x} = +\infty$
- $\lim\limits_{x \to 0} \dfrac{1}{x^{2n}} = +\infty \quad (n \in \mathbb{N}^*)$
- $\lim\limits_{x \to -\infty} x^{2n} = +\infty$; $\lim\limits_{x \to -\infty} x^{2n-1} = -\infty \quad (n \in \mathbb{N}^*)$
- $\lim\limits_{\substack{x \to 0 \\ <}} \dfrac{1}{x^{2n-1}} = -\infty$; $\lim\limits_{\substack{x \to 0 \\ >}} \dfrac{1}{x^{2n-1}} = +\infty \quad (n \in \mathbb{N}^*)$
- $\lim\limits_{x \to +\infty} \dfrac{1}{x^n} = 0$; $\lim\limits_{x \to -\infty} \dfrac{1}{x^n} = 0 \quad (n \in \mathbb{N}^*)$
- $\lim\limits_{x \to 0} \dfrac{\sin x}{x} = 1$
- $\lim\limits_{x \to 0} \dfrac{\cos x - 1}{x} = 0$

Remarque

Les fonctions sinus et cosinus n'ont pas de limite en l'infini.

Limites et opérations sur les fonctions

Nous regroupons dans des tableaux les résultats essentiels concernant les limites de la somme, du produit ou du quotient de deux fonctions. Dans ces tableaux x_0, l et l' désignent des nombres réels.
Ces résultats restent valables pour les limites en $+\infty$ ou en $-\infty$.

- **Limite de la somme de deux fonctions**

$\lim\limits_{x \to x_0} f(x)$	l	$+\infty$	$-\infty$	$+\infty$	$-\infty$	$+\infty$
$\lim\limits_{x \to x_0} g(x)$	l'	l'	l'	$+\infty$	$-\infty$	$-\infty$
$\lim\limits_{x \to x_0} (f+g)(x)$	$l + l'$	$+\infty$	$-\infty$	$+\infty$	$-\infty$	?

- **Limite du produit de deux fonctions**

$\lim\limits_{x \to x_0} f(x)$	l	$+\infty$	$-\infty$	$+\infty$ ou $-\infty$	$+\infty$	$-\infty$	$+\infty$
$\lim\limits_{x \to x_0} g(x)$	l'	l' $(l' \neq 0)$	l' $(l' \neq 0)$	0	$+\infty$	$-\infty$	$-\infty$
$\lim\limits_{x \to x_0} (fg)(x)$	$l\,l'$	$+\infty$, si $l' > 0$; $-\infty$, si $l' < 0$	$-\infty$, si $l' > 0$; $+\infty$, si $l' < 0$	?	$+\infty$	$+\infty$	$-\infty$

- **Limite du quotient de deux fonctions**

$\lim\limits_{x \to x_0} \lvert f(x) \rvert$	l	l' $(l' \neq 0)$	0	l	$+\infty$	$+\infty$
$\lim\limits_{x \to x_0} \lvert g(x) \rvert$	l' $(l' \neq 0)$	0	0	$+\infty$	l'	$+\infty$
$\lim\limits_{x \to x_0} \left\lvert \dfrac{f}{g}(x) \right\rvert$	$\dfrac{l}{l'}$	$+\infty$	?	0	$+\infty$	?

Une étude de signes permet ensuite de déterminer la limite de la fonction $\dfrac{f}{g}$.

Limites en l'infini d'une fonction polynôme et d'une fonction rationnelle

Les résultats suivants ont été énoncés en classe de première.

Propriétés

• La limite en l'infini d'un polynôme est égale à la limite en l'infini de son monôme de plus haut degré.
• La limite en l'infini d'une fraction rationnelle est égale à la limite en l'infini du quotient des monômes de plus haut degré du numérateur et du dénominateur.

Exemples

• Calculer les limites en $+\infty$ et en $-\infty$ de la fonction polynôme $f : x \mapsto 5x^3 - x + 1$.

On a : $\lim\limits_{x \to +\infty} f(x) = \lim\limits_{x \to +\infty} (5x^3) = +\infty$ et $\lim\limits_{x \to -\infty} f(x) = \lim\limits_{x \to -\infty} (5x^3) = -\infty$.

• Calculer les limites en $+\infty$ et en $-\infty$ de la fonction rationnelle $g : x \mapsto \dfrac{7x^5 - 4x^3 - 1}{x^2 - x + 6}$.

On a : $\lim\limits_{x \to +\infty} g(x) = \lim\limits_{x \to +\infty} \dfrac{7x^5}{x^2} = \lim\limits_{x \to +\infty} (7x^3) = +\infty$ et $\lim\limits_{x \to -\infty} g(x) = \lim\limits_{x \to -\infty} \dfrac{7x^5}{x^2} = \lim\limits_{x \to -\infty} (7x^3) = -\infty$.

Propriétés de comparaison

Les résultats suivants ont également été énoncés en classe de première.

Propriétés 1

Soit f une fonction.

• S'il existe une fonction g telle que $f \geq g$ sur un intervalle $]A\ ; +\infty[$ et $\lim\limits_{x \to +\infty} g(x) = +\infty$, alors $\lim\limits_{x \to +\infty} f(x) = +\infty$.

• S'il existe une fonction g telle que $f \leq g$ sur un intervalle $]A\ ; +\infty[$ et $\lim\limits_{x \to +\infty} g(x) = -\infty$, alors $\lim\limits_{x \to +\infty} f(x) = -\infty$.

On a des propriétés analogues lorsque x tend vers $-\infty$ ou lorsque x tend vers x_0.

Exemple

Calculer les limites en $+\infty$ et en $-\infty$ de la fonction $f : x \mapsto 2x + 1 - 3\sin x$.

On a : $\forall x \in \mathbb{R}, -1 \leq \sin x \leq 1$; donc : $\forall x \in \mathbb{R}, 2x - 2 \leq f(x) \leq 2x + 4$.

Or : $\lim\limits_{x \to +\infty} (2x - 2) = +\infty$; donc : $\lim\limits_{x \to +\infty} f(x) = +\infty$.

De même : $\lim\limits_{x \to -\infty} (2x + 4) = -\infty$; donc : $\lim\limits_{x \to -\infty} f(x) = -\infty$.

Propriétés 2

Soit f une fonction.

• S'il existe deux fonctions g, h telles que $g \leq f \leq h$ sur un intervalle $]A\ ; +\infty[$ et $\lim\limits_{x \to +\infty} g(x) = \lim\limits_{x \to +\infty} h(x) = l$, alors $\lim\limits_{x \to +\infty} f(x) = l$.

• S'il existe un nombre réel l, une fonction g et un intervalle $]A\ ; +\infty[$ tels que : $\lim\limits_{x \to +\infty} g(x) = 0$ et $\forall x \in]A\ ; +\infty[, |f(x) - l| \leq g(x)$, alors $\lim\limits_{x \to +\infty} f(x) = l$.

On a des propriétés analogues lorsque x tend vers $-\infty$ ou lorsque x tend vers x_0.
Ces propriétés sont deux formulations du « théorème des gendarmes ».

Exemple

Calculer la limite en 0 de la fonction $g : x \mapsto x\,\mathrm{E}\left(\dfrac{1}{x}\right)$, où E désigne la fonction partie entière.

On a : $\forall x \in \mathbb{R}, \mathrm{E}(x) \leq x < \mathrm{E}(x) + 1$; donc : $\forall x \in \mathbb{R}^*, \dfrac{1}{x} - 1 \leq \mathrm{E}\left(\dfrac{1}{x}\right) \leq \dfrac{1}{x}$.

On en déduit que : $\forall x \in]0\ ; +\infty[, 1 - x \leq g(x) \leq 1$; donc : $\lim\limits_{\substack{x \to 0 \\ >}} g(x) = 1$.

De même, on a : $\forall x \in]-\infty\ ; 0[, 1 \leq g(x) \leq 1 - x$; donc : $\lim\limits_{\substack{x \to 0 \\ <}} g(x) = 1$.

On a : $\lim\limits_{\substack{x \to 0 \\ >}} g(x) = \lim\limits_{\substack{x \to 0 \\ <}} g(x) = 1$; donc : $\lim\limits_{x \to 0} g(x) = 1$.

Le résultat suivant a également été énoncé en classe de première.

Propriété 3

Soit f et g deux fonctions telles que $f \leq g$ sur un intervalle $]A\ ;+\infty[$.

Si $\lim\limits_{x \to +\infty} f(x) = l$ et $\lim\limits_{x \to +\infty} g(x) = l'$, alors $l \leq l'$.

1.2. Limite de la composée de deux fonctions

On a vu en classe de première une propriété permettant de calculer la limite de la composée d'une fonction affine par une fonction f.
La propriété suivante, que nous admettons, généralise ce résultat.

Propriété

Soit $g \circ f$ la composée de deux fonctions et a un élément ou une borne d'un intervalle sur lequel $g \circ f$ est définie.

Si $\lim\limits_{x \to a} f(x) = b$ et $\lim\limits_{y \to b} g(y) = l$, alors $\lim\limits_{x \to a} g \circ f(x) = l$.

a, b et l sont des nombres réels ou $+\infty$ ou $-\infty$.

Exemples

- Déterminer la limite en $+\infty$ de la fonction $u : x \mapsto \sqrt{\dfrac{2x-1}{x+1}}$.

Soit f et g les fonctions définies par : $f(x) = \dfrac{2x-1}{x+1}$ et $g(x) = \sqrt{x}$; on a : $u = g \circ f$.

Or : $\lim\limits_{x \to +\infty} f(x) = 2$ et $\lim\limits_{y \to 2} g(y) = \sqrt{2}$; donc : $\lim\limits_{x \to +\infty} u(x) = \lim\limits_{x \to +\infty} g[f(x)] = \sqrt{2}$.

- Déterminer la limite en $+\infty$ de la fonction $v : x \mapsto x \sin \dfrac{1}{x}$.

Soit f et g les fonctions définies par : $f(x) = \dfrac{1}{x}$ et $g(x) = \dfrac{\sin x}{x}$; on a : $v = g \circ f$.

Or : $\lim\limits_{x \to +\infty} f(x) = 0$ et $\lim\limits_{y \to 0} g(y) = 1$; donc : $\lim\limits_{x \to +\infty} v(x) = \lim\limits_{x \to +\infty} g[f(x)] = 1$.

On peut également rédiger de la façon suivante.

On pose : $X = \dfrac{1}{x}$. Lorsque x tend vers $+\infty$, X tend vers 0.

On a : $\lim\limits_{x \to +\infty} x \sin \dfrac{1}{x} = \lim\limits_{X \to 0} \dfrac{\sin X}{X} = 1$.

1.3. Limite d'une fonction monotone sur un intervalle ouvert

Nous admettons la propriété suivante.

Propriété 1

Soit f une fonction croissante sur un intervalle ouvert $]a\ ;b[$ $(a < b)$.
- **Si f est majorée sur $]a\ ;b[$, alors f admet une limite finie à gauche en b.**
- **Si f est minorée sur $]a\ ;b[$, alors f admet une limite finie à droite en a.**

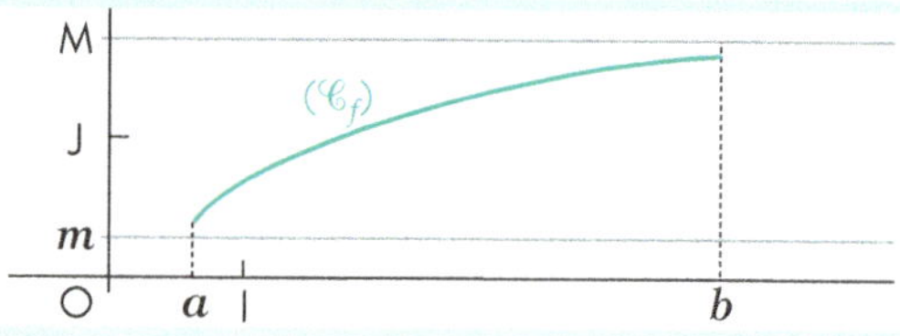

Remarque

De manière analogue, pour une fonction f décroissante sur un intervalle ouvert $]a\ ;b[$, on a :
- *si f est majorée sur $]a\ ;b[$, alors f admet une limite finie à droite en a ;*
- *si f est minorée sur $]a\ ;b[$, alors f admet une limite finie à gauche en b.*

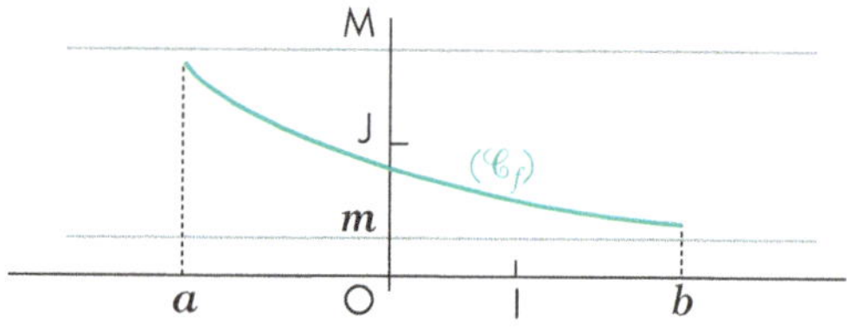

Soit f une fonction croissante sur un intervalle ouvert $]a\,;\,b[$.
Si f n'est pas majorée, alors pour tout nombre réel M, il existe un élément x_0 de l'intervalle $]a\,;\,b[$ tel que : $f(x_0) > M$.
f étant croissante, on a : $\forall x \in]x_0\,;\,b[,\ f(x) > M$; donc : $\lim\limits_{\substack{x \to b \\ <}} f(x) = +\infty$.

Cette étude justifie la propriété suivante que nous admettons.

Propriété 2

Soit f une fonction croissante sur un intervalle ouvert $]a\,;\,b[$ $(a < b)$.

- **Si f est non majorée sur $]a\,;\,b[$, alors f a pour limite $+\infty$ à gauche en b.**
- **Si f est non minorée sur $]a\,;\,b[$, alors f a pour limite $-\infty$ à droite en a.**

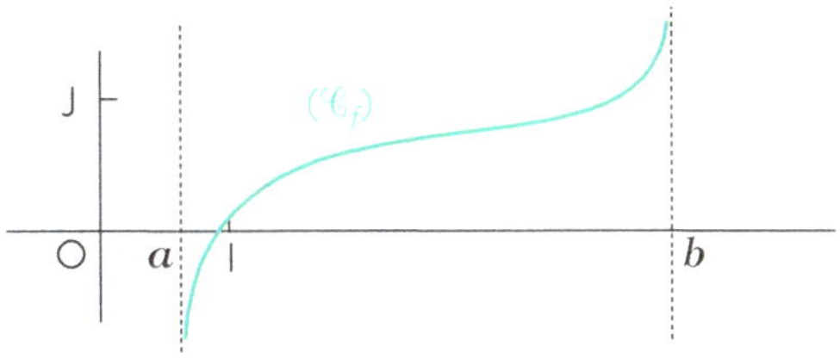

Remarque

De manière analogue, pour une fonction f décroissante sur un intervalle ouvert $]a\,;\,b[$, on a :
- *si f est non minorée sur $]a\,;\,b[$, alors f a pour limite $-\infty$ à gauche en b ;*
- *si f est non majorée sur $]a\,;\,b[$, alors f a pour limite $+\infty$ à droite en a.*

Ces deux propriétés, qui peuvent être énoncées en remplaçant a par $-\infty$ ou b par $+\infty$, seront utilisées ultérieurement.

1.4. Travaux dirigés

Limite en l'infini d'une fonction contenant des radicaux

1°) Calculer les limites suivantes.

a) $\lim\limits_{x \to +\infty} (\sqrt{5x-2} - \sqrt{x+1})$; $\lim\limits_{x \to -\infty} (\sqrt{5-x} - \sqrt{1-x})$.

b) $\lim\limits_{x \to -\infty} (\sqrt{1-x} + 2x)$; $\lim\limits_{x \to +\infty} (x - \sqrt{x^2+1})$.

2°) Calculer les limites en $-\infty$ et en $+\infty$ de la fonction f définie par : $f(x) = \dfrac{\sqrt{x^2+1} - 2}{1-x}$.

Solution

1°) *a)* • La fonction $x \mapsto \sqrt{5x-2} - \sqrt{x+1}$ a pour ensemble de définition $[\frac{2}{5}\,;\,+\infty[$.
Lorsque x tend vers $+\infty$, les propriétés sur les calculs de limites ne permettent pas de conclure.

On a : $\forall x \in [\frac{2}{5}\,;\,+\infty[,\ \sqrt{5x-2} - \sqrt{x+1} = \sqrt{x}\left(\sqrt{5 - \dfrac{2}{x}} - \sqrt{1 + \dfrac{1}{x}}\right)$;

or : $\lim\limits_{x \to +\infty} \sqrt{x} = +\infty$, $\lim\limits_{x \to +\infty} \sqrt{5 - \dfrac{2}{x}} = \sqrt{5}$ et $\lim\limits_{x \to +\infty} \sqrt{1 + \dfrac{1}{x}} = 1$;

donc : $\lim\limits_{x \to +\infty} (\sqrt{5x-2} - \sqrt{x+1}) = +\infty$.

• La fonction $x \mapsto \sqrt{5-x} - \sqrt{1-x}$ a pour ensemble de définition $]-\infty\,;\,1]$.
Lorsque x tend vers $-\infty$, les propriétés sur les calculs de limites et le procédé précédemment utilisé ne permettant pas de conclur. On utilise l'expression conjuguée.

On a : $\forall x \in]-\infty\,;\,1],\ \sqrt{5-x} - \sqrt{1-x} = \dfrac{(5-x)-(1-x)}{\sqrt{5-x} + \sqrt{1-x}} = \dfrac{4}{\sqrt{5-x} + \sqrt{1-x}}$;

donc : $\lim\limits_{x \to -\infty} (\sqrt{5-x} - \sqrt{1-x}) = 0$.

b) Dans les deux cas, les propriétés sur les calculs de limites ne permettent pas de conclure. On utilise l'un ou l'autre des procédés précédents.

• On a : $\forall x \in]-\infty\,;0[,\ \sqrt{1-x}+2x = \sqrt{-x}\left(\sqrt{1-\frac{1}{x}}-2\sqrt{-x}\right)$; donc : $\lim\limits_{x \to -\infty} (\sqrt{1-x}+2x) = -\infty$.

• On a : $\forall x \in \mathbb{R},\ x-\sqrt{x^2+1} = \dfrac{x^2-(x^2+1)}{x+\sqrt{x^2+1}} = \dfrac{-1}{x+\sqrt{x^2+1}}$; donc : $\lim\limits_{x \to +\infty} (x-\sqrt{x^2+1}) = 0$.

2°) On a : $\forall x \in]-\infty\,;0[,\ \dfrac{\sqrt{x^2+1}-2}{1-x} = \dfrac{-x\left(\sqrt{1+\frac{1}{x^2}}+\frac{2}{x}\right)}{-x\left(1-\frac{1}{x}\right)}$; donc : $\lim\limits_{x \to -\infty} f(x) = 1$.

On a : $\forall x \in]1\,;+\infty[,\ \dfrac{\sqrt{x^2+1}-2}{1-x} = \dfrac{x\left(\sqrt{1+\frac{1}{x^2}}-\frac{2}{x}\right)}{-x\left(1-\frac{1}{x}\right)}$; donc : $\lim\limits_{x \to +\infty} f(x) = -1$.

M

Pour calculer la limite en $-\infty$ ou en $+\infty$ d'une fonction contenant des radicaux, on peut utiliser l'un des procédés suivants.

- Mettre en facteur le terme de plus haut degré.
- Introduire l'expression conjuguée.
- Utiliser consécutivement les deux procédés précédents.

Exercices

1.a Calculer les limites suivantes.

a) $\lim\limits_{x \to +\infty} (3x^2-5x+4)$

b) $\lim\limits_{x \to -\infty} (-x^2+x+1)$

c) $\lim\limits_{x \to +\infty} (x^3-6x^2)$

d) $\lim\limits_{x \to -\infty} (-7x^3+x^2-1)$.

1.b Calculer les limites en $+\infty$ et en $-\infty$ des fonctions suivantes.

a) $x \mapsto \dfrac{x^4-2x+5}{3x^4+1}$ *b)* $x \mapsto \dfrac{-x^2+x+3}{8x+2}$

c) $x \mapsto \dfrac{x-3}{-3x^2+1}$ *d)* $x \mapsto \dfrac{(x^2-4)(3-x)}{x+\frac{1}{x}}$.

1.c Utiliser les propriétés de comparaison pour calculer les limites en $+\infty$ et en $-\infty$ des fonctions suivantes.

a) $x \mapsto -4x+3-\cos x$ *b)* $x \mapsto \dfrac{x\sin x}{x^2+1}$

c) $x \mapsto x^2+2\sin x$ *d)* $x \mapsto x^3(2+\cos x)$.

1.d Démontrer que :
$\forall x \in]0\,;+\infty[,\ |\sqrt{x+1}-\sqrt{x}| \leq \dfrac{1}{2\sqrt{x}}$.

En déduire la limite en $+\infty$ de la fonction :
$x \mapsto \sqrt{x+1}-\sqrt{x}$.

1.e Utiliser les fonctions composées pour calculer les limites suivantes.

a) $\lim\limits_{x \to 0} \dfrac{\sin(\tan x)}{\tan x}$ *b)* $\lim\limits_{x \to \pi} \dfrac{\sin x}{\pi - x}$

c) $\lim\limits_{x \to \frac{\pi}{3}} \dfrac{\sin\left(x-\frac{\pi}{3}\right)}{3x-\pi}$ *d)* $\lim\limits_{x \to \frac{\pi}{2}} \dfrac{1-\sin x}{x-\frac{\pi}{2}}$.

1.f Calculer les limites en $+\infty$ et en $-\infty$ des fonctions suivantes.

a) $x \mapsto \sqrt{4x^2+x+1}$ *b)* $x \mapsto \sqrt{\dfrac{x^3-1}{x+2}}$

c) $x \mapsto \dfrac{\sqrt{x^2+1}}{x}$ *d)* $x \mapsto \dfrac{1-\sqrt{x^2+1}}{1+\sqrt{x^2+1}}$.

2 Étude d'une branche infinie

Dans cette leçon, f désigne une fonction, D_f son ensemble de définition et $(\mathscr{C})$ sa courbe représentative.
On dit que $(\mathscr{C})$ admet une branche infinie dans les cas suivants :

- en $+\infty$ ou en $-\infty$, f a une limite finie ou infinie ;
- en x_0, f a une limite infinie.

2.1. Asymptotes

Asymptote parallèle à l'un des axes

Définitions

Soit f une fonction et $(\mathscr{C})$ sa courbe représentative.
• Lorsque f a une limite finie l en $+\infty$ ou en $-\infty$, on dit que la droite d'équation $y = l$ est asymptote à la courbe $(\mathscr{C})$.
• Lorsque f a une limite infinie à droite ou à gauche en x_0, on dit que la droite d'équation $x = x_0$ est asymptote à la courbe $(\mathscr{C})$.

Exemples

• Soit f la fonction définie par : $f(x) = \dfrac{\sin x}{x}$.

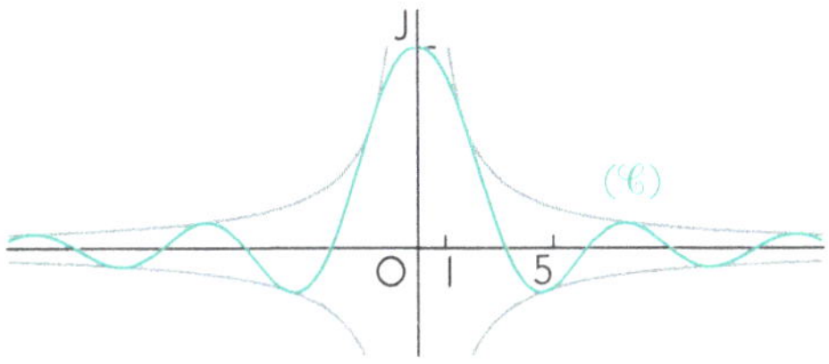

On a : $\forall x \in]0 ; +\infty[$, $\left|\dfrac{\sin x}{x}\right| \leq \dfrac{1}{x}$ et $\lim\limits_{x \to +\infty} \dfrac{1}{x} = 0$;
donc : $\lim\limits_{x \to +\infty} f(x) = 0$.

On en déduit que la droite (OI) est asymptote à $(\mathscr{C})$ en $+\infty$.
On démontre de même que cette droite est asymptote à $(\mathscr{C})$ en $-\infty$.

• Soit f la fonction définie par : $f(x) = \dfrac{2x}{\sqrt{x+1}}$.

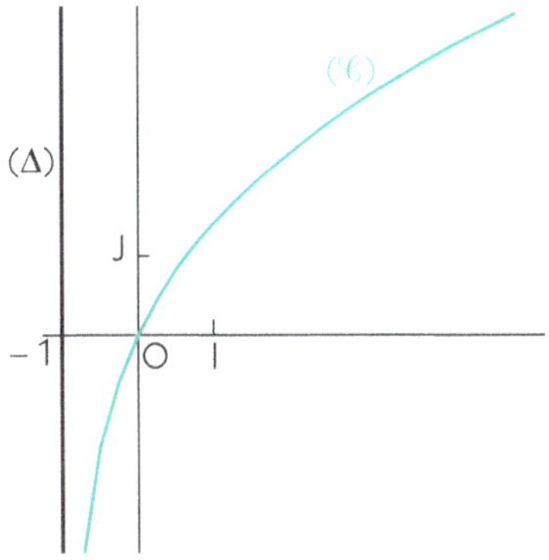

$D_f =]-1 ; +\infty[$.
On a : $\lim\limits_{\substack{x \to -1 \\ >}} 2x = -2$;

$\lim\limits_{\substack{x \to -1 \\ >}} \sqrt{x+1} = 0$ et $\forall x \in]-1 ; +\infty[$, $\sqrt{x+1} > 0$.

Donc : $\lim\limits_{\substack{x \to -1 \\ >}} f(x) = -\infty$.

On en déduit que la droite (Δ) d'équation $x = -1$ est asymptote à $(\mathscr{C})$.

Remarque

Une courbe et son asymptote peuvent se couper ; par exemple, la courbe d'équation $y = \dfrac{\sin x}{x}$ coupe son asymptote (OI) aux points d'abscisses $k\pi$ $(k \in \mathbb{Z})$.

Asymptote non parallèle aux axes

Définition

Soit f une fonction et $(\mathscr{C})$ sa courbe représentative.

Lorsque $\lim\limits_{x \to +\infty} [f(x) - (ax+b)] = 0$ ou $\lim\limits_{x \to -\infty} [f(x) - (ax+b)] = 0$,

on dit que la droite d'équation $y = ax + b$ est asymptote à la courbe $(\mathscr{C})$.

Exemple

Soit f la fonction définie par : $f(x) = \dfrac{x(x-1)^2}{x^2+1}$.

On effectue la division euclidienne de $(x^3 - 2x^2 + x)$ par $(x^2 + 1)$.

On obtient : $\forall x \in \mathbb{R}, \quad x^3 - 2x^2 + x = (x^2 + 1)(x - 2) + 2$;

donc : $\forall x \in \mathbb{R}, \quad f(x) = x - 2 + \dfrac{2}{x^2 + 1}$

On a : $\lim\limits_{x \to +\infty} [f(x) - (x - 2)] = \lim\limits_{x \to +\infty} \dfrac{2}{x^2 + 1} = 0$;

$\lim\limits_{x \to -\infty} [f(x) - (x - 2)] = \lim\limits_{x \to -\infty} \dfrac{2}{x^2 + 1} = 0.$

Donc la droite (Δ) d'équation $y = x - 2$ est asymptote à $(\mathscr{C})$ en $+\infty$ et en $-\infty$.

De plus : $\forall x \in \mathbb{R}, \quad f(x) - (x - 2) > 0$; donc $(\mathscr{C})$ est au-dessus de (Δ).

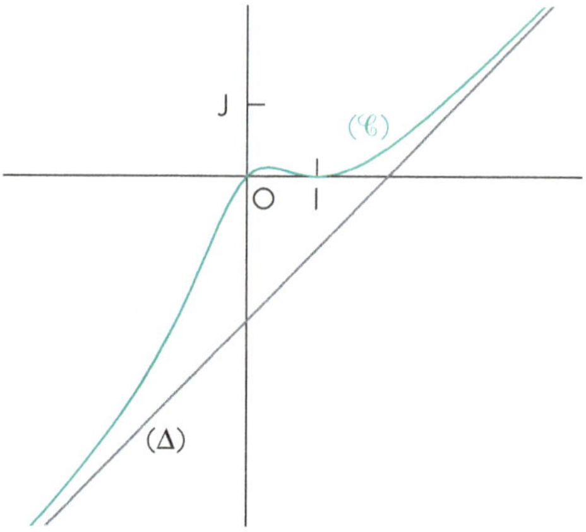

M Soit f une fonction rationnelle telle que : $f = \dfrac{P}{Q}$ et $d°(P) \geq d°(Q)$.
Pour étudier les branches infinies de la courbe représentative de f en $+\infty$ et en $-\infty$, on peut effectuer la division euclidienne de P par Q.

La propriété suivante permet une recherche systématique de l'équation d'une asymptote à une courbe.

Propriété

Soit f une fonction et $(\mathscr{C})$ sa courbe représentative.

La droite d'équation $y = ax + b$ est asymptote à $(\mathscr{C})$ si et seulement si, lorsque x tend vers $+\infty$ (ou $-\infty$), $\dfrac{f(x)}{x}$ tend vers a et $[f(x) - ax]$ tend vers b.

Démonstration

On fait la démonstration dans le cas où x tend vers $+\infty$.

• On suppose que la droite d'équation $y = ax + b$ est asymptote à $(\mathscr{C})$ en $+\infty$.

On considère la fonction $g : x \mapsto f(x) - (ax + b)$.

On a : $\lim\limits_{x \to +\infty} g(x) = 0$;

$\forall x \in D_f \setminus \{0\}, \quad \dfrac{f(x)}{x} = a + \dfrac{b}{x} + \dfrac{g(x)}{x}$;

$\forall x \in D_f, \quad f(x) - ax = b + g(x).$

Donc : $\lim\limits_{x \to +\infty} \dfrac{f(x)}{x} = a$ et $\lim\limits_{x \to +\infty} [f(x) - ax] = b.$

• Réciproquement, si $\lim\limits_{x \to +\infty} \dfrac{f(x)}{x} = a$ et $\lim\limits_{x \to +\infty} [f(x) - ax] = b$, alors : $\lim\limits_{x \to +\infty} [f(x) - (ax + b)] = 0.$

Donc, la droite d'équation $y = ax + b$ est asymptote à $(\mathscr{C})$ en $+\infty$.

Exemple

• Soit f la fonction définie par : $f(x) = 2\sqrt{x^2 - 1} - x$.

On a : $D_f =]-\infty ; -1] \cup [1 ; +\infty[$.

$\lim\limits_{x \to +\infty} f(x) = \lim\limits_{x \to +\infty} x\left(2\sqrt{1 - \dfrac{1}{x^2}} - 1\right) = +\infty$;

$\lim\limits_{x \to +\infty} \dfrac{f(x)}{x} = \lim\limits_{x \to +\infty} \left(2\sqrt{1 - \dfrac{1}{x^2}} - 1\right) = 1$;

$\lim\limits_{x \to +\infty} [f(x) - x] = \lim\limits_{x \to +\infty} \dfrac{4(x^2 - 1) - 4x^2}{2\sqrt{x^2 - 1} + 2x} = 0.$

Donc la droite (Δ_1) d'équation $y = x$ est asymptote à $(\mathscr{C})$ en $+\infty$.

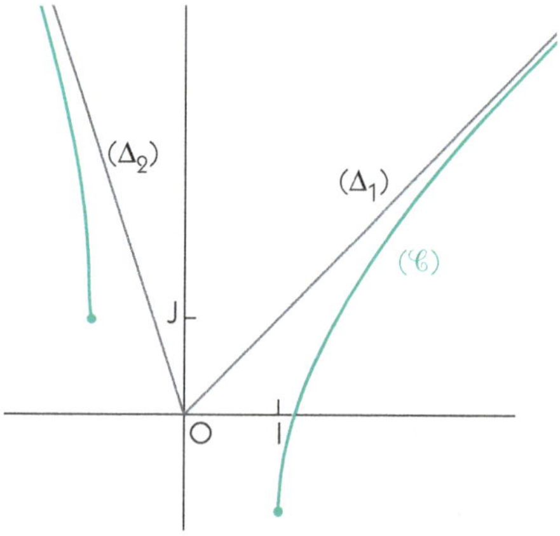

De plus : $\quad \forall x \in \mathrm{D}_f, \quad f(x) - x = \dfrac{-4}{2\sqrt{x^2-1} + 2x}$;

donc : $\quad \forall x \in [1 ; +\infty[, \quad f(x) - x < 0$; $(\mathscr{C})$ est au-dessous de (Δ_1) sur $[1 ; +\infty[$.

On démontre de même que la droite (Δ_2) d'équation $y = -3x$ est asymptote à $(\mathscr{C})$ en $-\infty$ et que $(\mathscr{C})$ est au-dessous de (Δ_2) sur $]-\infty ; -1]$.

Remarque

Plus généralement, les courbes représentatives de deux fonctions f et g sont asymptotes lorsque :

$$\lim_{x \to +\infty} [f(x) - g(x)] = 0 \quad \textit{ou} \quad \lim_{x \to -\infty} [f(x) - g(x)] = 0.$$

C'est le cas des représentations graphiques ci-contre des fonctions f et g définies par : $f(x) = x^2$ *et* $g(x) = x^2 + \dfrac{1}{x}$.

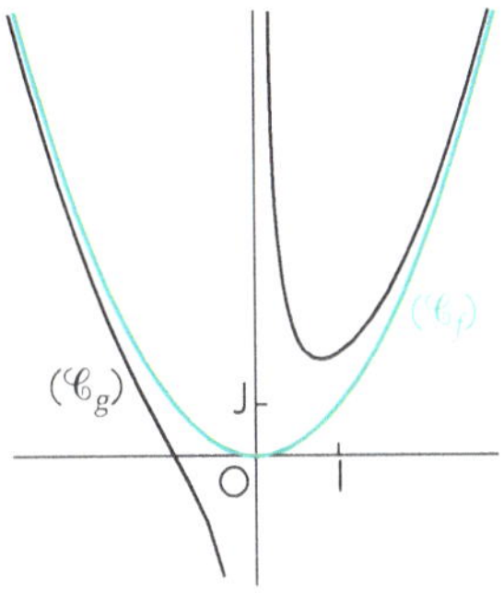

2.2. Direction asymptotique

Dans ce paragraphe on suppose que, lorsque x tend vers $+\infty$ ou vers $-\infty$, $f(x)$ a une limite infinie.

On étudie alors la limite, lorsque x tend vers $+\infty$ ou vers $-\infty$, de $\dfrac{f(x)}{x}$.

On distingue trois cas : $\dfrac{f(x)}{x}$ a une limite infinie, $\dfrac{f(x)}{x}$ a une limite finie et $\dfrac{f(x)}{x}$ n'a pas de limite.

$\dfrac{f(x)}{x}$ a une limite infinie

On dit que $(\mathscr{C})$ admet une branche parabolique de direction celle de (OJ).

Exemple

Soit f la fonction définie par : $f(x) = -\dfrac{1}{10}x^3 + 2$.

On a : $\quad \lim\limits_{x \to +\infty} f(x) = -\infty \quad$ et $\quad \lim\limits_{x \to +\infty} \dfrac{f(x)}{x} = -\infty$;

de même : $\lim\limits_{x \to -\infty} f(x) = +\infty \quad$ et $\quad \lim\limits_{x \to -\infty} \dfrac{f(x)}{x} = -\infty$.

$(\mathscr{C})$ admet en $+\infty$ et en $-\infty$ une branche parabolique de direction celle de (OJ).

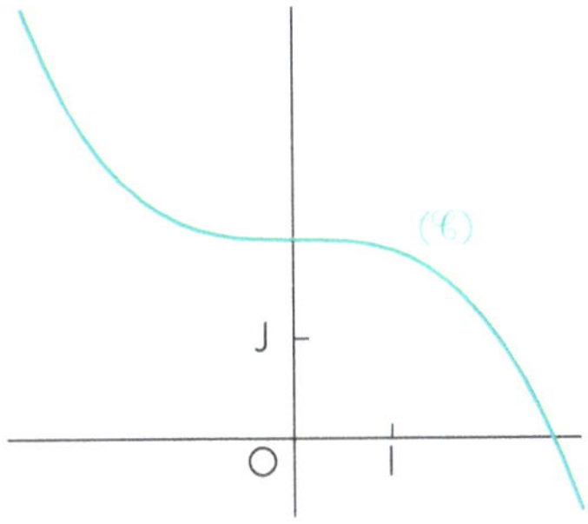

$\dfrac{f(x)}{x}$ a une limite finie a

1er cas : $a = 0$

On dit que $(\mathscr{C})$ admet une branche parabolique de direction celle de (OI).

Exemple

Soit f la fonction définie par : $f(x) = \sqrt{x}$.

On a : $\quad \lim\limits_{x \to +\infty} \sqrt{x} = +\infty$

et $\quad \lim\limits_{x \to +\infty} \dfrac{f(x)}{x} = \lim\limits_{x \to +\infty} \dfrac{1}{\sqrt{x}} = 0.$

$(\mathscr{C})$ admet en $+\infty$ une branche parabolique de direction celle de (OI).

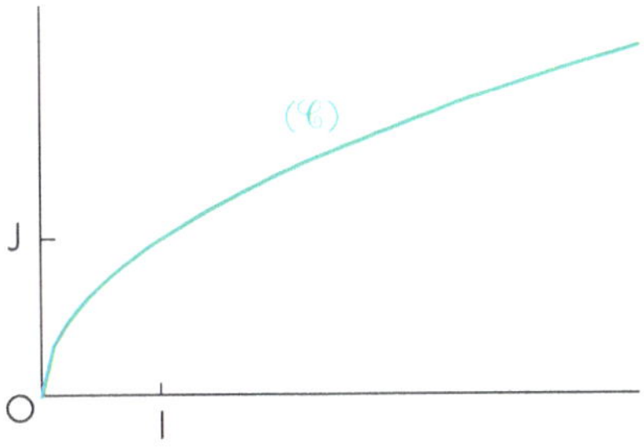

2e cas : $a \neq 0$
On étudie alors la limite, lorsque x tend vers $+\infty$ ou vers $-\infty$, de $f(x) - ax$.
On a trois possibilités.

• *$f(x) - ax$ a une limite finie b*
On a vu dans le § 2.2. que la droite d'équation $y = ax + b$ est asymptote à $(\mathscr{C})$.

• *$f(x) - ax$ a une limite infinie*
On dit que $(\mathscr{C})$ admet une branche parabolique de direction celle de la droite d'équation $y = ax$.

• *$f(x) - ax$ n'a pas de limite*
$(\mathscr{C})$ n'admet ni asymptote, ni branche parabolique.
On dit que $(\mathscr{C})$ admet une direction asymptotique, celle de la droite d'équation $y = ax$.

Exemples

• Soit f la fonction définie par : $f(x) = x - \sqrt{x}$.

On a : $\lim\limits_{x \to +\infty} \dfrac{f(x)}{x} = 1$ et $\lim\limits_{x \to +\infty} [f(x) - x] = -\infty$.

$(\mathscr{C})$ admet en $+\infty$ une branche parabolique de direction celle de la droite d'équation $y = x$.

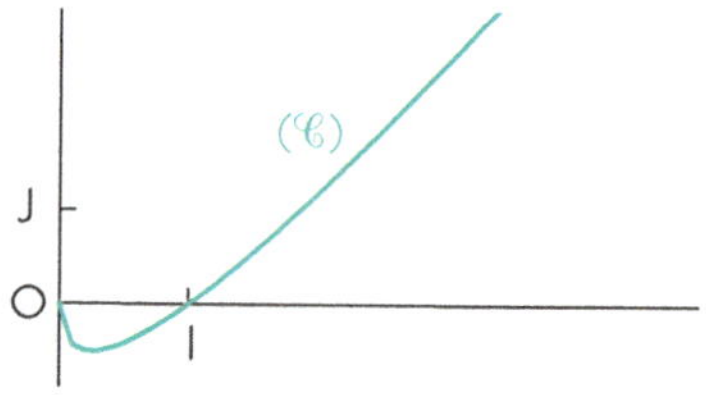

• Soit f la fonction définie par : $f(x) = x + \sin(2\pi x)$.

On a : $\forall x \in \mathbb{R}$, $x - 1 \leq f(x) \leq x + 1$;

donc : $\lim\limits_{x \to +\infty} f(x) = +\infty$ et $\lim\limits_{x \to +\infty} \dfrac{f(x)}{x} = 1$.

Or, la fonction $x \mapsto \sin(2\pi x)$ n'a pas de limite en $+\infty$.
$(\mathscr{C})$ n'admet ni asymptote, ni branche parabolique en $+\infty$.
$(\mathscr{C})$ admet en $+\infty$ une direction asymptotique, celle de la droite d'équation $y = x$.

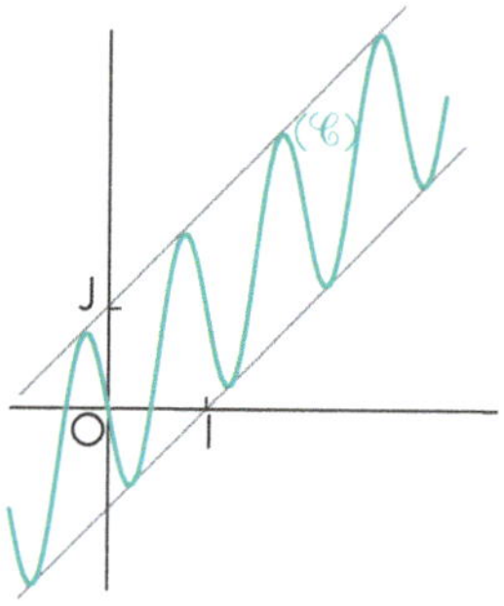

$\dfrac{f(x)}{x}$ n'a pas de limite

$(\mathscr{C})$ n'admet ni asymptote, ni branche parabolique, ni direction asymptotique.

Exemple

Soit f la fonction définie par : $f(x) = x[1 + \cos^2(2\pi x)]$.

On a : $\forall x \in \mathbb{R}$, $1 \leq 1 + \cos^2(2\pi x)$;

$\forall x \in [0 ; +\infty[$, $x \leq f(x)$;

donc : $\lim\limits_{x \to +\infty} f(x) = +\infty$.

On a : $\forall x \in \mathbb{R}^*$, $\dfrac{f(x)}{x} = 1 + \cos^2(2\pi x)$.

Cette expression n'a pas de limite en $+\infty$ (ou en $-\infty$).

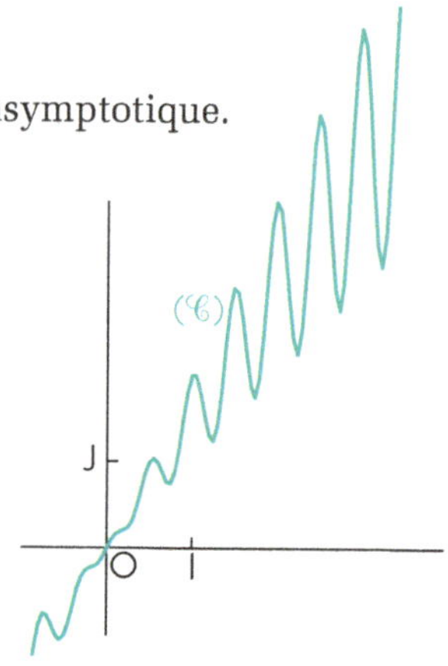

Tableau récapitulatif

Les résultats précédents sont résumés dans le tableau ci-dessous.
a et b désignent respectivement les limites, lorsque x tend vers $+\infty$ (ou $-\infty$), de $\dfrac{f(x)}{x}$ et de $f(x) - ax$.

$a = +\infty$ ou $a = -\infty$		Branche parabolique de direction celle de (OJ)
$a \in \mathbb{R}$	$b \in \mathbb{R}$	La droite d'équation $y = ax + b$ est asymptote
	$b = +\infty$ ou $b = -\infty$	Branche parabolique de direction celle de la droite d'équation $y = ax$
	b n'existe pas	Direction asymptotique, celle de la droite d'équation $y = ax$
a n'existe pas		Ni asymptote, ni direction asymptotique, ni branche parabolique

Exercices

2.a Dans chacun des cas suivants, déterminer les asymptotes à la courbe représentative $(\mathscr{C})$ de la fonction f.

a) $f : x \mapsto \dfrac{2x-1}{x+1}$ b) $f : x \mapsto \dfrac{2x-1}{x^2-1}$

c) $f : x \mapsto \dfrac{2x^2-1}{x^2-1}$ d) $f : x \mapsto \dfrac{2x-1}{\sqrt{x^2-1}}$

2.b Dans chacun des cas suivants, démontrer que la droite (Δ) est asymptote à la courbe représentative $(\mathscr{C})$ de la fonction f ; préciser dans chaque cas la position relative de $(\mathscr{C})$ et de (Δ).

a) $f(x) = x - 3 + \dfrac{1}{x^2+1}$, $(\Delta) : y = x - 3$

b) $f(x) = \dfrac{3x^2-2x+4}{x-5}$, $(\Delta) : y = 3x + 13$

c) $f(x) = \sqrt{2x^2+x+1}$, $(\Delta) : y = \sqrt{2}\,x + \dfrac{\sqrt{2}}{4}$

2.c Dans chacun des cas suivants, étudier les branches infinies de la courbe représentative $(\mathscr{C})$ de la fonction f.

a) $f : x \mapsto \sqrt{4x^2-12x+10}$

b) $f : x \mapsto -x^3 + 2x^2 - 3x$

c) $f : x \mapsto 2x - 3\sqrt{x}$

d) $f : x \mapsto 2x + 4 + \cos x$

2.d Dans chacun des cas suivants, déterminer les asymptotes éventuelles à la courbe représentative $(\mathscr{C})$ de la fonction f.

a) $f(x) = -x^3 + x + 2$ b) $f(x) = \dfrac{x^2+x-2}{-2x^2+4x+6}$

c) $f(x) = \dfrac{x^2-3x+1}{-x+2}$ d) $f(x) = \dfrac{x^2-4x}{x^2+1}$

e) $f(x) = \dfrac{3x+1}{x^2-4}$ f) $f(x) = \dfrac{x^3-4x^2+8x-4}{(x-1)^2}$

3 Continuité d'une fonction

3.1. Continuité sur un intervalle

Définition

Soit f une fonction et x_0 un nombre réel.

On sait que f est continue en x_0 si f est définie en x_0 et $\lim\limits_{x \to x_0} f(x) = f(x_0)$.

Définition

Soit K un intervalle de $\mathbb{R}$.
On dit qu'une fonction f est continue sur K si elle est continue en tout élément de K.

Exemples

- Toute fonction monôme est continue sur $\mathbb{R}$.
- Les fonctions $x \mapsto \sin x$ et $x \mapsto \cos x$ sont continues sur $\mathbb{R}$.
- La fonction $x \mapsto |x|$ est continue sur $\mathbb{R}$.
- La fonction $x \mapsto \sqrt{x}$ est continue sur $[0 ; +\infty[$.
- La fonction partie entière n'est pas continue sur $\mathbb{R}$.

Remarques

- *Lorsqu'une fonction est continue sur un intervalle K, sa courbe représentative sur cet intervalle se trace d'un trait continu.*
- *Lorsqu'une fonction est continue en tout élément d'un ensemble E, on dit qu'elle est continue sur E.*

Propriétés

Les propriétés suivantes se déduisent des propriétés de la continuité en x_0 et de la définition de la continuité sur un intervalle.

Propriétés 1

Soit f et g deux fonctions continues sur un intervalle K.
- **Les fonctions $f+g$, fg, kf ($k \in \mathbb{R}$) et $|f|$ sont continues sur K.**
- **Si g ne s'annule pas sur K, alors $\frac{1}{g}$ et $\frac{f}{g}$ sont continues sur K.**
- **Si f est positive sur K, alors $\sqrt{f}$ est continue sur K.**

Exemples
- Toute fonction polynôme est continue sur $\mathbb{R}$.
- Toute fonction rationnelle est continue sur son ensemble de définition.
- La fonction tangente est continue sur tout intervalle de la forme $]\frac{\pi}{2} + k\pi ; \frac{\pi}{2} + (k+1)\pi[$ $(k \in \mathbb{Z})$.

Propriété 2

Soit K et K' deux intervalles de $\mathbb{R}$.
Soit f une fonction continue sur K, telle que $f(K) \subset K'$ et g une fonction continue sur K'.
La fonction $g \circ f$ est continue sur K.

Démonstration

Soit x_0 un élément de K. On a : $\lim_{x \to x_0} f(x) = f(x_0)$.

g est continue en $f(x_0)$; donc : $\lim_{y \to f(x_0)} g(y) = g[f(x_0)]$.

On en déduit que : $\lim_{x \to x_0} g \circ f(x) = g \circ f(x_0)$.

La fonction $g \circ f$, continue en tout élément x_0 de K, est continue sur K.

Exemple

Démontrer que la fonction $x \mapsto \tan\left(\frac{x^2-1}{x^2+1}\right)$ est continue sur $\mathbb{R}$.

La fonction $f : x \mapsto \frac{x^2-1}{x^2+1}$ est continue sur $\mathbb{R}$ et on a : $f(\mathbb{R}) \subset]-1 ; 1[$.

La fonction $g : y \mapsto \tan y$ est continue sur $]-\frac{\pi}{2} ; \frac{\pi}{2}[$ et on a : $]-1 ; 1[\subset]-\frac{\pi}{2} ; \frac{\pi}{2}[$.

Donc, la fonction $g \circ f : x \mapsto \tan\left(\frac{x^2-1}{x^2+1}\right)$ est continue sur $\mathbb{R}$.

Remarque

Plus généralement, la composée de deux fonctions continues sur leur ensemble de définition est continue sur son ensemble de définition.

3.2. Image d'un intervalle par une fonction continue

Propriétés

- La courbe ci-contre est la représentation graphique de la fonction sinus.

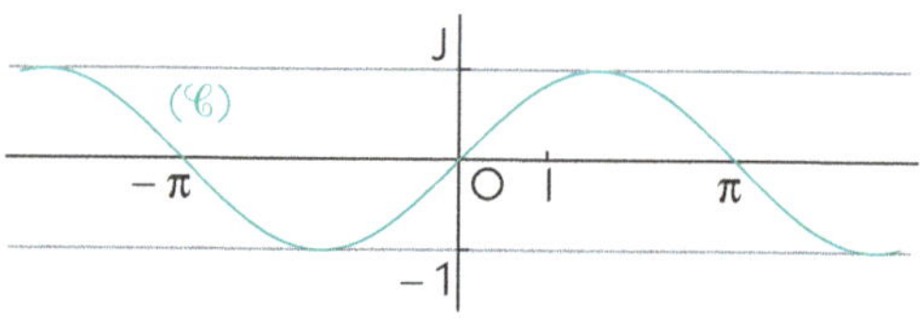

Déterminer graphiquement les images par la fonction sinus des intervalles suivants :

$]-\pi ; 0[$; $]-\pi ; \pi]$; $]-\frac{\pi}{2} ; \frac{\pi}{2}[$; $[0 ; \frac{\pi}{2}]$; $]-\frac{\pi}{4} ; \frac{\pi}{2}[$.

• Soit f la fonction définie sur $\mathbb{R}$ par : $f(x) = x^2 - 2$.
- Étudier la continuité de f sur $\mathbb{R}$.
- Justifier que f est minorée par -2 sur $\mathbb{R}$.
- Démontrer que tout élément y_0 de l'intervalle $[-2 ; +\infty[$ a au moins un antécédent x_0 par f.
- En déduire l'image de $\mathbb{R}$ par f.

Nous admettons la propriété suivante.

Propriété 1

Si f est une fonction continue sur un intervalle K, alors f(K) est un intervalle.

Remarques

• *Si f est une fonction constante, alors f(K) est réduit à un singleton.*
• *Si f n'est pas continue sur K, f(K) peut ne pas être un intervalle.*
Par exemple l'image de $\mathbb{R}$ par la fonction partie entière est $\mathbb{Z}$.

Si f est continue sur K, les intervalles K et f(K) ne sont pas nécessairement de même nature (tous ouverts, tous semi-ouverts ou tous fermés).
Par exemple, l'image de l'intervalle $]-1 ; 1[$ par la fonction $x \mapsto x^2$ est l'intervalle $[0 ; 1[$.

Toutefois, pour les intervalles fermés, nous admettons la propriété suivante.

Propriété 2

Soit f une fonction définie sur un intervalle fermé $[a ; b]$.
Si f est continue sur $[a ; b]$, alors $f([a ; b])$ est un intervalle fermé $[m ; \mathrm{M}]$.

Remarques

• *On a : $\forall x \in [a ; b], \quad m \leq f(x) \leq \mathrm{M}$.*
Donc, f est bornée sur $[a ; b]$.
• *m et M ont un antécédent dans $[a ; b]$ par f.*
On dit que f atteint ses bornes.
• *Les valeurs de m et de M ne sont pas forcément celles de $f(a)$ et de $f(b)$; m et M sont respectivement le minimum et le maximum de f sur $[a ; b]$.*

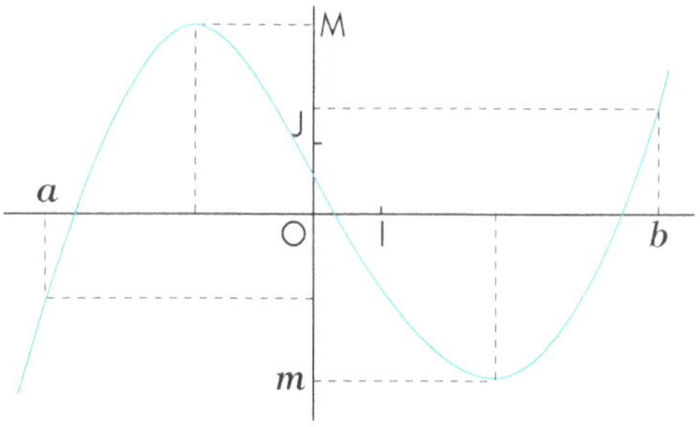

Théorème des valeurs intermédiaires et conséquences

Nous ne savons pas toujours déterminer les solutions exactes d'une équation dans $\mathbb{R}$.
Ainsi en est-il des équations : $x + \cos x = 0$ et $x^5 + x + 1 = 0$.
Le théorème suivant permet dans certains cas de démontrer l'existence de solution(s) d'une équation.

Théorème

Soit f une fonction continue sur un intervalle K, a et b deux éléments de K.
Tout nombre réel compris entre $f(a)$ et $f(b)$ a au moins un antécédent par f compris entre a et b.

Démonstration

On sait que $f([a ; b])$ est un intervalle K'.
Soit y_0 un nombre réel compris entre $f(a)$ et $f(b)$.
On a : $f(a) \in$ K' et $f(b) \in$ K' ; donc : $y_0 \in$ K'.
Or : K' $= f([a ; b])$; donc : $y_0 \in f([a ; b])$.
On en déduit que y_0 a au moins un antécédent compris entre a et b.

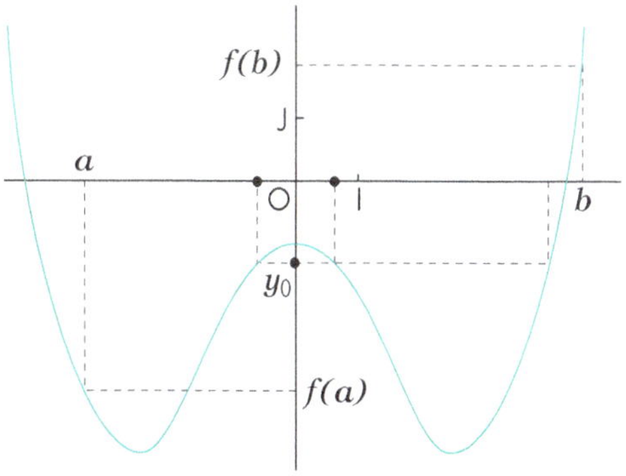

Remarque

Si f n'est pas continue sur [a ; b], un nombre réel compris entre f(a) et f(b) peut ne pas avoir d'antécédent par f dans l'intervalle [a ; b].
Ainsi, E désignant la fonction partie entière, on a : E(2) < 2,5 < E(3) ; cependant 2,5 n'a pas d'antécédent par E.

On déduit de ce théorème la propriété suivante.

Propriété 1

Soit f une fonction continue sur un intervalle K.
S'il existe deux éléments a et b ($a < b$) de K, tels que $f(a)$ et $f(b)$ sont de signes contraires, alors l'équation $f(x) = 0$ admet au moins une solution dans l'intervalle $[a ; b]$.

Exemple

Démontrer que l'équation $\cos \frac{\pi x}{2} = x$ admet au moins une solution dans l'intervalle [0 ; 1].
Soit la fonction $f : x \mapsto \cos \frac{\pi x}{2} - x$. Cette fonction est continue sur l'intervalle [0 ; 1].
On a : $f(0) = 1$ et $f(1) = -1$; donc : $f(0).f(1) < 0$.
On en déduit que l'équation $f(x) = 0$ admet au moins une solution dans l'intervalle [0 ; 1].

Propriété 2

Soit f une fonction continue sur un intervalle K.
Si f ne s'annule pas sur K, alors f garde un signe constant sur K.

Cette propriété est la contraposée de la propriété 1.

3.3. Fonction continue et monotone

Dans ce paragraphe, le repère (O, I, J) est orthonormé.

Bijection réciproque d'une fonction continue et monotone

La fonction sinus est continue et strictement croissante sur $[-\frac{\pi}{2} ; \frac{\pi}{2}]$.
L'image de $[-\frac{\pi}{2} ; \frac{\pi}{2}]$ par cette fonction est l'intervalle $[-1 ; 1]$.

Soit l'application $f : [-\frac{\pi}{2} ; \frac{\pi}{2}] \to [-1 ; 1]$
$x \mapsto \sin x$

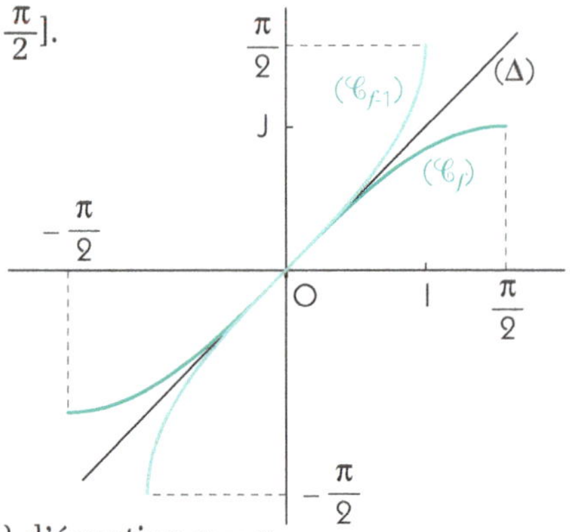

- Démontrer que f est une bijection ;
on désigne par f^{-1} sa bijection réciproque.
- Démontrer que f^{-1} est strictement croissante sur $[-1 ; 1]$.
(On pourra faire un raisonnement par l'absurde.)

On désigne par $(\mathscr{C}_f)$ et $(\mathscr{C}_{f^{-1}})$ les courbes représentatives respectives des fonctions f et f^{-1}.
On sait que $(\mathscr{C}_f)$ et $(\mathscr{C}_{f^{-1}})$ sont symétriques par rapport à la droite (Δ) d'équation $y = x$.
La courbe $(\mathscr{C}_f)$ se trace d'un trait continu ; il en est de même de la courbe $(\mathscr{C}_{f^{-1}})$.
Ceci nous conduit à conjecturer que la fonction f^{-1} est continue sur l'intervalle $[-1 ; 1]$.

Plus généralement, nous admettons la propriété suivante.

Propriété

Soit f une fonction continue et strictement monotone sur un intervalle K.
- **f réalise une bijection de K vers $f(K)$.**
- **La bijection réciproque, notée f^{-1}, est continue sur l'intervalle $f(K)$.**
- **f^{-1} est strictement monotone et a le même sens de variation que f.**

Image d'un intervalle par une fonction continue et monotone

Lorsqu'une fonction f est continue et strictement monotone sur K, $f(\text{K})$ est un intervalle de même nature que K et ses bornes sont les limites de f aux bornes de K.

Le tableau ci-dessous précise $f(\text{K})$ suivant la nature de K et le sens de variation de f.

K	f(K)	
	f strictement croissante	**f strictement décroissante**
[a ; b]	$\left[f(a)\ ;f(b)\right]$	$\left[f(b)\ ;f(a)\right]$
[a ; b[	$\left[f(a)\ ;\lim\limits_{\substack{x \to b\\ <}} f(x)\right[$	$\left]\lim\limits_{\substack{x \to b\\ <}} f(x)\ ;f(a)\right]$
]a ; b[	$\left]\lim\limits_{\substack{x \to a\\ >}} f(x)\ ;\lim\limits_{\substack{x \to b\\ <}} f(x)\right[$	$\left]\lim\limits_{\substack{x \to b\\ <}} f(x)\ ;\lim\limits_{\substack{x \to a\\ >}} f(x)\right[$
[a ; + ∞[	$\left[f(a)\ ;\lim\limits_{x \to +\infty} f(x)\right[$	$\left]\lim\limits_{x \to +\infty} f(x)\ ;f(a)\right]$
$\mathbb{R}$	$\left]\lim\limits_{x \to -\infty} f(x)\ ;\lim\limits_{x \to +\infty} f(x)\right[$	$\left]\lim\limits_{x \to +\infty} f(x)\ ;\lim\limits_{x \to -\infty} f(x)\right[$

Fonction racine n-ième

Soit n un entier naturel non nul et f_n la fonction de $\mathbb{R}_+$ vers $\mathbb{R}_+$ définie par : $f_n(x) = x^n$.
La fonction f_n est continue et strictement croissante sur $\mathbb{R}_+$.

On a : $f_n(0) = 0$ et $\lim\limits_{x \to +\infty} f_n(x) = +\infty$.

Donc, f_n est une bijection de $\mathbb{R}_+$ vers $\mathbb{R}_+$; elle admet une bijection réciproque de $\mathbb{R}_+$ vers $\mathbb{R}_+$.

Définition

Soit n un entier naturel non nul.
La fonction racine n-ième est la bijection réciproque de la fonction : $\begin{array}{l}\mathbb{R}_+ \to \mathbb{R}_+\\ x \mapsto x^n\end{array}$

- L'image de tout nombre réel positif x par la fonction racine n-ième est notée $\sqrt[n]{x}$ ou $x^{\frac{1}{n}}$.
- On a : $\begin{cases} x \in \mathbb{R}_+ \\ y = \sqrt[n]{x} \end{cases} \Leftrightarrow \begin{cases} y \in \mathbb{R}_+ \\ x = y^n \end{cases}$
- On a : $\forall\, x \in \mathbb{R}_+,\ (\sqrt[n]{x}\,)^n = \sqrt[n]{x^n} = x$.
- La fonction $x \mapsto \sqrt[n]{x}$ est continue et strictement croissante sur $\mathbb{R}^+$.
- Pour tout entier naturel non nul n, on désigne respectivement par $(\mathscr{C}_n)$ et $(\mathscr{C}_{\frac{1}{n}})$ les courbes représentatives des fonctions :

$$\begin{array}{l}\mathbb{R}_+ \to \mathbb{R}_+\\ x \mapsto x^n\end{array} \quad \text{et} \quad \begin{array}{l}\mathbb{R}_+ \to \mathbb{R}_+\\ x \mapsto \sqrt[n]{x}\end{array}$$

Les courbes $(\mathscr{C}_n)$ et $(\mathscr{C}_{\frac{1}{n}})$ sont symétriques par rapport à la droite (Δ) d'équation $y = x$.

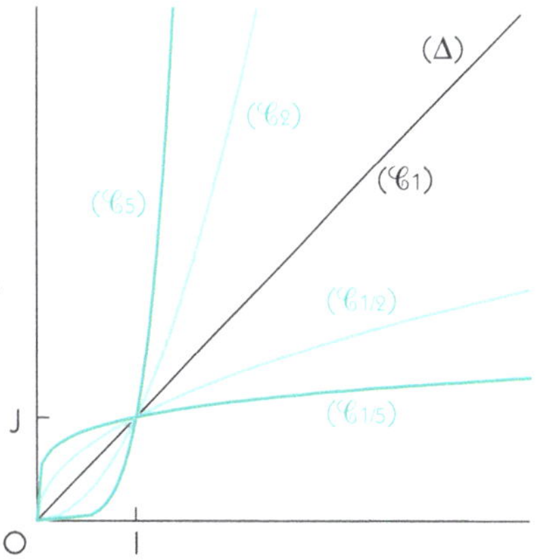

Puissance d'exposant rationnel

Soit $p \in \mathbb{Z}^*$, $q \in \mathbb{N}^*$, $k \in \mathbb{Z}^*$ et $x \in \mathbb{R}_+^*$.

On a : $\dfrac{kp}{kq} = \dfrac{p}{q}$ et $\left[(\sqrt[kq]{x}\,)^{kp}\right]^q = (\sqrt[kq]{x}\,)^{kpq} = \left[(\sqrt[kq]{x}\,)^{kq}\right]^p = x^p = \left[(\sqrt[q]{x}\,)^q\right]^p = \left[(\sqrt[q]{x}\,)^p\right]^q$.

Donc : $\left(x^{\frac{1}{kq}}\right)^{kp} = \left(x^{\frac{1}{q}}\right)^p$.

Ce calcul suggère la définition suivante.

Définition

Soit $p \in \mathbb{Z}^*$, $q \in \mathbb{N}^*$ et $x \in \mathbb{R}_+^*$.

On appelle x à la puissance $\frac{p}{q}$ le nombre réel, noté $x^{\frac{p}{q}}$, défini par : $x^{\frac{p}{q}} = \left(x^{\frac{1}{q}}\right)^p$.

- L'égalité ci-dessus peut s'écrire : $x^{\frac{p}{q}} = \sqrt[q]{x^p}$.
- Soit r et r' deux nombres rationnels non nuls et x un élément de $\mathbb{R}_+^*$; on a : $x^r x^{r'} = x^{r+r'}$.

Il existe en effet des nombres p, p', q ($p \in \mathbb{Z}^*$, $p' \in \mathbb{Z}^*$, $q \in \mathbb{N}^*$) tels que : $r = \frac{p}{q}$ et $r' = \frac{p'}{q}$.

On a : $(x^r x^{r'})^q = (x^r)^q (x^{r'})^q = \left(\sqrt[q]{x^p}\right)^q \cdot \left(\sqrt[q]{x^{p'}}\right)^q = \left(\sqrt[q]{x^q}\right)^p \cdot \left(\sqrt[q]{x^q}\right)^{p'} = x^p x^{p'}$

$(x^{r+r'})^q = \left(\sqrt[q]{x^{p+p'}}\right)^q = \left(\sqrt[q]{x^q}\right)^{p+p'} = x^{p+p'} = x^p x^{p'}$

On en déduit que : $(x^r x^{r'})^q = (x^{r+r'})^q$; donc : $x^r x^{r'} = x^{r+r'}$.

- On étend de même aux puissances d'exposants rationnels toutes les propriétés de calculs établies pour les puissances d'exposants entiers.

3.4. Travaux dirigés

Résolution approchée d'une équation

Un peintre place deux échelles [AB] et [CD], de longueurs respectives 2 m et 3 m, entre les murs d'un couloir, comme indiqué sur la figure ci-contre. Sachant qu'elles se croisent à une hauteur de 1 m, on se propose de calculer la largeur x du couloir.

1°) *a)* Démontrer que : $\frac{1}{AD} + \frac{1}{BC} = 1$.

***b)* En déduire que x est solution de l'équation $f(x) = 1$, où f désigne la fonction de $\mathbb{R}_+$ vers $\mathbb{R}$ définie par :**

$$f(x) = \frac{1}{\sqrt{4 - x^2}} + \frac{1}{\sqrt{9 - x^2}}.$$

2°) *a)* Étudier la fonction f et en déduire que l'équation $f(x) = 1$ admet une solution unique dans $\mathbb{R}_+$.

***b)* Déterminer une valeur approchée à 10^{-2} près de cette solution.**

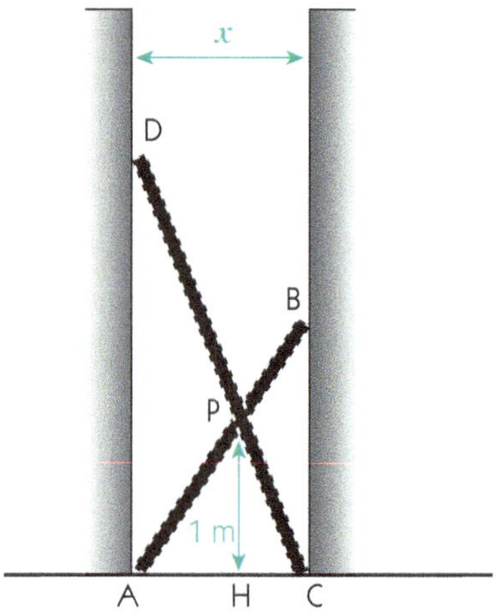

Solution

1°) *a)* On a : $\frac{PH}{AD} = \frac{HC}{AC}$ et $\frac{PH}{BC} = \frac{AH}{AC}$; donc : $\frac{PH}{AD} + \frac{PH}{BC} = \frac{AH + HC}{AC} = 1$.

Or : PH = 1 ; donc : $\frac{1}{AD} + \frac{1}{BC} = 1$.

b) On a : $AD^2 = CD^2 - AC^2$ et $BC^2 = AB^2 - AC^2$; on en déduit que : $AD = \sqrt{9 - x^2}$ et $BC = \sqrt{4 - x^2}$.

Donc, x est solution de l'équation : $\frac{1}{\sqrt{4 - x^2}} + \frac{1}{\sqrt{9 - x^2}} = 1$.

2°) *a)* Soit la fonction $f : x \mapsto \frac{1}{\sqrt{4 - x^2}} + \frac{1}{\sqrt{9 - x^2}}$, $x \in \mathbb{R}_+$.

- L'ensemble de définition de f est $[0 ; 2[$.
- f est dérivable sur $[0 ; 2[$ et sa dérivée est la fonction $f' : x \mapsto \frac{x}{\left(4 - x^2\right)^{\frac{3}{2}}} + \frac{x}{\left(9 - x^2\right)^{\frac{3}{2}}}$;

donc : $\forall x \in [0 ; 2[$, $f'(x) > 0$.

- On a : $f(0) = \frac{5}{6}$ et $\lim\limits_{\substack{x \to 2 \\ <}} f(x) = +\infty$.

f est continue et strictement croissante sur $[0 ; 2[$.

D'après le théorème des valeurs intermédiaires, l'équation $f(x) = 1$ admet une solution unique α dans $[0 ; 2[$.

b) On a : $f(1) \approx 0{,}93$ et $f(1{,}5) \approx 1{,}14$; $f(1) < 1 < f(1{,}5)$, donc : $\alpha \in [1\ ;\ 1{,}5]$.

On obtient une valeur approchée de α avec la précision voulue en utilisant un des algorithmes suivants.

• *Méthode par balayage*

On choisit un « pas » et on procède à un balayage systématique de l'intervalle $[1\ ;\ 1{,}5]$.

– Pour un pas de 0,1, on calcule $f(1{,}1), f(1{,}2), \ldots, f(1{,}4)$.
On obtient : $f(1{,}2) \approx 0{,}98$ et $f(1{,}3) \approx 1{,}02$; donc : $\alpha \in [1{,}2\ ;\ 1{,}3]$.

– Pour un pas de 0,01, on calcule $f(1{,}11), f(1{,}12), \ldots, f(1{,}19)$.
On obtient : $f(1{,}23) \approx 0{,}999$ et $f(1{,}24) \approx 1{,}003$; donc : $\alpha \in [1{,}23\ ;\ 1{,}24]$.

Donc, 1,23 et 1,24 sont des valeurs approchées, respectivement par défaut et par excès, à 10^{-2} près de α.

• *Méthode par dichotomie*

On a : $\alpha \in [1\ ;\ 1{,}5]$; on choisit le milieu x_0 de cet intervalle ;
– si $f(x_0) > 1$, alors $\alpha \in [1\ ;\ x_0]$;
– si $f(x_0) < 1$, alors $\alpha \in [x_0\ ;\ 1{,}5]$.

On recommence ce calcul en choisissant le milieu x_1 de l'intervalle obtenu, puis le milieu x_2, ... et on poursuit jusqu'à obtention de la précision voulue.

À la n-ième étape, pour un intervalle initial d'amplitude 0,5, l'incertitude est inférieure à $\frac{0{,}5}{2^{n+1}}$. On obtient une valeur approchée à 10^{-2} près de α pour n tel que : $\frac{0{,}5}{2^{n+1}} \leq 10^{-2}$; c'est-à-dire pour : $n \geq 5$.

On a : $x_5 = 1{,}226\,562\,5$; donc : $x \approx 1{,}226\,562\,5$ à 10^{-2} près.

M

Pour effectuer la résolution approchée d'une équation du type $f(x) = k$, on peut procéder de la façon suivante :

- étudier les variations de la fonction f ;
- en déduire et justifier l'existence des solutions ;
- localiser chacune de ces solutions ;
- utiliser un algorithme pour déterminer une valeur approchée de chacune des solutions :
  – balayage d'un intervalle contenant la solution avec un pas correspondant à la précision désirée ;
  – dichotomie (à chaque étape, l'amplitude de l'intervalle contenant la solution est divisé par 2).

Exercices

3.a Déterminer l'ensemble de définition des fonctions suivantes et justifier qu'elles sont continues sur cet ensemble :

a) $x \mapsto \sqrt{\frac{2x+1}{x^2-x+1}}$ *b)* $x \mapsto \sqrt{\left|\frac{2x+1}{x^2-x+1}\right|}$

c) $x \mapsto \frac{x-\sqrt{x^2-x+1}}{x+\sqrt{x^2-x+1}}$ *d)* $x \mapsto \sqrt{1+\tan^2 x}$.

3.b Déterminer $f(\mathrm{K})$ dans chacun des cas suivants :

a) $f : x \mapsto x^2 + x - 2$, $\quad \mathrm{K} = [-2\ ;\ 3]$

b) $f : x \mapsto \frac{x-2}{x^2}$, $\quad \mathrm{K} =]0\ ;\ +\infty[$

c) $f : x \mapsto \sqrt{x^2 - x + 2}$, $\quad \mathrm{K} = \mathbb{R}$.

3.c Dans chacun des cas suivants, démontrer que l'équation (E) admet une solution unique dans l'intervalle K :

a) (E) : $x^4 - 3x = 1$, $\quad \mathrm{K} =]1\ ;\ 2[$

b) (E) : $\cos x = x$, $\quad \mathrm{K} = \mathbb{R}$

c) (E) : $\frac{x^3 - 3x - 1}{x - 1} = m \ (m \in \mathbb{R})$ $\quad \mathrm{K} =]1\ ;\ +\infty[$.

3.d Dans chacun des cas suivants, déterminer le nombre de solutions de l'équation (E) et une valeur approchée à 10^{-1} près de chacune de ces solutions :

a) (E) : $x^3 - 3x - 1 = 0$ *b)* (E) : $x^4 - 2x = 1$

c) (E) : $\sin x = x - 1$.

3.e Dans chacun des cas suivants, démontrer que la fonction f admet une fonction réciproque f^{-1} et tracer sur le même graphique les courbes représentatives de f et f^{-1} :

a) $f : x \mapsto x^3$, $\quad \mathrm{K} = \mathbb{R}$

b) $f : x \mapsto \sqrt{x^3 + x + 1}$, $\quad \mathrm{K} =]1\ ;\ +\infty[$

c) $f : x \mapsto x - \sin x$, $\quad \mathrm{K} =]-3\pi\ ;\ 3\pi[$.

Exercices

APPRENTISSAGE

Le plan est muni du repère (O,I,J).

Calculs de limites

1 Calculer les limites en $+\infty$ et en $-\infty$ des fonctions suivantes.

a) $x \mapsto \dfrac{x^2+5x+4}{2x^2-8}$ b) $x \mapsto \dfrac{3x-5}{x^2-x+1}$

c) $x \mapsto \dfrac{x^2+1}{-2x+3}$ d) $x \mapsto \dfrac{x^2+1}{|-2x+3|}$.

2 Dans chacun des cas suivants, calculer la limite de la fonction f en 0.

a) $f(x) = \dfrac{\sin x}{\sqrt{x}}$ b) $f(x) = \dfrac{\sin^3 x}{x^2}$

c) $f(x) = \dfrac{\tan^2 x}{x}$ d) $f(x) = \dfrac{\sin x}{\tan x}$

e) $f(x) = \dfrac{x^3\cos^3 x}{\sin^2 x}$ f) $f(x) = \dfrac{1}{\sin 2x} - \dfrac{1}{2\tan x}$.

3 Dans chacun des cas suivants, calculer la limite de la fonction f en 0.

a) $f(x) = \dfrac{\sin x + \tan x}{x}$ b) $f(x) = \dfrac{\sin x - \tan x}{x}$

c) $f(x) = \dfrac{\sin x + \tan x}{\sqrt{x^2}}$ d) $f(x) = \dfrac{\sin x - \tan x}{\sqrt{x^2}}$.

4 **1.** Démontrer que :
$\forall x \in [1\,;+\infty[,\ \dfrac{1}{2} \leq \dfrac{x}{x+1} < 1$.

En déduire : $\lim\limits_{x\to+\infty} \dfrac{x\sqrt{x}}{x+1}$ et $\lim\limits_{x\to+\infty} \dfrac{x}{\sqrt{x}\,(x+1)}$.

2. Démontrer que : $\forall x \in \mathbb{R},\ |\cos x + \sin x| \leq 2$.
En déduire les limites en $+\infty$ et en $-\infty$ de la fonction :
$x \mapsto \dfrac{\cos x + \sin x}{x^2}$.

5 Utiliser les propriétés de comparaison pour calculer les limites suivantes.

a) $\lim\limits_{x\to 0} x\sin\dfrac{1}{x}$ b) $\lim\limits_{x\to 0} x^2\cos\dfrac{1}{x}$

c) $\lim\limits_{x\to+\infty} \dfrac{\cos x}{x^2+1}$ d) $\lim\limits_{x\to+\infty} \dfrac{1}{x+\sin x}$

e) $\lim\limits_{x\to+\infty} \dfrac{x+\cos x}{3+\cos x}$ f) $\lim\limits_{x\to-\infty} \dfrac{x+\cos x}{3+\cos x}$.

6 **1.** Démontrer que : $\lim\limits_{x\to 0} \dfrac{1-\cos x}{x^2} = \dfrac{1}{2}$.

2. En déduire les limites suivantes.

a) $\lim\limits_{x\to 0} \dfrac{x^3}{1-\cos x}$ b) $\lim\limits_{x\to 0} \dfrac{\sin^2 x}{\cos x - 1}$

c) $\lim\limits_{x\to 0} \dfrac{\cos^2 x - 1}{x\tan x}$ d) $\lim\limits_{x\to 0} \dfrac{\sqrt{1-\cos x}}{\sin x}$.

7 Calculer les limites suivantes.

a) $\lim\limits_{x\to -1} \dfrac{x+1}{x^2-1}$ b) $\lim\limits_{x\to 2} \dfrac{\sqrt{x+2}-\sqrt{3x-2}}{x-2}$

c) $\lim\limits_{x\to 0} \dfrac{\sqrt{x^2+1}-1}{x^2}$ d) $\lim\limits_{x\to 1} \dfrac{\sqrt{3+x}-\sqrt{5-x}}{\sqrt{2x+7}-\sqrt{10-x}}$

e) $\lim\limits_{x\to 3} \dfrac{\sqrt{x+1}-2}{\sqrt{x^2-x-6}}$ f) $\lim\limits_{x\to -2} \dfrac{x+2}{\sqrt{x^2+x-2}}$.

8 Dans chacun des cas suivants, calculer la limite de la fonction f en $+\infty$.

a) $f(x) = x + \sqrt{1-x}$ b) $f(x) = 2x + \sqrt{x-1}$

c) $f(x) = \sqrt{2x+1} - \sqrt{x+1}$ d) $f(x) = \sqrt{x-1} - \sqrt{x+1}$.

9 Dans chacun des cas suivants, calculer les limites de la fonction f en $+\infty$ et en $-\infty$.

a) $f(x) = \sqrt{2x^2-x+3}$ b) $f(x) = 2x + \sqrt{x^2+1}$

c) $f(x) = x - \sqrt{x^2-4}$ d) $f(x) = \dfrac{\sqrt{x^2+1}-1}{x}$

e) $f(x) = \dfrac{x-\sqrt{|x|}}{3x+2}$ f) $f(x) = \dfrac{x}{\sqrt{|x+2|}} - \dfrac{x}{\sqrt{|x+1|}}$.

10 **1.** Démontrer que : $\lim\limits_{x\to 0} \dfrac{\sqrt{1+x}-1}{x} = \dfrac{1}{2}$.

2. En déduire les limites suivantes.

a) $\lim\limits_{x\to 0} \dfrac{\sqrt{1+3x}-1}{x}$ b) $\lim\limits_{x\to 0} \dfrac{\sqrt{1+x^2}-1}{2x^2}$

c) $\lim\limits_{x\to 0} \dfrac{\sqrt{1+\sin x}-1}{\sin 2x}$ c) $\lim\limits_{x\to 0} \dfrac{\sqrt{\cos x}-1}{x}$.

11 Calculer les limites suivantes.

a) $\lim\limits_{x\to 0} \dfrac{1-\cos 2x}{\sin^2 2x}$ b) $\lim\limits_{x\to 0} \dfrac{1-\cos 3x}{x^2}$

c) $\lim\limits_{x \underset{<}{\to} \frac{\pi}{2}} \dfrac{\cos x}{1-\sin x}$ d) $\lim\limits_{x\to\frac{\pi}{4}} \dfrac{\sin x - \cos x}{2x - \frac{\pi}{2}}$.

12 Calculer les limites suivantes.

a) $\lim\limits_{x\to 0} \dfrac{1+\sin x-\cos x}{1-\sin x-\cos x}$ b) $\lim\limits_{x\to\frac{\pi}{2}} \dfrac{1+\tan x}{1-\tan x}$

c) $\lim\limits_{x\to\frac{\pi}{2}} \dfrac{1-\sin x+\cos x}{1-\sin x-\cos x}$ d) $\lim\limits_{x\to\frac{\pi}{2}} \dfrac{\cos x}{1-\sin x}$.

13 Calculer les limites en $+\infty$ et en $-\infty$ des fonctions suivantes.

a) $x \mapsto \sqrt{x^2-2x} + x$ b) $x \mapsto \dfrac{x-\sqrt{x^2-x+1}}{2x-\sqrt{4x^2+x}}$

c) $x \mapsto \sqrt{\left|\sqrt{x^4+1}-x^2\right|}$ d) $x \mapsto \sqrt{\sqrt{x^2+1}-x}$

e) $x \mapsto \dfrac{|1-x|}{\sqrt{x^2+1}}$ *f)* $x \mapsto \sqrt{\dfrac{|1-x|}{x^2+1}}$.

Branches infinies

14 Étudier les branches infinies des courbes représentatives des fonctions suivantes.

a) $x \mapsto \dfrac{x^3+x^2+1}{x(x-1)^2}$ *b)* $x \mapsto \dfrac{2x^2-1}{x-1}$

c) $x \mapsto \sqrt{(x+2)^2} - \dfrac{3}{x-1}$ *d)* $x \mapsto \dfrac{x^2+\sin x}{x}$.

15 Étudier les branches infinies des courbes représentatives des fonctions suivantes.

a) $x \mapsto x\left(\dfrac{x+1}{x-1}\right)^2$ *b)* $x \mapsto x\sqrt{\dfrac{x+1}{x-1}}$

c) $x \mapsto \sqrt{x^2-4}$ *d)* $x \mapsto \sqrt{\dfrac{x^3}{x-1}}$.

16 Dans chacun des cas suivants, démontrer que la courbe représentative ($\mathscr{C}$) de la fonction f admet une asymptote oblique en $+\infty$ et en $-\infty$; donner une équation de ces asymptotes et préciser leur position par rapport à ($\mathscr{C}$).

a) $f(x) = \dfrac{2x^2}{\sqrt{x^2+1}}$ *b)* $f(x) = \dfrac{x+1}{2} + \sqrt{x^2-x+1}$

c) $f(x) = \dfrac{1}{2}x - \dfrac{\sqrt{x^2-1}}{x}$ *d)* $f(x) = \sqrt{x^2-x+1}$.

17 Soit a et b deux nombres réels, f la fonction définie par : $f(x) = ax + b - \sqrt{x^2+1}$.
1. Étudier la limite de f en $-\infty$.
(On discutera suivant les valeurs de a.)
2. Déterminer a et b pour que la droite d'équation $2x - y + 2 = 0$ soit asymptote à la courbe représentative de f en $-\infty$.

Fonctions continues sur un intervalle

18 Soit la fonction $f : x \mapsto \dfrac{\sqrt{3x^2+1}-2}{x-1}$.
1. Calculer la limite en 1 de la fonction f.
2. En déduire une fonction g, prolongement par continuité de f en 1.

19 Dans chacun des cas suivants démontrer que la fonction f est continue sur son ensemble de définition.

a) $f : x \mapsto \sqrt{1-x^2}$ *b)* $f : x \mapsto |2x-5|$

c) $f : x \mapsto \dfrac{\sin x + 1}{\sin^2 x + 1}$ *d)* $f : x \mapsto \sqrt{\tan^2 x + 1}$.

20 Soit f la fonction définie sur $[1 ; +\infty[$ par :
$$f(x) = \sqrt{x-1} - 2.$$
1. Étudier la continuité de f sur l'intervalle $[1 ; +\infty[$.
2. Justifier que : $\forall x \in [1 ; +\infty[,\ f(x) \geq -2$.
3. Démontrer que tout élément β de $[-2 ; +\infty[$ a un antécédent α dans $[1 ; +\infty[$; en déduire l'image par f de l'intervalle $[1 ; +\infty[$.

21 Étudier la continuité sur $\mathbb{R}$ de la fonction $x \mapsto E(x) + [x - E(x)]^2$, où E désigne la fonction partie entière.

22 Dans chacun des cas suivants, déterminer a pour que la fonction f soit continue sur $\mathbb{R}$.

a) $\begin{cases} f(x) = \dfrac{x^2-x}{x}, & \text{si } x \in \mathbb{R}^* \\ f(0) = a \end{cases}$

b) $\begin{cases} f(x) = \dfrac{\sqrt{x^2-x+1}-x}{x-1}, & \text{si } x \in \mathbb{R} \setminus \{1\} \\ f(1) = a \end{cases}$.

23 Les fonctions suivantes sont-elles prolongeables par continuité en 0 ?

a) $f : x \mapsto x^2 \sin\dfrac{1}{x}$ *b)* $g : x \mapsto \dfrac{\sin^2 x}{x}$.

24 Dans chacun des cas suivants, déterminer l'ensemble $f(K)$.

a) $f : x \mapsto x^2 - 4x + 2$ $K = [-2 ; 4]$

b) $f : x \mapsto \dfrac{1}{6}x^3 - x^2$ $K = [-1 ; 3]$

c) $f : x \mapsto \dfrac{-x+1}{2x+1}$ $K = [-1 ; +\infty[$

d) $f : x \mapsto \sqrt{2x^2-1}$ $K = [-1 ; 1]$.

25 **1.** Démontrer que l'équation $x^3 - 6x - 6 = 0$ a une unique solution réelle.
2. Déterminer une valeur approchée à 10^{-2} près de cette solution.

26 **1.** Démontrer que l'équation $\dfrac{1}{4}x^3 - x^2 + 1 = 0$ a trois solutions réelles.
2. Déterminer une valeur approchée à 10^{-2} près de chacune de ces solutions.

27 Le repère (O, I, J) est orthonormé. Soit f la fonction de $[0 ; \pi]$ vers $[0 ; 2]$ définie par : $f(x) = 1 + \cos x$.
1. Démontrer que f admet une fonction réciproque f^{-1} continue sur $[0 ; 2]$ et préciser son sens de variation.
2. Tracer les courbes représentatives de f et f^{-1}.

28 **1.** Démontrer que la fonction $f : x \mapsto \tan x$, de $]-\dfrac{\pi}{2} ; \dfrac{\pi}{2}[$ vers $\mathbb{R}$, est une bijection.
2. Établir le tableau de variation de la fonction f^{-1}.

29 Le repère (O, I, J) est orthonormé.
1. Démontrer que la fonction $f : x \mapsto \dfrac{x}{\sin x}$ réalise une bijection de $]0 ; \pi[$ vers un intervalle que l'on précisera.
2. Tracer les courbes représentatives de f et f^{-1}.

30 Écrire sous la forme a^q ($a \in \mathbb{N}$, $q \in \mathbb{Q}$).

a) $\dfrac{\sqrt[3]{25}}{5}$ *b)* $\dfrac{4\sqrt[3]{4} \times 2\sqrt{2}}{\sqrt[6]{2}}$ *c)* $\dfrac{\sqrt[5]{2} \times \sqrt{8}}{\sqrt{\sqrt[5]{128}}}$

d) $\sqrt{\sqrt{3}} + \sqrt[4]{1\,875} - \sqrt[4]{243}$

e) $\sqrt{\sqrt{3}} + \sqrt[4]{1\,875} + \sqrt[4]{243}$.

31 Soit a, b, c des nombres réels strictement positifs. Écrire plus simplement les expressions suivantes.

a) $\dfrac{a^{\frac{2}{3}} \times b^{\frac{2}{5}}}{5\sqrt{a} \times \sqrt[5]{\sqrt[3]{\dfrac{1}{b}}}} \times \sqrt[15]{a^8b^8}$

b) $\left(a^2 + a^{\frac{2}{3}} \times b^{\frac{4}{3}}\right)^{\frac{1}{2}} + \left(b^2 + a^{\frac{4}{3}} \times b^{\frac{2}{3}}\right)^{\frac{1}{2}}$.

APPROFONDISSEMENT

32 Soit f une fonction telle que pour tout nombres réels a et b : $|f(b) - f(a)| \leq |b - a|$.
Démontrer que f est continue sur $\mathbb{R}$.

33 A et B sont deux points distincts d'un cercle de centre O et de rayon 1. On désigne par x la mesure en radian de l'angle $\widehat{AOB}$.

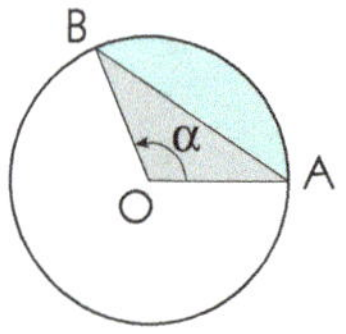

1. Démontrer qu'il existe une unique valeur α de x pour laquelle le triangle AOB et la portion de disque comprise entre l'arc $\widehat{AB}$ et la corde [AB] ont la même aire.
2. Déterminer une valeur approchée à 10^{-2} près de α.

34 Une boîte cylindrique de rayon 12 cm contient de l'eau jusqu'à une hauteur de 5 cm. On immerge une boule métallique dans ce récipient et on constate que la surface de l'eau est tangente à la boule.
Déterminer à 0,1 mm près le rayon de cette boule.

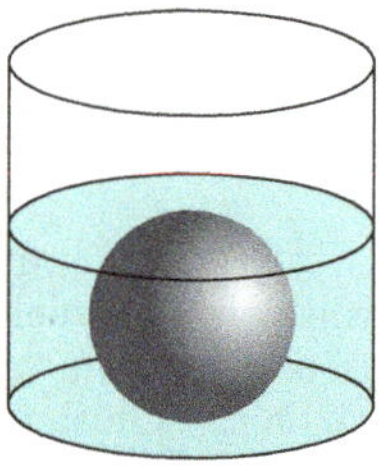

35 **1.** Étudier la fonction $f : x \mapsto \frac{1}{3}x^3 + x^2 - 2$ et tracer sa courbe représentative $(\mathscr{C})$.
2. En déduire que l'équation $\frac{1}{3}x^3 + x^2 - 2 = 0$ admet une unique solution réelle.
3. Déterminer une valeur approchée à 10^{-3} près de cette solution.

36 Soit la fonction $f : x \mapsto \dfrac{x+1}{\sqrt{x^2+4}}$.
1. Étudier les variations de f.
2. Préciser le nombre de solutions des équations suivantes et déterminer une valeur approchée à 10^{-1} près de chacunes d'elles :
a) $f(x) = 1{,}1$ *b)* $f(x) = 0{,}75$ *c)* $f(x) = -0{,}5$.

37 $(\mathscr{C})$ est un cercle de rayon 1 et Ω un point de $(\mathscr{C})$. (Γ) est un cercle de centre Ω et de rayon r $(0 < r < 2)$. On désigne par A et B les points d'intersection de $(\mathscr{C})$ et (Γ), par α la mesure en radian de l'angle $\widehat{A\Omega B}$ et par $\mathscr{A}(\alpha)$ l'aire de la partie commune aux deux disques délimités par $(\mathscr{C})$ et (Γ).

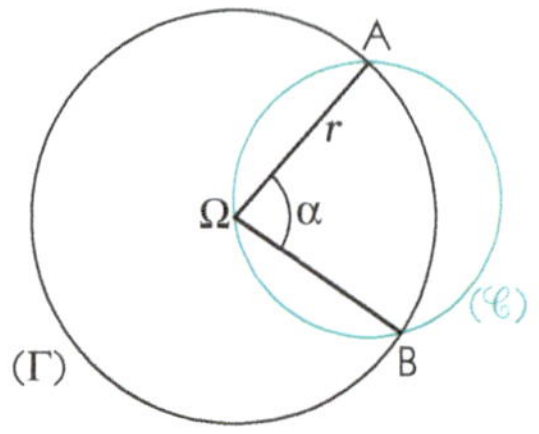

On se propose de déterminer r pour que $\mathscr{A}(\alpha)$ soit égale à la moitié de l'aire du disque délimité par $(\mathscr{C})$.
1. Démontrer que :
$$\mathscr{A}(\alpha) = \pi + \alpha\cos\alpha - \sin\alpha \quad \text{et} \quad r = 2\cos\frac{\alpha}{2}.$$
2. *a)* Démontrer que l'équation $\sin x - x\cos x = \frac{\pi}{2}$ admet une solution unique dans l'intervalle $[0 ; \pi]$ et déterminer une valeur approchée à 10^{-2} près de cette solution.
b) Démontrer que la fonction $x \mapsto \cos\frac{x}{2}$ est une bijection de $[0 ; \pi]$ sur $[0 ; 1]$ et en déduire une valeur approchée de r.

38 **1.** On considère l'équation
$$(\text{E}) : |x\sqrt{1-x}| = \frac{1}{3\sqrt{3}}.$$
Démontrer que (E) admet trois solutions x_1, x_2 et x_3 telles que :
$$-\frac{1}{3} < x_1 < 0 \qquad 0 < x_2 < \frac{2}{3} \qquad \frac{2}{3} < x_3 < 1.$$
2. Pour $i \in \{1 ; 2 ; 3\}$, on pose : $u_i = \frac{3}{2}\left(x_i - \frac{1}{3}\right)$.
Démontrer qu'il existe un unique nombre réel θ_i élément de $[0 ; \pi]$ tel que : $u_i = \cos\theta_i$.
3. *a)* Démontrer que θ_1, θ_2 et θ_3 sont les solutions dans $[0 ; \pi]$ de l'équation : $\cos 3\theta = \frac{1}{2}$.
b) En déduire les solutions de (E).

39 Soit la fonction $f : x \mapsto \dfrac{3x^3 - 4x^2 - 4x + 8}{4x - 8}$
et $(\mathscr{C})$ sa courbe représentative.
1. Démontrer que $(\mathscr{C})$ admet une asymptote parallèle à (OJ).
2. *a)* Étudier le comportement de f lorsque x tend vers $+\infty$ ou vers $-\infty$.
b) Déterminer trois nombres réels a, b et c tels que :
$$\forall x \in D_f, \ f(x) = ax^2 + bx + \frac{c}{x-2}.$$
En déduire que $(\mathscr{C})$ est asymptote à une parabole $(\mathscr{P})$ dont on donnera une équation.
Étudier les positions relatives de $(\mathscr{C})$ et $(\mathscr{P})$.
3. *a)* Étudier les variations de f et dresser son tableau de variation.
b) À l'aide de ce tableau, démontrer que l'équation $f(x) = 0$ admet une solution unique et déterminer une valeur approchée à 10^{-1} près de cette solution.

40 **1.** Démontrer que l'équation $x^5 - 209x + 56 = 0$ admet trois solutions réelles, dont on donnera le signe.
2. *a)* Démontrer que deux de ces solutions ont pour produit 1 et calculer leur somme.
b) En déduire ces deux solutions.
3. En procédant par dichotomie, déterminer une valeur approchée à 10^{-2} près de la troisième solution.

10

Dérivation – Études de fonctions

Introduction

Ce chapitre complète l'étude des dérivées qui a été vue en classe de première.

Le calcul de la dérivée de fonctions composées et de la réciproque d'une fonction, l'inégalité des accroissements finis, les dérivées successives permettent la détermination de la tangente en un point d'une courbe, l'approximation locale d'une fonction, ses variations sur l'ensemble de définition et la construction de sa courbe représentative, ainsi que l'analyse de certaines propriétés.

SOMMAIRE

Dans ce chapitre, les fonctions étudiées sont des fonctions numériques à variable réelle et le plan est muni du repère (O, I, J).

1 Dérivation

1.1. Fonctions dérivées

Dérivabilité sur un intervalle

L'ensemble de dérivabilité d'une fonction a été défini, en classe de première, comme l'ensemble des nombres réels où elle est dérivable ; ceci nous a permis d'étudier la dérivabilité d'une fonction sur un intervalle ouvert.

Nous allons étendre cette notion à un intervalle quelconque.

Définition

Une fonction f de $[a\ ;\ b]$ vers $\mathbb{R}$ est dérivable sur $[a\ ;\ b]$ si elle est dérivable sur $]a\ ;\ b[$, dérivable à droite en a et à gauche en b.

On pose : $f'(a) = \lim\limits_{x \underset{>}{\to} a} \dfrac{f(x) - f(a)}{x - a}$ et $f'(b) = \lim\limits_{x \underset{<}{\to} b} \dfrac{f(x) - f(b)}{x - b}$.

On définit de façon analogue une fonction dérivable sur un intervalle semi-ouvert.

Exemples

• La fonction $f : x \mapsto x\sqrt{x}$ est dérivable sur $]0\ ;\ +\infty[$ et sa dérivée est la fonction f' définie par :

$f'(x) = 1\sqrt{x} + x\dfrac{1}{2\sqrt{x}} = \dfrac{3}{2}\sqrt{x}$.

$\lim\limits_{x \underset{>}{\to} 0} \dfrac{f(x) - f(0)}{x - 0} = \lim\limits_{x \underset{>}{\to} 0} \dfrac{x\sqrt{x}}{x} = 0$; donc, la fonction f est dérivable sur $[0\ ;\ +\infty[$.

• La fonction $g : x \mapsto \sqrt{x}$ est dérivable sur $]0\ ;\ +\infty[$ et sa dérivée est la fonction $g' : x \mapsto \dfrac{1}{2\sqrt{x}}$.

$\lim\limits_{x \underset{>}{\to} 0} \dfrac{g(x) - g(0)}{x - 0} = \lim\limits_{x \underset{>}{\to} 0} \dfrac{\sqrt{x}}{x} = +\infty$; donc, la fonction g n'est pas dérivable sur $[0\ ;\ +\infty[$.

Remarques

• Soit f une fonction et $(\mathscr{C})$ sa courbe représentative.
Lorsque f est dérivable sur un intervalle K, on sait que $(\mathscr{C})$ admet, en tout point d'abscisse x_0 élément de K, une tangente (ou une demi-tangente) non parallèle à (OJ).
Réciproquement, nous admettons que si $(\mathscr{C})$ admet en un point d'abscisse x_0 une tangente non parallèle à (OJ), alors f est dérivable en x_0.
• Lorsqu'une fonction est dérivable en tout élément d'un ensemble E, on dit qu'elle est dérivable sur E.

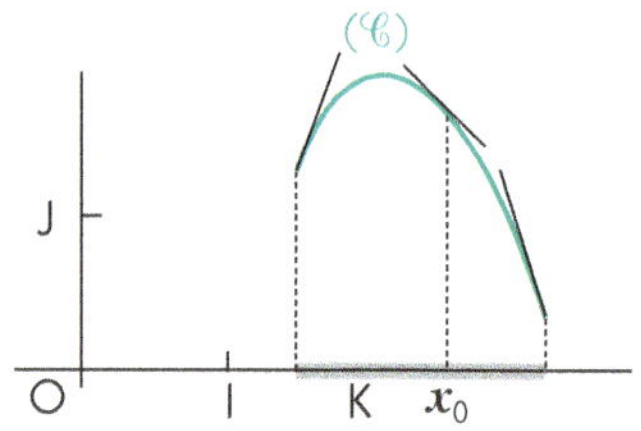

Une fonction dérivable en un nombre réel x_0 est continue en x_0. On en déduit la propriété suivante.

Propriété

Une fonction dérivable sur un intervalle K est continue sur cet intervalle.

Dérivées usuelles

• **Dérivées des fonctions élémentaires**

f	f'	Ensemble de dérivabilité
$x \mapsto k$ $(k \in \mathbb{R})$	$x \mapsto 0$	$\mathbb{R}$
$x \mapsto x$	$x \mapsto 1$	$\mathbb{R}$
$x \mapsto \frac{1}{x}$	$x \mapsto -\frac{1}{x^2}$	$\mathbb{R}^*$
$x \mapsto x^n$ $(n \in \mathbb{Z}^*)$	$x \mapsto nx^{n-1}$	$\mathbb{R}^*$, si $n < 0$ $\mathbb{R}$, si $n > 0$
$x \mapsto \sqrt{x}$	$x \mapsto \frac{1}{2\sqrt{x}}$	$\mathbb{R}_+^*$
$x \mapsto \sin x$	$x \mapsto \cos x$	$\mathbb{R}$
$x \mapsto \cos x$	$x \mapsto -\sin x$	$\mathbb{R}$
$x \mapsto \tan x$	$x \mapsto 1 + \tan^2 x$	$\mathbb{R} \setminus \{\frac{\pi}{2} + k\pi, k \in \mathbb{Z}\}$

• **Dérivées et opérations sur les fonctions**

f	f'
$u + v$	$u' + v'$
ku $(k \in \mathbb{R})$	ku'
uv	$u'v + uv'$
$\frac{1}{v}$	$-\frac{v'}{v^2}$
$\frac{u}{v}$	$\frac{u'v - uv'}{v^2}$
u^n $(n \in \mathbb{Z}^*)$	$nu'u^{n-1}$
$\sqrt{u}$	$\frac{u'}{2\sqrt{u}}$
$x \mapsto u(ax + b)$	$x \mapsto au'(ax + b)$

Remarques

Les dérivées des fonctions $x \mapsto x^n$ *et* u^n *ont été établies en classe de première pour* $n \in \mathbb{N}^* \setminus \{1\}$.
• *Lorsque* $n = 1$, *la fonction* $x \mapsto x$ *a pour dérivée la fonction* $x \mapsto 1$, *c'est à dire le prolongement par continuité en 0 de la fonction* $x \mapsto 1x^0$.
• *Lorsque* $n < 0$, *on a :* $-n > 0$ *; donc :* $(u^n)' = \left(\left(\frac{1}{u}\right)^{-n}\right)' = -n\left(\frac{1}{u}\right)'\left(\frac{1}{u}\right)^{-n-1} = -n\left(-\frac{u'}{u^2}\right)u^{n+1} = nu'u^{n-1}$.

Les formules de dérivation, pour les fonctions $x \mapsto x^n$ *et* u^n, *sont ainsi étendues à* $n \in \mathbb{Z}^*$.

1.2. Dérivée de fonctions composées

Dérivée de la composée de deux fonctions

On a établi en classe de première la dérivée de la composée d'une fonction affine par une fonction f.
On admet la propriété suivante qui généralise ce résultat à la composée de deux fonctions dérivables.

Théorème

Soit u une fonction dérivable sur un intervalle K et v une fonction dérivable sur un intervalle contenant u(K). La fonction $v \circ u$ est dérivable sur K et on a : $(v \circ u)' = u' \times (v' \circ u)$.

Exemple

Soit la fonction f: $x \mapsto \cos \frac{1}{1-x}$.
On considère les fonctions $u : x \mapsto \frac{1}{1-x}$ et $v : x \mapsto \cos x$; on a : $f = v \circ u$.
La fonction u est dérivable sur $]-\infty\,;1[$ et $u\big(]-\infty\,;1[\big) =]0\,;+\infty[$;
la fonction v est dérivable sur $\mathbb{R}$ qui contient $]0\,;+\infty[$.
Donc, f est dérivable sur $]-\infty\,;1[$.
On démontre de même que f est dérivable sur $]1\,;+\infty[$.
On a : $\forall x \in \mathbb{R} \setminus \{1\}$, $f'(x) = u'(x) \times v'[u(x)] = \frac{-1}{(1-x)^2} \sin \frac{1}{1-x}$.

Remarque

Soit f une fonction dont l'ensemble de définition est une réunion d'intervalles tous non réduits à un point. Si f est la composée de deux fonctions dérivables sur leur ensemble de définition, alors f est dérivable sur son ensemble de définition.

Dérivée de la réciproque d'une fonction

Dans ce paragraphe, le repère (O, I, J) est orthonormé.

Soit f une fonction dérivable, strictement monotone sur un intervalle K, telle que : $\forall x \in K,\ f'(x) \neq 0$.

f est continue sur K ; donc, f réalise une bijection de K vers $f(K)$ et admet une bijection réciproque f^{-1} de $f(K)$ vers K.

On désigne par $(\mathscr{C})$ et $(\mathscr{C}')$ les représentations graphiques respectives de f et de f^{-1}, par (Δ) la droite d'équation : $y = x$. Les courbes $(\mathscr{C})$ et $(\mathscr{C}')$ sont symétriques par rapport à (Δ).

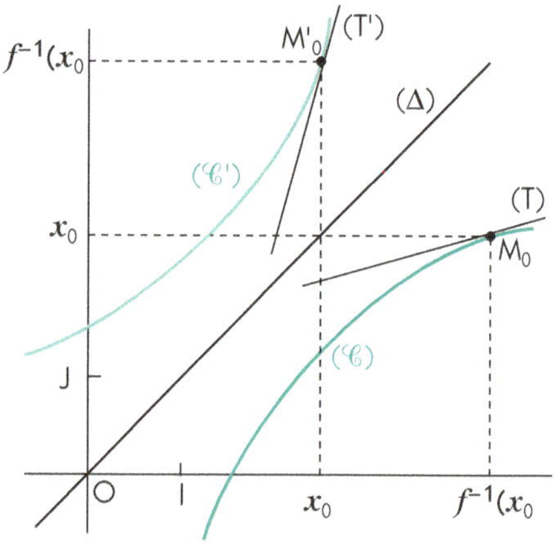

- Étudions la dérivabilité de f^{-1} sur $f(K)$.

Soit x_0 un élément de $f(K)$ et M'_0 le point de $(\mathscr{C}')$ d'abscisse x_0.

Le point M_0, symétrique de M'_0 par rapport à (Δ), appartient à $(\mathscr{C})$ et a pour abscisse $f^{-1}(x_0)$.

On désigne par (T) la tangente (ou la demi-tangente) à $(\mathscr{C})$ en M_0.

Toute symétrie orthogonale conserve le contact ; donc $(\mathscr{C}')$ admet pour tangente (ou demi-tangente) en M'_0 la droite (T'), symétrique de (T) par rapport à (Δ).

De plus, (T) n'est pas parallèle à (OI) car f' ne s'annulle pas sur K ; donc, (T') n'est pas parallèle à (OJ).

On en déduit que la fonction f^{-1} est dérivable sur $f(K)$.

- Déterminons la fonction dérivée de f^{-1} sur $f(K)$.

D'après le théorème de dérivation des fonctions composées, on a : $\left(f\circ f^{-1}\right)' = \left(f^{-1}\right)' \times f'\circ f^{-1}$.

Or : $\left(f\circ f^{-1}\right) = \mathrm{Id}_{f(K)}$; donc : $\forall x \in f(K),\ \left(f\circ f^{-1}\right)'(x) = 1$.

On en déduit que : $\forall x \in f(K),\ \left(f^{-1}\right)'(x) = \dfrac{1}{\left(f'\circ f^{-1}\right)(x)}$.

Cette étude justifie la propriété suivante.

Propriété

Soit f une fonction dérivable, strictement monotone sur un intervalle K, telle que : $\forall x \in K,\ f'(x) \neq 0$.

- **La fonction f réalise une bijection de K vers $f(K)$.**
- **La bijection réciproque f^{-1} est dérivable sur $f(K)$ et on a : $\left(f^{-1}\right)' = \dfrac{1}{f'\circ f^{-1}}$.**

Remarque

S'il existe x_0 élément de $f(K)$ tel que $f'\left(f^{-1}(x_0)\right) = 0$, alors f^{-1} n'est pas dérivable en x_0 et $(\mathscr{C}')$ admet au point d'abscisse x_0 une tangente (ou demi-tangente) parallèle à (OJ).

Exemple

Soit f la fonction de $]-\frac{\pi}{2}\,;\frac{\pi}{2}[$ vers $\mathbb{R}$, définie par : $f(x) = \tan x$.

f est dérivable sur $]-\frac{\pi}{2}\,;\frac{\pi}{2}[$ et $f\left(]-\frac{\pi}{2}\,;\frac{\pi}{2}[\right) = \mathbb{R}$;

de plus : $\forall x \in\ ]-\frac{\pi}{2}\,;\frac{\pi}{2}[,\ f'(x) = 1 + \tan^2 x = 1 + [f(x)]^2$.

Donc : $\forall x \in\ ]-\frac{\pi}{2}\,;\frac{\pi}{2}[,\ f'(x) \neq 0$; on en déduit que f est bijective et f^{-1} est dérivable sur $\mathbb{R}$.

De plus, on a : $\forall x \in \mathbb{R},\ \left(f^{-1}\right)'(x) = \dfrac{1}{f'\left(f^{-1}(x)\right)} = \dfrac{1}{1 + \left[f\left(f^{-1}(x)\right)\right]^2} = \dfrac{1}{1 + x^2}$.

La fonction réciproque de la fonction tangente est appelée fonction arctangente et notée sur les calculatrices **tan⁻¹** *ou* **Atn**.

Dérivées des fonctions $x \mapsto x^r$ et u^r $(r \in \mathbb{Q}^*)$

- Soit f la fonction de $[0\,;+\infty[$ ver $[0\,;+\infty[$ définie par : $f(x) = x^n$ $(n \in \mathbb{N}^*)$.

f est bijective et sa bijection réciproque est la fonction $f^{-1} : x \mapsto \sqrt[n]{x}$.

f est dérivable sur $[0\,;+\infty[$ et sa dérivée est la fonction $f' : x \mapsto nx^{n-1}$.

Or, $f'(0) = 0$ et $\forall x \in]0\,;+\infty[$, $f'(x) \neq 0$.

On en déduit que f^{-1} est dérivable sur $]0\,;+\infty[$ et on a :

$$\forall x \in]0\,;+\infty[,\ \left(f^{-1}\right)'(x) = \frac{1}{f'\left(f^{-1}(x)\right)} = \frac{1}{n(\sqrt[n]{x}\,)^{n-1}} = \frac{1}{n}x^{\frac{1-n}{n}} = \frac{1}{n}x^{\frac{1}{n}-1}.$$

- Soit g la fonction définie sur $]0\,;+\infty[$ par : $g(x) = x^r$ $(r \in \mathbb{Q}^*)$.

Il existe deux nombres p et q tels que : $p \in \mathbb{Z}^*$, $q \in \mathbb{N}^*$ et $r = \frac{p}{q}$.

On a : $\forall x \in]0\,;+\infty[$, $x^r = x^{\frac{p}{q}} = \left(x^{\frac{1}{q}}\right)^p$.

g est la composée des fonctions $u : x \mapsto x^{\frac{1}{q}}$ et $v : x \mapsto x^p$.

Ces fonctions sont dérivables sur $]0\,;+\infty[$; donc g est dérivable sur $]0\,;+\infty[$ et on a :

$$\begin{aligned}\forall x \in]0\,;+\infty[,\ g'(x) &= u'(x) \times v'[u(x)]\\ &= \left[\frac{1}{q}x^{\frac{1}{q}-1}\right] \times \left[p\left(x^{\frac{1}{q}}\right)^{p-1}\right]\left[\frac{1}{q}x^{\frac{1}{q}-1}\right] \times \left[p\left(x^{\frac{1}{q}}\right)^{p-1}\right]\\ &= \frac{p}{q}\,x^{\frac{p}{q}-1} = rx^{r-1}.\end{aligned}$$

Cette étude justifie les propriétés suivantes.

Propriétés

Soit r un nombre rationnel non nul, u une fonction dérivable et strictement positive sur un intervalle K.

- **La fonction $x \mapsto x^r$ est dérivable sur $]0\,;+\infty[$ et sa dérivée est la fonction $x \mapsto rx^{r-1}$.**
- **La fonction u^r est dérivable sur K et sa dérivée est la fonction $ru'u^{r-1}$.**

La seconde propriété se déduit de la première à l'aide du théorème de dérivation des fonctions composées.

Exemples

- La fonction $x \mapsto x^{\frac{3}{2}}$ est dérivable sur $[0\,;+\infty[$ et sa dérivée est la fonction $x \mapsto \frac{3}{2}x^{\frac{1}{2}}$.
- La fonction $x \mapsto x^{\frac{2}{3}}$ est dérivable sur $]0\,;+\infty[$ et sa dérivée est la fonction $x \mapsto \frac{2}{3}x^{-\frac{1}{3}}$.
- La fonction $x \mapsto x^{-\frac{3}{2}}$ est dérivable sur $]0\,;+\infty[$ et sa dérivée est la fonction $x \mapsto -\frac{3}{2}x^{-\frac{5}{2}}$.

Remarque

La fonction $x \mapsto x^r$ $(r \in \mathbb{Q}^*)$ est dérivable en 0 si et seulement si $r \geq 1$.

1.3. Inégalité des accroissements finis

Si un cyclomotoriste roule à une vitesse comprise entre 30 km/h et 50 km/h, la distance qu'il parcout en 2 heures est comprise entre 60 km et 100 km.

Cette situation est une illustration concrète de la propriété suivante.

Propriété 1

Soit f une fonction dérivable sur un intervalle K, a et b deux éléments de K $(a < b)$.
S'il existe deux nombres réels m et M tels que pour tout x élément de $[a\,;b]$, $m \leq f'(x) \leq M$,
alors $m(b-a) \leq f(b) - f(a) \leq M(b-a)$.

Cette propriété est appelée inégalité des accroissements finis.

Démonstration.

Soit g la fonction de K vers $\mathbb{R}$ définie par : $g(x) = \mathrm{M}x - f(x)$.
La fonction g est dérivable sur K et on a : $\forall\, x \in \mathrm{K},\ g'(x) = \mathrm{M} - f'(x)$; donc g' est positive sur $[a\,;\,b]$.
La fonction g est croissante sur $[a\,;\,b]$; donc : $g(a) \leq g(b)$.
On en déduit que : $\mathrm{M}a - f(a) \leq \mathrm{M}b - f(b)$; donc : $f(b) - f(a) \leq \mathrm{M}(b - a)$ (1).
En considérant la fonction h de K vers $\mathbb{R}$ définie par $h(x) = mx - f(x)$, on démontre de façon analogue que : $m(b - a) \leq f(b) - f(a)$ (2).

Des inégalités (1) et (2), on déduit que : $m(b - a) \leq f(b) - f(a) \leq \mathrm{M}(b - a)$.

Propriété 2

Soit f une fonction dérivable sur un intervalle K.
S'il existe un nombre réel M tel que pour tout x élément de $[a\,;\,b]$, $|f'(x)| \leq \mathrm{M}$,
alors pour tous a et b éléments de K, on a : $|f(b) - f(a)| \leq \mathrm{M}\,|b - a|$.

Cette propriété est une autre formulation de l'inégalité des accroissements finis ; elle se déduit de la précédente en remplaçant m par – M.

Exemples

• Démontrer que : $\forall\, x \in [0\,;\,\frac{\pi}{2}[,\ x \leq \tan x$.
Soit f la fonction de $[0\,;\,\frac{\pi}{2}[$ vers $\mathbb{R}$, définie par : $f(t) = \tan t$.
On a : $\forall\, t \in [0\,;\,\frac{\pi}{2}[,\ f'(t) = 1 + \tan^2 t$; donc : $\forall\, t \in [0\,;\,\frac{\pi}{2}[,\ 1 \leq f'(t)$.
Soit x un élément de $[0\,;\,\frac{\pi}{2}[$.
En appliquant l'inégalité des accroissements finis à f sur l'intervalle $[0\,;\,x]$,
on obtient : $1 \times |x - 0| \leq |f(x) - f(0)|$;
c'est-à-dire : $x \leq \tan x$.

• Démontrer que : $\forall\, x \in \mathbb{R},\ |\sin x| \leq |x|$.
Soit g la fonction définie par : $g(t) = \sin t$.
On a : $\forall\, t \in \mathbb{R},\ g'(t) = \cos t$; donc : $\forall\, t \in \mathbb{R},\ |g'(t)| \leq 1$.
Soit x un nombre réel.
En appliquant l'inégalité des accroissements finis à g sur l'intervalle $[x\,;\,0]$ ou l'intervalle $[0\,;\,x]$,
on obtient : $|g(x) - g(0)| \leq 1 \times |x - 0|$;
c'est-à-dire : $|\sin x| \leq |x|$.

1.4. Dérivées successives et applications

Dérivées successives d'une fonction

Définitions

Soit f une fonction et K un intervalle.
- **Si f est dérivable sur K, sa dérivée f' est appelée dérivée première de f ; on la note aussi $f^{(1)}$.**
- **Si f' est dérivable sur K, sa dérivée f'' est appelée dérivée seconde de f ; on la note aussi $f^{(2)}$.**
- **De proche en proche, la fonction dérivée n–ième de f sur K, si elle existe, est la dérivée de la fonction dérivée $(n - 1)$–ième de f sur K ; on la note $f^{(n)}$.**

$f^{(n)}$ est aussi appelée dérivée d'ordre n de la fonction f.
On utilise également, notamment en sciences physiques, la notation de Leibnitz :

$f', f'', \ldots, f^{(n)}$ sont notées respectivement $\dfrac{\mathrm{d}f}{\mathrm{d}x}, \dfrac{\mathrm{d}^2 f}{\mathrm{d}x^2}, \ldots, \dfrac{\mathrm{d}^n f}{\mathrm{d}x^n}$.

Exemples

• Déterminer les dérivées successives de la fonction $f : x \mapsto \frac{1}{3}x^3 - 2x^2 - 3x + 4$.

On a : $f'(x) = x^2 - 4x - 3$; $f''(x) = 2x - 4$; $f^{(3)}(x) = 2$; $f^{(4)}(x) = 0$.

Donc, pour tout nombre entier n supérieur ou égal à 4, on a : $f^{(n)}(x) = 0$.

• Déterminer la dérivée n–ième de la fonction $g : x \mapsto \sin x$.

On a : $g'(x) = \cos x = \sin\left(x + \frac{\pi}{2}\right)$;

$g''(x) = \cos\left(x + \frac{\pi}{2}\right) = \sin\left(x + 2.\frac{\pi}{2}\right)$;

$g^{(3)}(x) = \cos\left(x + 2.\frac{\pi}{2}\right) = \sin\left(x + 3.\frac{\pi}{2}\right)$.

On peut conjecturer que : $\forall\, n \in \mathbb{N}^*,\ g^{(n)}(x) = \sin\left(x + n\frac{\pi}{2}\right)$.

Démontrons cette égalité par récurrence.

– L'égalité est vraie pour $n = 1$.

– Supposons l'égalité vraie pour un entier naturel non nul k, c'est-à-dire : $g^{(k)}(x) = \sin\left(x + k\frac{\pi}{2}\right)$;

on en déduit que : $g^{(k+1)}(x) = \cos\left(x + k\frac{\pi}{2}\right) = \sin\left(x + (k+1)\frac{\pi}{2}\right)$;

donc, l'égalité est vraie pour $k + 1$.

Elle est donc vraie pour tout entier naturel non nul.

Position relative d'une courbe et de ses tangentes

Soit f une fonction deux fois dérivable sur un intervalle K et x_0 un élément de K.
On désigne par $(\mathscr{C})$ sa courbe représentative et par (T) la tangente à $(\mathscr{C})$ au point M_0 d'abscisse x_0.

(T) a pour équation : $y = f'(x_0)(x - x_0) + f(x_0)$.

On se propose de déterminer la position relative de $(\mathscr{C})$ et (T) sur l'intervalle K.

Pour cela, on considère la fonction $g : x \mapsto f(x) - \left[f'(x_0)(x - x_0) + f(x_0)\right]$.

On a : $g(x_0) = 0$;
$\forall\, x \in K,\ g'(x) = f'(x) - f'(x_0)$; donc : $g'(x_0) = 0$.

• Si f'' est strictement positive sur K, alors f' est strictement croissante sur K.
Soit x un élément de K.
On a : $x < x_0 \Rightarrow f'(x) < f'(x_0)$; c'est-à-dire : $x < x_0 \Rightarrow g'(x) < 0$.
De même, on a : $x > x_0 \Rightarrow g'(x) > 0$.

On en déduit le tableau de variation de g sur l'intervalle K.

x		x_0	
$g'(x)$	–	0	+
$g(x)$	↘	0	↗

Donc : $\forall\, x \in K \setminus \{x_0\},\ g(x) > 0$.
$(\mathscr{C})$ est au-dessus de (T) sur l'intervalle K.
On dit que f est convexe sur K (figure 1).

• On démontre de même que si f'' est strictement négative sur K, alors $(\mathscr{C})$ est au-dessous de (T) sur K.
On dit alors que f est concave sur K (figure 2).

• Si f'' s'annule et change de signe en x_0, la droite (T) « traverse » la courbe $(\mathscr{C})$ en M_0.
On dit que M_0 est un point d'inflexion (figure 3).

$f'' > 0$	$f'' < 0$	f'' s'annule en changeant de signe en x_0
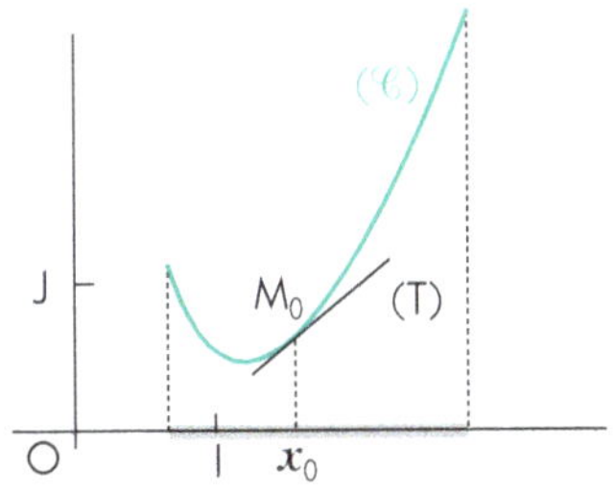 figure 1	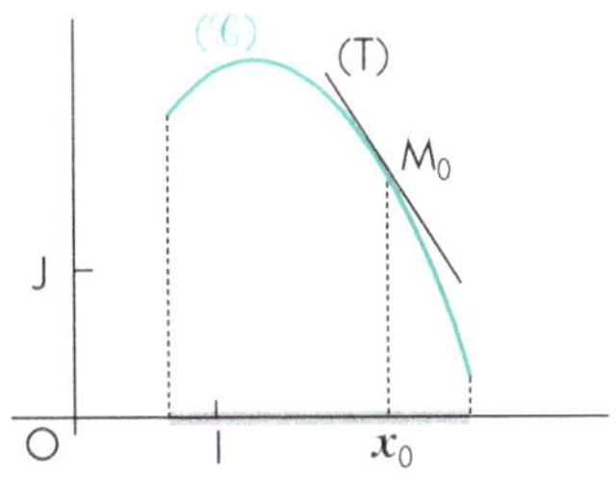 figure 2	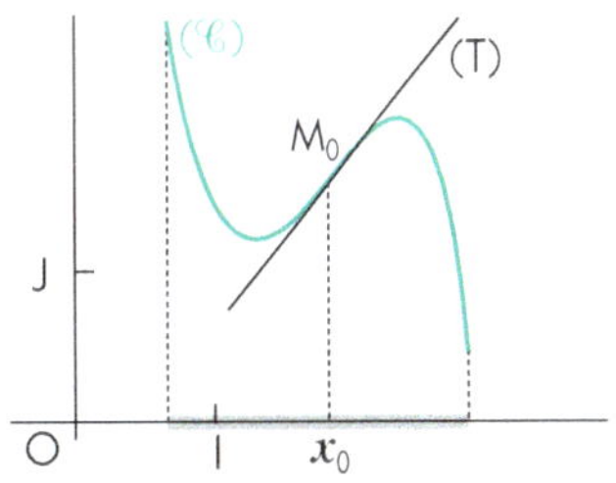 figure 3

Exemple

Soit la fonction $f : x \mapsto \frac{x^3}{3} - x^2 + \frac{5}{3}$ et $(\mathscr{C})$ sa courbe représentative.
f est deux fois dérivable sur $\mathbb{R}$;
on a : $f' : x \mapsto x^2 - 2x$ et $f'' : x \mapsto 2(x - 1)$.

- f'' est strictement négative sur $]-\infty ; 1[$;
donc, sur cet intervalle f est concave.
- f'' est strictement positive sur $]1 ; +\infty[$;
donc, sur cet intervalle f est convexe.
- f'' s'annule et change de signe en 1 ;
donc, $M_0\begin{pmatrix}1\\1\end{pmatrix}$ est un point d'inflexion de $(\mathscr{C})$.

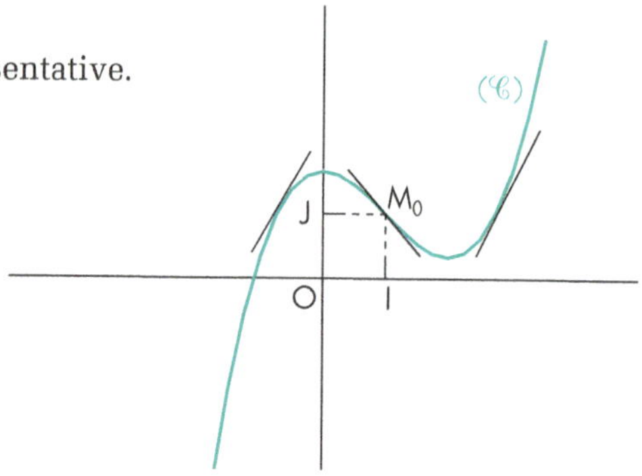

1.5. Travaux dirigés

Outils de comparaison

1°) Démontrer que pour tout nombre réel positif x, on a : $x - \frac{x^3}{6} \leq \sin x \leq x$.
2°) Démontrer que pour tous nombres réels a et b ($a < b$), on a : $4a^3(b - a) \leq b^4 - a^4 \leq 4b^3(b - a)$.
3°) Soit x un nombre réel strictement supérieur à 1.
Démontrer que pour tout entier naturel n supérieur ou égal à 2, on a : $(1 + x)^n \geq 1 + nx$.

Solution

1°) Soit les fonctions $f : x \mapsto \sin x - x$ et $g : x \mapsto \sin x + \frac{x^3}{6} - x$.

- f est dérivable sur $\mathbb{R}$ et on a : $f'(x) = \cos x - 1$;
donc : $\forall x \in [0 ; +\infty[$, $f'(x) \leq 0$.
La fonction f est décroissante sur $[0 ; +\infty[$ et $f(0) = 0$.
On en déduit que : $\forall x \in [0 ; +\infty[$, $f(x) \leq 0$;
c'est-à-dire : $\forall x \in [0 ; +\infty[$, $\sin x \leq x$.

x	0	$+\infty$
$f'(x)$	0	−
$f(x)$	0	↘

- g est deux fois dérivable sur $\mathbb{R}$ et on a : $g'(x) = \cos x + \frac{x^2}{2} - 1$,
$g''(x) = -\sin x + x$
$= -f(x)$.

x	0	$+\infty$
$g''(x)$	0	+
$g'(x)$	0	+
$g(x)$	0	↗

D'après ce qui précède, $\forall x \in [0 ; +\infty[$, $g''(x) \geq 0$.
La fonction g' est donc croissante sur $[0 ; +\infty[$ et $g'(0) = 0$.
La fonction g, qui a une dérivée positive sur $[0 ; +\infty[$, est croissante sur cet intervalle ; de plus, $g(0) = 0$.
On en déduit que : $\forall x \in [0 ; +\infty[$, $g(x) \geq 0$; c'est-à-dire : $\forall x \in [0 ; +\infty[$, $x - \frac{x^3}{6} \leq \sin x$.

2°) Soit la fonction $h : x \mapsto x^4$.
On a : $\forall x \in \mathbb{R}$, $h'(x) = 4x^3$; donc, h' est croissante sur $\mathbb{R}$.
On en déduit que : $\forall x \in [a ; b]$, $4a^3 \leq h'(x) \leq 4b^3$.
D'après l'inégalité des accroissements finis, on a : $4a^3(b - a) \leq h(b) - h(a) \leq 4b^3(b - a)$;
c'est-à-dire : $4a^3(b - a) \leq b^4 - a^4 \leq 4b^3(b - a)$.

3°) Soit u la fonction de $]-1 ; +\infty[$ vers $\mathbb{R}$, définie par : $u(x) = (1 + x)^n$.
On désigne par $(\mathscr{C})$ la courbe représentative de u.
u est deux fois dérivable sur $\mathbb{R}$ et on a : $u'(x) = n(1 + x)^{n-1}$; $u''(x) = n(n - 1)(1 + x)^{n-2}$.
u'' est positive sur $]-1 ; +\infty[$; donc, en tout point, $(\mathscr{C})$ est au-dessus de sa tangente.
La tangente au point d'abscisse 0 a pour équation : $y = 1 + nx$.
On en déduit que : $\forall x \in]-1 ; +\infty[$, $(1 + x)^n \geq 1 + nx$.

M

Pour démontrer une inégalité, on peut utiliser l'un des procédés suivants.
- Étudier le signe d'une fonction.
- Appliquer l'inégalité des accroissements finis.
- Étudier la concavité d'une fonction.

Exercices

1a Dans chacun des cas suivants, étudier la dérivabilité de la fonction f sur son ensemble de définition puis déterminer sa dérivée.

a) $f(x) = x^2|x|$ *b)* $f(x) = (x-2)\sqrt{2-x}$

c) $f(x) = \sqrt{2x+5}$ *d)* $f(x) = (x+1)\sqrt{x^2-3x-4}$

1b **1.** Soit f la fonction définie par : $f(x) = \dfrac{x-1}{x+2}$.
Préciser l'ensemble de dérivabilité de f, puis déterminer sa fonction dérivée.
2. En déduire, en utilisant la dérivée de la composée de deux fonctions, l'ensemble de dérivabilité et la dérivée des fonctions suivantes.

a) $x \mapsto \dfrac{x^2-1}{x^2+2}$ *b)* $x \mapsto \dfrac{\sqrt{x}-1}{\sqrt{x}+2}$

c) $x \mapsto \sqrt{\dfrac{x-1}{x+2}}$ *d)* $x \mapsto \dfrac{\cos x - 1}{\cos x + 2}$.

1c Soit f la fonction de $[-\frac{\pi}{2} ; \frac{\pi}{2}]$ vers $[-1 ; 1]$, définie par : $f(x) = \sin x$.
1. Démontrer que f admet une fonction réciproque f^{-1}.
2. Déterminer l'intervalle sur lequel f^{-1} est dérivable et démontrer que sa dérivée est la fonction $x \mapsto \dfrac{1}{\sqrt{1-x^2}}$.
3. De manière analogue, étudier la dérivabilité de la fonction réciproque de la fonction g de $[0 ; \pi]$ vers $[-1 ; 1]$, définie par $g(x) = \cos x$, puis déterminer sa dérivée.

1d Déterminer la dérivée de la fonction f dans chacun des cas suivants.

a) $f(x) = \dfrac{1}{(x^2+1)^3}$ *b)* $f(x) = \sqrt{(x^2+1)^3}$

c) $f(x) = \dfrac{1}{\sqrt{x^2+1}}$ *d)* $f(x) = \sqrt[3]{x^2+1}$.

1e Démontrer, en utilisant l'inégalité des accroissements finis, que pour tous nombres réels a et b, on a : $|\cos b - \cos a| \leq |b-a|$.

1f Soit f la fonction définie par : $f(x) = \sqrt{x}$.
Appliquer l'inégalité des accroissements finis à la fonction f, sur l'intervalle $[10\,000 ; 10\,001]$, pour donner un majorant de l'erreur commise en remplaçant $\sqrt{10\,001}$ par 100.

1g Déterminer les dérivées d'ordres 1, 2 et 3 des fonctions suivantes.
a) $x \mapsto 2x^2 - 3x + 4$ *b)* $x \mapsto -x^3 + x - 3$
c) $x \mapsto \dfrac{1}{x-1}$ *d)* $x \mapsto \dfrac{3x+2}{x-1}$.

1h Déterminer les dérivées successives de la fonction : $x \mapsto \dfrac{x^4}{4!} + \dfrac{x^3}{3!} + \dfrac{x^2}{2!} + x + 1$.

1i Déterminer les dérivées d'ordres 1, 2 et 3 des fonctions suivantes.
a) $x \mapsto \tan x$ *b)* $x \mapsto \sin 2x$
c) $x \mapsto \sin^2 x$ *d)* $x \mapsto \cos^2 x$.

2 Études de fonctions

Dans cette leçon, $(\mathscr{C})$ désigne la courbe représentative de la fonction f.

2.1. Fonctions polynômes, fonctions rationnelles

Étude de la fonction $f : x \mapsto \dfrac{x^4}{4} + \dfrac{x^3}{3} - x^2 + 1$

Ensemble de définition

On a : $D_f = \mathbb{R}$.

Dérivée et sens de variation

f est une fonction polynôme ; donc, f est dérivable sur $\mathbb{R}$ et sa dérivée est la fonction $f' : x \mapsto x^3 + x^2 - 2x$.

Or : $\forall x \in \mathbb{R},\ x^3 + x^2 - 2x = x(x-1)(x+2)$.

On a : $f'(-2) = f'(0) = f'(1) = 0$;
$\forall x \in]-\infty ; -2[\cup]0 ; 1[,\ f'(x) < 0$; donc, f est décroissante sur $]-\infty ; -2[$ et sur $]0 ; 1[$;
$\forall x \in]-2 ; 0[\cup]1 ; +\infty[,\ f'(x) > 0$; donc, f est croissante sur $]-2 ; 0[$ et sur $]1 ; +\infty[$.

Étude aux bornes de l'ensemble de définition

On a : $\lim\limits_{x \to +\infty} f(x) = \lim\limits_{x \to +\infty} \frac{x^4}{4} = +\infty$

et $\lim\limits_{x \to +\infty} \frac{f(x)}{x} = \lim\limits_{x \to +\infty} \frac{x^3}{4} = +\infty.$

Donc, $(\mathscr{C})$ admet en $+\infty$ une branche parabolique de direction celle de (OJ).

On démontre de même que $\lim\limits_{x \to -\infty} f(x) = +\infty$ et que $(\mathscr{C})$ admet en $-\infty$ une branche parabolique de direction celle de (OJ).

Tableau de variation

x	$-\infty$		-2		0		1		$+\infty$
$f'(x)$		$-$	0	$+$	0	$-$	0	$+$	
$f(x)$	$+\infty$	↘	$-\frac{5}{3}$	↗	1	↘	$\frac{7}{12}$	↗	$+\infty$

La représentation graphique suggère et on démontre que $(\mathscr{C})$ admet deux points d'inflexion.

Courbe représentative

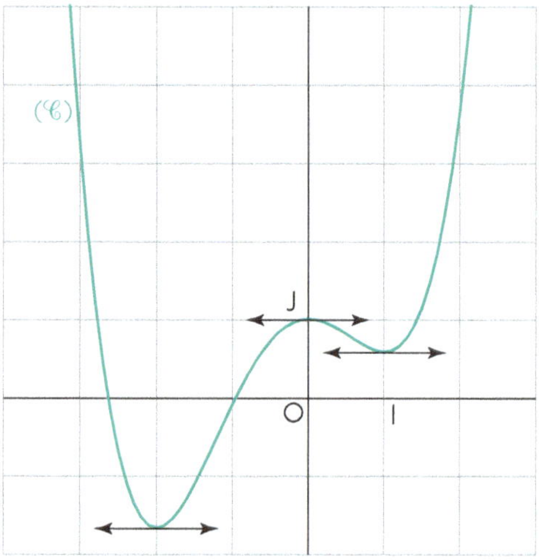

Étude de la fonction $f : x \mapsto \dfrac{2x^2 - 3x + 3}{x^2 - 2x + 2}$

Ensemble de définition

Le polynôme $(x^2 - 2x + 2)$ n'a pas de racine dans $\mathbb{R}$; donc, $D_f = \mathbb{R}$.

Dérivée et sens de variation

f est une fonction rationnelle ;

donc, f est dérivable sur son ensemble définition et sa dérivée est la fonction $f' : x \mapsto \dfrac{-x(x-2)}{(x^2 - 2x + 2)^2}$.

On a : $f'(0) = f'(2) = 0$;

$\forall x \in]-\infty ; 0[\cup]2 ; +\infty[$, $f'(x) < 0$; donc, f est décroissante sur $]-\infty ; 0[$ et sur $]2 ; +\infty[$;

$\forall x \in]0 ; 2[$, $f'(x) > 0$; donc, f est croissante sur $]0 ; 2[$.

Étude aux bornes de l'ensemble de définition

On a : $\lim\limits_{x \to -\infty} f(x) = \lim\limits_{x \to -\infty} \frac{2x^2}{x^2} = 2$ et $\lim\limits_{x \to +\infty} f(x) = \lim\limits_{x \to +\infty} \frac{2x^2}{x^2} = 2.$

Donc, la droite $(\mathscr{D})$ d'équation $y = 2$ est asymptote à $(\mathscr{C})$ en $-\infty$ et en $+\infty$.

Tableau de variation

x	$-\infty$		0		2		$+\infty$
$f'(x)$		$-$	0	$+$	0	$-$	
$f(x)$	2	↘	$\frac{3}{2}$	↗	$\frac{5}{2}$	↘	2

Courbe représentative

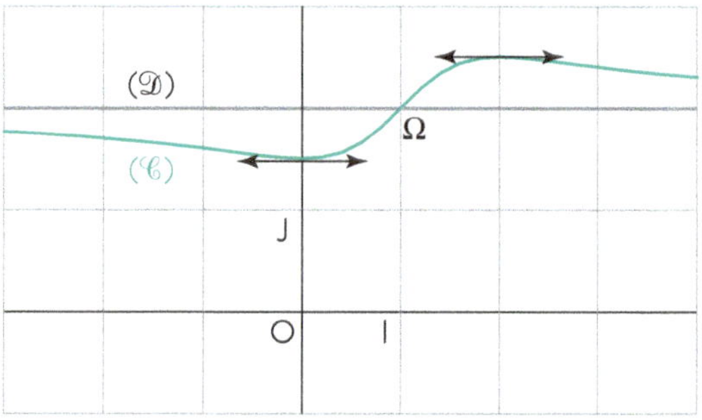

La courbe représentative suggère que le point $\Omega\binom{1}{2}$ est un centre de symétrie de $(\mathscr{C})$.

Démontrons ce résultat.

On a : $\forall x \in \mathbb{R}$, $f(x) = 2 + \dfrac{x-1}{(x-1)^2 + 1}$;

donc, une équation de $(\mathscr{C})$ dans le repère $(\Omega, \overrightarrow{OI}, \overrightarrow{OJ})$ est : $Y = \dfrac{X}{X^2 + 1}$.

Or la fonction $X \mapsto \dfrac{X}{X^2 + 1}$ est impaire. Donc Ω est un centre de symétrie de $(\mathscr{C})$.

Étude de la fonction $f : x \mapsto \dfrac{x^3}{x^2 - x - 2}$

Ensemble de définition

Le polynôme $(x^2 - x - 2)$ a pour racines -1 et 2 ; donc, $D_f = \mathbb{R} \setminus \{-1 ; 2\}$.

Dérivée et sens de variation

f est une fonction rationnelle ;
donc, f est dérivable sur son ensemble définition et sa dérivée est la fonction $f' : x \mapsto \dfrac{x^2(x^2 - 2x - 6)}{(x^2 - 2x - 2)^2}$.

On a : $f'(x) = 0 \iff x = 0$ ou $x = 1 + \sqrt{7}$ ou $x = 1 - \sqrt{7}$.

De plus : $\forall x \in \mathbb{R} \setminus \{-1 ; 2\}$, $\dfrac{x^2}{(x^2 - 2x - 2)^2} \geq 0$;

donc, $f'(x)$ est du signe du polynôme $(x^2 - 2x - 6)$.

On a : $\forall x \in]-\infty ; 1 - \sqrt{7}[\cup]1 + \sqrt{7} ; +\infty[$, $f'(x) > 0$;
donc, f est croissante sur $]-\infty ; 1 - \sqrt{7}[$ et sur $]1 + \sqrt{7} ; +\infty[$;
$\forall x \in]1 - \sqrt{7} ; -1[\cup]-1 ; 2[\cup]2 ; 1 + \sqrt{7}[$, $f'(x) < 0$;
donc, f est décroissante sur chacun des intervalles $]1 - \sqrt{7} ; -1[$, $]-1 ; 2[$ et $]2 ; 1 + \sqrt{7}[$.

Étude aux bornes de l'ensemble de définition

• On a : $\lim\limits_{x \to +\infty} f(x) = \lim\limits_{x \to +\infty} \dfrac{x^3}{x^2} = +\infty$ et $\lim\limits_{x \to -\infty} f(x) = -\infty$.

En effectuant la division euclidienne de x^3 par $(x^2 - x - 2)$, on obtient :

$\forall x \in \mathbb{R} \setminus \{-1 ; 2\}$, $f(x) = x + 1 + \dfrac{3x + 2}{x^2 - 2x - 2}$.

Or : $\lim\limits_{x \to +\infty} \dfrac{3x + 2}{x^2 - 2x - 2} = \lim\limits_{x \to +\infty} \dfrac{3}{x} = 0$.

Donc, la droite $(\mathscr{D}_1)$ d'équation $y = x + 1$ est asymptote à $(\mathscr{C})$ en $+\infty$.
On démontre de même que $(\mathscr{D}_1)$ est asymptote à $(\mathscr{C})$ en $-\infty$.

• On a également : $\lim\limits_{\substack{x \to -1 \\ <}} f(x) = -\infty$ et $\lim\limits_{\substack{x \to -1 \\ >}} f(x) = +\infty$;

donc, la droite $(\mathscr{D}_2)$ d'équation $x = 1$ est asymptote à $(\mathscr{C})$.

De même : $\lim\limits_{\substack{x \to 2 \\ <}} f(x) = -\infty$ et $\lim\limits_{\substack{x \to 2 \\ >}} f(x) = +\infty$;

donc, la droite $(\mathscr{D}_3)$ d'équation $x = 2$ est asymptote à $(\mathscr{C})$.

Tableau de variation

x	$-\infty$	$1-\sqrt{7}$		-1		0		2		$1+\sqrt{7}$	$+\infty$
$f'(x)$	$+$	0	$-$	‖	$-$	0	$-$	‖	$-$	0	$+$
$f(x)$	$-\infty$ ↗	M	↘ $-\infty$	‖	$+\infty$ ↘	0	↘ $-\infty$	‖	$+\infty$ ↘	m	↗ $+\infty$

• *On a :* $M = \dfrac{20 - 14\sqrt{7}}{9}$; *donc :* $M \approx -1{,}89$.

$m = \dfrac{20 + 14\sqrt{7}}{9}$; *donc :* $m \approx 6{,}34$.

M est un maximum relatif et ***m*** *est un minimum relatif de f.*

• *O est un point d'inflexion de* $(\mathscr{C})$.

Courbe représentative

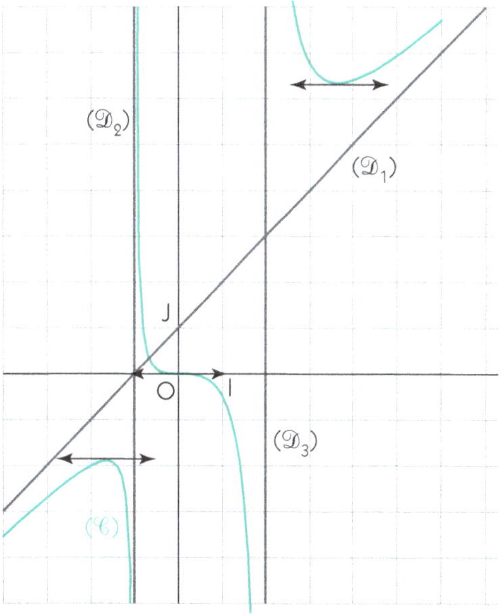

2.2. Fonctions irrationnelles

Étude de la fonction $f : x \mapsto \dfrac{1}{\sqrt{x^2+1}}$

Ensemble de définition

On a : $\forall x \in \mathbb{R},\ x^2 + 1 > 0$; donc, $D_f = \mathbb{R}$.

De plus, f est une fonction paire ; donc, on restreint son étude à l'intervalle $[0 ; +\infty[$, on trace la courbe correspondant à cet intervalle et on complète par la symétrie orthogonale d'axe (OJ).

Dérivée et sens de variation

f est la composée des fonctions $x \mapsto x^2 + 1$ et $x \mapsto \dfrac{1}{\sqrt{x}}$.

Ces fonctions sont dérivables sur leurs ensembles de définition.

Donc, f est dérivable sur son ensemble de définition et sa dérivée est la fonction $f' : x \mapsto -\dfrac{x}{\sqrt{(x^2+1)^3}}$.

On a : $f'(0) = 0$;

$\forall x \in]0 ; +\infty[,\ f'(x) < 0$; donc, f est décroissante sur $]0 ; +\infty[$.

Étude aux bornes de $[0 ; +\infty[$

On a : $\lim\limits_{x \to +\infty} f(x) = 0$; donc, la droite (OI) est asymptote à $(\mathscr{C})$ en $+\infty$.

Tableau de variation

x	0		$+\infty$
$f'(x)$	0	$-$	
$f(x)$	1	$\searrow$	0

Courbe représentative

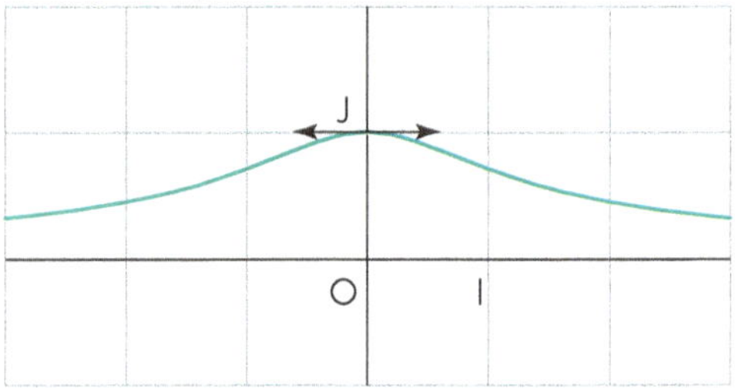

Étude de la fonction $f : x \mapsto \dfrac{3}{4}\sqrt{|x^2 - 4x - 12|}$

Ensemble de définition

On a : $\forall x \in \mathbb{R},\ |x^2 - 4x - 12| \geq 0$; donc, $D_f = \mathbb{R}$.

f est la composée de deux fonctions continues sur $\mathbb{R}$; donc, f est continue sur $\mathbb{R}$.

On a : $\forall x \in \mathbb{R},\ x^2 - 4x - 12 = (x + 2)(x - 6)$; donc :

$$\begin{cases} f(-2) = f(6) = 0 \\ f(x) = \dfrac{3}{4}\sqrt{x^2 - 4x - 12}, & \text{si } x \in]-\infty ; -2[\cup]6 ; +\infty[\\ f(x) = \dfrac{3}{4}\sqrt{-x^2 + 4x + 12}, & \text{si } x \in]-2 ; 6[. \end{cases}$$

Dérivée et sens de variation

• f est dérivable sur $\mathbb{R} \setminus \{-2 ; 6\}$ et on a :

$$\begin{cases} f'(x) = \dfrac{3}{4}\,\dfrac{x-2}{\sqrt{x^2 - 4x - 12}}, & \text{si } x \in]-\infty ; -2[\cup]6 ; +\infty[\\ f'(x) = \dfrac{3}{4}\,\dfrac{-x+2}{\sqrt{-x^2 + 4x + 12}}, & \text{si } x \in]-2 ; 6[. \end{cases}$$

On a : $f'(2) = 0$;

$\forall x \in]-\infty ; -2[\cup]2 ; 6[,\ f'(x) < 0$; donc, f est décroissante sur $]-\infty ; -2[$ et sur $]2 ; 6[$;

$\forall x \in]-2 ; 2[\cup]6 ; +\infty[,\ f'(x) > 0$; donc, f est croissante sur $]-2 ; 2[$ et sur $]6 ; +\infty[$.

• On a : $\lim\limits_{x \underset{<}{\to} -2} \dfrac{f(x) - f(-2)}{x+2} = \lim\limits_{x \underset{<}{\to} -2} -\dfrac{3}{4}\,\dfrac{\sqrt{(x+2)(x-6)}}{-x-2} = \lim\limits_{x \underset{<}{\to} -2} -\dfrac{3}{4}\sqrt{\dfrac{-x+6}{-x-2}} = -\infty.$

De même, on a : $\lim\limits_{x \underset{>}{\to} -2} \dfrac{f(x) - f(-2)}{x+2} = +\infty.$

Donc, f n'est pas dérivable en -2 et $(\mathscr{C})$ a une demi-tangente parallèle à (OJ) au point d'abscisse -2.
On démontre de même que f n'est pas dérivable en 6 et que $(\mathscr{C})$ a une demi-tangente parallèle à (OJ) au point d'abscisse 6.

Étude aux bornes de l'ensemble de définition

• On a : $\lim_{x \to -\infty} (x^2 - 4x - 12) = +\infty$; donc : $\lim_{x \to -\infty} f(x) = +\infty$.

De plus : $\lim_{x \to -\infty} \frac{f(x)}{x} = \lim_{x \to -\infty} \frac{3}{4} \frac{\sqrt{x^2\left(1 - \frac{4}{x} - \frac{12}{x^2}\right)}}{x} = \lim_{x \to -\infty} -\frac{3}{4}\sqrt{1 - \frac{4}{x} - \frac{12}{x^2}} = -\frac{3}{4}$;

$$\lim_{x \to -\infty} \left[f(x) + \frac{3}{4}x\right] = \lim_{x \to -\infty} \frac{3}{4} \frac{(x^2 - 4x - 12) - x^2}{\sqrt{x^2 - 4x - 12} - x} = \lim_{x \to -\infty} \frac{3}{4} \frac{x\left(-4 - \frac{12}{x}\right)}{-x\left(\sqrt{1 - \frac{4}{x} - \frac{12}{x^2}} + 1\right)} = \frac{3}{2}.$$

Donc, la droite $(\mathscr{D}_1)$ d'équation $y = -\frac{3}{4}x + \frac{3}{2}$ est asymptote à $(\mathscr{C})$ en $-\infty$.
On démontre de même que $\lim_{x \to +\infty} f(x) = +\infty$ et que la droite $(\mathscr{D}_2)$ d'équation $y = \frac{3}{4}x - \frac{3}{2}$ est asymptote à $(\mathscr{C})$ en $+\infty$.

Tableau de variation

x	$-\infty$		-2		2		6		$+\infty$
$f'(x)$		$-$	‖	$+$	0	$-$	‖	$+$	
$f(x)$	$+\infty$	↘	0	↗	3	↘	0	↗	$+\infty$

Courbe représentative

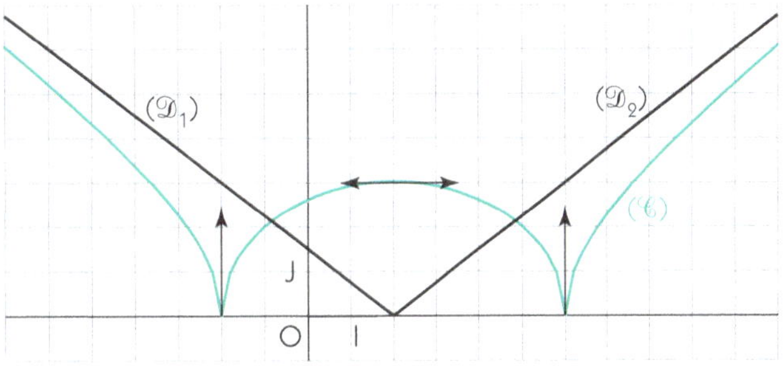

2.3. Fonctions trigonométriques

Étude de la fonction $f : x \mapsto \dfrac{2\sin 2x}{1 + \cos x}$

Ensemble de définition

On a : $1 + \cos x = 0 \iff x \equiv \pi\ [2\pi]$; donc, $D_f = \mathbb{R} \setminus \{\pi + k2\pi, k \in \mathbb{Z}\}$.
De plus, f est impaire et périodique de période 2π ; donc, on restreint son étude à l'intervalle $[0 ; \pi[$, on trace la courbe correspondant à cet intervalle et on complète par la symétrie de centre O, puis par la translation de vecteur $2\pi\overrightarrow{OI}$.

Dérivée et sens de variation

f est le quotient de deux fonctions dérivables sur leur ensemble de définition ; donc, f est dérivable sur son ensemble de définition et sa dérivée est la fonction $f' : x \mapsto \dfrac{4(\cos^2 x + \cos x - 1)}{1 + \cos x}$.

On a : $\forall x \in [0 ; \pi[$, $1 + \cos x > 0$; donc, $f'(x)$ a le même signe que $(\cos^2 x + \cos x - 1)$.

On pose : $X = \cos x$; le polynôme $(X^2 + X - 1)$ a deux racines : $\dfrac{-1 - \sqrt{5}}{2}$ et $\dfrac{-1 + \sqrt{5}}{2}$.

On a : $\dfrac{-1 - \sqrt{5}}{2} \notin [-1 ; 1]$ et $\dfrac{-1 + \sqrt{5}}{2} \in [-1 ; 1]$.

Soit α l'élément de l'intervalle [0 ; π[tel que : $\cos\alpha = \dfrac{-1+\sqrt{5}}{2}$.

On a : $f'(\alpha) = 0$;

$\forall x \in [0 ; \alpha[$, $f'(x) > 0$; donc, f est croissante sur $[0 ; \alpha[$;

$\forall x \in]\alpha ; \pi[$, $f'(x) < 0$; donc, f est décroissante sur $]\alpha ; \pi[$.

Étude aux bornes de [0 ; π[

On a : $\lim\limits_{\substack{x \to \pi \\ <}} \sin 2x = 0$ et $\lim\limits_{\substack{x \to \pi \\ <}} (1+\cos x) = 0$;

on ne peut pas trouver directement la limite en π de $f(x)$.

On remarque que : $\forall x \in]0 ; \pi[$, $f(x) = \dfrac{4\sin x \cos x\,(1-\cos x)}{1-\cos^2 x} = \dfrac{4\cos x\,(1-\cos x)}{\sin x}$.

Donc : $\lim\limits_{\substack{x \to \pi \\ <}} f(x) = \lim\limits_{\substack{x \to \pi \\ <}} \dfrac{4\cos x\,(1-\cos x)}{\sin x} = -\infty$.

On en déduit que la droite (𝒟) d'équation $x = \pi$ est asymptote à (𝒞).

Tableau de variation

x	0		α		π
$f'(x)$	2	+	0	−	‖
$f(x)$	0	↗	$f(\alpha)$	↘	$-\infty$ ‖

On a : $\alpha \approx 0{,}904$ et $f(\alpha) \approx 1{,}201$.

Courbe représentative

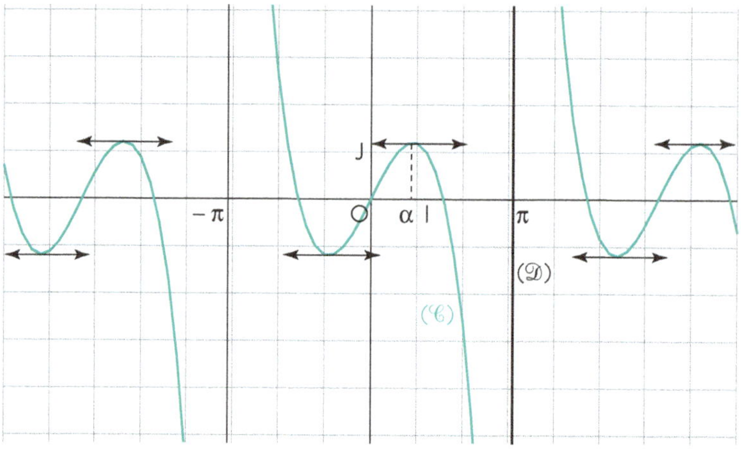

Étude de la fonction $f : x \mapsto x - \sin x$

Ensemble de définition

On a : $D_f = \mathbb{R}$.

De plus : $\forall x \in \mathbb{R}$, $f(x+2\pi) = f(x) + 2\pi$.

Soit $M\begin{pmatrix} x \\ y \end{pmatrix}$ un point du plan et $M'\begin{pmatrix} x+2\pi \\ y+2\pi \end{pmatrix}$ son image par la translation t de vecteur $2\pi(\vec{OI} + \vec{OJ})$.

On a : $M' \in (\mathscr{C}) \Leftrightarrow y + 2\pi = f(x+2\pi)$

$\Leftrightarrow y = f(x)$

$\Leftrightarrow M \in (\mathscr{C})$.

On en déduit que (𝒞) est globalement invariante par t et on restreint l'étude de f à un intervalle d'amplitude 2π, par exemple [− π ; π].

On remarque également que f est impaire ; donc l'intervalle d'étude peut être réduit à [0 ; π].

On étudie la fonction sur l'intervalle [0 ; π], on trace la courbe correspondant à cet intervalle et on complète par la symétrie de centre O, puis par la translation t.

Dérivée et sens de variation

f est dérivable sur ℝ et sa dérivée est la fonction $f' : x \mapsto 1 - \cos x$.

On a : $f'(0) = 0$;

$\forall x \in]0 ; \pi]$, $f'(x) > 0$; donc, f est croissante sur $]0 ; \pi]$.

Tableau de variation

x	0		π
$f'(x)$	0	$+$	2
$f(x)$	0	$\nearrow$	π

• On a : $\forall x \in \mathbb{R}, \quad x - 1 \leq f(x) \leq x + 1$; donc, $(\mathscr{C})$ est comprise entre les droites $(\mathscr{D})$ et $(\mathscr{D}')$ d'équations respectives $y = x - 1$ et $y = x + 1$.

$(\mathscr{C})$ est tangente à $(\mathscr{D})$ aux points d'abscisses $\frac{\pi}{2} + k2\pi$ $(k \in \mathbb{Z})$;

$(\mathscr{C})$ est tangente à $(\mathscr{D}')$ aux points d'abscisses $-\frac{\pi}{2} + k2\pi$ $(k \in \mathbb{Z})$.

• La dérivée seconde de f est la fonction $f'' : x \mapsto \sin x$; donc, les points d'abscisses $k\pi$ $(k \in \mathbb{Z})$ sont des points d'inflexion de $(\mathscr{C})$.

Courbe représentative

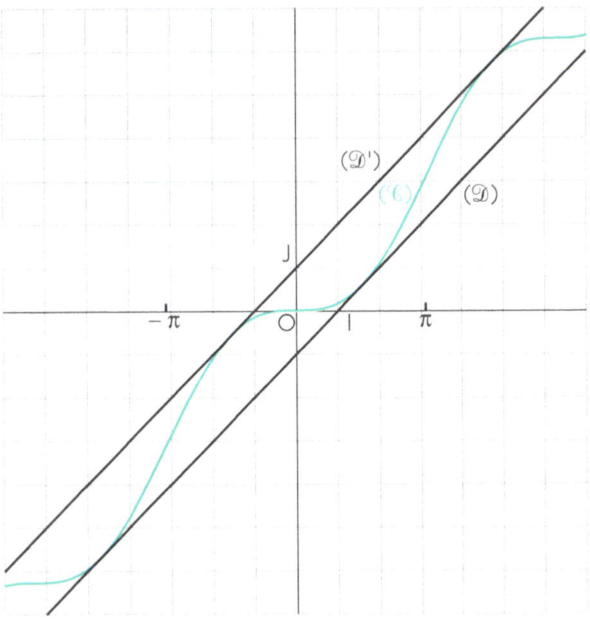

Exercices

2a Étudier les fonctions suivantes et tracer leurs courbes représentatives.
a) $x \mapsto (x-1)^2(x+1)$ *b)* $x \mapsto x^4 - 10x^2 + 9$.

2.b Étudier les fonctions suivantes et tracer leurs courbes représentatives.
a) $x \mapsto \dfrac{x^2 - 12x - 4}{x^2 - 4x + 5}$ *b)* $x \mapsto \dfrac{-2x^2 - 4x + 5}{(x-1)^2}$.

2.c Étudier les fonctions suivantes et tracer leurs courbes représentatives.
a) $x \mapsto \dfrac{x^2 + 5x - 4}{2x}$ *b)* $x \mapsto \dfrac{-2x^2 + 3x + 2}{2x - 1}$.

2.d Soit f la fonction définie par $f(x) = \sqrt{4 - x}$ et $(\mathscr{C})$ sa courbe représentative.
1. Étudier la continuité et la dérivabilité de f sur son ensemble de définition.
$(\mathscr{C})$ admet-elle une tangente au point d'abscisse 4 ?
2. Étudier les variations de f et la branche infinie de $(\mathscr{C})$.
3. Tracer $(\mathscr{C})$.

2.e Soit f la fonction définie par
$f(x) = \sqrt{x^2 + 3x - 4}$ et $(\mathscr{C})$ sa courbe représentative.
1. Étudier la continuité et la dérivabilité de f sur son ensemble de définition.
$(\mathscr{C})$ admet-elle des tangentes aux points d'abscisses -4 et 1 ?
2. Étudier les variations de f et les branches infinies de $(\mathscr{C})$.
3. Tracer $(\mathscr{C})$ et démontrer qu'elle admet un axe de symétrie, dont on précisera une équation.

2.f Soit f la fonction définie par
$f(x) = \sin x - \frac{1}{3}\sin 3x$ et $(\mathscr{C})$ sa courbe représentative.
1. Justifier que l'ensemble d'étude de f peut être réduit à l'intervalle $[0 ; \pi]$.
2. *a)* Démontrer que :
$$\forall x \in \mathbb{R}, \; f'(x) = 2 \sin x \sin 2x.$$
b) Dresser le tableau de variation de f sur $[0 ; \pi]$.
3. Tracer $(\mathscr{C})$; préciser les coordonnées de ses centres de symétrie et des points où la tangente est parallèle à (OI).

2.g Soit f la fonction définie par $f(x) = \dfrac{1 + \sin x}{1 - \cos x}$ et $(\mathscr{C})$ sa courbe représentative.
1. Déterminer D_f ; justifier que l'ensemble d'étude de f peut être réduit à l'intervalle $[-\pi ; \pi]$.
2. *a)* Démontrer que :
$$\forall x \in D_f, \; f'(x) = \frac{\sqrt{2}\cos\left(x + \frac{\pi}{4}\right) - 1}{(1 - \cos x)^2}.$$
b) Dresser le tableau de variation de f sur $[-\pi ; \pi]$.
c) Vérifier que sur cet intervalle $(\mathscr{C})$ présente une seule branche infinie, dont on précisera la nature.
3. *a)* Tracer $(\mathscr{C})$; préciser les coordonnées des points où la tangente est parallèle à (OI).
b) Déterminer une équation des tangentes aux points d'abscisses $-\pi$ et π.

Exercices

Le plan est muni du repère (O, I, J).

APPRENTISSAGE

Calculs de dérivées

1 Déterminer la dérivée des fonctions suivantes.

a) $x \mapsto -x^5 + x^3 - 4$ *b)* $x \mapsto (x^2+1)^4$

c) $x \mapsto (5x+2)^3(3-4x)$ *d)* $x \mapsto x^5(2-4x^2)^3$.

2 Déterminer la dérivée des fonctions suivantes.

a) $x \mapsto \dfrac{2x-1}{-x+1}$ *b)* $x \mapsto \dfrac{x^2+2x+1}{x^2-x-1}$

c) $x \mapsto \left(\dfrac{x-1}{3x+1}\right)^2$ *d)* $x \mapsto \dfrac{(2x-1)^2}{(3x+1)^3}$.

3 Dans chacun des cas suivants, étudier la dérivabilité de la fonction *f* sur son ensemble de définition puis déterminer sa dérivée.

a) $f(x) = \sqrt{x^2 - 3x}$ *b)* $f(x) = (x^2-1)\sqrt{x+1}$

c) $f(x) = \sqrt{\dfrac{x+2}{x-1}}$ *d)* $f(x) = \dfrac{\sqrt{x-1}}{3x-2}$.

4 Soit *f* la fonction définie par :

$$f(x) = \sin^6 x + \cos^6 x + 3\sin^2 x\cos^2 x.$$

Démontrer que *f* est une fonction constante.

5 Déterminer la dérivée des fonctions suivantes.

a) $x \mapsto \cos x - \sin x$ *b)* $x \mapsto \cos\left(-3x + \dfrac{\pi}{3}\right)$

c) $x \mapsto \sin\left(x^2 - \dfrac{\pi}{6}\right)$ *d)* $x \mapsto \sin^2\left(2x - \dfrac{\pi}{4}\right)$

e) $x \mapsto \sin(\cos x)$ *f)* $x \mapsto x^2\cos\dfrac{1}{x}$

g) $x \mapsto \sin\sqrt{\dfrac{1}{1-x^2}}$ *h)* $x \mapsto \tan(\tan x)$

i) $x \mapsto \dfrac{1+\cos x}{\sin^2 x}$ *j)* $x \mapsto \dfrac{\sqrt{x^2-4x}}{\cos^2 x}$.

6 En utilisant la définition du nombre dérivé, calculer les limites suivantes.

a) $\lim\limits_{x \to a} \dfrac{\sin x - \sin a}{x-a}$ *b)* $\lim\limits_{x \to a} \dfrac{\tan x - \tan a}{x-a}$

c) $\lim\limits_{x \to a} \dfrac{\cos^2 x - \cos^2 a}{x-a}$ *d)* $\lim\limits_{x \to \pi} \dfrac{\cos x + 1}{x - \pi}$

e) $\lim\limits_{x \to \frac{\pi}{6}} \dfrac{2\sin x - 1}{6x - \pi}$ *f)* $\lim\limits_{x \to \pi} \dfrac{\cos^3 x + 1}{x-\pi}$.

7 En utilisant la définition du nombre dérivé, calculer les limites suivantes.

a) $\lim\limits_{x \to 0} \dfrac{\sqrt{x+1}-1}{x}$ *b)* $\lim\limits_{x \to 1} \dfrac{\sqrt{2} - \sqrt{x+1}}{x-1}$

c) $\lim\limits_{x \to 2} \dfrac{\sqrt{x^2+x+3}-3}{x-2}$ *d)* $\lim\limits_{x \to 3} \dfrac{\sqrt{3x} - \sqrt{x+6}}{2x-6}$.

8 Soit la fonction $f : x \mapsto \dfrac{x^2-3x+1}{x+1}$ et $(\mathscr{C})$ sa courbe représentative.

1. Déterminer une équation de la tangente à $(\mathscr{C})$ au point d'abscisse 1.

2. Existe-t-il des points de $(\mathscr{C})$ où la tangente a pour coefficient directeur -4 ?

3. Existe-t-il des points de $(\mathscr{C})$ où la tangente est parallèle à la droite d'équation $3x - 2y + 1 = 0$?

9 Dans chacun des cas suivants, étudier la dérivabilité de la fonction *f* sur son ensemble de définition puis déterminer sa dérivée.

a) $f(x) = \left(\sqrt[3]{2x^2 - x - 6}\right)^5$ *b)* $f(x) = \left(\sqrt[5]{2x^2 - x - 6}\right)^3$

c) $f(x) = \dfrac{1}{\sqrt[3]{2x^2 - x - 6}}$ *d)* $f(x) = \dfrac{1}{\left(\sqrt{-2x^2 + x + 6}\right)^3}$.

Dérivée de fonctions réciproques

10 Soit *f* la fonction de $[0 ; \frac{\pi}{2}]$ vers $[0 ; 1]$ définie par : $f(x) = \sin^2 x$.

1. Démontrer que *f* admet une fonction réciproque f^{-1}.

2. Déterminer l'ensemble sur lequel f^{-1} est dérivable et démontrer que sa dérivée est la fonction :

$$x \mapsto \frac{1}{2\sqrt{x}\,\sqrt{1-x}}.$$

11 Soit *f* la fonction de $[0 ; \frac{\pi}{2}[$ vers $[1 ; +\infty[$ définie par : $f(x) = \dfrac{1}{\cos x}$.

1. Démontrer que *f* admet une fonction réciproque f^{-1}.

2. Déterminer l'ensemble sur lequel f^{-1} est dérivable et démontrer que sa dérivée est la fonction :

$$x \mapsto \frac{1}{x\sqrt{x^2-1}}.$$

12 Soit *f* la fonction de $]-\pi ; \pi[$ vers $\mathbb{R}$, définie par : $f(x) = \tan\dfrac{x}{2}$.

1. Démontrer que *f* admet une fonction réciproque f^{-1}.

2. Démontrer que f^{-1} est dérivable sur son ensemble de définition et déterminer sa dérivée.

Comparaison de nombres

13 Utiliser l'inégalité des accroissements finis pour obtenir une majoration du nombre : $\sqrt{33} - \sqrt{32}$.

14 **1.** Démontrer que pout tout nombre réel a de l'intervalle $[0 ; \frac{\pi}{4}]$, on a : $a \leq \tan a \leq 2a$.
2. Démontrer que pour tous nombres réels a et b de l'intervalle $[0 ; \frac{\pi}{2}[$, on a :

$$\frac{b-a}{\cos^2 a} \leq \tan b - \tan a \leq \frac{b-a}{\cos^2 b}.$$

15 Démontrer que pour tout nombre réel x de l'intervalle $[0 ; \frac{1}{2}]$, on a : $1 - \frac{x}{\sqrt{2}} \leq \sqrt{1-x} \leq 1 - \frac{x}{2}$.

16 **1.** *a)* Étudier le sens de variation de la fonction $x \mapsto 3x^3 - 5x$.
b) Comparer les deux nombres A et B :
$A = 3 \times (0{,}745\ 356\ 123)^3 - 5 \times (0{,}745\ 356\ 123)$,
$B = 3 \times (0{,}745\ 356\ 124)^3 - 5 \times (0{,}745\ 356\ 124)$.
2. Utiliser un procédé analogue pour comparer les deux nombres C et D :

$$C = \frac{\sqrt{5}\,(2{,}098\ 765\ 432\ 1)^2}{1 - 2{,}098\ 765\ 432\ 1},$$

$$D = \frac{\sqrt{5}\,(2{,}098\ 765\ 432)^2}{1 - 2{,}098\ 765\ 432}.$$

17 a et b sont deux nombres réels strictement positifs tels que : $a + b = 1$.
Quelles sont les valeurs extrêmes de $a^3 + b^3$?

Dérivées successives

18 Déterminer les dérivées première et seconde des fonctions suivantes.
a) $x \mapsto \frac{x}{x^2-1}$ *b)* $x \mapsto \frac{x^2+1}{2x}$ *c)* $x \mapsto \sqrt{x^2-2x}$
d) $x \mapsto \cos^3 x$ *e)* $x \mapsto \sin^3 x$ *f)* $x \mapsto \tan^2 x$.

19 Déterminer la fonction polynôme f du quatrième degré telle que : $f(-1) = 1$, $f'(-1) = 2$, $f''(-1) = 3$, $f^{(3)}(-1) = 4$ et $f^{(4)}(-1) = 5$.

20 **1.** Soit f la fonction définie par : $f(x) = \cos x$.
Démontrer par récurrence que la dérivée n–ième de f est la fonction $f^{(n)}$ définie par : $f^{(n)}(x) = \cos\left(x + n\frac{\pi}{2}\right)$.
2. Utiliser le résultat de la question précédente et celui établi à propos de la fonction sinus (cf. paragraphe 1.4. de ce chapitre) pour déterminer la dérivée n–ième des fonctions $x \mapsto \sin(ax+b)$ et $x \mapsto \cos(ax+b)$.
3. ***Application***
Déterminer la dérivée n–ième de la fonction :

$$x \mapsto \cos 2x - \sin\frac{x}{2}.$$

Études de fonctions

21 Étudier les fonctions suivantes et tracer leurs courbes représentatives.
a) $x \mapsto \frac{2x+1}{x-1}$ *b)* $x \mapsto \frac{2x-3}{3x^2-4x}$
c) $x \mapsto \frac{x^2+3x}{x^2-4}$ *d)* $x \mapsto \frac{-x^2-x+8}{x^2-x-2}$
e) $x \mapsto \frac{x^2+4x-3}{x^2-2x-3}$ *f)* $x \mapsto \frac{x^2}{x^3+1}$.

22 Étudier les fonctions suivantes et tracer leurs courbes représentatives.
a) $x \mapsto \frac{2x^2-3x+6}{x-2}$ *b)* $x \mapsto \frac{x^2+x-2}{x-2}$
c) $x \mapsto \frac{2x^3}{x^2+1}$ *d)* $x \mapsto \frac{x^3}{x^2+x-2}$.

23 Dans chacun des cas suivants, étudier la fonction f et tracer sa courbe représentative.
a) $f(x) = \frac{x^3+3x^2+10x+5}{(x+1)^2}$
(On pourra écrire $f(x)$ sous la forme $ax + b + \frac{c}{x+1} + \frac{d}{(x+1)^2}$, où a, b, c, et d sont quatre nombres réels.)
b) $f(x) = \frac{x^3+3x^2-4x-20}{2(x+3)}$
(On pourra écrire $f(x)$ sous la forme $a'x^2 + b' + \frac{c'}{x+3}$, où a', b' et c' sont trois nombres réels.)

24 Soit la fonction $f : x \mapsto |x^2-1| + 2|x| - 3$ et $(\mathscr{C})$ sa courbe représentative.
1. Étudier la continuité et la dérivabilité de f en -1, 0 et 1.
2. Étudier les variations de f et tracer $(\mathscr{C})$.

25 Soit la fonction $f : x \mapsto \frac{|x^2+x|+1}{|x|+1}$ et $(\mathscr{C})$ sa courbe représentative.
1. Étudier la continuité et la dérivabilité de f en -1 et 0.
2. Étudier les variations de f et tracer $(\mathscr{C})$.

26 Soit la fonction $f : x \mapsto \frac{x^2+|x-2|}{|x+1|}$ et $(\mathscr{C})$ sa courbe représentative.
1. Étudier la continuité et la dérivabilité de f en -1 et 2.
2. Étudier les variations de f et tracer $(\mathscr{C})$.

27 Étudier les fonctions suivantes et tracer leurs courbes représentatives.
a) $x \mapsto x^2 - 4\sqrt{x}$ *b)* $x \mapsto x + 3 + \sqrt{x-2}$.

28 Soit la fonction $f : x \mapsto \sqrt{\frac{4}{3}x(6-x)}$ et $(\mathscr{C})$ sa courbe représentative.
1. Étudier la continuité et la dérivabilité de f sur son ensemble de définition ; $(\mathscr{C})$ admet-elle des tangentes aux points d'abscisses 0 et 6 ?
2. Étudier les variations de f et tracer $(\mathscr{C})$.
Démontrer que cette courbe admet un axe de symétrie.

29 Soit la fonction $f : x \mapsto \frac{3}{2}\sqrt{(x+3)(x-5)}$ et $(\mathscr{C})$ sa courbe représentative.
1. Étudier la continuité et la dérivabilité de f sur son ensemble de définition ; $(\mathscr{C})$ admet-elle des tangentes aux points d'abscisses -3 et 5 ?
2. Étudier les variations de f et préciser l'allure de $(\mathscr{C})$ en $-\infty$ et en $+\infty$.
3. Tracer $(\mathscr{C})$ et démontrer qu'elle admet un axe de symétrie.

30 Soit la fonction $f : x \mapsto \sqrt{\dfrac{x^3}{x-1}}$ et $(\mathscr{C})$ sa courbe représentative.

1. Étudier la continuité et la dérivabilité de f sur son ensemble de définition. En déduire que $(\mathscr{C})$ admet une demi-tangente parallèle à (OI) au point d'abscisse 0.

2. Étudier les variations de f.

Démontrer que $(\mathscr{C})$ admet trois asymptotes.

3. Tracer $(\mathscr{C})$.

31 Soit la fonction $f : x \mapsto \sqrt{\dfrac{x-2}{x+1}}$ et $(\mathscr{C})$ sa courbe représentative.

1. Étudier la continuité et la dérivabilité de f sur son ensemble de définition. En déduire que $(\mathscr{C})$ admet une demi-tangente parallèle à (OJ) au point d'abscisse 2.

2. Étudier les variations de f.

Démontrer que $(\mathscr{C})$ admet deux asymptotes.

3. Tracer $(\mathscr{C})$.

32 Soit f la fonction définie par :

$$f(x) = 2\cos\frac{3x}{2} - 3\cos x.$$

1. Justifier que l'ensemble d'étude de f peut être réduit à l'intervalle $[0 ; 2\pi]$.

2. Démontrer que : $\forall x \in \mathbb{R},\ f'(x) = 2 \sin x \sin 2x$.

3. Dresser le tableau de variation de f sur $[0 ; 2\pi]$.

4. Tracer la courbe représentative de f.

33 Soit f la fonction définie par

$f(x) = \dfrac{\sin x + \sin 2x}{1 + \cos x}$ et $(\mathscr{C})$ sa courbe représentative.

1. Déterminer D_f ; justifier que l'ensemble d'étude de f peut être réduit à l'intervalle $[0 ; \pi]$.

2. Démontrer que : $\forall x \in D_f,\ f'(x) = \dfrac{2\cos x + \cos 2x}{1 + \cos x}$.

3. Vérifier que sur $[0 ; \pi]$ $(\mathscr{C})$ présente une branche infinie, dont on précisera la nature.

4. Dresser le tableau de variation de f sur $[0 ; \pi]$.

5. Tracer $(\mathscr{C})$ sur l'intervalle $[-2\pi ; 2\pi]$; préciser les coordonnées de ses points d'inflexion.

34 Soit f la fonction définie par

$f(x) = \tan 2x - 2\tan x$ et $(\mathscr{C})$ sa courbe représentative.

1. Déterminer D_f ; justifier que l'ensemble d'étude de f peut être réduit à l'intervalle $[0 ; \frac{\pi}{2}]$.

2. Démontrer que :

$$\forall x \in D_f,\ f'(x) = \frac{2\tan^2 x(1 + \tan^2 x)(3 - \tan^2 x)}{(1 - \tan^2 x)^2}.$$

3. Vérifier que sur $[0 ; \frac{\pi}{2}]$ $(\mathscr{C})$ présente deux branches infinies, dont on précisera la nature.

4. Dresser le tableau de variation de f sur $[0 ; \frac{\pi}{2}]$.

5. Tracer $(\mathscr{C})$ sur l'intervalle $[-\pi ; \pi]$.

35 Soit f la fonction définie par

$f(x) = \dfrac{4\sin^2 x + 3\sin x}{\sin x - 1}$ et $(\mathscr{C})$ sa courbe représentative.

1. Déterminer D_f. Démontrer que les droites d'équations $x = \frac{\pi}{2}$ et $x = \frac{3\pi}{2}$ sont des axes de symétrie de $(\mathscr{C})$.

À quel ensemble peut-on réduire l'étude de f ?

2. Démontrer que :

$$\forall x \in D_f,\ f'(x) = \frac{\cos x(2\sin x - 3)(2\sin x - 1)}{(\sin x - 1)^2}.$$

3. Étudier les variations de f sur l'intervalle $[\frac{\pi}{2} ; \frac{3\pi}{2}]$.

Démontrer que sur cet intervalle $(\mathscr{C})$ présente une seule branche infinie, dont on précisera la nature.

4. Tracer $(\mathscr{C})$ sur l'intervalle $[-3\pi ; 3\pi]$.

APPROFONDISSEMENT

36 Soit f la fonction définie par : $f(x) = \sqrt{\dfrac{1}{\cos 2x}}$.

1. Vérifier que f est deux fois dérivable sur l'intervalle $]-\frac{\pi}{4} ; \frac{\pi}{4}[$.

2. Démontrer que pour tout nombre réel x de cet intervalle, on a : $f''(x) + f(x) = 3f^5(x)$.

37 Soit f la fonction définie par :

$$f(x) = (1 + x)^n \ (n \in \mathbb{N}^*).$$

1. Déterminer la dérivée de f.

2. Après avoir développé $f(x)$ par la formule du binôme, donner une autre expression de cette dérivée.

3. En déduire la valeur des sommes suivantes :

a) $\sum_{p=1}^{n} p\mathrm{C}_n^p = 1\mathrm{C}_n^1 + 2\mathrm{C}_n^2 + 3\mathrm{C}_n^3 + \ldots + n\mathrm{C}_n^n$;

b) $\sum_{p=1}^{n} (-1)^{p+1} p\mathrm{C}_n^p = 1\mathrm{C}_n^1 - 2\mathrm{C}_n^2 + 3\mathrm{C}_n^3 + \ldots + (-1)^n n\mathrm{C}_n^n$.

38 Soit f la fonction définie par :

$$f(x) = x(1 + x)^n \ (n \in \mathbb{N}^* \backslash \{1\}).$$

1. Déterminer la dérivée de f.

2. Après avoir développé $f(x)$ par la formule du binôme, donner une autre expression de cette dérivée.

3. En déduire que :

a) $\sum_{p=0}^{n} (p + 1)\mathrm{C}_n^p = (n + 2)2^{n-1}$;

b) $\sum_{p=0}^{n} (-1)^p (p + 1)\mathrm{C}_n^p = 0$.

39 Soit f la fonction définie par : $f(x) = \dfrac{1}{x^2 - 1}$.

1. Déterminer les nombres réels a et b tels que :

$$\forall x \in \mathbb{R} \backslash \{-1 ; 1\},\ f(x) = \frac{a}{x-1} + \frac{b}{x+1}.$$

2. Soit n un nombre entier naturel non nul ; démontrer qu'il existe un polynôme P_n, de degré n, tel que :

$$\forall x \in \mathbb{R} \backslash \{-1 ; 1\},\ f^{(n)}(x) = (-1)^n \frac{n!\,\mathrm{P}_n(x)}{2(x^2 - 1)^{n+1}}$$

où $f^{(n)}$ est la dérivée n-ième de f.

40 **Formule de Leibnitz**

On considère deux fonctions f et g dérivables jusqu'à l'ordre n sur un intervalle K.

1. Déterminer $(fg)'$ et $(fg)''$.

2. Démontrer que : $(fg)^{(3)} = f^{(3)}g + 3f''g' + 3f'g'' + fg^{(3)}$.

3. En utilisant un raisonnement par récurrence, donner une expression de $(fg)^{(n)}$.

4. ***Application***

Déterminer la dérivée n-ième des fonctions suivantes.

a) $x \mapsto x\cos x$ *b)* $x \mapsto x^2\cos x$

c) $x \mapsto (x^2 + 3x - 1)\sin x$ *d)* $x \mapsto \dfrac{1}{x}$

41 Soit f la fonction définie par :

$$f(x) = \mathrm{E}(x) + [x - \mathrm{E}(x)]^2,$$

où E désigne la fonction partie entière.

1. Démontrer que : $\forall x \in \mathbb{R},\ f(x + 1) = f(x) + 1$.

Donner une interprétation graphique de ce résultat.

2. Étudier f et tracer sa courbe représentative sur l'intervalle $[-3 ; 3]$.

42 Soit a, b, c trois nombres réels et f une fonction périodique, de période 2, telle que :

$$\forall\, x \in [0\,;\,2[,\ f(x) = x^4 + bx^3 + cx^2 + dx.$$

On désigne par $(\mathscr{C})$ sa courbe représentative.

1. Calculer $f(2)$. Trouver, sous la forme d'une relation entre b, c et d, une condition nécessaire et suffisante pour que f soit continue sur $\mathbb{R}$.

2. Déterminer b, c et d pour qu'en plus f admette en 1 un extremum relatif égal à $-\frac{1}{2}$.

3. Étudier alors la dérivabilité de f et construire $(\mathscr{C})$, en précisant ses points d'inflexion et axes de symétrie.

43 Soit f la fonction définie par : $f(x) = x\sqrt{x+1}$.

1. Étudier f et tracer sa courbe représentative.

2. En déduire le tracé des courbes d'équations :

$y = \sqrt{x^3 + x^2}$ et $y^2 - x^3 - x^2 = 0$.

44 Soit la fonction $f : x \mapsto x^{\frac{2}{3}} - 3x^{\frac{1}{3}} + 2$.

1. Étudier f et tracer sa courbe représentative.

2. En déduire la courbe représentative de la fonction $g : x \mapsto f(|x|)$.

45 Soit f la fonction définie par

$f(x) = \sqrt{|x^2 - 6x + 5|}$ et $(\mathscr{C})$ sa courbe représentative.

1. Exprimer $f(x)$ sans le symbole « valeur absolue ».

2. Étudier la continuité et la dérivabilité de f sur son ensemble de définition ; $(\mathscr{C})$ admet-elle des tangentes aux points d'abscisses 1 et 5 ?

3. Étudier les variations de f.

4. Démontrer que les droites d'équations $y = x - 3$ et $y = -x + 3$ sont asymptotes à $(\mathscr{C})$.

5. Tracer $(\mathscr{C})$ et démontrer qu'elle admet un axe de symétrie, dont on précisera l'équation.

6. Démontrer que, pour tout nombre réel x de l'intervalle $[1\,;\,5]$, le point $M\begin{pmatrix} x \\ f(x) \end{pmatrix}$ est à une distance constante du point $\Omega\begin{pmatrix} 3 \\ 1 \end{pmatrix}$.

En déduire la nature de $(\mathscr{C})$ sur l'intervalle $[1\,;\,5]$.

46 Soit f la fonction de $[-\pi\,;\,\pi]$ vers $\mathbb{R}$, définie par :

$$f(x) = \sin^3 x - \sqrt{3}\cos^3 x.$$

1. Étudier f et tracer sa courbe représentative.

2. Déterminer, graphiquement et selon les valeurs du nombre réel m, le nombre de solutions dans l'intervalle $[-\pi\,;\,\pi]$ de l'équation : $\sin^3 x - \sqrt{3}\cos^3 x = m$.

47 **1.** Soit f la fonction de $]0\,;\,2[$ vers $\mathbb{R}$ définie par :

$$f(x) = \tan\left(\frac{\pi}{2}(x-1)\right).$$

Étudier f et tracer sa courbe représentative $(\mathscr{C})$.

2. Justifier que f est bijective ;

soit g sa fonction réciproque.

Démontrer que g est dérivable sur $\mathbb{R}$ et que sa dérivée est la fonction $g' : x \mapsto \dfrac{2}{\pi(x^2+1)}$.

3. On considère la fonction h, définie par :

$$h(x) = g(x) + g\left(\frac{1}{x}\right).$$

Étudier la dérivabilité de h sur son ensemble de définition et déterminer sa dérivée. En déduire la formule explicite de h sur $]-\infty\,;\,0[$ et sur $]0\,;\,+\infty[$.

48 Le repère (O, I, J) est orthonormé.

1. Soit la fonction $\varphi : x \mapsto -\dfrac{1}{2} + \dfrac{x}{2\sqrt{x^2+1}}$.

a) Démontrer que pour t élément de $]-\frac{\pi}{2}\,;\,\frac{\pi}{2}[$, on a :

$$\varphi(\tan t) = -\frac{1}{2} + \frac{\sin t}{2}.$$

b) En déduire le signe de $\varphi(x)$ pour tout x élément de $\mathbb{R}$.

2. Soit la fonction $f : x \mapsto -\dfrac{x}{2} + 1 + \dfrac{1}{2}\sqrt{x^2+1}$ et $(\mathscr{C}_f)$ sa courbe représentative.

Étudier f ; préciser la position de $(\mathscr{C}_f)$ par rapport à ses asymptotes, puis construire $(\mathscr{C}_f)$.

3. Déterminer l'intervalle K pour lequel f réalise une bijection de $\mathbb{R}$ sur K. Dans ce cas, soit g la fonction réciproque de f et $(\mathscr{C}_g)$ sa courbe représentative.

Déterminer $g(x)$ pour tout x élément de K.

Construire $(\mathscr{C}_g)$ et donner les coordonnées des points d'intersection de $(\mathscr{C}_f)$ avec $(\mathscr{C}_g)$.

49 **1.** *a)* Tracer la courbe représentative de la fonction $x \mapsto \tan x$ sur l'intervalle $[0\,;\,2\pi]$.

b) En déduire que l'équation $\tan x + x = 0$ admet dans cet intervalle deux solutions non nulles α et β.

Déterminer une valeur approchée à 10^{-1} près de ces solutions.

2. Soit f la fonction définie par : $f(x) = x\sin x$.

On désigne par $(\mathscr{C})$ sa courbe représentative, par (Δ) et (Δ') les droites d'équations $y = x$ et $y = -x$.

a) Démontrer que f est une fonction paire.

Déterminer les abscisses des points d'intersection de $(\mathscr{C})$ avec (OI).

b) Démontrer que : $\forall\, x \in \mathbb{R},\ -x \leq f(x) \leq x$.

Donner une interprétation graphique de ce résultat.

c) Déterminer les points d'intersection de $(\mathscr{C})$ avec (Δ) [respectivement (Δ')].

Démontrer qu'en chacun de ces points, (Δ) [respectivement (Δ')] est tangente à $(\mathscr{C})$.

d) Étudier les variations de f sur l'intervalle $[0\,;\,2\pi]$.

Tracer $(\mathscr{C})$ sur l'intervalle $[-2\pi\,;\,2\pi]$.

50 **1.** Soit la fonction $f : x \mapsto x + \sqrt{|x^2 - 1|}$ et $(\mathscr{C}_f)$ sa courbe représentative.

a) Étudier la continuité et la dérivabilité de f sur son ensemble de définition ; $(\mathscr{C}_f)$ admet-elle des tangentes aux points d'abscisses -1 et 1 ?

b) Démontrer que $(\mathscr{C}_f)$ admet deux asymptotes, que l'on précisera.

c) Étudier les variations de f et construire $(\mathscr{C}_f)$.

2. Soit la fonction $g : x \mapsto x - \sqrt{|x^2 - 1|}$ et $(\mathscr{C}_g)$ sa courbe représentative.

a) Démontrer que $(\mathscr{C}_g)$ et $(\mathscr{C}_f)$ sont symétriques par rapport au point O.

b) Construire $(\mathscr{C}_g)$ sur le même graphique que $(\mathscr{C}_f)$.

51 **1.** Soit la fonction $f : x \mapsto \left(\sqrt{x} - 1\right)^2$ et $(\mathscr{C}_f)$ sa courbe représentative.

a) Étudier f et construire $(\mathscr{C}_f)$.

b) Calculer $f \circ f(x)$.

Que peut-on en déduire pour la restriction de f à l'intervalle $[0\,;\,1]$ et la partie correspondante de $(\mathscr{C}_f)$?

2. Soit la fonction $g : x \mapsto \left(\sqrt{x} + 1\right)^2$ et $(\mathscr{C}_g)$ sa courbe représentative.

Démontrer que g est la fonction réciproque de la restriction de f à l'intervalle $[1\,;\,+\infty[$.

En déduire une construction de $(\mathscr{C}_g)$.

52 1. Soit la fonction $f : x \mapsto x + \sqrt{1 + x^2}$.
Étudier f et tracer sa courbe représentative.
2. Soit les fonctions :

$$g : x \mapsto \frac{1}{2}\left(x + \frac{1}{x}\right) \quad \text{et} \quad h : x \mapsto \frac{1}{2}\left(x - \frac{1}{x}\right).$$

Étudier le sens de variation de g et h sur $]0 ; +\infty[$.
3. Soit n un entier naturel non nul et P_n la fonction définie sur $\mathbb{R}$ par :

$$P_n(x) = \frac{1}{2}\left[\left(x + \sqrt{1 + x^2}\right)^n + \left(x - \sqrt{1 + x^2}\right)^n\right].$$

a) Démontrer que P_n est une fonction polynôme dont on précisera le degré.
b) Soit la fonction $\varphi_n : x \mapsto x^n$.
Démontrer que l'on a, suivant la parité de n :

$$P_n = g \circ \varphi_n \circ f \quad \text{ou} \quad P_n = h \circ \varphi_n \circ f.$$

c) En déduire le sens de variation de P_n.

53 Encadrement de $\sqrt{1 + a}$

1. *a)* Démontrer que la courbe représentative, sur l'intervalle $[0 ; +\infty[$, de la fonction $f : x \mapsto \frac{1}{1 + x}$ est au-dessus de sa tangente en tout point.
b) En déduire que :

$$\forall \alpha \in [0 ; +\infty[, \quad \frac{1}{1 + \alpha} \geq 1 - \alpha \quad (1).$$

2. Soit la fonction $g : x \mapsto \sqrt{1 + x}$ et a un nombre réel strictement positif.
a) Déterminer les dérivées première et seconde de g sur l'intervalle $[0 ; +\infty[$.
b) Vérifier que :

$$\forall x \in [0 ; a[, \quad \frac{1}{2\sqrt{1 + a}} \leq g'(x) \leq \frac{1}{2}.$$

c) En appliquant l'inégalité des accroissements finis à la fonction g sur l'intervalle $[0 ; a]$, démontrer que :

$$1 + \frac{a}{2\sqrt{1 + a}} \leq \sqrt{1 + a} \leq 1 + \frac{a}{2} \quad (2).$$

3. Déduire des inégalités (1) et (2) que :

$$\forall a \in]0 ; +\infty[, \quad 1 + \frac{a}{2} - \frac{a^2}{4} \leq \sqrt{1 + a} \leq 1 + \frac{a}{2}.$$

4. ***Application***

Établir les inégalités suivantes.
- $1{,}047\,5 \leq \sqrt{1{,}1} \leq 1{,}05$
- $100{,}004\,999\,75 \leq \sqrt{10\,001} \leq 100{,}005$
- $5{,}098 \leq \sqrt{26} \leq 5{,}1$.

En déduire une valeur approchée des nombres $\sqrt{1{,}1}$, $\sqrt{10\,001}$ et $\sqrt{26}$, en précisant à chaque fois l'incertitude.

11 Primitives - Fonction logarithme népérien

Introduction

Le mathématicien écossais John NAPIER – ou NÉPER – (1550-1617) inventa le mot et le concept de logarithmes en 1614 dans sa : Description de la stupéfiante règle des logarithmes. *Son but était de simplifier le calcul d'un produit en le ramenant à celui d'une somme.*

Cette découverte allait donner naissance aux tables de logarithmes, *à la* règle à calcul *et au* pH-mètre.

La règle à calcul, *inventée en 1620 par l'Anglais Edmund GUNTER, resta l'outil de calcul privilégié des ingénieurs et techniciens jusqu'à son abandon définitif au début des années 1970 au profit des* calculatrices électroniques *de poche.*

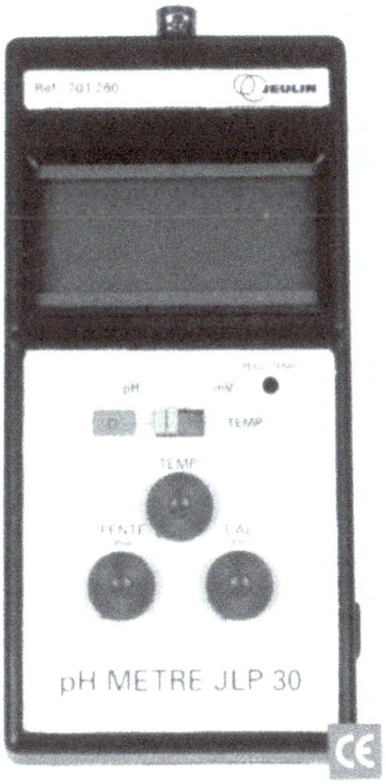

Un pH-mètre.

SOMMAIRE

Dans ce chapitre, les fonctions étudiées sont des fonctions numériques à variable réelle et le plan est muni du repère (O, I, J).

1 Primitives d'une fonction

1.1. Définition et propriétés

Introduction

Dans chacun des cas suivants, déterminer une fonction F dérivable sur un intervalle K que l'on précisera et dont la dérivée est la fonction f.

- $f : x \mapsto 1$
- $f : x \mapsto -\dfrac{1}{x^2}$
- $f : x \mapsto \dfrac{1}{\sqrt{x}}$
- $f : x \mapsto 3x^2$
- $f : x \mapsto \cos x$
- $f : x \mapsto 3x^2 + \cos x$.

Définition

Soit f une fonction définie sur un intervalle K.
On appelle primitive de f sur K toute fonction F de K vers $\mathbb{R}$, dérivable sur K et telle que, pour tout élément x de K, $F'(x) = f(x)$.

Exemples

- La fonction $F : x \mapsto x^2$ est une primitive sur $\mathbb{R}$ de la fonction $f : x \mapsto 2x$;

les fonctions $x \mapsto x^2 + 3$, $x \mapsto x^2 - \sqrt{5}$ et $x \mapsto x^2 + \dfrac{\pi}{4}$ sont aussi des primitives de f sur $\mathbb{R}$.

- La fonction $G : x \mapsto 3x + \sqrt{x}$ est une primitive sur $]0 ; +\infty[$ de la fonction $g : x \mapsto 3 + \dfrac{1}{2\sqrt{x}}$.
- La fonction $H : x \mapsto 1 - \cos x$ est une primitive sur $\mathbb{R}$ de la fonction $h : x \mapsto \sin x$.

Une fonction définie sur un intervalle K admet-elle une primitive sur cet intervalle ?
La propriété suivante, que nous admettons, apporte une réponse partielle à cette question.

Propriété

Si f est une fonction continue sur un intervalle K, alors f admet une primitive sur K.

Remarques

Soit f une fonction définie sur un intervalle K.

- *Si f n'est pas continue sur K, elle peut admettre ou ne pas admettre de primitive sur K (cf. §1.3. TD1).*
- *Si f est continue sur K, elle admet une primitive sur K mais on ne sait pas toujours en donner une formule explicite.*

Ensemble des primitives d'une fonction

Propriété 1

Soit f une fonction admettant une primitive F sur un intervalle K.

- **Pour tout nombre réel c, la fonction $x \mapsto F(x) + c$ est une primitive de f sur K.**
- **Toute primitive de f sur K est de la forme $x \mapsto F(x) + c$, où $c \in \mathbb{R}$.**

Démonstration

- Soit c un nombre réel. La fonction $x \mapsto F(x) + c$ est dérivable sur K et a la même dérivée que la fonction $x \mapsto F(x)$. Donc, la fonction $x \mapsto F(x) + c$ est une primitive de f sur K.
- Soit G une primitive de f sur K. La fonction G – F est dérivable sur K et on a :

$\forall x \in K$, $(G - F)'(x) = G'(x) - F'(x) = f(x) - f(x) = 0$; donc, G – F est une fonction constante sur K.
On en déduit que G est de la forme $x \mapsto F(x) + c$, où $c \in \mathbb{R}$.

Exemple

Les primitives sur $\mathbb{R}$ de la fonction $x \mapsto 2x$ sont les fonctions $x \mapsto x^2 + c$, où $c \in \mathbb{R}$.

Propriété 2

Soit f une fonction admettant une primitive sur un intervalle K, y_0 un nombre réel et x_0 un élément de K. Il existe une primitive de f sur K et une seule qui prend la valeur y_0 en x_0.

Démonstration

Soit F une primitive de f sur K. Toute primitive G de f sur K est telle que : $\forall\, x \in$ K, G(x) = F$(x) + c$.

On a : $G(x_0) = y_0 \quad \Leftrightarrow \quad F(x_0) + c = y_0$

$\Leftrightarrow \quad c = -F(x_0) + y_0$.

Donc, la fonction G : $x \mapsto F(x) - F(x_0) + y_0$ est la primitive de f sur K qui prend la valeur y_0 en x_0.

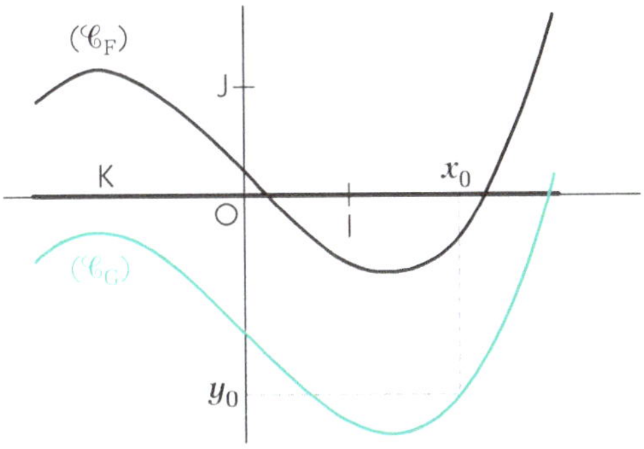

Exemple

Déterminer la primitive F sur $\mathbb{R}$ de la fonction $x \mapsto \cos x$ qui prend la valeur -1 en $\frac{\pi}{2}$.

F est de la forme $x \mapsto \sin x + c$, où $c \in \mathbb{R}$. De plus, on a : $F(\frac{\pi}{2}) = -1 \Leftrightarrow 1 + c = -1 \Leftrightarrow c = -2$.

Donc, la fonction F : $x \mapsto \sin x - 2$ est la primitive cherchée.

1.2. Calculs de primitives

Primitives de fonctions élémentaires

La connaissance des dérivées des fonctions élémentaires permet de dresser le tableau suivant, où c désigne un nombre réel.

Fonction f	Primitives de f	Sur l'intervalle
$x \mapsto a \ (a \in \mathbb{R})$	$x \mapsto ax + c$	$\mathbb{R}$
$x \mapsto x^n \ (n \in \mathbb{N})$	$x \mapsto \dfrac{x^{n+1}}{n+1} + c$	$\mathbb{R}$
$x \mapsto \dfrac{1}{x^n} \ (n \in \mathbb{N}\backslash\{1\})$	$x \mapsto -\dfrac{1}{(n-1)\,x^{n-1}} + c$	$]-\infty\,;0[$ ou $]0\,;+\infty[$
$x \mapsto \dfrac{1}{\sqrt{x}}$	$x \mapsto 2\sqrt{x} + c$	$]0\,;+\infty[$
$x \mapsto x^r \ (r \in \mathbb{Q}\backslash\{-1\})$	$x \mapsto \dfrac{x^{r+1}}{r+1} + c$	$[0\,;+\infty[$, si $r \geq 0$ $]0\,;+\infty[$, si $r < 0$
$x \mapsto \sin x$	$x \mapsto -\cos x + c$	$\mathbb{R}$
$x \mapsto \cos x$	$x \mapsto \sin x + c$	$\mathbb{R}$
$x \mapsto 1 + \tan^2 x = \dfrac{1}{\cos^2 x}$	$x \mapsto \tan x + c$	$\left](2k-1)\frac{\pi}{2}\,;(2k+1)\frac{\pi}{2}\right[\ (k \in \mathbb{Z})$

Exemples

- Les primitives sur $\mathbb{R}$ de la fonction $x \mapsto x^3$ sont les fonctions $x \mapsto \frac{x^4}{4} + c \ (c \in \mathbb{R})$.
- Les primitives sur $]0\,;+\infty[$ de la fonction $x \mapsto \frac{1}{x^5}$ sont les fonctions $x \mapsto -\frac{1}{4x^4} + c \ (c \in \mathbb{R})$.

Primitives de la somme de deux fonctions

Propriété

Soit u et v deux fonctions admettant respectivement pour primitives sur un intervalle K les fonctions U et V.
La fonction $u + v$ admet pour primitive sur K la fonction U + V.

En effet, $U + V$ est dérivable sur K et on a : $(U + V)' = U' + V' = u + v$.

Exemples

- Les primitives sur $\mathbb{R}$ de la fonction $x \mapsto x + \sin x$ sont les fonctions $x \mapsto \frac{x^2}{2} - \cos x + c$ $(c \in \mathbb{R})$.
- Les primitives sur $]0\,;+\infty[$ de la fonction $x \mapsto 2 - \frac{1}{\sqrt{x}}$ sont les fonctions $x \mapsto 2x - 2\sqrt{x} + c$ $(c \in \mathbb{R})$.
- On a : $\forall x \in \left]-\frac{\pi}{2}\,;\frac{\pi}{2}\right[$, $\tan^2 x = (1 + \tan^2 x) - 1$; donc, les primitives de la fonction $x \mapsto \tan^2 x$ sur $\left]-\frac{\pi}{2}\,;\frac{\pi}{2}\right[$ sont les fonctions $x \mapsto \tan x - x + c$ $(c \in \mathbb{R})$.

Primitives du produit d'une fonction par un nombre réel

Propriété

Soit u une fonction admettant pour primitive sur un intervalle K la fonction U et k un nombre réel.
La fonction ku admet pour primitive sur K la fonction kU.

En effet, kU est dérivable sur K et on a : $(kU)' = kU' = ku$.

Exemples

- Les primitives sur $\mathbb{R}$ de la fonction $x \mapsto 5x^2$ sont les fonctions $x \mapsto \frac{5x^3}{3} + c$ $(c \in \mathbb{R})$.
- Les primitives sur $\mathbb{R}$ de la fonction $x \mapsto 2\cos x$ sont les fonctions $x \mapsto 2\sin x + c$ $(c \in \mathbb{R})$.

Primitives de $u' \times (v' \circ u)$

Propriété

Soit u une fonction dérivable sur un intervalle K et v une fonction dérivable sur un intervalle contenant u(K).
La fonction $u' \times (v' \circ u)$ admet pour primitive sur K la fonction $v \circ u$.

En effet, $v \circ u$ est dérivable sur K et sa dérivée est $u' \times (v' \circ u)$.

On en déduit le tableau suivant.

Fonction f	Une primitive de f	Commentaires
$u'u^n$ $(n \in \mathbb{N})$	$\frac{u^{n+1}}{n+1}$	sur tout intervalle où u est dérivable
$\frac{u'}{u^n}$ $(n \in \mathbb{N}\backslash\{1\})$	$-\frac{1}{(n-1)\,u^{n-1}}$	sur tout intervalle où u est dérivable et ne s'annule pas
$\frac{u'}{\sqrt{u}}$	$2\sqrt{u}$	sur tout intervalle où u est dérivable et strictement positive
$u'u^r$ $(r \in \mathbb{Q}\backslash\{-1\})$	$\frac{u^{r+1}}{r+1}$	sur tout intervalle où u est dérivable et positive (strictement positive, si $r < 0$)
$u' \cos u$	$\sin u$	sur tout intervalle où u est dérivable
$u' \sin u$	$-\cos u$	sur tout intervalle où u est dérivable

Exemples

• La fonction $x \mapsto \cos x \sin^3 x$ a pour primitives sur $\mathbb{R}$ les fonctions $x \mapsto \frac{\sin^4 x}{4} + c$ $(c \in \mathbb{R})$.

• La fonction $f : x \mapsto \frac{x+1}{(x^2+2x)^4}$ a pour primitives sur chacun des intervalles $]-\infty\,;-2[$, $]-2\,;0[$ et $]0\,;+\infty[$ les fonctions $x \mapsto -\frac{1}{6(x^2+2x)^3} + c$ $(c \in \mathbb{R})$.

En effet, f est de la forme $\frac{1}{2}\frac{u'}{u^4}$ avec $u : x \mapsto x^2 + 2x$.

• La fonction $x \mapsto \frac{x}{\sqrt{1-x^2}}$ a pour primitives sur $]-1\,;1[$ les fonctions $x \mapsto -\sqrt{1-x^2} + c$ $(c \in \mathbb{R})$.

• La fonction $g : x \mapsto \frac{2x}{(\sqrt[3]{x^2+1}\,)^2}$ a pour primitives sur $\mathbb{R}$ les fonctions $x \mapsto 3\sqrt[3]{x^2+1} + c$ $(c \in \mathbb{R})$.

En effet, g est de la forme $u'u^{-\frac{2}{3}}$ avec $u : x \mapsto x^2 + 1$.

• La fonction $x \mapsto \sin(2x + \frac{\pi}{3})$ a pour primitives sur $\mathbb{R}$ les fonctions $x \mapsto -\frac{1}{2}\cos(2x + \frac{\pi}{3}) + c$ $(c \in \mathbb{R})$.

1.3. Travaux dirigés

1. Continuité et primitives

L'existence de primitives pour toute fonction continue sur un intervalle est un résultat simple à énoncer et fondamental en analyse. Admis en classe de terminale, ce résultat ne doit cependant pas occulter la complexité de la question des fonctions admettant des primitives.

Nous allons donner deux exemples de fonctions non continues sur $\mathbb{R}$, l'une admettant des primitives sur $\mathbb{R}$, l'autre n'en admettant pas.

1°) Soit f la fonction définie par : $\begin{cases} f(x) = 2x\sin\frac{1}{x} - \cos\frac{1}{x}, \text{ si } x \neq 0 \\ f(0) = 0. \end{cases}$

***a)* Démontrer que f n'est pas continue en 0.**

***b)* Démontrer que la fonction F définie par** $\begin{cases} F(x) = x^2\sin\frac{1}{x}, \text{ si } x \neq 0 \\ F(0) = 0 \end{cases}$ **est une primitive de f sur $\mathbb{R}$.**

2°) Soit g la fonction définie par : $\begin{cases} g(x) = 0, \text{ si } x \neq 0 \\ g(0) = 1. \end{cases}$

***a)* Démontrer que g n'est pas continue en 0.**

***b)* On suppose que g admet une primitive G sur $\mathbb{R}$.**

• **Démontrer que G est une fonction constante sur chacun des intervalles $]-\infty\,;0[$ et $]0\,;+\infty[$.**

• **Justifier que G est continue sur $\mathbb{R}$ et en déduire que G est une fonction constante.**

• **Conclure.**

Solution

1°) *a)* La fonction $x \mapsto \cos x$ n'a de limite ni en $+\infty$, ni en $-\infty$.

Donc, la fonction $x \mapsto \cos\frac{1}{x}$ n'a pas de limite en 0.

De plus, $\lim\limits_{x \to 0}\left(2x\sin\frac{1}{x}\right) = 0$; en effet, $\left|x\sin\frac{1}{x}\right| \leq |x|$ et $\lim\limits_{x \to 0}|x| = 0$.

Or : $\forall x \in \mathbb{R}^*$, $\cos\frac{1}{x} = 2x\sin\frac{1}{x} - f(x)$. Donc, f n'admet pas de limite en 0 ; en effet, si f admettait une limite en 0, alors la fonction $x \mapsto \cos\frac{1}{x}$ en admettrait également une, ce qui est faux.

On en déduit que f n'est pas continue en 0.

b) • Lorsque $x \neq 0$, on a : $F'(x) = 2x\sin\frac{1}{x} + x^2\cos\frac{1}{x} \times (-\frac{1}{x^2}) = 2x\sin\frac{1}{x} - \cos\frac{1}{x}$.

• Par ailleurs, on a : $\lim\limits_{x \to 0}\frac{F(x) - F(0)}{x - 0} = \lim\limits_{x \to 0}\frac{x^2\sin\frac{1}{x}}{x} = \lim\limits_{x \to 0}\left(x\sin\frac{1}{x}\right) = 0$; donc : $F'(0) = 0$.

On en déduit que F est dérivable sur $\mathbb{R}$ et a pour dérivée la fonction f.

Donc, F est une primitive de f sur $\mathbb{R}$.

La fonction f n'est pas continue sur $\mathbb{R}$; elle admet cependant une primitive sur $\mathbb{R}$.

2°) *a)* On a : $\lim_{x \underset{<}{\to} 0} g(x) = \lim_{x \underset{>}{\to} 0} g(x) = 0$ et $g(0) = 1$; donc, g n'est pas continue en 0.

b) • Si g admet une primitive G sur $\mathbb{R}$, alors G est une fonction de dérivée nulle sur $]-\infty\,;0[$ et $]0\,;+\infty[$, c'est-à-dire une fonction constante sur chacun de ces intervalles.

Il existe deux nombres réels c et c' tels que : $\begin{cases} G(x) = c, \text{ si } x < 0 \\ G(x) = c', \text{ si } x > 0 \end{cases}$.

• La fonction G est dérivable sur $\mathbb{R}$; donc G est continue sur $\mathbb{R}$.
G est continue en 0 ; donc, on a : $G(0) = \lim_{x \underset{<}{\to} 0} G(x) = \lim_{x \underset{>}{\to} 0} G(x)$. On en déduit que : $G(0) = c = c'$.

Ainsi, G est une fonction constante sur $\mathbb{R}$.
• On a démontré que si g admet une primitive sur $\mathbb{R}$, alors cette primitive est une fonction constante ; donc g serait la fonction nulle, ce qui est en contradiction avec les données.
On en déduit que la fonction g n'admet pas de primitive sur $\mathbb{R}$.

La fonction g n'est pas continue sur $\mathbb{R}$ et elle n'admet pas de primitive sur $\mathbb{R}$.

2. Primitives de polynômes trigonométriques

L'objectif de ce travail dirigé est de déterminer les primitives d'une fonction trigonométrique de la forme $x \mapsto \cos^n x \sin^m x$, n et m étant des entiers naturels non nuls.

1°) Soit la fonction $f : x \mapsto \cos^4 x \sin^2 x$.

Après avoir linéarisé $f(x)$, déterminer une primitive sur $\mathbb{R}$ de la fonction f.

2°) Soit la fonction $g : x \mapsto 2 \sin^5 x \cos^4 x$.

***a)* Démontrer que : $\forall x \in \mathbb{R}$, $g(x) = 2 \sin x (\cos^8 x - 2\cos^6 x + \cos^4 x)$.**

***b)* En déduire une primitive sur $\mathbb{R}$ de la fonction g.**

Solution

1°) On utilise les formules d'Euler : $\cos x = \dfrac{e^{ix} + e^{-ix}}{2}$ et $\sin x = \dfrac{e^{ix} - e^{-ix}}{2i}$.

Soit x un nombre réel.

$$\begin{aligned}
\text{On a : } f(x) &= \left(\frac{e^{ix} + e^{-ix}}{2}\right)^4 \left(\frac{e^{ix} - e^{-ix}}{2i}\right)^2 \\
&= -\frac{1}{64}(e^{4ix} + 4e^{2ix} + 6 + 4e^{-2ix} + e^{-4ix})(e^{2ix} - 2 + e^{-2ix}) \\
&= -\frac{1}{64}(e^{6ix} + 2e^{4ix} - e^{2ix} - 4 - e^{-2ix} + 2e^{-4ix} + e^{-6ix}) \\
&= -\frac{1}{32}\left[\left(\frac{e^{6ix} + e^{-6ix}}{2}\right) + 2\left(\frac{e^{4ix} + e^{-4ix}}{2}\right) - \left(\frac{e^{2ix} + e^{-2ix}}{2}\right) - 2\right] \\
&= -\frac{1}{32}\cos 6x - \frac{1}{16}\cos 4x + \frac{1}{32}\cos 2x + \frac{1}{16}.
\end{aligned}$$

On en déduit que la fonction $F : x \mapsto -\dfrac{1}{192}\sin 6x - \dfrac{1}{64}\sin 4x + \dfrac{1}{64}\sin 2x + \dfrac{1}{16}x$ est une primitive sur $\mathbb{R}$ de f.

2°) *a)* Soit x un nombre réel.

$$\begin{aligned}
\text{On a : } g(x) &= 2 \sin x\,(\sin^4 x \cos^4 x) \\
&= 2 \sin x \cos^4 x\,(1 - \cos^2 x)^2 \\
&= 2 \sin x \cos^4 x\,(\cos^4 x - 2\cos^2 x + 1) \\
&= 2 \sin x\,(\cos^8 x - 2\cos^6 x + \cos^4 x).
\end{aligned}$$

b) On en déduit que la fonction $G : x \mapsto -\dfrac{2}{9}\cos^9 x + \dfrac{4}{7}\cos^7 x - \dfrac{2}{5}\cos^5 x$ est une primitive sur $\mathbb{R}$ de g.

M

Pour déterminer les primitives des fonctions du type $x \mapsto \cos^n x \sin^m x$ ($n \in \mathbb{N}^*$, $m \in \mathbb{N}^*$), on peut utiliser l'un des procédés suivants.
• Si m et n sont de même parité, linéariser $\cos^n x \sin^m x$.
• Si m et n sont de parités différentes, utiliser la relation $\cos^2 x + \sin^2 x = 1$ et écrire $\cos^n x \sin^m x$ sous la forme $\cos x\, P(\sin x)$ si n est impair ou $\sin x\, P(\cos x)$ si m est impair, P désignant un polynôme.

Exercices

1.a Dans chacun des cas suivants, vérifier que la fonction F est une primitive de la fonction f sur l'intervalle K.

a) $F(x) = 8x^3 - 12x^2 + 6x - 7$,
$f(x) = 6(2x-1)^2$,
$K = \mathbb{R}$.

b) $F(x) = -2\cos(3x+2)$,
$f(x) = 6\sin(3x+2)$,
$K = \mathbb{R}$.

c) $F(x) = \sqrt{2x+1}$,
$f(x) = \dfrac{1}{\sqrt{2x+1}}$,
$K = \left]-\dfrac{1}{2}\,;+\infty\right[$.

d) $F(x) = \left(\dfrac{1}{x} - \sqrt{x}\right)^2$,
$f(x) = \dfrac{(x\sqrt{x}-1)(2+x\sqrt{x})}{x^3}$,
$K =]0\,;+\infty[$.

1.b Dans chacun des cas suivants, déterminer une primitive de la fonction f sur l'intervalle K.

a) $f(x) = 4x^3 - 5x^2 - 1$, $K = \mathbb{R}$

b) $f(x) = \dfrac{1}{x^2} + \dfrac{1}{x^3}$, $K =]-\infty\,;0[$

c) $f(x) = x + \dfrac{1}{2\sqrt{x}}$, $K =]0\,;+\infty[$

d) $f(x) = \cos x - 2\sin x$, $K = \mathbb{R}$.

1.c Dans chacun des cas suivants, déterminer une primitive de la fonction f sur $\mathbb{R}$.

a) $f(x) = 5x(5x^2-7)^4$ *b)* $f(x) = \dfrac{2x-3}{(2x^2-6x+11)^3}$

c) $f(x) = \dfrac{x(2x^2+1)}{\sqrt{x^4+x^2+1}}$ *d)* $f(x) = 3\sin(3x-2)$

e) $f(x) = 2\cos x \sin^4 x$ *f)* $f(x) = x\cos\left(3x^2 - \dfrac{\pi}{4}\right)$.

1.d Dans chacun des cas suivants, déterminer la primitive F de la fonction f sur l'intervalle K, qui vérifie les conditions indiquées.

a) $f(x) = x^3 - \dfrac{2}{x^2}$,
$K =]0\,;+\infty[$ et $F(2) = 0$

b) $f(x) = 3\sin x - 4\cos x$,
$K = \mathbb{R}$ et $F(\pi) = -1$

c) $f(x) = 2x - \dfrac{1}{x^2} - \dfrac{1}{\sqrt{x}}$,
$K =]0\,;+\infty[$ et $F(1) = 1$

d) $f(x) = -\dfrac{1}{\cos^2 x} + \sin x$,
$K = \left]-\dfrac{\pi}{2}\,;\dfrac{\pi}{2}\right[$ et $F(0) = 1$.

2 Fonction logarithme népérien

2.1. Définition et propriétés

Introduction

On se propose de déterminer les fonctions de $]0\,;+\infty[$ vers $\mathbb{R}$, dérivables sur $]0\,;+\infty[$, qui transforment les produits en sommes, c'est-à-dire les fonctions f qui vérifient la propriété :
pour tous nombres réels x et y strictement positifs, $f(xy) = f(x) + f(y)$ (1).

Condition nécessaire

On suppose qu'il existe une telle fonction f.

a) En posant $x = y = 1$, démontrer que : $f(1) = 0$.

b) On fixe y. Soit la fonction $g_y : x \mapsto f(xy) - f(x) - f(y)$.

- Justifier que g_y est dérivable sur $]0\,;+\infty[$ et calculer sa dérivée.
- Justifier que g_y est la fonction nulle.
- En déduire que pour tout nombre réel x strictement positif, on a : $yf'(xy) = f'(x)$ (2).

c) L'égalité (2) est vraie pour $x = 1$ et pour tout y élément de $]0\,;+\infty[$. On pose : $k = f'(1)$.

Démontrer que f est la primitive sur $]0\,;+\infty[$ de la fonction $x \mapsto \dfrac{k}{x}$, qui s'annule en 1.

Condition suffisante

k étant un nombre réel, la fonction $x \mapsto \frac{k}{x}$ est continue sur $]0 ; +\infty[$; elle admet donc des primitives sur cet intervalle. On désigne par f_k celle qui s'annule en 1.

Soit y un nombre réel strictement positif. On désigne par h_y la fonction $x \mapsto f_k(xy) - f_k(x) - f_k(y)$.

- Vérifier que : $h_y(1) = 0$.
- Justifier que h_y est dérivable sur $]0 ; +\infty[$ et démontrer que sa dérivée est la fonction nulle.
- En déduire que f_k vérifie l'égalité (1).

Les fonctions cherchées sont donc les primitives sur $]0 ; +\infty[$ des fonctions $x \mapsto \frac{k}{x}$ $(k \in \mathbb{R})$, qui s'annulent en 1.

De telles fonctions sont appelées fonctions logarithmes.

Définition et propriété fondamentale

Définition

La fonction logarithme népérien, notée ln, est la primitive de la fonction $x \mapsto \frac{1}{x}$ sur $]0 ; +\infty[$, qui s'annule en 1.

- Le logarithme népérien de x est noté $\ln x$.
- On a : $\forall x \in]0 ; +\infty[$, $(\ln)'(x) = \frac{1}{x}$.
- $\ln 1 = 0$.

La touche ln d'une calculatrice permet d'obtenir une valeur approchée du logarithme népérien de tout nombre réel strictement positif.

$\ln 3 \approx 1{,}098\,612$; $\ln \sqrt{2} \approx 0{,}346\,573$; $\ln \frac{3}{4} \approx -0{,}287\,682$; $\ln 10^{-5} \approx -11{,}512\,925$.

Propriété fondamentale

Pour tous nombres réels a et b strictement positifs, on a : $\ln(ab) = \ln a + \ln b$.

Cette propriété est une conséquence de l'introduction.

Autres propriétés

Propriétés

Pour tous nombres réels a et b strictement positifs et pour tout nombre rationnel r, on a :

(1) $\ln \frac{1}{a} = -\ln a$; (2) $\ln \frac{a}{b} = \ln a - \ln b$; (3) $\ln a^r = r \ln a$.

Démonstration

Soit a et b deux nombres réels strictement positifs.

(1) On a : $\ln \frac{1}{a} + \ln a = \ln\left(\frac{1}{a} \times a\right) = \ln 1 = 0$; donc : $\ln \frac{1}{a} = -\ln a$.

(2) On a : $\ln \frac{a}{b} = \ln\left(a \times \frac{1}{b}\right) = \ln a + \ln \frac{1}{b} = \ln a - \ln b$.

(3) • Démontrons par récurrence que : $\forall n \in \mathbb{N}$, $\ln a^n = n \ln a$.

– La propriété est vraie pour $n = 0$; en effet, on a : $\ln a^0 = \ln 1 = 0 = 0 \times \ln a$.

– Supposons la propriété vraie pour un entier naturel k, c'est-à-dire : $\ln a^k = k \ln a$.

On a : $\ln a^{k+1} = \ln(a^k \times a) = \ln a^k + \ln a = k \ln a + \ln a = (k+1) \ln a$.

La propriété est vraie pour $k + 1$.

Donc : $\forall n \in \mathbb{N}$, $\ln a^n = n \ln a$.

• Démontrons que : $\forall p \in \mathbb{Z}$, $\ln a^p = p \ln a$.
Soit p un entier relatif.
– Si p est positif, la propriété a déjà été démontrée.
– Si p est négatif, alors $-p$ est positif et on a : $\ln a^p = \ln \dfrac{1}{a^{-p}} = -\ln a^{-p} = p \ln a$.
Donc : $\forall p \in \mathbb{Z}$, $\ln a^p = p \ln a$.

• Démontrons que : $\forall r \in \mathbb{Q}$, $\ln a^r = r \ln a$.
Soit r un nombre rationnel. Il existe deux nombres entiers p et q ($p \in \mathbb{Z}$, $q \in \mathbb{N}^*$) tels que : $r = \dfrac{p}{q}$.
On a : $q \ln a^{\frac{p}{q}} = \ln \left(a^{\frac{p}{q}}\right)^q = \ln a^p = p \ln a$; donc : $\ln a^{\frac{p}{q}} = \dfrac{p}{q} \ln a$.
Donc : $\forall r \in \mathbb{Q}$, $\ln a^r = r \ln a$.

Remarque

En particulier, pour tout nombre réel a strictement positif, on a : $\ln \sqrt{a} = \dfrac{1}{2} \ln a$.

2.2. Étude de la fonction ln

Dérivée et conséquences

L'ensemble de définition de la fonction ln est $]0\,;+\infty[$.
La fonction ln est dérivable sur $]0\,;+\infty[$ et sa dérivée est la fonction $x \mapsto \dfrac{1}{x}$.
Or : $\forall x \in\ ]0\,;+\infty[$, $\dfrac{1}{x} > 0$; donc, la fonction ln est strictement croissante sur $]0\,;+\infty[$.
On en déduit les propriétés suivantes.

Propriétés 1

Pour tous nombres réels a et b strictement positifs, on a :
• **$\ln a = \ln b$ si et seulement si $a = b$** ; • **$\ln a < \ln b$ si et seulement si $a < b$.**

Remarque

En particulier, on a : $\ln x = 0 \iff x = 1$;
$\ln x < 0 \iff 0 < x < 1$;
$\ln x > 0 \iff x > 1$.

La fonction ln est dérivable en 1 et son nombre dérivé est 1 ; on en déduit les propriétés suivantes.

Propriétés 2

• $\displaystyle\lim_{x \to 1} \frac{\ln x}{x-1} = 1$; • $\displaystyle\lim_{x \to 0} \frac{\ln(1+x)}{x} = 1$.

Étude aux bornes de l'ensemble de définition

Propriétés 3

• $\displaystyle\lim_{x \to +\infty} \ln x = +\infty$; • $\displaystyle\lim_{\substack{x \to 0 \\ >}} \ln x = -\infty$.

Démonstration

• La fonction ln est croissante. Si elle était majorée sur $]0\,;+\infty[$, elle admettrait une limite finie l en $+\infty$.
En posant $u = 2x$, on obtiendrait : $\displaystyle l = \lim_{u \to +\infty} \ln u = \lim_{x \to +\infty} \ln 2x = \lim_{x \to +\infty} (\ln 2 + \ln x) = \ln 2 + l$.
On aboutit à une contradiction, car $\ln 2 > 0$.
On en déduit que la fonction ln est croissante et non majorée sur $]0\,;+\infty[$;
donc : $\displaystyle\lim_{x \to +\infty} \ln x = +\infty$ (cf. chapitre 9, § 1.3.).

• En posant $u = \dfrac{1}{x}$, on obtient : $\displaystyle\lim_{\substack{x \to 0 \\ >}} \ln x = \lim_{u \to +\infty} \ln \frac{1}{u} = \lim_{u \to +\infty} (-\ln u) = -\infty$.

La droite (OJ) est asymptote à la courbe représentative de la fonction ln.

Propriétés 4

• $\lim\limits_{x \to +\infty} \dfrac{\ln x}{x} = 0$; • $\lim\limits_{\substack{x \to 0 \\ >}} x \ln x = 0$.

Démonstration

• Soit $(\mathscr{C})$ la courbe représentative de la fonction ln.

La fonction ln est deux fois dérivable sur $]0 ; +\infty[$ et sa dérivée seconde est la fonction $x \mapsto -\dfrac{1}{x^2}$.

Or : $\forall x \in]0 ; +\infty[, -\dfrac{1}{x^2} < 0$; donc $(\mathscr{C})$ est en tout point située au-dessous de sa tangente.

Une équation de la tangente à $(\mathscr{C})$ au point d'abscisse 1 est : $y = x - 1$.

On en déduit que : $\forall x \in]0 ; +\infty[, \ln x \leq x - 1 < x$.

Soit x un élément de $[1 ; +\infty[$.

On a : $0 \leq \ln\sqrt{x} \leq \sqrt{x}$. Donc : $0 \leq \dfrac{1}{2}\dfrac{\ln x}{x} \leq \dfrac{1}{\sqrt{x}}$; c'est-à-dire : $0 \leq \dfrac{\ln x}{x} \leq \dfrac{2}{\sqrt{x}}$.

Or : $\lim\limits_{x \to +\infty} \dfrac{2}{\sqrt{x}} = 0$; donc : $\lim\limits_{x \to +\infty} \dfrac{\ln x}{x} = 0$.

$(\mathscr{C})$ admet en $+\infty$ une branche parabolique de direction celle de (OI).

• En posant $u = \dfrac{1}{x}$, on obtient : $\lim\limits_{\substack{x \to 0 \\ >}} x \ln x = \lim\limits_{u \to +\infty} \left(-\dfrac{\ln u}{u}\right) = 0$.

Le nombre e

• La fonction ln est continue et strictement croissante sur $]0 ; +\infty[$;

de plus : $\lim\limits_{\substack{x \to 0 \\ >}} \ln x = -\infty$ et $\lim\limits_{x \to +\infty} \ln x = +\infty$. Donc, la fonction ln est une bijection de $]0 ; +\infty[$ vers $\mathbb{R}$.

• On note e l'unique nombre réel tel que : ln e = 1 ; e est appelé base du logarithme népérien.
On a : $e \approx 2{,}718\ 281\ 828\ 456$.

• Pour tout nombre rationnel r, on a : $\ln e^r = r \ln e = r$.

Remarque

La notation e a été donnée par EULER qui démontra que ce nombre est irrationnel. Le mathématicien Charles HERMITE démontra en 1873 que cette constante mathématique, presque aussi célèbre que π, est un nombre transcendant, c'est-à-dire qu'il ne peut être solution d'une équation polynômiale à coefficients entiers.

Courbe représentative de la fonction ln

On déduit des paragraphes précédents le tableau de variation et la courbe représentative $(\mathscr{C})$ de la fonction ln, ainsi que les tangentes aux points d'abscisses 1 et e.

Tableau de variation

x	0	1	e	$+\infty$
$(\ln)'(x)$	‖	+		
$\ln x$	‖ $-\infty$ ↗	0 ↗	1 ↗	$+\infty$

Courbe représentative

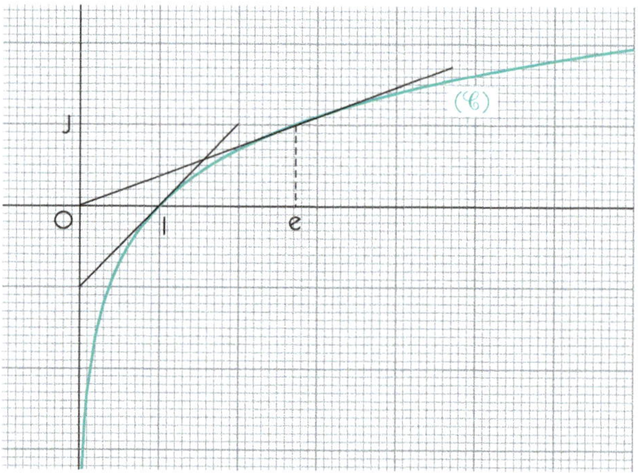

Remarques

• *La tangente à $(\mathscr{C})$ au point d'abscisse 1 a pour coefficient directeur 1.*

• *La tangente à $(\mathscr{C})$ au point d'abscisse e a pour équation : $y = \dfrac{1}{e}x$; donc, elle passe par l'origine du repère.*

2.3. Travaux dirigés

1. Résolutions d'équations

Résoudre dans $\mathbb{R}$ les équations suivantes.

$\ln(2x-3) + 2\ln(x+1) = \ln(6x-3)$ (1)

$(\ln x)^2 - 6\ln x + 5 = 0$ (3)

$\ln(x+2) = 1 + \ln(x-3)$ (2)

$(\ln x)^3 + 7\ln x - 6 = 0$ (4).

Solution

Résolution de l'équation (1)

Contraintes sur l'inconnue :

$$\begin{cases} 2x-3>0 \\ x+1>0 \\ 6x-3>0 \end{cases} \Leftrightarrow \quad x \in \left]\frac{3}{2} ; +\infty\right[.$$

Soit x élément de $\left]\frac{3}{2} ; +\infty\right[$.

$$\begin{aligned} (1) \quad &\Leftrightarrow \quad \ln[(2x-3)(x+1)^2] = \ln(6x-3) \\ &\Leftrightarrow \quad (2x-3)(x+1)^2 = 6x-3 \\ &\Leftrightarrow \quad x(2x^2+x-10) = 0 \\ &\Leftrightarrow \quad x(2x+5)(x-2) = 0. \end{aligned}$$

L'ensemble des solutions de l'équation (1) est : $\{2\}$.

Résolution de l'équation (2)

Contraintes sur l'inconnue :

$$\begin{cases} x+2>0 \\ x-3>0 \end{cases} \Leftrightarrow \quad x \in]3 ; +\infty[.$$

Soit x élément de $]3 ; +\infty[$.

$$\begin{aligned} (2) \quad &\Leftrightarrow \quad \ln(x+2) = \ln[e(x-3)] \\ &\Leftrightarrow \quad x+2 = e(x-3) \\ &\Leftrightarrow \quad x = \frac{3e+2}{e-1}. \end{aligned}$$

L'ensemble des solutions de l'équation (2) est : $\left\{\frac{3e+2}{e-1}\right\}$.

Résolution de l'équation (3)

Contraintes sur l'inconnue : $x \in]0 ; +\infty[$.

Soit x élément de $]0 ; +\infty[$; posons : $X = \ln x$.

$$\begin{aligned} (3) \quad &\Leftrightarrow \quad X^2 - 6X + 5 = 0 \\ &\Leftrightarrow \quad (X-1)(X-5) = 0 \\ &\Leftrightarrow \quad (\ln x - 1)(\ln x - 5) = 0. \end{aligned}$$

L'ensemble des solutions de l'équation (3) est : $\{e ; e^5\}$.

Résolution de l'équation (4)

Contraintes sur l'inconnue : $x \in]0 ; +\infty[$.

Soit x élément de $]0 ; +\infty[$; posons : $X = \ln x$.

$$\begin{aligned} (4) \quad &\Leftrightarrow \quad X^3 + 7X - 6 = 0 \\ &\Leftrightarrow \quad (X+1)(X-3)(X+2) = 0 \\ &\Leftrightarrow \quad (\ln x + 1)(\ln x - 3)(\ln x + 2) = 0. \end{aligned}$$

L'ensemble des solutions de l'équation (4) est : $\{e^{-2} ; e^{-1} ; e^3\}$.

M

Pour résoudre une équation comportant des logarithmes, on peut utiliser le procédé suivant :
- déterminer les contraintes sur l'inconnue ;
- se ramener à une ou plusieurs égalités de la forme : $\ln a = \ln b$.

2. Résolutions d'inéquations

Résoudre dans $\mathbb{R}$ les inéquations suivantes.

$\ln(x+2) + \ln(x+4) < \ln(x+8)$ (1)

$(1 - \ln x)(3 + \ln x) \geq 0$ (3)

$\ln(x^2 - 4e^2) < 1 + \ln(3x)$ (2)

$(\ln x)^2 + 2\ln x - 15 \leq 0$ (4).

Solution

Résolution de l'inéquation (1)

Contraintes sur l'inconnue :

$$\begin{cases} x+2>0 \\ x+4>0 \\ x+8>0 \end{cases} \Leftrightarrow \quad x \in]-2 ; +\infty[.$$

Soit x élément de $]-2 ; +\infty[$.

$$\begin{aligned} (1) \quad &\Leftrightarrow \quad \ln[(x+2)(x+4)] < \ln(x+8) \\ &\Leftrightarrow \quad (x+2)(x+4) < x+8 \\ &\Leftrightarrow \quad x^2 + 5x < 0 \\ &\Leftrightarrow \quad -5 < x < 0. \end{aligned}$$

L'ensemble des solutions de l'inéquation (1) est : $]-2 ; 0[$.

Résolution de l'inéquation (2)

Contraintes sur l'inconnue :

$$\begin{cases} (x+2e)(x-2e)>0 \\ 3x>0 \end{cases} \Leftrightarrow \quad x \in]2e ; +\infty[.$$

Soit x élément de $]2e ; +\infty[$.

$$\begin{aligned} (2) \quad &\Leftrightarrow \quad \ln(x^2 - 4e^2) < \ln(3ex) \\ &\Leftrightarrow \quad x^2 - 4e^2 < 3ex \\ &\Leftrightarrow \quad (x+e)(x-4e) < 0 \\ &\Leftrightarrow \quad -e < x < 4e. \end{aligned}$$

L'ensemble des solutions de l'inéquation (2) est : $]2e ; 4e[$.

Résolution de l'inéquation (3)

Contraintes sur l'inconnue : $x \in \,]0\,;+\infty[$.

Soit x élément de $]0\,;+\infty[$; posons : $X = \ln x$.

(3) $\Leftrightarrow \quad (1 - X)(X + 3) \geq 0$

$\Leftrightarrow \quad -3 \leq X \leq 1$

$\Leftrightarrow \quad -3 \leq \ln x \leq 1$

$\Leftrightarrow \quad e^{-3} \leq x \leq e$.

L'ensemble des solutions de l'inéquation (3) est : $[e^{-3}\,;e]$.

Résolution de l'inéquation (4)

Contraintes sur l'inconnue : $x \in \,]0\,;+\infty[$.

Soit x élément de $]0\,;+\infty[$; posons : $X = \ln x$.

(4) $\Leftrightarrow \quad X^2 + 2X - 15 \leq 0$

$\Leftrightarrow \quad (X + 5)(X - 3) \leq 0$

$\Leftrightarrow \quad -5 \leq X \leq 3$

$\Leftrightarrow \quad -5 \leq \ln x \leq 3$

$\Leftrightarrow \quad e^{-5} \leq x \leq e^3$.

L'ensemble des solutions de l'inéquation (4) est : $[e^{-5}\,;e^3]$.

M

Pour résoudre une inéquation comportant des logarithmes, on peut utiliser le procédé suivant :
- déterminer les contraintes sur l'inconnue ;
- se ramener à une ou plusieurs inégalités de la forme : $\ln a < \ln b$.

3. Calculs de limites

Calculer les limites suivantes.

a) $\lim\limits_{x \underset{>}{\to} 0} x(\ln x)^2$; ***b)*** $\lim\limits_{x \to +\infty} x \ln \dfrac{x+1}{x}$; ***c)*** $\lim\limits_{x \to 2} \dfrac{x}{x-2} \ln(x-1)$.

Solution

a) Soit x élément de $]0\,;+\infty[$; on a : $x(\ln x)^2 = (\sqrt{x}\ln x)^2 = (2\sqrt{x}\ln\sqrt{x})^2 = 4(\sqrt{x}\ln\sqrt{x})^2$.

Posons : $u = \sqrt{x}$; on a : $\lim\limits_{x \underset{>}{\to} 0} x(\ln x)^2 = \lim\limits_{x \underset{>}{\to} 0} 4(\sqrt{x}\ln\sqrt{x})^2 = \lim\limits_{u \underset{>}{\to} 0} 4(u \ln u)^2 = 0$.

b) Soit x élément de $]0\,;+\infty[$; on a : $x \ln \dfrac{x+1}{x} = \dfrac{\ln\left(1 + \dfrac{1}{x}\right)}{\dfrac{1}{x}}$.

Posons : $v = \dfrac{1}{x}$; on a : $\lim\limits_{x \to +\infty} \left(x \ln \dfrac{x+1}{x}\right) = \lim\limits_{v \underset{>}{\to} 0} \dfrac{\ln(1+v)}{v} = 1$.

c) Posons : $u = x - 1$; on a : $\lim\limits_{x \to 2} \left[\dfrac{x}{x-2}\ln(x-1)\right] = \lim\limits_{u \to 1} \left[(u+1)\dfrac{\ln u}{u-1}\right]$.

Or : $\lim\limits_{u \to 1} \dfrac{\ln u}{u-1} = 1$; donc : $\lim\limits_{x \to 2} \left[\dfrac{x}{x-2}\ln(x-1)\right] = 2$.

Exercices

2.a **1.** Exprimer chacun des nombres suivants en fonction de ln 2 :

$\ln 8$; $\ln \dfrac{1}{16}$; $\ln\sqrt{2}$; $\ln 2\sqrt{2}$; $\ln \dfrac{\sqrt{2}}{2}$.

2. Exprimer chacun des nombres suivants en fonction de ln 3 et ln 5 :

$\ln 15$; $\ln 45$; $\ln \dfrac{25}{3}$; $\ln 75\sqrt{5}$.

2.b Résoudre dans $\mathbb{R}$ les équations suivantes.

a) $3 + \ln x = 0$ *b)* $\ln^2 x = \ln x^2$

c) $\ln(x^2 - 4x + 5) = 0$ *d)* $(x^2 - 1)\ln x = 0$

e) $\ln(2x + 1) + \ln(3 - x) = \ln 3 + \ln(1 - 3x)$.

2.c Développer l'expression $(x + 1)(2x^2 - 5x + 2)$ et en déduire la résolution des équations suivantes.

a) $2\ln^3(x + 1) - 3\ln^2(x + 1) - 3\ln(x + 1) + 2 = 0$

b) $2\ln x + \ln(2x - 3) = \ln(3x - 2)$.

2.d Résoudre les systèmes suivants.

a) $\begin{cases} -2\ln x + \ln y = 3 \\ 4\ln x - 3\ln y = -7 \end{cases}$ *b)* $\begin{cases} x^2 + y^2 = 130 \\ \ln x + \ln y = \ln 63 \end{cases}$.

2.e Résoudre dans $\mathbb{R}$ les inéquations suivantes.

a) $1 + \ln x < 0$ *b)* $\dfrac{x}{\ln x} \leq 0$

c) $(x - e)\ln(x - 1) > 0$

d) $\ln(3x + 2) \leq \ln(x - 1)$ *e)* $x\ln|x| < 0$

f) $\ln(3x + 2) \geq \ln(x - 1)$ *g)* $9 - \ln x^2 > 0$.

2.f Calculer les limites suivantes.

a) $\lim\limits_{x \to +\infty} (x - \ln x)$ *b)* $\lim\limits_{x \to +\infty} \dfrac{\ln x}{x^2}$

c) $\lim\limits_{x \to 0} \sqrt{x}\ln x$ *d)* $\lim\limits_{x \to 1} \dfrac{\ln x}{1 - x^2}$

e) $\lim\limits_{x \underset{>}{\to} 0} \dfrac{\ln x - 1}{\ln x + 2}$ *f)* $\lim\limits_{x \to 0} \dfrac{\ln(1 + kx)}{x}$ $(k \in \mathbb{R}^*)$.

3 Fonctions comportant ln

3.1. Fonction $\ln \circ u$

Dérivée de $\ln \circ u$

Propriété

Soit u une fonction dérivable et strictement positive sur un intervalle K.
La fonction $\ln \circ u$ est dérivable sur K et on a : $(\ln \circ u)' = \frac{u'}{u}$.

Cette propriété découle du théorème de dérivation des fonctions composées.
La fonction $\ln \circ u$ est également notée $\ln u$.

Exemples

• Soit la fonction $f : x \mapsto \ln(x^2 - 4)$.

Considérons la fonction $u : x \mapsto x^2 - 4$; u est dérivable et strictement positive sur $]-\infty\,;-2[\cup]2\,;+\infty[$ et a pour dérivée la fonction $u' : x \mapsto 2x$.

Donc, f est dérivable sur $]-\infty\,;-2[\cup]2\,;+\infty[$ et a pour dérivée la fonction $f' : x \mapsto \frac{2x}{x^2-4}$.

• La fonction $x \mapsto \ln(\ln x)$ est dérivable sur $]1\,;+\infty[$ et a pour dérivée la fonction $x \mapsto \frac{1}{x \ln x}$.

Primitives de $\frac{u'}{u}$

Propriété

Soit u une fonction dérivable et ne s'annulant pas sur un intervalle K.
La fonction $\frac{u'}{u}$ admet pour primitive sur K la fonction $\ln \circ |u|$.

La fonction $\ln \circ |u|$ est également notée $\ln |u|$.

Démonstration

La fonction u est continue et ne s'annule pas sur K ; elle est donc de signe constant sur K.

• Si u est strictement positive sur K, alors la fonction $\ln \circ u$ est dérivable sur K et a pour dérivée $\frac{u'}{u}$.

• Si u est strictement négative sur K, alors la fonction $\ln \circ (-u)$ est dérivable sur K et a pour dérivée $\frac{u'}{u}$.

On en déduit que la fonction $\ln |u|$ est une primitive sur K de $\frac{u'}{u}$.

Exemples

• La fonction $x \mapsto \frac{1}{x}$ a pour primitive sur $]-\infty\,;0[$ et $]0\,;+\infty[$ la fonction $x \mapsto \ln|x|$.

• La fonction $x \mapsto \tan x$ a pour primitive sur $\left]-\frac{\pi}{2}\,;\frac{\pi}{2}\right[$ la fonction $x \mapsto -\ln(\cos x)$.

• La fonction $x \mapsto \frac{2x-3}{x^2-3x+2}$ a pour primitive sur $]1\,;2[$ la fonction $x \mapsto \ln(-x^2+3x-2)$.

3.2. Exemples d'études de fonctions

Dans ce paragraphe, $(\mathscr{C})$ désigne la courbe représentative de la fonction f.

Étude de la fonction $f : x \mapsto -1 + (\ln x)^2$

Ensemble de définition

On a : $D_f =]0\,;+\infty[$.

Dérivée et sens de variation

La fonction f est dérivable sur $]0\,;+\infty[$ et sa dérivée est la fonction $f' : x \mapsto \dfrac{2\ln x}{x}$.

On a : $f'(1) = 0$;

$\forall x \in]0\,;1[,\ f'(x) < 0$; donc, f est décroissante sur $]0\,;1[$;

$\forall x \in]1\,;+\infty[,\ f'(x) > 0$; donc, f est croissante sur $]1\,;+\infty[$.

Étude aux bornes de l'ensemble de définition

- On a : $\lim\limits_{\substack{x \to 0 \\ >}} f(x) = +\infty$; donc, la droite (OJ) est asymptote à $(\mathscr{C})$.
- On a : $\lim\limits_{x \to +\infty} f(x) = +\infty$;

$$\lim_{x \to +\infty} \frac{f(x)}{x} = \lim_{x \to +\infty} \left[-\frac{1}{x} + 4\left(\frac{\ln\sqrt{x}}{\sqrt{x}}\right)^2\right] = 0.$$

Donc, $(\mathscr{C})$ admet en $+\infty$ une branche parabolique de direction celle de (OI).

Tableau de variation

x	0		1		$+\infty$
$f'(x)$	‖	$-$	0	$+$	
$f(x)$	‖ $+\infty$	↘	-1	↗	$+\infty$

Courbe représentative

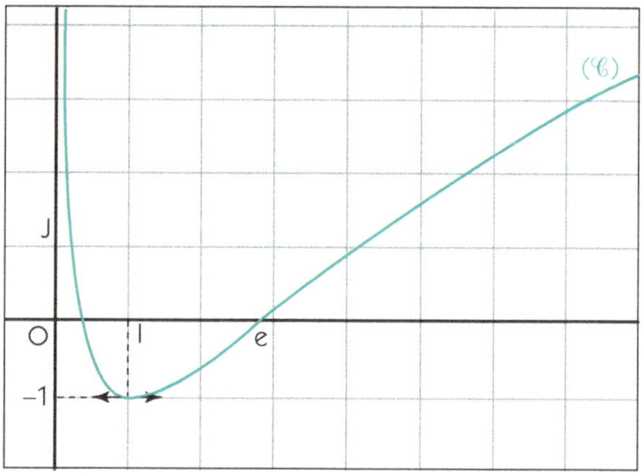

Étude de la fonction $f : x \mapsto \ln\left|\dfrac{x}{x+1}\right|$

Ensemble de définition

On a : $D_f = \mathbb{R} \setminus \{-1\,;0\}$.

Dérivée et sens de variation

La fonction f est dérivable sur $]-\infty\,;-1[\cup]-1\,;0[\cup]0\,;+\infty[$ et sa dérivée est la fonction $f' : x \mapsto \dfrac{1}{x(x+1)}$.

On a : $\forall x \in]-\infty\,;-1[\cup]0\,;+\infty[,\ f'(x) > 0$; donc, f est croissante sur $]-\infty\,;-1[$ et sur $]0\,;+\infty[$;

$\forall x \in]-1\,;0[,\ f'(x) < 0$; donc, f est décroissante sur $]-1\,;0[$.

Étude aux bornes de l'ensemble de définition

- On a : $\lim\limits_{x \to -\infty} \ln\left|\dfrac{x}{x+1}\right| = 0$ et $\lim\limits_{x \to +\infty} \ln\left|\dfrac{x}{x+1}\right| = 0$.

Donc, la droite (OI) est asymptote à $(\mathscr{C})$.

- On a : $\lim\limits_{x \to 0} \ln\left|\dfrac{x}{x+1}\right| = -\infty$; donc la droite (OJ) est asymptote à $(\mathscr{C})$.
- On a : $\lim\limits_{x \to -1} \ln\left|\dfrac{x}{x+1}\right| = +\infty$; donc, la droite (Δ) d'équation $x = -1$ est asymptote à $(\mathscr{C})$.

Tableau de variation

x	$-\infty$		-1		0		$+\infty$
$f'(x)$		$+$	‖	$-$	‖	$+$	
$f(x)$	0	↗	$+\infty$ ‖ $+\infty$	↘	$-\infty$ ‖ $-\infty$	↗	0

Courbe représentative

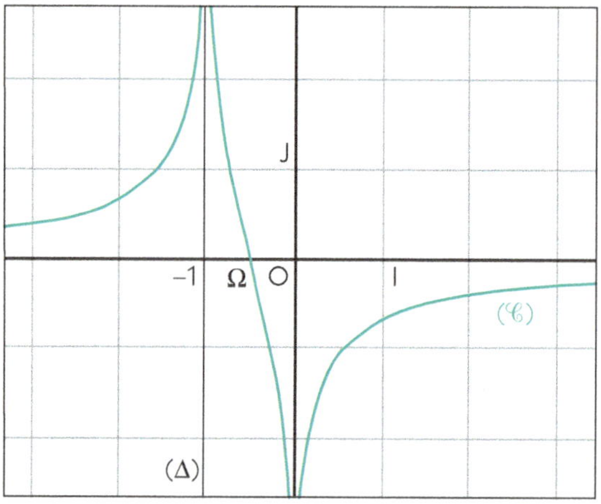

La courbe suggère et on démontre que $\Omega\left(-\dfrac{1}{2}\,;0\right)$ *est un centre de symétrie et un point d'inflexion de* $(\mathscr{C})$.

Exercices

3.a Dans chacun des cas suivants, préciser l'ensemble de dérivabilité de la fonction f, puis déterminer sa dérivée.

a) $f(x) = x^2 - 3 + \ln(-2x - 1)$

b) $f(x) = \ln(x^2 - 7x + 6)$

c) $f(x) = \ln(x - 1) + \ln(x - 6)$

d) $f(x) = \ln[(x - 1)(x - 6)]$.

3.b Dans chacun des cas suivants, déterminer la dérivée de la fonction f sur l'intervalle K.

a) $f(x) = \ln(\sin x)$ et $K =]0\ ;\ \pi[$

b) $f(x) = \ln(\sin x^2)$ et $K =]0\ ;\ \sqrt{\pi}[$

c) $f(x) = \tan(\ln x)$ et $K =]1\ ;\ e[$

d) $f(x) = \ln\sqrt{x^3 - 3x}$ et $K =]-\sqrt{3}\ ;\ 0[$.

3.c Dans chacun des cas suivants, déterminer les primitives de la fonction f sur l'intervalle K.

a) $f(x) = \dfrac{3}{x - 2}$ et $K =]2\ ;\ +\infty[$

b) $f(x) = \dfrac{3}{x - 2}$ et $K =]-\infty\ ;\ 2[$

c) $f(x) = 2x - 1 + \dfrac{1}{x}$ et $K =]0\ ;\ +\infty[$

d) $f(x) = \dfrac{2x + 1}{3x^2 + 3x + 1}$ et $K = \mathbb{R}$.

3.d Soit la fonction $f : x \mapsto \dfrac{x - 1}{x(x + 1)}$.

1. Déterminer deux nombres réels a et b tels que : $\forall\, x \in \mathbb{R} \setminus \{-1\ ;\ 0\}$, $f(x) = \dfrac{a}{x} + \dfrac{b}{x + 1}$.

2. En déduire les primitives de f sur $]-1\ ;\ 0[$.

3.e Le repère (O, I, J) est orthonormé. Déduire de la courbe représentative de ln celles des fonctions suivantes.

a) $x \mapsto -\ln x$ *b)* $x \mapsto \ln(-x)$

c) $x \mapsto 2 - \ln x$ *d)* $x \mapsto 1 + \ln x$.

3.f Étudier les fonctions suivantes et tracer leurs courbes représentatives.

a) $x \mapsto x - \ln x$ *b)* $x \mapsto \dfrac{\ln x}{x}$

c) $x \mapsto x \ln x$ *d)* $x \mapsto 2\ln(x + 1) - \ln x$.

3.g Soit la fonction f définie par :

$$\begin{cases} f(x) = \dfrac{x}{\ln x}, \text{ si } x \neq 0 \\ f(0) = 0. \end{cases}$$

1. Étudier la continuité et la dérivabilité de f en 0.

2. Étudier la fonction f et tracer sa courbe représentative.

4 Logarithme décimal

4.1. Définition et propriétés

Les fonctions logarithmes sont les primitives sur $]0\ ;\ +\infty[$ des fonctions $x \mapsto \dfrac{k}{x}$ ($k \in \mathbb{R}$), qui s'annulent en 1 (cf. § 2.1.). Ces fonctions sont de la forme : $x \mapsto k \ln x$.

Celle qui prend la valeur 1 en 10 est appelé fonction logarithme décimal. Elle est utilisée dans de nombreux domaines des sciences expérimentales.

On a : $k \ln 10 = 1$; donc : $k = \dfrac{1}{\ln 10}$.

Définition

La fonction logarithme décimal, notée log, est la fonction : $x \mapsto \dfrac{\ln x}{\ln 10}$.

- L'ensemble de définition de la fonction log est $]0\ ;\ +\infty[$; le logarithme décimal de x est noté $\log x$.
- On a : $\forall\, x \in]0\ ;\ +\infty[$, $(\log)'(x) = \dfrac{1}{x \ln 10}$.
- $\log 1 = 0$ et $\log 10 = 1$.

La touche log d'une calculatrice permet d'obtenir une valeur approchée du logarithme décimal de tout nombre réel strictement positif.

$\log 3 \approx 0{,}477\ 121$; $\ln\sqrt{2} \approx 0{,}150\ 514$; $\ln \dfrac{3}{4} \approx -0{,}124\ 938$; $\ln 0{,}003 \approx -2{,}522\ 878$.

Les propriétés de la fonction log se déduisent de celles de la fonction ln.

Propriétés

Pour tous nombres réels a et b strictement positifs et pour tout nombre rationnel r, on a :

(1) $\log(ab) = \log a + \log b$; (2) $\log \frac{1}{a} = -\log a$;

(3) $\log \frac{a}{b} = \log a - \log b$; (4) $\log a^r = r \log a$.

Remarque

En particulier, on a :

- *pour tout nombre réel a strictement positif, $\log \sqrt{a} = \frac{1}{2} \log a$;*
- *pour tout nombre rationnel r, $\log 10^r = r$.*

4.2. Utilisations du logarithme décimal

En arithmétique

1°) Démontrer que pour tout entier naturel p s'écrivant avec n chiffres, on a :

$n = 1 + E(\log p)$, où E désigne la fonction partie entière.

2°) Le plus grand nombre entier premier connu en 1998 était : $p = 2^{3\,021\,377} - 1$.
Avec combien de chiffres s'écrit ce nombre ?

Solution

1°) Soit p un entier naturel.
p s'écrit avec n chiffres signifie que : $10^{n-1} \leq p < 10^n$.
La fonction log est strictement croissante, donc : $n - 1 \leq \log p < n$.
On en déduit que : $n - 1 = E(\log p)$, c'est-à-dire : $n = 1 + E(\log p)$.

2°) Tout d'abord, on peut vérifier qu'une calculatrice scientifique, même performante, ne permet pas de conclure. Utilisons la fonction log.
On a : $\log(p + 1) = 3\,021\,377 \log 2$ et $\log 2 \approx 0{,}301\,029\,995$.
Donc : $\log(p + 1) \approx 909\,525{,}105\,2$.
On en déduit que $p + 1$ s'écrit avec 909 526 chiffres.
Or, $p + 1$ n'est pas de la forme 10^n, sinon on aurait $p = 10^n - 1$ et p serait multiple de 9.
Donc, $p + 1$ et p s'écrivent avec le même nombre de chiffres, c'est-à-dire avec 909 526 chiffres.

En chimie

On évalue l'acidité ou la basicité d'une solution aqueuse en calculant son pH (potentiel hydrogène) après avoir déterminé sa concentration en ions H_3O^+ (en moles par litre).

Toute solution aqueuse contient des ions H_3O^+ et des ions OH^-. On désigne respectivement par $[H_3O^+]$ et $[OH^-]$ le nombre de moles par litre de H_3O^+ et de OH^-. On vérifie expérimentalement qu'à 25°C le produit $[H_3O^+] \times [OH^-]$ est constant et égal à 10^{-14}. De plus, on ne considère que des solutions acides ou basiques, de concentration maximale égale à 1 mole par litre.
Le pH d'une solution est définie par : $pH = -\log [H_3O^+]$.

1°) *a)* Sachant que dans l'eau pure on a $[H_3O^+] = [OH^-]$, calculer le pH de l'eau pure à 25°C.
***b)* Une solution est dite acide si elle contient plus de moles d'ions H_3O^+ que de moles d'ions OH^-, basique dans le cas contraire. Déterminer les inégalités vérifiant le pH d'une solution acide et le pH d'une solution basique.**

2°) Le pH d'une solution d'acide fort est 2.
***a)* Quelle est sa concentration en ions H_3O^+ ?**
***b)* Que devient cette concentration si le pH, après dilution, augmente de 1 ?**
***c)* Quel volume d'eau pure faut-il ajouter à 10 cm³ d'une solution acide pour que son pH passe de 3 à 5 ?**

3°) Quel volume d'eau pure faut-il ajouter à 10 cm³ d'une solution de base forte pour que son pH passe de 12 à 9 ?

Solution

La courbe ci-contre représente les variations de $[OH^-]$ en fonction de $[H_3O^+]$.

1°) *a)* On a : $[H_3O^+] \times [OH^-] = 10^{-14}$ et $[H_3O^+] = [OH^-]$;
donc : $[H_3O^+] = 10^{-7}$.
On en déduit que : $pH = -\log [H_3O^+] = 7$.

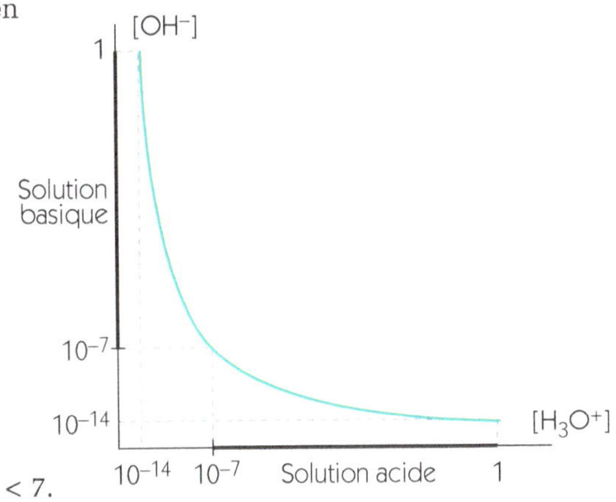

b) • On suppose que la solution est acide.
On a : $[H_3O^+] > [OH^-]$;
donc : $([H_3O^+])^2 > [H_3O^+] \times [OH^-]$;
c'est-à-dire : $([H_3O^+])^2 > 10^{-14}$;
d'où : $[H_3O^+] > 10^{-7}$.
De plus, $[H_3O^+] \leq 1$; d'où : $10^{-7} < [H_3O^+] \leq 1$.
On en déduit que : $-7 < \log([H_3O^+]) \leq 0$; donc : $0 \leq pH < 7$.
Le pH d'une solution acide est tel que : $0 \leq pH < 7$.

• En supposant la solution basique, on démontre de manière analogue que : $10^{-7} < [OH^-] \leq 1$;
donc : $10^{-14} \leq [H_3O^+] < 10^{-7}$ et $7 < pH \leq 14$.
Le pH d'une solution basique est tel que : $7 < pH \leq 14$.
Une solution dont le pH est égal à 7 est appelée solution neutre.

2°) *a)* On a : $pH = 2 \quad \Leftrightarrow \quad \log [H_3O^+] = -2$; donc : $[H_3O^+] = 10^{-2}$ moles/litre.
b) Si le pH augmente de 1, on a : $pH = 3$; donc : $[H_3O^+] = 10^{-3}$ moles/litre.
La concentration est donc divisée par 10.
c) Les concentrations respectives en ions H_3O^+ de la solution initiale, de l'eau ajoutée et de la solution finale sont 10^{-3}, 10^{-7} et 10^{-5}.
Désignons par v le volume initial et par x le volume d'eau ajouté (exprimés dans la même unité).
On obtient : $v.10^{-3} + x.10^{-7} = (v + x).10^{-5} \quad \Leftrightarrow \quad v.10^4 + x = (v + x).10^2$.
On en déduit que : $x = \dfrac{10^4 - 10^2}{10^2 - 1} v = 10^2.v$.
Si $v = 10$, alors $x = 1\,000$. Il faut donc rajouter 1 000 cm³, c'est-à-dire 1 litre d'eau pure.

3°) Un raisonnement analogue, avec les mêmes notations, nous permet d'écrire :
$v.10^{-12} + x.10^{-7} = (v + x).10^{-9} \quad \Leftrightarrow \quad v + x.10^5 = (v + x).10^3$.
On en déduit que : $x = \dfrac{10^3 - 1}{10^5 - 10^3} v = \dfrac{999}{99}.10^{-3}.v$; donc : $x \approx 10^{-2}.v$.
Si $v = 10$, alors $x = 0{,}1$. Il faut donc rajouter 0,1 cm³, c'est-à-dire 0,1 millilitre d'eau pure.

Exercices

4.a Résoudre dans $\mathbb{R}$ les équations suivantes.
a) $\log(3x^2 - 4x + 1) = 1$
b) $6 - 5\log^2 x = 13 \log x$
c) $\dfrac{(x-1)(\log x + 1)}{\log x} = 0$.

4.b Résoudre les systèmes suivants.
a) $\begin{cases} \log(xy) = 2 \\ x + y = 29 \end{cases}$
b) $\begin{cases} 2\log x - 3\log y = 9 \\ -6\log x + 5\log y = -19 \end{cases}$.

4.c On donne : $\log 3{,}51 \approx 0{,}545\,31$.
1. Calculer les logarithmes de chacun des nombres suivants :
351 ; 35 100 ; 0,035 1 ; $(35{,}1)^2$; $\sqrt{0{,}351}$.
2. Déterminer les nombres qui ont pour logarithmes décimaux respectifs :
1,545 31 ; 0,454 69 ; 3,545 31 ; 0,060 59.

4.d Déterminer un entier naturel n tel que 2^n s'écrive avec le même nombre de chiffres que 1999^{69}.

Exercices

Le plan est muni du repère (O, I, J).

APPRENTISSAGE

Primitives

1 Dans chacun des cas suivants, déterminer les primitives de la fonction f sur un intervalle K que l'on précisera.

a) $f(x) = 3x^2 - x + 7$ *b)* $f(x) = 5x - 2 + \dfrac{4}{x^2}$

c) $f(x) = x + \dfrac{2}{\sqrt{x}}$ *d)* $f(x) = \cos x - 5\sin x$

e) $f(x) = \dfrac{\sqrt{x}}{2}$ *f)* $f(x) = \sin\dfrac{x}{2} - 5\cos 4x$.

2 Dans chacun des cas suivants, déterminer les primitives de la fonction f sur un intervalle K que l'on précisera.

a) $f(x) = (2x^2 + 1)^2$ *b)* $f(x) = (x + 1)^2(x - 1)$

c) $f(x) = \dfrac{x^2 + x - 1}{x^4}$ *d)* $f(x) = \dfrac{2 - \sqrt{x}}{\sqrt{x}}$.

3 Dans chacun des cas suivants, déterminer les primitives de la fonction f sur $\mathbb{R}$.

a) $f(x) = 3(2 - 3x)^3$ *b)* $f(x) = (x^2 + x + 1)(2x + 1)$

c) $f(x) = x^3(x^4 - 5)^2$ *d)* $f(x) = 4x(x^2 - 1)^3$.

4 Dans chacun des cas suivants, déterminer les primitives de la fonction f sur l'intervalle K.

a) $f(x) = \dfrac{3x - 1}{(3x^2 - 2x - 1)^2}$ et $K = \left]-\dfrac{1}{3} ; 1\right[$

b) $f(x) = \dfrac{2}{(1 + x)^4}$ et $K =]-1 ; +\infty[$

c) $f(x) = \dfrac{1}{\sqrt{x}\,(\sqrt{x} + 1)^2}$ et $K =]0 ; +\infty[$

d) $f(x) = -\dfrac{3x^2 + 2}{2(x^3 + 2x)^3}$ et $K =]-\infty ; 0[$.

5 Dans chacun des cas suivants, déterminer les primitives de la fonction f sur un intervalle K que l'on précisera.

a) $f(x) = \dfrac{2x}{\sqrt{x^2 + 1}}$ *b)* $f(x) = \dfrac{x - 1}{\sqrt{2x^2 - 4x - 6}}$

c) $f(x) = x\sqrt{1 - x^2}$ *d)* $f(x) = \dfrac{2x + 3}{\sqrt{(x^2 + 3x + 1)^3}}$.

6 Dans chacun des cas suivants, déterminer la primitive F de la fonction f sur l'intervalle K, qui vérifie la condition indiquée.

a) $f(x) = \sin x \cos x$, $K = \mathbb{R}$ et $F\left(\dfrac{\pi}{2}\right) = 1$

b) $f(x) = \cos x \sin^5 x$, $K = \mathbb{R}$ et $F(0) = 3$

c) $f(x) = 2x \sin x^2$, $K = \mathbb{R}$ et $F(0) = 2$

d) $f(x) = \dfrac{\cos x}{\sin 2x}$, $K =]0 ; \pi[$ et $F\left(\dfrac{\pi}{2}\right) = 3$.

7 Dans chacun des cas suivants, déterminer les primitives de la fonction f sur l'intervalle K.

a) $f(x) = \sin x \cos x(\cos^2 x + 1)^4$ et $K = \mathbb{R}$;

b) $f(x) = (1 + \tan^2 x)\tan^5 x$ et $K = \left]-\dfrac{\pi}{2} ; \dfrac{\pi}{2}\right[$

c) $f(x) = \dfrac{1}{x^2}\sin\dfrac{1}{x}$ et $K =]0 ; +\infty[$

d) $f(x) = \dfrac{\sin x}{\sqrt{\cos x}}$ et $K = \left]-\dfrac{\pi}{2} ; \dfrac{\pi}{2}\right[$.

8 Dans chacun des cas suivants, déterminer les primitives de la fonction f sur $\mathbb{R}$.

a) $f(x) = \cos^4 x$ *b)* $f(x) = \sin^6 x$

c) $f(x) = \sin^5 x$ *d)* $f(x) = \cos^3 x \sin^2 x$

e) $f(x) = \cos^2 x \sin^2 x$ *f)* $f(x) = \cos^2 x - \sin^2 x$.

9 Soit la fonction $f : x \mapsto \dfrac{x^3 - x^2 - 8x + 8}{(x - 2)^2}$.

1. Déterminer trois nombres réels a, b et c tels que :
$\forall x \in \mathbb{R} \setminus \{2\}, f(x) = ax + b + \dfrac{c}{(x - 2)^2}$.

2. En déduire les primitives de f sur $]2 ; +\infty[$.

10 Soit la fonction $f : x \mapsto \dfrac{1}{1 - \sin x}$.

En remarquant que $\forall x \in \left]-\dfrac{\pi}{2} ; \dfrac{\pi}{2}\right[$,
$\dfrac{1}{1 - \sin x} = \dfrac{1 + \sin x}{(1 - \sin x)(1 + \sin x)}$
déterminer les primitives de f sur $\left]-\dfrac{\pi}{2} ; \dfrac{\pi}{2}\right[$.

Fonction logarithme népérien

11 Soit n un entier naturel strictement supérieur à 1 et k le nombre de ses diviseurs premiers.
Démontrer que : $\ln n \geq k \ln 2$.

12 Simplifier les sommes suivantes.

a) $\ln(\sqrt{3} + 1) + \ln(\sqrt{3} - 1)$

b) $\ln(2 + \sqrt{3}) + \ln(2 - \sqrt{3})$

c) $\ln\left(\dfrac{\sqrt{5} + 1}{2}\right) + \ln\left(\dfrac{\sqrt{5} - 1}{2}\right)$

d) $\ln 2 + \ln(2 + \sqrt{2}) + \ln(2 + \sqrt{2 + \sqrt{2}}) + \ln(2 - \sqrt{2 + \sqrt{2}})$.

13 **1.** Calculer : $\ln\dfrac{1}{e}$; $\ln\sqrt{e}$; $\ln e\sqrt{e}$; $\ln\dfrac{\sqrt{e}}{e}$.

2. Simplifier : $\ln e^3 - \ln e^2$; $5\ln\dfrac{1}{e} + 4\ln e\sqrt{e}$.

14 Démontrer que pour tout x élément de $]0 ; +\infty[$, on a : $\ln(1 + x) = \ln x + \ln\left(1 + \dfrac{1}{x}\right)$.

15 Dans chacun des cas suivants, comparer les nombres réels x et y, sans utiliser de calculatrice.

a) $x = \ln 5$ et $y = \ln 2 + \ln 3$

b) $x = 3\ln 2$ et $y = 2\ln 3$

c) $x = 4\ln 3$ et $y = 4\ln 2 + \ln 5$

d) $x = \ln\sqrt{e}$ et $y = \dfrac{1}{3}$.

16 Déterminer et construire les ensembles (E_1), (E_2), (E_3), (E_4) des points du plan dont les coordonnées $(x\,;\,y)$ vérifient respectivement :

(E_1) $\ln(xy) = \ln x + \ln y$

(E_2) $\ln(x + y) = \ln x + \ln y$

(E_3) $\ln \frac{x + 2y}{3} = \frac{1}{2}(\ln x + \ln y)$

(E_4) $\ln|x| + \ln|y| = 0$.

17 Le repère (O, I, J) est orthonormé.
Utiliser la courbe représentative de la fonction logarithme népérien pour représenter graphiquement chacune des fonctions suivantes.

a) $x \mapsto \ln \frac{1}{x}$ *b)* $x \mapsto |\ln x|$

e) $x \mapsto \ln(x + 2)$ *d)* $x \mapsto \ln(x - 1) + 2$.

18 Dans chacun des cas suivants, déterminer l'ensemble de définition de la fonction *f*.

a) $f(x) = \ln x^2$ *b)* $f(x) = \ln x + \ln(x + 1)$

c) $f(x) = \ln[x(x + 1)]$ *d)* $f(x) = \ln \frac{x - 1}{2 - x}$.

19 Dans chacun des cas suivants, calculer les limites de la fonction *f* aux bornes de son ensemble de définition.

a) $f(x) = \ln(x + 1)$ *b)* $f(x) = \ln(2 - x)$

c) $f(x) = \ln(x^2 - x - 2)$ *d)* $f(x) = \ln \frac{x + 1}{2 - x}$.

20 Dans chacun des cas suivants, calculer la limite de la fonction *f* en $+\infty$.

a) $f(x) = \frac{x\ln x}{x + 1}$ *b)* $f(x) = \frac{\ln x - 2}{2\ln x + 1}$

c) $f(x) = \ln(3x) - \ln(x + 1)$ *d)* $f(x) = \frac{\ln(x^2 + 1)}{x}$

e) $f(x) = \frac{\ln x}{\sqrt{x}}$ *f)* $f(x) = \frac{\ln(1 + x)}{1 + x^2}$

g) $f(x) = \frac{\ln(1 + x^2)}{x^2}$ *h)* $f(x) = x \ln\left(1 + \frac{1}{x}\right)$.

21 Dans chacun des cas suivants, calculer la limite de la fonction *f* en 0 (éventuellement à gauche et à droite).

a) $f(x) = \frac{\ln x - 2}{\ln x + 1}$ *b)* $f(x) = \ln x + \ln^2 x$

c) $f(x) = \frac{\ln(1 + x)}{x^2}$ *d)* $f(x) = \frac{\ln(1 + x^2)}{x^2}$

e) $f(x) = \frac{\ln(x^2 + 1)}{x}$ *f)* $f(x) = x \ln\left(1 + \frac{1}{x}\right)$

g) $f(x) = \frac{\ln(1 + 3x)}{2x}$ *h)* $f(x) = x^2 \ln^3 x$.

22 Résoudre dans ℝ les équations suivantes.

a) $(x - 2)\ln(x - 2) = 0$

b) $\ln(x^2 - x - 1) = 0$

c) $\ln(x + 3) + \ln(x + 5) = \ln 15$

d) $\ln(x + 2) + \ln(x - 2) = \ln 45$

e) $\ln(x + 4) + \ln(x - 2) = \ln(5x - 4)$

f) $\ln(2x + 8) - \ln(3x + 2) = \ln(x + 1)$

g) $\ln|x + 1| + \ln|x + 5| = \ln 15$

h) $\ln|2x - 5| - \ln|3x + 2| = \ln|x + 1|$.

23 Résoudre dans ℝ les équations suivantes.

a) $\ln(x + 3) + \ln(x + 2) = \ln(x + 11)$

b) $\ln(x^2 + 5x + 6) = \ln(x + 11)$

c) $\ln(-x - 2) = \ln \frac{-x - 11}{x + 3}$

d) $\ln(x + 2) = \ln(-x - 11) - \ln(x + 3)$.

24 Résoudre dans ℝ les équations suivantes.

a) $3\ln^2 x - 5\ln x + 2 = 0$

b) $\ln^2 x + (1 - 2\ln 2)\ln x - 2\ln 2 = 0$

c) $2\ln^3(x + 1) - 9\ln^2(x + 1) - 2\ln(x + 1) + 9 = 0$

d) $\ln^3 x + 2\ln^2 x + \ln x + 2 = 0$.

25 Résoudre dans ℝ les inéquations suivantes.

a) $\ln(2x - e) > 1$

b) $\ln(2 - 3x) \geq 0$

c) $\ln(2 - x) + \ln(x + 4) > \ln(3x + 2)$

d) $|\ln x| \leq 2$

e) $\ln(2x + 1) \leq \ln(x + 3)$

f) $\ln(x + 2) \leq \ln(x^2 - 4)$

g) $\ln \frac{1}{x} \geq \ln x$.

26 Résoudre dans ℝ les inéquations suivantes.

a) $(1 - \ln x)(2 + \ln x) \geq 0$ *b)* $\ln^2 x - 2\ln x - 3 \geq 0$

c) $\frac{\ln x - 2}{\ln x + 1} \geq 0$ *d)* $\frac{1 + \ln x}{1 - \ln x} > \frac{1 - \ln x}{1 + \ln x}$.

27 Résoudre les systèmes suivants.

a) $\begin{cases} x + y = 25 \\ \ln x + \ln y = 2\ln 12 \end{cases}$ *b)* $\begin{cases} x - y = 2 - e \\ \ln(x + y) = 1 \end{cases}$

c) $\begin{cases} x^2 - y^2 = 700 \\ \ln x - \ln y = 2\ln \frac{4}{3} \end{cases}$ *d)* $\begin{cases} \ln x + 3\ln y = 1 \\ 3\ln x - 2\ln y = \frac{20}{3}. \end{cases}$

Fonctions comportant ln

28 Dans chacun des cas suivants, préciser l'ensemble de dérivabilité de la fonction *f*, puis déterminer sa dérivée.

a) $f(x) = x\ln|x|$ *b)* $f(x) = \ln^2 x$

c) $f(x) = \sqrt{\ln x}$ *d)* $f(x) = \sqrt{x}\,\ln x$

e) $f(x) = \frac{\ln x}{x}$ *f)* $f(x) = \frac{x}{\ln x}$

g) $f(x) = \frac{1}{x\ln x}$ *h)* $f(x) = \frac{1 - \ln x}{1 + \ln x}$.

29 Dans chacun des cas suivants, préciser l'ensemble de dérivabilité de la fonction *f*, puis déterminer sa dérivée.

a) $f(x) = \ln(-x)$ *b)* $f(x) = \ln(2x + 1)$

c) $f(x) = \ln\sqrt{x}$ *d)* $f(x) = \ln(2x^2 - 3x + 4)$

e) $f(x) = \ln\frac{2}{x}$ *f)* $f(x) = \ln\frac{x + 1}{x - 2}$

g) $f(x) = \ln\left|\frac{x - 2}{x + 4}\right|$ *h)* $f(x) = \cos(\ln x)$.

30 Soit *f* la fonction définie par :

$\begin{cases} f(x) = (x - 1)^2, & \text{si } x < 1 \\ f(x) = \ln x, & \text{si } x \geq 1 \end{cases}$.

a) Démontrer que *f* est continue sur ℝ.

b) Étudier la dérivabilité de *f* en 1.

Interpréter graphiquement le résultat obtenu.

31 Soit *g* la fonction définie par :

$\begin{cases} g(x) = 3x^2 + 2x + 1, & \text{si } x < 0 \\ g(x) = x + 1 + \ln(x + 1), & \text{si } x \geq 0 \end{cases}$.

a) Démontrer que g est continue sur $\mathbb{R}$.
b) Étudier la dérivabilité de g en 0.
Interpréter graphiquement le résultat obtenu.

32 Dans chacun des cas suivants, déterminer les primitives de la fonction f sur l'intervalle K.

a) $f(x) = \dfrac{x}{1+x^2}$ et $K = \mathbb{R}$

b) $f(x) = \dfrac{2x}{x^2-4}$ et $K =]-2\,;+2[$

c) $f(x) = 2 + \dfrac{1}{x+2} + \dfrac{3}{(x+2)^2}$ et $K =]-\infty\,;-2[$

d) $f(x) = x + 1 - \dfrac{1}{x+1} + \dfrac{x}{x^2+1}$ et $K =]-\infty\,;-1[$.

33 Dans chacun des cas suivants, déterminer les primitives de la fonction f sur l'intervalle K.

a) $f(x) = \dfrac{\ln x}{x}$ et $K =]0\,;+\infty[$

b) $f(x) = \dfrac{1}{x\ln x}$ et $K =]0\,;+\infty[$

c) $f(x) = \dfrac{\cos x}{\sin x}$ et $K = \left]0\,;\dfrac{\pi}{2}\right[$

d) $f(x) = \dfrac{\sin x + \cos x}{\sin x - \cos x}$ et $K = \left]\dfrac{\pi}{4}\,;\dfrac{\pi}{2}\right[$

e) $f(x) = \dfrac{1+\tan^2 x}{\tan x}$ et $K = \left]0\,;\dfrac{\pi}{2}\right[$.

34 Dans chacun des cas suivants, déterminer deux nombres réels a et b tels que :
$\forall\, x \in \mathbb{R} \setminus \{2\},\ f(x) = a + \dfrac{b}{x-2}$.
En déduire une primitive de f sur $]2\,;+\infty[$.

a) $f(x) = \dfrac{x}{x-2}$ *b)* $f(x) = \dfrac{1-2x}{x-2}$

c) $f(x) = \dfrac{x-1}{2-x}$ *d)* $f(x) = \dfrac{-3x}{x-2}$.

35 Soit la fonction $f : x \mapsto \dfrac{2x^2-x-2}{2x^2+3x+1}$.

1. Déterminer trois nombres réels a, b et c tels que :
$\forall\, x \in \mathbb{R} \setminus \{-1\,;-\frac{1}{2}\},\ f(x) = a + \dfrac{b}{2x+1} + \dfrac{c}{x+1}$.

2. En déduire les primitives de f sur $\left]-\dfrac{1}{2}\,;+\infty\right[$.

36 Soit la fonction $f : x \mapsto \dfrac{x^2-4x+2}{(x-3)^2}$.

1. Déterminer trois nombres réels a, b et c tels que :
$\forall\, x \in \mathbb{R} \setminus \{3\},\ f(x) = a + \dfrac{b}{x-3} + \dfrac{c}{(x-3)^2}$.

2. En déduire la primitive F de f sur $]-\infty\,;3[$, telle que : $F(2) = 5$.

37 Soit la fonction $f : x \mapsto \dfrac{x^2-2x-2}{x^3-1}$.

1. Déterminer trois nombres réels a, b et c tels que :
$\forall\, x \in \mathbb{R} \setminus \{1\},\ f(x) = \dfrac{a}{x-1} + \dfrac{bx+c}{x^2+x+1}$.

2. En déduire la primitive F de f sur $]-\infty\,;1[$, telle que : $F(-1) = -\ln 2$.

38 Soit f et g les fonctions définies par :
$f(x) = \dfrac{\cos x}{\cos x + \sin x}$ et $g(x) = \dfrac{\sin x}{\cos x + \sin x}$.
Déterminer successivement les primitives sur $\left[0\,;\dfrac{\pi}{2}\right]$ de chacune des fonctions $f+g$, $f-g$, f et g.

39 Vérifier que la fonction $x \mapsto x\ln x$ est dérivable sur $]0\,;+\infty[$, puis déterminer sa dérivée.
En déduire une primitive de la fonction logarithme népérien sur $]0\,;+\infty[$.

40 Dans chacun des cas suivants, étudier la fonction f et tracer sa courbe représentative.

a) $f(x) = \dfrac{1}{x} - 1 + 2\ln x$ *b)* $f(x) = \dfrac{3-\ln x}{2-\ln x}$

c) $f(x) = \dfrac{1}{x\ln x}$ *d)* $f(x) = \ln x^2$.

41 Soit f la fonction définie par :
$$\begin{cases} f(x) = x\ln|x|, \text{ si } x \neq 0 \\ f(0) = 0. \end{cases}$$
1. Justifier que f est continue en 0.
2. Démontrer que f est impaire.
3. Étudier f et tracer sa courbe représentative.

42 Soit f la fonction définie par :
$f(x) = \ln(x+1) - \ln(3-x)$.
1. Étudier f et tracer sa courbe représentative $(\mathscr{C})$.
2. *a)* Démontrer que $(\mathscr{C})$ coupe l'axe (OI) en un seul point Ω dont on déterminera les coordonnées.
b) Démontrer que Ω est un centre de symétrie de $(\mathscr{C})$.
c) Donner une équation de la tangente (T) à $(\mathscr{C})$ en Ω.
3. Démontrer que l'équation $f(x) = 1$ admet une solution unique dont on précisera un encadrement à 10^{-1} près.
4. Résoudre graphiquement l'inéquation : $x - 1 \leq f(x)$.

43 Soit f la fonction définie par : $f(x) = x + \sqrt{x^2+1}$.
1. *a)* Déterminer l'ensemble de définition D de f et démontrer que : $\forall\, x \in D,\ f(x) > x + |x|$.
b) En déduire le signe de $f(x)$ sur D.
2. Étudier f et tracer sa courbe représentative.
3. Soit g la fonction définie par :
$g(x) = \ln(x + \sqrt{x^2+1})$.
a) Résoudre l'équation : $g(x) = -\ln(3 - 2\sqrt{2})$.
b) Démontrer que g est une fonction impaire.
c) Étudier g et tracer sa courbe représentative.
d) Démontrer que g est une bijection de $\mathbb{R}$ vers $\mathbb{R}$ et que :
$\forall\, n \in \mathbb{Z},\ g\left(\dfrac{e^n - e^{-n}}{2}\right) = n$.

APPROFONDISSEMENT

44 *On se propose de démontrer que la fonction ln n'est pas la restriction à]0 ; + ∞[d'une fonction rationnelle.*
1. Démontrer qu'il n'existe pas de fonction rationnelle f telle que : $\lim\limits_{x \underset{>}{\to} 0} f(x) = -\infty$ et $\lim\limits_{x \underset{>}{\to} 0} xf(x) = 0$.
(On pourra écrire f(x) sous la forme $\dfrac{P(x)}{Q(x)}$ où P et Q sont deux fonctions polynômes et supposer que $P(0) \neq 0$ et $Q(0) = 0$.)
2. En déduire que la fonction ln n'est pas la restriction à $]0\,;+\infty[$ d'une fonction rationnelle.

45 Soit a et b deux nombres réels $(0 < a < b)$ et la fonction $f : x \mapsto \dfrac{\ln(ax+1)}{\ln(bx+1)}$.
1. Sur quelle partie de $\mathbb{R}$ f est-elle définie ? dérivable ? Déterminer sa dérivée f'.
2. Soit g la fonction définie par :
$g(x) = a(bx+1)\ln(bx+1) - b(ax+1)\ln(ax+1)$.

Déterminer g'. En déduire que f est strictement croissante sur chacun des intervalles $\left]-\frac{1}{b} ; 0\right[$ et $]0 ; +\infty[$.

3. Démontrer que : $\ln\left(\frac{a}{b}+1\right)\ln\left(\frac{b}{a}+1\right) < (\ln 2)^2$.

46 Fonction logarithme de base *a*.
Le repère (O, I, J) est orthonormé.
a est un nombre réel strictement positif et différent de 1.
Soit f_a la fonction de $]0 ; +\infty[$ vers $\mathbb{R}$ définie par $f_a(x) = \frac{\ln x}{\ln a}$ et $(\mathscr{C}_a)$ sa courbe représentative.

1. *a)* Calculer $f_a(1)$, $f_a(a)$, $f_a(a^n)$ où n est un entier relatif.

b) Démontrer que pour tous nombres réels strictement positifs x, y et tout entier relatif n, on a :

- $f_a(xy) = f_a(x) + f_a(y)$
- $f_a\left(\frac{x}{y}\right) = f_a(x) - f_a(y)$
- $f_a(x^n) = nf_a(x)$
- $f_a(\sqrt{x}) = \frac{1}{2}f_a(x)$.

c) Démontrer que pour tous nombres réels strictement positifs a, b et x, on a :

- $f_a(b) = \frac{1}{f_b(a)}$
- $f_a(x) = f_a(b)f_b(x)$.

f_a est appelée fonction logarithme de base a.

2. *a)* Étudier la fonction f_a et dresser son tableau de variation pour $0 < a < 1$ et $a > 1$.

b) Démontrer que f_a est une bijection.

c) Démontrer que $f_{\frac{1}{a}} = -f_a$ et en déduire la position relative de $(\mathscr{C}_a)$ et $(\mathscr{C}_{\frac{1}{a}})$.

3. Tracer les courbes $(\mathscr{C}_2)$ et $(\mathscr{C}_{\frac{1}{2}})$.

47 Pour tout entier relatif k, on définit la fonction f_k de $[0 ; +\infty[$ vers $\mathbb{R}$ par : $\begin{cases} f_k(0) = 0 \\ f_k(x) = x(k - \ln x), \text{ si } x > 0 \end{cases}$.

On désigne par $(\mathscr{C}_k)$ la courbe représentative de f_k.
1. Étudier la continuité et la dérivabilité de f_k en 0.
2. Pour tout nombre réel a strictement positif, on désigne par A_k le point de $(\mathscr{C}_k)$ d'abscisse a et par (T_k) la tangente à $(\mathscr{C}_k)$ en A_k.
a) Déterminer une équation de (T_k).
b) Déterminer le point d'intersection de (T_k) et (OJ).
c) En déduire que, lorsque k varie dans $\mathbb{Z}$, les tangentes (T_k) sont concourantes en un point de l'axe (OJ).
3. *a)* Pour k fixé, étudier les variations de f_k.
b) En déduire les tableaux de variation de f_0, f_1 et f_2.
4. Construire sur le même graphique $(\mathscr{C}_0)$, $(\mathscr{C}_1)$ et $(\mathscr{C}_2)$.
Faire apparaître sur le graphique :

- les tangentes à $(\mathscr{C}_0)$, $(\mathscr{C}_1)$ et $(\mathscr{C}_2)$ aux points d'abscisse 1 et leur point d'intersection.
- les tangentes à $(\mathscr{C}_1)$ et $(\mathscr{C}_2)$ aux points d'abscisse e et leur point d'intersection.
- la tangente à $(\mathscr{C}_2)$ au point d'abscisse e^2 et son point d'intersection avec (OJ).

48 Le repère (O, I, J) est orthonormé.
Soit f la fonction définie par :
$f(x) = \frac{1}{2}\left(x + 1 + 3\ln\left|\frac{x+1}{x-3}\right|\right)$.
On désigne par $(\mathscr{C})$ la courbe représentative de f.
1. Étudier les variations de la fonction f.
2. *a)* Démontrer que $(\mathscr{C})$ admet un point d'inflexion Ω et que Ω est un centre de symétrie de $(\mathscr{C})$.
b) Déterminer l'asymptote oblique (D) de $(\mathscr{C})$ et vérifier que Ω appartient à (D).
c) Tracer $(\mathscr{C})$.

49 Soit la fonction $f : x \mapsto \ln|\ln x|$.
1. Étudier f et tracer sa courbe représentative $(\mathscr{C})$.
2. *a)* Démontrer que, pour tout nombre réel m, l'équation $\ln|\ln x| = m$ admet deux solutions x_1 et x_2.
b) Calculer le produit x_1x_2.

50 Le repère (O, I, J) est orthonormé.
Soit f la fonction définie par :
$\begin{cases} f(x) = x - 1 + \frac{1}{x}, \text{ si } x \leq 1 \\ f(x) = 1 - (\ln x)^2, \text{ si } x > 1 \end{cases}$.
1. *a)* Démontrer que f est continue et dérivable en 1.
b) Calculer les limites de f aux bornes de son ensemble de définition et préciser les branches infinies de la courbe représentative $(\mathscr{C})$ de f.
c) Étudier les variations de f.
Démontrer que le point d'abscisse e est un point d'inflexion de $(\mathscr{C})$.
d) Tracer $(\mathscr{C})$.
2. Soit h la restriction de f à l'intervalle $]1 ; +\infty[$.
a) Démontrer que h réalise une bijection de $]1 ; +\infty[$ vers un intervalle que l'on précisera.
b) En déduire que h admet une fonction réciproque h^{-1} dont on précisera le sens de variation.
Tracer la courbe représentative de h^{-1}.

51 Le repère (O, I, J) est orthonormé.
Pour tout nombre réel m, on définit la fonction f_m par :
$f_m(x) = \ln\left|\frac{mx+1}{x+m}\right|$.
On désigne par $(\mathscr{C}_m)$ la courbe représentative de f_m.
1. Étudier f_m et tracer $(\mathscr{C}_m)$ dans les cas suivants : $m = 0$, $m = -1$ et $m = 1$.
Dans la suite, on suppose que : $m \in \mathbb{R} \setminus \{-1 ; 0 ; 1\}$.
2. *a)* Déterminer les ensembles de définition, de continuité et de dérivabilité de f_m.
On désigne par D_m l'ensemble de définition de f_m.
b) Démontrer que les courbes $(\mathscr{C}_m)$ passent par deux points fixes.
3. *a)* Démontrer que $D_m = D_{\frac{1}{m}}$ et que pour tout élément x de D_m, on a : $f_{\frac{1}{m}}(x) = -f_m(x)$.
En déduire la position relative de $(\mathscr{C}_m)$ et $(\mathscr{C}_{\frac{1}{m}})$.
b) Démontrer que :

- $(x \in D_{-m}) \Leftrightarrow (-x \in D_m)$;
- $\forall x \in D_{-m}, f_{-m}(x) = f_m(-x)$.

En déduire la position relative de $(\mathscr{C}_m)$ et $(\mathscr{C}_{-m})$.
c) Déduire des questions précédentes qu'il suffit d'étudier f_m et de tracer $(\mathscr{C}_m)$ pour $m > 1$ pour obtenir toutes les courbes $(\mathscr{C}_m)$.
4. *On suppose dans cette question que : $m > 1$.*
a) Étudier f_m et dresser son tableau de variation.
b) En déduire le tracé de $(\mathscr{C}_2)$, $(\mathscr{C}_{\frac{1}{2}})$ et $(\mathscr{C}_{-2})$.
Soit Ω le point d'intersection de $(\mathscr{C}_2)$ et de son asymptote parallèle à (OI).
Démontrer que Ω est un centre de symétrie de $(\mathscr{C}_2)$.
c) Soit g la restriction de f_2 à $\left]-2 ; -\frac{1}{2}\right[$.
Démontrer que g réalise une bijection de $\left]-2 ; -\frac{1}{2}\right[$ vers $\mathbb{R}$ et construire sur un autre graphique les courbes représentatives de g et de g^{-1}.

52 Le repère (O, I, J) est orthonormé.

1. Soit f la fonction définie par :
$f(x) = \dfrac{x}{x-1} + \ln|x-1|$.
a) Étudier f et dresser son tableau de variation.
b) Calculer $f(0)$; en déduire le signe de f.
2. Soit g la fonction définie par : $g(x) = x\ln|x-1|$.
a) Étudier g et tracer sa courbe représentative $(\mathscr{C})$.
b) Soit A le point d'intersection de $(\mathscr{C})$ et (OI), d'abscisse non nulle.
Démontrer que A est un point d'inflexion de $(\mathscr{C})$ et écrire une équation de la tangente (T) à $(\mathscr{C})$ en A.
3. On désigne par h la restriction de g à l'intervalle $]1\,;+\infty[$. Démontrer que h est une bijection de $]1\,;+\infty[$ sur $\mathbb{R}$ et construire sur un autre graphique les courbes représentatives de h et de h^{-1}.

53 Soit α un élément de $\left[-\dfrac{\pi}{2}\,;\,\dfrac{\pi}{2}\right]$ et f_α la fonction définie par : $f_\alpha(x) = \ln(4x^2 - 4x\sin\alpha + 1)$.
On désigne par $(\mathscr{C}_\alpha)$ la courbe représentative de f_α.
1. *a)* Déterminer, suivant les valeurs de α, l'ensemble de définition de f_α.
b) Démontrer que la droite d'équation $x = \dfrac{1}{2}\sin\alpha$ est un axe de symétrie de $(\mathscr{C}_\alpha)$.
c) Démontrer que $(\mathscr{C}_\alpha)$ et $(\mathscr{C}_{-\alpha})$ sont symétriques par rapport à (OJ).
2. *a)* Étudier f_α pour $\alpha = \dfrac{\pi}{2}$ et tracer sur le même graphique les courbes $(\mathscr{C}_{\frac{\pi}{2}})$ et $(\mathscr{C}_{-\frac{\pi}{2}})$.
b) Démontrer que pour $\alpha = -\dfrac{\pi}{2}$, l'équation $f_\alpha(x) = x$ admet une solution unique dans l'intervalle $]0\,;+\infty[$ et donner une valeur approchée à 10^{-2} près de cette solution.

54 Le repère (O, I, J) est orthonormé.
Soit m un nombre réel strictement positif et f_m la fonction définie par : $f_m(x) = \ln(mx) + \dfrac{m}{\ln x}$.
On désigne par $(\mathscr{C}_m)$ la courbe représentative de f_m.
1. *a)* Déterminer l'ensemble de définition de f_m et étudier les branches infinies de $(\mathscr{C}_m)$.
b) Déterminer la dérivée de f_m et démontrer que l'ensemble des extremums de $(\mathscr{C}_m)$, lorsque m décrit $]0\,;+\infty[$, est la courbe (Γ) d'équation : $y = 2\ln(x|\ln x|)$.
c) Étudier la fonction $x \mapsto 2\ln(x|\ln x|)$ et tracer (Γ).
Dans la suite du problème, on suppose que : $m = 1$.
2. *a)* Étudier la fonction f_1 et tracer la courbe $(\mathscr{C}_1)$.
b) On désigne par g la restriction de f_1 à l'intervalle $[e\,;+\infty[$.
Démontrer que g admet une fonction réciproque g^{-1} dont on précisera l'ensemble de définition.
Tracer la courbe représentative de g^{-1}.
3. *a)* Démontrer que $(\mathscr{C}_1)$ admet un point d'inflexion dont l'abscisse α est solution de l'équation :
$(\ln x)^3 - \ln x - 2 = 0$.
b) Déterminer une valeur approchée de α à 10^{-2} près.

55 Le repère (O, I, J) est orthonormé.
Soit m un nombre réel non nul et f_m la fonction définie par : $f_m(x) = mx + 1 + \ln(mx)$.
On désigne par $(\mathscr{C}_m)$ la courbe représentative de f_m.
1. *a)* Déterminer, suivant les valeurs de m, l'ensemble de définition de f_m.
b) Démontrer que pour tout nombre réel m, les courbes $(\mathscr{C}_m)$ et $(\mathscr{C}_{-m})$ sont symétriques par rapport à (OJ).
c) Étudier les branches infinies de $(\mathscr{C}_m)$ pour $m > 0$.
2. *a)* Étudier la fonction f_2 puis tracer les courbes $(\mathscr{C}_2)$ et $(\mathscr{C}_{-2})$.
b) Démontrer que l'équation $f_2(x) = 0$ admet une unique solution dont on déterminera une valeur approchée à 10^{-2} près.
c) Démontrer que f_2 et f_{-2} réalisent des bijections de leurs ensembles de définition vers $\mathbb{R}$ et préciser la position relative des courbes représentatives de leurs fonctions réciproques.

56 **1.** Soit la fonction $g : x \mapsto x^3 - x + 1 - 2\ln x$.
Étudier les variations de g et en déduire le signe de $g(x)$.
2. Soit la fonction $f : x \mapsto x + 1 + \dfrac{x + \ln x}{x^2}$ et $(\mathscr{C})$ sa courbe représentative.
Démontrer que la droite (Δ) d'équation $y = x + 1$ est asymptote à $(\mathscr{C})$.
Étudier la fonction f et tracer $(\mathscr{C})$.
3. Démontrer que l'équation $f(x) = 0$ admet une solution unique dont on déterminera une valeur approchée à 10^{-2} près.
4. Soit la fonction $h : x \mapsto x + \ln x$.
Étudier la fonction h et en déduire que (Δ) coupe $(\mathscr{C})$ en un point unique dont on déterminera l'abscisse α à 10^{-2} près.

57 L'impression sonore est proportionnelle au logarithme de l'intensité sonore. On définit le niveau sonore par $N = 10\log\dfrac{I}{I_0}$, où I est l'intensité sonore et I_0 une intensité sonore de référence.
1. Sachant que l'intensité sonore est proportionnelle au carré de la valeur efficace de la pression acoustique P, démontrer que $N = 20\log\dfrac{P}{P_0}$, P_0 étant la pression acoustique correspondant à I_0.
2. Lorque P est exprimée en pascals (Pa), N est exprimé en décibels (dB).
Sachant que $P_0 = 20 \times 10^{-6}$ Pa (son à 1 000 Hz), calculer les niveaux sonores respectifs correspondant aux pressions acoustiques $P_1 = 12 \times 10^{-3}$ Pa (niveau moyen de la voix) et $P_2 = 30 \times 10^{-2}$ Pa (bruit insupportable).
3. Quelle est la pression acoustique correspondant à un niveau sonore de 80 dB ? de 70 dB ?

58 **Sismologie.**
Pour évaluer la puissance d'un séisme, on a défini une quantité, appelée magnitude, liée à l'énergie développée au foyer du séisme. L'échelle de magnitude, ou échelle de RICHTER, permet de comparer les énergies développées par différents séismes :
- *un séisme de magnitude 3 correspond à une secousse ressentie sur une surface peu étendue ;*
- *un séisme de magnitude 4,5 peut causer des dégâts légers et de magnitude 6 des dégâts importants ;*
- *les plus grands séismes enregistrés ont une magnitude comprise entre 7 et 8,5 ;*
- *on estime que le séisme de plus forte magnitude, voisine de 9, a été celui de Lisbonne, en 1755.*

L'énergie libérée au foyer d'un séisme étant notée E, la magnitude correspondante M est donnée par la formule : $\log E = 11{,}4 + 1{,}5\,M$.
1. Comparer les puissances de deux séismes de magnitudes respectives 3 et 7.
2. Calculer la magnitude du séisme de Skopje, en 1963, sachant que l'énergie libérée a été 1 000 fois supérieure à celle libérée par un séisme de magnitude 4.
3. Comparer les puissances des séismes de Skopje (M = 6) et de Los Angelès (M = 7,5), en 1971, à celui de Lisbonne (M = 9) en 1755.

12

Fonctions exponentielles – Fonctions puissances

Introduction

Les ponts de liane font partie du paysage africain. La courbe dessinée par ces ouvrages, de même que celle engendrée par le cable téléphonique suspendu entre deux poteaux, est appelée « chaînette » : c'est la courbe suivant laquelle se tend un fil homogène pesant, flexible et inextensible, suspendu par ses extrémités à deux points fixes.

GALILÉE s'intéressa à cette courbe, qu'il pensait être une parabole. Ce n'est qu'en 1691 que BERNOUILLI, HUYGHENS et LEIBNITZ en déterminèrent une équation.

Un pont de liane.

SOMMAIRE

Dans ce chapitre, les fonctions étudiées sont des fonctions numériques à variable réelle et le plan est muni du repère (O, I, J).

1 Fonction exponentielle

1.1. Définition et propriétés

Définition

La fonction logartithme népérien est une bijection de $]0\,;+\infty[$ vers $\mathbb{R}$. Elle admet donc une fonction réciproque, bijection de $\mathbb{R}$ vers $]0\,;+\infty[$.

Définition

La fonction exponentielle, notée exp, est la bijection réciproque de la fonction logarithme népérien.

- L'exponentielle d'un nombre réel x est notée $\exp x$; on a : $\forall x \in \mathbb{R}, \exp x > 0$.
- On a : $\forall x \in \mathbb{R}, \ \ln(\exp x) = x$;
  $\forall x \in]0\,;+\infty[, \exp(\ln x) = x$.
- On a : $\begin{cases} x \in \mathbb{R} \\ y = \exp x \end{cases} \Leftrightarrow \begin{cases} y \in]0\,;+\infty[\\ x = \ln y. \end{cases}$
- $\exp 0 = 1$; $\exp 1 = \mathrm{e}$; $\exp(-1) = \dfrac{1}{\mathrm{e}}$.

En appuyant successivement sur les touches **inv** **ln** d'une calculatrice, on obtient une valeur approchée de l'exponentielle d'un nombre réel.
$\exp 1 \approx 2{,}718\,28$; $\exp(-1) \approx 0{,}367\,87$; $\exp\sqrt{3} \approx 5{,}652\,23$; $\exp 200 \approx 7{,}225\,97 \times 10^{86}$.

Notation e^x

Soit r un nombre rationnel. On a : $\ln(\exp r) = r = \ln \mathrm{e}^r$.
On en déduit que : $\forall r \in \mathbb{Q}, \exp r = \mathrm{e}^r$.
On convient d'étendre cette écriture à tout nombre réel x ; on a alors : $\forall x \in \mathbb{R}, \ \ln(\exp x) = x$.

On en déduit que :
- $\forall x \in \mathbb{R}, \ \mathrm{e}^x > 0$.
- $\begin{cases} x \in \mathbb{R} \\ y = \mathrm{e}^x \end{cases} \Leftrightarrow \begin{cases} y \in]0\,;+\infty[\\ x = \ln y. \end{cases}$
- $\forall x \in \mathbb{R}, \ \ln \mathrm{e}^x = x$;
  $\forall x \in]0\,;+\infty[, \mathrm{e}^{\ln x} = x$.
- $\mathrm{e}^0 = 1$; $\mathrm{e}^1 = \mathrm{e}$; $\mathrm{e}^{-1} = \dfrac{1}{\mathrm{e}}$.

Propriétés

Propriété fondamentale

Pour tous nombres réels a et b, on a : $\mathrm{e}^{a+b} = \mathrm{e}^a\mathrm{e}^b$.

Démonstration

Soit a et b deux nombres réels.
On a : $\ln \mathrm{e}^{a+b} = a + b = \ln \mathrm{e}^a + \ln \mathrm{e}^b = \ln(\mathrm{e}^a\mathrm{e}^b)$.
On en déduit que : $\mathrm{e}^{a+b} = \mathrm{e}^a\mathrm{e}^b$.

Propriétés

Pour tous nombres réels a et b et pour tout nombre rationnel r, on a :
(1) $\mathrm{e}^{-a} = \dfrac{1}{\mathrm{e}^a}$; (2) $\mathrm{e}^{a-b} = \dfrac{\mathrm{e}^a}{\mathrm{e}^b}$; (3) $\mathrm{e}^{ra} = (\mathrm{e}^a)^r$.

Démonstration

Soit a et b deux nombres réels, r un nombre rationnel.

(1) On a : $\quad e^a e^{-a} = e^{a-a} = e^0 = 1$; donc : $e^{-a} = \dfrac{1}{e^a}$.

(2) On a : $\quad e^{a-b} = e^a e^{-b} = e^a \dfrac{1}{e^b} = \dfrac{e^a}{e^b}$.

(3) On a : $\quad \ln e^{ra} = ra = r \ln e^a = \ln(e^a)^r$; donc : $e^{ra} = (e^a)^r$.

1.2. Étude de la fonction exponentielle

Sens de variation

La fonction exp varie dans le même sens que sa fonction réciproque, la fonction ln ; elle est donc strictement croissante de $\mathbb{R}$ vers $]0 ; +\infty[$.

On en déduit le tableau de variation ci-contre.

x	$-\infty$	0	1	$+\infty$
e^x	0 ↗	1 ↗	e ↗	$+\infty$

Propriétés

Pour tous nombres réels a et b, on a :
- **$e^a = e^b$ si et seulement si $a = b$;**
- **$e^a < e^b$ si et seulement si $a < b$.**

Remarque

En particulier, on a : $\quad e^x = 1 \iff x = 0$;

$e^x < 1 \iff x < 0$;

$e^x > 1 \iff x > 0$.

Courbe représentative

Le repère (O, I, J) est orthonormé.

On désigne respectivement par $(\mathscr{C})$ et $(\mathscr{C}')$ les courbes représentatives des fonctions exponentielle et logarithme népérien, par (Δ) la droite d'équation : $y = x$.

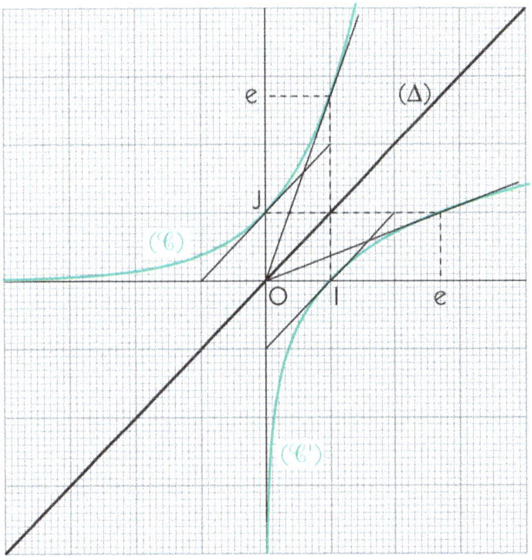

- $(\mathscr{C})$ se déduit de $(\mathscr{C}')$ par la symétrie orthogonale d'axe (Δ).
- La tangente à $(\mathscr{C}')$ en I a pour coefficient directeur 1 ; donc, la tangente à $(\mathscr{C})$ en J a pour coefficient directeur 1.
- La tangente à $(\mathscr{C}')$ au point de coordonnées (e ; 1) a pour coefficient directeur $\dfrac{1}{e}$ et passe par O ; donc, la tangente à $(\mathscr{C})$ au point de coordonnées (1 ; e) a pour coefficient directeur e et passe par O.
- $(\mathscr{C}')$ est en tout point située au-dessous de sa tangente ; donc, $(\mathscr{C})$ est en tout point située au-dessus de sa tangente. En particulier, $(\mathscr{C})$ est au-dessus de sa tangente en J ;

donc : $\quad \forall x \in \mathbb{R},\ e^x > x + 1$.

Dérivée et conséquences

La fonction ln est dérivable sur $]0 ; +\infty[$ et pour tout élément x de cet intervalle, on a : $(\ln)'(x) = \dfrac{1}{x}$.

Or : $\quad \forall x \in]0 ; +\infty[,\ \dfrac{1}{x} \neq 0$; donc, la fonction exp est dérivable sur $\mathbb{R}$.

On a : $\forall x \in \mathbb{R},\ (\exp)'(x) = \dfrac{1}{(\ln)'(\exp x)} = \dfrac{1}{\dfrac{1}{\exp x}} = \exp x$.

On en déduit la propriété suivante.

Propriété 1

La fonction exponentielle est dérivable sur $\mathbb{R}$ et pour tout nombre réel x, on a : $(\exp)'(x) = \exp x$.

La fonction exponentielle a la particularité d'être égale à sa dérivée.

La fonction $x \mapsto e^x$ est dérivable en 0 et son nombre dérivé est 1.
On en déduit la propriété suivante.

Propriété 2

$$\lim_{x \to 0} \frac{e^x - 1}{x} = 1.$$

Limites aux bornes de l'ensemble de définition

Propriétés

(1) $\lim_{x \to +\infty} e^x = +\infty$; (2) $\lim_{x \to -\infty} e^x = 0$;

(3) $\lim_{x \to +\infty} \frac{e^x}{x} = +\infty$; (4) $\lim_{x \to -\infty} xe^x = 0$.

Démonstration

La fonction exponentielle est une bijection strictement croissante de $\mathbb{R}$ vers $]0 ; +\infty[$; on en déduit les propriétés (1) et (2).

La droite (OI) est asymptote à $(\mathscr{C})$ en $-\infty$.

(3) Posons : $X = e^x$; on a : $\lim_{x \to +\infty} \frac{e^x}{x} = \lim_{X \to +\infty} \frac{X}{\ln X} = \lim_{X \to +\infty} \frac{1}{\frac{\ln X}{X}} = +\infty$.

$(\mathscr{C})$ admet en $+\infty$ une branche parabolique de direction celle de (OJ).

(4) Posons : $X = -x$; on a : $\lim_{x \to -\infty} xe^x = \lim_{X \to +\infty} \left(-\frac{X}{e^X}\right) = \lim_{X \to +\infty} \left(-\frac{1}{\frac{e^X}{X}}\right) = 0$.

1.3. Travaux dirigés

1. Résolutions d'équations et d'inéquations

Résoudre dans $\mathbb{R}$ les équations et inéquations suivantes.

$e^{3x} - 3e^{2x} - e^x + 3 = 0$ **(1)** $3e^{2x+1} + e^{x+1} = e^{1+\ln 2}$ **(2)**

$3e^x - 7e^{-x} + 20 \leq 0$ **(3)** $\frac{e^{2x} + 1}{e^{2x} - 1} \geq 2$ **(4).**

Solution

Résolution de l'équation (1)

Posons : $X = e^x$.

(1) $\Leftrightarrow X^3 - 3X^2 - X + 3 = 0$
$\Leftrightarrow (X - 1)(X + 1)(X - 3) = 0$
$\Leftrightarrow (e^x - 1)(e^x + 1)(e^x - 3) = 0$.

L'équation $e^x + 1 = 0$ n'a pas de solution.

L'ensemble des solutions de l'équation (1) est : $\{0 ; \ln 3\}$.

Résolution de l'équation (2)

Posons : $X = e^x$.

(2) $\Leftrightarrow e(3X^2 + X - 2) = 0$
$\Leftrightarrow (X + 1)(3X - 2) = 0$
$\Leftrightarrow (e^x + 1)(3e^x - 2) = 0$.

L'équation $e^x + 1 = 0$ n'a pas de solution.

L'ensemble des solutions de l'équation (2) est : $\{\ln 2 - \ln 3\}$.

Résolution de l'équation (3)

Posons : $X = e^x$.

(3) $\Leftrightarrow 3X - \frac{7}{X} + 20 \leq 0$

$\Leftrightarrow \frac{(3X-1)(X+7)}{X} \leq 0$

$\Leftrightarrow \frac{(3e^x-1)(e^x+7)}{e^x} \leq 0$

$\Leftrightarrow e^x \leq \frac{1}{3}$

$\Leftrightarrow x \leq -\ln 3$.

L'ensemble des solutions de l'inéquation (3) est : $]-\infty\,;-\ln 3]$.

Résolution de l'équation (4)

Contrainte sur l'inconnue : $x \neq 0$.

(4) $\Leftrightarrow \frac{e^{2x}-3}{e^{2x}-1} \leq 0$

$\Leftrightarrow 1 < e^{2x} \leq 3$

$\Leftrightarrow 0 < 2x \leq \ln 3$

$\Leftrightarrow 0 < x \leq \ln\sqrt{3}$.

L'ensemble des solutions de l'inéquation (4) est : $]0\,;\ln\sqrt{3}\,]$.

2. Calculs de limites

Calculer les limites suivantes.

a) $\lim\limits_{x\to+\infty} \frac{3e^x-2}{5e^x+3}$; ***b)*** $\lim\limits_{x\to-\infty} \frac{\ln(1+e^x)}{e^x}$; ***c)*** $\lim\limits_{x\to+\infty} (x-e^x)$; ***d)*** $\lim\limits_{x\to 0} \frac{\sin 2x}{1-e^x}$.

Solution

a) Posons : $X = e^x$. On a : $\lim\limits_{x\to+\infty} \frac{3e^x-2}{5e^x+3} = \lim\limits_{X\to+\infty} \frac{3X-2}{5X+3} = \frac{3}{5}$.

b) Posons : $X = e^x$. On a : $\lim\limits_{x\to-\infty} \frac{\ln(1+e^x)}{e^x} = \lim\limits_{X\to 0} \frac{\ln(1+X)}{X} = 1$.

c) On a : $x - e^x = x\left(1 - \frac{e^x}{x}\right)$. Or : $\lim\limits_{x\to+\infty} \frac{e^x}{x} = +\infty$; donc : $\lim\limits_{x\to+\infty} (x-e^x) = -\infty$.

d) On a : $\frac{\sin 2x}{1-e^x} = (-2) \times \frac{\sin 2x}{2x} \times \frac{1}{\frac{e^x-1}{x}}$.

Or : $\lim\limits_{x\to 0} \frac{\sin 2x}{2x} = 1$ et $\lim\limits_{x\to 0} \frac{e^x-1}{x} = 1$; donc : $\lim\limits_{x\to 0} \frac{\sin 2x}{1-e^x} = -2$.

Exercices

1.a Écrire plus simplement les expressions suivantes.

a) $\frac{e^{1+\ln 2}}{e^{2+\ln 3}}$ *b)* $e^{\ln(x+1)} \times e^{-\ln(x-2)}$

c) $\frac{e^{x^2-4}}{e^{x+2}}$ *d)* $\left(\frac{e^x+e^{-x}}{2}\right)^2 + \left(\frac{e^x-e^{-x}}{2}\right)^2$.

1.b Résoudre les équations suivantes.

a) $e^{2x} + e^x - 2 = 0$

b) $e^{2x+1} + 3e^{x+1} = 4e$

c) $e^{\sin x} = \sqrt{e}$

d) $4e^{-x} = e^x$.

1.c Résoudre les inéquations suivantes.

a) $\frac{2e^x+1}{e^x-3} > 0$

b) $e^{2(x+1)} + 3e^{x+2} < 4e^2$

c) $2e^{2x+1} - 3e^{x+1} \leq 2e$

d) $2e^{1+2\sqrt{x}} - 13e^{\sqrt{x}+1} + 22e > 0$.

1.d Calculer les limites en $+\infty$ et $-\infty$ des fonctions suivantes.

a) $x \mapsto (x-4)e^x$

b) $x \mapsto (x^2+1)e^{-x} - x$

c) $x \mapsto \frac{e^{2x}-e^x+1}{e^x+1}$.

2 Fonctions comportant exp

2.1. Dérivée et conséquence

Dérivée de $\exp \circ u$

Le théorème de dérivation des fonctions composées permet d'énoncer la propriété suivante.

Propriété

Soit u une fonction dérivable sur un intervalle K.
La fonction $\exp \circ u$ est dérivable sur K et on a : $(\exp \circ u)' = u' \times (\exp \circ u)$.

La fonction $\exp \circ u$ est également notée e^u ; sa dérivée est alors $u'e^u$.

Exemples

- La fonction $x \mapsto e^{-x^2+x}$ est dérivable sur $\mathbb{R}$ et sa dérivée est la fonction $x \mapsto (-2x+1)e^{-x^2+x}$.
- La fonction $x \mapsto e^{\sin x}$ est dérivable sur $\mathbb{R}$ et sa dérivée est la fonction $x \mapsto \cos x \, e^{\sin x}$.
- La fonction $x \mapsto xe^{\frac{1}{x}}$ est dérivable sur $\mathbb{R}^*$ et sa dérivée est la fonction $x \mapsto \dfrac{x-1}{x} e^{\frac{1}{x}}$.

Primitives de $u'e^u$

Propriété

Soit u une fonction dérivable sur un intervalle K.
La fonction $u'e^u$ admet pour primitive sur K la fonction e^u.

Exemples

- Une primitive sur $\mathbb{R}$ de la fonction $x \mapsto xe^{-x^2}$ est la fonction $x \mapsto -\dfrac{1}{2} e^{-x^2}$.
- Une primitive sur $]-\dfrac{\pi}{2} ; \dfrac{\pi}{2}[$ de la fonction $x \mapsto \dfrac{e^{\tan x}}{\cos^2 x}$ est la fonction $x \mapsto e^{\tan x}$.

2.2. Exemples d'études de fonctions

Dans ce paragraphe, $(\mathscr{C})$ désigne la courbe représentative de la fonction f.

Étude de la fonction $f : x \mapsto e^{-x^2}$

Ensemble de définition

On a : $D_f = \mathbb{R}$.

f est une fonction paire ; donc, on restreint son étude à l'intervalle $[0 ; +\infty[$, on trace la courbe correspondant à cet intervalle et on complète par la symétrie orthogonale d'axe (OJ).

Dérivée et sens de variation

La fonction f est la composée des fonctions $x \mapsto -x^2$ et $x \mapsto e^x$, dérivables sur $\mathbb{R}$.
Donc, f est dérivable sur $\mathbb{R}$ et sa dérivée est la fonction $x \mapsto -2xe^{-x^2}$.

On a : $f'(0) = 0$;
$\forall x \in]0 ; +\infty[$, $f'(x) < 0$; donc, f est strictement décroissante sur $[0 ; +\infty[$.

Étude aux bornes de $[0 ; +\infty[$

Posons : $X = -x^2$; on a : $\lim\limits_{x \to +\infty} e^{-x^2} = \lim\limits_{X \to -\infty} e^X = 0$.

Donc, la droite (OI) est asymptote à $(\mathscr{C})$.

Tableau de variation

x	0	$+\infty$
$f'(x)$	0	$-$
$f(x)$	1 ↘	0

Courbe représentative

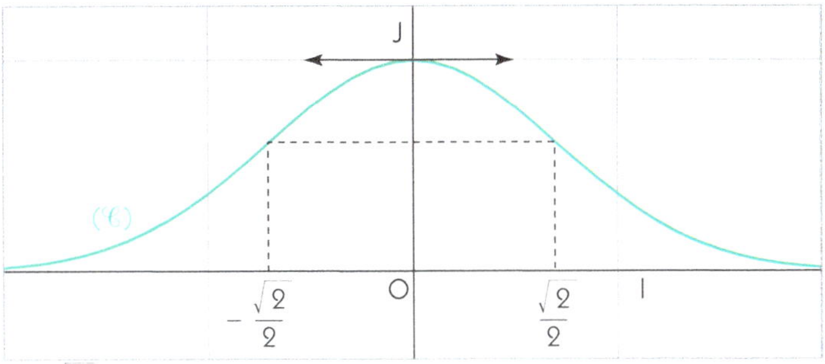

f' est dérivable sur $\mathbb{R}$ et on a :

$\forall x \in \mathbb{R}, \quad f''(x) = 2(2x^2 - 1)e^{-x^2}$.

f'' s'annulle et change de signe en $\frac{\sqrt{2}}{2}$ et $-\frac{\sqrt{2}}{2}$;

$(\mathscr{C})$ admet donc deux points d'inflexion d'abscisses $\frac{\sqrt{2}}{2}$ et $-\frac{\sqrt{2}}{2}$.

Remarque

De la courbe précédente, on déduit celle de la fonction $x \mapsto \frac{1}{\sqrt{2\pi}} e^{\frac{-x^2}{2}}$.

La courbe représentative de cette fonction, très souvent utilisée en statistiques et en probabilités, est appelée courbe « en cloche » ou courbe de Gauss.

Étude de la fonction f définie par : $\begin{cases} f(x) = \frac{1}{2}xe^{\frac{1}{x}}, \text{ si } x \neq 0 \\ f(0) = 0 \end{cases}$

Ensemble de définition

On a : $\quad D_f = \mathbb{R}$.

La fonction f est continue sur $\mathbb{R}^*$. Étudions la continuité de f en 0.

On a : $\quad \lim\limits_{x \underset{<}{\to} 0} f(x) = 0 = f(0)$.

Posons : $X = \frac{1}{x}$. On a : $\lim\limits_{x \underset{>}{\to} 0} f(x) = \lim\limits_{x \underset{>}{\to} 0} \frac{1}{2} \frac{e^{\frac{1}{x}}}{\frac{1}{x}} = \lim\limits_{X \to +\infty} \frac{e^X}{X} = +\infty$.

Donc, f n'est pas continue en 0.

Dérivée et sens de variation

- La fonction f est dérivable sur $]-\infty\,;0[\,\cup\,]0\,;+\infty[$ et sa dérivée est la fonction $f' : x \mapsto \frac{x-1}{2x} e^{\frac{1}{x}}$.

On a : $\quad f'(1) = 0$;

$\forall x \in\,]-\infty\,;0[\,\cup\,]1\,;+\infty[,\ f'(x) > 0$; donc, f est croissante sur $]-\infty\,;0[$ et sur $]1\,;+\infty[$;

$\forall x \in\,]0\,;1[,\ f'(x) < 0$; donc, f est décroissante sur $]0\,;1[$.

- La fonction g n'est pas continue en 0 ; donc, elle n'est pas dérivable en 0.

Cependant, on a : $\lim\limits_{x \underset{<}{\to} 0} \frac{f(x) - f(0)}{x} = \lim\limits_{x \underset{<}{\to} 0} \frac{f(x)}{x} = \lim\limits_{x \underset{<}{\to} 0} \frac{1}{2} e^{\frac{1}{x}} = 0$.

Donc, f admet 0 pour nombre dérivé à gauche en 0 et $(\mathscr{C})$ admet en O une demi-tangente de support (OI).

Étude aux bornes de l'ensemble d'étude

- On a : $\lim\limits_{x \to +\infty} e^{\frac{1}{x}} = 1$; donc : $\lim\limits_{x \to +\infty} f(x) = +\infty$.

Étudions la branche infinie de $(\mathscr{C})$ en $+\infty$.

On a : $\quad \lim\limits_{x \to +\infty} \frac{f(x)}{x} = \frac{1}{2}$.

Posons : $X = \frac{1}{x}$. On a : $\lim\limits_{x \to +\infty} \left(f(x) - \frac{x}{2}\right) = \lim\limits_{x \to +\infty} \frac{1}{2} \frac{e^{\frac{1}{x}} - 1}{\frac{1}{x}} = \lim\limits_{X \to 0} \frac{1}{2} \frac{e^X - 1}{X} = \frac{1}{2}$.

Donc, la droite (Δ) d'équation $y = \frac{1}{2}(x+1)$ est asymptote à $(\mathscr{C})$ en $+\infty$.

On démontre de même que $\lim\limits_{x \to -\infty} f(x) = -\infty$ et que la droite (Δ) est asymptote à $(\mathscr{C})$ en $-\infty$.

• On a vu que : $\lim\limits_{\substack{x \to 0 \\ <}} f(x) = 0$ et $\lim\limits_{\substack{x \to 0 \\ >}} f(x) = +\infty$.

Donc, la droite (OJ) est asymptote à $(\mathscr{C})$.

Courbe représentative

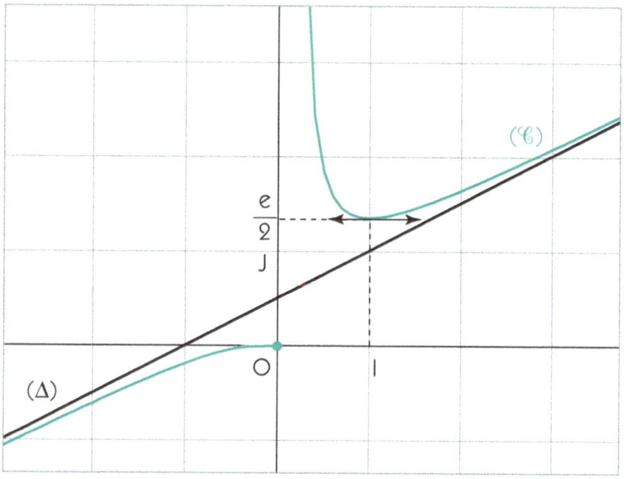

Tableau de variation

x	$-\infty$		0		1		$+\infty$
$g'(x)$		$+$	‖	$-$	0	$+$	
$g(x)$	$-\infty$	↗	0 ‖ $+\infty$	↘	$\frac{e}{2}$	↗	$+\infty$

2.3. Fonctions exponentielles de base a ($a > 0$)

Définition et propriétés

Soit a un nombre réel strictement positif.
On a : $\forall\, r \in \mathbb{Q},\ a^r = e^{r\ln a}$.
On convient d'étendre cette écriture à tout nombre réel x ; on a : $\forall\, x \in \mathbb{R},\ a^x = e^{x\ln a}$.
Ceci nous conduit à la définition suivante.

Définition

Soit a un nombre réel strictement positif.
• Pour tout nombre réel x, on a : $a^x = e^{x\ln a}$.
• On appelle fonction exponentielle de base a, la fonction : $x \mapsto a^x$.

Remarques

• *La fonction exponentielle de base e est la fonction réciproque de la fonction logarithme népérien.*
• *La fonction exponentielle de base 10 est la fonction réciproque de la fonction logarithme décimal.*
• *La fonction exponentielle de base 1 est la fonction constante* $x \mapsto 1$.

Propriété 1

Pour tout nombre réel a strictement positif et pour tout nombre réel x, on a : $\ln a^x = x\ln a$.

Cette propriété est une conséquence immédiate de la définition précédente.

On en déduit les propriétés suivantes.

Propriétés 2

Pour tous nombres réels a et b strictement positifs et pour tous nombres réels x et y, on a :

(1) $a^{x+y} = a^x a^y$; **(2)** $a^{-y} = \dfrac{1}{a^y}$; **(3)** $a^{x-y} = \dfrac{a^x}{a^y}$;

(4) $(ab)^x = a^x b^x$; **(5)** $\left(\dfrac{a}{b}\right)^x = \dfrac{a^x}{b^x}$; **(6)** $(a^x)^y = a^{xy}$.

Remarque

Pour tout nombre réel a strictement positif, on a également : $a^0 = 1$ *et* $a^1 = a$.

Étude de la fonction $f_a : x \mapsto a^x$

Dans cette étude, $(\mathscr{C}_a)$ désigne la courbe représentative de la fonction f_a et a est différent de 1.

Ensemble de définition

On a : $\mathrm{D}_{f_a} = \mathbb{R}$.

Dérivée et sens de variation

On a : $\forall x \in \mathbb{R},\ a^x = \mathrm{e}^{x\ln a}$; donc, la fonction f_a est dérivable sur $\mathbb{R}$ et sa dérivée est la fonction f'_a telle que : $f'_a(x) = (\ln a)\mathrm{e}^{x\ln a} = a^x \ln a$.

f'_a est du signe de $\ln a$; on distingue deux cas : $0 < a < 1$ et $a > 1$.

1er cas : $0 < a < 1$

On a : $\forall x \in \mathbb{R},\ f'_a(x) < 0$;
donc, f_a est décroissante sur $\mathbb{R}$.

2e cas : $a > 1$

On a : $\forall x \in \mathbb{R},\ f'_a(x) > 0$;
donc, f_a est croissante sur $\mathbb{R}$.

Étude aux bornes de l'ensemble de définition

1er cas : $0 < a < 1$

- On a : $\lim\limits_{x \to +\infty} a^x = 0$.

La droite (OI) est asymptote à $(\mathscr{C}_a)$ en $+\infty$.

- On a : $\lim\limits_{x \to -\infty} a^x = +\infty$;

$$\lim_{x \to -\infty} \frac{a^x}{x} = \lim_{x \to -\infty} \left(\ln a \, \frac{\mathrm{e}^{x\ln a}}{x\ln a}\right) = -\infty.$$

$(\mathscr{C}_a)$ admet en $-\infty$ une branche parabolique de direction celle de (OJ).

2e cas : $a > 1$

- On a : $\lim\limits_{x \to -\infty} a^x = 0$.

La droite (OI) est asymptote à $(\mathscr{C}_a)$ en $-\infty$.

- On a : $\lim\limits_{x \to +\infty} a^x = +\infty$;

$$\lim_{x \to +\infty} \frac{a^x}{x} = \lim_{x \to +\infty} \left(\ln a \, \frac{\mathrm{e}^{x\ln a}}{x\ln a}\right) = +\infty.$$

$(\mathscr{C}_a)$ admet en $+\infty$ une branche parabolique de direction celle de (OJ).

Tableau de variation

1er cas : $0 < a < 1$

x	$-\infty$	0	1	$+\infty$
$f'_a(x)$		–		
$f_a(x)$	$+\infty$ ↘	1 ↘	a ↘	0

2e cas : $a > 1$

x	$-\infty$	0	1	$+\infty$
$f'_a(x)$		–		
$f_a(x)$	0 ↗	1 ↗	a ↗	$+\infty$

Courbe représentative

1er cas : $0 < a < 1$

2e cas : $a > 1$

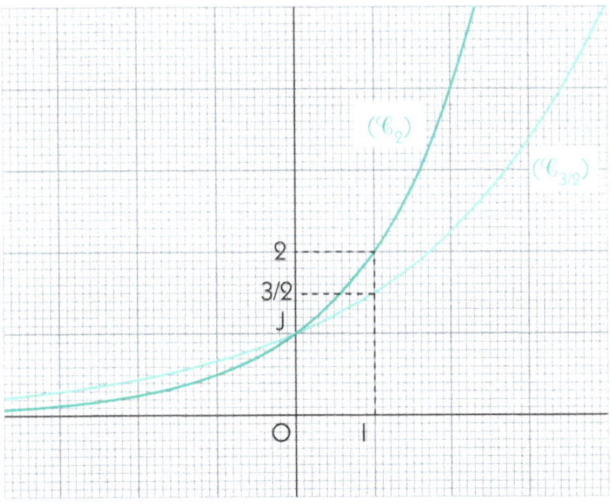

2.4. Travaux dirigés

1. La chaînette

Le repère (O, I, J) est orthonormé.

1°) Tracer sur un même graphique les courbes représentatives $(\mathscr{C}_f)$ et $(\mathscr{C}_g)$ des fonctions $f : x \mapsto e^x$ et $g : x \mapsto e^{-x}$.

2°) À tout nombre réel x, on associe les points M et M' appartenant respectivement aux courbes $(\mathscr{C}_f)$ et $(\mathscr{C}_g)$ et ayant la même abscisse x. Soit P le milieu de [MM'].

***a)* Démontrer que, lorsque x décrit $\mathbb{R}$, le lieu géométrique de P est la courbe représentative (Γ) de la fonction $\varphi : x \mapsto \dfrac{e^x + e^{-x}}{2}$.**

***b)* Étudier les variations de φ et tracer (Γ) sur le même graphique que $(\mathscr{C}_f)$ et $(\mathscr{C}_g)$.**

La courbe obtenue est la « chaînette » citée en introduction de ce chapitre.

Solution

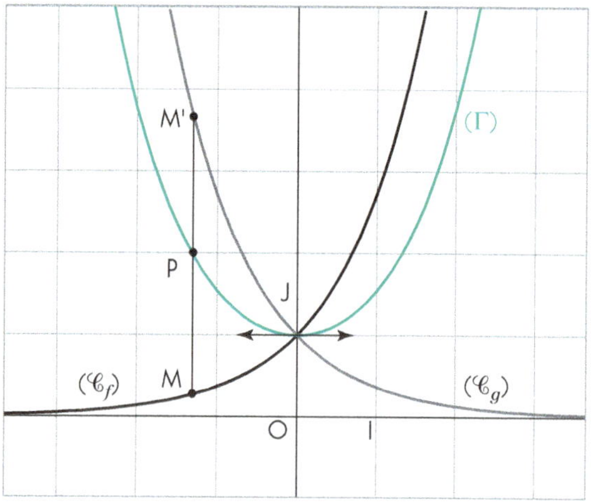

1°) La fonction f a été étudiée au paragraphe 1.2.
On a : $\forall x \in \mathbb{R},\ g(x) = f(-x)$; donc $(\mathscr{C}_g)$ se déduit de $(\mathscr{C}_f)$ par la symétrie orthogonale d'axe (OJ).

2°) *a)* Soit x un nombre réel.
Désignons par y_M, $y_{M'}$ et y_P les ordonnées respectives des points M, M' et P.

On a : P milieu de [MM'] $\Leftrightarrow y_P = \dfrac{y_M + y_{M'}}{2}$

$\Leftrightarrow y_P = \dfrac{e^x + e^{-x}}{2}$

$\Leftrightarrow$ P ∈ (Γ).

Donc, lorsque x décrit $\mathbb{R}$, le lieu géométrique de P est la courbe (Γ).

b) • On a : $D_\varphi = \mathbb{R}$.
φ est une fonction paire ; donc, on restreint son étude à l'intervalle $[0 ; +\infty[$.

• La fonction φ est dérivable sur $\mathbb{R}$ et sa dérivée est la fonction $\varphi' : x \mapsto \dfrac{e^{2x} - 1}{2e^x}$.

On a : $\varphi'(0) = 0$;
$\forall x \in]0 ; +\infty[,\ \varphi'(x) > 0$; donc, φ est croissante sur $]0 ; +\infty[$.

• On a : $\lim\limits_{x \to +\infty} \dfrac{e^x - e^{-x}}{2} = +\infty$;

$\lim\limits_{x \to +\infty} \dfrac{\varphi(x)}{x} = \lim\limits_{x \to +\infty} \dfrac{1}{2}\left(\dfrac{e^x}{x} - \dfrac{1}{xe^x}\right) = +\infty.$

Donc, (Γ) admet en $+\infty$ une branche parabolique de direction celle de (OJ).

• On déduit de l'étude précédente le tableau de variation de φ et la courbe (Γ).

x	0	$+\infty$
$\varphi'(x)$	0	+
$\varphi(x)$	1 ↗	$+\infty$

La fonction φ est appelée fonction « cosinus hyperbolique » et notée ch.

2. Résolution d'équation

Résoudre dans $\mathbb{R}$ l'équation (E) : $2^{2x+3} - 3 \times 2^{x+1} + 1 = 0$.

Solution guidée

- Poser $X = 2^x$ et démontrer que (E) $\Leftrightarrow 8X^2 - 6X + 1 = 0$.
- Conclure.

Exercices

2.a Déterminer la dérivée de chacune des fonctions suivantes.

a) $x \mapsto (2x-3)e^{-3x}$ *b)* $x \mapsto (x+1)e^{x^2+2x}$

c) $x \mapsto e^{2x}\ln(x^2+1)$ *d)* $x \mapsto \dfrac{1}{x^2}e^{-\frac{1}{x}}$.

2.b Déterminer une primitive de chacune des fonctions suivantes.

a) $x \mapsto (2x-3)e^{x^2-3x}$ *b)* $x \mapsto \dfrac{x+1}{e^{x^2+2x}}$

c) $x \mapsto \dfrac{e^{2x}}{e^{2x}+2}$ *d)* $x \mapsto \dfrac{1}{x^2}e^{\frac{1}{x}}$.

2.c Étudier les fonctions suivantes et tracer leurs courbes représentatives.

a) $x \mapsto xe^{x}$ *b)* $x \mapsto xe^{-x}$

c) $x \mapsto (x^2-1)e^{x}$ *d)* $x \mapsto \dfrac{e^x}{x}$.

2.d Étudier les fonctions suivantes et tracer leurs courbes représentatives.

a) $x \mapsto \dfrac{e^x - e^{-x}}{2}$ *b)* $x \mapsto \dfrac{e^x - e^{-x}}{e^x + e^{-x}}$.

2.e Soit f la fonction définie par :

$$\begin{cases} f(x) = 1 - e^{-\frac{1}{x^2}}, \text{ si } x \neq 0 \\ f(0) = 1. \end{cases}$$

1. Étudier la continuité et la dérivabilité de f en 0.

2. Étudier les variations de la fonction f et tracer sa courbe représentative.

2.f Résoudre dans $\mathbb{R}$ les équations suivantes.

a) $4^{2\ln x - 1} - 5 \times 4^{\ln x} + 16 = 0$

b) $6^{2\sqrt{x}} + 5 \times 6^{1+\sqrt{x}} - 6^3 = 0$.

2.g Étudier les fonctions suivantes et tracer leurs courbes représentatives.

a) $x \mapsto \pi^{2x} + \pi^x - 2$ *b)* $x \mapsto \ln(2^x - 1)$.

3 Fonctions puissances

3.1. Études des fonctions puissances

Introduction

On a étudié les fonctions $x \mapsto x^n$ pour $n \in \mathbb{Z}$.
L'ensemble de définition de ces fonctions est $\mathbb{R}$ si $n \geq 0$ et $\mathbb{R}^*$ si $n < 0$.

On a également étudié les fonctions $x \mapsto x^r$ pour $r \in \mathbb{Q}$ (cf. chapitre 11).
L'ensemble de définition de ces fonctions est cette fois $[0\ ;+\infty[$ si $r \geq 0$ et $]0\ ;+\infty[$ si $r < 0$.

Soit α un nombre réel.

On appelle fonction puissance d'exposant α la fonction $x \mapsto x^\alpha$.

Pour tout nombre réel x strictement positif, on a : $e^{\alpha\ln x} = x^\alpha$.

L'objectif de ce paragraphe est d'étudier les fonctions g_α de $]0\ ;+\infty[$ vers $\mathbb{R}$ définies par : $g_\alpha(x) = x^\alpha$.

g_0 est la restriction à $]0\ ;+\infty[$ de la fonction constante $x \mapsto 1$. Dans la suite de cette étude, on suppose que α est non nul.

Étude de la fonction $g_\alpha : x \mapsto x^\alpha$

(Γ_α) désigne la courbe représentative de la fonction g_α.

Ensemble de définition

On a : $D_{g_\alpha} =]0\ ;+\infty[$.

Dérivée et sens de variation

On a : $\forall x \in \mathbb{R},\ x^\alpha = e^{\alpha\ln x}$; donc, la fonction g_α est dérivable sur son ensemble de définition et sa dérivée est la fonction g'_α définie par : $g'_\alpha(x) = \dfrac{\alpha}{x}e^{\alpha\ln x} = \dfrac{\alpha}{x}x^\alpha = \alpha x^{\alpha-1}$.

g'_α est du signe de α ; on distingue deux cas : $\alpha < 0$ et $\alpha > 0$.

1er cas : $\alpha < 0$

On a : $\forall x \in]0\ ;+\infty[,\ g'_\alpha(x) < 0$;
donc, g_α est décroissante sur $]0\ ;+\infty[$.

2e cas : $\alpha > 0$

On a : $\forall x \in]0\ ;+\infty[,\ g'_\alpha(x) > 0$;
donc, g_α est croissante sur $]0\ ;+\infty[$.

Étude aux bornes de l'ensemble de définition

1er cas : α < 0

- On a : $\lim_{x \to 0, x>0} \alpha \ln x = +\infty$;

  donc : $\lim_{x \to 0, x>0} e^{\alpha \ln x} = +\infty$.

La droite (OJ) est asymptote à (Γ_α).

- On a : $\lim_{x \to +\infty} \alpha \ln x = -\infty$;

  donc : $\lim_{x \to +\infty} e^{\alpha \ln x} = 0$.

La droite (OI) est asymptote à (Γ_α) en $+\infty$.

2e cas : α > 0

- On a : $\lim_{x \to 0, x>0} \alpha \ln x = -\infty$;

  donc : $\lim_{x \to 0, x>0} e^{\alpha \ln x} = 0$.

- On a : $\lim_{x \to +\infty} \alpha \ln x = +\infty$;

  donc : $\lim_{x \to +\infty} e^{\alpha \ln x} = +\infty$.

De plus : $\lim_{x \to +\infty} \frac{x^\alpha}{x} = \lim_{x \to +\infty} e^{(\alpha-1)\ln x}$.

Donc, (Γ_α) admet en $+\infty$ une branche parabolique :
- de direction celle de (OI), si $0 < \alpha < 1$;
- de direction celle de (OJ), si $\alpha > 1$.

Tableau de variation

1er cas : α < 0

x	0	1	$+\infty$
$g_\alpha'(x)$	‖	−	
$g_\alpha(x)$	‖ $+\infty$	↘ 1 ↘	0

2e cas : α > 0

x	0	1	$+\infty$
$g_\alpha'(x)$	‖	+	
$g_\alpha(x)$	‖ 0	↗ 1 ↗	$+\infty$

Courbe représentative

1er cas : α < 0

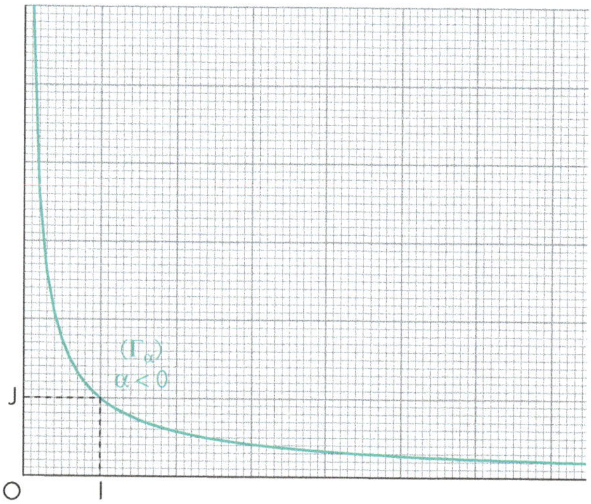

2e cas : α > 0

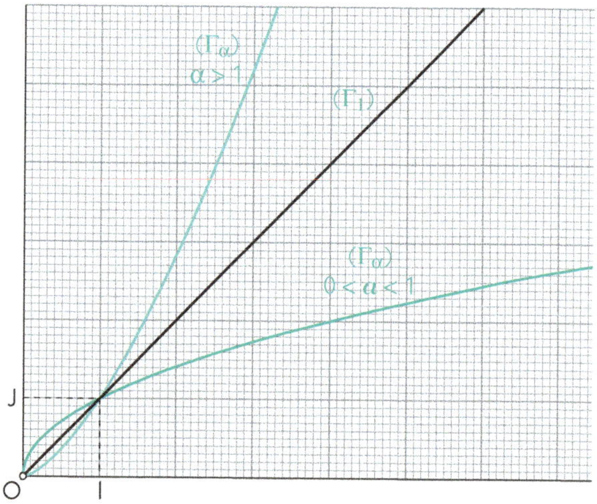

Remarque

Lorsque $\alpha > 0$, on peut prolonger la fonction g_α par continuité en 0 ; la courbe représentative de cette nouvelle fonction admet en O une demi-tangente, de support (OI) si $\alpha > 1$ et de support (OJ) si $0 < \alpha < 1$.

Fonction u^α ($\alpha \in \mathbb{R}$)

Soit α un nombre réel et u une fonction strictement positive sur un intervalle K.

La fonction $x \mapsto [u(x)]^\alpha$ est la composée des fonctions $x \mapsto u(x)$ et $x \mapsto x^\alpha$.

De plus, on a : $[u(x)]^\alpha = e^{\alpha \ln u(x)}$.

La fonction $x \mapsto x^\alpha$ est dérivable sur $]0 ; +\infty[$ et sa dérivée est la fonction $x \mapsto \alpha x^{\alpha-1}$.

On en déduit les propriétés suivantes.

Propriété 1

Soit α un nombre réel et u une fonction dérivable et strictement positive sur un intervalle K. La fonction u^α est dérivable sur K et on a : $(u^\alpha)' = \alpha u' u^{\alpha-1}$.

Exemple

La fonction $x \mapsto (\sin x)^\pi$ est dérivable sur $\mathbb{R}$ et sa dérivée est la fonction $x \mapsto \pi \cos x\, (\sin x)^{\pi-1}$.

Propriété 2

Soit α un nombre réel différent de –1, u une fonction dérivable et strictement positive sur un intervalle K. La fonction $u' u^\alpha$ admet pour primitive sur K la fonction $\dfrac{u^{\alpha+1}}{\alpha+1}$.

Exemple

La fonction $x \mapsto 2x(1-x^2)^{\sqrt{2}}$ admet pour primitive sur $]-1\,;1[$ la fonction $x \mapsto -\dfrac{(1-x^2)^{\sqrt{2}+1}}{\sqrt{2}+1}$.

3.2. Croissance comparée de $\ln x$, e^x, x^α

Limites de référence

Propriétés

Soit α un nombre réel strictement positif. On a :

(1) $\lim\limits_{x \to +\infty} \dfrac{\ln x}{x^\alpha} = 0$; (2) $\lim\limits_{\substack{x \to 0\\>}} x^\alpha \ln x = 0$; (3) $\lim\limits_{x \to +\infty} \dfrac{e^x}{x^\alpha} = +\infty$; (4) $\lim\limits_{x \to +\infty} x^\alpha e^{-x} = 0$.

Démonstration

(1) Posons : $X = x^\alpha$; on a : $\lim\limits_{x \to +\infty} \dfrac{\ln x}{x^\alpha} = \lim\limits_{x \to +\infty} \dfrac{1}{\alpha}\dfrac{\ln x^\alpha}{x^\alpha} = \lim\limits_{X \to +\infty} \dfrac{1}{\alpha}\dfrac{\ln X}{X} = 0.$

(2) Posons : $X = x^\alpha$; on a : $\lim\limits_{\substack{x \to 0\\>}} x^\alpha \ln x = \lim\limits_{\substack{x \to 0\\>}} \dfrac{1}{\alpha}[x^\alpha \ln(x^\alpha)] = \lim\limits_{\substack{X \to 0\\>}} \dfrac{1}{\alpha}(X \ln X) = 0.$

(3) Posons : $X = \dfrac{x}{\alpha}$; on a : $\lim\limits_{x \to +\infty} \dfrac{e^x}{x^\alpha} = \lim\limits_{\substack{x \to 0\\>}} \dfrac{1}{\alpha^\alpha}\left(\dfrac{e^{\frac{x}{\alpha}}}{\frac{x}{\alpha}}\right)^\alpha = \lim\limits_{\substack{X \to 0\\>}} \dfrac{1}{\alpha^\alpha}\left(\dfrac{e^X}{X}\right)^\alpha = +\infty.$

(4) On a : $\lim\limits_{x \to +\infty} x^\alpha e^{-x} = \lim\limits_{x \to +\infty} \dfrac{x^\alpha}{e^x} = \lim\limits_{x \to +\infty} \dfrac{1}{\frac{e^x}{x^\alpha}} = 0.$

Remarque

Lorsqu'on ne peut conclure directement, on peut conjecturer la limite d'une fonction comportant des fonctions logarithme, puissance ou exponentielle en remarquant que :
– la fonction exponentielle « l'emporte » sur la fonction puissance ;
– la fonction puissance « l'emporte » sur la fonction logarithme.

Exemples de calculs de limites

1. Déterminer la limite en $+\infty$ de la fonction $x \mapsto \dfrac{e^x}{\ln(x^2+1)}$.

On a : $\forall x \in \mathbb{R}$, $\dfrac{e^x}{\ln(x^2+1)} = \dfrac{e^x}{x^2} \times \dfrac{x^2}{x^2+1} \times \dfrac{x^2+1}{\ln(x^2+1)}$.

Or : $\lim\limits_{x \to +\infty} \dfrac{e^x}{x^2} = +\infty$, $\lim\limits_{x \to +\infty} \dfrac{x^2}{x^2+1} = 1$ et $\lim\limits_{x \to +\infty} \dfrac{x^2+1}{\ln(x^2+1)} = +\infty$.

Donc : $\lim\limits_{x \to +\infty} \dfrac{e^x}{\ln(x^2+1)} = +\infty$.

2. Déterminer la limite en $-\infty$ de la fonction $x \mapsto \sqrt{1-x}\ e^x$.

Posons : $X = -x$. On a : $\sqrt{1-x}\ e^x = \sqrt{1+X}\ e^{-X} = X^{\frac{1}{2}} e^{-X} \times \sqrt{\frac{1}{X}+1}$.

Or : $\lim\limits_{X \to +\infty} X^{\frac{1}{2}} e^{-X} = 0$ et $\lim\limits_{X \to +\infty} \sqrt{\frac{1}{X}+1} = 1$; donc : $\lim\limits_{x \to -\infty} \sqrt{1-x}\ e^x = 0$.

3. Déterminer la limite en 0 de la fonction $x \mapsto \sqrt{x}\ \ln(\sin x)$.

On a : $\forall x \in \left]0 ; \frac{\pi}{2}\right[$, $\sqrt{x}\ \ln(\sin x) = \sqrt{\frac{x}{\sin x}} \times (\sin x)^{\frac{1}{2}} \ln(\sin x)$.

Or : $\lim\limits_{x \underset{>}{\to} 0} \sqrt{\frac{x}{\sin x}} = 1$;

de plus, en posant $X = \sin x$, on a : $\lim\limits_{x \underset{>}{\to} 0} \left[(\sin x)^{\frac{1}{2}} \ln(\sin x)\right] = \lim\limits_{X \underset{>}{\to} 0} \left(X^{\frac{1}{2}} \ln X\right) = 0$.

Donc : $\lim\limits_{x \underset{>}{\to} 0} \sqrt{x}\ \ln(\sin x) = 0$.

4. Déterminer la limite en $+\infty$ de la fonction $x \mapsto \dfrac{e^{2x+1} - e^x}{x^2 - x + 1}$.

On a : $\forall x \in \mathbb{R}^*$, $\dfrac{e^{2x+1} - e^x}{x^2 - x + 1} = \dfrac{e^x}{x^2} \times \dfrac{e^{x+1} - 1}{1 - \frac{1}{x} + \frac{1}{x^2}}$.

Or : $\lim\limits_{x \to +\infty} \dfrac{e^x}{x^2} = +\infty$ et $\lim\limits_{x \to +\infty} \dfrac{e^{x+1} - 1}{1 - \frac{1}{x} + \frac{1}{x^2}} = +\infty$; donc : $\lim\limits_{x \to +\infty} \dfrac{e^{2x+1} - e^x}{x^2 - x + 1} = +\infty$.

3.3. Travaux dirigés

1. Étude d'une fonction du type u^α ($\alpha \in \mathbb{R}$)

Soit f la fonction définie par $\begin{cases} f(x) = \left(\dfrac{x}{x-1}\right)^{\frac{1}{\sqrt{2}}}, \text{ si } x \neq 0 \\ f(0) = 0 \end{cases}$ et $(\mathscr{C})$ sa courbe représentative.

1°) *a)* Déterminer l'ensemble de définition de f.

***b)* Démontrer que f est continue sur cet ensemble.**

***c)* Étudier la dérivabilité de f en 0.**

2°) Étudier f et tracer $(\mathscr{C})$.

Solution

1°) *a)* On a : $\begin{cases} \dfrac{x}{x-1} > 0 \\ x - 1 \neq 0 \end{cases} \Leftrightarrow x \in]-\infty ; 0[\cup]1 ; +\infty[$; donc : $D_f =]-\infty ; 0] \cup]1 ; +\infty[$.

On peut écrire : $\forall x \in]-\infty ; 0[\cup]1 ; +\infty[$, $f(x) = e^{\frac{1}{\sqrt{2}} \ln \frac{x}{x-1}}$.

b) • Posons : $K =]-\infty ; 0[\cup]1 ; +\infty[$.

La restriction de f à K est la composée des fonctions $f_1 : x \mapsto \dfrac{x}{x-1}$ et $f_2 : x \mapsto x^{\frac{1}{\sqrt{2}}}$.

f_1 est continue et strictement positive sur K ; f_2 est continue sur $f_1(K)$. Donc, f est continue sur K.

• On a : $\lim\limits_{x \underset{<}{\to} 0} f(x) = \lim\limits_{x \underset{<}{\to} 0} \left(\dfrac{x}{x-1}\right)^{\frac{1}{\sqrt{2}}} = 0 = f(0)$; donc f est continue en 0.

On en déduit que f est continue sur son ensemble de définition.

c) On a : $\lim\limits_{x \underset{<}{\to} 0} \dfrac{f(x) - f(0)}{x} = \lim\limits_{x \underset{<}{\to} 0} \dfrac{1}{x}\left(\dfrac{x}{x-1}\right)^{\frac{1}{\sqrt{2}}} = \lim\limits_{x \underset{<}{\to} 0} \left[-(-x)^{\frac{1}{\sqrt{2}}-1} \times (1-x)^{-\frac{1}{\sqrt{2}}}\right]$.

• Or : $\lim\limits_{x \underset{<}{\to} 0} \left[-(-x)^{\frac{1}{\sqrt{2}}-1}\right] = -\infty$ et $\lim\limits_{x \underset{<}{\to} 0} (1-x)^{-\frac{1}{\sqrt{2}}} = 1$; donc $\lim\limits_{x \underset{<}{\to} 0} \dfrac{f(x) - f(0)}{x} = -\infty$.

On en déduit que f n'est pas dérivable en 0. Cependant, $(\mathscr{C})$ admet en O une demi-tangente de support (OJ).

2°) ***Sens de variation de f***

D'après le théorème de dérivation des fonctions composées, f est dérivable sur K et on a :

$\forall\, x \in\,]-\infty\,;0[\,\cup\,]1\,;+\infty[,\ f'(x) = -\dfrac{1}{\sqrt{2}(x-1)^2}\left(\dfrac{x}{x-1}\right)^{\frac{1}{\sqrt{2}}-1}.$

Donc : $\forall\, x \in\,]-\infty\,;0[\,\cup\,]1\,;+\infty[$, $f'(x) < 0$; f est décroissante sur $]-\infty\,;0[$ et sur $]1\,;+\infty[$.

Étude aux bornes de l'ensemble de définition

• On a : $\lim\limits_{x \to -\infty}\left(\dfrac{x}{x-1}\right)^{\frac{1}{\sqrt{2}}} = \lim\limits_{x \to +\infty}\left(\dfrac{x}{x-1}\right)^{\frac{1}{\sqrt{2}}} = 1.$

La droite (Δ_1) d'équation $y = 1$ est asymptote à $(\mathscr{C})$ en $-\infty$ et $+\infty$.

• On a : $\lim\limits_{x \underset{>}{\to} 1}\left(\dfrac{x}{x-1}\right)^{\frac{1}{\sqrt{2}}} = +\infty.$

La droite (Δ_2) d'équation $x = 1$ est asymptote à $(\mathscr{C})$.

Tableau de variation

x	$-\infty$	0	1	$+\infty$
$f'(x)$	$-$	▒	▒	$+$
$f(x)$	$1 \searrow 0$	▒	▒	$+\infty \searrow 1$

Courbe représentative

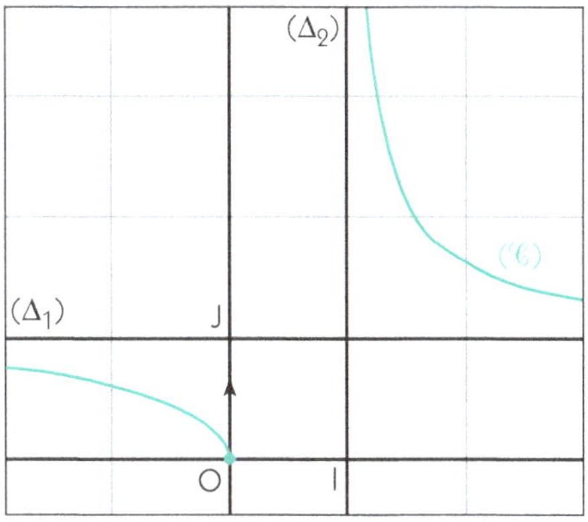

2. Étude d'une fonction du type u^v

Soit la fonction $f : x \mapsto |x^2 - 1|^x$ et $(\mathscr{C})$ sa courbe représentative.

1°) Étudier la dérivabilité de f en 1.

2°) Étudier f et tracer $(\mathscr{C})$.

Solution

1°) • On remarque que : $f(1) = 0^1 = 0$.

Lorsque $|x| \neq 1$, on peut écrire : $f(x) = e^{x\ln|x^2-1|}$.

On en déduit que : $D_f = \mathbb{R} \setminus \{-1\}$.

• On a : $\forall\, x \in \mathbb{R} \setminus \{-1\,;1\},\ \dfrac{f(x)-f(1)}{|x-1|} = \dfrac{e^{x\ln|x^2-1|}}{e^{\ln|x-1|}} = e^{x\ln|x^2-1|-\ln|x-1|} = e^{x\ln|x+1|+(x-1)\ln|x-1|}.$

Or : $\lim\limits_{x \to 1}(x\ln|x+1|) = \ln 2$ et, en posant $X = |x-1|$, $\lim\limits_{x \to 1}|x-1|\ln|x-1| = \lim\limits_{X \underset{>}{\to} 0} X\ln X = 0$;

donc : $\lim\limits_{x \to 1}\dfrac{f(x)-f(1)}{|x-1|} = 2.$

On en déduit que : $\lim\limits_{x \underset{>}{\to} 1}\dfrac{f(x)-f(1)}{x-1} = 2$ et $\lim\limits_{x \underset{<}{\to} 1}\dfrac{f(x)-f(1)}{x-1} = -2.$

Donc, f admet en 1 pour nombre dérivé à gauche -2 et pour nombre dérivé à droite 2.
f n'est pas dérivable en 1. Cependant, $(\mathscr{C})$ admet en I deux demi-tangentes de coefficients directeurs respectifs -2 et 2.

2°) ***Dérivée et sens de variation***

Soit la fonction $u : x \mapsto x\ln|x^2-1|$.

La fonction f est dérivable sur $\mathbb{R} \setminus \{-1\,;1\}$ et on a : $f'(x) = u'(x)e^{u(x)}$.

Or : $u'(x) = \ln|x^2-1| + \dfrac{2x^2}{x^2-1}$ et $e^{u(x)} > 0$; donc, $f'(x)$ est du signe de $u'(x)$.

Étudions les variations de la fonction u' sur $\mathbb{R} \setminus \{-1\,;1\}$.

$u''(x) = \dfrac{2x}{x^2-1} - \dfrac{4x}{(x^2-1)^2} = \dfrac{2x(x^2-3)}{(x^2-1)^2}$.

On obtient ci-contre le tableau de variation de la fonction u'.

On en déduit le sens de variation de la fonction f.

On a : $f'(0) = 0$;

x	$-\infty$		$-\sqrt{3}$		-1		0		1		$\sqrt{3}$		$+\infty$
$u''(x)$		$-$	0	$+$	‖	$-$	0	$+$	‖	$-$	0	$+$	
$u'(x)$		↘	$\ln 2 + 3$	↗	‖	↗	0	↘	‖	↘	$\ln 2 + 3$	↗	

$\forall x \in]-\infty\,;-1[\cup]1\,;+\infty[$, $f'(x) > 0$; donc, f est croissante sur $]-\infty\,;-1[$ et sur $]1\,;+\infty[$;

$\forall x \in]-1\,;1[$, $f'(x) \leq 0$; donc, f est décroissante sur $]-1\,;1[$.

Étude aux bornes de l'ensemble de définition

• On a : $\lim\limits_{x \to -\infty} x\ln|x^2-1| = -\infty$; donc : $\lim\limits_{x \to -\infty} e^{x\ln|x^2-1|} = 0$.

La droite (OI) est asymptote à $(\mathscr{C})$ en $-\infty$.

• On a : $\lim\limits_{x \to +\infty} x\ln|x^2-1| = +\infty$; donc : $\lim\limits_{x \to +\infty} e^{x\ln|x^2-1|} = +\infty$.

De plus : $\lim\limits_{x \to +\infty} \dfrac{f(x)}{x} = \lim\limits_{x \to +\infty} e^{x\ln|x^2-1| - \ln x} = \lim\limits_{x \to +\infty} e^{x\left(\ln|x^2-1| - \frac{\ln x}{x}\right)}$.

Or : $\lim\limits_{x \to +\infty} \left(\ln|x^2-1| - \dfrac{\ln x}{x}\right) = +\infty$; donc : $\lim\limits_{x \to +\infty} \dfrac{f(x)}{x} = +\infty$.

$(\mathscr{C})$ admet en $+\infty$ une branche parabolique de direction celle de (OJ).

• On a : $\lim\limits_{x \to -1} x\ln|x^2-1| = +\infty$; donc : $\lim\limits_{x \to -1} e^{x\ln|x^2-1|} = +\infty$.

La droite (Δ) d'équation $x = -1$ est asymptote à $(\mathscr{C})$.

• On a : $\lim\limits_{x \to 1} x\ln|x^2-1| = -\infty$;

donc : $\lim\limits_{x \to 1} e^{x\ln|x^2-1|} = 0$.

Tableau de variation

x	$-\infty$		-1		0		1		$+\infty$
$f'(x)$		$+$	‖	$-$	0	$-$	‖	$+$	
$f(x)$	0	↗	$+\infty$ ‖ $+\infty$	↘	1	↘	0	↗	$+\infty$

Courbe représentative

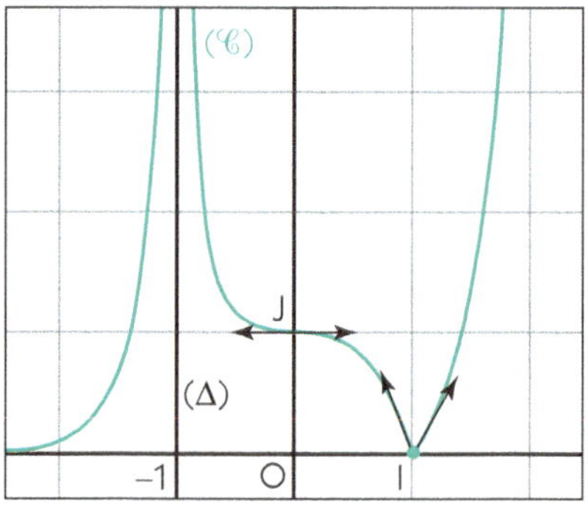

Exercices

3.a Déterminer l'ensemble de définition de chacune des fonctions suivantes et calculer ses limites aux bornes de cet ensemble.

a) $x \mapsto (x^2-1)\,e^{\frac{1}{x+1}}$ *b)* $x \mapsto (x+1)^{-\frac{1}{3}} \ln x$

c) $x \mapsto \left(x + \dfrac{1}{x}\right)^x$ *d)* $x \mapsto (1 + \ln x)e^{-x}$.

3.b Étudier les variations de la fonction $x \mapsto (x^2 - x + 1)^{\frac{2}{3}}$ et tracer sa courbe représentative.

3.c Étudier les variations de la fonction $x \mapsto x^x$ et tracer sa courbe représentative.

Exercices

Le plan est muni du repère (O, I, J).

APPRENTISSAGE

Fonction exponentielle

1 Simplifier l'écriture des nombres réels suivants.
$a = e^{\ln 3}$ $b = e^{-\ln 5}$ $c = e^{2+\ln 3}$
$d = e^{1-\ln 2}$ $m = e^{\frac{1}{2}-\ln 6}$ $p = \ln\sqrt{e^5}$.

2 Résoudre dans dans $\mathbb{R}$ les équations suivantes.
a) $e^x = -1$ *b)* $e^{x+2} = 3$
c) $e^{-2x+3} = 1$ *d)* $e^{x^2} = e^{x+2}$.

3 Résoudre dans $\mathbb{R}$ les équations suivantes.
a) $e^{-x}(e^{2x} - 4) = 0$ *b)* $(e^x - 2)(e^{-x} + 1) = 0$
c) $e^{2x} - 2e^x - 3 = 0$ *d)* $2e^x - 2e^{-x} - 3 = 0$.

4 Démontrer que le produit des solutions de l'équation $x^{\log x} = 10$ est égal à 1.

5 Résoudre les systèmes suivants.
a) $\begin{cases} 4e^x - 3e^y = 9 \\ 2e^x + e^y = 7 \end{cases}$ *b)* $\begin{cases} 5e^x - e^y = 19 \\ e^{x+y} = 30 \end{cases}$
c) $\begin{cases} e^{2x} - 7e^{y+1} = -10 \\ x - y = 1 \end{cases}$ *d)* $\begin{cases} e^x e^y = 10 \\ e^{x-y} = \frac{2}{5} \end{cases}$.

6 Résoudre dans $\mathbb{R}$ les inéquations suivantes.
a) $e^{-x} \geq 2$ *b)* $e^{x^2-1} < 1$
c) $e^{x^2-3} \leq e^{2x}$ *d)* $2e^{2x} - 5e^x + 2 > 0$.

7 Dans chacun des cas suivants, déterminer l'ensemble de définition de la fonction f.
a) $f(x) = 5xe^x$ *b)* $f(x) = xe^{\frac{1}{x}}$
c) $f(x) = \dfrac{e^x}{\ln x}$ *d)* $f(x) = \ln(1 - e^x)$
e) $f(x) = \ln(e^x - x)$ *f)* $f(x) = x^2 e^{\sqrt{x+1}}$.

8 Dans chacun des cas suivants, calculer les limites de la fonction f aux bornes de son ensemble de définition.
a) $f(x) = e^{2x} - e^x + 4$ *b)* $f(x) = \dfrac{e^x}{1 + e^x}$
c) $f(x) = \ln(1 + e^{-x})$ *d)* $f(x) = e^{\frac{1}{x}}$
e) $f(x) = xe^{\frac{1}{x-1}}$ *f)* $f(x) = e^{-|x|}$.

9 Calculer les limites suivantes.
a) $\lim\limits_{x \to +\infty} \dfrac{e^x}{1 + x}$ *b)* $\lim\limits_{x \to +\infty} \dfrac{e^x}{\sqrt{x}}$
c) $\lim\limits_{x \to +\infty} \dfrac{\ln x}{e^x}$ *d)* $\lim\limits_{x \to +\infty} xe^{-x}$
e) $\lim\limits_{x \to -\infty} e^x \sin x$ *f)* $\lim\limits_{x \to 0} \dfrac{\sin x}{1 - e^x}$.

10 Calculer les limites suivantes.
a) $\lim\limits_{x \to 0} \dfrac{e^{3x} - e^{2x}}{x}$ *b)* $\lim\limits_{x \to 0} \dfrac{e^{x^2} - 1}{x}$
c) $\lim\limits_{\substack{x \to 0 \\ >}} x(e^{\frac{1}{x}} - 1)$ *d)* $\lim\limits_{\substack{x \to 0 \\ >}} e^{\frac{1}{x}} \ln x$.

Fonctions comportant exp

11 Dans chacun des cas suivants, préciser l'ensemble de dérivabilité de la fonction f, puis déterminer sa fonction dérivée.
a) $f(x) = e^{-2x+1}$ *b)* $f(x) = e^{x^2}$
c) $f(x) = e^x \ln x$ *d)* $f(x) = (1 - x)e^{1-x}$
e) $f(x) = \dfrac{e^x - e^{-x}}{e^x + e^{-x}}$ *f)* $f(x) = x^2 e^{-x}$.

12 Dans chacun des cas suivants, déterminer une primitive de la fonction f sur $\mathbb{R}$.
a) $f(x) = e^{-4x}$ *b)* $f(x) = xe^{x^2}$
c) $f(x) = e^{2x} + 3e^{-x} - 1$ *d)* $f(x) = \sin x \, e^{\cos x}$
e) $f(x) = x - 5 + 3e^{-2x+1}$ *f)* $f(x) = \dfrac{e^{2x}}{1 + e^{2x}}$.

13 Déterminer deux nombres réels a et b tels que la fonction $x \mapsto (ax + b)e^x$ soit une primitive sur $\mathbb{R}$ de la fonction $x \mapsto (4x - 5)e^x$.

14 Déterminer deux nombres réels a et b tels que la fonction $x \mapsto (a \cos x + b \sin x)e^x$ soit une primitive sur $\mathbb{R}$ de la fonction $x \mapsto (3 \cos x + \sin x)e^x$.

15 Soit la fonction $f : x \mapsto \dfrac{-e^x + 1}{2e^x + 1}$.
1. Déterminer deux nombres réels a et b tels que :
$\forall x \in \mathbb{R}, \quad f(x) = a + \dfrac{b\,e^x}{2e^x + 1}$.
2. En déduire les primitives de f sur $\mathbb{R}$.

16 Le repère (O, I, J) est orthonormé.
Utiliser la courbe représentative de la fonction exponentielle pour représenter graphiquement chacune des fonctions suivantes.
a) $x \mapsto e^{-x}$ *b)* $x \mapsto e^x + 1$
c) $x \mapsto e^{x-1}$ *d)* $x \mapsto e^{|x|}$.

17 Le repère (O, I, J) est orthonormé.
Soit f la fonction définie par : $f(x) = 4x^2 e^x - 1$.
1. Étudier f et tracer sa courbe représentative.
2. Déterminer le nombre de solutions de l'équation : $4x^2 = e^{-x}$.

18 Soit f la fonction définie par :
$\begin{cases} f(x) = \exp\left(\dfrac{x^2}{x^2 - 1}\right), \text{ si } x \in \mathbb{R}\backslash\{-1\,;\,1\} \\ f(-1) = f(1) = 0. \end{cases}$
On désigne par $(\mathscr{C})$ la courbe représentative de f.
1. Démontrer que f est dérivable à droite en -1 et à gauche en 1.
2. Étudier f et tracer $(\mathscr{C})$.

19 Le repère (O, I, J) est orthonormé.
Soit f la fonction définie par : $f(x) = (1 - x)(1 + e^x)$.
On désigne par $(\mathscr{C})$ la courbe représentative de f.
1. Calculer les limites de f aux bornes de son ensemble de définition.
2. Démontrer que la droite (Δ) d'équation $y = -x + 1$ est asymptote à $(\mathscr{C})$ en $-\infty$.
Préciser la position relative de $(\mathscr{C})$ et (Δ).
3. Étudier les variations de la fonction dérivée f' et en déduire les variations de f.
4. Tracer $(\mathscr{C})$.

20 Le repère (O, I, J) est orthonormé.
Soit la fonction $f : x \mapsto \ln|e^x - 1|$ et $(\mathscr{C})$ sa courbe représentative.
1. *a)* Déterminer l'ensemble de définition D de f.
b) Démontrer qu'il existe une fonction φ telle que :
$\forall x \in D,\ f(x) = x + \varphi(x)$ et $\lim\limits_{x \to +\infty} \varphi(x) = 0$.
c) Compléter l'étude de f et tracer $(\mathscr{C})$.
2. Soit g la restriction de f à l'intervalle $]0\ ;+\infty[$.
a) Démontrer que g réalise une bijection de $]0\ ;+\infty[$ vers $\mathbb{R}$.
b) Tracer, sur le même graphique que $(\mathscr{C})$, la courbe représentative $(\mathscr{C}')$ de la réciproque de g.

21 Soit f la fonction définie par : $f(x) = \dfrac{e^{2x}}{e^x - 1}$.
On désigne par $(\mathscr{C})$ la courbe représentative de f.
1. Déterminer l'ensemble de définition de f et calculer les limites de f aux bornes de cet ensemble.
2. Démontrer que la courbe (Γ) d'équation $y = 1 + e^x$ est asymptote à $(\mathscr{C})$ en $+\infty$.
Préciser la position relative de $(\mathscr{C})$ et (Γ).
3. Étudier les variations de f et tracer (Γ) et $(\mathscr{C})$.

22 Résoudre dans $\mathbb{R}$ les équations suivantes.
a) $5^x = 1$ *b)* $(0{,}1)^x = 10$
c) $3^{2x-1} = 27$ *d)* $3^x = 2^{-x+3}$
e) $5^{x^2-1} = 125$ *f)* $(\sqrt{2})^{\frac{1}{x}} = 16^x$.

23 Résoudre dans $\mathbb{R}$ les équations suivantes.
a) $7^{2x} - 5 \times 7^x + 6 = 0$ *b)* $5^{2x} + 5^x - 2 = 0$
c) $2^{2x+1} + 2^x - 105 = 0$ *d)* $9^x - 3^{x+1} - 10 = 0$.

24 Résoudre dans $\mathbb{R}$ les inéquations suivantes.
a) $4^x < -1$ *b)* $10^x \leq 100$
c) $(0{,}5)^x > 8$ *d)* $7^{x-1} \geq 1$
e) $2^x < 2^{-x}$ *f)* $3^{x^2-1} \geq 27$.

25 Calculer les limites suivantes.
a) $\lim\limits_{x \to +\infty} \pi^x$ *b)* $\lim\limits_{x \to +\infty} 10^{-2x}$
c) $\lim\limits_{x \to -\infty} 5^{x^2}$ *d)* $\lim\limits_{x \to -\infty} 3^{\frac{1}{x}}$.

26 Le repère (O, I, J) est orthonormé.
Étudier les variations de la fonction f et tracer sa courbe représentative dans chacun des cas suivants.
a) $f(x) = 2^x$ *b)* $f(x) = (0{,}5)^x$
c) $f(x) = 3^{x^2-1}$ *d)* $f(x) = 5^{\frac{1}{x}}$.

Fonctions puissances

27 Déterminer une valeur approchée de chacun des nombres suivants, avec la précision indiquée.
a) $3^{1,7}$ à 10^{-2} près *b)* $(1{,}01)^{\frac{4}{3}}$ à 10^{-5} près
c) $2^{\frac{1}{3}}$ à 10^{-4} près *d)* $(1{,}2)^{-\frac{2}{3}}$ à 10^{-3} près.

28 Soit a un nombre réel strictement positif.
Écrire les nombres suivants sous la forme a^b, où b est un nombre réel.
a) $a^{-2} \times a^{\frac{1}{2}}$ *b)* $a^{-\frac{1}{3}} \times a^5$ *c)* $a^{1,07} \times a^{-1,03}$
d) $(a^{-1,2})^{0,5}$ *e)* $\dfrac{a^{\frac{5}{2}}}{a^3}$ *f)* $a^5 \times \sqrt{a}$.

29 Dans chacun des cas suivants, calculer les limites de la fonction f aux bornes de son ensemble de définition.
a) $f(x) = \dfrac{\sqrt[6]{x}}{x}$ *b)* $f(x) = \dfrac{2 - x^{0,3}}{x^{\sqrt{2}}}$.

30 Le repère (O, I, J) est orthonormé.
Dans chacun des cas suivants, étudier les variations de la fonction f et tracer sa courbe représentative.
a) $f(x) = x^{0,2}$ *b)* $f(x) = x^{\pi}$.

31 Soit f la fonction définie par :
$$\begin{cases} f(x) = \left|\dfrac{x-1}{x}\right|^{\frac{1}{\sqrt{2}}}, \text{ si } x \neq 1 \\ f(1) = 0. \end{cases}$$
On désigne par $(\mathscr{C})$ la courbe représentative de f.
1. Étudier la continuité et la dérivabilité de f en 1.
2. Étudier f et tracer $(\mathscr{C})$.

32 Dans chacun des cas suivants, calculer les limites de la fonction f aux bornes de son ensemble de définition.
a) $f(x) = x\,5^x$ *b)* $f(x) = x^{0,3}(\ln x)^2$
c) $f(x) = x^2 - \ln x$ *d)* $f(x) = \dfrac{e^{2x}}{x^{10}}$.

APPROFONDISSEMENT

33 Soit f la fonction définie par :
$$\begin{cases} f(x) = 1 - \ln(x^2 + 1), \text{ si } x \leq 0 \\ f(x) = -x^2 + e^{-x}, \text{ si } x > 0 \end{cases}.$$
On désigne par $(\mathscr{C})$ sa courbe représentative.
1. Étudier la dérivabilité de f en 0.
2. Étudier les branches infinies de $(\mathscr{C})$; démontrer que la parabole (Γ) d'équation $y = -x^2$ est asymptote à $(\mathscr{C})$ en $+\infty$.
3. Compléter l'étude de f et construire (Γ) et $(\mathscr{C})$.
4. *a)* Déduire de cette étude que $(\mathscr{C})$ coupe (OI) en deux points dont l'un a une abscisse négative que l'on calculera.
b) Déterminer une valeur approchée à 10^{-1} près de l'abscisse du deuxième point d'intersection.

34 **1.** Démontrer que pour tous nombres réels a et b, on a : $ab \leq \frac{a^2}{2} + \frac{b^2}{2}$.

2. *a)* En déduire que pour tous nombres réels u et v strictement positifs, on a : $\frac{\ln u + \ln v}{2} \leq \ln\left(\frac{u+v}{2}\right)$.

b) Démontrer que pour tous nombres réels u et v, on a : $e^{\frac{u+v}{2}} \leq \frac{e^u + e^v}{2}$.

3. *Généralisation*

Soit p et q deux nombres réels strictement supérieurs à 1, et tels que : $\frac{1}{p} + \frac{1}{q} = 1$.

a) Démontrer que pour tous nombres réels a et b positifs, on a : $ab \leq \frac{a^p}{p} + \frac{b^q}{q}$.

(On pourra étudier les variations de la fonction f de [0 ; + ∞[vers ℝ définie par : $f(x) = ax - \frac{x^q}{q}$.)

Dans quel cas a-t-on l'égalité ?

b) En déduire que :

• pour tous nombres réels u et v strictement positifs, on a :

$\frac{\ln u}{p} + \frac{\ln v}{q} \leq \ln\left(\frac{u}{p} + \frac{v}{q}\right)$;

• pour tous nombres réels u et v, on a :

$e^{\frac{u}{p} + \frac{v}{q}} \leq \frac{e^u}{p} + \frac{e^v}{q}$.

c) Soit (Γ) la courbe représentative de la fonction logarithme népérien, A et B les points de (Γ) d'abscisses respectives u et v.

Interpréter graphiquement la première inégalité du 3.*b)*, en considérant le barycentre K des points pondérés $\left(A, \frac{1}{p}\right)$ et $\left(B, \frac{1}{q}\right)$, et le point D de (Γ) de même abscisse que K.

De même, interpréter graphiquement la deuxième inégalité du 3.*b)*.

35 **1.** Démontrer que :

$\forall x \in]0 ; +\infty[, \quad \frac{1}{x+1} < \ln\left(\frac{x+1}{x}\right) < \frac{1}{x}$.

En déduire que :

$\forall x \in]0 ; +\infty[, \quad \left(\frac{x+1}{x}\right)^x < e < \left(\frac{x+1}{x}\right)^{x+1}$.

2. Démontrer que :

$\forall n \in \mathbb{N}^*, \quad \frac{(n+1)^n}{n!} < e^n < \frac{(n+1)^{n+1}}{n!}$.

36 Le repère (O, I, J) est orthonormé.

Soit f la fonction définie par $f(x) = |\sin x|^{\cos x}$.

1. Quel est l'ensemble de définition de f ?

Justifier que l'étude de f peut se réduire à]0 ; π[.

2. *a)* Définir le prolongement par continuité g, de f en 0.

b) Étudier la dérivabilité de g en 0.

3. Étudier g et tracer sa courbe représentative (Γ).

37 Le repère (O, I, J) est orthogonal. L'unité graphique est égale à 2 cm sur (OI) et à 15 cm sur (OJ).

Soit f_m la famille de fonctions définies par :

$f_m(x) = \frac{x^m}{m!} e^{-x}$, où m est un nombre entier naturel non nul. On désigne par $(\mathscr{C}_m)$ la courbe représentative de f_m.

1. *a)* Démontrer par récurrence sur m que :

$\forall m \in \mathbb{N}^*, \left(\forall x \in [0 ; +\infty[, e^x > \frac{x^m}{m!}\right)$.

En déduire que les parties d'abscisses positives des courbes $(\mathscr{C}_m)$ sont comprises entre les droites d'équations $y = 0$ et $y = 1$.

b) Calculer alors la limite de $f_m(x)$ quand x tend vers $+\infty$.

2. *a)* Étudier les variations de f_m suivant les valeurs de m. *(On distinguera les cas m = 1, m pair et m impair).*

b) Dresser les tableaux de variations correspondant à chaque cas.

3. On désigne par A_m le point de $(\mathscr{C}_m)$ dont l'abscisse définit le maximum relatif de f_m.

a) Vérifier que : $\forall m \in \mathbb{N}^*, f_m - f_{m+1} = f'_{m+1}$.

Étudier la position relative des courbes $(\mathscr{C}_m)$ et $(\mathscr{C}_{m+1})$ et démontrer que ces courbes se coupent en O et A_{m+1}.

b) Étudier la position relative des courbes $(\mathscr{C}_m)$ et $(\mathscr{C}_{m+2})$ et démontrer que ces courbes se coupent en O et en un point dont l'abscisse appartient à $[m+1 ; m+2]$.

4. Utiliser les résultats précédents pour tracer les courbes $(\mathscr{C}_1)$, $(\mathscr{C}_2)$ et $(\mathscr{C}_3)$. On précisera les points d'intersection des courbes que la question précédente permet de connaître, ainsi que les tangentes en O à ces différentes courbes.

38 Soit a un nombre réel strictement positif.

On se propose de résoudre dans]0 ; + ∞[l'équation $(E_a) : a^x = x^a$.

Pour cela, on considère la fonction f_a telle que pour tout x élément de]0 ; + ∞[, $f_a(x) = a^x x^{-a}$.

1. *On suppose que : a = e*

a) Étudier les variations de la fonction f_e.

b) Résoudre alors l'équation (E_e).

c) Démontrer que : $\forall x \in]1 ; +\infty[, \frac{x}{\ln x} \geq e$.

2. *On suppose que : $0 < a \leq 1$*

a) Dresser le tableau de variation de la fonction f_a.

b) Résoudre alors l'équation (E_a).

3. *On suppose que : $a > 1$ et $a \neq e$*

a) Dresser le tableau de variation de la fonction f_a.

b) Déduire des questions 1.*c)* et 3.*a)* que la fonction f_a admet un minimum absolu strictement inférieur à 1.

c) En déduire que l'équation (E_a) admet exactement deux solutions situées de part et d'autre du nombre $\frac{a}{\ln a}$.

39 **Temps d'effet d'un médicament**

On injecte toutes les 8 heures dans le sang d'un malade une quantité q_0 de sérum, exprimée en cm³.

Après élimination naturelle, la quantité restante de ce sérum au bout d'un temps t, exprimé en heure, est donnée par la fonction $t \mapsto q_0 e^{\frac{-t}{24}}$.

1. Calculer, en fonction de q_0, la quantité restante de sérum dans le sang après 8 heures, 16 heures, 24 heures.

2. Soit q la fonction qui à t associe la quantité totale de sérum contenue dans le sang au bout de ce temps t.

a) Exprimer $q(t)$ en fonction de q_0 et t pour $t \in [0 ; 48]$.

Dans la suite, on suppose que : $q_0 = 1$ cm³.

b) Représenter graphiquement la fonction q dans l'intervalle [0 ; 48].

3. Le sérum n'est efficace que si le sang en contient en permanence une quantité au moins égale à 2 cm³.

Déterminer graphiquement, puis calculer l'instant à partir duquel le sérum sera efficace.

4. *a)* Déterminer, en fonction de n, la quantité de sérum contenue dans le sang immédiatement après la n-ième injection.
b) La quantité de sérum contenue dans le sang ne doit pas dépasser 3,6 cm^3.
Démontrer que malgré cette restriction, on peut continuer indéfiniment les injections.

40 Bobines de Helmholtz

Le champ magnétique créé par une bobine plate de centre ω et de rayon R, en un point M de l'axe de cette bobine est donné par la formule :

$B = B_0R^3(R^2 + \omega M^2)^{-\frac{3}{2}}$, où B_0 désigne le champ magnétique créé en ω.

Pour réaliser un champ magnétique quasi-uniforme, on utilise deux bobines plates circulaires identiques, de centres respectifs ω_1 et ω_2, de même axe (Δ) et parcourues, dans le même sens, par un courant d'intensité I.

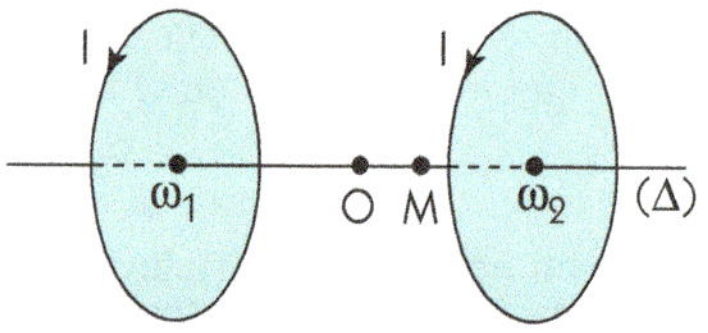

Dans les questions 1, 2 et 3, on suppose que :
$R = 1$, $\omega_1\omega_2 = 1$ et $B_0 = 1$.

1. Démontrer que le champ magnétique en un point M situé entre ω_1 et ω_2 est donné par la fonction

$$\varphi : x \mapsto \left[1 + \left(x + \frac{1}{2}\right)^2\right]^{-\frac{3}{2}} + \left[1 + \left(x - \frac{1}{2}\right)^2\right]^{-\frac{3}{2}}$$

où x désigne l'abscisse de M sur la droite (Δ) munie d'un repère d'origine O, milieu de $[\omega_1\omega_2]$.

2. ***Fonctions composantes***
Soit les fonctions :

$$f_1 : x \mapsto \left[1 + \left(x + \frac{1}{2}\right)^2\right]^{-\frac{3}{2}} \quad \text{et}$$

$$f_2 : x \mapsto \left[1 + \left(x - \frac{1}{2}\right)^2\right]^{-\frac{3}{2}}.$$

a) Étudier f_1 et tracer sa courbe représentative $(\mathscr{C}_1)$.
b) En déduire la courbe représentative $(\mathscr{C}_2)$ de f_2.
c) Démontrer que $(\mathscr{C}_1)$ et $(\mathscr{C}_2)$ sont symétriques par rapport à (OJ) et ont un point commun sur cette droite.

3. ***Fonction champ magnétique***
a) Démontrer que φ est une fonction paire et qu'elle admet en 0 une dérivée nulle.
b) Déduire de la question 2. une représentation graphique (Γ), point par point, de la fonction φ.

La courbe (Γ) *présente au voisinage du point d'abscisse 0 un « quasi-palier », correspondant à un champ magnétique quasi-uniforme.*

4. ***Famille de courbes***
On a : $R = 1$ et $B_0 = 1$.
Construire de manière analogue les courbes (Γ) correspondant à : $\omega_1\omega_2 = 2$; $\omega_1\omega_2 = 1{,}4$; $\omega_1\omega_2 = 0{,}6$.
On vérifie ainsi graphiquement que le champ magnétique quasi-uniforme est obtenu lorsque $\omega_1\omega_2 = R$.

13 Suites numériques

Introduction

En classe de première, nous avons abordé les notions de base concernant les suites numériques et étudié plus particulièrement les suites arithmétiques et géométriques. Nous avons également étudié, dans certains cas simples, le comportement à l'infini d'une suite numérique.

L'objectif de ce chapitre est de mettre en place des outils permettant une étude systématique du comportement global d'une suite numérique (monotonie, majoration, minoration, périodicité…), ainsi que de son comportement à l'infini. On étudiera les suites définies par une formule de récurrence et leurs applications, notamment la recherche du point fixe d'une fonction et la méthode de NEWTON permettant la détermination d'une valeur approchée des solutions d'une équation.

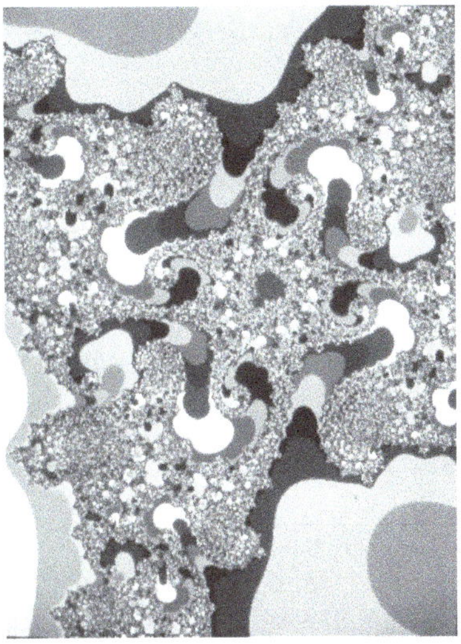

Fractales.

SOMMAIRE

Dans ce chapitre, les fonctions étudiées sont des fonctions numériques à variable réelle et le plan est muni du repère (O, I, J).

1 Étude globale d'une suite numérique

On appelle suite numérique toute fonction de $\mathbb{N}$ vers $\mathbb{R}$.

En général, une suite numérique (u_n) est déterminée par l'un des procédés suivants :

- une formule explicite permettant de calculer u_n en fonction de n ;
c'est le cas des suites de terme général $n + (-1)^n$ ou $(n+1)e^{-n}$, comme des suites du type $u_n = f(n)$, où f est une fonction numérique à variable réelle ;
- le premier terme et une formule de récurrence ;
c'est le cas de la suite définie par : $u_0 = 1$ et $\forall\, n \in \mathbb{N}$, $u_{n+1} = 1 + u_n^2$.

Lorsque E désigne l'ensemble de définition d'une suite (u_n), on peut la noter $(u_n)_{n \in E}$.

1.1. Suites bornées

On a vu en classe de première les définitions suivantes.

Définitions

Soit $(u_n)_{n \in E}$ une suite numérique.

- **(u_n) est minorée s'il existe un nombre réel m tel que, pour tout n élément de E, on a : $u_n \geq m$.**
- **(u_n) est majorée s'il existe un nombre réel M tel que, pour tout n élément de E, on a : $u_n \leq M$.**
- **(u_n) est bornée si elle est à la fois minorée et majorée.**

On dit que m est un minorant de (u_n) et M un majorant de (u_n).
Une suite est positive (respectivement négative) si tous ses termes sont positifs (respectivement négatifs).

Exemples

- Soit $(u_n)_{n \in \mathbb{N}^*}$ la suite de terme général : $u_n = \dfrac{\sin n}{n^2}$.

On a : $\forall\, n \in \mathbb{N}^*$, $|u_n| \leq \dfrac{1}{n^2}$; donc : $\forall\, n \in \mathbb{N}^*$, $|u_n| \leq 1$.

On en déduit que la suite (u_n) est bornée.

- Soit $(v_n)_{n \in \mathbb{N}}$ la suite de terme général : $v_n = \ln(2n+1) - \ln(n+1)$.

La fonction $f : x \mapsto \ln(2x+1) - \ln(x+1)$ est dérivable sur $[0\,;+\infty[$ et a pour dérivée la fonction $f' : x \mapsto \dfrac{1}{(2x+1)(x+1)}$.

La fonction f est donc croissante sur $[0\,;+\infty[$; de plus, on a : $f(0) = 0$ et $\lim\limits_{x \to +\infty} f(x) = \ln 2$.
Donc : $\forall\, n \in \mathbb{N}$, $0 \leq v_n \leq \ln 2$; on en déduit que la suite (v_n) est bornée.

- Soit (w_n) la suite définie par : $w_0 = -1$ et $\forall\, n \in \mathbb{N}$, $w_{n+1} = \sqrt{2w_n + 3}$.

La courbe $(\mathscr{C})$ ci-dessous est la représentation graphique de la fonction $g : x \mapsto \sqrt{2x+3}$ et (Δ) est la droite d'équation $y = x$.

On en déduit une construction sur (OI) des premiers termes de la suite (w_n), ce qui permet de conjecturer que : $\forall\, n \in \mathbb{N}$, $-1 \leq w_n \leq 3$.

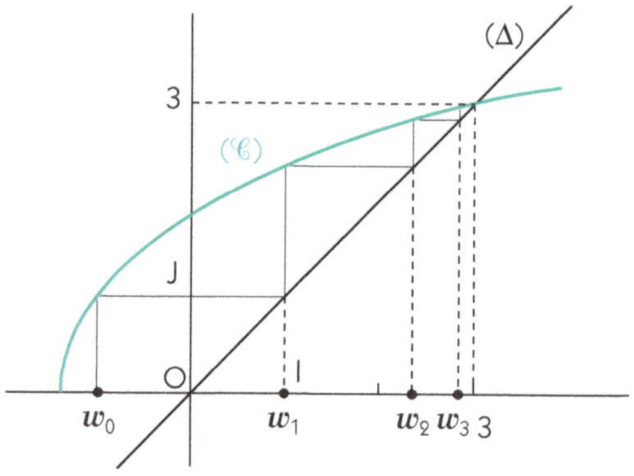

Démontrons ce résultat par récurrence.

– On a : $w_0 = -1$; donc : $-1 \leq w_0 \leq 3$.

– Soit k un entier naturel.

La fonction $g : x \mapsto \sqrt{2x+3}$ est croissante sur $[-1\,;3]$;

donc : $-1 \leq w_k \leq 3 \;\Rightarrow\; g(-1) \leq g(w_k) \leq g(3)$

$\Rightarrow\; 1 \leq w_{k+1} \leq 3$

$\Rightarrow\; -1 \leq w_{k+1} \leq 3$.

Donc : $\forall\, n \in \mathbb{N}$, $-1 \leq w_n \leq 3$;
on en déduit que la suite (w_n) est bornée.

Remarque

Certaines suites ne sont pas bornées ; c'est le cas de la suite de terme général $u_n = n^2 - 1$, qui est minorée par -1, mais n'est pas majorée.

M

Pour démontrer qu'une suite (u_n) est bornée, on peut utiliser l'un des procédés suivants.
- Encadrer le terme général de la suite par deux nombres réels.
- Étudier la fonction f, lorsque la suite est du type : $u_n = f(n)$.
- Faire un raisonnement par récurrence.

1.2. Suites monotones

On a vu en classe de première, les propriétés suivantes.

Propriétés

Soit $(u_n)_{n \in E}$ une suite numérique.
- **Si pour tout n élément de E $u_n \leq u_{n+1}$, alors la suite (u_n) est croissante.**
- **Si pour tout n élément de E $u_n \geq u_{n+1}$, alors la suite (u_n) est décroissante.**
- **Si pour tout n élément de E $u_n = u_{n+1}$, alors la suite (u_n) est constante.**

Remarques

- *Si pour tout n élément de E $u_n < u_{n+1}$ (respectivement $u_n > u_{n+1}$), alors la suite (u_n) est strictement croissante (respectivement strictement décroissante).*
- *Une suite est monotone lorsqu'elle est soit croissante, soit décroissante.*
- *Une suite (u_n) est croissante (respectivement décroissante) à partir d'un certain rang s'il existe un entier naturel n_0 tel que, pour tout n supérieur ou égal à n_0, on a : $u_n \leq u_{n+1}$ (respectivement $u_n \geq u_{n+1}$).*
- *Une suite est stationnaire si elle est constante à partir d'un certains rang.*

Exemples

- Soit $(u_n)_{n \in \mathbb{N}^*}$ la suite de terme général : $u_n = \sum_{k=1}^{n} \frac{1}{k}$.

On a : $\forall\, n \in \mathbb{N}^*$, $u_{n+1} - u_n = \frac{1}{n+1}$.

Or : $\forall\, n \in \mathbb{N}^*$, $\frac{1}{n+1} > 0$; donc : $\forall\, n \in \mathbb{N}^*$, $u_{n+1} > u_n$.

On en déduit que la suite (u_n) est strictement croissante.

- Soit $(v_n)_{n \in \mathbb{N}^*}$ la suite de terme général : $v_n = \frac{1}{2} \times \frac{3}{4} \times \ldots \times \frac{2n-1}{2n}$.

La suite (v_n) est strictement positive et on a : $\forall\, n \in \mathbb{N}^*$, $\frac{v_{n+1}}{v_n} = \frac{2n+1}{2n+2}$.

Or : $\forall\, n \in \mathbb{N}^*$, $\frac{2n+1}{2n+2} < 1$; donc : $\forall\, n \in \mathbb{N}^*$, $v_{n+1} < v_n$.

On en déduit que la suite (v_n) est strictement décroissante.

- Soit $(w_n)_{n \in \mathbb{N}^*}$ la suite de terme général : $w_n = \ln n + \frac{4}{\sqrt{n}}$.

La fonction $f : x \mapsto \ln x + \frac{4}{\sqrt{x}}$ est dérivable sur $]0\,;+\infty[$ et a pour dérivée la fonction $f' : x \mapsto \frac{\sqrt{x} - 2}{x\sqrt{x}}$.

La fonction f est donc croissante sur l'intervalle $[4\,;+\infty[$.

On en déduit que la suite (w_n) est croissante à partir du rang 4.

- Soit (t_n) la suite définie par : $t_0 = 0$ et $\forall\, n \in \mathbb{N}$, $t_{n+1} = e^{t_n}$.

Démontrons par récurrence que cette suite est strictement croissante.

– On a : $t_1 = 1$; donc : $t_1 > t_0$.

– Soit k un entier naturel.

La fonction $g : x \mapsto e^x$ est strictement croissante sur $\mathbb{R}$; donc : $t_{k+1} > t_k \Rightarrow g(t_{k+1}) > g(t_k)$

$\Rightarrow t_{k+2} > t_{k+1}$.

Donc : $\forall\, n \in \mathbb{N}$, $t_{n+1} > t_n$; on en déduit que la suite (t_n) est strictement croissante.

M

Pour démontrer qu'une suite (u_n) est monotone, on peut utiliser l'un des procédés suivants.
- Étudier le signe de $u_{n+1} - u_n$.
- Comparer à 1 le quotient $\frac{u_{n+1}}{u_n}$, lorsque la suite (u_n) est strictement positive.
- Étudier le sens de variation de la fonction f, lorsque la suite est du type : $u_n = f(n)$.
- Faire un raisonnement par récurrence.

1.3. Suites arithmétiques, suites géométriques

Tableau récapitulatif

On rappelle dans le tableau ci-dessous les principaux résultats, établis en classe de première, concernant les suites arithmétiques et les suites géométriques.

	Suite arithmétique	Suite géométrique
Premier terme	u_0	u_0
Raison	r $(r \in \mathbb{R})$	q $(q \in \mathbb{R})$
Formule de récurrence	$u_{n+1} = u_n + r$	$u_{n+1} = q\,u_n$
Formule explicite	$u_n = u_0 + nr$ $u_n = u_p + (n-p)r$	$u_n = u_0 q^n$ $u_n = u_p q^{n-p}$
Somme des n premiers termes $(u_0 + u_1 + \ldots + u_{n-1})$	$\frac{n}{2}(u_0 + u_{n-1})$	$u_0 \times \frac{1-q^n}{1-q}$ $(q \neq 1)$

On a en particulier :
- $1 + 2 + 3 + \ldots + n = \dfrac{n(n+1)}{2}$; • $1 + a + a^2 + \ldots + a^{n-1} = \dfrac{1-a^n}{1-a}$ $(a \neq 1)$.

Exemples d'utilisation

1. Calculer les sommes : $s_2 = \sum_{k=1}^{n} k^2$ et $s_3 = \sum_{k=1}^{n} k^3$ $(n \in \mathbb{N}^*)$.

Posons : $s_1 = \sum_{k=1}^{n} k = \dfrac{n(n+1)}{2}$.

- On a : $\forall\, k \in \mathbb{N}$, $(k+1)^3 = k^3 + 3k^2 + 3k + 1$.

Donc : $\sum_{k=1}^{n} (k+1)^3 = \sum_{k=1}^{n} k^3 + 3\sum_{k=1}^{n} k^2 + 3\sum_{k=1}^{n} k + n$ (1)

(1) $\Leftrightarrow$ $\sum_{k=2}^{n+1} k^3 = \sum_{k=1}^{n} k^3 + 3s_2 + 3s_1 + n$ $\Leftrightarrow$ $\sum_{k=2}^{n} k^3 + (n+1)^3 = 1^3 + \sum_{k=2}^{n} k^3 + 3s_2 + 3s_1 + n$.

On en déduit que : $3s_2 = (n+1)^3 - (n+1) - \dfrac{3n(n+1)}{2} = \dfrac{n(n+1)(2n+1)}{2}$.

Donc : $\sum_{k=1}^{n} k^2 = \dfrac{n(n+1)(2n+1)}{6}$.

- On a : $\forall\, k \in \mathbb{N}$, $(k+1)^4 = k^4 + 4k^3 + 6k^2 + 4k + 1$.

Une méthode analogue à celle utilisée pour le calcul de s_2 permet d'écrire :
$\sum_{k=2}^{n} k^4 + (n+1)^4 = 1^4 + \sum_{k=2}^{n} k^4 + 4s_3 + 6s_2 + 4s_1 + n$.
On en déduit que : $4s_3 = (n+1)^4 - (n+1) - n(n+1)(2n+1) - 2n(n+1) = n^2(n+1)^2$.

Donc : $\sum_{k=1}^{n} k^3 = \dfrac{n^2(n+1)^2}{4}$.

2. Calculer la somme : $S_n = \frac{1}{2} + \frac{3}{2^2} + \frac{5}{2^3} + \ldots + \frac{2n-1}{2^n}$ $(n \in \mathbb{N}^*)$.

On a : $\frac{S_n}{2} = \frac{1}{2^2} + \frac{3}{2^3} + \frac{5}{2^4} + \ldots + \frac{2n-3}{2^n} + \frac{2n-1}{2^{n+1}}$.

Donc : $S_n - \frac{S_n}{2} = \frac{1}{2} + \frac{2}{2^2} + \frac{2}{2^3} + \ldots + \frac{2}{2^n} - \frac{2n-1}{2^{n+1}} = \frac{1}{2} + \left(\frac{1}{2} + \frac{1}{2^2} + \ldots + \frac{1}{2^{n-1}}\right) - \frac{2n-1}{2^{n+1}}$.

Or : $\frac{1}{2} + \frac{1}{2^2} + \ldots + \frac{1}{2^{n-1}} = \frac{1}{2} \times \frac{1 - \left(\frac{1}{2}\right)^{n-1}}{1 - \frac{1}{2}} = 1 - \frac{1}{2^{n-1}}$;

donc : $\frac{S_n}{2} = \frac{1}{2} + \left(1 - \frac{1}{2^{n-1}}\right) - \frac{2n-1}{2^{n+1}} = \frac{3}{2} - \frac{3+2n}{2^{n+1}}$.

On en déduit que : $S_n = 3 - \frac{3+2n}{2^n}$.

3. Calculer la somme : $S_n(x) = 1 + 2x + 3x^2 + \ldots + (n+1)x^n$ $(n \in \mathbb{N}, x \in \mathbb{R})$.

• Si $x = 1$, on a : $S_n(1) = \sum_{k=1}^{n+1} k = \frac{(n+1)(n+2)}{2}$.

• Si $x \neq 1$, considérons la fonction $f : x \mapsto x + x^2 + x^3 + \ldots + x^{n+1}$.
f est dérivable sur $\mathbb{R}$ et sa dérivée est la fonction f' telle que : $f'(x) = S_n(x)$.
Or, $f(x)$ est la somme des $n + 1$ premiers termes de la suite géométrique de premier terme x et de raison x ; donc : $f(x) = \frac{x(1 - x^{n+1})}{1 - x}$.

On en déduit que : $\mathbf{S_n(x) = f'(x)} = \frac{1 - (n+2)x^{n+1} + (n+1)x^{n+2}}{(1-x)^2}$.

Exercices

1.a Soit (u_n) la suite définie par :

$u_0 = -\frac{3}{5}$ et $\forall n \in \mathbb{N}$, $u_{n+1} = 1 + \frac{1}{u_n}$.

Calculer les 5 premiers termes de cette suite et en déduire son ensemble de définition.

1.b Dans chacun des cas suivants, étudier si la suite $(u_n)_{n \in \mathbb{N}}$ est majorée, minorée.

a) $u_n = \frac{2n+1}{n+2}$ *b)* $u_n = n\left(\frac{1}{2} + (-1)^n\right)$

c) $u_n = \frac{2 + \sin n}{3 - \cos n}$ *d)* $u_n = n\cos^2\left(\frac{n\pi}{4}\right)$.

1.c **1.** Soit la suite (u_n) définie par :

$u_0 = 1$ et $\forall n \in \mathbb{N}$, $u_{n+1} = \frac{4u_n}{1 + u_n}$.

a) Conjecturer, à l'aide d'une représentation graphique, si la suite (u_n) est majorée, minorée.
b) Démontrer cette conjecture.
2. Mêmes questions pour la suite (v_n) définie par : $v_0 = 1$ et $\forall n \in \mathbb{N}$, $v_{n+1} = 1 + \frac{1}{v_n}$.

1.d Dans chacun des cas suivants, étudier le sens de variation de la suite $(u_n)_{n \in \mathbb{N}}$.

a) $u_n = \frac{n}{n+1}$ *b)* $u_n = \frac{n^2+2}{n+1}$

c) $u_n = \frac{e^n}{n!}$ *d)* $u_n = n - \ln(1+n)$.

1.e **1.** Soit la suite (u_n) définie par :

$u_0 = 3$ et $\forall n \in \mathbb{N}$, $u_{n+1} = 2u_n - 4$.

a) Conjecturer, à l'aide d'une représentation graphique, le sens de variation de la suite (u_n).
b) Démontrer cette conjecture.
2. Mêmes questions pour la suite (v_n) définie par : $v_0 = 0$ et $\forall n \in \mathbb{N}$, $v_{n+1} = \frac{2 + 3v_n}{2 + v_n}$.

1.f **1.** Démontrer que si (u_n) est une suite géométrique strictement positive, alors $(\ln u_n)$ est une suite arithmétique.
2. Démontrer que si (u_n) est une suite arithmétique, alors (e^{u_n}) est une suite géométrique.

1.g Soit (u_n) la suite définie par :

$u_0 = -3$ et $\forall n \in \mathbb{N}$, $u_{n+1} = u_n + \frac{3}{2}$.

1. Exprimer u_n en fonction de n.

2. Calculer $\sum_{n=0}^{25} u_n$.

1.h Soit (u_n) la suite définie par :

$u_0 = -3$ et $\forall n \in \mathbb{N}$, $u_{n+1} = \frac{2}{3}u_n$.

1. Exprimer u_n en fonction de n.

2. Calculer $\sum_{n=3}^{10} u_n$.

2 Limite d'une suite numérique

2.1. Notion de limite d'une suite

Limite infinie

Soit (u_n) la suite définie par : $u_0 = 1$ et $\forall\, n \in \mathbb{N},\ u_{n+1} = \frac{n+1}{2}(1 + u_n)$.

Intéressons-nous au comportement de u_n lorsque n prend des valeurs « de plus en plus grandes ».

- Compléter le tableau ci-dessous.

n	1	2	3	4	5
u_n					

- Démontrer que : $\forall\, n \in \mathbb{N},\ u_n > \frac{n}{2}$.
- Soit M un nombre réel ; déterminer un nombre réel A tel que : $n \geq A \Rightarrow u_n \geq M$.

On peut donc rendre u_n « aussi grand que l'on veut » en choisissant n « suffisamment grand ».
On dit que u_n tend vers $+\infty$ lorsque n tend vers $+\infty$ et on écrit : $\lim\limits_{n \to +\infty} u_n = +\infty$.

Limite finie

Soit (v_n) la suite définie par : $v_0 = 2$ et $\forall\, n \in \mathbb{N},\ v_{n+1} = 5 - \frac{4}{v_n}$.

Intéressons-nous au comportement de v_n lorsque n prend des valeurs « de plus en plus grandes ».

- Compléter le tableau ci-dessous *(on donnera une valeur approchée de v_n à 10^{-3} près).*

n	1	2	3	4	5	6	7
v_n							

- Quelle conjecture ce tableau suggère-t-il ?
- Démontrer que : $\forall\, n \in \mathbb{N},\ v_n \geq 2$;
  $\forall\, n \in \mathbb{N},\ |v_{n+1} - 4| \leq \frac{1}{2}|v_n - 4|$.
- En déduire que : $\forall\, n \in \mathbb{N},\ |v_n - 4| \leq \frac{1}{2^{n-1}}$.
- Déterminer un nombre réel A tel que : $n \geq A \Rightarrow |v_n - 4| \leq 10^{-5}$.
- Soit ε un nombre réel strictement positif ; déterminer un nombre réel A tel que : $n \geq A \Rightarrow |v_n - 4| \leq \varepsilon$.

On peut donc rendre v_n « aussi proche de 4 que l'on veut » en choisissant n « suffisamment grand ».
On dit que v_n tend vers 4 lorsque n tend vers $+\infty$ et on écrit : $\lim\limits_{n \to +\infty} v_n = 4$.

Définitions

Les définitions suivantes ont été données en classe de première.

Définitions

- **Une suite est convergente si elle a une limite finie.**
- **Une suite est divergente si elle n'est pas convergente.**

Remarques

- *On admet que si une suite a une limite, cette limite est unique.*
- *Certaines suites n'ont pas de limite ; c'est le cas de la suite de terme général :* $w_n = \sin\left(\frac{n\pi}{2}\right)$.

Exemples

- La suite (u_n) définie par $u_0 = 1$ et $\forall\, n \in \mathbb{N},\ u_{n+1} = \dfrac{n+1}{2}(1 + u_n)$ a pour limite $+\infty$; elle est divergente.
- La suite (v_n) définie par $v_0 = 2$ et $\forall\, n \in \mathbb{N},\ v_{n+1} = 5 - \dfrac{4}{v_n}$ a pour limite 4 ; elle est convergente.
- La suite (w_n) de terme général $w_n = \sin\left(\dfrac{n\pi}{2}\right)$ n'a pas de limite ; elle est divergente.

2.2. Calculs de limites

Limite d'une suite du type $u_n = f(n)$

Nous admettons la propriété suivante.

Propriété

Soit (u_n) une suite définie par $u_n = f(n)$, où f est une fonction numérique.
Si f a une limite en $+\infty$, alors (u_n) a une limite et on a : $\lim\limits_{n \to +\infty} u_n = \lim\limits_{x \to +\infty} f(x)$.

Exemples

- On a : $\lim\limits_{x \to +\infty}\left(x \sin\dfrac{1}{x}\right) = 1$; donc, la suite $(u_n)_{n \in \mathbb{N}^*}$ de terme général $u_n = n \sin\dfrac{1}{n}$ converge vers 1.
- On a : $\lim\limits_{x \to +\infty}\left(x \cos\dfrac{1}{x}\right) = +\infty$; donc, la suite $(v_n)_{n \in \mathbb{N}^*}$ de terme général $v_n = n \cos\dfrac{1}{n}$ est divergente.
- On a : $\lim\limits_{x \to +\infty} \ln\dfrac{x^2+1}{x^2} = 0$; donc, la suite $(w_n)_{n \in \mathbb{N}^*}$ de terme général $w_n = \ln\dfrac{n^2+1}{n^2}$ converge vers 0.

Remarques

La réciproque de cette propriété est fausse.
Ainsi, la fonction $x \mapsto \sin(\pi x)$ n'a pas de limite en $+\infty$; cependant, la suite $(u_n)_{n \in \mathbb{N}^*}$ de terme général $u_n = \sin(\pi n)$, dont tous les termes sont nuls, converge vers 0.

Limites et opérations sur les suites

Les suites numériques sont des cas particuliers de fonctions numériques à variable réelle.
On peut donc définir la somme, le produit ou le quotient de deux suites.

Définitions

Soit $(u_n)_{n \in E}$ et $(v_n)_{n \in E}$ deux suites.

- **La somme de (u_n) et (v_n) est la suite de terme général $u_n + v_n$.**
- **Le produit de (u_n) et (v_n) est la suite de terme général $u_n v_n$.**
- **Le quotient de (u_n) et (v_n) est la suite de terme général $\dfrac{u_n}{v_n}$ (si pour tout élément n de E, on a $v_n \neq 0$).**

Les propriétés concernant les limites de la somme, du produit ou du quotient de deux fonctions numériques à variable réelle, demeurent applicables aux limites de la somme, du produit ou du quotient de deux suites numériques.

Exemples

- Calculer la limite de la suite $(u_n)_{n \in \mathbb{N}^*}$ de terme général : $u_n = e^{-n} + \dfrac{2n-3}{n+1}$.

On a : $\lim\limits_{n \to +\infty} e^{-n} = 0$ et $\lim\limits_{n \to +\infty} \dfrac{2n-3}{n+1} = 2$; donc : $\lim\limits_{n \to +\infty} u_n = 2$.

- Calculer la limite de la suite $(v_n)_{n \in \mathbb{N}^*}$ de terme général : $v_n = (n-1)\left(1 - \cos\dfrac{1}{n}\right)$.

On a : $\lim\limits_{n \to +\infty} (n-1) = +\infty$ et $\lim\limits_{n \to +\infty}\left(1 - \cos\dfrac{1}{n}\right) = 0$; on ne peut donc conclure directement.

On remarque que : $\forall n \in \mathbb{N}^*,\ v_n = \frac{n-1}{n} \times n\left(1 - \cos\frac{1}{n}\right) = \frac{n-1}{n} \times \frac{1 - \cos\frac{1}{n}}{\frac{1}{n}}$.

Or : $\lim_{n \to +\infty} \frac{n-1}{n} = 1$ et $\lim_{n \to +\infty} \left(\frac{1 - \cos\frac{1}{n}}{\frac{1}{n}}\right) = \lim_{x \to 0} \frac{1 - \cos x}{x} = 0$; donc : $\lim_{n \to +\infty} v_n = 0$.

Croissances comparées des suites (a^n), (n^α) et $(\ln n)$

Les résultats concernant les limites des fonctions exponentielles, puissances et logarithme s'appliquent aux suites. On en déduit le tableau suivant.

Suites		Conditions	Limites
Suites géométriques (ou exponentielles)	$(a^n)_{n \in \mathbb{N}^*},\ a \in \mathbb{R}$	$a \leq -1$ $-1 < a < 1$ $a = 1$ $a > 1$	pas de limite 0 1 $+\infty$
Suites puissances	$(n^\alpha)_{n \in \mathbb{N}^*},\ \alpha \in \mathbb{R}$	$\alpha < 0$ $\alpha = 0$ $\alpha > 0$	0 1 $+\infty$
Suite logarithme	$(\ln n)_{n \in \mathbb{N}^*}$		$+\infty$

De même, les propriétés de croissances comparées des fonctions exponentielles, puissances et logarithme s'appliquent aux suites de types (a^n), (n^α) et $(\ln n)$.

Propriétés

(1) Si $\alpha > 0$, alors $\lim_{n \to +\infty} \frac{\ln n}{n^\alpha} = 0$.

(2) Si $a > 1$ et $\alpha > 0$, alors $\lim_{n \to +\infty} \frac{n^\alpha}{a^n} = 0$.

(3) Si $0 < a < 1$ et $\alpha < 0$, alors $\lim_{n \to +\infty} \frac{n^\alpha}{a^n} = +\infty$.

Démonstration

(1) Soit la fonction $f : x \mapsto \frac{\ln x}{x^\alpha}$.

On a : $\lim_{x \to +\infty} f(x) = 0$ (cf. chapitre 12, § 3.2.) ; donc : $\lim_{n \to +\infty} \frac{\ln n}{n^\alpha} = 0$.

(2) et (3) Soit la fonction $g : x \mapsto \frac{x^\alpha}{a^x}$.

On a : $g(x) = e^{\alpha \ln x - x \ln a}$ et $\alpha \ln x - x \ln a = \alpha x \left(\frac{\ln x}{x} - \frac{\ln a}{\alpha}\right)$.

Or : $\lim_{x \to +\infty} \frac{\ln x}{x} = 0$; donc : $\lim_{x \to +\infty} \left(\frac{\ln x}{x} - \frac{\ln a}{\alpha}\right) = -\frac{\ln a}{\alpha}$.

- Si $a > 1$ et $\alpha > 0$, $\lim_{x \to +\infty} (\alpha \ln x - x \ln a) = -\infty$;
  on en déduit que : $\lim_{x \to +\infty} g(x) = 0$ et $\lim_{n \to +\infty} \frac{n^\alpha}{a^n} = 0$.
- Si $0 < a < 1$ et $\alpha < 0$, $\lim_{x \to +\infty} (\alpha \ln x - x \ln a) = +\infty$;
  on en déduit que : $\lim_{x \to +\infty} g(x) = +\infty$ et $\lim_{n \to +\infty} \frac{n^\alpha}{a^n} = +\infty$.

Remarque

Ces résultats signifient que :

- *lorsque $a > 1$ et $\alpha > 0$, la suite (a^n) tend vers $+\infty$ « plus vite » que la suite (n^α) ;*
- *lorsque $\alpha > 0$, la suite (n^α) tend vers $+\infty$ « plus vite » que la suite $(\ln n)$.*

Exemples

- On a : $\lim\limits_{n \to +\infty} \dfrac{\ln n}{n^2} = 0$ et $\lim\limits_{n \to +\infty} \dfrac{\sqrt{n}}{\ln n} = +\infty$.

- Calculer la limite de la suite $(u_n)_{n \in \mathbb{N}}$ de terme général : $u_n = \dfrac{3^n - 2^n}{3^n + 2^n}$.

On a : $\forall\, n \in \mathbb{N},\ u_n = \dfrac{1 - \left(\frac{2}{3}\right)^n}{1 + \left(\frac{2}{3}\right)^n}$.

Or : $\lim\limits_{n \to +\infty} \left(\dfrac{2}{3}\right)^n = 0$; donc : $\lim\limits_{n \to +\infty} u_n = 1$.

- Calculer la limite de la suite $(v_n)_{n \in \mathbb{N}}$ de terme général : $v_n = n^3 - 2^{n+2}$.

On a : $\forall\, n \in \mathbb{N},\ v_n = 2^n\left(\dfrac{n^3}{2^n} - 4\right)$.

Or : $\lim\limits_{n \to +\infty} 2^n = +\infty$ et $\lim\limits_{n \to +\infty} \dfrac{n^3}{2^n} = 0$; donc : $\lim\limits_{n \to +\infty} v_n = -\infty$.

Propriétés de comparaison

Les propriétés de comparaison concernant les fonctions sont applicables aux suites.

Propriétés 1

Soit (u_n) une suite.

- **S'il existe une suite (v_n) telle que $u_n \geq v_n$ à partir d'un certain rang et si $\lim\limits_{n \to +\infty} v_n = +\infty$,**

  alors $\lim\limits_{n \to +\infty} u_n = +\infty$.

- **S'il existe une suite (v_n) telle que $u_n \leq v_n$ à partir d'un certain rang et si $\lim\limits_{n \to +\infty} v_n = -\infty$,**

  alors $\lim\limits_{n \to +\infty} u_n = -\infty$.

L'expression « $u_n \geq v_n$ à partir d'un certain rang » signifie qu'il existe un entier naturel n_0 tel que : $\forall\, n \in \mathbb{N},\ n \geq n_0 \Rightarrow u_n \geq v_n$.

Exemple

Soit $(u_n)_{n \in \mathbb{N}}$ la suite de terme général : $u_n = n^2 + \sin n$.

On a : $\forall\, n \in \mathbb{N},\ u_n \geq n^2 - 1$ et $\lim\limits_{n \to +\infty} (n^2 - 1) = +\infty$; donc : $\lim\limits_{n \to +\infty} u_n = +\infty$.

Propriétés 2

Soit (u_n) une suite et l un nombre réel.

- **S'il existe deux suites (v_n) et (w_n) telles que $v_n \leq u_n \leq w_n$ à partir d'un certain rang**

  et si $\lim\limits_{n \to +\infty} v_n = \lim\limits_{n \to +\infty} w_n = l$, alors $\lim\limits_{n \to +\infty} u_n = l$.

- **S'il existe une suite (v_n) telle que $|u_n - l| \leq v_n$ à partir d'un certain rang et si $\lim\limits_{n \to +\infty} v_n = 0$,**

  alors $\lim\limits_{n \to +\infty} u_n = l$.

La première propriété est souvent appelée « théorème des gendarmes ».
Elle reste valable lorsque l'on remplace l par $+\infty$ ou $-\infty$.

Exemple

Calculer la limite de la suite $(v_n)_{n \in \mathbb{N}^*}$ de terme général : $v_n = \sum_{k=1}^{n} \frac{1}{n^2 + k}$.

Soit k un entier naturel tel que : $1 \leq k \leq n$.

On a : $n^2 + 1 \leq n^2 + k \leq n^2 + n$; donc : $\frac{1}{n^2 + n} \leq \frac{1}{n^2 + k} \leq \frac{1}{n^2 + 1}$.

On en déduit que : $\forall n \in \mathbb{N}^*$, $\sum_{k=1}^{n} \frac{1}{n^2 + n} \leq \sum_{k=1}^{n} \frac{1}{n^2 + k} \leq \sum_{k=1}^{n} \frac{1}{n^2 + 1}$;

c'est-à-dire : $\forall n \in \mathbb{N}^*$, $\frac{n}{n^2 + n} \leq v_n \leq \frac{n}{n^2 + 1}$.

Or : $\lim_{n \to +\infty} \left(\frac{n}{n^2 + 1}\right) = 0$ et $\lim_{n \to +\infty} \left(\frac{n}{n^2 + n}\right) = 0$; donc : $\lim_{n \to +\infty} v_n = 0$.

Propriété 3

Soit (u_n) et (v_n) deux suites convergentes.

Si $u_n \leq v_n$ à partir d'un certain rang, alors $\lim_{n \to +\infty} u_n \leq \lim_{n \to +\infty} v_n$.

Image d'une suite par une fonction

On admet la propriété suivante.

Propriété

Soit f une fonction, D_f son ensemble de définition et (u_n) une suite d'éléments de D_f.

Si $\lim_{n \to +\infty} u_n = a$ et $\lim_{x \to a} f(x) = l$, alors $\lim_{n \to +\infty} f(u_n) = l$.

Exemple

Calculer la limite de la suite $(v_n)_{n \in \mathbb{N}^*}$ de terme général : $v_n = \left(1 + \frac{1}{n}\right)^n$.

Soit n un entier naturel non nul.

On a : $v_n = e^{n\ln(1 + \frac{1}{n})}$.

Posons : $u_n = n\ln\left(1 + \frac{1}{n}\right)$ et $f : x \mapsto e^x$.

On a : $v_n = f(u_n)$;

$$\lim_{n \to +\infty} u_n = \lim_{n \to +\infty} \frac{\ln\left(1 + \frac{1}{n}\right)}{\frac{1}{n}} = \lim_{x \to 0} \frac{\ln(1 + x)}{x} = 1 ;$$

$$\lim_{x \to 1} f(x) = e.$$

Donc : $\lim_{n \to +\infty} v_n = e$.

Remarque

Cette propriété peut être utilisée pour démontrer qu'une fonction n'a pas de limite.

Ainsi, la fonction $f : x \mapsto \cos\frac{1}{x}$ *n'a pas de limite en 0.*

En effet, considérons les suites $(a_n)_{n \in \mathbb{N}^*}$ *et* $(b_n)_{n \in \mathbb{N}^*}$ *de termes généraux :* $a_n = \frac{1}{2\pi n}$ *et* $b_n = \frac{1}{\pi + 2\pi n}$.

Ces deux suites convergent vers 0.

Si la fonction f admettait une limite en 0, on aurait : $\lim_{n \to +\infty} f(a_n) = \lim_{x \to 0} f(x) = \lim_{n \to +\infty} f(b_n)$.

Or : $\lim_{n \to +\infty} f(a_n) = 1$ *et* $\lim_{n \to +\infty} f(b_n) = -1$ *; donc, f n'admet pas de limite en 0.*

2.3. Limite d'une suite monotone

On sait qu'une fonction croissante et majorée (ou décroissante et minorée) sur $[a\ ;+\infty[$ admet une limite finie en $+\infty$. On a des propriétés analogues pour les suites numériques.

Propriétés

- **Toute suite croissante et majorée est convergente.**
- **Toute suite décroissante et minorée est convergente.**

Remarques

- *Ces propriétés restent valables lorsque la suite n'est monotone qu'à partir d'un certain rang.*
- *Elles permettent de démontrer l'existence de la limite d'une suite, sans en préciser la valeur.*

Exemples

- Soit (u_n) la suite définie par : $u_0 = -\dfrac{3}{2}$ et $\forall\, n \in \mathbb{N},\ u_{n+1} = \sqrt{u_n + 2}$.

On démontre par récurrence que la suite (u_n) est croissante et majorée par 2.
On en déduit que cette suite est convergente.

- Soit $(v_n)_{n \in \mathbb{N}^*}$ la suite de terme général : $v_n = \sum\limits_{k=1}^{n} \dfrac{1}{k^2}$.

On a : $\forall\, n \in \mathbb{N}^*,\ v_{n+1} - v_n = \dfrac{1}{(n+1)^2}$; donc, la suite (v_n) est croissante.

De plus : $\forall\, k \in \mathbb{N} \setminus \{0\ ;1\},\ \dfrac{1}{k^2} \leq \dfrac{1}{k^2 - k}$; c'est-à-dire : $\dfrac{1}{k^2} \leq \dfrac{1}{k-1} - \dfrac{1}{k}$.

Donc : $\forall\, n \in \mathbb{N}^*,\ v_n \leq 1 + \left(1 - \dfrac{1}{2}\right) + \left(\dfrac{1}{2} - \dfrac{1}{3}\right) + \ldots + \left(\dfrac{1}{n-1} - \dfrac{1}{n}\right)$.

On en déduit que : $\forall\, n \in \mathbb{N}^*,\ v_n \leq 2 - \dfrac{1}{n} < 2$.

La suite (v_n) est croissante et majorée par 2 ; donc elle est convergente et sa limite l est telle que : $l \leq 2$.

Leibnitz a essayé en vain de calculer la somme $1 + \dfrac{1}{4} + \dfrac{1}{9} + \ldots + \dfrac{1}{k^2} + \ldots$

Bernoulli a démontré la convergence de la suite précédente et son élève Euler a démontré qu'elle converge vers $\dfrac{\pi^2}{6}$.

Remarques

- *Toute suite croissante et non majorée a pour limite* $+\infty$.
- *Toute suite décroissante et non minorée a pour limite* $-\infty$.

Exercices

2.a Dans chacun des cas suivants, préciser la fonction f telle que $u_n = f(n)$, puis déterminer la limite de la suite $(u_n)_{n \in \mathbb{N}}$.

a) $u_n = n - \dfrac{1}{n+1}$ *b)* $u_n = \dfrac{3n^2 - 1}{(2n+1)^2}$

c) $u_n = n(\mathrm{e}^{\frac{1}{n}} - 1)$ *d)* $u_n = \dfrac{\ln(1+n)}{1 + \sqrt{n}}$.

2.b Soit $(u_n)_{n \in \mathbb{N}}$ la suite géométrique de premier terme 2 et de raison $\dfrac{1}{3}$.
Étudier la convergence de la suite (u_n) et de la suite (v_n) de terme général : $v_n = \sum\limits_{p=1}^{n} u_p$.

2.c Dans chacun des cas suivants, déterminer la limite de la suite $(u_n)_{n \in \mathbb{N}}$.

a) $u_n = 5\left(\dfrac{\sqrt{3}}{2}\right)^n$ *b)* $u_n = 7(-0{,}75)^{n+1}$

c) $u_n = 25 + \left(\dfrac{\pi}{3}\right)^{2n}$ *d)* $u_n = 25 - \left(\dfrac{3}{\pi}\right)^n$

e) $u_n = \dfrac{n^2}{2^n}$ *f)* $u_n = \dfrac{n3^n}{4^n}$.

2.d Dans chacun des cas suivants, utiliser les propriétés de comparaison pour étudier la limite de la suite $(u_n)_{n \in \mathbb{N}}$.

a) $u_n = \cos n - n$ *b)* $u_n = n + (-1)^n \cos n$

c) $u_n = \ln n + (-1)^n$ *d)* $u_n = (-1)^n - 3^n$

e) $u_n = \dfrac{\sin n^3}{1+n}$ *f)* $u_n = 1 + \dfrac{\sin n}{\sqrt{n}}$

g) $u_n = \dfrac{n(1-\cos n)}{n^2+1}$ *h)* $u_n = \left(\dfrac{3}{4}\right)^n \sin n.$

2.e **1.** Soit $(u_n)_{n \in \mathbb{N}}$ la suite de terme général :
$u_n = \dfrac{n^2\pi}{(n+1)^2}.$
a) Déterminer la limite de cette suite.
b) En déduire la limite de la suite $(v_n)_{n \in \mathbb{N}}$ de terme général : $v_n = \cos u_n$.
2. Dans chacun des cas suivants, utiliser une méthode analogue pour déterminer la limite de la suite $(v_n)_{n \in \mathbb{N}}$ définie par son terme général.

a) $v_n = \sqrt{\dfrac{n^2+1}{(n+1)^2}}$ *b)* $v_n = \ln \dfrac{1+n}{n^2}$

c) $v_n = \sqrt{\dfrac{1}{n - \ln n}}$ *d)* $v_n = \exp\left(\dfrac{1-n^2}{n}\right)$

2.f Soit $(u_n)_{n \in \mathbb{N}}$ la suite de terme général :
$u_n = \sum\limits_{p=0}^{n} \left(\dfrac{1}{p!}\right).$
1. Démontrer par récurrence que :
$\forall\, n \in \mathbb{N}^*,\ \dfrac{1}{n!} \leq \dfrac{1}{2^{n-1}}.$
2. Démontrer que la suite (u_n) est croissante et majorée par 3.
3. En déduire que cette suite est convergente.

2.g Soit (u_n) la suite définie par :
$u_0 = 1$ et $\forall\, n \in \mathbb{N},\ u_{n+1} = \dfrac{u_n}{u_n^2 + 2}.$
1. Démontrer que : $\forall\, n \in \mathbb{N},\ u_{n+1} < \dfrac{u_n}{2}.$
2. En déduire la limite de la suite (u_n).

3 Compléments sur les suites

3.1. Suites définies par récurrence

Dans ce paragraphe, on se propose d'étudier les suites (u_n) définies par leur premier terme et une relation de récurrence du type $u_{n+1} = f(u_n)$, où f est une fonction.

Introduction

Déterminer la limite de la suite (u_n) définie par : $u_0 = 1$ et $\forall\, n \in \mathbb{N},\ u_{n+1} = u_n\left(2 - \dfrac{u_n}{4}\right).$

Soit la fonction $f : x \mapsto x\left(2 - \dfrac{x}{4}\right)$, $(\mathscr{C})$ sa courbe représentative et (Δ) la droite d'équation $y = x$.

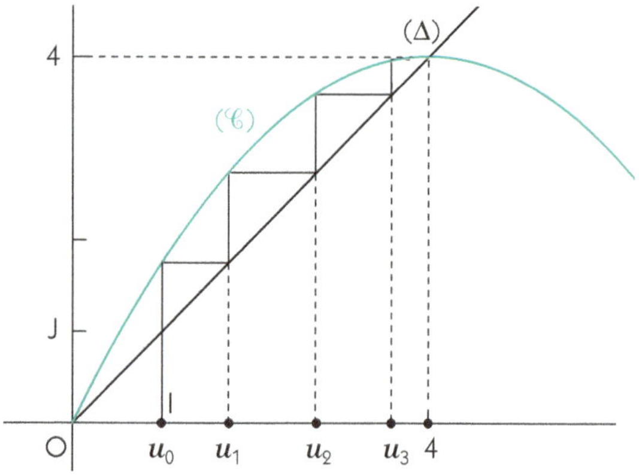

- Construire sur (OI) les quatre premiers termes de la suite (u_n) et conjecturer la limite de cette suite.
- Démontrer par récurrence que (u_n) est croissante et majorée par 4.

En déduire que (u_n) admet une limite l telle que : $l \leq 4$.

- Démontrer que : $l = l\left(2 - \dfrac{l}{4}\right)$.

(On pourra utiliser la relation : $u_{n+1} = u_n\left(2 - \dfrac{u_n}{4}\right)$.)

- En déduire que : $l = 4$.

Plus généralement, on a la propriété suivante.

Propriété

Soit (u_n) une suite dont le terme général vérifie $u_{n+1} = f(u_n)$, où f est une fonction.
Si (u_n) converge vers l et si f est continue en l, alors $f(l) = l$.

Démonstration

On a : $\lim\limits_{n \to +\infty} u_n = \lim\limits_{n \to +\infty} u_{n+1} = l$.

De plus : $\lim\limits_{n \to +\infty} u_{n+1} = \lim\limits_{n \to +\infty} f(u_n) = \lim\limits_{x \to l} f(x)$.

Or : f est continue en l ; donc : $\lim\limits_{x \to l} f(x) = f(l)$.

On en déduit que : $f(l) = l$.

Remarques

- *Toute solution de l'équation $f(x) = x$ est appelée « point fixe » de la fonction f.*
- *L'existence d'un point fixe pour une fonction f ne prouve pas la convergence d'une suite (u_n) dont le terme général vérifie $u_{n+1} = f(u_n)$ (cf. exemple 3 ci-après).*

Exemples d'études de suites définies par récurrence

1. Étudier la limite de la suite (u_n) définie par : $u_0 = 0$ et $\forall\, n \in \mathbb{N},\ u_{n+1} = \frac{1}{2} u_n + 2$.

- Soit la fonction $f : x \mapsto \frac{1}{2}x + 2$, $(\mathscr{D})$ et (Δ) les droites d'équations respectives $y = f(x)$ et $y = x$.

Ces droites se coupent au point d'abscisse 4.
La construction sur (OI) des premiers termes de la suite (u_n) permet de conjecturer que cette suite est croissante et converge vers 4.

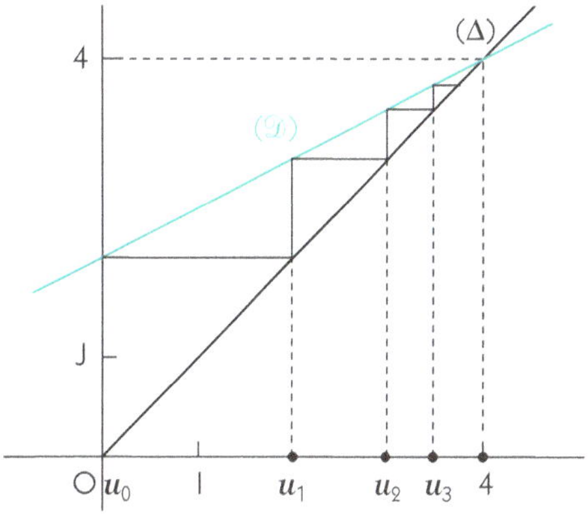

- L'équation $f(x) = x$ a une solution : 4 ; donc, si la suite (u_n) est convergente, elle converge vers 4.
- Démontrons que la suite (u_n) est convergente.

On a : $\forall\, n \in \mathbb{N},\ u_{n+1} - 4 = \frac{1}{2}(u_n - 4)$;

on en déduit que : $\forall\, n \in \mathbb{N},\ u_n - 4 = \frac{1}{2^n}(u_0 - 4)$.

Or : $\lim\limits_{n \to +\infty} \frac{1}{2^n} = 0$; donc, la suite (u_n) converge vers 4.

2. Étudier la limite de la suite (v_n) définie par : $v_0 = \sqrt{2}$ et $\forall\, n \in \mathbb{N},\ v_{n+1} = 2 + \frac{1}{v_n}$.

- Soit la fonction $g : x \mapsto 2 + \frac{1}{x}$, $(\mathscr{C}_g)$ sa courbe représentative et (Δ) la droite d'équation $y = x$.

La construction sur (OI) des premiers termes de la suite (v_n) permet de conjecturer que cette suite est convergente.

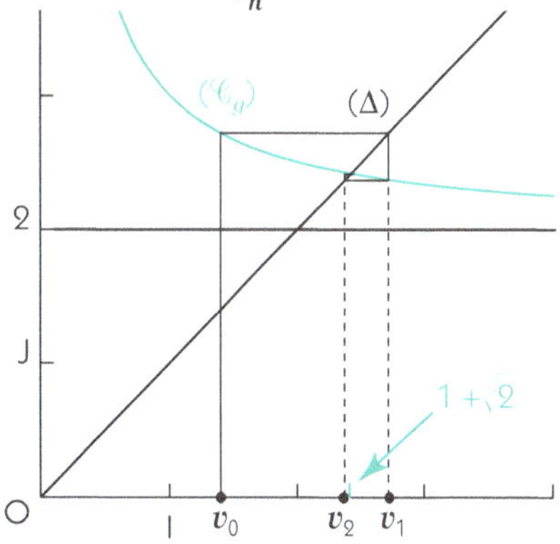

- L'équation $g(x) = x$ a deux solutions : $1 - \sqrt{2}$ et $1 + \sqrt{2}$. Or, la suite (v_n) est positive ; donc, si la suite (v_n) est convergente, elle converge vers $1 + \sqrt{2}$.
- Démontrons que la suite (v_n) est convergente.

– On a : $v_0 \geq \sqrt{2}$

$\forall\, k \in \mathbb{N},\ v_k \geq \sqrt{2} \Rightarrow v_{k+1} \geq \sqrt{2}$.

Donc : $\forall\, n \in \mathbb{N},\ v_n \geq \sqrt{2}$.

– Appliquons l'inégalité des accroissements finis à la fonction g sur l'intervalle $[\sqrt{2}\ ;\ +\infty[$.

On a : $g'(x) = -\frac{1}{x^2}$; donc : $\forall\, x \in [\sqrt{2}\ ;\ +\infty[,\ |g'(x)| \leq \frac{1}{2}$.

On obtient : $\forall\, n \in \mathbb{N},\quad \left|g(v_n) - g(1 + \sqrt{2})\right| \leq \frac{1}{2}\left|v_n - (1 + \sqrt{2})\right|$;

c'est-à-dire : $\forall\, n \in \mathbb{N},\quad \left|v_{n+1} - (1 + \sqrt{2})\right| \leq \frac{1}{2}\left|v_n - (1 + \sqrt{2})\right|$.

On en déduit que : $\forall\, n \in \mathbb{N},\quad \left|v_n - (1 + \sqrt{2})\right| \leq \left(\frac{1}{2}\right)^n \left|v_0 - (1 + \sqrt{2})\right|$;

c'est-à-dire : $\forall\, n \in \mathbb{N},\quad \left|v_n - (1 + \sqrt{2})\right| \leq \left(\frac{1}{2}\right)^n$.

Donc, la suite (v_n) converge vers $1 + \sqrt{2}$.

3. Étudier la limite de la suite (w_n) définie par : $w_0 = 1$ et $\forall\, n \in \mathbb{N},\ w_{n+1} = e^{w_n} - 1$.

• Soit la fonction $h : x \mapsto e^x - 1$, $(\mathscr{C}_h)$ sa courbe représentative et (Δ) la droite d'équation $y = x$.
La construction sur (OI) des premiers termes de (w_n) permet de conjecturer que cette suite a pour limite $+\infty$.

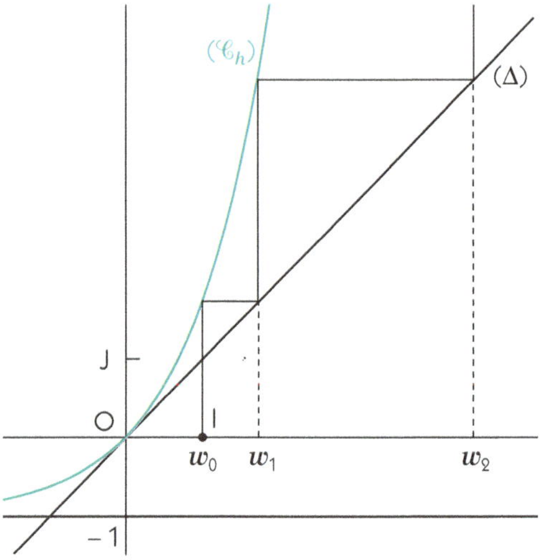

• On a : $h(0) = 0$ et $\forall\, x \in \mathbb{R}^*,\ h(x) > x$. Donc, (w_n) est croissante et 0 est l'unique point fixe de h.
On en déduit que si la suite (w_n) est convergente, elle converge vers 0.

• Démontrons que la suite (w_n) n'est pas convergente et a pour limite $+\infty$.
– La suite (w_n) n'est pas convergente ; en effet, si elle l'était sa limite serait 0, ce qui est impossible car tous ses termes sont supérieurs à w_0.
– La suite (w_n) est croissante ; donc elle n'admet pas de majorant, sinon elle serait convergente.

La suite (w_n) est croissante et non majorée ; elle a donc pour limite $+\infty$.

M

Pour étudier la limite d'une suite (u_n) dont le terme général vérifie $u_{n+1} = f(u_n)$, on peut utiliser le procédé suivant :
- utiliser le graphique pour conjecturer le résultat ;
- résoudre l'équation $f(x) = x$;
- démontrer le résultat conjecturé.

3.2. Travaux dirigés

On a vu en classe de première, ainsi que dans le chapitre 9 (§ 3.4.), la détermination d'une valeur approchée des solutions d'une équation par balayage ou par dichotomie.

Nous donnons ici deux méthodes utilisant les suites numériques pour la résolution d'un tel problème.

1. Méthode du point fixe

On considère l'équation : $\ln(x + 3) = x$.

1°) Démontrer que cette équation admet dans $\mathbb{R}_+$ une solution unique α comprise entre 1 et 2.

2°) On désigne par f la fonction $x \mapsto \ln(x + 3)$ et par K l'intervalle [1 ; 2].

***a)* Démontrer que : $f(K) \subset K$.**

***b)* Démontrer que : $\forall\, x \in K,\ |f'(x)| \leq \frac{1}{4}$.**

3°) Soit (u_n) la suite définie par : $u_0 = 1$ et $\forall\, n \in \mathbb{N},\ u_{n+1} = \ln(u_n + 3)$.

***a)* En utilisant l'inégalité des accroissements finis, démontrer par récurrence que :**

$$\forall\, n \in \mathbb{N},\ |u_n - \alpha| \leq \frac{1}{4^n}\,|u_0 - \alpha|.$$

En déduire que : $\lim\limits_{n \to +\infty} u_n = \alpha$.

***b)* Déterminer une valeur approchée à 10^{-3} près de α.**

Solution

1°) Soit la fonction $h : x \mapsto x - \ln(x + 3)$.
Cette fonction est dérivable sur $]-3\,;+\infty[$ et on a : $h'(x) = \dfrac{x+2}{x+3}$.
On en déduit que la restriction de h à $\mathbb{R}_+$ est une bijection croissante de $\mathbb{R}_+$ sur $[-\ln 3\,;+\infty[$.
Donc, l'équation $x - \ln(x + 3) = 0$ admet une solution unique α dans $\mathbb{R}_+$.
De plus, on a : $h(1) \approx -0{,}386$ et $h(2) \approx 0{,}390$; donc : $1 < \alpha < 2$.

2°) Soit $(\mathscr{C})$ la courbe représentative de la fonction f.

a) f est une bijection croissante de $]-3 ; +\infty[$ sur $\mathbb{R}$.
On a : $f(1) \approx -1{,}38$ et $f(2) \approx 1{,}61$; donc : $f(K) \subset K$.

b) f est deux fois dérivable sur $]-3 ; +\infty[$;
on a : $f'(x) = \dfrac{1}{x+3}$ et $f''(x) = -\dfrac{1}{(x+3)^2}$.
Donc, f' est décroissante sur K.
On a : $f'(1) = \dfrac{1}{4}$ et $f'(2) = \dfrac{1}{5}$.
Donc : $\forall x \in K,\ \dfrac{1}{5} \leq f'(x) \leq \dfrac{1}{4}$;
on en déduit que : $\forall x \in K,\ |f'(x)| \leq \dfrac{1}{4}$.

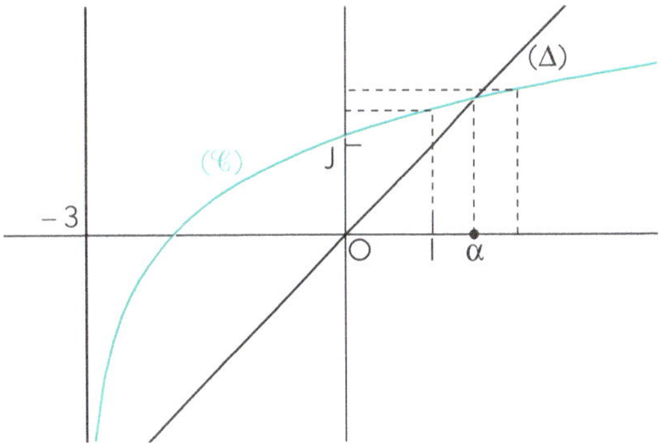

3°) *a)* On a : $u_0 \in K$ et $f(K) \subset K$; donc si $u_k \in K$, alors $u_{k+1} \in K$.
On en déduit par récurrence que : $\forall n \in \mathbb{N},\ u_n \in K$.
En appliquant l'inégalité des accroissements finis à f sur K, on a : $|u_1 - \alpha| \leq \dfrac{1}{4}|u_0 - \alpha|$
et, plus généralement, $\forall n \in \mathbb{N},\ |u_{n+1} - \alpha| \leq \dfrac{1}{4}|u_n - \alpha|$.
On en déduit, par récurrence, que : $\forall n \in \mathbb{N},\ |u_n - \alpha| \leq \dfrac{1}{4^n}|u_0 - \alpha|$.
Or : $\lim\limits_{n \to +\infty} \dfrac{1}{4^n} = 0$; donc : $\lim\limits_{n \to +\infty} u_n = \alpha$.

b) On a : $|u_0 - \alpha| \leq 1$.
Pour que $|u_n - \alpha| \leq 10^{-3}$, il suffit que $\dfrac{1}{4^n} \leq 10^{-3}$; c'est-à-dire : $n \geq 5$.
Une calculatrice donne : $u_5 \approx 1{,}505$.

Remarque

Cette méthode est utilisable lorsque l'équation peut se mettre sous la forme $f(x) = x$ et si la solution cherchée appartient à un intervalle fermé K tel que : $\forall x \in K,\ |f'(x)| \leq k$ ($k \in [0 ; 1[$).

2. Méthode de Newton

On considère l'équation (E) : $\frac{1}{3}x^3 - x - 1 = 0$.

1°) Étudier la fonction $f : x \mapsto \frac{1}{3}x^3 - x - 1$ et tracer sa courbe représentative $(\mathscr{C})$.
En déduire que (E) admet une unique solution, notée α, appartenant à l'intervalle $[2 ; 3]$.

2°) On considère la fonction g qui à tout élément x de $[2 ; 3]$, associe l'abscisse du point d'intersection avec (OI) de la tangente à $(\mathscr{C})$ au point d'abscisse x.
***a)* Démontrer que : $\forall x \in [2 ; 3],\ g(x) = x - \dfrac{f(x)}{f'(x)}$.**
En déduire que les équations $f(x) = 0$ et $g(x) = x$ sont équivalentes sur $[2 ; 3]$.
***b)* On désigne par K l'intervalle $[\alpha ; 3]$.**
Calculer $g'(x)$ et démontrer que : $\forall x \in K,\ \alpha \leq g(x) \leq x$.

3°) Soit (u_n) la suite définie par : $u_0 = 3$ et $\forall n \in \mathbb{N},\ u_{n+1} = g(u_n)$.
***a)* Démontrer que cette suite converge vers α.**
***b)* Déterminer, à l'aide d'une calculatrice, une valeur approchée de u_1, u_2, u_3, u_4, u_5, u_6 et u_7.**
En déduire une valeur approchée de α, en conjecturant son incertitude.

Solution

1°) La fonction f est définie et dérivable sur $\mathbb{R}$ et on a : $f'(x) = x^2 - 1$.
On obtient le tableau de variation ci-contre et la courbe $(\mathscr{C})$ ci-dessous.
On en déduit que l'équation (E) admet une solution unique α telle que : $\alpha \in]1 ; +\infty[$.
De plus, on a : $f(2) = -\dfrac{1}{3}$ et $f(5) = 5$.
Donc : $\alpha \in [2 ; 3]$.

x	$-\infty$		-1		1		$+\infty$
$f'(x)$		$+$	0	$-$	0	$+$	
$f(x)$	$-\infty$	↗	$-\frac{1}{3}$	↘	$-\frac{5}{3}$	↗	$+\infty$

2°) *a)* Soit $x_0 \in [2\ ;\ 3]$; on a : $f'(x_0) \neq 0$.

Une équation de la tangente à $(\mathscr{C})$ au point d'abscisse x_0 est : $y - f(x_0) = f'(x_0)(x - x_0)$.

Cette droite coupe (OI) au point d'abscisse $x_0 - \dfrac{f(x_0)}{f'(x_0)}$.

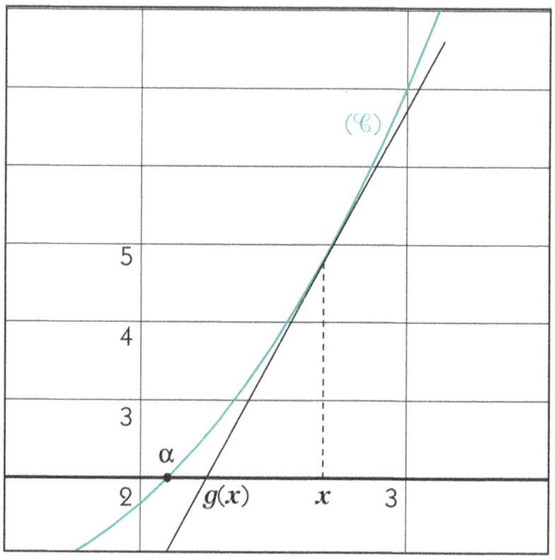

Donc : $\forall x \in [2\ ;\ 3],\ g(x) = x - \dfrac{f(x)}{f'(x)}$.

On en déduit que :

$$\forall x \in [2\ ;\ 3],\ g(x) = x \iff \frac{f(x)}{f'(x)} = 0 \iff f(x) = 0.$$

b) On a : $\forall x \in \mathrm{K},\ g'(x) = \dfrac{f''(x) \times f(x)}{[f'(x)]^2}$;

de plus : $f'(x) = x^2 - 1$ et $f''(x) = 2x$.

Donc f, f' et f'' sont strictement positives sur K.

On en déduit que g est croissante sur K.

On a : $g(\alpha) = \alpha$,

$\forall x \in \mathrm{K},\ \alpha \leq x \Rightarrow g(\alpha) \leq g(x)$;

donc : $\forall x \in \mathrm{K},\ \alpha \leq g(x)$.

De plus : $\forall x \in \mathrm{K},\ g(x) - x = -\dfrac{f(x)}{f'(x)}$; donc : $\forall x \in \mathrm{K},\ g(x) - x \leq 0$.

On en déduit que : $\forall x \in \mathrm{K},\ \alpha \leq g(x) \leq x$.

3°) *a)* D'après ce qui précède, la suite (u_n) est décroissante et minorée ; donc, elle est convergente.

De plus, α est l'unique point fixe de la fonction g. Donc, la suite converge vers α.

b) On obtient le tableau ci-contre.

On remarque qu'à partir de u_5, les termes de la suite ont leurs neuf premières décimales identiques.

On conjecture que u_5 est une valeur approchée à 10^{-9} près de α.

n	u_n
1	2,375
2	2,140 011 223 …
3	2,104 582 738 …
4	2,103 803 775 …
5	2,103 803 403 …
6	2,103 803 403 …
7	2,103 803 403 …

Remarques

- *La méthode de Newton est également appelée « méthode des tangentes ».*
- *La puissance de cette méthode vient du choix de la fonction g. En effet, cette fonction est telle que $g'(\alpha) = 0$; donc, le majorant de g' sur l'intervalle K est proche de 0 et une bonne approximation de α est rapidement obtenue.*

Exercices

3.a Soit a un nombre réel et (u_n) la suite définie par : $u_0 = a$ et $\forall n \in \mathbb{N},\ u_{n+1} = u_n - u_n^2$.

1. Conjecturer graphiquement la limite de cette suite, suivant les valeurs de a.

2. On suppose que : $a = \frac{1}{2}$.

a) Démontrer que la suite (u_n) est décroissante et minorée par 0.

b) En déduire que cette suite est convergente et déterminer sa limite.

3.b Soit a un nombre réel tel que $0 \leq a \leq 1$ et (u_n) la suite définie par :

$u_0 = a$ et $\forall n \in \mathbb{N},\ u_{n+1} = \sqrt{\dfrac{1+u_n}{2}}$.

1. Conjecturer graphiquement la limite de cette suite.

2. On pose : $u_0 = \cos\alpha$ ($\alpha \in [0\ ;\ \frac{\pi}{2}]$).

a) Démontrer que : $\forall n \in \mathbb{N},\ u_n = \cos\left(\frac{\alpha}{2^n}\right)$.

b) En déduire la limite de la suite (u_n).

3.c Soit (u_n) la suite définie par :

$u_0 = 0$ et $\forall n \in \mathbb{N},\ u_{n+1} = \ln(\mathrm{e}^{u_n} + 1)$.

1. Conjecturer graphiquement la limite de cette suite.

2. Soit $(v_n)_{n \in \mathbb{N}}$ la suite de terme général : $v_n = \mathrm{e}^{u_n}$.

a) Démontrer que (v_n) est une suite arithmétique de raison 1.

b) En déduire la limite de la suite (u_n).

Exercices

APPRENTISSAGE

Étude globale d'une suite

1 Dans chacun des cas suivants, démontrer que la suite $(u_n)_{n \in \mathbb{N}^*}$ est bornée.

a) $u_n = \sqrt{n^2+1} - n$ *b)* $u_n = \dfrac{\sqrt{n}}{\sqrt{n} + \sqrt{n+1}}$

c) $u_n = \dfrac{(-1)^n n + \cos n}{n+1}$ *d)* $u_n = \dfrac{n}{e^n}$.

2 Dans chacun des cas suivants, démontrer que la suite $(u_n)_{n \in \mathbb{N}^*}$ est bornée.

a) $u_n = \dfrac{3n + \sin n}{n^2}$ *b)* $u_n = \dfrac{\ln n}{n}$

c) $u_n = \ln(n^2+1) - 2\ln n$ *d)* $u_n = \dfrac{2^n+1}{4^n-1}$.

3 Dans chacun des cas suivants, représenter graphiquement la suite (u_n), conjecturer si cette suite est majorée, minorée, bornée et démontrer la conjecture.

a) $\begin{cases} u_0 = \dfrac{1}{2} \\ \forall n \in \mathbb{N},\ u_{n+1} = 2u_n + 1 \end{cases}$

b) $\begin{cases} u_0 = 1 \\ \forall n \in \mathbb{N},\ u_{n+1} = -2u_n + 1. \end{cases}$

4 Soit $(u_n)_{n \in \mathbb{N}^*}$ la suite de terme général :

$$u_n = \sum_{p=1}^{n} \frac{1}{p^2}.$$

1. Démontrer que pour tout entier naturel p supérieur ou égal à 2, on a : $\dfrac{1}{p^2} \leq \dfrac{1}{p-1} - \dfrac{1}{p}$.

2. Démontrer que : $\forall n \in \mathbb{N}^*$, $u_n \leq 2 - \dfrac{1}{n}$.
En déduire que la suite (u_n) est bornée.

5 Soit (u_n) la suite définie, pour $n \geq 2$, par :

$$u_n = \frac{1}{2^2} + \frac{1}{3^3} + \ldots + \frac{1}{n^n}.$$

1. Démontrer que pour tout entier naturel p supérieur ou égal à 2, on a : $\dfrac{1}{p^p} \leq \dfrac{1}{2^p}$.

2. Calculer, en fonction de n, la somme : $\displaystyle\sum_{p=2}^{n} \frac{1}{2^p}$.
En déduire que la suite (u_n) est bornée.

6 Dans chacun des cas suivants, déterminer le sens de variation de la suite (u_n).

a) $u_n = \sqrt[n]{n}$ $(n \in \mathbb{N}^*)$ *b)* $u_n = \dfrac{n!}{n^n}$ $(n \in \mathbb{N}^*)$

c) $u_n = n^2 - 2^n$ $(n \in \mathbb{N})$ *d)* $u_n = \dfrac{4^n}{3^n+1}$ $(n \in \mathbb{N})$.

7 Soit (u_n) la suite définie par :

$u_0 = a$ et $\forall n \in \mathbb{N}$, $u_{n+1} = 2u_n - 3$.

Démontrer par récurrence que :
a) si $a = 3$, alors (u_n) est constante ;
b) si $a > 3$, alors (u_n) est croissante ;
c) si $a < 3$, alors (u_n) est décroissante.

8 Soit (u_n) la suite définie par :

$u_0 = 5$ et $\forall n \in \mathbb{N}$, $u_{n+1} = u_n + n^2 - 4n$.

Démontrer que (u_n) est croissante à partir du rang 4.

9 Dans chacun des cas suivants, conjecturer à l'aide d'une représentation graphique le sens de variation de la suite (u_n).

a) $u_0 = 2$ et $\forall n \in \mathbb{N}$, $u_{n+1} = 1 + \ln u_n$;
b) $u_0 = -3$ et $\forall n \in \mathbb{N}$, $u_{n+1} = e^{u_n - 1}$;
c) $u_0 = 3$ et $\forall n \in \mathbb{N}$, $u_{n+1} = \dfrac{u_n - 1}{u_n}$.

10 Soit $(u_n)_{n \in \mathbb{N}^*}$ la suite de terme général :

$$u_n = \frac{1}{n - (-1)^n}.$$

1. *a)* Calculer u_1, u_2 et u_3.
b) Calculer u_{2p}, u_{2p+1} et u_{2p+2}.
En déduire que la suite (u_n) n'est ni croissante ni décroissante.
2. Démontrer que les suites $(u_{2p})_{p \in \mathbb{N}^*}$ et $(u_{2p-1})_{p \in \mathbb{N}^*}$ sont décroissantes.

11 Soit $(u_n)_{n \in \mathbb{N}}$ et $(v_n)_{n \in \mathbb{N}}$ les suites définies par :

$$u_n = \frac{2^n - 4n + 3}{2} \quad \text{et} \quad v_n = \frac{2^n + 4n - 3}{2}.$$

1. Calculer $u_n + v_n$ et $u_n - v_n$ en fonction de n.
2. En déduire l'expression de chacune des sommes $\displaystyle\sum_{p=0}^{n} u_p$ et $\displaystyle\sum_{p=0}^{n} v_p$ en fonction de n.

12 Soit (u_n) la suite définie par :

$u_1 = 2$ et $\forall n \in \mathbb{N}^*$, $u_{n+1} = 2u_n - \dfrac{1}{3}$.

1. Déterminer le nombre réel a pour que la suite $(v_n)_{n \in \mathbb{N}^*}$, de terme général $v_n = u_n - a$, soit une suite géométrique.
2. Exprimer v_n en fonction de n et calculer $\displaystyle\sum_{p=1}^{n} v_p$.
3. Exprimer u_n en fonction de n et calculer $\displaystyle\sum_{p=1}^{n} u_p$.

Limites de suites

13 Dans chacun des cas suivants, déterminer la limite de la suite $(u_n)_{n \in \mathbb{N}^*}$.

a) $u_n = n \tan \dfrac{1}{n}$ *b)* $u_n = 2^n \sin \dfrac{\pi}{2^n}$

c) $u_n = n^2\left(1 - \cos \dfrac{1}{n}\right)$ *d)* $u_n = n\left(1 - \cos \dfrac{1}{n}\right)$.

14 Dans chacun des cas suivants, déterminer la limite de la suite $(u_n)_{n \in \mathbb{N}^*}$.

a) $u_n = \dfrac{4n-1}{3n+2}$ *b)* $u_n = n - \sqrt{n+1}$

c) $u_n = \left(1 - \dfrac{1}{4}\right) \times \left(1 - \dfrac{1}{9}\right) \times \ldots \times \left(1 - \dfrac{1}{n^2}\right)$.

15 Dans chacun des cas suivants, conjecturer à l'aide d'un graphique, puis d'une calculatrice, l'existence de la limite de la suite (u_n).

a) $\forall n \in \mathbb{N}$, $u_n = n \sin\left(n\dfrac{\pi}{2}\right)$;

b) $u_0 = 2$ et $\forall\, n \in \mathbb{N},\ u_{n+1} = 5 - \dfrac{4}{u_n}$

c) $u_0 = 1$ et $\forall\, n \in \mathbb{N},\ u_{n+1} = u_n + \dfrac{1}{u_n}$

d) $u_0 \in \mathbb{R}\backslash\{\frac{1}{2}\}$ et $\forall\, n \in \mathbb{N},\ u_{n+1} = \dfrac{u_n + 1}{2u_n - 1}$.

16 Dans chacun des cas suivants, déterminer la limite de la suite $(u_n)_{n \in \mathbb{N}^*}$.

a) $u_n = \dfrac{\sqrt{n} - 1}{\sqrt{n} + 1}$ *b)* $u_n = \dfrac{\sqrt{4n^2 + 1} - n}{\sqrt{4n^2 + 1} + n}$

c) $u_n = \dfrac{1 - n}{1 + \ln n}$ *d)* $u_n = e^{\ln n - n}$.

17 Déterminer la limite des suites $(u_n)_{n \in \mathbb{N}^*}$ et $(v_n)_{n \in \mathbb{N}^*}$ définies par : $u_n = \sqrt{n^2 + 1} - n$ et $v_n = nu_n$.

18 Dans chacun des cas suivants, déterminer la limite de la suite $(u_n)_{n \in \mathbb{N}^*}$.

a) $u_n = \dfrac{1}{2^n} + \dfrac{1}{3^n}$ *b)* $u_n = 4^n - 2^n$

c) $u_n = -\left(\dfrac{5}{4}\right)^n + \left(\dfrac{4}{5}\right)^n$ *d)* $u_n = \dfrac{2^n + 3^n}{2^n - 3^n}$

e) $u_n = \dfrac{5^n - 2^n}{5^n - 3^n}$ *f)* $u_n = \dfrac{2^n}{n^2 + 2^n}$

g) $u_n = 2^n - n^3$ *h)* $u_n = \dfrac{2^n n^5}{3^n}$.

19 Dans chacun des cas suivants, utiliser les propriétés de comparaison pour déterminer la limite de la suite $(u_n)_{n \in \mathbb{N}^*}$.

a) $u_n = \dfrac{n - \sin n}{n + \cos n}$ *b)* $u_n = \dfrac{n\cos(1 + \frac{1}{n})}{n^2 + 1}$

c) $u_n = \dfrac{\sqrt{n}}{\sqrt{n - (-1)^n}}$ *d)* $u_n = \dfrac{\cos n + (-1)^n \ln n}{n}$.

20 Soit $(u_n)_{n \in \mathbb{N}^*}$ la suite de terme général :

$$u_n = \frac{n}{n^2 + 1} + \frac{n}{n^2 + 2} + \ldots + \frac{n}{n^2 + n}.$$

1. Démontrer que : $\forall\, n \in \mathbb{N}^*,\ \dfrac{n^2}{n^2 + n} \leq u_n \leq \dfrac{n^2}{n^2 + 1}$.

2. En déduire que la suite (u_n) est convergente et déterminer sa limite.

21 Soit $(u_n)_{n \in \mathbb{N}^*}$ la suite de terme général :

$$u_n = \frac{1}{\sqrt{n + 1}} + \frac{1}{\sqrt{n + 2}} + \ldots + \frac{1}{\sqrt{2n}}.$$

1. Démontrer que : $\forall\, n \in \mathbb{N}^*,\ u_n \geq \sqrt{\dfrac{n}{2}}$.

2. En déduire que la suite (u_n) est divergente.

22 Dans chacun des cas suivants, étudier la limite de la suite $(u_n)_{n \in \mathbb{N}^*}$.

a) $u_n = \sin\left(\dfrac{2^n\pi}{2 + 2^{n+1}}\right)$ *b)* $u_n = 10^{n - \sqrt{n^2 + 1}}$

c) $u_n = 2^{\sqrt{n} - n}$ *d)* $u_n = (1 + n)^{\frac{1}{n}}$

e) $u_n = (1 + n^2)^{-n}$ *f)* $u_n = (1 + \sqrt{n})^{\frac{1}{n}}$.

23 Soit (u_n) la suite définie par :

$$u_0 = 0 \text{ et } \forall\, n \in \mathbb{N},\ u_{n+1} = \frac{1}{2}u_n + 4.$$

1. Représenter graphiquement cette suite et conjecturer sa limite.

2. *a)* Calculer l'abscisse a du point d'intersection des droites d'équations $y = x$ et $y = \dfrac{1}{2}x + 4$.

b) Démontrer que : $\forall\, n \in \mathbb{N},\ u_n - a = \dfrac{1}{2^n}(u_0 - a)$.

En déduire le résultat conjecturé à la question **1.**

3. Utiliser une méthode analogue pour déterminer la limite éventuelle de la suite (u_n) dans chacun des cas suivants.

a) $u_0 = 0$ et $\forall\, n \in \mathbb{N},\ u_{n+1} = -\dfrac{1}{2}u_n + 4$.

b) $u_0 = 0$ et $\forall\, n \in \mathbb{N},\ u_{n+1} = -2u_n + 4$.

c) $u_0 = 0$ et $\forall\, n \in \mathbb{N},\ u_{n+1} = 2u_n + 4$.

Suites monotones convergentes

24 Soit (u_n) la suite définie par :

$$u_0 = 1 \text{ et } \forall\, n \in \mathbb{N},\ u_{n+1} = \frac{3u_n + 4}{u_n + 3}.$$

1. Donner une représentation graphique sur (OI) des 3 premiers termes de la suite (u_n) et conjecturer la limite de cette suite.

2. *a)* Démontrer que : $\forall\, n \in \mathbb{N},\ 0 \leq u_n \leq 2$.

b) Étudier le sens de variation de la suite (u_n).

3. En déduire que cette suite est convergente et déterminer sa limite.

25 Soit (u_n) la suite définie par :

$$u_0 = a \text{ et } \forall\, n \in \mathbb{N},\ u_{n+1} = \frac{4u_n - 1}{u_n + 2}.$$

1. Déterminer a pour que la suite (u_n) soit constante.

2. Démontrer que si $a > 1$, la suite (u_n) est convergente et déterminer sa limite.

26 Soit (u_n) la suite définie par :

$$u_0 = -1 \text{ et } \forall\, n \in \mathbb{N},\ u_{n+1} = \sqrt{2u_n + 3}.$$

1. Tracer la courbe représentative de la fonction $x \mapsto \sqrt{2x + 3}$. En déduire une représentation graphique sur (OI) des 4 premiers termes de la suite (u_n) et conjecturer la limite de cette suite.

2. *a)* Démontrer par récurrence que :

- $\forall\, n \in \mathbb{N},\ -1 \leq u_n \leq 3$;
- la suite (u_n) est croissante.

b) En déduire que cette suite est convergente et déterminer sa limite.

27 Soit (u_n) la suite définie par :

$$u_0 = 4 \text{ et } \forall\, n \in \mathbb{N},\ u_{n+1} = \ln(1 + u_n).$$

1. Tracer la courbe représentative de la fonction $x \mapsto \ln(1 + x)$. En déduire une représentation graphique des 4 premiers termes de la suite (u_n).

2. Démontrer que la suite (u_n) est décroissante et minorée.

3. En déduire que cette suite est convergente et démontrer qu'elle converge vers 0.

APPROFONDISSEMENT

28 Trois frères se partagent un terrain rectangulaire de 14 hectares de superficie, de la façon suivante :
- le 1er en prend la moitié ;
- le 2e prend la moitié de ce qui reste ;
- le 3e prend la moitié de ce qui reste, et le partage continue ainsi.

Le terrain sera-t-il totalement partagé si on continue indéfiniment cette méthode ?
Si oui, quelle sera la part de chaque frère ?

29 Utilisation d'une suite auxiliaire
Soit (u_n) la suite définie par :
$$u_0 = 2 \text{ et } \forall\, n \in \mathbb{N},\ u_{n+1} = 3u_n - n^2 + n.$$
1. Déterminer un polynôme du second degré P tel que la suite de terme général $a_n = \mathrm{P}(n)$ vérifie la relation de récurrence précédente.
2. Démontrer que la suite de terme général $v_n = u_n - a_n$ est une suite géométrique.
3. Exprimer v_n, puis u_n en fonction de n.
4. Étudier la convergence des suites (v_n) et (u_n).

30 Soit (u_n) la suite définie par :
$$u_1 = 1 \text{ et } \forall\, n \in \mathbb{N}^*\backslash\{1\},\ u_n = u_{n-1} + \frac{1}{n^n}.$$
1. Démontrer que la suite (u_n) est croissante.
2. On désigne par (v_n) la suite définie par :
$$v_1 = 1 \text{ et } \forall\, n \in \mathbb{N}^*\backslash\{1\},\ v_n = v_{n-1} + \frac{1}{2^n}.$$
Démontrer que : $\forall\, n \in \mathbb{N}^*\backslash\{1\},\ 0 \leq u_n \leq v_n$.
En déduire que la suite (u_n) est majorée.
3. Démontrer que (u_n) est convergente et déterminer sa limite.

31 **1.** Démontrer que :
$$\forall\, x \in]0\,;+\infty[,\ x - \frac{x^2}{2} < \ln(1+x) < x.$$
2. En déduire la limite de la suite $(u_n)_{n \in \mathbb{N}^*}$ de terme général : $u_n = \left(1 + \frac{1}{n^2}\right)\left(1 + \frac{2}{n^2}\right)\ldots\left(1 + \frac{k}{n^2}\right)\ldots\left(1 + \frac{n-1}{n^2}\right)$.

32 Suites extraites et convergence
Soit (u_n) la suite définie par :
$$u_0 = 1 \text{ et } \forall\, n \in \mathbb{N},\ u_{n+1} = 2 + \frac{1}{u_n}.$$
1. Donner une représentation graphique sur (OI) des 3 premiers termes de la suite (u_n) et conjecturer la limite éventuelle de cette suite.
2. *a)* Démontrer que la suite $(u_{2p})_{p \in \mathbb{N}}$ est croissante et majorée par $1 + \sqrt{2}$.
b) Démontrer que la suite $(u_{2p+1})_{p \in \mathbb{N}}$ est décroissante et minorée par $1 + \sqrt{2}$.
3. Démontrer que les suites (u_{2p}) et (u_{2p+1}) sont convergentes et ont la même limite.
Nous admettons que cette limite commune est la limite de la suite (u_n).

33 Soit (u_n) la suite définie par :
$$u_0 = 0 \text{ et } \forall\, n \in \mathbb{N},\ u_{n+1} = \cos u_n.$$
On désigne par f la fonction cosinus.
1. *a)* Donner une représentation graphique des 4 premiers termes de la suite (u_n).
Que peut-on conjecturer ?
b) Démontrer que l'équation $\cos x = x$ admet une solution unique dans l'intervalle $\mathrm{K} = [\frac{1}{2}\,;1]$.
On désigne par α cette solution.
c) Démontrer que $f(\mathrm{K}) \subset \mathrm{K}$ et que pour tout élément x de K, on a : $f'(x) \leq 0{,}9$.
2. *a)* Démontrer que :
$\forall\, n \in \mathbb{N}^*,\ u_n \in \mathrm{K}$ et $|u_{n+1} - \alpha| \leq 0{,}9\,|u_n - \alpha|$.
b) En déduire que : $\forall\, n \in \mathbb{N}^*,\ |u_n - \alpha| \leq \frac{1}{2}(0{,}9)^{n-1}$.
c) Démontrer que la suite (u_n) est convergente.
Déterminer, à l'aide d'une calculatrice, une valeur approchée à 10^{-3} près de sa limite.

34 Approximation de $\sqrt{2}$ par les suites
A - Soit (p_n) et (q_n) les suites définies par :
$$\begin{cases} p_0 = q_0 = 1 \\ \forall\, n \in \mathbb{N},\ p_{n+1} = p_n + 2q_n. \\ \forall\, n \in \mathbb{N},\ q_{n+1} = p_n + q_n \end{cases}$$
1. Compléter le tableau suivant :

n	1	2	3	4	5	6	7	8	9
p_n									
q_n									

2. *a)* Démontrer que : $\forall\, n \in \mathbb{N},\ p_n^2 - 2q_n^2 = (-1)^{n+1}$.
b) Conjecturer les limites des suites (p_n) et (q_n) ; en déduire que : $\lim\limits_{n \to +\infty} \frac{p_n}{q_n} = \sqrt{2}$.
3. Soit $(u_n)_{n \in \mathbb{N}}$ la suite de terme général : $u_n = \frac{p_n}{q_n}$.
a) Exprimer u_{n+1} en fonction de u_n et donner une définition par récurrence de la suite (u_n).
b) Représenter graphiquement les premiers termes de la suite (u_n), puis démontrer que cette suite converge vers $\sqrt{2}$.
B - Soit (a_n) et (b_n) les suites définies par :
$$\begin{cases} a_0 = b_0 = 1 \\ \forall\, n \in \mathbb{N},\ a_{n+1} = a_n^2 + 2b_n^2 \\ \forall\, n \in \mathbb{N},\ b_{n+1} = 2a_nb_n \end{cases}$$
et la suite $(v_n)_{n \in \mathbb{N}}$ de terme général : $v_n = \frac{a_n}{b_n}$.
Donner une définition par récurrence de la suite (v_n), puis démontrer que cette suite converge également vers $\sqrt{2}$.

35 Série harmonique alternée
Soit $(u_n)_{n \in \mathbb{N}^*}$ la suite de terme général :
$$u_n = 1 - \frac{1}{2} + \frac{1}{3} - \frac{1}{4} + \ldots + (-1)^{n+1}\frac{1}{n}.$$
On se propose d'étudier la convergence de cette suite appelée série harmonique alternée.
On désigne par $(v_p)_{p \in \mathbb{N}^*}$ et $(w_p)_{p \in \mathbb{N}^*}$ les suites de termes généraux : $v_p = u_{2p}$ et $w_p = u_{2p+1}$.
1. Démontrer que : $\forall\, p \in \mathbb{N}^*,\ v_p < w_p$.
2. *a)* Démontrer que les suites (v_p) et (w_p) sont respectivement croissante et décroissante.
b) En déduire que (v_p) et (w_p) sont convergentes.
3. *a)* Démontrer que la suite de terme général $w_p - v_p$ converge vers 0.
b) En déduire que la suite (u_n) a une limite dont on donnera une valeur approchée à 10^{-2} près.
On démontre que cette limite est ln2.

36 Suites de Fibonacci
Léonard de Pise (1170 env. - 1250 env.), plus connu sous le nom de Fibonacci, pose dans le Liber abaci le célèbre problème suivant :

« Combien de couples de lapins obtiendrons-nous à la fin d'une année si, commençant avec un couple, chacun des couples produit chaque mois un nouveau couple, lequel devient productif au second mois de son existence ? ».

1. Soit F_n le nombre de couples de lapins au n-ième mois.

a) Compléter le tableau suivant :

n	0	1	2	3	4	5	6	7	8	9	10	11	12
F_n	1												

b) Exprimer F_{n+2} en fonction de F_{n+1} et F_n.

La suite F_n est appelée suite de Fibonacci.

2. On désigne respectivement par α et β les solutions positive et négative de l'équation : $x^2 - x - 1 = 0$.

Soit (u_n) la suite définie par :

$$u_1 = 1,\ u_2 = 1 \text{ et } \forall\, n \in \mathbb{N}^*,\ u_{n+2} = u_{n+1} + u_n.$$

a) Démontrer que : $\forall\, n \in \mathbb{N}^*,\ u_n = \dfrac{1}{\sqrt{5}}(\alpha^n - \beta^n)$.

b) En déduire la limite de la suite (u_n).

37 On considère un damier de format $2 \times n$ ($n \in \mathbb{N}^*$). On désigne par d_n le nombre de façons différentes dont on peut le recouvrir avec des dominos de format 2×1.

1. Calculer d_1, d_2, d_3.

2. Démontrer que (d_n) est une suite de Fibonacci et calculer (d_{20}).

38 De combien de façons peut-on vider un tonneau de 20 litres avec deux récipients de capacités respectives 1 litre et 2 litres ?

39 Soit f une fonction continue sur $]a\,;\,b[$ et telle que : $f(]a\,;\,b[) \subset\,]a\,;\,b[$.

On considère une suite $(u_n)_{n \in \mathbb{N}}$ définie par son premier terme et la formule de récurrence : $u_{n+1} = f(u_n)$.

1. Démontrer que si f est une fonction croissante, alors la suite (u_n) est monotone et convergente.

2. Démontrer que si f est une fonction décroissante, alors les suites extraites $(u_{2p})_{p \in \mathbb{N}}$ et $(u_{2p+1})_{p \in \mathbb{N}}$ sont des suites monotones et convergentes.

3. Utiliser les résultats précédents pour étudier la limite de la suite (u_n) dans chacun des cas suivants.

a) $u_0 > 0$ et $\forall\, n \in \mathbb{N},\ u_{n+1} = \dfrac{3u_n + 1}{u_n + 1}$;

b) $u_0 = 3$ et $\forall\, n \in \mathbb{N},\ u_{n+1} = \dfrac{2}{u_n^2 + 1}$;

c) $u_0 = \dfrac{1}{2}$ et $\forall\, n \in \mathbb{N},\ u_{n+1} = (1 - u_n)^2$.

40 **1.** Soit f une fonction continue de $[0\,;\,1]$ dans $[0\,;\,1]$.

a) Démontrer qu'il existe au moins un nombre réel α tel que : $f(\alpha) = \alpha$.

b) On suppose que f est dérivable sur $[0\,;\,1]$ et qu'il existe un nombre réel k élément de $[0\,;\,1[$ tel que :

$$\forall\, x \in [0\,;\,1],\ |f'(x)| \le k.$$

Démontrer que α est unique.

2. Soit (u_n) la suite définie par :

$$u_0 \in [0\,;\,1] \quad \text{et} \quad \forall\, n \in \mathbb{N},\ u_{n+1} = f(u_n),$$

où f est une fonction vérifiant les conditions précédentes.

a) Démontrer que : $\forall\, n \in \mathbb{N},\ |u_{n+1} - \alpha| \le k\,|u_n - \alpha|$.

b) En déduire que la suite (u_n) est convergente.

3. *Application*

Étudier la limite de la suite (u_n) définie par :

$$u_0 = 0 \quad \text{et} \quad \forall\, n \in \mathbb{N},\ u_{n+1} = \sqrt{u_n + 1}.$$

41 Soit f la fonction de $[0\,;\,+\infty[$ vers $\mathbb{R}$ définie par :

$$\begin{cases} f(0) = 0 \\ f(x) = |x \ln x|, \text{ si } x > 0. \end{cases}$$

1. *a)* Étudier f et tracer sa courbe représentative $(\mathscr{C})$.

b) Démontrer qu'il existe un nombre réel α unique, élément de $]1\,;\,\mathrm{e}[$, tel que : $f(\alpha) = \dfrac{1}{\mathrm{e}}$.

Placer le point correspondant sur $(\mathscr{C})$.

Donner, à l'aide d'une calculatrice, une valeur approchée à 10^{-2} près de α.

2. Soit (u_n) la suite définie par :

$$u_0 \in \mathbb{R}_+^* \setminus \{1\} \quad \text{et} \quad \forall\, n \in \mathbb{N},\ u_{n+1} = f(u_n).$$

a) Déterminer u_0 pour que cette suite soit constante.

b) On choisit $u_0 \in\,]0\,;\,\dfrac{1}{\mathrm{e}}[$. Démontrer que :

- $\forall\, n \in \mathbb{N},\ 0 < u_n < \dfrac{1}{\mathrm{e}}$;
- la suite (u_n) est strictement croissante ;
- la suite (u_n) converge vers $\dfrac{1}{\mathrm{e}}$.

c) Étudier la convergence de la suite (u_n) dans chacun des cas suivants :

- $u_0 \in\,]\dfrac{1}{\mathrm{e}}\,;\,1[$;
- $u_0 \in\,]1\,;\,\alpha[$;
- $u_0 = \alpha$.

d) On choisit : $u_0 > \mathrm{e}$. Démontrer que :

- la suite (u_n) est strictement croissante ;
- $\forall\, x \in\,]\mathrm{e}\,;\,+\infty[,\ f'(x) \ge 2$;
- $\forall\, n \in \mathbb{N},\ u_{n+1} - u_n \ge 2(u_n - u_{n-1})$;
- $\forall\, n \in \mathbb{N},\ u_{n+1} - u_n \ge 2^n(u_1 - u_0)$.

En déduire la limite de la suite (u_n).

Bac Amérique du Nord 1987

42 Suites adjacentes

Soit (u_n) et (v_n) deux suites définies dans $\mathbb{N}$ par :

$$\begin{cases} 0 < u_0 < v_0 \\ \forall\, n \in \mathbb{N},\ u_{n+1} = \sqrt{u_n v_n} \\ \forall\, n \in \mathbb{N},\ v_{n+1} = \dfrac{u_n + v_n}{2}. \end{cases}$$

1. Démontrer par récurrence que les suites (u_n) et (v_n) sont strictement positives.

2. *a)* Calculer $v_{n+1}^2 - u_{n+1}^2$ et en déduire que :

$$\forall\, n \in \mathbb{N},\ u_n \le v_n.$$

b) Démontrer que la suite (u_n) est croissante et que (v_n) est décroissante.

c) Démontrer par récurrence que :

$$\forall\, n \in \mathbb{N},\ 0 \le v_n - u_n \le \left(\frac{1}{2}\right)^n (v_0 - u_0).$$

En déduire que : $\lim\limits_{n \to +\infty} u_n = \lim\limits_{n \to +\infty} v_n$.

On dit que (u_n) et (v_n) sont des suites adjacentes.

3. Déterminer un encadrement à 10^{-5} près de la limite commune des suites (u_n) et (v_n), lorsque $u_0 = 1$ et $v_0 = 7$.

Cette limite est appelée moyenne arithmético-géométrique des nombres u_0 et v_0.

14

Intégration

Introduction

Les mathématiciens Grecs calculaient les aires par des méthodes géométriques consistant à remplacer la région considérée par un carré de même aire (problème de la quadrature).

Au XVIIe siècle, KÉPLER (1571-1630) obtient des formules pour calculer le volume de tonneaux à l'aide de décompositions de régions en domaines élémentaires. Enfin, LEIBNITZ (1646-1716) et NEWTON (1643-1727) construisent, de façon indépendante et presque simultannée, une méthode pour la détermination des aires et des volumes par le « calcul intégral ».

L'objet de ce chapitre est de définir l'intégrale d'une fonction continue et de mettre en place des techniques permettant les calculs d'aires et de volumes, ainsi que des longueurs d'arcs, de moments d'inertie et autres applications à la Physique.

SOMMAIRE

Dans ce chapitre, les fonctions étudiées sont des fonctions numériques à variable réelle, le plan est muni du repère orthogonal (O, I, J) et l'unité d'aire est l'aire du rectangle de dimensions OI et OJ.

1 Intégrale d'une fonction continue

1.1. Notion d'intégrale

Introduction

On considère la fonction $x \mapsto \frac{1}{x}$ de $]0\,;+\infty[$ vers $\mathbb{R}$ et $(\mathscr{C})$ sa courbe représentative.

Soit $\mathscr{A}$ la fonction de $[1\,;+\infty[$ vers $\mathbb{R}$ qui à t associe l'aire du domaine délimité par la courbe $(\mathscr{C})$, l'axe (OI) et les droites d'équations $x = 1$ et $x = t$.

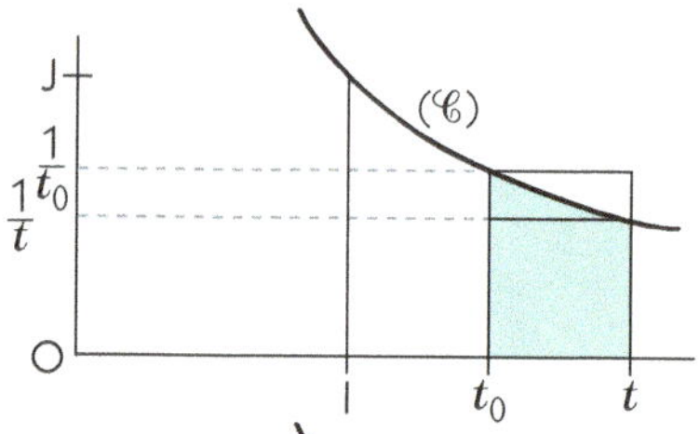

On a : $\mathscr{A}(1) = 0$.

Étudions la dérivabilité de la fonction $\mathscr{A}$.

Soit t_0 un élément de $[1\,;+\infty[$.

- Justifier que :

$\forall\, t \in\,]t_0\,;+\infty[,\ \frac{1}{t}(t - t_0) \leq \mathscr{A}(t) - \mathscr{A}(t_0) \leq \frac{1}{t_0}(t - t_0)$.

- En déduire que la fonction $\mathscr{A}$ est dérivable à droite en t_0 et que son nombre dérivé à droite est $\frac{1}{t_0}$.

Soit t_0 un élément de $]1\,;+\infty[$.

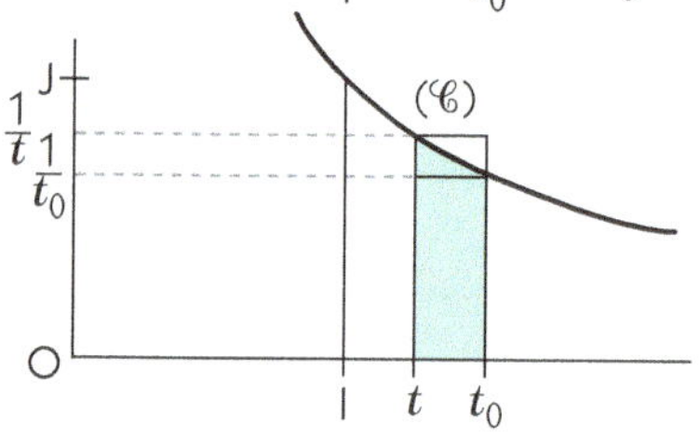

- Justifier que :

$\forall\, t \in [1\,;t_0[,\ \frac{1}{t_0}(t_0 - t) \leq \mathscr{A}(t_0) - \mathscr{A}(t) \leq \frac{1}{t}(t_0 - t)$.

- En déduire que la fonction $\mathscr{A}$ est dérivable à gauche en t_0 et que son nombre dérivé à gauche est $\frac{1}{t_0}$.
- Démontrer que la fonction $\mathscr{A}$ est la primitive sur $[1\,;+\infty[$ de la fonction $x \mapsto \frac{1}{x}$, qui s'annule en 1, et que : $\forall\, t \in [1\,;+\infty[,\ \mathscr{A}(t) = \ln t$.

Définition et conséquences

Soit f une fonction continue sur un intervalle K, F et G deux primitives de f sur K, a et b deux éléments de K. On sait qu'il existe un nombre réel c tel que : $\forall\, t \in \mathrm{K},\ \mathrm{G}(t) = \mathrm{F}(t) + c$.

On a : $\mathrm{G}(b) - \mathrm{G}(a) = \mathrm{F}(b) + c - \mathrm{F}(a) - c = \mathrm{F}(b) - \mathrm{F}(a)$.

Le nombre réel $\mathrm{F}(b) - \mathrm{F}(a)$ est donc indépendant de la primitive de f choisie.

Définition

Soit f une fonction continue sur un intervalle K, a et b deux éléments de K.

On appelle intégrale de a à b de f le nombre réel $\mathrm{F}(b) - \mathrm{F}(a)$, où F est une primitive de f sur K.

On note : $\mathrm{F}(b) - \mathrm{F}(a) = \int_a^b f(t)\,\mathrm{d}t = [\mathrm{F}(t)]_a^b$.

Vocabulaire

- $\int_a^b f(t)\mathrm{d}t$ se lit « somme (ou intégrale) de a à b de $f(t)$ dt ».
- $[\mathrm{F}(t)]_a^b$ se lit « F(t) pris entre a et b ».
- a et b sont les bornes de l'intégrale $\int_a^b f(t)\mathrm{d}t$.
- Dans l'écriture $\int_a^b f(t)\mathrm{d}t$, on peut remplacer t par toute autre lettre (sauf a et b) et écrire $\int_a^b f(x)\mathrm{d}x$ ou $\int_a^b f(s)\mathrm{d}s$; t est appelée variable muette.

Exemples

- $\int_0^1 t^2\, dt = \left[\frac{t^3}{3}\right]_0^1 = \frac{1}{3}$.
- Soit c un nombre réel. On a : $\int_a^b c\, dt = [c\,t]_a^b = c(b-a)$.
- $\int_0^{\frac{\pi}{4}} \cos x\, dx = [\sin x]_0^{\frac{\pi}{4}} = \frac{\sqrt{2}}{2}$.

Les propriétés suivantes sont des conséquences immédiates de la définition.

Propriétés 1

Soit f une fonction continue sur un intervalle K, a et b deux éléments de K. On a :

- $\int_a^a f(t)\, dt = 0$;
- $\int_a^b f(t)\, dt = -\int_b^a f(t)\, dt$.

Propriété 2

Soit f une fonction continue sur un intervalle K et a un élément de K.

La fonction $x \mapsto \int_a^x f(t)\, dt$, de K vers $\mathbb{R}$, est la primitive de f sur K qui s'annule en a.

Exemple

La fonction logarithme népérien est la fonction $x \mapsto \int_1^x \frac{dt}{t}$ $(x > 0)$.

Interprétation graphique de l'intégrale

La propriété suivante, que nou admettons, généralise le résultat établi en introduction.

Propriété

Soit f une fonction continue et positive sur un intervalle K, $(\mathscr{C})$ sa courbe représentative, a et b deux éléments de K ($a < b$).

$\int_a^b f(t)\, dt$ est l'aire (en unités d'aire) du domaine D délimité par $(\mathscr{C})$, (OI) et les droites d'équations $x = a$ et $x = b$.

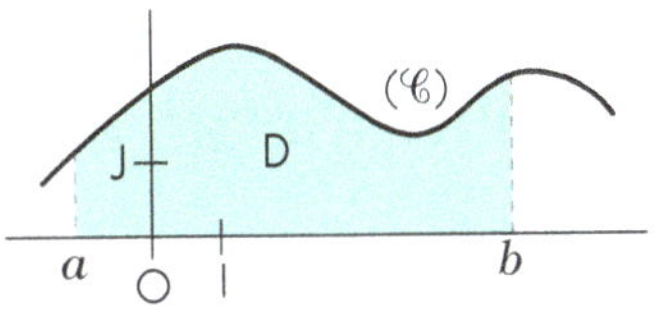

Remarques

- *L'aire de D (en unités d'aire) peut être notée $\mathscr{A}(D)$.*
- *Le domaine précédent est aussi l'ensemble des points $M\binom{x}{y}$ tels que : $\begin{cases} a \leq x \leq b \\ 0 \leq y \leq f(x) \end{cases}$.*
- *Si la fonction f est continue et négative sur $[a\,;\,b]$, la symétrie orthogonale d'axe (OI) transforme la courbe $(\mathscr{C})$ en la courbe $(\mathscr{C}')$ représentative de $(-f)$.*
Le domaine D est transformé en un domaine D' de même aire.
On a : $\mathscr{A}(D) = \mathscr{A}(D') = \int_a^b (-f)(t)\, dt$.

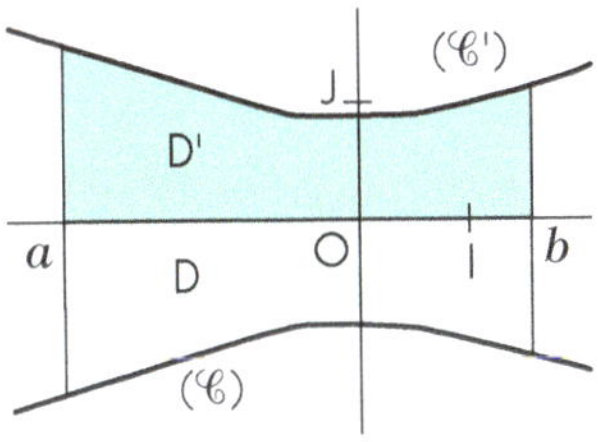

Exemples

- L'unité graphique est 2 cm sur chaque axe.

Calculer l'aire, en cm², de l'ensemble D des points $M\binom{x}{y}$ tels que : $-\frac{\pi}{2} \leq x \leq \frac{\pi}{2}$ et $0 \leq y \leq \cos x$.

La fonction cosinus est continue et positive sur $[-\frac{\pi}{2} ; \frac{\pi}{2}]$.

On a : $\int_{-\frac{\pi}{2}}^{\frac{\pi}{2}} \cos t \, dt = [\sin t]_{-\frac{\pi}{2}}^{\frac{\pi}{2}} = 2$.

L'unité d'aire est égale à 4 cm^2 ; donc l'aire de D est égale à 8 cm^2.

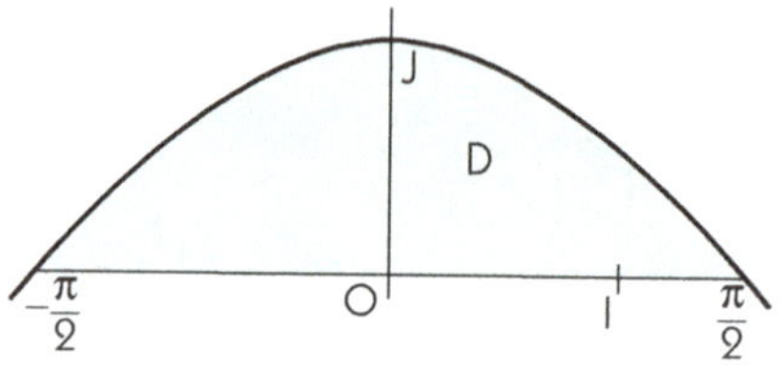

• La courbe ci-contre est la représentation graphique de la fonction $x \mapsto x^2 - 1$. Calculer l'aire du domaine colorié.

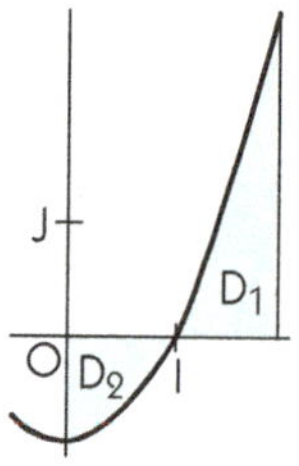

On a : $\mathscr{A}(D_1) = \int_1^2 (t^2 - 1) \, dt = \left[\frac{t^3}{3} - t\right]_1^2 = \frac{4}{3}$;

$\mathscr{A}(D_2) = \int_0^1 -(t^2 - 1) \, dt = \left[-\frac{t^3}{3} + t\right]_0^1 = \frac{2}{3}$.

On en déduit que l'aire du domaine colorié est égale à 2 unités d'aire.

Interprétation cinématique de l'intégrale

Un mobile se déplace sur un axe à la vitesse $v(t)$, t étant la variable temps.

Si l'on suppose que v est positive entre les instants t_1 et t_2, alors la distance parcourue par le mobile entre ces deux instants est : $\int_{t_1}^{t_2} v(t) \, dt$.

Exemple

Un corps est lâché, avec une vitesse initiale nulle à l'instant $t_0 = 0$, d'une hauteur de 1 000 m et est soumis à l'accélération de la pesanteur $g = 9{,}8$ m.s^{-2}.

• Quelle distance d a-t-il parcouru après 5 secondes de chute ?

On a : $v(t) = g\,t$; donc la distance (en mètres) parcourue après 5 secondes de chute est :

$d = \int_0^5 gt \, dt = \left[\frac{1}{2} gt^2\right]_0^5 = 122{,}5$.

• À quel instant T (en secondes) touche-t-il le sol ?

On a : $\int_0^T gt \, dt = 1\,000 \quad \Leftrightarrow \quad \frac{1}{2} g\, T^2 = 1\,000$. Donc : $T \approx 14{,}3$.

1.2. Propriétés algébriques

Relation de Chasles

Propriété 1

Soit f une fonction continue sur un intervalle K, a, b et c trois éléments de K.

On a : $\int_a^b f(t) \, dt + \int_b^c f(t) \, dt = \int_a^c f(t) \, dt$.

Démonstration

Soit F une primitive de f sur K.

On a : $\int_a^b f(t) \, dt + \int_b^c f(t) \, dt = [F(b) - F(a)] + [F(c) - F(b)] = F(c) - F(a)$;

donc : $\int_a^b f(t) \, dt + \int_b^c f(t) \, dt = \int_a^c f(t) \, dt$.

Interprétation graphique

Supposons que f soit positive sur $[a ; c]$ et $a \leq b \leq c$.

Désignons par D le domaine délimité par $(\mathscr{C})$, (OI) et les droites d'équations $x = a$ et $x = c$.

La relation de Chasles signifie que : $\mathscr{A}(D) = \mathscr{A}(D_1) + \mathscr{A}(D_2)$.

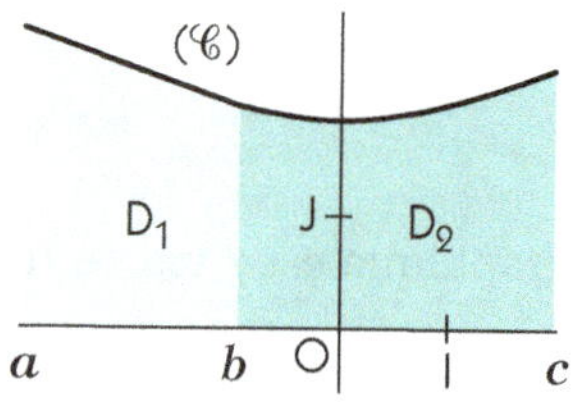

Exemple

$\int_{-\frac{\pi}{2}}^{\frac{\pi}{2}} |\sin t|\, dt = \int_{-\frac{\pi}{2}}^{0} -\sin t\, dt + \int_{0}^{\frac{\pi}{2}} \sin t\, dt = [\cos t]_{-\frac{\pi}{2}}^{0} + [-\cos t]_{0}^{\frac{\pi}{2}} = 2.$

linéarité de l'intégrale

Les propriétés suivantes sont déduites des propriétés des primitives.

Propriétés

Soit f et g deux fonctions continues sur un intervalle K, α un nombre réel, a et b deux éléments de K.

On a : • $\int_a^b \alpha f(t)\, dt = \alpha \int_a^b f(t)\, dt$;

• $\int_a^b (f+g)(t)\, dt = \int_a^b f(t)\, dt + \int_a^b g(t)\, dt.$

Remarque

En particulier on a : $\int_a^b [-f(t)]\, dt = -\int_a^b f(t)\, dt.$

Exemple

$\int_0^{\frac{\pi}{4}} \cos^2 t\, dt = \int_0^{\frac{\pi}{4}} \frac{1+\cos 2t}{2}\, dt = \frac{1}{2}\int_0^{\frac{\pi}{4}} dt + \frac{1}{2}\int_0^{\frac{\pi}{4}} \cos 2t\, dt = \frac{1}{2}[t]_0^{\frac{\pi}{4}} + \frac{1}{2}\left[\frac{1}{2}\sin 2t\right]_0^{\frac{\pi}{4}} = \frac{\pi+2}{8}.$

1.3. Propriétés de comparaison

Signe de l'intégrale

Propriété 1

Soit f une fonction continue sur un intervalle K, a et b deux éléments de K ($a \le b$).

Si f est positive sur $[a\,;\,b]$, alors $\int_a^b f(t)\, dt \ge 0$.

Démonstration

Soit F une primitive de f sur K.

Si f est positive sur $[a\,;\,b]$, alors F est croissante sur $[a\,;\,b]$ et on a : $F(b) - F(a) \ge 0$;

donc : $\int_a^b f(t)dt \ge 0$.

Propriété 2

Soit f et g deux fonctions continues sur un intervalle K, a et b deux éléments de K ($a \le b$).

Si $f \le g$ sur $[a\,;\,b]$, alors $\int_a^b f(t)\, dt \le \int_a^b g(t)\, dt$.

Démonstration

Si $f \le g$ sur $[a\,;\,b]$, alors la fonction $(g-f)$ est positive sur $[a\,;\,b]$ et on a : $\int_a^b (g-f)(t)\, dt \ge 0$;
d'où l'on déduit le résultat.

Exemple

Démontrer que : $\forall x \in [1\,;+\infty[$, $\ln x \le x - 1$.

Soit x un élément de $[1\,;+\infty[$.

On a : $\forall t \in [1\,;x]$, $\frac{1}{t} \le 1$; donc : $\int_1^x \frac{dt}{t} \le \int_1^x dt$.

On en déduit que : $\forall x \in [1\,;+\infty[$, $\ln x \le x - 1$.

Remarque

Soit f une fonction continue sur un intervalle K, a et b deux éléments de K (a ≤ b).
On a : – |f| ≤ f ≤ |f| sur [a ; b] ; on en déduit que : $\left|\int_a^b f(t)\,\mathrm{d}t\right| \leq \int_a^b |f(t)|\,\mathrm{d}t$.

Inégalité de la moyenne

Propriété 1

Soit f une fonction continue sur un intervalle K, a et b deux éléments de K ($a \leq b$).
Si m et M sont deux nombres réels tels que pout tout t élément de $[a\,;b]$, $m \leq f(t) \leq \mathrm{M}$,
alors $m(b-a) \leq \int_a^b f(t)\,\mathrm{d}t \leq \mathrm{M}(b-a)$.

Cette propriété est appelée inégalité de la moyenne.

Démonstration

On a : $\forall\, t \in [a\,;b]$, $m \leq f(t) \leq \mathrm{M}$; donc : $\int_a^b m\,\mathrm{d}t \leq \int_a^b f(t)\,\mathrm{d}t \leq \int_a^b \mathrm{M}\,\mathrm{d}t$.
On en déduit que : $m(b-a) \leq \int_a^b f(t)\,\mathrm{d}t \leq \mathrm{M}(b-a)$.

Remarques

- *L'inégalité de la moyenne appliquée à f sur l'intervalle [a ; b] n'est autre que l'inégalité des accroissements finis appliquée à une primitive F de f sur le même intervalle.*
- *f étant continue sur [a ; b], f est bornée sur [a ; b]. Les nombres réels m et M existent donc toujours.*

Interprétation graphique

Lorsque m est positif, cette propriété signifie que l'aire du domaine colorié ci-contre est comprise entre les aires des rectangles de même base $b-a$ et de hauteurs respectives m et M.

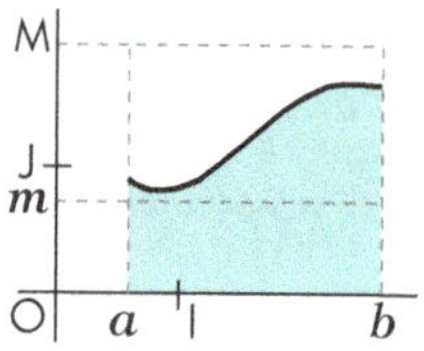

Exemple

Démontrer que : $\frac{1}{8} \leq \int_2^4 \frac{\mathrm{d}t}{t^2} \leq \frac{1}{2}$.

La fonction $x \mapsto \frac{1}{x^2}$ est décroissante sur [2 ; 4] ; on a donc : $\forall\, t \in [2\,;4]$, $\frac{1}{16} \leq \frac{1}{t^2} \leq \frac{1}{4}$.

On en déduit que : $\frac{4-2}{16} \leq \int_2^4 \frac{\mathrm{d}t}{t^2} \leq \frac{4-2}{4}$; c'est-à-dire : $\frac{1}{8} \leq \int_2^4 \frac{\mathrm{d}t}{t^2} \leq \frac{1}{2}$.

Propriété 2

Soit f une fonction continue sur un intervalle K, a et b deux éléments de K.

Si M est un nombre réel tel que pout tout t élément de K, $|f(t)| \leq \mathrm{M}$, alors $\left|\int_a^b f(t)\,\mathrm{d}t\right| \leq \mathrm{M}|b-a|$.

Cette propriété est une autre formulation de l'inégalité de la moyenne ; elle se déduit de la précédente en remplaçant m par – M.

Valeur moyenne d'une fonction

Définition

Soit f une fonction continue sur un intervalle $[a\,;b]$ ($a \neq b$).
On appelle valeur moyenne de f sur $[a\,;b]$ le nombre réel μ tel que : $\mu = \frac{1}{b-a}\int_a^b f(t)\,\mathrm{d}t$.

Remarque

Soit f une fonction continue sur $[a\ ;\ b]$ et μ sa valeur moyenne sur $[a\ ;\ b]$.
L'image par f de $[a\ ;\ b]$ est un intervalle $[m\ ;\ M]$.

On a : $m(b-a) \leq \int_a^b f(t)\,\mathrm{d}t \leq M(b-a)$ *; donc :* $m \leq \mu \leq M$.

Le nombre μ admet donc au moins un antécédent c par f sur $[a\ ;\ b]$.

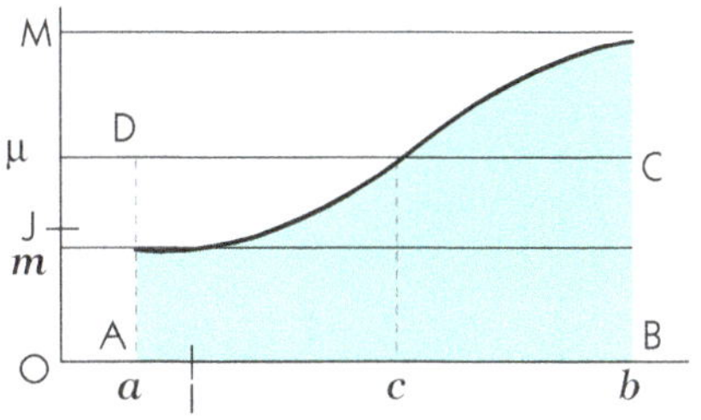

Interprétation graphique

Lorsque f est positive, μ est la hauteur du rectangle ABCD, de base $b - a$, dont l'aire est égale à celle de la surface coloriée.

Exemple

Calculer la valeur moyenne de la fonction $x \mapsto 1 - x^2$ sur l'intervalle $[-1\ ;\ 1]$.

On a : $\mu = \frac{1}{2}\int_{-1}^{1}(1-t^2)\,\mathrm{d}t = \frac{1}{2}\left[t - \frac{t^3}{3}\right]_{-1}^{1} = \frac{2}{3}$.

Interprétation cinématique

Si un mobile se déplace sur un axe à la vitesse $v(t)$, sa vitesse moyenne entre deux instants t_1 et t_2 est $v_m = \frac{d}{t_2 - t_1}$, d étant la distance parcourue entre ces deux instants.

Lorsque v est positive entre t_1 et t_2, on a : $d = \int_{t_1}^{t_2} v(t)\,\mathrm{d}t$; donc : $v_m = \frac{1}{t_2 - t_1}\int_{t_1}^{t_2} v(t)\,\mathrm{d}t$.

La vitesse moyenne est donc la valeur moyenne de la vitesse.

Exercices

1.a Calculer les intégrales suivantes.

a) $\int_{-1}^{2} 2t\,\mathrm{d}t$ *b)* $\int_{2}^{0} t^2\,\mathrm{d}t$

c) $\int_{1}^{2} \frac{\mathrm{d}x}{x^2}$ *d)* $\int_{\frac{1}{2}}^{4} \frac{1}{\sqrt{x}}\,\mathrm{d}x$

e) $\int_{0}^{\pi} \sin t\,\mathrm{d}t$ *f)* $\int_{-1}^{2} \mathrm{e}^t\,\mathrm{d}t$

g) $\int_{2}^{0} \frac{\mathrm{d}t}{\sqrt{t+2}}$ *h)* $\int_{2}^{3} \sqrt{2x+1}\,\mathrm{d}x$.

1.b L'unité graphique est égale à 2 cm sur (OI) et à 1 cm sur (OJ).
Dans chacun des cas suivants, représenter graphiquement la fonction f sur $[a\ ;\ b]$ puis calculer l'aire, en cm², du domaine délimité par la courbe ainsi obtenue, la droite (OI) et les droites d'équations $x = a$ et $x = b$.

a) $f(x) = x^2 + 1$, $a = -1$ et $b = 3$

b) $f(x) = \frac{-6}{(x+1)^2}$, $a = 1$ et $b = 2$

c) $f(x) = -\frac{1}{x}$, $a = 1$ et $b = \mathrm{e}$

d) $f(x) = \mathrm{e}^x + 1$, $a = -3$ et $b = 1$.

1.c Calculer les intégrales suivantes.

a) $\int_{-2}^{3} |x-1|\,\mathrm{d}x$ *b)* $\int_{-4}^{5} |x^2-9|\,\mathrm{d}x$

c) $\int_{0}^{\pi} |\cos 2x|\,\mathrm{d}x$ *d)* $\int_{0}^{\frac{\pi}{2}} |\sin x - \cos x|\,\mathrm{d}x$.

1.d Soit $A = \int_0^{\pi} \cos^2 x\,\mathrm{d}x$ et $B = \int_0^{\pi} \sin^2 x\,\mathrm{d}x$.

1. Utiliser les propriétés de linéarité de l'intégrale pour calculer A + B et A – B.

2. En déduire les valeurs de A et B.

1.e **1.** Démontrer que : $\forall x \in \left[\frac{\pi}{4}\ ;\ \frac{\pi}{2}\right],\ 1 \leq \frac{1}{\sin x} \leq \sqrt{2}$.

2. En déduire que : $\frac{\pi}{4} \leq \int_{\frac{\pi}{4}}^{\frac{\pi}{2}} \frac{\mathrm{d}x}{\sin x} \leq \frac{\pi\sqrt{2}}{4}$.

1.f Dans chacun des cas suivants, calculer la valeur moyenne de la fonction f sur l'intervalle K.

a) $f(x) = x^2 + 1$, $K = [0\ ;\ 10]$

b) $f(x) = \frac{1}{\sqrt{x+1}}$, $K = [8\ ;\ 15]$

c) $f(x) = \frac{1}{x+2}$, $K = [\mathrm{e}-2\ ;\ \mathrm{e}^2-2]$

d) $f(x) = \cos 2x$, $K = [0\ ;\ \pi]$.

2 Techniques de calcul intégral

Le calcul de l'intégrale d'une fonction continue f entre a et b se réduit généralement à la recherche d'une primitive F de f sur $[a\ ;\ b]$ et au calcul de $F(b) - F(a)$. Dans certains cas, ce calcul utilise des transformations d'écritures.

2.1. Techniques de base

Utilisation des primitives usuelles

Le tableau suivant reprend quelques résultats concernant les primitives, vus dans les chapitres précédents. Dans ce tableau, u désigne une fonction dérivable sur un intervalle K, v une fonction dérivable sur un intervalle contenant $u(K)$ et α un nombre réel différent de -1.

Fonction	$\frac{u'}{u}$	$u'\,e^u$	$u'u^{\alpha}$	$u' \times v' \circ u$
Primitive	$\ln\lvert u\rvert$	e^u	$\frac{1}{\alpha+1}\,u^{\alpha+1}$	$v \circ u$
Commentaires	$u \neq 0$ sur K		$u > 0$ sur K	

Exemples

- $\int_0^1 (t^3 + 2t + 1)\,dt = \left[\frac{t^4}{4} + t^2 + t\right]_0^1 = \frac{9}{4}$.
- $\int_0^{\frac{1}{2}} \frac{2t}{t^2-1}\,dt = \left[\ln\lvert t^2 - 1\rvert\right]_0^{\frac{1}{2}} = \ln\frac{3}{4}$.
- $\int_0^{\frac{\pi}{4}} \sin\left(2t + \frac{\pi}{2}\right) dt = \left[-\frac{1}{2}\cos\left(2t + \frac{\pi}{2}\right)\right]_0^{\frac{\pi}{4}} = \frac{1}{2}$.
- $\int_0^{\frac{\pi}{2}} \cos t\, e^{\sin t}\,dt = \left[e^{\sin t}\right]_0^{\frac{\pi}{2}} = e - 1$.

Intégration par parties

Soit u et v deux fonctions dérivables sur un intervalle K, a et b deux éléments de K.
On sait que la fonction $u\,v$ est dérivable et que $(uv)' = uv' + u'v$. Si de plus les fonctions u' et v' sont continues sur K, alors uv' et $u'v$ sont continues sur K.

On a : $\int_a^b (uv)'(t)\,dt = \int_a^b (uv')(t)\,dt + \int_a^b (u'v)(t)\,dt$; donc : $\int_a^b u(t)\,v'(t)\,dt = \left[u(t)\,v(t)\right]_a^b - \int_a^b u'(t)\,v(t)\,dt$.

On en déduit la propriété suivante.

Propriété

Soit u et v deux fonctions dérivables sur un intervalle K telles que les dérivées u' et v' sont continues sur K, a et b deux éléments de K.

On a : $\int_a^b u(t)\,v'(t)\,dt = \left[u(t)\,v(t)\right]_a^b - \int_a^b u'(t)\,v(t)\,dt$.

Cette méthode est connue sous le nom d'intégration par parties.

Exemples

- Calculer : $\int_1^2 \ln t\,dt$.

Posons : $u(t) = \ln t$ et $v'(t) = 1$.
On a : $u'(t) = \frac{1}{t}$; choisissons : $v(t) = t$.
u' et v' sont continues sur $[1\ ;\ 2]$.

Donc : $\int_1^2 \ln t\,dt = \left[t\ln t\right]_1^2 - \int_1^2 dt$
$= \left[t\ln t - t\right]_1^2$
$= 2\ln 2 - 1$.

- Calculer : $\int_0^{\frac{\pi}{2}} t\cos t\,dt$.

Posons : $u(t) = t$ et $v'(t) = \cos t$.
On a : $u'(t) = 1$; choisissons : $v(t) = \sin t$.
u' et v' sont continues sur $[0\ ;\ \frac{\pi}{2}]$.

Donc : $\int_0^{\frac{\pi}{2}} t\cos t\,dt = \left[t\sin t\right]_0^{\frac{\pi}{2}} - \int_0^{\frac{\pi}{2}} \sin t\,dt$
$= \left[t\sin t + \cos t\right]_0^{\frac{\pi}{2}}$
$= \frac{\pi}{2} - 1$.

• Calculer : $\int_0^{\pi} \sin t \, e^t \, dt$.

– Posons : $u(t) = \sin t$ et $v'(t) = e^t$.

On a : $u'(t) = \cos t$; choisissons : $v(t) = e^t$.

u' et v' sont continues sur $[0 ; \pi]$.

On en déduit que : $\int_0^{\pi} \sin t \, e^t \, dt = \left[\sin t \, e^t\right]_0^{\pi} - \int_0^{\pi} \cos t \, e^t \, dt = \int_0^{\pi} - \cos t \, e^t \, dt$.

– Posons : $w(t) = - \cos t$ et $v'(t) = e^t$.

On a : $w'(t) = \sin t$; choisissons : $v(t) = e^t$.

w' et v' sont continues sur $[0 ; \pi]$.

On en déduit que : $\int_0^{\pi} \sin t \, e^t \, dt = \int_0^{\pi} - \cos t \, e^t \, dt = \left[- \cos t \, e^t\right]_0^{\pi} - \int_0^{\pi} \sin t \, e^t \, dt$.

– Donc : $\int_0^{\pi} \sin t \, e^t \, dt = \frac{1}{2}\left[- \cos t \, e^t\right]_0^{\pi} = \frac{e^{\pi} + 1}{2}$.

Changement de variable affine

Soit f une fonction continue sur un intervalle K, $t \mapsto \alpha t + \beta$ une fonction affine non constante, a et b deux nombres réels tels que, pour tout nombre réel x compris entre a et b, le nombre $\alpha x + \beta$ appartienne à K.

Si F est une primitive de f sur K, la fonction $x \mapsto \frac{1}{\alpha} F(\alpha x + \beta)$ est une primitive de $x \mapsto f(\alpha x + \beta)$.

On a donc : $\int_a^b f(\alpha t + \beta) \, dt = \left[\frac{1}{\alpha} F(\alpha t + \beta)\right]_a^b = \frac{1}{\alpha} F(\alpha b + \beta) - \frac{1}{\alpha} F(\alpha a + \beta)$

$$= \left[\frac{1}{\alpha} F(u)\right]_{\alpha b + \beta}^{\alpha b + \beta} = \int_{\alpha b + \beta}^{\alpha b + \beta} \frac{1}{\alpha} f(u) \, du.$$

M

Pour calculer l'intégrale $\int_a^b f(\alpha t + \beta) \, dt \quad (\alpha \neq 0)$, on peut utiliser le procédé suivant :

- faire le changement de variable : $u = \alpha t + \beta$; on obtient : $du = \alpha \, dt$;
- utiliser l'égalité : $\int_a^b f(\alpha t + \beta) \, dt = \int_{\alpha a + \beta}^{\alpha b + \beta} \frac{1}{\alpha} f(u) \, du$.

Exemple

Calculer : $I = \int_{-1}^{0} \frac{t}{\sqrt{2t + 3}} \, dt$.

Posons : $u = 2t + 3$. On a : $du = 2 \, dt$; donc : $dt = \frac{1}{2} du$.

De plus : $t = -1 \Leftrightarrow u = 1$;
$t = 0 \Leftrightarrow u = 3$.

On en déduit que : $I = \int_1^3 \frac{\frac{1}{2}(u - 3)}{\sqrt{u}} \times \frac{1}{2} \, du = \frac{1}{4} \int_1^3 \left(\sqrt{u} - \frac{3}{\sqrt{u}}\right) du$

$$= \frac{1}{4}\left[\frac{2}{3} u \sqrt{u} - 6\sqrt{u}\right]_1^3 = \frac{4}{3} - \sqrt{3}.$$

Intégration de fonctions paires, impaires, périodiques

Propriétés 1

Soit f une fonction continue sur un intervalle K symétrique par rapport à 0.
Pour tout a élément de K, on a :

- **si f est paire, $\int_{-a}^{a} f(t) \, dt = 2\int_0^a f(t) \, dt$** ; • **si f est impaire, $\int_{-a}^{a} f(t) \, dt = 0$.**

Démonstration

Soit a un élément de K. On a : $\int_{-a}^{a} f(t)\,dt = \int_{-a}^{0} f(t)\,dt + \int_{0}^{a} f(t)\,dt$.

Posons : $u = -t$; on obtient : $\int_{-a}^{0} f(t)\,dt = -\int_{a}^{0} f(-u)\,du = \int_{0}^{a} f(-u)\,du$.

- Si f est paire, on a : $\int_{0}^{a} f(-u)\,du = \int_{0}^{a} f(u)\,du$; donc $\int_{-a}^{a} f(t)\,dt = 2\int_{0}^{a} f(t)\,dt$.
- Si f est impaire, on a : $\int_{0}^{a} f(-u)\,du = -\int_{0}^{a} f(u)\,du$; donc $\int_{-a}^{a} f(t)\,dt = 0$.

Interprétation graphique

Supposons que la fonction f soit positive sur $[0\,;\,a]$ $(a > 0)$.

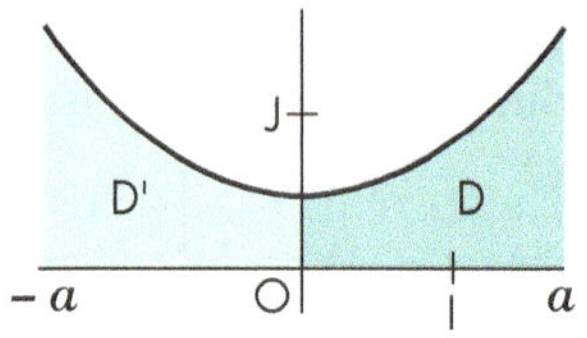

- Si f est paire, les domaines D et D' sont symétriques par rapport à (OJ) et ont la même aire.

Donc : $\int_{-a}^{a} f(t)\,dt = 2\int_{0}^{a} f(t)\,dt$.

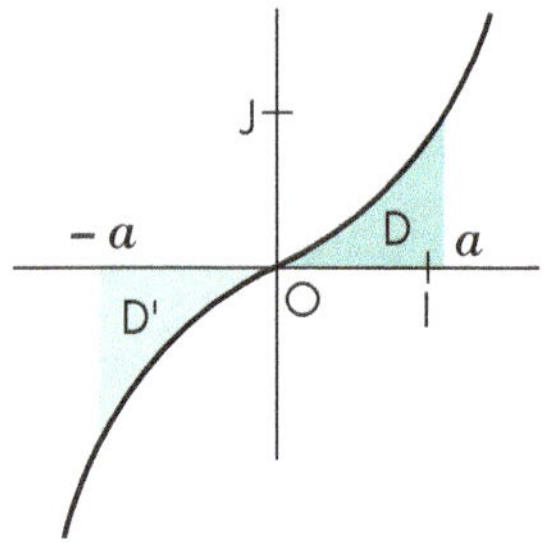

- Si f est impaire, les domaines D et D' sont symétriques par rapport à O et ont la même aire.

Donc : $\int_{-a}^{a} f(t)\,dt = 0$.

Exemples

- La fonction $t \mapsto \cos 2t$ est paire et continue sur $\mathbb{R}$;

donc : $\int_{-\frac{\pi}{4}}^{\frac{\pi}{4}} \cos 2t\,dt = 2\int_{0}^{\frac{\pi}{4}} \cos 2t\,dt = 2\left[\frac{1}{2}\sin 2t\right]_{0}^{\frac{\pi}{4}} = 1$.

- La fonction $t \mapsto \sin 2t$ est impaire et continue sur $\mathbb{R}$;

donc : $\int_{-\frac{\pi}{4}}^{\frac{\pi}{4}} \sin 2t\,dt = 0$.

Propriété 2

Soit f une fonction continue sur $\mathbb{R}$ et périodique, de période p.
Pour tous nombres réels a et b, on a :

- $\int_{a+p}^{b+p} f(t)\,dt = \int_{a}^{b} f(t)\,dt$;
- $\int_{a}^{a+p} f(t)\,dt = \int_{0}^{p} f(t)\,dt$.

Démonstration

f est continue sur $\mathbb{R}$ et périodique, de période p ; donc si pour tout nombre réel x on a : $f(x+p) = f(x)$.
Soit a et b deux nombres réels.

- Posons : $x = t - p$; on obtient : $\int_{a+p}^{b+p} f(t)\,dt = \int_{a}^{b} f(x+p)\,dx = \int_{a}^{b} f(x)\,dx = \int_{a}^{b} f(t)\,dt$.
- On a : $\int_{a}^{b} f(t)\,dt = \int_{a+p}^{b+p} f(t)\,dt$.

$$= \int_{a+p}^{a} f(t)\,dt + \int_{a}^{b} f(t)\,dt + \int_{b}^{b+p} f(t)\,dt.$$

On en déduit que : $\int_{a}^{a+p} f(t)\,dt = \int_{b}^{b+p} f(t)\,dt$;

en particulier pour $b = 0$, on a : $\int_{a}^{a+p} f(t)\,dt = \int_{0}^{p} f(t)\,dt$.

Interprétation graphique

Supposons que la fonction f soit positive sur $\mathbb{R}$.

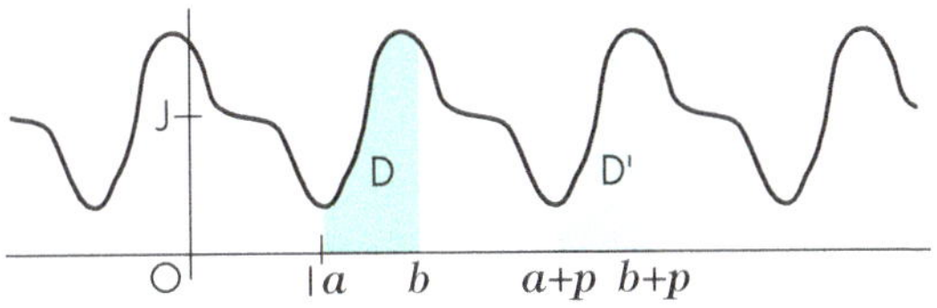

D' est l'image de D par la translation de vecteur $p\overrightarrow{OI}$; donc : $\mathscr{A}(D) = \mathscr{A}(D')$;

c'est-à-dire : $\displaystyle\int_{a+p}^{b+p} f(t)\,dt = \int_a^b f(t)\,dt$.

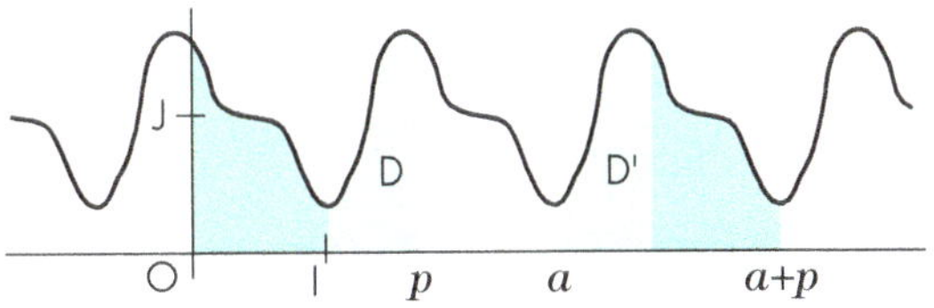

D et D' sont superposables par découpages.

Donc : $\mathscr{A}(D) = \mathscr{A}(D')$;

c'est-à-dire : $\displaystyle\int_a^{a+p} f(t)\,dt = \int_0^p f(t)\,dt$.

Exemples

La fonction $t \mapsto \cos 2t$ est continue sur $\mathbb{R}$ et périodique, de période π ; donc :

- $\displaystyle\int_{-\frac{3\pi}{4}}^{-\frac{5\pi}{6}} \cos 2t\,dt = \int_{-\frac{3\pi}{4}+\pi}^{-\frac{5\pi}{6}+\pi} \cos 2t\,dt = \int_{\frac{\pi}{4}}^{\frac{\pi}{6}} \cos 2t\,dt = \frac{\sqrt{3}-2}{4}$;
- $\displaystyle\int_{\frac{\pi}{2}}^{\frac{3\pi}{2}} \cos 2t\,dt = \int_{\frac{\pi}{2}}^{\frac{\pi}{2}+\pi} \cos 2t\,dt = \int_0^{\pi} \cos 2t\,dt = 0$.

2.2. Intégration de fonctions particulières

Intégration des polynômes trigonométriques

On a vu dans le chapitre 11(§ 1.3.) deux méthodes pour déterminer une primitive d'un polynôme trigonométrique. On utilise ces résultats pour calculer les intégrales suivantes.

1. Calculer : $\mathbf{A = \displaystyle\int_0^{\frac{\pi}{2}} (\cos^3 t \sin t + 3 \sin^3 t)\,dt}$.

On a : $\forall\, t \in \mathbb{R}$, $\cos^3 t \sin t + 3 \sin^3 t = \sin t(\cos^3 t + 3 \sin^2 t) = \sin t(\cos^3 t - 3\cos^2 t + 3)$.

Donc : $\displaystyle A = \left[-\frac{\cos^4 t}{4} + \cos^3 t - 3\cos t \right]_0^{\frac{\pi}{2}} = \frac{9}{4}$.

2. Calculer : $\mathbf{B = \displaystyle\int_{-\frac{\pi}{6}}^{\frac{\pi}{3}} (\cos^2 t - 2\sin^4 t)\,dt}$.

On a : $\forall\, t \in \mathbb{R}$, $\cos^2 t = \dfrac{1+\cos 2t}{2}$ et $\sin^4 t$

$$= \left(\frac{e^{it} - e^{-it}}{2i}\right)^4$$

$$= \frac{1}{8}\left(\frac{e^{4it} + e^{-4it}}{2} - 4\,\frac{e^{2it} + e^{-2it}}{2} + 3\right).$$

Donc : $\forall\, t \in \mathbb{R}$, $\cos^2 t - 2\sin^4 t = -\dfrac{1}{4}\cos 4t + \dfrac{3}{2}\cos 2t - \dfrac{1}{4}$.

On obtient : $\displaystyle B = \int_{-\frac{\pi}{6}}^{\frac{\pi}{3}} \left(-\frac{1}{4}\cos 4t + \frac{3}{2}\cos 2t - \frac{1}{4}\right) dt$

$$= \left[-\frac{\sin 4t}{16} + \frac{3}{4}\sin 2t - \frac{t}{4}\right]_{-\frac{\pi}{6}}^{\frac{\pi}{3}}$$

$$= -\frac{3\sqrt{3}}{4} - \frac{\pi}{8}.$$

Intégration des fonctions rationnelles

1. *a)* Déterminer deux nombres réels *a* et *b* tels que :
$\forall t \in \mathbb{R} \setminus \{-1\,;2\}, \quad \dfrac{1}{t^2 - t - 2} = \dfrac{a}{t+1} + \dfrac{b}{t-2}.$

***b)* Calculer l'intégrale : $A = \displaystyle\int_0^1 \frac{1}{t^2 - t - 2}\, dt$.**

a) On a : $\forall t \in \mathbb{R} \setminus \{-1\,;2\}, \quad \dfrac{1}{t^2 - t - 2} = \dfrac{a}{t+1} + \dfrac{b}{t-2} \quad \Rightarrow \quad \begin{cases} a + b = 0 \\ -2a + b = 1 \end{cases}$

$\Rightarrow \quad \begin{cases} a = -\dfrac{1}{3} \\ b = \dfrac{1}{3}. \end{cases}$

b) La fonction $t \mapsto \dfrac{1}{t^2 - t - 2}$ est continue sur $[0\,;1]$. On obtient : $B = \displaystyle\int_0^1 \left(-\frac{1}{3(t+1)} + \frac{1}{3(t-2)}\right) dt$

$= \dfrac{1}{3}\left[\ln\left|\dfrac{t-2}{t+1}\right|\right]_0^1 = -\dfrac{2}{3}\ln 2.$

2. *a)* Déterminer trois nombres réels *a*, *b* et *c* tels que :
$\forall t \in \mathbb{R}^*, \quad \dfrac{1}{t(t^2+1)} = \dfrac{a}{t} + \dfrac{bt + c}{t^2 + 1}.$

***b)* Calculer l'intégrale : $B = \displaystyle\int_1^2 \frac{dt}{t(t^2+1)}$.**

a) On a : $\forall t \in \mathbb{R}^*, \quad \dfrac{1}{t(t^2+1)} = \dfrac{1}{t} - \dfrac{t}{t^2+1}$; donc : $a = 1$, $b = -1$ et $c = 0$.

b) La fonction $t \mapsto \dfrac{1}{t(t^2+1)}$ est continue sur l'intégrale $[1\,;2]$.

On obtient : $B = \displaystyle\int_1^2 \left(\frac{1}{t} - \frac{t}{t^2+1}\right) dt = \left[\ln t - \frac{1}{2}\ln(t^2+1)\right]_1^2 = \frac{3}{2}\ln 2 - \frac{1}{2}\ln 5.$

2.3. Calcul approché d'une intégrale

Introduction

Soit f une fonction continue sur un intervalle K, a et b $(a < b)$ deux éléments de K et $A = \displaystyle\int_a^b f(t)\, dt$.

Lorsqu'on ne peut pas déterminer une primitive de f sur K, on calcule une valeur approchée A' de A.
L'erreur commise en remplaçant A par A' est $|A - A'|$.
Il existe plusieurs méthodes permettant d'obtenir des valeurs approchées d'une intégrale A.
Les schémas ci-dessous illustrent trois de ces méthodes lorsque f est positive sur $[a\,;b]$.

Méthode des rectangles	Méthode du point médian	Méthode des trapèzes
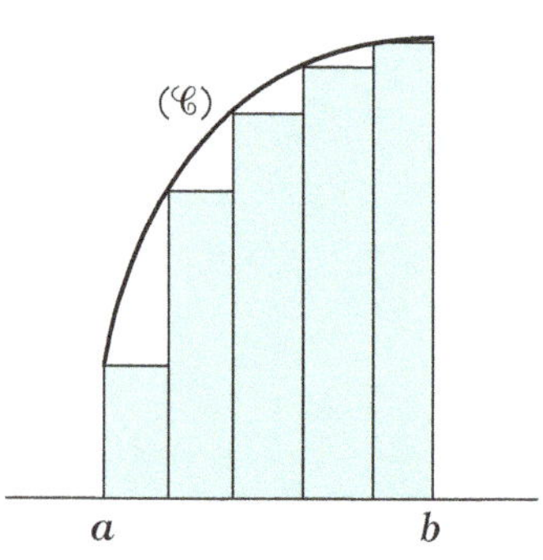	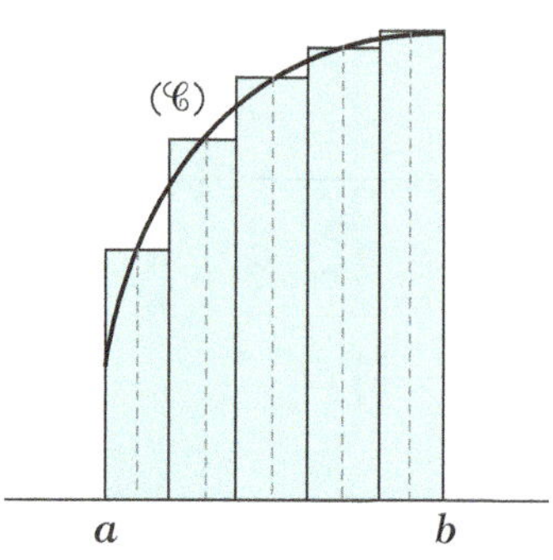	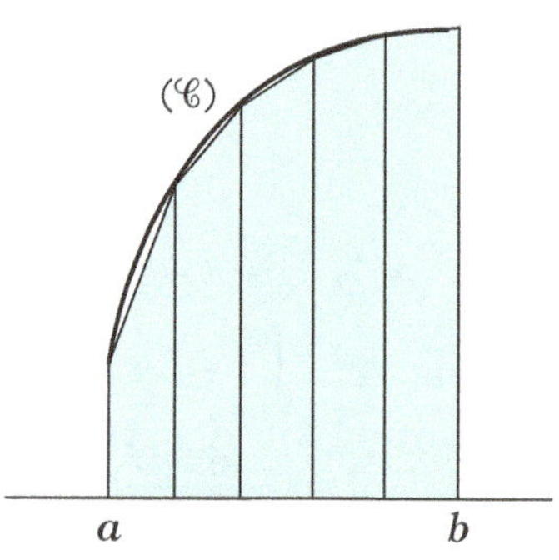

Dans chacun des cas :
- on partage l'intervalle $[a\,;b]$ en intervalles de même amplitude ;
- on prend pour valeur approchée de $\displaystyle\int_a^b f(t)\, dt$ l'aire du domaine colorié.

Méthode des rectangles

On partage l'intervalle $[a\,;\,b]$ en n intervalles de même amplitude $\dfrac{b-a}{n}$ et d'extrémités $a = x_0, x_1, x_2, \dots, x_n = b$.

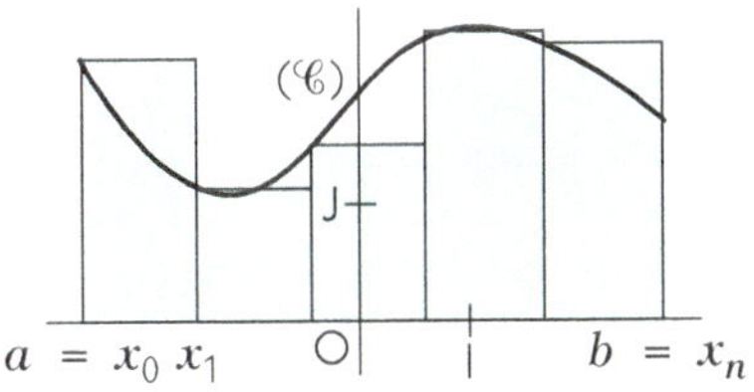

Pour tout entier naturel i $(0 \le i \le n-1)$ on prend pour valeur approchée de $\displaystyle\int_{x_i}^{x_{i+1}} f(t)\,dt$ le nombre réel : $\dfrac{b-a}{n} f(x_i)$.

On pose : $s_n = \dfrac{b-a}{n} \displaystyle\sum_{i=0}^{n-1} f(x_i)$; s_n est une valeur approchée de $A = \displaystyle\int_a^b f(t)\,dt$.

Précisons l'incertitude de la valeur approchée et démontrons que la suite $(s_n)_{n \in \mathbb{N}^*}$ a pour limite A.

On suppose que la fonction f est dérivable sur $[a\,;\,b]$ et que $|f'|$ est majorée par un nombre réel M sur cet intervalle.

Pour tout entier naturel i $(0 \le i \le n-1)$, on a :

$$\forall\, t \in [x_i\,;\,x_{i+1}],\ |f(t) - f(x_i)| \le M\,(t - x_i) \quad \Rightarrow \quad \int_{x_i}^{x_{i+1}} |f(t) - f(x_i)|\,dt \le \frac{M}{2}\Big[(t-x_i)^2\Big]_{x_i}^{x_{i+1}}$$

$$\Rightarrow \quad \left| \int_{x_i}^{x_{i+1}} \Big[f(t) - f(x_i)\Big]\,dt \right| \le \frac{M}{2}\left(\frac{b-a}{n}\right)^2.$$

On en déduit, par sommation sur les n intervalles, que : $|A - s_n| \le \dfrac{M}{2n}(b-a)^2$.

Donc : $\displaystyle\lim_{n \to +\infty} s_n = A$.

Cette étude nous conduit à énoncer la propriété suivante.

Propriété

Soit f une fonction dérivable sur un intervalle $[a\,;\,b]$, telle que $|f'|$ admet un majorant M sur cet intervalle.

Lorsque l'on partage $[a\,;\,b]$ en n intervalles de même amplitude et d'extrémités $a = x_0, x_1, x_2, \dots, x_n = b$, on a :
- **la suite $(s_n)_{n \in \mathbb{N}^*}$, de terme général $s_n = \dfrac{b-a}{n} \displaystyle\sum_{i=0}^{n-1} f(x_i)$, converge vers $A = \displaystyle\int_a^b f(t)\,dt$;**
- **$\forall\, n \in \mathbb{N}^*$, $|A - s_n| \le \dfrac{M}{2n}(b-a)^2$.**

Remarques

- *La suite $(S_n)_{n \in \mathbb{N}^*}$, de terme général $S_n = \dfrac{b-a}{n} \displaystyle\sum_{i=0}^{n-1} f(x_{i+1})$, converge également vers A.*

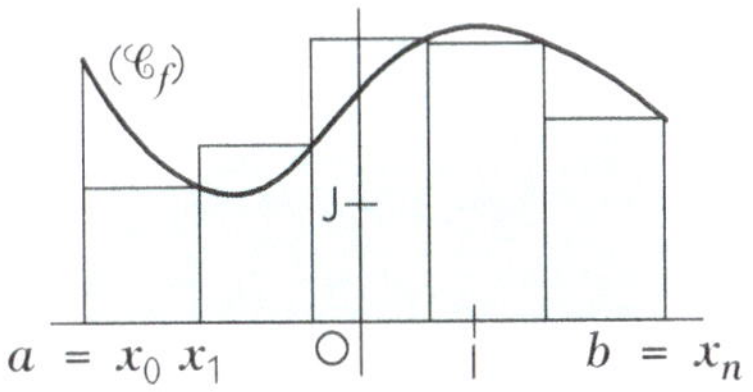

- *Lorsque la fonction f est croissante, on obtient :*

  $s_n \le \displaystyle\int_a^b f(t)\,dt \le S_n$;

  lorsque la fonction f est décroissante, on obtient :

  $S_n \le \displaystyle\int_a^b f(t)\,dt \le s_n$.

Exemples d'utilisation

1. Déterminer une valeur approchée de $A = \displaystyle\int_0^1 e^{-\frac{t^2}{2}}\,dt$, en partageant l'intervalle $[0\,;\,1]$ en 10 intervalles de même amplitude. Majorer l'erreur commise.

- Soit la fonction $f : x \mapsto e^{-\frac{x^2}{2}}$.

On a : $s_{10} = \dfrac{1}{10}\left[f(0) + f\left(\dfrac{1}{10}\right) + \dots + f\left(\dfrac{9}{10}\right)\right]$; donc : $A \approx 0{,}875$.

- f est dérivable sur $[0\,;\,1]$ et sa dérivée est la fonction : $x \mapsto e^{-\frac{x^2}{2}}$.

La fonction $|f'|$ est majorée par 1 sur $[0\,;\,1]$; donc : $|s_{10} - A| \le 5 \times 10^{-2}$.

2. Déterminer un encadrement de $B = \int_0^1 \frac{dt}{1+t^2}$, en partageant l'intervalle [0 ; 1] en 5 intervalles de même amplitude.

Soit la fonction $g : x \mapsto \frac{1}{1+x^2}$.

g est décroissante sur l'intervalle [0 ; 1] ; donc : $S_5 \leq B \leq s_5$.

On a : $s_5 = \frac{1}{5}\left[g(0) + g\left(\frac{1}{5}\right) + \dots + g\left(\frac{4}{5}\right)\right]$ et $S_5 = \frac{1}{5}\left[g\left(\frac{1}{5}\right) + \dots + g\left(\frac{4}{5}\right) + g(1)\right]$.

On obtient : $s_5 \approx 0{,}83$ et $S_5 \approx 0{,}73$.

3. Étudier la convergence de la suite $(u_n)_{n \in \mathbb{N}^*}$ de terme général : $u_n = \frac{1}{n}\sum_{k=0}^{n-1} \cos \frac{\pi k}{n}$.

Soit la fonction $h : x \mapsto \cos \pi x$.

Partageons l'intervalle [0 ; 1] en n intervalles de même amplitude ($n \in \mathbb{N}^*$).

On a : $u_n = \frac{1}{n}\sum_{k=0}^{n-1} h\left(\frac{k}{n}\right)$; u_n est une valeur approchée, par la méthode des rectangles, de $\int_0^1 h(t)\,dt$.

Or, h est dérivable sur [0 ; 1] et $|h'|$ est majorée par π sur cet intervalle.

Donc : $\lim_{n \to +\infty} u_n = \int_0^1 \sin \pi t\, dt = -\frac{1}{\pi}\left[\cos \pi t\right]_0^1 = \frac{2}{\pi}$.

Exercices

2.a Calculer les intégrales suivantes.

a) $\int_0^4 (x-2)(x^2-4x+1)^3\,dx$ *b)* $\int_0^1 \frac{2t\,dt}{1+t^2}$

c) $\int_0^{\frac{\pi}{2}} \sin t \cos^5 t\,dt$ *d)* $\int_0^{\frac{\pi}{4}} \frac{\sin x}{\cos^2 x}\,dx$

e) $\int_{\ln 2}^{\ln 3} e^{2x}\,dx$ *f)* $\int_0^1 t\,e^{t^2+1}\,dt$

g) $\int_0^2 \frac{2e^{2x}+3}{e^{2x}+3x}\,dx$ *h)* $\int_1^{e} \frac{\ln^3 x}{x}\,dx$.

2.b À l'aide d'une intégration par parties, calculer les intégrales suivantes.

a) $\int_0^{\frac{\pi}{2}} t \sin t\,dt$ *b)* $\int_1^{e} x \ln x\,dx$

c) $\int_2^{-1} x\,e^x\,dx$ *d)* $\int_1^2 t\sqrt{-t+3}\,dt$.

2.c En utilisant un changement de variable affine, calculer les intégrales suivantes.

a) $\int_{-\frac{5}{2}}^{-2} (2t+5)^7\,dt$ *b)* $\int_0^1 \sqrt{x+2}\,dx$

c) $\int_0^3 \frac{x}{\sqrt{x+1}}\,dx$ *d)* $\int_1^2 t\sqrt{-t+3}\,dt$.

2.d Sans calculer les intégrales, justifier les égalités suivantes.

a) $\int_{-\frac{\pi}{2}}^{\frac{\pi}{2}} (x\cos x)\,dx = 0$ *b)* $\int_1^{-1} \frac{x^3}{x^4-x^2+3}\,dx = 0$

c) $\int_{-1}^2 \frac{x}{1+|x|}\,dx = \int_1^2 \frac{x}{1+x}\,dx$

d) $\int_{\frac{2\pi}{3}}^{\frac{4\pi}{3}} (\sin 2x - \cos 2x)\,dx = -2\int_0^{\frac{\pi}{3}} \cos 2x\,dx$.

2.e Calculer les intégrales suivantes.

a) $\int_0^{\frac{\pi}{6}} \sin^2 5x\,dx$ *b)* $\int_{\frac{\pi}{2}}^{\frac{3\pi}{4}} \sin^4 x\,dx$

c) $\int_0^{\frac{\pi}{3}} \cos^4 x \sin^2 x\,dx$ *d)* $\int_{\pi}^{\frac{\pi}{2}} (\cos^4 x - \sin^2 x)\,dx$.

2.f *a)* Vérifier que : $\forall x \in \mathbb{R}\setminus\{-1 ; -\frac{1}{2}\}$,

$$\frac{8x+5}{2x^2+3x+1} = \frac{3}{x+1} + \frac{2}{2x+1}.$$

b) En déduire la valeur de $\int_0^2 \frac{8x+5}{2x^2+3x+1}\,dx$.

2.g *a)* Vérifier que : $\forall x \in \mathbb{R}\setminus\{0 ; -1\}$,

$$\frac{1}{x^3+x^2} = \frac{1}{x^2} - \frac{1}{x} + \frac{1}{x+1}.$$

b) En déduire la valeur de $\int_1^3 \frac{1}{x^3+x^2}\,dx$.

3 Applications du calcul intégral

3.1. Calculs d'aires et de volumes

Calculs d'aires

Soit f et g deux fonctions continues sur un intervalle K, $(\mathscr{C}_f)$ et $(\mathscr{C}_g)$ leurs représentations graphiques respectives, a et b deux éléments de K $(a < b)$.

On suppose que $0 \leq f \leq g$ sur $[a\ ;\ b]$ et on se propose de calculer l'aire du domaine D délimité par $(\mathscr{C}_f)$, $(\mathscr{C}_g)$ et les droites d'équations $x = a$ et $x = b$.

On désigne par D_1 (respectivement D_2) le domaine délimité par $(\mathscr{C}_f)$ (respectivement $(\mathscr{C}_g)$), (OI) et les droites d'équations $x = a$ et $x = b$.

On a : $\mathscr{A}(D) = \mathscr{A}(D_2) - \mathscr{A}(D_1)$

$$= \int_a^b g(t)\, dt - \int_a^b f(t)\, dt$$

$$= \int_a^b [g(t) - f(t)]\, dt.$$

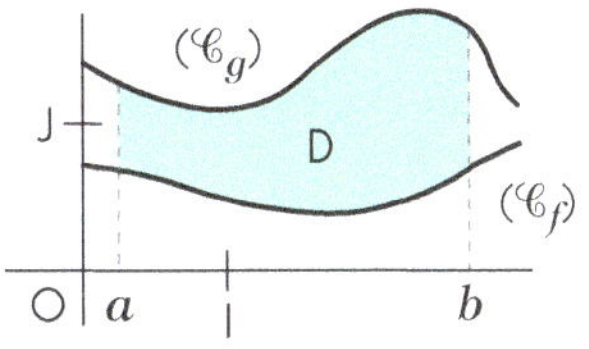

La propriété suivante, que nous admettons, généralise ce résultat.

Propriété

Soit f et g deux fonctions continues sur un intervalle K, $(\mathscr{C}_f)$ et $(\mathscr{C}_g)$ leurs représentations graphiques respectives, a et b deux éléments de K $(a < b)$.

Lorsque $f \leq g$ sur $[a\ ;\ b]$, l'aire du domaine D délimité par $(\mathscr{C}_f)$, $(\mathscr{C}_g)$ et les droites d'équations $x = a$ et $x = b$ est : $\mathscr{A}(D) = \int_a^b [g(t) - f(t)]\, dt$.

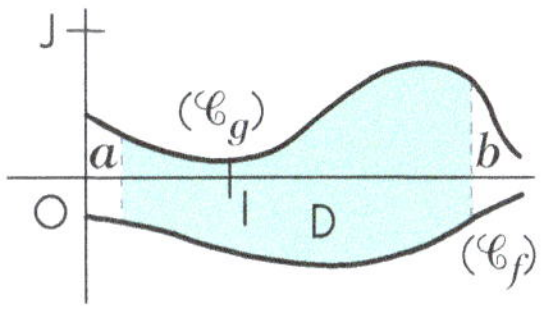

Exemples

• Sur la figure ci-contre, $(\mathscr{C}_f)$ et $(\mathscr{C}_g)$ sont les représentations graphiques respectives des fonctions $f : x \mapsto x^2 - e^{-x}$ et $g : x \mapsto x^2$.

Calculer l'aire du domaine D colorié.

On a : $\mathscr{A}(D) = \int_{-2}^{2} \left[t^2 - (t^2 - e^{-t})\right] dt = \left[-e^{-t}\right]_{-2}^{2} = e^2 - e^{-2}$.

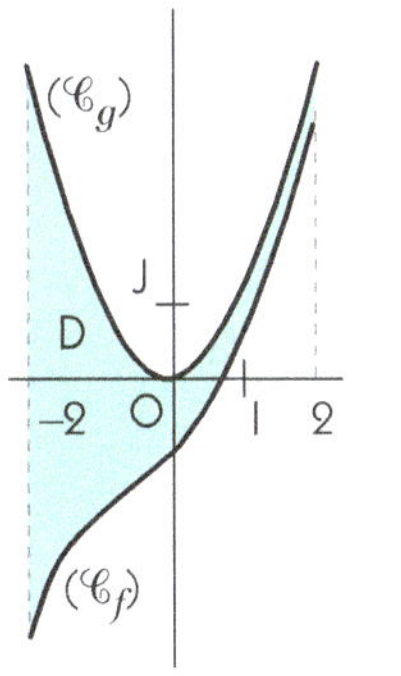

• Calculer l'aire du domaine D délimité par les courbes d'équations $y = x$, $y = \frac{1}{x}$ et $y = \frac{x^2}{8}$.

Le domaine D peut être partagé en deux domaines D_1 et D_2.

On a : $\mathscr{A}(D_1) = \int_0^1 \left(t - \frac{t^2}{8}\right) dt = \left[\frac{t^2}{2} - \frac{t^3}{24}\right]_0^1 = \frac{11}{24}$;

$\mathscr{A}(D_2) = \int_1^2 \left(\frac{1}{t} - \frac{t^2}{8}\right) dt = \left[\ln t - \frac{t^3}{24}\right]_1^2 = \ln 2 - \frac{7}{24}$.

Donc : $\mathscr{A}(D) = \ln 2 + \frac{1}{6}$.

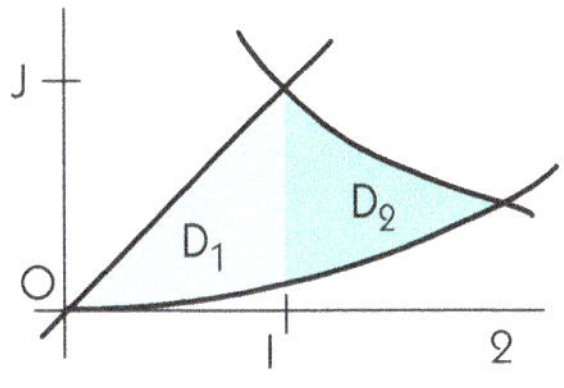

Calculs de volumes

Dans cette étude, l'espace est muni du repère orthonormé (O, I, J, K) ; l'unité de volume est le volume du cube de dimensions OI, OJ et OK.

Nous admettons la propriété suivante.

Propriété

Soit Σ un solide limité par les plans d'équations $z = a$, $z = b$ $(a < b)$ et S la fonction qui à tout élément z de $[a\,;\,b]$ associe l'aire de la section du solide S par le plan de cote z.

Si la fonction $z \mapsto S(z)$ est continue sur $[a\,;\,b]$, alors le volume de Σ (en unités de volume) est : $\int_a^b S(z)\,dz$.

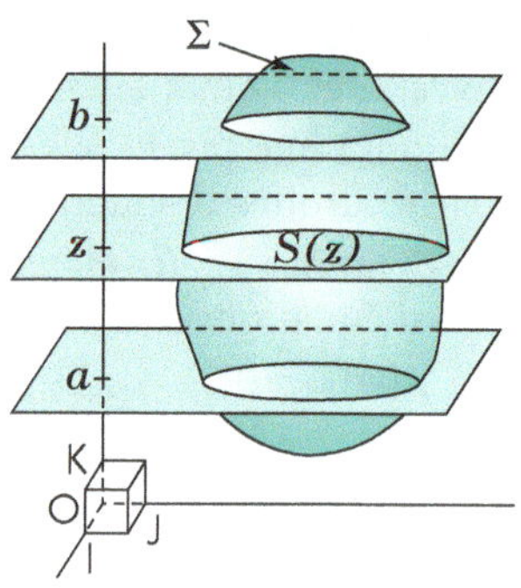

Exemples

• *Volume du cône et de la pyramide*

Soit h la hauteur $(h \neq 0)$ et $\mathscr{B}$ l'aire de la base d'un cône. Choisissons comme origine du repère le sommet O de ce cône et pour axe (OK) la perpendiculaire au plan $(\mathscr{P})$ de la base. La section du cône par le plan de cote z $(0 \leq z \leq h)$ est l'image de la base par l'homothétie de centre O et de rapport $\frac{z}{h}$.

Son aire est : $S(z) = \mathscr{B} \times \left(\frac{z}{h}\right)^2$.

Le volume du cône est donc :

$$\mathscr{V} = \int_0^h \frac{\mathscr{B}}{h^2}\, z^2\, dz = \left[\frac{\mathscr{B}}{h^2}\, \frac{z^3}{3}\right]_0^h = \frac{\mathscr{B} \times h}{3}.$$

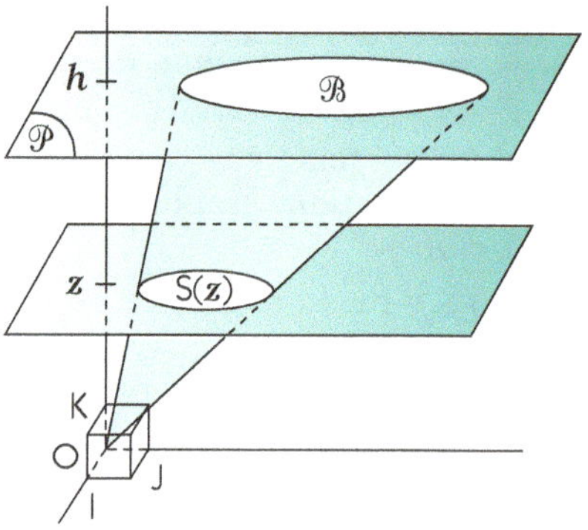

La démonstration et la formule sont identiques pour une pyramide ; on retrouve ainsi deux résultats admis au collège.

• *Volume de la boule de rayon R*

Choisissons comme origine du repère le centre de la boule.

La section de la boule par le plan de cote z $(-R \leq z \leq R)$ est un disque de rayon $\sqrt{R^2 - z^2}$.

L'aire de ce disque est : $S(z) = \pi\,(R^2 - z^2)$.

Le volume de la boule est donc :

$$\mathscr{V} = \int_{-R}^{R} \pi\,(R^2 - z^2)\,dz = \left[\pi\left(R^2 z - \frac{z^3}{3}\right)\right]_{-R}^{R} = \frac{4}{3}\pi R^3.$$

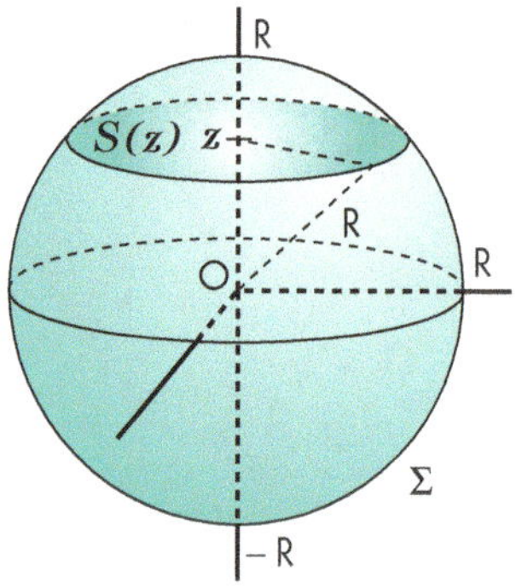

On retrouve encore un résultat admis au collège et démontré par Archimède (287-212 av. J.-C.).

3.2. Fonctions définies par une intégrale

Fonctions $x \mapsto \int_a^x f(t)\,dt$

Soit F la fonction de]0 ; + ∞[vers ℝ définie par $F(x) = \int_1^x \frac{e^t}{t}\,dt$ et $(\mathscr{C}_F)$ sa courbe représentative.

1. Déterminer l'ensemble de définition D_F de F.

2. Étudier les variations de F sur D_F.

3. Étudier le signe de la fonction f définie par : $f(x) = F(x) - \ln x$.

En déduire $\lim\limits_{\substack{x \to 0 \\ >}} F(x)$ et $\lim\limits_{x \to +\infty} F(x)$.

4. Étudier les branches infinies de $(\mathscr{C}_F)$ et tracer cette courbe.

1. La fonction $x \mapsto \frac{e^x}{x}$ est continue sur]0 ; + ∞[; donc : $D_F =]0 ; +\infty[$.

2. la fonction F est dérivable sur D_F et sa dérivée est la fonction $F' : x \mapsto \frac{e^x}{x}$, qui est une fonction positive sur D_F ; donc, F est une fonction croissante.

3. On a : $\forall\, x \in]0 ; +\infty[,\ f(x) = \int_1^x \frac{e^t}{t}\,dt - \int_1^x \frac{1}{t}\,dt = \int_1^x \frac{e^t - 1}{t}\,dt$.

La fonction $t \mapsto \frac{e^t - 1}{t}$ est positive sur]0 ; + ∞[; donc, f est négative sur]0 ; 1[et positive sur]1 ; + ∞[.

• On a : $\forall\, x \in]0 ; 1[,\ F(x) \leq \ln x$ et $\lim\limits_{\substack{x \to 0 \\ >}} \ln x = -\infty$;
donc : $\lim\limits_{\substack{x \to 0 \\ >}} F(x) = -\infty$.

• On a : $\forall\, x \in]1 ; +\infty[,\ F(x) \geq \ln x$ et $\lim\limits_{x \to +\infty} \ln x = +\infty$;
donc : $\lim\limits_{x \to +\infty} F(x) = +\infty$.

On en déduit le tableau de variation de F.

x	0	1	$+\infty$
$F'(x)$	‖	+	
$F(x)$	‖ $-\infty$ ↗	0	↗ $+\infty$

4. On a : $\lim\limits_{x \to 0} F(x) = -\infty$; donc (OJ) est asymptote à $(\mathscr{C}_F)$.

Soit x un élément de]1 ; + ∞[.

On a : $\forall\, t \in [1 ; x],\ \frac{e^t}{t} \geq \frac{e^t}{x}$; donc : $F(x) \geq \frac{1}{x}\int_1^x e^t\,dt$.

On en déduit que : $\frac{F(x)}{x} \geq \frac{e^x - e}{x^2}$.

Or : $\lim\limits_{x \to +\infty} \frac{e^x - e}{x^2} = \lim\limits_{x \to +\infty} \left[\frac{e^x}{x^2}(1 - e^{1-x})\right] = +\infty$.

On en déduit que $(\mathscr{C}_F)$ a en + ∞ une branche parabolique de direction celle de (OJ).

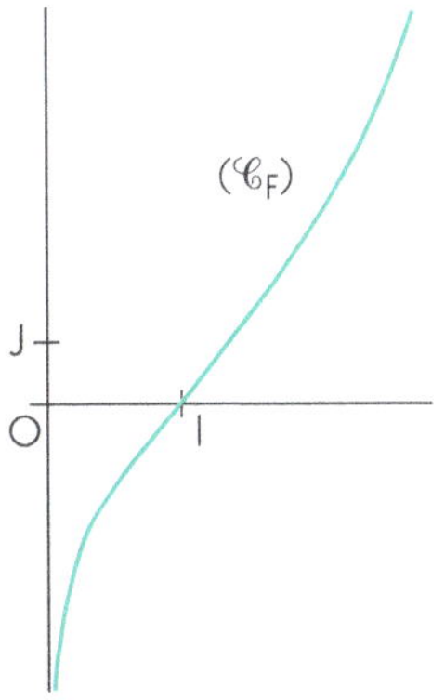

Fonctions $x \mapsto \int_{\alpha(x)}^{\beta(x)} f(t)\,dt$

Soit G la fonction définie par $G(x) = \int_x^{2x} \frac{dt}{\sqrt{1 + t^4}}$ et $(\mathscr{C}_G)$ sa courbe représentative.

1. Démontrer que la fonction G est impaire.

2. Démontrer que : $\forall\, x \in]0 ; +\infty[,\ \frac{x}{\sqrt{1 + 16x^4}} \leq G(x) \leq \frac{x}{\sqrt{1 + x^4}}$.

En déduire $\lim\limits_{x \to +\infty} G(x)$.

3. Justifier que G est dérivable sur ℝ et déterminer sa dérivée.

4. *a)* Dresser le tableau de variation de G.

***b)* Calculer une valeur approchée de $G\left(\frac{\sqrt{2}}{2}\right)$ en utilisant la méthode des rectangles.**

(On partagera l'intervalle $\left[\frac{\sqrt{2}}{2} ; \sqrt{2}\right]$ en 10 intervalles de même amplitude.)

***c)* Tracer $(\mathscr{C}_G)$.**

1. La fonction $f : x \mapsto \dfrac{1}{\sqrt{1+x^4}}$ est continue sur $\mathbb{R}$; donc : $D_G = \mathbb{R}$.
Soit x un élément de $\mathbb{R}$. En effectuant le changement de variable $u = -t$, on obtient :

$$G(-x) = \int_{-x}^{-2x} \frac{dt}{\sqrt{1+t^4}} = \int_{x}^{2x} \frac{-du}{\sqrt{1+u^4}} = -G(x).$$

Donc la fonction G est impaire.

2. On a : $\forall x \in \,]0\,;+\infty[$, $f'(x) = -2x^3(1+x^4)^{-\frac{3}{2}}$, la fonction f est donc décroissante sur $]0\,;+\infty[$.
Soit x un élément de $]0\,;+\infty[$. En appliquant l'inégalité de la moyenne à f sur $[x\,;2x]$, on obtient :

$$x f(2x) \leq \int_{x}^{2x} \frac{dt}{\sqrt{1+t^4}} \leq x f(x)\ ;$$

donc : $\forall x \in \,]0\,;+\infty[$, $\dfrac{x}{\sqrt{1+16x^4}} \leq G(x) \leq \dfrac{x}{\sqrt{1+x^4}}$.

Or : $\lim\limits_{x \to +\infty} \dfrac{x}{\sqrt{1+x^4}} = 0$ et $\lim\limits_{x \to +\infty} \dfrac{x}{\sqrt{1+16x^4}} = 0$; donc : $\lim\limits_{x \to +\infty} G(x) = 0$.

3. Soit F une primitive de f sur $\mathbb{R}$. On a : $\forall x \in \mathbb{R}$, $G(x) = F(2x) - F(x)$.
G est la différence de deux fonctions dérivables sur $\mathbb{R}$, elle est donc dérivable sur $\mathbb{R}$.

$$\text{On a : } \forall x \in \mathbb{R},\ G'(x) = 2f(2x) - f(x) = \frac{2}{\sqrt{1+16x^4}} - \frac{1}{\sqrt{1+x^4}} = \frac{\sqrt{4+4x^4} - \sqrt{1+16x^4}}{\sqrt{1+16x^4}\,\sqrt{1+x^4}}$$

$$= \frac{3(1-4x^4)}{\sqrt{1+16x^4}\,\sqrt{1+x^4}\,(\sqrt{4+4x^4}+\sqrt{1+16x^4})}$$

$$= \frac{3(1+2x^2)(1-\sqrt{2}\,x)(1+\sqrt{2}\,x)}{\sqrt{1+16x^4}\,\sqrt{1+x^4}\,(\sqrt{4+4x^4}+\sqrt{1+16x^4})}.$$

4. *a)* G est une fonction impaire, on peut restreindre son étude à $]0\,;+\infty[$. On obtient le tableau de variation ci-contre.

x	0		$\frac{\sqrt{2}}{2}$		$+\infty$
$G'(x)$		$+$	0	$-$	
$G(x)$	0	↗	$G\left(\frac{\sqrt{2}}{2}\right)$	↘	0

b) La fonction f est dérivable sur $\mathbb{R}$ et a pour dérivée la fonction $f' : x \mapsto -2x^3(1+x^4)^{-\frac{3}{2}}$.

L'amplitude de l'intervalle $\left[\frac{\sqrt{2}}{2}\,;\sqrt{2}\right]$ est $\frac{\sqrt{2}}{2}$.

On en déduit que :

$$\int_{\frac{\sqrt{2}}{2}}^{\sqrt{2}} f(t)\,dt \approx \frac{\sqrt{2}}{20} \sum_{k=0}^{9} f\left(\frac{\sqrt{2}}{2} + k\frac{\sqrt{2}}{20}\right).$$

Avec une calculatrice, on obtient : $G\left(\frac{\sqrt{2}}{2}\right) \approx 0{,}47$.

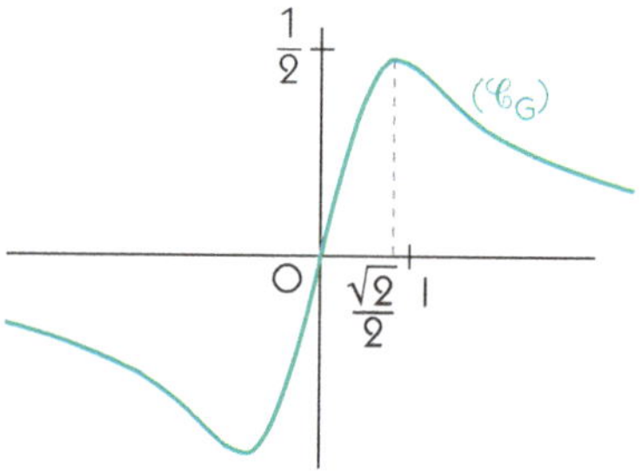

3.3. Travaux dirigés

Longueur d'un arc

Le repère (O, I, J) est orthonormé.
On admet que la distance **d** *parcourue par un mobile sur sa trajectoire entre deux instants t_1 et t_2 ($t_1 < t_2$) est $d = \int_{t_1}^{t_2} V(t)\,dt$, où $V(t)$ désigne le module du vecteur vitesse à l'instant t.*

Un mobile M se déplace dans le plan. À tout instant t ($t > 0$) les coordonnées ($x(t)$; $y(t)$) de M sont : $x(t) = t^2$ et $y(t) = t\left(1 - \frac{t^2}{3}\right)$.

1°) Déterminer une équation de la trajectoire (𝒞) de M ; tracer (𝒞).
2°) À tout instant t le vecteur vitesse $\vec{V}(t)$ a pour coordonnées $(x'(t) ; y'(t))$.
***a)* Calculer $V(t)$.**
***b)* Déterminer la distance parcourue par M entre les instants 0 et 3.**
Représenter graphiquement la partie de (𝒞) correspondante.
***c)* Déterminer la distance parcourue par M entre les points d'abscisses 0 et 3.**

Solution

1°) On a : $t = \sqrt{x}$ et $x \in [0 ; +\infty[$;
donc : $y = \sqrt{x}\left(1 - \frac{x}{3}\right) \quad (x \in [0 ; +\infty[)$.
(𝒞) est donc la courbe représentative de la fonction $f : x \mapsto \sqrt{x}\left(1 - \frac{x}{3}\right)$.
Cette fonction est dérivable sur $]0 ; +\infty[$ et a pour dérivée la fonction $f' : x \mapsto \frac{1-x}{2\sqrt{x}}$.
On en déduit le tableau de variation et la trajectoire (𝒞).

x	0		1		$+\infty$
$f'(x)$	‖	+	0	−	
$f(x)$	0	↗	$\frac{2}{3}$	↘	$-\infty$

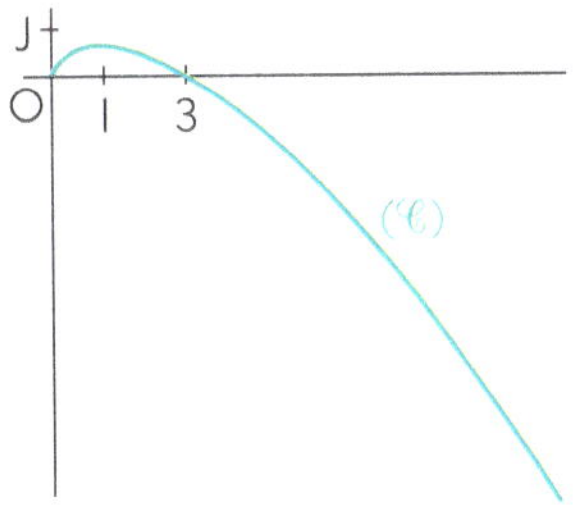

2°) *a)* On a : $x'(t) = 2t$ et $y'(t) = 1 - t^2$.
Donc : $V(t) = \sqrt{x'^2(t) + y'^2(t)} = 1 + t^2$.
b) La distance parcourue par M entre les instants 0 et 3 est : $\int_0^3 (1 + t^2)\,dt = \left[t + \frac{t^3}{3}\right]_0^3 = 12$.
L'arc de (𝒞) correspondant est colorié sur la figure.
c) L'arc de (𝒞) compris entre les points d'abscisses 0 et 3 a pour longueur la distance parcourue par M entre les instants 0 et $\sqrt{3}$.
C'est-à-dire : $\int_0^{\sqrt{3}} (1 + t^2)\,dt = \left[t + \frac{t^3}{3}\right]_0^{\sqrt{3}} = 2\sqrt{3}$.

Détermination de centres d'inertie

• *Le centre d'inertie* $G\binom{x_G}{y_G}$ *d'un système de* n *points matériels* $A_k\binom{x_k}{y_k}$ *de masses respectives* m_k *est le barycentre des points* A_k *affectés des coefficients* m_k.

On a : $x_G = \dfrac{\sum_{k=1}^{n} m_k\, x_k}{\sum_{k=1}^{n} m_k}$ *et* $y_G = \dfrac{\sum_{k=1}^{n} m_k\, y_k}{\sum_{k=1}^{n} m_k}$.

• *On admet que le centre d'inertie G d'une plaque homogène, délimitée par une courbe (𝒞), (OI) et les droites d'équations* $x = a$ *et* $x = b$, *a pour coordonnées :*

$$x_G = \frac{\int_a^b x\,f(x)\,dx}{\int_a^b f(x)\,dx} \quad \text{et} \quad y_G = \frac{\frac{1}{2}\int_a^b f^2(x)\,dx}{\int_a^b f(x)\,dx}.$$

1°) Déterminer les coordonnées du centre d'inertie du quart de disque, ensemble des points $M\binom{x}{y}$ tels que : $x^2 + y^2 \leq R^2$, $0 \leq x$ et $0 \leq y$ $(0 \leq R)$.
2°) Déterminer les coordonnées du centre d'inertie de la plaque homogène délimitée par la courbe d'équation $y = \ln x$, (OI) et les droites d'équations $x = 1$ et $x = e$.

Solution

1°) La droite d'équation $y = x$ est axe de symétrie de la plaque ; donc : $x_G = y_G$.
Le quart de cercle a pour équation : $y = \sqrt{R^2 - x^2}$ $(0 \leq x \leq R)$.

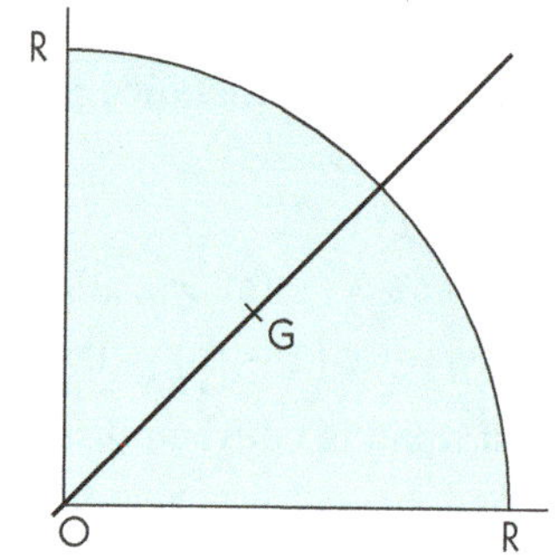

Donc : $y_G = \dfrac{\dfrac{1}{2}\displaystyle\int_0^R (R^2 - x^2)\,dx}{\displaystyle\int_0^R \sqrt{R^2 - x^2}\,dx}$.

- $\dfrac{1}{2}\displaystyle\int_0^R (R^2 - x^2)\,dx = \dfrac{1}{2}\left[R^2 x - \dfrac{x^3}{3}\right]_0^R = \dfrac{R^3}{3}$.
- $\displaystyle\int_0^R \sqrt{R^2 - x^2}\,dx = \dfrac{\pi}{4} R^2$ *(aire du quart de disque).*

Donc : $x_G = y_G = \dfrac{4R}{3\pi}$.

2°) On a : $x_G = \dfrac{\displaystyle\int_1^e x \ln x\,dx}{\displaystyle\int_1^e \ln x\,dx}$ et $y_G = \dfrac{\dfrac{1}{2}\displaystyle\int_1^e \ln^2 x\,dx}{\displaystyle\int_1^e \ln x\,dx}$.

En utilisant la méthode d'intégration par parties, on obtient :

$\displaystyle\int_1^e \ln x\,dx = 1$, $\displaystyle\int_1^e x \ln x\,dx = \dfrac{e^2 + 1}{4}$ et $\dfrac{1}{2}\displaystyle\int_1^e \ln^2 x\,dx = \dfrac{e - 2}{2}$.

Donc : $x_G = \dfrac{e^2 + 1}{4}$ et $y_G = \dfrac{e - 2}{2}$.

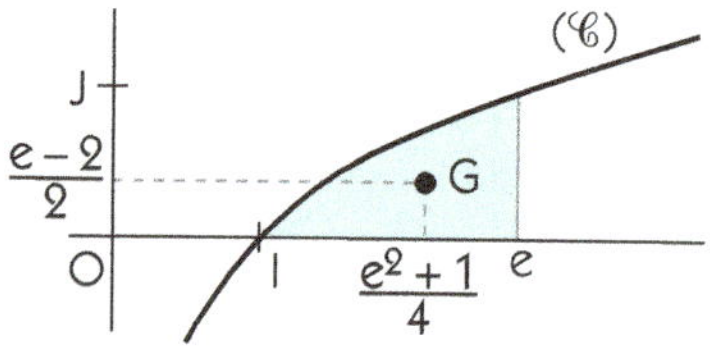

Exercices

3.a Calculer l'aire, en unités d'aire, de chacun des domaines coloriés suivants.

a)

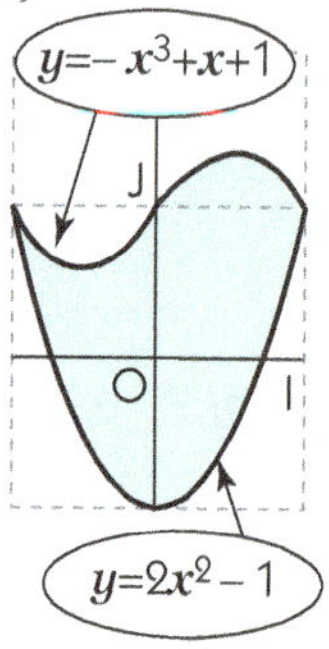

b)

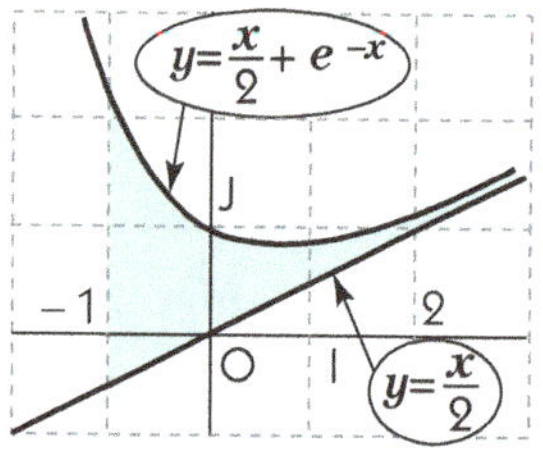

3.b L'unité graphique est égale à 2 cm sur chaque axe du repère.
Dans chacun des cas suivants, tracer les courbes représentatives des fonctions f et g puis calculer l'aire, en cm², du domaine compris entre ces deux courbes.

a) $f(x) = -x^2 + 4x$ et $g(x) = (x - 4)^2$;

b) $f(x) = \dfrac{x^2}{4}$ et $g(x) = 2\sqrt{x}$.

3.c n étant un entier naturel non nul, comparer géométriquement $\displaystyle\int_0^1 x^n\,dx$ et $\displaystyle\int_0^1 \sqrt[n]{x}\,dx$.
Retrouver le résultat par le calcul.

3.d L'espace est muni du repère orthonormé (O, I, J, K).
Représenter en perspective les solides suivants puis calculer leurs volumes.

a) $\begin{cases} x^2 + y^2 + z^2 \leq 1 \\ z \leq \dfrac{\sqrt{3}}{2} \end{cases}$ *b)* $\begin{cases} x^2 + y^2 + z^2 \leq 1 \\ z \geq \dfrac{\sqrt{3}}{2} \end{cases}$.

3.e Dans chacun des cas suivants, déterminer l'ensemble de définition de la fonction F et préciser sa fonction dérivée ; en déduire le sens de variation et le signe de F.

a) $F(x) = \displaystyle\int_1^x \dfrac{\sqrt{t}}{1 + t^2}\,dt$ *b)* $F(x) = \displaystyle\int_1^x \sqrt{t}\,e^{-t}\,dt$

c) $F(x) = \displaystyle\int_1^x \dfrac{\ln t}{t + 1}\,dt$ *d)* $F(x) = \displaystyle\int_x^1 e^{-t^2}\,dt$.

3.f Soit f et g les fonctions définies par :

$f(x) = \dfrac{1}{\sqrt{1 + x^2}}$ et $g(x) = \displaystyle\int_x^{2x} f(t)\,dt$.

1. En notant F une primitive de f sur ℝ, exprimer $g(x)$ puis $g'(x)$ en fonction de x.
2. En déduire le sens de variation et le signe de la fonction g.

Exercices

Le plan est muni du repère orthogonal (O, I, J).

APPRENTISSAGE

Intégrale d'une fonction continue

1 Calculer les intégrales suivantes.

a) $\int_{-1}^{2} 2t^3 \, dt$ *b)* $\int_{-1}^{\frac{3}{2}} -t^4 \, dt$

c) $\int_{-1}^{-2} \frac{1}{t^3} \, dt$ *d)* $\int_{0}^{9} \sqrt{s} \, ds$

e) $\int_{\pi}^{0} \sin 2t \, dt$ *f)* $\int_{0}^{\frac{\pi}{2}} (2 - 3\sin x) \, dx$

g) $\int_{0}^{\pi} \sin\left(x + \frac{\pi}{4}\right) dx$ *h)* $\int_{-\frac{\pi}{4}}^{\frac{\pi}{4}} (3\cos x - \sin x) \, dx.$

2 Dans chacun des cas suivants, exprimer à l'aide d'une intégrale la primitive de la fonction f qui s'annule en 1 ; préciser l'ensemble de définition de cette primitive.

a) $f(x) = \frac{1}{1 + x^2}$ *b)* $f(x) = \frac{1}{4 - x^2}$

c) $f(x) = x\sqrt{2 - x}$ *d)* $f(x) = \ln(1 + x).$

3 L'unité graphique est égale à 2 cm sur chaque axe du repère.

1. Tracer la courbe représentative de la fonction $x \mapsto x - x^3$.

2. Calculer l'aire, en cm², de l'ensemble des points $M\binom{x}{y}$ tels que $0 \leq x \leq 1$ et $0 \leq y \leq x - x^3$.

4 L'unité graphique est égale à 2 cm sur (OI) et à 3 cm sur (OJ). Représenter les domaines suivants puis calculer leur aire en cm².

a) $\begin{cases} -\frac{\pi}{2} \leq x \leq \frac{\pi}{2} \\ 0 \leq y \leq 3 + 2\cos x \end{cases}$ *b)* $\begin{cases} 1 \leq x \leq 2 \\ 0 \leq y \leq \frac{2}{x^2} \end{cases}.$

5 Calculer les intégrales suivantes.

a) $\int_{1}^{4} |x - 3| \, dx$ *b)* $\int_{2}^{-1} |1 - x|^3 \, dx$

c) $\int_{-2}^{2} |1 - x^2| \, dx$ *d)* $\int_{-1}^{2} |e^x - 1| \, dx.$

6 Sans les calculer, ranger par ordre croissant les intégrales suivantes.

$\int_{0,1}^{1} x\,e^{\sin x} \, dx$, $\int_{0,1}^{1} \frac{e^{\sin x}}{x} \, dx$, $\int_{0,1}^{1} x^2 e^{\sin x} \, dx$ et $\int_{0,1}^{1} \sqrt{x}\, e^{\sin x} \, dx.$

7 **1.** Démontrer que :

$\forall x \in \left[\frac{\pi}{2} ; \pi\right], \ \frac{\sin x}{1 + \pi^2} \leq \frac{\sin x}{1 + x^2} \leq \frac{\sin x}{1 + \frac{\pi}{4}^2}.$

2. En déduire un encadrement de $\int_{\frac{\pi}{2}}^{\pi} \frac{\sin x}{1 + x^2} \, dx.$

8 Soit a et b $(a < b)$ deux nombres réels de l'intervalle $\left[0 ; \frac{\pi}{2}\right[$.

1. Démontrer que :

$\forall x \in [a ; b], \ \frac{1}{\cos^2 a} \leq \frac{1}{\cos^2 x} \leq \frac{1}{\cos^2 b}.$

2. En déduire que :

$\frac{b - a}{\cos^2 a} \leq \tan b - \tan a \leq \frac{b - a}{\cos^2 b}.$

9 Calculer la valeur moyenne de la fonction $x \mapsto |x|$ sur l'intervalle $[-2 ; 2]$, en utilisant :

a) la formule ;

b) l'interprétation graphique de la valeur moyenne.

10 On appelle valeur moyenne d'une fonction périodique continue sur ℝ, la valeur moyenne de cette fonction sur un intervalle dont l'amplitude est une période.

Déterminer la valeur moyenne des fonctions $x : \mapsto \cos x$, $x : \mapsto \sin x$ et $x : \mapsto \cos^2 x$.

Techniques de calcul intégral

11 Calculer les intégrales suivantes.

a) $\int_{0}^{1} \frac{3x}{(x^2 + 1)^2} \, dx$ *b)* $\int_{-2}^{1} \frac{x}{\sqrt{9 - x^2}} \, dx$

c) $\int_{3}^{0} x\,e^{-x^2} \, dx$ *d)* $\int_{0}^{2} \frac{e^x}{e^x + 3} \, dx$

e) $\int_{-\frac{\pi}{4}}^{\frac{\pi}{4}} \tan^2 x \, dx$ *f)* $\int_{0}^{\frac{\pi}{4}} (\tan x + \tan^3 x) \, dx$

g) $\int_{-\frac{\pi}{2}}^{\frac{\pi}{2}} \sin^4 x \cos x \, dx$ *h)* $\int_{0}^{\frac{\pi}{3}} \sin x \sin 2x \, dx.$

12 Calculer les intégrales suivantes.

a) $\int_{-2}^{1} e^x (e^x - 1) \, dx$ *b)* $\int_{-\frac{\pi}{6}}^{\frac{\pi}{3}} \tan x \, dx$

c) $\int_{0}^{2} (2x + 1)\sqrt{2x + 1} \, dx$ *d)* $\int_{2}^{1} \frac{1}{x^2} e^{\frac{1}{x}} \, dx$

e) $\int_{\frac{1}{e}}^{e^3} \frac{\ln x}{x} \, dx$ *f)* $\int_{e}^{e^3} \frac{1}{x \ln x} \, dx$

g) $\int_{e}^{e^3} \frac{1}{x(\ln x)^2} \, dx$ *h)* $\int_{\frac{\pi}{4}}^{\frac{\pi}{3}} \frac{1 + \tan^2 x}{\tan x} \, dx.$

13 Soit f la fonction définiesur l'intervalle $\left]-\frac{\pi}{2} ; \frac{\pi}{2}\right[$ par : $f(x) = \frac{1}{1 - \sin x}$.

1. Exprimer à l'aide d'une intégrale la primitive de la fonction f qui s'annule en 0.

2. Déterminer cette primitive.

(On pourra remarquer que :

$\forall x \in \left]-\frac{\pi}{2} ; \frac{\pi}{2}\right[, \ \frac{1}{1 - \sin x} = \frac{1 + \sin x}{(1 - \sin x)(1 + \sin x)}$.*)*

Intégration par parties

14 À l'aide d'une intégration par parties, calculer les intégrales suivantes.

a) $\int_0^{\frac{\pi}{2}} (2x+1)\cos x \, dx$ *b)* $\int_0^{\pi} (x-1)\sin 3x \, dx$

c) $\int_0^{2} (2x+1)e^{2x} \, dx$ *d)* $\int_2^{3} (2x+1)\ln x \, dx$.

15 À l'aide d'une intégration par parties, calculer les intégrales suivantes.

a) $\int_1^{e} x^2 \ln x \, dx$ *b)* $\int_1^{e^2} \sqrt{x}\, \ln x \, dx$

c) $\int_0^{\frac{\pi}{4}} \frac{x}{\cos^2 x} \, dx$ *d)* $\int_0^{1} x\sqrt{x+1} \, dx$.

16 Dans chacun des cas suivants, à l'aide d'une intégration par parties déterminer une primitive de la fonction f sur K.

a) $f(x) = (x+1)\cos x$, $K = \mathbb{R}$

b) $f(x) = \frac{\ln x}{\sqrt{x}}$, $K =]0\,;+\infty[$

c) $f(x) = (3x+2)e^{2x}$, $K = \mathbb{R}$

d) $f(x) = \ln\frac{x^2-1}{x^2}$, $K =]1\,;+\infty[$.

17 À l'aide de deux intégrations par parties, calculer les intégrales suivantes.

a) $\int_0^{\pi} x^2 \cos x \, dx$ *b)* $\int_0^{\frac{\pi}{2}} x^2 \sin 2x \, dx$

c) $\int_0^{1} x^2 e^x \, dx$ *d)* $\int_0^{1} (3x^2 - x + 1)\, e^x \, dx$

e) $\int_0^{1} x^2 e^{3x} \, dx$ *f)* $\int_{-1}^{0} (1+x)^2 e^{-x} \, dx$

g) $\int_0^{\pi} \cos x \, e^x \, dx$ *h)* $\int_{\frac{\pi}{2}}^{-\frac{\pi}{2}} \cos 3x \, e^{2x} \, dx$.

Changement de variable affine

18 À l'aide d'un changement de variable affine, calculer les intégrales suivantes.

a) $\int_0^{1} x\sqrt{x+1} \, dx$ *b)* $\int_{-8}^{-3} x\sqrt{1-x} \, dx$

c) $\int_0^{\frac{1}{2}} x^2\sqrt{2x+1} \, dx$ *d)* $\int_{\frac{5}{3}}^{2} \frac{x^2}{(3x-4)^5} \, dx$.

19 Soit a et b deux nombres réels strictement positifs.

1. Démontrer, à l'aide d'un changement de variable affine, que : $\int_1^{a} \frac{dt}{t} = \int_b^{ab} \frac{dt}{t}$.

2. Quelle propriété de la fonction logarithme népérien retrouve-t-on ?

20 Sans faire de calcul, donner les valeurs des intégrales suivantes.

a) $\int_{-\frac{\pi}{6}}^{\frac{\pi}{6}} (x^3 - \tan x) \, dx$ *b)* $\int_{-\frac{\pi}{4}}^{\frac{\pi}{4}} 2x^2 \sin x \, dx$

c) $\int_{-\frac{\pi}{4}}^{\frac{7\pi}{4}} (\cos x + \sin x) \, dx$ *d)* $\int_{-1}^{1} \ln\left(\frac{2-x}{2+x}\right) dx$.

21 **1.** Calculer $\int_0^{\pi} \sin x \, dx$.

2. En déduire la valeur des intégrales suivantes.

a) $\int_{-\pi}^{\pi} \sin x \, dx$ et $\int_{-\pi}^{\pi} |\sin x| \, dx$

b) $\int_0^{2\pi} \sin x \, dx$ et $\int_0^{2\pi} |\sin x| \, dx$

c) $\int_0^{3\pi} \sin x \, dx$ et $\int_0^{3\pi} |\sin x| \, dx$

d) $\int_{-\frac{5\pi}{2}}^{\frac{\pi}{2}} |\sin x| \, dx$.

Intégration de fonctions particulières

22 Calculer les intégrales suivantes.

a) $\int_0^{\frac{\pi}{2}} (\cos^3 x - 3\cos x \sin x) \, dx$ *b)* $\int_{-\frac{\pi}{2}}^{0} \sin^4 x \, dx$

c) $\int_{-\frac{\pi}{4}}^{\frac{\pi}{4}} \cos^5 x \, dx$ *d)* $\int_0^{\frac{\pi}{4}} \cos^2 x \cos 2x \, dx$.

23 On considère les deux intégrales :

$A = \int_0^{\frac{\pi}{4}} \sin^2 x \cos^4 x \, dx$ et $B = \int_0^{\frac{\pi}{4}} \cos^2 x \sin^4 x \, dx$.

1. Calculer $A + B$ et $A - B$.

2. En déduire les valeurs de A et B.

24 On considère la fonction $f : x \mapsto \frac{2x+5}{(x+1)^2}$

1. Déterminer deux nombres réels a et b tels que :

$\forall x \in \mathbb{R}\setminus\{-1\}, f(x) = \frac{a}{x+1} + \frac{b}{(x+1)^2}$.

2. En déduire la valeur de $\int_0^{3} \frac{2x+5}{(x+1)^2} \, dx$.

25 On considère la fonction $f : x \mapsto \frac{x^2-1}{x(x^2+1)}$.

1. Déterminer trois nombres réels a, b et c tels que :

$\forall x \in \mathbb{R}^*, f(x) = \frac{a}{x} + \frac{bx+c}{x^2+1}$.

2. En déduire la valeur de $\int_1^{3} \frac{x^2-1}{x(x^2+1)} \, dx$.

26 On considère la fonction $f : x \mapsto \frac{x^3+3x^2+5x+2}{x+1}$.

1. Déterminer quatre nombres réels a, b, c et d tels que :

$\forall x \in \mathbb{R}\setminus\{-1\}, f(x) = ax^2 + bx + c + \frac{d}{x+1}$.

2. En déduire la valeur de $\int_0^{3} \frac{x^3+3x^2+5x+2}{x+1} \, dx$.

Calcul approché d'une intégrale

27 En utilisant la méthode des rectangles, déterminer une valeur approchée de :

$$\int_{-\frac{1}{2}}^{1} \sqrt{1+x^2}\,dx.$$

(On partagera l'intervalle $\left[-\frac{1}{2}\,;\,1\right]$ en 15 intervalles de même amplitude.)

28 Soit $A = \int_{\frac{3}{5}}^{\frac{4}{5}} \sqrt{1-x^2}\,dx$.

1. En utilisant la méthode des rectangles et en partageant l'intervalle $\left[\frac{3}{5}\,;\,\frac{4}{5}\right]$ en 10 intervalles de même amplitude, déterminer un encadrement de A.

2. Déterminer le nombre d'intervalles nécessaire pour obtenir, par cette méthode, un encadrement d'amplitude inférieure à 2×10^{-3}.

29 **1.** Calculer $\int_0^1 \frac{dx}{1+x}$.

2. *a)* En partageant l'intervalle $[0\,;\,1]$ en n intervalles de même amplitude, déterminer par la méthode des rectangles une valeur approchée en fonction de n de cette intégrale.

b) En déduire que : $\lim_{n \to +\infty} \sum_{p=1}^{n} \frac{1}{n+p} = \ln 2$.

Calculs d'aires et de volumes

30 L'unité graphique est égale à 1 cm sur chaque axe du repère.

Le pétale de la fleur ci-contre, correspondant à $x \geq 0$ et $y \geq 0$, est limité par les courbes représentatives d'une fonction polynôme du second degré de $[0\,;\,2]$ dans $[0\,;\,2]$ et de sa fonction réciproque.

Calculer l'aire, en cm^2, de la fleur.

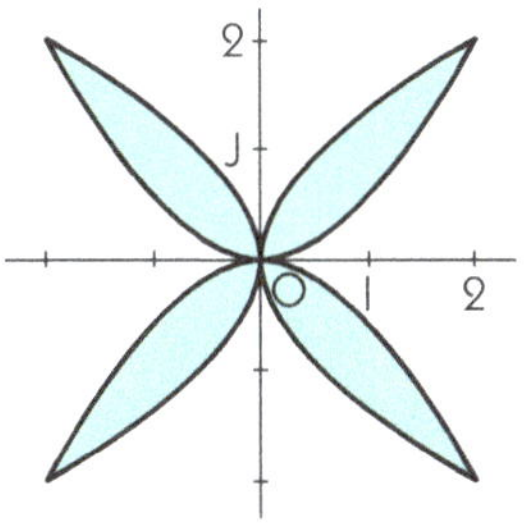

31 On considère les fonctions :

$f : x \mapsto \frac{1}{4}x^4 - \frac{3}{2}x^2 + \frac{3}{2}x$ et $g : x \mapsto \frac{1}{4}x^2$.

1. Résoudre dans $\mathbb{R}$ l'inéquation : $f(x) \leq g(x)$.

2. Représenter graphiquement les fonctions f et g sur le même graphique.

3. Calculer l'aire, en unités d'aire, du domaine constitué des points dont les coordonnées vérifient : $f(x) \leq y \leq g(x)$.

32 Soit f la fonction définie par :

$$\begin{cases} f(x) = x \ln |x|, \text{ si } x \neq 0 \\ f(0) = 0 \end{cases}.$$

1. *a)* Étudier la continuité et la dérivabilité de f sur son ensemble de définition.

b) Étudier f et tracer sa courbe représentative $(\mathscr{C})$.

2. *a)* Calculer l'aire, en unités d'aire, du domaine délimité par $(\mathscr{C})$, (OI) et les droites d'équations $x = a$ et $x = 1$ $(0 < a < 1)$.

b) Quelle est la limite de cette aire lorsque a tend vers 0 ?

3. En déduire l'aire, en unités d'aire, du domaine délimité par $(\mathscr{C})$, (OI) et les droites d'équations $x = -1$ et $x = 1$.

33 Le repère (O, I, J) est orthonormé.

Soit la fonction $f : x \mapsto x + \frac{1 - e^x}{1 + e^x}$ et $(\mathscr{C})$ sa courbe représentative.

1. *a)* Démontrer que f est une fonction impaire.

b) Étudier f et tracer $(\mathscr{C})$.

2. *a)* Déterminer les primitives de f.

(On pourra remarquer que : $\frac{1}{1+e^x} = 1 - \frac{e^x}{1+e^x}$.)

b) Calculer l'aire, en unités d'aire, du domaine délimité par $(\mathscr{C})$ et les droites d'équations $y = x - 1$, $x = 0$ et $x = a$ $(a > 0)$.

c) Quelle est la limite de cette aire lorsque a tend vers $+\infty$?

34 Pour tout entier naturel non nul n et tout nombre réel a supérieur ou égal à 1, on désigne par $D_n(a)$ l'ensemble des points $M\binom{x}{y}$ tels que : $\begin{cases} 1 \leq x \leq a \\ 0 \leq y \leq \frac{1}{x^n} \end{cases}$.

1. Calculer l'aire, en unités d'aire, de $D_1(a)$.
Déterminer la limite de cette aire lorsque a tend vers $+\infty$.

2. Calculer l'aire, en unités d'aire, de $D_n(a)$, pour $n > 1$.
Démontrer que cette aire a une limite finie lorsque a tend vers $+\infty$.

35 Le repère (O, I, J) est orthonormé.

$(\mathscr{C}_1)$ et $(\mathscr{C}_2)$ sont les courbes représentatives sur l'intervalle $[0\,;\,1]$ des fonctions :

$x \mapsto x^2$ et $x \mapsto \sqrt{x}$.

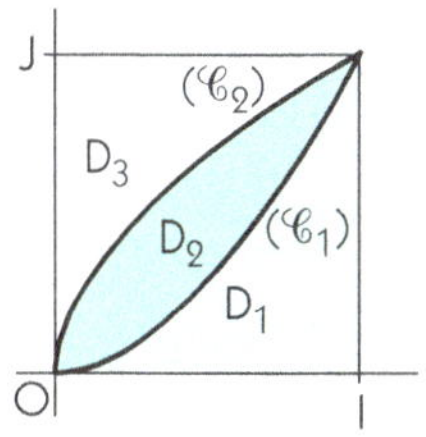

1. Vérifier que les domaines D_1, D_2 et D_3 ont la même aire.

2. En tournant autour de (OI), les domaines $D_1 \cup D_2$ (colorié) et D_3 engendrent deux solides S_1 et S_2.

a) Comparer les volumes de S_1 et S_2.

b) Pouvait-on prévoir un tel résultat ?

APPROFONDISSEMENT

36 **1.** Démontrer que :
$\forall\, t \in [0\,;\,1],\ 0 \leq 1 - t + t^2 - t^3 + t^4 - \frac{1}{1+t} \leq t^5$.

2. En déduire que : $\forall\, x \in [0\,;\,1]$,
$0 \leq x - \frac{x^2}{2} + \frac{x^3}{3} - \frac{x^4}{4} + \frac{x^5}{5} - \ln(1+x) \leq \frac{x^6}{6}$.

3. Déduire de l'inégalité précédente un nombre rationnel qui est une valeur approchée de $\ln(1{,}1)$ à 2×10^{-7} près par excès.

37 **1.** Démontrer que, pour tous entiers naturels p et q, on a : $\int_0^1 x^p (1-x)^q\,dx = \int_0^1 x^q (1-x)^p\,dx$.

2. Calculer l'intégrale : $\int_0^1 x^2 (1-x)^{15}\,dx$.

38 Soit F et G les fonctions définies par :
$F(x) = \ln\left(\tan \frac{x}{2}\right)$ et $G(x) = \ln\left(x + \sqrt{1+x^2}\right)$.

1. Préciser les ensembles de dérivabilité de F et de G, puis déterminer leurs fonctions dérivées.
2. En déduire le calcul des intégrales :

$$\int_{\frac{\pi}{3}}^{\frac{\pi}{2}} \frac{1}{\sin t}\,\mathrm{d}t \quad \text{et} \quad \int_{-1}^{1} \frac{\mathrm{d}t}{\sqrt{1+t^2}}.$$

39 Soit la fonction $f : x \mapsto (2 - x)\mathrm{e}^x$ et $(\mathscr{C})$ sa courbe représentative.
1. Étudier la fonction f et tracer $(\mathscr{C})$.
2. Soit P la plaque homogène délimitée par $(\mathscr{C})$, (OI) et les droites d'équations $x = -1$ et $x = 2$.
Déterminer les coordonnées du centre d'inertie G de P.

40 Déterminer la position du centre d'inertie d'un demi-disque homogène de rayon R.

41 On désigne par $(\mathscr{C})$ la courbe représentative de la fonction $x \mapsto x \ln x$.
1. Déterminer les coordonnées du centre d'inertie d'une plaque homogène délimitée par $(\mathscr{C})$, (OI) et les droites d'équations $x = a$ et $x = 1$ $(0 < a < 1)$.
2. Déterminer la position limite de ce centre d'inertie, lorsque a tend vers 0.

42 La trajectoire $(\mathscr{C})$ d'un point mobile M du plan est définie par :
$x(t) = \cos t + \cos^2 t$ et $y(t) = \sin t + \dfrac{\sin 2t}{2}$ $(t \in \mathbb{R})$.
Calculer la distance parcourue par M entre les instants 0 et $\frac{\pi}{2}$.

43 La courbe $(\mathscr{C})$ ci-dessous représente la trajectoire entre les instants 0 et 10 d'un mobile M dont le mouvement est tel qu'à tout instant t le vecteur accélération $\overrightarrow{\Gamma(t)}$ a pour coordonnées : $(\cos t - t\sin t\,;\, \sin t + t\cos t)$.

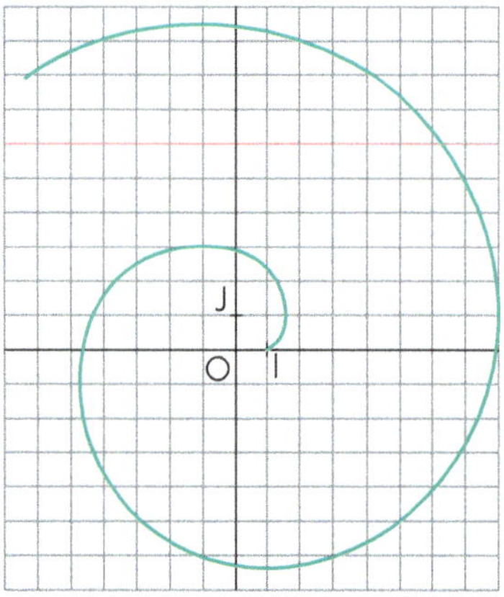

À l'instant $t = \frac{\pi}{2}$, le mobile est en $\mathrm{M}\begin{pmatrix}\frac{\pi}{2}\\ 1\end{pmatrix}$ et son vecteur vitesse a pour coordonnées $\left(0\,;\,\frac{\pi}{2}\right)$.
1. *a)* Déterminer le vecteur vitesse $\overrightarrow{\mathrm{V}(t)}$.
b) Calculer $\|\overrightarrow{\mathrm{V}(t)}\|$ et en déduire la longueur de $(\mathscr{C})$.
2. Déterminer une équation paramétrique de la courbe $(\mathscr{C})$.

44 **1.** Soit x un élément de $[0\,;+\infty[$.
Démontrer que : $\displaystyle\int_0^x \cos t\,\mathrm{d}t \leq x$.
En déduire que : $\forall x \in [0\,;+\infty[,\ \sin x \leq x$.
2. Par un procédé analogue, démontrer les inégalités suivantes :

a) $\forall x \in [0\,;+\infty[,\quad \cos x \geq 1 - \dfrac{x^2}{2}$
b) $\forall x \in [0\,;+\infty[,\quad \sin x \geq x - \dfrac{x^3}{6}$
c) $\forall x \in [0\,;+\infty[,\quad \cos x \leq 1 - \dfrac{x^2}{2} + \dfrac{x^4}{24}$
d) $\forall x \in [0\,;+\infty[,\quad \sin x \leq x - \dfrac{x^3}{6} + \dfrac{x^5}{120}$
e) $\forall x \in [0\,;+\infty[,\quad \cos x \geq 1 - \dfrac{x^2}{2} + \dfrac{x^4}{24} - \dfrac{x^6}{720}$.

3. Déduire de *c)* et *e)* que :
$\forall x \in \mathbb{R},\ 1 - \dfrac{x^2}{2} + \dfrac{x^4}{24} - \dfrac{x^6}{720} \leq \cos x \leq 1 - \dfrac{x^2}{2} + \dfrac{x^4}{24}$.
4. Démontrer que $\dfrac{337}{384}$ est une valeur approchée par excès de $\cos\dfrac{1}{2}$ à $2{,}5 \times 10^{-5}$ près.

45 Le repère (O, I, J) est orthonormé.
1. En considérant l'aire du disque de centre O et de rayon 1, justifier que : $\displaystyle\int_0^1 \sqrt{1-x^2}\,\mathrm{d}x = \frac{\pi}{4}$.
2. *a)* Soit a et b deux nombres réels strictement positifs. Déterminer l'aire, en unités d'aire, du domaine délimité par l'ellipse d'équation réduite : $\left(\dfrac{x}{a}\right)^2 + \left(\dfrac{y}{b}\right)^2 = 1$.
b) Sur la figure ci-dessous, on a représenté les fonctions :

$x \mapsto \sqrt{1 - \left(\dfrac{x-1}{3}\right)^2}$, $\quad x \in [-2\,;1]$

$x \mapsto \sqrt{1-(x-1)^2}$, $\quad x \in [1\,;2]$

$x \mapsto -\sqrt{1 - \left(\dfrac{x}{2}\right)^2}$, $\quad x \in [-2\,;2]$.

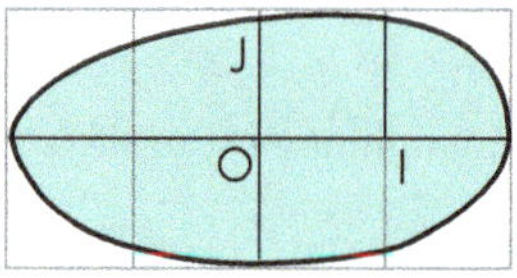

Comparer l'aire du domaine colorié avec celle du domaine délimité par l'ellipse d'équation réduite : $\left(\dfrac{x}{2}\right)^2 + y^2 = 1$.

3. Sur la figure ci-après on a représenté les fonctions :

$x \mapsto \sqrt{1-(x+1)^2}$, $\quad x \in [-2\,;-1]$

$x \mapsto 2 - \sqrt{1-(x+1)^2}$, $\quad x \in [-1\,;0]$

$x \mapsto 1 + \cos\left(\dfrac{\pi}{2}x\right) + \sqrt{1-(x-1)^2}$, $\quad x \in [0\,;2]$

$x \mapsto -\sqrt{1-\left(\dfrac{x}{2}\right)^2}$, $\quad x \in [-2\,;2]$.

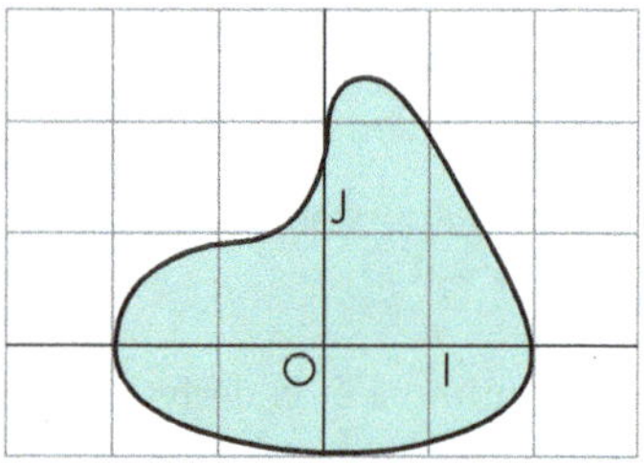

Déterminer l'aire, en unités d'aire, du domaine colorié.

46 Calcul de $\int_0^1 \sqrt{x^2+3}\,\mathrm{d}x$

Le repère (O, I, J) est orthonormé.
Soit la fonction $f : x \mapsto 1 - x + \sqrt{x^2+3}$ et $(\mathscr{C})$ sa courbe représentative.
1. *a)* Étudier f et tracer $(\mathscr{C})$.
b) En déduire que f admet une fonction réciproque, dont on précisera l'ensemble de définition D.
2. *a)* Tracer, sur le même graphique que $(\mathscr{C})$, la courbe représentative de f^{-1}.
b) Démontrer que : $\forall x \in \mathrm{D}, f^{-1}(x) = \dfrac{3-(x-1)^2}{2(x-1)}$.
3. *a)* Calculer : $\int_2^{1+\sqrt{3}} f^{-1}(x)\,\mathrm{d}x$.
b) En déduire $\int_0^1 f(x)\,\mathrm{d}x$, puis $\int_0^1 \sqrt{x^2+3}\,\mathrm{d}x$.

47 Soit $(\mathrm{I}_n)_{n\in\mathbb{N}}$ la suite définie par :
$\mathrm{I}_n = \int_0^{\frac{\pi}{4}} \dfrac{\mathrm{d}x}{\cos^{2n+1} x}$.
1. Déterminer deux nombres réels a et b tels que :
$\forall x \in \left[0 ; \frac{\pi}{4}\right], \dfrac{1}{\cos x} = \dfrac{a\cos x}{1-\sin x} + \dfrac{b \cos x}{1+\sin x}$.
En déduire la valeur de I_0.
2. Démontrer, à l'aide d'une intégration par parties, que :
$\forall n \in \mathbb{N}^*, 2n\,\mathrm{I}_n = (2n-1)\mathrm{I}_{n-1} + \dfrac{2^n}{\sqrt{2}}$.
(On pourra écrire I_n sous la forme :
$I_n = \int_0^{\frac{\pi}{4}} \dfrac{1}{\cos^{2n-1} x}\,\dfrac{1}{\cos^2 x}\,\mathrm{d}x$.*)*

48 Soit $(\mathrm{I}_n)_{n\in\mathbb{N}}$ la suite définie par :
$\mathrm{I}_n = \int_0^{\frac{\pi}{3}} \dfrac{\sin^n x}{\cos x}\,\mathrm{d}x$.
1. Calculer I_0 et I_1. *(Pour I_0, on pourra procéder comme dans l'exercice précédent.)*
2. Calculer l'intégrale $\int_0^{\frac{\pi}{3}} \sin^n x \cos x\,\mathrm{d}x$.
3. En déduire l'expression de $\mathrm{I}_{n+2} - \mathrm{I}_n$ en fonction de n, puis la valeur de I_2, I_3, I_4 et I_5.

49 Soit $(\mathrm{I}_n)_{n\in\mathbb{N}}$ la suite définie par :
$\mathrm{I}_n = \int_{\frac{\pi}{4}}^{\frac{\pi}{2}} \dfrac{\cos^n x}{\sin^2 x}\,\mathrm{d}x$.
1. Calculer I_0, I_1 et I_2. *(Pour I_0, on pourra utiliser le changement de variable : $t = \frac{\pi}{2} - x$.)*
2. Démontrer que la suite (I_n) est positive et décroissante. Est-elle convergente ?
3. *a)* Démontrer que pour tout x élément de l'intervalle $\left[\frac{\pi}{4} ; \frac{\pi}{2}\right]$ et tout entier naturel n non nul, on a :
$0 \leq \dfrac{\cos^n x}{\sin^2 x} \leq 2\left(\dfrac{\sqrt{2}}{2}\right)^n$.
b) En déduire la limite de la suite (I_n).

50 Soit $(\mathrm{I}_n)_{n\in\mathbb{N}}$ la suite définie par :
$\mathrm{I}_n = \int_0^1 x^n\sqrt{1-x}\,\mathrm{d}x$.
1. À l'aide d'une intégration par parties, trouver une relation de récurrence entre I_n et I_{n+1}.
2. Calculer I_0.
3. En déduire I_n.

51 Un encadrement de π

Soit $(\mathrm{I}_n)_{n\in\mathbb{N}}$ la suite définie par : $\mathrm{I}_n = \int_0^{\pi} \sin^n x\,\mathrm{d}x$.
1. Calculer I_0 et I_1.
2. Sans calculer I_n, démontrer que la suite (I_n) est décroissante.
3. À l'aide d'une intégration par parties, démontrer que :
$\forall n \in \mathbb{N}, \mathrm{I}_{n+2} = \dfrac{n+1}{n+2}\,\mathrm{I}_n$.
4. *a)* Calculer I_9, I_{10} et I_{11}.
b) En déduire que : $\dfrac{2^{17}}{3^4 \times 7^2 \times 11} \leq \pi \leq \dfrac{2^{16}}{3^4 \times 5 \times 7^2}$.

52 Soit $(\mathrm{I}_n)_{n\in\mathbb{N}}$ la suite définie par :
$\mathrm{I}_n = \int_0^{\frac{\pi}{4}} \tan^n x\,\mathrm{d}x$.
1. Démontrer que la suite (I_n) est positive et décroissante.
2. *a)* Pour tout entier naturel n, déterminer la dérivée de la fonction $x \mapsto \tan^{n+1} x$.
b) En déduire que :
- $\forall n \in \mathbb{N}^*, \mathrm{I}_n + \mathrm{I}_{n+2} = \dfrac{1}{n+1}$ (1) ;
- $\forall n \in \mathbb{N}^*, \dfrac{1}{2n+1} \leq \mathrm{I}_n \leq \dfrac{1}{n+1}$;
- $\lim\limits_{n \to +\infty} \mathrm{I}_n = 0$.

c) On pose : $\forall n \in \mathbb{N}^*, f(n) = \mathrm{I}_{n+4} - \mathrm{I}_n$.
Utiliser (1) pour démontrer que :
$\forall n \in \mathbb{N}^*, f(n) = \dfrac{1}{n+3} - \dfrac{1}{n+1}$.
3. *a)* Calculer I_2.
b) Démontrer que : $\forall n \in \mathbb{N}^*$,
$f(2) + f(6) + f(10) + \ldots + f(4n-2) = \mathrm{I}_{4n+2} - \mathrm{I}_2$.
c) En déduire que :
$\lim\limits_{n \to +\infty}\left(1 - \dfrac{1}{3} + \dfrac{1}{5} - \dfrac{1}{7} + \ldots - \dfrac{1}{4n-1} + \dfrac{1}{4n+1}\right) = \dfrac{\pi}{4}$.
4. *a)* Calculer I_1.
b) Démontrer que : $\forall n \in \mathbb{N}^*$,
$f(1) + f(5) + f(9) + \ldots + f(4n-3) = \mathrm{I}_{4n+1} - \mathrm{I}_1$.
c) En déduire que :
$\lim\limits_{n \to +\infty}\left(1 - \dfrac{1}{2} + \dfrac{1}{3} - \dfrac{1}{4} + \ldots + \dfrac{1}{2n-1} - \dfrac{1}{2n}\right) = \ln 2$.

53 Soit la fonction $\mathrm{F} : x \mapsto \int_x^{x^2} \dfrac{1}{t}\,\mathrm{e}^{-\frac{1}{t}}\,\mathrm{d}t$.
1. Justifier que l'ensemble de définition de la fonction F est $]0 ; +\infty[$.
2. Utiliser les propriétés de comparaison des intégrales pour étudier le signe de la fonction F.
3. *a)* Étudier la dérivabilité de F sur son ensemble de définition puis déterminer sa fonction dérivée.
b) En déduire le sens de variation de F et retrouver ainsi son signe.

54 On rappelle que : $\forall x \in]0 ; +\infty[, \ln x \leq x - 1$.
A – Soit f la fonction définie par :
$\begin{cases} f(x) = \dfrac{x}{x - \ln x}, \text{ si } x > 0 \\ f(0) = 0 \end{cases}$
et $(\mathscr{C})$ sa courbe représentative.
1. Étudier la continuité et la dérivabilité de f sur son ensemble de définition.
2. Étudier f et tracer $(\mathscr{C})$. *(On construira la demi-tangente en O et la tangente au point d'abscisse 1.)*

B – On se propose d'étudier la fonction F définie par :

$F(x) = \int_1^x f(t)\,dt$.

1. *a)* Justifier que F est définie et dérivable sur $[0\,;+\infty[$.

b) Étudier le sens de variation de F.

2. Déterminer le signe de F.

Donner une interprétation graphique de ce résultat.

3. *a)* Démontrer que : $\forall\, t \in [0\,;1],\ f(t) \leq t$.

b) En déduire que :

- $\forall\, x \in [0\,;1],\ \dfrac{x^2-1}{2} \leq F(x) \leq 0$;
- $-\dfrac{1}{2} \leq F(0) \leq 0$.

(On ne demande pas la valeur exacte de F(0).)

4. *a)* Démontrer que : $\forall\, t \in [1\,;+\infty[,\ 1 \leq f(t)$.

b) En déduire que :

- $\forall\, x \in [1\,;+\infty[,\ x-1 \leq F(x)$;
- $\lim\limits_{x \to +\infty} F(x) = +\infty$.

5. *a)* Démontrer que :

$\forall\, t \in [1\,;+\infty[,\ 1 + \dfrac{\ln t}{t} \leq f(t) \leq 1 + \ln t$.

b) En déduire que :

$\forall\, x \in [1\,;+\infty[,\ x + \dfrac{\ln(x)^2}{2} - 1 \leq F(x) \leq x \ln x$.

c) Déterminer une valeur approchée à 10^{-2} près de F(2), F(3), F(4) et F(5).

(On prendra la moyenne arithmétique des valeurs qui encadrent chacun de ces nombres.)

55 Irrationalité de e

1. *a)* Démontrer que :

$\forall\, x \in [0\,;1],\ 1 + x \leq e^x \leq 1 + x + x$.

(On pourra étudier les variations de la fonction $f : x \mapsto e^x - 1 - 2x$ et on admettra que $e < 3$.)

b) Déduire de la question précédente que :

$\forall\, x \in [0\,;1],\ 1 + x + \dfrac{x^2}{2} \leq e^x \leq 1 + x + \dfrac{x^2}{2} + \dfrac{x^2}{2}$.

c) À l'aide d'un raisonnement par récurrence, démontrer que pour tout entier naturel non nul n, on a :

$\forall\, x \in [0\,;1],\ \sum\limits_{k=0}^{n} \dfrac{x^k}{k\,!} \leq e^x \leq \left(\sum\limits_{k=0}^{n} \dfrac{x^k}{k\,!}\right) + \dfrac{x^n}{n\,!}$.

2. On considère les suites $(u_n)_{n\in\mathbb{N}^*}$ et $(v_n)_{n\in\mathbb{N}^*}$ de termes généraux : $u_n = \sum\limits_{k=0}^{n} \dfrac{1}{k\,!}$ et $v_n = u_n + \dfrac{1}{n\,!}$.

a) Démontrer que : $\forall\, n \in \mathbb{N}^*,\ u_n \leq e \leq v_n$.

b) En déduire que :

$\forall\, n \in \mathbb{N}^*,\ e - \dfrac{1}{n\,!} \leq u_n \leq e$ et $e \leq v_n \leq e + \dfrac{1}{n\,!}$.

c) Démontrer que les suites (u_n) et (v_n) convergent toutes deux vers e.

d) Démontrer que les suites (u_n) et (v_n) sont monotones.

3. *L'objectif de cette partie est de démontrer que le nombre e est irrationnel.*

Soit q un nombre entier naturel non nul.

On pose : $p = q\,e$.

a) Démontrer que : $q\,!\,u_q \leq p\,(q-1)\,! \leq q\,!\,u_q + 1$.

b) Démontrer que : $q\,!\,u_q \in \mathbb{N}$.

c) Démontrer que p n'est pas un nombre entier.

d) Conclure.

15

Équations différentielles

Introduction

Ce chapitre traite des équations différentielles du premier ordre et du deuxième ordre à coefficients constants, sans second membre. Il permet de démontrer certains résultats de physique que l'élève a appris à utiliser. Son champ d'application s'étend également à la géométrie, la démographie, la chimie et la biologie.

Famille de solutions d'une équation différentielle du premier degré.

SOMMAIRE

1 Généralités

1.1. Notion d'équation différentielle

• Soit les fonctions $f : x \mapsto e^{4x}$ et $g : x \mapsto \sin 5x$.

– Calculer la dérivée f' de f et démontrer que, pour tout nombre réel x, on a :

$f'(x) - 4f(x) = 0$.

– Calculer la dérivée seconde g'' de g et démontrer que, pour tout nombre réel x, on a :

$g''(x) + 25g(x) = 0$.

La fonction f est dérivable sur $\mathbb{R}$. Elle est liée à sa dérivée f' par la relation : $f' - 4f = 0$.
On dit que f est solution de l'équation différentielle : $y' - 4y = 0$.
De même la fonction g est solution de l'équation différentielle : $y'' + 25y = 0$.

• *Oscillateur mécanique libre*
Sur la figure ci-contre, le solide S de centre d'inertie G est soumis à trois forces :

– son poids $\vec{P}$,

– la réaction $\vec{R}$ de la tige sur laquelle il coulisse,

– la tension $\vec{T}$ du ressort.

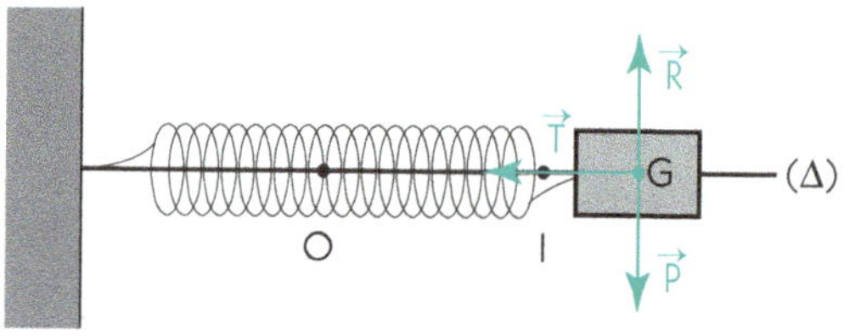

D'après le théorème du centre d'inertie on a : $\vec{P} + \vec{R} + \vec{T} = m\overrightarrow{\gamma(t)}$, où m désigne la masse de S et $\overrightarrow{\gamma(t)}$ son vecteur accélération à l'instant t.
Or : $\vec{P} + \vec{R} = \vec{0}$; donc : $\vec{T} = m\overrightarrow{\gamma(t)}$.
Désignons par $x(t)$ la position de G dans le repère (O, I) à l'instant t ; on a : $\overrightarrow{\gamma(t)} = x''(t)\overrightarrow{OI}$.
La tension du ressort à l'instant t est donnée par la formule $\vec{T} = -kx(t)\overrightarrow{OI}$, où k est la constante de raideur du ressort. On a : $-kx(t) = mx''(t)$.
On en déduit que le mouvement de l'oscillateur est solution de l'équation différentielle : $x'' + \frac{k}{m}x = 0$.

Vocabulaire et notation

• Une relation entre une fonction inconnue et ses dérivées successives est appelée ***équation différentielle***. La fonction inconnue est souvent notée y et ses dérivées successives y', y'', y''', ...

• Une équation différentielle est dite ***d'ordre n*** lorsque le plus grand ordre des dérivées intervenant dans cette équation est n.
Ainsi, $2y'' - y' - y = 0$ est une équation différentielle d'ordre 2.

• Toute fonction vérifiant une équation différentielle sur un intervalle ouvert K est appelée ***solution sur K*** de cette équation différentielle.
Ainsi, la fonction $x \mapsto e^x$ est une solution sur $\mathbb{R}$ de l'équation différentielle : $2y'' - y' - y = 0$.

• ***Résoudre (ou intégrer)*** une équation différentielle sur un intervalle ouvert K c'est déterminer l'ensemble des solutions sur K de cette équation différentielle.

• La courbe représentative d'une solution d'une équation différentielle est appelée ***courbe intégrale*** de cette équation différentielle.

1.2. Équations de types $y' = f(x)$ et $y'' = g(x)$

Équations du type $y' = f(x)$

1. Résoudre sur $\mathbb{R}$ l'équation différentielle (E_1) : $y' = -6x^2$.

Une primitive sur $\mathbb{R}$ de la fonction $x \mapsto -6x^2$ est la fonction : $x \mapsto -2x^3$.
Donc, les solutions sur $\mathbb{R}$ de (E_1) sont les fonctions : $x \mapsto -2x^3 + c$ $(c \in \mathbb{R})$.

2. Résoudre sur $]-\frac{\pi}{2}\,;\,\frac{\pi}{2}[$ l'équation différentielle $(E_2) : y' = 1 + \tan^2 x$.

Déterminer la solution de (E_2) vérifiant : $y(0) = 1$.

Une primitive sur $]-\frac{\pi}{2}\,;\,\frac{\pi}{2}[$ de la fonction $x \mapsto 1 + \tan^2 x$ est la fonction : $x \mapsto \tan x$.

Donc, les solutions sur $]-\frac{\pi}{2}\,;\,\frac{\pi}{2}[$ de (E_2) sont les fonctions : $x \mapsto \tan x + c$ $(c \in \mathbb{R})$.

$y(0) = 1 \Leftrightarrow c = 1$; donc la solution sur $]-\frac{\pi}{2}\,;\,\frac{\pi}{2}[$ de (E_2) vérifiant $y(0) = 1$ est la fonction : $x \mapsto \tan x + 1$.

Équations du type $y'' = g(x)$

1. Résoudre sur $\mathbb{R}$ l'équation différentielle $(E_1) : y'' = \sin x$.

On a : $(E_1) \Leftrightarrow y' = -\cos x + c_1$ $(c_1 \in \mathbb{R})$

$\Leftrightarrow y = -\sin x + c_1 x + c_2$ $(c_1 \in \mathbb{R}, c_2 \in \mathbb{R})$.

Donc, les solutions sur $\mathbb{R}$ de (E_1) sont les fonctions : $x \mapsto -\sin x + c_1 x + c_2$ $(c_1 \in \mathbb{R}, c_2 \in \mathbb{R})$.

2. Résoudre sur $\mathbb{R}$ l'équation différentielle $(E_2) : y'' = e^{-3x}$.

Déterminer la solution de (E_2) vérifiant : $y(0) = \frac{10}{9}$ et $y'(0) = \frac{5}{3}$.

On a : $(E_2) \Leftrightarrow y' = -\frac{1}{3}e^{-3x} + c_1$ $(c_1 \in \mathbb{R})$

$\Leftrightarrow y = \frac{1}{9}e^{-3x} + c_1 x + c_2$ $(c_1 \in \mathbb{R}, c_2 \in \mathbb{R})$.

Donc, les solutions sur $\mathbb{R}$ de (E_2) sont les fonctions : $x \mapsto -\frac{1}{9}e^{-3x} + c_1 x + c_2$ $(c_1 \in \mathbb{R}, c_2 \in \mathbb{R})$.

On a : $\begin{cases} y(0) = \frac{10}{9} \\ y'(0) = \frac{5}{3} \end{cases} \Leftrightarrow \begin{cases} \frac{1}{9} + c_2 = \frac{10}{9} \\ -\frac{1}{3} + c_1 = \frac{5}{3} \end{cases}$

$\Leftrightarrow \begin{cases} c_1 = 2 \\ c_2 = 1. \end{cases}$

Donc, la solution sur $\mathbb{R}$ de (E_2) vérifiant $y(0) = \frac{10}{9}$ et $y'(0) = \frac{5}{3}$ est la fonction : $x \mapsto \frac{1}{9}e^{-3x} + 2x + 1$.

Exercices

1.a Résoudre sur l'intervalle K les équations différentielles suivantes.

a) $xy' + 1 = 0$, $K =]0\,;+\infty[$

b) $x^3y' + x^2 + 1 = 0$, $K =]-\infty\,;0[$

c) $e^x y' + e^{-x} = 0$, $K = \mathbb{R}$

d) $y'\sin x - \cos x = 0$, $K =]0\,;\pi[$.

1.b Dans chacun des cas suivants, résoudre sur l'intervalle K l'équation différentielle et déterminer la solution vérifiant la condition initiale donnée.

a) $y'\sqrt{x} = 1 + x$, $K =]0\,;+\infty[$ et $y(1) = 2$

b) $y'\tan 2x + 1 = 0$, $K =]0\,;\frac{\pi}{4}[$ et $y(\frac{\pi}{6}) = 0$

c) $2y'e^{-x} = e^{x-1} + e^{x+1}$, $K = \mathbb{R}$ et $y(0) = e$

d) $xy' - \ln x = 0$, $K =]0\,;+\infty[$ et $y(e) = -1$.

1.c Résoudre sur l'intervalle K les équations différentielles suivantes.

a) $1 + 6x^2 + y'' = 0$, $K = \mathbb{R}$

b) $\cos 2x + 4y'' = 0$, $K = \mathbb{R}$

c) $2y'' + e^{2x} - e^{-2x} = 0$, $K = \mathbb{R}$

d) $2y'' = 1 + \tan^2 x$, $K =]-\frac{\pi}{2}\,;\,\frac{\pi}{2}[$.

1.d Dans chacun des cas suivants, résoudre sur l'intervalle K l'équation différentielle et déterminer la solution vérifiant les conditions initiales données.

a) $y'' = 1 + \tan^2 x$, $K =]-\frac{\pi}{4}\,;\frac{\pi}{4}[$ et $y(0) = y'(0) = 1$

b) $y'' = (x + 1)e^x$, $K = \mathbb{R}$ et $y(0) = y'(0) = e$.

2 Équations du type $y' - ay = 0$

Toute équation $y' - ay = 0$, où a est un nombre réel, est appelée ***équation différentielle linéaire du premier ordre, à coefficients constants, sans second membre***.

L'expression « sans second membre » est un abus de langage qui signifie que le second membre est nul.

2.1. Résolution

Solution générale

On se propose de résoudre sur $\mathbb{R}$ l'équation différentielle (E) : $y' - ay = 0$ ($a \in \mathbb{R}^*$).

- La fonction nulle est solution de (E).

Soit y une solution de (E) ne s'annulant pas sur $\mathbb{R}$.

On a : $y' - ay = 0 \iff \dfrac{y'}{y} = a$

$\iff \exists\, c \in \mathbb{R},\ \ln|y| = ax + c$

$\iff \exists\, c \in \mathbb{R},\ |y| = e^c e^{ax}$.

La fonction y est dérivable et ne s'annule pas sur $\mathbb{R}$; donc elle est de signe constant.

On en déduit que : $\exists\, k \in \mathbb{R}^*,\ y = k e^{ax}$.

Ainsi, en ajoutant la fonction nulle, les fonctions $x \mapsto k e^{ax}$ ($k \in \mathbb{R}$) sont solutions de (E).

- Démontrons que toute solution de (E) est de cette forme.

Soit y une solution de (E) et z la fonction : $x \mapsto y(x)e^{-ax}$.

La fonction z est dérivable sur $\mathbb{R}$ et sa dérivée est la fonction z' : $x \mapsto [y'(x) - ay(x)]e^{-ax}$.

Or : $y' - ay = 0$; donc z' est la fonction nulle et z est une fonction constante.

Donc, il existe un nombre réel k tel que : $\forall x \in \mathbb{R},\ y(x)e^{-ax} = k$.

C'est-à-dire : $\forall x \in \mathbb{R},\ y(x) = ke^{ax}$.

Donc, toute solution de (E) est de la forme : $x \mapsto k e^{ax}$ ($k \in \mathbb{R}$).

De cette étude, on déduit la propriété suivante.

Propriété

Les solutions sur $\mathbb{R}$ de l'équation différentielle $y' - ay = 0$ ($a \in \mathbb{R}$) sont les fonctions : $x \mapsto k e^{ax}$ ($k \in \mathbb{R}$).

Exemples

- Les solutions sur $\mathbb{R}$ de l'équation différentielle $y' - y = 0$ sont les fonctions : $x \mapsto k e^{x}$ ($k \in \mathbb{R}$).
- Les solutions sur $\mathbb{R}$ de l'équation différentielle $y' + 2y = 0$ sont les fonctions : $x \mapsto k e^{-2x}$ ($k \in \mathbb{R}$).

Solution vérifiant une condition initiale

Reprenons l'équation différentielle (E) : $y' - ay = 0$ ($a \in \mathbb{R}$).

Soit x_0 et y_0 deux nombres réels.

On se propose de déterminer les solutions sur $\mathbb{R}$ de (E) vérifiant la condition initiale : $y(x_0) = y_0$.

On a : $y(x_0) = y_0 \iff k e^{ax_0} = y_0$

$\iff k = y_0 e^{-ax_0}$.

Donc la fonction $x \mapsto y_0 e^{a(x - x_0)}$ est l'unique solution sur $\mathbb{R}$ de (E) vérifiant : $y(x_0) = y_0$.

On en déduit la propriété suivante.

Propriété

Pour tout couple (x_0 ; y_0) de nombres réels, l'équation différentielle $y' - ay = 0$ ($a \in \mathbb{R}$) admet une unique solution sur $\mathbb{R}$ qui prend la valeur y_0 en x_0.

Exemple

Les solutions sur $\mathbb{R}$ de l'équation différentielle $y' + \frac{1}{2}y = 0$ sont les fonctions : $x \mapsto ke^{-\frac{1}{2}x}$ $(k \in \mathbb{R})$.
Déterminer parmi ces solutions celle qui prend la valeur 1 en ln4.
On a : $1 = ke^{-\frac{1}{2}\ln 4} \Leftrightarrow k = 2$.
Donc la fonction $x \mapsto 2e^{-\frac{1}{2}x}$ est l'unique solution sur $\mathbb{R}$ vérifiant : $y(\ln 4) = 1$.
Graphiquement, cela signifie que de toutes les courbes intégrales de l'équation différentielle $y' + \frac{1}{2}y = 0$, une seule passe par le point $M_0\begin{pmatrix}\ln 4\\ 1\end{pmatrix}$.

2. 2. Applications

Évolution d'une population

La population du Bénin était de 4,75 millions d'habitants en 1990 et de 5,5 millions d'habitants en 1995. On désigne par $h(t)$ le nombre de millions d'habitants à l'instant t. On suppose que la vitesse d'accroissement de la population est proportionnelle au nombre d'habitants.
Déterminer, dans ces conditions, en quelle année la population du Bénin atteindra 10 millions d'habitants ? 20 millions d'habitants ?

Solution

• La vitesse d'accroissement de la population est la fonction dérivée de h.
Par hypothèse, on a : $h' = ah$ $(a \in \mathbb{R})$; donc, h est de la forme : $t \mapsto k\,e^{at}$ $(k \in \mathbb{R})$.
De plus : $h(1990) = 4{,}75 \Leftrightarrow 4{,}75 = k\,e^{1990a}$
$h(1995) = 5{,}5 \Leftrightarrow 5{,}5 = k\,e^{1995a}$.
On en déduit que : $\frac{5{,}5}{4{,}75} = \frac{k\,e^{1995a}}{k\,e^{1990a}} = e^{5a}$; donc : $a = \frac{1}{5}\ln\frac{22}{19}$.
h est la solution de l'équation différentielle $y' - ay = 0$ $\left(a = \frac{1}{5}\ln\frac{22}{19}\right)$ vérifiant : $h(1990) = 4{,}75$;
h est donc la fonction : $t \mapsto 4{,}75e^{a(t-1990)}$, où $a = \frac{1}{5}\ln\frac{22}{19}$.

• Déterminons l'année où la population du Bénin atteindra 10 millions d'habitants.
On a : $10 = 4{,}75e^{a(t-1990)} \Leftrightarrow \ln\left(\frac{10}{4{,}75}\right) = a(t-1990)$.
On en déduit que : $25{,}39 \approx t - 1990$; d'où : $t \approx 2015{,}39$.
La population du Bénin atteindra 10 millions d'habitants en l'an 2015.
Pour 20 millions d'habitants, on trouve : $t \approx 2039{,}03$.
La population du Bénin atteindra 20 millions d'habitants en l'an 2039.

Décharge d'un condensateur dans un circuit RC

Un condensateur de capacité C tel que C = 200 µF se décharge à travers un conducteur ohmique de résistance R = 1 kΩ.
On admet qu'à tout instant t, la charge q du condensateur vérifie l'équation différentielle : $q' + \frac{1}{RC}q = 0$, où R est exprimée en ohm (Ω) et C en Farad (F).
1. Donner l'expression de $q(t)$ sachant que la charge initiale du condensateur est q_0.
2. On considère que le condensateur est déchargé lorsque la charge est égale à 1 % de la charge initiale.
***a)* Calculer le temps mis par le condensateur pour se décharger.**
***b)* Quelle valeur doit prendre la résistance pour que le temps de décharge soit de 10^{-3} seconde ?**

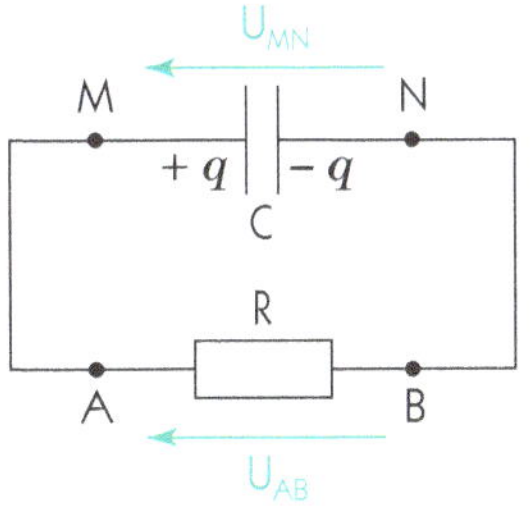

Solution

1. Les solutions sur $\mathbb{R}$ de l'équation différentielle $q' + \frac{1}{RC}q = 0$ sont les fonctions : $t \mapsto k\,e^{-\frac{1}{RC}t}$ $(k \in \mathbb{R})$.
Or : $q(0) = q_0$; donc : $q(t) = q_0e^{-\frac{1}{RC}t}$.

2. *a)* On a : $q(t) = \frac{1}{100} q_0 \Leftrightarrow e^{-\frac{1}{RC}t} = 10^{-2}$
$\Leftrightarrow t = 2 \text{ RC} \ln 10.$

Or : $R = 10^3$ et $C = 200 \times 10^{-6}$; donc : $t \approx 0{,}92$ s.

b) On a de même : $e^{-\frac{1}{RC}t} = 10^{-2} \Leftrightarrow R = \frac{t}{2C\ln 10}$.

On en déduit que : $R \approx 1{,}09\ \Omega$.

Exercices

2.a Résoudre sur $\mathbb{R}$ les équations différentielles suivantes.

a) $y = y'$ *b)* $y' + 2y = 0$

c) $y' = -\frac{y}{2}$ *d)* $y'\sqrt{2} - y\sqrt{3} = 0$.

2.b Dans chacun des cas suivants, résoudre sur $\mathbb{R}$ l'équation différentielle et déterminer la solution vérifiant la condition initiale donnée.

a) $y' - 3y = 0$ et $y(0) = 1$

b) $y' + 3y = 0$ et $y(1) = 1$

c) $4y' - 3y = 0$ et $y(-4) = 1$

d) $y' + y\ln 2 = 0$ et $y(1) = -2$.

2.c **1.** Résoudre sur $\mathbb{R}$ l'équation différentielle :
$$y'' + 2y' = 0.$$
2. Déterminer la solution vérifiant :
$$y(0) = y'(0) = 1.$$

2.d Dans une culture de microbes qui se développent, la vitesse d'accroissement à l'instant t est proportionnelle à la quantité de microbes à cet instant. Sachant qu'il y a 10^5 microbes au bout de 2 heures et 5×10^5 microbes au bout de 6 heures, combien y avait-il initialement de microbes dans cette culture ?

3 Équations du type $y'' + ay' + by = 0$

Toute équation $y'' + ay' + by = 0$, où a et b sont deux nombres réels, est appelée ***équation différentielle linéaire du second ordre, à coefficients constants, sans second membre.***
Nous démontrerons au paragraphe 3.2. que la solution d'une telle équation peut se ramener à celle d'une équation du type : $y'' + \lambda y = 0$ ($\lambda \in \mathbb{R}$).

3.1. Équations du type $y'' + \lambda y = 0$

Lorsque $\lambda = 0$, on a : $y'' = 0$; les solutions sur $\mathbb{R}$ de cette équation différentielle sont les fonctions : $x \mapsto Ax + B$ ($A \in \mathbb{R}$, $B \in \mathbb{R}$).
Lorsque $\lambda \neq 0$, on distingue deux cas : $\lambda < 0$ et $\lambda > 0$.

Équations du type $y'' - \omega^2 y = 0$

On se propose de résoudre sur $\mathbb{R}$ l'équation différentielle (E_1) : $y'' - \omega^2 y = 0$ ($\omega \in \mathbb{R}^*$).
- Vérifier que, pour tous nombres réels A et B, la fonction $x \mapsto Ae^{\omega x} + Be^{-\omega x}$ est solution de (E_1).

Démontrons que toute solution de (E_1) est de cette forme.
Soit y une solution de (E_1) et z la fonction : $x \mapsto y(x)e^{-\omega x}$.
- Démontrer que : $z'' + 2\omega z' = 0$.
- En déduire que z' est de la forme : $x \mapsto k\,e^{-2\omega x}$ ($k \in \mathbb{R}$).
- Déterminer z et établir que y est de la forme : $x \mapsto Ae^{\omega x} + Be^{-\omega x}$ ($A \in \mathbb{R}$, $B \in \mathbb{R}$).

De cette étude, on déduit la propriété suivante.

Propriété

Les solutions sur $\mathbb{R}$ de l'équation différentielle $y'' - \omega^2 y = 0$ ($\omega \in \mathbb{R}^*$) sont les fonctions :
$$x \mapsto Ae^{\omega x} + Be^{-\omega x} \ (A \in \mathbb{R}, B \in \mathbb{R}.$$

Exemple

Les solutions sur $\mathbb{R}$ de l'équation différentielle $y'' - 4y = 0$ sont les fonctions :
$$x \mapsto Ae^{2x} + Be^{-2x} \ (A \in \mathbb{R}, B \in \mathbb{R}).$$

Équations du type $y'' + \omega^2 y = 0$

On se propose de résoudre sur $\mathbb{R}$ l'équation différentielle (E_2) : $y'' + \omega^2 y = 0$ ($\omega \in \mathbb{R}^*$).

• Vérifier que, pour tous nombres réels A et B, la fonction $x \mapsto A\cos\omega x + B\sin\omega x$ est solution de (E_2).
Démontrons que toute solution de (E_2) est de cette forme.
Soit y une solution de (E_2) et z la fonction : $x \mapsto y(x) - y(0)\cos\omega x - \frac{1}{\omega}y'(0)\sin\omega x$.

- Démontrer que z est solution de (E_2).
- Démontrer que $\omega^2 z^2 + z'^2$ est une fonction constante. *(On pourra dériver cette fonction.)*
- Démontrer que : $z(0) = 0$ et $z'(0) = 0$.
- En déduire que z est la fonction nulle et établir que y est de la forme :

$$x \mapsto A\cos\omega x + B\sin\omega x \ (A \in \mathbb{R}, B \in \mathbb{R}).$$

De cette étude, on déduit la propriété suivante.

Propriété

Les solutions sur $\mathbb{R}$ de l'équation différentielle $y'' + \omega^2 y = 0$ ($\omega \in \mathbb{R}^*$) sont les fonctions :

$$x \mapsto A\cos\omega x + B\sin\omega x \ (A \in \mathbb{R}, B \in \mathbb{R}).$$

Exemple

Nous avons établi (§1.1.) que l'équation différentielle du mouvement d'un oscillateur mécanique libre est : $x'' + \frac{k}{m}x = 0$.
Les solutions de cette équation sont les fonctions : $t \mapsto A\cos t\sqrt{\frac{k}{m}} + B\sin t\sqrt{\frac{k}{m}}$ $(A \in \mathbb{R}, B \in \mathbb{R})$.
On pose : $\omega_0 = \sqrt{\frac{k}{m}}$ (pulsation propre de l'oscillateur).
L'équation horaire du mouvement est de la forme : $x(t) = X_{max}\cos(\omega_0 t + \varphi)$, où X_{max} est l'amplitude du mouvement et la phase φ à l'origine.

3.2. Équations du type $y'' + ay' + by = 0$

Équation caractéristique

Considérons l'équation différentielle : $y'' + ay' + by = 0$ $(a \in \mathbb{R}, b \in \mathbb{R})$.
Soit r un nombre réel et y la fonction : $x \mapsto e^{rx}$.
On a : $y' = ry$ et $y'' = r^2 y$.
On en déduit que : $y'' + ay' + by = y(r^2 + ar + b)$.
Donc, y est solution de l'équation différentielle $y'' + ay' + by = 0$ si et seulement si : $r^2 + ar + b = 0$.

Définition

On appelle équation caractéristique de l'équation différentielle $y'' + ay' + by = 0$ $(a \in \mathbb{R}, b \in \mathbb{R})$ l'équation d'inconnue r : $r^2 + ar + b = 0$.

Exemples

- L'équation différentielle $y'' - 2y' + 5y = 0$ a pour équation caractéristique : $r^2 - 2r + 5 = 0$.
- L'équation différentielle $y'' - 25y = 0$ a pour équation caractéristique : $r^2 - 25 = 0$.

Remarque

L'équation caractéristique de $y' - ay = 0$ $(a \in \mathbb{R})$ est l'équation d'inconnue r : $r - a = 0$.

Résolution de l'équation $y'' + ay' + by = 0$

Soit (E_1) l'équation différentielle : $y'' + ay' + by = 0$ $(a \in \mathbb{R}, b \in \mathbb{R})$.

- Soit y une fonction deux fois dérivable sur $\mathbb{R}$ et z la fonction : $x \mapsto y(x)e^{\frac{a}{2}x}$.

On a : $\forall x \in \mathbb{R}, y(x) = z(x)e^{-\frac{a}{2}x}$,

$$\forall x \in \mathbb{R}, y'(x) = e^{-\frac{a}{2}x}\left[z'(x) - \frac{a}{2}z(x)\right],$$

$$\forall x \in \mathbb{R}, y''(x) = e^{-\frac{a}{2}x}\left[z''(x) - az'(x) + \frac{a^2}{4}z(x)\right].$$

On en déduit que : $y'' + ay' + by = 0 \iff z'' + \left(\frac{a^2}{4} - \frac{a^2}{2} + b\right)z = 0$

$\iff z'' - \frac{a^2 - 4b}{4} z = 0 \qquad (E_2)$.

• Posons : $\Delta = a^2 - 4b$; Δ est le discriminant de l'équation caractéristique de (E_1).
On distingue trois cas.

1er cas : $\Delta = 0$
Les solutions de (E_2) sont les fonctions : $x \mapsto Ax + B$ ($A \in \mathbb{R}$, $B \in \mathbb{R}$).

Donc, les solutions de (E_1) sont les fonctions : $x \mapsto (Ax + B)e^{-\frac{a}{2}x}$ ($A \in \mathbb{R}$, $B \in \mathbb{R}$) ; c'est-à-dire les fonctions : $x \mapsto (Ax + B)e^{rx}$ ($A \in \mathbb{R}$, $B \in \mathbb{R}$), où r est la solution double de l'équation caractéristique de (E_1).

2e cas : $\Delta > 0$
Les solutions de (E_2) sont les fonctions : $x \mapsto Ae^{\frac{\sqrt{\Delta}}{2}x} + Be^{-\frac{\sqrt{\Delta}}{2}x}$ ($A \in \mathbb{R}$, $B \in \mathbb{R}$).

Donc, les solutions de (E_1) sont les fonctions : $x \mapsto Ae^{\left(-\frac{a}{2} + \frac{\sqrt{\Delta}}{2}\right)x} + Be^{\left(-\frac{a}{2} - \frac{\sqrt{\Delta}}{2}\right)x}$ ($A \in \mathbb{R}$, $B \in \mathbb{R}$) ; c'est-à-dire les fonctions : $x \mapsto Ae^{r_1x} + Be^{r_2x}$ ($A \in \mathbb{R}$, $B \in \mathbb{R}$), où r_1 et r_2 sont les solutions réelles de l'équation caractéristique de (E_1).

3e cas : $\Delta < 0$
Les solutions de (E_2) sont les fonctions : $x \mapsto A\cos\frac{\sqrt{-\Delta}}{2}x + B\sin\frac{\sqrt{-\Delta}}{2}x$ ($A \in \mathbb{R}$, $B \in \mathbb{R}$).

Donc, les solutions de (E_1) sont les fonctions : $x \mapsto e^{-\frac{a}{2}x}\left(A\cos\frac{\sqrt{-\Delta}}{2}x + B\sin\frac{\sqrt{-\Delta}}{2}x\right)$ ($A \in \mathbb{R}$, $B \in \mathbb{R}$) ; c'est-à-dire les fonctions : $x \mapsto e^{\alpha x}(A\cos\beta x + B\sin\beta x)$ ($A \in \mathbb{R}$, $B \in \mathbb{R}$), où $\alpha + i\beta$ et $\alpha - i\beta$ sont les solutions complexes de l'équation caractéristique de (E_1).

M

Pour résoudre sur $\mathbb{R}$ une équation différentielle du type $y'' + ay' + by = 0$ ($a \in \mathbb{R}$, $b \in \mathbb{R}$) on peut résoudre l'équation caractéristique $r^2 + ar + b = 0$ et utiliser le tableau suivant :

$\Delta = a^2 - 4b$	**Solutions de l'équation caractéristique**	**Solutions de l'équation différentielle**
$\Delta = 0$	une solution double : r	$x \mapsto (Ax + B)e^{rx}$ ($A \in \mathbb{R}$, $B \in \mathbb{R}$)
$\Delta > 0$	deux solutions réelles : r_1 et r_2	$x \mapsto Ae^{r_1x} + Be^{r_2x}$ ($A \in \mathbb{R}$, $B \in \mathbb{R}$)
$\Delta < 0$	deux solutions complexes conjuguées : $\alpha + i\beta$ et $\alpha - i\beta$	$x \mapsto e^{\alpha x}(A\cos\beta x + B\sin\beta x)$ ($A \in \mathbb{R}$, $B \in \mathbb{R}$)

Remarque

Cette méthode permet de retrouver les solutions des équations différentielles $y'' - \omega^2 y = 0$ et $y'' + \omega^2 y = 0$ ($\omega \in \mathbb{R}^*$).

Exemples

• Résoudre sur $\mathbb{R}$ l'équation différentielle (E_1) : $y'' - 8y' + 16y = 0$.
L'équation caractéristique $r^2 - 8r + 16 = 0$ a une solution réelle double : 4.
Les solutions sur $\mathbb{R}$ de (E_1) sont les fonctions : $x \mapsto (Ax + B)e^{4x}$ ($A \in \mathbb{R}$, $B \in \mathbb{R}$).

• Résoudre sur $\mathbb{R}$ l'équation différentielle (E_2) : $y'' + 3y' - 10y = 0$.
L'équation caractéristique $r^2 + 3r - 10 = 0$ a deux solutions réelles : -5 et 2.
Les solutions sur $\mathbb{R}$ de (E_2) sont les fonctions : $x \mapsto Ae^{-5x} + Be^{2x}$ ($A \in \mathbb{R}$, $B \in \mathbb{R}$).

• Résoudre sur $\mathbb{R}$ l'équation différentielle (E_3) : $y'' - 4y' + 13y = 0$.
L'équation caractéristique $r^2 - 4r + 13 = 0$ a deux solutions complexes conjuguées : $2 - 3i$ et $2 + 3i$.
Les solutions sur $\mathbb{R}$ de (E_3) sont les fonctions : $x \mapsto e^{2x}(A\cos 3x + B\sin 3x)$ ($A \in \mathbb{R}$, $B \in \mathbb{R}$).

Solution vérifiant une condition initiale

On admet la propriété suivante.

Propriété

Pour tout triplet $(x_0\,;\, y_0\,;\, z_0)$ de nombres réels, l'équation différentielle $y'' + ay' + by = 0$ $(a \in \mathbb{R}, b \in \mathbb{R})$ admet une unique solution sur $\mathbb{R}$, telle que : $y(x_0) = y_0$ et $y'(x_0) = z_0$.

Exemples

- Les solutions sur $\mathbb{R}$ de l'équation différentielle $y'' + 4y' + 7y = 0$ sont les fonctions :

$$x \mapsto e^{-2x}(A\cos\sqrt{3}x + B\sin\sqrt{3}x) \ (A \in \mathbb{R}, B \in \mathbb{R}).$$

Déterminons celle qui vérifie : $y(0) = 0$ et $y'(0) = 1$.

On a : $\begin{cases} A = 0 \\ -2A + B\sqrt{3} = 1 \end{cases} \Leftrightarrow \begin{cases} A = 0 \\ B = \dfrac{1}{\sqrt{3}} \end{cases}$.

La solution cherchée est la fonction : $x \mapsto \dfrac{1}{\sqrt{3}}e^{-2x}\sin\sqrt{3}x$.

- Déterminer la solution de l'équation différentielle $x'' + \dfrac{k}{m}x = 0$ vérifiant les conditions initiales : $x(0) = x_0$ et $x'(0) = 0$.

Les solutions de cette équation sont les fonctions : $t \mapsto A\cos t\sqrt{\dfrac{k}{m}} + B\sin t\sqrt{\dfrac{k}{m}}$ $(A \in \mathbb{R}, B \in \mathbb{R})$.

On a : $\begin{cases} x(0) = x_0 \\ x'(0) = 0 \end{cases} \Leftrightarrow \begin{cases} A = x_0 \\ B\sqrt{\dfrac{k}{m}} = 0 \end{cases}$.

La solution cherchée est la fonction : $t \mapsto x_0\cos t\sqrt{\dfrac{k}{m}}$.

3.3. Travaux dirigés

1. Équation différentielle avec second membre

1°) Soit à résoudre sur $\mathbb{R}$ l'équation différentielle (E_1) : $y' + 2y = 2\cos x$.
***a)* Déterminer deux nombres réels p et q tels que la fonction g : $x \mapsto p\cos x + q\sin x$ soit solution de (E_1).**
***b)* Soit f une fonction dérivable sur $\mathbb{R}$. Démontrer que $f + g$ est solution de (E_1) si et seulement si f est solution de l'équation différentielle (E_2) : $y' + 2y = 0$.**
***c)* Résoudre (E_2) et en déduire les solutions sur $\mathbb{R}$ de (E_1).**
2°) Soit à résoudre sur $\mathbb{R}$ l'équation différentielle : $y'' - 2y' + 5y = e^{-2x}$.
***a)* Déterminer un nombre réel m tel que la fonction g : $x \mapsto me^{-2x}$ soit solution de cette équation.**
***b)* Utiliser une méthode analogue à celle utilisée dans la question 1°) pour résoudre l'équation proposée.**

Solution

1°) *a)* g solution de (E_1) $\Leftrightarrow \forall x \in \mathbb{R},\ (-p\sin x + q\cos x) + 2(p\cos x + q\sin x) = 2\cos x$

$\Leftrightarrow \forall x \in \mathbb{R},\ (2p + q)\cos x + (-p + 2q)\sin x = 2\cos x$

$\Leftrightarrow \begin{cases} 2p + q = 2 \\ -p + 2q = 0 \end{cases} \Leftrightarrow \begin{cases} p = \dfrac{4}{5} \\ q = \dfrac{2}{5} \end{cases}$.

b) On a : $f + g$ solution de (E_1) $\Leftrightarrow \forall x \in \mathbb{R},\ f'(x) + g'(x) + 2f(x) + 2g(x) = 2\cos x$

$\Leftrightarrow \forall x \in \mathbb{R},\ f'(x) + 2f(x) = 0$

$\Leftrightarrow f$ solution de (E_2).

c) Les solutions sur $\mathbb{R}$ de (E_2) sont les fonctions : $x \mapsto k\,e^{-2x}$ $(k \in \mathbb{R})$.

Donc, les solutions sur $\mathbb{R}$ de (E_1) sont les fonctions : $x \mapsto k\,e^{-2x} + \dfrac{2}{5}(2\cos x + \sin x)$ $(k \in \mathbb{R})$.

2°) Considérons l'équation différentielle (E'_1) : $y'' - 2y' + 5y = e^{-2x}$.

a) On a : $\forall x \in \mathbb{R},\ g'(x) = -2me^{-2x}$ et $g''(x) = 4me^{-2x}$.

Donc : g solution de (E'_1) $\Leftrightarrow$ $\forall x \in \mathbb{R},\ 13me^{-2x} = e^{-2x}$
$\Leftrightarrow$ $m = \frac{1}{13}$.

b) Soit f une fonction deux fois dérivable sur $\mathbb{R}$. On procède comme à la question 1.*b)*.
On obtient : $f + g$ solution de (E'_1) $\Leftrightarrow$ f solution de (E'_2) : $y'' - 2y' + 5y = 0$.
L'équation différentielle (E'_2) a pour équation caractéristique : $r^2 - 2r + 5 = 0$.
On a : $\Delta' = -4$; donc, cette équation a deux solutions complexes : $1 + 2i$ et $1 - 2i$.
On en déduit que les solutions sur $\mathbb{R}$ de (E'_2) sont les fonctions :

$$x \mapsto e^x(A\cos 2x + B\sin 2x)\ (A \in \mathbb{R}, B \in \mathbb{R}).$$

Donc, les solutions sur $\mathbb{R}$ de (E'_1) sont les fonctions :

$$x \mapsto e^x(A\cos 2x + B\sin 2x) + \frac{1}{13}e^{-2x}\ (A \in \mathbb{R}, B \in \mathbb{R}).$$

Cette méthode de résolution se généralise à toute équation différentielle linéaire avec second membre.

M Pour résoudre une équation différentielle linéaire avec second membre, on peut utiliser le procédé suivant :
- déterminer une solution particulière g de cette équation ;
- démontrer que les solutions de l'équation différentielle avec second membre sont les fonctions du type $f + g$, où f est solution de l'équation différentielle sans second membre ;
- résoudre l'équation sans second membre et en déduire les solutions de l'équation avec second membre.

2. Oscillateur mécanique amorti

Un solide S de centre d'inertie G, de masse $m = 0{,}1$ kg, fixé à un ressort de raideur $k = 10$ N/m coulisse sur une tige horizontale. On désigne par $x(t)$ la position de G dans le repère (O, I) à l'instant t, O étant la position de G à l'équilibre.
On écarte S de sa position d'équilibre et on le lâche en lui donnant une vitesse initiale. L'unité de longueur est le mètre et l'unité de temps est la seconde ; on donne : $x(0) = 0{,}05$ et $x'(0) = -0{,}5$.

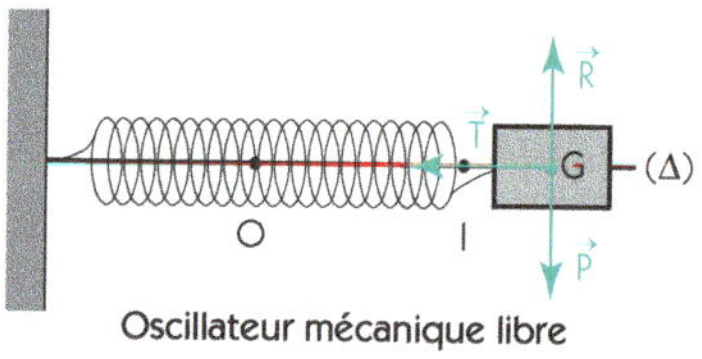

Oscillateur mécanique libre

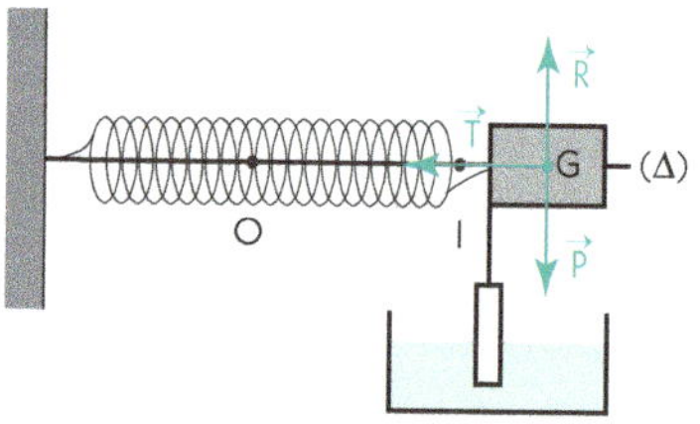

Oscillateur mécanique amorti

1°) On néglige les forces de frottement.
On dit que S est un oscillateur mécanique libre.
a) Démontrer que l'équation horaire du mouvement de G est de la forme : $x(t) = X_{max}\cos(\omega_0 t + \varphi)$.
Calculer X_{max}, ω_0, φ et la période T_0 du mouvement.
b) Calculer la position et la vitesse de S à l'instant $t = 5$.
c) Tracer la courbe représentative $(\mathscr{C})$ de l'élongation du mouvement de G.

2°) Le mouvement de S est amorti par des frottements dont la force est proportionnelle à la vitesse du mobile, le coefficient de proportionnalité f de cette force étant tel que : $f^2 < 4mk$.
On dit que S est un oscillateur mécanique amorti.
a) Justifier que l'équation différentielle du mouvement de l'oscillateur mécanique est alors : $x'' + \frac{f}{m}x' + \frac{k}{m}x = 0$.
b) Démontrer que l'équation horaire du mouvement de G est de la forme : $x(t) = \lambda e^{\alpha t}\cos(\omega t + \varphi)$.
Calculer λ, α, ω, φ et la pseudo-période T du mouvement, sachant que $f = 0{,}2$ N/ms^{-1}.
c) Tracer la courbe représentative (Γ) de l'élongation du mouvement de G.

Solution

1°) *a)* L'équation différentielle du mouvement de l'oscillateur mécanique libre est : $x'' + \frac{k}{m}x = 0$.

Les solutions de cette équation sont les fonctions $x : t \mapsto A\cos t\sqrt{\frac{k}{m}} + B\sin t\sqrt{\frac{k}{m}}$.

On pose : $\omega_0 = \sqrt{\frac{k}{m}}$, $X_{max} = \sqrt{A^2 + B^2}$, $\cos\varphi = \frac{A}{\sqrt{A^2 + B^2}}$ et $\sin\varphi = -\frac{B}{\sqrt{A^2 + B^2}}$.

On obtient : $x(t) = \sqrt{A^2 + B^2}\,(\cos\omega_0 t\cos\varphi - \sin\omega_0 t\sin\varphi) = X_{max}\cos(\omega_0 t + \varphi)$.

On a : $\omega_0 = \sqrt{\frac{k}{m}}$ et $T_0 = \frac{2\pi}{\omega_0}$; donc : $\omega_0 = 10$ rad.s^{-1} et $T_0 \approx 0{,}628$ s.

ω_0 est la pulsation propre et T_0 la période propre du mouvement.

On a : $x'(t) = -\omega_0 X_{max}\sin(\omega_0 t + \varphi)$; de plus : $x(0) = 0{,}05$ et $x'(0) = -0{,}5$.

On en déduit que : $\begin{cases} X_{max}\cos\varphi = 0{,}05 \\ X_{max}\sin\varphi = 0{,}05 \end{cases}$; c'est-à-dire : $X_{max} \approx 0{,}07$ et $\varphi = \frac{\pi}{4}$.

X_{max} est l'amplitude et φ la phase à l'origine du mouvement.

L'équation horaire du mouvement de G est :
$x(t) = 0{,}07\cos(10t + \frac{\pi}{4})$.

b) À l'instant $t = 5$, on a : $x(5) \simeq 0{,}061$

$x'(5) \simeq 0{,}351$.

c)

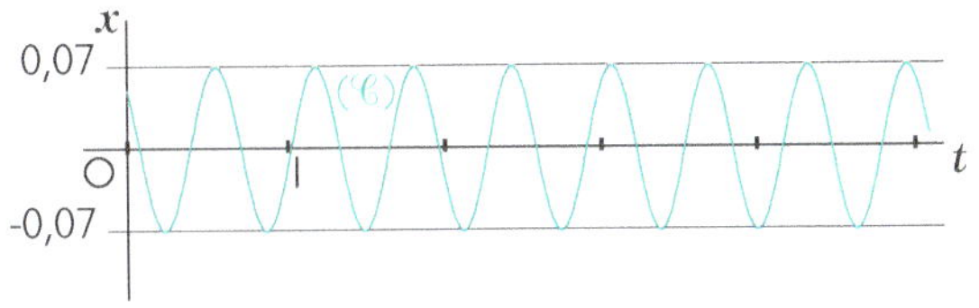

2°) *a)* On désigne par $\vec{F}$ la force de frottement ; on a : $\vec{F} = -fx'(t)\overrightarrow{OI}$.
D'après le théorème du centre d'inertie on a : $\vec{P} + \vec{R} + \vec{T} + \vec{F} = m\vec{\gamma}(t)$.
Or : $\vec{P} + \vec{R} = \vec{0}$, $\vec{T} = -kx(t)\overrightarrow{OI}$ et $\vec{\gamma}(t) = x''(t)\overrightarrow{OI}$.
On en déduit que l'équation différentielle du mouvement de l'oscillateur mécanique amorti est :

$$x'' + \frac{f}{m}x' + \frac{k}{m}x = 0 \quad (E_1).$$

b) L'équation caractéristique de (E_1) est : $r^2 + \frac{f}{m}r + \frac{k}{m} = 0$.
On a : $\Delta = \frac{f^2 - 4mk}{m^2}$; donc : $\Delta < 0$.

Les solutions de (E_1) sont les fonctions x : $t \mapsto e^{\alpha t}(A\cos\omega t + B\sin\omega t)$, où $\alpha = -\frac{f}{2m}$ et $\omega = \frac{\sqrt{4mk - f^2}}{2m}$.

En procédant comme à la question 1.*a)*, on obtient : $x(t) = \lambda e^{\alpha t}\cos(\omega_0 t + \varphi)$.

On a : $\alpha = -\frac{f}{2m}$, $\omega = \frac{\sqrt{4mk - f^2}}{2m}$ et $T = \frac{2\pi}{\omega}$; donc : $\alpha = -1$, $\omega \approx 9{,}95$ rad.s^{-1} et $T \approx 0{,}631$ s.

De plus, on a : $x(0) = 0{,}05$ et $x'(0) = -0{,}5$; on en déduit que : $\varphi \approx 0{,}523$ rad et $\lambda \approx 0{,}067$ m.

Le mouvement est dit pseudo-périodique, de pseudo-période T. En effet, on a : $x(t + T) = e^{\alpha T}x(t)$; donc, les amplitudes décroissent de façon périodique et forment une suite géométrique de raison $e^{\alpha T}$, appelée facteur d'amortissement.

c) La courbe (Γ) est une sinusoïde amortie, comprise entre les courbes représentatives des fonctions $t \mapsto \lambda e^{\alpha t}$ et $t \mapsto -\lambda e^{\alpha t}$.

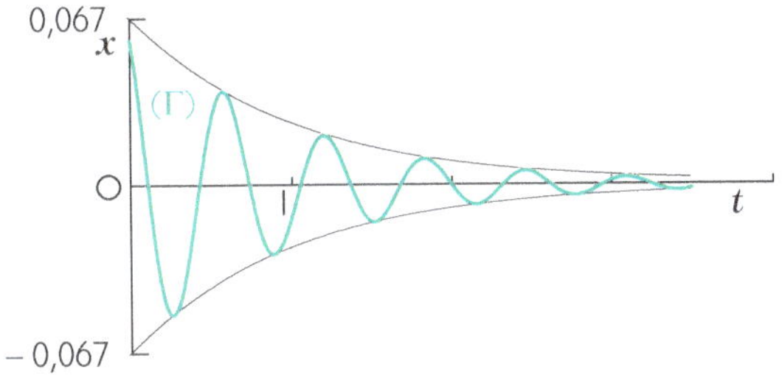

Exercices

3.a Résoudre sur $\mathbb{R}$ les équations différentielles suivantes.

a) $9y'' - 64y = 0$ *b)* $y'' - 2y = 0$
c) $9y'' + 4y = 0$ *d)* $2y'' + y = 0$.

3.b Dans chacun des cas suivants, résoudre sur $\mathbb{R}$ l'équation différentielle et déterminer la solution vérifiant les conditions initiales données.

a) $2y'' - y = 0$ et $y(0) = y'(0) = 1$
b) $9y'' + 4y = 0$ et $y(\pi) = y'(\pi) = 0$.

3.c Résoudre sur $\mathbb{R}$ les équations différentielles suivantes.

a) $y'' + y' - 6y = 0$ *b)* $2y'' - 2\sqrt{2}y' + y = 0$
c) $y'' - 4y' + 8y = 0$ *d)* $9y'' + 6y' + y = 0$
e) $y'' + 4y' - 5y = 0$ *f)* $y'' - 6y' + 2y = 0$
g) $\frac{1}{3}y'' - 2y' + 9y = 0$ *h)* $4y'' + 4y' + y = 0$.

3.d Dans chacun des cas suivants, résoudre sur $\mathbb{R}$ l'équation différentielle et déterminer la solution vérifiant les conditions initiales données.

a) $y'' - 2y' - 2y = 0$, $y(0) = 1$ et $y'(0) = 0$
b) $y'' - 4y' + 4y = 0$, $y(0) = 0$ et $y'(0) = 1$
c) $y'' + 4y' + 5y = 0$, $y(0) = 1$ et $y'(0) = -1$.

Exercices

APPRENTISSAGE

Généralités

1 Dans chacun des cas suivants, vérifier que la fonction f est solution de l'équation différentielle (E) sur l'intervalle K.

a) $f(x) = \frac{x^2}{2} - x + 1$, (E) : $2(y + y') = x^2$ et $K = \mathbb{R}$

b) $f(x) = (2x - 1)e^x$, (E) : $y' - y = 2e^x$ et $K = \mathbb{R}$

c) $f(x) = (1 + x)^2$, (E) : $\frac{y'}{2y} = \frac{1}{1+x}$ et $K =]-1 ; +\infty[$

d) $f(x) = \sqrt{2x}$, (E) : $yy' = 1$ et $K =]0 ; +\infty[$

e) $f(x) = x\cos x$, (E) : $y - xy' = x^2\sin x$ et $K = \mathbb{R}$

f) $f(x) = x\ln x - x$, (E) : $xy' - y = x$ et $K =]0 ; +\infty[$.

2 Dans chacun des cas suivants, vérifier que la fonction f est solution de l'équation différentielle (E) sur l'intervalle K.

a) $f(x) = e^x + e^{2x}$, (E) : $y'' + y' - 2y = 4e^{2x}$ et $K = \mathbb{R}$

b) $f(x) = e^{-x} + x$, (E) : $y''' + y'' = 0$ et $K = \mathbb{R}$

c) $f(x) = \frac{2}{x}$, (E) : $y'' + \frac{2}{x}y' = 0$ et $K =]0 ; +\infty[$

d) $f(x) = \tan x$, (E) : $y' - y^2 = 1$ et $K =]-\frac{\pi}{2} ; \frac{\pi}{2}[$

e) $f(x) = \ln\left(\frac{1-x}{1+x}\right)$, (E) : $y'' + x(y')^2 = 0$ et $K =]-1 ; 1[$.

3 Soit l'équation différentielle (E) :

$$y''' - 2y'' - y' + 2y = 0.$$

1. Vérifier que les fonctions $x \mapsto e^{-x}$, $x \mapsto e^x$ et $x \mapsto e^{2x}$ sont solutions sur $\mathbb{R}$ de (E).

2. Démontrer que, pour tous nombres réels a, b et c, la fonction $x \mapsto ae^{-x} + be^x + ce^{2x}$ est solution sur $\mathbb{R}$ de (E).

4 **1.** Résoudre sur $\mathbb{R}$ les équations différentielles $y' = e^x\sin x$ et $y' = e^x\cos x$.

2. En déduire la résolution sur $\mathbb{R}$ de chacune des équations différentielles suivantes.

a) $y'' = e^x\sin x$ *b)* $y'' = e^x\cos x$.

5 Soit la fonction $f : x \mapsto x\sin x + \cos x$.

1. Déterminer $f'(x)$ et $f''(x)$.

2. En déduire une relation entre x, $f(x)$, $f'(x)$ et $f''(x)$.

3. Former une équation différentielle dont f est solution.

6 Le plan est muni du repère (O, I, J).
Déterminer une équation différentielle dont les courbes intégrales $(\mathscr{C})$ sont telles qu'en tout point M de $(\mathscr{C})$, le coefficient directeur de la droite (OM) est le double du coefficient directeur de la tangente à $(\mathscr{C})$.

Équations du type $y' - ay = 0$

7 Résoudre sur $\mathbb{R}$ les équations différentielles suivantes.

a) $4y' + 3y = 0$ *b)* $y\ln 5 - y' = 0$

c) $\frac{1}{5}y + \frac{1}{3}y' = 0$ *d)* $y\sqrt{3} = y'$.

8 Résoudre sur $\mathbb{R}$ les équations différentielles suivantes.

a) $9y^2 = (y')^2$ *b)* $(y')^2 - 2yy' = 0$

c) $y'' = 3y$ *d)* $2y''' + 5y'' = 0$.

9 Dans chacun des cas suivants, résoudre sur $\mathbb{R}$ l'équation différentielle (E) et déterminer la solution vérifiant la condition initiale donnée.

a) (E) : $y' - 3y = 0$ et $y(0) = 2$

b) (E) : $3y' + y = 0$ et $y(1) = e$

c) (E) : $y' + y\ln 2 = 0$ et $y(1) = 1$

d) (E) : $y' = y$ et $y(1) = -1$.

10 Le plan est muni du repère (O, I, J).
Dans chacun des cas suivants, résoudre sur $\mathbb{R}$ l'équation différentielle (E) et déterminer la solution dont la courbe représentative passe par le point A.

a) (E) : $2y' + 3y = 0$ et $A\begin{pmatrix}2\\1\end{pmatrix}$

b) (E) : $-y' = y$ et $A\begin{pmatrix}2\\3\end{pmatrix}$

c) (E) : $2y' - \frac{1}{2}y = 0$ et $A\begin{pmatrix}2\\2e\end{pmatrix}$

d) (E) : $y' - \pi y = 0$ et $A\begin{pmatrix}2\\e^{\pi}\end{pmatrix}$.

11 Le plan est muni du repère (O, I, J).
Déterminer la fonction f dérivable sur $\mathbb{R}$ telle que $2f' + f = 0$ et dont la courbe représentative admet en son point d'abscisse -2 une tangente de coefficient directeur $\frac{3}{5}$.

12 Le plan est muni du repère (O, I, J).
Déterminer la fonction f dérivable sur $\mathbb{R}$ telle que $2f' + 5f = 0$ et dont la courbe représentative admet en son point d'abscisse -1 une tangente parallèle à la droite d'équation : $y + x = 0$.

13 Soit θ la température d'un corps à l'instant t.
La température ambiante est 30°C. À chaque instant t, on pose : $x(t) = \theta(t) - 30$.
On suppose que la fonction x est dérivable sur $\mathbb{R}$ et quelle vérifie : $x' = -k^2x$ ($k \in \mathbb{R}^*$).
À l'instant 0 la température du corps est 70°C et au bout de 5 minutes elle n'est plus que 60°C.

1. Déterminer $\theta(t)$, où t est mesuré en minutes.

2. À quelle température sera le corps au bout de 20 minutes ?

14 Un réservoir contient 20 litres d'air (80% d'azote et 20% d'oxygène). Il reçoit 0,1 litre d'azote par seconde. La même quantité de mélange, supposé homogène, s'échappe du réservoir.
1. Exprimer le volume d'azote contenu dans le mélange, en fonction du temps.
2. Au bout de combien de temps le réservoir contiendra-t-il 99% d'azote ?

Équations du type $y'' + ay + by = 0$

15 Résoudre sur $\mathbb{R}$ les équations différentielles suivantes.
a) $y'' - 4y = 0$ *b)* $y'' + 16y = 0$
c) $2y'' - y' - 6y = 0$ *d)* $y'' - 4y' + 13y = 0$
e) $y'' + 3y' = 0$ *f)* $y'' - 6y' + 9y = 0$.

16 Dans chacun des cas suivants, résoudre sur $\mathbb{R}$ l'équation différentielle (E) et déterminer la solution vérifiant les conditions initiales données.
a) (E) : $y'' + 2y' + y = 0$, $y(0) = -1$ et $y'(0) = 0$
b) (E) : $y'' + 16y = 0$, $y(0) = 0$ et $y'(0) = -1$
c) (E) : $y'' - (\ln 2)^2 y = 0$, $y(0) = 1$ et $y(2) = 1$
d) (E) : $4y'' + y = 0$, $y(\frac{\pi}{3}) = 1$ et $y(\frac{\pi}{2}) = 1$
e) (E) : $y'' + 2y' - 3y = 0$, $y(0) = 3$ et $y'(0) = -1$
f) (E) : $y'' + y' + y = 0$, $y(0) = -1$ et $y'(0) = \sqrt{3}$.

17 Le plan est muni du repère (O, I, J).
Déterminer la fonction f deux fois dérivable sur $\mathbb{R}$ telle que $f'' - \pi f = 0$ et dont la courbe représentative admet au point $A\binom{0}{\pi}$ une tangente de coefficient directeur π.

18 Le plan est muni du repère (O, I, J).
Déterminer la fonction f deux fois dérivable sur $\mathbb{R}$ telle que $f'' - f' + \frac{9}{4}f = 0$ et dont la courbe représentative est tangente en O à la droite d'équation : $y = 2x$.

19 Le plan est muni du repère (O, I, J).
1. Résoudre sur $\mathbb{R}$ l'équation différentielle (E) :
$$y'' - 3y' + 2y = 0.$$
2. Quelle est la solution de (E) dont la courbe représentative ($\mathscr{C}$) admet au point d'abscisse 0 la même tangente que la courbe ($\mathscr{C}'$) représentative de la fonction $x \mapsto e^{3x}$?

20 Le plan est muni du repère (O, I, J).
Déterminer la fonction f deux fois dérivable sur $\mathbb{R}$ telle que $9f'' - 18f' + 10f = 0$ et dont la courbe représentative ($\mathscr{C}$) passe par les points $A\binom{0}{\sqrt{3}}$ et $B\binom{\pi}{0}$.

21 Soit la fonction $f : x \mapsto \sin x + \cos x$.
1. Déterminer $f'(x)$ et $f''(x)$.
2. Former une équation différentielle du second ordre sans second membre dont f soit solution.
3. Résoudre cette équation.

22 On considère l'équation différentielle (E) :
$$y' + 2y = e^{-2x}.$$
1. Vérifier que la fonction $g : x \mapsto (x + 1)e^{-2x}$ est solution sur $\mathbb{R}$ de (E).
2. Démontrer qu'une fonction $f + g$ est solution de (E) si et seulement si la fonction f est solution de l'équation différentielle : $y' + 2y = 0$.
3. En déduire les solutions sur $\mathbb{R}$ de (E).

APPROFONDISSEMENT

23 Soit la fonction $f : x \mapsto (1 + x)e^{-2x}$.
1. Déterminer les nombres réels a et b pour que f soit solution sur $\mathbb{R}$ de l'équation différentielle (E) :
$$y'' + ay' + by = 0.$$
2. Démontrer que pour tout entier naturel n non nul, la dérivée d'ordre n de f est solution de (E).
3. Déterminer, parmi les primitives de f, celle qui est solution de (E).

24 Soit α un nombre réel tel que : $0 \leq \alpha < \frac{\pi}{2}$.
Résoudre sur $\mathbb{R}$ l'équation différentielle :
$$(1 + \cos 2\alpha)y'' - 2y'\sin 2\alpha + 2y = 0.$$

25 **1.** Résoudre sur $\mathbb{R}$ l'équation différentielle (E) :
$$y'' + 16y = 0.$$
2. Déterminer la solution f qui vérifie : $f(\frac{\pi}{4}) = -2$ et $f'(\pi) = 8$.
3. Résoudre dans $[0 ; \pi]$ l'équation : $f(x) = \sqrt{2}$.

26 **1.** Résoudre sur $\mathbb{R}$ l'équation différentielle (E) :
$$y'' + 2y' + 5y = 0.$$
2. Déterminer la solution f qui vérifie : $f(0) = 1$ et $f'(0) = -1$.
3. On pose : $F(x) = -\frac{1}{5}[f'(x) + 2f(x)]$.
a) Démontrer que F est une primitive de f sur $\mathbb{R}$; expliciter $F(x)$.
b) En déduire le calcul de $\int_0^{\frac{\pi}{2}} f(x)\,dx$.

27 Le plan est muni du repère (O, I, J).
1. Résoudre sur $\mathbb{R}$ l'équation différentielle (E) :
$$y' = \lambda y \quad (\lambda \in \mathbb{R}^*).$$
On note f_k la solution vérifiant $f(0) = k$ et ($\mathscr{C}_k$) sa courbe représentative.
2. Soit x_0 un nombre réel.
a) Déterminer une équation de la tangente à ($\mathscr{C}_k$) au point d'abscisse x_0.
b) Démontrer que, lorsque k décrit $\mathbb{R}$, cette tangente passe par un point fixe dont on déterminera les coordonnées en fonction de λ et de x_0.

28 Le plan est muni du repère orthonormé (O, I, J).
Soit λ un nombre réel non nul.
Déterminer une courbe ($\mathscr{C}$) passant par le point J et telle qu'en tout point M de ($\mathscr{C}$), dont le projeté orthogonal sur (OI) est le point H, la tangente coupe (OI) en un point N avec : $\overline{HN} = \lambda$.

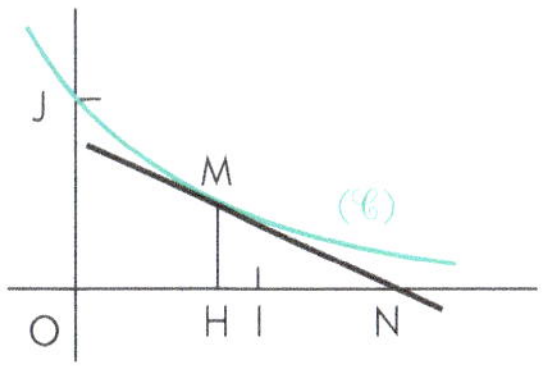

29 Le plan est muni du repère (O, I, J).
Déterminer une courbe ($\mathscr{C}$) passant par le point $A\binom{-1}{-1}$ et telle qu'en tout point M de ($\mathscr{C}$) la tangente ait un coefficient directeur proportionnel au carré de l'ordonnée de M.

30 Le plan est muni du repère (O, I, J).
Déterminer une courbe $(\mathscr{C})$ passant par le point $A\begin{pmatrix}1\\-2\end{pmatrix}$ et telle qu'en tout point M de $(\mathscr{C})$ la tangente ait un coefficient directeur triple de celui de la droite (OM).

31 Le plan est muni du repère orthonormé (O, I, J).
Déterminer les courbes $(\mathscr{C})$ telles qu'en tout point M de $(\mathscr{C})$ la tangente soit perpendiculaire à (OM).

32 Le plan est muni du repère orthonormé (O, I, J).
Soit $(\mathscr{C})$ la courbe représentative d'une fonction f.
On considère un point M de $(\mathscr{C})$, la tangente (T) à $(\mathscr{C})$ en M et la normale (Δ) à $(\mathscr{C})$ en M.
Soit N le point d'intersection, lorsqu'il existe, de (Δ) avec (OJ).
Déterminer la fonction f de façon que la courbe $(\mathscr{C})$ passe par le point $A\begin{pmatrix}1\\1\end{pmatrix}$ et que pour chacun des points de $(\mathscr{C})$ on ait $\overline{NQ} = 1$, où Q est le projeté orthogonal de M sur (OJ).

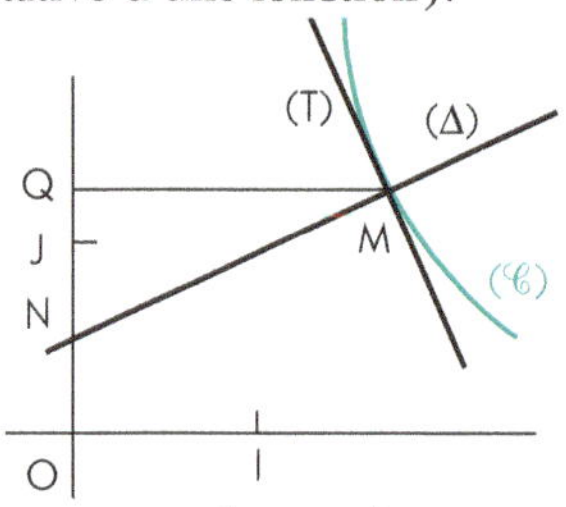

33 Le plan est muni du repère orthonormé (O, I, J).
Soit M un point mobile. À l'instant 0, M est en I ; à l'instant π, M est en $A\begin{pmatrix}0\\2\end{pmatrix}$. À tout instant t, $\overrightarrow{OM}$ et le vecteur accélération $\vec{\Gamma}$ sont tels que : $4\vec{\Gamma} = -\overrightarrow{OM}$.
1. Calculer les coordonnées x et y de M à l'instant t.
2. Déterminer une équation de la trajectoire de M.

34 On note $Q(t)$ la quantité de carbone 14 présent à l'instant t dans un fragment d'os. On admet que Q vérifie, à tout instant t, $Q'(t) = -\lambda Q(t)$.
(λ est appelé constante radioactive du carbone 14.)
1. Soit Q_0 la quantité de carbone 14 à l'instant 0.
Exprimer $Q(t)$ en fonction de t et de Q_0.
2. On appelle période (ou demi-vie) d'un élément radioactif la durée T au bout de laquelle la moitié des atomes de cet élément se sont désintégrés.
Sachant que $\lambda \approx 1{,}244\ 4 \times 10^{-4}$ et que t est évalué en années, déterminer la période du carbone 14.
3. Le carbone 14 est renouvelé constamment chez les êtres vivants. À la mort de ceux-ci, l'assimilation cesse et le carbone 14 présent se désintègre.
Des archéologues ont trouvé des fragments d'os dont la teneur en carbone 14 est 70% de celle d'un fragment d'os actuel de même masse, pris comme témoin. Calculer l'âge de ces fragments.

35 **1.** Résoudre sur $\mathbb{R}$ l'équation différentielle (E) :
$$y'' - 4y = 0.$$
2. Démontrer que l'équation différentielle (E') :
$$y'' - 4y = 4(x-1)^2 - 2$$
admet sur $\mathbb{R}$ une et une seule solution, qui soit une fonction polynôme P de degré 2.
3. *a)* Démontrer qu'une fonction f est solution de (E') si et seulement si la fonction $f - P$ est solution de (E).
b) En déduire les solutions sur $\mathbb{R}$ de (E'), puis celle qui vérifie : $f(0) = 0$ et $f'(0) = 0$.

36 **1.** Résoudre sur $\mathbb{R}$ l'équation différentielle (E) :
$$y'' + 4y' + 4y = 0.$$
2. Déterminer les nombres réels a et b pour que la fonction $g : x \mapsto ax + b$ soit solution de l'équation différentielle (E') : $y'' + 4y' + 4y = -4x$.
3. Démontrer qu'une fonction f est solution de (E') si et seulement si $f - g$ est solution de (E).
En déduire la solution f sur $\mathbb{R}$ de (E') telle que $f(0) = 2$ et $f'(0) = -2$.

37 On considère l'équation différentielle (E) :
$$y''' - 6y'' + 12y' - 8y = 0.$$
1. Vérifier que la fonction $x \mapsto e^{2x}$ est solution sur $\mathbb{R}$ de (E).
2. Soit f une fonction trois fois dérivable sur $\mathbb{R}$ et g la fonction $x \mapsto f(x)e^{-2x}$.
Démontrer que f est solution de (E) si et seulement si g''' est la fonction nulle.
3. En déduire les solutions sur $\mathbb{R}$ de (E).

38 **1.** On considère l'équation différentielle (E) :
$$x^2y'' - xy' + y = 0.$$
a) Soit z une fonction deux fois dérivable sur $]0 ; +\infty[$.
Démontrer que xz est solution de (E) si et seulement si z est solution de l'équation différentielle (E') :
$$xz' = A \ (A \in \mathbb{R}).$$
b) Résoudre sur $]0 ; +\infty[$ (E') puis (E).
2. À l'aide d'un raisonnement analogue, résoudre sur $]-\infty ; 0[$ l'équation différentielle : $y' = \dfrac{x+y}{x}$.

39 On considère l'équation différentielle (E) :
$$(x-1)y'' - xy' + y = 0.$$
1. Démontrer que si f est solution sur $]1 ; +\infty[$ de (E), alors f'' est dérivable sur $]1 ; +\infty[$ et est solution sur cet intervalle de l'équation différentielle (E') : $y' = y$.
2. Démontrer que si f'' est dérivable sur $]1 ; +\infty[$ et est solution de (E'), alors :
$$f'(x) = f(x) + c_1x + c_2 \ (c_1 \in \mathbb{R}, c_2 \in \mathbb{R}).$$
Quelle relation doit lier c_1 et c_2 pour que f soit solution de (E) ?
3. Résoudre (E) sur $]1 ; +\infty[$.

40 On considère le système (Σ) : $\begin{cases} y' = -z \\ z' = y - 2z \end{cases}$
où les inconnues sont les fonctions y et z.
1. Démontrer que si $(y ; z)$ est solution de (Σ), alors les fonctions y et z sont deux fois dérivables et vérifient l'équation différentielle (E) : $u'' + 2u' + u = 0$.
2. ***Résolution de (E)***
a) En écrivant (E) sous la forme $u'' + u' + u' + u = 0$, démontrer qu'une fonction est solution de (E) si et seulement si elle est solution de l'équation différentielle (E') : $v' + v = ae^{-x}$ $(a \in \mathbb{R})$.
b) Vérifier que la fonction $g : x \mapsto axe^{-x}$ est solution sur $\mathbb{R}$ de (E').
Démontrer qu'une fonction f est solution de (E') si et seulement si la fonction $f - g$ est solution de l'équation différentielle : $v' + v = 0$.
c) En déduire la résolution sur $\mathbb{R}$ de (E).
3. Résoudre sur $\mathbb{R}$ le système (Σ).

Problèmes de synthèse

Introduction

Les problèmes suivants ont été proposés entre 1996 et 1999 au baccalauréat (série C ou E) dans certains pays francophones d'Afrique et de l'Océan Indien.

Les problèmes sélectionnés sont ceux qui prennent le mieux en compte les nouveaux programmes harmonisés de mathématiques que ces pays ont en commun depuis 1992.

	CHAPITRES															
PROBLÈMES	1	2	3	4	5	6	7	8	9	10	11	12	13	14	15	PAYS
1			■		■				■	■	■			■		BURKINA-FASO
2									■	■		■	■	■	■	GABON
3		■				■										TOGO
4				■					■	■	■	■		■		BÉNIN
5			■						■	■	■		■	■		BURKINA-FASO
6		■	■	■	■				■	■	■			■		CAMEROUN
7									■	■		■	■	■		CENTRAFRIQUE
8			■		■				■	■	■	■		■		COMORES
9									■	■	■	■	■			CÔTE D'IVOIRE
10									■	■	■					MALI
11		■	■		■		■		■	■		■	■	■		MAURITANIE
12				■	■				■	■	■	■	■	■		TOGO
13									■	■	■		■	■		BURKINA-FASO
14		■	■	■	■				■	■						BURKINA-FASO
15					■		■		■	■	■	■		■		CONGO
16			■				■		■	■				■		CÔTE D'IVOIRE
17				■					■	■		■	■	■		CÔTE D'IVOIRE
18				■					■	■	■	■	■	■		CÔTE D'IVOIRE
19									■	■	■	■	■	■		GABON
20									■	■		■	■	■		MALI
21									■	■		■	■	■		MAURITANIE
22									■	■	■	■		■		SÉNÉGAL
23									■	■	■		■			TCHAD
24		■	■	■	■											CÔTE D'IVOIRE

1 Burkina-Faso

Session normale de 1996, série E.

Partie A

On considère, dans le plan complexe P, les points A d'affixe $z_A = 1$, M d'affixe z et N d'affixe $z_N = iz - (1 + i)$.
On note T_λ l'application qui, à tout point M d'affixe z associe le point M' barycentre des points pondérés (M, λ), (N, $-\lambda$) et (A, 1) où λ est un nombre réel non nul.

1. Démontrer que, pour tout point M du plan, le point N est l'image de M par une rotation dont on précisera le centre et l'angle.

2. *a)* Démontrer que l'affixe z' de M' est telle que :
$$z' = \lambda(1 - i)z + \lambda(1 + i) + 1.$$
b) Démontrer que T_λ est une similitude directe dont on précisera l'affixe ω du centre Ω, le rapport et l'angle.
Pour quelles valeurs de λ, T_λ est-elle une rotation ? Donner, dans chaque cas, son angle et l'affixe de son centre.
c) Exprimer les coordonnées $(x' ; y')$ de M' en fonction des coordonnées $(x ; y)$ de M.

3. Le nombre réel λ étant strictement positif, on lui associe le point P de coordonnées $(-\ln\lambda ; \ln\lambda)$.
Soit P' le point tel que : $P' = T_\lambda(P)$.
a) Déterminer les coordonnées de P' en fonction de λ.
b) Démontrer que, lorsque λ décrit $\mathbb{R}_+^*$, l'ensemble des points P' est la courbe $(\mathscr{C})$ d'équation :
$$y = 2(x - 1)\ln(x - 1) + (x - 1).$$

Partie B

Soit f la fonction définie sur $\mathbb{R}_+$ par :
$$\begin{cases} f(x) = 2x\ln x + x, \text{ si } x > 0 \\ f(0) = 0 \end{cases}.$$
On note (Γ) sa courbe représentative dans un repère orthonormal $(O, \vec{i}, \vec{j})$, l'unité graphique étant égale à 10 cm.

1. *a)* La fonction f est-elle continue à droite en 0 ?
Déterminer la limite à droite en 0 de $\dfrac{f(x)}{x}$.
Donner une interprétation géométrique du résultat.
f est-elle dérivable en 0 ?
b) Étudier les variations de la fonction f et préciser le nombre réel $x_0 \neq 0$ tel que : $f(x_0) = 0$.
c) Tracer (Γ). Déterminer une transformation du plan par laquelle la courbe $(\mathscr{C})$ se déduit de la courbe (Γ).

2. Soit $a \in \left]0 ; e^{-\frac{1}{2}}\right[$.
a) Calculer : $\mathrm{I}(a) = \displaystyle\int_a^{e^{-\frac{1}{2}}} (2x\ln x + x)\mathrm{d}x.$
b) Déterminer $\lim\limits_{a \to 0} |\mathrm{I}(a)|$ et en donner une interprétation géométrique.
c) Soit D le domaine formé des points $A(x ; y)$ du plan tels que : $\begin{cases} a \leq x \leq e^{-\frac{1}{2}} \\ 0 \leq y \leq f(x) \end{cases}$.
On fait tourner D autour de l'axe des abscisses.
Calculer le volume $V(a)$ ainsi obtenu.
Déterminer $\lim\limits_{a \to 0} V(a)$ et en donner une valeur approximative.
(On donne : $e^{-\frac{1}{2}} \approx 0,74$ et $e^{-\frac{3}{2}} \approx 0,2$.)

2 Gabon

Session normale de 1996, série C.

Partie A

1. (E_0) désigne l'équation différentielle : $y'' + 2y' + y = 0$.
Déterminer les solutions générales de (E_0).

2. (E) est l'équation différentielle : $y'' + 2y' + y = 2e^{-x}$.
a) Vérifier que la fonction h définie sur $\mathbb{R}$ par $h(x) = x^2e^{-x}$ est une solution particulière de (E).
b) Démontrer que φ est une solution de (E) si et seulement si $g = \varphi - h$ est solution de (E_0).
c) Déterminer toutes les solutions de (E).
d) Déterminer la solution f_0 de (E) satisfaisant aux conditions initiales : $f_0(0) = 4$ et $f_0'(0) = 0$.

Partie B

On considère la fonction f définie par :
$$f(x) = (x + 2)^2e^{-x}.$$
On désigne par $(\mathscr{C})$ sa courbe représentative dans le plan muni d'un repère orthonormal, l'unité graphique étant égale à 1 cm.

1. Étudier les variations de f et tracer $(\mathscr{C})$ avec soin.

2. En remarquant que f est une solution de l'équation différentielle (E), déterminer une primitive F de f sur $\mathbb{R}$.
$\left(\textit{On calculera } \displaystyle\int_0^x (f'' + 2f' + f)(t)\mathrm{d}t\right)$.

3. Pour tout entier naturel n, on pose : $I_n = \displaystyle\int_0^n f(t)\mathrm{d}t$.
a) Exprimer I_n en fonction de n et en donner une interprétation graphique.
b) Étudier la convergence de la suite (I_n), puis en déduire l'aire de l'ensemble des points $M(x ; y)$ du plan tels que : $x \leq 0$ et $0 \leq y \leq f(x)$.

Partie C

On se propose d'étudier la convergence de la suite (u_n) définie, pour tout entier naturel n non nul par :
$$u_n = \frac{1}{n^3}\left[(1 + 2n)^2e^{-\frac{1}{n}} + (2 + 2n)^2e^{-\frac{2}{n}} + \ldots \right.$$
$$\left. \ldots + (n + 2n)^2e^{-\frac{n}{n}}\right]$$
$$= \frac{1}{n^3}\sum_{k=1}^{n}(k + 2n)^2e^{-\frac{k}{n}}.$$

1. Vérifier que, pour tout entier naturel non nul n, on a :
$$u_n = \frac{1}{n}\sum_{k=1}^{n} f\left(\frac{k}{n}\right) \quad \text{et} \quad \frac{1}{n}\sum_{k=0}^{n-1} f\left(\frac{k}{n}\right) = u_n + \frac{4e - 9}{ne}.$$

2. Établir que, pour tout entier naturel non nul n et pour tout entier naturel k tel que $0 \leq k \leq n - 1$, on a :
$$\frac{1}{n}f\left(\frac{k+1}{n}\right) \leq \int_{\frac{k}{n}}^{\frac{k+1}{n}} f(t)\mathrm{d}t \leq \frac{1}{n}f\left(\frac{k}{n}\right).$$

3. Démontrer que, pour tout entier naturel non nul n, on a : $u_n \leq \displaystyle\int_0^1 f(t)\mathrm{d}t \leq u_n + \frac{4e - 9}{ne}$.

4. En déduire que pour tout entier naturel non nul n,

on a : $I_1 - \frac{4e - 9}{ne} \leq u_n \leq I_1$.

5. Étudier la convergence de la suite u_n, puis préciser sa limite.

3 Togo

Session normale de 1996, série C.

$\mathscr{E}$ est un espace affine dans lequel est construit un cube ABCDEFGH tel que :
- la face ABCD est le support de ce cube,
- les droites (AE) et (CG) sont parallèles.

Partie A

1. Démontrer que la droite (AE) est parallèle au plan (DGH).

2. Soit I le milieu de [EF], (Δ_1) la droite issue de A et (Δ_2) la droite issue de G, toutes deux sécantes en I. Démontrer que les droites (Δ_1) let (Δ_2) déterminent le plan (AIG).

3. K est le centre du carré ADHE. Démontrer que la droite (BK) est perpendiculaire au plan (AIG).

Partie B

$\mathscr{E}$ est orienté par le repère orthonormal direct $(A, \overrightarrow{AB}, \overrightarrow{AD}, \overrightarrow{AE})$, I est le milieu de [EF] et K le centre du carré ADHE.

1. *a)* Justifier par le calcul l'existence d'un unique plan P contenant les points A, I et G.
b) Déterminer alors une équation cartésienne de ce plan.
c) Vérifier par le calcul que la droite (BK) est orthogonale au plan $\mathscr{P}$ et déterminer leur point d'intersection J.

2. Π est un plan de E qui passe par le point B et qui est perpendiculaire au plan $\mathscr{P}$. (Δ) est une droite de Π qui passe par le point C et qui est parallèle à la droite (BK).
a) Déterminer une équation cartésienne de Π.
b) Déterminer les représentations paramétriques de (Δ).
c) Démontrer que (Δ) est parallèle à Π et calculer la distance du point B à la droite (Δ).

3. PLRS est un parallélogramme tel que P et L sont sur (Δ), R et S sont contenus dans Π. J_1 et J_2 sont les milieux respectifs des segments [PS] et [LR] ; O est le centre de gravité de ce parallélogramme.
a) Sachant que $LR = \frac{2}{3}LS$ et $\text{Mes}(\widehat{\overrightarrow{LS}, \overrightarrow{LR}}) = \frac{\pi}{6}$, calculer, en fonction de LS et de OM, $MP^2 + ML^2 + MR^2 + MS^2$, où M est un point quelconque de $\mathscr{E}$.
b) En déduire l'ensemble (Γ) des points de $\mathscr{E}$ tels que : $MP^2 + ML^2 + MR^2 + MS^2 = k$, où k est un nombre réel.

4 Bénin

Session normale de 1997, série C.

Partie A

Soit P un plan euclidien, O un point de P, V le plan vectoriel associé à P, α un élément de l'intervalle $\left]-\frac{\pi}{2} ; \frac{\pi}{2}\right[$, $\vec{i}$ et $\vec{j}$ deux vecteurs unitaires de V tels que : $\vec{i} . \vec{j} = \sin \alpha$.

1. Démontrer que le triplet $(O, \vec{i}, \vec{j})$ est un repère R de P.

2. Déterminer l'ensemble des valeurs de α pour lesquelles le repère R est orthonormé.
Dans toute la suite du problème, on suppose R orthonormé.

3. Soit la fonction numérique f de la variable réelle x définie par $f(x) = \frac{2^x - 1}{2^x + 1}$ et $(\mathscr{C})$ sa courbe représentative dans le repère R.
a) Étudier les variations de f.
b) Démontrer que O est un point d'inflexion de $(\mathscr{C})$.
c) Construire $(\mathscr{C})$ dans le repère R.
d) Démontrer que f est une bijection de $\mathbb{R}$ sur un intervalle I que l'on précisera.

Partie B

1. Soit g la bijection réciproque de f.
Expliciter $g(x)$ pour tout élément x de I.

2. On considère la famille des courbes $(\mathscr{C}_{a, b})$ d'équation :

$$y = b + \log_2 \left(\frac{1 + x - a}{1 - x + a} \right), (a, b) \in \mathbb{R}^2.$$

a) Soit $M\binom{x}{y}$ un point de $(\mathscr{C}_{a, b})$.
Exprimer y en fonction de $g(x - a)$.
En déduire que $(\mathscr{C}_{a, b})$ est l'image de $(\mathscr{C})$ par l'application $\varphi_{(a, b)}$ telle que $\varphi_{(a, b)} = T \circ S$, où T est une translation et S une symétrie orthogonale que l'on précisera.
b) Déterminer une condition nécessaire et suffisante portant sur a et b pour que $\varphi_{(a, b)}$ soit une symétrie orthogonale.
c) On suppose : $a + b \neq 0$.
Démontrer que $\varphi_{(a, b)}$ est la composée commutative d'une symétrie orthogonale et d'une translation que l'on précisera.
d) Construire dans le repère R la courbe $(\mathscr{C}_{3, 1})$ correspondant à $a = 3$ et $b = 1$.

3. Soit h la restriction de f à l'intervalle [0 ; 1], $(\mathscr{C}_h)$ sa courbe représentative dans le repère R, D le domaine plan limité par $(\mathscr{C}_h)$ et les droites d'équations respectives $x = 0$, $x = 1$ et $y = 0$. On désigne par V(D) le volume de la portion de l'espace engendré par la rotation de D autour de l'axe des abscisses.
Calculer V(D)
(On pourra utiliser l'égalité : $(2^x - 1)^2 = (2^x + 1)^2 - 4(2^x)$.*)*

5 Burkina-Faso

Session normale de 1997, série C.

Partie A

On considère la fonction numérique réelle f définie par $f(x) = x - \ln|x|$, où ln désigne le logarithme népérien et $|x|$ la valeur absolue du nombre réel x. On note $(\mathscr{C})$ la courbe représentative de f dans le plan muni d'un repère orthonormé $(O, \vec{i}, \vec{j})$ dont l'unité vaut 2 cm.

1. *a)* Calculer les limites de f aux bornes de son ensemble de définition.
b) Étudier le sens de variation de f.
(On dressera son tableau de variation.)

2. *a)* Démontrer que $(\mathscr{C})$ coupe l'axe des abscisses en un seul point A dont on notera l'abscisse α et vérifier que :

$$\alpha \in \left]-1 ; -\frac{1}{2}\right[.$$

b) Étudier la position relative de la courbe $(\mathscr{C})$ et de la droite (D) d'équation $y = x$.
c) Tracer la courbe $(\mathscr{C})$, la droite (D), ainsi que la tangente à $(\mathscr{C})$ au point d'abscisse -1.

3. *a)* Pour tout nombre réel k élément de $]0 ; 1[$,
calculer : $A(k) = 4\int_k^1 f(x)\,dx$.
b) Déterminer : $\lim\limits_{\substack{k \to 0 \\ k > 0}} A(k)$.
Interpréter graphiquement ce résultat.

4. a étant un nombre réel non nul quelconque, on note M et M' les points de $(\mathscr{C})$ d'abscisses respectives a et $-a$, (T) et (T') les tangentes respectives à $(\mathscr{C})$ en M et M'.
a) Exprimer à l'aide de a les coordonnées de N, point d'intersection de (T) et (T').
b) Quel ensemble décrit N lorsque a parcourt $\mathbb{R}_+^*$?

Partie B

On note $\mathbb{C}^*$ l'ensemble des nombres complexes non nuls et on considère l'application : $F : \mathbb{C}^* \to \mathbb{C}$
$z \mapsto -\ln |z|$.

1. Dans chacun des cas suivants, déterminer l'ensemble des nombres complexes vérifiant l'équation :
a) $F(z) = 0$
b) $F(z) = z$
c) $F(z) = \bar{z}$, où $\bar{z}$ est le conjugué de z.

2. Soit G l'application du plan dans lui-même qui à tout point M d'affixe z associe le point M' d'affixe $z' = F(z)$.
On note $\mathscr{C}_R$ le cercle de centre O et de rayon R.
a) Pour tout point de $\mathscr{C}_R$ d'affixe z, donner une écriture simplifiée de $F(z)$.
b) En déduire $G(\mathscr{C}_R)$.
Pour quelle(s) valeur(s) de R a-t-on $G(\mathscr{C}_R) = \mathscr{C}_R$?

Partie C

L'objet de cette partie est de déterminer une valeur approchée du nombre réel α de la question A.2.a).

On définit la fonction φ sur $\left[-1 ; -\frac{1}{2}\right]$ par :

$$\varphi(x) = x - \frac{f(x)}{f'(x)}.$$

1. *a)* Démontrer que α est l'unique solution de l'équation :

$$x \in \left[-1 ; -\frac{1}{2}\right],\ \varphi(x) = x.$$

b) Vérifier que, pour tout x de $\left[-1 ; -\frac{1}{2}\right]$, on a :

$$\varphi(x) = \frac{x}{x-1}(\ln|x| - 1) ;$$

$$\varphi(x) = \frac{1}{(x-1)^2} f(x).$$

c) Étudier le sens de variation de φ sur $\left[-1 ; -\frac{1}{2}\right]$ et donner une valeur approchée de $\varphi(-\frac{1}{2})$.

d) Démontrer que, pour tout x de l'intervalle $\left[\alpha ; -\frac{1}{2}\right]$, $\varphi(x)$ appartient à l'intervalle $\left[\alpha ; -\frac{1}{2}\right]$.

2. On considère la suite numérique (u_n) définie par récurrence par : $\begin{cases} u_0 = -\frac{1}{2} \\ \text{pour tout } n \text{ de } \mathbb{N},\ u_{n+1} = \varphi(u_n) \end{cases}$.

a) Démontrer que : pour tout x de $\left[\alpha ; -\frac{1}{2}\right]$, $|\varphi'(x)| \leq \frac{1}{9}$.
b) En déduire que : pour tout n de $\mathbb{N}$, $|u_{n+1} - \alpha| \leq \frac{1}{9}|u_n - \alpha|$.
c) Démontrer alors que :
pour tout n de $\mathbb{N}$, $|u_{n+1} - \alpha| \leq \frac{1}{2}\left(\frac{1}{9}\right)^n$.
d) Déduire de ce qui précède que la suite (u_n) est convergente et déterminer sa limite.
Déterminer un entier n_0 tel que : $|u_{n_0} - \alpha| \leq 10^{-2}$.
(On donne : ln 2 ≈ 0,693 ; ln 3 ≈ 1,098 ; ln 5 ≈ 1,609.)

6 Cameroun

Session normale de 1997, série C.

Le problème comporte deux parties indépendantes A et B.

Partie A

f est la fonction de la variable réelle x définie sur l'intervalle $[0 ; +\infty[$ par $f(x) = \dfrac{1}{2\sqrt{x^2+1}}$
et h est la fonction définie sur le même intervalle par $h(x) = \ln\left(\sqrt{x} + \sqrt{x^2+1}\right)$.

1. Démontrer que f est une bijection de $[0 ; +\infty[$ vers $\left]0 ; \frac{1}{2}\right]$.

2. Le plan est rapporté à un repère orthonormé $(O, \vec{i}, \vec{j})$, l'unité graphique étant égale à 2 cm.
Tracer dans ce repère les courbes représentatives de f et de f^{-1}.

3. *a)* Calculer la dérivée de h.
b) En déduire l'aire de la partie du plan limitée par l'axe des abscisses, l'axe des ordonnées, la droite d'équation $x = 1$ et la courbe représentative de f.

Partie B

Le plan est orienté. ABC est un triangle équilatéral tel que : $AB = BC = CA = 1$ et $\text{Mes}\,(\widehat{\overrightarrow{AB}, \overrightarrow{AC}}) = \frac{\pi}{3}$.

A' désigne le milieu du segment [BC] et G l'isobarycentre des points A, B et C.

1. Construire G et calculer GA'.

2. *a)* Déterminer la nature et les éléments caractéristiques de l'ensemble (E) des points M du plan tels que :

$$MA^2 + MB^2 + MC^2 = 1{,}25.$$

Tracer (E) sur la figure précédente.
Dans toute la suite, r désigne la rotation de centre G qui transforme C en A et h l'application qui, à tout point M du plan, associe le point M' tel que : $\overrightarrow{MM'} = \overrightarrow{MA} + \overrightarrow{MB} + \overrightarrow{MC}$.
On pose : $s = h \circ r$.

3. *a)* Démontrer que h est une homothétie dont on précisera le centre et le rapport.
b) Déterminer puis tracer sur la même figure que précédemment l'image de (E) par h.
c) Préciser la nature et les éléments caractéristiques de s.

4. On note I le symétrique de A' par rapport à C, J le point de la demi-droite [A'A) tel que :

$$A'J = 1, \quad \vec{u} = \overrightarrow{A'I} \quad \text{et} \quad \vec{v} = \overrightarrow{A'J}.$$

a) Démontrer que $(A', \vec{u}, \vec{v})$ est un repère orthonormé.
b) M étant un point d'affixe z et M' son image par s, exprimer l'affixe z' de M' en fonction de celle de M.
En déduire l'expression analytique de s dans le repère $(A', \vec{u}, \vec{v})$.

7 Centrafrique

Session normale de 1997, série C.

On considère la fonction numérique f de la variable réelle x définie par : $f(x) = \dfrac{e^x}{x+2}$.
On désigne par $(\mathscr{C})$ la courbe représentative de f dans un repère orthonormé (O, I, J), l'unité graphique étant égale à 2 cm.

1. *a)* Déterminer l'ensemble de définition D de f.
Étudier les limites de f aux bornes de D. Préciser les asymptotes de la courbe $(\mathscr{C})$.
b) Étudier les variations de f ;
dresser son tableau de variation.
Déterminer une équation de la tangente (T) à $(\mathscr{C})$ au point d'abscisse 0.
c) Construire avec soin (T) et la courbe $(\mathscr{C})$.

2. On se propose de montrer que l'équation $f(x) = x$ admet sur [0 ; 1] une solution unique.
a) Étudier les variations de la fonction dérivée f' sur [0 ; 1].
Démontrer que pour tout x de l'intervalle [0 ; 1], on a :

$$\frac{1}{4} \leq f'(x) \leq \frac{2}{3}.$$

b) Étudier les variations de la fonction numérique g définie sur [0 ; 1] par : $g(x) = f(x) - x$.
Démontrer que l'équation $f(x) = x$ admet dans [0 ; 1] une solution unique α.
Vérifier que : $\frac{1}{2} \leq \alpha \leq \frac{e}{3}$.

3. On se propose de déterminer une valeur approchée de α.
Soit (u_n) la suite définie par : $\begin{cases} u_0 = \frac{1}{2} \\ \text{pour tout } n \text{ de } \mathbb{N},\ u_{n+1} = f(u_n) \end{cases}$.

a) Démontrer par récurrence que :
pour tout n de $\mathbb{N}$, $\frac{1}{2} \leq u_n \leq \frac{e}{3}$.
b) En utilisant l'inégalité des accroissements finis, démontrer que :
pour tout n de $\mathbb{N}$, $|u_{n+1} - \alpha| \leq \frac{2}{3}|u_n - \alpha|$.
En déduire que :
pour tout n de $\mathbb{N}$, $|u_n - \alpha| \leq \left(\frac{2}{3}\right)^n |u_0 - \alpha| \leq \left(\frac{2}{3}\right)^{n+1}$.
c) Démontrer que la suite (u_n) est convergente.
Quelle est sa limite ?
d) Déterminer un entier n_0 tel que :
si $n \geq n_0$, alors $|u_n - \alpha| \leq 10^{-2}$.

4. Ne connaissant pas de primitive de la fonction f sur $\left[0 ; \frac{1}{2}\right]$, on se propose de déterminer un encadrement de l'intégrale $I = \int_0^{\frac{1}{2}} f(x)\,dx$.

a) Justifier l'existence de I et en donner une interprétation graphique.
b) On pose : $J = \int_0^{\frac{1}{2}} (2-x)\,e^x\,dx$ et $K = \int_0^{\frac{1}{2}} x^2 f(x)\,dx$.
Vérifier que : $4I = J + K$.
c) Calculer J.
d) Quelle est l'image par f du segment $\left[0 ; \frac{1}{2}\right]$?
En déduire un encadrement de K par deux intégrales simples que l'on calculera.
e) À l'aide des questions précédentes, écrire un encadrement de l'intégrale I.
En déduire un encadrement de I, d'amplitude 10^{-2} par des nombres décimaux.

8 Comores

Session normale de 1997, série C.

Le plan est rapporté à un repère orthonormé $(O, \vec{i}, \vec{j})$, l'unité graphique étant égale à 2 cm.

Partie A

1. Soit f la fonction numérique de la variable réelle définie par $f(x) = x - 1 + \ln(3 - x)$ et $(\mathscr{C})$ sa courbe représentative.
a) Déterminer l'ensemble de définition D_f de la fonction f.
b) Étudier les variations de f en précisant les limites de f aux bornes de D_f et établir son tableau de variation.
c) Soit (D) la droite d'équation $y = x - 1$.
Étudier la position de $(\mathscr{C})$ par rapport à (D) ; déterminer les coordonnées de leur point d'intersection.
d) Tracer la droite (D) et la courbe $(\mathscr{C})$.

2. Soit E le domaine plan délimité par la courbe $(\mathscr{C})$, la droite d'équation $x = 0$ et la droite (D).
Calculer l'aire $\mathscr{A}$ de E.

Partie B

Dans cette partie, à tout point M du plan de coordonnées $(x ; y)$, on associe son affixe $z = x + iy$.
Soit S l'application du plan dans lui-même qui à tout point M d'affixe z associe le point M_1 d'affixe z_1 telle que : $z_1 = (-1 + i)z + 1 + 4i$.

1. Donner la nature de S et déterminer ses éléments caractéristiques.

2. Calculer les coordonnées x et y du point M en fonction des coordonnées x_1 et y_1 du point M_1.

3. Déterminer les équations des transformées par S de la droite d'équation $x = 0$ et de la droite (D).

4. Soit g la fonction numérique de la variable réelle définie par : $g(x) = -x - 1 + 2e^x$ et (Γ) sa courbe représentative dans le repère $(O, \vec{i}, \vec{j})$.
Soit M un point de $(\mathscr{C})$ et $M_1 = S(M)$.
Vérifier que l'abscisse x_1 de M_1 peut prendre toute valeur réelle et démontrer que M_1 est sur la courbe (Γ).
Réciproquement, si M_1 est sur la courbe (Γ), montrer qu'il existe un point M de la courbe $(\mathscr{C})$ tel que $M_1 = S(M)$.
En déduire que (Γ) est l'image de $(\mathscr{C})$ par S.

Partie C

1. Établir le tableau de variation de la fonction g en précisant les limites de g en $-\infty$ et en $+\infty$.

2. Démontrer que la droite d'équation $y = -x - 1$ est asymptote à (Γ).
3. Tracer la courbe (Γ) et la droite d'équation $y = -x + 5$ dans le même repère $(O, \vec{i}, \vec{j})$, mais avec une couleur différente de celle utilisée pour $(\mathscr{C})$ et (D).
4. On appelle E_1 la partie du plan délimitée par la courbe (Γ) et les droites d'équations respectives $x = 0$ et $y = -x + 5$.
On admet que la partie E est transformée en E_1 par S. Exprimer l'aire de la partie E_1 en fonction de l'aire de E, puis donner sa valeur.

9 Côte d'Ivoire

Session normale de 1997, série C.

Partie A

Soit la fonction f définie par : $\begin{cases} f(0) = 0 \\ f(x) = \dfrac{x \ln x}{x+1}, \text{ si } x > 0. \end{cases}$

1. Étudier la continuité et la dérivabilité de f en 0.
2. Soit φ la fonction définie sur $]0 ; +\infty[$ par :
$$\varphi(x) = \ln x + x + 1.$$
a) Étudier les variations de φ.
b) Démontrer que l'équation $\varphi(x) = 0$ admet une solution unique β telle que : $0{,}27 \leq \beta \leq 0{,}28$.

1. *a)* Exprimer $f'(x)$ en fonction de $\varphi(x)$.
En déduire les variations de f.
b) Vérifier que : $f(\beta) = -\beta$.
2. Tracer la courbe représentative de f dans le plan muni du repère orthonormé (O, I, J).
On placera les points d'abscisses 1 ; 3 ; 4 ; e^2 ; 12.
(On prendra : $\ln 0{,}27 \approx -1{,}31$; $\ln 0{,}28 \approx -1{,}27$; $\ln 2 \approx 0{,}7$; $\ln 3 \approx 1{,}1$; $\ln 5 \approx 1{,}6$.)

Partie B

1. *a)* Démontrer que l'équation $f(x) = 1$ admet une solution unique α dans $[3 ; 4]$.
b) Démontrer que les équations $f(x) = 1$ et $e^{1+\frac{1}{x}} = x$ sont équivalentes.
2. Soit g la fonction définie pour tout nombre réel strictement positif x par : $g(x) = e^{1+\frac{1}{x}}$.
a) Étudier les variations de g.
b) Démontrer que pour tout x élément de $[3 ; 4]$, $g(x)$ est un élément de $[3 ; 4]$.
c) Démontrer que : $\forall x \in [3 ; 4]$, $g'(x) \leq \dfrac{1}{2}$.
(On prendra : $e^{\frac{3}{4}} \approx 3{,}8$ et $e^{\frac{5}{4}} \approx 3{,}49$.)
3. Soit (u_n) la suite définie par : $u_0 = 3$ et la relation de récurrence : $u_{n+1} = g(u_n)$.
a) Démontrer que, pour tout entier positif ou nul n :
$$|u_{n+1} - \alpha| \leq \frac{1}{2}|u_n - \alpha|.$$
En déduire que : $|u_n - \alpha| \leq \dfrac{1}{2^n}$.
b) Démontrer que la suite (u_n) est convergente.
Calculer sa limite.
c) Pour quelles valeurs de n, u_n est-elle une valeur approchée de α à 10^{-2} près ?

Partie C

1. Soit n un entier naturel non nul.
Démontrer que l'équation $f(x) = n$ admet une solution α_n et une seule.
Placer α_1 et α_2 dans le même repère que précédemment.
2. *a)* Démontrer que, pour tout entier naturel non nul n, on a : $\alpha_n \geq e^n$.
b) Démontrer que, pour tout entier naturel non nul n, $f(\alpha_n) = n$ est équivalent à $\ln\left(\dfrac{\alpha_n}{e^n}\right) = \dfrac{n}{\alpha_n}$.
c) Déduire des questions 2. *a)* et 2. *b)* que la suite $\left(\dfrac{\alpha_n}{e^n}\right)$ $(n \in \mathbb{N}^*)$ est convergente et calculer sa limite.

10 Mali

Session normale de 1997, série C.

Dans ce problème, n est un entier naturel différent de zéro et on considère la famille de fonctions f_n définies sur $[0 ; +\infty[$ comme suit : $\begin{cases} f_n(x) = x^n \ln\left(1 + \dfrac{1}{x}\right), \text{ si } x \neq 0 \\ f_n(0) = 0 \end{cases}$

Pour les représentations graphiques, le plan est muni d'un repère orthonormal d'unité graphique 2 cm, et on note $(\mathscr{C}_n)$ la courbe représentative de la fonction f_n.

Partie A

Dans cette première partie, on se propose d'étudier la fonction f_1.
1. *a)* Étudier la continuité de f_1 en 0 et son comportement en $+\infty$.
b) Étudier le comportement du rapport $\dfrac{f_1(x)}{x}$ lorsque x tend vers 0.
Que peut-on conclure pour la fonction f_1 en 0 et la courbe $(\mathscr{C}_1)$?
2. *a)* Justifier la dérivabilité de f_1 sur $]0 ; +\infty[$.
Calculer $f'_1(x)$ puis $f''_1(x)$ pour tout nombre réel appartenant à $]0 ; +\infty[$.
b) Étudier successivement les variations de f'_1 et de f_1 et dresser le tableau de variation de f_1.
3. Tracer la courbe $(\mathscr{C}_1)$, son asymptote et la tangente au point O.

Partie B

La seconde partie est consacrée à l'étude des fonctions f_n lorsque $n \geq 2$.
1. Étudier la continuité et la dérivabilité de f_n en 0 puis le comportement de f_n en $+\infty$.
2. *a)* Justifier la dérivabilité de f_n sur $]0 ; +\infty[$.
Démontrer que : $f_n(x) = x^{n-1} g_n(x)$, où g_n est une fonction définie sur $]0 ; +\infty[$ que l'on déterminera.
b) Étudier les variations de la fonction g_n et en déduire le signe de $g_n(x)$.
c) Dresser le tableau de variation de f_n.

Partie C

La troisième partie porte sur les courbes $(\mathscr{C}_n)$ lorsque $n \geq 2$.
1. Quelle est la tangente à $(\mathscr{C}_n)$ en O, origine du repère ?
2. Étudier la position relative de $(\mathscr{C}_n)$ et de $(\mathscr{C}_{n+1})$ pour

$n \geq 2$.
Quelle est la position de $(\mathscr{C}_1)$ par rapport à toutes les courbes $(\mathscr{C}_n)$?

3. *a)* Déterminer : $\lim_{x \to +\infty} \left[x^2 \ln\left(1 + \frac{1}{x}\right) - \left(x - \frac{1}{2}\right)\right]$.
Que peut-on en conclure pour $(\mathscr{C}_2)$?
b) Préciser la position de $(\mathscr{C}_2)$ par rapport à la droite d'équation : $y = x - \frac{1}{2}$.

4. Tracer $(\mathscr{C}_2)$ et $(\mathscr{C}_3)$ dans le même repère que $(\mathscr{C}_1)$.

11 Mauritanie

Session normale de 1997, série C.

L'objet du problème est l'étude des solutions de l'équation d'inconnue y : $x = \left(\frac{y}{n} + 1\right)^n$, où n est un entier naturel non nul.

Partie A

Le plan est rapporté au repère orthonormal $(O, \vec{u}, \vec{v})$.
x et y sont des nombres réels et $n = 2$.

1. Démontrer que les points M du plan dont les coordonnées $(x\ ;\ y)$ vérifient $x = \left(\frac{y}{2} + 1\right)^2$ sont les points d'une conique (Γ) que l'on représentera.

2. Soit g l'application de $\mathbb{R}+$ vers $\mathbb{R}$ définie par :

$$g(x) = 2(\sqrt{x} - 1).$$

a) Étudier les variations de g et montrer que sa courbe représentative $(\mathscr{C})$ est une partie de la conique (Γ).
b) Calculer l'aire de l'ensemble des points M dont les coordonnées $(x\ ;\ y)$ vérifient : $\begin{cases} 0 \leq x \leq 1 \\ g(x) \leq y \leq 0 \end{cases}$.
En déduire l'aire de la partie du plan limitée par la courbe $(\mathscr{C})$ et le segment $[A_0A_1]$, où A_0 est le point de coordonnées $(0\ ;\ g(0))$ et A_1 le point de coordonnées $(1\ ;\ g(1))$.
On considère le point A_k de coordonnées $(k\ ;\ g(k))$, où $k \in \mathbb{N}$.
Démontrer que, pour tout $k \in \mathbb{N}$, l'aire de la partie du plan limitée par la courbe $(\mathscr{C})$ et le segment $[A_kA_{k+1}]$ est égale à $\frac{1}{3}$.

Partie B

Le plan complexe est rapporté au repère orthonormal $(O, \vec{u}, \vec{v})$.
x et y sont des nombres complexes et $n \in \mathbb{N}^* \backslash \{1\}$.

1. Démontrer que, pour tout nombre complexe x non nul, l'équation $x = \left(\frac{y}{n} + 1\right)^n$ admet n solutions distinctes $y_0, y_1, \ldots, y_{n-1}$.

2. On suppose que : $x = 1$.
On note $I_0, I_1, \ldots, I_{n-1}$ les points qui ont pour affixes les solutions de l'équation $z^n = 1$, $z \in \mathbb{C}$. Soit $M_0, M_1, \ldots, M_{n-1}$ les points d'affixes respectives $y_0, y_1, \ldots, y_{n-1}$ définis à la question **B1.**
a) Démontrer que les points $M_0, M_1, \ldots, M_{n-1}$ sont les images des points $I_0, I_1, \ldots, I_{n-1}$ par une transformation que l'on déterminera.
Démontrer que les points $M_0, M_1, \ldots, M_{n-1}$ sont les sommets d'un polygone régulier.
Faire un dessin dans le cas de $n = 4$.
b) Soit G_n l'isobarycentre des points $M_0, M_1, \ldots, M_{n-1}$.
Déterminer l'affixe de G_n.

Partie C

x est un nombre réel strictement positif fixé.

1. n étant donné dans $\mathbb{N}^*$, exprimer y en fonction de x.

2. On considère la suite réelle de terme général :

$$u_n(x) = n(\sqrt[n]{x} - 1),\ n > 0.$$

Pour étudier le sens de variation de cette suite, on calcule pour tout n de $\mathbb{N}^*$, $u_{n+1}(x) - u_n(x)$ en fonction de la variable t définie par $x = t^{n(n+1)}$, $t \in \mathbb{R}_+^*$.
Démontrer que $u_{n+1}(x) - u_n(x)$ peut s'écrire sous la forme $(t - 1)P(t)$ où $P(t)$ est un polynôme de la variable t.
Étudier le signe de $P(t)$ suivant les valeurs de t et en déduire le sens de variation de la suite réelle de terme général $u_n(x)$ sur $\mathbb{N}^*$.

3. Démontrer que :
pour tout $x \in \mathbb{R}_+^*$, x fixé, $\lim_{n \to +\infty} \sqrt[n]{x} = 1$.

4. On suppose que : $x \in]1\ ;\ +\infty]$, x fixé.
a) Démontrer que pour tout $n \in \mathbb{N}^*$, $u_n(x) > 0$.
En déduire que la suite $u_n(x)$ est une suite convergente.
b) Exprimer, pour tout $n \in \mathbb{N}^*$, $u_n\left(\frac{1}{x}\right)$ en fonction de $u_n(x)$.
En déduire que $\lim_{n \to +\infty} u_n\left(\frac{1}{x}\right)$ existe. Quelle est cette limite ?

5. *a)* On suppose que : $x = 1$.
Que peut-on dire de la suite de terme général $u_n(1)$?
b) Déduire de ce qui précède que pour tout x de $]0\ ;\ +\infty[$, la suite de terme général $u_n(x)$ est une suite convergente.
On note $f(x)$ la limite de cette suite. Préciser $f(1)$.

12 Togo

Session normale de 1997, série C.

Partie A

Soit f la fonction numérique de la variable réelle x définie par $f(x) = \exp\left(\frac{1 - x}{1 + x}\right)$, où exp désigne l'exponentiel népérien. Soit $(\mathscr{C})$ la courbe représentative de f dans un repère orthonormé $(O, \vec{i}, \vec{j})$.

1. *a)* Étudier les variations de f, puis dresser son tableau de variation.
b) Justifier que l'on peut prolonger f par continuité à gauche en -1.

2. *a)* Démontrer que f est une bijection de son ensemble de définition vers un sous-ensemble I de $\mathbb{R}$ que l'on précisera.
b) Expliciter $f^{-1}(x)$.

3. Soit $(\mathscr{C}')$ la courbe représentative de f^{-1}. Tracer $(\mathscr{C})$ et $(\mathscr{C}')$ dans le repère $(O, \vec{i}, \vec{j})$.

4. En s'aidant de la méthode des rectangles, donner un encadrement de la partie du plan limitée par les courbes $(\mathscr{C})$ et $(\mathscr{C}')$ et les droites d'équations : $y = 2$ et $x = 2$.
(On pourra subdiviser l'intervalle [1 ; 2] en cinq intervalles de même amplitude).

Partie B

Soit f_α la fonction numérique de la variable réelle x

définie par : $f_\alpha(x) = \exp\left(\frac{\alpha - x}{\alpha + x}\right)(\alpha \neq 0)$.

On désigne par $(\mathscr{C}_\alpha)$ la courbe représentative de f_α dans le repère $(O, \vec{i}, \vec{j})$.

a) Étudier les variations de f_α et établir son tableau de variation suivant les valeurs de α, $(\alpha \neq 0)$.

b) Démontrer que pour tout α non nul, f_α est une bijection de son ensemble de définition vers un sous-ensemble J de $\mathbb{R}$ que l'on précisera.

c) Expliciter $f_\alpha^{-1}(x)$.

Partie C

Dans cette question, on suppose : $\alpha > 0$ et $\alpha \neq 1$.

1. Trouver une application affine g transformant $(\mathscr{C})$ en $(\mathscr{C}_\alpha)$, et une application φ transformant $(\mathscr{C}')$ en $(\mathscr{C}'_\alpha)$, où $(\mathscr{C}'_\alpha)$ désigne la courbe représentative de f_α^{-1}.

2. Soit (Γ) le cercle de centre O et de rayon 1. Soit (Γ_α) l'image de (Γ) par g et (Γ'_α) l'image de (Γ) par φ.

a) Donner une équation cartésienne de (Γ_α) et de (Γ'_α) dans le repère $(O, \vec{i}, \vec{j})$.

b) Préciser les éléments caractéristiques de (Γ_α) et (Γ'_α) dans ce repère.

3. Tracer (Γ_α) pour $\alpha = \frac{1}{2}$ et $\alpha = 2$ dans le même repère $(O, \vec{i}, \vec{j})$.

4. *a)* Déterminer la transformation t telle que $t(\Gamma_\alpha) = (\Gamma'_\alpha)$.

b) Démontrer qu'il existe une similitude directe S et une similitude indirecte S' telles que :

$$S(\Gamma_\alpha) = (\Gamma_{\frac{1}{\alpha}}) \quad \text{et} \quad S'(\Gamma_\alpha) = (\Gamma_{\frac{1}{\alpha}}).$$

c) Peut-on dire que S = S' ?

Si non, expliquer alors le résultat du **4.** *b)*.

5. On suppose dans cette question $\alpha > 1$ et on pose : $S^n = S^{n-1} \circ S$, $n \in \mathbb{N}$, $n \geq 2$.

Vers quel ensemble converge $S^n(\Gamma_\alpha)$, lorsque n tend vers plus l'infini ?

13 Burkina-Faso

Session de remplacement de 1998, série C.

Partie A

On considère la fonction numérique g définie sur l'intervalle $I = \left[-\frac{1}{2} ; +\infty\right[$ par : $g(x) = \ln(1 + x) - x + \frac{x^2}{2} - \frac{x^3}{3}$.

1. Démontrer que pour tout t de I on a : $g'(t) = \frac{-t^3}{1+t}$.

2. Déduire de **1.** que pour tout t de I, on a :

$$\begin{cases} -2t^3 \leq g'(t) \leq 0, \text{ si } t \geq 0 \\ 0 \leq g'(t) \leq -2t^3, \text{ si } -\frac{1}{2} \leq t \leq 0 \end{cases}$$

puis, en intégrant, démontrer que pour tout x de I, on a :

$$-\frac{1}{2}x^4 \leq g(x) \leq 0.$$

Partie B

Soit f la fonction numérique définie sur $]-1 ; +\infty[$ par :

$$\begin{cases} f(x) = \dfrac{x - \ln(1 + x)}{x^2}, \text{ si } x \neq 0 \\ f(0) = \dfrac{1}{2} \end{cases}$$

On note $(\mathscr{C})$ la courbe représentative de f dans le plan rapporté à un repère orthonormal $(O, \vec{i}, \vec{j})$ (unité : 2 cm).

1. *a)* Vérifier que pour tout $x \geq -\frac{1}{2}$ et $x \neq 0$,

$$f(x) = -\frac{g(x)}{x^2} + \frac{1}{2} - \frac{x}{3}.$$

b) En utilisant l'inégalité trouvée en A.**2.** démontrer que f est dérivable en 0 et déterminer une équation de la tangente (T) à $(\mathscr{C})$ au point d'abscisse 0.

c) f est-elle continue en 0 ? Justifier votre réponse.

2. Soit h la fonction définie sur $]-1 ; +\infty[$ par :

$$h(x) = \frac{-x^2 - 2x}{1 + x} + 2\ln(1 + x).$$

a) Étudier le sens de variation de h.

Calculer $h(0)$ et en déduire le signe de h sur $]-1 ; +\infty[$.

b) Démontrer que pour tout x appartenant à $]-1 ; 0[\cup]0 ; +\infty[$, on a : $f'(x) = \frac{h(x)}{x^3}$.

c) Dresser le tableau de variation de f en précisant les limites de f aux bornes de son ensemble de définition.

3. Construire la courbe $(\mathscr{C})$ et la tangente (T).

Préciser les asymptotes à $(\mathscr{C})$.

4. Calculer en cm² l'aire $\mathscr{A}(\lambda)$ du domaine plan limité par les droites d'équations $x = 1$, $x = \lambda$ $(\lambda > 1)$, l'axe des abscisses et la courbe $(\mathscr{C})$.

Déterminer $\lim\limits_{\lambda \to +\infty} \mathscr{A}(\lambda)$.

Partie C

1. *a)* Démontrer que la fonction φ définie sur $]-1 ; +\infty[$, par $\varphi(x) = f(x) - x$ est continue et strictement croissante.

b) En déduire que l'équation $f(x) = x$ admet une solution unique α dans $]-1 ; +\infty[$ et que $\frac{1}{4} \leq \alpha \leq 1$.

2. Sachant que pour tout $x \geq 0$ on a $x - \frac{x^2}{2} \leq \ln(1 + x)$

démontrer que pour tout $x \geq 0$ on a : $-\frac{1}{1+x} \leq f'(x) \leq 0$;

puis que pour tout x de l'intervalle $\left[\frac{1}{4} ; 1\right]$, $|f'(x)| \leq \frac{4}{5}$.

(On pourra utiliser les résultats de B2).

3. Soit J l'intervalle $\left[\frac{1}{4} ; 1\right]$. Démontrer que $f(J) \subset J$.

4. On définit la suite $(u_n)_{n \in \mathbb{N}}$ par :

$$u_0 = \frac{1}{2} \text{ et pour tout } n \in \mathbb{N},\ u_{n+1} = f(u_n).$$

a) Justifier que pour tout $n \in \mathbb{N}$, $u_n \in J$.

b) Démontrer que pour tout $n \in \mathbb{N}$, $|u_{n+1} - \alpha| \leq \frac{4}{5}|u_n - \alpha|$;

puis que pour tout $n \in \mathbb{N}$, $|u_n - \alpha| \leq \frac{3}{4}\left(\frac{4}{5}\right)^n$.

c) En déduire que la suite $(u_n)_{n \in \mathbb{N}}$ converge et déterminer sa limite.

d) Déterminer l'entier n_0 tel que pour tout $n \geq n_0$, u_n est une valeur approchée de α à 10^{-1} près.

(On donne :
$0{,}69 \leq \ln 2 \leq 0{,}70$; $0{,}22 \leq \ln\frac{5}{4} \leq 0{,}23$; $\ln\frac{4}{30} \leq -2{,}01$).

14 Burkina-Faso

Session normale de 1998, série E.

Le plan est rapporté au repère orthonormé $(O, \vec{e_1}, \vec{e_2})$, l'unité graphique étant égale à 2 cm.

Partie A

Soit t un nombre réel fixé, on note N le point d'affixe $z_N = 2(\cos t)e^{it}$ et M le point d'affixe $z_M = 2(1 + \cos t)e^{it}$.

1. *a)* Démontrer que N est sur le cercle ($\mathscr{C}$) de centre Ω d'affixe $z_\Omega = 1$, passant par O, quelle que soit la valeur fixée de t.
b) Vérifier que les points O, N et M sont alignés et calculer NM.
c) Construire N_1 et M_1 pour $t_1 = \frac{\pi}{4}$, puis N'_1 et M'_1 pour $t'_1 = -\frac{\pi}{4}$.

2. Pour t fixé, on considère la translation $T_{\overrightarrow{NM}}$ de vecteur $\overrightarrow{NM}$.
a) Démontrer que l'image ($\mathscr{C}$') de ($\mathscr{C}$) par $T_{\overrightarrow{NM}}$ est un cercle dont on précisera le centre et le rayon.
b) Démontrer que ($\mathscr{C}$) et ($\mathscr{C}$') sont tangents au point I d'affixe : $z_I = 1 + e^{it}$.

3. Démontrer qu'il existe une réflexion d'axe (Δ), que l'on caractérisera, qui transforme ($\mathscr{C}$) en ($\mathscr{C}$'). On la note R.

4. On suppose que : N ≠ O.
Soit R_1 la réflexion qui transforme O en N.
a) Déterminer son axe (Δ_1).
b) Justifier que l'on a : $M = T_{\overrightarrow{NM}} \circ R_1$ (O).
c) En déduire que M est l'image de O par R.

5. On suppose que $t \neq \pi$ et on note $\vec{u}$ le vecteur d'affixe :
$$z_{\vec{u}} = \sin t + \sin 2t - i(\cos t + \cos 2t).$$
Démontrer que $\vec{u}$ est orthogonal à $\overrightarrow{IM}$.

6. Compléter la construction précédente en construisant :
– pour $t_1 = \frac{\pi}{4}$ le point Ω_1, centre de l'image ($\mathscr{C}_1$) de ($\mathscr{C}$) par la translation de vecteur $\overrightarrow{N_1M_1}$ et le point de tangence I_1 de ($\mathscr{C}_1$) et ($\mathscr{C}$).
– pour $t'_1 = -\frac{\pi}{4}$ le point Ω'_1, centre de l'image ($\mathscr{C}'_1$) de ($\mathscr{C}$) par la translation de vecteur $\overrightarrow{N'_1M'_1}$ et le point de tangence I'_1 de ($\mathscr{C}'_1$) et ($\mathscr{C}$).

Partie B

On se propose d'étudier la courbe (Γ) décrite par le point M dont les coordonnées dans le repère $(O, \vec{e_1}, \vec{e_2})$ sont données par :
$$\begin{cases} x(t) = 4(\cos^2 \frac{t}{2}) \cos t \\ y(t) = 4(\cos^2 \frac{t}{2}) \sin t \end{cases} \quad t \in \mathbb{R}.$$

1. *a)* Étudier la parité des fonctions x et y.
b) Étudier la périodicité des fonctions x et y.
c) En déduire qu'il suffit de savoir tracer la partie de (Γ) correspondant à $0 \leq t \leq \pi$ pour obtenir (Γ) par une transformation que l'on précisera. On note (Γ_1) cette partie de (Γ).

2. *a)* Vérifier que pour tout t élément de [0 ; π] on a :
$x'(t) = -2(\sin t)(2\cos t + 1)$ et $y'(t) = 2(2\cos t - 1)(\cos t + 1)$.
b) Étudier les variations des fonctions x et y.

3. Soit $\vec{V}(t)$ le vecteur de coordonnées $(x'(t) ; y'(t))$.
a) Justifier que le vecteur $\vec{V}(t)$ est un vecteur directeur de la tangente en M à (Γ_1), sauf pour une valeur de t que l'on donnera.
b) On note B le point d'intersection, autre que O, de (Γ_1) et l'axe des ordonnées. Calculer l'ordonnée de B et déterminer la tangente à (Γ_1) en B.
c) Déterminer les points de (Γ_1) pour lesquels le vecteur $\vec{V}(t)$ dirige un des axes du repère.

4. Pour $t \in \left]\frac{\pi}{2} ; \pi\right[$, on note a le coefficient directeur de la droite (OM).
a) Démontrer que : $a = \tan t$.
b) En déduire la tangente en O à (Γ_1).

Partie C

Construction de (Γ).

1. On suppose que M a pour affixe : $z_M = 2(1 + \cos t)e^{it}$.
Démontrer que : « M appartient à (Γ) *équivaut à* M a pour affixe z_M ».

2. Vérifier que $\vec{V}(t) = -2\vec{u}$, $\vec{u}$ étant le vecteur défini dans la partie A.**5.**

3. Tracer (Γ) dans le repère $(O, \vec{e_1}, \vec{e_2})$ déjà utilisé dans la partie A, en tenant compte des résultats obtenus aux questions A, B et C et en plaçant tous les points particuliers obtenus ainsi que les tangentes en ces points à (Γ).

15 Congo

Session normale de 1998, série C.

Soit f la fonction numérique de la variable réelle x définie par :
$$\begin{cases} f(x) = 2e^{x+1} - x^2 - 2x - 2, \text{ si } x < -1 \\ f(x) = 1 + \sin^3 \pi x, \quad \text{si } -1 \leq x \leq 1 . \\ f(x) = x + \ln\left(\frac{1+x}{2x}\right), \text{ si } x > 1 \end{cases}$$

On désigne par ($\mathscr{C}$) la courbe représentative de f dans le plan rapporté à un repère orthonormé $(O, \vec{i}, \vec{j})$, l'unité graphique étant égale à 2 cm.

1. Déterminer l'ensemble de définition D_f de f.

2. Étudier la continuité et la dérivabilité de f en $x = -1$ et $x = 1$.

3. Étudier les variations de f.

4. Démontrer que l'équation $f(x) = 0$ admet deux solutions, l'une notée x_0 que l'on précisera et l'autre notée α ; $\alpha \in]-2 ; -1[$.

5. Démontrer que la parabole (P) d'équation $y = -x^2 - 2x - 2$ est asymptote à ($\mathscr{C}$). Préciser l'autre asymptote.

6. Tracer ($\mathscr{C}$) et (P).

7. Calculer en cm² l'aire du domaine plan limité par la courbe ($\mathscr{C}$), les droites d'équations $y = 1$, $x = 1$ et $x = 0$.

8. On définit l'application $g = h \circ S_{(\Delta)}$, où h est l'homothétie de centre O et de rapport 2, $S_{(\Delta)}$ la symétrie orthogonale d'axe la droite (Δ) d'équation $y = x$.
(Γ) désigne la représentation graphique de la restriction de f à l'intervalle [0 ; 1].
a) Caractériser g.
b) Construire les points J', A', I' et B', images respectives par g des points J(0 ; 1), $A\left(\frac{1}{2} ; 2\right)$, I(1 ; 0) et B(1 ; 1).
c) Tracer (Γ'), image de (Γ) par g.
d) En déduire l'aire du domaine plan limité par (Γ'), les droites (J'B'), (OJ') et (OI').

16 Côte d'Ivoire

Session normale de 1998, série C.

Ce problème comporte trois parties A, B et C. Les parties B et C sont indépendantes.

Le plan est rapporté à un repère (O, $\vec{u}$, $\vec{v}$), l'unité graphique étant égale à 1 cm.

Partie A

On considère la fonction f définie sur $[0 ; +\infty[$ par :

$$f(x) = x - 4\sqrt{x} + 4.$$

1. *a)* Étudier la dérivabilité de f en 0. En déduire une interprétation géométrique.
b) Étudier les variations de f.
c) Tracer la courbe représentative $(\mathscr{C})$ de f dans le repère (O, $\vec{u}$, $\vec{v}$).
On utilisera la feuille de papier millimétré dans le sens horizontal. On placera l'axe Oy à 3 cm du bord gauche de la feuille et l'axe Ox à 3 cm du bas de la feuille.

2. *a)* Soit g la restriction de f à $[4 ; +\infty[$.
Démontrer que g est une bijection de $[4 ; +\infty[$ sur $[0 ; +\infty[$ et que son application réciproque g^{-1} est définie sur $[0 ; +\infty[$ par : $g^{-1}(x) = x + 4\sqrt{x} + 4$.
b) Tracer la courbe représentative $(\mathscr{C}')$ de g^{-1} dans le même repère que $(\mathscr{C})$. On note (H) la courbe $(\mathscr{C}) \cup (\mathscr{C}')$.

3. Soit (E) la courbe d'équation

$$x^2 + y^2 - 2xy - 8x - 8y + 16 = 0$$

dans le repère (O, $\vec{u}$, $\vec{v}$).
a) Démontrer que pour tous les réels x et y positifs, on a :
$x^2 + y^2 - 2xy - 8x - 8y + 16 = 0 \Leftrightarrow [y - f(x)][y - g^{-1}(x)] = 0$.
En déduire que : (H) = (E).
b) Démontrer que si un point M(a ; b) appartient à (E) alors le point M'(b ; a) appartient également à (E).
En déduire que la courbe (E) admet un axe de symétrie. Préciser cet axe.

4. Calculer l'aire de la partie du plan limitée par la courbe $(\mathscr{C})$, l'axe des abscisses et l'axe des ordonnées.

Partie B

1. Soit m un nombre réel appartenant à l'intervalle $]-2 ; 2[$.
a) soit les points A_m de coordonnées $(2 + m ; 0)$ et B_m de coordonnées $(0 ; 2 - m)$.
Écrire une équation de la droite (D_m) passant par A_m et B_m.
b) Soit (Δ_m) la droite d'équation : $x - y - 2m = 0$.
Démontrer que le point d'intersection T_m des droites (D_m) et (Δ_m) a pour coordonnées $\left(\frac{1}{4}(2 + m)^2 ; \frac{1}{4}(2 - m)^2\right)$.
c) Démontrer que la droite (D_m) est tangente à $(\mathscr{C})$ au point T_m.

2. *a)* Soit H_m le projeté orthogonal de T_m sur la droite (δ) d'équation $y = -x$.
Démontrer que le point H_m a pour coordonnées $(m ; -m)$.
b) Soit F le point de coordonnées (2 ; 2).
Démontrer que le quadrilatère $A_mH_mB_mF$ est un carré pour tout m appartenant à $]-2 ; 2[$.

3. Pour $m = \frac{1}{2}$, placer le point T_m, tracer les droites (D_m), (Δ_m) et le carré $A_mH_mB_mF$.

Partie C

1. Soit M un point d'affixe z.
a) Démontrer que le point H d'affixe $\frac{z - i\bar{z}}{2}$ est le projeté orthogonal de M sur la droite (δ).
b) Démontrer que la distance de M à (δ) est égale à $\left|\frac{z + i\bar{z}}{2}\right|$.

2. *a)* Démontrer que l'ensemble des points M d'affixe z telle que $\left|\frac{z + i\bar{z}}{2}\right| = |z - (2 + 2i)|$ est la courbe (E).
b) Interpréter géométriquement ce résultat.
En déduire la nature de la courbe (E).
En donner deux éléments caractéristiques.

17 Côte d'Ivoire

Session de remplacement de 1998, série C.

On considère la fonction f définie sur $\mathbb{R}$ par : $f(x) = \frac{1}{x + e^x}$.
On désigne par $(\mathscr{C})$ la courbe représentative de f dans le plan muni d'un repère orthonormé (O, I, J), l'unité graphique étant égale à 4 cm.

Partie A

1. *a)* Calculer $f'(x)$ pour tout nombre réel x, puis étudier le signe de $f'(x)$ suivant les valeurs de x.
En déduire le sens de variation de f.
b) Déterminer les limites de f en $+\infty$ et $-\infty$ et dresser le tableau de variation de f.

2. Démontrer que le point A de coordonnées $(0 ; \frac{1}{2})$ est un centre de symétrie de $(\mathscr{C})$.

3. Déterminer une équation de la tangente (T) à $(\mathscr{C})$ au point A.

4. Soit φ la fonction définie par : $\varphi(x) = \frac{1}{2} - \frac{1}{4}x - f(x)$.
a) Démontrer que : $\forall x \in\ ]-\infty ; 0[$, $\varphi(x) > 0$;
$\forall x \in\ ]0 ; +\infty[$, $\varphi(x) < 0$.
b) En déduire la position de (T) par rapport à $(\mathscr{C})$.
c) Tracer (T) et $(\mathscr{C})$.

Partie B

Pour tout nombre réel non nul m, on considère les fonctions f_m définies par : $f_m(x) = f\left(\frac{x}{m}\right)$.
$(\mathscr{C}_m)$ désigne la courbe représentative de f_m dans le repère (O, I, J).
Soit T_m la transformation du plan dans lui-même qui à tout point M associe le point M' tel que : $\overrightarrow{HM'} = m\overrightarrow{HM}$, où H est le projeté orthogonal de M sur (OJ).

1. *a)* Déterminer la nature de T_{-1}.
b) Démontrer que $(\mathscr{C}_m)$ est l'image par T_m de $(\mathscr{C})$.
c) Tracer $(\mathscr{C}_{-1})$.

2. Soit λ un nombre réel. On pose : $I_m(\lambda) = \int_{-\lambda}^{\lambda} f_m(x)\,dx$.
Calculer $I_m(\lambda)$ et en déduire que $I_m(\lambda)$ est indépendant de m.

Partie C

Soit g la fonction définie sur $\mathbb{R}$ par : $g(x) = x - f(x)$.

1. *a)* Étudier le sens de variation de g.
b) Calculer les limites de g en $+\infty$ et $-\infty$.
c) En déduire que l'équation $f(x) = x$ admet une solution unique α et que $\frac{1}{4} \leq \alpha \leq \frac{1}{2}$.

2. *a)* Démontrer que : $\forall x \in \left[\frac{1}{4} ; \frac{1}{2}\right]$, $f(x) \in \left[\frac{1}{4} ; \frac{1}{2}\right]$.
b) Calculer $f''(x)$.
En déduire que : $\forall x \in \left[\frac{1}{4} ; \frac{1}{2}\right]$, $|f'(x)| \leq \frac{1}{4}$.

c) En déduire que : $\forall x \in \left[\frac{1}{4} ; \frac{1}{2}\right]$, $|f(x) - \alpha| \leq \frac{1}{4}|x - \alpha|$.

3. Soit (U_n) la suite de nombres réels définie par la relation de récurrence : $U_0 = \frac{1}{4}$ et $\forall n \in \mathbb{N}$, $U_{n+1} = f(U_n)$.

a) Démontrer que : $\forall n \in \mathbb{N}$, $U_n \in \left[\frac{1}{4} ; \frac{1}{2}\right]$.

b) Démontrer que : $\forall n \in \mathbb{N}$, $|U_{n+1} - \alpha| \leq \frac{1}{4}|U_n - \alpha|$.

c) En déduire que : $\forall n \in \mathbb{N}$, $|U_n - \alpha| \leq \left(\frac{1}{4}\right)^{n+1}$.

4. *a)* Déterminer la limite de (U_n).

b) Trouver le plus petit entier naturel p tel que :

$$|U_p - \alpha| \leq 10^{-2}.$$

18 Côte d'Ivoire

Session normale de 1998, série E.

Dans tout le problème, n désigne un entier naturel non nul. On considère la fonction f_n de $\mathbb{R}$ vers $\mathbb{R}$ définie par :

$$f_n(x) = x^n e^{-x}.$$

On note C_n la courbe représentative de f_n dans le plan muni d'un repère orthonormé, l'unité graphique étant égale à 3 cm.

Partie A

1. Étudier les variations de f_1 et déterminer sa limite en $+\infty$. Tracer C_1 en précisant la tangente à l'origine.

2. Pour tout entier n supérieur ou égal à 2, étudier les variations de f_n.
Tracer C_3 dans un autre repère, en précisant la tangente à l'origine.

3. On note S_n la symétrie orthogonale d'axe la droite d'équation $x = n$ et C'_n l'image de C_n par S_n.
a) M étant le point du plan de coordonnées $(x ; y)$, calculer les coordonnées $(x' ; y')$ de son image M' par S_n.
b) Démontrer que C'_n est l'ensemble des points M dont les coordonnées $(x ; y)$ vérifient : $x \leq 2n$ et $y = f_n(2n - x)$.
c) Tracer C'_3 dans le même repère que C_3.
Pour $x \leq 2n$, on pose : $g_n(x) = f_n(2n - x)$.
d) En interprétant géométriquement les intégrales, justifier l'égalité :

$$\int_n^{2n} f_n(t)\, dt = \int_0^n g_n(t)\, dt.$$

4. Pour tout x élément $[0 ; n]$, on pose :

$$h_n(x) = \ln(g_n(x)) - \ln(f_n(x)).$$

a) De l'étude des variations de h_n, déduire le signe de $h_n(x)$.
b) Démontrer que pour tout x appartenant à l'intervalle $[0 ; n]$ on a : $f_n(x) \leq g_n(x)$.
c) Déduire de ce qui précède l'inégalité :

$$\int_0^n f_n(t)\, dt \leq \int_n^{2n} f_n(t)\, dt.$$

Partie B

Pour tout nombre réel positif x, on pose : $F_n(x) = \int_0^n f_n(t)\, dt$.

1. Démontrer que la fonction F_n est croissante sur $[0 ; +\infty[$.

2. À l'aide d'intégrations par parties :
a) Calculer $F_1(x)$.
b) Démontrer que, pour tout nombre réel positif x et pour tout entier n supérieur ou égal à 1, on a :

$$F_{n+1}(x) = (n+1)F_n(x) - f_{n+1}(x).$$

3) En déduire à l'aide d'un raisonnement par récurrence, que pour tout nombre réel positif x et pour tout entier n supérieur ou égal à 1 :

$$F_n(x) = n!\left[1 - e^{-x}\left(1 + \frac{x}{1!} + \frac{x^2}{2!} + \dots + \frac{x^n}{n!}\right)\right].$$

4. *a)* Démontrer que : $\lim\limits_{x \to +\infty} F_n(x) = n!$.

b) Démontrer que pour tout nombre réel positif ou nul x, on a : $F_n(x) \leq n!$

Partie C

1. Démontrer que pour tout entier n supérieur ou égal à 1 on a : $F_n(n) + \int_n^{2n} f_n(t)\, dt \leq n!$.

2. Déduire des résultats des parties A et B que, pour tout entier n supérieur ou égal à 1, on a :

$$0 \leq F_n(n) \leq \frac{n!}{2} ;$$

$$\frac{1}{2}e^n \leq 1 + \frac{n}{1!} + \frac{n^2}{2!} + \dots + \frac{n^n}{n!} \leq e^n.$$

19 Gabon

Session normale de 1998, séries C et E.

Le problème a pour objet l'étude d'une suite de fonctions, d'une suite d'intégrales, puis la recherche d'une valeur approchée d'une équation du type : $f(x) = k$.

Partie A

On note f_n la fonction numérique de la variable réelle définie sur $]-\infty ; -2[\cup]-2 ; +\infty[$ par : $f_n(x) = \dfrac{e^{1+x}}{(x+2)^n}$, pour n entier naturel non nul.

$(\mathscr{C}_n)$ désigne la courbe représentative de f_n dans le plan muni d'un repère orthonormal $(O, \vec{i}, \vec{j})$, l'unité graphique étant égale à 2 cm.

1. *a)* Étudier les limites de f_n en $-\infty$ et en $+\infty$.
(Pour la limite en $+\infty$, on posera : $X = x + 2$).
b) Étudier suivant la parité de n, la limite de f_n en -2.

2. *a)* Calculer $f'_n(x)$, puis étudier son signe suivant la parité de n.
b) Dresser le tableau de variation de f_n.

3. Démontrer que toutes les courbes $(\mathscr{C}_n)$ passent par un point fixe A.
Déterminer une équation de la tangente (T_n) à $(\mathscr{C}_n)$ en A.

4. *a)* Calculer $\lim\limits_{x \to +\infty} \dfrac{f_n(x)}{x}$, puis interpréter graphiquement ce résultat.
b) Démontrer que pour tout entier n non nul, et pour tout nombre réel x différent de -2, on a :

$$f'_n(x) = f_n(x) - nf_{n+1}(x).$$

c) En déduire les positions relatives des courbes $(\mathscr{C}_1)$ et $(\mathscr{C}_2)$.
Représenter graphiquement $(\mathscr{C}_1)$ et $(\mathscr{C}_2)$.

Partie B

Soit la suite (u_n) définie par : $u_n = \int_{-1}^{0} f_n(x)\, dx$, pour tout entier naturel n non nul.

1. Démontrer que la suite (u_n) est décroissante et que pour tout n non nul, on a : $(u_n) \geq 0$.
Que peut-on en déduire ?

2. Démontrer que pour tout entier naturel n supérieur ou égal à 2, on a : $\frac{1-2^{-n+1}}{n-1} \leq u_n \leq \left(\frac{1-2^{-n+1}}{n-1}\right)\text{e}$.
En déduire la limite de la suite (u_n).

3. *a)* En utilisant une intégration par parties, démontrer que pour tout entier naturel n supérieur ou égal à 2 on a :

$$n\,u_{n+1} = 1 + u_n - \frac{\text{e}}{2^n}.$$

b) Retrouver ce résultat en utilisant la relation de la question **4.** *b)* de la partie A.

c) En déduire que : $\lim_{n \to +\infty} \int_{-1}^{0} \frac{n\,\text{e}^{1+x}}{(x+2)^{n+1}}\,\text{d}x = 1.$

Partie C

On considère la fonction g définie sur $[0\,;+\infty[$ par : $g(x) = f_1(x-1)$. On note (Γ) sa courbe représentative dans le repère $(\text{O}, \vec{i}, \vec{j})$.

1. Construire la courbe (Γ) à partir de la courbe $(\mathscr{C}_1)$. Justifier la construction.

2. On note φ la fonction définie sur $[0\,;+\infty[$ par :

$$\varphi(x) = 1 + \ln(1+x).$$

a) Démontrer que l'équation $\varphi(x) = x$ admet une solution unique α dans l'intervalle $\text{I} = [2\,;3]$.
b) Démontrer que pour x positif, l'équation $\varphi(x) = x$ est équivalente à l'équation $g(x) = \text{e}$.
c) Démontrer que pour tout x de I, $|\varphi'(x)| \leq \frac{1}{3}$.

3. Soit (v_n) la suite définie pour tout entier naturel n par :

$$v_0 = 2 \quad \text{et} \quad v_{n+1} = \varphi(v_n).$$

a) Démontrer que la suite (v_n) est croissante et majorée par α. Conclure.
b) Démontrer que : $\varphi(\text{I}) \subset \text{I}$.
c) Démontrer par récurrence, que pour tout entier naturel n, v_n appartient à l'intervalle I.

4. *a)* Démontrer que pour tout entier naturel n, on a :
$|v_{n+1} - \alpha| \leq \frac{1}{3}|v_n - \alpha|$, puis que : $\alpha - v_{n+1} \leq \frac{1}{3}(\alpha - v_n)$.
b) En déduire que, pour tout entier naturel n, $\alpha - v_n \leq \frac{1}{3}$ et que la suite (v_n) converge vers α.
c) Déterminer un entier naturel p pour lequel v_p est une valeur approchée de α à 10^{-3} près.
Calculer cette valeur approchée.

20 Mali

Session normale de 1998, séries SE, MTI, MTGC.

On désigne par $\text{R} = (\text{O}, \vec{i}, \vec{j})$ un repère orthonormal du plan et a, b, c trois nombres réels.
Les fonctions f_0, f_1, f_2 et f sont respectivement définies sur l'ensemble $\mathbb{R}$ des nombres réels par :

$$f_0(x) = \text{e}^{-\frac{x}{2}}, \quad f_1(x) = x\,\text{e}^{-\frac{x}{2}}, \quad f_2(x) = x^2\,\text{e}^{-\frac{x}{2}}$$

$$\text{et} \quad f(x) = (a + bx + cx^2)\,\text{e}^{-\frac{x}{2}}.$$

On désignera par $(\mathscr{C}_0)$, $(\mathscr{C}_1)$ et $(\mathscr{C}_2)$ les courbes représentatives de f_0, f_1 et f_2 dans le repère R.

Partie A

On se propose de représenter $(\mathscr{C}_0)$, $(\mathscr{C}_1)$ et $(\mathscr{C}_2)$.

1. Étudier les variations des fonctions f_0, f_1 et f_2.

2. Préciser par leurs coordonnées dans le repère R, les points d'intersection de $(\mathscr{C}_0)$ et $(\mathscr{C}_1)$, $(\mathscr{C}_0)$ et $(\mathscr{C}_2)$, $(\mathscr{C}_1)$ et $(\mathscr{C}_2)$.

3. Étudier dans l'ensemble $\mathbb{R}$ des nombres réels, le signe de chacune des expressions :
$f_1(x) - f_0(x)$, $f_2(x) - f_0(x)$ et $f_2(x) - f_1(x)$.

4. Tracer $(\mathscr{C}_0)$, $(\mathscr{C}_1)$ et $(\mathscr{C}_2)$ dans le repère R et hachurer le domaine fermé (E) déterminé par les trois courbes $(\mathscr{C}_0)$, $(\mathscr{C}_1)$ et $(\mathscr{C}_2)$, c'est-à-dire l'ensemble (E) des points M du plan, dont les coordonnées $(x\,;y)$ dans le repère R vérifient :

$$\begin{cases} -1 \leq x \leq 0 \\ f_2(x) \leq y \leq f_0(x) \end{cases} \quad \text{ou} \quad \begin{cases} 0 \leq x \leq 1 \\ f_1(x) \leq y \leq f_0(x) \end{cases}.$$

Partie B

On se propose de calculer l'aire de (E).

1. Soit n, un entier naturel quelconque. Démontrer qu'en posant $\text{I}_n(x) = \int_0^x t^n\,\text{e}^{-\frac{t}{2}}\,\text{d}t$, on définit une fonction I_n qui a l'ensemble $\mathbb{R}$ des nombres réels pour ensemble de définition.

2. Soit n un entier naturel et x un nombre réel quelconque.
Démontrer que : $\text{I}_{n+1}(x) = -2x^{n+1}\,\text{e}^{-\frac{x}{2}} + 2(n+1)\,\text{I}_n(x)$.

3. Soit x un nombre réel quelconque.
a) Calculer $\text{I}_0(x)$ en fonction de x.
b) En déduire les expressions de $\text{I}_1(x)$ et $\text{I}_2(x)$ en fonction de x.

4. Calculer l'aire de (E).

Partie C

On se propose de calculer la dérivée d'ordre n de f.
On désigne par $f^{(0)}$ (ou f), $f^{(1)}$ (ou f'), $f^{(2)}$ (ou f''), $f^{(3)}$ (ou f'''), etc. les dérivées successives de la fonction f.

1. Démontrer par récurrence, que pour tout entier naturel n, on peut trouver trois nombres réels α_n, β_n et γ_n vérifiant pour tout nombre réel x :

$$f^{(n)}(x) = (\alpha_n + \beta_n x + \gamma_n x^2)\,\text{e}^{-\frac{x}{2}}.$$

On trouvera $\alpha_0 = a$, $\beta_0 = b$ et $\gamma_0 = c$ et pour chaque entier naturel n, le raisonnement par récurrence montrera que α_{n+1}, β_{n+1} et γ_{n+1} vérifient :

$$\alpha_{n+1} = \beta_n - \frac{1}{2}\alpha_n, \; \beta_{n+1} = 2\gamma_n - \frac{1}{2}\beta_n \; \text{ et } \; \gamma_{n+1} = -\frac{1}{2}\gamma_n.$$

2. Pour chaque entier naturel n, on pose :
$\beta'_n = \beta_n + 4n\gamma_n$ et $\alpha'_n = \alpha_n + 2n\beta_n + 4n(n+1)\gamma_n$.
Démontrer que (γ_n), (β'_n) et (α'_n) sont des suites géométriques de raison $-\frac{1}{2}$.

3. En déduire pour chaque entier naturel n, l'expression de α_n, β_n et γ_n en fonction de n, a, b et c.

21 Mauritanie

Session complémentaire de 1998, série C.

Le problème est composé de l'étude d'une suite de fonctions dépendant d'un paramètre, puis de la recherche d'une valeur approchée d'une solution d'une équation du type : $f(x) = x$.

Partie A

Pour tout entier n strictement positif, on note f_n la fonction numérique de la variable réelle définie sur $\mathbb{R}\setminus\{1\}$ par :

$$f_n(x) = \frac{e^x}{(x+1)^n}.$$

On note $(\mathscr{C}_n)$ la courbe représentative de f_n dans le plan rapporté à un repère orthonormé (unité graphique : 2 cm).

1. Déterminer la fonction dérivée f'_n de f_n et donner l'expression de f'_n en fonction de f_n et de f_{n+1}.

2. Étudier les variations de f_n et ses limites éventuelles en $-\infty$, -1 et $+\infty$.
(On distinguera les cas où n est pair et n est impair.)

3. Démontrer que toutes les courbes $(\mathscr{C}_n)$ passent par un même point.

4. Déterminer la limite de $\dfrac{f_n(x)}{x}$ lorsque x tend vers $+\infty$.
Que peut-on en déduire pour les courbes $(\mathscr{C}_n)$?
Tracer sur deux figures distinctes les courbes $(\mathscr{C}_1)$ et $(\mathscr{C}_2)$.

Partie B

Pour tout entier n strictement positif, on note :

$$I_n = \int_0^1 f_n(x)\,dx.$$

1. Démontrer que la suite $(I_n)_{n \in \mathbb{N}^*}$ est décroissante et qu'elle converge.

2. Démontrer que pour tout entier naturel n supérieur ou égal à 2, on a :

$$\frac{1}{n-1}\left(1 - \frac{1}{2^{n-1}}\right) \leq I_n \leq \frac{e}{n-1}\left(1 - \frac{1}{2^{n-1}}\right).$$

En déduire la limite de la suite $(I_n)_{n \in \mathbb{N}^*}$.

3. Démontrer en utilisant la relation de la question A.**1.**, une relation entre I_n et I_{n+1}.

4. Démontrer que : $\lim\limits_{n \to +\infty} n\,I_{n+1} = 1$.
En déduire que la suite $(n\,I_n)_{n \in \mathbb{N}^*}$ converge et déterminer sa limite.

Partie C

Dans cette partie, $n = 2$.

1. Démontrer que l'équation $f_2(x) = x$ admet une solution unique α dans l'intervalle $\left[\frac{1}{2} ; 1\right]$.
Le but de cette partie est de déterminer une valeur approchée de α.

2. Étudier les variations de f'_2 dans $\left[\frac{1}{2} ; 1\right]$ et en déduire que pour tout nombre réel x appartenant à l'intervalle $\left[\frac{1}{2} ; 1\right]$, on a : $-0{,}25 \leq f'_2(x) \leq 0$.

3. Soit $(u_n)_{n \in \mathbb{N}}$ la suite définie par :

$$\begin{cases} u_0 = 1 \\ \text{pour tout } n \text{ de } \mathbb{N},\ u_{n+1} = f_2(u_n) \end{cases}.$$

a) Démontrer que pour tout entier naturel n, u_n est élément de $\left[\frac{1}{2} ; 1\right]$.

b) Démontrer, en utilisant la question C.**2.**, que pour tout entier naturel n : $|u_{n+1} - \alpha| \leq \frac{1}{4}|u_n - \alpha|$.

c) En déduire que pour tout entier naturel n,
$|u_n - \alpha| \leq \frac{1}{2}\left(\frac{1}{4}\right)^n$ et que la suite $(u_n)_{n \in \mathbb{N}}$ converge vers α.

d) Pour quelles valeurs de n, u_n est-elle une valeur approchée de α à 10^{-3} près ?
(On donne : $\sqrt{e} \approx 1{,}65$; $\ln 2 \approx 0{,}69$; $\ln 5 \approx 1{,}6$.)

22 Sénégal

Session normale de 1998, séries C - E - S.

Partie A

Soit Φ la fonction numérique définie par :

$$\begin{cases} \Phi(x) = \dfrac{x}{(\ln x)^2}, \text{ si } x > 0 \\ \Phi(0) = 0 \end{cases}.$$

1. Démontrer que Φ est une fonction continue sur son ensemble de définition.

2. *a)* Étudier la dérivabilité de Φ en O.
b) Dresser le tableau de variation de la fonction Φ.

3. *a)* Étudier le comportement asymptotique de Φ pour les grandes valeurs de x.
b) Préciser la tangente (T) à la courbe (C) représentative de Φ au point d'abscisse e.
c) Tracer (C) et (T) dans un repère orthonormé d'unité 1 cm.

4. Démontrer que l'équation $\Phi(x) = e$ admet exactement deux solutions dans l'intervalle $]1 ; +\infty[$ et que l'une de ces solutions est comprise entre e^3 et e^4.

Partie B

Dans cette partie, on considère la fonction f définie par

$$f :]1 ; +\infty[\to \mathbb{R}.$$
$$x \mapsto \int_e^x \frac{dt}{\ln t}$$

Le but de cette partie est de représenter graphiquement cette fonction sans connaître l'expression explicite de $f'(x)$.

1. *a)* Justifier l'existence de f.
b) Démontrer que f est croissante sur $]1 ; +\infty[$.

2. *a)* Établir que pour tout nombre réel t appartenant à $]1 ; +\infty[$, on a : $\ln t < t - 1$.
b) En déduire une minoration de $f(x)$ lorsque $x > e$.
Préciser alors la limite de $f(x)$ lorsque x tend vers $+\infty$.
c) De façon analogue, calculer la limite de $f(x)$ lorsque x tend vers 1 par valeurs supérieures.

3. *a)* Soient a et b deux nombres réels tels que : $e \leq a < b$.

Établir que : $\dfrac{b-a}{\ln b} \leq \displaystyle\int_a^b \frac{dt}{\ln t} \leq \frac{b-a}{\ln a}$.

b) Soit x un nombre réel strictement supérieur à e.

Démontrer que : $\forall\, u \in [e ; x]$, $\dfrac{x-u}{\ln x} \leq f(x) \leq u + \dfrac{x-u}{\ln u}$.

c) Résoudre l'inéquation $\Phi(x) < x$.
Justifier que l'on peut choisir $u = \Phi(x)$, lorsque $x > e^4$.
Établir alors que :

$$\forall\, x > e^4,\ 1 - \frac{\Phi(x)}{x} \leq \left(\frac{\ln x}{x}\right) f(x) \leq \frac{1}{\ln x} + \left[1 - \frac{\Phi(x)}{x}\right]\frac{\ln x}{\ln \Phi(x)}.$$

d) Démontrer que : $\lim\limits_{x \to +\infty} \dfrac{\ln x}{\ln \Phi(x)} = 1$;

en déduire que : $\lim\limits_{x \to +\infty} \left(\dfrac{\ln x}{x}\right) f(x) = 1$.

e) Vérifier que : $\forall\, x > e^4$, $f(x) = \dfrac{x}{\ln x}[1 + \varepsilon(x)]$,

avec $\lim\limits_{x \to +\infty} \varepsilon(x) = 0$.

f) En déduire le comportement asymptotique de la fonction f lorsque x tend vers $+\infty$.

4. *a)* On cherche à obtenir une valeur approchée de $f(2)$. Soit $h : t \mapsto at + b$ la fonction telle que :

$$h(\mathrm{e}) = 1 \text{ et } h(2) = \frac{1}{\ln 2}.$$

Calculer les nombres réels a et b et donner deux valeurs approchées de ces nombres à 10^{-2} près.
On utilisera ces valeurs approchées pour la question **4.** *b)*.

b) On prend alors : $f(2) \approx \int_{\mathrm{e}}^{2} h(t)\,\mathrm{d}t$. Calculer cette valeur.

5. *a)* Donner le tableau de variation de f.
b) Construire la courbe représentative de la fonction f.

23 Tchad

Session normale de 1998, séries C et E.

On considère l'application f de $]-1\ ;+\infty[$ dans $\mathbb{R}$ définie par :

$$\begin{cases} f(x) = \dfrac{\ln(1+x)}{x}, \text{ si } x \neq 0 \\ f(0) = 1. \end{cases}$$

On note $(\mathscr{C})$ la courbe représentative de f dans le plan rapporté à un repère orthonormé $(O, \vec{i}, \vec{j})$.

Partie A

1. Étudier la continuité de f sur $]-1\ ;+\infty[$.

2. Étudier la dérivabilité de f sur $]-1\ ;+\infty[$.
Expliciter la fonction dérivée f'.

3. On note g l'application de $]-1\ ;+\infty[$ dans $\mathbb{R}$ définie par : $g(x) = \dfrac{x}{1+x} - \ln(1+x)$.
a) Étudier les variations de g et le signe de $g(x)$.
(On ne demande pas l'étude de la limite de g en – 1.)
b) En déduire les variations de f.

4. Étudier les limites de f aux bornes de l'intervalle $]-1\ ;+\infty[$.

5. Construire la courbe $(\mathscr{C})$. Préciser les asymptotes et la position de $(\mathscr{C})$ par rapport à l'axe des abscisses.

6. Déterminer une équation de la tangente à $(\mathscr{C})$ au point d'abscisse 0 et étudier la position de $(\mathscr{C})$ par rapport à cette tangente. *(On étudiera les variations de l'application h de $]-1\ ;+\infty[$ dans $\mathbb{R}$ définie par : $h(x) = x^2\left(\frac{1}{2} + f'(x)\right)$, puis le signe de h(x)).*

Partie B

1. Démontrer qu'il existe un unique nombre réel α de l'intervalle $]0\ ;1[$ tel que : $f(\alpha) = \alpha$.
(On ne demande pas de calculer α).

2. On considère la suite (u_n) définie par :
$u_0 = \frac{1}{2}$ et pour tout $n \in \mathbb{N}$, $u_{n+1} = f(u_n)$.
a) Démontrer que : $\forall n \in \mathbb{N}$, $0 \leq u_n \leq 1$.
b) Démontrer que : $\forall n \in \mathbb{N}$, $|u_{n+1} - \alpha| \leq \frac{1}{2}|u_n - \alpha|$.
(On remarquera que $u_{n+1} - \alpha = f(u_n) - f(\alpha)$ et on utilisera le résultat : $-\frac{1}{2} \leq f'(x) \leq 0$.)
c) En déduire que la suite (u_n) converge vers α.

24 Côte d'Ivoire

Session normale de 1999, série C.

Le plan est muni d'un repère orthonormé (O, I, J), l'unité graphique étant égale à 1 cm.

Partie A

On considère dans $\mathbb{C}$ l'équation :

$$z^3 - (6 + \mathrm{i}\sqrt{3})z^2 + (11 + 4\mathrm{i}\sqrt{3})z - 6 - 3\mathrm{i}\sqrt{3} = 0.$$

1. Résoudre cette équation en sachant qu'elle a deux solutions réelles.

2. On désigne par A, B, C, E et G les points d'affixes respectives 3, $2 + \mathrm{i}\sqrt{3}$, -1, 7 et $11 + 4\mathrm{i}\sqrt{3}$.
a) Démontrer que le triangle IAB est équilatéral.
b) Démontrer que les points B, C et G sont alignés.
c) Placer les points A, B, C, E et G.

3. Calculer l'affixe du point F de l'axe des abscisse tel que le triangle EFG soit équilatéral.

Partie B

On désigne par O' le centre de gravité du triangle IAB.

1. On veut déterminer une homothétie h qui transforme le triangle IAB en EFG.
a) Démontrer que l'image par h de [IA] est [EF].
b) Justifier que la seule homothétie h qui transforme IAB en EFG est telle que :

$$\mathrm{h(I) = E,\ \ h(A) = F\ \ et\ \ h(B) = G.}$$

c) Caractériser h.

2. Soit r la rotation de centre O' et d'angle $\frac{2\pi}{3}$ et f la similitude directe telle que : $\mathrm{f = h \circ r}$.
a) Donner le rapport et l'angle de f.
b) Démontrer que f transforme le triangle IAB en EFG.

3. Soit g une similitude directe qui transforme le triangle IAB en EFG.
a) Démontrer que $\mathrm{h^{-1} \circ g}$ est une rotation qui laisse le triangle IAB globalement invariant *(c'est-à-dire que le triangle IAB a pour image lui-même).*
b) Caractériser les trois rotations qui laissent globalement invariant le triangle IAB.
c) En déduire que les similitudes directes qui transforment IAB en EFG sont h, f et une troisième f' que l'on déterminera à l'aide de h et r.
d) Déterminer le rapport et l'angle de f'.

4. Soit Ω le centre de la similitude f. On désigne par K le milieu du segment [IA].
a) Déterminer l'image K' de K par f.
b) Démontrer que Ω, A, G et F sont cocycliques.
c) Démontrer que Ω, F, K et K' sont cocycliques.
d) Construire Ω.

5. Déterminer l'application complexe associée à f'.

6. Calculer l'affixe du centre Ω' de f'.

INDEX
des notions abordées

Imprimé en France par Normandie Roto Impression s.a.s. (61250 Lonrai)
N° d'impression : 2601680– Dépôt légal : 04/2026 – Édition n° 29 – 5949987